提升程式設計的
資料結構力 _{第三版}

國際程式設計競賽之
資料結構原理、題型、解題技巧
與重點解析

前言

在出版本書第 1 版的時候，我們的初心是基於程式設計競賽的試題，以全面、系統地磨練和提高學生透過程式編寫解決問題的能力為目標，出版既能用於程式設計類課程的教學和實作，又能用於程式設計競賽選手訓練的系列著作。

這套教材基於以下想法：

1. 程式設計競賽是「透過程式編寫解決問題」的競賽。國際大學生程式設計競賽（International Collegiate Programming Contest，ICPC）和針對中學生的國際資訊奧林匹亞競賽（International Olympiad in Informatics，IOI），在 1980 年代中後期走向成熟之後，30 多年來累積了巨量的試題。這些來自全球各地、凝聚了無數命題者心血和智慧的試題，不僅可以用於程式設計競賽選手的訓練，而且可以用於程式設計課程的教學和實作，能夠系統、全面地提高學生透過程式編寫解決問題的能力。

2. 我們認為，評斷一個人的專業能力要看兩個方面：①知識系統，他能用哪些知識去解決問題，或者說，哪些是他真正掌握並能應用的知識，而不僅僅是他學過什麼知識；②思維方式，當他面對問題，特別是不太標準化的問題的時候，解決問題的策略是什麼。對於程式設計競賽選手，要求的知識系統可以概括為 1984 年圖靈獎得主 Nicklaus Wirth 提出的著名公式「演算法＋資料結構＝程式」，這也是電腦學科知識系統的核心部分。

3. 從本質上說，程式設計是技術。所以，首先牢記學習程式編寫要不斷「實作，實作，再實作」。本系列選用大量程式設計競賽的試題，以案例教學的方式進行教學實作並安排學生進行解題訓練。其次，「以系統的方法實作」。本系列以大專院校通常採用的教學大綱作為基礎，以系統、全面提高學生透過程式編寫解決問題的能力為目標，以程式設計競賽的試題以及詳細的解析、附加註解的程式作為實作，在每一章的結束部分提供相關題庫以及解題提示，並對大部分試題提供官方的測試資料。

基於上述想法，我們在中國出版了本系列的簡體中文版，在臺灣出版了繁體中文版，在美國由 CRC Press 出版了英文版。

本書基於資料結構課程的知識系統，採用循序漸進的原則編寫而成。全書分四篇（共 15 章），即訓練基本程式編寫能力的實作、線性串列的程式編寫實作、樹的程式編寫實作和圖的程式編寫實作。在每一章中，首先介紹相關的資料結構知識，然後提供相關的實作範例，並在章末提供相關題庫。

第一篇「訓練基本程式編寫能力的實作」適合剛學會程式設計語言的讀者。這部分包括 3 章：第 1 章「簡單計算的程式編寫實作」、第 2 章「簡單模擬的程式編寫實作」和第 3 章「遞迴與回溯法的程式編寫實作」。

資料結構分為 3 類，即線性串列、樹和圖，分別在本書的第二篇「線性串列的程式編寫實作」、第三篇「樹的程式編寫實作」和第四篇「圖的程式編寫實作」中按知識系統展開實作，而排序和搜尋的實作則是和詳細的資料結構結合，在相關的章節裡加以介紹。

第二篇「線性串列的程式編寫實作」包括 4 章：第 4 章「應用直接存取類型的線性串列編寫程式」提供陣列和字串的實作；第 5 章「編寫循序存取類型的線性串列程式」介紹連結儲存結構（指標）、堆疊、佇列的實作；第 6 章「編寫廣義索引類型的線性串列程式」包含字典解題和雜湊技術的實作；第 7 章「實作線性串列排序的程式」從使用 STL 完成排序以及程式編寫實現排序演算法兩方面，提供線性串列排序的實作。

第三篇「樹的程式編寫實作」包括 3 章：第 8 章「樹結構的非線性串列程式設計」、第 9 章「應用二元樹的基本概念編寫程式」和第 10 章「應用經典二元樹編寫程式」。

第四篇「圖的程式編寫實作」包括 5 章：第 11 章「圖的尋訪演算法程式編寫應用」、第 12 章「應用最小生成樹演算法編寫程式」、第 13 章「應用最佳路徑演算法編寫程式」、第 14 章「二分圖、流量網路演算法的程式編寫」和第 15 章「應用狀態空間搜尋編寫程式」。

本書可用作大專院校資料結構、程式設計語言及離散數學等課程的實作教材，也可用作程式設計競賽選手的系統訓練參考書籍。對於本書，我們的使用建議是：書中各章的實作範例可以用於資料結構、程式設計語言以及離散數學相關課程的教學、實作和上機作業，以及程式設計競賽選手掌握相關知識點的入門訓練；每章最後提供的相關題庫中的試題，可以作為程式設計競賽選手的專項訓練試題，以及學生進一步提高程式編寫能力的練習題。

我們對浩如煙海的 ACM-ICPC 程式設計競賽區預賽和總決賽、各種大學生程式設計競賽、線上程式設計競賽，以及中學生資訊科學奧林匹克競賽的試題進行了分析和整理，從中精選出 306 道試題作為本書的試題。其中，160 道試題為實作範例試題，每道試題不僅有詳盡的解析，還提供標有詳細註解的參考程式；另外的 146 道試題為題庫試題，所有試題都有清晰的提示。

在華章網站（www.hzbook.com）上提供了本書所有試題的英文原版描述，以及大部分試題的官方測試資料和解答程式。限於篇幅，書中部分實作範例試題的參考程式未放在書中，而是以 PDF 檔案的形式和試題的英文原版描述一起作為本書附加資源，讀者可從華章網站下載這些資源。

這些年來，我們秉承「不忘初心，方得始終」的思維，不斷地完善和改進系列著作。我們也得到了海內外各位同人的鼎力相助。感謝石溪大學的 Steven Skiena 教授和 Rezaul Chowdhury 教授，德克薩斯州立大學的 C. Jinshong Hwang 教授、Ziliang Zong 教授和 Hongchi Shi 教授，德國科技大學阿曼分校的 Rudolf Fleischer 教授，他們為本書英文版書稿的試用和改進做了大量工作。

感謝組織程式設計訓練營集訓並邀請我使用本書書稿講學的香港理工大學曹建農教授、臺北商業大學彭勝龍教授、西北工業大學姜學峰教授和劉君瑞教授、寧夏理工學院副校長俞經善教授、中國礦業大學畢方明教授，以及中國礦業大學徐海學院劉昆教授等。感謝盧森堡大學博士生張一博、香港中文大學博士生王禹對於本書第 3 版的編寫提出的建設性意見。

特別感謝中國大陸、中國香港、中國澳門，及臺灣的夥伴和我一起建立 ACM-ICPC 亞洲訓練聯盟，聯盟的建立不僅為本書書稿，也為系列著作及其課程建設提供了一個實踐的平台。

由於時間和水準所限，書中難免存在缺點和錯誤，表述不當和筆誤也在所難免，歡迎學術界同人和讀者不吝指正。如果你在閱讀中發現了問題，懇請透過電子郵件告訴我們，以便我們在課程建設和中、英文版再版時改進。聯繫方式如下：

通信地址：上海市邯鄲路 220 號復旦大學電腦科學技術學院 吳永輝

（郵編：200433）

電子郵件：yhwu@fudan.edu.cn

吳永輝

2020 年 9 月 30 日於上海

註：本書試題的線上測試位址如下。

線上評測系統	簡稱	網址
北京大學線上評測系統	POJ	http://poj.org/
浙江大學線上評測系統	ZOJ	https://zoj.pintia.cn/home
UVA 線上評測系統	UVA	http://uva.onlinejudge.org/ http://livearchive.onlinejudge.org/
Ural 線上評測系統	Ural	http://acm.timus.ru/
HDOJ 線上評測系統	HDOJ	http://acm.hdu.edu.cn/

本書案例試題的參考程式下載

本書中各章節所介紹之案例相關試題的參考程式，可到碁峰資訊下列網址下載：

http://books.gotop.com.tw/download/ACL064800

下載範例檔案，解壓縮後其參考程式資料分別依照本書各章節的範例編號來配置，讀者可依照書中各章節順序尋找相關檔案。

目錄

PART II
線性串列的程式編寫實作

PART III
樹的程式編寫實作

Chapter 09
應用二元樹的基本概念編寫程式 353

Chapter 10
應用經典二元樹編寫程式 379

PART IV
圖的程式編寫實作

Chapter 11
圖的尋訪演算法程式編寫應用 451

PART I
訓練基本程式編寫能力的實作

程式設計是技術。正因為程式設計是技術，所以程式設計、資料結構、演算法等與用程式編寫解決問題的相關課程不是聽會的，也不是看會的，而是練會的。在程式編寫的過程中，同學們可以逐步根據所學的知識，系統、全面地磨練透過程式編寫解決問題的能力。程式設計語言是資料結構的先導課程，其教學的目的是讓同學們學會用程式設計語言程式編寫。因此，在系統地介紹資料結構程式編寫實作之前，本篇先引領同學們溫故知新，進行如下三個方面的程式編寫實作。

◆ 簡單計算

◆ 簡單模擬

◆ 遞迴和回溯

這三方面的實作既是程式設計語言課程的實作，也是資料結構程式編寫實作課程的基礎。

Chapter 01
簡單計算的程式編寫實作

所謂簡單計算，指的是在「輸入–處理–輸出」的模式中，「處理」這一環節所涉及的運算規則比較淺顯，學過程式設計語言的同學就能夠解決。本章程式編寫訓練的重點是如何正確地處理輸入和輸出，以及如何分析問題、最佳化計算。讀者可以透過簡單計算的程式編寫實作，掌握 C、C++ 或 Java 程式設計語言的基本語法，熟悉線上測試系統和程式編寫環境，初步學會怎樣將一個用自然語言描述的實際問題抽象成一個計算問題，提供計算過程，繼而透過程式編寫實作計算過程，並將計算結果還原成對初始問題的解答。

雖然簡單計算題的運算相對簡單，但還是應該秉持「舉輕若重」的科學態度。因為試題的輸入和輸出格式是多樣的，而計算精確度和時效一般有嚴格的定義。「細節決定成敗」，程式編寫細節若處理不好，則會導致整個程式功虧一簣。本章將在以下幾個方面展開實作：

◆ 改進程式書寫風格。

◆ 正確處理多個測試案例。

◆ 提高實數的計算精確度。

◆ 用二分法提高計算效率。

一般來講，較複雜的問題是由一些包含簡單計算的子問題組合而成的。「萬丈高樓平地起」，要磨練程式編寫能力，就要從解答簡單計算題開始。

1.1 改進程式書寫風格

如果一個程式具有良好的書寫風格，不僅能在視覺上給予人美感，也會給程式的偵錯和檢查帶來方便。初看程式，往往可以從程式的書寫風格判斷出程式編寫者的思路是否清晰。但是，怎樣的程式書寫風格才算「好」呢？對於這個問題，仁者見仁，智者見智，不過這並不意味著程式的書寫風格無章可循。我們透過下面的例子來說明這個問題。

1.1.1 ► Financial Management

Larry 今年畢業，找到了工作，也賺了很多錢，但 Larry 總感覺錢不夠用。於是，Larry 準備用財務報表來解決他的財務問題：他要計算自己能用多少錢。現在可以透過 Larry 的銀行帳號看到他的財務狀況。請你幫 Larry 寫一個程式，根據他過去 12 個月每個月的收入計算要達到收支平衡，每個月平均能用多少錢。

輸入

輸入 12 行，每一行是一個月的收入，收入的數字是正數，精確到分，沒有美元符號。

輸出

輸出一個數字，該數字是這 12 個月收入的平均值。精確到分，前面加美元符號，後面加行結束符號。在輸出中沒有空格或其他字元。

範例輸入	範例輸出
100.00 489.12 12454.12 1234.10 823.05 109.20 5.27 1542.25 839.18 83.99 1295.01 1.75	$1581.42

試題來源：ACM Mid-Atlantic 2001

線上測試：POJ 1004，ZOJ 1048，UVA 2362

❖ 試題解析

本題採用了非常簡單的「輸入－處理－輸出」模式：

1. 透過結構為 for(i=0; i<12; i++) 的迴圈輸入 12 個月的收入 $a[0..11]$；

2. 累計總收入 sum$=\displaystyle\sum_{i=0}^{11}a[i]$；計算月平均收入 avg$=\dfrac{\text{sum}}{12}$；

3. 輸出月平均收入 avg。

❖ 參考程式

```
01    #include<iostream>                      // 前置編譯命令
02    using namespace std;                     // 使用 C++ 標準程式庫中的所有識別字
03    int main( )                              // 主函式
04    {                                        // 主函式開始
05        double avg, sum=0.0, a[12]={0};      // 定義倍精確度實數變數 avg、sum 和實數陣列 a 的初始值
06        int i;                               // 宣告整數迴圈變數 i
07        for(i=0; i<12; i++){                 // 依次讀入每個月的收入，並累計年收入
08                cin>>a[i];
09                sum+=a[i];
10           }
11        avg=sum/12;                          // 計算月平均收入
12        printf("$%.2f",avg);                 // 輸出月平均收入
13        return 0;
14    }
```

我們可從上述程式範例中得到 4 點啟示。

1. 嚴格按照題目要求的格式來設計輸入和輸出。本題要求輸入的月收入是精確到分的正數，因此程式中用提取運算子「>>」，將鍵盤輸入的月收入儲存到倍精確度實數類型

的陣列元素 *a*[*i*] 中。同樣，程式中採用 printf("$%.2f", avg) 陳述式使得輸出的月平均收入精確到分，且前有美元符號，後有行結束符號。當程式執行於線上測試系統時，決定成敗的首要因素是程式的輸入和輸出格式是否符合題意。如果沒有按照題目要求的格式進行輸入和輸出，即使演算法正確，結果也是「Wrong Answer」。

2. 同一結構程式片段內的所有陳述式（包括說明陳述式），與本結構程式片段的首行靠左對齊。

3. 程式列按邏輯深度呈鋸齒狀排列。例如，迴圈縮排幾個字元、用縮排表示選擇結構等。這種鋸齒形的編排格式能夠清晰地反映程式結構，改善易讀性。

4. 在程式片段前或開始位置加上描述程式片段功能的註解；對於變數及其變化也應該加上註解，因為瞭解變數是瞭解程式的關鍵。這樣做，不僅是為了便於偵錯工具和日後閱讀，更重要的是能夠培養團隊合作的精神。在將來的工作中，一個研發團隊內會有多人一起合作程式編寫、互相協助，這就更需要將註解寫得清清楚楚，以便讓其他人能瞭解程式。

1.2　正確處理多個測試案例

【1.1.1 Financial Management】僅提供了一個測試案例，該測試案例中的資料個數是已知的（12 個月的收入），且運算十分簡單（累加月收入，計算月平均值）。但在通常情況下，為了全面檢驗程式的正確性，大多數試題都要求測試多個測試案例，只有透過所有測試案例，程式才算正確。如果測試案例的個數或每個測試案例中資料的個數是預先確定的，則處理多個測試案例的迴圈結構比較簡單；若測試案例的個數或每組測試案例中資料的個數未知，僅知測試案例內資料的結束符號和整個輸入的結束符號，應如何處理呢？在資料量較大、所有測試案例都採用同一運算且資料範圍已知的情況下，有無提高計算時效的辦法呢？對於這兩個問題，在本節中先提供兩個實例。

1.2.1 ▶ Doubles

提供 2～15 個不同的正整數，計算這些數中有多少個數對滿足一個數是另一個數的兩倍。比如，有下列正整數

$$1 \quad 4 \quad 3 \quad 2 \quad 9 \quad 7 \quad 18 \quad 22$$

那麼符合要求的數對有 3 個，因為 2 是 1 的兩倍、4 是 2 的兩倍、18 是 9 的兩倍。

輸入

輸入包括多個測試案例。每個測試案例一行，提供 2～15 個兩兩不同且小於 100 的正整數。每一行的最後一個數是 0，表示這一行的結束，這個數不屬於那 2～15 個給定的正整數。輸入的最後一行僅提供整數 –1，這一行表示測試案例的輸入結束，不用進行處理。

輸出

對每個測試案例，輸出一行，提供有多少對數滿其中一個數是另一個數的兩倍。

範例輸入	範例輸出
1 4 3 2 9 7 18 22 0	3
2 4 8 10 0	2
7 5 11 13 1 3 0	0
−1	

試題來源： ACM Mid-Central USA 2003

線上測試： POJ 1552，ZOJ 1760，UVA 2787

❖ 試題解析

本題包含多個測試案例，因此需要迴圈處理每個測試案例，整個輸入的結束符號是目前測試案例的第一個數是 −1。在迴圈內做兩項工作：

1. 透過一重迴圈讀入目前測試案例的陣列 a，並累計資料元素個數 n。目前測試案例的結束符號是讀入資料 0。

2. 透過雙重迴圈結構列舉 $a[]$ 的所有資料對 $a[i]$ 和 $a[j]$（$0{\le}i{<}n{-}1$, $i{+}1{\le}j{<}n$），判斷 $a[i]$ 和 $a[j]$ 是否呈兩倍關係（$a[i]*2{==}a[j]||a[j]*2{==}a[i]$）。

❖ 參考程式

```
01   #include <iostream>              // 前置編譯命令
02   using namespace std;             // 使用 C++ 標準程式庫中的所有識別字
03   int main()                       // 主函式
04   {                                // 主函式開始
05       int i, j, n, count, a[20];   // 宣告整數變數 i、j、n、count 和整數陣列 a
06       cin>>a[0];                   // 輸入第 1 個測試案例的首個資料
07       while(a[0]!=-1)              // 若輸入未結束，則輸入下一個測試案例
08       {   n=1;                     // 讀入目前資料組
09           for( ; ; n++)
10             {
11                   cin>>a[n];
12                   if (a[n]==0) break;
13             }
14           count=0;                 // 處理：計算目前測試案例中有多少數對滿足一個數是
15                                    // 另一個數的 2 倍
16           for (i=0; i<n-1; i++)    // 列舉所有數對
17           {
18               for (j=i+1; j<n; j++)
19               {
20                   if (a[i]*2==a[j] || a[j]*2==a[i])   // 若目前數對滿足 2 倍關係，則累計
21                       count++;
22               }
23           }
24           cout<<count<<endl;       // 輸出目前測試案例中滿足 2 倍關係的數對
25           cin>>a[0];               // 輸入下一個測試案例的首個資料
26       }
27       return 0;
28   }
```

本題的測試案例數和測試案例長度都是未知的，其求解程式式採用雙重迴圈結構。

◆ 外迴圈：列舉各組測試案例，結束標誌為輸入結束符號（本題的輸入結束符號為 –1）。

◆ 內迴圈：輸入和處理目前測試案例中的資料，輸入的結束符號為測試案例的結束符號（本題的測試案例以 0 為結束符號）。

在處理多個測試案例的過程中，可能會遇到這樣一種情況：資料量較大，所有測試案例都採用同一運算，並且資料範圍已知。在這種情況下，為了提高計算效率，可以採用離線計算方法：預先計算出指定範圍內的所有解，存入某個常數陣列；以後每測試一個測試案例，直接從常數陣列中引用相關資料就可以了，這樣就避免了重複運算。

1.2.2 ▶ Sum of Consecutive Prime Numbers

一些正整數能夠表示為一個或多個連續質數的和。若有已知的正整數，會有多少個這樣的表示？例如，整數 53 有兩個表示，即 5+7+11+13+17 和 53；整數 41 有三個表示，即 2+3+5+7+11+13、11+13+17 和 41；整數 3 只有一個表示，即 3；整數 20 沒有這樣的表示。注意，這裡的加法運算必須是連續的質數，因此，對於整數 20，7+13 和 3+5+5+7 都不是有效的表示。

請寫一個程式，對於一個已知的正整數，程式提供如上述連續質數的和的表示。

輸入
輸入一個正整數序列，每個數一行，在 2～10000 之間取值。輸入 0 表示結束。

輸出
除了最後的 0，輸出的每一行對應輸入的每一行。對於一個輸入的正整數，輸出的每一行提供連續質數的和的表示數。輸出中沒有其他字元。

範例輸入	範例輸出
2	1
3	1
17	2
41	3
20	0
666	0
12	1
53	2
0	

試題來源： ACM Japan 2005

線上測試： POJ 2739，UVA 3399

❖ 試題解析

由於每個測試案例都要計算質數，且質數上限為 10000，因此：

1. 首先，離線計算出 [2..10001] 內的所有質數，按照遞增順序存入陣列 prime[1.. total]。

2. 然後，依次處理每個測試案例：設定目前測試案例的輸入為 n，連續質數的和為 cnt，n 的表示數為 ans。

採用雙重迴圈計算 n 的表示數 ans：

◆ 外迴圈 i：列舉所有可能的最小質數 prime[i]（for (int i=0; n>=prime[i]; i++)）。

◆ 內迴圈 j：列舉由 prime[i] 開始的連續質數的和 cnt，條件是所有質數在 prime[] 中且 cnt 不大於 n（for (int j=i; j< total && cnt<n; j++) cnt +=prime[j]）。內迴圈結束後，若 cnt==n，則 ans＋＋。

外迴圈結束後得出的 ans 即問題解。

❖ 參考程式

```
01   #include<iostream>              // 前置編譯命令
02   using namespace std;            // 使用 C++ 標準程式庫中的所有識別字
03   const int maxp = 2000, n = 10000;  // 設定質數陣列長度和輸入值的上限
04   int prime[maxp], total = 0;     // 質數陣列和陣列長度初始化為 0
05   bool isprime(int k)             // 判定 k 是否為質數
06   {
07       for (int i = 0; i < total; i++)
08           if (k % prime[i] == 0)
09               return false;
10       return true;
11   }
12   int main(void)                  // 主函式
13   {
14       for (int i = 2; i <= n; i++)    // 預先建立質數陣列
15           if (isprime(i))
16               prime[total++] = i;
17       prime[total] = n + 1;
18       int m;
19       cin >> m;                   // 輸入第 1 個正整數
20       while (m) {                 // 迴圈，直到輸入正整數 0 為止
21           int ans = 0;            // 和初始化為 0
22           for (int i = 0; m >= prime[i]; i++) {    // 列舉最小質數
23               int cnt = 0;                          // 求連續質數的和
24               for (int j = i; j < total && cnt < m; j++)
25                   cnt += prime[j];
26               if (cnt == m)       // 若和恰好等於 m，則累計答案數
27                   ++ans;
28           }
29           cout << ans << endl;    // 輸出答案數
30           cin >> m;               // 輸入下一個正整數
31       }
32       return 0;
33   }
```

所謂演算法就是程式編寫解決問題的方法。有些「輸入－處理－輸出」的計算題，儘管學過程式設計語言的讀者能夠解決，但「處理」這一環節的演算法比較複雜，要求讀者對於問題描述進行分析，推導出解題的演算法。

1.2.3 ▶ Game of Flying Circus

反重力技術的發現改變了世界。反重力鞋（Grav 鞋）的發明使人們能夠在空中自由飛翔，從而催生了一項新的空中運動：「飛行馬戲（Flying Circus）」。

參賽者穿著反重力鞋和飛行服進行比賽。比賽在一個特定的場地內進行，並要求參賽者在特定的時間內爭取得分。比賽場地是一個邊長為 300 公尺的正方形，正方形的四個角上都漂浮著浮標，這四個浮標按順時針順序編號為 1、2、3、4，如圖 1.2-1 所示。

圖 1.2-1

兩名選手將浮標 #1 作為比賽起點。比賽開始後，他們按順時針順序觸碰四個浮標。（因為浮標 #1 是起點，所以他們要觸碰的第一個浮標是浮標 #2，此後，他們要按順序觸碰浮標 #3、#4、和 #1。）這裡要注意，他們可以在比賽場地內自由飛行，甚至可以在正方形場地的中央飛行。

在以下兩種情況下，選手可以得一分。

1. 如果你比你的對手先觸碰到浮標，你得一分。例如，在比賽開始後，如果對手比你先觸碰了浮標 #2，那麼他得一分；而你觸碰到浮標 #2 的時候，你就不會得分。還要注意，在觸碰浮標 #2 之前，你不能觸碰浮標 #3 或其他浮標。

2. 不考慮浮標得分，而是靠格鬥得分。如果你和對手在同一位置相遇，你可以和對手進行一場格鬥，如勝利則得一分。考慮到遊戲的平衡性，在浮標 #2 被觸碰之前，兩名選手不得格鬥。

通常，有三種類型的選手：

1. Speeder：這類選手擅長高速運動，他們會透過觸碰浮標來得分，儘量避免格鬥。

2. Fighter：這類選手擅長格鬥，他們會儘量透過和對手格鬥來得分，因為 Fighter 的速度比 Speeder 慢，所以如果對手是一個 Speeder，則 Fighter 很難透過觸摸浮標來得分。

3. All-Rounder：綜合了 Fighter 和 Speeder 的平衡型選手。

現在，在 Asuka（All-Rounder 選手）和 Shion（Speeder 選手）之間將進行一場訓練賽。由於這場比賽只是一場訓練賽，因此規則很簡單：任何人觸碰到浮標 #1 後，比賽結束。Shion 是 Speeder 選手，他的策略非常簡單：沿最短路徑觸碰浮標 #2、#3、#4、#1。

Asuka 擅長格鬥，所以她和 Shion 格鬥就會得 1 分，而對手在格鬥之後會昏迷 T 秒。由於 Asuka 的速度比 Shion 慢，她決定在比賽中只和 Shion 格鬥一次。本題設定，如果 Asuka 和 Shion 同時觸碰浮標，則 Asuka 得分，並且 Asuka 還可以與 Shion 在浮標處格鬥。在這種情況下，格鬥發生在浮標被 Asuka 或 Shion 觸碰之後。

Asuka 的速度是 V_1 公尺 / 秒，Shion 的速度是 V_2 公尺 / 秒。請問 Asuka 是否有贏的可能？

輸入

輸入的第一行提供整數 t（$0<t\leq10000$），然後提供 t 行，每行提供 3 個倍精確度變數 T、V_1 和 V_2（$0\leq V_1\leq V_2$，$T\geq0$），表示一個測試案例。

輸出

如果存在 Asuka 贏得比賽的策略，則輸出「Yes」，否則輸出「No」。

範例輸入	範例輸出
2 1 10 13 100 10 13	Case #1: No Case #2: Yes

提示

Asuka 可以飛到連接浮標 #2 和浮標 #3 的邊的中點，然後在那裡等待 Shion 到來。當他們相遇時，Asuka 和 Shion 格鬥。此時，Shion 會被擊昏（這意味著 Shion 在 100 秒內不能移動），Asuka 會飛回浮標 #2，因為浮標 #2 已經被觸碰了，她觸碰浮標 #2 不會得分。但在那之後，她可以沿連接浮標的邊飛到浮標 #3、浮標 #4、浮標 #1，得 3 分。

試題來源：2015 ACM-ICPC Asia Shenyang Regional Contest
線上測試：HDOJ 5515，UVA 7244

❖ **試題解析**

在 Asuka 和 Shion 之間進行的訓練賽一共有 5 分可得：觸碰 4 個浮標的 4 分和一場格鬥的 1 分。

對於 Asuka，要贏得比賽，可能有如下 3 種情況：

情況 1：Asuka 和 Shion 的速度一樣（$V_1=V_2$），則 Asuka 和 Shion 同時到達浮標 #2；然後 Asuka 和 Shion 進行一場格鬥，Shion 會被擊昏；Asuka 沿正方形場地的邊到達浮標 #3、浮標 #4、浮標 #1，贏得比賽。

情況 2：Asuka 的速度使得她在浮標 #2 和浮標 #3 之間的連線上的某點（未到浮標 #3）和 Shion 相遇，即 Shion 沿正方形場地的邊觸碰浮標 #2，然後沿連接浮標 #2 和浮標 #3 之間的連線向浮標 #3 飛行，Asuka 則走直線，從浮標 #1 飛向該點。如圖 1.2-2 所示。

Asuka 和 Shion 在浮標 #2 與浮標 #3 間相遇的條件為 $\dfrac{300\sqrt{2}}{V_1}<\dfrac{600}{V_2}$。

假設 Asuka 和 Shion 的相遇點與浮標 #2 的距離是 x。在該點 Asuka 和 Shion 進行一場格鬥，Shion 會被擊昏；然後 Asuka 沿直線飛到浮標 #2，再飛向浮標 #3 和浮標 #4。顯然，相遇後，Asuka 花費 $\dfrac{x+600}{V_1}$ 時間到達浮標 #4，而 Shion 花費 $T+\dfrac{600-x}{V_2}$ 時間到達浮標 #4。所以，如果 Asuka 能夠先於 Shion 到達浮標 #4，或者 Asuka 和 Shion 同時到達浮標 #4，即 $\dfrac{x+600}{V_1}\leq T+\dfrac{600-x}{V_2}$，則 Asuka 獲勝。

情況 3：Asuka 的速度使得她在浮標 #3 和浮標 #4 之間的連線上的某點（包括浮標 #3，未到浮標 #4）和 Shion 相遇，假設該點與 #4 的距離為 x，即 Shion 沿正方形場地的邊已經觸碰浮標 #2 和浮標 #3；Asuka 則走直線，從浮標 #1 飛向該點。如圖 1.2-3 所示。在該點 Asuka 和 Shion 進行一場格鬥，Shion 會被擊昏；然後 Asuka 沿直線飛到浮標 #2，再沿正方形場地的邊飛向浮標 #3、浮標 #4、浮標 #1。也就是說，相遇後 Asuka 花費 $\dfrac{\sqrt{(300-x)^2+300^2}+3\times300}{V_1}$ 時間到達浮標 #1，Shion 花費 $T+\dfrac{300+x}{V_2}$ 時間到達浮標 #1。如果 Asuka 能比 Shion 先到達浮標 #1，或者 Asuka 和 Shion 同時到達浮標 #1，則 Asuka 獲勝。也就是說，如果 $\dfrac{\sqrt{(300-x)^2+300^2}}{V_1}\le T+\dfrac{300+x}{V_2}$，則 Asuka 獲勝。

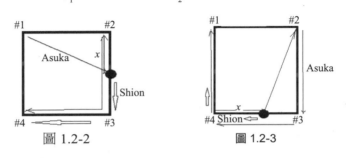

圖 1.2-2　　　　　　　圖 1.2-3

對於上述情況，如果 Asuka 能夠獲勝，則輸出「Yes」，否則輸出「No」。

❖ 參考程式

```
01  #include<bits/stdc++.h>
02  using namespace std;
03  typedef long long LL;
04  typedef pair<int, int> PI;
05  const int N=1e5;
06  const double eps=1e-5;
07  const LL mod=1e9+7;
08  int main()
09  {
10      int t, ca=1;                        // 測試案例編號初始化
11      scanf("%d", &t);                    // 輸入測試案例數
12      while(t--)                          // 依次處理每個測試案例
13      {
14          double t, v1, v2;              // Shion 格鬥之後的昏迷時間為 t，Asuka 和
15                                          // Shion 的速度分別為 v1、v2
16          scanf("%lf%lf%lf", &t, &v1, &v2); // 輸入 Shion 格鬥之後的昏迷時間
17          printf("Case #%d: ", ca++);    // 輸出測試案例編號，計算下一個測試案例編號
18                                          // 分析 Asuka 贏得比賽的第一種情況
19          if(v1==v2)
20          {
21              puts("Yes");
22              continue;
23          }
24          // 分析 Asuka 贏得比賽的第二種情況
25          double tt1=300*sqrt(2.0)/v1;    // 計算 Asuka 從浮標 #1 沿對角線至
26                                          // 浮標 #3 所用的時間
27          double tt2=600.0/v2;            // 計算 Shion 走浮標 #1- 浮標 #2-
28                                          // 浮標 #3 所用的時間
29          double v12=v1*v1, v22=v2*v2;    // 計算兩者速度的平方
30          double t1=300.0/v1; // 計算 Asuka 走浮標 #1- 浮標 #4 所用的時間 t1
31          double t2=900.0/v2; // 計算 Shion 走浮標 #1- 浮標 #2- 浮標 #3- 浮標 #4 所用的時間
```

```
32          if(t1>=t2)                  // 若在兩者都走連線情況下，Asuka 未先到達浮標 #4，則 Asuka 失敗
33          {
34              puts("No");
35              continue;
36          }
37          if(tt1<=tt2)                 // 若 Asuka 和 Shion 在浮標 #2 與浮標 #3 之間相遇，
38                                       // 則計算相遇點與浮標 #2 的距離 x
39          {
40              double dt=(600*v12)*(600*v12)-4*(v12-v22)*(v12*90000-90000*v22);
41              double x=(-600.0*v12+sqrt(dt))/2.0/(v12-v22);
42              if((x+600)/v1<=t+(600-x)/v2)      // 若 Asuka 先於 Shion 到達浮標 #4，則獲勝
43              {
44                  puts("Yes");
45                  continue;
46              }
47          }
48          // 分析 Asuka 贏得比賽的第三種情況
49          // 計算 Asuka 和 Shion 在浮標 #3 與浮標 #4 之間的相遇點與浮標 #4 的距離 x
50              double dt=(1800*v12)*(1800*v12)-4*(v12-v22)*(v12*810000-90000*v22);
51              double x=(1800.0*v12-sqrt(dt))/2.0/(v12-v22);
52          // 若 Asuka 比 Shion 先到浮標 #1，則 Asuka 獲勝；否則失敗
53              if(sqrt((300.0-x)*(300.0-x)+90000.0)/v1+900.0/v1<=t+(300+ x)/v2)
54                  puts("Yes");
55              else
56                  puts("No");
57      }
58      return 0;
59  }
```

1.3　在實數和整數之間轉換

程式設計語言的基本資料型別有整數型、實數型、字元型等。有些試題的資料物件是實數和整數，並且要進行實數和整數之間的轉換運算。

【1.3.1 I Think I Need a Houseboat】是實數向整數轉換的實作範例，【1.3.2 Integer Approximation】則是在整數運算過程中產生實數的實作範例。

1.3.1 ▶ I Think I Need a Houseboat

Fred Mapper 計畫在 Louisiana 購買一塊土地，並在這塊土地上建造他的家。在對土地調查後，他發現，由於 Mississippi 河的侵蝕，Louisiana 州的土地每年減少 50 平方英里。因為 Fred 準備在他所建的家中度過後半生，所以他要知道他的土地是否會因為河流的侵蝕而消失。

在做了大量研究後，Fred 發現正在失去的土地構成一個半圓形（半圓如圖 1.3-1 所示）。這一半圓形是一個圓的一部分，圓心在 (0, 0)，二等分這個圓的線是 x 軸，x 軸的下方是河水。在第 1 年開始的時候，這個半圓的面積為 0。

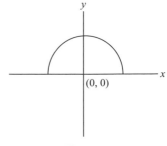

圖 1.3-1

輸入

輸入的第一行是一個正整數，表示有多少個測試案例（N）。後面有 N 行，每行提供笛卡兒座標 x 和 y，表示 Fred 考慮購買的土地的位置。這些數是浮點數，以英里為單位。y 座標非負。不會提供座標（$0, 0$）。

輸出

對每個輸入的測試案例，輸出一行。這一行的形式為「Property N: This property will begin eroding in year Z.」，其中 N 是測試案例編號（從 1 開始記數），Z 表示 Fred 的土地在第 Z 年結束的時候要落到半圓形中（從 1 開始記數），Z 必須是一個整數。在最後一個測試案例後，輸出「END OF OUTPUT.」。

範例輸入	範例輸出
2 1.0 1.0 25.0 0.0	Property 1: This property will begin eroding in year 1. Property 2: This property will begin eroding in year 20. END OF OUTPUT.

說明

1. 購買的土地不會在半圓形的邊界上，它或者落在半圓形內，或者位於在半圓形外。

2. 這一問題被自動裁判，所以輸出要精確匹配，包括大小寫、標點符號和空格，以及到行末的完整的句子。

3. 所有的地點都以英里為單位。

試題來源： ACM Mid-Atlantic 2001
線上測試： POJ 1005，ZOJ 1049，UVA 2363

❖ **試題解析**

由於測試案例的個數 N 預先確定，且每個測試案例是笛卡兒座標，因此可直接採用 for 迴圈處理所有測試案例。第 i 個測試案例（x_i, y_i）與圓心（$0, 0$）構成的半圓面積即土地被河流侵蝕的範圍。由於每年減少 50 平方英里土地，而年份是整數，因此淹沒（x_i, y_i）的年份應為大於 $\dfrac{半圓面積}{50}$ 最小整數，這個取整數過程應使用向上取整數函式 ceil(x)。若使用向下取整數函式 floor(x)，則會提前 1 年失去土地。

❖ **參考程式**

```
01  #include<stdio.h>              // 前置編譯命令
02  #include<math.h>
03  #define M_PI 3.14159265
04  int num_props;                 // 定義測試案例數為整數
05  float x, y;                    // 定義笛卡兒座標為單精度實數
06  int i;
07  double calc;                   // 定義半圓面積 /50 為倍精度實數
08  int years;                     // 定義失去土地的年份為整數
09  int main(void)                 // 主函式
10  {                              // 主函式開始
11      scanf("%d", &num_props);   // 輸入測試案例數
12      for (i = 1; i <= num_props; i++)
13      {
```

```
14          scanf("%f %f", &x, &y);    // 輸入第 i 個考慮購買的土地位置，計算和輸出半圓面積 /50
15                                      // （向上取整數後即土地失去的年份）
16          calc = (x*x + y*y)* M_PI / 2 / 50;
17          years = ceil(calc);
18          print f("Property %d: This property will begin eroding
19               in year %d.\n", i, years);
20      }
21      printf("END OF OUTPUT.\n");
22  }
```

1.3.2 ▶ Integer Approximation

FORTH 程式設計語言不支援浮點數的算術運算。它的發明者 Chuck Moore 堅持認為浮點數的運算太慢，而且在大多數時候都可以用適當的整數比來模擬浮點數。例如，要計算半徑為 R 的圓的面積，他建議使用 $R \times R \times 355 / 113$ 這一公式，這實際上是非常精確的。整數比 $355/113 \approx 3.141593$ 是 π 的近似值，絕對值誤差約為 2×10^{-7}。提供一個浮點數 A 和一個整數限制 L，請找出在範圍 $[1, L]$ 內的兩個整數 N 和 D（$1 \leq N$，$D \leq L$），使得 N 和 D 的比是 A 的最佳整數近似，即找到絕對值誤差 $|A-N/D|$ 最小的兩個整數 N 和 D。

輸入

輸入的第一行提供浮點數 A（$0.1 \leq A < 10$），精確度達 15 位小數。第二行提供整數限制 L（$1 \leq L \leq 100000$）。

輸出

輸出提供兩個用空格分隔的整數：N 和 D。

範例輸入	範例輸出
3.14159265358979 10000	355 113

試題來源： ACM Northeastern Europe 2001, Far-Eastern Subregion

線上測試： POJ 1650

❖ **試題解析**

本題採用「追趕法」，在分子和分母不超過整數限制的前提下不斷列舉 a 和 b。設最小絕對值誤差為 Min，整數限制為 n。初始時取 a、b 為 1，Min 為 $n+1$；然後每次對 a、b 求商，調整 Min：

◆ 在 $a/b > x$ 的情況下，若 $a/b-x$ 小於 Min，則 Min 調整為 $a/b-x$，記錄下此時的 a 和 b 值；為了使下一次列舉時的 a/b 更趨近 x，b 增加 1。

◆ 在 $a/b \leq x$ 的情況下，若 $x-a/b$ 小於 Min，則 Min 調整為 $x-a/b$，記錄下此時的 a 和 b 值；為了使下一次列舉時的 a/b 更趨近 x，a 增加 1。

本題處理的資料是精確度達 15 位小數的浮點數，因此變數 x、a、b、n 和 Min 採用倍精度型別。

❖ **參考程式**

```
01   #include<stdio.h>
02   int main()
03   {
04       double x, a, b, n, Min, n1, n2;      // 浮點數 x，整數限制 n，目前分母和分子為 a 和 b，
05                                            // 絕對值的最小誤差為 Min，絕對值誤差為 Min 時的
06                                            // 分母和分子為 n1 和 n2
07       scanf("%lf%lf", &x, &n);            // 輸入浮點數 x 和整數限制 n
08       a = 1;                              // 絕對值誤差最小的兩個整數初始化
09       b = 1;
10       Min = n + 1;                        // 最小誤差值初始化
11       while(a <= n && b <= n)             // 若兩個整數未超過限制
12       {
13           if (a / b > x)                  // 若 a/b 在數軸上位於 x 右方且與 x 的距離值目前最小，
14                                           // 則記下 a 和 b 並將 a/b-x 調整為最小絕對值誤差
15           {
16               if (a / b - x < Min)
17               {
18                   Min = a / b - x;
19                   n1 = a;
20                   n2 = b;
21               }
22               b++;                        // 增大分母 b，使 a/b 更趨近 x
23           }
24   // 若在數軸上，a/b 位於 x 左方且與 x 的距離值目前最小，則記下 a 和 b 並將 x-a/b 調整為
25   // 最小絕對值誤差
26           else
27           {
28               if (x - a / b < Min)
29               {
30                   Min = x - a / b;
31                   n1 = a;
32                   n2 = b;
33               }
34               a++;                        // 增大分子 a，使 a/b 更趨近 x
35           }
36       }
37       printf("%.0f %.0f\n", n1, n2);      // 輸出絕對值誤差 |x-n1/n2| 最小的 n1 和 n2
38       return 0;
39   }
```

1.4　二分法、實數精確度

在有些情況下，問題的所有資料物件為一個有序區間。二分法將這個區間等分成兩個子區間，根據計算的要求決定下一步計算是在左子區間進行還是在右子區間進行；然後根據計算的要求等分所在區間，直至找到解為止。顯然，對一個規模為 $O(n)$ 的問題，如果採用盲目列舉的辦法，則效率為 $O(n)$；若採用二分法，則計算效率可提高至 $O(\log_2(n))$。

許多演算法都採用了二分法，例如二分法搜尋、減半遞迴技術、快速排序、合併排序、最佳二元樹、區段樹等。其中比較淺顯的演算法是二分法搜尋和減半遞迴技術，使用這兩種方法解簡單計算題，可以顯著提高計算時效。

假設資料是按升冪排序的，二分法搜尋的基本思維是對於待搜尋的值 x，從序列的中間位置開始比較：

1. 若目前中間位置值等於 x，則搜尋成功。

2. 若 x 小於目前中間位置值，則在數列的左子區間（數列的前半段）中搜尋。

3. 若 x 大於目前中間位置值，則在右子區間（數列的後半段）中繼續搜尋。

以此類推，直至找到 x 在序列中的位置（搜尋成功）或子區間不存在（搜尋失敗）為止。
若搜尋失敗，則目前子區間右指標所指的元素是序列中大於 x 的最小數。

1.4.1 ▶ Pie

我的生日快到了，按傳統，我用餡餅招待朋友。我用的不是一塊餡餅，而是有很多塊餡餅，口味、大小各異。有 F 位朋友要來參加我的生日聚會，每個朋友會得到一塊餡餅，而不是幾小塊餡餅，因為這樣的話，看起來很亂。也就是說，這一塊餡餅是一整塊的餡餅。

我的朋友們都很煩人，如果他們之中的一個得到了比其他人更大的一塊餡餅，他們就會開始抱怨。因此，他們所有人都應該得到同樣大小（但不一定是同樣形狀）的餡餅，即使這會導致一些餡餅被浪費，但這比破壞了聚會要好。當然，我也要留一塊餡餅給自己，而且那塊餡餅也應該是同樣大小的。

我們能得到的最大尺寸的餡餅是多少？所有的餡餅都是圓柱形的，它們都有相同的高度 1，但是餡餅的半徑可以是不同的。

輸入
輸入的第一行提供一個正整數：測試案例的數量。然後，對於每個測試案例：

1. 在一行中提供兩個整數 N 和 F（$1 \leq N, F \leq 10000$），分別為餡餅的數目和朋友的數目。

2. 在一行中提供 N 個整數為 r_i（$1 \leq r_i \leq 10000$），即餡餅的半徑。

輸出
對於每個測試案例，在一行中輸出最大可能體積的 V，使我和我的朋友們都可以得到一個大小為 V 的餡餅。答案是一個浮點數，誤差絕對值不超過 10^{-3}。

範例輸入	範例輸出
3	25.1327
3 3	3.1416
4 3 3	50.2655
1 24	
5	
10 5	
1 4 2 3 4 5 6 5 4 2	

試題來源： ACM Northwestern Europe 2006
線上測試： POJ 3122，UVA 3635

❖ 試題解析

每個朋友都會得到一整塊餡餅，也就是說，每個朋友得到的那塊餡餅必須是從同一個餡餅上得到的，而餡餅被分後，剩下的部分就會被浪費。

有 F 位朋友和我得到一整塊餡餅，所以，餡餅要分成 F+1 塊。採用二分法求解餡餅的最大尺寸。

初始時，區間下界 low=0，上界 high=maxsize（所有餡餅裡最大餡餅的體積），對目前區間的中間值 mid，計算如果按照 mid 的尺寸分餡餅，能分給多少人？即對每個餡餅（設其體積為 size），按照 mid，計算能夠分給的人數 size / mid，並捨棄小數。如果每個朋友可以分一塊，則 low=mid，否則 high=mid，繼續二分。

本題的關鍵在於實數精確度控制。本題要求誤差絕對值不超過 10^{-3}。為此，設定實數的最小精確度限制值 esp=10^{-6}，π=3.14159265359，否則，即使演算法正確，也會得到 Wrong Answer。

❖ 參考程式

```
01  #include<iostream>
02  #include<iomanip>
03  using namespace std;
04  const double pi=3.14159265359;        // 最短的 π 長度，再短就會得到 Wrong Answer
05  const double esp=1e-6;                 // 根據題目要求的精確度，為了實數二分法設定的
06                                         // 最小精確度限制值
07  int main(void)
08  {
09      int test;
10      cin>>test;
11      while(test--)
12      {
13          int n,f;                       // 餡餅數為 n，朋友數為 f
14          cin>>n>>f;
15          double* v=new double[n+1];     // 每個餡餅的大小
16          f++;                           // 加上自己的總人數
17          double maxsize=0.0;
18          for(int i=1;i<=n;i++)
19          {
20              cin>>v[i];
21              v[i]*=v[i];                // 半徑平方，計算餡餅體積時先不乘 π，以提高精度和減少時間
22              if(maxsize<v[i])
23                  maxsize=v[i];
24          }
25          double low=0.0;                // 下界，每人都分不到餡餅
26          double high=maxsize;           // 上界，每人都得到整個餡餅，而且是所有餡餅中最大的
27          double mid;
28          while(high-low>esp)            // 實數精確度控制作為迴圈結束條件
29          {
30              mid=(low+high)/2;          // 計算按照 mid 的尺寸分餡餅，能分給多少人
31              int count_f=0;             // 根據 mid 尺寸能分給的人數
32              for(int i=1;i<=n;i++)      // 列舉每個餡餅
33                  count_f+=(int)(v[i]/mid); // 第 i 個餡餅按照 mid 的尺寸去切，
34                                         // 最多能分的人數（向下取整）
```

```
35            if(count_f < f)        // 當用 mid 尺寸分，可以分的人數小於朋友數
36                high=mid;          // 說明 mid 偏大，上界最佳化
37            else
38                low=mid;           // 否則 mid 偏小，下界最佳化（注意 '=' 一定要放在
39                                   // 下界最佳化，否則精確度會出錯）
40        }
41        cout<<fixed<<setprecision(4)<<mid*pi<<endl; // 之前的計算都只是利用
42                                   // 半徑平方去計算，最後的結果要記得乘 π
43        delete v;
44    }
45    return 0;
46 }
```

二分法不僅可用於資料搜尋，也可用於函式計算。例如有變數 x_1、x_2、x_3，已知函式值是 x_1，x_2、x_3 是函式的引數，即存在函式關係式 $x_1=f(x_2, x_3)$。如何在函式值 x_1 和引數值 x_2 確定的情況下，求滿足函式式的 x_3 值？下面介紹一種演算法——減半遞迴技術。

所謂「減半」是指將問題的規模（例如 x_3 的取值範圍）減半，而問題的性質（例如 $x_1=f(x_2, x_3)$）不變。假設原問題的規模為 n，則可以採用與問題有關的特定方法將原問題化為 c 個（c 是與規模無關而只與問題有關的常數）規模減半的問題，然後透過研究規模為 $\frac{n}{2}$ 的問題（顯然與原問題性質相同，只是規模不同而已）來解決問題。問題的規模減少了，會給解決問題帶來不少方便。但是，在規模減半過程中，勢必增加某些輔助工作，在分析工作量時必須予以考慮。所謂「遞迴」是指重複上述「減半」過程。因為規模為 $\frac{n}{2}$ 的問題又可以轉換成 c 個規模為 $\frac{n}{4}$ 的相同性質的問題。以此類推，直至問題的規模減少到最小，能夠很方便地解決為止。

1.4.2 ▶ Humidex

濕熱指數（humidex）是加拿大氣象學家用來表示溫度和濕度的綜合影響的度量衡。它不同於美國所採用的露點（dew point），露點表示酷熱指數而不表示相對的濕度（摘自維基百科）。

當溫度為 30℃（86 ℉）且露點為 15℃（59℉）時，濕熱指數是 34（注意，濕熱指數是一個沒有度量單位的數，這個值表示大約的攝氏溫度值）。如果溫度保持在 30℃ 並且露點上升到 25℃（77℉），濕熱指數就上升到 42.3。

在溫度和相對濕度相同的情況下，濕熱指數往往比美國酷熱指數高。

目前確定的濕熱指數的公式是 1979 年，由加拿大大氣環境服務局的 J. M. Masterton 和 F. A. Richardson 提供的。

根據加拿大氣象局的觀點，濕熱指數達到 40 會使人感到「非常不舒服」；濕熱指數達到 45 以上就是「危險」狀態；當濕熱指數達到 54，人就會馬上中暑。

在加拿大，濕熱指數的最高紀錄是，1953 年 6 月 20 日在加拿大安大略省溫莎地區出現的，達到 52.1。（溫莎地區的居民並不知道，因為在當時尚未發明濕熱指數。）1995 年 7 月 14 日濕熱指數在溫莎和多倫多兩地達到 50。

濕熱指數的公式如下：

濕熱指數 = 溫度 $+h$

$h = (0.5555) \times (e - 10.0)$

$e = 6.11 \times \exp[5417.7530 \times ((1/273.16) - (1/(露點 + 273.16)))]$

其中，$\exp(x)$ 以 2.718281828 為底，x 為指數。

由於濕熱指數只是一個數字，電臺播音員會像宣佈氣溫一樣宣佈它，例如「那裡氣溫 47 度……[暫停]……濕熱指數」。有時天氣預報會提供溫度和露點，或者溫度和濕熱指數，但很少同時報告這三個測量值。請編寫一個程式，提供其中兩個測量值，計算第 3 個值。

本題假設，對於所有的輸入，溫度、露點和濕熱指數的範圍在 −100～100°C 之間。

輸入

輸入包含許多行，除最後一行之外，每行由空格分開的 4 個項組成：第一個字母，第一個數字，第二個字母，第二個數字。每個字母說明後面跟著的數字的含意：T 表示溫度，D 表示露點，H 表示濕熱指數。輸入結束行只有一個字母 E。

輸出

除最後一行之外，每行輸入產生一行輸出。輸出的形式如下。

T 數字 D 數字 H 數字

其中的 3 個數字提供溫度、露點和濕熱指數。每個數字都是十進位數字，精確到小數點後一位，所有溫度以攝氏度表示。

範例輸入	範例輸出
T 30 D 15 T 30.0 D 25.0 E	T 30.0 D 15.0 H 34.0 T 30.0 D 25.0 H 42.3

試題來源：Waterloo Local Contest, 2007.7.14

線上測試：POJ 3299

❖ 試題解析

由題目提供的濕熱指數公式可以看出，h 與露點呈正比關係。顯然，已知露點和溫度（或濕熱指數），則可先由露點推出 h 值，再由「濕熱指數 = 溫度 + h」這一公式得出濕熱指數；或者由公式「溫度 = 濕熱指數 − h」得出溫度。

若已知的兩個測試量是溫度和濕熱指數，則我們採取減半遞迴技術計算露點值。

最初假設露點值為 0，然後進入迴圈：露點的增量值從 100 開始，每次迴圈減半。若根據公式得出的濕熱指數大於預報的濕熱指數，則露點值減少一個增量（即 $h \searrow$，使公式得出的濕熱指數向下逼近預報值）；否則露點值增加一個增量（即 $h \nearrow$，使公式得出的濕熱指數向上逼近預報值）。這個迴圈過程直至增量值小於等於 0.0001 為止，此時得出應預報的露點值。

❖ 參考程式

```
01   #include<stdio.h>                    // 前置編譯命令
```

```
02   #include<math.h>
03   #include<assert.h>
04   char a,b;                          // 定義兩個測試標誌字元
05   double A,B,temp,hum,dew;
06   double dohum(double tt,double dd){ // 根據溫度 tt 和露點 dd 計算濕熱指數
07       double e = 6.11 * exp (5417.7530 * ((1/273.16) - (1/(dd+273.16))));
08       double h = (0.5555)*(e - 10.0);
09       return tt + h;                 // 傳回濕熱指數
10   }
11   double dotemp(){                   // 根據露點 dew 和濕熱指數 hum 計算溫度
12       double e = 6.11 * exp (5417.7530 * ((1/273.16) - (1/(dew+273.16))));
13       double h = (0.5555)*(e - 10.0);
14       return hum - h;                // 傳回溫度
15   }
16   double dodew(){                    // 根據溫度 temp 和濕熱指數 hum 計算露點
17       double x = 0;                  // 露點值及其增量初始化
18       double delta=100;
19   // 迴圈：增量值從 100 開始，每次迴圈減少一半，若根據目前溫度 temp 和露點 x 得出的濕熱指數大於 hum，
20   // 則露點 x 減少一個增量值，否則露點 x 增加一個增量值，這個迴圈過程直至增量值小於等於 0.0001 為止
21       for (delta=100;delta>.00001;delta *=.5) {
22           if (dohum(temp,x)>hum) x -= delta;
23           else x += delta;
24       }
25       return x;                      // 傳回露點 x
26   }
27   int main()                         // 主函式
28   {   // 迴圈：依次輸入每次天氣預報的兩個測試量，直至結束標誌 'E'
29       while (4 == scanf(" %c %lf %c %lf",&a,&A,&b,&B) && a != 'E'){
30           temp = hum = dew = -99999; // 溫度、濕熱指數和露點值初始化
31           if (a == 'T') temp = A;    // 預報的第 1 個測量值是溫度
32           if (a == 'H') hum = A;     // 預報的第 1 個測量值是濕熱指數
33           if (a == 'D') dew = A;     // 預報的第 1 個測量值是露點
34           if (b == 'T') temp = B;    // 預報的第 2 個測量值是溫度
35           if (b == 'H') hum = B;     // 預報的第 2 個測量值是濕熱指數
36           if (b == 'D') dew = B;     // 預報的第 2 個測量值是露點
37           if (hum== -99999) hum=dohum(temp,dew); // 若缺失濕熱指數，則根據溫度和露點計算
38           if (dew == -99999) dew=dodew();        // 若缺失露點，則根據溫度和濕熱指數計算
39           if (temp == -99999) temp = dotemp();   // 若缺失溫度，則根據濕熱指數和露點計算
40           printf("T %0.1lf D %0.1lf H %0.1lf\n",temp,dew,hum); // 輸出溫度、露點和濕熱
41                                                  // 指數
42       }
43       assert(a == 'E');              // 遇到結束標誌 'E' 時使用判定
44   }
```

在實數運算中，有時需要判斷實數 x 和實數 y 是否相等，如果程式編寫者把判斷條件簡單設成 $y-x$ 是否等於 0，就有可能產生精確度誤差。避免精確度誤差的辦法是設一個精確度常數 delta。若 $y-x$ 的實數值與 0 之間的區間長度小於 delta，則認定 x 和 y 相等，這樣就可將誤差控制在 delta 範圍內，如圖 1.4-1 所示。顯然，判斷實數 x 和實數 y 是否相等的條件應設成 $|y-x| \leq$ delta。

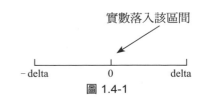

圖 1.4-1

【1.4.3 Hangover】的解答涉及離線計算、二分法和實數精確度的控制。

1.4.3 ► Hangover

你能使一疊在桌子上的卡片向桌子外伸出多遠？如果是一張卡片，這張卡片能向桌子外伸出卡片的一半長度（卡片以直角伸出桌子）。如果有兩張卡片，就讓上面一張卡片向外伸出下面那張卡片的一半長度，而下面的那張卡片向桌子外伸出卡片的三分之一長度，所以兩張卡片向桌子外延伸的總長度是 1/2+1/3=5/6 卡片長度。以此類推，n 張卡片向桌子外延伸的總長度是 1/2+1/3+1/4+…+1/(n+1) 卡片長度：最上面的卡片向外延伸 1/2，第二張卡片向外延伸 1/3，第三張卡片向外延伸 1/4，……，最下面一張卡片向桌子外延伸 1/(n+1)，如圖 1.4-2 所示。

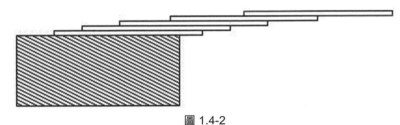

圖 1.4-2

輸入

輸入由一個或多個測試案例組成，最後一行用 0.00 表示輸入結束，每個測試案例一行，是一個 3 位正浮點數 c，最小值為 0.01，最大值為 5.20。

輸出

對每個測試資料 c，輸出要伸出卡片長度 c 最少要用的卡片的數目，輸出形式見範例輸出。

範例輸入	範例輸出
1.00	3 card(s)
3.71	61 card(s)
0.04	1 card(s)
5.19	273 card(s)
0.00	

試題來源：ACM Mid-Central USA 2001

線上測試：POJ 1003，UVA 2294

❖ 試題解析

由於資料範圍很小，因此先離線計算向桌子外延伸的卡片長度不超過 5.20 所需的最少卡片數。設 total 為卡片數，len[i] 為前 i 張卡片向桌子外延伸的長度，即 len[i]=len[$i-1$]+$\dfrac{1}{i+1}$，$i \geq 1$，len[0]=0。顯然 len[] 為遞增序列。

注意：由於 len 的元素和被搜尋的要伸出卡片長度 x 為實數，因此要嚴格控制精確度誤差。設精確度 delta=1e−8。zero(x) 為實數 x 是正負數和 0 的標誌。

$$zero(x) = \begin{cases} 1 & x > \text{delta},\text{即為正實數} \\ -1 & x < -\text{delta},\text{即為負實數} \\ 0 & \text{否則},\text{即 } x \text{ 為 } 0 \end{cases}$$

初始時 len[0]=0，透過結構為 for(total=1; zero(len[total-1]-5.20)<0; total++) len[total]=len[total-1]+1.0/double(total+1) 的迴圈，遞迴計算 len 序列。

在計算出 len 陣列後，先輸入第 1 個測試案例 x，並進入結構為 while (zero(x)) 的迴圈，每一次迴圈，使用二分法在 len 表中搜尋伸出卡片長度 x 最少要用的卡片數，並輸入下一個測試案例 x。這個迴圈過程直至輸入測試資料 x=0 .00 為止。

二元搜尋的過程如下。

初始時區間 [l, r]=[1, total]，區間的中間指標 $min = \lfloor \frac{l+r}{2} \rfloor$。若 zero(len[mid] - x)<0，則所需的卡片數在右區間（l=mid）；否則所需的卡片數在左區間（r=mid）。繼續二分區間 [l, r]，直至 l+1 ≥ r 為止。此時得出的 r 即最少要用的卡片數。

❖ 參考程式

```
01  #include<iostream>              // 前置編譯命令
02  using namespace std;            // 使用 C++ 標準程式庫中的所有識別字
03  const int maxn = 300;           // len 陣列容量
04  const double delta = 1e-8;      // 設定精確度
05  int zero(double x)              // 在精確度 delta 的範圍內，若 x 是小於 0 的負實數，
06                                  // 則傳回 -1；若 x 是大於 0 的正實數，則傳回 1；
07                                  // 若 x 為 0，則傳回 0
08  {
09      if (x < -delta)
10          return -1;
11      return x > delta;
12  }
13  int main(void)                  // 主函式
14  {                               // 主函式開始
15      double len[maxn];           // 定義 len 陣列和陣列長度
16      int total;
17      len[0] = 0.0;               // 直接計算出截止長度不超過 5.20 所需的最少卡片數
18      for (total = 1; zero(len[total - 1] - 5.20) < 0; total++)
19          len[total] = len[total - 1] + 1.0 / double(total + 1);
20      double x;
21      cin >> x;                   // 輸入第 1 個測試案例 x
22      while (zero(x)) {           // 用二分法在 len 表中搜尋不小於 x 的最少卡片數
23          int l, r;
24          l = 0;                  // 設定搜尋區間的左右指標
25          r = total;
26          while (l + 1 < r) {     // 迴圈條件是搜尋區間存在
27              int mid = (l + r) / 2;  // 計算搜尋區間的中間指標
28              if (zero(len[mid] - x) < 0) // 若中間元素值小於 x，則在右區間搜尋；否則在左區
29                                  // 間搜尋
30                  l = mid;
31              else
32                  r = mid;
33          }
34          cout << r << "card(s)" << endl; // 輸出至少伸出 x 長度最少要用的卡片數
```

```
35          cin >> x;                              // 讀下一個測試案例
36      }
37      return 0;
38  }
```

1.5　相關題庫

1.5.1 ► Sum

請你求出在 1～n 之間的所有整數的總和。

輸入

輸入是一個絕對值不大於 10000 的整數 n。

輸出

輸出一個整數，是所有在 1～n 之間的整數的總和。

範例輸入	範例輸出
−3	−5

試題來源：ACM 2000 Northeastern European Regional Programming Contest (test tour)

線上測試：Ural 1068

提示

根據等差數列 $s=1+2+\cdots n$ 的求和公式，如果 n 是大於 0 的正整數，則 $s=\dfrac{1+n}{2}*n$，否則 $s=\dfrac{1-n}{2}*n+1$。

1.5.2 ► Specialized Four-Digit Numbers

找到並列出所有具有如下特性的十進位的 4 位數字：4 位數字的和等於這個數字以十六進位表示時的 4 位數字的和，也等於這個數字以十二進位表示時的 4 位數字的和。

例如，整數 2991（十進位）的 4 位數字之和是 2+9+9+1=21，因為 2991=1×1728+8×144+9×12+3，所以其十二進位表示為 1893_{12}，4 位數字之和也是 21。但是 2991 的十六進位表示為 BAF_{16}，並且 11+10+15=36，因此 2991 被程式排除了。

下一個數是 2992，3 種表示的各位數字之和都是 22（包括 $BB0_{16}$），因此 2992 被列在輸出中。（本題不考慮少於 4 位數字的十進位數字──排除了字首字元為零──因此 2992 是第一個正確答案。）

輸入

本題沒有輸入。

輸出

輸出為 2992 和所有比 2922 大的滿足需求的 4 位數字（以嚴格的遞增序列），每個數字一行，數字前後不加空格，以行結束符號結束。輸出沒有空行。輸出的前幾行如範例所示。

範例輸入	範例輸出
本題無輸入	2992
	2993
	2994
	2995
	2996
	2997
	2998
	2999
	...

試題來源：ACM Pacific Northwest 2004

線上測試：POJ 2196，ZOJ 2405，UVA 3199

提示

首先設計一個函式 calc(k, b)，計算並傳回 k 轉換成 b 進制後的各位數字之和。然後列舉 [2992..9999] 內的每個數 i，若 calc(i, 10)==calc(i, 12)==calc(i, 16)，則輸出 i。

1.5.3 ▶ Quicksum

校驗是一個掃描封包並傳回一個數字的演算法。校驗的思維是，如果封包發生了變化，校驗值也隨之發生變化，所以校驗經常被用於檢測傳輸錯誤、驗證檔案的內容，而且在許多情況下可用於檢測資料的不良變化。

本題請你實現一個名為 Quicksum 的校驗演算法。Quicksum 的封包只包含大寫字母和空格，以大寫字母開始和結束，空格和字母可以以任何組合出現，可以有連續的空格。

Quicksum 計算在封包中每個字元的位置與字元的對應值的乘積的總和。空格的對應值為 0，字母的對應值是它們在字母表中的位置。A=1，B=2，以此類推，則 Z=26。例如 Quicksum 計算封包 ACM 和 MID CENTRAL 如下：

◆ ACM：1*1+2*3+3*13=46。

◆ MID CENTRAL：1*13+2*9+3*4+4*0+5*3+6*5+7*14+8*20+9*18+10*1+11*12=650。

輸入

輸入由一個或多個測試案例（封包）組成，輸入最後提供僅包含「#」的一行，表示輸入結束。每個測試案例一行，開始和結束沒有空格，包含 1～255 個字元。

輸出

對每個測試案例（封包），在一行中輸出其 Quicksum 的值。

範例輸入	範例輸出
ACM	46
MID CENTRAL	650
REGIONAL PROGRAMMING CONTEST	4690
ACN	49
A C M	75
ABC	14
BBC	15
#	

試題來源： ACM Mid-Central USA 2006

線上測試： POJ 3094，ZOJ 2812，UVA 3594

提示

設計一個函式 value(c)，若字元 c=='_'，則傳回 0，否則傳回字母 c 的對應值 c-'A'+1。整個計算過程為一個迴圈，每次迴圈輸入目前測試案例，計算和輸出其 Quicksum 值。

字元位置和 Quicksum 值初始化為 0，目前測試案例所對應的字串 s 設為空，然後反覆讀入字元 c，並將 c 送入 s，直至 c 為檔案結束標誌（EOF）或行結束符號（'\n'）為止。字串 s 的 Quicksum 值可邊輸入邊計算，即 Quicksum$=\sum_{i=0}^{s.size-1}(i+1)*value(s[i])$。

若 s 為輸入結束符號「#」，則結束程式。

1.5.4 ▶ A Contesting Decision

程式設計競賽的裁判是一項艱苦的工作，要面對要求嚴格的參賽選手，要做出相關的決定，並要重複單調的工作。不過，這其中也可以有很多的樂趣。

對於程式設計競賽的裁判來說，用軟體使評測過程自動化有很大的幫助作用，而一些比賽軟體存在的不可靠因素使人們希望比賽軟體能夠更好、更可用。如果你是競賽管理軟體開發團隊的一員，基於模組化設計原則，你所開發的模組功能是為參加程式設計競賽的隊伍計算分數並確定冠軍。提供參賽隊伍在比賽中的情況，確定比賽的冠軍。

記分規則如下。

一支參賽隊的分數由兩個部分組成：第一部分是解出的題數；第二部分是罰時，表示解題的總耗時和試題沒有被解出前因錯誤的提交所另加的罰時。對於每個被正確解出的試題，罰時等於該問題被解出的時間加上每次錯誤提交的 20 分鐘罰時。在問題沒有被解出前不加罰時。

因此，如果一支隊伍在比賽 20 分鐘的時候第二次提交解出第 1 題，他們的罰時是 40 分鐘。如果他們提交第 2 題 3 次，但沒有解決這個問題，則沒有罰時。如果他們在 120 分鐘提交第 3 題，並一次解出的話，該題的罰時是 120 分鐘。這樣，該隊的成績是罰時 160 分鐘，解出了兩道試題。

冠軍隊是解出最多試題的隊伍。如果兩隊在解題數上打成平手，那麼罰時少的隊為冠軍隊。

輸入

程式評判的程式設計競賽有 4 題。本題設定，在計算罰時後，不會導致隊與隊之間不分勝負的情況。

第 1 行為參賽隊數 n。

第 2～n+1 行為每個隊的參賽情況。每行的格式如下：

<Name><p1Sub><p1Time><p2Sub><p2Time>…<p4Time>

第一個元素是不含空格的隊名。後面是 4 道試題的解題情況（該隊對這一試題的提交次數和正確解出該題的時間（都是整數））。如果沒有解出該題，則解題時間為 0。如果解出一道試題，提交次數至少是一次。

輸出

輸出一行。提供冠軍隊的隊名、解出題目的數量,以及罰時。

範例輸入	範例輸出
4 Stars 2 20 5 0 4 190 3 220 Rockets 5 180 1 0 2 0 3 100 Penguins 1 15 3 120 1 300 4 0 Marsupials 9 0 3 100 2 220 3 80	Penguins 3 475

試題來源: ACM Mid-Atlantic 2003

線上測試: POJ 1581,ZOJ 1764,UVA 2832

提示

設定冠軍隊的隊名為 wname,解題數為 wsol,罰時為 wpt;目前隊的隊名為 name,解題數為 sol,罰時為 pt;目前題的提交次數為 sub,解題時間為 time。

我們依次讀入每個隊的隊名 name 和 4 道題的提交次數 sub,解題時間 time。

若該題成功解出(time>0),則累計該隊的解題數(++sol),統計罰時 pt(pt+=(sub−1) * 20+time)。

計算完 4 道題的解題情況後,若目前隊解題數最多,或雖同為目前最高解題數但罰時最少(sol>wsol||(sol==wsol && wpt>pt)),則將目前隊暫設為冠軍隊,記下隊名、解題數和罰時(wname=name; wsol=sol; wpt=pt)。

顯然,處理完 n 個參賽隊的資訊後,wname、wsol 和 wpt 就是問題的解。

1.5.5 ▶ Dirichlet's Theorem on Arithmetic Progressions

如果 a 和 d 是互質的正整數,從 a 開始增加 d 的算術序列,即 a, a+d, a+2d, a+3d, a+4d, …包含無窮多的質數,這被稱為 Dirichlet 算術級數定理。這一猜想由 Johann Carl Friedrich Gauss(1777~1855)提出,Johann Peter Gustav Lejeune Dirichlet(1805~1859)在 1837 年證明它。

例如,由 2 開始增加 3 的算術序列,即:

2, 5, 8, 11, 14, 17, 20, 23, 26, 29, 32, 35, 38, 41, 44, 47, 50, 53, 56, 59, 62, 65, 68, 71, 74, 77, 80, 83, 86, 89, 92, 95, 98,…

包含了無窮多的質數:

2, 5, 11, 17, 23, 29, 41, 47, 53, 59, 71, 83, 89,…

現在有正整數 a、d 和 n,請你編寫一個程式找出算術序列中的第 n 個質數。

輸入

輸入是一個測試案例的序列,每一個測試案例一行,包含 3 個用空格分開的正整數 a、d 和 n。a 和 d 互質。設定 a≤9307、d≤346、n≤210。

輸入用 3 個由空格分開的 0 結束,這不是測試案例。

輸出

輸出的行數與輸入的測試案例的行數相同。每行提供一個整數，並且不包含多餘的字元。

輸出的整數對應於測試案例中的 a、d、n，是從 a 開始每次增加 d 的算術序列中第 n 個質數。

在輸入的條件下可知結果總是小於 10^6（一百萬）。

範例輸入	範例輸出
367 186 151	92809
179 10 203	6709
271 37 39	12037
103 230 1	103
27 104 185	93523
253 50 85	14503
1 1 1	2
9075 337 210	899429
307 24 79	5107
331 221 177	412717
259 170 40	22699
269 58 102	25673
0 0 0	

試題來源： ACM Japan 2006 Domestic

線上測試： POJ 3006

提示

由於測試案例由算術序列的起始值 a、增量 d 和質數順序數 n 構成，輸入以「0 0 0」結束，因此程式在輸入第 1 個算術序列的起始值 a、增量 d 和質數順序數 n 後，進入了結構為 while (a || d || n) 的迴圈。迴圈內的計算過程如下：

1. 目前算術序列中的質數個數 cnt 初始為 0。

2. 透過結構為 for ($m=a$; cnt$<n$; $m+=d$) 的迴圈建構含 n 個質數的算術序列（迴圈變數 m 的初始值為 a；迴圈條件為 cnt$<n$，每迴圈一次，若判定 m 是質數，則 cnt++。迴圈變數 m 增加一個 d）。

3. 輸出第 n 個質數 $m-d$（for 迴圈多進行一次，應減去多加的 d）。

4. 輸入下一個算術序列的起始值 a、增量 d 和質數順序數 n。

1.5.6 ▶ The Circumference of the Circle

計算圓的周長似乎是一件容易的事，只要知道圓的直徑就可以計算。但是，如果不知道直徑怎麼計算呢？提供平面上的 3 個非共線點的笛卡兒座標。你的工作是計算與這 3 個點相交的唯一圓的周長。

輸入

輸入包含一個或多個測試案例，每個測試案例一行，包含 6 個實數 x_1、y_1、x_2、y_2、x_3 和 y_3，表示 3 個點的座標。由這 3 個點確定的直徑不超過 1000000。輸入以檔案結束終止。

輸出

對每個測試案例，輸出一行，提供一個實數，表示 3 個點所確定圓的周長。輸出的周長精確到兩位小數。Pi 的值為 3.141592653589793。

範例輸入	範例輸出
0.0 −0.5 0.5 0.0 0.0 0.5	3.14
0.0 0.0 0.0 1.0 1.0 1.0	4.44
5.0 5.0 5.0 7.0 4.0 6.0	6.28
0.0 0.0 −1.0 7.0 7.0 7.0	31.42
50.0 50.0 50.0 70.0 40.0 60.0	62.83
0.0 0.0 10.0 0.0 20.0 1.0	632.24
0.0 −500000.0 500000.0 0.0 0.0 500000.0	3141592.65

試題來源：Ulm Local 1996

線上測試：POJ 2242，ZOJ 1090

提示

此題的關鍵是求出與這 3 個點相交的唯一圓的圓心。設 3 個點分別為 (x_0, y_0)、(x_1, y_1) 和 (x_2, y_2)，圓心為 (x_m, y_m)。有以下兩種解法。

（1）使用行列式

計算與這 3 個點相交的唯一圓的圓心：

$$x_m = \frac{x_1 + x_2}{2} + (y_2 - y_1) \times \frac{\begin{vmatrix} y_1 - y_0 & \frac{x_2 - x_0}{2} \\ x_0 - x_1 & \frac{y_2 - y_0}{2} \end{vmatrix}}{\begin{vmatrix} y_1 - y_0 & y_1 - y_2 \\ x_0 - x_1 & x_2 - x_1 \end{vmatrix}}, \quad y_m = \frac{y_1 + y_2}{2} + (x_1 - x_2) \times \frac{\begin{vmatrix} y_1 - y_0 & \frac{x_2 - x_0}{2} \\ x_0 - x_1 & \frac{y_2 - y_0}{2} \end{vmatrix}}{\begin{vmatrix} y_1 - y_0 & y_1 - y_2 \\ x_0 - x_1 & x_2 - x_1 \end{vmatrix}}$$

由此得出唯一圓的半徑 $r = \sqrt{(x_m - x_0)^2 + (y_m - y_0)^2}$，$2\pi r$ 即為相交於 (x_0, y_0)、(x_1, y_1) 和 (x_2, y_2) 的唯一圓的周長。

那麼，如何證明與 (x_0, y_0)、(x_1, y_1) 和 (x_2, y_2) 相交的唯一圓的圓心為 (x_m, y_m) 呢？

證明：設圓心為 $P = (x_m, y_m)$，P 分別向 $\overline{AB}$、$\overline{BC}$ 引中垂線 $\overline{PN}$ 和 $\overline{PM}$，$\overline{PN}$ 交 $\overline{AB}$ 於 N 點，$\overline{PM}$ 交 $\overline{BC}$ 於 M 點。顯然，M 點的座標為 $\left(\frac{x_1 + x_2}{2}, \frac{y_1 + y_2}{2}\right)$，$(y_2 - y_1, x_2 - x_1)$ 經過 $\overline{PM}$，如圖 1.5-1 所示。

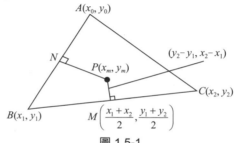

圖 1.5-1

$$\because \overline{PM} \perp \overline{BC} \cdot \therefore \frac{y_m - \frac{y_1 + y_2}{2}}{x_m - \frac{x_1 + x_2}{2}} \times \frac{y_2 - y_1}{x_2 - x_1} = -1 \cdot 假設\ k = \frac{y_m - \frac{y_1 + y_2}{2}}{x_2 - x_1} = \frac{x_m - \frac{x_1 + x_2}{2}}{y_2 - y_1} \cdot 現在只需證$$

$$明\ k = \frac{\begin{vmatrix} y_1 - y_0 & \dfrac{x_2 - x_0}{2} \\ x_0 - x_1 & \dfrac{y_2 - y_0}{2} \end{vmatrix}}{\begin{vmatrix} y_1 - y_0 & y_1 - y_2 \\ x_0 - x_1 & x_2 - x_1 \end{vmatrix}} \ (*) \ \circ$$

$$\because \overline{PN} \perp \overline{AB} \cdot \therefore \frac{y_m - \frac{y_0 + y_2}{2}}{x_m - \frac{x_0 + x_2}{2}} \times \frac{y_1 - y_0}{x_1 - x_0} = -1 \ \circ 將 x_m = \frac{x_1 + x_2}{2} + (y_2 - y_1) \times k \ \cdot \ y_m = \frac{y_1 + y_2}{2} + (x_1 - x_2)$$

$$\times k\ 代入上式 \cdot 有\ \frac{(x_1 - x_2)k + \frac{y_2 - y_0}{2}}{(y_2 - y_1)k + \frac{x_2 - x_0}{2}} \times \frac{y_1 - y_0}{x_1 - x_0} = -1 \cdot 因此\ (*)\ 式成立 \circ$$

（2）使用初等幾何知識

設 $a = |\overline{AB}|$、$b = |\overline{BC}|$、$c = |\overline{CA}|$、$p = \frac{a+b+c}{2}$ ，根據海倫公式 $s = \sqrt{p(p-a)(p-b)(p-c)}$、三角形面積公式 $s = \frac{a \times b \times \sin(\angle ab)}{2}$ 和正弦定理 $\frac{a}{\sin(\angle bc)} = \frac{b}{\sin(\angle ac)} = \frac{c}{\sin(\angle ab)} =$ 外接圓直徑 d，得出外接圓直徑 $d = \frac{a \times b \times c}{2 \times s}$ 和外接圓周長 $l = d \times \pi$。

1.5.7 ▶ Vertical Histogram

請編寫一個程式，從輸入檔案讀取由 4 行大寫字母組成的文字輸入（每行不超過 72 個字元），並輸出一個垂直柱狀圖以顯示在輸入中的所有大寫字母（不包括空格、數字或標點符號）出現了多少次。輸出格式如輸出範例所示。

輸入
第 1 行到第 4 行為 4 行大寫字母的文字，每行不超過 72 個字元。

輸出
第 1 行到第 n 行為由星號和空格組成的若干行，後面跟著一行，由被空格分開的大寫字母組成。在任意一行結束時不要輸出不需要的空格，也不要輸出前導空格。

範例輸入	範例輸出
THE QUICK BROWN FOX JUMPED OVER THE LAZY DOG. THIS IS AN EXAMPLE TO TEST FOR YOUR HISTOGRAM PROGRAM. HELLO!	<pre>*
*
*   *
*   *   *   *
*   *   *   *
*   *   *   *   *   *
*   *   *   *   *   * ***
*   * * ***   *   ** *   *   ** * ****
*   * * ***** *   *   ** * *** * **** ** **
* * * ***** * * * * * * * * * * * * * * * * *
A B C D E F G H I J K L M N O P Q R S T U V W X Y Z</pre>

試題來源：USACO 2003 February Orange

線上測試：POJ 2136

提示

畫統計圖的順序是自上而下、自左至右的，「自上而下」指的是按頻率遞減連續處理每一行，「自左至右」指的是按序數遞增的連續處理目前該行的每個字母。

設定 cnt 為各字母的頻率陣列，其中 cnt[0] 為字母「A」的個數，……，cnt[25] 為字母「Z」的個數。Maxc 為字母的最高頻率 Maxc= $\max\limits_{0\leq i\leq 25}$ {cnt[i]}，即統計圖上最高的「柱子」。

計算過程如下：

1. 邊輸入邊計算各字母的頻率陣列 cnt。

2. 計算字母的最高頻率 Maxc。

3. 從統計圖上最高的「柱子」出發，自上而下計算並畫統計圖，即進入結構為 for (int i=1; i<=Maxc; i++) 的迴圈。在迴圈內：

   ① 尋找目前該行的右邊界，即按照 cnt[25..0] 的順序尋找第 1 個頻率大於 Maxc−i 的字母序號 l1−1（即 cnt[l1−1]> Maxc − i）。

   ② 搜尋序號區間 [0..l1−1] 的字母。若字母 j 的頻率 cnt[j] 大於 Maxc−i（0≤j<l1−1），則輸出「*_」，否則輸出「_ _」。

4. 輸出底行「A_B_ ⋯ _Z」。

1.5.8 ▶ Ugly Numbers

醜陋數（Ugly Number）是僅有質因數 2、3 或 5 的整數。序列 1, 2, 3, 4, 5, 6, 8, 9, 10, 12⋯ 提供了前 10 個醜陋數。按照慣例，1 被包含在醜陋數中。

提供整數 n，編寫一個程式輸出第 n 個醜陋數。

輸入

輸入的每行提供一個正整數 n（n≤1500）。輸入以 n=0 的一行結束。

輸出

對於輸入的每一行，輸出第 n 個醜陋數，對 n=0 的那一行不做處理。

範例輸入	範例輸出
1	1
2	2
9	10
0	

試題來源：New Zealand 1990 Division I

線上測試：POJ 1338，UVA 136

提示

由於不知道有多少個測試資料，因此採用離線求解的辦法，先透過三重迴圈計算出前 1500 的醜陋數 a[1..1500]。

設定最大醜陋數的上限 limit=1000000000。

第一重迴圈（迴圈變數為 i）：列舉 2 的倍數，每迴圈一次，$i \leftarrow i \times 2$，迴圈的終止條件為 $i \geq \text{limit}$。

第二重迴圈（迴圈變數為 j）：列舉 3 的倍數，每迴圈一次，$j \leftarrow j \times 3$，迴圈的終止條件為 $i \times j \geq \text{limit}$。

第三重迴圈（迴圈變數為 k）：列舉 5 的倍數，每迴圈一次，將醜陋數 $i \times j \times k$ 記入 $a[\ ]$ 中，$k \leftarrow k \times 5$，迴圈的終止條件為 $i \times j \times k \geq \text{limit}$。

然後，排序陣列 a，使 $a[x]$ 為第 x 大的醜陋數（$1 \leq x \leq 1500$）。這樣對於每測試一個資料 x，只要從 a 表中直接取出 $a[x]$ 即可，十分高效率。

1.5.9 ▶ 排列

大家知道，提供正整數 n，則 1～n 這 n 個數可以構成 $n!$ 種排列，把這些排列按照從小到大的順序（字典順序）列出，如 $n=3$ 時，可以列出 1 2 3、1 3 2、2 1 3、2 3 1、3 1 2、3 2 1 六個排列。

任務描述如下。

提供某個排列，求出這個排列的下 k 個排列，如果遇到最後一個排列，則下一個排列為第 1 個排列，即排列 1 2 3…n。

比如 $n=3$、$k=2$，提供排列 2 3 1，則它的下 1 個排列為 3 1 2，下 2 個排列為 3 2 1，因此答案為 3 2 1。

輸入
第一行是一個正整數 m，表示測試資料的個數，下面是 m 組測試資料，每組測試資料第一行是 2 個正整數 n（$1 \leq n < 1024$）和 k（$1 \leq k \leq 64$），第二行有 n 個正整數，是 $1, 2 \cdots n$ 的一個排列。

輸出
對於每組輸入資料，輸出一行，n 個數，中間用空格隔開，表示輸入排列的下 k 個排列。

範例輸入	範例輸出
3	3 1 2
3 1	1 2 3
2 3 1	1 2 3 4 5 6 7 9 8 10
3 1	
3 2 1	
10 2	
1 2 3 4 5 6 7 8 9 10	

試題來源：2004 人民大學 ACM 選拔賽

線上測試：POJ 1833

提示
假設目前排列為 num[0]～num[$n-1$]。如何找它的下一個排列呢？

1. 從 num[0] 出發，從左向右找第 1 個非遞增的數字的位置 b。

2. 在 b 位置之後尋找大於 num[b] 的最小的數 num[k]：num[k]= $\min\limits_{b+1 \leq i \leq n-1} \{\text{num}[i] | \text{num}[i]\ i \geq \text{num}[b]\}$，將 num[$b$] 與 num[$k$] 交換；

3. 重新遞增排序 num[b+1]～num[n−1]，即為 num 的下一個排列。

例如排列 2 3 1 5 4，從左向右找到第 1 個非遞增的數字 1；1 之後大於它的最小數為 4，交換 1 和 4 後得到 2 3 4 5 1；遞增排序 5 1 後得到 2 3 4 1 5。2 3 4 1 5 即 2 3 1 5 4 的下一個排列。

使用上述方法連續對排列 num 進行 k 次運算，即可得到 num 後的第 k 個排列。

1.5.10 ▶ Number Sequence

提供一個正整數 i。編寫一個程式，在陣列序列 $S_1 S_2 \cdots S_k$ 中找到第 i 個位置的數字。每組 S_k 由從 1 到 k 的正整數序列組成，序列中從 1 到 k 一個接一個地找出來。

例如，這個序列的前 80 個數字如下：

11212312341234512345612345671234567812345678912345678910123456789101112345678910

輸入

輸入的第一行提供一個整數 t（1≤t≤10），表示測試案例的個數，後面每行提供一個測試案例。每個測試案例提供一個整數 i（1≤i≤2 147 483 647）。

輸出

輸出每行處理一個測試案例，提供在第 i 個位置的數字。

範例輸入	範例輸出
2	2
8	2
3	

試題來源： ACM Tehran 2002, First Iran Nationwide Internet Programming Contest

線上測試： POJ 1019，ZOJ 1410

提示

首先，完成兩個函式。第一個函式計算前 j 個組的總長度（也就是說，前 j 個組有多少位數），並將結果存入陣列中。第二個函式傳回在組 S_m 中的第 l 位的數。

然後，採用二分法找到包含第 i 個位置數字的組 S_n。

最後，傳回在組 S_n 中的第 i 個位置的數字。

Chapter 02
簡單模擬的程式編寫實作

模擬法是科學實作的一種方法，首先在實驗室裡設計出與研究現象或過程（原型）相似的模型，然後根據模型和原型之間的相似關係，間接地研究原型的規律性。

這種實作方法也被引入電腦程式編寫中作為一種程式設計的技術來使用。在現實世界中，許多問題可以透過模擬其過程來求解，這類問題稱為模擬問題。在這類問題中，求解過程或規則在問題描述中提供，編寫的程式則基於問題描述、模擬求解過程或實現規則。

本章提供三種模擬方法的實作：

◆ 直敘式模擬

◆ 篩選法模擬

◆ 建構法模擬

2.1　直敘式模擬

直敘式模擬就是要求程式編寫者按照試題提供的規則或求解過程，直接進行模擬。這類試題不需要程式編寫者設計精妙的演算法來求解，但需要程式編寫者認真審題，不要疏漏任何條件。

由於直敘式模擬只需嚴格按照題意要求模擬過程即可，因此大多屬於簡單模擬題。當然，並非所有直敘式模擬題都屬於簡單模擬題，關鍵是看模擬物件所包含的動態變化的屬性有多少。動態屬性越多，難度越大。

2.1.1 ▶ Speed Limit

Bill 和 Ted 踏上行程，但他們汽車的里程表壞了，因此他們不知道駕車走了多少英里[1]。幸運的是，Bill 有一個正在運作的跑錶，可以記錄他們的速度和駕駛了多少時間。然而，這個跑錶的記錄方式有些古怪，需要他們計算總共的駕駛距離。請編寫一個程式完成這項計算。

例如，他們的跑錶顯示如下：

時速（英里 / 小時）	總共耗費的時間（小時）
20	2
30	6
10	7

1　英里 = 1609.344 公尺。-- 編輯註

這表示開始的 2 小時他們以 20 英里的時速行駛，然後的 6-2=4 小時他們以 30 英里的時速行駛，再以後的 7-6=1 小時他們以 10 英里的時速行駛，所以行駛的距離是 2×20+4×30+1×10=40+120+10=170 英里。總共的時間耗費是從他們旅行開始進行計算的，而不是從跑錶計數開始計算的。

輸入

輸入由一個或多個測試案例組成。每個測試案例開始的第一行為一個整數 n（$1 \le n \le 10$），後面是 n 對值，每對值一行。每對值的第一個值 s 是時速，第二個值 t 是總的耗費時間。s 和 t 都是整數，$1 \le s \le 90$ 且 $1 \le t \le 12$。t 的值總是增序。n 的值為 -1 表示輸入結束。

輸出

對於每一個資料集合，輸出行駛距離，然後是空格，最後輸出單字「miles」。

範例輸入	範例輸出
3	170 miles
20 2	180 miles
30 6	90 miles
10 7	
2	
60 1	
30 5	
4	
15 1	
25 2	
30 3	
10 5	
-1	

試題來源：ACM Mid-Central USA 2004

線上測試：POJ 2017，ZOJ 2176，UVA 3059

❖ 試題解析

本題是一道十分簡單的直敘式模擬題，計算過程就是模擬跑錶的運作來計算總里程：若上一個記錄的駕駛時間為 z，目前記錄的速度為 x、駕駛時間為 y，則目前駕駛的距離為 $(y-z) \times x$，將該距離累計入總里程 ans。

❖ 參考程式

```
01    #include<iostream>                      // 前置編譯命令
02    using namespace std;                     // 使用 C++ 標準程式庫中的所有識別字
03    int main( )                              // 主函式
04    {                                        // 主函式開始
05        int n, i, x, y, z, ans;              // 宣告整數變數 n、i、x、y、z、ans
06                                             // 多個測試案例，每次迴圈處理一個
07        while (cin >> n, n > 0)              // 反覆輸入目前組的資料對數，直至輸入結束
08        {
09            ans = z = 0;
10            // 模擬跑錶執行來計算
11            for (i = 0; i< n; i++)           // 輸入和計算目前測試案例
12            {
13                cin >> x >> y;               // 輸入目前時速和總耗費時間
14                ans += (y - z) * x;          // 累計總里程
15                z = y;                       // 記下目前總耗費時間
```

```
16              }
17              cout << ans << "miles" << endl;      // 輸出目前資料組的總里程
18          }
19      return 0;
20 }
```

2.1.2 ▶ Ride to School

北京大學的許多研究生都住在萬柳校區，距離主校區——燕園校區有 4.5 公里。住在萬柳的同學或者乘坐巴士，或者騎自行車去主校區上課。由於北京的交通情況，許多同學選擇騎自行車。

假定除 Charley 以外，所有的同學從萬柳校區到燕園校區都以某個確定的速度騎自行車。Charley 則有一個不同的騎車習慣——他總是要跟在另一個騎車同學的後面，以免一個人獨自騎車。當 Charley 到達萬柳校區的大門口的時候，他就等待離開萬柳校區去燕園校區的同學。如果他等到這樣的同學，他就騎車跟著這位同學；如果沒有這樣的同學，他就等待去燕園校區的同學出現，然後騎車跟上。在從萬柳校區到燕園校區的路上，如果有騎得更快的同學超過了 Charley，他就離開原先他跟著的同學，加速跟上騎得更快的同學。

假設 Charley 到萬柳校區大門口的時間為 0，已知其他同學離開萬柳校區的時間和速度，請你算出 Charley 到達燕園校區的時間。

輸入

輸入提供若干測試案例，每個測試案例的第一行為 N（$1 \leq N \leq 10000$），表示除 Charley 外騎車同學的數量。以 $N=0$ 表示輸入結束。每個測試案例的第一行後面的 N 行表示 N 個騎車同學的資訊，形式為：

$$V_i\,[\,空格\,]\,T_i$$

V_i 是一個正整數，$V_i \leq 40$，表示第 i 個騎車同學的速度（kph，每小時公里數），T_i 則是第 i 個騎車同學離開萬柳校區的時間，是一個整數，以秒為單位。在任何測試案例中總存在非負的 T_i。

輸出

對每個測試案例輸出一行：Charley 到達的時間。在處理分數的時候進 1。

範例輸入	範例輸出
4	780
20　0	771
25　−155	
27　190	
30　240	
2	
21　0	
22　34	
0	

試題來源：ACM Beijing 2004 Preliminary

線上測試：POJ 1922，ZOJ 2229

❖ 試題解析

本題沒有數學公式和規律，透過直接模擬每個同學去往燕園校區的情景，得出 Charley 從萬柳校區到燕園校區的時間。所以對每個測試案例，從 Charley 到萬柳校區大門的時間 0 開始計時，求出每個同學到達燕園校區所用的時間，最少的時間就是 Charley 從萬柳校區大門到燕園校區的時間。

假設前 $i-1$ 個同學中最早到達燕園校區的時間為 min；第 i 個同學的車速為 v，離開萬柳校區的時間為 t，則該同學到達燕園校區的時間 $x=t+\dfrac{4.5\times3600}{v}$。若 $x<$min，則調整 min 為 x。顯然，按照這一方法依次計算所有同學的到達時間，最後得出的 min 即 Charley 到達的時間。

需要提醒的是，本題測試案例中有一個陷阱：當 T_i 取負值時，對於 Charley 到達燕園校區的時間沒有影響，應予剔除。

❖ 參考程式

```
01  #include<iostream>              // 前置編譯命令
02  #include<cmath>
03  using namespace std;            // 使用 C++ 標準程式庫中的所有識別字
04  int main()                      // 主函式
05  {
06      const double DISTANCE = 4.50;   // 定義兩個校區的距離
07      while(true)                  // 迴圈處理每個測試案例
08      {
09          int n;                  // 定義整數變數 n
10          scanf("%d", &n);        // 輸入除 Charley 外的騎車同學數
11          if (n == 0) break;      // 若輸入結束，則結束
12          double v, t, x, min = 1e100;   // 定義倍精度實數 v、t、x，min 初始化為 10^100
13          for(int i = 0; i < n; ++i)     // 迴圈處理組內的每個騎車同學
14          {
15              scanf("%lf%lf", &v, &t);   // 輸入第 i 個騎車同學的速度和離開萬柳校區的時間，計
16                                          // 算該同學到達燕園校區的時間 x。若小於 min，則 min
17                                          // 調整為 x
18              if (t >= 0 && (x = DISTANCE * 3600 / v + t) < min)
19                  min = x;
20          }
21          printf("%.0lf\n", ceil(min)); // 輸出 Charley 到達的時間
22      }
23      return 0;
24  }
```

2.2 篩選法模擬

（1）篩選法模擬的思維

篩選法模擬是先從題意中找出約束條件，並將約束條件組成一個篩；然後將所有可能的解放到篩中，並將不符合約束條件的解篩掉，最後在篩中的即問題的解。

（2）篩選法模擬的特點

◆ 結構和思路簡明、清晰，但帶有盲點，因此時間效率並不一定令人滿意。

◆ 關鍵是提供準確的約束條件，任何錯誤和疏漏都會導致模擬失敗。

◆ 篩選規則通常不需要很複雜的演算法設計，因此屬於簡單模擬。

2.2.1 ► Self Numbers

1949 年，印度數學家 D. R. Kaprekar 發現了一類被稱為自我數（self-number）的數。

對任意的正整數 n，定義 $d(n)$ 是 n 與 n 每一位數再相加的總和。d 表示位值相加（digitadition），是由 Kaprekar 創造的術語。例如，$d(75)=75+7+5=87$。提供任意正整數 n 作為起始點，可以建構整數 n 的無限增量序列：$d(n), d(d(n)), d(d(d(n))), \cdots$。例如，如果以 33 作為起始點，下一個數是 33+3+3=39，再下一個數是 39+3+9=51，再下一個數是 51+5+1=57，可以產生序列 33, 39, 51, 57, 69, 84, 96, 111, 114, 120, 123, 129, 141, $\cdots$。

整數 n 被稱為 $d(n)$ 的生成數，在上述序列中，33 是 39 的生成數，39 是 51 的生成數，51 是 57 的生成數等等。一些數有一個以上的生成數，例如，101 有兩個生成數 91 和 100。沒有生成數的數稱為自我數（self-number）。在 100 以內有 13 個自我數：1、3、5、7、9、20、31、42、53、64、75、86 和 97。

輸入
本題沒有輸入。

輸出
寫一個程式，以遞增的順序輸出所有小於 10000 的自我數，每個數一行。

範例輸入	範例輸出
本題沒有輸入	1
	3
	5
	7
	9
	20
	31
	42
	53
	64
	｜
	｜　　<-- 許多數字
	｜
	9903
	9914
	9925
	9927
	9938
	9949
	9960
	9971
	9982
	9993

試題來源：ACM Mid-Central USA 1998

線上測試：POJ 1316，ZOJ 1180，UVA 640

❖ 試題解析

本題採用篩選法模擬。設定篩子為陣列 g，其中 $g[y]=x$ 表示 y 是 x 的遞增序列中的一個數。按照「$d[x]=x+x$ 的每個位數」，我們先設計一個副程式 generate_sequence(x)，從 x 出發，建構整數 x 的無限增量序列 $[d(x), d(d(x)), d(d(d(x))), \cdots]$，將序列中每個數的生成數設為 x，則

$$g[d(x)]=g[d(d(x))]=g[d(d(d(x)))]=\cdots=x$$

x 的增量序列中的所有數都不是自我數，應從篩子 g 中篩去。這個過程一直進行到產生的數大於等於 10000 或者已經產生過（$g[x]\neq x$）為止，因為若 x 已經產生過，則繼續建構下去會發生重複。

有了核心副程式 generate_sequence(x)，便可以展開演算法了。

首先，將 $g[i]$ 初始化為 i（$1\leq i\leq 10000$）；然後，依次呼叫 generate_sequence(1)，$\cdots$，generate_sequence(10000)，計算出 $g[1..10000]$ 後，篩中剩下的數（滿足條件 $g[x]==x$）即自我數。

❖ 參考程式

```
01   #include<stdio.h>                              // 前置編譯命令
02   #define N 10000                                // 定義 N 為常數 10000
03   unsigned g[N];                                 // 定義無號陣列 g
04   unsigned sum_of_digits (unsigned n)            // 計算 n 的各位數字之和
05   {
06       if (n < 10)
07           return n;
08       else
09           return (n % 10) + sum_of_digits (n / 10);
10   }
11   void generate_sequence (unsigned n)            // 建構整數 n 的無限增量序列
12   {
13       while (n < N)                              // 若 n 未達到上限，則迴圈
14       {
15           unsigned next=n+sum_of_digits(n);      // 計算 d[n]
16           if (next >= N || g[next] != next)      // 若 d[n] 超過上限或者非自我數，則返回
17               return;
18           g[next] = n;                           // 將 d[n] 放入 n 的無限增量序列
19           n = next;                              // 繼續擴充 d[n]
20       }
21   }
22   int main ()
23   {
24       unsigned n;
25       for (n = 1; n < N; ++n)                    // 最初假設所有數為自我數
26           g[n] = n;
27       for (n = 1; n < N; ++n)                    // 計算 g[1..10000]
28           generate_sequence (n);
29       for (n = 1; n < N; ++n)                    // 輸出篩中滿足 g[x]==x 條件的自我數
```

```
30          if (g[n] == n)
31              printf( "%u\n", n);
32      }
```


2.3　建構法模擬

建構法模擬屬於一種比較複雜的模擬方法，因為它需要完整而精確地建構出反映問題本質的數學模型，根據該模型設計狀態變化的參數，計算模擬結果。由於數學模型建立了客觀事物間準確的運算關係，因此其效率一般比較高。

若模擬物件、過程變化和數學模型比較簡單，則建構法模擬就非常類似於遞迴，也屬於簡單模擬。

2.3.1 ► Bee

在非洲，有一個非常特殊的蜂種。每年，這個蜂種的一隻雌性蜜蜂會生育一隻雄性蜜蜂，而一隻雄性蜜蜂會生育一隻雌性蜜蜂和一隻雄性蜜蜂，生育後它們都會死去。

現在科學家意外地發現了這一特殊蜂種的一個「神奇的雌蜂」，它是不死的，而且仍然可以像其他雌蜂一樣每年生育一次。科學家想知道在 n 年後會有多少蜜蜂。請寫一個程式，計算 n 年後雄蜂的數量和所有的蜜蜂數。

輸入

每個輸入行包含一個整數 n（≥ 0），輸入以 $n=-1$ 結束，程式不用對 $n=-1$ 進行處理。

輸出

輸出的每行有兩個數字，第一個數字是 n 年後雄蜂的數量，第二個數字是 n 年後蜜蜂的總數。這兩個數字不會超過 2^{32}。

範例輸入	範例輸出
1	1 2
3	4 7
−1	

線上測試：UVA 11000

❖ **試題解析**

從蜜蜂繁衍的時間順序看，本題似乎是一道過程模擬題。但由於蜜蜂按規律繁衍，需要建構相關的數學模型，因此本題實際上屬於建構性模擬題。

由於每個測試案例僅一個整數 n，輸入的結束符號為 −1，因此在輸入第 1 個測試案例的年數 n 後，程式進入 while ($n>-1$) 的迴圈結構。迴圈計算過程如下：

1. 設雌蜂數 a 的初始值為 1，雄蜂數 b 的初始值為 0。注意答案可能超過標準整數類型的上限，因此 a 和 b 的類型設為長整數。

2. i 從 0 遞迴至 $n-1$，$i+1$ 年後的雌蜂數為上一年的雄蜂數 +1，雄蜂數為上一年的蜜蜂總數。注意輾轉指定（$c=1+b; d=a+b; a=c; b=d$）。

3. 輸出 n 年後的雄蜂數 a 和蜜蜂總數 $a+b$。

4. 輸入下一個測試組的年數 n。

❖ 參考程式

```
01   #include<iostream>                        // 前置編譯命令
02   using namespace std;                       // 使用 C++ 標準程式庫中的所有識別字
03   int main(void)
04   {
05       int n;
06       cin >> n;                              // 輸入年數
07       while (n > -1) {
08           long long a = 1;                   // 雌蜂數的初始值為 1，雄蜂數的初始值為 0。
09                                              // 注意答案可能超過長整數資料上限
10           long long b = 0;
11           for (int i = 0; i < n; i++) {      // 遞迴
12               long long c, d;
13               c = 1 + b;                     // 計算下一年雌蜂和雄蜂的數量
14               d = a + b;
15               a = c;
16               b = d;
17           }
18           cout<<b<<' '<<a+b<<endl;           // 輸出 n 年後雄蜂的數量和蜜蜂的總數
19           cin >> n;                          // 輸入下一個年數
20       }
21       return 0;
22   }
```

建構法模擬的關鍵是找到數學模型。問題是，能產生正確結果的數學模型並不是唯一的，從不同的思維角度看問題，可以得出不同的數學模型，而模擬效率和程式編寫複雜度往往因數學模型而異。即便有了數學模型，求解該模型的準確方法是否有現成演算法、程式編寫複雜度和時間效率如何，也都是在模型選擇中需要考慮的問題。

2.4　相關題庫

2.4.1 ▶ Gold Coins

國王要給他的忠誠騎士支付金幣。在他服務的第一天，騎士將獲得 1 枚金幣。在後兩天的每一天（服務的第二和第三天），騎士將獲得 2 枚金幣。在接下來 3 天中的每一天（服務的第四、第五和第六天），騎士將獲得 3 枚金幣。在接下來 4 天中的每一天（服務的第七、第八、第九和第十天），騎士將獲得 4 枚金幣。這種支付模式將無限期地繼續下去：在連續 N 天的每一天獲得 N 枚金幣之後，在下一個連續的 $N+1$ 天的每一天，騎士將獲得 $N+1$ 枚金幣，其中 N 是任意的正整數。

請編寫程式，在已知天數的情況下，求出國王要支付給騎士的金幣總數（從第一天開始計算）。

輸入

輸入至少一行，至多 21 行。每行提供問題的一個測試資料，該資料是一個整數（範圍為 1～10000），表示天數。最後一行提供 0 表示輸入結束。

輸出

對於輸入中提供的每個測試案例，輸出一行。每行先提供輸入的天數，後面是一個空格，然後是在這些天數中從第一天開始計算總共要支付給騎士的金幣總數。

範例輸入	範例輸出
10	10 30
6	6 14
7	7 18
11	11 35
15	15 55
16	16 61
100	100 945
10000	10000 942820
1000	1000 29820
21	21 91
22	22 98
0	

試題來源： ACM Rocky Mountain 2004

線上測試： POJ 2000，ZOJ 2345，UVA 3045

提示

我們將 n 天分成 p 個時間段，第 i 個時間段為 i 天，每天獎勵 i 個金幣（$1 \leq i \leq p$，$\frac{(1+p)}{2} p \leq n$，$\frac{(2+p)}{2}(p+1) > n$）。設定 n 為總天數，ans 為獎勵的金幣總數，i 記錄目前天數，j 記錄時間段序號，即國王在該時間段內每天獎勵的金幣數，k 為該時間段內的剩餘天數。

雙重迴圈如下：

1. 外迴圈：列舉每個時間段 j（for (int $i=0, j=1$; $i<=n$; $j++$)）。

2. 內迴圈：計算時間段 j 內獎勵的金幣數（int $k=j$; while ($k--$ && $++i<=n$) ans $+=j$）。最後得出的 ans 即國王 n 天裡獎勵給騎士的金幣總數。

2.4.2 ► The 3n+1 problem

電腦科學的問題通常被列為屬於某一特定類型的問題（如 NP、不可解、遞迴）。這個問題是請你分析演算法的一個特性：演算法的分類對所有可能的輸入是未知的。

考慮下述演算法：

```
1. input n
2. print n
3. if n = 1 then STOP
4. if n is odd then n <-- 3n+1
5. else n <-- n/2
6. GOTO 2
```

如果輸入 22，會印出下述數字序列：22 11 34 17 52 26 13 40 20 10 5 16 8 4 2 1。

人們推想，對於任何完整的輸入值，上述演算法將終止（當 1 被列印時）。儘管這一演算法很簡單，但還不清楚這一猜想是否正確。然而，目前已經驗證，對所有整數 n（$0<n<1000000$），該命題正確。

假設有一個輸入 n，可以確定在 1 被列印前被列印數字的個數。這樣的個數被稱為 n 的迴圈長度。在上述例子中，22 的迴圈長度是 16。

對於任意兩個整數 i 和 j，請計算在 i 和 j 之間的整數中迴圈長度的最大值。

輸入

輸入是整數 i 和 j 組成的整數對序列，每對一行，所有整數都小於 10000 大於 0。

輸出

對輸入的每對整數 i 和 j，請輸出 i、j 以及在 i 和 j 之間（包括 i 和 j）的所有整數中迴圈長度的最大值。這三個數字在一行輸出，彼此間至少用一個空格分開。在輸出中 i 和 j 按輸入的順序出現，然後是最大循環長度（在同一行中）。

範例輸入	範例輸出
1 10	1 10 20
100 200	100 200 125
201 210	201 210 89
900 1000	900 1000 174

試題來源：Duke Internet Programming Contest 1990

線上測試：POJ 1207，UVA 100

提示

本題也是一道經典的直敘式模擬題，因為整數迴圈一次的計算步驟是特定的。若輸入的整數對為 a 和 b，則這個整數區間為 $[\min(a, b), \max(a, b)]$。設定雙重迴圈：

1. 外迴圈：列舉區間內的每個整數 n（for($n=\min(a, b)$; $n<=\max(a, b)$; $n++$)）。

2. 內迴圈：計算 n 的迴圈長度 i（for ($i=1$, $m=n$; $m>1$; $i++$) if ($m\%2==0$) $m/=2$; else $m=3*m+1$;）。

顯然，在 $[\min(a, b), \max(a, b)]$ 內所有整數的迴圈長度的最大值即問題解。

2.4.3 ▶ Pascal Library

Pascal 大學要翻新圖書館大樓，因為經歷了幾個世紀後，圖書館開始顯示它無法承受館藏巨量書籍的重量。

為了幫助重建，大學校友協會決定舉辦一系列的籌款晚宴，邀請所有的校友參加。這些事件被證明是非常成功的，在過去幾年舉辦了幾次。（成功的原因之一是上過 Pascal 大學的學生對他們的學生時代有著美好的回憶，並希望看到一個重修後的 Pascal 圖書館。）

組織者保留了試算表，表示每一場晚宴都有哪些校友參加了。現在，他們希望你幫助他們確定是否有校友參加了所有的晚宴。

輸入

輸入包含若干測試案例。一個測試案例的第一行提供兩個整數 N 和 D，分別表示校友的數目和組織晚宴的場數（$1 \leq N \leq 100$ 且 $1 \leq D \leq 500$）。校友編號從 1 到 N。後面的 D 行每行表示一場晚宴的參加情況，提供 N 個整數 X_i，如果校友 i 參加了晚宴，則 $X_i=1$，否則 $X_i=0$。用 $N=D=0$ 表示輸入結束。

輸出

對於輸入中的每個測試案例，程式產生一行輸出，如果至少有一個校友參加了所有的晚宴，則輸出「yes」，否則輸出「no」。

範例輸入	範例輸出
3 3	yes
1 1 1	no
0 1 1	
1 1 1	
7 2	
1 0 1 0 1 0 1	
0 1 0 1 0 1 0	
0 0	

試題來源：ACM South America 2005

線上測試：POJ 2864，UVA 3470

提示

設定 yes 為有校友全出席的標誌；校友的出席情況為 att，其中 att[j]=1 表示校友 j 到目前為止尚未缺席過。

先輸入第 1 個測試案例的校友數 n 和晚宴場數 d，然後進入 while ($n||d$) 迴圈。迴圈內的計算過程如下。

1. 初始時設定所有校友全出席所有晚宴，即 att[0]=att[1]=⋯=att[n-1]=1。

2. 使用雙重迴圈列舉每場晚宴校友的出席情況：

    ① 外迴圈列舉晚宴場次 j（$0 \leq j \leq d$-1）；

    ② 內迴圈列舉校友 i（$0 \leq i \leq n$-1）；

    ③ 迴圈內輸入第 i 場晚宴中校友 j 的出席情況 k，計算校友 j 目前為止的全出席情況 att[j]=att[j]&k。

3. 計算是否有校友全出席的標誌 yes=$\bigcup\limits_{0 \leq i \leq n-1}$att[$i$]。

4. 若 yes==true，則輸出「yes」，否則輸出「no」。

5. 輸入下一測試案例的校友數 n 和晚宴場數 d。

2.4.4 ▶ Calendar

大多數人都會有一個日曆，我們會在日曆上記下生活中重要事件的細節，諸如去看牙醫、售書、參加程式設計競賽；還有一些固定的日期，如合作夥伴的生日、結婚周年紀念日等，我們需要記住這些日期。通常情況下，當這些重要的日期臨近的時候，我們需要得到提醒；事情越重要，我們就越希望事先能記下這些事。

請你編寫一個提供這種服務的程式。輸入提供這一年的重要日期（年份範圍為 1901～1999）。要注意的是，在提供的範圍內，所有被 4 整除的年份是閏年，因此要加入額外的一天（2 月 29 日）。輸出將提供今天的日期、即將到來的事件和這些事件的相對重要性的列表。

輸入

輸入的第一行提供一個表示年份的整數（範圍為 1901～1999）。後面幾行表示周年紀念日或服務所要求的日期。

一個周年紀念日由字母 A、表示這一事件的日期 / 月份 / 重要性的三個整數（D, M, P）和一個描述事件的字串組成，這些項目用一個或多個空格分開。P 在 1 到 7 之間取值，表示在事件前要開始提醒服務的天數。提供的描述事件的字串以非空白字元開始。

一個日期行由一個字母 D 及如上所述的日期和月份組成。

所有周年紀念日在日期行之前，每行不超過 255 個字元。檔案以僅包含一個「#」的行結束。

輸出

輸出由若干部分組成，輸出的每一行對應輸入中的一個日期行，由要求的日期和後面提供的必要的事件列表組成。

輸出提供事件的日期（D 和 M，每項寬度為 3），以及事件的相對重要性。今天發生的事件標示如範例所示，明天發生的事件有 P 顆星，後天發生的事件有 P–1 顆星等等。如果幾個事件在同一天發生，則按其重要性排列。

如果還存在衝突，則按其在輸入流中出現的順序排列。格式見範例，在區塊之間留一個空行。

範例輸入	範例輸出
1993 A 23 12 5 Partner's birthday A 25 12 7　Christmas A 20 12 1 Unspecified Anniversary D 20 12 #	Today is: 20 12 　20 12 *TODAY* Unspecified Anniversary 　23 12 ***　Partner's birthday 　25 12 ***　Christmas

試題來源：New Zealand Contest 1993

線上測試：UVA 158

提示

本題屬於一道典型的過程模擬，模擬方法是直譯試題要求。

設 e 為事件序列，其中事件 i 的日期為 $e[i]$.month 月 $e[i]$.day 天，重要性參數為 $e[i]$.level，輸入次序為 $e[i]$.index，描述事件的字串為 $e[i]$.a。

直接根據試題要求模擬處理輸入資訊：

1. 輸入年份 year，計算 year 是否是閏年。

2. 反覆處理輸入和輸出資訊，直至輸入「#」為止。

若輸入周年紀念日標誌「A」，則累計周年紀念日數 n，輸入第 n 個周年紀念的日期（$e[n]$.month，$e[n]$.day）、重要性參數 $e[n]$.level、描述事件的字串 $e[n].a$、輸入順序 $e[n]$.index＝n。

若輸入服務標章「D」，分兩種情況處理：

1. 若第 1 次輸入「D」，則按照周年紀念的日期為第 1 關鍵字、重要性參數為第 2 關鍵字、輸入順序為第 3 關鍵字的遞增順序排列事件序列 $e[1..n]$。

2. 若非第 1 次輸入「D」，則首先讀服務日期 (month，day)，並將日期計數器 cnt 初始化為 −1，然後進入迴圈，直至 cnt 到達提醒天數的上限 7 為止：

   ◆ 若當天服務（cnt==−1），則將 e 序列中周年紀念日期為 (month, day) 的事件儲存在 s 中，按照輸入次序遞增的順序重新排列 s，然後以重要性參數為 *TODAY* 的名義依次輸出 s 中事件的日期和描述事件的字串。

   ◆ 若非當天服務（cnt≠−1），則依次尋找 e 序列中周年紀念日期為 (month, day) 的事件 $e[i]$（$e[i]$.month==month && $e[i]$.day==day, $1 \leq i \leq n$），計算該事件剩餘的提醒時間 num＝$e[i]$.level-cnt。若 num≤0，則說明該事件已過提醒時間；否則輸出服務標示（num 個 "*" 和 8-num 個空格）和描述事件的字串 $e[i].a$。

   ◆ 累計過去的天數（cnt++）。若過了提醒期限（cnt == 7），則結束迴圈；否則獲取 month 月 day 日的下一天日期 (month, day)。

2.4.5 ▶ MANAGER

平行處理的程式設計泛型之一是生產者 / 消費者（producer/consumer）泛型，可以用一個管理者（manager）行程和幾個客戶（client）行程的系統來完成。管理者記錄客戶行程的過程。每個行程用它的耗費來標示，耗費是一個 1～10000 的正整數，相同耗費的行程數目不會超過 10000。按如下請求來管理佇列：

◆ a x ——將一個耗費為 x 的行程加到佇列中；

◆ r ——如果可能，按照目前管理者的策略，刪除一個行程；

◆ p i ——執行管理者的策略 i，其中 i 是 1 或 2，預設值為 1；

◆ e ——請求列表終止。

兩個管理者的策略：

◆ 1 ——刪除最小耗費行程；

◆ 2 ——刪除最大耗費行程。

只有當被刪除的行程的序號在刪除列表中，管理者才列印被刪除行程的耗費。

你的工作就是寫一個程式來模擬管理者行程。

輸入
輸入為標準輸入，輸入的每個資料集合形式如下：

1. 耗費最大的行程；

2. 刪除列表的長度；

3. 刪除清單——顯示被刪除行程的順序號的清單，例如 1 4 表示要顯示第 1 個和第 4 個被刪除的行程的耗費；

4. 在單獨的一行裡提供一個請求的列表。

每個測試案例以一個請求 e 為結束，測試案例之間用空行分開。

輸出

程式標準輸出，提供要刪除的每個行程的耗費，在佇列不為空的情況下，提供清單中刪除請求的順序數。如果佇列為空，輸出 –1。結果輸出在單獨的一行，用空行分開不同測試案例的結果。

範例輸入	範例輸出
5	2
2	5
1 3	
a 2	
a 3	
r	
a 4	
p 2	
r	
a 5	
r	
e	

試題來源： ACM Southeastern Europe 2002

線上測試： POJ 1281，UVA 2514

提示

設定行程的最小耗費為 minp=1；行程的最大耗費為 mapx；Print 為行程刪除的標誌序列，Print[k]=true 表示行程 k 被刪除；plen 為刪除的行程數；np 為目前被刪除的行程數；cnt 儲存各耗費的行程數，其中 cnt[k] 為耗費 k 的行程數；req 為請求類別（a、r、p、e）；condition 為管理者的策略（1 或 2）。

每個測試資料組的格式為：

◆ 行程的最大耗費值 maxp。

◆ 刪除的行程數 plen。

◆ plen 個被刪除的行程序號。

◆ 請求命令序列為 (ax, r, pi, e)，以 e 結束。

整個輸入以測試資料組的首個整數為 0（mapx==0）結束。顯然，主程式應為 while (cin>>maxp) 的外迴圈結構。外迴圈內的計算過程如下：

1. 輸入刪除的行程數 plen 和 plen 個被刪除的行程序號，將這些行程的 Print 標誌設為 true。

2. 目前被刪除的行程數 np 設為 0，輸入第 1 個請求類別，進入結構為 while (req !="e") 的內迴圈，依次處理請求命令。內迴圈的計算過程如下：

① 若增加新行程（req 為「a」），則讀新增行程的花費 x, cnt[x]++。

② 若按照目前管理者策略刪除一個行程（req 為「r」），則分析管理者策略 condition：

◆ 若 condition==1，為刪除最小耗費的行程，讓 k 從 minp 遞增列舉至 maxp，第 1 個 cnt[k]≠0 的行程被刪除，cnt[k]--。

◆ 若 condition==2，為刪除最大耗費的行程，讓 k 從 maxp 遞減列舉至 minp，第 1 個 cnt[k]≠0 的行程被刪除，cnt[k]--。

累計被刪的行程數 np++。若該行程在被刪計畫之列（print[np]=true），則輸出該行程的花費 k。

③ 若執行管理者的策略（req 為「p」），則讀 condition（1 或 2）。

讀下一個請求類別 req。

Chapter 03
遞迴與回溯法的程式編寫實作

程式呼叫自身的程式編寫技巧稱為遞迴（recursion），是副程式在其定義或宣告中直接或間接呼叫自身的一種方法。

首先，用視覺形式來說明遞迴。我們來看德羅斯特效應（Droste effect）：一張圖片的某個部分與整張圖片相同，如此產生無限迴圈。例如，圖 3-1 就是德羅斯特效應的一個實例。

遞迴就是將一個大型複雜的問題層層轉換成一個與原問題相似的規模較小的問題來求解，因此只需少量的程式碼就可描述出解題過程所需要的多次重複計算，使程式更為簡潔和清晰。

圖 3-1

在遞迴過程實作的時候，系統將每一層的返回點、區域變數等用堆疊來進行儲存。呼叫遞迴時，目前這層的傳回點和區域變數會推入堆疊；回溯時，目前這層的傳回點和區域變數則會提出堆疊。利用這種特性設計遞迴演算法，程式就會變得十分簡潔。需要注意的是，如果遞迴過程無法到達遞迴邊界或遞迴次數過多，則會造成堆疊溢滿。例如，假設初始時 n 為大於 0 的自然數，對於函式 $f(n) = \begin{cases} 1 & n=1 \\ n+f(n-2) & n>1 \end{cases}$，當 n 為偶數時，遞迴函數 $f(n)$ 無法到達遞迴邊界 $f(1)$，程式也會因堆疊溢滿而失敗結束。

遞迴演算法一般用於解決三類問題：

◆ 函式的定義是遞迴的（如階乘 $n!$ 或 Fibonacci 函式）；

◆ 資料的結構形式按遞迴定義（如二元樹的尋訪、圖的深度優先搜尋）；

◆ 問題的解法是遞迴的（如回溯法）。

回溯（backtracking）是一種窮舉的搜尋嘗試方法。假定一個問題的解能夠表示成 n 元組 $(x_1, x_2, \cdots, x_n)$，$x_i \in S_i$，n 元組的子組 $(x_1, x_2, \cdots, x_i)$ 稱為部分解，應滿足一定的約束條件（$i<n$）。回溯法的基本思維是，若已有滿足約束條件的部分解，添加 $x_{i+1} \in S_{i+1}$，檢查 $(x_1, x_2, \cdots, x_i, x_{i+1})$ 是否滿足約束條件，如果滿足則繼續添加 $x_{i+2} \in S_{i+2}$；如果所有的 $x_{i+1} \in S_{i+1}$ 都不能得到部分解，就去掉 x_i，回溯到 $(x_1, x_2, \cdots, x_{i-1})$，加入尚未考察過的 $x_i \in S_i$，看其是否滿足約束條件。如此反覆，直至得到解或者證明無解。

採用遞迴方法求解回溯問題是遞迴演算法的一種應用。回溯法從初始狀態出發，運用題目提供的條件和規則，按照縱深搜尋的順序遞迴擴充所有可能情況，從中找出滿足題意要求的解。所以，回溯法就是走不通就退回再走的技術，非常適合採用遞迴方法求解。

遞迴與回溯的綜述如下。遞迴是一種演算法結構。遞迴出現在程式的副程式中，形式上表現為直接或間接地自己呼叫自己。而回溯則是一種演算法思維，它是以遞迴實作完成的。回溯的過程類似於窮舉法，但回溯有「剪枝」功能，即自我判斷過程。

3.1　計算遞迴函數

數學上常用的階乘函式、冪函式、費氏數列，其定義和計算都是遞迴的。例如，對於自然數 n，階乘 $n!$ 的遞迴定義為 $n! = \begin{cases} 1 & n = 0 \\ n \times (n-1)! & n \geq 1 \end{cases}$。按階乘 $n!$ 的遞迴定義，求解 $n!$ 的遞迴函數 fac(n) 如下。

```
int  fac(int n) ;
{
    if (n==0) return 1 ;            // 判斷遞迴邊界
    if (n>=1) return n*fac(n-1) ;   // 處理遞迴並傳回結果
}
```

顯然，遞迴程式的最大優點是程式簡明、結構緊湊。這種直接從問題定義出發程式編寫的方法最便於人們閱讀和瞭解。但問題是，遞迴過程中的狀態變化比較難掌握，效率也比較低。以 fac(3) 為例，它的執行流程如圖 3.1-1 所示。

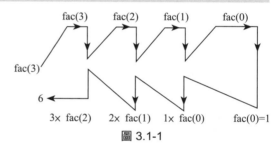

圖 3.1-1

程式中 fac(0)=1 稱為遞迴邊界。fac(3) → fac(2) → fac(1) → fac(0) 稱為遞迴過程，接下來的 fac(0) → fac(1) → fac(2) → fac(3) 是一個反向代入的過程（fac(0)=1 反向代入給 fac(1)，fac(1) 的值反向代入給 fac(2)……直至求出 fac(3)=6）。

類似地，對於自然數 n，計算費氏數列的函式 fib(n) 遞迴定義為 $\text{fib}(n) = \begin{cases} n & n = 0, 1 \\ \text{fib}(n-1) + \text{fib}(n-2) & n > 1 \end{cases}$，根據遞迴定義的形式，可寫出如下遞迴函數：

```
int fib(int n);
{ if (n<=1) return n ;                 // 遞迴邊界
   if (n>1) return fib(n-1)+fib(n-2) ;  // 遞迴步驟
}
```

從上述兩個例子可以得到如下啟示。

1. 用遞迴過程求解遞迴定義的函式，遞迴過程可直接按照遞迴函數的定義結構編寫。

2. 對於一個較複雜的問題，若能夠分解成幾個相對簡單且解法相同或類似的子問題，只要解決了這些子問題，則原問題就迎刃而解，這就是遞迴求解。例如，計算階乘 4! 時先計算 3!，將 3! 的結果值反向代入就可以求出 4!（4!=4*3!）了。這種分解－求解的策略叫「分治法」。

3. 當分解後的子問題可以直接解決時，就停止分解，可直接求解的子問題稱為遞迴邊界。遞迴的過程就是不斷地向遞迴邊界靠近，若遞迴函數無法到達邊界，則程式會因堆疊溢滿而失敗結束。例如，階乘的遞迴邊界是 fac(0)=1，費氏數列的遞迴邊界是 fib(0)=0， fib(1)=1。

3.1.1 ▶ 放蘋果

把 m 個同樣的蘋果放在 n 個同樣的盤子裡，允許有的盤子空著不放，問共有多少種不同的分法？用 k 表示不同的分法。5、1、1 和 1、5、1 是同一種分法。

輸入

第一行是測試案例的數目 t（$0 \leq t \leq 20$）。以下每行均包含兩個整數 m 和 n，以空格分開，$1 \leq m$，$n \leq 10$。

輸出

對輸入的每個測試案例 m 和 n，用一行輸出相關的 k。

範例輸入	範例輸出
1 7 3	8

試題來源：lwx@POJ
線上測試：POJ 1664

❖ **試題解析**

假設 $f(m, n)$ 是 m 個同樣的蘋果放在 n 個同樣的盤子裡的方法數，對 $f(m, n)$ 的分析和遞迴定義如下。

1. $n > m$：至少有 $n-m$ 個盤子會空著，去掉這 $n-m$ 個盤子對放蘋果的方法數不會產生影響，即 $f(m, n) = f(m, m)$。

2. $n \leq m$：不同的放法可以分成兩類。

   ◆ 至少有一個盤子沒有放蘋果，即 $f(m, n) = f(m, n-1)$。

   ◆ 所有盤子裡都有蘋果，如果從每個盤子裡拿走一個蘋果，不會影響方法數，即 $f(m, n) = f(m-n, n)$。

所以，當 $n \leq m$ 時，根據加法原理，放蘋果的方法數等於上述兩者的和，即 $f(m, n) = f(m, n-1) + f(m-n, n)$。

對 $f(m, n)$ 的遞迴邊界分析如下：

1. 當 $n == 1$ 時，所有蘋果都必須放在一個盤子裡，所以 $f(m, n)$ 傳回 1；

2. 當 $m == 0$ 時，沒有蘋果可放，定義為 1 種放法，$f(m, n)$ 傳回 1。

遞迴過程，或者是 n 減少，向遞迴邊界逼近，最終到達遞迴邊界 $n == 1$；或者是 m 減少，當 $n > m$ 時，$f(m, n)$ 傳回 $f(m, m)$，最終到達遞迴邊界 $m == 0$。

❖ **參考程式**

```
01  #include<cstdio>
02  using namespace std;
03  int f(int m,int n)                    // 遞迴函數：計算 m 個同樣的蘋果放在 n 個同樣的盤子裡的方法數
04  {
05      if(n==1||m==0)                    // 處理遞迴邊界
06          return 1;
07      if(m<n)                           // 處理情況 n>m
08          return f(m,m);
09      else                              // 處理情況 n≤m
10          return f(m,n-1)+f(m-n,n);
11  }
12  int main()
13  {
14      int t;
15      scanf("%d",&t);                   // 輸入測試案例數
16      while(t--)                        // 依次處理每個測試案例
17      {
18          int m,n;
19          scanf("%d%d",&m,&n);          // 輸入蘋果數和盤子數
20          printf("%d\n",f(m,n));        // 計算和輸出 m 個蘋果放在 n 個盤子裡的方法數
21      }
22      return 0;
23  }
```

3.2　求解遞迴資料

我們在建構問題的數學模型時，有時會發現資料的結構形式是一種遞迴關係。例如，二元樹的尋訪或圖的深度優先尋訪本身就是按遞迴定義的，有關這方面內容將在第三篇和第四篇闡釋。下面提供一個淺顯而有趣的實例。

3.2.1 ▶ Symmetric Order

你在 Albatross Circus Management 工作，剛寫了一個以長度非遞減的順序輸出姓名清單的程式（每個姓名至少要和前面的名字一樣長）。然後，你的老闆不喜歡這樣的輸出方式，他要求改為看上去對稱的輸出形式，最短的字串在頂部和底部，最長的在中間。他的規則是每一對姓名在列表對等的地方，每一對姓名中的第一個在列表的上方。如在下面的範例輸入的第一個例子中，Bo 和 Pat 是第一對，Jean 和 Kevin 是第二對等等。

輸入
輸入由一個或多個字串集合組成，以 0 結束。每個集合以一個整數 n 開始，表示該集合中字串的個數，每個字串一行，字串以長度的非遞減順序排列。字串不含空格。每個集合中的字串至少有 1 個，至多有 15 個。每個字串至多有 25 個字元。

輸出
對每個輸入的集合輸出一行「SET n」，其中 n 從 1 開始，後面跟著輸出集合，如範例輸出所示。

範例輸入	範例輸出
7	SET 1
Bo	Bo
Pat	Jean
Jean	Claude
Kevin	Marybeth
Claude	William
William	Kevin
Marybeth	Pat
6	SET 2
Jim	Jim
Ben	Zoe
Zoe	Frederick
Joey	Annabelle
Frederick	Joey
Annabelle	Ben
5	SET 3
John	John
Bill	Fran
Fran	Cece
Stan	Stan
Cece	Bill
0	

試題來源： ACM Mid-Central USA 2004

線上測試： POJ 2013，ZOJ 2172，UVA 3055

❖ 試題解析

以長度非遞減的順序輸出的姓名清單為 $s[1]\cdots s[n]$。要求輸出的格式是對稱的，最短的字串在頂部和底部，最長的在中間。也就是說，在輸出的上半部，姓名的長度是遞增的；而在輸出的下半部，姓名的長度是遞減的。本題有兩種解法：非遞迴的方法和遞迴的方法。

（1）非遞迴的方法

輸入的字串集合中的字串以長度非遞減的順序排列。輸出是對稱的，最短的字串在頂部和底部，最長的在中間，所以，上半部的輸出如下：

```
s[1]
s[3]
s[5]
…
s[n]，如果 n 是奇數；s[n-1]，如果 n 是偶數
```

也就是說，迴圈陳述式「for (int i=1; i<=n; i+=2) cout<<$s[i]$<<endl;」實作了上半部的輸出。

下半部的輸出如下：

```
s[n-(n%2)]
s[n-(n%2)-2]
s[n-(n%2)-4]
…
s[2]
```

也就是說，迴圈陳述式「for (int $i=n-(n\%2)$; $i>1$; $i-=2$) cout$<<s[i]<<$endl;」實作了下半部的輸出。

（2）遞迴的方法

n 個字串被劃分為 $\left\lceil\dfrac{n}{2}\right\rceil$ 組，每組由兩個相鄰的字串 $s[1]s[2]$，$s[3]s[4]$，$\cdots$，$s[2\times k-1]s[2\times k]$，$\cdots$ 組成，$1\le k\le\left\lceil\dfrac{n}{2}\right\rceil$。我們透過遞迴函數 print($n$)，輸入字串陣列 $s[]$，計算和輸出其對稱形式。

設字串陣列 $s[]$ 為遞迴副程式 print() 的區域變數，使之成為編譯系統的一個堆疊區，$s[]$ 中的字串呈現這樣的遞迴關係：

◆ 直接輸入，並輸出目前組的第一個字串 $s[2\times k-1]$。

◆ 若目前組存在第二個字串 $s[2\times k]$ 的話，則輸入；若存在下一組的話，則透過遞迴呼叫 print() 將其送入系統堆疊區。執行完 print() 後回溯時，堆疊中的字串按先進後出的順序出堆疊並輸出。

計算過程如下。

直接輸入／輸出目前組的第一個字串 $s[2\times k-1]$，$s[]$ 的長度 $n--$；如果 $n>0$，則輸入目前這組的第二個字串 $s[2\times k]$，$s[]$ 的長度 $n--$。若存在下一組（$n>0$），則透過遞迴呼叫 print(n) 將 $s[2\times k]$ 推入堆疊，繼續處理下一組……這個過程進行至 $n==0$ 為止。然後回溯，按先進後出的順序依次處理堆疊中的字串。顯然，若 n 是偶數，則 $s[n-1]s[n-3]\cdots s[2]$ 提出堆疊並輸出；若 n 是奇數，則 $s[n]s[n-2]\cdots s[2]$ 提出堆疊並輸出。

❖ 參考程式

```
01   #include<iostream>               // 前置編譯命令
02   using namespace std;             // 使用 C++ 標準程式庫中的所有識別字
03   void print(int n)                // 輸入 n 個字串，並按對稱格式輸出
04   {
05       string s;                    // 目前字串
06       cin >> s;                    // 輸入和輸出目前這組的第一個字串
07       cout << s << endl;
08       if (--n) {                   // 輸入目前這組的第二個字串並透過遞迴推入系統堆疊區
09           cin >> s;
10           if (--n) print(n);
11           cout << s << endl;       // 回溯，堆疊首字串提出堆疊後輸出
12       }
13   }
14   int main(void)
15   {
16       int n, loop = 0;             // 字串集合序號初始化
17       cin >> n;                    // 輸入第一個字串集合的字串個數
18       while (n) {
19           cout<<"SET "<<++loop<<endl; // 輸出目前字串集合的序號
20           print(n);                // 按照對稱格式輸出目前字串集合中的 n 個字串
21           cin >> n;                // 輸入下一個字串集合的字串個數
22       }
23       return 0;
24   }
```

3.3　用遞迴演算法求解問題

如果由問題可以提供初始狀態、目標狀態,且擴充子狀態的規則和約束條件,則可以使用遞迴演算法找出一個由初始狀態至目標狀態的求解方案。使用遞迴演算法時需要注意:求解過程中每一步的狀態由哪些參數組成?其中哪些參數需要主程式傳入初始值?哪些參數不需要?因為這些參數在遞迴時需要計算新狀態,而回溯時需要恢復遞迴前的狀態。

對於不需要主程式傳入初始值的參數,設為遞迴程式的區域變數,以免與同名的全域變數混淆;對於需要由主程式傳入初始值的參數,則按照儲存量分類。

◆ 儲存量小的參數,以值傳入遞迴副程式(也就是所謂的「值參數」),由編譯系統自動實作遞迴和回溯時的狀態轉換,即遞迴時值參數推入堆疊,回溯時值參數提出堆疊。

◆ 儲存量大的參數(例如陣列),設為全域變數,以避免系統堆疊區溢滿,但需在遞迴陳述式後(回溯位置)加入恢復遞迴之前狀態的陳述式。

3.3.1 ▶ Fractal

碎形(fractal)是物體在數量上、內容上「自相似」的一種數學抽象。

一個盒碎形(box fractal)定義如下。

◆ 1 度的盒碎形為:

$$X$$

◆ 2 度的盒碎形為:

$$
\begin{array}{ccc}
X & & X \\
& X & \\
X & & X
\end{array}
$$

◆ 如果 $B(n-1)$ 表示 $n-1$ 度的盒碎形,則 n 度的盒碎形遞迴定義如下:

$$
\begin{array}{ccc}
B(n-1) & & B(n-1) \\
& B(n-1) & \\
B(n-1) & & B(n-1)
\end{array}
$$

請畫出 n 度的盒碎形的圖形。

輸入

輸入由若干測試案例組成,每行提供一個不大於 7 的正整數,最後一行以一個負整數 −1 表示輸入結束。

輸出

對於每個測試案例,輸出用 'X' 標記的盒碎形。注意 'X' 是大寫字母。在每個測試案例後輸出包含一個短橫線的一行。

範例輸入	範例輸出
1	X
2	-
3	X X
4	X
−1	X X
	-
	X X X X
	X X
	X X X X
	X X
	X
	X X
	X X X X
	X X
	X X X X
	-
	X X X X X X X X
	X X X X
	X X X X X X X X
	X X X X
	X X
	X X X X
	X X X X X X X X
	X X X X
	X X X X X X X X
	X X X X
	X X
	X X X X
	X X
	X
	X X
	X X X X
	X X
	X X X X
	X X X X X X X X
	X X X X
	X X X X X X X X
	X X X X
	X X
	X X X X
	X X X X X X X X
	X X X X
	X X X X X X X X
	-

試題來源： ACM Shanghai 2004 Preliminary

線上測試： POJ 2083，ZOJ 2423

❖ 試題解析

n 度的盒碎形圖的規模為 3^{n-1}，即 n 度的盒碎形圖是一個邊長為 3^{n-1} 個單位長度的正方形。因為 $n \le 7$，而 $3^6 = 729$，所以定義一個 731×731 的二維字元陣列 map 來儲存度數不超過 7 的盒碎形圖。我們透過遞迴函數 print(n, x, y) 產生以 (x, y) 格為左上角的 n 度的盒碎形圖。

1. 遞迴邊界：若 $n=1$，則在 (x, y) 格填一個 'X' 並傳回。

2. 若 $n>1$，則分別在左上方、右上方、中間位置、左下方、右下方填 5 個 $n-1$ 度的盒碎形圖，且 $n-1$ 度的盒碎形圖的規模 $m=3^{n-2}$。

◆ 對於左上方 $n-1$ 度的盒碎形圖，其左上角的位置為 (x, y)，遞迴 print($n-1, x, y$) 產生；

◆ 對於右上方 $n-1$ 度的盒碎形圖，其左上角的位置為 $(x, y+2 \times m)$，遞迴 print($n-1, x, y+2 \times m$) 產生；

◆ 對於中間位置 $n-1$ 度的盒碎形圖，其左上角的位置為 $(x+m, y+m)$，遞迴 print($n-1, x+m, y+m$) 產生；

◆ 對於左下方 $n-1$ 度的盒碎形圖，其左上角的位置為 $(x+2 \times m, y)$，遞迴 print($n-1, x+2 \times m, y$) 產生；

◆ 對於右下方 $n-1$ 度的盒碎形圖，其左上角的位置為 $(x+2 \times m, y+2 \times m)$，遞迴 print($n-1, x+2 \times m, y+2 \times m$) 產生。

遞迴呼叫 print($n, 1, 1$)，即可產生 n 度的盒碎形圖。

❖ 參考程式

```
01  #include<iostream>
02  #include<cmath>
03  using namespace std;
04  char map[731][731];              // 二維字元陣列 map 用來儲存度數不超過 7 的盒碎形圖
05  void print(int n,int x,int y)    // print(n, x, y) 產生以 (x, y) 格為左上角的 n 度的盒碎形圖
06  {
07      int m;
08      if(n==1)                     // 遞迴邊界
09      {
10          map[x][y]='X';
11          return ;
12      }
13      m=pow(3.0,n-2);              // m=3ⁿ⁻², n-1 度的盒碎形圖的規模
14      print(n-1,x,y);              // 左上方
15      print(n-1,x,y+2*m);          // 右上方
16      print(n-1,x+m,y+m);          // 中間位置
17      print(n-1,x+2*m,y);          // 左下方
18      print(n-1,x+2*m,y+2*m);      // 右下方
19  }
20  int main(void)
21  {
22      int i,j,n,m;                 // n 度的盒碎形圖
23      while(scanf("%d",&n)!=EOF)
24      {
25          if(n==-1)
26              break;
27          m=pow(3.0,n-1);          // m=3ⁿ⁻¹, n 度的盒碎形圖的規模
28          for(i=1;i<=m;i++)        // n 度的盒碎形圖初始化
29          {
30              for(j=1;j<=m;j++)
31                  map[i][j]=' ';
32          }
```

```
33          print(n,1,1);              // print(n, 1, 1)，產生 n 度的盒碎形圖
34          for(i=1;i<=m;i++)          // 輸出 n 度的盒碎形圖
35          {
36              for(j=1;j<=m;j++)
37                  printf("%c",map[i][j]);
38              printf("\n");
39          }
40          printf("-\n");
41      }
42      return 0;
43  }
```

3.3.2 ▶ Fractal Streets

隨著我們對城市現代化的渴望越來越強烈，對新街道設計的需求也越來越大。Chris 是負責這些設計的城市規劃師之一。每年的設計需求都在增加，今年他被要求完整地設計一個全新的城市。

Chris 現在不希望做更多的工作，因為他非常懶惰。他非常親密的朋友之一 Paul 是一名電腦科學家，Paul 提出了一個讓 Chris 在同齡人中成為英雄的絕妙想法：碎形街道（Fractal Streets）。透過使用希爾伯特曲線（Hilbert curve），他可以很容易地填充任意大小的矩形圖，而工作量很少。

一階希爾伯特曲線由一個「杯形曲線」組成。在二階的希爾伯特曲線中，這個杯形曲線的杯子被四個更小但相同的杯子和三條連接這些杯子的道路所代替。在三階的希爾伯特曲線中，這四個杯子再依次被四個相同但更小的杯子和三條連接道路等所代替。在杯子的每個角落都有一條供住房使用的帶信箱的車道，並且每個角落有一個簡單的連續編號。左上角的房子是 1 號，兩個相鄰的房子之間的距離是 10 公尺。

一階、二階和三階希爾伯特曲線如圖 3.3-1 所示。正如你所見，碎形街道的概念成功地消除了煩人的街道網格，只需要我們做少許的工作。

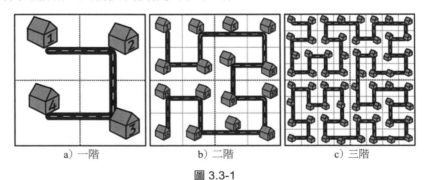

a）一階   b）二階   c）三階

圖 3.3-1

為了表示感謝，市長在 Chris 新計畫建造的許多社區中為他提供了一棟房子。Chris 現在想知道這些房子中的哪一棟離當地城市規劃辦公室最近（當然每個新的社區都有一個）。幸運的是，他不必在街上開車，因為他的新「汽車」是一種新型的飛行汽車。這輛高科技的汽車使他可以直線行駛到新辦公室。請你編寫一個程式來計算 Chris 必要的飛行距離（不包括起飛和著陸的垂直距離）。

輸入

輸入的第一行提供一個正整數，表示測試案例的數量。

然後，對於每個測試案例，在一行中提供三個正整數 n（$n<16$）、h 和 o（$o<2^{31}$），分別表示希爾伯特曲線的階數，以及提供給 Chris 的房屋和當地城市規劃辦公室的房屋編號。

輸出

對於每個測試案例，在一行中輸出 Chris 飛到工作地點的距離，單位為公尺，四捨五入為最接近的整數。

範例輸入	範例輸出
3	10
1 1 2	30
2 16 1	50
3 4 33	

試題來源：BAPC 2009

線上測試：POJ 3889

❖ **試題解析**

本題提供一個碎形圖，輸入提供 3 個數 n、h、o，其中 n 為希爾伯特曲線的階數（碎形圖的級數），h 和 o 分別是提供給 Chris 的房屋和當地城市規劃辦公室的房屋編號。求在 n 階希爾伯特曲線（n 級碎形圖）的情況下，編號為 h 和 o 的兩個點之間的歐幾里得距離 $\times 10$ 是多少？

其中，n 階希爾伯特曲線（n 級碎形圖）的形成規則如下：

1. 首先，在右下角和右上角複製 $n-1$ 階希爾伯特曲線（$n-1$ 級碎形圖）；

2. 然後，將 $n-1$ 階希爾伯特曲線順時針旋轉 90°，放到左上角；

3. 接下來，將 $n-1$ 階希爾伯特曲線逆時針旋轉 90°，放到左下角；

4. 編號是從左上角那個點開始計 1，沿著道路計數。

設定遞迴函數 calc(int n, LL id, LL &x, LL &y) 用於計算 n 級碎形圖的編號為 id 的點的座標為 (x, y)，分析如下。

遞迴邊界：當 n 等於 1 時，即如圖 3.3-1a 所示的 1 級碎形圖，分四種情況。當 id 等於 1 時，座標 (x, y) 為 $(1, 1)$；當 id 等於 2 時，座標 (x, y) 為 $(1, 2)$；當 id 等於 3 時，座標 (x, y) 為 $(2, 2)$；當 id 等於 4 時，座標 (x, y) 為 $(2, 1)$。

對 calc(int n, LL id, LL &x, LL &y) 的分析和遞迴定義如下：

1. 目前編號 id 不大於上一級碎形圖（$n-1$ 級碎形圖）的編號的總數時，說明目前編號 id 是在 n 級碎形圖的左上角，而左上角碎形圖是 $n-1$ 級碎形圖逆時針旋轉 90° 得到的，所以在代入遞迴式時，需要將 x 和 y 互換，遞迴函數為 calc($n-1$, id, y, x)。例如，在 1 級碎形圖中，按點的編號，座標的道路為 $(1, 1) \rightarrow (1, 2) \rightarrow (2, 2) \rightarrow (2, 1)$。而在 1 級碎形圖的左上角中，座標的道路為 $(1, 1) \rightarrow (2, 1) \rightarrow (2, 2) \rightarrow (1, 2)$。在這兩種情況中，$x$ 和 y 互換了。

2. 目前編號 id 不大於上一級碎形圖（$n-1$ 級碎形圖）的編號的總數的 2 倍時，說明目前編號 id 在 n 級碎形圖的右上角；而目前編號 id 不大於上一級碎形圖（$n-1$ 級碎形圖）的編號的總數的 3 倍時，說明目前編號 id 在 n 級碎形圖的右下角。相關於 $n-1$ 級碎形圖，這兩種情況的碎形圖沒有旋轉，所以遞迴函數分別為 calc($n-1$, id$-$_id, x, y) 和 calc($n-1$, id$-2\times$_id, x, y)。

3. 目前編號 id 不大於上一級碎形圖（$n-1$ 級碎形圖）的編號的總數的 4 倍時，說明目前編號 id 在 n 級碎形圖的左下角。而左下角碎形圖是 $n-1$ 級碎形圖順時針旋轉 90° 得到的，透過比較座標，x 對映為 $(1<<n)+1-x$，y 對映為 $(1<<(n-1))+1-y$，遞迴函數為 calc($n-1$, id$-3\times$_id, y, x)。

❖ 參考程式

```
01   #include<cstdio>
02   #include<cmath>
03   using namespace std;
04   typedef long long LL;                          // 定義 long long 整數
05   void calc(int n, LL id, LL &x, LL &y){         // 計算和傳回 n 級碎形圖編號為 id 的點的座標 (x, y)
06       if(n == 1){                                // 處理遞迴邊界
07           if(id==1)  x=1,y=1;
08           if(id==2)  x=1,y=2;
09           if(id==3)  x=2,y=2;
10           if(id==4)  x=2,y=1;
11       }else{
12           LL _id = (1<<(n-1))*(1<<(n-1));        // 計算 n-1 級碎形圖的編號總數
13           if(id <= _id){                         // 編號 id 不大於 n-1 級碎形圖的編號總數時的情況
14                                                  // 處理
15               calc(n-1,id,y,x);
16           }else if(id <= 2*_id){                 // 編號 id 不大於 n-1 級碎形圖的編號總數 2 倍時的
17                                                  // 情況處理
18               calc(n-1,id-_id,x,y);
19               y += 1<<(n-1);                     // y 對映為 y+2^{n-1}
20           }else if(id <= 3*_id){                 // 編號 id 不大於 n-1 級碎形圖的編號總數 3 倍時的
21                                                  // 情況處理
22               calc(n-1,id-2*_id,x,y);
23               x += 1<<(n-1);                     // x 對映為 x+2^{n-1}，y 對映為 y+2^{n-1}
24               y += 1<<(n-1);
25           }else{                                 // 編號 id 小於 n-1 級碎形圖的編號總數的 4 倍時的
26                                                  // 情況處理
27               calc(n-1, id-3*_id, y,x);
28               x = (1<<n)+1-x;                    // x 對映為 2^n+1-x，y 對映為 2^{n-1}+1-y
29               y = (1<<n-1)+1-y;
30           }
31       }
32   }
33   int main(){
34       int _w;  scanf("%lld", & _w);              // 輸入測試案例數
35       while(_w--){                               // 依次處理每個測試案例
36           int n; LL h,o;
37           scanf("%d%lld%lld", &n, &h, &o);       // 輸入曲線階數 n、住房編號 h 和辦公室編號 o。
38           LL sx, sy, ex, ey;
39           calc(n,h,sx,sy);                       // 計算住房編號 h 的座標（sx, sy）
40           calc(n,o,ex,ey);                       // 計算辦公室 o 的座標（ex, ey）
```

```
41              prin tf("%.0f\n",sqrt((sx-ex)*(sx-ex)+(sy-ey)*(sy-ey))*10);
42                                      // 輸出 h 與 o 點間的距離
43          }
44      return 0;
45  }
```

使用遞迴演算法求解的方式很多。下面將介紹其中應用非常廣泛的一種方法——回溯法。

3.4　回溯法

回溯法是搜尋演算法中的一種控制策略，該演算法從初始狀態出發，運用題目提供的條件、規則，按擇優條件向前搜尋，以到達目標。當搜尋到某一步時，發現原先選擇並不優或者達不到目標，就退回一步重新選擇。這種方法與第四篇圖的深度優先搜尋（DFS）在本質上是一致的，只不過深度優先搜尋一般用於顯式圖，而回溯法一般用於遞迴問題的求解，因此回溯法也被稱為隱式圖的深度優先搜尋。

回溯法的應用範圍很廣：可用於計數，也可用於方案列舉；可用於計算最佳化問題，也可用於求解所有的解答路徑。

因此，本節透過實作闡述以下問題：回溯法的程式流程一般有什麼特徵？使用回溯法解題需要考慮哪些因素？怎樣將這些思考變成回溯法的程式實現？

回溯法在求解最佳化問題時的一般流程如下：

```
void  run (目前狀態);
{
    if  (目前狀態為邊界)
        {
            if (目前狀態為最佳目標狀態)
                    記下最佳結果；
            return；
        }
    for  ( int i= 運算符號最小值；i<= 運算符號最大值；++i )
        {
            運算符號 i 作用於目前狀態，擴充出一個子狀態；
                if  (子狀態滿足約束條件)  && (子狀態滿足最佳化要求)
                    run(子狀態)；
        }
}
```

上述演算法流程需要根據試題要求做適當調整。例如，對非最佳化問題，可略去目前狀態是否為最佳目標狀態、和擴充出的子狀態是否滿足最佳化要求的判斷；若是求最長路徑，可略去邊界條件的判斷等等。

在使用回溯法解題時，一般需要結合題意考慮如下因素。

1. 定義狀態：如何描述問題求解過程中每一步的狀況。為了精簡程式，增加可讀性，我們一般將參與子狀態擴充運算的變數組合成目前狀態列入值參數或區域變數，以便回溯時能恢復遞迴前的狀態，重新計算下一條路徑。若這些參數的儲存量大（例如陣列），為避免記憶體溢滿，則必須將其設為全域變數，且回溯前需恢復其遞迴前的值。

2. **邊界條件**：在什麼情況下，程式不再遞迴下去。如果是求滿足某個特定條件的一條最佳路徑，則目前狀態到達邊界時並不一定意味著此時就是最佳目標狀態，因此還須增加判別最優目標狀態的條件。

3. **搜尋範圍**：若目前子狀態不滿足邊界條件，則擴充子狀態。在這種情況下，應如何設計擴充子狀態的運算符號值範圍？換句話說，如何設定 for 陳述式中迴圈變數的初值和終值？

4. **約束條件和最佳化要求**：擴充出的子狀態應滿足什麼條件方可繼續遞迴下去？如果是求滿足某個特定條件的一條最佳路徑，那麼在擴充出某子狀態後是否繼續遞迴搜尋下去，不僅取決於子狀態是否滿足約束條件，還取決於子狀態是否滿足最佳化要求。

【3.4.1 Red and Black】是一個應用回溯法求解計數問題的簡單實例。

3.4.1 ▶ Red and Black

有一個矩形房間，地上覆蓋著正方形瓷磚。每個瓷磚都被塗成紅色或黑色。一位男士站在黑色的瓷磚上，他可以向這塊瓷磚的四塊相鄰瓷磚中的一塊移動，但他不能移動到紅色的瓷磚上，只能移動到黑色的瓷磚上。請編寫一個程式來計算透過重複上述移動，他所能經過的黑色瓷磚數。

輸入

輸入包含多個測試案例。一個測試案例在第一行提供兩個正整數 W 和 H，W 和 H 分別表示矩形房間的列數和行數，W 和 H 不超過 20。

每個測試案例接下來提供 H 行，每行包含 W 個字元。每個字元的含意如下所示：

◆ 「.」表示黑磚；

◆ 「#」表示紅磚；

◆ 「@」表示男子的初始位置（在每個測試案例中僅出現一次）。

兩個零表示輸入結束。

輸出

對每個測試案例，程式輸出一行，提供男子從初始瓷磚出發可以到達的瓷磚數。

範例輸入	範例輸出
6 9	45
....#.	59
.....#	6
......	13
......	
......	
......	
......	
#@...#	
.#..#.	
11 9	
.#..........	
.#.#######.	
.#.#.....#.	
.#.#.###.#.	

（續）	範例輸入	範例輸出
	.#.#..@#.#.	
	.#.#####.#.	
	.#.......#.	
	.#########.	
	....	
	11 6	
	..#..#..#..	
	..#..#..#..	
	..#..#..###	
	..#..#..#@.	
	..#..#..#..	
	..#..#..#..	
	7 7	
	..#.#..	
	..#.#..	
	###.###	
	...@...	
	###.###	
	..#.#..	
	..#.#..	
	0 0	

試題來源：ACM Japan 2004 Domestic

線上測試：POJ 1979

❖ 試題解析

採用回溯法求解男子經過的瓷磚數。設定 n、m 分別為矩形房間的行數和列數；(row, col) 為男子的出發位置；ans 為男子經過的瓷磚數，初始為 0；map 為房間的瓷磚圖，其中 map$[i][j]$ 為瓷磚 (i, j) 的字元；visited 為存取標誌，其中 visited$[i][j]$=true，表示男子已經到過瓷磚 (i, j)，遞迴過程為 search(i, j)。其中：

1. 狀態為男子的目前位置 (i, j)：(i, j) 為副程式的值參數。顯然，遞迴呼叫 search (row, col) 後，便可得到男子經過的瓷磚數 ans。

2. 約束條件為 $(i<0 || i>=n || j<0 || j>=m || map[i][j]=='#' || $visited$[i][j])$：若目前瓷磚在房間外或不可通行（「#」表示紅磚）或已經存取過 (visited$[i][j]$==true)，則回溯；否則設瓷磚 (i, j) 存取標誌（visited$[i][j]$=true），男子經過的瓷磚數 +1（++ans）。

3. 搜尋範圍為 (i, j) 的四個相鄰格點：依次遞迴（search$(i-1, j)$；search$(i+1, j)$；search$(i, j-1)$；search$(i, j+1)$）。

❖ 參考程式

```
01   #include<iostream>                          // 前置編譯命令
02   #include<string>
03   using namespace std;                        // 使用 C++ 標準程式庫中的所有識別字
04   const int maxn=20+5, maxm=20+5;             // 行數和列數的上限
05   int n, m, ans;                              // 目前測試案例的行數、列數和男子經過
06                                               // 的瓷磚數
07   string map[maxn];                           // 目前測試案例的瓷磚圖
08   bool visited[maxn][maxm];                   // 存取標誌
09   void search(int row, int col)               // 遞迴計算男子由 (row, col) 出發經過
```

```
10                                                          // 的瓷磚數
11   {
12       if (row<0||row>=n||col<0||col>=m||map[row][col]=='#'||visited[row][col])
13           return; // 若目前瓷磚在房間外、不可通行或已經存取過，則回溯
14           visited[row][col] = true;                   // 指定目前格點存取標誌
15           ++ans;                                       // 累計經過的瓷磚數
16           search(row - 1, col);                        // 遞迴 (row, col) 的四個相鄰方向的格點
17           search(row + 1, col);
18           search(row, col - 1);
19           search(row, col + 1);
20   }
21   int main(void)
22   {
23       cin >> m >> n;                                   // 輸入第 1 個測試案例的房間規模
24       while (n || m) {
25           int row, col;
26           for (int i = 0; i < n; i++) {                // 輸入目前測試案例
27               cin >> map[i];
28               for (int j = 0; j < m; j++)
29                   if (map[i][j] == '@') {              // 記錄男子初始位置
30                       row = i; col = j;
31                   }
32           }
33           memset(visited, false, sizeof(visited)); // 存取標誌和經過的瓷磚數初始化
34           ans = 0;
35           search(row, col);                            // 遞迴計算男子由 (row, col) 出發經過
36                                                        // 的瓷磚數
37           cout << ans << endl;                         // 輸出男子經過的瓷磚數
38           cin >> m >> n;                               // 輸入下一個測試案例的房間規模
39       }
40       return 0;
41   }
```

回溯法也可以列舉滿足條件的所有方案。【3.4.2 The Sultan's Successors】提供了一個經典回溯問題——八皇后問題的應用實例。

3.4.2 ▶ The Sultan's Successors

Nubia 的蘇丹沒有子女，所以她決定在她去世後把她的國家分成 k 個不同的部分，每個部分將由在一些測試中表現最好的人來繼承，有可能某個人繼承多個部分或者全部。為了確保最終只有智商最高的人成為她的繼承者，蘇丹設計了一個巧妙的測試。在一個噴泉飛濺和充滿異香的大廳裡放著 k 個國際象棋棋盤。在棋盤中，每一個方格用 1～99 範圍內的數字進行編號，並提供 8 個寶石做的皇后棋子。每一個潛在的繼承人的任務是將 8 個皇后放置在棋盤上，使得沒有一個皇后可以攻擊另一個皇后，並且對於棋盤上所選擇的皇后佔據的方格，要求方格內的數字總和要和蘇丹選擇的數字一樣高。（這就是說，在棋盤上的每一行和每一列只能有一個皇后，並且在每條對角線上最多只能有一個皇后。）

請編寫一個程式，輸入棋盤的數量以及每個棋盤的詳細情況，並確定在這些條件下每個棋盤可能的最高得分。（蘇丹是一個好的棋手，也是一個優秀的數學家，她提供的數字是最高的。）

輸入

輸入首先在一行中提供棋盤的數量 k，然後提供 k 個由 64 個數字組成的集合，每個集合由 8 行組成，每行 8 個數字，每個數字是小於 100 的正整數。棋盤的數量不會多於 20。

輸出

輸出提供 k 個數字，表示你的 k 個得分，每個得分一行，向右對齊，占 5 個字元的寬度。

範例輸入	範例輸出
1 1 2 3 4 5 6 7 8 9 10 11 12 13 14 15 16 17 18 19 20 21 22 23 24 25 26 27 28 29 30 31 32 33 34 35 36 37 38 39 40 41 42 43 44 45 46 47 48 48 50 51 52 53 54 55 56 57 58 59 60 61 62 63 64	260

試題來源：ACM South Pacific Regionals 1991

線上測試：UVA 167

❖ 試題解析

對 8×8 的棋盤來說，八皇后的放置方案有多種（共 92 種），在每種方案中放置 8 個皇后的位置不盡相同。由於在每個棋盤中，每一個方格用不同的數字進行編號，因此每種放置方案的得分也會不同。所以，在輸入棋盤資料前，先離線計算出八皇后在棋盤上所有可能的放置方式。然後對每一個棋盤資料，計算每種放置方式中的得分，並獲得其中的最高得分。

（1）回溯搜尋 8 個皇后在棋盤上的所有可能放置方式

我們自上而下搜尋每一行。由於棋盤上每一行和每一列只能有一個皇后，並且在每條對角線上最多只能有一個皇后，因此需要標誌每一列、每一條對角線是否被皇后選中。8×8 的棋盤共有 8 列、15 條左對角線和 15 條右對角線。

設 col[i] 為 i 列選中的標誌（$0 \le i \le 7$），left[ld] 為左對角線 ld 選中的標誌（$0 \le$ ld < 15），right[rd] 為右對角線 rd 選中的標誌（$0 \le$ rd < 15）。

經過 (r, c) 的右對角線序號為 rd=r+c，左對角線序號為 ld=c−r+7（如圖 3.4-1 所示），這樣做可使 15 條左對角線和 15 條右對角線的序號互不相同。

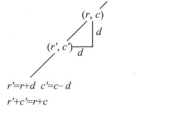

圖 3.4-1

目前皇后在 r 行的列位置為 tmp[r]（$0 \leq r \leq 7$），$p[n][i]$ 儲存第 n 種方式中 8 個皇后的列位置（$0 \leq n \leq 91, 0 \leq i \leq 7$）。

我們採用回溯法計算八皇后的所有可能放置方式。考慮的因素如下。

1. 狀態：目前行序號 r 作為遞迴過程的值參數；col[c]、left[ld] 和 right[rd] 反映了求解過程中每一步的狀況，但這些參數的儲存量大，為避免記憶體溢滿，將其設為全域變數，回溯時需恢復其遞迴前的值。

2. 邊界條件 $r==8$：若搜尋了所有行，則記下第 n 種方式中 8 個皇后的列位置（$P[n][i]$=tmp[i], $0 \leq i \leq 7$），方式序號 $n++$，回溯。

3. 搜尋範圍 $0 \leq c \leq 7$：若目前狀態不滿足邊界條件，則依次搜尋 r 行的每一列 c，計算 (r, c) 的左、右對角線序號（ld=$(c-r)$+7, rd=$c+r$）。

4. 約束條件（!col[c] && !left[ld] && !right[rd]）：若滿足約束條件，則選中 c 列、左對角線 ld 和右對角線 rd（col[c]=1, left[ld]=1, right[rd]=1），(r, c) 放置皇后（tmp[r]=c），遞迴（$r+1$）。注意，遞迴回溯時需恢復遞迴前的參數（col[c]=0, left[ld]=0, right[rd]=0）。

顯然，從 0 行出發遞迴，便可計算出所有方案中 8 個皇后的位置。

（2）主程式

1. 遞迴計算 8 個皇后的 n 種放置方式 $P[i][j]$（$0 \leq i \leq n-1, 0 \leq j \leq 7$）。

2. 依次處理 k 個棋盤：

◆ 讀入目前棋盤資料 board[ ][ ]；
◆ 計算和輸出目前棋盤的最高得分 $\text{ans} = \max\limits_{0 \leq i \leq n-1} \left\{ \sum\limits_{j=0}^{7} \text{board}[j][P[i][j]] \right\}$。

❖ 參考程式

```
01    #include<cstdio>
02    using namespace std;
03    int P[1000][9];                              // 方式 i 中第 j 行皇后的列位置為 P[i][j]
04    int tmp[8];                                  // 目前方式中第 i 行皇后的列位置為 tmp[i]
05    int n = 0;                                           // 將方式數初始化
06    bool col[8] = {0}, left[15] = {0}, right[15] = {0}; // 所有列和左、右對角線未被選中
07    void func(int r)                             // 從 r 行出發，遞迴計算所有方案中 8 個
08                                                 // 皇后的位置
09    {
10        if (r == 8) {                                    // 若搜尋了所有行
11            for (int i = 0; i < 8; ++i)                  // 記下目前方式中 8 個皇后的列位置
12                P[n][i] = tmp[i];
13            ++n;                                         // 方式數 +1
14            return;                                      // 回溯
15        }
16        for (int c = 0; c < 8; ++c) {                    // 依次搜尋 r 行的每一列
17            int ld = (c - r) + 7;                        // 計算 (r, c) 的左、右對角線序號
18            int rd = c + r;
19            if (!col[c] && !left[ld] && !right[rd]) {    // 若第 c 列和左、右對角線未選中，
20                                                         // 則選中 c 列和左、右對角線
21                col[c] = 1, left[ld] = 1, right[rd] = 1;
```

```
22              tmp[r] = c;                          //(r, c) 放置皇后
23              func(r + 1);                         // 遞迴下一行
24              col[c]=0, left[ld]=0, right[rd]=0;   // 撤去第 c 列和左、右對角線的選中標誌
25          }
26      }
27  }
28  int main()
29  {
30      func(0);                                     // 從 0 行出發，自上而下遞迴計算
31                                                   // 所有方案中的 8 個皇后位置
32      int Case;
33      int board[8][8];
34      scanf("%d", &Case);                          // 輸入棋盤數
35      while (Case--) {
36          for (int i = 0; i < 8; ++i)              // 輸入目前棋盤中每格的數字
37              for (int j = 0; j < 8; ++j)
38                  scanf("%d", &board[i][j]);
39          int ans = 0;
40          for (int i = 0; i < n; ++i) {            // 依次搜尋每個方式
41              int sum = 0;                         // 第 i 個方式的得分初始化
42              for (int j = 0; j < 8; ++j)          // 搜尋每一行，累計第 i 個方式的得分
43                  sum += board[j][P[i][j]];
44              if (sum>ans) ans=sum                 // 若目前方式的得分目前最高，則調整
45                                                   // 棋盤最高得分
46          }
47          printf("%5d\n", ans);                    // 輸出目前棋盤的最高得分
48      }
49  }
```

【3.4.2 The Sultan's Successors】題解中的副程式 func(*r*)，就是一個使用回溯法計算所有方案的程式範例。

【3.4.3 The Settlers of Catan】是一個使用回溯法求解最佳化問題的範例。

3.4.3 ► The Settlers of Catan

1995 年，在 Settlers of Catan 舉辦了一場遊戲，玩家們要在一座島嶼的未知荒野上，透過建構道路、定居點和城市來控制這個島嶼。

你受雇於一家軟體公司，該公司剛剛決定開發這款遊戲的電腦版，要求你實作這款遊戲的一條特殊規則：當遊戲結束時，建造最長的道路的玩家將獲得額外的兩分。

問題是，玩家通常建造複雜的道路網路，而不是一條線性的路徑。因此，確定最長的路不是容易的（雖然玩家們通常可以馬上看出）。

和原始的遊戲相比，我們僅要解決一個簡化的問題：提供一個節點（城市）的集合和一個邊（路段）的集合，這些連接節點的邊的長度為 1。

最長的道路被定義為網路中每條邊都不會經過兩次的最長的路徑，雖然節點可以被經過超過一次。

例如，圖 3.4-2 中的網路包含一條長度為 12 的道路。

```
 o       o--o      o
  \     /    \    /
   \   /      \  /
   o--o       o--o
   /   \      /   \
  /     \    /     \
 o       o--o       o--o
          \         /
           \       /
           o--o
```

圖 3.4-2

輸入

輸入包含一個或多個測試案例。

每個測試案例的第一行提供兩個整數：節點數 n（$2 \leq n \leq 25$）和邊數 m（$1 \leq m \leq 25$）。接下來的 m 行描述 m 條邊，每條邊由這條邊所連接的兩個節點的編號表示，節點編號為 $0 \sim n-1$。邊是無向邊。節點的度最多為 3。道路網不一定是連接的。

輸入以 n 和 m 取 0 結束。

輸出

對每個測試案例，在單獨的一行中輸出最長道路的長度。

範例輸入	範例輸出
3 2	2
0 1	12
1 2	
15 16	
0 2	
1 2	
2 3	
3 4	
3 5	
4 6	
5 7	
6 8	
7 8	
7 9	
8 10	
9 11	
10 12	
11 12	
10 13	
12 14	
0 0	

試題來源： University of Ulm Local Contest 1998

線上測試： POJ 2258，ZOJ 1947，UVA 539

❖ **試題解析**

道路網是一個無向圖。由於最長道路中的每條邊僅允許經過一次，因此設定無向圖的相鄰矩陣為 $a[i][j] = \begin{cases} 0 & \text{節點 } i \text{ 和節點 } j \text{ 之間沒有邊或者邊 } (i, j) \text{ 已經被經過} \\ 1 & \text{邊 } (i, j) \text{ 沒有被經過} \end{cases}$。

由於試題並未規定路徑的起始點，因此需要將每個節點設為路徑起始點計算路長，從中調整最長路長 best。採用回溯法計算以 i 節點為首的路徑長度，並調整 best 是比較適合的。

狀態：求解過程中每一步的狀況為目前路徑的尾節點 i 和路長 l，各條邊的存取標誌為 $a[][]$。為了避免記憶體溢滿，我們設遞迴過程的值參數為 (i, l)，將 $a[][]$ 設為全域變數，但回溯時需恢復其遞迴前的未存取標誌。

由於本題是求最長道路，路徑能長則長，因此不設邊界條件。

搜尋範圍 $0 \leq j \leq n-1$：可能與 i 節點關聯的所有節點。

約束條件 $a[i][j]==1$：若 (i, j) 是沒有被經過的邊，則撤去 (i, j) 的存取標誌（$a[i][j]=a[j][i]=0$），遞迴 $(j, l+1)$，回溯時恢復其遞迴前的未存取標誌（$a[i][j]=a[j][i]=1$）。

搜尋完與 i 節點關聯的所有節點後，便得出以 i 節點為首的路徑長度 1。此時，調整最長路長 $best=\max\{best, l\}$。

顯然，在主程式中設定 best=0，依次計算以每個節點為首的路徑（即遞迴 $(i, 0)$，$0\leq i\leq n-1$），便可以計算出最長路長 best。

❖ **參考程式**

```
01   #include<stdio.h>
02   #include<assert.h>
03   #define DBG(x)
04   FILE *input;
05   int n,m,best;                              // 節點數為 n，邊數為 m，最長路的長度為 best
06   int a[32][32];                             // 無向圖的鄰接矩陣
07   int read_case()                            // 輸入測試案例資訊，建構無向圖的鄰接矩陣
08   {
09       int i,j;
10       fscanf(input,"%d %d",&n, &m);          // 輸入節點數和邊數
11       DBG(printf("%d nodes, %d edges\n",n,m));
12       if (m==0 && n==0) return 0;            // 輸入以 n 和 m 取 0 結束
13       for (i=0; i<n; i++)                    // 鄰接矩陣初始化為空
14           for (j=0; j<n; j++) a[i][j] = 0;
15       while (m--)                            // 依次輸入 m 條邊資訊，建構無向圖的鄰接矩陣
16           {
17               fscanf(input,"%d %d",&i,&j);
18               a[i][j] = a[j][i] = 1;
19           }
20       return 1;
21   }
22   void visit (int i, int l)                  // 遞迴計算目前路徑（目前行至節點 i，路長為 1），
23                                              // 調整最長路長
24   {
25       int j;
26           for (j=0; j<n; j++)                // 搜尋 i 節點相關的未存取邊
27               if (a[i][j])                   // 若 (i, j) 未存取，則設存取標誌
28                   { a[i][j]= a[j][i]=0;
29                   visit(j,l+1);             // 沿 j 節點遞迴下去
30                   a[i][j] = a[j][i] = 1;     // 恢復 (i, j) 未存取標誌
31                   }
32       if (l>best) best=l;                    // 若目前路長為最長，則調整最長路的長度
33   }
34   void solve_case()                          // 計算和輸出目前測試案例的解
35   {
36       int i;
37       best = 0;                              // 最長路的長度初始化
38       for (i=0; i<n; i++)                    // 依次遞迴以每個節點為首的路徑，調整最長路長
39           visit(i,0);
40       printf("%d\n",best);                   // 輸出最長路長
41   }
42   int main()
43   {
44       input = fopen("catan.in","r");         // 輸入檔案初始化
```

```
45        assert(input!=NULL);
46        while (read_case()) solve_case();    // 反覆輸入測試案例，計算和輸出解，直至程式結束
47        fclose(input);                       // 關閉輸入檔案
48        return 0;
49    }
```

3.5　相關題庫

3.5.1 ▶ Transportation

Ruratania 在包括運輸業在內的多個領域中，正在建立新型的企業化的運作機制。運輸公司 TransRuratania 要開設從城市 A 到城市 B 的一趟新的特快列車，途中要停若干站。車站依次編號，城市 A 編號為 0，城市 B 編號為 m。公司要進行一項實作，以改進乘客的運輸量，並增加其收入。這列火車的最大容量為 n 位乘客。火車票的價格等於出發站和目的地站（包括目的地站）之間的停車次數（也就是站的數量）。在列車從城市 A 出發之前，從路線上所有站的訂票資訊已經被獲取完畢。一份車站 S 的訂票訂單是從車站 S 出發到一個確定的目的地站的所有預訂。如果因為乘客容量的限制，公司有可能不能接受所有的訂單，公司的策略是，對於每個站的每一份訂票訂單，要麼完全接受，要麼完全拒絕。

請編寫一個程式，根據城市 A 到城市 B 的路線上的車站提供的訂單，確定 TransRuratania 公司最大可能的總收入。一個被接受訂單的收入是訂單中乘客的數量和他們的車票價格的乘積。公司總收入則是所有被接受的訂單收入的總和。

輸入

輸入被劃分為若干個測試案例。每個測試案例的第一行包含 3 個整數：列車乘客的最大容量 n、城市 B 的編號和所有車站被預訂的車票總數。下一行提供訂票訂單。每份訂單包含 3 個整數：出發站、目的地站和乘客數量。在每個測試案例中，最多有 22 份訂單，城市 B 編號最多為 7。測試案例以第一行的 3 個整數全部取 0 作為輸入結束。

輸出

除輸入結束標誌以外，對每個測試案例，輸出一行，每行提供最大可能的總收入。

範例輸入	範例輸出
10 3 4	19
0 2 1	34
1 3 5	
1 2 7	
2 3 10	
10 5 4	
3 5 10	
2 4 9	
0 2 5	
2 5 8	
0 0 0	

試題來源： ACM Central European Regional Contest 1995

線上測試： POJ 1040，UVA 301

提示

顯而易見，本題應採用回溯法求解。

（1）回溯搜尋前的前置處理

最大收入 best，初始時為 0；訂單數，即所有車站被預訂的車票總數為 count。

訂單序列為 orders[]，其中第 i 份訂單的起始站為 orders[i].from，目的地站為 orders[i].to，旅客數為 orders[i].passangers。若公司接受該訂單，則收入為 orders[i].price＝(orders[i].to−orders[i].from) *orders[i].passangers（0≤i≤count−1）。

我們以 price 欄位為關鍵字，按遞增順序排列訂單序列 orders[]。計算接受剩餘訂單的收入總和 orders[i].remaining＝$\sum_{k=i}^{count-1}$orders[k].price，該欄位在回溯演算法中列為最佳化條件。回溯搜尋時，我們按照 orders[ ] 的順序列舉每份訂單。

車站序列為 train[]，其中車站 i 的旅客數為 train[i]，初始時 train[] 清零。

（2）回溯搜尋

我們按照接受訂單的收入遞增循序搜尋每份訂單。

狀態： 求解過程中每一步的狀況為目前訂單 start，已接受的訂單收入為 earnings，這兩個參數被列為遞迴過程的值參數 (start, earnings)。另外，各個車站的人數 train[] 也為狀態，因為公司一旦接受訂單，則需要累計途經火車站的人數，判斷是否超載，回溯時需要恢復訂單接受前途經火車站的人數。為了避免記憶體溢滿，train[] 為全域變數。

最佳目標狀態的條件 earnings＞best： 若目前收入最大，則調整最大收入（best＝earnings）。

搜尋範圍為 start≤k≤count−1。

訂單 k 是否被接受，需要同時滿足約束條件和最佳化要求。

最佳化要求 earnings＋orders[k].remaining＜best：若即使按收入最大化要求，全部接受剩餘訂單也不可能更優，則拒絕 k 訂單，回溯；否則進行判斷。

約束條件：訂單 k 途經的每個火車站 i（orders[k].from≤i≤orders[k].to−1）增加了訂單 k 的旅客後沒有超載，即 train[i]+=orders[k].passangers)≤n。

◆ 若不滿足約束條件，則拒絕訂單 k，恢復先前訂單 k 途經的每個火車站人數（for(; i>=orders[k].from; i−−) train[i]−=orders[k].passangers）。

◆ 若滿足約束條件，則接受訂單 k，遞迴子狀態（k＋1, earnings ＋orders[k].price）。回溯時，恢復訂單 start 接受前各車站的人數（for(; i>=orders[k].from; i−−) train[i]−=orders[k].passangers）。

顯然，遞迴狀態（0, 0）後得出的 best 即為問題的解答。

3.5.2 ► Don't Get Rooked

在國際象棋中,車是一個可以縱向或橫向移動任意個方格的棋子。本題我們僅考慮小棋盤(最多4×4),棋盤上還設定了若干堵牆,車無法透過牆。本題的目標是使棋盤上的車兩兩之間不能相互攻擊對方。在棋盤上,一個合法的車的放置方法是沒有兩個車在同一水平行或垂直行,除非至少有一堵牆將它們分隔開。

圖 3.5-1 提供了五張相同的棋盤。第一張圖是空的棋盤,第二和第三張圖提供了合法放置車的棋盤,而第四和第五張圖則是非法放置車的棋盤。這張棋盤可以合法放置的車的最大數量是 5;第二張圖提供了一種放置方法,當然還有其他放置方法。

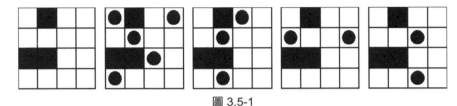

圖 3.5-1

請編寫一個程式,提供一張棋盤,計算在棋盤上可以合法放置車的最大數量。

輸入

輸入提供一張或多張棋盤的描述,然後在一行中提供數字 0 表示輸入結束。每張棋盤的描述先在一行中提供一個正整數 n,表示棋盤的大小,n 最多為 4。接下來的 n 行每行描述棋盤的一行,一個「.」表示一個可以放置車的方格,而大寫字母「X」表示牆。輸入中沒有空格。

輸出

對於每一個測試案例,輸出一行,提供在棋盤上可以合法放置的車的最大數量。

範例輸入	範例輸出
4	5
.X..	1
....	5
XX..	2
....	4
2	
XX	
.X	
3	
.X.	
X.X	
.X.	
3	
...	
.XX	
.XX	
4	
....	
....	
....	
....	
0	

試題來源：ACM Mid-Central USA 1998

線上測試：POJ 1315，UVA 639

提示

我們給每個棋格定義 3 個標誌：

◆ 「.」標誌；

◆ 合法放置車的「P」標誌；

◆ 牆標誌「X」。

在計算棋盤上合法放置的最大車的數量前，做前置處理：在棋盤的周邊（0 行、size+1 行和 0 列）添加一堵牆（如圖 3.5-2 所示）。

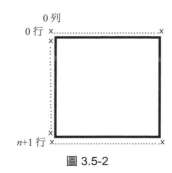

圖 3.5-2

按由上而下、由左而右的循序搜尋每個棋格。顯然，若越過 (x, y) 左方和上方連續個「.」格後遇到的第 1 個格是「X」格，則 (x, y) 是車的安全放置位置，標誌 (x, y) 是「P」格；否則 (x, y) 不是車的安全放置位置。

我們可以透過回溯法計算棋盤上可合法放置的最大車數。設定 nPlaced 為目前合法放置的車數，mostPlaced 為可放置的最多車數，初始時 mostPlaced 為 0。

狀態：求解過程中每一步的狀況包括：

◆ 目前格 (x, y)，該參數被列為遞迴過程的值參數；

◆ 棋盤 board[ ][ ]，為了避免溢滿，將其設為全域變數，回溯時需恢復遞迴前的狀態。

搜尋範圍 $x \leq n$：按照自上而下的循序搜尋 n 行。

約束條件 (x, y) 是「.」格且為車的安全放置位置：若滿足該約束條件，則 (x, y) 置「P」標誌；遞迴 $(x, y+1)$ 後得出的車數 +1 即目前方案合法放置的車 nPlaced。若該車數為目前最大（nPlaced>mostPlaced），則調整 mostPlaced=nPlaced。回溯時，需恢復遞迴前的棋盤狀態，即恢復 (x, y) 遞迴前的「.」標誌。

無論 (x, y) 是否滿足約束條件，都需要計算下一個搜尋位置：若 $y \geq n$，則下一個搜尋位置為 $(x+1, 1)$；否則下一個搜尋位置為 $(x, y+1)$。

顯然，從 $(1, 1)$ 格出發進行回溯搜尋，便可計算出可放置的最多車數 mostPlaced。

3.5.3 ▶ 8 Queens Chess Problem

在國際象棋的棋盤上，可以放置 8 個皇后，使得沒有一個皇后會被其他的皇后攻擊。提供一個皇后的初始位置，請編寫一個程式，確定所有可能的 8 個皇后的放置方法。

不要試圖寫一個程式計算 8 個皇后在棋盤上每一個可能的 8 種放置。這將要進行 8^8 次的計算，會使系統崩潰。對於你的程式，會有一個合理的執行時間約束。

輸入

程式的輸入是用一個空格分隔開的兩個數字。這些數字表示在棋盤上 8 個皇后中的一個所佔據的位置。提供的棋盤是合法的，程式不需要對輸入進行驗證。

為了規範表示，本題設定棋盤左上角的位置是 (1, 1)。水平行最上面的行是第 1 行，垂直列最左邊的列是第 1 列。如圖 3.5-3 所示，方格 (4, 6) 意味著第 4 行第 6 列。

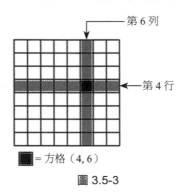

圖 3.5-3

輸出

程式的輸出是一行一個解答。

每個解答是 1…N 的數字序列。每個解由 8 個數字組成。這 8 個數字每一個都是解答的行座標。列座標按 8 個數字的順序提供。也就是說，第 1 個數字是在第 1 列的皇后的行座標，第 2 個數字是在第 2 列的皇后的行座標，以此類推。下述的範例輸入產生 4 個解答，下面提供每個解答的完整的 8×8 表示。

解答 1	解答 2	解答 3	解答 4
10000000	10000000	10000000	10000000
00000010	00000010	00000100	00001000
00001000	00010000	00000001	00000001
00000001	00000100	00100000	00000100
01000000	00000001	00000010	00100000
00010000	01000000	00010000	00000010
00000100	00001000	01000000	01000000
00100000	00100000	00001000	00010000

如上所述，每個解答僅輸出一行，用 8 個數字表示。解答 1 將皇后放置在第 1 行第 1 列，第 5 行第 2 列，第 8 行第 3 列，第 6 行第 4 列，第 3 行第 5 列，…，第 4 行第 8 列。

按範例輸出所示，輸出兩行列標題，並按字典順序輸出解答。

範例輸入	範例輸出
1 1	SOLN COLUMN # 12345678 1 15863724 2 16837425 3 17468253 4 17582463

試題來源：ACM East Central 1988

線上測試：UVA 750

提示

（1）離線計算 8 個皇后的所有放置方案

在確定一個皇后位置的情況下，其餘 7 個皇后的放置方案有多種。我們不妨先離線計算出 8 個皇后的所有放置方案，將這些方案存放在一個記錄表中。以後，每輸入一個皇后位置 (r, c)，就在記錄表中查詢所有含 (r, c) 的方案。

設定方案數為 l；方案記錄表為 sol[][]，其中 sol[k][j] 為第 k 個方案中位於第 j 列上皇后的行位置（$0 \le k \le l-1$, $0 \le j \le 7$）；目前方案為 temp[]，其中第 i 列上皇后的行位置為 temp[i]（$0 \le i \le 7$）；行標誌為 row[]，其中 row[i]=true 標誌第 i 行目前未放置皇后；左對角線標誌為 leftDiag[]，其中 leftDiag[k]=true 標誌第 k 條左對角線目前未放置皇后，經過 (r, c) 的左對角線序號 $k=r+c$；右對角線標誌為 rightDiag[]，其中 rightDiag[k]=true 標誌第 k 條右對角線目前未放置皇后，經過 (r, c) 的右對角線序號 $k=c-r+8$。計算左右對角線序號的思維方法可參閱例題【3.4.2 The Sultan's Successors】。

我們採用回溯法計算 8 個皇后的所有放置方案。

狀態：求解過程中每一步的狀況包括：

◆ 當前列 c，該參數列為遞迴過程的值參數。

◆ 行標誌 row[]、左對角線標誌 leftDiag[ ] 和右對角線標誌 rightDiag[]。為了避免溢滿，將其設為全域變數，回溯時需恢復遞迴前的狀態。

邊界條件 $c==8$：若 8 列搜尋完，則第 9 列皇后的行位置設為 0（temp[8]=0），目前方案記為第 l 個方案（strcpy (sol[l], temp)），下一個方案的序號 l++，回溯（return）。

搜尋範圍 $0 \le r \le 7$：若 8 列未搜尋完，則按自上而下的循序搜尋 c 列的每一格。

約束條件 (row[r] && rightDiag[$c-r+8$] && leftDiag[$c+r$])=true：若 r 行和經過 (r, c) 的左右對角線目前沒有皇后，則設定 r 行和經過 (r, c) 的左右對角線有皇后標誌（row[r]=rightDiag[$c-r+8$]=leftDiag[$r+c$]=false），(r, c) 放置皇后（temp[c]=r），遞迴 $c+1$ 列。回溯時，恢復遞迴前 row[]、leftDiag[] 和 rightDiag[] 的值（row[r]=rightDiag[$c-r+8$]=leftDiag[$r+c$]=true）。

顯然從 0 列出發進行遞迴，便可得出 8 個皇后放置的方案記錄表 sol[][]。

（2）從方案記錄表 sol[][] 中找出含皇后位置 (r, c) 的放置方案

每輸入 1 個皇后位置 (r, c)，則檢索方案記錄表 sol[ ][ ]：若 sol[i] 滿足條件 (sol[i][$c-1$]==$r-1$)=true，則 sol[i][0]…sol[i][7] 是含皇后位置 (r, c) 的一個放置方案（$0 \le i \le l-1$）。

本篇小結

本篇既是程式設計語言課程的複習，也是資料結構實作課程的入門。我們引領讀者進行簡單計算、簡單模擬和簡單遞迴的程式編寫實作。

所謂簡單計算指的是在「輸入－處理－輸出」的程式編寫模式中，計算處理過程相對簡單，重心放在提高程式可讀性並按照格式和效率要求輸入／輸出上。本篇透過程式編寫解簡單計算題的實作，啟動讀者初步實現「四個學會」。

1. 學會如何編寫結構清晰、可讀性強的程式。

2. 學會如何正確處理多組測試資料，例如根據輸入結束標誌和組內資料結束標誌設計迴圈結構；在所有測試資料採用同一運算且運算結果的資料範圍已知的情況下，採用離線計算方法提高計算時效。

3. 學會如何透過設定和使用精確度常數來減少實數運算的精確度誤差。

4. 學會透過使用二分法來避免蠻力計算，例如採用減半遞迴計算求解問題，在資料有序的情況下進行二元搜尋。

要提高程式編寫能力，需要從熟練掌握基本的程式編寫方法做起。

所謂模擬法（simulation）指的是模擬某個過程，透過改變數學模型的各種參數，進而觀察變更這些參數所引起過程狀態的變化，展開演算法設計。本篇所述的簡單模擬，指的是問題描述詳細地提供了完成某一過程的步驟或規則，程式只需嚴格按照題意要求模擬過程即可。模擬形式一般有隨機模擬和過程模擬，由於隨機模擬的效果有不確定因素，不適合線上測試，因此本篇側重於結果無二義性的過程模擬，透過實例示範了過程模擬的 3 種基本方法——直敘式模擬、篩選法模擬和建構物式模擬。

所謂遞迴（recursion）指的是副程式在其定義或說明中直接或間接呼叫自身，是程式呼叫自身的一種程式編寫技巧。本篇主要講解了計算遞迴形式的函式值、按遞迴演算法求問題解、和按資料結構形式的遞迴定義程式編寫的基本方法，特別介紹了遞迴演算法的經典應用——回溯法。在第三篇和第四篇中將詳述樹的尋訪規則、圖的深度優先搜尋的尋訪規則，其資料的結構形式就是按照遞迴定義的。

本篇中涉及二分法、遞迴、模擬等基礎演算法。所謂演算法就是程式編寫解決實際問題的步驟和方法。Pascal 語言之父、結構化程式設計的先驅 Niklaus Wirth 寫過一本非常著名的書——《演算法＋資料結構＝程式》。從書名就可以看出，演算法和資料結構有著千絲萬縷的聯繫：演算法表述了程式解決問題的行為特性；資料結構表述了程式中資料物件的結構特性；簡捷高效率的演算法很大程度上出於對資料結構的正確選取，而施於資料的邏輯結構和物理結構上的操作也屬演算法之列。因此掌握資料結構的設計方法是程式編寫解題的基礎。

資料結構有三種表示形式：線性串列、非線性的樹和圖。我們將在第二篇、第三篇和第四篇中分別展開這三類資料結構的程式編寫實作。

PART II
線性串列的程式編寫實作

線性的資料結構，也稱為線性串列（linear list），是由有限個資料元素組成的有序集合，每個資料元素有一個資料項目或者多個資料項目。這種資料結構是最簡單、最常用的，其特徵如下。

◆ 均勻性：在同一線性串列中，各個資料元素的資料型別是相同的。例如，字串是一種線性串列，在字串中，每一個資料元素為單個字元；又如，學生成績表中的每個資料元素為一個包含學生姓名、學號、若干學科成績等資料項目的結構體，表示了一個學生的資訊，因此學生成績表也是一個線性串列。

◆ 有序性：在線性串列中，資料元素之間的相對位置是線性的，即存在唯一的「第一個」和「最後一個」資料元素。除第一個和最後一個元素之外，線性串列中的其他元素前後均只有一個資料元素，稱為直接前驅和直接後繼。例如，字串中的字元和學生成績表中的前後元素間就存在著這種「一一對應」的關係。

根據儲存方式的不同，本篇基於三類線性串列，即直接存取類型的線性串列、循序存取類型的線性串列、和廣義索引類型的線性串列，展開程式編寫實作和線性串列的排序實作。

Chapter 04
應用直接存取類型的
線性串列編寫程式

直接存取類型的線性串列，指的是可以直接存取某一指定項、而不須先存取其前驅或後繼的線性串列。陣列是這類資料結構的最典型代表。

陣列是儲存於一個連續儲存空間中且具有相同資料型別的資料元素的集合，是一種固定長度的線性串列。若陣列元素不再有分量，則該序列是一維陣列；若資料元素為陣列，則稱該序列為多維陣列。在陣列中，資料元素的索引間接反映了資料元素的儲存位址，在陣列中存取一個資料元素只要透過索引計算它的儲存位址就行了，因此在陣列中存取任意一個元素的時間都為 $O(1)$。從這個意義上講，陣列的儲存結構是一個可直接存取的結構。字串、表格都屬於直接存取類型的線性串列，例如，可以按索引直接存取字串中的某一字元，也可以按記錄編號檢索表格中的某一筆紀錄。

以陣列為代表的直接存取類型的線性串列是程式設計中使用最多的資料結構。

4.1　陣列應用的四個典型範例

日期計算、多項式的表示與處理、高精度數值的表示與處理、數值矩陣的運算，是陣列應用的四個典型範例。本節圍繞這四個典型範例展開程式編寫實作。

4.1.1 ▶ 日期計算

日期由年、月、日來表示。日期類型的題目可以用陣列作為資料結構，儲存方式一般有兩種：

◆ 用一個結構陣列儲存，陣列元素為一個包含年、月、日等資訊的結構體；

◆ 分別使用記錄年、月、日的 3 個整數陣列儲存。

將輸入的日期透過線性串列組織起來，其結構特徵不僅充分呈現了線性串列「有限性」（日期元素的個數有限）、「有序性」（日期元素一個接一個排列）、「均勻性」（各日期元素的類型相同）的性質，而且串列長度相對固定，可直接按索引存取日期元素。因此儲存日期元素的線性串列是一種典型的直接存取類型的線性串列。

由於日期的計算和日曆法的轉換需要在表述日期的資料間進行運算，而輸出的月份或週幾一般需要相關的英文表述，因此可將這些英文表述設成一個線性的字串常數串列，其索引與日期數字對應。計算得出日期資料後，以它為索引，即可從串列中找出對應的字串。下面提供日期計算的兩個實例。

4.1.1.1　Calendar

日曆是用於表述時間的系統，從小時到分鐘，從月到日，最後從年份到世紀。術語小時、日、月、年、世紀都是日曆系統表述時間的單位。

按照目前國內使用的陽曆，閏年被定義為能被 4 整除的年份，但是能被 100 整除而不能被 400 整除的年是例外，它們不是閏年。例如 1700、1800、1900 和 2100 年不是閏年，而 1600、2000 和 2400 年是閏年。現在已知西元 2000 年 1 月 1 日後的天數，請你計算這一天是哪年哪月哪日星期幾。

輸入

輸入包含若干行，每行包含一個正整數，表示 2000 年 1 月 1 日後的天數。輸入最後一行是 −1，程式不必處理。可以假設輸出的年份不會超過 9999。

輸出

對每個測試案例，輸出一行，該行提供對應的日期和星期幾。格式為「YYYY-MM-DD DayOfWeek」，其中「DayOfWeek」必須是下面中的一個：「Sunday」、「Monday」「Tuesday」、「Wednesday」、「Thursday」、「Friday」或「Saturday」。

範例輸入	範例輸出
1730	2004-09-26 Sunday
1740	2004-10-06 Wednesday
1750	2004-10-16 Saturday
1751	2004-10-17 Sunday
−1	

試題來源：ACM Shanghai 2004 Preliminary

線上測試：POJ 2080，ZOJ 2420

❖ **試題解析**

首先設計兩個函式：

1. days_of_year(year)：計算 year 年的天數。若 year 能被 4 整除但不能被 100 整除，或者 year 能被 400 整除，則 year 年是閏年，全年 366 天；否則 year 年是平年，全年 365 天。

2. days_of_month(month, year)：計算 year 年 month 月的天數。在 month==2 的情況下，若 year 年是閏年，則該月天數為 29 天，否則，year 年是平年，該月天數為 28 天；在 month==1、3、5、7、8、10、12 的情況下，該月天數為 31 天；在 month==4、6、9、11 的情況下，該月天數為 30 天。

我們以 2000 年 1 月 1 日（星期六）為基準，按照如下方法計算 n 天後的年、月、日和星期的資訊：設定 year、month、day 為表示年、月、日的變數，wstr 為星期幾的字串常數。初始時 year=2000，month=1，day=1。設定 n 是 2000 年 1 月 1 日後的天數。

首先計算星期幾：以 2000 年 1 月 1 日的星期六為每週週期的開始，即 wstr[0..6]= {"Saturday", "Sunday", "Monday", "Tuesday", "Wednesday", "Thursday", "Friday"}。顯然 wstr[n%7] 即 2000 年 1 月 1 日的 n 天後的星期幾。

接下來計算 year：在 $n>0$ 的情況下，若 $n \geq$ days_of_year(year)，則 n-=days_of_year(year)，++year，直至 days_of_year(year) 大於 n 為止，此時的 n 為 year 內的天數。

最後計算 month 和 day：在 $n>0$ 的情況下，若 $n \geq$ days_of_month(month, year)，則 n-=days_of_month(month, year)，++month，直至 year 年 month 月的天數大於 n 為止，此時的 n 為 year 年 month 月內的天數。顯然 day=n+day，n=0。

❖ 參考程式

```
01  #include<iostream>                                    // 前置編譯命令
02  using namespace std;                                  // 使用 C++ 標準程式庫中的所有識別字
03  const char wstr[][20]                                 // 週幾的字串常數
04      = {"Saturday", "Sunday", "Monday", "Tuesday", "Wednesday", "Thursday",
05        "Friday"};
06  int days_of_year(int year)                            // 傳回 year 年的天數
07  {
08      if (year % 100 == 0)
09          return year % 400 == 0 ? 366 : 365;
10      return year % 4 == 0 ? 366 : 365;
11  }
12  int days_of_month(int month, int year)                // 傳回 year 年 month 月的天數
13  {
14      if (month == 2)
15          return days_of_year(year) == 366 ? 29 : 28;
16      int d;
17      switch (month) {
18          case 1: case 3: case 5: case 7: case 8:
19          case 10: case 12:
20              d = 31;
21              break;
22          default:
23              d = 30;
24      }
25      return d;
26  }
27  int main(void)
28  {
29      int n;
30      cin >> n;                                         // 輸入第 1 個測試案例
31      while (n >= 0) {
32          int year, month, day, week;
33          week = n % 7; // 為方便起見，將星期六（2000 年 1 月 1 日為星期六）作為一個星期的開始
34          year = 2000;
35          month = 1;
36          day = 1;
37          while (n) {
38              if (n >= days_of_year(year)) {            // 先列舉到指定年份
39                  n -= days_of_year(year);
40                  ++year;
41              } else if (n>=days_of_month(month, year)){ // 再列舉到指定月份
42                  n -= days_of_month(month, year);
43                  ++month;
44              } else {                                  // 最後確定日期
45                  day += n;
```

```
46                  n = 0;
47              }
48          }
49          // 按照格式要求輸出對應的日期和星期幾
50          cout << year << '-' << (month < 10 ? "0" : "") << month << '-'
51              << (day < 10 ? "0" : "") << day << ' ' << wstr[week] << endl;
52          cin >> n;                                    // 輸入下一個測試案例
53      }
54      return 0;
55  }
```

4.1.1.2　What Day Is It?

現在使用的日曆是從古羅馬時期演變來的。Julius Caesar 編纂了日曆系統，後來被稱為 Julius 曆。在這個日曆系統中，4 月、6 月、9 月和 11 月有 30 天；非閏年的 2 月有 28 天，閏年的 2 月則有 29 天；其他月份有 31 天。此外，在這個日曆系統中，閏年是每 4 年 1 次。這是由於古羅馬的天文學家計算出 1 年有 365.25 天，因此在每 4 年之後，需要添加額外的一天以保持季節的正常。為此，每 4 年要在一年中增加額外的一天（2 月 29 日）。

Julians 曆規則：如果年份是 4 的倍數，則該年是閏年，即有額外的一天（2 月 29 日）。在 1582 年，天文學家們注意到，該年不是 365.25 天，而是接近 365.2425 天。因此，閏年的規則被修訂。

Gregorian 曆（西曆）規則：年份是 4 的倍數是閏年，但如果這一年是 100 而不是 400 的倍數，則不是閏年。

為了彌補在那個時候已經造成的季節與日曆的差異，日曆被挪後了 10 天：在第二天，1582 年 10 月 4 日被宣佈為 10 月 15 日。

英國（當然，那時還包括美國）當時沒有改用西曆，一直到 1752 年，才將 9 月 2 日宣佈為 9 月 14 日。

請你編寫一個程式，對美國使用日曆的日期進行轉換，並輸出是星期幾。

輸入

輸入是一個大於零的正整數序列，每行 3 個代表日期的整數，一個日期一行。日期的格式是「月　日　年」，其中月是 1～12 的正整數（1 表示 1 月，12 表示 12 月等等），日是一個 1～31 的正整數，而年則是一個正整數。

輸出

輸出按照範例輸出中提供的格式提供輸入的日期和星期幾。在美國使用的日曆中，無效的日期或不存在的日期，則要輸出一個指出無效日期錯誤訊息。輸入以三個 0 結束。

範例輸入	範例輸出
11 15 1997	November 15, 1997 is a Saturday
1 1 2000	January 1, 2000 is a Saturday
7 4 1998	July 4, 1998 is a Saturday
2 11 1732	February 11, 1732 is a Friday

（續）	範例輸入	範例輸出
	9 2 1752 9 14 1752 4 33 1997 0 0 0	September 2, 1752 is a Wednesday September 14, 1752 is a Thursday 4/33/1997 is an invalid date

試題來源：ACM Pacific Northwest 1997

線上測試：ZOJ 1256，UVA 602

❖ 試題解析

由於輸出轉換後的日期中，月份和星期是字串，因此提供月份和星期的字串常數：

```
const  char wstr[ ][maxs]          // 表示週幾的字串常數
={"Sunday","Monday","Tuesday","Wednesday","Thursday","Friday","Saturday"};
const  char mstr[ ][maxs]          // 表示月份的字串常數
    = {"", "January", "February", "March", "April","May","June", "July","August",
       "September", "October", "November", "December"};
```

一旦確定月份和星期的整數，將其作為對應字串常數陣列的索引，便可以直接取出表述日期的字串。設定 year、month 和 day 為目前日期的年月日整數；old 為目前日期屬於 1752 年 9 月 2 日前的標誌，即 old=（year<1752||(year==1752 && month<9)||(year==1752 && month==9 && day<=2)）。

若 old==true 且 year 能被 4 整除，則 year 是閏年；否則若 year 能被 4 整除但不能被 100 整除，或者能被 400 整除，則 year 是閏年。

根據 old，設計如下 4 個函式：

◆ isLeap(year, old)：判斷 year 是否為閏年。

◆ days_of_year(year, old)：計算 year 年的天數。

◆ days_of_month(month, year, isLeap(year, old))：計算 year 年 month 月的天數。

◆ valid(month, day, year, old)：判斷 year 年 month 月 day 日是否為無效日期。若 (year ≥ 1) && (1≤month≤12) && (1≤day≤days_of_month(month, year, isLeap(year, old)) &&（該日期不在 1752 年 9 月 3～13 日的範圍內），則有效。

有了以上基礎，便可以展開主演算法了：反覆讀入目前日期的 year、month、day，每讀入一個日期，按照下述方式進行轉換。

計算目前是否日期屬於 1752 年 9 月 2 日前的標誌 old；透過執行 valid(month, day, year, old) 函式判別該日期是否為無效日期。若是，則輸出無效日期資訊，並繼續讀下一個日期；否則計算累計西元 0 年至該日期的總天數；sum$=\sum_{i=1}^{year-1}$ day_of_year(i, old)$+\sum_{i=1}^{month-1}$ day_of_month(i, year, isleap(yeat, old))+day；若該日期在 1752 年 9 月 2 日之後，則為星期 (sum%7)；否則為星期 ((sum+5)%7)，輸出轉換後的日期，並繼續讀下一個日期。

上述過程一直進行至 year、month 和 day 全為 0 為止。

❖ **參考程式**

```cpp
01  #include<iostream>                                    // 前置編譯命令
02  #include<cstdio>
03  #include<cstring>
04  using namespace std;                                  // 使用 C++ 標準程式庫中的所有識別字
05  const int maxs = 20;                                  // 字串常數串列的容量
06  const char wstr[][maxs]                               // 表示週幾的字串常數
07      = {"Sunday", "Monday", "Tuesday", "Wednesday", "Thursday", "Friday", "Saturday"};
08  const char mstr[][maxs]                               // 表示月份的字串常數
09      = {"", "January", "February", "March", "April","May", "June", "July",
10          "August", "September", "October", "November", "December"};
11  bool isLeap(int year, bool old = false)               // 判斷 year 是否閏年
12  {
13      if (old)                                          // year 年 month 月 day 日
14                                                        // 在 1752 年 9 月 2 日前
15          return year % 4 == 0 ? true : false;
16      return (year % 100 == 0 ? (year % 400 == 0 ? true : false) : (year % 4 == 0 ?
17          true : false));
18  }
19  int days_of_month(int month, int year, bool leap)     // 傳回 year 年 month 月的天數
20  {
21      if (month == 2)
22          return leap ? 29 : 28;
23      int d;
24      switch (month) {
25          case 1: case 3: case 5: case 7: case 8:
26          case 10: case 12:
27              d = 31;
28              break;
29          default:
30              d = 30;
31      }
32      return d;
33  }
34  int days_of_year(int year, bool old)                  // 傳回 year 年的天數
35  {
36      return isLeap(year, old) ? 366 : 365;
37  }
38  int getNum(char s[], const char ss[][maxs], int tot)  // 傳回 s 在 ss 中的位置，如果 s 在
39                                                        // ss 中不存在，則傳回 -1
40  {
41      int i = 0;
42      while (i < tot && strcmp(s, ss[i]))
43          ++i;
44      return i < tot ? i : -1;
45  }
46  bool valid(int month, int day, int year, bool old)    // 若 year≥1 且 month∈{1..12}
47      // 且 day∈{1.. year 年 month 月的天數 } 且 year 年 month 月 day 天不在 1752 年 9 月 3 日到
48      // 1752 年 9 月 13 日的範圍內，則傳回 true；否則傳回 false
49  {
50      if (year < 1)
51          return false;
52      if (month < 0 || month > 12)
53          return false;
```

```
54      if (day < 1 || day > days_of_month(month, year, isLeap(year, old)))
55          return false;
56      if (year == 1752 && month == 9 && 3 <= day && day <= 13)
57          return false;
58      return true;
59  }
60  bool isOld(int month, int day, int year)        // 若 year 年 month 月 day 日在 1752
61                                                  // 年 9 月 2 日前，則傳回 true；否則
62                                                  // 傳回 false
63  {
64      return year < 1752 || (year == 1752 && month < 9) ||
65          (year == 1752 && month == 9 && day <= 2);
66  }
67  int main(void)                                  // 主函式
68  {                                               // 主函式開始
69      int month, day, year;
70      cin >> month >> day >> year;                // 讀入日期
71      while (month || day || year) {
72          bool old = isOld(month, day, year);     // 計算該日期是否在 1752 年 9 月 2 日
73                                                  // 前的標誌
74          if (!valid(month, day, year, old)) {    // 處理無效日期
75              cout << month << '/' << day << '/' << year
76                  << " is an invalid date." << endl;
77          } else {                                // 累計西元 0 年至該日期的總天數
78              int sum = 0;
79              for (int yy = 1; yy < year; yy++)
80                  sum += days_of_year(yy, old);
81              for (int mm = 1; mm < month; mm++)
82                  sum += days_of_month(mm, year, isLeap(year, old));
83              sum += day;
84              int week = sum % 7;                 // 計算週幾
85              if (old)                            // 若該日期在 1752 年 9 月 2 日前
86                  week = (week + 5) % 7;
87              cout <<mstr[month]<<' '<<day<<", "<< year // 輸出轉換後的日期和星期幾
88                  << " is a " << wstr[week] << endl;
89          }
90          cin >> month >> day >> year;            // 輸入下一個測試組的日期
91      }
92      return 0;
93  }
```

4.1.2 ▶ 高精度運算

程式設計語言所能表示和處理的整數和實數的精確度通常是有限的，例如，在倍精度方式下，電腦最多只能輸出 16 位有效的十進位數字，17 位有效數字的正確性為 90%（Double型別資料）。如果超過了這個範圍，電腦就無法正確表示。在這種情況下，只能透過程式編寫來解決。對於高精度數值，有兩個基本問題：

◆ 高精度數值的表示；

◆ 高精度數值的基本運算。

1. 高精度數值的表示

用一個陣列來表示一個高精度數值：將數字按十進位進行分離，將每位十進位數字依次儲存到一個陣列中。在詳細的實作中，先採用字串來接收資料，然後將字串中的各位字元轉換為對應的十進位數字，並按十進位的順序儲存到一個陣列中。例如，對於一個高精度正整數，接收與儲存的程式片段如下：

```
int a[100]={0};          // 陣列 a 用來按位元儲存高精度正整數，初值全為 0
int n;                   // n 用來儲存高精度正整數的位數
string s;                // 字串 s 用來接收資料
cin>>s;                  // 輸入字串
n=s.length();            // 計算位數長度
for (i=0; i<n; i++)      // 陣列 a 從右向左，按位名儲存高精度正整數
    a[i]=s[n-i-1]-'0';
```

由上可見，高精度數值按照十進位的順序儲存在整數陣列 a 中，陣列索引對應高精度數值的位名序號，索引變數的元素值對應目前位名的十進位數字。因此 a 是一種典型的直接存取類型的線性串列。

2. 高精度數值的基本運算

高精度數值的基本運算包括加、減、乘和除法運算。

（1）高精度數值的加減運算

高精度數值最基本的運算是加和減。和算術的加減規則一樣，程式中高精度數值的加法運算要考慮進位處理，高精度數值的減法運算則要考慮借位處理。

例如，求兩個非負的高精度整數 x 和 y 相加的和。x 和 y 按如上的形式儲存在陣列 a 和陣列 b 中，$n1$ 為 x 的位數，$n2$ 為 y 的位數，程式片段如下：

```
for (i=0; i<( n1>n2 ? n1 : n2 ); i++){   // 進行 max{n1, n2} 位的加法
    a[i]=a[i]+b[i];                      // 逐位相加
    if (a[i]>9) {                        // 進位處理
        a[i]=a[i]-10;
        a[i+1]++;
    }
}
```

再例如，求兩個高精度正整數 x 和 y（$x>y$）相減的差。x 和 y 按如上的形式儲存在陣列 a 和陣列 b 中，n 為 x 的位數。若 $x<y$，則 a 和 b 對換，相減後的差取負。陣列 a 和陣列 b 相減的程式片段如下：

```
for (i=0; i<n; i++) {
    if (a[i]>=b[i]) a[i]=a[i]-b[i];      // 若對應位夠減，則直接相減，否則借位相減
        else { a[i]=a[i]+10-b[i];
            a[i+1]--;
            }
        }
```

（2）高精度數值的乘法運算

在高精度數值的加減運算的基礎上，可以實作高精度數值的乘法運算。要進行高精度數值的乘法運算，首先要確定積的位數。設定兩個高精度正整數 a 和 b，LA 為 a 的位數，

LB 為 b 的位數。a 和 b 乘積的位數至少為 LA+LB–1，若乘後的第 LA+LB–1 位有進位，則乘積位數為 LA+LB。所以，高精度正整數 a 和 b 的乘積的位數上限為 LA+LB。

高精度數值乘法運算的演算法思維和算術的乘法規則一樣：首先計算被乘數與乘數的每位數字的乘積，其中 $a[i]$ 乘 $b[j]$ 的累積加到陣列 $c[i+j]$ 上，然後對累加結果 c 做一次性進位。

```
for (i=0; i<=LA-1; i++)        // 被乘數 a 與乘數 b 的每位數字的乘積累加到乘積陣列 c 的對應位名上
for (j=0; j<=LB-1; j++)
    c[i+j] += a[i]*b[j];
for (i=0; i<LA+LB; i++)        // 累加結果做一次性進位
if(c[i] >= 10)
    {
        c[i+1] += c[i]/10;
        c[i] %=10;
    }
```

4.1.2.1　Adding Reversed Numbers

Malidinesia 的古典喜劇演員（Antique Comedians of Malidinesia，ACM）喜歡演喜劇，而不太喜歡演悲劇。但不幸的是，大多數古典戲劇是悲劇。所以 ACM 的戲劇導演決定將一些悲劇改編為喜劇。顯然，雖然所有的事物都改成了它們的反面，但因為必須保持劇本原有的意義，所以這項工作是很困難的。

反向數是將一個阿拉伯數字按相反的順序寫。把第一個數字寫成最後一個數字，反之亦然。例如，在悲劇中主人公有 1245 顆草莓，現在則有 5421 顆草莓。在本題中，數字的所有前導字元為零都要被省略。所以，如果數字結尾有零，寫反向數時零要被略去（例如，1200 的反向數是 21）。此外，在本題中，反向數沒有零結尾。

ACM 需要對反向數進行計算。請你將兩個反向數相加，並輸出它們的反向和。當然，結果不是唯一的，因為一個數可以是幾個數的反向形式（例如 21 在反向前可以是 12、120 或 1200）。為此，本題設定沒有 0 因為反向而遺失（例如，設定原來的數是 12）。

輸入
輸入由 N 個測試案例組成。輸入的第一行僅提供正整數 N，然後提供若干測試案例。每個測試案例一行，由 2 個由空格分開的正整數組成。這是要相加的要被反向的數。

輸出
對每個測試案例，輸出一行，該行僅包含一個整數，將兩個反向數進行求和，之後再反向。在輸出時把前面的 0 略去。

範例輸入	範例輸出
3	34
24 1	1998
4358 754	1
305 794	

試題來源： ACM Central Europe 1998

線上測試： POJ 1504，ZOJ 2001，UVA 713

❖ 試題解析

設定 Num[0][0] 為被加數的長度，被加數按位名儲存在 Num[0][1..Num[0][0]] 之中；Num[1][0] 為加數的長度，加數按位名儲存在 Num[1][1..Num[1][0]] 之中；Num[2][0] 為和的長度，和按位名儲存在 Num[2][1..Num[2][0]] 之中。

首先，分別輸入被加數和加數的數字字串，在捨去尾部的無用 0 後將它們存入 Num[0] 和 Num[1]，再將它們反向儲存。然後，Num[0] 和 Num[1] 相加得出和陣列 Num[2]。最後反向輸出 Num[2]，注意要略去尾部的無用 0。

❖ 參考程式

```
01   #include<iostream>                              // 前置編譯命令
02   #include<cstdio>
03   #include<cstring>
04   #include<string>
05   using namespace std;                            // 使用 C++ 標準程式庫中的所有識別字
06   int  Num[3][1000];  //Num[0][0] 為被加數的長度，被加數為 Num[0][1..Num[0][0]]；Num[1][0]
07       // 為加數的長度，加數為 Num[1][1..Num[1][0]]；Num[2][0] 為和的長度，和為 Num[2][1..
08       //Num[2][0]]
09   void Read(int Ord)                              // Ord==0，輸入和處理被加數；Ord==1，
10                                                   // 輸入和處理加數
11   {
12       int flag=0;
13       string Tmp;
14       cin>>Tmp;                                   // 讀數字字串
15       for(int i=Tmp.length()-1;i>=0;i--)          // 由右而左分析每個數字元
16       {
17           if (Tmp[i]>'0') flag = 1;               // 捨去尾部的無用 0 後存入高精度陣列 Num[Ord]
18
19           if (flag) Num[Ord][++Num[Ord][0]] = Tmp[i] - '0';
20       }
21       for(int i=Num[Ord][0],j=1;i>j;i--,j++)      // 計算反向數 Num[Ord]
22       {
23           flag = Num[Ord][i];
24           Num[Ord][i] = Num[Ord][j];
25           Num[Ord][j] = flag;
26       }
27   }
28   void Add()
29   {
30       Num[2][0] = max(Num[0][0],Num[1][0]);       // 加數和被加數的最大長度作為相加次數
31       for(int i=1;i<=Num[2][0];i++)               // 逐位相加
32           Num[2][i] = Num[0][i] +Num[1][i];
33       for(int i=1;i<=Num[2][0];i++)               // 進位處理
34       {
35           Num[2][i+1] += Num[2][i]/10;
36           Num[2][i] %= 10;
37       }
38       if(Num[2][Num[2][0]+1]> 0)                  // 處理最高位的進位
39           Num[2][0] ++;
40       int flag = 0;
41       for(int i=1;i<=Num[2][0];i++)               // 反向輸出和（去除前導 0）
42       {
```

```
43              If (Num[2][i]>0) flag = 1;
44              if (flag) printf("%d",Num[2][i]);
45          }
46      printf("\n");
47  }
48  int main()                                  // 主函式
49  {                                           // 主函式開始
50      int N;                                  // 輸入測試案例數
51      cin>>N;
52      for(N;N;N--)                            // 輸入和處理每個測試案例
53      {
54          memset(Num,0,sizeof(Num));          // 高精度陣列初始化為 0
55          Read(0);                            // 輸入處理和被加數
56          Read(1);                            // 輸入處理和加數
57          Add();                              // 相加後反向輸出
58      }
59      return 0;
60  }
```

有時候，同類的高精度運算需要反覆進行（例如計算乘冪或多項式）。在這種情況下，採用物件導向的程式設計方法可使程式結構更清晰、運算更簡便。

4.1.2.2 VERY EASY !!!

輸入

輸入有若干行，在每一行中提供整數 N 和 A 的值（$1 \leq N \leq 150$，$0 \leq A \leq 15$）。

輸出

對於輸入的每一行，在一行中輸出級數 $\sum_{i=1}^{N} i * A^i$ 的整數值。

範例輸入	範例輸出
3 3	102
4 4	1252

試題來源：THE SAMS' CONTEST

線上測試：UVA 10523

❖ 試題解析

由級數 $\sum_{i=1}^{N} i * A^i$ 中項數 N 的上限（150）、底數 A 的上限（15）可以看出，計算乘冪、當前項以及數的和要採用高精度運算。由於計算過程需要反覆進行高精度的乘法和加法，因此採用物件導向的程式設計方法是比較適合的。

定義一個名稱為 bigNumber 的類別，其私有（private）部分為長度為 len 的高精度陣列 a，被 bigNumber 類別的物件和成員函式存取；其公用（public）介面包括：

◆ bigNumber()——高精度陣列 a 初始化為 0。

◆ int length()——傳回高精度陣列 a 的長度。

◆ int at(int k)——傳回 $a[k]$。

◆ void setnum(char s[])——將字串 *s*[] 轉換成長度為 len 的高精度陣列 *a*。

◆ bool isZero()——判斷高精度陣列 *a* 是否為 0。

◆ void add(bigNumber &*x*)——高精度加法運算：$a \leftarrow a+x$。

◆ void multi(bigNumber &*x*)——高精度乘法運算：$a \leftarrow a \times x$。

它們是程式可使用的全域函式。

有了上述類別的定義，計算 $\sum_{i=1}^{N} i*A^i$ 的過程就變得非常簡潔和清晰了。

1. 首先，定義底數 *a* 和乘冪 ap 為 bigNumber 類別的物件（bigNumber *a*, ap）；將底數字串 *s* 轉換成高精度陣列 *a*（*a*.setnum(*s*)）；乘冪陣列 ap 初始化為 1（ap.setnum("1")）；定義數的和 sum 為 bigNumber 類別的物件（bigNumber sum）。

2. 然後迴圈 *n* 次，每次迴圈計算目前項 $i*A^i$，並累加到數的和 sum：

   ◆ 定義目前項 num 為 bigNumber 類別的物件（bigNumber num）；

   ◆ num 初始化為 *i*（sprintf(*s*, "%d", *i*; num.setnum(*s*)）；

   ◆ 計算乘冪 ap ← ap×*a* 和目前項 num ← num×ap（ap.multi(*a*); num.multi(ap);）；

   ◆ 累加目前項 sum ← sum+num（sum.add(num)）。

3. 輸出級數 $\sum_{i=1}^{N} i*A^i$。

❖ **參考程式**

```
01    #include <cstdio>
02    #include <cstring>
03    const int maxlen = 500;                  // 高精度陣列 a 的容量
04    const int maxs = 5;                      // 底數字串 s 的容量
05    class bigNumber {                        // bigNumber 類別的宣告
06        private:                             // 私有部分：長度為 len 的高精度陣列 a
07            int a[maxlen];
08            int len;
09        public:                              // 公用介面：
10            bigNumber() {                    // a 陣列初始化為 0
11                memset(a, 0, sizeof(a));
12                len = 1;
13            }
14            int length() {                   // 傳回高精度陣列 a 的長度
15                return len;
16            }
17            int at(int k) {                  // 傳回 a[k]
18                if (0 <= k && k < len) return a[k];
19                return -1;
20            }
21            void setnum(char s[]) {          // 將字串 s[] 轉換成長度為 len 的高精度陣列 a
22                len = 0;
23                for (int i = strlen(s) - 1; i >= 0; i--)
24                    a[len++] = int(s[i] - '0');
25            }
26            bool isZero() {                  // 判斷高精度陣列 a 是否為 0
27                return len == 1 && a[0] == 0;
```

```
28              }
29         void add(bigNumber &x) {                         // 高精度加法運算：a←a+x
30             for (int i = 0; i < x.len; i++) {    // 逐位相加
31                 a[i] += x.a[i];
32                 a[i + 1] += a[i] / 10;
33                 a[i] %= 10;
34             }
35             int k = x.len;                           // 處理高位的進位
36             while (a[k]) {
37                 a[k + 1] += a[k] / 10;
38                 a[k++] %= 10;
39             }
40             len = len > k ? len : k;                 // 計算和的實際位數
41         }
42         void multi(bigNumber &x) {                       // 高精度乘法運算：a←a×x
43             if (x.isZero())
44                 setnum("0");
45             int product[maxlen];
46             memset(product, 0, sizeof(product));
47             for (int i = 0; i < len; i++)            // 被乘數 a 與乘數 x 的每位數字的乘積累加
48                                                      // 到乘積陣列 product 的對應位上
49                 for (int j = 0; j < x.length(); j++)
50                     product[i + j] += a[i] * x.at(j);
51             int k = 0;                               // 按照低位至高位的順序，將每一位規範為
52                                                      // 十進位數字
53             while (k  < len + x.length() - 1) {
54                 product[k + 1] += product[k] / 10;
55                 product[k++] %= 10;
56             }
57             while (product[k]) {                     // 處理高位端的進位
58                 product[k + 1] += product[k] / 10;
59                 product[k++] %= 10;
60             }
61             len = k;                                 // 設定乘積數字長度
62             memcpy(a, product, sizeof(product));// 乘積 product 轉賦給 a
63         }
64 };
65 int main(void)
66 {
67     int n;                                           // 項數
68     char s[maxs];                                    // 底數字串
69     while (scanf("%d%s", &n, s) != EOF) {            // 反覆輸入項數和底數
70         bigNumber a, ap;                             // 定義底數 a 和乘冪 ap 為 bigNumber
71                                                      // 類別的物件
72         a.setnum(s);                                 // 將底數字串轉換為高精度陣列 a
73         ap.setnum("1");                              // 高精度陣列 ap 初始化為 1
74         bigNumber sum;                               // 定義數和 sum 為 bigNumber 類別的物件
75         for (int i = 1; i <= n; i++) {               // 定義目前項 num 為 bigNumber 類別的物件
76             bigNumber num;                           // 定義目前項 num 為 bigNumber 類別的物件
77             sprintf(s, "%d", i);                     // 將 i 轉換成高精度陣列 num
78             num.setnum(s);
79             ap.multi(a);                             // 計算乘冪 ap←ap×a
80             num.multi(ap);                           // 計算目前項 num←num×ap
81             sum.add(num);                            // 累加目前項 sum←sum+num
82         }
```

```
83          for (int i=sum.length()-1; i>=0; i--)   // 輸出級數 $\sum_{i=1}^{N} i*A^i$ 的數值
84              printf("%d", sum.at(i));
85          putchar('\n');
86      }
87      return 0;
88  }
```

（3）高精度數值的除法運算

對於求解高精度正整數 $A \div$ 高精度正整數 B 的商和餘數，其演算法思維如下。

先比較 A 和 B，如果 $A<B$，則商為 0，餘數為 A；否則就依據高精度正整數的減法開始整除，根據 A 和 B 的位數之差 d_1 看 A 能夠減 $B\times10^d$ 的次數 a_1，得到餘數 $y_1=A-a_1\times B\times10_1^d$；然後計算 y_1 和 B 的位數之差 d_2，看 y_1 能夠減 $B\times10_2^d$ 的次數 a_2，得到餘數 $y_2=y_1-a_2\times B\times10_2^d$；……，以此類推，直至得出 y_{k-1} 夠減 B 的次數 a_k 為止。最後得到餘數 $y=y_{k-1}-a_k\times B$，$a_1(\ )a_2\cdots(\ )a_k$ 即商（註：$(\ )$ 表示若 $d_i-d_{i+1}>1$，則 a_{i+1} 前須補 $d_i-d_{i+1}-1$ 個 0，$2\le i\le k-1$）。

比如 $A=12345$，$B=12$，位數之差 $d_1=3$，則 12345 夠減（12×10^3）的次數 $a_1=1$，得到餘數 $y_1=12345-12\times10^3=345$；345 與 12 的位數之差 $d_2=1$，345 夠減（12×10^1）的次數 $a_2=2$，得到餘數 $y_2=345-2\times12\times10^1=105$；$y_2$ 能夠減 12 的次數 $a_3=8$，最終得到餘數 $y=105-8\times12=9$ 和商 1028。

高精度整數除以高精度整數的計算比較複雜，而高精度整數除以整數的運算直接模擬除法規則就可以了。【4.1.2.3 Persistent Numbers】是一個高精度整數除以整數的實作。

4.1.2.3　Persistent Numbers

Neil Sloane 定義一個數的乘法持久性 [2]（multiplicative persistence of a number）如下：將這個數的各個位數相乘，並重複這一步驟，最後達到個位數；所經歷的步驟數量被稱為這個數的乘法持久性。例如：679->378（$6\times7\times9$）->168（$3\times7\times8$）->48（$1\times6\times8$）->32（4×8）->6（3×2）。

也就是說，679 的乘法持久性是 6。個位數的乘法持久性為 0。人們知道有乘法持久性為 11 的數字，並不知道是否存在乘法持久性為 12 的數字，但是我們知道，如果有這樣的數存在，那麼它們當中的最小數也將超過 3000 個位數。

本題請你解決的問題是：找到一個符合下述條件的最小數，使這個數各個位數連續相乘的結果是題目所給的數，即該數的乘法持久性的第一步就得到給定的數。

輸入
每個測試案例一行，提供一個最多可達 1000 位數字的十進位數字。在最後一個測試案例後的一行則提供 –1。

2　定義見：Neil J. A. Sloane in The Persistence of a Number published in Journal of Recreational Mathematics 6, 1973, pp. 97-98。──編者註

輸出

對每個測試案例，輸出一行，提供一個滿足上述條件的整數；或者輸出一行文字，說明沒有這樣的數，格式如範例輸出所示。

範例輸入	範例輸出
0	10
1	11
4	14
7	17
18	29
49	77
51	There is no such number.
768	2688
−1	

試題來源： Waterloo local 2003.07.05
線上測試： POJ 2325，UVA10527

❖ 試題解析

由於輸入的數字最多可以達到 1000 位數，因此數字以字串形式輸入；然後模擬除法運算規則，將這個大整數從高位到低位依次對 9～2 的數 i 整除：

◆ 如果目前整數除以 i 的最後餘數非零，則說明不能整除 i，換下一個除數；

◆ 如果能夠整除（即除以 i 的最後餘數為零），則將 i 存入一個規模為 3000 的陣列 num[]，並且將整除 i 後的整商作為新的被除數。

重複上述運算，直至 9～2 間的所有數整除完畢。若最後整商的位數大於 1，則說明找不到滿足上述條件的整數，失敗結束；否則就以相反的順序輸出陣列 num[]。

❖ 參考程式

```
01  #include<stdio.h>
02  #include<string.h>
03  #define N 1010
04  char str[N],ans[N];              // 數字字串 str[]；整商字串 ans[]
05  int num[3*N];                    // 儲存滿足條件的整數
06  int count(int i)                 // 計算和傳回 str[] 代表的整數除以 i 的結果：若能夠整除，
07                                   // 則傳回 1 和整商字串 str[]；若不能整除，則傳回 0
08  {
09      int j,mod=0,k=0;             // 目前餘數為 mod，ans[] 的指標為 k
10      char *q;                     // 商對應的數字字串
11      for(j = 0;str[j]!='\0';j ++) // 模擬除法運算過程
12      {
13          mod = mod*10+str[j]-'0'; // 計算商的目前位數，送入 ans[]
14          ans[k++] = mod/i +'0';
15          mod%=i;                  // 計算餘數
16      }
17      ans[k] = '\0';               // 形成商對應的數字字串 q
18      q = ans;
19      while(*q=='0')               // 整理：去掉 q 前面無用的 0
20          q++;
21      if(mod!=0)                   // 若最後餘數非零，則說明不能整除，傳回失敗資訊 0
```

```
22          return 0;
23      for(j = 0; *q!='\0';j++,q++)         // 將商數字串轉賦給 str，作為下一次運算的被除數
24          str[j] = *q;
25      str[j] = '\0';
26      return 1;                            // 傳回成功資訊 1
27  }
28  int main()
29  {
30      int i,j;
31      while(scanf("%s",str),str[0]!='-')   // 反覆輸入十進位整數，直至輸入 -1 為止
32      {
33          j=0;
34          if(str[1]=='\0')                 // 若輸入一位數字 'x'，則直接輸出結果 '1x'
35          {
36              printf("1%s\n",str);
37              continue;                    // 繼續處理下一個測試案例
38          }
39          for(i = 9; i> 1; i--)            // 依次整除 9~2
40              while(count(i))              // 若目前數（即上一次運算的整商）能夠整除 i，
41                                           // 則 i 進入 num[]，直至目前數無法整除 i 為止
42              {
43                  num[j++] = i;
44              }
45          if(strlen(str)>1)               // 若整商長度大於 1，則說明不能被除盡，
46                                          // 繼續下一個測試案例
47          {
48              printf("There is no such number.\n");
49              continue;
50          }
51          while(j>0)                      // 以相反的順序輸出 num[] 中的數字
52              printf("%d",num[--j]);
53          printf("\n");
54      }
55      return 0;
56  }
```

4.1.3 ► 多項式的表示與處理

多項式的表示與處理也是直接存取類型的線性串列的一個重要應用。通常，一元 n 次多項式可表示成如下形式：

$$P_n(x)=a_0+a_1x+a_2x^2+\cdots a_nx^n= \sum_{i=0}^{n}a_ix^i$$

一元 n 次多項式的儲存有兩種方法：

1. 用數值陣列 a 來儲存，各項的係數按照指數遞增的次序儲存在 $a[0..n]$ 中（n 為最高階數），a 的索引表示目前項的指數值。若第 i 項在多項式中為空項，即多項式中的係數 $a_i=0$，則對應的陣列元素 $a[i]=0$。顯然，陣列 a 的長度取決於多項式中的最高次冪。

2. 用結構陣列 a 來儲存，陣列 a 的索引為項的序號而非指數值，陣列元素為包含目前項係數 $a[i].coef$ 和指數 $a[i].exp$ 的結構體。顯然，陣列 a 的長度為多項式的實際長度。

在上述資料結構的基礎上，便可以展開多項式的運算，例如：

$$\sum_{i=0}^{k1} a_i x^i + \sum_{i=0}^{k2} b_i x^i = \sum_{i=0}^{\max\{k1,k2\}} (a_i + b_i)x^i, \sum_{i=0}^{k1} a_i x^i \times \sum_{j=0}^{k2} b_j x^j = \sum_{i=0}^{k1} \left(a_i x^i \times \sum_{j=0}^{k2} \left(b_j x^j \right) \right)$$

類似地，可以做兩個多項式的減法和除法運算，以及其他運算。一般來講，採用數值陣列的儲存方式，雖然記憶體用量較大，但演算法簡單；採用結構陣列的儲存方式，雖然記憶體用量減少，但演算法的複雜度增加。

4.1.3.1　Polynomial Showdown

提供一個次數從 8 到 0 的多項式的係數，請以可讀的形式將該多項式依照適當的規範加以輸出，沒有必要的字元就不用輸出。例如，提供係數 0、0、0、1、22、–333、0、1 和 –1，輸出 $x^5+22x^4-333x^3+x-1$。

輸出的規範如下：

◆ 多項式的各項按照指數的遞減順序輸出；

◆ 次數出現在「^」之後；

◆ 常數項僅輸出常數；

◆ 如果所有的項都以 0 作為係數，則僅輸出常數 0；否則僅輸出非零係數的項；

◆ 在二元運算子「+」和「–」的兩邊要有一個空格；

◆ 如果第一個項的係數是正數，在該項前沒有符號；如果第一個項的係數是負數，在該項前是減號，例如，$-7x^2 +30x +66$。

◆ 負係數項以被減的非負項的形式出現（如上所述，第一個項是負係數項時是例外）。例如，不能輸出 $x^2 +-3x$，應該輸出 $x^2 - 3x$。

◆ 常數 1 和 –1 僅在常數項出現。例如，不能輸出 $-1x^3 +1x^2 +3x^1-1$，應該輸出 $-x^3 +x^2 +3x-1$。

輸入
輸入包含一行或多行的係數，係數間由一個或多個空格分隔開。每行有 9 個係數，每個係數是絕對值小於 1000 的整數。

輸出
輸出提供格式化的多項式，每個多項式一行。

範例輸入	範例輸出
0 0 0 1 22 –333 0 1 –1	$x^5 +22x^4 - 333x^3 +x - 1$
0 0 0 0 0 0 –55 5 0	$-55x^2 +5x$

試題來源： ACM Mid-Central USA 1996
線上測試： POJ 1555，ZOJ 1720，UVA 392

❖ **試題解析**

將指數為 $n-i-1$ 的係數 a_{n-i-1} 儲存在陣列元素 $a[i]$ 中，$a[n-1]$ 為常數項。初始時，按照指數由高到低的順序讀入 $a[0..n-1]$。

按照指數由高到低的連續處理非零項 $a[i]$（$a[i]{\neq}0$, $i=0{\cdots}n-1$）。可分首項還是非首項兩種
情況處理。

1. $a[i]$ 是多項式首項。

◆ 處理係數：若 $a[i]==-1$ 且非常數項（$i<n-1$），則直接輸出 '-'；否則，若 $a[i]{\neq}1$ 或者
為常數項（$i==n-1$），則輸出係數 $a[i]$。

◆ 處理次冪：若指數為 1（$i==n-2$），則直接輸出 'x'；否則在非常數項（$i<n-1$）的情況
下，輸出 'x^'($n-i-1$)。

首項標誌反相運算。

2. a[i] 不是多項式首項。

◆ 處理正負號：輸出 ($a[i]<0$? '-' : '+')。

◆ 處理係數：在 $a[i]{\neq}1$ 或 -1 或者為常數項的情況下，輸出 $a[i]$ 的絕對值。

◆ 處理次冪：若指數為 1 時（$i==n-2$），則直接輸出 'x'；否則在非常數項（$i<n-1$）的情
況下，輸出 'x^'($n-i-1$)。

若處理完多項式後，多項式的首項標誌無變化，則說明所有係數都為 0，應輸出 0。

❖ 參考程式

```
01    #include<iostream>              // 前置編譯命令
02    using namespace std;            // 使用 C++ 標準程式庫中的所有識別字
03    const int n = 9;                // 定義多項式的項數
04    inline int fabs(int k)          // 傳回 k 的絕對值
05    {
06        return k < 0 ? -k : k;
07    }
08    int main(void)                  // 主函式
09    {                               // 主函式開始
10        int a[n];
11        while (cin >> a[0]) {       // 按照指數由高到低的順序輸入各項的係數
12            for (int i = 1; i < n; i++)
13                cin >> a[i];
14            bool first = true;                  // 設首項標誌
15            for (int i = 0; i < n; i++)
16                if (a[i]) {                     // 按照指數由高到低的順序輸出非零項
17                    if (first) {                // 處理首項
18                        if (a[i] == -1 && i< n - 1)     // 處理目前項為 -1 的情況
19                            cout << '-';
20                        else if (a[i] != 1 || i == n - 1)   // 處理目前項非 1 的情況
21                            cout << a[i];
22                        if (i==n - 2)           // 若指數為 1 時，不輸出指數；
23                                                // 指數大於 1 時，輸出指數
24                            cout << 'x';
25                        else if (i < n - 1)
26                            cout << "x^" << n - i - 1;
27                        first = false;          // 首項標誌反相運算
28                    } else {                    // 如果是第一個非零係數之後的
29                                                // 非零係數，先輸出運算子號，
30                                                // 接著輸出係數的絕對值
```

```
31                          cout <<' ' <<(a[i] < 0 ? '-' : '+') << ' ';   // 輸出正負號
32                          if (fabs(a[i]) != 1 || i == n - 1) // 不輸出係數為 1 時的係數
33                              cout << fabs(a[i]);
34                          if (i == n - 2)                     // 指數為 1 時，不輸出指數；
35                                                              // 指數大於 1 時，輸出指數
36                              cout << 'x';
37                          else if (i < n - 1)
38                              cout << "x^" << n - i - 1;
39                      }
40                  }
41          if (first)                                          // 若所有係數都為 0，則輸出 0
42              cout << 0;
43          cout << endl;                                       // 輸出空行
44      }
45      return 0;
46  }
```

採用陣列儲存方式，不僅可以方便地規範多項式的輸出，還可以方便地進行多項式的運算。

4.1.3.2　Modular multiplication of polynomials

本題考慮係數為 0 或 1 的多項式。兩個多項式相加是透過對多項式中相關冪次項的係數進行相加來實作。係數相加是加法操作後再除以 2 取餘，即 (0+0) mod 2=0、(0+1) mod 2=1、(1+0) mod 2=1 且 (1+1) mod 2=0。所以，這也和或運算相似。

$$(x^6+x^4+x^2+x+1)+(x^7+x+1)=x^7+x^6+x^4+x^2$$

兩個多項式相減是相似的。係數相減是減法操作後再除以 2 取餘，也是一個或運算，所以兩個多項式相減和兩個多項式相加是相同的。

$$(x^6+x^4+x^2+x+1)- (x^7+x+1)=x^7+x^6+x^4+x^2$$

兩個多項式相乘用一般的方式實作（當然，係數相加還是加法操作後再除以 2 取餘）。

$$(x^6+x^4+x^2+x+1) (x^7+x+1)=x^{13}+x^{11}+x^9+x^8+x^6+x^5+x^4+x^3+1$$

多項式 $f(x)$ 和 $g(x)$ 相乘，並除以 $h(x)$ 取模是 $f(x)g(x)$ 除以 $h(x)$ 的餘數。

$$(x^6+x^4+x^2+x+1) (x^7+x+1) \text{ modulo } (x^8+x^4+x^3+x+1)=x^7+x^6+1$$

多項式最高的次數稱為它的度。例如，x^7+x^6+1 的度是 7。

已知 3 個多項式 $f(x)$、$g(x)$ 和 $h(x)$，請編寫一個程式計算 $f(x)g(x)$ modulo $h(x)$。

本題設定 $f(x)$ 和 $g(x)$ 的度小於 $h(x)$ 的度，多項式的度小於 1000。

因為多項式係數是 0 或 1，一個多項式可以用 $d+1$ 個 01 字元來表示，01 字串長度為 $d+1$，其中 d 是多項式的度，01 字串表示多項式的係數。例如，多項式 x^7+x^6+1 可以表示為 8 1 1 0 0 0 0 0 1。

輸入

輸入由 T 個測試案例組成。在輸入的第一行提供測試案例數（T）。每個測試案例由三行組成，分別表示多項式 $f(x)$、$g(x)$ 和 $h(x)$，多項式的表示如上所述。

輸出

輸出多項式 $f(x)g(x)$ modulo $h(x)$，每個多項式一行。

範例輸入	範例輸出
2 7 1 0 1 0 1 1 1 8 1 0 0 0 0 0 1 1 9 1 0 0 0 1 1 0 1 1 10 1 1 0 1 0 0 1 0 0 1 12 1 1 0 1 0 0 1 1 0 0 1 0 15 1 0 1 0 1 1 0 1 1 1 1 1 0 0 1	8 1 1 0 0 0 0 0 1 14 1 1 0 1 1 0 0 1 1 1 0 1 0 0

試題來源： ACM Taejon 2001

線上測試： POJ 1060，ZOJ 1026，UVA 2323

❖ **試題解析**

設多項式 $f(x)$ 的字串長度為 lf，各項的係數儲存在 f[lf-1..0] 中；多項式 $g(x)$ 的字串長度為 lg，各項的係數儲存在 g[lg-1..0] 中；多項式 $h(x)$ 的字串長度為 lh，各項的係數儲存在 h[lh-1..0] 中；陣列 sum 用於儲存 $f(x)*g(x)$ 的乘積和 $(f(x)*g(x))$ modulo $h(x)$ 的結果，字串長度為 ls，各項的係數儲存在 sum[ls-1..0] 中。

1. 計算 sum(x)=f(x)*g(x)。

由於 $f(x)$ 和 $g(x)$ 的係數為 0 或 1，因此 $f(x)*g(x)$ 的字串長度為 ls=lf+lg-1。f 中 x_i 的係數 f[i] 與 g 中 x_j 的係數 g[j] 相乘，相當於位的與運算 f[i]&g[j]，結果加到乘積多項式的 x_{i+j} 的係數上去，相當於互斥運算 sum[i+j]=sum[i+j]^(f[i] & g[j])（$0 \leq i \leq$ lf-1，$0 \leq j \leq$ lg-1）。

2. 計算 sum(x)=sum(x) modulo h(x)。

sum(x) 對 h(x) 取模，相當於 sum(x) 除 h(x)，直至餘數小於 h(x) 為止，這個餘數即取模的結果。問題是怎樣判別目前餘數 sum(x) 與 h(x) 的大小。

若 ls>lh，則 sum(x) 大；若 ls<lh，則 h(x) 大；若 ls==lh，則從最高次冪 ls-1 開始由高到低逐項比較係數：若 sum[i]==1，h[i]==0，則 sum(x) 大；若 sum[i]==0，h[i]==1，則 h(x) 大。

顯然，若目前 sum(x) 大於 h(x)，則讓 sum(x) 除一次 h(x)：從 h 的最低位開始，按照次冪由低至高的順序進行相除法運算，將 h[i] 互斥到 sum[i+ls-lh] 上去，即 sum[i+d]=sum[i+d]^h[i]，i=0···ls-1。然後重新調整 sum 的最高次冪（while (ls && !sum[ls1])− −ls;）。

這個過程一直進行到 sum(x) 小於 h(x) 為止。此時得出的 ls 即餘數多項式的項數，各項的係數為 sum[ls-1..0]。

❖ **參考程式**

```
01    #include <iostream>                        // 前置編譯命令
02    using namespace std;                        // 使用 C++ 標準程式庫中的所有識別字
03    const int maxl = 1000 + 5;                   // 乘積陣列 sum 的容量
04    int compare(int a[], int la, int b[], int lb) // 比較多項式 a 和 b 的大小
05    {
06        if (la > lb)                             // 比較 a 和 b 的最高次冪
```

```
07          return 1;
08      if (la < lb)
09          return -1;
10      for (int i = la - 1; i >= 0; i--)        // 在 a 和 b 的最高次冪相同的情況下，
11                                               // 按照次冪由高到低的順序逐項比較
12          if (a[i] && !b[i])
13              return 1;
14          else if (!a[i] && b[i])
15              return -1;
16      return 0;
17  }
18  int main(void)                               // 主函式
19  {                                            // 主函式開始
20      int loop;
21      cin >> loop;                             // 讀測試組數
22      while (loop--) {
23          int f[maxl], g[maxl], h[maxl];
24          int lf, lg, lh;
25          cin >> lf;                           // 讀多項式 f 的最高次冪
26          for (int i = lf - 1; i >= 0; i--)    // 依次讀 f 中每一項的係數
27              cin >> f[i];
28          cin>> lg;                            // 讀多項式 g 的最高次冪
29          for (int i = lg - 1; i >= 0; i--)    // 依次讀 g 中每一項的係數
30              cin >> g[i];
31          cin >> lh;                           // 讀多項式 h 的最高次冪
32          for (int i = lh - 1; i >= 0; i--)    // 依次讀 h 中每一項的係數
33              cin >> h[i];
34          int sum[maxl+maxl], ls=lf+lg-1;      // 乘積陣列 sum 及其長度初始化
35          for (int i = 0; i < ls; i++)
36              sum[i] = 0;
37          for (int i = 0; i < lf; i++)         // 計算乘積陣列 sum
38              for (int j = 0; j < lg; j++)
39                  sum[i + j] ^= (f[i] & g[j]);
40          // 計算乘積對 h[] 的取模
41          while (compare(sum, ls, h, lh)>=0) { // 若目前餘數 sum 不小於 h，則繼續除以 h
42              int d = ls - lh;                 // 計算 sum 除以 h 的餘數
43              for (int i = 0; i < lh; i++)
44                  sum[i + d] ^= h[i];
45              while (ls && !sum[ls - 1])       // 確定 sum 的最高次冪
46                  --ls;
47          }
48          if (ls == 0)                         // 計算和輸出餘數陣列 sum 的長度
49              ls = 1;
50          cout << ls << ' ';
51          for (int i = ls - 1; i > 0; i--)     // 輸出 sum 中每一項的係數
52              cout << sum[i] << ' ';
53          cout << sum[0] << endl;
54      }
55      return 0;
56  }
```

4.1.4 ▶ 數值矩陣運算

在利用電腦解決工程領域和其他領域問題時經常要對矩陣進行計算。數值矩陣通常用二維陣列表示，假設整數矩陣的行數為 m、列數為 n，則可用整數陣列 $a[m][n]$ 來儲存，其中 $a[i][j]$ 代表矩陣中第 i+1 行、第 j+1 列的元素。由於存取矩陣中任何一個數字，可根據陣列索引直接找到，因此儲存數值矩陣的二維陣列屬於典型的直接存取類型的線性串列。

利用二維陣列可進行許多數值矩陣的運算。例如，判別布林矩陣的某些特性（如每行、每列中 true 的元素個數是否都為偶數）；矩陣轉置（行列對換）；兩個同規模的數值矩陣相加或相減；兩個規模分別為 $m×n$ 和 $n×1$ 的數值矩陣 A 和 B 相乘，乘積存入規模為 $m×1$ 的數值矩陣 C 等等。

4.1.4.1　Error Correction

當一個布林矩陣的每行和每列總和為偶數時，該布林矩陣具有奇偶均勢的特性，即包含偶數個 1。例如，一個 4×4 具有奇偶均勢特性的矩陣：

$$1\ 0\ 1\ 0$$
$$0\ 0\ 0\ 0$$
$$1\ 1\ 1\ 1$$
$$0\ 1\ 0\ 1$$

行的總和是 2、0、4 和 2。列的總和是 2、2、2 和 2。

請編寫一個程式，輸入矩陣，並檢查其是否具有奇偶均勢特性。如果沒有，程式還要檢查是否可以透過僅改變矩陣中的一個數字使矩陣具有奇偶均勢特性。如果不能，則把矩陣歸類為 Corrupt。

輸入

輸入包含一個或多個測試案例，每個測試案例的第一行是一個整數 n（$n<100$），表示矩陣的大小。後面的 n 行，每行 n 個數，矩陣中的每個數不是 0 就是 1。輸入以 n 為 0 結束。

輸出

對於輸入的每個矩陣，輸出一行。如果該矩陣具有奇偶均勢特性，則輸出「OK」。如果奇偶均勢特性可以透過改變一個數字產生，則輸出「Change bit (i, j)」，其中 i 是要改變數字所在的行，j 是要改變數字所在的列；否則輸出「Corrupt」。

範例輸入	範例輸出
4	OK
1 0 1 0	Change bit (2,3)
0 0 0 0	Corrupt
1 1 1 1	
0 1 0 1	
4	
1 0 1 0	
0 0 1 0	
1 1 1 1	

（續）	範例輸入	範例輸出
	0 1 0 1	
	4	
	1 0 1 0	
	0 1 1 0	
	1 1 1 1	
	0 1 0 1	
	0	

試題來源： Ulm Local Contest 1998

線上測試： POJ 2260，ZOJ 1949

❖ 試題解析

設矩陣為 a，其中 i 行的數值總和為 row[i]，j 列的數值總和為 col[j]。

首先，在輸入矩陣為 a 的同時統計各行各列的數值總和 row 和 col。

然後，計算數值總和為奇數的行數 cr 與數值總和為奇數的列數 cc，並分別記下最後數值總和為奇數的行序號 i 和最後數值總和為奇數的行序號 j（若 row[k]&1=1，則 cr++，$i=k$；若 col[k]&1==1，則 cc++，$j=k$，$0 \leq k \leq n-1$）。

最後，判斷矩陣 a 的奇偶均勢特性：

1. 若 n 行、n 列的數的和都為偶數（cc==0 且 cr==0），則矩陣 a 具有奇偶均勢特性；

2. 若矩陣 a 僅有 1 行和 1 列的數的總和為奇數（cc==1 且 cr==1），並設這一行列為 i 行和 j 列，則說明 (i, j) 中的數字使得 i 行和 j 列的數和為奇數，將其反相運算可恢復矩陣 a 的奇偶均勢特性。注意，陣列 a 中行列從 0 開始編號，因此應輸出 ($i+1$, $j+1$)；

3. 出現其他情況，矩陣 a 歸類為 Corrupt。

❖ 參考程式

```
01   #include <stdio.h>                              // 前置編譯命令
02   #include <assert.h>
03   #define MAXN 512                                // 定義矩陣容量
04   int n;                                          // 矩陣規模
05   int a[MAXN][MAXN], row[MAXN], col[MAXN];        // 矩陣為 a，其中 i 行的數為 row[i]，
06                                                   // j 列的數和為 col[j]
07   FILE *input;                                    // 定義輸入檔案的指標變數
08   int read_case()                                 // 輸入矩陣
09   {
10   int i,j;
11       fscanf(input,"%d",&n);                      // 輸入矩陣大小
12       if (n==0) return 0;                         // 若輸入結束，則傳回 0
13       for (i=0; i<n; i++)                         // 輸入矩陣並傳回 1
14           for (j=0; j<n; j++)
15               fscanf(input,"%d",&a[i][j]);
16       return 1;
17   }
18   void solve_case()                               // 判斷矩陣的奇偶均勢特性
19   {
20       int cc,cr,i,j,k;
21       for (i=0; i<n; i++)                         // 初始時各行各列的數值總和為 0
```

```
22              row[i] = col[i] = 0;
23      for (i=0; i<n; i++)                    // 統計各行各列的數值總和
24          for (j=0; j<n; j++)
25          {
26              row[i] += a[i][j];
27              col[j] += a[i][j];
28          }
29      cr = cc = 0;
30      for (k=0; k<n; k++)                     // 累計數值和為奇數的行數 cr，並記下最後數值和
31          // 為奇數的行序號 i；累計數值和為奇數的列數 cc，並記下最後數值和為奇數的列序號 j
32          {
33              if (row[k]&1) { cr++; i=k; }
34              if (col[k]&1) { cc++; j=k; }
35          }
36      if ( cc==0 && cr==0) printf("OK\n"); // 若所有行和列的數值和都為偶數，則輸出 "OK"；
37          // 若僅有 1 行和 1 列的數和為奇數，則可透過 (i+1, j+1) 位反相運算恢復矩陣奇偶均勢特性；
38          // 否則矩陣的特性為 Corrupt
39      else if (cc==1 && cr==1) printf("Change bit (%d,%d)\n",i+1,j+1);
40          else printf("Corrupt\n");
41  }
42  int main()
43  {
44      input = fopen("error.in","r");         // 連接輸入檔案名稱字串與輸入檔案變數
45      assert(input!=NULL);                   // 初始時輸入檔案為非結束狀態
46      while(read_case()) solve_case();       // 反覆輸入和處理測試資料組，直至輸入 0 為止
47      fclose(input);                         // 關閉輸入檔案
48      return 0;
49  }
```

4.1.4.2　Matrix Chain Multiplication

假設我們要估算諸如 $A×B×C×D×E$ 這樣的運算式，其中 A、B、C、D 和 E 是矩陣。因為矩陣乘法滿足結合律，所以乘法執行的順序可以是任意的。然而，相乘的次數則依賴於運算順序。

例如，設 A 是一個 50×10 矩陣，B 是一個 10×20 矩陣，C 是一個 20×5 矩陣。計算 $A×B×C$ 有兩種不同的方法，即 $(A×B)×C$ 和 $A×(B×C)$。第一種方法有 15000 次相乘，但第二種方法只有 3500 次相乘。

請你編寫一個程式，對提供的運算順序，確定需要相乘的次數。

輸入

輸入包含兩個部分：矩陣列表和運算式列表。

輸入的第一行提供一個整數 n (1≤n≤26)，表示在第一部分中矩陣的個數。後面的 n 行每行包含一個大寫字母，表示矩陣的名稱；以及兩個整數，表示矩陣的行數和列數。

輸入的第二部分按下述語法說明（以擴充的巴科斯形式（EBNF）提供）：

```
SecondPart = Line { Line }
Line = Expression
Expression = Matrix | "(" Expression Expression ")"
Matrix = "A" | "B" | "C" | ... | "X" | "Y" | "Z"
```

輸出

對於在輸入的第二部分提供的每個運算式，輸出一行。如果由於矩陣不相匹配使運算式運算錯誤，則輸出「error」；否則輸出一行，提供計算該運算式需要相乘的次數。

範例輸入	範例輸出
9	0
A 50 10	0
B 10 20	0
C 20 5	error
D 30 35	10000
E 35 15	error
F 15 5	3500
G 5 10	15000
H 10 20	40500
I 20 25	47500
A	15125
B	
C	
(AA)	
(AB)	
(AC)	
(A(BC))	
((AB)C)	
(((((DE)F)G)H)I)	
(D(E(F(G(HI)))))	
((D(EF))((GH)I))	

試題來源：Ulm Local Contest 1996

線上測試：POJ 2246，ZOJ 1094

提示

兩個規模分別為 $m \times n$ 和 $n \times l$ 的數值矩陣 A 和 B 相乘，乘積存入規模為 $m \times l$ 的數值矩陣 C，其中 C 中每個元素 $C[i][j] = \sum_{k=0}^{n-1} A[i][k] \times B[k][j]$ $(0 \le i \le m-1, 0 \le j \le l-1)$，即產生矩陣 C 中每個元素的相乘的次數為 n，矩陣 C 中一共有 $m \times l$ 個元素，所以總共相乘的次數為 $m \times n \times l$。如試題描述，A 是一個 50×10 的矩陣，B 是一個 10×20 的矩陣，C 是一個 20×5 的矩陣。計算 $A \times B$ 的相乘次數為 $50 \times 10 \times 20 = 10000$，$A \times B$ 是一個 50×20 的矩陣；$(A \times B) \times C$ 的相乘的次數為 $50 \times 20 \times 5 = 5000$；所以 $(A \times B) \times C$ 總共有 $10000 + 5000 = 15000$ 次相乘。

設定 e 為運算式的字元陣列，p 為 e 的字元指標；將相乘次數 mults、乘積矩陣的行數 rows、列數 cols 組成一個結構體並將其定義為類別 triple。計算運算式的相乘次數的函式 expression( )、目前得出的乘積矩陣 t、待乘的兩個矩陣 $t1$ 和 $t2$ 都為類別 triple 的實體。

我們在輸入時，計算出各大寫字母表示的矩陣的行數 rows[c] 和列數 cols[c]('A'$\le c \le$'Z')；然後反覆輸入運算式。每輸入一個運算式 e，將 e 的字元指標 p 和出錯標誌初始化為 0，透過呼叫函式 expression( ) 計算乘積矩陣 t：

1. 若目前字元為「(」，則字元指標 $p+1$，遞迴計算括弧內的運算式 $t1$ 和 $t2$（$t1$=expression( ); $t2$=expression( )），字元指標 $p+1$。若 $t1$ 的列數不等於 $t2$ 的行數（$t1$.cols!=$t2$. rows），則設失敗標誌（error=1）；否則計算 $t1$ 相乘 $t2$ 後的乘積矩陣 t（t.rows=$t1$.rows; t.cols=$t2$.cols; t.mults=$t1$.mults+$t2$.mults+$t1$.rows*$t1$.cols*$t2$.cols）。

2. 若目前字元為字母,則記下對應矩陣的行列數,相乘次數設為 0(t.rows=rows[$e[p]$]; t.cols=cols[$e[p]$]; t.mults=0),字元指標 p+1。

最後,傳回乘積矩陣 t。顯然呼叫 expression( ) 函式後,若 error==1,則表示運算式運算錯誤;否則需要相乘的次數為 t.mults。

❖ **參考程式**

```
01    #include <stdio.h>                          // 前置編譯命令
02    typedef struct {int mults; int rows; int cols;} triple;   // 定義運算式的 triple
03         // 為一個包含相乘次數 mults、矩陣的行數 rows 和列數 cols 的結構體
04    int rows[256],cols[256];              // 變數名稱為 c 的矩陣的行數為 rows[c],列數為 cols[c]
05    char e[100];                                // 儲存運算式的字元陣列
06    int p;                                      // e 的字元指標
07    char error;                                 // 出錯標誌
08    triple expression()                         // 計算運算式 e 對應的乘積矩陣
09    {
10        triple t;                               // 乘積矩陣
11        if (e[p]=='(')                          // 若目前字元為 '(',則字元指標 +1,
12                                                // 並取出括弧內的運算式 t1 和 t2
13            {
14                triple t1,t2;
15                p++;
16                t1 = expression();
17                t2 = expression();
18                p++;                            // 字元指標 +1
19                if (t1.cols!=t2.rows)  error = 1;// 若 t1 的列數不等於 t2 的行數,則設失敗標誌
20                t.rows  = t1.rows;              // 計算乘積矩陣的行列數和相乘次數
21                t.cols  = t2.cols;
22                t.mults = t1.mults+t2.mults+t1.rows*t1.cols*t2.cols;
23            }
24        else                                    // 若目前字元為矩陣名,則記下矩陣的行列數,
25                                                // 相乘次數設為 0
26            {
27                t.rows = rows[e[p]];
28                t.cols = cols[e[p]];
29                t.mults = 0;
30                p++;                            // 字元指標 +1
31            }
32        return t;                               // 傳回乘積矩陣
33        }
34    main()
35    {
36        FILE* input = fopen("matrix.in","r");  // 定義輸入檔案的指標變數,
37                                                // 並將檔案名串與該變數連接
38        char c;
39        int i,n,ro,co;
40        triple t;                               // 乘積矩陣 t 為類 triple
41        fscanf(input,"%d%c",&n,&c);             // 讀矩陣個數
42        for (i=0; i<n; i++)                     // 讀 n 個矩陣的資訊
43            {
44                fgets(e,99,input);
45                sscanf(e,"%c%d %d",&c,&ro,&co); // 讀第 i 個矩陣的名稱、行數和列數
46                rows[c] = ro;
47                cols[c] = co;
```

```
48              }
49         while (1)                          // 輸入和處理每個運算式
50         {
51              fgets(e,99,input);            // 輸入運算式
52              if (feof(input)) break;       // 若讀至檔案結束標誌,則結束迴圈
53              p = error = 0;                // 字元指標和出錯標誌初始化
54              t = expression();             // 計算運算式 e 對應的乘積矩陣
55              if (error) puts("error");     // 若出錯,則輸出失敗資訊;否則輸出相乘次數
56                  else printf("%d\n",t.mults);
57         }
58    fclose(input);                          // 關閉輸入檔案
59    return 0;
60 }
```

4.2　字串處理

字串（String）是由零個或多個字元組成的有限序列。一般記為 $s=\lceil a_0 a_1 \cdots a_{n-1} \rfloor$，其中 s 是字串名稱，用雙引號作為分界符號括起來的 $a_0 a_1 \cdots a_{n-1}$ 稱為字串值，其中的 a_i（$0 \le i \le n-1$）是字串中的字元。字串中的字元個數稱為字串的長度。字串的結束符號 '\0' 不當作字串中的字元，也不計入字串長度。雙引號之間也可以沒有任何字元，這樣的字串稱為空字串。顯然，字串是一種以字元為元素的線性串列，具有線性串列的有限性、有序性和均勻性；線性串列可以為空，字串也可以是空字串。由於可以按索引直接存取字串中的某一字元，因此字串一般屬於直接存取類型的線性串列。當然，字串也可以採用鏈結儲存結構，不過這樣的情形並不多見。本節實作中的字串主要以直接存取類型的線性串列為儲存結構。

本節提供字串三個方面的實作：

◆　使用字串作為儲存結構；

◆　判斷一個字串是否為另一個字串的子字串；如果是，那麼算出子字串在主字串的匹配位置，即型樣匹配問題；

◆　求最長回文子字串的 Manacher 演算法。

4.2.1 ► 使用字串作為儲存結構

一般字串以陣列儲存表示。因此一個字串可以透過宣告一個定長的字元陣列實作，也可以透過宣告一個不定長字元陣列實作。C++ 提供了許多字串處理的程式庫函式，利用這些程式庫函式可簡化字串的運算。

4.2.1.1　TEX Quotes

TEX 是 Donald Knuth 開發的一種排版語言，它將來源文字與一些排版指令結合，產生一份我們所希望的優美文件。這些優美的文件使用左雙引號和右雙引號來劃定引用句，而不是用大多數鍵盤所提供的一般的 "。通常鍵盤沒有定向的雙引號，但有左單引號（`）和右單引號（'）。請檢查你的鍵盤找到左單引號（`）鍵（有時也被稱為「反引號鍵」）和

右單引號（'）鍵（有時也被稱為「撇號」或稱為「引號」）。注意不要混淆左單引號（`）與反斜線鍵（/）。TEX 讓使用者鍵入兩個左單引號（``）以產生一個左雙引號，兩個右單引號（''）以產生一個右雙引號。然而，大多數打字員習慣用無定向的雙引號（"）來劃定引用句。

如果原文包含 "To be or not to be, " quoth the bard, "that is the question." ，那麼 TEX 產生的排版文件不包含所要求的形式："To be or not to be," quoth the bard, "that is the question."。為了產生所要求的形式，原文要包含這樣的句子：``To be or not to be," quoth the bard, ``that is the question."。

請編寫一個程式，將包含雙引號（"）字元的原文文字轉換成相同文字，但雙引號被轉換為 TEX 所要求的劃定引用句的兩字元有方向的雙引號。如果是開始一段引用句，雙引號（"）字元被 `` 代替，如果是結束一段引用句，雙引號（"）字元被 '' 代替。注意巢狀引用的情況沒有出現：第一個 " 一定被 `` 替代，下一個被 '' 替代，再下一個被 `` 替代，再下一個被 '' 替代，再下一個被 `` 替代，再下一個被 '' 替代，以此類推。

輸入
輸入由若干行包含偶數個雙引號（"）字元的文字組成。輸入由 EOF 字元結束。

輸出
除下述情況之外，輸出的文字要和輸入的一樣：每對雙引號中的第一個 " 被替換為兩個 ' 字元，並且，每對雙引號中的第二個 " 被替換為兩個 ' 字元。

範例輸入	範例輸出
"To be or not to be," quoth the Bard, "that is the question". The programming contestant replied: "I must disagree. To `C' or not to `C', that is The Question!"	``To be or not to be," quoth the Bard, ``that is the question". The programming contestant replied: ``I must disagree. To `C' or not to `C', that is The Question!"

試題來源： ACM East Central North America 1994
線上測試： POJ 1488，UVA 272

❖ **試題解析**

由於每對雙引號的替換形式是交替出現的（第一個 " 被替換為兩個 ` 字元，第二個 " 被替換為兩個 ' 字元），因此設定常數 $p[0]$ 為第一個 " 的替換形式 ``，$p[1]$ 為第二個 " 的替換形式 ''。

初始時，從第一個 " 的替換形式出發（$k=0$），逐個字元地掃描字串。若目前字元非雙引號，則原樣輸出；否則用 $p[k]$ 替換之，然後取另一種替換形式（$k=!k$）。

❖ **參考程式**

```
01    #include <cstdio>                         // 前置編譯命令
02    #include <cstring>
03    const char p[][5] = {"``", "''" };        // p[0]為兩個`字元，p[1]為兩個'字元
04    int main(void)
05    {
06        int k = 0;                            // 第一個"被替換為兩個`字元
07        char c;
```

```
08        while ((c = getchar()) != EOF) {        //反覆讀取字元 c，直至輸入結束
09          if (c == '"') {                        // 若目前字元是雙引號，則被替換成 p[k]，下一次雙引號
10                                                 // 取另一替換形式；若目前字元非雙引號，則原樣輸出
11               printf("%s", p[k]);
12               k = !k;
13          } else
14                  putchar(c);
15          }
16        return 0;
17  }
```

4.2.2 ▶ 字串的型樣匹配

字串有一類重要的運算，稱為型樣匹配（Pattern Matching）。假設 T 和 P 是兩個字串（T 的長度為 n，P 的長度為 m，$1 \leq m \leq n$），T 為目標（Target），P 為型樣（Pattern），要在 T 中搜尋是否有與 P 相等的子字串。如果有，則提供 P 在 T 中的匹配位置，這個運算稱為型樣匹配。型樣匹配的方法主要有兩種：

◆ 樸素的型樣匹配演算法，也稱為 Brute Force 演算法；

◆ D. E. Knuth、J. H. Morris 和 V. R. Pratt 提出的 KMP 演算法。

1. Brute Force 演算法

Brute Force 演算法是型樣匹配的一種最簡單的作法，按順序尋訪 T 的字串，將 T 的每個字元作為匹配的起始字元，用 P 的字元依次與 T 中的字元做比較，判斷是否匹配。如果 T 和 P 的目前字元匹配，則比較下一個字元；否則，以 T 的目前起始字元的下個字元為起始字元，重複上述步驟。如果 T 的一個子字串與 P 匹配，則傳回 T 中的匹配子字串的起始字元的序號，匹配成功；如果在 T 中不存在與 P 匹配的子字串，則匹配失敗。

Brute Force 演算法的時間複雜度為 $O((n-m+1)m)$。

4.2.2.1　Blue Jeans

地理專案是 IBM 和美國國家地理學會的合作研究專案，該專案基於成千上萬捐獻的 DNA，來分析地球上的人類是如何繁衍的。

作為一個 IBM 的研究人員，請你編寫一個程式找出已知 DNA 片段間的相同之處，以瞭解調查個體的相關聯。

一個 DNA 核酸序列是指把在分子中發現的含氮鹼基的序列羅列出來。有四種含氮鹼基：腺嘌呤（A）、胸腺嘧啶（T）、鳥嘌呤（G）和胞嘧啶（C）。例如，一個 6 鹼基 DNA 序列可以表示為 TAGACC。

提供一個 DNA 核酸序列的集合，確定在所有序列中都出現的最長的核酸序列。

輸入

輸入的第一行提供了整數 n，表示測試案例的數目。每個測試案例由下述兩部分組成：

◆ 一個正整數 m（$2 \leq m \leq 10$），提供該測試案例中核酸序列的數目。

◆ m 行，每行提供一個 60 鹼基的核酸序列。

輸出

對於輸入的每個測試案例的所有核酸序列，輸出最長的相同的鹼基子序列。如果最長的相同的鹼基子序列的長度小於 3，則輸出「no significant commonalities」來代替鹼基子序列。如果相同最長長度的子序列有多個，則僅輸出按字母排序的第一個。

範例輸入	範例輸出
3 2 GATACCAGATACCAGATACCAGATACCAGATACCAGATACCAGATACCA GATACCAGATA AAAAAAAAAAAAAAAAAAAAAAAAAAAAAAAAAAAAAAAAAAAA AAAAAAAAAAAAAA 3 GATACCAGATACCAGATACCAGATACCAGATACCAGATACCAGATACCA GATACCAGATA GATACTAGATACTAGATACTAGATACTAAAGGAAAGGGAAAAGGGGAA AAAGGGGGAAAA GATACCAGATACCAGATACCAGATACCAAAGGAAAGGGAAAAGGGGA AAAAGGGGGAAAA 3 CATCATCATCCCCCCCCCCCCCCCCCCCCCCCCCCCCCCCCCCCCCCCC CCCCCCCCCCCC ACATCATCATAAAAAAAAAAAAAAAAAAAAAAAAAAAAAAAAAAAA AAAAAAAAAAAAAA AACATCATCATTTTTTTTTTTTTTTTTTTTTTTTTTTTTTTTTTTTTTTT TTTTTTTT	no significant commonalities AGATAC CATCATCAT

試題來源： ACM South Central USA 2006
線上測試： POJ 3080，ZOJ 2784，UVA 3628

❖ **試題解析**

設定最長的共同子字串為 ans，其長度為 len；m 個核酸序列為 p[0]⋯p[m−1]。

由於共同子序列是每個核酸序列的子字串，因此列舉 p[0] 的每一個可能的子字串 s，以 s 為型樣、分別以 p[1]⋯p[m−1] 為目標，進行匹配運算。

若 s 為 p[1]⋯p[m−1] 的共同子字串（strstr(p[k], s)!=NULL，1≤k≤m−1），且（s 字串的長度 >len），或者 s 的長度雖等於 len，但字典順序小於目前最長的共同子字串 ans（strcmp(ans, s)>0），則將 s 調整為最長共同子字串（len= 字串 s 的長度；strcpy(ans, s)）。

在 p[0] 的所有子字串被列舉後，最終得出的最長共同子字串 ans 即問題解。

由於核酸序列的字串長僅為 60，因此計算子字串匹配時採用了 Brute Force 演算法。另外使用了一些字串程式庫函式，例如字串長度函式 strlen()、比較字串大小的函式 strcmp()、字串複製函式 strcpy() 等，使程式更加清晰和簡練。

❖ **參考程式**

```
01   #include<cstdio>                       // 前置編譯命令
02   #include<cstring>
03   const int maxm = 10 + 5;               // 核酸序列數的上限
04   const int maxs = 60 + 5;               // 字串長度上限
05   int main(void)
06   {
```

```
07        int loop;
08        scanf("%d", &loop);                        // 輸入測試案例數
09        while (loop--) {
10            int m;
11            char p[maxm][maxs];
12            scanf("%d", &m);                        // 輸入核酸序列的數目
13            for (int i = 0; i < m; i++)             // 輸入第 i 個核酸序列
14                scanf("%s", p[i]);
15            int len;                                // 最長共同子字串的長度
16            char ans[maxs];                         // 最長共同子字串
17            len = 0;
18                // 列舉 p[0] 的每個子字串，判斷其是否為目標子字串
19            for (int i = 0; i < strlen(p[0]); i++)              // 列舉子字串的起始位置 i
20                for (int j = i + 2; j < strlen(p[0]); j++) {    // 列舉子字串的結束位置 j
21                    char s[maxs];                              // 提取該子字串 s
22                    strncpy(s, p[0] + i, j - i + 1);
23                    s[j - i + 1] = '\0';
24                    bool ok = true;                 // 試探 s 是否為 p[1]..p[m-1] 的共同子字串
25                    for (int k = 1; ok && k < m; k++)
26                        if (strstr(p[k], s) == NULL) ok = false;
27    //若 s 是目前最長的共同子字串，或者雖然 s 同屬最長共同子字串但字典順序小，則 s 被設為最長共同子字串
28                    if ( ok && (j - i + 1 > len || j - i + 1 == len && strcmp(ans, s)
29                        > 0))
30                    {
31                        len = j - i + 1;
32                        strcpy(ans, s);
33                    }
34                }
35            if (len < 3)//若最長的共同子字串的長度不足 3，則提供失敗資訊，否則輸出最長共同子字串
36                printf("%s\n", "no significant commonalities");
37            else printf("%s\n", ans);
38        }
39        return 0;
40    }
```

Brute Force 演算法並不完美，存在著大量的重複運算，如圖 4.2-1 所示。

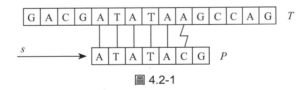

圖 4.2-1

型樣 P＝「ATATACG」的第 6 個字元「C」在目前位置無法匹配，Brute Force 演算法將指標 s 遞增 1，再從 P 的第一個字元開始重新匹配，但實際上此時可以將指標 s 遞增 2，從 P 的第 4 個字元開始匹配，如圖 4.2-2 所示。因為在這之間的匹配肯定會失敗。類似的例子會隨著資料量的增大而越來越多，Brute Force 演算法將做更多的重複工作。

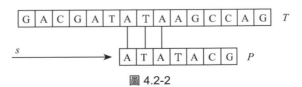

圖 4.2-2

為了避免重複運算，提高匹配時效，根據上述討論，提供了型樣匹配的 KMP 演算法。

2. KMP 演算法

分析圖 4.2-2，為什麼可以讓指標 s 遞增 2，從 P 的第 4 個字元開始匹配呢？這是由型樣 P 的性質決定的。對於型樣 P，在目標 T 中，P 的前置「ATATA」已經匹配。

對已經匹配的 P 的前置「ATATA」進行分析，如圖 4.2-3 所示，P 的前置「ATA」恰好是 P 已經匹配的前置「ATATA」的後置，所以如果直到「ATATA」都匹配成功，而「ATATAC」匹配失敗，則目標 T 的子字串 $T[s+2..s+4]$ 必定為「ATA」，因為「ATATA」在 s 處匹配成功，所以 $T[s..s+4]$=「ATATA」，於是 P 的前置「ATA」肯定在 $s+2$ 處匹配成功。KMP 演算法正是利用了這種特性使演算法的時間複雜度降為 $O(n+m)$。

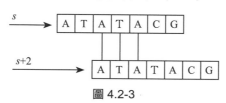

圖 4.2-3

KMP 演算法的關鍵是求 P 的前置函式 suffix[]，其中，$suffix[q]=\max\{k \mid (k<q) \wedge (P[0.. k-1]==P[0..q-1]$ 的後置)}，也就是說，$suffix[q]$ 表示 $P[0..q-1]$ 的後置與 P 的前置間的最長匹配子字串的長度。求 suffix[] 實際上就相當於用 P 匹配 P 的過程，可寫成一重迴圈的形式：

```
suffix[0] = -1;                          // 設定 P 的前置函式 suffix[] 的邊界值
suffix[1] = 0;
int k = 0;                               // 前置函式指標初始化
for (int i = 2; i <= m; i++) {
    while (k>=0 && p[k]!=p[i - 1])       // 沿前置函式指標追溯 P 中與 p[i-1] 相同的字元位置 k，
                                         // 即目標串目前字元與 p[i] 匹配失敗時，應與 p[k+1] 比較；
                                         // 如果 p[k] 和 p[i-1] 不同，說明匹配失敗，要把 k 的值退到
                                         // suffix[k]，直到兩者相同才停止
        k = suffix[k];
    suffix[i] = ++k;
}
```

有了前置函式 suffix[]，可將 P 匹配 T 的過程寫成一重迴圈，從 $P[0]$ 出發，依次匹配 $T[0], T[1],\cdots, T[n-1]$：

◆ 若 $P[j]$ 與 $T[i]$ 匹配成功，則下一次匹配 $P[j+1]$ 與 $T[i+1]$。

◆ 若 $P[j]$ 與 $T[i]$ 匹配失敗，則 $T[i]$ 不斷匹配 $P[suffix[j]]$、$P[P[suffix[j]]]$,$\cdots$，直至匹配成功（$T[i]==P[\cdots P[suffix[j]]]$）或者匹配失敗（$P[\cdots P[suffix[j]]]==-1$）為止。若匹配成功，則下一次比較 $P[P[\cdots P[suffix[j]]]+1]$ 與 $T[i+1]$；若匹配失敗，則下一次比較 $P[0]$ 與 $T[i+1]$（$0\leq i\leq n-1$，$0\leq j\leq m-1$）。

```
i=0;                          // T 和 P 的匹配指標初始化
j=0;
while (i<=n-1 && j<=m-1)
if (j==-1||T[i]==P[j])        // 若沿前置函式指標匹配 T[i] 失敗，則下一次比較 P[0] 與 T[i+1]；
                             // 若匹配成功，則下一次比較 P[j+1] 與 T[i+1]
    {
```

```
        i++ ; j++;
    }
else j= suffix[j];        // 若 T[i] 與 P[j] 匹配失敗，則沿前置函式指標回溯
if (j>m-1)                // 若 P 中的所有字元配對成功，則傳回 P 在 T 的匹配位置；否則傳回 -1
    {
        return(i-(m-1));
    }
else return(-1);
```

4.2.2.2　Oulipo

法國作家 Georges Perec（1936—1982）曾經寫過一本沒有字母 *e* 的書《*La Disparition*》，他是 Oulipo 組織的成員。從他的書中摘錄如下：

> Tout avait Pair normal, mais tout s'affirmait faux. Tout avait Fair normal, d'abord, puis surgissait l'inhumain, l'affolant. Il aurait voulu savoir où s'articulait l'association qui l'unissait au roman: stir son tapis, assaillant à tout instant son imagination, l'intuition d'un tabou, la vision d'un mal obscur, d'un quoi vacant, d'un non-dit: la vision, l'avision d'un oubli commandant tout, où s'abolissait la raison: tout avait l'air normal mais…

Perec 可能會在這樣的比賽中取得高分（或更確切地說，低分）。這些比賽要求人們寫一段有關某個主題的有意義的文字，某個特定的詞要盡可能少地出現。我們的工作是提供一個評判程式，統計該詞出現的次數，以提供參賽者的排名。這些參賽者通常會寫很長的廢話連篇的文字，一個帶 500000 個連續的 *T* 的序列是常見的，而且他們從來不使用空格。

因此，提供一個字串，我們要快速發現這個字串在一段文字中出現的次數。更規範地講：提供字母表 {'A', 'B', 'C', …, 'Z'}，以及字母表上的兩個有限的字串，即一個單字 *w* 和一段文字 *t*，計算 *w* 在 *t* 中出現的次數。所有 *w* 的連續字元必須嚴格匹配 *t* 的連續字元。在文字 *t* 中，單字 *w* 的出現可能會重疊在一起。

輸入

輸入檔案的第一行提供一個整數，該整數是後面提供的測試案例的個數。每個測試案例的格式如下。

一行提供單字 *w* 和一個在字母表 {'A', 'B', 'C', …, 'Z'} 上的字串，其中 $1 \le |w| \le 10000$（|*w*| 表示字串 *w* 的長度）。

一行提供文字 *t* 和一個在字母表 {'A', 'B', 'C', …, 'Z'} 上的字串，其中 $|w| \le |t| \le 1000000$。

輸出

對於輸入檔案中的每個測試案例，在一行中輸出一個數字：單字 *w* 在文字 *t* 中出現的次數。

範例輸入	範例輸出
3 BAPC BAPC AZA AZAZAZA VERDI AVERDXIVYERDIAN	1 3 0

試題來源：BAPC 2006 Qualification
線上測試：POJ 3461

❖ 試題解析

由於是計算單字 w 在文字 t 中的出現次數，因此 w 是型樣，t 是目標。我們先應用 KMP 演算法計算出單字 w 的後置函式 next，然後使用 next 計算單字 w 在文字 t 中出現的頻率 cnt。計算方法如下。

設定 w 的匹配指標為 p，t 的匹配指標為 cur。初始時，$p=0$, cur=0。然後，逐個字元地掃描 t：

1. 若 t 和 w 的目前字元相同（$t[\text{cur}]==w[p]$），則 w 和 t 的指標各右移 1 個位置（++cur, ++p）。

2. 若 t 和 w 的目前字元不同（$t[\text{cur}]\neq w[p]$），則分析：

   ◆ 若未分析完 w 的所有字元（$p \geq 0$），則根據 next 陣列左移 w 的指標（$p =$ next[p]）。

   ◆ 若分析完 w 的所有字元（$p<0$），則 t 的下一字元與 w 的首字元匹配（++cur, $p=0$）。

3. 若匹配成功（$p==w$ 的長度），則單字 w 在 t 中的頻率 cnt++；根據 next 陣列左移 w 的指標（$p=$next[p]），繼續匹配 t 的下一個字元。

整個匹配過程進行至 cur $\geq t$ 的長度為止。此時得出的 cnt 即單字 w 在文字 t 中的出現次數。

❖ 參考程式

```
01    #include <cstdio>                              // 前置編譯命令
02    #include <cstring>
03    const int maxw = 10000 + 10;                   // 單字 w 的長度上限
04    const int maxt = 1000000 + 10;                 // 文字 t 的長度上限
05    int match(char w[], char s[], int next[])
06    {                                              // 統計 w[] 在 s[] 中出現的次數
07        int cnt = 0;                               // w[] 在 s[] 中的頻率初始化
08        int slen = strlen(s);                      // 計算 s 和 w 的字串長度
09        int wlen = strlen(w);
10        int p = 0, cur = 0;                        // w 和 s 的指標初始化
11        while (cur < slen) {                       // 若未掃描完 s 的所有字元
12            if (s[cur] == w[p]) {                  // 若 s 和 w 的目前字元相同，
13                                                   // 則 w 和 s 的指標右移 1 個位置
14                ++cur;
15                ++p;
16            } el se if (p >= 0) {                  // 若未分析完 w 的所有字元，
17                // 則根據 next 陣列左移 w 的指標；否則 s 的下一個字元與 w 的第 1 個字元匹配
18                p = next[p];
19            } else {
20                ++cur;
21                p = 0;
22            }
```

```
23          if ( p == wlen) {                          // 若匹配成功，則 w[] 在 s[] 中的頻率 +1；
24              // 根據 next 陣列左移 w[] 的指標，從 s[] 的下一個字元開始繼續匹配
25              ++cnt;
26              p = next[p];
27          }
28      }
29      return cnt;
30  }
31  int main(void)
32  {
33      int loop;
34      scanf("%d", &loop);                          // 輸入測試案例數
35      while (loop--) {
36          char w[maxw], t[maxt];
37          scanf("%s%s", w, t);                     // 輸入單字 w 和文字 t
38          int suffix[maxw];                        // 應用 KMP 演算法計算單字 w 的前置函式
39          suffix[0] = -1;
40          suffix[1] = 0;
41          int p = 0;
42          for (int cur = 2; cur <= strlen(w); cur++) {
43              while (p >= 0 && w[p] != w[cur - 1])
44                  p = suffix[p];
45              suffix[cur] = ++p;
46          }
47          printf("%d\n", match(w, t, suffix));     // 計算和輸出單字 w 在文字 t 中的出現次數
48      }
49      return 0;
50  }
```

4.2.3 ▶ 使用 Manacher 演算法求最長回文子字串

回文字串（palindromic string）是指這個字串無論從左讀還是從右讀，所讀的字元順序是一樣的。提供一個字串，要求計算出這一字串的最長回文子字串的長度。如果尋訪每一個字元，並以該字元為中心向兩邊搜尋，則其時間複雜度為 $O(n^2)$。

Manacher 演算法，又稱為「馬拉車」演算法，可以在時間複雜度為 $O(n)$ 的情況下求解一個字串的最長回文子字串的長度。

由於回文分為偶回文（例如「bccb」）和奇回文（例如「bcacb」），而在處理奇偶問題上比較煩瑣，例如，對於偶回文「bccb」，其對稱中心是在兩個「c」字元之間；對於奇回文「bcacb」，對稱中心就是「a」字元。對此，Manacher 演算法在字串首尾及各字元間各插入一個字元，而這個字元並未出現在字串裡。例如，字串 s 是「abbahopxpo」，用未出現在字串裡的「#」字元插入，得到新字串 s_new 是「$#a#b#b#a#h#o#p#x#p#o#」，其中，「$」為了防止越界。在字串 s 中，有一個偶回文「abba」和一個奇回文「opxpo」，它們分別被轉換為「#a#b#b#a#」和「#o#p#x#p#o#」，回文的長度都成了奇數。

對於提供新字串 s_new，定義一個輔助陣列 int $p[]$，其中 $p[i]$ 表示以第 i 個字元為中心的最長回文的半徑，如下所示：

i	0	1	2	3	4	5	6	7	8	9	10	11	12	13	14	15	16	17	18	19	20	21
s_new[i]	\$	#	a	#	b	#	b	#	a	#	h	#	o	#	p	#	x	#	p	#	o	#
$p[i]$		1	2	1	2	5	2	1	2	1	2	1	2	1	2	1	6	1	2	1	2	1

所以，$p[i]-1$ 是原字串中以該字元所在位置為中心的回文字串的長度。

對於陣列 p，設定兩個位置變數 mx 和 id，其中 mx 表示以 id 為中心的最長回文的右邊界，即 mx=id+p[id]，如圖 4.2-4 所示。

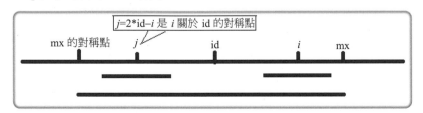

圖 4.2-4

對於 $p[i]$，如果 $i<$mx，設 j 是 i 關於 id 的對稱點，如圖 4.2-4 所示，則根據以下三種情況可以求出 $p[i]$ 的值：

1. 以 j 為中心的回文字串有一部分在以 id 為中心的回文字串之外。因為 mx 是以 id 為中心的最長回文的右邊界，所以以 i 為中心的回文字串不可能會有字元在以 id 為中心的回文字串之外；否則 mx 就不是以 id 為中心的最長回文的右邊界。所以，在這種情況下，$p[i]=$mx$-i$。

2. 以 j 為中心的回文字串全部在以 id 為中心的回文字串的內部，則 $p[i]=p[j]$，而且 $p[i]$ 不可能再增加。

3. 以 j 為中心的回文字串的左側正好與以 id 為中心的回文字串的左側重合。則 $p[i]=p[j]$ 或 $p[i]=$mx$-i$，並且 $p[i]$ 還有可能會繼續增加，即 while (s_new[$i-p[i]$]==s_new[$i+p[i]$]) $p[i]$++。

所以，if ($i<$mx) $p[i]=\min(p[2*\text{id}-i], \text{mx}-i)$；其中 2*id$-i$ 為 i 關於 id 的對稱點，即上面的 j 點，而 $p[j]$ 表示以 j 為中心的最長回文半徑，因此可以利用 $p[j]$ 來快速求解 $p[i]$。

4.2.3.1 Palindrome

Andy 是一個電腦專業的學生，他正在上演算法課，教授問學生一個簡單的問題：「你們能不能提出一個有效的演算法，來找出一個字串中最長回文的長度？」

如果一個字串向前讀和向後讀是相同的，則稱其為回文，例如「madam」是回文，而「acm」則不是回文。

同學們認識到這是一個經典的問題，但是他們無法找到一個比尋訪所有子字串並檢查它們是否是回文更好的解決方案，但顯然這樣的演算法根本沒有效率。過了一會兒，Andy 舉手說：「OK！我有一個更好的演算法。」在 Andy 開始解釋他的想法之前，停了一會兒，然後說：「好吧，我有一個更好的演算法！」

如果你認為你知道 Andy 的最終解決方案，就證明它。假設有一個最多 1000000 個字元的字串，請搜尋並輸出該字串中最長回文的長度。

輸入

你的程式將對最多達 30 個的測試案例進行測試，每個測試案例在一行中以最多 1000000 個小寫字元的字串形式提供。輸入以字串「END」開頭的一行結束（為了清楚起見，用引號）。

輸出

對於輸入中的每個測試案例，輸出測試案例編號和最長回文的長度。

範例輸入	範例輸出
abcbabcbabcba	Case 1: 13
abacacbaaaab	Case 2: 6
END	

試題來源：Seventh ACM Egyptian National Programming Contest
線上測試：POJ 3974

❖ **試題解析**

本題直接使用 Manacher 演算法求解。

設定原字串為 str，長度為 L，在原字串的基礎上產生輔助字串 str_new： str_new 是在 str 的頭尾及各字元間各插入一個字元「#」，str_new 的首字元為「@」，尾字元為「$」；以第 i 個字元為中心的最長回文的半徑為 $p[i]$，初始時為 0；以 id 為中心的最長回文的右邊界為 mx，即 mx=id+p[id]，初始時為 0；最長回文的半徑為 ans，初始時為 0。

計算 ans 的方法如下。

列舉輔助字串 str_new 的每一個字元位置 i（$1 \leq i \leq 2 \times L+1$），嘗試該位置作為中心位置：若 mx 在 i 的右側（mx>i），則 $p[i]$ 調整為 min(mx−i, p[id×2−i])；否則調整為 1。以 i 位置為中心計算最長回文的半徑 $p[i]$（for(; str_new[i−$p[i]$]==str_new[i+$p[i]$]; $p[i]$++)）；若其右邊界（$p[i]$+i）大於 mx，則中心 id 調整為 i，重新計算右邊界 mx（mx=$p[i]$+i, id=i;）；ans 調整為 max(ans, $p[i]$)。

列舉完 str_new 的每一個字元位置後，ans−1 即最長回文的半徑。

❖ **參考程式**

```
01   #include<iostream>
02   #define M 1000010
03   using namespace std;
04   char str[M],str_new[2*M];       // 原字串和輔助字串
05   int  p[2*M],len;                //p[i] 表示以第 i 個字元為中心的最長回文的半徑，
06                                   // 字串長度為 len
07   void init()                     // 建構輔助字串
08   {
09       len=strlen(str);           // 計算字串長度
10       str_new[0]='@';            // 輔助字串的首字元
11       str_new[1]='#';            // 輔助字串的間隔字元
12       for(int i=0; i<len; i++)   // 逐個字元地建構輔助字串
13       {
14           str_new[i*2+2]=str[i];
15           str_new[i*2+3]='#';
16       }
```

```
17        str_new[len*2+2]='$';          // 輔助字串的尾字元
18  }
19  void Manacher()                        // 計算和輸出最長回文的半徑
20  {
21      memset(p,0,sizeof(p));            // p[i] 表示以第 i 個字元為中心的最長回文的半徑，
22                                         // 所有最長回文的半徑初始化為 0
23      int mx=0,di,ans=0;                // 以 id 為中心的最長回文的右邊界為 mx，即 mx=id+p[id]，
24                                         // mx 和最長回文的長度 ans 初始化為 0
25      for(int i=1; i<len*2+2; i++)     // 列舉每一個可能的中心字元
26      {
27          if(mx>i)                       // 根據 i 位置在 mx 位置的左側還是右側，調整
28                                         // 最長回文半徑的初始值
29              p[i]=min(mx-i,p[di*2-i]);
30          else
31              p[i]=1;
32          for(; str_new[i-p[i]]==str_new[i+p[i]]; p[i]++); // 以 i 位置為中心計算
33              // 最長回文半徑 p[i]
34          if(p[i]+i>mx)                  // 若以 i 為中心的右邊界大於 mx，則中心 id 調整為 i，重新
35                                         // 計算右邊界 mx
36              mx=p[i]+i,di=i;
37          ans=max(ans,p[i]);            // 調整最長回文的半徑
38      }
39      printf("%d\n",--ans);             // 輸出最長回文的半徑
40  }
41  int main()
42  {
43      int t=1;                           // 初始化測試案例編號
44      while(~scanf("%s",str))           // 反覆輸入字串，直至輸入 "END" 為止
45      {
46          if(!strcmp(str,"END")) break;
47          printf("Case %d: ",t++);      // 輸出測試案例編號
48          init();                        // 建構輔助字串
49          Manacher();                    // 計算和輸出最長回文的半徑
50      }
51  }
```

4.2.3.2　Best Reward

經過一場艱苦的戰鬥，李將軍取得了巨大的勝利。現在，國家元首決定用榮譽和財寶來獎勵他所做的偉大貢獻。

獎勵李將軍的一件財寶是一條由 26 種不同的寶石組成的項鍊，項鍊的長度為 n，也就是 n 顆寶石串在一起構成了這條項鍊，而每顆寶石都屬於 26 種寶石中的一種。

按照傳統的觀點，項鍊是有價值的若且唯若項鍊是回文——項鍊在任何方向上看起來都一樣。然而，這個項鍊可能一開始還不是回文。所以國家元首決定把項鍊切成兩半，然後把它們都交給李將軍。

同一種類的所有寶石的價值是相同的（因為寶石的品質，寶石的價值可能是正的，也可能是負的；有些種類的寶石很漂亮，而有些寶石則看起來像普通的石頭）。回文項鍊的價值等於寶石的價值之和，而不是回文的項鍊的價值為零。

現在的問題是，如何切割提供的項鍊使兩個項鍊的價值之和最大，並輸出這個值。

輸入

輸入的第一行是一個整數 T（$1 \leq T \leq 10$），表示測試案例的數量。然後提供這些測試用例的描述。

對於每個測試案例，第一行是 26 個整數 $v_1, v_2, \cdots, v_{26}$（$-100 \leq v_i \leq 100$，$1 \leq i \leq 26$），表示每種寶石的價值。

每個測試案例的第二行是由字元「a」～「z」組成的字串，表示項鍊，不同的字元表示不同的寶石，「a」的價值是 v_1，「b」的價值是 v_2，……，以此類推。字串的長度不超過 500000。

輸出

輸出一個整數，它是李將軍可以從這串項鍊中獲得的最大值。

範例輸入	範例輸出
2 1 1 1 1 1 1 1 1 1 1 1 1 1 1 1 1 1 1 1 1 1 1 1 1 1 1 aba 1 1 1 1 1 1 1 1 1 1 1 1 1 1 1 1 1 1 1 1 1 1 1 1 1 1 acacac	1 6

試題來源：2010 ACM-ICPC Multi-University Training Contest（18）——Host by TJU
線上測試：HDOJ 3613

❖ 試題解析

本題題意：對於字母表中的 26 個字母，每個字母都有一個價值。提供一個由字母組成的字串，將該字串切成兩份，對於每一份，如果是回文字串，就計算該子字串的所有字元的價值之和，否則該子字串的價值為 0。請求出將字串切成兩份後能夠獲得的最大價值。

本題求解步驟如下：首先，用 Manacher 演算法求出以每個字元為中心的回文字串的長度；然後，列舉切割點，得到兩個子字串，由此確定每個子字串的中心點；檢查以該子字串的中心點作為中心點的回文字串的長度，如果回文字串的長度等於該子字串的長度，則該子字串的所有字元的價值之和加入兩個項鍊的價值之和；並對所有的兩個項鍊的價值之和取最大值。

計算方法如下。

首先，設定原字串 s，長度為 L，在原字串的基礎上產生輔助字串 s_new：然後用 Manacher 演算法求出以每個字元為中心的回文字串半徑序列 $p[]$，並計算原字串 s 中以每個字元為結尾的前置價值和序列 sum[]。

然後列舉原字串中每個可能的切割點 i（$0 \leq i \leq L-1$），得到兩個子字串 $s_{0 \cdots i}$ 和 $s_{i+1 \cdots L-1}$：

1. 對於左子字串 $s_{0 \cdots i}$，在輔助字串中的中心點為第 $i+2$ 個字元，若 $p[i+2]==i+2$，則左子字串為回文字串，其價值和為 sum$[i]$。

2. 對於右子字串 $s_{i+1 \cdots L-1}$，在輔助字串中的中心點為第 $i+L+2$ 個字元，若 $p[i+L+2]==L-i$，則右子字串為回文字串，其價值和為 sum$[L-1]$−sum$[i]$。

這樣，我們就可以計算出切割點為 i 時的價值和了，然後和目前最佳價值 Mx 比較，調整 Mx=max{Mx, 切割點為 i 時的價值和 }。顯然，列舉完所有可能的分割點後，得出的最佳價值 Mx 便是問題的解。

❖ **參考程式**（略。本題參考程式的 PDF 檔案和本題的英文原版均可從碁峰網站下載）

4.3　在陣列中快速搜尋指定元素

在 1.4 節中提供了一種快速搜尋指定元素的二分法，但使用二分法需預先對序列中的資料進行排序，並按下述方法遞迴搜尋：由序列的中間元素劃分出左右子序列。每次待搜尋元素與中間元素比較大小，確定該元素是否為中間元素或者可能屬於哪個子序列內的元素。這個過程一直進行到找到待搜尋元素位置或子區間不存在為止，二元搜尋可使得計算效率提高到 $O(\log(n))$。

但是，若序列中的資料重複出現，並且要避免預先排序的額外負擔，要求按照出現次數提供被查資料的位置，怎麼辦？

使用 vector 類別的動態陣列不需要進行排序和遞迴，較為簡便。下面，我們就透過一個實例來詳述這種方法。

4.3.1 ▶ Easy Problem from Rujia Liu?

已知有個陣列，請找到一個整數 v 的第 k 次出現（從左至右）。為了使問題更加困難、更加有趣，請回答 m 個這樣的查詢。

輸入

輸入提供若干測試案例。每個測試案例的第一行提供兩個整數 n、m $(1 \le n，m \le 100000)$，表示陣列中元素的個數和查詢的數目。下一行提供不大於 1000000 的 n 個正整數。接下來的 m 行每行提供兩個整數 k 和 v $(1 \le k \le n，1 \le v \le 1000000)$。輸入以 EOF 結束。

輸出

對於每個查詢，輸出出現的位置（陣列起始位置為 1）。如果沒有這樣的元素，則輸出 '0'。

範例輸入	範例輸出
8 4	2
1 3 2 2 4 3 2 1	0
1 3	7
2 4	0
3 2	
4 2	

試題來源： Rujia Liu's Present 3: A data structure contest celebrating the 100th anniversary of Tsinghua University

線上測試： UVA 11991

❖ 試題解析

本題要求按照出現次數搜尋指定元素值的索引位置。最為簡便的計算方法是，使用 vector 類別的動態陣列儲存每個整數值的索引位置。

設定動態陣列 $v[]$，其中 $v[x]$ 按照輸入順序依次儲存整數 x 的索引位置，即 $v[x][k-1]$ 儲存第 k 次出現 x 的索引位置，$v[x].size()$ 是原陣列中 x 的最多出現次數。

在輸入陣列的同時建構動態陣列 $v[]$：若輸入陣列的第 i 個元素 x，則透過 $v[x].push\_back(i)$ 將其索引序號 i 送入容器 $v[x]$（$1 \leq i \leq n$）；$v[]$ 以原陣列的元素值作為索引，陣列元素為一個「容器」，依次存放該整數值的索引。

顯然，每次查詢可直接在這個記錄表中找到結果，無須依序搜尋或二元搜尋，時間複雜度為 $O(1)$。若第 j 個查詢是第 k 次出現 x 的索引位置（$1 \leq j \leq m$），則分析：若 $v[x].size() < k$，則說明 x 的出現次數不足 k 次，輸出 0；否則輸出陣列中第 k 次出現 x 的索引位置 $v[x][k-1]$。

❖ 參考程式

```
01   #include<iostream>
02   #include<vector>
03   using namespace std;
04   const int MAXX=1000050;
05   vector<int> v[MAXX];
06   int main()
07   {
08       int n,m;
09       while (scanf("%d%d",&n,&m)==2)              // 反覆輸入元素數量和查詢數
10       {
11           for (int i=1;i<MAXX;i++) v[i].clear(); // 動態陣列初始化為空
12           for (int i=1;i<=n;i++)                  // 輸入原陣列，建構動態陣列
13           {
14               int x;
15               scanf("%d",&x);                     // 輸入第 i 個元素值 x
16               v[x].push_back(i);                  // 將 x 的索引序號 i 送入容器 v[x]
17           }
18           for (int i=1;i<=m;i++)                  // 依次處理每個查詢
19           {
20               int k,x;
21               scanf("%d%d",&k,&x);                // 第 i 個查詢是第 k 次出現 x 的索引位置
22               int ans=0;                          // 索引位置初始化為 0
23               if (v[x].size()<k) ans=0;           // 若 x 的出現次數不足 k 次，則輸出 0
24                   else ans=v[x][k-1];             // 否則記下第 k 次出現 x 的索引位置
25               printf("%d\n",ans);                 // 輸出第 k 次出現 x 的索引位置
26           }
27       }
28       return 0;
29   }
```

4.4　透過陣列分塊技術最佳化演算法

如果直接在大容量的陣列中進行增刪元素的操作，或者計算指定子區間的極值，則效率不理想，因為增刪元素需要花時間維護陣列「有序性」的結構特徵。例如，刪除第 1 個元素，後面 $n-1$ 個元素需要依次往前移動一個位置；再例如，將新元素插入第 1 個位置，n 個元素需要依次往後移動一個位置，空出首位置，以便插入新元素；而計算子區間極值的效率取決於子區間的規模，子區間範圍越大，順序搜尋的效率越低。

為了最佳化演算法，我們提出了一種陣列分塊技術。

將長度為 n 的陣列等分成若干塊，以塊為單位進行塊間檢索。由於陣列隨插入操作而增大，因此塊的容量 L 取決於原陣列長度 n 和插入操作的次數 p，n 和 p 越大，則 L 越大。一般來講，陣列可分成 $m=\lfloor\sqrt{n+p}\rfloor$ 塊，每塊長度 $L=m+1$。

我們可在輸入陣列的同時直接建構塊陣列，索引 x 的陣列元素位於第 $\left\lfloor\dfrac{x}{L}\right\rfloor$ 塊的第（$x\%L$）個位置。如果要求區間的極值，則需要同時計算每塊的極值，建構塊陣列的時間複雜度為 $O(n)$。

每次插入或刪除一個元素，先找到對應的塊，再用 $O(1)$ 時間在該塊中進行插入或刪除操作。每塊採用動態陣列，實際塊長可隨增刪操作而變化。

如果求索引區間 $[x, y]$ 的極值，則先直接計算索引 x 和 y 所在的塊（$O(1)$）：

◆ 若 $[x, y]$ 同屬一塊，則需要逐一比較計算 $[x, y]$ 的極值（如圖 4.4-1a 所示）。

◆ 若索引 x 和索引 y 分屬不同的塊，則需要逐一比較以 x 為左側的塊內元素，計算首塊內屬於區間元素的極值；逐一比較以 y 為右側的塊內元素，計算尾塊內屬於區間元素的極值；至於中間跨越的塊，直接取出這些塊的極值即可。最後直接比較這些塊的極值，即可得出索引區間 $[x, y]$ 的極值。顯然，時間複雜度為 $O(L)$（如圖 4.4-1b 所示）。

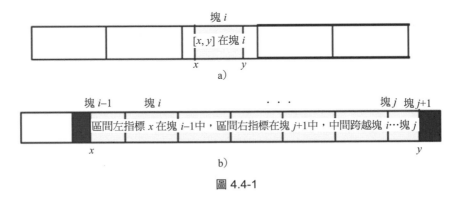

圖 4.4-1

下面，我們透過一個實例看看怎樣使用陣列分塊技術實作序列的查詢和元素插入。

4.4.1 ▶ Big String

已知有個字串，請完成一些字串的操作。

輸入

輸入的第一行提供初始字串。本題設定這個字串是非空的，它的長度不超過 1000000。

輸入的第二行提供操作指令的數目 N（$0<N\leq2000$）。接下來的 N 行每行提供一條指令。兩種指令的格式如下。

◆ I ch p：將一個字元 ch 插在目前字串中第 p 個字元之前。如果 p 大於字串的長度，則將字元添加在字串的末端。

◆ Q p：查詢目前字串的第 p 個字元。輸入保證第 p 個字元存在。

輸入中的所有字元都是數字或英文字母表中的小寫字母。

輸出
對每條 Q 指令輸出一行，提供被查詢的字元。

範例輸入	範例輸出
ab	a
7	d
Q 1	e
I c 2	
I d 4	
I e 2	
Q 5	
I f 1	
Q 3	

試題來源：POJ Monthly--2006.07.30, zhucheng
線上測試：POJ 2887

❖ **試題解析**

如果直接在初始字串上進行操作，則極有可能失敗。雖然使用直接定址方式查詢的時間複雜度為 $O(1)$，但插入操作頗為費時。插入位置越靠前，需要往後移動一個位置的元素越多，花費的時間越長，超時的風險越大。

由於運算元比較少，為了提高計算效率，可採用分塊法解題。設定初始字串為 str[]，其長度為 L，指令數為 n。將初始字串等分成 $m=\lfloor\sqrt{L+n}\rfloor$ 塊，每塊長度 $l=m+1$。第 K 塊子字串儲存在 block[K] 中 ($1\leq K\leq m$)，可透過陳述式 for(int i=0; str[i];++i) block[i/l].push_back(str[i]) 直接將 str[] 中的每個字元依次放入對應的區塊中。

這樣，每次插入前先找到對應的區塊，再用 $O(1)$ 時間在該區塊中進行插入操作。查詢同樣需要先找到對應的區塊。區塊內的子字串用動態陣列實作，可以花 $O(1)$ 的時間找到目標元素。如果用 STL 的鏈結串列來做，結果會超時。

計算效率估算如下：在最壞的情況下，一個區塊最多有 2000 個字母，最多有 1000 個區塊，當然操作不會超時。但是陣列要足夠大。

另外，為了快速找到目前字串第 pos 個位置所在的字串，另闢了一個區塊的前置長度陣列 sum[]，其中 sum[i] 為前 i 塊的總長度（$1\leq i\leq$ Maxn）。sum[] 可以直接採用遞迴法計算（for(int i=1; i<=Maxn;++i) sum[i]=sum[$i-1$]+block[i].size）。

由於 sum[] 是遞增的，因此可以使用二元搜尋的程式庫函式 lower_bound()，在 sum[1]…sum[Max] 中直接找出第 pos 個位置所在的區塊序號 p（p=lower_bound(sum+1, sum+1+Maxn, pos) − (sum))。顯然，目前字串第 pos 個字母對應 p 塊中第 pos−sum[p−1] 個字母。

❖ 參考程式

```
01  #include <iostream>
02  #include <algorithm>
03  #include <cmath>
04  #define ll long long
05  using namespace std;
06  int Maxn, N ;                            // 指令數
07  int sum[1005];                          // 前 i 塊的總長度為 sum[i]
08  struct BlockList                        // 塊的結構定義
09  {
10      int size;                           // 塊長
11      char dat[2005];                     // 塊內字串 dat[]
12      int at(int pos)                     // 傳回 dat[] 中第 pos 個字元
13      {
14          return dat[pos];
15      }
16      void insert(int pos,char c)         // 將字元 c 插入塊內字串 dat[] 中的第 pos 個位置
17      {
18          for(int i=++size; i>pos; --i) dat[i]=dat[i-1];   // 將 dat[] 中第 pos 個位置
19                                                           // 開始的後置右移一個位置
20          dat[pos]=c;                     // 將 c 插入 dat[] 中第 pos 個位置
21      }
22      void push_back(char c)              // 將字元 c 插入 dat[] 的字串尾
23      {
24          dat[++size]=c;
25      }
26  };
27  BlockList block[1005];                  // 定義塊陣列 block[]
28  char query(int s,int p)                 // 傳回 s 塊中第 p 個字元
29  {
30      return block[s].at(p);
31  }
32  void insert(int s,int p,char c)         // 將字元 c 插入 s 塊的第 p 個位置前
33  {
34      p=min(p,block[s].size+1);           // 計算插入位置 p（不大於 s 塊的字串長 +1）
35      block[s].insert(p,c);               // 插入字元 c
36  }
37  void maintain()                         // 遞迴塊的前置長度陣列 sum[]
38  {
39      for(int i=1;i<=Maxn;++i) sum[i]=sum[i-1]+block[i].size;// 計算前 i 塊的總長度 sum[i]
40                                                            //（1≤i≤Maxn）
41  }
42  void MyInsert(int pos,char c)           // 將字元 c 插入目前字串的 pos 位置前
43  {
44      int p=lower_bound(sum+1,sum+1+Maxn,pos)-(sum);       // 計算 pos 位置所在的塊序號 p
45      insert(p,pos-sum[p-1],c);           // 將字母 c 插入 p 塊的第 pos-sum[p-1] 位置前
46      maintain();                         // 調整前置長度陣列 sum[]
47  }
48  int MyQuery(int pos)                    // 傳回目前字串中第 pos 個字母
49  {
50      int p=lower_bound(sum+1,sum+1+Maxn,pos)-(sum);       // 使用二元搜尋法計算 pos 在
51                                          // sum[1]…sum[Maxn] 中的塊序號 p
```

```
52      return query(p,pos-sum[p-1]);        // 傳回 p 塊中位置為 pos-sum[p-1] 的字母
53  }
54  char str[1000005];                       // 初始字串
55  void init()                              // 建構塊陣列 block[]
56  {
57      int len=strlen(str)+N;               // 計算塊數 Maxn=⌊√串長 +指令數 ⌋
58      Maxn=sqrt(len*1.0)+1;
59      for(int i=0; str[i]; ++i)            // 依次將初始字串的每個字母送入塊中
60          block[i/Maxn+1].push_back(str[i]);
61      maintain();
62  }
63  int main()
64  {
65      gets(str);                           // 輸入初始字串
66      int pos;
67      char p[3],s[3];                      // 操作指令 p[]，插入字元 s[]
68      scanf("%d",&N);
69      init();                              // 建構塊陣列 block[]
70      while(N--)                           // 依次處理每條操作指令
71      {
72          scanf("%s",p);                   // 輸入目前操作指令 p
73          if(p[0]=='I')                    // 若插入操作
74          {
75              scanf("%s%d",s,&pos);        // 輸入插入字元 s 和插入位置 pos
76              MyInsert(pos,s[0]);          // 將字元 s[0] 插入目前字串的 pos 位置前
77          }
78          else                             // 目前指令為查詢
79          {
80              scanf("%d",&pos);            // 輸入查詢位置 pos
81              printf("%c\n",MyQuery(pos)); // 輸出目前字串中第 pos 個字母
82          }
83      }
84      return 0;
85  }
```

4.5　相關題庫

4.5.1 ▶ 時間日期格式轉換

世界各地有多種格式來表示日期和時間。對於日期的表示，在台灣常採用的西元年格式是「年年年年 / 月月 / 日日」或寫為英語縮略表示格式「yyyy/mm/dd」，此次程式編寫大賽的啟動日期「2009/11/07」就符合這種格式，而美國所用的日期格式則為「月月 / 日日 / 年年年年」或「mm/dd/yyyy」，如將「2009/11/07」改成這種格式，對應的則是「11/07/2009」。對於時間的格式，則常有 12 小時制和 24 小時制兩種表示方法，24 小時制用 0～24 來表示一天中的 24 小時，而 12 小時制用 1～12 表示小時，用 am/pm 來表示上午或下午，比如「17:30:00」是採用 24 小時制來表示時間，而對應的 12 小時制的表示方法是「05:30:00pm」。注意 12:00:00pm 表示中午 12 點，而 12:00:00am 表示晚上 12 點。

對於採用「yyyy/mm/dd」加 24 小時制（用短橫線「–」連接）來表示日期和時間的字串，請編寫程式將其轉換成「mm/dd/yyyy」加 12 小時制格式的字串。

輸入

第一行為一個整數 T（$T \leq 10$），代表總共需要轉換的時間日期字串的數目。接下來總共 T 行，每行都是一個需要轉換的時間日期字串。

輸出

分行輸出轉換之後的結果。

範例輸入	範例輸出
2 2009/11/07-12:12:12 1970/01/01-00:01:01	11/07/2009-12:12:12pm 01/01/1970-12:01:01am

試題來源：2010"頂嵌杯"全國嵌入式系統 C 語言編寫程式大賽初賽

線上測試：POJ 3751

提示

時間日期的轉換有兩個關鍵點：

1. 將小時 hour 由 24 小時制轉換為 12 小時制：若 hour==0，則轉換為 hour=12；否則 hour=（hour>12 ? hour−12 : hour）。

2. 根據 24 小時制的 hour 資訊，在時間後加上下午資訊，即輸出 hour>=12 ? "pm" : "am"。

4.5.2 ▶ Moscow Time

在 E-mail 中使用下述的日期和時間設定格式：EDATE::=Day_of_week, Day_of_month Month Year Time Time_zone。

其中 EDATE 是日期和時間格式的名稱，「::=」定義如何提供日期和時間的格式。EDATE 相關項目的描述如下。

Day-of-week 表示星期幾，可能的值為：MON、TUE、WED、THU、FRI、SAT 和 SUN。後面提供逗號字元「,」。

Day-of-month 表示該月的哪一天，用兩個十進位數字表示。

Month 表示月份的名稱，可能取的值為：JAN、FEB、MAR、APR、MAY、JUN、JUL、AUG、SEP、OCT、NOV 和 DEC。

Year 用兩個或四個十進位數字表示。如果年份用兩個十進位數字，則設定是 ×× 世紀的年份。例如，74 和 1974 表示 1974 年。

Time：當地時間的格式是 hours:minutes:seconds，其中 hours、minutes 和 seconds 由兩個十進位數字表示。時間的範圍從 00:00:00 到 23:59:59。

Time_zone：當地時間的開始從 Greenwich 時間計算。用「+」或「−」後面 4 位數。前兩位表示小時，後兩位表示分鐘。時間的絕對值不超過 24 小時。時區用下述名字之一表示。

時區名	該時區對應 Greenwich 時間要增加或減少的數值
UT	−0000
GMT	−0000
EDT	−0400
CDT	−0500
MDT	−0600
PDT	−0700

EDATE 兩個相鄰的項目用一個空格分開。星期幾、月份和時區用大寫提供。例如，St.Petersburg 的比賽日期的 10am 表示為：

TUE, 03 DEC 96 10:00:00 +0300

請編寫一個程式，將 EDATE 格式提供的日期和時間轉換為 Moscow 時區的相關的日期和時間。本題不考慮所謂的「夏季時間」。程式輸入的 Day-of-week 和 Time_zone 是正確的。

請注意：

1. Moscow 時間比 Greenwich 時間差 3 小時（Greenwich 時區 +0300）。

2. January、March、May、July、August、October 和 December 有 31 天；April、June、September 和 November 有 30 天；February 一般有 28 天，在閏年時則是 29 天。

3. 如果是閏年，則要滿足條件：數字能被 4 整除，但不能被 100 整除；數字能被 400 整除。例如 1996 和 2000 是閏年，而 1900 和 1997 則不是閏年。

輸入
輸入在一行中提供以 EDATE 格式提供的日期和時間。輸入資料中最小的年份是 0001，最大是 9998。在輸入的 EDATE 字串開始和結束不包含空格。

輸出
輸出一行以 EDATE 格式表示的 Moscow 時區的時間。在輸出的 EDATE 字串中 Year 用兩種可允許的方式之一表示。輸出字串開始和結束不能有空格。

範例輸入	範例輸出
SUN, 03 DEC 1996 09:10:35 GMT	SUN, 03 DEC 1996 12:10:35 +0300

試題來源： ACM Northeastern Europe 1996

線上測試： POJ 1446，ZOJ 1323，UVA 505

提示
首先，將以 EDATE 格式輸入的日期和時間轉換成相關的數字資訊。

設定 week 為週幾的變數，week==0 對應「SUN」，week==1 對應「MON」，……，week==6 對應「SAT」；year 為年份變數，若輸入的年份資訊為兩位，則應加上 1900，使之變成四位整數；month 為月份變數，month==1 對應「JAN」，……，month==12 對應「DEC」；day 為月內幾號的變數；hour、minute、second 為時、分、秒。hour 和 minute 根據所在時區調整，second 無變化；zt 為時區變數。zt=0 對應 'UT'，……，zt=5 對應 'PDT'。對應於 Greenwich 時間，第 zt 個時區小時的調整量為 $d[zt]$。按照題意，$d[0]=3$，$d[1]=3$，$d[2]=7$，$d[3]=8$，$d[4]=9$，$d[5]=10$。若輸入的時間屬於時區 zt，則調整小時

hour+=d[zt]；否則屬於 Greenwich 時間，需要輸入正負號 c 計算小時的調整量 dh 和分鐘的調整量 dm。若 c 的符號為負，則 hour-=dh，minute+=dm；若 c 的符號為正，則 hour+=dh，minute-=dm。

接下來，按照 60 分鐘小時制和每日 24 小時制的要求規劃整理時間和日期。整理分鐘（minute）時，可能會影響小時（hour）；而整理時間可能會影響日期（day、month、week 和 year）。牽一髮而動全身，因此必須審慎處理：

1. 處理分鐘越界的情況：若 minute<0，則 minute+=60，－－hour；若 minute ≥ 60，則 minute-=60，++hour。

2. 處理小時越界的情況：若 hour<0，則 hour+=24，week=(week-1+7)%7，－－day。若 day≤0，則 －－month。若 month-1 後小於 1，則 month=12，－－year。day=day+year 年 month 的天數；若 hour ≥ 24，則 hour-=24，week=(week+1)%7，++day。若 day+1 後大於 year 年 month 的天數，則 day=1，++month。若 month+1 後大於 12，則 month=1，++year。

此時，得出了以 EDATE 格式表示的 Moscow 時區的時間為：

week 對應的星期串，day、month 對應的月份串，year, hour, minute, second。

4.5.3 ▶ Double Time

在西元前 45 年，Julius Caesar 採用了標準的日曆：每年有 365 天，每 4 年有額外的一天，即 2 月 29 日。然而，這是不太準確的日曆，並不能反映真正的陽曆，而且季節也在逐年恆定地變化。在 1582 年，Pope Gregory XIII 規範了反映這一變化的新型的日曆。從此，世紀年如果能被 400 整除，這一世紀年才是閏年。因此，1582 年進行了調整，使得日曆與季節符合。這種新的日曆，以及對原來日曆進行校正的要求，立即被某些國家所採用，那天的第二天是 1582 年 10 月 4 日星期四，被改為 1582 年 10 月 15 日星期五。英國和美國等國家一直到 1752 年才改了過來，把 9 月 2 日星期三改為 9 月 14 日星期四。（俄羅斯一直到 1918 年才改變，而希臘一直到 1923 年才改變。）因此在很長的一段時間內，歷史以兩個不同的時間來記錄。

請編寫一個程式，輸入日期，先確定是哪一種日期類型，然後將其轉換為另一種類型的日期。

輸入
輸入由若干行組成，每行提供一天的日期（例如 Friday 25 December 1992），日期的範圍從 1600 年 1 月 1 日到 2099 年 12 月 31 日，被轉換的日期可以超出這個範圍。注意所有日期和月份的名字如範例所示，即第一個字母大寫，其餘字母小寫。輸入以一行提供一個字元「#」為結束。

輸出
輸出由若干行組成，每行與輸入的一行對應。每行提供另一種類型的日期，其格式和間距如範例所示。注意在每兩個資料之間輸出一個空格。為了在類型之間有所區分，舊的類型日期在月份的日期之後要有一個星號 (*)，該星號與月份日期之間沒有空格。

範例輸入	範例輸出
Saturday 29 August 1992 Saturday 16 August 1992 Wednesday 19 December 1991 Monday 1 January 1900 #	Saturday 16* August 1992 Saturday 29 August 1992 Wednesday 1 January 1992 Monday 20* December 1899

試題來源： New Zealand Contest 1992

線上測試： UVA 150

提示

我們將 Julius Caesar 日曆簡稱為老日曆，Pope Gregory XIII 日曆簡稱為新日曆。設定輸入的日期為 week（週幾）、day（天）、month（月）、year（年）。按照題意，老日曆中的 year 年能被 4 整除，則 year 年為閏年；新日曆中的 year 年能被 4 整除但不能被 100 整除或者能被 400 整除，則 year 年為閏年。

按老日曆計算 [西元 0000 年 1 月 1 日 ..year 年 month 月 day−1 日] 的總天數為

$$d1 = ((year-1) \times 365 + \frac{year-1}{4} + \sum_{i=1}^{month-1}(i) - 2) + day - 1$$

按新日曆計算 [西元 0000 年 1 月 1 日 ..year 年 month 月 day−1 日] 的總天數為

$$d2 = ((year-1) \times 365 + \frac{year-1}{4} - \frac{year-1}{100} + \frac{year-1}{400} + \sum_{i=1}^{month-1}(i)) + day - 1$$

1. 若 (1+d1)%7==week，則說明目前日曆為老日曆，應輸出新日曆的日期。計算方法如下：

   ◆ 按照新增的閏年數調整 $day = day + \frac{year-1}{100} - \frac{year-1}{400} - 2$

   ◆ 整理日期：若 day 大於按老日曆規定的 year 年 month 月的天數，則應減去該月天數，月份 month+1。若月份 month 大於 12，則調整為 month=1，年份 year+1。

2. 若 (1+d1)%7≠week，則說明目前日曆為新日曆，應輸出老日曆的日期。計算方法如下：

   ◆ 按照減少的閏年數調整 $day = day - \frac{year-1}{100} + \frac{year-1}{400} + 2$

   ◆ 整理日期：若 day 小於 1，則月份 month−1。若月份 month 小於 1，則調整 month=12，年份 year−1。然後計算老日曆下 year 年 month 月的天數 d，day=day+d。

4.5.4 ▶ Maya Calendar

M. A.Ya 教授對古老的瑪雅有了一個重大發現。從一個古老的繩結（瑪雅人用於記事的工具）中，教授發現瑪雅人使用一個一年有 365 天的 Haab 曆法。Haab 曆法每年有 19 個月，在開始的 18 個月，一個月有 20 天，月份的名字分別是 pop、no、zip、zotz、tzec、xul、yoxkin、mol、chen、yax、zac、ceh、mac、kankin、muan、pax、koyab 和 cumhu。這些月份中的日期用 0～19 表示。Haab 曆的最後一個月是 uayet，它只有 5 天，用 0～4 表示。瑪雅人認為這個日期最少的月份是不吉利的，在這個月法庭不開庭，人們不從事交易，甚至沒有人打掃房屋中的地板。

瑪雅人還使用了另一個曆法，在這個曆法中年被稱為 Tzolkin（holly 年），一年被分成 13 個不同的時期，每個時期有 20 天，每一天用一個數字和一個單字相組合的形式來表示。使用的數字是 1～13，使用的單字共有 20 個，它們分別是 imix、ik、akbal、kan、chicchan、cimi、manik、lamat、muluk、ok、chuen、eb、ben、ix、mem、cib、caban、eznab、canac 和 ahau。注意，年中的每一天都有著明確且唯一的描述。比如，在一年的開始，可如下描述日期： 1 imix, 2 ik, 3 akbal, 4 kan, 5 chicchan, 6 cimi, 7 manik, 8 lamat, 9 muluk, 10 ok, 11 chuen, 12 eb, 13 ben, 1 ix, 2 mem, 3 cib, 4 caban, 5 eznab, 6 canac, 7 ahau, 8 imix, 9 ik, 10 akbal ……也就是說數字和單字各自獨立循環使用。

Haab 曆和 Tzolkin 曆中的年都用數字 0，1，…表示，數字 0 表示世界的開始。所以第一天被表示成：

> Haab: 0. pop 0
> Tzolkin: 1 imix 0

請幫助 M. A.Ya 教授寫一個程式把 Haab 曆轉化成 Tzolkin 曆。

輸入

Haab 曆中的資料由如下方式表示：

$$日期 . 月份 \quad 年數$$

輸入中的第一行表示要轉化的 Haab 曆日期的資料量。下面的每一行表示一個日期，年數小於 5000。

輸出

Tzolkin 曆中的資料由如下方式表示：

$$天數字 \quad 天名稱 \quad 年數$$

第一行表示輸出的日期數量。下面的每一行表示一個輸入資料中對應的 Tzolkin 曆中的日期。

範例輸入	範例輸出
3	3
10. zac 0	3 chuen 0
0. pop 0	1 imix 0
10. zac 1995	9 cimi 2801

試題來源：ACM Central Europe 1995

線上測試：POJ 1008，UVA 300

提示

設 Haab 曆的日期為 year 年 month 月 date 天，則這一日期從世界開始計起的天數 day＝365×year＋(month−1)×20＋date＋1。

對於第 day 天來說，Tzolkin 曆的日期為 year 年的第 num 個時期內的第 word 天。由於 Tzolkin 曆每年有 260 天（13 個時期，每時期 20 天），因此若 day%260＝0，則表示該天是 Tzolkin 曆中某年最後一天，即 year＝day/260−1；num＝13，word＝20 天；若 day%260≠0，則 year＝day/260；num＝(day%13＝＝0 ? 13 : day%13)，word＝(day−1)%20＋1。

4.5.5 ▶ Time Zones

直到 19 世紀，時間校準還是一個純粹的地方現象。當太陽升到最高點的時候，每一個村莊把時鐘調到中午 12 點。一個鐘錶製造商人家的時間或者村裡主要的時間被認為是官方時間，市民們把自家的鐘錶對準這個時間。每週一些熱心的市民會帶著時間標準的錶，遊走在大街小巷為其他市民對錶。在城市之間旅遊的話，在到達新地方的時候需要把懷錶校準。但是，當鐵路投入使用之後，越來越多的人頻繁地長距離地往來，時間變得越來越重要。在鐵路營運的早期，時刻表非常讓人迷惑，每一個所謂的停靠時間都基於停靠地點的當地時間。時間的標準化對於鐵路的高效率營運變得非常重要。

在 1878 年，加拿大人 Sir Sanford Fleming 提議使用一個全球的時區（這個建議被採納，並衍生了今天使用的全球時區的概念），他建議把世界分成 24 個時區，每一個跨越 15° 經線（因為地球的經度為 360°，被劃分成 24 塊後，一塊為 15°）。Sir Sanford Fleming 的方法解決了全球性時間混亂的問題。

美國鐵路公司於 1883 年 11 月 18 日使用了 Fleming 提議的時間方式。1884 年一個國際子午線會議在華盛頓召開，其目的是選擇一個合適的本初子午線。大會最終選定了格林威治為標準的 0°。儘管時區被確定了下來，但是各個國家並沒有立刻更改它們的時間規範，在美國，儘管到 1895 年已經有很多州開始使用標準時區時間，國會直到 1918 年才強制使用會議制定的時間規範。

今天，各個國家使用的是 Fleming 時區規範的一個變種，以中國為例，一共跨越了 5 個時區，但是使用了一個統一的時間規範，比 Coordinated Universal Time（UTC，格林威治時間）早 8 個小時。俄羅斯也採用這個時區規範，儘管整個國家使用的時間和標準時區提前了 1 個小時。澳大利亞使用 3 個時區，其中主時區提前於按 Fleming 規範的時區半小時。很多中東國家也使用了半時時區（即不是按照 Fleming 的 24 個整數時區）。

因為時區是對經度進行劃分，在南極或者北極工作的科學家直接使用了 UTC 時間，否則南極大陸將被分解成 24 個時區。

時區的轉化表如下所示。

UTC	Coordinated Universal Time
GMT	Greenwich Mean Time，定義為 UTC
BST	British Summer Time，定義為 UTC+1 hour
IST	Irish Summer Time，定義為 UTC+1 hour
WET	Western Europe Time，定義為 UTC
WEST	Western Europe Summer Time，定義為 UTC+1 hour
CET	Central Europe Time，定義為 UTC+1 hour
CEST	Central Europe Summer Time，定義為 UTC+2 hours
EET	Eastern Europe Time，定義為 UTC+2 hours
EEST	Eastern Europe Summer Time，定義為 UTC+3 hours
MSK	Moscow Time，定義為 UTC+3 hours
MSD	Moscow Summer Time，定義為 UTC+4 hours
AST	Atlantic Standard Time，定義為 UTC−4 hours
ADT	Atlantic Daylight Time，定義為 UTC−3 hours
NST	Newfoundland Standard Time，定義為 UTC−3.5 hours
NDT	Newfoundland Daylight Time，定義為 UTC−2.5 hours

EST	Eastern Standard Time，定義為 UTC−5 hours	
EDT	Eastern Daylight Saving Time，定義為 UTC−4 hours	
CST	Central Standard Time，定義為 UTC−6 hours	
CDT	Central Daylight Saving Time，定義為 UTC−5 hours	
MST	Mountain Standard Time，定義為 UTC−7 hours	
MDT	Mountain Daylight Saving Time，定義為 UTC−6 hours	
PST	Pacific Standard Time，定義為 UTC−8 hours	
PDT	Pacific Daylight Saving Time，定義為 UTC−7 hours	
HST	Hawaiian Standard Time，定義為 UTC−10 hours	
AKST	Alaska Standard Time，定義為 UTC−9 hours	
AKDT	Alaska Standard Daylight Saving Time，定義為 UTC−8 hours	
AEST	Australian Eastern Standard Time，定義為 UTC+10 hours	
AEDT	Australian Eastern Daylight Time，定義為 UTC+11 hours	
ACST	Australian Central Standard Time，定義為 UTC+9.5 hours	
ACDT	Australian Central Daylight Time，定義為 UTC+10.5 hours	
AWST	Australian Western Standard Time，定義為 UTC+8 hours	

下面提供了一些時間，請在不同時區之間進行轉化。

輸入

輸入的第一行包含了一個整數 N，表示有 N 個測試案例。接下來 N 行，每一行提供一個時間和兩個時區的縮寫，它們之間用空格隔開。時間由標準的 a.m./p.m 提供。midnight 表示晚上 12 點（12:00 a.m.），noon 表示中午 12 點（12:00 p.m.）。

輸出

假設輸入行提供的時間是在第一個時區中的標準時間，要求輸出這個時間在第二個時區中的標準時間。

範例輸入	範例輸出
4 noon HST CEST 11:29 a.m. EST GMT 6:01 p.m. CST UTC 12:40 p.m. ADT MSK	midnight 4:29 p.m. 12:01 a.m. 6:40 p.m.

試題來源： Waterloo 2002.09.28

線上測試： POJ 2351，ZOJ 1916，UVA 10371

提示

（1）建立時區轉化常數表

由於試題直接提供了 24 個時區轉化表，因此我們事先建立一個字元常數表 $x[]$，表中連續 2 個元素為一組，對應一個時區，其中第 k 組中 $x[2 \times k]$ 為第 k 個時區的縮寫，$x[2 \times k+1]$ 為該時區時間相對格林威治時間的提前量，簡稱時間增量（$0 \le k \le 32$）

char *x[]={"WET","0","UTC","0","GMT","0","BST","+1","IST","+1","WEST", "+1","CET", "+1","CEST","+2","EET","+2","EEST","+3","MSK","+3","MSD","+4", "AST","−4", "ADT" ,"−3","NST","−3.5","NDT","−2.5","EST","−5","EDT","−4","CST","−6","CDT", "−5","MST","−7" ,"MDT","−6","PST","−8","PDT","−7","HST","−10","AKST", "−9","AKDT","−8","AEST","+1 0","AEDT","+11","ACST","+9.5","ACDT","+10.5","AWST","+8","","",""};

（2）將時區標準的 a.m./p.m. 時間統一轉換成以分為單位的時間

設定 a.m./p.m. 時間中的小時為 h，分鐘為 m；以分為單位的時間為 time。顯然：

◆ 中午 12 點（"noon"）：time=12×60。

◆ 晚上 12 點（"midnight"）：time=0。

其他時間：

◆ 上午（"a.m."）：time=$(h\%12)\times60+m$。

◆ 下午（"p.m."）：time=$(h\%12)\times60+12\times60+m$。

（3）計算第一個時區的時間在第二個時區中的對應時間 time'

按上述方法分別將兩個時區的 a.m./p.m. 時間轉換為以分為單位的時間。設定第一個時區的時間為 time。我們按照下述方法計算 time 在第二個時區中的對應時間 time'：

1. 尋找第一個時區的時間增量 $x[k1+1]$。計算方法：輸入第一個時區的縮寫 $s1$ 後在 $x[]$ 中尋找對應的時區序號 $k1$，即 $x[k1]=s1$，則對應時區的時間增量為 $x[k1+1]$。

2. 尋找第二個時區的時間增量 $x[k2+1]$。計算方法：輸入第二個時區的縮寫 $s2$ 後在 $x[]$ 中尋找對應的時區序號 $k2$，即 $x[k2]=s2$，則對應時區的時間增量為 $x[k2+1]$。

3. time' =time+$x[k2+1]\times60$-$x[k1+1]\times60$。

（4）將 time' 轉換成標準的 a.m./p.m. 時間

計算 $t=(time'+24\times60)\%(24\times60)$。直接根據模的結果計算和輸出解：

◆ 晚上 12 點：$t==0$。

◆ 中午 12 點：$t==12\times60$。

◆ 上午 "a.m."：$t\leq12\times60$。

◆ 下午 "p.m."：$t>60\times12$。

◆ 小時 h：$h=\dfrac{t}{60}\%12$。若 h 為 0，則調整 $h=12$；$m=t\%60$。

4.5.6 ▶ Polynomial Remains

給出多項式 $a(x)=a_nx^n+\cdots+a_1x+a_0$，計算 $a(x)$ 被 x^k+1 整除後的餘數 $r(x)$。如圖 4.5-1 所示。

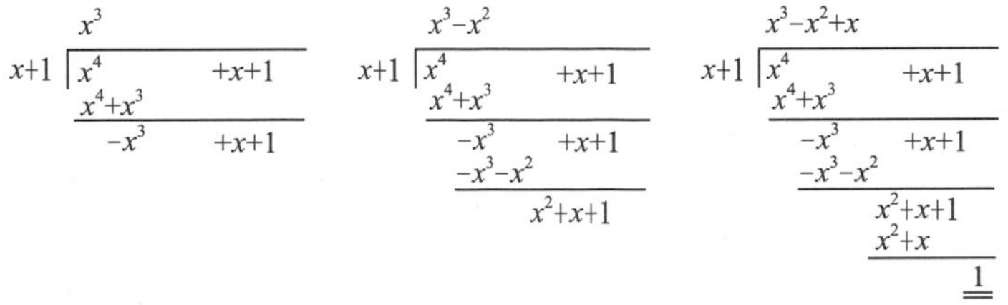

圖 4.5-1

輸入

輸入由多個測試案例組成，每個測試案例的第一行是兩個整數 n 和 k（$0\leq n$，$k\leq10000$）。下一行 $n+1$ 個整數提供 $a(x)$ 的係數，以 a_0 開始，以 a_n 結束。輸入以 $n=k=-1$ 結束。

輸出

對於每個測試案例，在一行中輸出餘數的係數。從常數係數 $r0$ 開始。如果餘數是 0，則輸出這一常數係數 0；否則，對一個 d 次的餘數輸出 $d+1$ 個係數，每個係數用空格分開。假設餘數的係數可以用 32 位元整數表示。

範例輸入	範例輸出
5 2	3 2
6 3 3 2 0 1	−3 −1
5 2	−2
0 0 3 2 0 1	−1 2 −3
4 1	0
1 4 1 1 1	0
6 3	1 2 3 4
2 3 −3 4 1 0 1	
1 0	
5 1	
0 0	
7	
3 5	
1 2 3 4	
−1 −1	

試題來源：Alberta Collegiate Programming Contest 2003.10.18

線上測試：POJ 2527

提示

設定儲存餘數多項式的陣列為 a，陣列的長度為 $n+1$，多項式中各項的係數儲存在 $a[0..n]$ 中。

初始時，儲存被除數多項式 $a(x)$：for ($i=0$; $i<=n$; $i++$) scanf ("%d", &$a[i]$);。

$a(x)$ 重複地被 x^k+1 除的演算法如下。初始時 $i=n$。如果 $i \geq k$，則 $a(x)$ 被 x^k+1 重複除直到 $i<k$：

```
for (i=n; i>=k; i--)
    if (a[i]!=0)
        { a[i-k] += (-a[i]); a[i] = 0; }
```

然後陣列 a 的長度被調整：while ($n>=0$ && ! $a[n]$) $n--$;。

最後，$a[0..n-1]$ 為餘數多項式中各項的係數，並被輸出：for ($i=0$; $i<n$; $i++$) printf("%d", $a[i]$);。

4.5.7 ▶ Factoring a Polynomial

Georgie 最近在學習多項式，一元多項式的形式是 $a_nx^n+a_{n-1}x^{n-1}+\cdots+a_1x+a_0$，其中 x 是形式變數，a_i 是多項式的係數，使 $a_i!=0$ 的最大的 i 稱為多項式的度。如果對所有的 i，a_i 都為 0，則該多項式的度數是 $-\infty$。如果多項式的度數是 0 或者 $-\infty$，稱該多項式是平凡的，否則稱該多項式是非平凡的。

在 Georgie 學多項式時，讓他印象深刻的是，對於整數多項式，可以應用不同的演算法和技巧。例如，提供兩個多項式，這兩個多項式可以相加、相乘和相除。

在 Georgie 看來，多項式最有趣的特性就是它像整數一樣，可以被因式分解。如果多項式不能被表示成兩個或多個非平凡的實係數多項式的乘積，我們稱這樣的多項式是不可化簡的；否則，該多項式稱為可化簡的。例如，多項式 $x^2 - 2x + 1$ 是可化簡的，因為它可以表示為 $(x-1)(x-1)$，而 $x^2 + 1$ 則是不可化簡的。眾所周知，一個多項式可以表示為一個或多個不可化簡的多項式的乘積。

假設有個整係數多項式，Georgie 希望知道該多項式是否是不可化簡的。當然他也希望知道其因數，但這樣的問題現在對他來說似乎太難，因此他只要知道多項式是否可化簡即可。

輸入

輸入的第一行提供 n，表示多項式的度 ($0 \leq n \leq 20$)；後面一行提供 $n+1$ 個整數 a_n, a_{n-1}, $\cdots$, a_1, a_0，表示多項式係數（$-1000 \leq a_i \leq 1000$, $a_n! = 0$）。

輸出

如果輸入提供的多項式是不可化簡的，則輸出「YES」，否則輸出「NO」。

範例輸入	範例輸出
2 1 –2 1	NO

試題來源： ACM Northeastern Europe 2003, Northern Subregion
線上測試： POJ 2126

提示

若多項式的度 $n<2$，則無法化簡；若多項式的度 $n>2$，則可以證明，多項式一定可以分解因式；若多項式的度 $n=2$，則根據韋達定理判斷 ax^2+bx+c 是否可以分解因式：若 $b^2-4ac \geq 0$，則可以分解因式，否則無法分解因式。

4.5.8 ▶ What's Cryptanalysis?

密碼分析是破解被其他人加密過的文字的過程，有時要對一個（加密）文字的段落進行某種統計分析。請編寫一個程式，對一個給定的文字進行簡單分析。

輸入

輸入的第一行提供一個十進位正整數 n，表示後面要輸入的行數。後面的 n 行每行包含 0 個或多個字元（可以有空格），這是要被分析的文字。

輸出

每個輸出行包含一個大寫字母，後跟一個空格，然後是一個十進位正整數，這個整數表示相關的字母在輸入文字中出現的次數。在輸入中大寫字母和小寫字母被認為是相同的。其他字元不必被計算。輸出排序必須按計數的遞減順序，即出現次數最多的字母在輸出的第一行，輸出的最後一行則是出現次數最少的字母。如果兩個字母出現次數相等，那麼在字母表中先出現的字母在輸出中先出現。如果某個字母沒有出現在文字中，則該字母不能出現在輸出中。

範例輸入	範例輸出
3 This is a test. Count me 1 2 3 4 5. Wow!!!! Is this question easy?	S 7 T 6 I 5 E 4 O 3 A 2 H 2 N 2 U 2 W 2 C 1 M 1 Q 1 Y 1

試題來源：University of Valladolid September '2000 Contest

線上測試：UVA 10008

提示

在字母集中，「A」（「a」）的序號值設為 0，「B」（「b」）的序號值設為 1，……，「Z」（「z」）的序號值設為 25。對於字母 c，無論大小寫，其序號值應為 tolower(c)− 'a'。設定 cnt[i] 為序號值為 i 的字母的頻率（$0 \leq i \leq 25$）。

我們反覆輸入字元 c，統計出其中各字母的頻率 cnt，直至輸入「EOF」為止。

然後反覆搜尋 cnt 表：每次找出頻率最高的字母序號 k，並輸出對應的字母（其 ASCII 碼為 k+'A'）及其頻率 cnt[k]，並將 cnt[k] 設為 0，避免重複搜尋。重複這個過程直至 cnt 表全 0 為止。

4.5.9 ▶ Run Length Encoding

請編寫一個程式，按下述規則對一個字串進行編碼。

在字串中，2～9 個相同的字元組成的子字串用兩個字元來編碼表示：第一個字元是這一字串的長度，為 2～9；第二個字元是相同字元的值。如果一個字串中存在一個相同字元多於 9 個的子字串，就先對前 9 個字元進行編碼，然後對其餘相同字元組成的子字串採用相同方法進行編碼。

在字串中，如果存在某個子字串，其中沒有一個字元連續重複出現，就表示為以字元 1 開始，後面跟著這一子字串，再以字元 1 結束。如果在字串中存在只有 1 個字元「1」出現的子字串，則以兩個字元「1」作為輸出。

輸入

輸入是由字母（大寫和小寫）、數字、空格和標點符號組成的字串。每行由分行符號結束。輸入中沒有其他字元。

輸出

輸出中的每一行被單獨編碼。標誌每行結束的分行符號不會被編碼，直接輸出。

範例輸入	範例輸出
AAAAAABCCCC 12344	6A1B14C 11123124

試題來源： Ulm Local Contest 2004

線上測試： POJ 1782，ZOJ 2240

提示

本題也是一道模擬題，要求實作題目描述中提供的規則。

輸入被逐行處理。每次迴圈處理一行，從目前位置，根據題目提供的規則進行編碼。

4.5.10 ► Zipper

提供 3 個字串，確定第 3 個字串是否由前兩個字串中的字元組成。在第 3 個字串中，前兩個字串可以被任意地混合，但是每個字元還是以原來的次序排列。例如，字串「tcraete」由「cat」和「tree」組成。

字串 A：cat
字串 B：tree
字串 C：tcraete

如你所見，第 3 個字串由透過交錯地採用前兩個字串中的字元構成。如第 2 個例子，「catrtee」由「cat」和「tree」組成。

字串 A：cat
字串 B：tree
字串 C：catrtee

不可能由「cat」和「tree」組成「cttaree」。

輸入

輸入的第 1 行是一個 1～1000 的正整數，表示後面提供的測試案例的數目。對每個測試案例的處理是相同的，在後面的行中提供測試案例，一個測試案例一行。

對每個測試案例，輸入行有 3 個字串，用 1 個空格將它們分開。第 3 個字串的長度是前兩個字串長度之和。前兩個字串的長度在 1～200 之間。

輸出

對於每個測試案例，如果第 3 個字串由前兩個字串構成，則輸出：

Data set *n*: yes

如果沒有，則輸出：

Data set *n*: no

n 表示測試案例的編號，參見範例輸出。

範例輸入	範例輸出
3 cat tree tcraete cat tree catrtee cat tree cttaree	Data set 1: yes Data set 2: yes Data set 3: no

試題來源： ACM Pacific Northwest 2004

線上測試： POJ 2192，ZOJ 2401，UVA 3195

提示

設定 $A=a_0a_1\cdots a_{n-1}$，其中前置字串 $A_i=a_0a_1\cdots a_i$（$0\leq i\leq n-1$）；$B=b_0b_1\cdots b_{m-1}$，其中前置字串 $B_j=b_0b_1\cdots b_j$（$0\leq j\leq m-1$）；$C=c_0c_1\cdots c_{n+m-1}$ 其中前置字串 $C_K=c_0c_1\cdots c_k$（$0\leq k\leq n+m-1$）；can$[i][j]$ 為 A_{i-1}（A 中長度為 i 的前置字串）和 B_{j-1}（B 中長度為 j 的前置字串）成功組成 C_{i+j-1}（C 中長度為 $i+j$ 的前置字串）的標誌。顯然，can$[0][0]$=true。

1. 當 $i \geq 1$ 且 $c_{i+j-1}=a_{i-1}$ 時，需要看 A_{i-2} 和 B_{j-1} 能否成功組成 C_{i+j-2}，即 can$[i][j]$= can$[i][j]$||can$[i-1][j]$，（$0\leq i\leq n$，$0\leq j\leq m$）；

2. 當 $j \geq 1$ 且 $c_{i+j-1}=b_{j-1}$ 時，需要看 A_{i-1} 和 B_{j-2} 能否成功組成 C_{i+j-2}，即 can$[i][j]$=can$[i][j]$|| can$[i][j-1]$，（$0\leq i\leq n$，$0\leq j\leq m$）。

顯然，最後得出的 can$[n][m]$ 便是 A 和 B 能否組成 C 的標誌。

4.5.11 ▶ Anagram Groups

A. N. Agram 教授目前研究如何對大量的變形片語進行處理，他為英語文字中字元的分佈理論找到了一個新的應用。已知有一段文字，請找到最大的變形片語。

一段文字是一個單字的序列。單字 w 是單字 v 的一個變形詞，若且唯若存在某個字元位置的交換 p，將 w 變成 v，則 w 和 v 在同一變形片語中。變形片語的大小是在一個片語中單字的數量。請找出 5 個最大的變形片語。

輸入

輸入的單字由小寫字母字元組成，單字由空格或分行符號分開，輸入由 EOF 終止。本題設定不超過 30000 個單字。

輸出

輸出 5 個最大的變形片語。如果小於 5 個片語，則輸出所有的變形片語。片語按大小的遞減排序。相同大小按字典順序。對每個片語，輸出其大小和組內的單字。將組內單字按字典次序排列，相同的單字僅輸出一次。

範例輸入	範例輸出
undisplay	Group of size 5: caret carte cater crate trace .
ed	Group of size 4: abet bate beat beta .
trace	Group of size 4: ate eat eta tea .
tea	Group of size 1: displayed .
singleton	Group of size 1: singleton .
eta	
eat	
displayed	
crate	
cater	
carte	
caret	
beta	
beat	
bate	
ate	
abet	

試題來源：Ulm Local 2000

線上測試：POJ 2408，ZOJ 1960

提示

由變形片語組成的片語可以被視為等價關係的類別。

在每個單字輸入的時候，如果該單字所在類別已經存在，我們找到單字所在類別的代表元，並將這個單字加入該類別；否則，建立一個類別，這個單字作為該類別的代表元。然後，根據類別的大小，以及類別中按字典次序排列最小的單字，對產生的類別進行排序。最後，根據題目要求輸出結果。

4.5.12 ► Inglish-Number Translator

在本題中，提供英語中的一個或多個整數，請將這些數字翻譯成代表它們數值的英文。這些數字的範圍為 –999999999～+999999999。下面提供程式要使用的完整的英語單字清單：

> negative, zero, one, two, three, four, five, six, seven, eight, nine, ten, eleven, twelve, thirteen, fourteen, fifteen, sixteen, seventeen, eighteen, nineteen, twenty, thirty, forty, fifty, sixty, seventy, eighty, ninety, hundred, thousand, million。

輸入

輸入由若干測試案例組成。

負數在單字前加「negative」。

在能使用「thousand」時，不使用「hundred」。例如，1500 寫作「one thousand five hundred」，而不是「fifteen hundred」。

輸入以空行結束。

輸出

一行輸出一個答案。

範例輸入	範例輸出
six	6
negative seven hundred twenty nine	−729
one million one hundred one	1000101
eight hundred fourteen thousand twenty two	814022

試題來源：CTU Open 2004

線上測試：UVA 486，POJ 2121，ZOJ 2311

提示

設定單字常數表 Word 依序儲存（0、1、2、…、20、30、40、50、60、70、80、90、百、千、百萬、負）的 32 個單字。Word[0]…Word[20] 中的數字字串與索引一一對應，即 Word[i] 代表正整數 i（$0 \le i \le 20$）；在 Word[21]…Word[27] 中，Word[i] 代表正整數 $(i-18) \times 10$（$21 \le i \le 27$）；Word[28]…Word[30] 中的數字字串分別代表 100、1000、1000000；s 為目前單字；Num 為目前測試案例代表的整數；負數標誌為 isNeg。

我們按照下述方法輸入和處理目前測試案例。

反覆輸入單字 s，直至 s 為空行為止。每輸入 1 個單字 s，則：

1. 負數標誌 isNeg 被初始化為 false。若 s 為 Word[31]，則設負數標誌 isNeg=true，讀下一個單字 s。

2. 計算數值部分：

```
num = 0;
進入迴圈：
計算 s 在 Word 的索引 r；
若 r∈[0, 27]，則 num=num+ num=num+ ⎧ r            r≤20
                                 ⎨
                                 ⎩ (r-18)×10  21≤r≤27  ；

若 r∈[28, 31]，則 num=num % b*b + ⌊num/b⌋*b（b 為 Word[r] 對應的數值）；

取一個字元 c。若 c 為分行符號 "\n" 或檔案結束符號 "EOF"，則結束迴圈；否則輸入單字 s；
```

3. 若 isNeg 為 true，則 num 取負；輸出 num。

4.5.13 ▶ Message Decowding

乳牛們很高興，因為它們學會了對資訊的加密。它們認為它們能夠使用加密的資訊與其他農場的乳牛舉行會議。

乳牛們的智力是眾所周知的。它們的加密方法不是採用 DES 或 BlowFish，或任何其他好的加密方法。它們使用的是簡單的替代密碼。

乳牛有一個解密金鑰和加密的訊息。用解密金鑰對加密的訊息進行解碼。解密金鑰形式如下：

yrwhsoujgcxqbativndfezmlpk

這表示在加密訊息中「a」實際表示「y」，「b」實際表示「r」，「c」實際表示「w」，以此類推。空格不被加密，字元所在的位置不變。

輸入字母是大寫或小寫，解密都使用相同的解密金鑰，當然相關地轉換成對應的大寫或小寫。

輸入
第 1 行：用於表示解密金鑰的 26 個小寫字母。

第 2 行：要被解碼的多達 80 個字元的訊息。

輸出
一行已經被解碼的訊息。長度與輸入第 2 行的長度相同。

範例輸入	範例輸出
eydbkmiqugjxlvtzpnwohracsf Kifq oua zarxa suar bti yaagrj fa xtfgrj	Jump the fence when you seeing me coming

試題來源：USACO 2003 March Orange

線上測試：POJ 2141

提示
設定解密金鑰為 key。在加密訊息中「a」實際表示為 key[0]，……，「z」實際表示為 key[25]。

我們反覆輸入字元 *c*，直至 *c* 為結束標誌「EOF」為止。每輸入一個字元 *c*，按照下述方法進行加密：

1. 若 *c* 是非字母，則直接輸出 *c*；
2. 若 *c* 是字母，則分析：

    ◆ 若 *c* 是小寫字母，則輸出 key[*c* – 'a']；

    ◆ 若 *c* 是大寫字母，則輸出 key[*c* – 'A'] – 'a' +'A'（因為各字元的金鑰是小寫字母，需轉換成大寫形式）。

4.5.14 ▶ Common Permutation

提供兩個由小寫字母組成的字串 *a* 和 *b*，輸出小寫字母組成的最長的字串 *x*，使得存在 *x* 的一個排列是 *a* 的子序列且存在 *x* 的一個排列是 *b* 的子序列。

輸入

輸入由若干行組成。連續的兩行組成一個測試案例。也就是說，輸入中的第 1 行和第 2 行是一個測試案例，第 3 行和第 4 行是一個測試案例，以此類推。每個測試案例的第一行提供字串 *a*，第二行提供字串 *b*。一個字串一行，每個字串至多由 1000 個小寫字母組成。

輸出

對於每個輸入集合，輸出一行提供 *x*，如果存在若干個滿足上述標準的 *x*，則按字母排序選擇第一個。

範例輸入	範例輸出
pretty	e
women	nw
walking	et
down	
the	
street	

試題來源： World Finals Warm-up Contest, Problem Source: University of Alberta Local Contest
線上測試： UVA 10252

提示

由於 *x* 是字串 *a* 和字串 *b* 的共同子字串，因此 *x* 中每個字母出現的次數不能超過 *a* 和 *b* 的任一字串中該字母的頻率，即 *x* 中字母 *c* 的出現次數應為 min{*a* 中字母 *c* 的頻率，*b* 中字母 *c* 的頻率 }。設定 *a*[*i*] 是字串 *a* 中序號值為 *i* 的字母頻率；*b*[*i*] 是字串 *b* 中序號值為 *i* 的字母頻率（「a」的序號值設為 0，「b」的序號值設為 1，……，「z」的序號值設為 25，因此字母序號範圍為 0≤*i*≤25）。

我們在輸入兩個字串的同時，分別計算出字母頻率陣列 *a* 和 *b*。然後列舉每個字母序號 *i*（0≤*i*≤25），該序號對應字母（其 ASCII 碼為 *i*+'a'）在共同字串 *x* 中連續出現 min{*a*[*i*], *b*[*i*]} 次。

4.5.15 ► Human Gene Functions

眾所周知，人的基因可以被視為一個序列，由 4 種核苷酸組成，用 4 個字母來標示，即 A、C、G 和 T。生物學家對於辨識人的基因以及確定基因的功能很感興趣，因為這可以用於診斷疾病和設計新藥。

一個人的基因可以透過一系列耗時的生物學實驗來辨識，經常需要電腦程式的幫助。一旦得到一個基因序列，接下來的工作就是確定其功能。

要確定一條剛被辨識的新的基因序列的功能，生物學家使用的方法之一是用這條新的基因對資料庫進行查詢。被檢索的資料庫儲存著許多基因序列及其功能。許多研究人員已經向資料庫提交了他們研究的基因及其功能，可以透過網際網路對該資料庫進行自由的查詢。

對資料庫的檢索結果是從資料庫傳回一個基因序列清單，這些基因與查詢的基因相似。

生物學家認為序列的相似性往往意味著功能的相似性。因此，新基因的功能可能是列表中的基因所具有的功能之一。為了準確判斷哪一個功能是新基因的功能，就需要另外進行一系列的生物學實驗。

你的任務是編寫一個程式，比較兩個基因，並確定它們的相似性。如果你的程式有效，這個程式就將被用於資料庫檢索。

提供兩種基因 AGTGATG 和 GTTAG，它們的相似性如何呢？衡量兩個基因相似的方法之一被稱為對齊。在對齊中，如果需要，空格被插入到基因的合適的位置上，使得兩個基因長度相等，並且根據評分矩陣對產生的基因進行評分。

例如，將一個空格插入 AGTGATG 中，產生 AGTGAT-G，插入三個空格到 GTTAG 將產生 -GT--TAG，空格用減號 (-) 來標示。這兩個基因目前長度相等。兩個字串對齊如下：

```
A G T G A T - G
- G T - - T A G
```

在這一對齊中，有 4 個匹配，即在第 2 個位置的 G、在第 3 個位置的 T、在第 6 個位置的 T，以及在第 8 個位置的 G。每對對齊的字元按照圖 4.5-2 的評分矩陣提供分數。

	A	C	G	T	–
A	5	–1	–2	–1	–3
C	–1	5	–3	–2	–4
G	–2	–3	5	–2	–2
T	–1	–2	–2	5	–1
–	–3	–4	–2	–1	*

圖 4.5-2

空格對空格的匹配是不允許的，上面對齊的得分是 (–3)+5+5+(–2)+(–3)+5+(–3)+5=9。
當然，也存在許多其他的對齊。一個對齊如下所示（不同數量的空格被插入到不同的位置）：

```
A G T G A T G
- G T T A - G
```

這個對齊的分數是 (−3)+5+5+(−2)+5+(−1)+5=14。因此，這個對齊比前一個好。事實上這一對齊是最佳的，因為沒有其他的對齊可以獲得更高的分數。因此可以說這兩個基因的相似度是 14。

輸入

輸入由 T 個測試案例組成，測試案例數（T）在輸入的第一行提供。每個測試案例由兩行組成：每行先提供一個整數，表示基因的長度，後面跟著基因序列。每個基因序列的長度至少為 1，不超過 100。

輸出

輸出提供每個測試案例的相似度，每個相似度一行。

範例輸入	範例輸出
2	14
7 AGTGATG	21
5 GTTAG	
7 AGCTATT	
9 AGCTTTAAA	

試題來源： ACM Taejon 2001

線上測試： POJ 1080，ZOJ 1027，UVA 2324

提示

我們將空格和 4 種核苷酸的字母標示 ["A"，"C"，"G"，"T"] 標記為整數 [0(空格), 1(A), 2(C), 3(G), 4(T)]，分別將基因序列 a 和基因序列 b 轉換成整數序列 $s1$ 和 $s2$。為了便於計算任何一個基因序列的尾字元與空格配對的可能情況，分別在 $s1$ 和 $s2$ 的尾部加 1 個 0（代表空格），得出 $s1$ 的長度 len1+1 和 $s2$ 的長度 len2+1。

設評分矩陣為 score[][]。按照題意：

$$score[][]=\begin{vmatrix} 0 & -3 & -4 & -2 & -1 \\ -3 & 5 & -1 & -2 & -1 \\ -4 & -1 & 5 & -3 & -2 \\ -2 & -2 & -3 & 5 & -2 \\ -1 & -1 & -2 & -2 & 5 \end{vmatrix}$$

$f[i, j]$ 為基因序列 a 中長度為 i 的前置、與基因序列 b 中長度為 j 的前置對齊的最大得分。顯然對齊時 i 和 j 不能全為 0。

◆ 當 $i>0$ 時，a_{i-1} 與空格對齊的最大得分為 $f[i-1][j]$ +score[0][$s1[i-1]$]；

◆ 當 $j>0$ 時，b_{j-1} 與空格對齊的最大得分為 $f[i][j-1]$ +score[0][$s2[j-1]$]；

◆ 當 i 和 j 都大於 0 時，a_{i-1} 與 b_{j-1} 對齊的最大得分為 $f[i-1][j-1]$+score[$s1[i-1]$][$s2[j-1]$]。

由此得出：$f[i][j]=$max$\{f[i-1][j]$+score[0][$s1[i-1]$]，$f[i][j-1]$+score[0][$s2[j-1]$]，$f[i-1][j-1]$+score[$s1[i-1]$][$s2[j-1]$]$\}$；$0 \leq i \leq$ len1+1，$0 \leq j \leq$ len2+1。

顯然，兩個基因序列的尾字元（a_{len1-1} 與 b_{len2-1}）匹配時的最大得分為 $f[len1][len2]$。但這並不代表最終答案，因為其中任何一個基因序列的尾字元有可能與空格匹配：

◆ a_{len1-1} 與空格匹配時的最大得分為 $f[len1][len2+1]$；

◆ 空格與 b_{len2-1} 匹配時的最大得分為 $f[len1+1][len2]$。

由此得出，基因序列 a 和 b 對齊的相似程度應為：$\max\{f[len1][len2]，f[len1][len2+1]，f[len1+1][len2]\}$。

4.5.16 ▶ Palindrome

回文詞（Palindrome）是一種對稱的字串，即一個字串從左向右讀和從右向左讀都相同。任意提供一個字串，透過插入若干個字元，都可以變成回文詞。本題的任務是，求出特定字串變成回文詞所需要插入的最少的字元數。

比如，「Ab3bd」插入 2 個字元後可以變成回文詞「dAb3bAd」或「Adb3bdA」，但是插入少於 2 個的字元無法變成回文詞。

輸入
程式從標準輸入讀入。第一行是一個整數，輸入的字串長度為 N，$3 \leq N \leq 5000$；第二行提供長度為 N 的字串，該字串由 A～Z 的大寫字母、由 a～z 的小寫字母和由 0～9 的數字組成，本問題區分大小寫。

輸出
標準輸出。第一行提供一個整數，它是所要求的最小數。

範例輸入	範例輸出
5 Ab3bd	2

試題來源： IOI 2000
線上測試： POJ 1159

提示
設 $C(i, j)$ 是為了獲得回文詞而插入到字串 $s_i \cdots s_j$ 中的最少字元數。所以，本題要計算 $C(1, n)$。

下述公式成立：

$$C(i, j) = \begin{cases} 0 & i \geq j \\ C(i+1, j-1) & s_i = s_j \\ \min(C(i+1, j), C(i, j-1)) + 1 & s_i \neq s_j \end{cases}$$

4.5.17 ▶ Power Strings

提供兩個字串 a 和 b，我們定義 $a \times b$ 為它們的毗連。例如，如果 $a=$「abc」並且 $b=$「def」，那麼 $a \times b=$「abcdef」。如果把毗連視為乘法，非負整數的指數定義為：$a^\wedge 0=$「」（空字串），$a^\wedge(n+1)=a \times (a^\wedge n)$。

輸入

每個測試案例是一個可列印字元組成的字串 s。s 的長度至少是 1，不超過 1000000 個字元。最後一個測試案例後的一行為一個句號。

輸出

對每個 s 輸出最大的 n，使得對於某個字串 a，s=a^n。

範例輸入	範例輸出
abcd	1
aaaa	4
ababab	3

試題來源： Waterloo local 2002.07.01

線上測試： POJ 2406，ZOJ 1905

提示

由 s=a^n 可以看出，s 由子字串 a 重複 n 次而成。要使 n 最大，則重複子字串 a 必須最短。問題轉變為如何求 s 的最短重複子字串 a。設 s 的長度為 len。

我們先用 KMP 演算法的思維產生 s 的前置函式 suffix[]。若 suffix[cur]=k，則 $s[0..(k-1)]=s[(cur-k)..(cur-1)]$，且 k 是 s 的前置和 s[0..(cur-1)] 的後置間的最長匹配子字串的長度。由 $s[0..suffix[len]-1]=s[(len-suffix[len])..(len-1)]$ 易知，如果 (len-suffix[len]) 是 len 的約數，則 s[0..(len-suffix[len]-1)] 必然是 s[] 的最短重複子字串，其長度為 len-suffix[len]，重複次數 $n=\dfrac{len}{len-suffix[len]}$。

4.5.18 ▶ Period

提供一個由 N 個字元（每個字元的 ASCII 碼在 97～126 之間）組成的字串 S，對於 S 的每個前置，我們希望知道該前置是否是一個週期性的字串，即對每個長度為 i 的 S 的前置 (2≤i≤N)，是否存在最大的一個 K(K>1)（如果有一個的話），使長度為 i 的 S 的前置可以被寫為 A_K，即存在某個字串 A，A 連續出現 K 次以構成這個長度為 i 的 S 的前置。當然，我們也要知道週期 K。

輸入

輸入由若干個測試案例組成，每個測試案例兩行。第一行提供 N（2≤N≤1000000），表示字串 S 的大小；第二行提供字串 S，輸入結束為一行，提供 0。

輸出

對於每個測試案例，在一行內輸出「Test case #」和連續的測試案例編號；對每個長度為 i 的前置，有週期 K>1，輸出前置長度 i 和週期 K，用空格分開，前置按升冪。在每個測試案例後輸出一個空行。

範例輸入	範例輸出
3	Test case #1
aaa	2 2
12	3 3
aabaabaabaab	
0	Test case #2

（續）	範例輸入	範例輸出
		2 2
		6 2
		9 3
		12 4

試題來源： ACM Southeastern Europe 2004

線上測試： POJ 1961，ZOJ 2177，UVA 3026

提示

我們先用 KMP 演算法的思維產生 S 的前置陣列 suffix[]。若 suffix[cur]=K，則 $S[0..(K-1)]=S[(cur-K)..(cur-1)]$，且 K 是 S 的前置和 $S[0..(cur-1)]$ 的後置間的最長匹配子字串的長度。然後列舉 S 的每個前置 $S[0]\cdots S[m-1]$ $(2 \le m \le n)$：由 $S[0..suffix[m]-1]=S[(m-suffix[m])..(m-1)]$ 易知，若 $(m-suffix[m])$ 是 m 的約數，則 $S[0..(m-suffix[m]-1)]$ 必然是 $S[]$ 的最短重複子字串。

4.5.19 ► Seek the Name, Seek the Fame

小貓非常有名，許多夫婦都翻山越嶺來到 Byteland，要求小貓給他們剛出生的嬰兒取名字。他們不僅要小貓為嬰兒取名字，而且他們要求取的名字是與眾不同的響亮的名字。

為了擺脫這種枯燥的工作，創新的小貓設計了一個容易但又神奇的演算法：

1. 連接父親的名字和母親的名字，產生一個新的字串 S；

2. 找到 S 的一個適當的前後置字串（不僅是 S 的前置，而且也是 S 的後置）。

例如，父親＝「ala」，媽媽＝「la」，則 S＝「ala」＋「la」＝「alala」。S 的潛在的前後置字串是 {「a」,「ala」,「alala」}。如果有字串 S，你能幫小貓寫一個程式來計算 S 的可能的前後置字串的長度嗎？（他會透過給你的寶寶取名字來表示感謝。）

輸入

輸入包含多組測試案例，每個測試案例一行，提供一個如上所述的字串 S。

限制：輸入中只有小寫字母可以出現，$1 \le S$ 的長度 ≤ 400000。

輸出

對於每個測試案例，在一行中以升冪輸出數字，提供新嬰兒姓名的可能的長度。

範例輸入	範例輸出
ababcababababcabab	2 4 9 18
aaaaa	1 2 3 4 5

試題來源： POJ Monthly--2006.01.22, Zeyuan Zhu

線上測試： POJ 2752

提示

首先用 KMP 演算法的思維產生 S 的前置陣列 suffix[]。若 suffix[cur]=K，則 $S[0..(K-1)]=S[(cur-k)..(cur-1)]$，且 K 是 S 的前置和 $S[0..(cur-1)]$ 的後置間的最長匹配子字串的長度。

由 KMP 演算法的原理可知，透過尋訪 suffix[len], suffix[suffix[len]], suffix[suffix[suffix[len]]], …，可以得到所有滿足同時是 S[] 前置和後置的子字串長度。

4.5.20 ► Excuses, Excuses!

法官 Ito 遇上一個問題：被徵召參加陪審團的人們以相當蹩腳的藉口逃避服務。為了減少聽取這些愚蠢的藉口所需要的時間，法官 Ito 要求你寫一個程式，在一個被認為是站不住腳的藉口列表中搜尋一個關鍵字列表。被匹配的關鍵字與藉口無關。

輸入

程式的輸入由多個測試案例組成。每個測試案例的第一行提供兩個整數。第一個數字（$1 \leq K \leq 20$）提供在搜尋中要使用的關鍵字的數目，第二個數字（$1 \leq E \leq 20$）提供要被搜尋的藉口的數目。第 2～K+1 行每行提供一個關鍵字，第 K+2～K+1+E 行每行提供一個藉口。在關鍵字清單中的所有關鍵字只包含小寫字母，長度為 L（$1 \leq L \leq 20$），在輸入行中從第 1～L 列。所有的藉口都包含大寫和小寫字母、空格，以及下述括弧中的標點符號（".,!?），長度不超過 70 個字元。藉口至少有 1 個非空格字元。

輸出

對每個測試案例，從列表中輸出最差的藉口。最差藉口是關鍵字出現最多的藉口，如果一個關鍵字在一個藉口中出現多於一次，每次出現被認為是一個獨立的出現。一個關鍵字「出現」在一個藉口中若且唯若它以連續的形式存在於一個字串中，並由行開始、行結束、非字母字元或空格來提供這一關鍵字範圍。

對每個測試案例，輸出一行，在字串「Excuse Set #」後是測試案例的編號（見範例輸出）。後面一行提供最差的藉口，像輸入一樣，一個藉口一行。如果有多於一個最差藉口，按任意次序輸出。在一個測試案例的輸出之後，再輸出一個空行。

範例輸入	範例輸出
5 3 dog ate homework canary died My dog ate my homework. Can you believe my dog died after eating my canary... AND MY HOMEWORK? This excuse is so good that it contain 0 keywords. 6 5 superhighway crazy thermonuclear bedroom war building I am having a superhighway built in my bedroom. I am actually crazy. 1234567890.....,,,,,0987654321?????!!!!!! There was a thermonuclear war! I ate my dog, my canary, and my homework ... note outdated keywords?	Excuse Set #1 Can you believe my dog died after eating my canary... AND MY HOMEWORK? Excuse Set #2 I am having a superhighway built in my bedroom. There was a thermonuclear war!

試題來源：ACM South Central USA 1996

線上測試：POJ 1598，UVA 409

提示

設定關鍵字集合為 key，其中第 i 個關鍵字的字元陣列為 key[i]；關鍵字的前置函式集合為 next，其中第 i 個關鍵字的前置函式為 next[i]；目前藉口在關鍵字集合中出現次數為 keycnt，其中在關鍵字 i 中出現次數為 keycnt[i]（$0 \leq i \leq e-1$）；藉口集合為 sentence，其中第 j 個藉口的字元陣列為 sentence[j]（$0 \leq j \leq k-1$）。

試題要求找出在 k 個關鍵字中出現次數最多的藉口。要達到這一點，必須求出每個藉口在 k 個關鍵字中出現次數。於是，問題的關鍵變成了怎樣計算藉口 sentence[i] 在第 j 個關鍵字 key[j] 中的出現次數 cnt。藉助第 j 個關鍵字的前置函式 next[j]，可以使計算變得十分高效率。

設定藉口 sentence[i] 的字元數為 n，第 j 個關鍵字 key[j] 的字元數為 m，sentence[i] 的匹配指標為 cur，key[j] 的匹配指標為 p。

我們按照如下方法計算 cnt。將比較次數 cnt 初始化為 0，從 sentence[i] 和 key[j] 的首字元出發（$p=0$，cur$=0$），依次進行比較：

1. 若 sentence[i][cur] 與 key[j][p] 為同一字母，則比較兩個字串的下一個字元（++cur; ++p）。

2. 在 sentence[i][cur] 與 key[j][p] 非同一字母的情況下，若曾有匹配字元（$p \geq 0$），則 sentence[i][cur] 與 key[j] 的第 next[j][p] 個字元進行比較（$p=$next[j][p]），否則 sentence[i][cur+1] 與 key[j][0] 進行比較（++cur; $p=0$）。

3. 在匹配成功的情況下（$p==m$），若 sentence[i][cur] 與 sentence[i][cur$-p-1$] 都為非字母，則累計比較次數（++cnt）。繼續從第 r 個關鍵字中的第 next[j][p] 個字元比較下去（$p=$next[r][p]）。

上述比較過程一直進行到 cur $\geq n$ 為止。此時得出的 cnt 即藉口 sentence[i] 在第 j 個關鍵字 key[j] 中的出現次數。

有了以上基礎，便可以得出主演算法：

1. 在讀入每個關鍵字 key[i] 的同時，計算其前置函式 next[i]（$0 \leq i \leq k-1$）。

2. 依次讀入每個藉口 sentence[i]（$0 \leq i \leq e-1$），統計 sentence[i] 在 k 個關鍵字的出現次數 keycnt$_i = \sum_{j=0}^{k-1}$keycnt[j]。

3. 在 k 個關鍵字中出現最多次數 $\max_{0 \leq i \leq e-1}$ {keycnt$_i$} 的藉口即問題解。

4.5.21 ▶ Product

本問題是兩個整數 X 和 Y 相乘，$0 \leq X, Y < 10^{250}$。

輸入

輸入是一個由一對對的行組成的集合。在每一對中，一行提供一個乘數。

輸出

對於輸入的每一對數，輸出提供一行乘積。

範例輸入	範例輸出
12 12 2 2222222222222222222222222	144 444444444444444444444444

試題來源：Sergant Pepper's Lonely Programmers Club. Junior Contest 2001

線上測試：UVA 10106

提示

本題是高精度乘法的程式實作。設定 X 為被乘數的數字字串，長度為 $L1$；Y 為乘數的數字字串，長度為 $L2$；Ans 為積的高精度陣列，其中 Ans[0] 為陣列長度，上限為 $L1+L2$，Ans[Ans[0]..1] 為積的各個十進位數字。

反覆輸入被乘數字串 X 和乘數字串 Y，直至檔案結束為止。若數字字串 X 為「0」或數字字串 Y 為「0」，則直接輸出結果 0；否則，計算 X 和 Y 的長度 $L1$ 和 $L2$；乘積 Ans 初始化為 0，長度初始化為 $L1+L2$，先將被乘數 X 與乘數 Y 的每位數字的乘積累加到積陣列 Ans 的對應位上 (Ans[$i+j-1$]+=(X[i]-'0')*(Y[j]-'0'); $i=L1-1\cdots1$, $j=L2-1\cdots1$)，然後按照由低位到高位的順序對 Ans 進行進位處理，最後看 Ans[Ans[0]+1] 是否大於 0，若是，則長度 Ans[0]+1。

4.5.22 ▶ Expression Evaluator

本題是關於計算 C 風格的運算式。要計算的運算式僅包含簡單的整數變數和一個有限的運算子集合，且運算式中沒有常數。程式中有 26 個變數，用小寫字母 a～z 命名。在運算前，這些變數的初始值是 $a=1$，$b=2$，$\cdots$，$z=26$。

運算子可以是加和減（二元 + 和 −），其含意已知。因此，運算式「$a+c-d+b$」的值是 2 (1+3−4+2)。此外，在輸入的運算式中也可以採用「++」和「−−」運算子，它們是一元運算子，可以在變數前，也可以在變數後。如果「++」運算子在變數前，那麼在變數值用於運算式的值的計算之前，其變數值要增加 1，即「++$c-b$」的值是 2。如果「++」運算子在變數後，那麼在變數值用於運算式的值的計算之後，其變數值再增加 1，因此，「c++$-b$」的值是 1，雖然在整個運算式的值計算之後，c 的值會增加，但 c 的值也是 4。「−−」運算子除了對運算元的值減 1 之外，其他操作規則和「++」一樣。

更形式化地說，運算式的運算是按下述步驟進行的：

1. 辨識每個前面「++」的變數，對每個這樣的變數提供一句進行增 1 的指定陳述式，然後在運算式中這樣的變數前略去「++」。

2. 對變數後的「++」執行相似的動作。

3. 此時，在運算式中沒有「++」運算子。新產生的陳述式將在步驟 1. 提供的陳述式之後，並在步驟 2. 提供的陳述式之前，計算結果。

4. 執行步驟 **1.** 提供的陳述式，然後執行步驟 **3.** 確定的陳述式，最後是步驟 **2.** 提供的陳述式。

按這樣的方法，計算「$++ a + b ++$」和計算「$a = a +1$, result $= a + b$, $b = b +1$」結果一樣。

輸入

輸入的第一行提供一個整數 T，表示測試案例的個數。後面的 T 行每行提供一個作為測試案例的輸入的運算式。在輸入的運算式中忽略空格。本題設定在輸入的運算式中沒有二義性（也就是模棱兩可，諸如「$a+++b$」）存在。相似地，「$++$」或「$--$」運算子不會在同一個變數前面和後面同時出現（諸如「$++a++$」）。設定每個變數在一個運算式中僅出現一次。

輸出

對每個測試案例，將輸入中提供的運算式輸出，然後提供整個運算式的值，最後將運算後每個變數的值逐行輸出（按變數名排序）。僅輸出在運算式中出現的變數。按照下面輸出範例提供的形式輸出。

範例輸入	範例輸出
2 a+b c+f--+--a	Expression: a+b value = 3 a = 1 b = 2 Expression: c+f--+--a value = 9 a = 0 c = 3 f = 5

試題來源：ACM Tehran 2006 Preliminary

線上測試：POJ 3337

提示

設定變數 a 對應的序號為 0，變數 b 對應的序號為 1，……，變數 z 對應的序號為 25；$v[i]$ 是序號為 i 的變數值；$occur[i]$ 是序號為 i 的變數在運算式中的出現標誌；value 是運算式的值。

初始時，所有字母均未在運算式中出現，$a=1$，$b=2$，$\cdots$，$z=26$，（$occur[i]$=false，$v[i]=i+1$，$0 \le i \le 25$）。

由左而右分析運算式字串 s 的每個字元：

1. 若 $s[k]$ 為「$+$」或者「$-$」，則分析：

◆ 若 $s[k]s[k+1]$ 是「$++$」或「$--$」，則變數 $s[k+2]+1$（或 -1），即 $k +=2$；$v[int(s[k] - 'a')] +=(s[k]=='+'$? $1 : -1)$；

◆ 若 $s[k]$ 是運算子「$+$」或「$-$」，則將運算子值記入 b，準備處理 $s[k+1]$（$b=(s[k]=='+'$? $1 : -1)$; $++k$）。

2. 若 $s[k]$ 為變數：

◆ 目前項（$b×v[c]$）計入運算式值 value（c 為變數 $s[k]$ 的序數值 $int(s[k]-'a')$）；

◆ 若變數 $s[k]$ 為初始值且後置「++」或「--」，則變數值 +1 或 -1（$v[c]+=(s[k+1]=='+'?1:-1)$），字元指標 k 後移 2 位（$k+=2$）；

◆ 標誌 $s[k]$ 對應的字母已出現在運算式中（occur[c]=true）；

◆ 字元指標 k 後移 1 位（$++k$）。

分析完運算式字串 s 的所有字元後，最終得出運算式值為 value，並確定運算式中每個變數的值（occur[i]=true，其變數名為 char('a'+i)，值為 $v[i]$，$0≤i≤25$）。

4.5.23 ► Integer Inquiry

Chip Diller 是 BIT 的新型超級電腦的第一批使用者之一。他的研究工作要求 3 的冪次在 0～333 之間，他要計算這些數字之和。

「超級電腦非常偉大，」Chip 評價道，「我希望 Timothy 能夠在這裡看到這些結果。」（Chip 搬進了一個新的公寓，位於 Third Street 上 Lemon Sky 公寓的第 3 層。）

輸入

輸入最多有 100 行文字，每行是一個單一的 VeryLongInteger。每個 VeryLongInteger 不多於 100 個字元，而且只包含數字（VeryLongInteger 不是負數）。

輸入的結束是包含 1 個 0 的單獨一行。

輸出

你的程式要輸出出現在輸入的所有 VeryLongInteger 的總和。

範例輸入	範例輸出
123456789012345678901234567890 123456789012345678901234567890 123456789012345678901234567890 0	370370367037037036703703703670

試題來源：ACM East Central North America 1996

線上測試：POJ 1503，ZOJ 1292，UVA 424

提示

由於每行數字字串的長度上限為 100，因此採用高精度陣列儲存。對每一行的高精度陣列進行加法運算，累加結果即為解。

4.5.24 ► Super long sums

新的程式設計語言 D++ 的創造者看到，無論如何制訂 SuperLongInt 型別的範圍，有時候程式開發者還是需要在更大的數字上進行操作。1000 位的範圍太小。你被要求計算出最大有 1000000 位的兩個整數的和。

輸入

輸入的第一行是一個整數 N，然後是一個空行，後面是 N 個測試案例。每個測試案例的第一行提供一個整數 M（$1≤M≤1000000$）——整數的長度（為了使長度相等，可以加前導 0）。後面用列中提供資料，也就是說，後面的 M 行資料中每行提供兩個用空格分開的一位數字。這兩個提供的整數每個不會小於 1，並且它們和的長度不超過 M。

在兩個測試案例之間有一個空行。

輸出

對於每個測試案例，輸出一行，該行是含 M 位的整數，是兩個整數的和。在兩個輸出行之間有一個空行。

範例輸入	範例輸出
2	4750
4	470
0 4	
4 2	
6 8	
3 7	
3	
3 0	
7 9	
2 8	

試題來源： Ural State University collegiate programming contest (25.03.2000), Problem
Author: Stanislav Vasilyev and Alexander Klepinin

線上測試： UVA 10013，Ural 1048

提示

本題也是一道高精度加法題，只是被加數、加數的輸入格式和高精度陣列的產生方式有所不同：用 m 行表示被加數和加數，每行兩個數字，按照由高位到低位元的順序依次提供被加數和加數目前十進位位元的數字。因此可透過 for (int $i=m-1$; $i>=0$; $i--$) 迴圈，將目前行的兩個數字分別插入被加數和加數的第 i 位；然後相加，並去掉和的前導 0 後輸出。

4.5.25 ▶ Exponentiation

對數值很大、精確度很高的數字進行高精度計算是一類十分常見的問題。比如，對國債進行計算就屬於這類問題。

現在要你解決的問題是：對一個實數 R（$0.0<R<99.999$），要求寫程式精確計算 R 的 n 次方（R^n），其中 n 是整數並且 $0<n\leq25$。

輸入

輸入包括多組 R 和 n。R 的值占第 1～6 列，n 的值占第 8 和第 9 列。

輸出

對於每組輸入，要求輸出一行，該行包含精確的 R 的 n 次方。輸出需要去掉前導的 0 後不要的 0。如果輸出是整數，不要輸出小數點。

範例輸入	範例輸出
95.123 12	548815620517731830194541.899025343415715973535967221869852721
0.4321 20	.0000000514855464107695612199451127676715483848176020072635120383542976301346240
5.1234 15	43992025569.92857370126648804114665499331870370751166629547672049395302
6.7592 9	29448126.764121021618164430206909037173276672
98.999 10	90429072743629540498.1075960194566517745610440100001
1.0100 12	1.126825030131969720661201

試題來源： ACM East Central North America 1988

線上測試： POJ 1001，UVA 748

提示

冪運算實際上是乘法運算，問題是本題要求進行實數的次冪運算，因此需要做一些特殊的處理：

1. 將底數轉換成高精度陣列時，需要記下小數位置 dec，並刪除整數部分前面的 0 和小數部分後面的 0。

2. 兩個實數陣列 a 和 b 相乘（a 和 b 的長度分別為 l_a 和 l_b，小數位置分別為 k_a 和 k_b）時：

   ◆ 進行高精度乘法 $c=a \times b$，並記下乘積小數位的位置 k_a+k_b+1。

   ◆ 對乘積陣列 c 作進位處理，並計算出實際長度 l_c（l_a+l_b-1 或者 l_a+l_b）。

   ◆ 刪去小數部分末尾多餘的 0。

4.5.26 ▶ NUMBER BASE CONVERSION

請編寫一個程式，將某一種進制的數轉換為另一種進制的數。有 62 個不同的數字：{0～9, A～Z, a～z }。

提示

如果使用一個轉換的輸出作為下一個轉換的輸入來進行一系列的進制轉換，在將它轉換成一個原始的進制時，你就得到一個原始的數字。

輸入

輸入的第一行提供一個正整數，表示後面會有幾行。後面的每一行提供輸入的進制（進制數用十進位表示）、輸出的進制（進制數用十進位表示），以及用輸入的進制表示的一個數。輸入的進制數和輸出的進制數的範圍都在 2～62 之間（進制數用十進位表示）。$A=10$，$B=11$，…，$Z=35$；$a=36$，$b=37$，…，$z=61$；0～9 則是其一般的含意。

輸出

對於每個要求的進制轉換，程式輸出 3 行。第一行是以十進位表示的輸入資料的進制，後面跟一個空格，然後是輸入資料（以提供的輸入資料進制表示）；第二行是輸出資料的進制，後面跟一個空格，然後是以輸出資料的進制表示的輸入資料；第三行是一個空行。

範例輸入	範例輸出
8	62 abcdefghiz
62 2 abcdefghiz	2 110111000001000101111100100101100111110010 0 1100011010010001
10 16 12345678901234567890123456789012345678 90	10 12345678901234567890123456789012345678 90
16 35 3A0C92075C0DBF3B8ACBC5F96CE3F0AD2	16 3A0C92075C0DBF3B8ACBC5F96CE3F0AD2
35 23 333YMHOUE8JPLT7OX6K9FYCQ8A	16 3A0C92075C0DBF3B8ACBC5F96CE3F0AD2
	35 333YMHOUE8JPLT7OX6K9FYCQ8A
23 49 946B9AA02MI37E3D3MMJ4G7BL2F05	35 333YMHOUE8JPLT7OX6K9FYCQ8A
	23 946B9AA02MI37E3D3MMJ4G7BL2F05
49 61 1VbDkSIMJL3JjRgAdlUfcaWj	
	23 946B9AA02MI37E3D3MMJ4G7BL2F05
61 5 dl9MDSWqwHjDnToKcsWE1S	49 1VbDkSIMJL3JjRgAdlUfcaWj
5 10 4210444444100141440122130240220123334 0311 104212022133030	49 1VbDkSIMJL3JjRgAdlUfcaWj
	61 dl9MDSWqwHjDnToKcsWE1S
	61 dl9MDSWqwHjDnToKcsWE1S
	5 42104444441001414401221302402201233340311 1 04212022133030
	5 42104444441001414401221302402201233340311 1 04212022133030
	10 12345678901234567890123456789012345678 90

試題來源：ACM Greater New York 2002

線上測試：POJ 1220，ZOJ 1325，UVA 2559

提示

設定初始進制為 ibase，以 ibase 進制表示的數字字串為 s，目標進制為 obase。

1. 將 s 中的每位 ibase 進制的符號轉換成對應的數字，儲存在高精度陣列 a 中；

2. 將 a 由 ibase 進制數轉換成 obase 進制數，方法是將 ibase 進制的高精度陣列轉換成十進位數字後，除以 obase 取餘數：

   ◆ a 的每一位除 obase。每一次相除的餘數乘 obase 後加 a 的下一位後再除 obase，直至得到整商 a_1 和餘數 r_0。

   ◆ a_1 按照上述方法除 obase，得到整商 a_2 和餘數 r_1。

   ……

   ◆ a_{i-1} 按照上述方法除 obase，得到整商 a_i 和餘數 r_{i-1}。

   ……

   直至整商 $a_k=0$ 為止。由此得到 a 對應的 obase 進制數為 $r=r_{k-1}\cdots r_0$。

3. 然後，將 r 中的每位 obase 進制數轉換成字元表示後輸出。

4.5.27 ▶ If We Were a Child Again

「噢！如果我能像我小學的時候一樣做簡單的數學題該多好！我可以畢業，而且我不會出任何錯！」一個聰明的大學生這樣說。

但他的老師更聰明：「Ok! 我就在軟體實驗室裡給你安排這樣一些課題，你不要悲傷。」

「好的！」這位同學感到高興，他太高興了，以致於沒有注意到老師臉上的微笑。

這位可憐的同學做的第一個專案是實作一個能執行基本算術操作的計算機。

和許多其他大學生一樣，他不喜歡自己做所有的工作。他只是想從各處收集程式。因為你是他的朋友，他請你來寫程式。但你也是一個聰明人。你只答應為他寫整數的整除和取餘數（C/C++ 中的 %）運算。

輸入

輸入由一個行的序列組成。每行提供一個輸入的數字，一個或多個空格，一個標誌（整除或取餘），再跟著一個或多個空格，然後是另一個輸入的整數。兩個輸入的整數都是非負整數，第一個數可以任意長，第二個數的範圍為 n（$0<n<2^{31}$）。

輸出

對每個輸入，輸出一行，每行提供一個整數，見範例輸出。輸出不包含任何多餘空格。

範例輸入	範例輸出
110 / 100	1
99 % 10	9
2147483647 / 2147483647	1
2147483646 % 2147483647	2147483646

試題來源： May 2003 Monthly Contest

線上測試： UVA 10494

提示

由於被除數為任意長度，除數的上限為 2^{31}，因此被除數和商應採用高精度陣列儲存，除數的資料型別為長整數，而餘數不大於除數，亦應採用長整數。設定被除數的數字字串為 x，其長度為 len；除數為長整數 y；商的長度為 Ans[0]，商儲存在 Ans[1..Ans[0]] 中；運算符號為 op；餘數為 ret。

我們反覆輸入兩個運算元 x、y 和運算符號 op，直至讀至檔案結束符號為止。每次讀入被除數字串 x、除數 y 和運算符號 op，就要首先計算被除數 x 的長度，而將餘數 ret 和商的長度 Ans[0] 初始化為 0。按照 x[0]…x[len−1] 的順序計算目前餘數 ret 和 Ans 的目前位置（ret=ret*10+x[i]−'0'; Ans[++Ans[0]]=ret / y; ret %=y;）。

若要求計算餘數 (op[0]='%')，則直接輸出 ret；若要求計算商 (op[0]='/')，則先計算 Ans 第 1 個非零位置 Ans[j]。若 Ans 全零（j>Ans[0]），則輸出商為 0；否則輸出商為 Ans[j..Ans[0]]。

4.5.28 ▶ Simple Arithmetics

新型 WAP 介面的一部分是一個計算長整數運算式的計算機。為了使輸出看起來更好，結果要被格式化為和手寫計算一樣的形式。

請完成這個計算機的核心部分。提供兩個數字以及要求的操作，你來計算結果，並按下述指定的形式列印。對於加法和減法，計算結果的數字寫在兩個數字的下方。乘法相對有些複雜：首先，提供一個數的每一位數字與另一個數相乘的部分結果，然後再把結果加在一起。

輸入

第一行輸入提供一個正整數 T，表示後面要提供的運算式的數目。每個運算式由一個正整數、一個運算子（＋、－和 * 之一）和第二個正整數組成。每個數字最多 500 個位數。行中沒有空格。如果運算子是減號，則第二個數字總是小於第一個數字。沒有數字以 0 開始。

輸出

對於每個運算式，在兩行中輸出兩個提供的整數，第二個數字必須在第一個數字之下，兩個數字的最後一位數字必須在同一列對齊。把運算子放在第二個數的第一位前面。在第二個數字後，由多個短橫線（－）構成一條水平線。

對每個加法和減法，將運算結果輸出在水平線下，運算結果的最後一位與兩個運算元的最後一位對齊。

對於每一個乘法，用第二個數的每一位數字去乘第一個數。從第二個數字的最後一位開始，將乘出來的局部結果單獨在一行裡輸出。每個乘出來的局部結果要與相關的位數對齊，即每個乘出來的局部結果的最後一位必須要與上一個乘出來的局部結果的第二個數對齊。這些局部結果不能有任何多餘的零。如果第二個數的某一位數字是零，則產生的局部結果只有一位數字——0。如果第二個數多於一位，還要在最後一個局部乘積下輸出一條水平線，然後輸出總和。

空格只能出現在每一行的前面部分，並且在滿足上述要求的條件下盡可能少。

分隔線要正好覆蓋它的上一行和下一行的數字或運算子。就是左側要與上一行和下一行中最左邊的非空格字元對齊，右側要與上一行和下一行的最右邊一個字元對齊。

在每一次運算結束後，輸出一個空行，包括最後一次運算。

範例輸入	範例輸出
4	12345
12345+67890	+67890
324-111	------
325*4405	80235
1234*4	
	324
	−111

	213
	325
	*4405

（續）	範例輸入	範例輸出

		1625
		0
		1300
		1300

		1431625
		1234
		*4

		4936

試題來源：ACM Central Europe 2000

線上測試：POJ 1396，ZOJ 2017，UVA 2153

提示

從運算式字串中取出運算子 c，並截出兩個運算元字串，將之轉換成高精度陣列 a 和 b，長度為 l_a 和 l_b。

1. 若 c==「＋」，則進行高精度的加法運算，得到 sum ← $a+b$，長度為 l_{sum}；計算行寬 $l=\max(l_{sum}, l_b+1)$；以 l 為行寬，向右靠齊，分 4 行輸出 a、「＋」、b、$\max\{l_b+1, l_{sum}\}$ 個「−」和 sum。

2. 若 c==「−」，則進行高精度的減法運算，得到 delta ← $a-b$，長度為 l_{delta}；計算行寬 $l=\max\{l_a, l_b+1\}$；以 l 為行寬，向右靠齊，分 4 行輸出 a、「−」、b、$\max\{l_b+1, l_{delta}\}$ 個「−」和 delta。

3. 若 c==「＊」，則進行高精度的乘法運算，得到 product ← $a*b$，長度為 $l_{product}$；然後計算中間運算過程，即 $p[0]=a*b[0], p[1]=a*b[1], \cdots, p[l_b-1]=a*b[l_b-1]$，其中 $p[i]$ 的長度為 $l_{p[i]}$（$0 \le i \le l_b-1$）；調整行寬 $l=\max\{l_{product}, l_b+1, l_{p[i]}+i\}$（$0 \le i \le l_b-1$）；以 l 為行寬，向右靠齊，先分 3 行輸出 a、「＊」、b、$\max\{l_b+1, l_{p[0]}\}$ 個「−」；然後分 l_b 行輸出中間計算過程，其中第 i 行以 $l-(i-1)$ 為行寬，向右靠齊，輸出 $p[i]$；若 $l_b>1$，則分兩行，分別以 l 為行寬，向右靠齊，輸出 $\max\{l_b+1, l_{p[0]}\}$ 個「−」和積 product。

4.5.29 ► ab-ba

假設有自然數 a 和 b，求 a^b-b^a。

輸入

輸入常整數 a 和 b（$1 \le a, b \le 100$）。

輸出

輸出答案。

範例輸入	範例輸出
2 3	−1

線上測試：SGU 112

提示

由於需要高精度陣列連乘，因此宜採用物件導向的程式設計方法。定義一個名為 bigNumber 的類別，其私有（private）部分是一個長度為 len 的高精度陣列 a，被 bigNumber 類別的物件和成員函式存取；其公用（public）介面包括：

◆ bigNumber()——高精度陣列 a 初始化為 0；

◆ int length()——傳回高精度陣列 a 的長度；

◆ int at(int k)——傳回 $a[k]$；

◆ void setnum(char s[])——將字串 s[] 轉換成長度為 len 的高精度陣列 a；

◆ isNeg()——判斷高精度陣列 a 是否為負數；

◆ void add(bigNumber &x)——高精度加法運算：$a \leftarrow a+x$；

◆ void multi(bigNumber &x)——高精度乘法運算：$a \leftarrow a*x$；

◆ int compare(bigNumber &x)——比較 a 與 x 之間的大小，傳回 $\begin{cases} 1 & a > x \\ -1 & a < x \\ 0 & a = x \end{cases}$；

◆ void minus(bigNumber &x)——高精度減法運算：$a \leftarrow a-x$；

◆ void multi(bigNumber &x)——高精度乘法運算：$a \leftarrow a*x$；

◆ void power(int k)——高精度乘冪運算：$num \leftarrow num^k$。

有了 bigNumber 類別的定義，主演算法就變得十分清晰：

1. 定義 bna 和 bnb 為 bigNumber 類別（bigNumber bna，bnb），將 a、b 分別轉換成陣列 bna 和 bnb（bna.setnum(a)；bnb.setnum(b)）；

2. 計算 bna $\leftarrow$ bna^b，bnb $\leftarrow$ bnb^a（bna.power(b)；bnb.power(a)），bna $\leftarrow$ bna−bnb（bna.minus(bnb)）；

3. 若 bna 是負數（bna.isNeg()=true），則輸出加負號；輸出 bna.at(bna.length()−1)… bna. at(0)。

4.5.30 ▶ Fibonacci Number

Fibonacci 序列的頭兩個數是 1，序列的計算是將前兩個數相加。

$$f(1) = 1，f(2) = 1，f(n > 2) = f(n-1) + f(n-2)$$

輸入與輸出

輸入是每行一個數，輸出該數的 Fibonacci 數。

範例輸入	範例輸出
3	2
100	354224848179261915075

注意：在測試資料中，Fibonacci 數沒有超過 1000 位，即 $f(20)$=6765 有 4 位。

試題來源：UVa Local Qualification Contest 2003

線上測試：UVA 10579

提示

顯然，Fibonacci 數的上限為 1000 位，須採用高精度陣列儲存。由於遞迴 Fibonacci 序列的過程需要反覆進行高精度的加法運算，因此不妨採用物件導向的程式設計方法：定義一個類別，將加法運算涉及的函式放在類別的公用（public）介面，將類別的物件和成員函式存取的高精度陣列放在類別的私有（private）部分，使主程式的結構更清晰。

4.5.31 ▶ How many Fibs

Fibonacci 數的定義如下：

◆ $F_1 := 1$；

◆ $F_2 := 2$；

◆ $F_n := F_{n-1} + F_{n-2}$（$n \geq 3$）。

假設有兩個整數 a 和 b，請計算在區間 $[a, b]$ 中有多少個 Fibonacci 數。

輸入

輸入包含若干個測試案例。每個測試案例由兩個非負整數 a 和 b 組成，輸入以 $a = b = 0$ 結束。其他 $a \leq b \leq 10^{100}$。提供的整數 a 和 b 沒有多餘的前導 0。

輸出

對於每個測試案例輸出一行，輸出滿足 $a \leq F_i \leq b$ 的 Fibonacci 數 F_i 的數目。

範例輸入	範例輸出
10 100	5
1234567890 9876543210	4
0 0	

試題來源：Ulm Local 2000

線上測試：POJ 2413，ZOJ 1962

提示

由於 Fibonacci 序列中第 500 個 Fibonacci 數將超過題目提供的上限 10^{100}，因此可採用離線計算方法，先透過高精度加法運算遞迴序列中前 500 個 Fibonacci 數 fib[1]…fib[500]；然後反覆測試資料組。每輸入一對整數 a 和 b，分別在 fib[] 中尋找第 1 個不小於 a 的整數 fib[left]（fib[left] $\geq a$）和第 1 個不大於 b 的整數 fib[[right]（fib[[right] $\leq b$）。顯然，區間 $[a, b]$ 內 Fibonacci 數的個數為 right-left。

由於該題需要反覆進行高精度加法和比較大小的運算，因此比較適宜採用物件導向的程式設計方法。

4.5.32 ▶ Heritage

富有的叔叔逝世了，他的遺產將由親戚和教堂來繼承（叔叔在遺囑中堅持教堂要得到一些遺產）。在遺囑中有 N 個親戚（$N \leq 18$）被提到，他們是按照重要性遞減順序排列的（第一個人最重要）。因為你在家庭中是電腦專業人士，你的親戚請你幫助他們。因為遺囑中需要填寫一些空格，所以他們需要你的幫助。空格的形式如下：

親戚 #1 將獲得全部遺產的 1 / − − −，

親戚 #2 將獲得全部遺產的 1 / − − −，

……

親戚 #N 將獲得全部遺產的 1 / − − −。

親戚們的願望是填空時要保持叔叔的遺願（即分數是非遞增的，並且教堂要得到遺產），留給教堂的遺產數量要最少。

輸入

只有一行，提供一個整數 N（$1 \leq N \leq 18$）。

輸出

輸出空格中要填寫的數字，每個數字一行，使得留給教堂的遺產最少。

範例輸入	範例輸出
2	2
	3

試題來源：Bulgarian Online Contest September 2001

線上測試：POJ 1405，Ural 1108

提示

設定 $a[i]$ 為第 $i+1$ 個親戚對應空格的數字，即該親屬獲得全部遺產的 $1/a[i]$（$0 \leq i \leq n-1$）。

數學上可以證明 $a[i] = \begin{cases} 2 & i=0 \\ a[i-1]*a[i-1]-a[i-1]+1 & 1 \leq i \leq n-1 \end{cases}$。

教堂分得的遺產為 $l = 1 - \dfrac{1}{a[0]} - \dfrac{1}{a[1]} - \cdots - \dfrac{1}{a[n-1]} = \dfrac{1}{a[0]} - \dfrac{1}{a[1]} - \cdots - \dfrac{1}{a[n-1]}$。由於 $a[0] \cdots a[n-1]$ 均為正整數，因此要使 l 最少，則只要證明：

$$\frac{1}{a[0]} - \frac{1}{a[1]} - \cdots - \frac{1}{a[n-1]} = \frac{1}{a[0]a[1]\cdots a[n-1]}$$

證明：

由遞迴式可得：

$a[1] = a[0]*a[0] - a[0] + 1 = a[0]*(a[0]-1) + 1 = a[0] + 1$；

$a[2] = a[1]*(a[1]-1) + 1 = a[0]*a[1] + 1$；

…

以此類推，可得 $a[i] = a[0]*a[1]*\cdots a[i-1] + 1$（$1 \leq i \leq n-1$）。

將此結論依次代入下式，可得：

$$\left(\frac{1}{a[0]} - \frac{1}{a[1]} \right) - \cdots - \frac{1}{a[n-1]}$$

$$= \left(\frac{1}{a[0]a[1]} - \frac{1}{a[2]} \right) - \cdots - \frac{1}{a[n-1]}$$

$$= \left(\frac{1}{a[0]a[1]a[2]} - \frac{1}{a[3]} \right) - \cdots - \frac{1}{a[n-1]}$$

$$\cdots$$

$$= \frac{1}{a[0]a[1]a[2]a[3]\cdots a[n-2]} - \frac{1}{a[n-1]}$$

$$= \frac{1}{a[0]a[1]a[2]a[3]\cdots a[n-2]a[n-1]}$$

證畢。

由於計算每個親屬的分數是一個遞迴過程，需要反覆進行高精度的加減乘法運算。因此可採用物件導向的程式設計方法。定義一個類別，將這些運算涉及的函式放在類別的公用（public）介面，將類別的物件和成員函式存取的高精度陣列放在類別的私有（private）部分，這樣可使主程式的結構變得比較清晰。

4.5.33 ▶ Digital Fortres

去年的 IIUPC 比賽，有一道試題「Da Vinci Code」，是有關 Dan Brown 暢銷書的故事。本題則是與他的另一項技術有關：Digital Fortress。本題提供一個密碼文字。請你破譯這個文字，使用的解密技術如下。例如，提供一個密碼文字：

WECGEWHYAAIORTNU

輸出為：

WEAREWATCHINGYOU

在上述實例中，在提供的密碼文字「WECGEWHYAAIORTNU」中有 16 個字元，也就是 4 的平方。這些字母被放置在 $n \times n$（在本例中為 4×4）的網格中，並且每個字母從輸入中以行為主順序被放置在網格中（第一行，第二行，第三行，……）。當這些密碼文字放置在網格中時，可以被視為：

W E C G
E W H Y
A A I O
R T N U

對於上面的網格，如果我們以列為主順序輸出字母（第一列，第二列，第三列，……），那麼得到以下的解密文字：

WEAREWATCHINGYOU

輸入

輸入的第一行提供一個單一的數字 T，然後提供 T 個測試案例。每個測試案例一行，在這一行中提供密碼文字。密碼文字包含大寫字母或空格。文字中的字元總數不會超過 10000。

輸出

對於每一個測試案例，輸出一行，提供解密文字。如果在輸入文字中的字元數不是任意數的平方，則輸出「INVALID」。

範例輸入	範例輸出
3 WECGEWHYAAIORTNU DAVINCICODE DTFRIAOEGLRSI TS	WEAREWATCHINGYOU INVALID DIGITAL FORTRESS

試題來源：IIUPC 2009

線上測試：UVA 11716

提示

首先設計一個函式 judge(*x*)：若密碼文字的長度 *x* 不是任意整數的平方，則傳回 0；否則傳回 *x* 的整數平方根。顯然，若 judge(*x*) 傳回 0，則應輸出「INVALID」；否則應輸出 *x* 的整數平方根對應的解密文字。

設 *x* 的整數平方根 *v*=4，則解密文字放置在 4×4 的網格中時，對應密碼文字的字元指標如下：

0	4	8	12
1	5	9	13
2	6	10	14
3	7	11	15

以列為主順序，解密檔案的字母依次為密碼文字中第 0～3 個字元（網格第 1 列）、4～7 個字元（網格第 2 列）、8～11 個字元（網格第 3 列）、12～15 個字元（網格第 4 列）。

顯然，如果密碼文字長度 *x* 有整數平方根 *v*，則可透過雙重迴圈輸出對應的解密文字：外迴圈 *i* 控制列（0≤*i*≤*v*），內迴圈 *j* 控制行（0≤*j*≤*v*），依次輸出密碼文字中的第 *i*+*v**j* 個字元。

Chapter 05
編寫循序存取類型的線性串列程式

循序存取類型的線性串列是一種按順序儲存所有元素的線性串列，這種線性串列的第一個資料元素在串列開頭位置，最後一個資料元素在串列結尾位置（如下圖所示）。

第 1 個資料元素　　第 2 個資料元素　　第 3 個資料元素　　　　　　　第 *n* 個資料元素

開頭　　　　　　　　　　　　　　　　　　　　　　　　　　　　　　結尾

循序存取類型的線性串列有如下兩個特點：

1. 串列長度在建立時沒有大小限制，這意味著它們可以動態地擴充和收縮。

2. 對串列中資料元素的存取只能循序進行，不能直接存取。為了存取某個元素，需要從第 1 個資料元素（或者最後 1 個資料元素）出發，按從前至後的順序或者從後至前的順序逐個存取，直到指定的資料元素，也可以雙向尋訪，即從前向後和從後向前尋訪。

循序存取類型的線性串列的一個簡單實例就是購物清單。依序寫下要購買的全部商品，就會建立一張購物清單。在購物時，一旦找到某種商品就把它從清單中劃掉。這類線性串列既可以是有序的，也可以是無序的。無序線性串列是由無序元素組成的，有序線性串列具有順次對應的有序值。串列中資料元素的有序性對搜尋資料元素的效率會產生很大的影響。例如，在有序線性串列中進行二元搜尋的效率比順序搜尋高許多。按照存取方式分類，循序存取類型的線性串列包括：

1. 按照資料元素位置存取的連續串列（包括陣列和鏈結串列）。

2. 存取位置有限制的佇列和堆疊，其中佇列包括循序佇列、優先佇列和雙端佇列。

5.1　連續串列的應用

連續串列是一個循序儲存 *n* 個資料元素的線性串列（*n* 是串列長度，可以為任意正整數，*n*=0 時為空表）。串列中每個資料元素都是資料型別相同的單個物件，串列長度隨增加或刪除某些資料元素而發生變化。

連續串列中資料元素的前後趨關係是一一對應的，通常各個資料元素透過它的位置來存取，即連續串列只能循序存取。連續串列的儲存結構有兩種：陣列和鏈結串列。

1. 陣列：陣列元素既可以是簡單變數，也可以是結構型別變數。在以陣列為儲存結構的連續串列中，可以直接透過索引找出所需的資料元素，但在插入 1 個資料元素或刪除

1 個已有的資料元素時,不僅串列長度 n 會加 1 或減 1,而且需要大量移動串列中的資料。例如,把資料元素 x 插入位置 i,必須把原串列中位置 i~位置 n 中的所有資料元素成塊向後移動 1 個位置,騰出位置 i 供 x 插入(如圖 5.1-1a 所示);同理,刪除串列中第 i 個位置的元素時,必須把原串列中位置 $i+1$~位置 n 中的所有資料元素成塊向前移動 1 個位置,以覆蓋第 i 個資料元素(如圖 5.1-1b 所示)。

2. 鏈結串列:在以鏈結串列為儲存結構的連續串列中,要得到串列中所要求的資料元素,必須從第 1 個資料元素開始,逐個存取資料元素,直至找到滿足要求的資料元素為止。但在插入 1 個資料元素或刪除 1 個已有的資料元素時,只需要修正鏈結串列指標即可,不必大量移動串列中的資料。

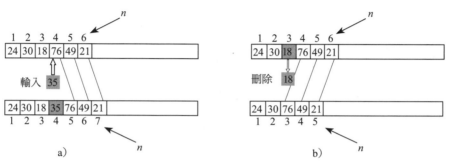

圖 5.1-1

由此可以看出,兩種儲存結構的連續串列各有利弊,如下表所示。

操作 連續 串列的儲存結構	搜尋元素	插入新元素或刪除元素
陣列	直接根據索引搜尋	如果要保持其他資料元素的相對次序不變,則平均需要移動一半元素,效率很低。尤其是對於 k 個長度變化的有序表分配在同一儲存空間的情況,按每個表的最大可能長度分配空間會造成記憶體的極大浪費
鏈結串列	需要從第 1 個串列項目起一個一個尋訪	修改指標,不需移動

顯然,採用鏈結串列(Linked List)形式的連續串列,就是為了適應插入 / 刪除操作頻繁、儲存空間不定的情況。

單向鏈結串列(Singly Linked List)是一種最簡單、最典型的鏈結串列。單向鏈結串列有一個指示鏈結串列開始位址的表頭(head),簡稱為哨兵;串列中每個資料元素佔用一個節點(node),節點型別為一個結構體,含兩個欄位:一個欄位為資料欄(data),其資料類別取決於資料物件的屬性;另一個欄位為後繼指標欄位(next),提供下一個節點的儲存位址。在空間需求較小的情況下,可以使用靜態陣列 node[] 儲存鏈結串列,node[] 的索引為節點序號,哨兵 head 指示串列首節點的索引。node[] 的規模取決於鏈長的上限;在空間需求較大的情況下,哨兵 head 和每個節點的後繼指標欄位 next 可設為動態指標,以便根據實際需要申請和釋放節點所佔用的記憶體(如圖 5.1-2 所示)。

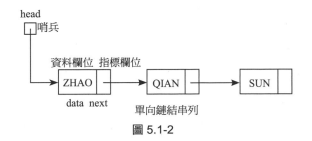

圖 5.1-2

如果將最後一個節點的後繼指標欄位指向哨兵，則單向鏈結串列就變成了循環鏈結串列，這樣只要知道串列中任意一個節點的位址，就可以尋訪串列中其他任意一個節點（如圖 5.1-3a 所示）；如果在循環鏈結串列的基礎上，每個節點再增加一個指向前一個元素（前驅）的 prev 指標，則循環鏈結串列就變成了雙向循環鏈結串列，使得尋訪順序既可以向前也可以向後（如圖 5.1-3b 所示）。

在單向鏈結串列中插入一個位址為 newnode 的新節點，只要修改鏈結中節點的後繼指標值，無須移動串列中的資料元素。圖 5.1-4 分別提供了將新節點插入開首、中間位置和結尾三種情況。

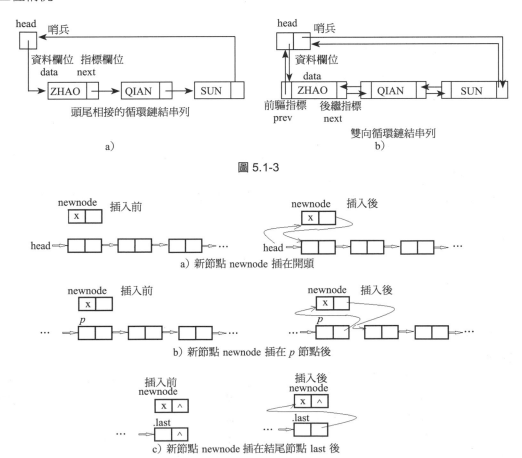

圖 5.1-3

圖 5.1-4

在單鏈結串列中刪除一個節點的操作比較簡單。若被刪節點的位址為 q，其前驅的位址為 p，只要將 p 節點的後繼指標指向 q 的後繼位址，就可以使位址為 q 的節點從鏈結中分離出來，達到刪除它的目的（如圖 5.1-5 所示）。

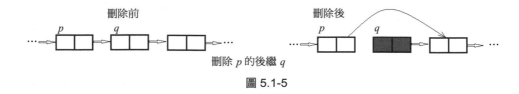

圖 5.1-5

5.1 .1 ► The Blocks Problem

輸入整數 n，表示有編號為 $0 \sim n-1$ 的木塊，分別放在順序排列的編號為 $0 \sim n-1$ 的位置，如圖 5.1-6 所示。

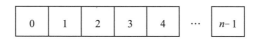

圖 5.1-6 初始的木塊排列

設定 a 和 b 是木塊塊號。現對這些木塊進行操作，操作指令有如下 4 種：

1. move a onto b：把 a、b 上的木塊放回各自原來的位置，再把 a 放到 b 上。

2. move a over b：把 a 上的木塊放回各自原來的位置，再把 a 放到包含了 b 的堆上。

3. pile a onto b：把 b 上的木塊放回各自原來的位置，再把 a 以及在 a 上面的木塊放到 b 上。

4. pile a over b：把 a 連同 a 上的木塊放到包含 b 的堆上。

當輸入 quit 時，結束操作並輸出位置 $0 \sim n-1$ 上的木塊情況。

在操作指令中，如果 $a=b$，其中 a 和 b 在同一堆塊，則該操作指令是非法指令。非法指令應忽略，並且不應影響塊的放置。

輸入

輸入的第一行提供一個整數 n，表示木塊的數目。本題設定 $0<n<25$。

然後，提供一系列操作指令，每行一個操作指令。程式要處理所有命令，直至遇到 quit 指令。

本題設定，所有的操作指令都採用上面提供的格式，不會有語法錯誤的指令。

輸出

輸出提供木塊的最終狀態。每個原始塊位置 i（$0 \le i < n$，其中 n 是木塊的數目）之後再加上一個冒號。如果在這一位置至少有一個木塊，則冒號後面輸出一個空格，然後輸出在該位置的一個木塊列表，每個木塊編號與其他塊編號之間用空格隔開。在一行結束時不要在結尾加空格。每個塊位置要有一行輸出（也就是說，要有 n 行輸出，其中 n 是第一行輸入提供的整數）。

範例輸入	範例輸出
10	0: 0
move 9 onto 1	1: 1 9 2 4
move 8 over 1	2:
move 7 over 1	3: 3
move 6 over 1	4:
pile 8 over 6	5: 5 8 7 6
pile 8 over 5	6:
move 2 over 1	7:
move 4 over 9	8:
quit	9:

試題來源： Duke Internet Programming Contest 1990

線上測試： POJ 1208，UVA 101

❖ **試題解析**

本題的資料結構採用多鏈結串列。輸入的第一行提供一個整數 n，表示木塊的數目，也就是 n 條鏈結串列。例如，範例輸入中 n 為 10，就有 10 條鏈結串列。鏈結串列中每個節點的資料型別是一個結構體 node，表示一個木塊的類型。結構體內的資料欄是一個整數變數 data，用於存放木塊的編號；指標欄位是一個指向 node 的指標 next，用於存放下一個木塊的位址。每個鏈結串列的初始化是在每個木塊初始位置上設定一個節點，這個節點的 data 是這個位置的編號，next 為 NULL；每個鏈結串列表示這個位置上木塊的放置情況，節點表示木塊，並設定靠近鏈結串列開頭的節點是較下方的木塊。例如，位置 3 上的鏈結串列初始化後只有一個節點，data 為 3，next 為 NULL。

對於輸入的操作指令，演算法根據操作指令實作其規則。

（1）操作指令 move *a* onto *b*

根據規則，先把 a、b 上的木塊放回各自原來的位置，換言之，對於節點 a，將節點 a 的後面節點都去掉，並放回編號為它們各自位置的鏈結串列。詳細的演算法是：首先，從節點 a 開始，向後尋訪該鏈結串列，對於每個尋訪到的節點，將 next 設為 NULL，並將編號為「該節點的 data」的鏈結串列的鏈結串列開頭節點設定為該節點；然後，將節點 a 的 next 設為 NULL，對節點 b 也採取同樣的操作，此時已經把 a、b 上的木塊放回各自初始的位置了；最後，將節點 b 的 next 指向節點 a，即把 a 放到 b 上。

（2）操作指令 move *a* over *b*

根據規則，先把 a 上的木塊放回各自原來的位置，實作方法已經提供。然後，對節點 b 所在的鏈結串列，找到該鏈結串列的結尾節點，將結尾節點的 next 指向 a，表示將 a 放到包含 b 的堆上；並將 a 的 next 設為 NULL。

（3）操作指令 pile *a* onto *b*

根據規則，先把 b 上的木塊放回各自原來的位置，實作方法已經提供。然後，把 a 以及在 a 上面的木塊放到 b 上，即把指向節點 a 的節點的 next 設定為 NULL，節點 b 的 next 指向節點 a。

（4）操作指令 pile *a* over *b*

根據規則，把指向節點 *a* 的節點的 next 設定為 NULL，對節點 *b* 所在的鏈結串列，找到該鏈結串列的結尾節點，將結尾節點的 next 指向 *a*。

此外，求解本題需要注意兩個問題：

◆ 本題需要判斷操作指令是否合法：如果節點 *a*、*b* 在同一個鏈結串列裡就算不合法。所以在執行指令之前，要先判斷節點 *a*、*b* 所在鏈結串列的結尾節點是否相同，相同即不合法，不相同即合法。

◆ 在執行每條指令之前，需要找到 4 個節點，將其保存在指標變數裡，分別是節點 *a* 的位址、指向節點 *a* 的節點位址、節點 *b* 的地址和指向節點 *b* 的節點位址。

❖ **參考程式**（略。本題參考程式的 PDF 檔案和本題的英文原版均可從碁峰網站下載）

鏈結串列的儲存結構既可以採用動態指標，也可以採用結構體型別的陣列。陣列索引為節點序號，元素含資料欄和指標欄位。不過，這個「指標」不再指向後繼（或前驅）的記憶體位址，而是指向後繼（或前驅）的陣列索引。

5.1.2 ▶ Running Median

本題要求編寫一個程式，輸入一個由 32 位元有號整數組成的序列，在輸入每個奇數索引的值後，輸出到目前為止輸入的元素的中值（中間值）。

輸入

輸入的第一行提供一個整數 *P*（1≤*P*≤1000），這是後面提供的測試案例的數目。每個測試案例的第一行首先提供測試案例的編號，然後是一個空格，接著提供一個奇數十進位整數 *M*（1≤*M*≤9999），表示要處理的有號整數的總數。測試案例中的其餘各行由值組成，每行有 10 個值，用一個空格分隔。測試案例中最後一行的值可能少於 10 個。

輸出

對於每個測試案例，在第一行輸出測試案例編號、一個空格和這個測試案例要輸出的中間值的數目（即測試案例中輸入值的數目加上 1 的一半）。在後面的行輸出中間值，每行 10 個，用一個空格分隔。最後一行可能少於 10 個值，但至少有 1 個值。輸出中不能有空行。

範例輸入	範例輸出
3 1 9 1 2 3 4 5 6 7 8 9 2 9 9 8 7 6 5 4 3 2 1 3 23 23 41 13 22 −3 24 −31 −11 −8 −7 3 5 103 211 −311 −45 −67 −73 −81 −99 −33 24 56	1 5 1 2 3 4 5 2 5 9 8 7 6 5 3 12 23 23 22 22 13 3 5 5 3 −3 −7 −3

試題來源： ACM Greater New York Regional 2009
線上測試： POJ 3784

❖ 試題解析

本題用陣列實作雙向鏈結串列。

首先對測試案例的 n 個數進行遞增排序，建構一個鏈結串列。設定 $d[i]$ 表示第 i 個數在鏈結串列中的位置，node[i].val 表示鏈結串列中第 i 個數的數值，node[i].pre 和 node[i].nxt 分別為鏈結串列中第 i 個數的前驅和後繼，中位數位置為 x。

如果初始時整數個數 n 是奇數，則中位數位置應為 $x=n/2+1$；若 n 是偶數，則在遞增序列 node[] 中刪除最後輸入的那個數（其大小順序 $y=d[n]$），整數個數 $n--$，使得序列長度變為奇數。若被刪除數的大小順序不在目前中位數的右方（$y\leq x=n/2+1$），則中位數的位置後移一位（$x++$）。中位數 node[x].val 進入中間值序列 ans[]。

然後，按照輸入順序從後往前每次刪兩個數，設定這兩個數在鏈結串列 node[] 中的位置分別是 a 和 b（$a=d[i]$，$b=d[i-1]$，i 為目前序列長度），這裡有以下幾種情況：

1. 如果刪去的兩個數都大於目前中位數（$a\geq x$ && $b>x$），或者刪去的兩個數中一個大於目前中位數，一個等於目前中位數（$a>x$ && $b==x||a==x$ && $b>x$），那麼將中位數的位置前移一位（$x=$node[x].pre）。

2. 如果刪去的兩個數都小於目前的中位數 ($a<x$ && $b<x$)，或者刪去的兩個數中一個小於目前中位數，一個等於目前中位數（$a<x$ && $b==x||a==x$ && $b<x$），那麼將中位數的位置後移一位（$x=$node[x].nxt）。

3. 如果刪去的兩個數中一個大於目前中位數，而另一個小於目前中位數（$a<x$ && $b>x||a>x$ && $b<x$）），那麼中位數位置 x 不動。

中位數 node[x].val 進入中間值序列 ans[]。

這個過程一直進行到 node[] 鏈結僅剩一個節點為止。最後，按照 10 個數一行的要求，倒序輸出 ans[]。

演算法的時間複雜度是 $O(P*n\log n)$，其中為 P 測試案例數。

❖ 參考程式（略。本題參考程式的 PDF 檔案和本題的英文原版均可從碁峰網站下載）

鏈結串列的應用很廣泛，不僅可以用於連續串列，還可以用於佇列和堆疊，甚至非線性結構中的樹和圖也可採用鏈結串列儲存。例題【5.3.1.2 Team Queue】中的佇列就採用了鏈結串列儲存結構，這道題將展示鏈結串列的插入 / 刪除操作，以後各章的實作範例中也不乏鏈結串列的應用實例。因此本章的實作範例主要採用的是陣列儲存結構，這裡僅對鏈結串列做一個知識鋪墊。

連續串列最典型的應用是解約瑟夫問題。約瑟夫問題出自兩個經典故事。

故事 1：在羅馬人佔領喬塔派特後，39 位猶太人與 Josephus 及他的朋友躲到一個洞中，這 39 名猶太人寧願死也不要被敵人抓到，於是決定了一種自殺方式，41 個人排成一個圓圈，由第 1 個人開始報數，每報數到第 3 人，該人就必須自殺，然後再由下一個重新報數，直到所有人都自殺身亡為止。然而 Josephus 和他的朋友並不想遵從，Josephus 要他的朋友先假裝遵從，他將朋友與自己安排在第 16 個與第 31 個位置，於是逃過了這場死亡遊戲（著名猶太歷史學家 Josephus 講的故事）。

故事 2： 15 位教徒和 15 位非教徒在深海上遇險，必須將一半的人投入海中，其餘的人才能倖免於難，於是想了一個辦法：30 個人圍成一個圓圈，從第一個人開始依次報數，每數到第 9 個人就將他扔入大海，如此迴圈，直到僅餘 15 個人為止。問怎樣排法，才能使每次投入大海的都是非教徒（引自 17 世紀的法國數學家加斯帕在《數目的遊戲問題》中講的故事）。

這兩個故事可以抽象成同一個數學模型：將 n 個元素圍成一圈，從第一個元素開始報數，步進值為 M 的元素出列，最後剩下一個元素，其餘元素都將離開圓圈。請計算出列順序。

顯然，上述圓圈可用陣列儲存，其長度隨元素出列而發生變化，且元素出列後需保持剩餘元素的相對次序不變。這個陣列為典型的連續串列。陣列索引代表圓圈中的位置，索引變數值代表該位置的元素值。元素出列可採用兩種方法處理：

1. 每出列一個元素，該元素後面的所有元素依次向前移動一個位置，元素數量 −1。以此類推，直至圈中的剩餘元素數量達到要求為止。

2. 每個元素設定一個是否出列的標誌，初始時 n 個元素的出列標誌都設為 1，表示所有元素都在圈中。從起點元素開始對還未出列的元素計數，每數到 m 時，將元素的出列標誌改為 0，表示該元素已出列。這樣迴圈計數，直到剩餘元素數量達到要求為止。

顯然，方法 1 的資料結構比較簡單，但需要有計算出列位置的數學公式。

5.1.3 ▶ 小孩報數問題

有 N 個小孩圍成一圈，將他們從 1 開始依次編號，現指定從第 W 個小孩開始報數，報到第 S 個時，該小孩出列。然後，從下一個小孩開始報數，仍是報到第 S 個出列，如此重複下去，直到所有小孩都出列（總人數不足 S 個時將循環報數），求小孩出列的順序。

輸入
第一行輸入小孩的人數 N（$N \leq 64$）。

接下來，每行輸入一個小孩的名字（人名不超過 15 個字元）。

最後一行輸入 W, S（$W < N$），用逗號「,」間隔。

輸出
按人名輸出小孩按順序出列的次序，每行輸出一個人名。

範例輸入	範例輸出
5 Xiaoming Xiaohua Xiaowang Zhangsan Lisi 2,3	Zhangsan Xiaohua Xiaoming Xiaowang Lisi

試題來源：「頂嵌杯」全國嵌入式系統 C 語言程式編寫大賽初賽
線上測試：POJ 3750

❖ **試題解析**

本題是現實生活中的「約瑟夫問題」：N 個小孩圍成一圈，每個小孩對應於圓圈中的一個元素，元素的資料型別是一個字元陣列，用於儲存小孩名字。我們採用模擬方法，透過模擬小孩報數的過程來解題。儲存圓圈的資料結構既可以是循環鏈結串列，也可以是陣列，陣列比迴圈鏈結串列簡單一些，下面提供採用陣列解題的實作範例。

設定圓圈第 i 個位置上孩子的姓名字串為 name[i]，序號為 $p[i]$。初始時，name[i] 為第 i 個孩子的姓名，$p[i]=i$（$0 \leq i \leq n-1$）。

目前圓圈的人數為 n，出列孩子的位置為 w。初始時為開始報數位置 $w=(w+n-1)\%n$。每次出列的孩子位置為 $w=(w+s-1)\%n$，出列孩子的姓名為 name[$p[w]$]。出列的過程就是將 $p[w+1]$～$p[n]$ 依序向前移動一個位置，$n--$。這個過程一直進行到 $n<0$ 為止。

❖ **參考程式**

```
01    int main(void)
02    {
03        int n;
04        cin >> n;                                 // 輸入小孩人數
05        string name[maxn];                        // 依次輸入小孩名字
06        for (int i = 0; i < n; i++)
07            cin >> name[i];
08        int p[maxn];                              // 記下每個位置的小孩序號
09        for (int i = 0; i < n; i++)
10            p[i] = i;
11        int w, s;
12        char c;
13        cin >> w >> c >> s;                       // 輸入開始報數的位置和步長
14            w = (w + n - 1) % n;                   // 計算出發位置
15            do {                                  // 每次有一個人出列，其後的人向前移動一位
16                w = (w + s - 1) % n;              // 計算出列孩子的位置，輸出其姓名
17                cout << name[p[w]] << endl;
18              for (int i = w; i < n - 1; i++)     // w+1…n-1 位置的孩子依次向前移動 1 個位置
19                  p[i] = p[i + 1];
20            } while (--n);                        // 圈內的孩子數量減少 1 個，直至 n<0 為止
21        return 0;
22    }
```

約瑟夫問題的變化形式多樣，例如任意指定起點元素、規定報數方向（順時針或逆時針）、限定出列元素數量、變換步進值或者兩個方向同時報數等。求解的方法也很多。我們不妨再看一個實例。

5.1.4 ▶ The Dole Queue

為了縮減（減少）失業救濟的排隊人數，某部門進行了認真的嘗試，並決定採取下述措施。每天所有的救濟申請將被排列成一個大圓圈，任選一人編號為 1，其餘的人按逆時針方向進行編號，一直編號到 N（在編號 1 的左側）。一位勞動部門的官員從 1 開始按逆時針方向清點到第 k 份申請，而另一位勞動部門的官員從 N 開始按順時針方向清點到第 m 份申請。這兩個人被選出去參加再培訓。如果兩位官員選擇同一人，就送她（他）去從

事某項工作。然後這兩個官員再次開始找下一個這樣的人,這個過程一直繼續下去,直到沒有人留下。請注意,被選出的兩個人同時離開圓圈,因此有可能一個官員清點到的人已經被另一個官員選擇了。

輸入

請編寫一個程式,依序連續輸入 3 個整數 N、k 和 m,其中 $k, m>0$,$0<N<20$,並確定送去再培訓的申請表編號次序。每個 3 個整數組成一行測試案例,用 3 個 0 來標示測試案例結束。

輸出

對於每個三元組,輸出一行,提供按序選出的人的編號。每個數字佔據 3 個字元的長度。每對數字先列出按逆時針方向選擇的人,連續的每對數字(或單個數字)之間用逗號分開(但結尾沒有逗號)。

範例輸入	範例輸出
10 4 3 0 0 0	$\triangle$ $\triangle$4$\triangle$ $\triangle$8,$\triangle$ $\triangle$9$\triangle$ $\triangle$5,$\triangle$ $\triangle$3$\triangle$ $\triangle$1,$\triangle$ $\triangle$2$\triangle$ $\triangle$6,$\triangle$ 10,$\triangle$ $\triangle$7

其中 $\triangle$ 表示空格。

試題來源: New Zealand Contest 1990

線上測試: UVA 133

❖ 試題解析

本題與標準的約瑟夫問題有所不同:報數是從兩個初始位置出發沿兩個方向進行,且每個方向上的步進值可能不同。設定目前圈內人數為 left,圈內標誌為 exist,其中 exist[i]==true 表示第 i 個人未出佇列;官員 1 選擇的第 i 個出佇列順序為 p_i,官員 2 選擇的第 i 個出佇列順序為 q_i,相鄰兩個出佇列人員的實際間隔為 cnt。初始時,$p_0=0$,$q_0=n+1$,left=n,exist[$1..n$] 全為 true。

下面,我們分析兩個官員選擇的第 i 個出佇列順序。

首先,計算官員 1 選擇的出佇列順序。在圈內 p_{i-1} 與 p_i 的相對間隔數 cnt=(k%$left$? k%left : left)。從 p_{i-1} 出發,按逆時針方向在原圈內連續點 cnt 個 exist 值為 true 的元素,得到 p_i。

然後,計算官員 2 選擇的出佇列順序。在圈內 q_{i-1} 與 q_i 的相對間隔數 cnt=(m%left ? m%left : left)。從 q_{i-1} 出發,按順時針方向在原圈內連續點 cnt 個 exist 值為 true 的元素,得到 q_i。

將 exist[p_i] 和 exist[q_i] 設為 false。若 $p_i \neq q_i$,則輸出第 i 個出佇列順序分別為 p_i 和 q_i,否則僅輸出 p_i 即可。計算圈內人數 left−=(p_i==q_i? 1 : 2)。

以此類推,直至 left==0 為止。

❖ 參考程式

```
01   #include <cstdio>                        // 前置編譯命令
02   #include <cstring>
03   const int maxn = 20;                      // 設定圈內人數的上限
04   int main(void)
05   {
```

```
06          int n, k, m;
07          scanf("%d%d%d", &n, &k, &m);                    // 輸入圈內人數、官員 1 和官員 2 的
08                                                          // 出佇列間隔
09          while (n || k || m) {
10              bool exist[maxn];                           // 用 exist[i] 表示第 i 個人是否還
11                                                          // 在圈中
12              memset(exist, true, sizeof(exist));         // 初始時所有人在圈中
13              int p=0, q=n+1;                             // 官員 1 和官員 2 選擇的出佇列順序初始化
14              int left = n;                               // 剩餘人數初始化
15              while (left) {                              // 迴圈計算出佇列隊員，直至圈內人數為 0
16                  int cnt = (k % left ? k % left : left); // 計算逆時針第 k 個人的相對間隔
17                  while (cnt--)                           // 連續點 cnt 個 exist 值為 true 的元素
18                      do {
19                          q = ((p + 1) % n ? (p + 1) % n : n);
20                      } while (!exist[p]);
21                  cnt = (m % left ? m % left : left);     // 計算順時針第 m 個人的相對間隔
22                  while (cnt--)                           // 連續點 cnt 個 exist 值為 true 的元素
23                      do {
24                          q = ((q - 1 + n) % n ? (q - 1 + n) % n : n);
25                      } while (!exist[q]);
26                  if (left < n)                           // 輸出出佇列的人
27                      putchar(',');
28                  printf("%3d", p);
29                  if (p != q)
30                      printf("%3d", q);
31                  exist[p] = exist[q] = false;            // 將第 p 個和第 q 個人標記為刪除
32                  left -= (p == q ? 1 : 2);               // 計算圈內人數
33              }
34              putchar('\n');
35              scanf("%d%d%d", &n, &k, &m);                // 輸入下組測試資料的圈內人數、
36                                                          // 官員 1 和官員 2 的出佇列間隔
37          }
38          return 0;
39      }
```

5.2　堆疊應用

堆疊（Stack）是一種只允許在開頭（或頂端）存取資料的
串列，在串列的頂端放入資料元素，而且只能從串列的頂
端移出資料元素。正是基於這種原因，堆疊也被稱為後進
先出結構。這裡把向堆疊添加資料元素的操作稱為推入堆
疊（push），把從堆疊移出資料元素的操作稱為提出堆疊
（pop）。資料元素從堆疊底部指標 bottom 所指的單元開
始堆放，堆疊頂端指標 top 指向最上面一個資料元素的位
址。一個新元素推入堆疊時，堆疊頂端指標 top++，將新
元素置入該位址；堆疊頂端元素提出堆疊時，只要將堆疊
頂端指標 top-- 即可（如圖 5.2-1 所示）。

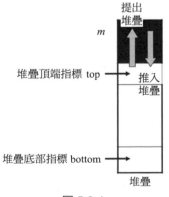

圖 5.2-1

堆疊一般採用陣列作為其儲存結構，這樣做可以避免使用動態指標，省去申請和釋放記憶體的時間，簡化程式。當然，陣列需要預先宣告靜態資料區的大小，但這不是問題，因為即便頻繁進行提出推入堆疊的操作，任何時刻堆疊元素的實際個數都不會很多，為堆疊預留一個足夠大而不至於浪費太多的空間通常沒有什麼困難。如果不能做到這一點，那麼節省記憶體的辦法是使用鏈結串列儲存堆疊。

堆疊是一種常見的資料結構，凡是需要按照「先出現的事件後處理」的順序展開演算法的場合都可使用堆疊。下面提供一個應用堆疊的實例。

5.2.1 ▶ Rails

在 PopPush 城有一座建於 20 世紀的著名火車站，車站的鐵路如圖 5.2-2 所示。

每輛火車都從 A 方向駛入車站，再從 B 方向駛出車站，同時火車的車廂可以進行某種形式的重新組合。假設從 A 方向駛來的火車有 N 節車廂 ($N \leq 1000$)，分別按順序編號為 1, 2, …, N。負責車廂排程的工作人員需要知道能否使

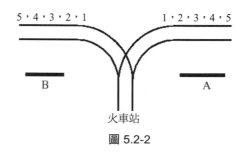

圖 5.2-2

它以 a_1, a_2, …, a_N 的順序從 B 方向駛出。請為他寫一個程式，用來判斷能否得到指定的車廂順序。假定在進入車站之前，每節車廂之間都是不相連的，並且它們可以自行移動，直到處於 B 方向的鐵軌上。另外，假定車站裡可以停放任意多節車廂。但是，一旦一節車廂進入車站，它就不能再回到 A 方向的鐵軌上了，並且當它進入 B 方向的鐵軌後，它就不能再回到車站。

輸入

輸入檔案包含很多段，每一段有很多行。除了最後一段外，每一段都定義了一輛火車以及很多需要的重組順序。每一段的第一行是上面所說的整數 N，接下來的每一行都是 1, 2, …, N 的一個置換，每段的最後一行都是數字 0。

最後一段只包含數字 0。

輸出

輸出檔案中的每一行都對應到輸入檔案中的一個描述置換的行，並且用「Yes」表示可以把它們編排成所需的順序，否則用「No」表示。另外，用一個空行表示輸入檔案的對應段的結束。輸入檔案中最後的空段在輸出檔案中不需要有對應的內容。

範例輸入	範例輸出
5	Yes
1 2 3 4 5	No
5 4 1 2 3	
0	Yes
6	
6 5 4 3 2 1	
0	
0	

試題來源： ACM Central Europe 1997

線上測試： POJ 1363，ZOJ 1259

❖ 試題解析

車站的鐵路路線實際上是一個堆疊，A 方向駛來的火車為初始序列 $[1，2，\cdots，n]$，B 方向駛出的火車順序為初始序列的一個置換，這個置換透過提出推入堆疊操作來實作。題目提供一組數，問你這是不是一組合法的提出堆疊序列。

有兩種計算方法。

（1）方法 1

按照「先進後出」規則，置換中的任何元素 x 提出堆疊前，原來在堆疊中的所有大於 x 的元素必須提出堆疊，而堆疊內元素值必須小於 x。因為大於 x 的元素在 x 之後推入堆疊，小於 x 的元素先於 x 之前推入堆疊。

設置換的合法標誌為 valid，堆疊中或已提出堆疊元素的最大值為 max，元素提出推入堆疊的標誌序列為 p，其中

$$p[x]=\begin{cases} 0 & \text{元素 } x \text{ 未推入堆疊} \\ 1 & \text{元素 } x \text{ 在堆疊中} \\ 2 & \text{元素 } x \text{ 已提出堆疊} \end{cases}$$

計算過程如下：

1. 初始時，所有元素未推入堆疊，即 p 中所有元素設定為 0，max=0。

2. 依次讀入目前置換的每個元素 x，按照下述辦法判斷置換是否合法。

   在目前置換合法的情況下（valid==true）：

   ◆ 看堆疊中是否存在大於 x 的元素 t。如果有（$p[t]==1$，$x+1{\leq}t{\leq}$max），則按照後進先出規則，這些元素位於 x 上方，x 是無法提出堆疊的，失敗結束（valid=false）。

   ◆ 調整堆疊中和已提出堆疊元素的最大值（max=(max$>x$? max : x)）。

   ◆ 所有小於 x 且未推入堆疊的元素 $p[j]$ 推入堆疊（$p[j]$ 由 0 調整為 1，$1{\leq}j{\leq}x{-}1$）。

3. 按照上述方法輸入和處理置換的 n 個元素後，根據 valid 標誌輸出解（valid ? "Yes" : "No"）。

這一方法的時間複雜度是 $O(n^3)$。

❖ 參考程式

```
01    #include <iostream>          // 前置編譯命令
02    #include <cstring>
03    using namespace std;         // 使用 C++ 標準程式庫中的所有識別字
04    const int maxn = 1000 + 10;  // 車廂數的上限
05    int main(void)
06    {
07        int n, p[maxn];          // 測試案例的元素數量和元素出入堆疊的標誌序列
08        cin >> n;                // 讀測試案例的元素數量
```

```
09        while (n) {
10            int x, max = 0;                  // 置換的目前元素為 x，初始化堆疊中和已提出堆疊元素的最大值
11            cin >> x;                        // 讀置換的第 1 個元素
12            while (x) {
13                memset(p, 0, sizeof(p));     // 所有元素未推入（0 表示未推入；1 表示在堆疊中；
14                                             // 2 表示已提出堆疊）
15                bool valid = true;
16                for (int i = 1; i <= n; i++) {
17                    if (valid) {             // 若目前提出堆疊順序合法，則搜尋堆疊中是否存在大於 x 的
18                                             // 元素。如果有，按照後進先出規則，這些元素位於 x 上方，
19                                             // x 是無法提出堆疊的
20                        bool ok = true;
21                        for (int i = x + 1; i <= max; i++)
22                            if (p[i] == 1) {
23                                ok = false;
24                                break;
25                            }
26                        if(!ok)              // 若堆疊中可能存在大於 x 的元素，則提出堆疊順序非法
27                            valid = false;
28                        else {               // 調整堆疊中和已提出堆疊元素的最大值
29                            max = (max > x ? max : x);
30                            p[x] = 2; //x 提出堆疊，所有小於 x 且未入堆疊的元素設推入堆疊標誌
31                            for (int i = x - 1; i > 0 && !p[i]; i--)
32                                p[i] = 1;
33                        }
34                    }
35                    if (i < n)
36                        cin >> x;                                    // 讀置換的下一個元素
37                }
38                cout << (valid ? "Yes" : "No") << endl;    // 輸出置換是否合法的資訊
39                cin >> x;                                    // 讀取目前置換的下一個元素值
40            }
41            cout << endl;                              // 輸出空行
42            cin >> n;                                  // 讀取下一個測試案例的元素數量
43        }
44        return 0;
45    }
```

（2）方法 2

模擬進出堆疊，即按 1…n 推入，同時比較置換序列，看按照這個順序能否順利提出堆疊：

1. 如果目前要推入的元素是下一個要提出堆疊的元素，則直接讓它推入堆疊 / 提出堆疊。

2. 如果目前堆疊頂端的元素是下一個要提出堆疊的元素，則讓它提出堆疊。

3. 否則目前元素推入，分析下一個要推入的元素。

若置換序列的 n 個元素順利提出堆疊，則置換序列為合法的提出堆疊序列，否則不合法。演算法複雜性僅為 $O(n)$。

❖ **參考程式**

```c
01   #include<stdio.h>
02   int main()
03   {
04       int a[1005],b[1005],i,j,k,n;           // 設定 a[0..n-1] 儲存入堆疊序列 [1..n]，
05                                              // 堆疊頂端指標為 k；b[0..n-1] 儲存待判斷的提出
06                                              // 堆疊序列，堆疊頂端指標為 j
07       while(scanf("%d",&n),n)                // 反覆輸入序列長度 n，直至輸入 0
08                                              // （程式結束標誌）為止
09       {
10           while(scanf("%d",&b[0]),b[0])      // 反覆輸入 b[0]，直至輸入 0
11                                              // （長度為 n 的序列結束標誌）為止
12           {
13               for(j=1; j<n; j++)  scanf("%d",&b[j]);   // 輸入 b[1]…b[n-1]
14                                              // 計算和輸出 b[0,n-1] 是否合法
15               for(i=1,j=0,k=0; i<=n&&j<n; i++,k++)     // 依次將 [1..n] 送入 a[] 的同時，
16                                              // 進行模擬比較
17               {
18                   a[k]=i;                    // i 推入 a[] 堆疊
19                   while(a[k]==b[j])          // 若推入堆疊元素 a[k] 為目前提出堆疊元素 b[j]，
20                                              // 則 a[] 直接提出堆疊
21                   {
22                       if(k>0)  k--;
23                       else    {  a[k]=0,k--;  }// 0 推入堆疊底部 a[0]，設堆疊空標誌 -1
24                       j++;                   // b[j] 順利提出堆疊，分析下一個提出堆疊元素
25                       if(k==-1) break;       // 若 a[] 堆疊空，則結束 while
26                   }
27               }
28               if(j==n) printf("Yes\n");      // b[] 中的 n 個元素順利提出堆疊，則成功，
29                                              // 否則失敗
30               else  printf("No\n");
31           }
32           printf("\n");
33       }
34   }
```

運算式求值是堆疊的典型應用。運算式一般有以下部分：

1. 運算元，即合法的變數名或常數。

2. 運算子，包括下面 4 類：

   ◆ 用於數值計算的算術運算子，包括二元運算子（ + 、 − 、 * 、 / 、 % ）和一元運算子
   （ − ）。

   ◆ 用於比較大小的關係運算子，包括 < 、 <= 、 == 、 != 、 > 、 >= 。

   ◆ 用於計算與（ && ）、或（ || ）、非（ ! ）關係的邏輯運算子。

   ◆ 用於改變運算順序的括弧。

為了正確執行運算式的計算，必須明確各個運算子的執行順序，因此每個運算子都規定
了一個優先順序。C++ 中規定的各運算子的優先順序如下表所示。

優先順序	運算子	優先順序	運算子
1	–、！（一元）	5	==、!=
2	*、/、%	6	&&
3	+、–	7	||
4	<、<=、>、>=		

運算式中相鄰兩個運算子的計算順序是：優先順序高的運算子先計算；若運算子優先順序相同，則自左向右計算；使用括弧時，從最內層的括弧開始計算。例如，運算式 $A+B*(C-D)-E/F$ 的計算順序如圖 5.2-3 所示，R_1、R_2、R_3、R_4、R_5 為中間計算結果。

圖 5.2-3

在計算運算式值的過程中，需要開設兩個堆疊：運算子堆疊和數值堆疊。

1. 運算子堆疊 op：儲存運算子。

2. 數值堆疊 val：儲存運算元和中間運算結果。

若運算式中無優先順序最高的一元運算子，則運算元或中間運算結果直接推入 val 堆疊；否則，運算元或中間運算結果推入堆疊前，需要分析 op 堆疊頂端有多少個連續的一元運算子。這些一元運算子被提出 op 堆疊，並連續對運算元進行相關的一元運算，最後將運算結果推入 val 堆疊。

計算運算式的基本思維是順序掃描運算式的每個字元，根據它的類型做如下操作：

1. 若是運算元，則將運算元推入 val 堆疊。

2. 若是運算子 <op>，則計算 op 堆疊頂端中優先順序比 op 高或優先順序和 op 相同的二元運算子 $op_1 \cdots op_k$，提出這些二元運算子。每提出一個二元運算子 $op_i (1 \le i \le k)$，則從 val 堆疊中提出兩個運算元 a 和 b，形成運算指令 $a<op_i>b$，並將結果重新推入 val 堆疊。完成 $op_1 \cdots op_k$ 的運算後，op 推入運算子堆疊 op。

掃描完運算式的所有字元後，若運算子堆疊 op 不空，則堆疊中的運算子相繼提出堆疊。每提出一個運算子，就從 val 堆疊中提出兩個運算元，在進行相關運算後，運算結果重新推入 val 堆疊。最後在 val 堆疊的堆疊頂端元素就是運算式的值。

5.2.2 ▶ Boolean Expressions

本題的目標是計算如下布林運算式：

(V | V) & F & (F | V)

其中「V」表示 True，「F」表示 False。運算式可以包含下述運算子：「!」表示 not，「&」表示 and，「|」表示 or。允許使用括弧。

為了執行運算式的運算，要考慮運算子的優先順序：not 的優先順序最高，or 的優先順序最低。程式要產生 V 或 F，即輸入檔案中每個運算式的結果。

輸入

一個運算式不超過 100 個符號。符號間可以用任意個空格分開，也可以沒有空格，所以運算式總長度，也就是字元的個數，是未知的。

在輸入檔案中，運算式的個數是一個變數，不大於 20。每個運算式在一行中，如範例所示。

輸出

對測試案例中的每個運算式，輸出「Expression」，後面跟著序號和「:」，然後是相關測試運算式的結果值。每個測試運算式一行。

使用如下所示的範例輸出中的格式。

範例輸入	範例輸出
(V | V) & F & (F | V)	Expression 1: F
!V | V & V & !F & (F | V) & (!F | F | !V & V)	Expression 2: V
(F&F|V|!V&!F&!(F|F&V))	Expression 3: V

試題來源：ACM Mexico and Central America 2004
線上測試：POJ 2106

❖ 試題解析

用數字表示運算子的優先順序，數字越大，優先順序越高。

運算子	優先順序	運算子	優先順序
"("	0	"!"	3
"|"	1	")"	4
"&"	2		

其中，「!」為一元運算子，「|」和「&」為二元運算子。「)」的優先順序最高，由於遇到「)」時需計算括弧內的子運算式（由左方第 1 個「(」的右側字元到「)」的左側字元組成），因此程式不再為「)」設定優先順序數字。設定兩個堆疊：

◆ 用於儲存運算子的運算子堆疊 op，堆疊頂端指標為 otop。

◆ 用於儲存運算元或中間運算結果的數值堆疊 val，堆疊頂端指標為 vtop。

◆ 由於運算式中有優先順序最高的一元運算子「!」，因此運算元或中間運算結果推入堆疊前，需要分析 op 堆疊頂端有多少個連續的「!」，這些「!」提出 op 堆疊，並連續對運算元進行相關非運算，最後將運算結果推入 val 堆疊。

詳細計算過程如下：

1. 數值堆疊 val 和運算子堆疊 op 初始化為空（vtop=otop=0）。

2. 依次分析運算式字串的每個字元 c：

   ◆ 若 c==「(」，則 0 推入運算子堆疊 op。

   ◆ 若 c==「)」，則處理括弧內的所有運算，結果推入 val 堆疊，op 堆疊頂端的「(」提出堆疊。

   ◆ 若 c==「!」，則 3 推入運算子堆疊 op。

   ◆ 若 c==「&」，則相繼將 op 堆疊頂端的「&」「!」提出，進行相關運算，2 推入運算子堆疊 op。

◆ 若 c==「|」，則相繼將 op 堆疊頂端的「|」「&」「!」提出，進行相關運算，1 推入
運算子堆疊 op。

◆ 若 c 是運算元「V」或「F」，則轉換成數字（「V」為 1，「F」為 0）後推入 val
堆疊。

3. 依次提出 op 堆疊的堆疊頂端元素，進行相關的運算。最後，val 的堆疊底部元素即為
目前表達式的值 (val[0] ? 'V' : 'F')。

❖ **參考程式**

```
01   #include <cstdio>                           // 前置編譯命令
02   const int maxn = 100 + 10;                  // 運算式的長度上限
03   int val[maxn], vtop;                         // 數值堆疊和堆疊頂端指標
04   int op[maxn], otop;                          // 運算子堆疊和堆疊頂端指標
05   void insert(int b)                           // 運算元 b 推入數值堆疊 val
06   {
07       while (otop && op[otop - 1] == 3) {      // 根據 op 堆疊頂端的 "!" 對運算元 b 進行非運算
08           b = !b;
09           --otop;
10       }
11       val[vtop++] = b;                         // 運算元 b 推入數值堆疊 val
12   }
13   void calc(void)                              // 進行二元運算
14   {
15       int b = val[--vtop];                     // 數值堆疊 val 堆疊頂端中提出兩個運算元 a 和 b
16       int a = val[--vtop];
17       int opr = op[--otop];                    // 運算子堆疊 op 提出堆疊頂端運算子 opr
18       int c = (a & b);                         // 預設運算子為 "&"
19       if (opr == 1)                            // 處理運算子為 "|" 的情況
20           c = (a | b);
21       insert(c);                               // 將運算結果插入值堆疊 val 中
22   }
23   int main(void)
24   {
25       int loop = 0;                            // 測試案例序號初始化
26       char c;
27       while ((c = getchar()) != EOF) {         // 反覆取運算式的第 1 個字元，直至輸入結束
28           vtop = otop = 0;                     // 數值堆疊 val 和運算子堆疊 op 為空
29           do {                                 // 掃描目前運算式
30               if (c == '(') {                  // 若 c =="("，則 0 推入運算子堆疊 op
31                   op[otop++] = 0;
32               } else if (c == ')') {           // 若 c ==")"，則處理括弧內的所有運算，結果推入 val 堆疊
33                   while (otop && op[otop - 1] != 0)
34                       calc();
35                   --otop;                      // op 堆疊頂端的 "(" 提出堆疊
36                   insert(val[--vtop]);
37               } else if (c == '!') {           // 若 c =="!"，則 3 推入運算子堆疊 op
38                   op[otop++] = 3;
39               } else if (c == '&') {           // 若 c =="&"，則相繼將 op 堆疊頂端的 "&" 或
40                                                // "!" 彈出，進行相關運算，2 推入運算子堆疊 op
41                   while (otop && op[otop-1]>= 2)
42                       calc();
43                   op[otop++] = 2;
44               } else if (c == '|') {           // 若 c =="|"，則相繼將 op 堆疊頂端的 "|""&""!"
```

```
45                                              // 提出，進行相關運算，1 推入運算子堆疊 op
46              while (otop && op[otop - 1]>= 1)
47                  calc();
48              op[otop++] = 1;
49          } else if (c == 'V' || c == 'F') {// 若 c 是運算元，則轉換成數字後推入 val 堆疊
50              insert(c == 'V' ? 1 : 0);
51          }                                      // 空格被忽略
52      } while ((c = getchar()) != '\n' && c != EOF);   // 反覆輸入目前運算式的字元
53      while (otop)                                  // 依次提出 op 堆疊的堆疊頂端元素，
54                                                    // 進行相關運算
55          calc();
56
57      printf("Expression %d: %c\n", ++loop, (val[0] ? 'V' : 'F'));
58          // val 的堆疊底部元素即目前運算式值
59      }
60      return 0;
61  }
```

上述實例提供了堆疊操作的程式實作。實際上，C++ 的 STL 為我們提供了方便的堆疊操作命令。準確地說，STL 中的 stack 不同於 vector、list 等容器，而是對這些容器的重新包裝，使程式編寫者能夠在堆疊操作時直接呼叫相關的程式庫函式，避免了計算堆疊指標的麻煩。

stack 範本類別的定義在 <stack> 標頭檔中。stack 範本類別需要兩個範本參數，一個是元素型別，一個是容器型別。但只有元素型別是必要的，在不指定容器型別時，預設的容器型別為 deque。例如標頭檔：

```
stack<int> s1;          // 定義元素型別為整數的堆疊 s1
stack<string> s2;       // 定義元素型別為字串的堆疊 s2
```

stack 的基本操作如下。

操作	命令形式	說明
推入堆疊	*s*.push(*x*)	元素 *x* 推入堆疊 *s*
提出堆疊	*s*.pop()	刪除 *s* 的堆疊頂端元素，但不傳回該元素
存取堆疊頂端	*s*.top()	傳回 *s* 的堆疊頂端元素，但不刪除堆疊頂端元素
判斷堆疊空	*s*.empty()	當 *s* 堆疊空時，傳回 true

接下來提供一個利用 STL 中的 stack 範本解題的實例。

5.2.3 ▶ Lazy Math Instructor

一位數學教師不想在試卷上給一道題目打分數，因為在試卷中，同學們為求解這道題目提供了複雜的公式。同學們可以用不同的形式寫出正確答案，這也使評分變得非常困難。所以，這位教師需要電腦程式設計人員的幫助，而你正好可以幫助這位教師。

請編寫一個程式來讀取不同的公式，並確定它們在算術上是否相等。

輸入

輸入的第一行提供一個整數 N（$1 \leq N \leq 20$），表示測試案例的數量。在第一行之後，每個測試案例有兩行。一個測試案例由兩個算術運算式組成，每個運算式一行，最多 80 個字元。在輸入中沒有空行。運算式包含以下一個或多個字元：

◆ 單字母變數（不區分大小寫）。

◆ 一位數的數字。

◆ 相匹配的左括弧和右括弧。

◆ 二元運算子 +、- 和 *，分別表示加、減和乘。

◆ 在上述符號之間的任意數量的空格或定位字元。

本題設定：運算式在語法上是正確的，並且從左到右按所有運算子的優先順序相同進行計算。變數的係數和指數是 16 位整數。

輸出

程式要為每個測試案例輸出一行。如果測試資料的輸入運算式在算術上相同，則程式輸出「YES」，否則程式輸出「NO」。輸出應全部使用大寫字母。

範例輸入	範例輸出
3	YES
(a+b-c)*2	YES
(a+a)+(b*2)-(3*c)+c	NO
a*2-(a+c)+((a+c+e)*2)	
3*a+c+(2*e)	
(a-b)*(a-b)	
(a*a)-(2*a*b)-(b*b)	

試題來源： ACM Tehran 2000

線上測試： POJ 1686

❖ 試題解析

本題要求判斷兩個運算式是否相等。利用堆疊對每個運算式求值，應設立運算子堆疊和運算元堆疊。依序掃描運算式中的每個字元，根據它的類型做如下操作：

1. 若是運算元，則運算元推入運算元堆疊。如果運算元是字母，則透過 salpha 函式將之轉換成非零整數送入運算元堆疊。

2. 若是運算子 <op>，則計算運算子堆疊頂端中優先順序比 op 高或優先順序和 op 相同的二元運算子 $op_1 \cdots op_k$，提出這些二元運算子。每提出一個二元運算子 op_i（$1 \leq i \leq k$），則從運算元堆疊中提出兩個運算元 a 和 b，形成運算指令 $a<op_i>b$，並將結果重新推入運算元堆疊。完成 $op_1 \cdots op_k$ 的運算後，op 推入運算子堆疊。

掃描完運算式的所有字元後，若運算子堆疊不為空，則堆疊中的運算子相繼提出堆疊。每提出一個運算子，從運算元堆疊中提出兩個運算元，在進行相關運算後，運算結果重新推入運算元堆疊。最後運算元堆疊的堆疊頂端元素就是運算式的值。

分別運用上述方法計算兩個運算式的值。最後透過比較這兩個值是否相同，便可得出問題的解。

❖ **參考程式**（略。本題參考程式的 PDF 檔案和本題的英文原版均可從碁峰網站下載）

5.3　佇列應用

與堆疊一樣，佇列也是一種限定存取位置的線性串列。本節將介紹三種佇列形式：

◆ 循序佇列

◆ 優先佇列

◆ 雙端佇列

5.3.1 ▶ 循序佇列

和連續串列一樣，循序佇列也必須用一個陣列來存放目前佇列中的元素。向佇列添加資料元素是在串列尾端進行，從佇列中移除資料元素在串列開頭，因此它又被稱為先進先出結構。這裡把向佇列添加資料元素稱為入列，把從佇列移出資料元素稱為出列。

由於佇列的開頭和結尾的位置是變化的，因此要設兩個指標，分別指示開頭和結尾元素在佇列中的位置（如圖 5.3-1 所示）。

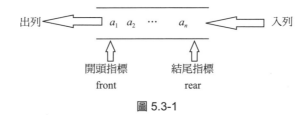

圖 5.3-1

5.3.1.1　A Stack or A Queue?

你知道堆疊和佇列嗎？它們都是重要的資料結構。堆疊是「先進後出」（FILO）的資料結構，而佇列是「先進先出」（FIFO）的資料結構。

現在有這樣的問題：提供進入結構和離開結構的一些整數的次序（假定在堆疊和佇列中都是整數），請確定這是哪種資料結構，是堆疊還是佇列？請注意，本題設定當所有的整數沒有進入資料結構前，沒有整數被提出。

輸入

輸入包含多個測試案例。輸入的第一行是一個整數 T（$T \leq 100$），表示測試案例的個數。然後提供 T 個測試案例。

每個測試案例包含 3 行：第一行提供一個整數 N，表示整數個數（$1 \leq N \leq 100$）；第二行提供用空格分隔的 N 個整數，表示進入結構的次序（即第一個資料最先進入）；第三行提供用空格分隔的 N 個整數，表示離開結構的次序（第一個資料最先離開）。

輸出

對於每個測試案例，在一行中輸出判定的結果。如果結構只能是一個堆疊，則輸出「stack」；如果結構只能是一個佇列，輸出「queue」；如果結構既可以是堆疊，也可以是佇列，則輸出「both」，否則輸出「neither」。

範例輸入	範例輸出
4	stack
3	queue
1 2 3	both
3 2 1	neither
3	
1 2 3	
1 2 3	
3	
1 2 1	
1 2 1	
3	
1 2 3	
2 3 1	

試題來源：The 6th Zhejiang Provincial Collegiate Programming Contest

線上測試：ZOJ 3210

❖ 試題解析

按照出入結構的順序，若第 i 個進入結構的元素在第 i 個離開，則該結構滿足「先進先出」的性質，該結構為佇列；若第 i 個進入結構的元素在倒數第 i 個離開，則該結構滿足「先進後出」的性質，該結構為堆疊（$0 \leq i \leq n-1$）。

設定 $a[i]$ 為第 i 個進入結構的整數，$b[i]$ 為第 i 個離開結構的整數（$0 \leq i \leq n-1$），issta 為結構的堆疊標誌，isque 為結構的佇列標誌。初始時，issta 和 isque 設為 true。

判別結構性質的方法如下。

依次搜尋 a 和 b 的每個元素，判斷結構中的所有元素是否具備佇列或堆疊的性質：若 $b[i] \neq a[i]$，則結構不符合「先進先出」的特性，該結構不是佇列 (isque=false)；若 $b[i] \neq a[n-i-1]$，則結構不符合「後進先出」的特性，該結構不是堆疊（issta=false）；$0 \leq i \leq n-1$。

最後，根據 issta 和 isque 的值確定結構的性質，如下表所示。

issta	isque	輸出
false	false	neither
false	true	queue
true	false	stack
true	true	both

❖ 參考程式

```
01   #include <iostream>                      // 前置編譯命令
02   using namespace std;                     // 使用 C++ 標準程式庫中的所有識別字
03   const int maxn = 100 + 10;               // 結構的長度上限
04   int main(void)
05   {
06       int loop;
07       cin >> loop;                         // 輸入測試案例數
08       while (loop--) {
09           int n, a[maxn];                  // 整數個數和結構
10           cin >> n;                        // 輸入整數個數
11           for (int i = 0; i < n; i++)      // 依次讀取進入結構的整數
12               cin >> a[i];
13           bool isque = true, issta = true; // 佇列和堆疊標誌初始化
14           for (int i = 0; i < n; i++) {
15               int x;
16               cin >> x;                    // 讀第 i 個離開結構的整數
17               if (x != a[i])               // 若該整數非第 i 個進入結構的整數，則結構非佇列
18                   isque = false;
19               if (x != a[n - i - 1])       // 若該整數非倒數第 i 個進入結構的整數，則結構非堆疊
20                   issta = false;
21           }
22           if (issta && isque)              // 結構既是佇列也是堆疊
23               cout << "both" << endl;
24           else if (issta)                  // 結構是堆疊
25               cout << "stack" << endl;
26           else if (isque)                  // 結構是佇列
27               cout << "queue" << endl;
28           else                             // 結構既非佇列也非堆疊
29               cout << "neither" << endl;
30       }
31       return 0;
32   }
```

佇列一般設有兩個指標，開頭指標 front 指向佇列開頭元素的位址，結尾指標 rear 指向佇列結尾元素的位址。若 front=rear，則佇列空；若 rear=maxsize−1，則佇列滿。這裡的 maxsize 指的是佇列容量（如圖 5.3-2 所示）。

圖 5.3-2

顯然，若佇列 queue 採用陣列儲存結構，在 rear<maxsize−1 的情況下向佇列插入資料元素 x，只要執行 queue[++rear]=x 即可；在 front≠rear 的情況下，從佇列中移出資料元素 y，只要執行 y=queue[++front] 即可。但是，這種簡單的操作方法會產生一種「假溢滿」現象（如圖 5.3-3 所示）。

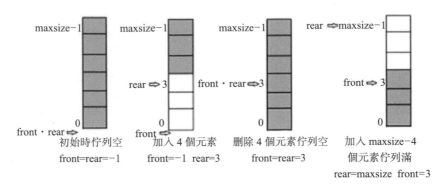

圖 5.3-3

顯然，對於一個空間為 maxsize 的佇列，若按照上述辦法先後插入和刪除 k 個元素，則佇列開頭有長度為 k 的空間被閒置，這就是所謂的「假溢出」。解決「假溢出」的對策是採用循環佇列，將佇列存儲空間的最後一個位置繞到第一個位置，形成邏輯上的環狀空間，供佇列循環使用，循環佇列如圖 5.3-4 所示。

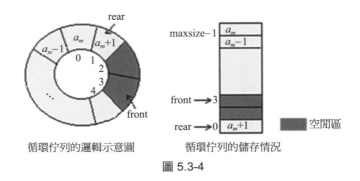

圖 5.3-4

入列運算時，佇列結尾指標循環加 1，即 rear ← (rear mod maxsize)+1；出列運算時，佇列開頭指標循環加 1，即 front ← (front mod maxsize)+1。在刪除操作前，需判別佇列空的標誌 front=rear，插入操作前需判別佇列滿標誌 front=(rear mod maxsize)+1。顯然，改用「佇列結尾指標追上佇列開頭指標」這一特徵作為佇列滿標誌，可以區分出佇列空和佇列滿。

在資料元素變動較大且不存在佇列滿而溢出的情況下，適用以單向鏈結串列作為儲存結構的佇列；尤其是在需要使用多個佇列的情況下，最好使用鏈結佇列，以避免儲存的移動和儲存分配不合理的問題。

當需要使用 $k(k>1)$ 個佇列時，若將 k 個元素數量變化的佇列分配到同一個連續的陣列空間，按每個佇列的元素數量的上限分配所在佇列的長度，會產生很大的浪費（如圖 5.3-5a 所示）。

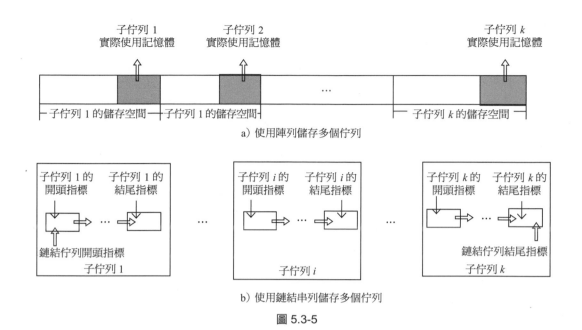

a）使用陣列儲存多個佇列

b）使用鏈結串列儲存多個佇列

圖 5.3-5

為此，用一個鏈結串列儲存所有佇列。所謂連鎖佇列，指的是每個子佇列的元素在佇列中的位置是連續排列的，各個子佇列按照入列的先後順序依次排列，所有子佇列組合成一個連鎖佇列。從「先進先出」的規則來講，每個元素入列時排在它所在子佇列的列尾，每個子佇列自成一個單獨的佇列。因此，我們既要設定整個連鎖佇列的首尾指標、每個元素的佇列位置和後繼指標，還要設定每個元素所在子佇列的序號、每個子佇列頭尾元素在佇列中的位置（如圖 5.3-5b 所示）。下面來看一個實例。

5.3.1.2　Team Queue

佇列和優先佇列是電腦工作者熟知的資料結構。然而，團隊佇列（Team Queue）儘管在日常生活中經常出現，但並沒有被大家所熟知。例如，午餐時間在 Mensa 前排隊的佇列就是一個團隊佇列。

在一個團隊佇列中，每個元素屬於一個團隊。當一個元素進入佇列時，首先從佇列的開頭到結尾，看它的隊友（同一團隊的元素）是否已經在佇列中。如果有的話，該元素進入佇列，並排在它的隊友後面。如果沒有，它進入佇列，並排在佇列的尾部，成為最後一個新元素（壞運氣）。提出佇列則和正常的佇列操作類似：按照元素在團隊佇列中的順序，從開頭到結尾提出佇列。

請編寫一個程式，模擬團隊佇列的過程。

輸入

輸入包含一個或多個測試案例。每個測試案例先提供團隊數目 $t(1 \leq t \leq 1000)$。t 個團隊描述如下：每個團隊的描述由該團隊的元素數目和元素組成，元素是範圍在 0～999999 內的整數。一個團隊最多由 1000 個元素組成。最後，提供指令清單如下。有三類指令：

◆ ENQUEUE x——元素 x 推入團隊佇列。

◆ DEQUEUE ——將第一個元素提出佇列。

◆ STOP ——該測試案例結束。

t 取 0 值時輸入結束。

提醒：一個測試案例可以包含多達 200000 條指令，因此團隊佇列的實作應該是高效率的，元素的推入佇列和提出佇列應該僅用確定的時間。

輸出

對每個測試案例，先輸出一行「Scenario #*k*」，其中 *k* 是測試案例的編號。然後，對每個 DEQUEUE 指令，用一行輸出提出佇列的元素。在每個測試案例之後，輸出一個空行，即使是最後一個測試案例也不例外。

範例輸入	範例輸出
2	Scenario #1
3 101 102 103	101
3 201 202 203	102
ENQUEUE 101	103
ENQUEUE 201	201
ENQUEUE 102	202
ENQUEUE 202	203
ENQUEUE 103	
ENQUEUE 203	Scenario #2
DEQUEUE	259001
DEQUEUE	259002
DEQUEUE	259003
DEQUEUE	259004
DEQUEUE	259005
DEQUEUE	260001
STOP	
2	
5 259001 259002 259003 259004 259005	
6 260001 260002 260003 260004 260005 260006	
ENQUEUE 259001	
ENQUEUE 260001	
ENQUEUE 259002	
ENQUEUE 259003	
ENQUEUE 259004	
ENQUEUE 259005	
DEQUEUE	
DEQUEUE	
ENQUEUE 260002	
ENQUEUE 260003	
DEQUEUE	
DEQUEUE	
DEQUEUE	
DEQUEUE	
STOP	
0	

試題來源：Ulm Local 1998

線上測試：POJ 2259，ZOJ 1948，UVA 540

❖ **試題解析**

前面說過，團隊佇列指的是每個團隊成員在佇列中的位置是連續排列的，各個團隊按照入列的先後順序依次排列。從「先進先出」的規則來講，所有團隊構成一個佇列，但從「該元素進入佇列排在它的隊友後面」的規則看，每個團隊又自成一個佇列。在這種情況下，我們使用連鎖佇列的儲存結構，因為將 t 個成員數變化的團隊分配到同一個連續的陣列空間，按每個團隊的最多人數設定所在佇列的長度，會產生很大的浪費。

設定團隊佇列為 r，開頭指標為 st，結尾指標為 ed。r 不同於一般佇列，一個團隊中的所有成員在佇列中都是連續儲存的，新隊員入列只能排在所在團隊的最後一個成員之後，而不像一般佇列的入列操作（插入列尾）那樣簡單。為了便於團隊佇列的操作，我們將佇列 r 的儲存結構設為連鎖結構：$r[i].p$ 為成員序號；$r[i].pre$ 為前驅指標；$r[i].next$ 為後繼指標，即佇列 r 中下一個元素的索引；used 為 $r[]$ 中新節點的索引；開頭指標 st 為開頭元素在 r 中的索引；結尾指標 ed 為結尾元素在 r 中的索引。

元素 x 所在的團隊序號為 $belong[x]$，$pos[i]$ 為團隊 i 中最後一個元素在佇列中的位置。

初始時，在讀入每個團隊資訊的同時記錄每個元素所在的團隊，產生 belong 陣列。由於佇列為空，因此開頭指標 st 和結尾指標 ed 初始化為 −1，pos 陣列中的每個元素值置為 −1，used=0。然後，依次輸入和處理指示。

（1）處理 ENQUEUE x 命令

x 置入 $r[]$ 陣列的新節點位置（$r[used].p=x$），並計算和分析最後一個元素的位置 $s(=pos[belong[x]])$。

1. 若佇列中沒有所在團隊的元素（$s<0$），則 used 插在結尾（$r[used].pre=ed$; $r[used].next=-1$）。注意處理兩種特殊情況：
   ◆ 若插入元素前佇列中有元素（$ed \geq 0$），則原結尾的後繼指標調整為 used（$r[ed].next=used$）。
   ◆ 若插入元素前佇列中無元素 ($st<0$)，則調整 used 為開頭指標（$st=used$）。

   最後將 used 調整為結尾指標（$ed=used$）。

2. 若佇列中有所在團隊的元素（$s \geq 0$），則 used 插在 s 位置後（$r[used].pre=s$；$r[used].next=r[s].next$；$r[s].next=used$）。注意處理兩種特殊情況：
   ◆ 若插入元素前 s 恰好是佇列中最後一個元素（$s==ed$），則將尾指標 ed 調整為 used。
   ◆ 若插入元素前 s 有後繼元素（$r[used].next \geq 0$），則該元素前驅設為 used($r[r[used].next].pre=used$)。

   最後標記 used 為所在團隊的最後一個元素，並申請新節點記憶體（$pos[belong[x]]=used++$）。

（2）處理 DEQUEUE 命令

輸出佇列開頭元素的序號 $r[st].p$。

若出列元素是所在團隊在佇列中唯一剩下的元素（st==pos[belong[r[st].p]]），則所在團隊在佇列中撤空（pos[belong[r[st].p]]=−1）。

調整開頭指標（st=r[st].next）。

❖ 參考程式

```cpp
01  #include <iostream>                          // 前置編譯命令
02  #include <string>
03  using namespace std;                         // 使用 C++ 標準程式庫中的所有識別字
04  const int maxp = 1000000;                    // 元素個數的上限
05  const int maxt = 1000;                       // 團隊數的上限
06  const int maxn = 200000 + 10;                // 佇列的規模
07  struct node {                                // 定義佇列及其節點的結構型別
08      int p;                                   // 元素序號
09      int pre, next;                           // 佇列位置和後繼指標
10  } r[maxn];
11  int used;                                    // 佇列新節點的索引
12  int belong[maxp];                            //belong[x] 表示元素 x 所在的團隊序號
13  int pos[maxt];                               //pos[i] 表示團隊 i 中最後一個元素在佇
14                                               // 列中的位置
15  int st, ed;                                  // 開頭指標和結尾指標
16  int main(void)
17  {
18      int t, loop = 0;                         // 團隊數目，測試案例編號初始化
19      cin >> t;                                // 輸入第一組測試資料的團隊數目
20      while (t) {
21          for (int i = 0; i < t; i++) {
22              int m;
23              cin >> m;                        // 輸入第 i 個團隊的元素數量
24              for (int j = 0; j< m; j++) {     // 輸入第 i 個團隊中每個元素的序號
25                  int x;
26                  cin >> x;
27                  belong[x] = i;               // 記錄元素 x 所在的團隊序號
28              }
29              pos[i] = -1;                     // 初始時，佇列中不存在第 i 個團隊的元素
30          }
31          used = 0;                            // 重置 r[] 陣列
32          st = ed = -1;                        // 標記佇列為空
33          if (loop)                            // 若非第 1 個測試案例，則輸出空行
34              cout << endl;
35          cout << "Scenario #" << ++loop << endl; // 輸出測試案例編號
36          string s;
37          cin >> s;                            // 輸入第 1 條命令
38          while (s != "STOP") {                // 反覆處理命令，直至 "STOP" 為止
39              if (s == "ENQUEUE") {            // 若為入列命令，則讀入列元素的編號 x
40                  int x;
41                  cin >> x;
42                  r[used].p = x;               // 從 r[] 陣列中申請一個新節點的位置，
43                                               // 索引為 used
44                  int s = pos[belong[x]];      // 取出佇列中所在團隊的最後一個元素的位置
45                  if (s < 0) {                 // 若佇列中沒有所在團隊的元素，則插在結尾
46                      r[used].pre = ed;
47                      r[used].next = -1;
48                      if (ed >= 0)
```

```
49                          r[ed].next = used;
50                      ed = used;
51                      if (st < 0)                   // 處理目前插入元素是佇列中
52                                                     // 唯一一個元素的特例
53                          st = used;
54                  } else {                           // 若佇列中存在所在團隊的元素
55                      r[used].pre = s;               // 插入 s 位置後
56                      r[used].next = r[s].next;
57                      if (s == ed)                   // 處理 s 恰好是佇列中最後一個元素的特例
58                          ed = used;
59                      r[s].next = used;
60                      if (r[used].next >= 0)
61                          r[r[used].next].pre = used;
62                  }
63                  pos[belong[x]] = used++;           // 標記目前元素為所在團隊在佇列中的
64                                                     // 最後一個元素
65              } else {                               // 處理出列命令
66                  cout << r[st].p << endl;           // 輸出佇列開頭元素的序號
67                  if (st == pos[belong[r[st].p]])    // 若該元素是所在團隊在佇列中唯一剩下的
68                                                     // 元素，則所在團隊在佇列中撤空
69                      pos[belong[r[st].p]] = -1;
70                  st = r[st].next;                   // 調整開頭指標
71              }
72              cin >> s;                              // 讀下一條命令串
73          }
74          cin >> t;                                  // 讀下一組測試資料的團隊數目
75      }
76      return 0;
77  }
```

上述實例中，在循序佇列操作時，需要謹慎計算開頭和結尾指標，稍一疏忽就會出錯。實際上，C++ 的 STL 為我們提供了方便的佇列操作命令。STL 中的 queue 對 vector、list 等容器進行了重新包裝，使程式編寫者不用糾纏於佇列的指標計算和程式實作，直接呼叫 queue 範本類別中的程式庫函式就可方便地解決問題。

queue 範本類別的定義在 <queue> 標頭檔中。與 stack 範本類別相似，queue 範本類別也需要兩個範本參數，一個是元素型別，一個是容器型別。元素型別是必要的，容器類型是可選擇的，預設為 deque 型別。例如：

```
queue<int> q1;           // 定義元素為型整數的佇列 q1
queue<double> q2;        // 定義元素為實數型的佇列 q2
```

queue 的基本操作如下表所示：

操作	命令	說明
入列	q.push(x)	從 q 的結尾插入 x
出列	q.pop()	提出 q 佇列的開頭元素，注意，不會傳回被提出元素的值
存取開頭元素	q.front()	傳回最早被推入 q 佇列的元素
存取結尾元素	q.back()	傳回最後被推入佇列 q 的元素
判斷佇列空	q.empty()	當佇列空時，傳回 true
存取佇列中的元素個數	q.size()	傳回佇列 q 中的元素數量

下面我們提供一個利用 STL 中的佇列操作命令的實例。

5.3.1.3　Card Stacking

Bessie 正 在 和 她 的 $N-1$（$2 \leq N \leq 100$） 個 朋 友 玩 撲 克 牌 遊 戲，一 副 撲 克 牌 有 K（$N \leq K \leq 100000$，K 是 N 的倍數）張牌。這副撲克牌包含 $M = K/N$ 張「好」牌和 $K-M$ 張「壞」牌。Bessie 是發牌者，當然，她想把所有的「好」牌都發給自己，她喜歡贏。

Bessie 的朋友懷疑她會作弊，所以設計了一個發牌系統，以防止 Bessie 作弊。他們讓她按如下方式處理：

1. 先把撲克牌堆頂上的牌發給她右邊的玩家。

2. 每次她發了一張牌後，要把接下來的 P（$1 \leq P \leq 10$）張牌放在撲克牌堆的底部。

3. 繼續以這種方式按逆時針方向依次給每個玩家發牌。

Bessie 希望獲勝，請幫她弄清楚應該把「好」牌放在哪裡，這樣她就能拿到所有的「好」牌。本題設定，最頂端的牌是第 1 張牌，下一張是第 2 張牌，以此類推。

輸入
輸入一行，提供 3 個用空格分隔的整數：N、K 和 P。

輸出
輸出為從第 1～M 行，即從撲克牌堆的頂部開始，按遞增的順序輸出 Bessie 應該在其中放置「好」牌的位置，這樣，當發牌的時候，Bessie 將拿到所有的「好」牌。

範例輸入	範例輸出
3 9 2	3
	7
	8

試題來源：USACO 2007 December Bronze
線上測試：POJ 3629

❖ 試題解析

本題是一道佇列模擬題，用佇列來模擬發牌過程，確定「好」牌的位置。

參考程式是用 C++ 的 queue 來實作的，雖然這可能比直接用陣列實作佇列的效能略遜一籌，但避免了出入列操作時處理開頭 / 結尾指標的煩瑣和失誤，使程式簡明了不少。

❖ 參考程式

```
01   #include <iostream>
02   #include <cstdio>
03   #include <algorithm>
04   #include <queue>
05   using namespace std;
06   const int maxn = 1e5 + 100;
07   int good_cards[maxn];                                // 好牌序列
08   int main(void)
09   {
```

```
10        int n, k, p;                                    // 輸入打牌人數 n、牌數 k、每發一張
11                                                        // 牌後放入牌堆底部的牌數 p
12        scanf("%d %d %d", &n, &k, &p);
13        queue<int>q;                                    // 牌的佇列為 q
14        for (int i = 1; i <= k; i++)                    // 將 k 張牌放入佇列 q
15            q.push(i);
16        int loop_count = 1, good_card_count = 0;        // 初始化發牌數和好牌序列長度
17        while (!q.empty())                              // 反覆操作，直至佇列空
18        {
19            if (loop_count % n == 0)                    // 輪到自己發牌
20            {
21                good_cards[good_card_count++]=q.front(); // 開頭元素進入好牌序列
22                if (good_card_count == n / k)           // 若好牌數達到 n/k 張，則退出迴圈
23                    break;
24            }
25            loop_count++;                               // 發牌數 +1
26            q.pop();                                    // 開頭元素出列
27            for (int j = 0; j < p; j++)                 // 每次發牌後將接下來的 p 張牌放到
28                                                        // 牌的最下面
29            {
30                int tmp = q.front();                    // 取出佇列開頭元素放到結尾
31                q.push(tmp);
32                q.pop();                                // 開頭元素出列
33            }
34        }
35        sort(good_cards, good_cards + good_card_count); // 遞增排序好牌序列
36        for (int i = 0; i < good_card_count; i++)       // 輸出序列中的每張好牌
37            printf("%d\n", good_cards[i]);
38        return 0;
39  }
```

5.3.2 ▶ 優先佇列

循序佇列是一種特徵為「先進先出」的資料結構，每次從佇列中取出的是最早加入佇列的元素。但許多應用需要另外一種佇列，例如候診的病人在醫院急診室門口排成佇列，但醫院一般按照病人病情的危險程度（生命越垂危，優先順序越高）來安排就診順序，比如，應該先對心臟病突發的患者進行救護，再處理手臂骨折患者。再如，需要主管決策的任務接踵而來，但主管一般會按照任務的重要程度來安排工作先後順序，而不是按照任務的提交時間來安排先後順序。

顯然，每次從上述佇列中取出的應該是優先權（priority）最高的元素，這種佇列就是優先佇列。優先佇列的插入操作只是把一個新的資料元素加到結尾，刪除操作則是把最重要的（優先順序最高的）元素從佇列中刪除。如果多個元素具有相同的最高優先順序，則一般將這些元素視為一個先來先服務的佇列，按它們加入優先佇列的先後次序進行處理。

5.3.2.1　Printer Queue

在學生會裡，唯一的一台印表機承擔了非常繁重的工作。有時在印表機佇列中有上百份檔案要列印，你可能要等上幾個小時才能列印出一頁檔案。

因為一些檔案比其他檔案重要，所以 Hacker General 發明和實作了列印工作佇列的一個簡單的優先系統。每個列印檔案被賦予一個從 1～9 的優先順序（9 是最高優先順序，1 是最低優先順序），印表機動作如下：

1. 將佇列中的第一個列印檔案 *J* 從佇列中取出。

2. 如果在佇列中有優先順序高於 *J* 的列印檔案，則不列印 *J*，而是將 *J* 移到佇列最後。

3. 否則，列印 *J*（不將 *J* 移到佇列最後端）。

使用這一方法後，Hacker General 的所有重要檔案會很快地被列印。當然，令人煩惱的是其他要列印的檔案則不得不等待更久才能被列印，但這就是生活。

你要確定列印檔案什麼時候完成列印，請寫一個程式來計算一下。提供目前佇列（和優先順序清單）以及檔案在佇列中的位置，計算需要多長時間你的檔案才被列印，假定佇列中不會加入其他檔案。為了使事情簡單化，我們設定列印一份檔案恰好需要一分鐘，向佇列中添加一個列印檔案以及移走一個列印檔案是在瞬間完成的。

輸入
第一行提供一個正整數，即測試案例的個數（最多為 100）。然後，對每個測試案例：

1. 在一行中提供兩個整數 *n* 和 *m*，其中 *n* 為佇列中列印檔案的數目 $(1 \leq n \leq 100)$，*m* 為列印檔案所在的位置 $(0 \leq m \leq n-1)$。佇列中第一個檔案的位置編號為 0，第二個檔案的位置編號為 1，以此類推。

2. 在一行中提供 *n* 個整數，範圍從 1～9，提供佇列中所有檔案的優先順序。第一個整數提供第一個列印檔案的優先順序，第二個整數提供第二個列印檔案的優先順序，以此類推。

輸出
對每個測試案例，輸出一行，提供一個整數，表示到檔案列印完成需要多少分鐘。假定列印工作進行的時候沒有其他列印檔案插入佇列。

範例輸入	範例輸出
3	1
1 0	2
5	5
4 2	
1 2 3 4	
6 0	
1 1 9 1 1 1	

試題來源：ACM Northwestern Europe 2006
線上測試：POJ 3125，UVA 3638

❖ **試題解析**

由於列印檔案是按照優先順序由高到低的順序進行列印的（優先順序相同的檔案則按照先來先列印的原則），因此本題屬於優先佇列的典型應用。

設定 *a* 為儲存待列印檔案的優先迴圈佇列，其容量為 maxn=100+5，首尾指標為 st 和 ed。初始時，依次將 *n* 個列印檔案的優先順序存入 *a*，並初始化首尾指標 st=0，ed=*n*。

目前你的列印檔案的位置為 m。為了標示你的列印檔案，$a[m]$ 取負。完成列印檔案任務所需的時間為 cnt，初始時 cnt=0。

由於列印檔案是按照任務優先順序遞減的順序進行的，因此需要透過反覆取開頭列印檔案任務（優先順序為 k）來計算 cnt。

分析佇列 a 中每個列印任務的優先順序：一旦發現 $|a[i]|>|k|$，則 k 進入列尾；若佇列中沒有優先順序比 $|k|$ 更高的任務，則列印優先順序 $|k|$ 的任務，cnt=cnt+1。若 $k<0$，則說明目前列印的是你的檔案，應輸出 cnt，否則繼續取開頭的列印檔案。

以此類推，直至佇列空 ((ed+1)%maxn==st) 或者找到你的列印檔案為止。

❖ 參考程式

```
01    #include <iostream>                          // 前置編譯命令
02    using namespace std;                         // 使用 C++ 標準程式庫中的所有識別字
03    const int maxn = 100 + 5;                     // 優先佇列 a 的容量
04    inline int fabs(int k)                        // 傳回 k 的絕對值
05    {
06        return k < 0 ? -k : k;
07    }
08    int main(void)
09    {
10        int loop;
11        cin >> loop;                              // 輸入測試案例數
12        while (loop--) {
13            int n, m;
14            cin >> n >> m;                        // 讀佇列中的物件個數和你的列印檔案的位置
15            int st, ed, a[maxn];                  // 優先佇列為 a，首尾指標為 st 和 ed
16            for (int i = 0; i < n; i++)cin>>a[i]; // 讀 n 個列印檔案的優先順序
17            a[m] = -a[m];                         // 將你的列印檔案的優先順序用負數標記出來
18            st = 0;                               // 初始化佇列的首尾指標
19            ed = n;
20            int cnt = 0;                          // 初始化所需時間
21            while ((ed + 1) % maxn != st) {       // 使用迴圈佇列模擬列印佇列
22                int k = a[st];                    // 取出佇列開頭列印檔案的優先順序 k，並調整開頭指標
23                st = (st + 1) % maxn;
24                bool print = true;
25                for (int i = st; i != ed; i = (i + 1) % maxn)
26                    if (fabs(k) < fabs(a[i])) {   // 若佇列中存在優先順序更高的列印任務 i，
27                                                  // 則設佇列中存在優先順序更高的列印任務的標誌，
28                                                  // 將 k 加入列尾後結束迴圈
29                        print = false;
30                        a[ed] = k;
31                        ed = (ed + 1) % maxn;
32                        break;
33                    }
34                if (print) {                      // 若佇列中不存在更高優先順序的列印任務，
35                                                  // 則列印優先順序為 k 的任務
36                    ++cnt;
37                    if (k< 0) {                   // 若目前列印的是目標任務，則輸出完成
38                                                  // 列印任務需要的時間
39                        cout << cnt << endl;
40                        break;
41                    }
```

```
42              }
43          }
44      }
45      return 0;
46  }
```

上述優先佇列是以陣列作為儲存結構的，因此出列操作需要花費 $O(n)$ 的時間（n 是優先佇列的目前元素個數）掃描整個陣列，以確定最高優先順序的元素及其位置。為了提高時效，有經驗的程式開發者會採用堆積作為優先佇列的儲存結構，將出列操作的時間降為 $O(\log_2 n)$。堆積是一種特殊類型的二元樹，屬於層次類的非線性串列。有關這方面的實作範例將在第三篇中展示。

實際上，STL 為我們提供了方便的優先佇列的實作。在 <queue> 標頭檔中，可定義一個非常有用的範本類別 priority_queue(優先佇列)。優先佇列被定義後不再按照入列的順序出列，而是按照佇列中元素的優先順序出列（預設為大者優先，也可以透過指定運算子來指定自己的優先順序）。

priority_queue 範本類別有三個範本參數，第一個是元素型別，第二個是容器型別，第三個是比較運算子。其中，後兩個參數可以省略，預設容器為 vector，預設運算元為 less，即小的往前排，大的往後排，大的先出列。

定義 priority_queue 物件的範例程式碼如下：

```
priority_queue<int> q1;                              // 定義元素型別為整數的優先佇列 q1
priority_queue< pair<int, int> > q2;                 // 定義優先佇列 q2，元素型別為一個
                                                     // 由兩個整數組合成的結構體
priority_queue<int, vector<int>, greater<int> > q3;  // 定義優先佇列 q3，元素型別為整數，
                                                     // 容器型別為 vector 類別，
                                                     // 定義小的先出列
```

priority_queue 的基本操作與 queue 相同，這裡不再贅述。下面提供一個使用 STL 的 stack、queue 和 priority_queue 範本類來實現堆疊、循序佇列和優先佇列操作的範例。

5.3.2.2　I Can Guess the Data Structure!

有一個類似封包的資料結構，支援兩種操作：

◆ 1 x：將元素 x 丟進封包中。

◆ 2：從封包中取出一個元素。

提供一個要求傳回值的操作序列，請你猜測這是哪種資料結構，是一個堆疊（後進先出）、一個佇列（先進先出）、優先佇列（總是先取出大的元素）或者是別的你難以想像的東西？

輸入
輸入提供若干測試案例。每個測試案例的第一行提供一個整數 $n(1 \leq n \leq 1000)$。接下來的 n 行中，每行或者是第一種操作；或者是整數 2 後面跟著一個整數 x，這表示執行了第二種操作後，可以準確無誤地取出元素 x。x 的值是一個不大於 100 的正整數。輸入以「EOF」結束。

輸出

對每個測試案例，輸出如下形式中的一種。

stack	這絕對是一個堆疊	impossible	不可能是堆疊、佇列或優先佇列
queue	這絕對是一個佇列	not sure	在上述三種資料結構中，不止一種
priority queue	這絕對是一個優先佇列		

範例輸入	範例輸出
6	queue
1 1	not sure
1 2	impossible
1 3	stack
2 1	priority queue
2 2	
2 3	
6	
1 1	
1 2	
1 3	
2 3	
2 2	
2 1	
2	
1 1	
2 2	
4	
1 2	
1 1	
2 1	
2 2	
7	
1 2	
1 5	
1 1	
1 3	
2 5	
1 4	
2 4	

試題來源： Rujia Liu's Present 3: A data structure contest celebrating the 100th anniversary of Tsinghua University

線上測試： UVA 11995

❖ **試題解析**

C++STL 中的 stack、queue、priority_queue 容器提供了堆疊、佇列和優先佇列的全部操作，利用這些容器可以直接判斷出操作序列是在哪種資料結構上實作的。

定義堆疊 st 為 stack 容器，佇列 q 為 queue 容器，優先佇列 heap 為 priority_queue 容器，這些容器的元素類型為整數：

```
stack<int> st;              // 定義堆疊容器 st
queue<int> q;               // 定義佇列容器 q
priority_queue<int> heap;   // 定義優先佇列容器 heap
```

設定堆疊為 flag1，佇列標誌為 flag2，優先佇列標誌為 flag3，初始時假設這三種資料結構存在（flag1、flag2 和 flag3 為 true）。

然後，依次在堆疊容器 st、佇列容器 q 和優先佇列容器 heap 上模擬 n 次操作。若目前操作為存數（操作類別 1），則將運算元存入容器；否則目前操作為取數（操作類別 2），分析：若容器空，或者容器中取出的元素非運算元，則所有操作無法在該容器上進行，設定非目前資料結構標誌，並結束判斷過程。

例如，操作序列 op[i], x[i]（第 i 次操作的類別為 op[i]，運算元為 x[i]，$0 \leq i \leq n-1$），根據這些操作能否在堆疊上實現確定 flag1 的值？

```
for (int i = 0; i < n; ++i)                      // 模擬 n 次操作
    if (op[i] == 1) st.push(x[i]);               // 若存數，則目前運算元壓堆疊
        else {                                   // 否則取數
            if (st.empty()) {flag1=false;break;} // 若堆疊空，則設非堆疊標誌，並退出判斷過程
            int u = st.front();                  // 取堆疊頂端元素
            st.pop();                            // 提出堆疊
            if (u != x[i]) { flag1 = false;break;}// 若取出的堆疊頂元素非運算元，
                                                 // 則設非堆疊標誌，並結束判斷過程
        }
```

判斷佇列和優先佇列的過程類似。最後根據 flag1、flag2 和 flag3 的值確定屬於哪一種資料結構：

◆ 若 flag1=false，flag2=false，flag3=false，則資料結構非堆疊、佇列和優先佇列，輸出「impossible」。

◆ 若 flag1=true，flag2=false，flag3=false，則資料結構為堆疊，輸出「stack」。

◆ 若 flag1=false，flag2=true，flag3=false，則資料結構為佇列，輸出「queue」。

◆ 若 flag1=true，flag2=false，flag3=true，則資料結構為優先佇列，輸出「priority queue」。

◆ 否則說明在堆疊、佇列或優先佇列三種資料結構中，不止一種，輸出「not sure」。

❖ **參考程式**（略。本題參考程式的 PDF 檔案和本題的英文原版可從碁峰網站下載）

5.3.3 ▶ 雙端佇列

雙端佇列（double-ended queue）是一種兼具佇列和堆疊性質的資料結構。雙端佇列中的元素可以從兩端提出，也可以從任意一端插入資料，雙端佇列是一種限定插入和刪除操作在表的兩端進行的線性串列（如圖 5.3-6 所示）。

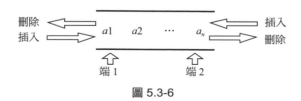

圖 5.3-6

如果限定雙端佇列從某個端點插入、從另一端點刪除，則該雙端佇列就是佇列（如圖 5.3-7a 所示）；如果限定雙端佇列從某個端點插入的元素只能從該端點刪除，則該雙端佇列就蛻變為兩個堆疊底部相鄰的堆疊（如圖 5.3-7b 所示）。

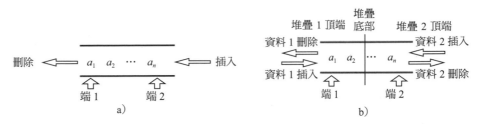

圖 5.3-7

我們可以使用 VC++ 標準模板程式庫 STL 中的容器 deque 實作雙端佇列的入列、出列等操作。程式開頭需加標頭檔：#include<deque>。

雙端佇列的建構方法如下。

建構雙端佇列的命令	說明
deque<type>deq	建立一個沒有任何元素的雙端佇列 deq
deque<type>deq(otherDeq)	用另一個類型相同的雙端佇列 otherDeq 初始化該雙端佇列 deq
deque<type>deq(size)	初始化一個大小為 size 的雙端佇列 deq
deque<type>deq(n, element)	初始化 n 個相同元素 element 的雙端佇列 deq
deque<type>deq(begin,end)	初始化雙端佇列 deq 中指標區間為 [begin ,end− 1] 的一段元素

由於 C++ 定義的雙端佇列 deque 是一種順序容器，可採用反覆運算器模式，因此可以十分方便地使用系統提供的程式庫函式實作雙端佇列的各種操作。

雙端佇列的操作命令	說明
deq.assign(n,elem)	指定 n 個元素 elem 複製給雙端佇列 deq
deq.assign(beg,end)	指定一段反覆運算器的值給雙端佇列 deq
deq.push_front(elem)	在雙端佇列 deq 的開頭端添加一個元素 elem
deq.pop_front()	刪除雙端佇列 deq 的開頭端元素
deq.at(index)	取雙端佇列 deq 中 index 位置的元素
deq[index]	取雙端佇列 deq 中 index 位置的元素
deq.front()	傳回雙端佇列 deq 中的開頭端元素（不檢測容器是否為空）
deq.back()	傳回雙端佇列 deq 中的結尾端元素（不檢測容器是否為空）

下面透過一個實例來說明雙端佇列的建構和操作，以便掌握使用反覆運算器模式的基本方法。

5.3.3.1　That is Your Queue

透過全民醫保可以實現每個人（不論貧富）擁有相同的醫療保障的水準。

但這裡存在一個小問題：所有的醫院都被濃縮成一個位置，一次只能服務一個人。但別擔心！有一個計畫，可透過一個公平、高效率的電腦系統來決定誰會被服務。請以程式實作這個系統。

每一個公民都會被分配一個唯一的編號，編號從 $1 \sim P$（其中 P 是目前人口的數量）。人們將被放入一個佇列中，1 在 2 的前面，2 在 3 的前面，以此類推。醫院將按這個佇列的順序一個接一個地處理患者。一旦一個公民被服務，他就會立即從佇列開頭被移除，加到結尾。

當然，有時會發生突發事件。如果一個人生命垂危，不可能等到排在他前面的人完成檢查之後才被救治，所以，對於這些（希望是罕見的）情況，就要有一條加快指令，可以把有緊急情況的人排到佇列的前面。每個人的相對順序將保持不變。

提供處理序列和若干加快指令，輸出被醫院治療的公民的順序。

輸入

輸入包含至多 10 個測試案例。每個測試案例的第一行提供 P，表示這個國家的人口（$1 \leq P \leq 1000000000$）；還要提供 C，表示加快指令的數目（$1 \leq C \leq 1000$）。

接下來的 C 行每行包含一條指令，「N」表示下一個公民進醫院，「Ex」表示公民 x 被加快處理，移到佇列開頭。

最後一個測試案例之後，提供包含兩個 0 的一行。

輸出

對於每個測試案例，輸出序號，然後對每個「N」指令輸出一行，提供要接受治療的公民。詳細情況見範例輸入和輸出。

範例輸入	範例輸出
3 6	Case 1:
N	1
N	2
E 1	1
N	3
N	2
N	Case 2:
10 2	1
N	2
N	
0 0	

試題來源：ACM Dhaka 2009
線上測試：UVA 12207

❖ 試題解析

設定雙端佇列的開頭端為服務端，結尾端為入院端。由於指令數的上限為 1000，每條指令服務一個公民，因此被服務的物件不超過 1000 人。初始時，依次將 $1 \sim 1000$ 從結尾端送進雙端佇列。這樣，需要加快處理的物件從後面移到開頭端，其他人一律按照「後進後出」的順序出現。接下來按順序模擬執行 c 條指令。

有兩種操作：

1. N：一個公民被服務，即輸出雙端佇列中開頭端的編號，並將之移至結尾端。

2. E x：公民 x 被加快處理，即找出雙端佇列中的元素 x，刪除該元素 x，將之移至開頭端。

我們直接使用 STL 中的容器 deque 實作上述操作，可使程式簡潔清晰。

❖ 參考程式

```
01   #include<stdio.h>
02   #include<string.h>
03   #include<deque>                                    // 添加雙端佇列的標頭檔
04   using namespace std;
05   deque<int> q;                                      // 定義元素為整數的雙端佇列
06   char in[10];                                       // 指令
07   int main (){
08       // 輸入包含至多 10 個測試案例。每個測試案例的第一行提供 P，
09       // 表示國家的人口 (1 ≤ P ≤ 1000000000)；以及 C，表示加快指令的數目 (1≤C≤1000)。
10       int n,c,ca=0,a,i;                              // 測試案例編號 ca 初始化為 0
11       while(1){
12           scanf("%d%d",&n,&c);                       // 反覆輸入國家人口數 n 和加快
13                                                      // 指令數 c，直至輸入 0 0 為止
14           if(n == 0 && c == 0) break;
15           ca++;                                      // 計算和輸出測試案例編號
16           printf("Case %d:\n",ca);
17           while(!q.empty())q.pop_front();            // 反覆刪除開頭端元素，直至佇列空
18           for(i=1;i<=n && i<= 1000;i++){             // 將 1~max{1000, n} 依次送入結尾端
19               q.push_back(i);
20           }
21            while(c--){                               // 依次執行每條指令
22               scanf("%s",in);                        // 輸入指令類型
23               if(strcmp(in,"N") == 0){               // 若公民正常入院
24                   printf("%d\n",q.front());          // 輸出開頭端元素
25                   q.push_back(q.front());            // 開頭端元素移入結尾端
26                   q.pop_front();                     // 刪除開頭端元素
27               }else if(strcmp(in,"E") == 0){         // 若加快處理，則輸入被處理的物件 a
28                   scanf("%d",&a);
29                   deque<int>::iterator it;           // 定義雙端佇列迭代器模式
30                   for(it=q.begin();it != q.end();++it){ // 順序搜尋雙端佇列中的元素 a，
31                                                      // 刪除該元素並退出迴圈
32                       if((*it) == a){
33                           q.erase(it);
34                           break;
35                       }
36                   }
37                   q.push_front(a);                   // 將 a 插入開頭端
38               }
39           }
40       }
41       return 0;
42   }
```

5.4	相關題庫

5.4.1 ► Roman Roulette

歷史學家 Flavius Josephus 講述了在羅馬－猶太戰爭中，羅馬人如何佔領了他指揮防禦的 Jotapata 鎮。在撤退時，Josephus 與 40 名同伴被困在一個山洞裡。羅馬人發現 Josephus 以後，要他投降，但他的同伴不同意。因此，他建議大家一個接一個地互相殘殺，被殺的順序由運氣決定，而確定運氣的方法是大家站成一個圓圈，並從某個人開始計數，從 1 開始，每次數到 3 的人被殺死，剩下的人再從 1 開始。這個過程唯一的倖存者是 Josephus，然後他向羅馬人投降了。現在就有這樣的問題：是否 Josephus 事先已經用 41 塊石頭在黑暗的角落裡悄悄地進行了實作，或者他已經進行了數學上的計算，得出他應該站在圓圈中的第 31 個位置才能倖存下來？

在讀了這一恐怖事件的紀錄以後，你感覺在未來的某個時刻也可能遇到相似的情況。為了對這樣的事情做好準備，你決定在電腦上編寫一個程式，確定計數過程開始的時候自己的位置，以確保自己成為唯一的倖存者。

特別是，程式要能夠處理有如下變化的 Josephus 所描述的過程：初始時，$n>0$ 個人排列成一個圓圈，每人面向圓內，從 $1 \sim n$ 以順時針方向給每個人連續進行編號。你被分配的編號是 1，從編號為 i 的人開始，以順時針方向開始計數，數到第 k（$k>0$）個人時，這個人被殺。然後我們從被殺者左邊的那個人開始，繼續按順時針方向開始對後面的 k 個人進行計數，並選數到的第 k 個人來埋葬被殺者，然後傳回到圓圈中，站到被殺者之前所在的位置上。從這個人開始繼續向左計數，再數到第 k 個人時，第 k 個人被殺，並以此類推，直到只有一個人還活著。

例如，設 $n=5$、$k=2$，並且 $i=1$，執行的次序是 2、5、3 和 1。倖存者是 4。

輸入與輸出

程式讀入的行提供 n 和 k（按這樣的次序），對於每個輸入行輸出一個編號，以保證依序計數時，你是唯一的倖存者。例如，在上述實例中安全的開始位置為 3。輸入以 n 和 k 全部取 0 的一行作為結束。

程式設定最多 100 人參加這一事件。

範例輸入	範例輸出
1 1	1
1 5	1
0 0	

試題來源： New Zealand Contest 1989

線上測試： UVA 130

提示

本題是一道模擬題，根據題目描述中提供的規則，模擬殺人過程和替換過程，計算最終未出列的元素位置。設定圈內位置 i 的人員編號為 who[i]，初始時 who[i]=i+1

（$0 \le i \le n-1$）；目前圈中的人數為 cnt，初始時 cnt=n；第 p 個被殺者位置為 i_p，$i_p=(i_{p-1}+k)\%$ cnt。初始時 $i_0=-1$。

殺人過程：將圈內（i_p+1）位置到 cnt 位置的人順次前移 1 個位置，−−cnt。若 $i_p>$cnt，則調整 $i_p=0$。

替換過程：計算替換者位置 $d=(i_p+k-1)\%$ cnt，記下圈內編號 $s=$who[d]。依次將圈內（$d-1$）位置到 i_p 位置的人向後移動一個位置，s 進入圈內 i_p 位置。

以此類推，直至 cnt==1 為止。此時倖存者是 who[0]（初始編號為 1）。為了最終使他處於倖存位置，應從 st=(n-who[0]+2)%n 位置開始編號（若 st=0，則調整為 n）。

5.4.2 ▶ M*A*S*H

Klinger 是野戰外科醫院的一員，他負責處理一些雜事。美軍準備舉行抽獎，選擇一些幸運的人（X 個人）回國進行招兵宣傳。Klinger 要你幫他處理這件事情。

這次抽獎是將本單位的所有成員排成一排，然後從一疊卡片的頂部取卡片，卡片號為 N；佇列中的人從 1～N 進行報數，每次報到 N 時，第 N 個人離開佇列，下一個人再從 1 開始報數。當報數到佇列結束的時候，再從一疊卡片的頂部取下一張卡片，從剩餘的佇列中從第一人開始，根據新的卡片號進行報數。佇列中最後的 X 個人可以回家。

Klinger 在選拔過程開始前疊好了一疊卡片。然而，到最後一分鐘他才知道有多少人參加。請編寫程式，基於 Klinger 的卡片和佇列中人員的數量，告訴他佇列中哪些位置的人可以回家。可以確定最多用 20 張卡片。

例如，佇列中有 10 人，2 個幸運位置，卡片號碼為 3、5、4、3、2，佇列中位置 1 和 8 的人可以回家。過程如下。

佇列 1 2 3 4 5 6 7 8 9 10，N=10，K=2，卡片次序為 3,5,4,3,2…

3：劃掉 3、6、9，剩 1、2、4、5、7、8、10。

5：劃掉 7，剩 1、2、4、5、8、10。

4：劃掉 5，剩 1、2、4、8、10。

3：劃掉 4，剩 1、2、8、10。

2：劃掉 2，10；剩 1、8。

輸入
每個測試案例在一行中提供 22 個整數。第一個整數（$1 \le N \le 50$）提供參加抽獎的人數，第二個整數（$1 \le X \le N$）提供有多少個幸運的位置。後面的 20 個整數提供前 20 張卡片上的號碼。卡片號碼是從 1～11 的整數。

輸出
對於每個輸入行，在一行中輸出「Selection #A」，其中 A 是輸入的測試案例編號，從 1 開始編號，下一行提供 Klinger 要獲得的幸運位置的列表，幸運位置的列表後是一個空行。

範例輸入	範例輸出
10 2 3 5 4 3 2 9 6 10 10 6 2 6 7 3 4 7 4 5 3 2 47 6 11 2 7 3 4 8 5 10 7 8 3 7 4 2 3 9 10 2 5 3	Selection #1 1 8 Selection #2 1 3 16 23 31 47

試題來源： ACM South Central USA 1995

線上測試： POJ 1591，ZOJ 1326，UVA 402

提示

本題是約瑟夫問題的一種變形：所有元素排成一個佇列，而非圍成一個圓圈；每次計算出列元素的步長可能不同（由當時的卡片號決定）；要求計算剩餘 x 個元素的位置。設 del 為出列標誌序列，其中 del[i]==true 表示位置 i 的士兵出列；cur 為剩餘人數；k 為卡片順序。初始時，cur=n，k=1，del 序列全為 false。

本題是一道模擬題，根據題目描述中提供的規則，在 cur>m 的條件下計算出佇列的士兵，直至剩餘人數 cur 為 m 為止。此時位置 1 到位置 n 中，del 值為 false 的位置即為幸運位置。

5.4.3 ▶ Joseph

Joseph 問題是很著名的，其原始的描述是：有 n 個人，記為 1，2，…，n，站成一圈。從第一個人開始報數，數到 m 的人將被處死，如此反覆進行，直到只剩下一個人，而這個人會獲救。Joseph 仔細地選擇了他所站的位置，使自己倖存下來，這樣他才能告訴我們這個故事。比如，當 n=6、m=5 時，這些人將以 5，4，6，2，3 的次序被處死，而 1 就獲救了。

假設有 k 個好人和 k 個壞人站成一圈，其中 1 到 k 是好人，(k+1) 到 2k 是壞人。你必須選擇 m 使所有壞人先被處死，然後才是第一個好人，並且要求是 m 的最小值。

輸入

輸入包含多個測試案例，每個測試案例提供一個正整數 k（0<k<14），以 0 作為輸入結束。

輸出

對於每個測試資料，輸出一行，每行只包含一個正整數 m，與輸入中的 k 相對應。

範例輸入	範例輸出
3 4 0	5 30

試題來源： ACM Central Europe 1995

線上測試： POJ 1012

提示

本題是一種特殊類型的約瑟夫問題：在保證前 k 個出列元素為元素 $k+1$ 到元素 $2k$ 的前提下，計算最小的步進值 m。為了避免超時，可採用離線計算方法，先計算出 Joseph 問題的所有可能解，即列舉所有可能的 k，判別每個 k 是否存在最小間隔 m，使得處死的前 k 個人全是「壞人」。計算方法如下。

最初圈長為 $2k$；處死第 1 個人後，圈長為 $2k-1$；……；處死第 i 個人後，圈長為 $2k-i$；……。顯然，第 1 個被處死的人位置為 $r_0=(m-1)\%(2k)$，第 2 個被處死的人位置為 $r_1=(r_0+m-1)\%(2k-1)$，……，第 k 個被處死的人位置為 $r_{k-1}=(r_{k-2}+m-1)\%(2k-(k-1))$。若 $r_0\cdots r_{k-1}$ 中任何一個數小於 k，說明前 k 個被處死的人中有「壞人」，間隔值 m、好人和壞人的人數 k 不滿足要求，否則 m 和 k 成立。

有了以上基礎，便可以透過列舉好人和壞人的人數 k 以及間隔值 m 來計算 Joseph 問題的所有可能解。設 ans[k] 為 k 個好人和 k 個壞人圍成一圈時先處死所有壞人的最小間隔值。k 從 1 列舉至 13。由於只剩下一個壞人時，下一個報數的人或者是第 1 個人，或者是第 $k+1$ 個人，所以間隔或者是 $m=s*(k+1)$，或者是 $m=s*(k+1)+1$。

證明： 僅剩的壞人為第 1 個人，圈長為 $k+1$。設下一個報數的人為第 1 個人時的間隔為 m_1，下一個報數的人為第 $k+1$ 個人時的間隔為 m_2，由 $(1+m_1)\%(k+1)=1$ 得出 $m_1=s*(k+1)$，由 $(k+1+m_2)\%(k+1)=1$ 得出 $m_2=s*(k+1)+1$。

我們從 0 開始依次列舉 s。若經過上述判斷，能確定以 m 為間隔時最先處死的 k 個人全是「壞人」，則記錄下 ans[k]=m。

接下來，在 ans 的基礎上依次處理測試資料組。每輸入一個好人和壞人的人數 k，便可直接輸出最小間隔值 ans[k]。

5.4.4 ► City Skyline

對農夫約翰的乳牛來說，一天裡最好的時刻是日落時分。它們可以看到遠處城市的天際線。乳牛貝西很好奇：在城市裡到底有多少幢大樓？

請編寫一個程式，根據城市天際線，計算城市裡大樓的最少數量。

城市的側面特徵是盒狀大樓，從建築上來說是相當單調的。地平線上城市的天際線用 N 和 W 描述，地平線的寬度是 W（$1\leq W\leq 1000000$）個單位。使用 N（$1\leq N\leq 50000$）個連續的 x 和 y 座標（$1\leq x\leq W$, $0\leq y\leq 50$）來表示地平線在水平 x 點的高度變為 y。

例如，圖 5.4-1 表示為連續的 x 和 y 座標：（1, 1），（2, 2），（5, 1），（6, 3），（8, 1），（11, 0），（15, 2），（17, 3），（20, 2），（22, 1）。

```
.........................
.....XX.........XXX.......
.XXX.XX......XXXXXXX.....
XXXXXXXXXX....XXXXXXXXXXX
```

圖 5.4-1

天際線至少需要 6 幢大樓來組成，圖 5.4-2 提供了由 6 幢大樓組成的天際線。

```
...........................................      ........................
...........................................      ........................
.....22.........333.......    .XX.......XXX.....      .....XX.......XXX......
.111.22......XX333XX....  .XXX.XX....5555555.....   .XXX.XX....XXXXXXX....
X111X22XXX....XX333XXXXXXX 4444444444...5555555XXXXX XXXXXXXXX...666666666666
```

圖 5.4-2

輸入

第 1 行提供兩個用空格隔開的整數：N 和 W。

第 2～n 行，每行為用空格隔開的整數 X 和 Y，表示使天際線改變的座標。X 座標須嚴格用遞增，第一個 X 座標總是 1。

輸出

共 1 行，即形成天際線的大樓的最少數量。

範例輸入	範例輸出
10 26	6
1 1	
2 2	
5 1	
6 3	
8 1	
11 0	
15 2	
17 3	
20 2	
22 1	

試題來源： USACO 2005 November Silver

線上測試： POJ3044

提示

由於天際線的座標點是由左至右排列的，因此若目前座標點的高度大於左鄰座標點的高度，則表示目前座標點是一幢樓的開始位置（如圖 5.4-3a 所示）；若目前座標點的高度小於左鄰座標點的高度，則表示左鄰座標點是一幢樓的結束位置（如圖 5.4-3b 所示）；若目前座標點的高度等於左鄰座標點的高度，則表示左鄰座標點與目前座標點同屬於一幢樓（如圖 5.4-3c 所示）。

按照由左至右的順序分析每個使天際線改變的座標。由於堆疊是先進後出的，因此可使用堆疊依次儲存目前天際線高度互不相同的座標點，每個座標點代表一幢獨立的樓。每讀一個座標點 (x, y)，其高度 y 與堆疊頂端元素比較（堆疊頂端元素即為左鄰 (x', y') 的座標點），有以下幾種情況：

1. 若堆疊頂端座標點的高度大於 y，說明堆疊頂端座標點是一幢樓的結束位置，堆疊頂端座標點出堆疊，樓房數 +1；再比較堆疊頂端座標點的高度與 y 的大小，⋯⋯，以此類推，直至堆疊頂端座標點的高度不大於 y 為止。

2. 若堆疊頂端座標點的高度小於 y，則說明 (x, y) 是一幢樓的開始位置，(x, y) 推入堆疊。

3. 若堆疊頂端座標點的高度等於 y，則說明（x, y）與堆疊頂端座標同屬一幢樓，不做任何操作。

讀完 n 個座標點後，將堆疊中剩餘的座標點數累計入樓房數，即可得出問題解。

如果已知初始序列和經出入堆疊操作後的目標序列，要求計算堆疊操作的順序，則一般採用遞迴搜尋的辦法處理。因為初始序列和目標序列是任意設定的，很難找出一種數學規律，確定初始序列中哪些元素相繼推入堆疊後再提出堆疊，是產生目標序列的目前元素。

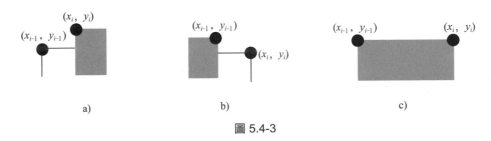

a)　　　　　　　　b)　　　　　　　　c)

圖 5.4-3

5.4.5 ► Anagrams by Stack

對單字進行一系列的堆疊操作會產生怎樣的結果？以下的兩個堆疊操作序列可以將 TROT 轉換為 TORT：

```
[
i i i i o o o o
i o i i o o i o
]
```

其中 i 代表推入堆疊，o 代表提出堆疊。提供一對單字，請編寫一個程式，提供所有將第一個單字轉換為第二個單字要進行的堆疊操作的序列。

輸入
輸入由若干測試案例組成。每個測試案例有兩行，第一行是源單字（不含行結束符號），第二行是要轉換成的目標單字（也不含行結束符號），輸入以檔案結束符號結束。

輸出
對於每一對輸入，程式輸出將源單字轉換為由目標單字的 i 和 o 有效序列組成的一個排序列表。每個排序列表用

```
[
]
```

分隔。序列以「字典順序」排序。在每個序列中，每個 i 和 o 後面加空白字元，每個序列以分行符號結束。

範例輸入	範例輸出
madam	[
adamm	i i i i o o o i o o
bahama	i i i i o o o o i o
bahama	i i o i o i o i o o
long	i i o i o i o o i o

（續）	範例輸入	範例輸出
	short eric rice	] [i o i i i o o i i o o o i o i i i o o o i o i o i o i o i o i i i o o o i o i o i o i o i o i o] [ ] [i i o i o i o o]

試題來源： Zhejiang University Local Contest 2001

線上測試： ZOJ 1004

提示

設定目前測試案例的來源單字為 s，目標單字為 t；將 s 轉換為 t 的 i 和 o 的有效序列為 ans，其長度為 len；儲存原字串字母的堆疊為 stack，堆疊頂端指標為 top。

顯然，在輸入來源單字 s 和目標單字 t 後，如果 s 和 t 的長度不等，則可確定轉換失敗；否則，ans 的長度 len 和 stack 的堆疊頂端指標 top 初始化為 0，並從 s 和 t 的第 1 個字母出發，計算 i 和 o 的有效序列 ans。這個計算過程由遞迴函數 solve(ks, kt) 完成，其中 ks 和 kt 分別為 s 字串和 t 字串的目前指標。注意：ans 和 stack 在遞迴前後的狀態發生變化，但由於儲存容量大而不能設為遞迴參數，只能透過調整 len 和 top 來恢復遞迴前的值。

若 ks ≥ t 的字串長，則說明轉換成功，輸出 ans 並結束程式，否則先嘗試推入堆疊後再嘗試提出堆疊。

1. 在 ks<s 的字串長的情況下嘗試推入堆疊：「i」進入 ans，s[ks] 進入 stack 堆疊，遞迴 solve(ks+1, kt)，恢復遞迴前的 ans 和 stack 狀態（－－len，－－top）。

2. 在堆疊不空且堆疊頂端元素為 t[kt] 的情況下嘗試提出堆疊：「o」進入 ans；堆疊頂端元素提出堆疊；遞迴 solve(ks, kt +1)；恢復遞迴前的 ans 和 stack 狀態（－－len，原提出堆疊字元重新推入堆疊）。

遞迴 solve(0, 0) 後便可得出問題的解。

遞迴函數 solve(ks, kt) 如下。

```
void solve(int ks, int kt)
{    //ks 表示目前原字串中待推入堆疊字母的位置，kt 表示目前目標字串中待提出堆疊字母的位置
    if (kt >= t.size()) {      // 如果目標字串已經全部提出堆疊排列完畢，則輸出可行解
        for (int i = 0; i < t.size() +t.size(); i++)
            cout << ans[i] << ' ';
        cout << endl;
        return;
    }
    if (ks < s.size()) {      // 先嘗試推入堆疊
        ans[len++] = 'i';
        stack[top++] = s[ks];
```

```
        solve(ks + 1, kt);
        --len;
        --top;
    }
    if (top && stack[top - 1] == t[kt]) {        // 後嘗試提出堆疊
        ans[len++] = 'o';
        char c = stack[--top];
        solve(ks, kt +1);
        --len;
        stack[top++] = c;
    }
}
```

5.4.6 ▶ "Accordian" Patience

請模擬「Accordian」Patience 遊戲，規則如下。

玩家拿一副撲克牌一張一張地發牌，從左到右排成一排，不能重疊。只要一張撲克牌和左邊的第一張牌或左邊的第三張牌匹配，就將這張撲克牌移到匹配的牌上面。所謂兩張牌匹配是指這兩張牌的數值（數字或字母）相同或花色相同。每當移動一張牌之後，再檢查這張牌能否繼續往左移，每次只能移動在牌堆頂部的牌。本遊戲可以將兩個牌堆變成一個牌堆，如果根據規則，可以將右側牌堆的牌一張一張地移到左側牌堆，就可以變成一個牌堆。本遊戲盡可能地把牌往右邊移動。如果最後只有一個牌堆，玩家就贏了。

在遊戲過程中，玩家可能會遇到一次可以有多種選擇的情況。當兩張牌都可以被移動時，就移動最左邊的牌。如果一張牌可以向左移動一個位置或向左移動三個位置，則將其移動三個位置。

輸入

輸入提供發牌的順序。每個測試案例由一對行組成，每行提供 26 張牌，由單個空格字元分隔。輸入檔案的最後一行提供一個「#」作為其第一個字元。每張撲克牌用兩個字元表示。第一個字元是面值（A=Ace，2～9，T=10，J=Jack，Q=Queen，K=King），第二個字元是花色（C=Clubs（梅花），D=Diamonds（方塊），H=Hearts（紅心），S=Spades（黑桃））。

輸出

對於輸入中的每一對行（一副撲克牌的 52 張牌），輸出一行，提供在對應的輸入行進行遊戲後，每一堆撲克牌中剩餘撲克牌的數量。

範例輸入	範例輸出
QD AD 8H 5S 3H 5H TC 4D JH KS 6H 8S JS AC AS 8D 2H QS TS 3S AH 4H TH TD 3C 6S 8C 7D 4C 4S 7S 9H 7C 5D 2S KD 2D QH JD 6D 9D JC 2C KH 3D QC 6C 9S KC 7H 9C 5C AC 2C 3C 4C 5C 6C 7C 8C 9C TC JC QC KC AD 2D 3D 4D 5D 6D 7D 8D TD 9D JD QD KD AH 2H 3H 4H 5H 6H 7H 8H 9H KH 6S QH TH AS 2S 3S 4S 5S JH 7S 8S 9S TS JS QS KS #	6 piles remaining: 40 8 1 1 1 1 1 piles remaining: 52

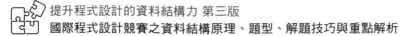

試題來源： New Zealand 1989

線上測試： POJ 1214，UVA 127

提示

將一副撲克牌（52 張）從左往右一張張排列，然後從左往右尋訪。如果該牌和左邊第一張牌或左邊第三張牌匹配，那麼就將這張牌移到匹配的牌上，而且只能移動每堆牌最上面的一張。兩張牌匹配的條件是數值相同或花色相同。每當移動一張牌後，應檢查牌堆，看有沒有其他能往左移動的牌，如果沒有，則尋訪下一個，直到不能移動牌為止。

根據遊戲規則，將每一個牌堆用鏈結串列表示，按照題目給定的規則，模擬發牌和移動牌的過程。注意，根據題意應先比較左邊第三張牌，再比較左邊第一張牌。

Chapter 06
編寫廣義索引類型的線性串列程式

陣列和廣義索引本質上都屬於索引類的資料結構。不同的是，陣列直接透過整數索引進行索引，而廣義索引則透過索引鍵（key）進行索引。我們通常會將資料紀錄中的某一項或某一組合資料項目設定成索引鍵，再透過索引鍵來辨識紀錄。例如，對於區域內的居民紀錄，可設定居民的身分證號碼作為索引鍵來辨識居民的紀錄。因此廣義索引是「關鍵字－資料值」的配對集合。廣義索引包括：

◆ 字典

◆ 雜湊串列

6.1 使用字典解題

字典是我們生活中常用的工具，如英漢字典、電話號碼簿、圖書館的檢索目錄、電腦的檔案目錄等。在電腦科學中，字典也可作為一種抽象的資料類別。這種資料類別把字典定義為 < 名字－屬性 > 的配對集合，根據問題的不同和解題的需要，可以為名字賦予不同的含意。例如：

場合	名字	屬性
圖書館檢索目錄	書名	索引編號和作者等資訊
電腦使用中的檔案列表	檔案名稱	檔案位址、大小等資訊
編譯器建立的變數表	變數名	變數的資料類別、儲存位址等

通常用檔案（或表格）表示實際的物件集合，其中檔案中的紀錄（或表格中的表項）表示單一物件。這樣字典中的 < 名字－屬性 > 對將被儲存在紀錄（或表項）中，透過紀錄（或表項）的索引鍵（即 < 名字－屬性 > 中的名字）來標示該紀錄（或表項）。紀錄（或表項）的儲存位置與索引鍵之間的對應關係可以用一個二元組表示：

（索引鍵 key，紀錄（或表項）的儲存位置 adr）

這個二元組構成了搜尋某一指定紀錄（或表項）的索引項目。考慮到搜尋效率，既可以採用連續串列的方式組織字典，也可以採用非線性結構的搜尋樹方式組織字典。由於後者將在第三篇中闡釋，因此本章中字典的組織方式主要是連續串列（contiguous list）。

6.1.1 ▶ References

電子雜誌的編輯為文章的格式制定了檔案範本。然而，出版時會遇到一些需求，特別是關於參考文獻引用的規則。不幸的是，很多文章的草稿都違反了有關的規則。所以要求開發一個電腦程式，將文章草稿轉換為滿足所有規則的能出版的文章。

我們將文章中一個行的集合稱為一個「段落」，段落至少由一個空行分開（空行是除了空格外不包含其他字元的行）。一個段落可以包含任意多個參考文獻。一個參考文獻是一個用方括號括起來的不超過 999 的正整數（例如 [23]）。在方括號和整數之間沒有空格。方括號只用於參考文獻，並不在其他文獻中使用。

文章中有兩類段落——常規段落和參考文獻描述。參考文獻描述不同於常規段落，因為它以要描述的參考文獻開始，例如：

[23] 這是對參考文獻的描述⋯⋯

在參考文獻描述段落的第一行的第一個位置是方括號的開始（即前面沒有空格）。參考文獻描述段落本身不包含參考文獻。

每個參考文獻只有一個相關的描述，並且每個描述至少有一個參考文獻對應它。

將文章草稿轉化為能出版的文章，要應用如下規則。

◆ 參考文獻應以連續的整數重新編號，按照其在常規段落中來源文字草稿首次出現，從 1 開始進行編號。

◆ 參考文獻描述應按照它們編號的次序放在文章的末尾。

◆ 在文章中「常規段落」的順序保留原樣。

◆ 程式不能對段落做任何其他修改。

輸入

輸入是一個文字檔，包含一個程式要處理的草稿。所有的行不超過 80 個字元。所有參考文獻的描述不超過 3 行。輸入檔案多達 40000 行。

輸出

輸出檔案提供處理結果。所有的段落由一個真正的空行（即根本不包含字元的行）分開。在第一個段落前沒有空行。

範例輸入	範例輸出
[5] Brownell, D, "Dynamic Reverse Address Resolution Protocol (DRARP)", Work in Progress.	The Reverse Address Resolution Protocol (RARP) [1] (through the extensions defined in the Dynamic RARP (DRARP) [2] explicitly addresses the problem of network address discovery, and includes an automatic IP address assignment mechanism.
The Reverse Address Resolution Protocol (RARP) [10] (through the extensions defined in the Dynamic RARP (DRARP) [5] explicitly addresses the problem of network address discovery, and includes an automatic IP address assignment mechanism.	The Trivial File Transfer Protocol (TFTP) [3] provides for transport of a boot image from a boot server. The Internet Control Message Protocol (ICMP) [4] provides for informing hosts of additional routers via "ICMP redirect" messages.
[10] Finlayson, R., Mann, T., Mogul, J., and M. Theimer, "A Reverse Address Resolution Protocol", RFC 903, Stanford, June 1984.	Works [1], [4] and [3] can be obtained via Internet.

	範例輸入	範例輸出
（續）	[16] Postel, J., "Internet Control Message Protocol", STD 5, RFC 792,　　USC/Information Sciences Institute, September 1981.	[1] Finlayson, R., Mann, T., Mogul, J., and M. Theimer, "A Reverse Address Resolution Protocol", RFC 903, Stanford, June 1984.
	The Trivial File Transfer Protocol (TFTP) [20] provides for transport of a boot image from a boot server. The Internet Control Message Protocol (ICMP) [16] provides for informing hosts of additional routers via "ICMP redirect" messages.	[2] Brownell, D, "Dynamic Reverse Address Resolution Protocol (DRARP)", Work in Progress.
		[3] Sollins, K., "The TFTP Protocol (Revision 2)", RFC 783, NIC, June 1981.
	[20] Sollins, K., "The TFTP Protocol (Revision 2)", RFC 783, NIC, June 1981.	[4] Postel, J., "Internet Control Message Protocol", STD 5, RFC 792,USC/Information Sciences Institute, September 1981.
	Works [10], [16] and [20] can be obtained via Internet.	

試題來源： ACM Northeastern Europe 1997

線上測試： POJ 1706，UVA 765

❖ 試題解析

本題中的參考文獻屬於典型的字典，其名字為參考文獻標號，屬性為參考文獻描述。在常規段落中，透過參考文獻標號建立索引。編輯前常規段落中參考文獻標號和參考文獻描述順序混雜。編輯的目的是使整篇文章的常規段落在前、參考文獻描述在後，且按照正文順序重新排列常規段落中的參考文獻標號和參考文獻描述的次序，使參考文獻索引與正文順序保持一致。

設定 $p[]$ 為參考文獻序列，長度為 refCnt，陣列元素為結構體。其中，$p[i]$.desc 為文獻描述。該參考文獻在原文本中的標號為 $p[i]$.oldno，簡稱原始標號；在正文順序中的標號為 $p[i]$.newno，簡稱新標號（$0 \le i \le$ refCnt-1），目前新標號為 refSort。對陣列 p 的計算如下。

1. 將原文本中標號為 oldno、描述為 desc 的參考文獻插入 p 中。

先在 p 中尋找原始標號為 oldno 的文獻在 $p[]$ 陣列中的索引 cur。若找到，則將標號 oldno 和文獻描述 desc 記入 $p[$cur$]$.oldno 和 $p[$cur$]$.desc，$p[$cur$]$.newno 不變；若找不到，則該參考文獻插在 p 的尾部，新標號為 0（cur=refCnt++；$p[$cur$]$.newno=0；$p[$cur$]$.desc=desc；$p[$cur$]$.oldno=oldno）。

2. 對標號為 oldno 的參考文獻，按照正文順序計算新標號 newno。

在 p 中搜尋標號為 oldno 的參考文獻位置 k：若找不到，則說明該文獻描述還未在正文出現，因此在 p 中插入一個文獻描述為 ""、標號為 oldno 的參考文獻紀錄，位置為 k；若找到了，但 $p[k]$.newno=0，則說明該參考文獻是第一次在正文中被引用，設 $p[k]$.newno=++refSort。顯然，$p[k]$.newno 即為標號 oldno 的參考文獻在正文順序中的新標號 newno。

基於以上對陣列 p 的計算，本題演算法如下：

初始時 p 為空，設有新標號產生（refCnt=0，refSort=0），然後按照下述方法依次輸入和處理目前行，直至檔案結束（NULL）為止。

1. 忽略所有空行。

2. 若目前行 s[] 是文獻描述的開始（s[0]=='['），則取參考文獻編號 oldno 和文獻描述 desc，將該參考文獻插入 p 序列；否則，目前行 s[] 是常規段落的開始。按照如下辦法處理目前段落的每一行正文：

   分析目前行的每個字元，若是 '['，則取出參考文獻標號 oldno，計算和輸出新標號 newno；否則原樣輸出該字元。

3. 顯然，p 中每個參考文獻的新標號 newno 的大小，實際上是正文順序中該參考文獻的先後次序。因此以 newno 域為關鍵字排序 p，依次輸出 p 中參考文獻的新標號 p[i].newno 和描述 p[i].desc（0≤i≤refCnt−1）。

❖ **參考程式**（略。本題參考程式的 PDF 檔案和本題的英文原版均可從碁峰網站下載）

如果採用循序搜尋的方法檢索字典，查詢一條資訊需要花費時間 $O(n)$。在字典資訊較大、檢索次數較多的情況下，採用這種「蠻力查詢」的方法相當耗時。為了提高查詢效率，可以先按照字典順序重新排列字典，然後透過二元搜尋的方法檢索每條資訊，使檢索時間降為 $O(\log_2(n))$。

6.1.2 ▶ Babelfish

你離開 Waterloo 到另外一個大城市，那裡的人們說著一種讓人費解的外語。不過幸運的是，你有一本詞典可以幫助你來瞭解這種外語。

輸入
首先輸入一個詞典，詞典中包含不超過 100000 個詞條，每個詞條佔據一行。每一個詞條包括一個英文單字和一個外語單字，在兩個單字之間用一個空格隔開。而且在詞典中某個外語單字不會出現超過兩次。詞典之後是一個空行，然後提供不超過 100000 個外語單字，每個單字一行。輸入中出現的單字只包括小寫字母，而且長度不會超過 10。

輸出
在輸出中，需要把輸入的單字翻譯成英文單字，每行輸出一個英文單字。如果某個外語單字不在詞典中，就把這個單字翻譯成「eh」。

範例輸入	範例輸出
dog ogday	cat
cat atcay	eh
pig igpay	loops
froot ootfray	
loops oopslay	
atcay	
ittenkay	
oopslay	

試題來源：Waterloo local 2001.09.22
線上測試：POJ 2503

❖ 試題解析

設定詞典為 dict，長度為 n，其中第 i 個詞條的英文單字為 dict[i][0]，外語單字為 dict[i][1]（$0 \le i \le n-1$）。顯然，詞典的索引項目由 dict 的索引和對應詞條的外語單字構成。

為了快速地找出外語單字在詞典中的詞條序號，我們採用了二元搜尋法。預先將詞典按照外語單字的字典順序重新排列。每輸入 1 個外語單字，在排序後的詞典中二元搜尋對應詞條的序號 k。若找不到（$k<0$），則輸出「eh」；否則輸出該詞條的英文單字 dict[k][0]。

另外，由於詞典詞條數高達 100000 條，建議使用 scanf 和 printf 陳述式分別輸入和輸出。

❖ 參考程式

```
01  #include <cstdio>                          // 前置編譯命令
02  #include <cstring>
03  const int maxn = 100000 + 10;              // 詞條數的上限
04  const int maxs = 10 + 5;                   // 單字長度的上限
05  char dict[maxn][2][maxs];                  // 詞典，其中第 i 個詞條的英文單字為 dict[i][0]，
06                                             // 外語單字為 dict[i][1]
07  int n;                                     // 詞條數
08  bool isblank(char s[])                     // 判斷目前行是否為空行
09  {
10      int k = strlen(s);
11      while (--k >= 0)
12          if (s[k] >= 'a' && s[k] <= 'z')
13              return false;
14      return true;
15  }
16  void swap(char a[], char b[])                      // 交換字串 a 和 b
17  {
18      char t[maxs];
19      strcpy(t, a);
20      strcpy(a, b);
21      strcpy(b, t);
22  }
23  void sort(int a, int b, char s[][2][maxs])         // 按外語單字的字典順序重新排列詞典
24  {
25      if (a >= b)                                    // 若目前詞條區間排列完，則回溯
26          return;
27      char t[maxs];
28      strcpy(t, s[(a + b) / 2][1]);                  // 取中間詞條的外語單字
29      int i, j;
30      i = a - 1, j = b + 1;                          // 左右指標初始化
31      do {                    // 右移左指標，直至指向第 1 個外語單字不小於中間詞條外語單字的詞條 i
32          do
33              ++i;
34          while (strcmp(t, s[i][1]) > 0);
35          do                  // 左移右指標，直至指向第 1 個外語單字不大於中間詞條外語單字的詞條 j
36              --j;
37          while (strcmp(t, s[j][1]) < 0);
38          if (i < j) {                               // 交換詞條 i 和詞條 j
39              swap(s[i][0], s[j][0]);
40              swap(s[i][1], s[j][1]);
```

```
41              }
42          } while (i < j);                            // 直至中間詞條找到插入位置
43          sort(a, j, s);                              // 遞迴左子序列
44          sort(j + 1, b, s);                          // 遞迴右子序列
45  }
46  int find(char s[])                                  // 使用二分法尋找外語單字 s 在詞典中的詞條序號
47  {
48      int l, r;
49      l = 0;                                          // 詞條區間的左右指標初始化
50      r = n;
51      while (l + 1 < r) {
52          int mid = (l + r) / 2;                      // 取中間詞條的序號
53          if ( strcmp(dict[mid][1], s) <= 0)          // 若 s 不小於中間詞條的外語單字,則
54                                                      // s 所在的詞條在右區間;否則在左區間
55              l = mid;
56          else
57              r = mid;
58      }
59      if (strcmp(dict[l][1], s)) // 若詞典的外語單字不存在 s,傳回 -1;否則傳回所在的詞條序號
60          return -1;
61      return l;
62  }
63  int main(void)
64  {
65      char s[maxs + maxs];
66      n = 0;                                          // 詞條數初始化
67      gets(s);                                        // 讀第 1 個詞條
68      while (!isblank(s)) {                           // 讀入字典中的所有詞條,直至空行為止
69          sscanf(s, "%s%s", dict[n][0], dict[n][1]);  // 讀目前詞條的英文單字和外語單字
70          ++n;                                        // 詞條數加 1
71          gets(s);                                    // 讀下一個詞條
72      }
73      sort(0, n - 1, dict);                           // 根據外語單字的字典順序重新排列詞條
74      while (scanf("%s", s) != EOF) {                 // 依次輸入外語單字
75          int k = find(s);                            // 計算該外語單字在詞典中的詞條序號
76          if ( k < 0)                                 // 若 s 在詞典的外語單字中不存在,
77                                                      // 輸出失敗資訊;否則輸出所在詞條的英文單字
78              printf("%s\n", "eh");
79          else
80              printf("%s\n", dict[k][0]);
81      }
82      return 0;
83  }
```

6.2 應用雜湊技術處理字串

字串的雜湊是指透過某種字串雜湊函式將不同的字串對映到不同的數字,配合其他資料結構或 STL,進行判重、統計、查詢等操作。

一個常用的字串雜湊函式是 $hash[i]=(hash[i-1]*p+idx(s[i]))\%mod$,即 $hash[i]$ 是字串的前 i 個字元組成的字首的雜湊值,而 $idx(s)$ 為字元 s 的一個自訂索引,例如,$idx('a')=1$,$idx('b')=2$,$\cdots$,$idx('z')=26$。

例如，p=7，mod=91，把字串「abc」對映為一個整數：hash[0]=idx('a')%91=1，字串「a」被對映為 1；hash[1]=(hash[0]*p+idx('b'))%mod=9，表示字串「ab」被對映為 9；hash[2]=(hash[1]*p+idx('c'))%mod=66，所以，字串 "abc" 被對映成 66。

根據字串雜湊函式，可以求字串的任何一個子字串的雜湊值：hash[$l..r$]=((hash[r]−hash[l−1]*p^{r-l+1})%mod+mod) %mod。

如上例，對於字串「abab」，hash[2]=(hash[1]*p+idx('a'))%mod=64，表示字串「aba」被對映為 64；hash[3]=(hash[2]*p+idx('b'))%mod=86，即字串「abab」被對映為 86。則hash[2..3]=((hash[3]−hash[1]*p^2)%mod+mod)%mod=9=hash[1]，即字串「abab」的第一個「ab」子字串和第二個「ab」子字串所對應的雜湊值相同，都是 9。

p 和 mod 取值要合適，否則可能會出現不同字串有相同的雜湊值。一般 p 和 mod 要取質數，p 取一個 6～8 位的較大質數，mod 取一個大質數，比如 10^9+7 或 10^9+9。

下面我們來分析幾個應用雜湊技術處理字串的實例。

6.2.1 ▶ Power Strings

提供兩個字串 a 和 b，定義 $a*b$ 是它們的串聯。例如，如果 a="abc"，b="def"，則 $a*b$="abcdef"。如果把串聯視為相乘，非負整數指數則定義為：a^0=""（空字串），而 a^(n+1)=$a*(a$^n)。

輸入

每個測試案例是在一行中提供一個可列印字元的字串 s。s 的長度至少為 1，並且不會超過 1000000 個字元。在最後一個測試案例後面，提供包含句點的一行。

輸出

對於每個 s，請輸出大的 n，使得對某個字串 a，$s=a$^n。

提示

本題輸入的資料量非常巨大，為避免超時，請使用 scanf 替代 cin。

範例輸入	範例輸出
abcd	1
aaaa	4
ababab	3
.	

試題來源：Waterloo local 2002.07.01
線上測試：POJ 2406

❖ **試題解析**

設定字串 s 的長度為 L=strlen(s+1)，字串 s 的索引從 1 開始。

首先計算字串 s 中每個字首的雜湊函式值，即 hash[i]=(hash[i−1]*k+s[i])%mod（1≤i≤L），然後按照長度遞增的順序列舉 s 中可能存在的相鄰子字串。若 L%x==0，則說明 s 中可能存在長度為 x 且滿足相乘關係的相鄰子字串，即對於等長子字串 $s_{1..x}$, $s_{x+1..2x}$,…, $s_{(n-1)*x+1..L}$，如果 hash[x]=hash[x+1..2x]=…=hash[(n−1)*x+1..L]，其中，子字串

$s_{i-x+1..i}$ 的雜湊值為 (hash[i]-(hash[$i-x$]*k^x)%mod+mod)%mod，$n = \dfrac{L}{x}$，則相乘關係成立，即 s 為連續 n 個子字串 a，$s=a^n$。由於此時子字串長度 x 是最小的，因此次冪 $n = \dfrac{L}{x}$ 為最大，n 即為問題的解。

❖ 參考程式

```cpp
01    #include<iostream>
02    #include<cstring>
03    using namespace std;
04    typedef long long ll;
05    char s[1001000];                              // 輸入字串
06    int mod=10009;                                // 模數
07    int len,k=131;                                // s 的長度為 len
08    ll hash[1001000];                             // hash[i] 儲存以第 i 個字元為尾的字首的雜湊值
09    ll cal(int x,ll y)                            // 計算和傳回 yˣ % mod 的結果值
10    {
11        ll re=1;                                  // 結果值初始化
12        while(x)                                  // 分析次冪 x 的每一個二進位位元
13        {
14            if(x&1) re=(re*y)%mod;                // 若目前位為 1，則累乘目前位的權值並取模
15            x>>=1;y=(y*y)%mod;                    // 次冪 x 右移一位，計算該位的權值後取模
16        }
17        return re; }                              // 傳回結果值
18    }
19    bool check(int x)                             // 若所有長度為 x 的相鄰子字串對應的雜湊函式值相等，
20                                                  // 則傳回 true；否則傳回 false
21    {
22        ll cc=cal(x,(ll)k);                       // 計算 kˣ % mod
23        for( int i=(x<<1);i<=len;i+=x)            // 搜尋字元 i（2*x≤i≤len）。若任一長度 i 的子字串
24            // s_{i-x+1...i} 的雜湊值不等於長度為 x 的字首的雜湊值，則傳回 false；否則傳回 true
25        {
26            if((hash[i]-(hash[i-x]*cc)%mod+mod)%mod!=hash[x])
27            {
28                return false;
29            }
30        }
31        return true;
32    }
33    int main()
34    {
35        while(1)
36        {
37            scanf("%s",s+1);                      // 輸入字串
38            len=strlen(s+1);                      // 計算字串長度
39            if(len==1 && s[1]=='.')               // 傳回空字串的次冪 0
40            {
41                return 0;
42            }
43            for(int i=1;i<=len;i++)               // 計算所有字首的雜湊值
44            {
45                hash[i]=(hash[i-1]*k+s[i])%mod;
46            }
47            for(int i=1;i<=len;i++)               // 列舉可能的子字串長度
48            {
```

```
49                if(l en%i==0 && check(i))        // 若 s 能夠劃分出長度 i 的子字串且
50                                 // 所有相鄰子字串的雜湊值相等，則輸出子字串個數，並結束 for 迴圈
51                {
52                    printf("%d\n",len/i);
53                    break;
54                }
55            }
56        }
57 }
```

6.2.2 ► Stammering Aliens

Ellie Arroway 博士與一種外星文明建立了聯繫。然而，所有破解外星人資訊的努力都失敗了，因為他們遇上了一群口吃的外星人。Ellie 的團隊發現，在每一條足夠長的資訊中，最重要的單字都會以連續字元的順序出現一定次數的重複，甚至出現在其他單字的中間；而且，有時資訊會以一種模糊的方式縮寫，例如，如果外星人要說 bab 兩次，他們可能會發送資訊 babab，該資訊已被縮寫，在第一個單字中，第二個 b 被重用為第二個單字中的第一個 b。

因此，一條資訊可能一遍又一遍地包含重複的相同單字。現在，Ellie 向你 ──S. R. Hadden 尋求幫助，以確定一條資訊的要點。

提供一個整數 m 和一個表示資訊的字串 s，請你搜尋至少出現 m 次的 s 的最長子字串。例如，在資訊 baaaababababbababbbab 中，長度為 5 個單字的 babab 包含 3 次，即在位置 5、7 和 12 處（其中索引從 0 開始），出現 3 次或更多次的子字串不會比 5 更長（請參見範例輸入中的第 1 個範例）；而且，在這條資訊中，沒有子字串出現 11 次或更多次（請參見第 2 個範例）。如果存在多個解決方案，則首選出現在最右側的子字串（請參見第 3 個範例）。

輸入
輸入包含若干測試案例。每個測試案例在第一行提供一個整數 m（$m \geq 1$），表示最小重複次數；接下來的一行提供一個長度介於 m 和 40000 之間（包括 m 和 40000）的字串 s。在 s 中，所有字元都是 a～z 的小寫字元。最後一個測試案例由 $m=0$ 標示，程式不用處理。

輸出
對每個測試案例輸出一行。如果無解，則輸出 none；否則，在一行中輸出兩個用空格分隔的整數，第一個整數表示至少出現 m 次的子字串的最大長度，第二個整數表示此子字串的最右側起始位置。

範例輸入	範例輸出
3 baaaababababbababbbab 11 baaaababababbbababbab 3 cccccc 0	5 12 none 4 2

試題來源： ACM 2009 South Western European Regional Contest

線上測試： HDOJ 4080，UVA 4513

❖ **試題解析**

本題提供一個整數 m 和一個字串 s，尋找 s 的最長子字串，使該子字串在 s 中出現不小於 m 次；如果有多個不同子字串滿足條件，則選擇最右側開始的子字串。輸出子字串的出現次數和最右側子字串的起始位置。

對於子字串的長度採用二分法，如果目前長度的子字串的重複次數超過 m 次，則二分右區間，看是否有更長的重複子字串；否則二分左區間，找更短的重複子字串。

用 hash 函式把字串變成數字。

❖ **參考程式**（略。本題參考程式的 PDF 檔案和本題的英文原版均可從碁峰網站下載）

6.2.3 ► String

提供一個字串 s 及兩個整數 L 和 M，我們稱 s 的一個子字串是「可恢復的」，若且唯若

1. 子字串的長度為 $M*L$；

2. 這一子字串透過串聯 s 的 M 個「多樣化」子字串來建構，其中每個子字串的長度為 L，而且這些子字串不能有兩個完全一樣的字串。

如果 s 的兩個子字串是從 s 的不同部分切下來的，則它們被認為是「不同的」。例如，字串「aa」有 3 個不同的子字串「aa」、「a」和「a」。

請計算 s 的不同的「可恢復」子字串的數量。

輸入

輸入包含多個測試案例，以 EOF 結束。

每個測試案例的第一行提供兩個用空格分隔的整數 M 和 L。

每個測試案例的第二行提供一個字串 s，它只包含小寫字母。

s 的長度不大於 10^5，而且 $1 \le M*L \le s$ 的長度。

輸出

對每個測試案例，在一行中輸出答案。

範例輸入	範例輸出
3 3 abcabcbcaabc	2

試題來源： ACM 2013 Asia Regional Changchun

線上測試： HDOJ 4821，UVA 6711

❖ **試題解析**

設定字串 s 的長度為 len，容器為 map[]，其中 map[i] 是 hash 值為 i 的區塊數。

首先，計算子字串的 hash 值。

由右向左計算每個字尾的 hash 值，其中以第 i 個字元為首字元的字尾的 hash 值為 hash$[i]$=hash$[i+1]$*base+$(s[i]-$'a'$+1)$，i=len$-1..0$。

透過 hash$[i]$，可求出任意一個長度為 L 的子字串的 hash 值：以 i 位置開始、長度為 L 的區塊 $s_{i..i+L-1}$，hash$[i, i+L-1]$=hash1$[i]-$hash1$[i+L]$*base^L，$0{\leq}i{\leq}$len$-L$。

然後，計算不同的「可恢復」的子字串數 ans。

列舉字串起始位置 i，從 0 列舉到 $L-1$（$0{\leq}i{\leq}L-1$）：將 map[] 初始化為空（mp.clear()）；以位置 i 為開始，每 L 個字元作為一區塊，計算每塊的 hash 值，其中第 j 區塊為 $s_{i+j*L..i+(j+1)*L-1}$，$0{\leq}j{\leq}\dfrac{\text{len}-i}{L}-1$。

將前 M 塊插入到 map 中，同時記錄不相同字串的個數，如果不相同字串的個數是 M，則滿足要求。然後，將這個區間向右移，刪掉第 1 塊，加入第 $M+1$ 塊，同樣記錄不相同字串的個數。過程如下。

每列舉 1 區塊，區塊數 cnt++，目前區塊進入 map[]（計算目前塊的 hash 值 x；mp$[x]$++）。在 cnt$\geq M$ 的情況下：

◆ 若 cnt$>M$，則計算第 $M+1$ 塊的 hash 值 y，刪除 hash 值為 y 的相同區塊（若 map$[y]{\neq}0$），map$[y]$$--$。若 map$[y]$ 變為 0，則 map[] 中 hash 值為 y 的元素全部清零）。

◆ 若 map[] 中的元素個數為 M（mp.size()==M），則不同的「可恢復」的子字串數量 ans++。

列舉完區塊內的所有可能的首字元後，則 ans 即為問題的解。

❖ **參考程式**

```
01  #include<iostream>
02  #include<map>
03  using namespace std;
04  #define maxn 100100
05  typedef unsigned long long  int ull;
06  char str[maxn];                      // 字串
07  ull xp[maxn];                        // xp[i]=base^i
08  ull hash1[maxn];                     // 雜湊串列
09  ull base = 175;
10  map<ull, int>mp;                     // 容器 map[]，其中 map[i] 是 hash 值為 i 的區塊數
11  void init()                          // 計算 xp[]，其中 xp[i]=base^i
12  {
13      xp[0] = 1;
14      for (int i = 1; i< maxn; i++) xp[i] = xp[i - 1] * base;
15  }
16
17  ull get_hash(int i, int L)           // 計算以 i 位置開始、長度為 L 的
18                                       // 子字串 s_{i..i+L} 的 hash 值
19
20  {
21      return hash1[i] - hash1[i+L] * xp[L];
22  }
23
24  int main()
25  {
```

```
26        int M, L;
27        init();
28        while (scanf("%d%d",&M,&L)!=EOF)        // 輸入兩個整數，直至輸入 EOF 為止
29        {
30            scanf("%s", str);                          // 輸入目前測試案例的字串 s，計算其長度 len
31            int len = strlen(str);
32            hash1[len] = 0;
33            for (int i = len - 1; i >= 0; i--)    // 計算每個字尾的 hash 值
34            {
35                hash1[i] = hash1[i + 1] * base +(str[i] - 'a'+1);
36            }
37            int ans = 0;                             // 不同的 " 可恢復 " 的子字串數初始化
38            for  (int i = 0; i < L; i++)            // 列舉子字串的首位址為 i、長度為 L 的每一塊
39            {
40                mp.clear();                          // 容器 map[] 初始化為空
41                int cnt = 0;                         // 首位址為 i、長度為 L 的塊數初始化
42                for  (int j = 0; i + (j+1)*L-1 < len; j++)    // 列舉每一區塊，
43                                                              // 第 j 塊為 s_{i+j*L...i+(j+1)*L-1}
44                {
45                    cnt++;                                // 首位址為 i、長度為 L 的塊數加 1
46                    ull tmp = get_hash(i + j*L,L);        // 計算第 j 塊的 hash 值
47                    mp[tmp]++;                            // 第 j 塊加入 map[]
48                    if (cnt >= M)                         // 若長度為 L 的塊數不小於 M
49                    {
50                        if (cnt > M)                          // 若長度為 L 的塊數大於 M
51                        {
52                            ull tmp1=get_hash(i+(j - M)*L, L);   // 計算第 M+1 塊的 hash 值
53                            if (mp[tmp1])                        // 若 map[] 存在相同塊，則刪去
54                            {
55                                mp[tmp1]--;
56                                if(mp[tmp1]==0)mp.erase(tmp1);
57                            }
58
59                        }
60                        if ( mp.size() == M)ans++;            // 若 map[] 中的元素數量為 M，
61                                                              // 則不同的 " 可恢復 " 的子字串數加 1
62                    }
63
64                }
65            }
66            printf("%d\n", ans);                      // 輸出不同的 " 可恢復 " 的子字串數
67        }
68        return 0;
69    }
```

6.3　　使用雜湊串列與雜湊技術解題

與字典一樣，雜湊串列也是一種透過索引鍵（key）進行索引的廣義類型線性串列。不同的是，字典索引項目中的索引鍵 key 直接對應紀錄（或表項）的儲存位置 address，需要透過順序搜尋或二元搜尋檢索字典中指定的紀錄（或表項）。而本節所介紹的方法則是在紀錄（或表項）的儲存位置 address 與它的索引鍵 key 之間建立一個對應的函式關係

address=hash(key)，使每個索引鍵與結構中的唯一一個儲存位置相對應。搜尋紀錄（或表項）時，首先計算 address=hash(key)，並在結構中取 address 位置的紀錄（或表項）。若索引鍵相同，則搜尋成功。儲存紀錄（或表項）時也同樣計算 address=hash(key)，並將儲存紀錄（或表項）存入 address 位置。這種方法即為雜湊方法，在雜湊方法中使用的函式即為雜湊函式，按照此方法建構出來的表或結構即為雜湊串列。

問題是，不同關鍵字經雜湊函式可能計算出同一個雜湊值。如果當一個元素被插入時另一個元素已經存在（雜湊值相同），那麼就產生一個衝突，需要消除這個衝突。有兩種消除衝突的簡單方法。

◆ 分離連結法：雜湊串列 *T* 採用分離連結技術，即把雜湊函式值相同的關鍵字串成鏈結串列。

◆ 開放定址法：雜湊串列 *T* 的資料結構一般為一維陣列，直接使用雜湊函式定址。如果有衝突發生，那麼就嘗試選擇另外的單元，直到找出空單元為止。雜湊函式一般按照線性探測法或二次線性探測法設計。

首先，我們介紹兩個使用分離連結技術消除衝突的範例。

6.3.1 ▶ Snowflake Snow Snowflakes

你可能聽說過沒有兩片雪花是相同的。請你編寫一個程式來確定這個說法是否是真的。你的程式將輸入一個雪花資訊的集合，並尋找可能相同的一對雪花。每一片雪花有 6 個翼。對於每一片雪花，將會提供這 6 個翼的長度。相關地，翼長度相同的任何一對雪花被標示為可能相同。

輸入
輸入的第一行提供一個整數 *n*（$0 < n \le 100000$），表示後面要提供的雪花的片數。接下來提供 *n* 行，每行用 6 個整數描述一片雪花（每個整數至少為 0，小於 10000000），每個整數是這片雪花的一個翼的長度。翼的長度按環繞雪花的順序（順時針或逆時針）提供，從 6 個翼中的任何一個翼開始。例如，同一片雪花可以被描述為 1 2 3 4 5 6 或 4 3 2 1 6 5。

輸出
如果所有的雪花都是不同的，則程式輸出「No two snowflakes are alike.」。

如果有一對雪花是相同的，則程式輸出「Twin snowflakes found.」。

範例輸入	範例輸出
2 1 2 3 4 5 6 4 3 2 1 6 5	Twin snowflakes found.

試題來源：Canadian Computing Competition 2007
線上測試：POJ 3349

❖ 試題解析

每片雪花都有 6 個翼，用 6 個整數代表，這 6 個整數是從任意一個翼開始朝順時針或逆時針方向尋訪得到的。輸入多個雪花，判斷是否有形狀一致的雪花。

我們使用雜湊技術求解。若雪花 6 個翼的長度為 $a_0a_1a_2a_3a_4a_5$，則雜湊值為：

$$h = \left(\sum_{i=0}^{5} a_i \right) \% 1200007$$

顯然，不同的雪花可能產生同一個雜湊值。我們採用分離連結技術消除衝突，即把雜湊值相同的所有雪花串成一個鏈結串列，該鏈結串列的首指標設為 hash(h)。

這裡要注意的是，每種雪花可以由多種數字組合表示。比如輸入的是 1 2 3 4 5 6，則 2 3 4 5 6 1，3 4 5 6 1 2，…，6 5 4 3 2 1，5 4 3 2 1 6 等都是相同形狀的。由於可從任一翼出發且可順時針環繞或逆時針環繞一周，因此設順時針的雪花序列為 num[0] 且逆時針的雪花序列為 num[1]。

num[0] 的指標序列設為 {0, 1, 2, 3, 4, 5, 0, 1, 2, 3, 4, 5}，從 num[0] 指標序列前 6 個數中的任一數 i（$0 \leq i \leq 5$）出發連數 6 個數，即可得到由 i 翼出發順時針環繞一周的雪花。

num[1] 的指標序列設為 {5, 4, 3, 2, 1, 0, 5, 4, 3, 2, 1, 0}，從 num[1] 指標序列前 6 個數中的任一數 i（$i = 5 \cdots 0$）出發連數 6 個數，即可得到由 i 翼出發逆時針環繞一周的雪花。

解決了計算雜湊函式值和每種雪花的數字組合方案後，便可以展開演算法：

```
依次讀入每片雪花的資料：
    計算順時針環繞和逆時針環繞一周的指標序列 num[0]、num[1]；
    順序列舉出發翼 i（0≤i≤5）：
        if (i 翼出發順時針或者逆時針 6 翼的長度在雜湊串列中存在)
            設雪花對相同標誌為 true 並結束輸入和計算過程
        else i 翼出發順時針和逆時針的 6 個翼長度分別存入雜湊串列；
            if 雪花對相同標誌為 true
                輸出 " Twin snowflakes found."
            else 輸出 " No two snowflakes are alike."
```

❖ 參考程式

```cpp
01   #include<iostream>
02   using namespace std;
03
04   const int N=1200010;                    // 雪花數的上限
05   const int H=1200007;                    // 雜湊值的上限
06
07   struct Node                             // 節點類別
08   {
09       int num[6];                         // 雪花的 6 個翼長
10       int next;                           // 後繼指標
11   };
12   Node node[N];                           // 雪花序列
13   int cur;                                // 雪花指標
14   int hashTable[H];                       // 雜湊串列，其中雜湊值為 H 的鏈首指標為 hashTable[H]
15   void initHash()                                 // 雜湊串列初始化為空
16   {
17       cur = 0;                                    // 雪花指標初始化為 0
18       for (int i = 0; i < H; ++i) hashTable[i] = -1;    // 每條鏈的鏈首指標初始化為 -1
19   }
20
21   unsigned int getHash(int* num)                  // 傳回雪花 num 的雜湊值
```

```
22   {
23       unsigned int hash = 0;
24       for (int i = 0; i < 6; ++i)     hash += num[i];
25       return hash % H;
26   }
27
28   bool cmp(int* num1, int* num2)      // 判斷雪花對 num1 和 num2 是否相同
29   {
30       for (int i = 0; i < 6; ++i)     // 若雪花對 num1 和 num2 有任一翼的長度不同，則傳回 false
31       {
32           if (num1[i] != num2[i]) return false;
33       }
34       return true;                    // 傳回雪花對 num1 和 num2 的 6 個翼長度完全相同的標誌
35   }
36
37   void insertHash(int* num, unsigned int h)      // 將雪花 num 插入以 hashTable[h] 為
38                                                  // 首指針的雜湊鏈開頭
39   {
40       for (int i = 0; i < 6; ++i) node[cur].num[i] = num[i];
41       node[cur].next = hashTable[h];
42       hashTable[h] = cur;
43       ++cur;
44   }
45
46   bool searchHash(int* num)           // 搜尋雪花 num 對應的雜湊鏈 hashTable[h]：鏈中出現
47                                       // 與 num 相同的雪花，則傳回 true；否則 num 插入該鏈的開頭
48   {
49       unsigned h = getHash(num);      // 計算雪花 num 的雜湊值 h
50       int n ext = hashTable[h];       // 搜尋以 hashTable[h] 為首指標的雜湊鏈：
51                                       // 若鏈中出現與 num 相同的雪花，則傳回 true
52       while (next != -1)
53       {
54           if (cmp(num, node[next].num)) return true;
55           next = node[next].next;
56       }
57       insertHash(num, h);             // 將雪花 num 插入 hashTable[h] 的鏈首並傳回 false
58       return false;
59   }
60
61   int main()
62   {
63       int num[2][12];                 // 順時針序列 num[0] 和逆時針序列 num[1]
64       int n;                          // 雪花數
65       bool twin = false;              // 初始時標誌雪花各不相同
66       initHash();                     // 雜湊串列初始化為空
67       scanf("%d", &n);                // 輸入雪花片數
68       while (n--)
69       {
70           for (int i = 0; i < 6; ++i)     // 輸入目前雪花 6 個翼的長度，計算順時針序列 num[0]
71           {
72               scanf("%d", &num[0][i]);
73               num[0][i + 6] = num[0][i];
74           }
75           if (twin) continue;             // 若出現過一對相同的雪花，則繼續 while 迴圈
76           for (int i = 0; i < 6; ++i)     // 計算目前雪花的逆時針序列 num[1]
```

```
77              {
78                  num[1][i + 6] = num[1][i] = num[0][5 - i];
79              }
80          for (int i = 0; i < 6; ++i)     // 順序列舉出發翼 i
81          {
82              if (searchHash(num[0] + i) || searchHash(num[1] + i)) // 若 i 翼出發順時針
83                  // 或者逆時針的 6 個翼長度在雜湊串列中存在，則設雪花對相同標誌並結束目前 for 迴圈
84              {
85                  twin = true;
86                  break;
87              }
88          }
89      }
90      if (twin) printf("Twin snowflakes found.\n");            // 輸出有無相同雪花對的資訊
91      else printf("No two snowflakes are alike.\n");
92      return 0;
93  }
```

6.3.2 ▶ Eqs

提供具有如下形式的等式：

$$a_1x_1^3 + a_2x_2^3 + a_3x_3^3 + a_4x_4^3 + a_5x_5^3 = 0$$

等式的係數是在區間 $[-50, 50]$ 內的整數。

滿足等式的解 $(x_1, x_2, x_3, x_4, x_5)$ 會有多組，對於 $i \in \{1, 2, 3, 4, 5\}$，本題設定 $x_i \in [-50, 50]$，$x_i \neq 0$。

請確定有多少組解滿足提供的等式。

輸入
輸入僅一行，提供用空格分開的 5 個係數 a_1、a_2、a_3、a_4 和 a_5。

輸出
對於提供的等式，在一行中輸出解的數目。

範例輸入	範例輸出
37 29 41 43 47	654

試題來源：Romania OI 2002
線上測試：POJ 1840

❖ 試題解析

我們使用雜湊技術求解本題。由於等式的係數是在區間 $[-50, 50]$ 內的整數，因此 x_1、x_2、x_3、x_4 和 x_5 的可能值有 100^5 個，儲存量太大，必須精簡。

$a_1x_1^3 + a_2x_2^3 + a_3x_3^3 + a_4x_4^3 + a_5x_5^3 = 0$ 等同於 $a_1x_1^3 + a_2x_2^3 + a_3x_3^3 = -(a_4x_4^3 + a_5x_5^3)$，不妨使用雜湊串列儲存 $a_1x_1^3 + a_2x_2^3 + a_3x_3^3$ 的數和，透過檢索雜湊串列中數和為 $-(a_4x_4^3 + a_5x_5^3)$ 的元素個數來求解，這樣，可將陣列容量減少至 $101^3 = 1030301$。

關鍵是如何計算數和 num 對應的雜湊值 h。

由於雜湊串列中儲存的數和可以是負數，因此，我們使用兩種方法計算雜湊值：

1. 將數和 num 轉換為正整數 numm：

$$numm = \begin{cases} num & num > 0 \\ -num & 否則 \end{cases}$$

2. 設計數和 numm 對應的雜湊值 h：

$$h = (numm \% MAXN + numm / MAXN) \% MAXN$$

後續參考程式中，MAXN 定義為 2000007。注意，模值不同，程式時效可能隨之變化，雜湊函式的設計很多時候要靠運氣。讀者不妨試一試。

顯然，不同的數和 num 可能產生同一個雜湊值 h。我們採用分離連結技術消除衝突，即把雜湊值相同的數和串成一個鏈結串列，該鏈結串列的首指標設為 hash(h)。

有了雜湊函式，我們便可以展開演算法了。

首先，透過三重序號列舉 x_0、x_1 和 x_2 的可能值（$-50 \leq x_0 \leq 50$，$x_0 \neq 0$；$-50 \leq x_1 \leq 50$，$x_1 \neq 0$；$-50 \leq x_2 \leq 50$，$x_2 \neq 0$；），將 $a_0 * x_0^3 + a_1 * x_1^3 + a_2 * x_2^3$ 的所有可能數和存入雜湊鏈 h（$a_0 * x_0^3 + a_1 * x_1^3 + a_2 * x_2^3$ 對應的雜湊值 h）中。

接下來，透過雙重迴圈列舉 x_3、x_4 的所有可能值（$-50 \leq x_3 \leq 50$，$x_3 \neq 0$；$-50 \leq x_4 \leq 50$，$x_4 \neq 0$），每列舉一對 x_3、x_4，統計雜湊鏈 h（$-(a_3 * x_3^3 + a_4 * x_4^3)$ 對應的雜湊值 h）中的元素個數，並累計入 count。

顯然，最後得出的 count 即為問題的解。

❖ 參考程式

```
01   #include<cstdio>                                    // 前置編譯命令
02   #include<cstring>
03   #define mem(a) memset(a,0,sizeof(a))                // 定義陣列變數清零命令
04   #define MAXN 2000007                                // 雜湊值的上限
05   #define maxn 1030302                                // 雜湊串列的鏈長上限
06   #define lf(a) a*a*a                                 // lf(a)=a³
07   int hash[MAXN+5],next[maxn+5],index,sum[maxn+5];    // 關鍵字為 h 的鏈首指標為 hash[h]，
08                                                       // 鏈指標為 index，後繼指標為
09                                                       // next[index]，數和為 sum[index]
10
11   void insert(int num)                                // 向雜湊串列插入整數 num
12   {
13       int numm=num>0?num:-num;                        // 將 num 轉換為正整數 numm
14       int h=(numm%MAXN+numm/MAXN)%MAXN;               // 計算 numm 對應的雜湊函式關鍵字 h
15       sum[index]=num;                                 // 將 num 插入 hash[h] 鏈的開頭
16       next[index]=hash[h];
17       hash[h]=index++;
18   }
19   int  is_find(int num)                               // 計算雜湊串列中數和為 num 的元素個數
20   {
21       int number=0;                                   // 數和為 num 的數字個數初始化為 0
22       int numm=num>0?num:-num;                        // 將 num 轉換為正整數 numm
23       int  h=(numm%MAXN+numm/MAXN)%MAXN;              // 計算 numm 對應的雜湊函式關鍵字 h
24       int  u=hash[h];                                 // 搜尋 hash[h] 鏈，統計數和為 num 的數字個數
```

```
25          while(u){
26              if(sum[u]==num)number++;
27              u=next[u];
28          }
29          return number;                        // 傳回數和為 num 的數字個數
30      }
31      int main()
32      {
33          int a[5];
34          whil e(~scanf("%d%d%d%d%d",&a[0],&a[1],&a[2],&a[3],&a[4]))// 反覆輸入 5 項係數,
35                                                    // 直至輸入 '0 0 0 0 0'
36          {
37              mem(sum); mem(hash);mem(next);            // sum[]、hash[] 和 next[] 清零
38              index=1;                              // 鏈指標初始化
39              int i,j,k,count=0;                    // 解的數目初始化
40      // 列舉 x₀、x₁ 和 x₂ 的可能值,將 a₀*x₀³+a₁*x₁³+a₂*x₂³ 的數和存入雜湊串列
41              for(i=-50;i<=50;i++)if(i!=0)
42                for(j=-50;j<=50;j++)if(j!=0)
43                  for(k=-50;k<=50;k++)if(k!=0) insert(a[0]*lf(i)+a[1]*lf(j)+a[2]*lf(k));
44      // 列舉 x₃、x₄ 的可能值,將雜湊串列中數和為 -(a₃*x₃³+a₄*x₄³)的元素個數累計入解的數目
45              for(i=-50;i<=50;i++)if(i!=0)
46                for(j=-50;j<=50;j++)if(j!=0) count+=is_find((-a[3])*lf(i)-a[4]*lf(j));
47              printf("%d\n",count);
48          }
49          return 0;
50      }
```

使用雜湊技術會不可避免地產生衝突(不同關鍵字可能得到同一雜湊位址(即 key1≠key2,hash(key1)=hash(key2))。前兩題介紹了消除衝突的分離連結技術,即把雜湊函式值相同的關鍵字串成鏈結串列。

下面介紹第二種方法——開放定址法,即把雜湊串列設計為一維陣列,直接使用雜湊函式定址。如果有衝突發生,那麼就嘗試選擇另外的單元,直到找出空單元為止。

6.3.3 ▶ 10-20-30

有一種稱為 10-20-30 的用 52 張不考慮花色的紙牌遊戲。人頭牌(K、Q、J)的值是 10,A 的值是 1,任何其他牌的值是它們的面值(如 2、3、4 等)。牌從牌堆的頂端發起。先發 7 張牌,從左至右形成 7 組。當給最右邊一組發了一張牌後,下一張牌就應發最左邊的一組。每給一組發一張牌,查看這組牌的以下三張牌的組合的總和是否為 10、20 或 30:

◆ 前兩張和最後一張;

◆ 第一張和最後兩張;

◆ 最後三張。

如果是這樣,就抽出這三張牌並將其放在牌堆的底部。對於這個問題,總是按上面提供的順序查看牌。按牌在組中出現的順序將它們取出並放在牌堆的底部。當抽出三張牌時,又有可能出現三張可以抽出的牌。如果是這樣,再將它們抽出。如此重複直至再也不能從這組牌中抽出符合條件的牌為止。

舉例來說，假設有一組牌是 5、9、7、3、，5 是第一張牌，然後發出 6。前兩張牌加最後一張牌（5+9+6）等於 20。抽出這三張牌後，這組牌變成 7、3。而牌堆的底部變成 6，6 上面的一張牌是 9，9 上面的一張牌是 5（如圖 6.3-1 所示）。

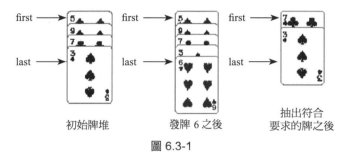

初始牌堆　　　　發牌 6 之後　　　抽出符合
　　　　　　　　　　　　　　　　要求的牌之後

圖 6.3-1

如果發的不是 6 而是 Q，那麼 5+9+10=24，5+3+10=18，但 7+3+10=20，因此最後三張牌可以抽走，剩下 5、9（如圖 6.3-2 所示）。

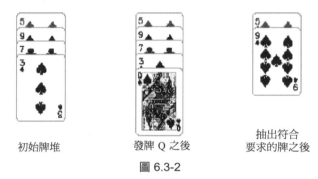

初始牌堆　　　　發牌 Q 之後　　　抽出符合
　　　　　　　　　　　　　　　　要求的牌之後

圖 6.3-2

如果有一組只含有三張牌且這組牌的和為 10、20 或 30，那麼這組牌被抽走後就「消失」了。這就是說，隨後的發牌將跳過現在成為空的這組牌的位置。當所有牌組都消失，你就獲勝。當你無牌可發時，則遊戲失敗。目前兩種情況都不發生時，則出現和局。編寫一個程式，將初始的牌堆作為輸入，完成 10–20–30 遊戲。

輸入
每組輸入由 52 個整數組成，由空格和 / 或行尾（End Of Line）分開。整數表示初始牌堆的面值。第一個整數是牌堆頂端的牌。在最後一張牌後輸入 0 標誌輸入結束。

輸出
對每組輸入，輸出遊戲結果是勝、負還是和局，並輸出遊戲結果決定前所發的牌數（假如遊戲狀態發生重複，意味著和局）。使用「輸出範例」部分中的格式。

範例輸入	範例輸出
2 6 5 10 10 4 10 10 10 4 5 10 4 5 10 9 7 6 1 7 6 9 5 3 10 10 4 10 9 2 1 10 1 10 10 10 3 10 9 8 10 8 7 1 2 8 6 7 3 3 8 2 4 3 2 10 8 10 6 8 9 5 8 10 5 3 5 4 6 9 9 1 7 6 3 5 10 10 8 10 9 10 10 7 2 6 10 10 4 10 1 3 10 1 1 10 2 2 10 4 10 7 7 10 10 5 4 3 5 7 10 8 2 3 9 10 8 4 5 1 7 6 7 2 6 9 10 2 3 10 3 4 4 9 10 1 1 10 5 10 10 1 8 10 7 8 10 6 10 10 10 9 6 2 10 10 0	Win：66 Loss：82 Draw：73

試題來源：ACM 1996 總決賽

線上測試：UVA 246

❖ **試題解析**

我們將遊戲過程中手中的牌和各堆牌的狀況用字串 s 表述。

（1）分隔定位每堆牌的區間

我們將 7 堆牌和手中的牌轉化為字串 s，並透過大寫字母「ABCDEFGH」分隔的辦法定位每堆牌的位置。例如，初始時輸入 52 張牌的面值 $a[1..52]$，則

$$s="Aa[1]Ba[2]Ca[3]Da[4]Ea[5]Fa[6]Ga[7]Ha[8..52]"$$

$a[1..7]$ 為最先放入牌堆 1～牌堆 7 的七張牌，手中的牌為 $a[8..52]$，將之定義為牌堆 8。為了定位每堆牌在 s 中的頭尾位置，設 $sign[i]$ 為第 i 堆的標誌（$sign[1]='A'$，…，$sign[7]='G'$，$sign[8]='H'$），該堆牌在 s 中的頭尾指標分別為 $l[i]$ 和 $r[i]$。顯然，$l[i]$ 為 s 中字元 $sign[i]$ 的位置 +1，$r[i]$ 為 s 中字元 $sign[i+1]$ 的位置 −1。

（2）使用雜湊技術判斷重合情況

我們將字串 s 設為狀態。顯然，目前狀態若與先前狀態重合，則說明繼續玩下去是不可能有輸贏的，應視為和局。為此，我們使用雜湊技術儲存目前狀態。狀態 s 的雜湊函式設為

$$hash(s) = \left(\sum_{i=0}^{s.size-1} (s[i]-'0') * 13^{s.size-1-i} \right) \% 1999997$$

若不考慮花色，紙牌共有 13 個不同種類，我們將 s 中的每一位數字看作一個十三進位數。$hash(s)$ 取 s 對應的十三進位數對質數 1999997（小於雜湊串列長的最大質數）的餘數。但這個雜湊函式並不完全可靠，因為不能保證雜湊值與狀態一一對應。為此，我們採用開放定址法消除衝突。

將 $hash(s)$ 設為雜湊串列中搜尋狀態 s 的第一個位址；另外再設狀態 s 的判重函式為 $hash2(s)$，該函式值取 s 對應的十三進位數對質數 10000009 的餘數，即

$$hash2(s) = \left(\sum_{i=0}^{s.size-1} (s[i]-'0') * 13^{s.size-1-i} \right) \% 10000009$$

只有當 $hash(s_1)=hash(s_2)$、$hash2(s_1)=hash2(s_2)$ 時，才可確定狀態 s_1 和 s_2 相同。

雜湊串列為 h 和 key，其中 $h[f]$ 為狀態儲存標誌。若 $h[f]==1$，則 $key[f]$ 儲存狀態的判重函式值。

我們將對應同一雜湊函式值的所有狀態存放在一個連續的儲存空間中，即從單元 $f1$（$f1=hash(s)$）開始，設定一個連續的儲存空間 $[f1, f1+1, \cdots]$，其中 $h[f1]=1$，$key[f1]!=f2$，$h[f1+1]=1$，$key[f1+1]!=f2$，…（$f2=hash2(s)$），即這些狀態的判重函式值各不相同，都是非同一狀態。若想要儲存狀態 s，則先計算 s 的雜湊值 $f1$ 和判重函式值 $f2$，然後從 $f1$ 單元開始，逐個單元搜尋：若發現狀態 s 已在雜湊串列中（$h[f]==1$，$key[f]=f2$，$f1 \leq f$），則放棄儲存；若發現狀態 s 未在雜湊串列中出現（$h[f]==0$，$f1 \leq f$），則設 $h[f]=1$，並將 s 的判重函式值儲存在 $key[f]$ 中（$key[f]=f2$）。

（3）模擬發一張牌給第 *i* 堆牌的過程

首先取手中的第 1 張牌（取出 *s* 中第 *l*(8) 位置的字元 *t*，從 *s* 中刪除該字元），放入第 *i* 堆牌尾（*t* 插入 *s* 的 *r*(*i*)+1 位置）。

然後在第 *i* 堆牌中反覆進行 3 種組合的處理，直至第 *i* 堆不少於 3 張牌（*r*(*i*)–*l*(*i*) ≥ 2）或者無法組合為止。

若第 *i* 堆牌被取完（*r*(*i*)<*l*(*i*)），則標誌該堆牌消失（*v*[*i*]=true）。

（4）模擬遊戲過程

1.首先讀入 52 張牌，計算初始狀態 *s*；

2.計算 *f*=hash[*s*]，將 *s* 置入雜湊串列（*h*[*f*]=1，key[*f*]=hash2[*s*]）；

3.牌堆序號 *i* 初始化為 1，發牌數 step 設為 7；

4.進入迴圈，直至產生結果為止。

累計所發牌數（step++），手中的第一張牌發給第 *i* 堆，進行組合處理：

◆ 若狀態 *s* 在雜湊串列中存在，則輸出「Draw」和發牌數 step，並結束程式；

◆ 若無牌可發（*l*(8) ≥ *s*.size()），則輸出「Loss」和發牌數 step，並結束程式；

◆ 若所有牌堆消失，則輸出「Win」和發牌數 step，並結束程式。

尋找未消失的下一個牌堆 *i*（*i*=(i%7)+1; while(*v*[*i*])*i*=(*i*%7)+1），繼續迴圈。

❖ **參考程式**（略。本題參考程式的 PDF 檔案和本題的英文原版均可從碁峰網站下載）

6.4 相關題庫

6.4.1 ► Spell checker

你是拼寫檢查程式開發團隊的新成員。你要寫一個模組，利用提供的字典，檢查提供的單字的正確性。字典包括所有正確的單字。

如果某個單字在字典中不存在，那麼你就從字典中用一個正確的詞來代替它，可以透過下述操作之一來獲得這個詞：

◆ 從單字中刪去一個字母；

◆ 將單字中的一個字母用另一個字母替代；

◆ 在單字中插入一個字母。

請編寫一個程式，對於提供的單字，從字典中找出所有可能的替代詞。

輸入

輸入的第一部分提供字典中的所有單字。每個單字一行。這一部分以在單獨一行中提供字元「#」為結束。所有的單字都是不同的，字典中至多有 10000 個單字。

輸入的下一部分則提供所有要被檢查的單字。每個單字一行。這一部分也以在單獨一行中提供字元「#」為結束。至多有 50 個單字要被檢查。

輸入中的所有單字（無論是字典中的單字還是要被檢查的單字）都由小寫字元組成，每個單字最多有 15 個字元。

輸出

按照輸入的第二部分中單字出現的順序，對每個要被檢查的單字輸出一行。如果單字是正確的（即出現在字典中），則輸出「<checked word>is correct」。如果該單字不正確，那麼就先輸出這個單字，然後輸出字元「：」（冒號），接著輸出一個空格，然後輸出所有可能的替代單字，以空格分隔這些單字。這些替代的單字按其在字典（輸入的第一部分）中出現的次序輸出。如果這一單字沒有替代詞，則這一單字後面只有一個冒號。

範例輸入	範例輸出
i	me is correct
is	aware: award
has	m: i my me
have	contest is correct
be	hav: has have
my	oo: too
more	or:
contest	i is correct
me	fi: i
too	mre: more me
if	
award	
#	
me	
aware	
m	
contest	
hav	
oo	
or	
i	
fi	
mre	
#	

試題來源： ACM Northeastern Europe 1998
線上測試： POJ 1035，ZOJ 2040，UVA 671

提示

字典中每一個單字的名稱或儲存位置為單字序號，屬性為單字字串，這些構成了搜尋匹配單字的索引項目。由於字典中單字數的上限為 10000，因此不妨採用連續串列的方式組織字典。

設定字典為 dict[]，字典中的第 i 個單字為 dict[i]，字典的長度為 dictSize。首先，按照輸入格式將 dictSize 個單字讀入字典，然後依次輸入被檢查單字。每輸入一個被檢查單字 s，檢查該單字在字典 dict[] 中是否存在。若字典中有單字 s，則輸出正確資訊（printf("%s is correct\n", s)）；若不存在，則按照下述方法依次分析字典中的每個單字。

1. dict[i] 與 s 等長的情況下，判斷 dict[i] 是否與 s 僅有一個對應字母不同。若是，則表示 s 可透過替代一個字母達到正確。

2. dict[i] 的長度比 s 多 1 的情況下，判斷可否在 s 中插入一個字母後達到與 dict[i] 相同。若可以，則 dict[i] 是一個替代單字。

3. s 的長度比 dict[i] 多 1 的情況下，判斷可否在 s 中刪去一個字母後與 dict[i] 相同。若可以，則 dict[i] 是一個替代單字。

3. 和 2. 本質上是一致的。在 s 中刪去一個字母後與 dict[i] 相同，相當於 dict[i] 插入一個字母後與 s 相同。為此設計一個函式 match($s1[]$, slen1, $s2[]$)，判斷在 $s1[]$ 的長度 slen1 比 $s2[]$ 小 1 的情況下，可否在 $s1[]$ 中插入一個字母後與 $s2[]$ 相同。這個函式的演算法如下。

先在 $s1[]$ 和 $s2[]$ 中按由左而右的順序尋找第 1 個對應字元不同的位置 k；然後判斷 $s1[k]$…$s1[slen1]$ 是否與 $s2[k+1]$…$s2[slen1+1]$ 相同。若是，則說明將字母 $s2[k]$ 插入 $s1$ 的 k 位置即可使 $s1$ 和 $s2$ 相同。

6.4.2 ▶ Stack By Stack

存在 n 個堆疊，按順序命名為 $s[1]$, $s[2]$, $s[3]$, ... ,$s[n]$。初始時所有的堆疊為空，執行下述步驟直到 $s[n]$ 滿。

如果沒有一個堆疊是滿的，則向 $s[1]$ 加入數字 1，2，3，…直到它變滿，否則，如果存在一個滿的堆疊 $s[i]$，則將其中的資料提出並推入 $s[i+1]$ 中，直到 $s[i]$ 變空或 $s[i+1]$ 變滿。如果 $s[i+1]$ 滿了，而且在 $s[i]$ 中還有數，則將 $s[i]$ 中的數提出。

輸入
存在多個測試案例，每個測試案例有 3 行。第一行是一個整數 n（$1 \leq n \leq 1000$），表示堆疊的數量。第二行是 n 個整數 c_1 c_2…c_n，其中 c_i（$1 \leq c_i \leq 1000000000$）是第 i 個堆疊的大小。第三行是兩個整數 x 和 y（$1 \leq x \leq y \leq c_n$）。

處理到輸入結束。

輸出
對每個測試案例，輸出一行，提供在 $s[n]$ 中從索引 x 到索引 y 的數字的總和。索引從 1 開始，表示堆疊底部。結果是帶符號的 64 位元整數。

範例輸入	範例輸出
1	5050
100	5
1 100	8
2	
2 4	
1 3	
3	
5 3 5	
3 4	

試題來源：ZOJ Monthly, May 2008
線上測試：ZOJ 2962

提示

提供 n 個堆疊，每個堆疊大小為 c_i（$1 \le i \le n$），現在進行如下操作：

1. 若無堆疊滿：將 $s[1]$ 裝入 1，2，…，即裝滿堆疊。

2. 若有一個堆疊 $s[i]$ 已滿：將 $s[i]$ 的內容逐個提出，推入堆疊 $s[i+1]$，直至 $s[i+1]$ 滿或 $s[i]$ 空為止。注意：如果 $s[i+1]$ 先滿且 $s[i]$ 非空，則清空 $s[i]$。

所有操作進行到堆疊 $s[n]$ 滿為止。請問：$s[n]$ 中從索引 x 到索引 y 的數字的總和是多少？

我們從堆疊 $s[n]$ 出發，按照提出堆疊和推入堆疊規則由後向前進行模擬，結果發現每個堆疊 $s[k]$ 的內容僅和它前一個堆疊 $s[k-1]$ 的內容有關，即為零個到多個的前一個堆疊倒置 + 前一個堆疊末尾的幾個數倒置，也就是要知道堆疊 $s[k]$ 的內容，可以去堆疊 $s[k-1]$ 找。具體方法如下。

首先，計算 $s[k]$ 堆疊中區間的頭尾索引 x 和 y 分別對映至 $s[k-1]$ 堆疊中的索引 nx 和 ny（$2 \le k \le n$）。

按照規則，若 $s[k]$ 堆疊中的索引 x 為 $s[k-1]$ 堆疊容量的整倍數（$x\%c_{k-1}==0$），則 x 對應 $s[k-1]$ 堆疊的索引 nx=1（圖 6.4-1a）；否則 x 對應 $s[k-1]$ 堆疊的索引 nx=$c[k-1]-x\%c_{k-1}$（圖 6.4-1b）。

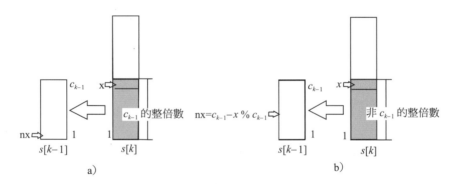

圖 6.4-1

由此得到 $s[k]$ 堆疊中的區間 $[x, y]$ 對應 $s[k-1]$ 堆疊中的索引 nx 和 ny：

$$nx = \begin{cases} 1 & x \bmod c_{k-1} = 0 \\ C_{k-1} - x \bmod C_{k-1} + 1 & x \bmod c_{k-1} \ne 0 \end{cases}$$

$$ny = \begin{cases} 1 & y \bmod c_{k-1} = 0 \\ C_{k-1} - y \bmod C_{k-1} + 1 & y \bmod c_{k-1} \ne 0 \end{cases}$$

接下來，根據索引 nx 和 ny 計算 $s[k]$ 堆疊中的區間 $[x, y]$ 的數和。

1. 若 $y-x==nx-ny$，則說明 $s[k]$ 堆疊中索引區間 $[x, y]$ 中的數字位於 $s[k-1]$ 堆疊中連續的索引區間 $[nx, ny]$，$s[k]$ 堆疊中區間 $[x, y]$ 的數和即為 $s[k-1]$ 堆疊中區間 $[nx, ny]$ 的數和（圖 6.4-2）。

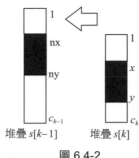

堆疊 $s[k-1]$　　堆疊 $s[k]$

圖 6.4-2

2. 若 $y-x \neq nx-ny$，則說明 $s[k]$ 堆疊中索引區間為 $[x, y]$ 的數字在 $s[k-1]$ 中是不連續的，其數和由三部分組成：

◆ $s[k-1]$ 堆疊中索引區間 $[1, nx]$ 的數和 sum1；

◆ $s[k-1]$ 堆疊中索引區間 $[ny, c_{k-1}]$ 的數和 sum2；

◆ $s[k-1]$ 堆疊滿的數和的 $\left\lfloor \dfrac{(y-x+1)-nx-(c_{k-1}-ny+1)}{c_{k-1}} \right\rfloor$ 倍，sum3＝($s[k-1]$ 堆疊滿的數和)$* \left\lfloor \dfrac{(y-x+1)-nx-(c_{k-1}-ny+1)}{c_{k-1}} \right\rfloor$。

$s[k]$ 堆疊中索引區間 $[x, y]$ 的數和 sum＝sum1＋sum2＋sum3（圖 6.4-3）。

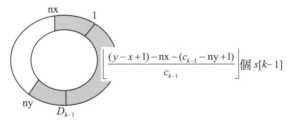

圖 6.4-3

由上述分析，很容易想到使用回溯法來求解。為了縮短程式執行時間，採用雜湊串列結構儲存已計算出的答案。關鍵字為堆疊序號，由於堆疊數的上限僅為 1000，因此，堆疊序號直接作為雜湊串列的儲存位置，不必再經雜湊函式計算。雜湊串列採用分離連結法，將堆疊中所有索引區間及其數和儲存在以 $f[k]$ 為串列開頭的單鏈結串列中，其中單鏈結串列元素 $p[i].x$ 和 $p[i].y$ 為索引區間，數和為 $p[i].k$，後繼指標為 $p[i]$.next。

我們設計一個遞迴函數 solve(x, y, k) 來計算和傳回 $s[k]$ 中索引區間為 $[x, y]$ 的數和。程序 solve(x, y, k) 十分簡練和清晰。

遞迴邊界：

1. 在 $f[k]$ 為串列開頭的單鏈結串列中尋找區間 $[x, y]$ 的數和 sum（即滿足 $x==p[i].x$ && $y==p[i].y$ 的 $p[i].k$）。若 $s[k]$ 中索引區間 $[x, y]$ 的數和已求出（sum$\neq$0），則傳回 sum。

2. 若尋至第 1 個堆疊（$k==1$），則將數和 sum $= \left\lfloor \dfrac{x+y}{2} \right\rfloor * (y-x+1)$ 和區間 $[x, y]$ 插入 $f[1]$ 為串列開頭的單鏈結串列中，並傳回 sum。

按照上述辦法計算 x、y 對應 $s[k-1]$ 堆疊的索引 nx 和 ny。

若 [nx, ny] 為連續區間（$y-x==nx-ny$），則遞迴計算和傳回 $s[k-1]$ 堆疊中區間 [nx, ny] 的數和（solve(ny, nx, $k-1$)）。

按照上述辦法，遞迴計算並傳回索引 nx 和 ny 不連續的數和 sum=solve(ny, $c[k-1]$, $k-1$)+solve(1, nx, $k-1$)+solve(1, $c[k-1]$, $k-1$) *((($y-x+1$)-nx-($c[k-1]-ny+1$))/$c[k-1]$) | ($y-x+1$)-nx-($c[k-1]-ny+1$)$\neq$0。

顯然，在已知堆疊數 n、各堆疊容量 $c[i]$ 以及第 n 個堆疊的索引區間 [x, y] 後，可直接呼叫 solve(x, y, n) 得到 $s[n]$ 中 [x, y] 的數字總和。

6.4.3 ▶ Squares

正方形是一個四邊形的多邊形，每條邊的長度相等，相鄰的邊形成 90° 角。而且，如果圍繞它的中心旋轉 90°，則產生相同的多邊形。正方形並不是唯一具有後面這種性質的多邊形，正八邊形也具有這樣的性質。

我們都知道一個正方形是什麼樣的。但是，對於夜空中的一組星星，我們能找到所有由這些星星組成的正方形嗎？為了簡化這個問題，本題設定夜空是一個二維平面，每個星星都由其 x 和 y 座標標示。

輸入

輸入由若干測試案例組成。每個測試案例首先提供整數 n（$1 \leq n \leq 1000$），表示接下來提供的點數。接下來的 n 行每行提供一個點的 x 和 y 座標（兩個整數）。本題設定這些點是不同的，並且座標的值小於 20000。當 $n=0$ 時，輸入終止。

輸出

對於每個測試案例，在一行中輸出一個提供的星星所形成的正方形的數目。

範例輸入	範例輸出
4	1
1 0	6
0 1	1
1 1	
0 0	
9	
0 0	
1 0	
2 0	
0 2	
1 2	
2 2	
0 1	
1 1	
2 1	
4	
−2 5	
3 7	
0 0	
5 2	
0	

試題來源： ACM Rocky Mountain 2004

線上測試： POJ 2002

提示

提供 n 個點的座標，請計算這些點能夠形成多少個正方形。由於點數的範圍是 $[1, 1000]$，如果透過列舉 4 個點判斷是否構成正方形，就會超時。

本題演算法如下。對所有點求雜湊值，建構點集合的雜湊串列。(x, y) 對應的雜湊值為

$$h = (x*x+y*y) \% 100007$$

由於不同點可能對應到同一雜湊值 h，因此採用分離連結法，也就是將雜湊函式值相同的所有點連成鏈結串列存放在雜湊串列 hash[h] 中。鏈結串列採用陣列結構，編號為 x 的點的後繼編號為 next[x]。

接下來，列舉所有可能的點對 (x_1, y_1) 和 (x_2, y_2)，計算出另外兩個點的座標 (x_3, y_3) 和 (x_4, y_4)，其中

$$x_3 = x_1+(y_1-y_2) \text{，} y_3 = y_1-(x_1-x_2) \text{，} x_4 = x_2+(y_1-y_2) \text{，} y_4 = y_2-(x_1-x_2)$$

或者

$$x_3 = x_1-(y_1-y_2) \text{，} y_3 = y_1+(x_1-x_2) \text{，} x_4 = x_2-(y_1-y_2) \text{，} y_4 = y_2+(x_1-x_2)$$

檢查在點集合的雜湊串列中是否存在計算出來的兩個點 (x_3, y_3) 和 (x_4, y_4)，若存在，則說明存在 (x_1, y_1)、(x_2, y_2)、(x_3, y_3) 和 (x_4, y_4) 構成一個正方形。演算法的時間複雜度是 $O(n^2)$。

上述演算法會使同一個正方形按照不同的順序被列舉 4 次，因此最後的結果需除以 4。

Chapter 07
實作線性串列排序的程式

排序就是將一組雜亂無章的資料按一定的規律順序排列起來。在電腦資料處理中，這是一項經常要做的基礎性工作。

由於待排序物件的資料類別相同且需要標明位置，因此通常採用陣列的儲存結構。若待排序元素含多個資料欄，則可採用結構型別陣列，或者每個資料欄用一個陣列儲存。在多個資料欄中，其中的一個資料欄或若干資料欄構成關鍵字域 key，它是排序的依據，整數、實數、字串等型別的資料都可以作為 key，在 key 的資料型別上定義了遞增（或遞減）的順序關係，其他資料欄稱為衛星資料，即它們都是以 key 為中心的。例如學生成績表有年級、班級、學號、各學科成績、平均成績等。如果按照平均分數對學生排序，則平均成績為 key，年級、班級、學號和各學科成績為衛星資料。在一個實際的排序演算法中，當對 key 值重排時，衛星資料也要跟著 key 值一起移動。對於排序演算法來說，不論待排序物件是單個數值還是結構型別的元素，它們的排序方法都是一樣的，都要求陣列元素按照 key 值遞增（或遞減）的順序重新排列。在排序時，待排序紀錄的 key 值可能有相同者，如果 key 值相同的紀錄是按照輸入的先後順序重排，則稱排序有較好的穩定性。

排序演算法是演算法學習中最基本的問題。有些問題本身就是排序問題，例如在成績統計中，根據平均分數或某一學科的成績對學生排序；而許多演算法通常把排序作為關鍵副程式。例如使用貪心策略解題時，經常需要引用排序的副程式，對待處理的資料先進行排序。排序的演算法很多，例如泡沫排序、計數排序、快速排序、合併排序等，各類資料結構教科書對這些排序演算法都有詳盡的闡釋，本章不再贅述，本章主要是利用 STL 中內建的排序功能程式編寫和應用排序演算法求解問題。

7.1　利用 STL 中內建的排序功能編寫程式

STL（Standard Template Library，標準範本程式庫）是 C++ 標準程式庫的核心，它封裝了許多資料結構和演算法，包括排序功能。例如，STL 的關聯容器 map 提供一對一（關鍵字與關鍵字值一一對映）的資料處理能力，利用 map 可以簡化資料處理的過程。我們不妨舉一個實例。

學生的姓名與成績存在一一對映的關係，用 map 類別的基本容器就可以輕易描述這個模型：在程式開頭透過前置編譯命令「#include<map>」引入 map 類別的基本容器。程式中對容器 mapStudent 做出如下範本宣告：

```
map<string，int>mapStudent
```

按照上述宣告，學生的姓名用 string 描述，成績用 int 描述，所有學生的資訊以「mapStudent[姓名字串]= 成績」的形式儲存在基本容器 mapStudent 中，編譯系統自動按照姓名的字典順序排列 mapStudent[]。正是這個特性，為處理姓名和成績的一對一關聯性提供了程式編寫捷徑。

7.1.1 ▶ Hardwood Species

硬木是指能長出水果或堅果的闊葉樹種，是在冬季不生長的樹。美國的溫帶氣候使得森林中存在著數百種的硬木，這些樹有著某些共同的生物學特性。雖然橡樹、楓樹、櫻桃樹都是闊葉樹種，但它們是不同的物種。所有的闊葉樹占美國樹木的百分之四十。

而另一方面，軟木或針葉樹，來自拉丁語，意思是「錐體形狀」，表示樹葉是針狀的。美國的軟木包括軟木杉、冷杉、鐵杉、松、紅杉、雲杉和檜。軟木主要在家庭中作為結構木材進行裝飾應用。

利用衛星影像技術，自然資源部門編輯了某一天每一種樹的清單。請你來計算每種樹占樹的總數的比例，以小數表示。

輸入

輸入包括衛星觀測到的每一棵樹的物種列表，每棵樹占一行。沒有任何物種名稱超過 30 個字元。物種不會超過 10000 種，樹木的數目不超過 1000000。

輸出

按字母順序輸出每個物種，後面跟著該物種在樹中所占的比例，結果精確到 4 位小數。

範例輸入	範例輸出
Red Alder	Ash 13.7931
Ash	Aspen 3.4483
Aspen	Basswood 3.4483
Basswood	Beech 3.4483
Ash	Black Walnut 3.4483
Beech	Cherry 3.4483
Yellow Birch	Cottonwood 3.4483
Ash	Cypress 3.4483
Cherry	Gum 3.4483
Cottonwood	Hackberry 3.4483
Ash	Hard Maple 3.4483
Cypress	Hickory 3.4483
Red Elm	Pecan 3.4483
Gum	Poplan 3.4483
Hackberry	Red Alder 3.4483
White Oak	Red Elm 3.4483
Hickory	Red Oak 6.8966
Pecan	Sassafras 3.4483
Hard Maple	Soft Maple 3.4483
White Oak	Sycamore 3.4483
Soft Maple	White Oak 10.3448
Red Oak	Willow 3.4483
Red Oak	Yellow Birch 3.4483
White Oak	
Poplan	

（續）	範例輸入	範例輸出
	Sassafras Sycamore Black Walnut Willow	

提示

本問題有巨量的輸入，請使用 scanf 而不是用 cin，以避免超時。

試題來源： Waterloo Local 2002.01.26

線上測試： POJ 2418

❖ 試題解析

設定物種名為 x 的樹木的棵數為 $h[x]$，樹木總棵數為 n。我們首先根據輸入資訊統計每類物種的樹木棵數和樹木總棵數，然後按照樹木名的字典順序輸出每類物種在樹中所占的比例 $\dfrac{h[x]}{n}$。

物種名（關鍵字）與該物種的棵數（關鍵字值）是一對一的資料關係。由於 map 程式庫會自動排序關鍵字，因此 h 串列採用 map 類別的關聯容器，使得串列元素自動按照物種的字典順序排列，這樣可避免輸出前程式編寫排序物種名的麻煩。

❖ 參考程式

```
01  #include<iostream>                    // 前置編譯命令
02  #include<string>
03  #include<map>                         // 引入 map 類別的基本容器
04  using namespace std;                  // 使用 C++ 標準程式庫中的所有識別字
05  typedef map<string,int> record;       // record 為 map 類別的基本容器
06  record h;                             // 樹名 x 的棵數為 h[x]
07  string s;                             // 樹名字串
08  int n;                                // 樹木總數
09  int main(){
10      n=0;                              // 樹木總數初始化
11      while (getline(cin,s)){           // 輸入物種列表，統計樹木總數和每類物種的樹木棵數
12          n++;
13          h[s]++;
14      }
15      for (record::iterator it=h.begin();it!=h.end();it++){     // 循序搜尋 h 串列中的
16          // 每個物種（h 串列按照物種的字典順序排列）
17          string name=(*it).first;                              // 取目前樹名
18          int k=(*it).second;                                   // 取該類樹的棵數
19          printf("%s %.4lf\n",name.c_str(),double(k)*100/double(n)); // 輸出樹名
20              // 和該樹在樹中所占的比例
21      }
22  }
```

STL 中內建排序函式 sort，該函式對所提供區間所有元素進行排序。要使用此函式只需在程式開頭引入：

```
#include<algorithm>
```

即可使用 sort，因為標頭檔 algorithm.h 裡包含 sort() 函式。sort() 函式有以下兩種用法。

1. 直接按升冪排序。

語法描述：sort(l, r)。

對區間 [l, r] 內所有元素按升冪進行排序。

2. 自行編寫比較函式。

語法描述：sort(l, r, compare)。

其中第 1、2 個參數表示區間 [l, r]，第 3 個參數 compare 是自己編寫的比較函式。一般用於降冪或多關鍵字的排序。

注意，被 sort 函式排序的物件都是可以隨機存取的元素，例如陣列元素，但不能是依次序存取的元素，如鏈結串列（list）、佇列（queue）中的元素。

7.1.2 ▶ Who's in the Middle

FJ 調查他的乳牛群，他要找到最一般的乳牛，看最一般的乳牛產多少牛奶：一半的乳牛產奶量大於或等於這頭乳牛，另一半的乳牛產奶量小於或等於這頭乳牛。

提供乳牛的數量：奇數 N（1≤N<10000）及其產奶量（1～1000000），找出位於產奶量中點的乳牛，要求一半的乳牛產奶量大於或等於這頭乳牛，另一半的乳牛產奶量小於或等於這頭乳牛。

輸入
第 1 行：整數 N。

第 2 行到第 N+1 行：每行提供一個整數，表示一頭乳牛的產奶量。

輸出
一個整數，它是位於中點的產奶量。

範例輸入	範例輸出
5 2 4 1 3 5	3

試題來源：USACO 2004 November
線上測試：POJ 2388

❖ 試題解析

本題十分簡單，只要遞增排序 N 頭乳牛的產奶量，排序後的中間元素即為位於中點的產奶量。

我們可以直接使用標頭檔 algorithm.h 裡的 sort() 函式進行排序，排序函式 sort(l, r) 將區間 [l, r] 內的乳牛按產奶量升冪的要求排列。

❖ **參考程式**

```
01  #include<iostream>                    // 前置編譯命令
02  #include<algorithm>                   // algorithm.h 標頭檔裡有函式 sort() 的定義
03  using namespace std;                  // 使用 C++ 標準程式庫中的所有識別字
04  const int maxn=11000;                 // 乳牛數的上限
05  int a[maxn],n;                        // 產奶量序列和乳牛數
06  int main(){
07      cin>>n;                           // 輸入乳牛數
08      for (int i=1;i<=n;i++) cin>>a[i]; // 輸入每頭乳牛的產奶量
09                                        // 將序列快速排序後輸出中間項即可
10      sort(a+1,a+n+1);
11      cout<<a[(n+1)/2]<<endl;           // 輸出位於中點的產奶量
12  }
```

7.1.3 ▶ ACM Rank Table

ACM 比賽過程由一個特定的軟體來管理。這一軟體接收並判斷參賽隊的解答程式（試題的解答提交裁判稱為執行），在排名表上顯示結果。規則如下：

1. 每一次執行會被判為正確或者錯誤；

2. 一支隊伍只要對一個問題提交的執行中有一個被判為正確，則這一問題被判定為被這一隊解出；

3. 每道被解出試題的用時是從競賽開始到該試題的解答被第一次判定為正確為止（以分鐘為單位），其間在被判定為正確前每一次錯誤的執行將被加罰 20 分鐘的時間，未正確解答的試題不計時。

4. 總用時是每道解答正確的試題的用時之和。

5. 隊伍根據解題數目進行排名，如果多支隊伍解題數量相同，則根據總用時從少到多進行排名。

6. 時間以分鐘為單位，但實際的時間以秒為單位，在對隊伍進行排名時精確到秒。

7. 按上述規則，排名相同的隊伍按隊號的增序排名。

提供了 N 次執行及其提交時間和執行結果，請計算 C 支隊伍的排名。

輸入

輸入提供整數 C 和 N，後面跟著 N 行，每行提供 4 個整數 c_i、p_i、t_i 和 r_i，其中 c_i 是隊號，p_i 是題號，t_i 是以秒為單位的提交時間，r_i 是執行結果，正確為 1，其餘為 0。其中 $1 \leq C$，$N \leq 1000$，$1 \leq c_i \leq C$，$1 \leq p_i \leq 20$，$1 \leq t_i \leq 36000$。

輸出

輸出為 C 個整數——按排名的隊號。

範例輸入	範例輸出
3 3 1 2 3000 0 1 2 3100 1 2 1 4200 1	2 1 3

試題來源： ACM Northeastern Europe 2004, Far-Eastern Subregion

線上測試： POJ 2379

❖ 試題解析

設定提交序列為結構陣列 a，其中第 i 次提交的隊號為 $a[i].c$、提交時間為 $a[i].t$、題號為 $a[i].p$、執行結果為 $a[i].r$（$1 \le i \le n$）；隊伍序列為結構陣列 t，其中第 i 支隊伍的隊號為 $t[i].id$，解答正確的題數為 $t[i].ac$，計時為 $t[i].t$，第 j 題解答錯誤的次數為 $t[i].p[j]$，第 k 題解答正確的標誌為 $t[i].sol[k]$（$1 \le i \le C$，$1 \le k$，$j \le n$）。

首先，按照提交時間先後排序 n 個提交操作，即以 a 序列元素的 t 域為關鍵字，按遞增順序重新排列 a。

然後依次處理 a 序列的每個提交（$1 \le i \le n$）：

1. 計算第 i 次提交的隊號 x（$=a[i].c$），題號為 y（$=a[i].p$）；

2. 若先前 x 隊未曾解出 y 題（$t[x].sol[y]==0$），則：

◆ 若 y 題執行錯誤（$a[i].r==0$），則累計 x 隊解 y 題的錯誤次數（$t[x].p[y]++$）；

◆ 若 y 題執行正確（$a[i].r==1$），則統計 x 隊的計時（$t[x].t+=1200*t[x].p[y]+a[i].t$），累計正確題數（$t[x].ac++$），並標記 x 隊已解出 y 題（$t[x].sol[y]=1$）。

最後按照正確解題數為第 1 關鍵字（遞減順序）、計時數為第 2 關鍵字（遞增順序）、隊號為第 3 關鍵字（遞增順序）排列 n 支隊伍，輸出每支隊伍的序號 $t[1].id \cdots t[n].id$。

程式需要對 a 陣列和 t 陣列排序。在解答中為這兩個排序分別編寫比較函式，可直接利用 STL 中內建的 sort 函式排序，簡化程式。

❖ 參考程式

```
01   #include<iostream>                                   // 前置編譯命令
02   #include<algorithm>
03   using namespace std;                                 // 使用 C++ 標準程式庫中的所有識別字
04   const int maxn=1100;
05   struct judgement{                                     // 提交的結構定義
06       int c,t,p,r;                                      // 目前提交的隊號、提交時間、題號、執行結果
07   };
08   struct team{                                          // 隊伍的結構定義
09       int id,ac,t;                                      // 隊號為 id，解答正確的題數為 ac，計時為 t
10       int p[25];                                        // p[i] 為 i 題解答錯誤的次數
11       bool sol[25];                                     // sol[i] 為 i 題解答正確的標誌
12   };
13   bool cmp_t(const judgement &a,const judgement &b){    // 按照提交時間的先後比較 a 和 b
14       return a.t<b.t;
15   };
16   bool cmp_ac(const team &a,const team &b){             // 按照正確解題數為第 1 關鍵字（遞減順序）、
17                                                         // 計時數為第 2 關鍵字（遞增順序）、隊號為
18                                                         // 第 3 關鍵字（遞增順序）比較 a 和 b
19       if (a.ac!=b.ac) return a.ac>b.ac;
20       if (a.t!=b.t) return a.t<b.t;
21       return a.id<b.id;
22   };
```

```
23   judgement a[maxn];                              // 提交序列
24   team t[maxn];                                   // 隊伍序列
25   int n,m;                                        // 隊伍數和提交次數
26   int main(){
27       memset(a,0,sizeof(a));                      // 提交序列和隊伍序列初始化
28       memset(t,0,sizeof(t));
29       cin>>n>>m;                                  // 輸入列伍數和提交次數
30       for (int i=1;i<=m;i++) cin>>a[i].c>>a[i].p>>a[i].t>>a[i].r;   // 輸入每次提交的
31           // 隊號、題號、提交時間、執行結果
32       for (int i=1;i<=n;i++) t[i].id=i;           // 記下每支隊伍的序號
33       sort(a+1,a+m+1,cmp_t);                       // 按照提交時間的先後排序a陣列
34       for (int i=1;i<=m;i++){                      // 按照時間先後處理每個提交
35           int x=a[i].c,y=a[i].p;                   // 第i次提交的隊號為x，題號為y
36           if (t[x].sol[y]) continue;    // 若先前x隊已解出y題，則處理下一次提交
37           if ( a[i].r){                            // 若該題執行正確，則統計x隊的計時，累計正確題數
38                                                    // 並標記x隊已解出y題；否則累計x隊解y題的錯誤次數
39               t[x].t+=1200*t[x].p[y]+a[i].t;
40               t[x].sol[y]=1;
41               t[x].ac++;
42           } else t[x].p[y]++;
43       }
44       sort (t+1,t+n+1,cmp_ac);   // 按照正確解題數為第1關鍵字（遞減）、計時數為
45                                  // 第2關鍵字（遞增）、隊號為第3關鍵字（遞增）排序t陣列
46       for (int i=1;i<n;i++) cout<<t[i].id<<' '; // 按排名輸出列號
47       cout<<t[n].id<<endl;
48   }
```

7.2　排序演算法的程式編寫

STL 中內建的排序功能將排序函式「封裝打包」，程式開發者只要「黑箱操作」——按介面的規範要求提供參數即可完成排序任務，被呼叫的函式僅提供結果，並不展示排序過程的實作細節。但有些排序問題既要求結果又要求過程，例如，列舉排序過程中資料的最少交換次數、計算資料序列中逆序對的個數等。這就需要程式開發者自己編寫序程式來解決問題。

7.2.1 ▶ Flip Sort

在電腦科學中，排序是一個重要的部分。如果提供已經被排序的資料，問題可以更有效地解決。已經有一些複雜度為 O（$n$lg$n$）的優秀排序演算法。本題討論一種新的排序方法，在這個方法中只有一種操作（翻轉），你可以交換兩個鄰接的項目。也可以用這一方法對一個資料集合進行排序。

提供一個整數集合，使用上述方法將這些資料按升冪排列。請提供要進行翻轉的最小次數。例如，對「1 2 3」進行排序就不需要進行翻轉操作，而對「2 3 1」進行排序，要進行至少兩次翻轉操作。

輸入

輸入開始提供一個正整數 N（$N\leq1000$）。後面的若干行提供 N 個整數。輸入以 EOF 結束。

輸出

對每個資料集合輸出「Minimum exchange operations : M」，其中 M 是進行排序要執行的最小翻轉操作。對每個測試資料輸出一行。

範例輸入	範例輸出
3 1 2 3 3 2 3 1	Minimum exchange operations : 0 Minimum exchange operations : 2

線上測試： UVA 10327

❖ 試題解析

設定初始序列為 $a[1]\cdots a[n]$，最小翻轉次數 ans 初始化為 0。我們透過模擬泡沫排序過程計算最小翻轉次數。

反覆循環，其中第 i 次迴圈從 $a[1]$ 出發，逐一比較相鄰兩個數 $a[i]$ 和 $a[i+1]$ $(1 \le i \le n-1)$：若發現 $a[i]>a[i+1]$，則進行一次翻轉操作（$a[i]$ 交換 $a[i+1]$），翻轉次數 ans++, 直至第 i 大的數字放入 $a[n-i+1]$ 為止。

若某次迴圈過程中沒有翻轉操作，則說明遞增序列產生，ans 即為問題解。

❖ 參考程式

```
01   #include<iostream>                                    // 前置編譯命令
02   using namespace std;                                  // 使用 C++ 標準程式庫中的所有識別字
03   const int maxn=1100;                                  // 整數個數的上限
04   int n,a[maxn];
05   int main(){                                           // 整數個數為 n，初始序列為 a
06       cin>>n;                                           // 輸入第 1 個測試案例的整數個數
07       while (!cin.eof()){
08           for (int i=1;i<=n;i++) cin>>a[i];            // 輸入初始序列
09           bool flag=1;                                  // 資料交換標誌初始化
10           int ans=0;                                    // 最小翻轉次數初始化
11           while (flag){                                 // 模擬泡沫排序過程，直至無資料交換為止
12               flag=0;                                   // 資料交換標誌初始化
13               for (int i=1;i<n;i++) if (a[i]>a[i+1]) {  // 搜尋所有相鄰元素
14                   swap(a[i],a[i+1]);                    // 若出現逆序情況，則交換
15                   flag=1;                               // 設定資料交換標誌
16                   ans++;                                // 累計逆序對的個數
17               }
18           }
19           cout<<"Minimum exchange operations : "<<ans<<endl;  // 輸入逆序對個數
20           cin>>n;                                       // 輸入下一個測試案例的整數個數
21       }
22       system("pause");
23   }
```

7.2.2 ► Ultra-QuickSort

在本題中，你要分析一個特定的排序演算法 Ultra-QuickSort。這個演算法是將 n 個不同的整數由小到大進行排序，演算法的操作是在需要的時候將相鄰的兩個數交換。例如，對於輸入序列 9 1 0 5 4，Ultra-QuickSort 產生輸出 0 1 4 5 9。請你算出 Ultra-QuickSort 最少需要用到多少次交換操作，才能對輸入的序列由小到大排序。

輸入

輸入由幾組測試案例組成。每組測試案例第一行提供一個整數 n（$n<500000$），表示輸入序列的長度。後面的 n 行每行提供一個整數 $0 \leq a[i] \leq 999999999$，表示輸入序列中第 i 個元素。輸入以 $n=0$ 為結束，這一序列不用處理。

輸出

對每個測試案例，輸出一個整數，它是對於輸入序列進行排序所做的交換操作的最少次數。

範例輸入	範例輸出
5	6
9	0
1	
0	
5	
4	
3	
1	
2	
3	
0	

試題來源： Waterloo local 2005.02.05
線上測試： POJ 2299，ZOJ 2386，UVA 10810

❖ 試題解析

如果用最直接、最簡易的方法——「搜尋思維」來設計演算法，可以用雙重迴圈列舉數列的每個數對（A_i, A_j）（$i<j$），檢驗 A_i 是否大於 A_j，然後統計「逆序對」的數目。這種演算法雖然簡潔，但時間複雜度為 $O(n^2)$，當 n 很大時，相關的程式速度非常慢。搜尋思維並不是這道題的最佳選擇。那麼有沒有更好的思路呢？有——分治思維。

下面用「分治思維」來設計演算法，可成功地將時間複雜度降為 $O(n\log n)$。

假設目前求的是子數列 $A[l..r]$ 的逆序數，記為 $d(l, r)$。

1. **分治**：將子數列 $A[l..r]$ 等分成兩部分 $A[l..\text{mid}]$ 和 $A[\text{mid}+1..r]$（mid=$\left\lfloor \dfrac{l+r}{2} \right\rfloor$）。如果逆序對中的兩個數分別取自子數列 $A[l..\text{mid}]$ 和 $A[\text{mid}+1..r]$，則這種逆序對的個數記入 $f(l, \text{mid}, r)$。顯然 $d(l, r)=d(l, \text{mid})+d(\text{mid}+1, r)+f(l, \text{mid}, r)$。

2. **合併**：計算 $f(l, \text{mid}, r)$ 的快慢是演算法時效的瓶頸，如果擺脫不了「搜尋思維」的影響，依然用雙重迴圈來算的話，其時效不會提高。下面的方法只是給數列加了一個要求，不僅使合併的時間複雜度降為線性時間，而且可以順便將數列排序。

我們要求計算出 $d(l, r)$ 後，數列 $A[l..r]$ 已排序。這樣一來，當求出 $d(l, mid)$ 和 $d(mid+1, r)$ 後，$A[l, mid]$ 和 $A[mid+1, r]$ 已排序。

設定指標 i、j 分別指向 $A[l..mid]$ 和 $A[mid+1..r]$ 中的某個數，且 $A[mid+1]$，…，$A[j-1]$ 均小於 $A[i]$，但 $A[j] \geq A[i]$，那麼 $A[mid+1..r]$ 中比 $A[i]$ 小的數共有 $j-mid-1$ 個，如圖 7.2-1 所示，將 $j-mid-1$ 計入 $f(l, mid, r)$。

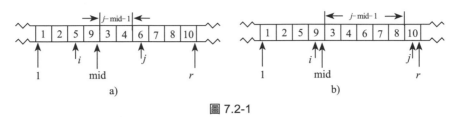

圖 7.2-1

由於 $A[l..mid]$ 和 $A[mid+1..r]$ 均已排序，因此只要順序移動 i、j 就能保持以上條件，這是合併的時間複雜度為線性時間的根本原因。例如由圖 7.2-1a 的狀態到圖 7.2-1b 的狀態只需將 i 順序移動一個位置，將 j 順序移動三個位置。

其實這與合併排序的合併過程是同樣的（合併排序本身就是「分治思維」的例子），因此將合併排序稍做修改就得到求數列逆序數的程式碼。最後還要將 $A[l..r]$ 排序，使數列滿足前面的要求，而這只需用合併排序的合併過程即可。緊湊的程式碼能將求逆序數和排序同時完成。

❖ 參考程式

```
01   #include<iostream>              // 前置編譯命令
02   #define lolo long long
03   using namespace std;            // 使用 C++ 標準程式庫中的所有識別字
04
05   const lolo maxn=510000;         // 序列長度的上限
06
07   lolo n,a[maxn],ans,t[maxn];     // 序列長度為 n，輸入序列為 a，合併序列為 t，逆序對個數為 ans
08
09   void Sort(lolo l,lolo r){       // 用合併排序求逆序對
10       if (l==r) return;           // 若排序完成，則回溯
11       lolo mid=(l+r)/2;           // 計算中間指標
12       Sort(l,mid);                // 排序左子區間
13       Sort(mid+1,r);              // 排序右子區間
14       lolo i=l,j=mid+1,now=0;     // 左右區間指標和合併區間指標初始化
15       while (i<=mid&&j<=r){       // 若左右子區間未合併完，則迴圈
16           if (a[i]>a[j]){
17               ans+=mid-i+1;       // 當 a[i]>a[j] 時，a[i] 以及之後的數都可以和 a[j] 形成逆序對
18               t[++now]=a[j++];    // a[j] 進入合併序列
19           } else {
20               t[++now]=a[i++];    // a[i] 進入合併序列
21           }
22       }
23       while (i<=mid) t[++now]=a[i++];                 // 左子區間的剩餘元素進入合併區間
24       while (j<=r) t[++now]=a[j++];                   // 右子區間的剩餘元素進入合併區間
25       now=0;                                          // 合併區間 t 賦予 a
26       for (lolo k=l;k<=r;k++) a[k]=t[++now];
```

```
27    }
28
29    int main(){
30        cin>>n;                                    // 輸入第一個測試案例的序列長度
31        while (n){
32            for (lolo i=1;i<=n;i++) cin>>a[i];     // 輸入序列
33            ans=0;                                 // 所需操作次數等於序列中逆序對個數
34            Sort(1,n);
35            cout<<ans<<endl;                       // 輸出排序所作的交換操作的最少次數
36            cin>>n;                                // 輸入下一個測試案例的序列長度
37        }
38    }
```

7.3　相關題庫

7.3.1 ▶ Ananagrams

大多數填字遊戲迷都熟悉變形詞（Anagrams）──一組有著相同的字母但字母位置不同的單字，例如 OPTS、SPOT、STOP、POTS 和 POST。有些單字沒有這樣的屬性，無論怎樣重新排列其字母，都不可能建構另一個單字。這樣的單字被稱為非變形詞（Ananagrams），例如 QUIZ。

當然，這樣的定義是要基於你所工作的領域的。例如，你可能認為 ATHENE 是一個非變形詞，而一個化學家則會很快地提供 ETHANE。一個可能的領域是全部的英語單字，但這會導致一些問題。如果將領域限制在 Music 中，在這一情況下，SCALE 是一個相對的非變形詞（LACES 不在這一領域中），但可以由 NOTE 產生 TONE，所以 NOTE 不是非變形詞。

請編寫一個程式，輸入某個限制領域的詞典，並確定相對非變形詞。注意單字母單字實際上也是相對非變形詞，因為它們根本不可能被「重新安排」。字典最多包含 1000 個單字。

輸入
輸入由若干行組成，每行不超過 80 個字元，且每行包含單字的個數是任意的。單字由不超過 20 個的大寫和 / 或小寫字母組成，沒有底線。空格出現在單字之間，在同一行中的單字至少用一個空格分開。包含相同的字母而大小寫不一致的單字被認為彼此是變形詞，如 tIeD 和 EdiT 是變形詞。以一行包含單一的「#」作為輸入終止。

輸出
輸出由若干行組成，每行提供輸入字典中的一個相對非變形詞的單字。單字輸出按字典順序（區分大小寫）排列。至少有一個相對非變形詞。

範例輸入	範例輸出
ladder came tape soon leader acme RIDE lone Dreis peat ScAlE orb eye Rides dealer NotE derail LaCeS drIed noel dire Disk mace Rob dries #	Disk NotE derail drIed eye ladder soon

試題來源： New Zealand Contest 1993

線上測試： UVA 156

提示

若目前單字的升冪字串與某單字的升冪字串相同，則說明該單字是相對變形詞；若目前單字的升冪字串不同於所有其他單字的升冪字串，則該單字是非相對變形詞。由此提供如下演算法。

設定單字表為 a，其中第 i 個單字為 $a[i].s$，其升冪字串為 $a[i].t$（$1 \leq i \leq n$）。

1. 初始化過程：計算每個單字的遞增串 $a[i].t$，並按照 $a[i].s$ 的字典順序排列 a 表。

2. 依次確定每個單字是否為非相對變形詞（$1 \leq i \leq n$）：

   ◆ 計算 a 表中是否存在其升冪字串與單字 i 的升冪字串相同的單字（have=0; for (int j=1; j<=n; j++) if (i!=j&&$a[i].t$==$a[j].t$) { have=1; break}）；

   ◆ 若沒有單字的升冪字串與單字 i 的升冪字串相同（!have），則輸出相對非變形詞 $a[i].s$。

7.3.2 ▶ Grandpa is Famous

每個人都知道爺爺是這個年代非常優秀的橋牌選手，但是當他被宣佈為金氏世界紀錄（Guinness Book of World Records）中最成功的選手的時候，還是令人非常震驚。

國際橋牌聯合會（The International Bridge Association，IBA）這些年來每週要提供世界最佳選手的排名，一個選手在每週最佳選手排名中出現一次就獲得一分，因為爺爺的分數最高，所以爺爺是最佳選手。

因為許多朋友在和他競爭，爺爺要知道哪個選手或哪些選手們現在是第二名。因為可以從網際網路上獲得 IBA 的排名，他就需要你的幫助。他需要這樣的程式，當提供一個排名的時候，根據分值找到哪個選手或哪些選手是第二名。

輸入

輸入包含若干測試案例。選手編號從 $1 \sim 10000$。每個測試案例的第一行提供兩個整數 N（$2 \leq N \leq 500$）和 M（$2 \leq M \leq 500$），分別表示排名的數目和在每一個排名中選手的數目，後面的 N 行每行提供一週選手的排名，每個排名提供用空格分開的 M 個整數的序列，本題設定：在每個測試案例中僅有一個最優秀選手，至少有一個第二名選手；每週排名由 M 個不同的選手識別字組成。

輸入結束以 N=M=0 標示。

輸出

對於輸入的每個測試案例產生一行輸出，提供在出現的排名中獲得第二名的選手的編號。如果有選手並列第二名，按號碼的遞增順序列印出所有的第二名選手的編號，每個編號後面加一空格。

範例輸入	範例輸出
4 5 20 33 25 32 99 32 86 99 25 10 20 99 10 33 86 19 33 74 99 32 3 6 2 34 67 36 79 93 100 38 21 76 91 85 32 23 85 31 88 1 0 0	32 33 1 2 21 23 31 32 34 36 38 67 76 79 88 91 93 100

試題來源： ACM South America 2004

線上測試： POJ 2092

提示

選手的名次是根據上榜次數計算的，上榜次數越多，名次越高；上榜次數相同，則按照編號遞增的順序輸出同名次的選手。

設定選手序列為 a，其中選手 i 的編號為 $a[i]$.id，上榜次數為 $a[i]$.p。

我們首先根據輸入資訊記錄每位選手的編號（$a[i]$.id=i），統計每位選手的上榜次數 $a[i]$.p。然後按照上榜次數為第 1 關鍵字（遞減順序）、編號為第 2 關鍵字（遞增順序）排序 a 表。最後從 $a[1]$ 出發，略過上榜次數最高的選手，依次輸出 a 表中上榜次數次高的所有選手。

7.3.3 ▶ Word Amalgamation

在美國的很多報紙上，有一種單字遊戲 Jumble。這一遊戲的目的是解字謎，為了找到答案中的字母，就要整理 4 個單字。請編寫一個整理單字的程式。

輸入

輸入包含 4 個部分：字典，包含至少 1 個、至多 100 個單字，每個單字一行；一行內容為「XXXXXX」，表示字典的結束；一個或多個你要整理的「單字」；一行內容為「XXXXXX」，表示檔案的結束。所有的單字，無論是字典單字還是要整理的單字，都是小寫英文字母，至少 1 個字母，至多 6 個字母（「XXXXXX」由大寫的 X 組成），字典中單字不排序，但每個單字只出現一次。

輸出

對於輸入中每個要整理的單字，輸出在字典裡存在的單字，單字的字母排列可以不同，如果在字典中找到不止一個單字對應，則要把它們按字典順序進行排序。每個單字占一行。如果沒找到相對應的單字，則輸出「NOT A VALID WORD」，每輸出對應的一組單字或「NOT A VALID WORD」後要輸出「******」。

範例輸入	範例輸出
tarp	score
given	******
score	refund
refund	******
only	part
trap	tarp
work	trap
earn	******
course	NOT A VALID WORD
pepper	******
part	course
XXXXXX	******
resco	
nfudre	
aptr	
sett	
oresuc	
XXXXXX	

試題來源： ACM Mid-Central USA 1998

線上測試： POJ 1318

提示

設定字典表示為線性串列 a，單字數為 n。在一個測試案例輸入後，字典 a 就被建立了。

對於每個在 a 中的單字 $a[i]$，$a[i]$ 的字母按字典順序排列並存入 $b[i]$，$1 \leq i \leq n$。然後依次輸入待處理的單字，每輸入一個單字，按字典順序排列其字母，並存入字串 t。

如果存在 $b[i]$，使 $b[i]==t$，則輸出 $a[i]$；否則輸出「NOT A VALID WORD」。

7.3.4 ▶ Questions and answers

資料庫中包含著最高機密的資訊。我們並不知道這些資訊是什麼，但我們知道它的表示形式。這些資訊的所有的資料都是用 1～5000 的自然數來編碼的。主要資料庫非常大，我們將其大小標示為 N——包含了多達 100000 個那樣的數字。資料庫對每次查詢處理得非常快。最通常的查詢是：按照數值大小的第 i 個元素是什麼？i 在從 1～N 的自然數中取值。

你的程式用於管理資料庫，也就是說，它能很快地處理這樣的查詢。

輸入

本問題的標準輸入由兩部分組成：首先，提供資料庫；然後，提供查詢的序列。資料庫的形式非常簡單，第一行提供數字 N，後面的 N 行每行提供一個資料庫的數字，以任意的次序提供。查詢的序列也很簡單，第一行提供查詢的數目 $K(1 \leq K \leq 100)$，後面的 K 行每行提供一個查詢，查詢（按照數值大小的第 i 個元素是什麼）用數字 i 表示。資料庫與查詢序列之間用 3 個「#」字元分開。

輸出

輸出 K 行。每行對應一個查詢，查詢 i 的回答是資料庫中按照數值從小到大排列的第 i 個元素。

範例輸入	範例輸出
5	121
7	121
121	7
123	123
7	
121	
###	
4	
3	
3	
2	
5	

試題來源： Ural State University Internal Contest October'2000 Junior Session

線上測試： POJ 2371

提示

首先輸入資料庫中的 N 個自然數 $a[1]\cdots a[N]$，並對 $a[]$ 表進行遞增排序。然後依次輸入 K 個查詢，每輸入查詢 i，則輸出 $a[i]$。

7.3.5 ▶ Find the Clones

Doubleville 是 Texas 的一個小鎮，它遭到外星人的襲擊。外星人綁架了當地的一些居民，把他們帶到了環繞地球飛行的太空船上。經過一番（相當不愉快的）實驗之後，外星人複製了受害者，並將他們的多份複製放回了 Doubleville。因此，現在可能有 6 個相同的名叫 Hugh F. Bumblebee 的人：原來的本人和 5 份複製。Federal Bureau of Unauthorized Cloning（FBUC）要求你來確定每個人被製作了多少份複製。為了幫助你完成任務，FBUC 收集了每個人的 DNA 樣本，同一人的所有複製都有相同的 DNA 序列，不同的人有不同的序列（在這個小鎮上沒有雙胞胎）。

輸入

輸入包含若干個測試案例。每個測試案例的第一行提供兩個整數：人的數量 n（$1 \le n \le 20000$）和 DNA 序列的長度 m（$1 \le m \le 20$）。後面的 n 行提供 DNA 序列：每行一個 m 個字元序列，每個字元是「A」、「C」、「G」或「T」。

輸入以 $n=m=0$ 結束。

輸出

對於每個測試案例，輸出 n 行，每行一個整數。第一行是沒有被複製的人的數目，第二行是僅被複製了一次的人的組的數目（即每個這樣的組中的人有兩份相同的複製），第三行提供有著三份相同複製的人的組的數目，以此類推：第 i 行提供有 i 份相同複製的人的組的數目。例如，存在 11 份範例，1 份是 John Smith 的複製，其餘都是 Joe Foobar 的複製，則在第一行和第十行輸出「1」，其餘行輸出「0」。

範例輸入	範例輸出
9 6	1
AAAAAA	2
ACACAC	0
GTTTTG	1
ACACAC	0
GTTTTG	0
ACACAC	0
ACACAC	0
TCCCCC	0
TCCCCC	
0 0	

提示：巨量輸入，推薦使用 scanf，以避免 TLE。

試題來源：ACM Central Europe 2005
線上測試：POJ 2945

提示

設定 DNA 序列儲存在 s 中，其中第 i 人的 DNA 序列被儲存在 $s[i]$ 中，$1 \leq i \leq n$；共用第 k 份相同的 DNA 序列的人數被儲存在 ans[k] 中。

首先，s 按字典順序排列。然後，依序搜尋 s，並累計共用相同的 DNA 序列的人數。最後，輸出結果。

7.3.6 ▶ 487-3279

企業喜歡用容易被記住的電話號碼。讓電話號碼容易被記住的一個辦法是將它寫成一個容易記住的單字或者短語。例如，你需要給滑鐵盧大學打電話時，可以撥打 TUT-GLOP。有時，只將電話號碼中的部分數字拼寫成單字。當你晚上回到酒店，可以透過撥打 310-GINO 來向 Gino's 訂一份比薩。讓電話號碼容易被記住的另一個辦法是以一種好記的方式對號碼的數字進行分組。透過撥打必勝客的「三個十」號碼 3-10-10-10，你可以從他們那裡訂比薩。

電話號碼的標準格式是七位十進位數字，並在第三、第四位數字之間有一個連接符號。電話撥號盤提供了從字母到數字的對映，對映關係如下：

◆ A、B 和 C 對映到 2；

◆ D、E 和 F 對映到 3；

◆ G、H 和 I 對映到 4；

◆ J、K 和 L 對映到 5；

◆ M、N 和 O 對映到 6；

◆ P、R 和 S 對映到 7；

◆ T、U 和 V 對映到 8；

◆ W、X 和 Y 對映到 9。

Q 和 Z 沒有對映到任何數字，連接符號不需要撥號，可以隨意添加和刪除它。TUT-GLOP 的標準格式是 888-4567，310-GINO 的標準格式是 310-4466，3-10-10-10 的標準格式是 310-1010。

如果兩個號碼有相同的標準格式，那麼它們就是相同的（相同的撥號）。

你的公司正在為本地的公司編寫一個電話號碼簿。作為品質控制的一部分，你要檢查是否有兩個或多個公司擁有相同的電話號碼。

輸入

輸入的格式是：第一行是一個正整數，表示電話號碼簿中號碼的數量（最多 100000）。餘下的每行是一個電話號碼。每個電話號碼由數字、大寫字母（除 Q 和 Z 之外）以及連接符號組成。每個電話號碼中剛好有 7 個數字或者字母。

輸出

對於每個出現重複的號碼產生一行輸出，輸出是號碼的標準格式後緊跟一個空格，然後是它的重複次數。如果存在多個重複的號碼，則按照號碼的字典升冪輸出。如果輸入資料中沒有重複的號碼，則輸出一行：No duplicates.。

範例輸入	範例輸出
12	310-1010 2
4873279	487-3279 4
ITS-EASY	888-4567 3
888-4567	
3-10-10-10	
888-GLOP	
TUT-GLOP	
967-11-11	
310-GINO	
F101010	
888-1200	
-4-8-7-3-2-7-9-	
487-3279	

試題來源：ACM East Central North America 1999

線上測試：POJ 1002

提示

設定 $h[s]$ 是標準格式為 s 的電話號碼出現的頻率。由於最後按照字典順序升冪的要求輸出電話號碼，因此將 h 表設為 map 類別的基本容器，使表元素自動按照電話號碼的字典順序排列，以避免程式編寫排序的麻煩。

首先，在輸入號碼簿中 n 個號碼同時將每個號碼串 s 轉化為標準格式：按照題意建立字母與數字間的對映表，根據對映表將 s 中的字母轉化為數字，刪除 s 中的「−」，在 s 的第 3 個字元後插入「−」。然後，對標準格式 s 的電話號碼進行計數（$h[s]++$）。

最後循序搜尋 h 表：若出現次數大於 1 的電話號碼，則輸出電話號碼的標準格式和次數。

7.3.7 ▶ Holiday Hotel

Smith 夫婦要去海邊度假，在出發前，他們要選擇一家賓館。他們從網際網路上獲得了一份賓館的列表，要從中選擇一些既便宜又離海灘近的候選賓館。候選賓館 M 要滿足兩個需求：

1. 離海灘比 M 近的賓館要比 M 貴。

2. 比 M 便宜的賓館離海灘比 M 遠。

輸入

有若干組測試案例，每組測試案例的第一行提供一個整數 N（$1 \leq N \leq 10000$），表示賓館的數目，後面的 N 行每行提供兩個整數 D 和 C（$D \geq 1$，$C \leq 10000$），用於描述一家賓館，D 表示賓館距離海灘的距離，C 表示賓館住宿的費用。設定沒有兩家賓館有相同的 D 和 C。用 $N=0$ 表示輸入結束，不用對這一測試案例進行處理。

輸出

對於每個測試案例，輸出一行，提供一個整數，表示所有候選賓館的數目。

範例輸入	範例輸出
5 300 100 100 300 400 200 200 400 100 500 0	2

試題來源：ACM Beijing 2005

線上測試：POJ 2726

提示

設定賓館序列為 a，其中第 i 家賓館離海灘的距離為 $a[i].d$，住宿費用為 $a[i].c$（$1 \leq i \leq n$）。根據候選賓館的需求，以離海灘距離為第 1 關鍵字、住宿費用為第 2 關鍵字對 a 表進行排序。在此基礎上計算候選賓館的數目 ans（設上一個候選賓館為 pre）：

1. 初始時，賓館 1 進入候選序列（ans=pre=1）。

2. 依次掃描賓館 2 到賓館 n：若目前賓館 i 與賓館 pre 相比，雖然離海灘的距離不近但費用低（$a[i].c < a[pre].c$），則賓館 i 進入候選序列（ans++; pre=i）。

3. 最後輸出候選賓館的數目 ans。

7.3.8 ▶ Train Swapping

在老舊的火車站，你可能還會遇到「列車交換員」。列車交換員是鐵路的一個工作，其內容是對列車車廂重新進行安排。

一旦車廂要以最佳的序列被安排，列車司機要將車廂一節接一節地在要卸貨的車站留下。

列車交換員是一個在靠近鐵路橋的車站執行這一任務的人，不是將橋垂直吊起，而是將橋圍繞著河中心的橋墩進行旋轉。將橋旋轉 90° 後，船可以從橋墩的左邊或者右邊通過。

一個列車交換員在橋上有兩節車廂的時候也可以旋轉。將橋旋轉 180°，車廂可以轉換位置，使得他可以對車廂進行重新排列。（車廂也將掉轉方向，但車廂兩個方向都可以移動，所以不用考慮這一情況。）

現在幾乎所有的列車交換員都已經故去，鐵路公司要將他們的操作自動化。要開發部分的程式的功能是對一列列車按特定次序排列，要確定兩個相鄰車廂的最少交換次數，請你編寫程式。

輸入

輸入的第一行提供測試案例的數目（N）。每個測試案例有兩行，第一行提供整數 L（$0 \le L \le 50$），表示列車車廂的數量，第二行提供一個從 1 到 L 的排列，即車廂的目前排列次序。要按數字的升冪重新排列這些車廂：先是 1，再是 2，……，最後是 L。

輸出

對每個測試案例輸出一個句子「Optimal train swapping takes S swaps.」，其中 S 是一個整數。

範例輸入	範例輸出
3 3 1 3 2 4 4 3 2 1 2 2 1	Optimal train swapping takes 1 swaps. Optimal train swapping takes 6 swaps. Optimal train swapping takes 1 swaps.

試題來源： ACM North Western European Regional Contest 1994

線上測試： UVA 299

提示

輸入列車的排列次序 $a[1] \cdots a[n]$ 後，對 $a[]$ 進行遞增排序，在排序過程中資料交換的次數即為問題的解。由於 n 的僅上限為 50，因此使用泡沫排序也能滿足時效要求。

7.3.9 ► Unix ls

你所工作的電腦公司正在引進一個新的電腦生產線，並要為新電腦開發一個新的類似於 UNIX 的作業系統。因此，請編寫程式，以規範其功能。

程式的輸入是一個要進行排序的檔案名稱列表 F（按 ASCII 字元值升冪），並根據最長的檔案名稱的長度 L 將這些檔案名稱在 C 列進行格式化輸出。檔案名稱由 1 到 60 個字元組成，進行格式化輸出時向左對齊。最右列的寬度取最長檔名的長度，其他列的寬度是最長檔名長度加 2。輸出的每行長度小於等於 60 個字元。要求你的程式從左到右是盡可能少的行數 R。

輸入

輸入首先提供清單中檔案名稱的數目 N（$1 \le N \le 100$），後面的 N 行每行提供一個檔案名稱，構成檔案名稱的字元是 a～z、A～Z、0～9 和集合 {., _, –}。在檔案名稱中不存在非法字元，也沒有空行。

在最後一個檔案名稱後面或者是以 N 開始的下一個測試案例，或者是輸入結束。

輸出

對於每個檔案名稱集合，先輸出由 60 個短橫線組成的一行，然後輸出格式化的檔案名稱列。第 1 個到第 R 個被排序的檔案名稱被列在第 1 列中，第 $R+1$ 個檔案名稱到第 $2R$ 個檔案名稱被列在第 2 列中等等。

範例輸入	範例輸出
10 tiny 2short4me very_long_file_name shorter size-1 size2 size3 much_longer_name 12345678.123 mid_size_name 12 Weaser Alfalfa Stimey Buckwheat Porky Joe Darla Cotton Butch Froggy Mrs_Crabapple P. D. 19 Mr._French Jody Buffy Sissy Keith Danny Lori Chris Shirley Marsha Jan Cindy Carol Mike Greg Peter Bobby Alice Ruben	-- 12345678.123 size-1 2short4me size2 mid_size_name size3 much_longer_name tiny shorter very_long_file_name -- Alfalfa Cotton Joe Porky Buckwheat Darla Mrs_Crabapple Stimey Butch Froggy P.D. Weaser -- Alice Chris Jan Marsha Ruben Bobby Cindy Jody Mike Shirley Buffy Danny Keith Mr._French Sissy Carol Greg Lori Peter

試題來源：ACM South Central Regional 1995

線上測試：UVA 400

提示

按照檔案名稱列的格式化要求，在每行 60 個字元的列寬內，並列 c 個檔案名稱，所有行中 c 個檔案名稱的起始位置一致，c 為檔案名稱的列數。按照字典順序升冪的要求由上而下、由左而右地填入 n 個檔案名稱，即先填第 1 列、然後填第 2 列……最後填第 c 列。

設定 n 個檔案名稱為 $s[1] \cdots s[n]$。首先按照字典順序升冪的要求排列 s 表，並計算檔案名稱的最大長度 $\max 1 = \max\limits_{1 \le i \le n} \{s[i].\text{size}\}$。顯然檔案名稱的列數 $c = \left\lfloor \dfrac{62}{\max 1 + 2} \right\rfloor$，$n$ 個檔案名稱填寫的行數為 $r = \left\lfloor \dfrac{n-1}{c} + 1 \right\rfloor$。

由於輸出是自上而下進行的，因此設 $\text{ans}[j]$ 為第 j（$1 \le j \le r$）行的格式化輸出。我們按照如下方法計算 ans。

從第 1 個檔案名稱開始（$k=0$），填入 ans。按照先列後行，即外迴圈掃描列 i（$1 \le i \le c$），內迴圈掃描行 j（$1 \le j \le r$）：若處於行尾（$i==c$），則第 $k+1$ 個檔案名稱接入 $\text{ans}[j]$ 尾（$\text{ans}[j]+=s[++k]$）；否則第 $k+1$ 個檔案名稱加空格（總長為 $\text{maxl}+2$）接入 $\text{ans}[j]$ 尾（$\text{ans}[j]+=s[++k];$ for (int $t=s[k].\text{size}()+1;$ $t<=\text{maxl}+2;$ $t++$) $\text{ans}[j]+="$ $"$）。若處理完 n 個檔案名稱（$k==n$），則結束迴圈。

最後，逐行輸出 $\text{ans}[1] \cdots \text{ans}[r]$。

7.3.10 ▶ Children's Game

有許多兒童的遊戲，這些遊戲很容易玩，但是想出這些遊戲並不容易。這裡我們討論一個有趣的遊戲，給每個玩遊戲的人 N 個正整數，她（或他）透過將這些數一個一個地接起來獲得大數。例如，如果有 4 個整數 123、124、56 和 90，那麼可以獲得整數 1231245690、1241235690、5612312490、9012312456、9056124123 等 24 個這樣的整數，其中 9056124123 是最大的整數。

你可能認為非常容易找到答案，但對於一個剛剛具有數字概念的兒童，這也是容易的嗎？

輸入

每個測試案例首先在第一行提供正整數 N（$N \le 50$），在下一行提供 N 個正整數。輸入以 $N=0$ 結束，不必處理這一測試案例。

輸出

對於每個測試案例，輸出將所有 N 個整數連接在一起能獲得的最大數。

範例輸入	範例輸出
4	9056124123
123 124 56 90	99056124123
5	99999
123 124 56 90 9	
5	
99999	
0	

試題來源：4th IIUC Inter-University Programming Contest, 2005；Problemsetter：
　　　　　Md. Kamruzzaman

線上測試：UVA 10905

提示

設定整數字串序列為 s，其中第 i（$1 \leq i \leq n$）個整數字串為 $s[i]$。整數字串 a 和 b 有兩種拼接方式，即 $a+b$ 和 $b+a$，拼接字串的大小可能不同，因此按照字串值遞減的要求設計一個比較函式：

```
bool cmp(const string &a,const string &b){
    return (a+b>b+a);
}
```

將 cmp 作為 sort 函式的第 3 個參數（sort($s+1$, $s+n+1$, cmp)），可以產生前 n 大的拼接字串 $s[1] \cdots s[n]$，其中拼接字串 $s[1]$ 對應的數值最大。

7.3.11 ▶ DNA Sorting

在一個字串中，逆序數是在該字串中與次序相反的字元對的數目。例如，字母序列「DAABEC」的逆序數是 5，因為 D 比它右邊的 4 個字母大，而 E 比它右邊的 1 個字母大。序列「AACEDGG」的逆序數是 1（E 和 D），幾乎已經排好序了。而序列「ZWQM」的逆序數是 6，完全沒有排好序。

你要對 DNA 字串序列進行分類（序列僅包含 4 個字母 A、C、G 和 T）。然而，分類不是按字母順序，而是按「排序」的次序，從「最多已排序」到「最少已排序」進行排列。所有的字串長度相同。

輸入

第一行是兩個正整數：n（$0 < n \leq 50$）提供字串的長度，m（$0 < m \leq 100$）提供字串的數目。後面是 m 行，每行是長度為 n 的字串。

輸出

對輸入字串按從「最多已排序」到「最少已排序」輸出一個列表。兩個字串排序情況相同，則按原來的次序輸出。

範例輸入	範例輸出
10 6	CCCGGGGGGA
AACATGAAGG	AACATGAAGG
TTTTGGCCAA	GATCAGATTT
TTTGGCCAAA	ATCGATGCAT
GATCAGATTT	TTTTGGCCAA
CCCGGGGGGA	TTTGGCCAAA
ATCGATGCAT	

試題來源：ACM East Central North America 1998

線上測試：POJ 1007

提示

「最多已排序」的字串指的是字串中逆序對數最少的字串，而字串中逆序對數最多的字串就是所謂的「最少已排序」的字串。

設定 DNA 序列為 a，其中第 i 個 DNA 字串為 $a[i].s$，逆序對數為 $a[i].x$。

首先使用泡沫排序法統計每個 DNA 字串的逆序對數 $a[i].x$（$1 \leq i \leq m$）；然後以逆序對數為關鍵字遞增排序 a；最後輸出 $a[1].s \cdots a[n].s$。

7.3.12 ▶ Exact Sum

這個星期，Peter 收到了他父母寄來的錢，他準備用所有的這些錢來購買書籍。但他讀一本書的速度並不快，因為他喜歡享受書中的每一個字。因此，他需要一個星期才能讀完一本書。

因為 Peter 每兩個星期收一次錢，所以他準備買兩本書，這樣他可以讀這兩本書，一直讀到下一次收到錢。因為他希望用掉所有的錢，所以他要選擇的兩本書價格之和等於他收到的錢。要找到這樣的書有一點困難，因此 Peter 請你來幫助他找這樣的書。

輸入

每個測試案例的第一行提供書的數目 N，$2 \leq N \leq 10000$。下一行提供 N 個整數，表示每本書的價格，每本書的價格小於 1000001。後面的一行提供一個整數 M，表示 Peter 有多少錢。在每個測試案例後有一個空行。輸入以檔案結束（EOF）終止。

輸出

對每個測試案例輸出一條資訊「Peter should buy books whose prices are i and j.」，其中 i 和 j 是書的價格，其總和為 M，並且 $i \leq j$。本題設定總能找到解，如果有多個解，則輸出 i 和 j 之間的差最小的解。在每個測試案例後輸出一個空行。

範例輸入	範例輸出
2 40 40 80 5 10 2 6 8 4 10	Peter should buy books whose prices are 40 and 40. Peter should buy books whose prices are 4 and 6.

試題來源：ACM ICPC::UFRN Qualification Contest 2006
線上測試：UVA 11057

提示

設定 N 本書的價格為 $a[1] \cdots a[N]$，a 序列按照價格遞增的順序排列；選擇的兩本書價格為 ans1 和 ans2；搜尋區間為 $[l, r]$，初始的搜尋區間為 $[1, N]$。

我們按照下述方法搜尋價格之和為 M 且數值之差最小的兩本書。

若區間兩端的數值和為 M（$a[l]+a[r]==M$），則記下，並右移左指標、左移右指標，以尋找兩數之差更小的方案（ans1=$a[i++]$; ans2=$a[j--]$）；否則若區間兩端的數值和大於 M（$a[l]+a[r]>M$），則左移右指標（$j--$）；若區間兩端的數值和小於 M（$a[l]+a[r]<m$），則右移左指標（$i++$）。

這個過程一直進行至 $l \geq r$ 為止。最後輸出兩本書的價格 ans1 和 ans2。

7.3.13 ▶ ShellSort

Yertle 讓一隻烏龜趴在另一隻烏龜的背上。

這樣，他把這些烏龜堆成一個烏龜堆疊。

然後 Yertle 爬了上去。他坐在了這個堆疊上。多麼美妙的視角啊！他可以看到一英里遠！

國王 Yertle 希望重新安排他的烏龜寶座，以便高層級的貴族和最密切的顧問接近頂端。一個操作可以改變堆疊中的烏龜次序：一隻烏龜可以爬出它在堆疊中的位置，爬到其他烏龜上面，坐在頂部。

提供一個烏龜堆疊原來的次序，以及這個烏龜堆疊所希望產生的次序，請你確定將烏龜堆疊原來的次序重新排列成所希望產生的次序，所需要的最少操作次數。

輸入

輸入的第一行提供一個單一的整數 K，表示測試案例的個數。每個測試案例用一個整數 n 表示堆疊中烏龜的個數，然後的 n 行說明烏龜堆疊中初始的次序，每行提供一個烏龜的名字，順序是從堆疊頂端的烏龜開始逐個向下，一直到堆疊底部的烏龜。烏龜的名字是唯一的，每個名字是一個不超過 80 個字元的字串，由字母字元、空格和點（.）組成。後面的 n 行提供堆疊中所希望的次序，提供從堆疊頂端到堆疊底部的烏龜名字的序列。每個測試案例有 $2n+1$ 行。烏龜的數量（n）小於或等於 200。

輸出

對每個測試案例，輸出一個由烏龜名字組成的序列，每個名字一行，表示離開堆疊中的位置爬到頂上的烏龜的次序。這一操作序列將初始堆疊轉換為所要求的堆疊，並要求盡可能短。如果最短長度的解多於一個，則輸出任何一個解答。在每個測試案例後輸出一個空行。

範例輸入	範例輸出
2 3 Yertle Duke of Earl Sir Lancelot Duke of Earl Yertle Sir Lancelot 9 Yertle Duke of Earl Sir Lancelot Elizabeth Windsor Michael Eisner Richard M. Nixon Mr. Rogers Ford Perfect Mack Yertle Richard M. Nixon Sir Lancelot Duke of Earl Elizabeth Windsor Michael Eisner Mr. Rogers Ford Perfect Mack	Duke of Earl Sir Lancelot Richard M. Nixon Yertle

線上測試：UVA 10152

提示

設定烏龜堆疊中初始的次序為 *b*，目標次序為 *a*，其中初始時向下第 *i* 個位置的烏龜名稱為 *b*[*i*]；最後向下第 *i* 個位置的烏龜名稱為 *a*[*i*]（1≤*i*≤*n*）。我們按照自下而上的順序計算最佳操作方案。

1. 從堆疊底部出發，向上找第 1 個不滿足要求的堆疊位置 *i*（*i*=*n*; while (*b*[*i*]==*a*[*i*] && *i*>=1) *i*−−)。

2. 向上確定堆疊位置 *i* 及其上方每個位置 *j* 的操作：由於目標位置 *a*[*j*] 的烏龜高於現在位置，則它必須被移到最上面，故尋找滿足上述要求且目標位置最低的烏龜，即 *b* 序列 *i* 位置上方名字為 *a*[*j*] 的烏龜 *b*[*k*]，*b*[*k*] 離開原位置爬到堆疊頂端：

```
for (j=i; j>=1; j--)
    for (k=i; k>=j; k--)
        if (a[j]== b[k]){
            輸出b[k];
            temp=b[k];      // 初始序列中 k-1 位置到 1 位置的烏龜向下移動 1 個位置，
                            // 原 k 位置的烏龜推入堆疊頂端
            for (int t=k-1; t>=1; t--) b[t+1]=b[t];
            b[1]=temp;
            break;          // 搜尋下一個目標位置
        }
```

7.3.14 ▶ Tell me the frequencies!

提供一行文字，請提供其中 ASCII 字元出現的頻率。提供的行不包含前 32 個和後 128 個 ASCII 字元。這行文字以「\n」和「\r」結束，但不考慮這些字元。

輸入

提供的幾行文字作為輸入。每行文字作為一個測試案例。每行最大長度為 1000。

輸出

按下面提供的格式輸出出現的 ASCII 字元的 ASCII 值和它們出現的次數。測試案例之間用空行分開。按出現次數的升冪輸出 ASCII 字元。如果兩個字元出現次數相同，則將 ASCII 值高的 ASCII 字元先輸出。

範例輸入	範例輸出
AAABBC	67 1
122333	66 2
	65 3
	49 1
	50 2
	51 3

試題來源：Bangladesh 2001 Programming Contest

線上測試：UVA 10062

提示

首先，統計文字 *s* 中每種字元的頻率（for (int *i*=0; *i*<*s*.size( ); *i*++) *c*[*s*[*i*]]++）。

然後進入迴圈，直至無 ASCII 碼區間 [32..128] 中的字元：

1. 按照 ASCII 碼遞減的循序搜尋頻率最小的 ASCII 碼 i（$c[0]=2000$; $i=0$; for (int $j=128$; $j>=32$; $j--$) if ($c[j]>0$&&$c[i]>c[j]$) $i=j$）；

2. 若無該區間的字元，則結束迴圈（if ($i==0$) break）；

3. 輸出 ASCII 碼 i 及其字元頻率 $c[i]$；

4. 撤去 ASCII 碼為 i 的字元（$c[i]=0$）。

7.3.15 ▶ Anagrams (II)

某一時期，人們最喜歡玩填字遊戲。幾乎每一份報紙和雜誌都要用一個版面來刊登填字遊戲。真正的專業選手每週至少要進行一場填字遊戲。進行填字遊戲也是非常枯燥──存在許多的謎。有不少的比賽甚至有世界冠軍來爭奪。

請編寫一個程式，基於提供的字典，對給定的單字尋找變形詞。

輸入

輸入的第一行提供一個整數 M，然後在一個空行後面跟著 M 個測試案例。測試案例之間用空行分開。每個測試案例的結構如下：

```
<number of words in vocabulary>
<word 1>
...
<word N>
<test word 1>
...
<test word k>
END
```

<number of words in vocabulary> 是一個整數 N（$N<1000$），從 <word 1> 到 <word N> 是詞典中的單字。<test word 1> 到 <test word k> 是要發現其變形詞的單字。所有的單字小寫（單字 END 表示資料的結束，不是一個測試單字）。本題設定所有單字不超過 20 個字元。

輸出

對每個 <test word> 清單，以下述方式提供變形詞：

```
Anagrams for:<test word>
<No>)<anagram>
...
```

其中，「<No>)」為 3 個字元輸出。

如果沒有找到變形詞，程式輸出如下：

```
No anagrams for:<test word>
```

在測試案例之間輸出一個空行。

範例輸入	範例輸出
1	Anagrams for: tola
	1) atol
8	2) lato
atol	3) tola

範例輸入	範例輸出
lato microphotographics	Anagrams for: kola No anagrams for: kola Anagrams for: aatr
rata	1) rata
rola	2) tara
tara	Anagrams for: photomicrographics
tola	1) microphotographics
pies	
tola	
kola	
aatr	
photomicrographics	
END	

（續）

線上測試： UVA 630

提示

設定「a」對應數字 0，……「z」對應數字 25；Cnt 為字串 s 中各類字元的頻率陣列，其中 Cnt[0] 為 s 中「a」的出現次數，……，cnt[25] 為 s 中「z」的出現次數。Cnt 為 vector 類別的基本容器，其元素為整數；Map 儲存各頻率陣列 Cnt 對應的字串，由 map 類別的基本容器組成。

首先輸入詞典中的 n 個單字，計算各個單字的頻率陣列 Cnt，並將具有相同頻率陣列 Cnt 的所有單字放入基本容器 Map[Cnt] 中。

然後依次輸入待查單字 s。每輸入一個待查單字 s，計算其頻率陣列 Cnt。若該頻率陣列在 Map 中存在，則說明 s 可變形，所有變形詞在基本容器 Map[Cnt] 中；否則斷定 s 不存在變形詞。

7.3.16 ▶ Flooded!

為了讓購房者能夠估計需要多少的水災保險，一家房地產公司提供了在顧客可能購買房屋的地段上每個 10m×10m 區域的高度。由於高處的水會向低處流，雨水、雪水或可能出現的洪水將會首先積在最低高度的區域中。為了簡單起見，我們假定在較高區域中的積水（即使完全被更高的區域所包圍）能完全排放到較低的區域中，並且水不會被地面吸收。

透過天氣資料，我們可以知道一個地段的積水量。作為購房者，我們希望能夠得知積水的高度和該地段完全被淹沒的區域的百分比（指該地段中高度嚴格低於積水高度的區域的百分比）。請編寫一個程式以提供這些資料。

輸入

輸入封包含一系列的地段描述。每個地段的描述以一對整數資料型別 m、n 開始，m 和 n 不大於 30，分別代表橫向和縱向上按 10m 劃分的塊數。緊接著 m 行每行包含 n 個資料，代表相關區域的高度。高度用公尺來表示，正負號分別表示高於或低於海平面。每個地段描述的最後一行提供該地段積水量的立方數。最後一個地段描述後以兩個 0 代表輸入資料結束。

[263]

輸出

對每個地段,輸出地段的編號、積水的高度、積水區域的百分比,每項內容為單獨一行。積水高度和積水區域百分比均保留兩位小數。每個地段的輸出之後列印一個空行。

範例輸入	範例輸出
3 3 25 37 45 51 12 34 94 83 27 10000 0 0	Region 1 Water level is 46.67 meters. 66.67 percent of the region is under water.

試題來源: ACM World Finals 1999

線上測試: POJ 1877 提示

按照題意,每塊的面積為 10m×10m=100m^2。我們將 $n×m$ 個區域的高度存入 $a[]$ 中,並按照遞增順序排序 a。

在 $a[i+1]$ 與 $a[i]$ 之間,高度差為 $a[i+1]–a[i]$,前 i 塊的面積為 $i×100$,即增加積水 $100×(a[i+1]–a[i])×i$。設積水高度在 $a[k]$ 與 $a[k+1]$ 之間,即:

$$\sum_{i=1}^{k}100×(a[i+1]-a[i])×i \leqslant w < \sum_{i=1}^{k+1}100×(a[i+1]-a[i])×i$$

在高度 $a[k]$ 以上的積水量為 $w_k = w - \sum_{i=1}^{k}100×(a[i+1]-a[i])×i$。由此得出積水高度為 $a[k] + \dfrac{w_k}{100×k}$,積水區域的百分比為 $100× \dfrac{k}{n×m}$ %($1 \leq k < n×m$)。

7.3.17 ▶ Football Sort

已知有足球錦標賽的流程,請編寫一個程式,根據下面說明的格式,輸出相關的比賽排名。對於一場比賽,勝、平和負分別得 3 分、1 分和 0 分。

排名的原則是:先根據積分排名,在積分相同的情況下再根據淨勝球(進球數減失球數)排名,在前兩者相同的情況下,最後根據進球數排名。當兩支以上的隊伍恰好積分相同,淨勝球數相同,並且進球數也相同,則這些隊伍的名次相同。

輸入

輸入由多個測試案例組成。每個測試案例的第一行提供兩個整數 T($1 \leq T \leq 28$)和 G($G \geq 0$)。T 是隊數,G 是比賽的場次數。後面的 T 行每行提供一個隊名。隊名最多 15 個字元,由字母和短橫線(–)組成。然後提供的 G 行每行描述一場比賽,比分按如下格式輸入:主隊名,主隊進球數,短橫線,客隊進球數,客隊名。

輸入以 $T=G=0$ 結束,程式不用處理這一行。

輸出

程式輸出對應於每個測試案例的排名表,排名表之間用空行分開。在每個表格中,隊伍按名次順序輸出,當名次相同時,根據字典排序確定隊伍次序。每個隊的統計資料在一行上顯示:隊伍名次,隊名,積分,比賽場次,進球數,失球數,淨勝球數,以及獲得積分占全勝積分的百分數(如果有的話),如果若干隊伍的名次相同,則僅在輸出第一個隊的時候輸出名次。輸出格式如範例輸出所示。

範例輸入	範例輸出

<table>
<tr><td>6 10</td><td>1.</td><td>tA</td><td>4</td><td>4</td><td>1</td><td>1</td><td>0</td><td>33.33</td></tr>
<tr><td>tA</td><td></td><td>tB</td><td>4</td><td>4</td><td>1</td><td>1</td><td>0</td><td>33.33</td></tr>
<tr><td>tB</td><td>3.</td><td>tC</td><td>4</td><td>4</td><td>0</td><td>0</td><td>0</td><td>33.33</td></tr>
<tr><td>tC</td><td></td><td>td</td><td>4</td><td>4</td><td>0</td><td>0</td><td>0</td><td>33.33</td></tr>
<tr><td>td</td><td></td><td>tE</td><td>4</td><td>4</td><td>0</td><td>0</td><td>0</td><td>33.33</td></tr>
<tr><td>tE</td><td>6.</td><td>tF</td><td>0</td><td>0</td><td>0</td><td>0</td><td>0</td><td>N/A</td></tr>
<tr><td>tF</td><td colspan="8"></td></tr>
<tr><td>tA 1 - 1 tB</td><td>1.</td><td colspan="7">Botafogo　6　2　6　4　2 100.00</td></tr>
<tr><td>tC 0 - 0 td</td><td>2.</td><td colspan="7">Flamengo　0　2　4　6　-2　0.00</td></tr>
<tr><td>tE 0 - 0 tA</td><td colspan="8"></td></tr>
<tr><td>tC 0 - 0 tB</td><td>1.</td><td>tA</td><td>4</td><td>4</td><td>0</td><td>0</td><td>0</td><td>33.33</td></tr>
<tr><td>td 0 - 0 tE</td><td></td><td>tB</td><td>4</td><td>4</td><td>0</td><td>0</td><td>0</td><td>33.33</td></tr>
<tr><td>tA 0 - 0 tC</td><td></td><td>tC</td><td>4</td><td>4</td><td>0</td><td>0</td><td>0</td><td>33.33</td></tr>
<tr><td>tB 0 - 0 tE</td><td></td><td>tD</td><td>4</td><td>4</td><td>0</td><td>0</td><td>0</td><td>33.33</td></tr>
<tr><td>td 0 - 0 tA</td><td></td><td>tE</td><td>4</td><td>4</td><td>0</td><td>0</td><td>0</td><td>33.33</td></tr>
<tr><td>tE 0 - 0 tC</td><td colspan="8"></td></tr>
<tr><td>tB 0 - 0 td</td><td colspan="2">1.Quinze-Novembro</td><td>3</td><td>1</td><td>6</td><td>0</td><td>6 100.00</td><td></td></tr>
<tr><td>2 2</td><td>2.</td><td>Santo-Andre</td><td>3</td><td>1</td><td>2</td><td>0</td><td>2 100.00</td><td></td></tr>
<tr><td>Botafogo</td><td>3.</td><td>Flamengo</td><td>0</td><td>2</td><td>0</td><td>8</td><td>-8　0.00</td><td></td></tr>
<tr><td>Flamengo</td><td colspan="8"></td></tr>
<tr><td>Botafogo 3 - 2 Flamengo</td><td colspan="8"></td></tr>
<tr><td>Flamengo 2 - 3 Botafogo</td><td colspan="8"></td></tr>
<tr><td>5 10</td><td colspan="8"></td></tr>
<tr><td>tA</td><td colspan="8"></td></tr>
<tr><td>tB</td><td colspan="8"></td></tr>
<tr><td>tC</td><td colspan="8"></td></tr>
<tr><td>tD</td><td colspan="8"></td></tr>
<tr><td>tE</td><td colspan="8"></td></tr>
<tr><td>tA 0 - 0 tB</td><td colspan="8"></td></tr>
<tr><td>tC 0 - 0 tD</td><td colspan="8"></td></tr>
<tr><td>tE 0 - 0 tA</td><td colspan="8"></td></tr>
<tr><td>tC 0 - 0 tB</td><td colspan="8"></td></tr>
<tr><td>tD 0 - 0 tE</td><td colspan="8"></td></tr>
<tr><td>tA 0 - 0 tC</td><td colspan="8"></td></tr>
<tr><td>tB 0 - 0 tE</td><td colspan="8"></td></tr>
<tr><td>tD 0 - 0 tA</td><td colspan="8"></td></tr>
<tr><td>tE 0 - 0 tC</td><td colspan="8"></td></tr>
<tr><td>tB 0 - 0 tD</td><td colspan="8"></td></tr>
<tr><td>3 2</td><td colspan="8"></td></tr>
<tr><td>Quinze-Novembro</td><td colspan="8"></td></tr>
<tr><td>Flamengo</td><td colspan="8"></td></tr>
<tr><td>Santo-Andre</td><td colspan="8"></td></tr>
<tr><td>Quinze-Novembro 6 - 0 Flamengo</td><td colspan="8"></td></tr>
<tr><td>Flamengo 0 - 2 Santo-Andre</td><td colspan="8"></td></tr>
<tr><td>0 0</td><td colspan="8"></td></tr>
</table>

試題來源：2004 Federal University of Rio Grande do Norte Classifying Contest - Round 2

線上測試：UVA 10698

提示

設定球隊序列為 p，其中第 i 個隊的隊名為 $p[i]$.name，積分為 $p[i]$.pts，參賽場次數為 $p[i]$.gms，進球數為 $p[i]$.goal，失球數為 $p[i]$.suffer（$0 \le i \le n-1$）。

（1）初始化過程

讀入 n 個球隊名 $p[0]$.name…$p[n-1]$.name，將各隊的積分、參賽場次數、進球數、失球數先初始化為 0，按照隊名的字典順序排序 p。

輸入 m 場比賽的資訊。若目前比賽的主隊序號為 x，進球數為 u，客隊序號為 y，進球數為 v，則 x 隊和 y 隊的比賽場次數 +1（++$p[x]$.gms，++$p[y]$.gms）；統計主客隊的進球數和失球數（$p[x]$.goal+=u，$p[x]$.suffer+=v，$p[y]$.goal+=v，$p[y]$.suffer+=u）；根據進球數計算積分：若 $u>v$，則 $p[x]$.pts+=3；若 $u<v$，則 $p[y]$.pts+=3；若 $u==v$，則 ++$p[x]$.pts，++$p[y]$.pts。

（2）按名次排序球隊

以積分 $p[i]$.pts 為第 1 關鍵字、淨勝球數（$p[i]$.goal–$p[i]$.suffer）為第 2 關鍵字、進球數 $p[i]$.goal 為第三關鍵字排序球隊，得出各球隊的名次。由於本次排序是在先前按隊名字典順序排序的基礎上進行的，且球隊數較少（小於等於 28），為使名次相同的隊依然保持隊名的字典順序，應使用穩定性較好的泡沫排序。

（3）輸出排名表

由於同一名次 $i+1$（$0\leq i\leq n-1$）的球隊必須按照隊名的字典順序依次輸出，因此先從球隊 i 出發，計算下一個名次的球隊 j，即在確定球隊 i 和球隊 $j-1$ 同屬於同一名次的基礎上，依次輸出這些球隊的隊名 $p[k]$.name、積分 $p[k]$.pts、比賽場數 $p[k]$.gms、進球數 $p[k]$.goal、失球數 $p[k]$.suffer、淨勝球數 $p[k]$.goal–$p[k]$.suffer。若該隊的比賽場數 $p[k]$.gms≠0，則輸出積分占全勝積分的百分數 $\dfrac{p[k].\text{pts}}{3\times p[k].\text{gms}}\times 100$（$i\leq k\leq j-1$）。然後將 i 設為 $j-1$，即從球隊 j 開始輸出下一名次的球隊。

7.3.18 ► Trees

某大學門外的路上有許多樹，因為要修建地鐵，許多樹要被砍掉或移走。現在請你計算有多少棵樹能被留下。

本題僅考慮路的一側，假定從路的開端開始，每 1m 種 1 棵樹。現在一些路段被指定要改為地鐵車站、轉線道路或者其他的建築，因此這些路段上的樹要被移走或砍掉。請你提供能留下的樹的數目。

例如，路長 300m，從路的開端（0m）開始，每 1m 種 1 棵數，那麼這一條路上有 301 棵樹。現在從 100m 到 200m 的路段被指定要建地鐵站，因此要移走 101 棵樹，200 棵樹留下。

輸入

輸入中有幾組測試案例。每組測試案例第一行是整數 L（$1\leq L<2000000000$）和整數 M（$1\leq M\leq 5000$），分別表示路的長度和有多少路段要被佔用。

後面跟著 M 行，每行描述一段路段，格式如下：

```
Start End
```

這裡 Start 和 End（$0\leq$ Start$\leq$ End$\leq L$）是兩個非負整數，表示這一路段的開始點和終止點，路段之間不會交疊。

以 $L=0$ 和 $M=0$ 作為輸入結束。

輸出

對每個測試案例，輸出一行，表示有多少棵樹留下。

範例輸入	範例輸出
300 1	200
100 200	300
500 2	
100 200	
201 300	
0 0	

試題來源： ACM Beijing 2005 Preliminary

線上測試： POJ 2665

提示

輸入第一個測試案例的路長 l 和佔用的路段數 m，然後進入結構為 while(l||m) 的迴圈，計算目前測試案例中有多少棵樹留下，並輸入下一個測試案例的路長 l 和佔用的路段數 m。

對每個測試案例來說，關鍵是計算出被移走的樹木數 total，因為剩餘的樹為總路長 +1－total。但問題是，輸入資料中的地鐵區域可能出現重合，被移走的樹不能重複計算。為此，我們首先將所有的地鐵區域按起始點座標遞增的順序排列，建立陣列 p，其中 $[p[i, 0]，p[i, 1]]$ 為序列中第 i 個地鐵區域（$0 \le i \le m-1$）。設目前準備移走樹的路段為 $[l, r]$。顯然，初始時準備移走地鐵區域 1 內的樹，即 $l=p[1, 0]$，$r=p[1, 1]$，total=0。

接下來，依次處理每一個地鐵區域。若地鐵區域 i 與 $[l, r]$ 重合（$1 \le p[i, 0] \le r$），則 $r=\max\{p[i, 1], r\}$，如圖 7.3-1a 所示；否則地鐵區域 i 位於 $[l, r]$ 的右方，路段 $[l, r]$ 內的樹被移走（total=total+r－l+1），準備移走地鐵區域 i 內的樹（$l=p[i, 0]$，$r=p[i, 1]$），如圖 7.3-1b 所示。

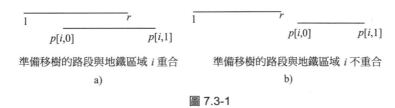

準備移樹的路段與地鐵區域 i 重合　　　準備移樹的路段與地鐵區域 i 不重合
a)　　　　　　　　　　　　　b)

圖 7.3-1

以此類推，直至處理完所有地鐵區域，移走最後一個地鐵區域內的樹（total=total+r－l+1）為止。

本篇小結

線性結構是由有限個資料元素組成的有序集合，這種資料結構具有均勻性（其中的元素的資料型別一致且資料項目的數量相同）和有序性（表內元素間的前後關係一一對應）的特徵。本篇根據儲存方式的不同，展開了應用三種線性串列的程式編寫實作。

1. 直接存取的線性串列：直接存取的線性串列是一種可直接存取某一指定項、而不須先存取其前驅或後繼的線性串列，陣列和字串是其中最典型的代表。本篇展開了採用陣列儲存結構進行日期計算、多項式的表示與處理、高精確度數的表示與處理、數值矩陣的運算的程式編寫實作；展示了應用 C++ 的庫函式進行字串處理的實作範例；介紹了 KMP 演算法在求解各類字串匹配問題上的用途。

2. 循序存取的線性串列：循序存取類型的線性串列是一種按順序儲存所有元素的線性串列，其典型代表是循序串列、鏈結串列、堆疊和佇列。本篇以求解各類的約瑟夫問題為背景，介紹了循序串列的應用；以連結式佇列、分離連結法的雜湊串列為實例展示了鏈結串列的操作；列舉了「後進先出」的堆疊、「先進先出」的佇列和「每次取優先順序最高的元素」的優先佇列在實際生活中的用途。

3. 廣義索引的線性串列：廣義索引是透過索引鍵（key）進行索引的線性串列，是「關鍵字－資料值」偶對的集合。本篇透過實例介紹了使用二元組（索引鍵 key，紀錄（或表項）的儲存位置 adr）建構索引項目，用連續串列組織字典的一般方法；展示了使用雜湊串列與雜湊方法提升搜尋效率的實作範例。

本篇還展開了線性串列排序的程式編寫實作，介紹了利用 STL 中內建的排序功能程式編寫和應用排序演算法程式編寫的實作範例。如果排序只要求結果不講究過程，則利用 STL 中內建的排序功能是一條程式編寫的捷徑；但如果要計算初始序列中逆序對的個數或排序過程中資料的交換次數，則需要程式編寫者自編排序程式。

線性結構是一種最簡單和最基礎的資料結構。之所以說它簡單，是因為它易於瞭解、易於編寫實作；之所以說它是基礎，是因為任何一個有意義的程式都至少直接或間接地使用了一種線性結構。例如，採用鏈結串列儲存大容量的、需要頻繁變動的資料；採用鏈結串列或陣列作為雜湊串列的儲存結構。即便是非線性的資料結構也是以線性串列的儲存結構為基礎的。例如，圖的儲存結構有二維陣列的相鄰矩陣和一維陣列＋單鏈結串列的相鄰串列；最佳二元樹的儲存結構是一個一維陣列；圖的寬度優先搜尋使用佇列儲存待擴充節點；要編寫好樹的尋訪和圖的深度優先搜尋的遞迴程式，就必須瞭解編譯器如何藉助系統堆疊區來記錄副程式呼叫等等。有時候，直接使用線性的資料結構來解決非線性問題，效果反而好。正因為線性資料易於實作、普遍適用，因此大多數程式編寫者對線性資料結構情有獨鍾，難捨難離。

當然，世上事物間的聯繫並非一定是「一對一」的線性關係，更多的是「一對多」或「多對多」的非線性關係；從技術層面上來說，線性資料結構並不是萬能的，它也存在著自己的局限性，在某些情況下非得藉助於非線性的資料結構不可。因此，我們在掌握了線性結構知識的基礎上，必須學習非線性的資料結構。

要提醒讀者的是，線性資料結構與非線性資料結構有著千絲萬縷的聯繫。因此在掌握了非線性資料結構的知識後，也不妨嘗試應用線性資料結構知識解決非線性問題。重新發現和挖掘線性資料結構作用的過程並不是一種簡單的迴歸，而是一種螺旋式的發展，是基於對整個資料結構知識的再悟和昇華。

PART III
樹的程式編寫實作

在非線性串列中，所有資料元素與其他元素之間不存在簡單的線性關係。根據關係性質的不同，可分為樹和圖，本篇提供樹的程式編寫實作。

樹是按層次劃分的資料元素的集合，指定層次上的元素可以有 0 個或多個處於下一個層次上的直接後繼。例如，復旦大學的教學管理體制就是一種典型的層次結構（如下圖所示）。

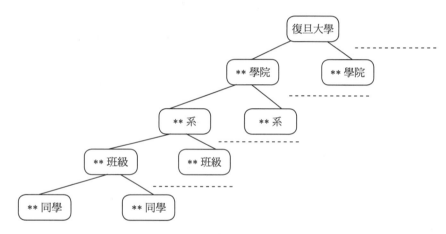

這種層次結構就像一棵倒長的樹，因此通常稱之為樹。樹在社會生活中有許多應用實例，例如人類社會的族譜可以用一棵樹來表示。樹在許多科學領域也有廣泛的用途，例如用樹表示數學公式的結構，用樹描述資料元素之間自反、反對稱和傳遞的偏序關係，用樹組織資料庫系統中的資訊，以及用樹分析編譯系統中來源程式的句法結構等等。在本篇中，樹的程式編寫實作由兩個部分組成，即樹和二元樹，其中樹的實作部分包括如下六個方面的實作：

◆ 用樹的尋訪求解層次性問題；

◆ 用樹的儲存結構支援併查集運算；

◆ 用樹狀陣列統計子樹權和；

◆ 用四元樹求解二維空間問題；

◆ 應用 Trie 樹查詢字串；

◆ 應用 AC 自動機進行多模式匹配。

二元樹的實作部分包括如下兩個方面的實作：

◆ 二元樹的基本概念；

◆ 二元搜尋樹、霍夫曼樹、堆積等經典二元樹。

Chapter 08
樹狀結構的非線性串列程式設計

樹是 n（$n \geq 0$）個節點的有限集，$n=0$ 時稱為空樹，在任意一棵非空樹中：

1. 有且僅有一個節點沒有前件（父親節點），該節點稱為樹的根；

2. 當 $n>1$ 時，其餘節點可分為 m（$m>0$）個互不相交的有限集 $T_1, T_2, \cdots, T_m$，其中每一個集合本身又是一棵樹，並且稱為根的子樹。

所以，從資料結構的角度，樹具有如下性質：除根之外，其餘的每個節點都有且僅有一個前件，從每個節點到根的路是唯一的，這條路由該節點開始，路上的每一個節點都是前一個節點的父親節點；而與父親節點相對應，前一個節點也被稱為子節點。

本章將展開六個方面的實作：

◆ 用樹的尋訪求解層次性問題；

◆ 用樹狀結構支援併查集；

◆ 用樹狀陣列統計子樹權和；

◆ 用四元樹求解二維空間問題；

◆ 應用 Trie 樹查詢字串；

◆ 應用 AC 自動機進行多模式匹配。

8.1　用樹的尋訪求解層次性問題

層次性問題一般具備如下結構特徵：有且僅有一個初始狀態，所有相關因素都按照不同屬性自上而下分解成若干個層次。除頂層的初始狀態外，同一層次的諸因素都從屬於上一層的某個因素或對這個上層因素有影響；除末層因素外，同一層次的諸因素同時又支配下一層的若干因素或受到這些下層因素的作用。這類層次性問題一般可採用樹的儲存方式，並且透過樹的尋訪途徑來求解。

所謂樹的尋訪，是指按照一定的規律不重複地存取樹中的每一個節點，或取出節點中的資訊，或對節點作其他的處理；其尋訪過程實質上是將樹這種非線性結構按一定的規律轉化為線性結構。樹的尋訪方式有兩種。

◆ 先序尋訪樹：由上而下、由左而右地存取樹中的節點。

◆ 後序尋訪樹：由下而上、由左而右地存取樹中的節點。

（1）先序尋訪樹

尋訪規則：若樹為空，則結束；否則先序存取樹的根節點，然後先序尋訪根的每棵子樹。例如，對圖 8.1-1 中的樹進行先序尋訪。

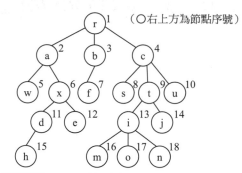

先根序列：r a w x d h e b f c s t i m o n j u

圖 8.1-1

先序尋訪按照由上而下、由左而右的順序，存取 *r* 出發的每一條樹枝。例如先序尋訪圖 8.1-1 圖中的樹，先後得到了十條樹枝：「raw」、「raxdh」、「raxe」、「rbf」、「rcs」、「rctim」、「rctio」、「rctin」、「rctj」、「rcu」。先序尋訪由下而上地沿前一樹枝回溯至「」中的節點，「」後的底線依次標出該節點向下循序存取的節點。

由於在先序尋訪中對任一節點的處理是在它的所有子節點被處理之前進行的，因此常用於計算樹中節點的層次、節點至根的路徑等運算。先序尋訪的演算法如下：

```
void preorder(int v);
{ 存取處理節點 v;
    for（i ∈ v 相鄰的節點集）            // 先序尋訪每個與 v 相鄰的未存取點
        if（節點 i 未被存取）
            preorder(i);
};
```

（2）後序尋訪樹

尋訪規則：若樹為空，則結束；否則先依次後序尋訪每棵子樹，然後存取根節點。

例如，對圖 8.1-1 中的樹進行後序尋訪形成後序序列：w h d e x a f b s m o n i j t u c r。

後序尋訪以 *r* 為根的子樹時，先按照由下而上、由左而右的循序存取 *r* 的每棵子樹，最後存取 *r*。由於在後序尋訪中任一個節點處的工作是在它的所有子節點被處理之後進行的，因此十分適宜於統計相連的下層節點的狀態，例如計算節點高度、子樹的節點總數和節點權和等。後序尋訪的演算法如下：

```
void postorder(int v);
{  for（i ∈ v 相鄰的節點集）              // 後序尋訪每一個與 v 相鄰的未存取點
        if（節點 i 未存取）
            postorder (i);
    存取處理節點 v;
};
```

需要說明的是，即便是使用同樣一種尋訪規則存取樹，計算效率可能不一樣，主要原因是儲存結構上的差異性。例如，兩種尋訪都需要檢索節點 v 的後件（for（$i{\in}v$ 相鄰的節點集）…）。如果透過搜尋所有節點的「蠻力作法」來找出 v 的後件，則頗為費時；若向上檢索通往根節點的路徑時僅儲存每個節點的前件資訊，或向下檢索通往葉節點的路徑時僅儲存每個節點的後件資訊，則效率會提高許多。邏輯上講，任何層次性問題都可用樹表示。但關鍵是如何將樹問題所對應的樹儲存到電腦裡。關於樹的儲存表示有許多種，這裡介紹最常用的 3 種。

1. 廣義串列表示

利用廣義串列來表示一棵樹是一種非常有效的方法。樹中的節點可以分為 3 種：葉節點、根節點、除根節點之外的其他非葉節點（也稱為分支節點）。在廣義串列中也可以有 3 種節點與之對應：原子節點（ATOM）、串列開頭節點（HEAD）、子串列節點（LST）。樹的廣義串列形式有兩種：

① 括號標記法；將樹的根節點寫在括號的左邊，除根節點之外的其餘節點寫在括號中，並用逗號間隔，以此來描述樹狀結構。

② 廣義鏈結串列。

圖 8.1-2a 提供了一棵樹，它的括號標記法為 A(B(E, F), C(G(K, L)), D(H, I, J(M)))，其對應的廣義鏈結串列如圖 8.1-2b 所示。樹根節點 A 有三個非葉節點的子代，則在它的廣義鏈結串列中，串列開頭節點為 A，它有 3 個子串列節點。每個子串列節點表示一棵樹，各有一個廣義串列（子）鏈結串列：第一個廣義串列子鏈結串列的串列開頭節點為 B，它有兩個原子節點 E 和 F，分別表示子樹 B 的兩個屬於葉節點的子代。以此類推，最後得到整棵樹的廣義串列儲存表示。樹的括號表示為字串，可以透過字串處理和遞迴運算將之轉化為對應的廣義鏈結串列。

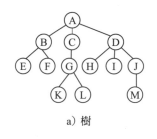

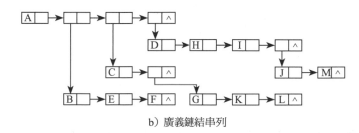

a) 樹　　　　　　　　　　　　　　b) 廣義鏈結串列

圖 8.1-2

2. 雙親表示

對樹進行後序尋訪時，一般採用雙親表示的儲存方式，即以一組連續的儲存單元來存放樹中的節點。每一個節點有兩個域，一個是資料欄 data，用來存放資料元素；一個是父指標域 parent，用來存放指示其雙親節點位置的指標。如圖 8.1-3 所示，圖 8.1-3b 是圖 8.1-3a 所示的樹的雙親表示，樹中節點的存放順序一般不做特殊要求，但為了操作實作的方便，有時也會規定節點的存放順序。例如，可以規定按樹的先序次序存放樹中的各個節點，並據此可以提供樹的基於雙親標記法的類別宣告和各個成員函式的實作。圖 8.1-3c提供了雙親指標指示的方向。

| a) 樹 | b) 雙親表示陣列 | c) 雙親表示圖節 |

圖 8.1-3

節點串列

	1	2	3	4	5	6	7	8	9	10	11	12	13
資料	A	B	E	F	C	G	K	L	D	H	I	J	M
父指標	0	1	2	2	1	5	6	6	1	9	9	9	12

3. 多重鏈結串列

對樹進行先序尋訪時,一般採用多重鏈結串列的儲存方式,即儲存每個節點的資料和子指標。一棵樹中每個節點具有的子樹棵數可能不盡相同,因此如果用連結指標指示親子樹根節點位址,則每個節點所需的連結指標各不相同。採用變長節點的方式為各個節點設定不同數目的指標域,將給儲存管理帶來很多麻煩。為解決這一問題,我們根據樹的度 d 為每個節點設定 d 個指標域。

資料欄 data	子指標 1 （$child_1$）	子指標 2 （$child_2$）	……	子指標 d （$child_d$）

採用這種節點格式的鏈結串列是固定長節點的鏈結串列,叫作多重鏈結串列。這種解決方案的好處是容易管理,壞處是空間浪費較大。由於樹中有許多節點的度小於 d,就造成許多空指標域。我們假設樹中有 n 個節點,總共有 $n \times d$ 個指標域,其中只有 $n-1$ 個指標域有用,因為樹中只有 $n-1$ 條分支,這樣其餘 $n \times d-(n-1)=(d-1) \times n+1$ 個指標域就是空的了,顯然 d 越大,空間浪費越多。為了節省儲存空間,可以將有序樹轉化為二元樹(參見 8.2 節)。

使用多重鏈結串列儲存樹,涉及子代的指標運算。我們可以利用 C++ 標準範本程式庫 STL 中的容器來定義樹的多重鏈結串列,並利用其標準演算法簡化它。例如,將多重鏈結串列 adj[n] 定義成 vector 類別,則可以透過 adj[x].push_back(y) 陳述式將 y 插入 x 的子鏈結串列;透過 y=adj[x].pop_back( ) 取出 x 的子鏈結串列中的一個節點,避免煩瑣的指標運算。

8.1.1 ► Nearest Common Ancestors

在電腦科學與工程中,有根樹是一個眾所周知的資料結構。下面提供一個實例,如圖 8.1-4 所示。

在圖 8.1-4 中,每個節點用 {1, 2,…,16} 中的一個整數標示。節點 8 是樹的根。如果節點 x 在根到節點 y 的路上,那麼節點 x 是節點 y 的祖先。例如,節點 4 是節點 16 的祖先,節點 10 也是節點 16 的祖先,其實,節點 8、4、10 和 16 是節點 16 的祖先,請注意,一個節點也是它自己的祖先。節點 8、4、6 和 7 是節點 7 的祖先。如果節點 x 是節點 y 的一個祖

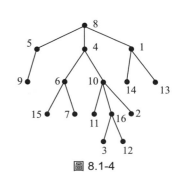

圖 8.1-4

先，也是節點 z 的一個祖先，那麼節點 x 被稱為兩個不同節點 y 和 z 的共同祖先。因此，節點 8 和 4 是節點 16 和 7 的共同祖先。如果 x 是 y 和 z 的共同祖先並且在它們的所有共同祖先中離 y 和 z 最近，則節點 x 被稱為節點 y 和 z 的最近共同祖先。所以，節點 16 和 7 的最近共同祖先是節點 4。節點 4 比節點 8 離節點 16 和 7 近。

再舉其他的例子，節點 2 和 3 的最近的共同祖先是節點 10，節點 6 和 13 的最近的共同祖先是節點 8，並且節點 4 和 12 的最近的共同祖先是節點 4。在最後的例子中，如果 y 是 z 的一個祖先，那麼 y 和 z 的最近的共同祖先是 y。

請編寫一個程式，提供樹中的兩個不同節點的最近共同祖先。

輸入

輸入由 T 個測試案例組成，在輸入的第一行提供測試案例數（T）。每個測試案例的第一行提供一個整數 N（$2 \le N \le 10000$），表示樹中的節點數，節點用整數 $1, 2, \cdots, N$ 標示。後面的 N–1 行每行提供一對整數表示一條邊：第一個整數是第二個整數的父母節點。一棵有 N 個節點的樹恰有 N–1 條邊。每個測試案例的最後一行提供兩個不同的整數，請你計算它們的最近共同祖先。

輸出

對每個測試案例僅輸出一行，提供一個整數，表示最近的共同祖先。

範例輸入	範例輸出
2	4
16	3
1 14	
8 5	
10 16	
5 9	
4 6	
8 4	
4 10	
1 13	
6 15	
10 11	
6 7	
10 2	
16 3	
8 1	
16 12	
16 7	
5	
2 3	
3 4	
3 1	
1 5	
3 5	

試題來源： ACM Taejon 2002

線上測試： POJ 1330，UVA 2525

❖ 試題解析

由於樹中每個節點都有通往根的一條路徑，因此任一節點對都存在共同祖先。我們在輸入邊的同時，建構樹的雙親表示和多重鏈結串列，並透過先序尋訪計算每個節點的層次（根處於 0 層，根所有子代處於第 1 層，……，每個節點依據自身至根的路徑長度確定層次）。為了計算的方便，樹的多重鏈結串列採用 vector 類，雙親和層次表示採用整數陣列。

有了以上的準備工作，便可以容易地計算每對節點 (x, y) 的最近共同祖先了。

若 x 與 y 不同，則分析 x 和 y 的層次：若 x 處於較深層次，則取 x 的父指標為 x；否則取 y 的父指標為 y；……；以此類推，直至 $x==y$ 為止。此時的 x 即為最近共同祖先。

❖ 參考程式

```
01   #include <iostream>            // 前置編譯命令
02   #include <vector>
03   using namespace std;           // 使用 C++ 標準程式庫中的所有識別字
04   const int N = 10000;
05   vector<int> a[N];              // 多重鏈結串列，其中節點 i 的子鏈結串列 a[i] 為一個 vector
06   int f[N], r[N];                // 雙親表示和層次序列，其中節點 i 的父指標為 f[i]，層次為 r[i]
07   void DFS(int u,int dep)        // 從 dep 層的 u 節點出發，透過先序尋訪計算每個節點的層次
08   {
09       r[u]=dep;                                    // 節點 u 為 dep 層
10       for (vector<int>::iterator it = a[u].begin(); it != a[u].end(); ++it)
11           DFS(*it, dep + 1);                       // 遞迴 u 的每個子代
12   }
13   int main( )
14   {
15       int casenum, num, n, i, x, y;
16       scanf("%d", &casenum);                       // 輸入測試案例數
17       for (num = 0; num< casenum; num++)
18       {
19           scanf("%d", &n);                         // 輸入目前測試案例的節點數
20           for (i = 0; i< n; i++) a[i].clear();     // 每個節點的子序列初始化為空
21           memset(f, 255, sizeof(f));
22           for (i = 0; i< n - 1; i++)
23           {
24               scanf("%d %d", &x, &y);              // 輸入邊（x, y）
25               a[x - 1].push_back(y - 1);           // 將節點 y-1 推入 x-1 節點的子序列
26               f[y - 1] = x - 1;                    // 節點 y-1 的父指標設為 x-1
27           }
28           for (i = 0; f[i]>= 0; i++);              // 搜尋根節點 i
29               DFS(i, 0);                           // 從根出發，計算每個節點的層次
30           scanf("%d %d", &x, &y);                  // 輸入節點對，計算這兩個節點的序號
31           x--; y--;
32           while (x != y)                 // 若未找到共同祖先，則反覆計算深層次節點的父節點
33           {
34               if (r[x]>r[y]) x = f[x];
35               else y = f[y];
36           }
37           printf("%d\n", x + 1);                   // 輸出共同祖先的序號
38       }
```

```
39      return 0;
40  }
```

8.1.2 ▶ Hire and Fire

在本題中，請你給出一個組織機構的人員變化時層次結構的變化情況。一個組織機構存在的首要條件是有一個執行長（Chief Executive Officer，CEO）。然後，雇用和解雇就可能多次發生。組織中的任何成員（包括 CEO）可以雇用任意數量的直接下屬，組織中的任何成員（包括 CEO）也可以被解雇。組織的層次結構可以表示為一棵樹，如圖 8.1-5 所示。

VonNeumann 是這個組織的 CEO。VonNeumann 有兩個直接下屬：Tanenbaum 和 Dijkstra。這個組織機構的成員如果是同一個人的直接下屬，就要按他們各自資歷來進行排行。在圖 8.1-5 中，成員的資歷從左到右遞減，例如 Tanenbaum 的資歷比 Dijkstra 高。

當一個成員雇用了一個新的直接下屬時，新雇用的下屬的資歷比該成員其他直接下屬的資歷要低。例如，如果 VonNeumann 雇用了 Shannon，那麼 VonNeumann 的直接下屬按資歷遞減排列是 Tanenbaum、Dijkstra 和 Shannon。

當該組織機構的一個成員被解雇時，會有兩種情況：如果這個被解雇的人沒有下屬，那麼他 / 她就被簡單地從組織層次中被除掉；如果這個被解雇的人有下屬，那麼他 / 她的按資歷排名最高的直接下屬將被提升，填入空缺。被提升的人將繼承被解雇人的資歷。如果被提升的人也有下屬，那麼他 / 她的排名最高的直接下屬將被提升，並且這樣的提升將沿著層次向下傳，直到一個人沒有下屬會被提升。在圖 8.1-5 中，如果 Tanenbaum 被解雇，那麼 Stallings 就被提升到 Tanenbaum 的位置，並繼承 Tanenbaum 的資歷，而 Knuth 被提升到 Stallings 以前的位置，並繼承 Stallings 的資歷。

圖 8.1-6 提供圖 8.1-5 進行了這樣的操作後的層次結果：VonNeumann 雇用了 Shannon，Tanenbaum 被解雇。

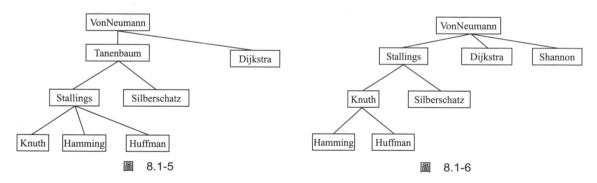

圖 8.1-5　　　　　　　　　　　　　　　　圖 8.1-6

輸入

輸入的第一行僅提供初始時 CEO 的名字，輸入中所有名字都由 2～20 個字元組成，可以是大寫或小寫字母、單引號和連字號（沒有空格）。每個名字至少包含一個大寫字母和一個小寫字母。

在第一行後面跟著一行或多行。這些行每行的格式按下述三條語法規則中的一條確定：

```
[existing member] hires [new member]
fire [existing member]
print
```

這裡的 [existing member] 是組織機構中已經存在的一個成員的名字，[new member] 是一個還不是該組織機構的成員的一個人的名字。三種類別（hires、fire 和 print）可以以任何次序，以任何次數出現。

可以設定任何時候在組織機構中至少有一個成員（CEO），且不會超過 1000 個成員。

輸出

對每個 print 命令，輸出該組織機構的目前層次，假定所有的雇用和解雇從輸入開始的時候按上述過程進行。樹的圖（例如按圖 8.1-5 和圖 8.1-6 的形式）按下述規則被轉換為文字格式：

◆ 在樹的文字表示中，每行僅提供一個名字；

◆ 第 1 行提供 CEO 的名字，開始於第 1 列。

有如圖 8.1-7 所示的一棵完整的樹，或者任意子樹：

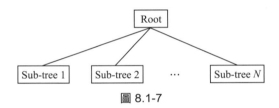

圖 8.1-7

表示為圖 8.1-8 所示的文字形式：

Each sub-tree is preceded by one more "+" than its root. The ultimate root of the entire tree is not preceded by a "+"

圖 8.1-8

對輸入中的每個 print 命令輸出結果，輸出以一行 60 個連字號終止。輸出中沒有空行。

範例輸入	範例輸出
VonNeumann	VonNeumann
VonNeumann hires Tanenbaum	+Tanenbaum
VonNeumann hires Dijkstra	++Stallings
Tanenbaum hires Stallings	+++Knuth
Tanenbaum hires Silberschatz	+++Hamming
Stallings hires Knuth	+++Huffman
Stallings hires Hamming	++Silberschatz
Stallings hires Huffman	+Dijkstra
print	----------------------------
VonNeumann hires Shannon	VonNeumann
fire Tanenbaum	+Stallings

（續）	範例輸入	範例輸出
	print fire Silberschatz fire VonNeumann print	++Knuth +++Hamming +++Huffman ++Silberschatz +Dijkstra +Shannon --------------------------- Stallings +Knuth ++Hamming +++Huffman +Dijkstra +Shannon ---------------------------

試題來源： ACM Rocky Mountain 2004

線上測試： POJ 2003，ZOJ 2348，UVA 3048

❖ **試題解析**

這個組織機構的層次結構實際上是一棵以 CEO 為根的樹，其文字形式是提供這個組織每個成員的姓名以及該成員在組織結構樹中所處的層次，層次由「＋」的個數表示。按照這一要求，組織結構樹需要採用多重鏈結串列的儲存方式。由於需要不斷地增加和解雇成員（hires 和 fire 命令），因此隨著人員變化，組織的層次結構也發生變化，變化過程中需要記下每個節點的雙親和層次。

下面，我們來研究樹的結構特徵和各類命令對樹變化的影響。

1. 由於增加或解雇需要講資歷的，因此這棵樹是有序樹：每個節點的第 1 個子代資歷最高，第 2 個子代資歷次高……所有子代按照資歷遞減的順序由左而右排列。我們可採用多重鏈結串列的儲存方式，將每個節點的所有子代放在一個佇列中，該佇列定義為 STL 中的 list 類別。

2. x hires y 命令（雇主 x 雇用新成員 y）：y 插入 x 的子佇列尾，y 的父指標指向 x。

3. fire y 命令（解雇成員 y）：按照 y 下輩中資歷最高的成員被提升的要求，y 的子佇列的首節點上升 1 個層次，該子代的子佇列的首節點上升 1 個層次……即從 y 出發，向下左鏈的所有節點依次上升 1 個層次。

4. print 命令（列印樹的文字形式）：關鍵是建立起多重鏈結串列。CEO 為根，處於 0 層次，從 CEO 出發進行先序尋訪：若目前節點為 i，處於 p 層，則先列印 p 個「＋」和節點 i 對應的成員名；然後依次遞迴 i 的子佇列中的每個節點，它們都處於樹的 $p+1$ 層。

由於樹中的節點不可能直接用姓名表示，且儲存結構要滿足「先進先出」的特徵，因此，我們採用 STL 中的基本容器，即 string（字串）、map（對映）和 list（鏈結串列），在成員姓名和節點序號間建立一一對映的關係，並且在樹增刪節點的操作中充分利用 STL 中的基本容器提供的庫函式，簡化程式。

❖ **參考程式**（略。本題參考程式的 PDF 檔案和本題的英文原版均可從碁峰網站下載）

8.2　用樹狀結構支援併查集

在現實中，存在「物以類聚，人以群分」的關係，定義如下。

定義 8.2.1　假設 S 是任意一個集合。$S_i \subseteq S$，$S_i \neq \varnothing$，$i=1,2, \cdots, n$。如果 $S_1 \cup S_2 \cup \cdots \cup S_n = S$，並且 $S_i \cap S_j = \varnothing$（$i, j = 1, 2, \cdots, n$，$i \neq j$），則稱 $\pi = \{S_1, S_2, \cdots, S_n\}$ 是 S 的一個劃分，其中每個 S_i 稱為劃分 π 的一個區塊。

由於這類問題主要涉及對集合的合併和搜尋，因此也稱 $\pi = \{S_1, S_2, \cdots, S_n\}$ 為併查集。

併查集維護互不相交的集合 $S_1, S_2, \cdots, S_n$，每個集合 S_i 都有一個特殊元素 rep[S_i]，稱為集合 S_i 的代表元。併查集支援如下三種操作。

1. make_set(x)：加入一個含單元素的集合 $\{x\}$ 到併查集 $\pi = \{S_1, S_2, \cdots, S_n\}$ 中，則 rep[$\{x\}$]=x。注意 x 不能被包含在任何一個 S_i 中，因為在 π 中任何兩個集合都是不相交的。初始時，對每個元素 x 執行一次 make_set(x)。

2. join(x, y)：把 x 和 y 所在的集合 S_x 和 S_y 合併，也就是說，從 π 中刪除 S_x 和 S_y，並加入 $S_x \cup S_y$。

3. set_find(x)：傳回 x 所在集合 S_x 的代表元 rep[S_x]。

併查集的儲存結構有兩種。

1. 鏈結構：每個集合用雙向鏈結串列表示，代表元 rep[S_i] 在鏈結串列開頭，集合中的每個節點除前後指標外，增加一個指向 rep[S_i] 的指標（如圖 8.2-1 所示）。

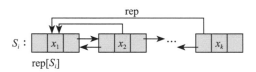

用雙向鏈結串列儲存集合 $S_i = \{x_1, x_2, \cdots, x_k\}$

圖 8.2-1

併查集採用連鎖儲存方式，不僅程式編寫比較煩瑣，而且合併操作的時間效率比較低。將 x 和 y 所在的鏈結串列合併成一個新鏈結串列，需要把 S_y 裡所有元素的 rep 指標設為 rep[S_x]，花費時間為 $O(n)$。

2. 樹狀結構：每個集合用一棵樹表示，集合中的每個元素表示為樹中的一個節點，根為集合的代表元（如圖 8.2-2 所示）。

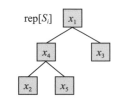

用樹儲存集合 $S_i = \{x_1, x_2, x_3, x_4, x_5\}$

圖 8.2-2

每個節點 p 設一個指標 set[p]，記錄它所在樹的根節點序號。如果 set[p]<0，則表示 p 為根節點。初始時，為每一個元素建立一個集合，即 set[x]=−1（$1 \leq x \leq n$）。

對於搜尋操作，我們採用邊搜尋邊「路徑壓縮」的辦法，在搜尋過程的同時，也減少樹的深度。例如在圖 8.2-3a 所示的集合中，搜尋元素 y_2 所在集合的代表元，就從 y_2 出發，沿路徑 y_2–y_3–y_1–x_1 搜尋到 x_1，並依次將路徑上的 y_2、y_3、y_1 的 set 指標設為 x_1（如圖 8.2-3b 所示）。

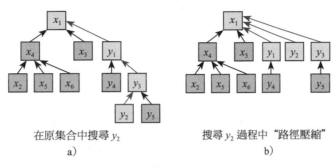

在原集合中搜尋 y_2　　　　　　搜尋 y_2 過程中 "路徑壓縮"
a)　　　　　　　　　　　　　　b)

圖 8.2-3

邊搜尋邊「路徑壓縮」的演算法如下。

首先，從節點 x 出發，沿 set 指標搜尋節點 x 所在樹的根節點 f（set[f]<0）。然後進行路徑壓縮，將 x 至 f 的路徑上經過的每個節點的 set 指標都指向 f。搜尋過程如下：

```
int set_find(int p)                  // 搜尋 p 所在集合的代表元，用路徑壓縮最佳化
{
    if (set[p]<0)
        return p;
    return set[p]=set_find(set[p]);
}
```

合併操作只需將兩棵樹的根節點相連即可。例如，將 x 所在的集合（樹根 fx）併入 y 所在的集合（樹根 fy），即以 fx 為根的子樹上根節點的 set 指標指向 fy（如圖 8.2-4 所示）。

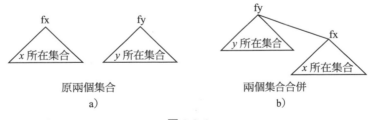

原兩個集合　　　　　　　　兩個集合合併
a)　　　　　　　　　　　b)

圖 8.2-4

合併的演算法如下。

計算 x 元素所在併查集的樹根 fx 和 y 元素所在併查集的樹根 fy。如果 fx==fy，則說明元素 x 和元素 y 在同一併查集中；否則將 x 所在的集合併入 y 所在的集合，也就是將 fx 的 set 指標設為 fy：

```
void join(int p, int q)              // 將 p 所在的集合併入 q 所在的集合
{
```

```
    p=set_find(p);
    q=set_find(q);
    if (p!=q)
        set[p]=q;
}
```

那麼，為什麼「路徑壓縮」是在搜尋過程中進行，而不在合併過程中進行呢？這是因為合併需要搜尋待合併的兩個集合的根節點，路徑壓縮實際上就是減少搜尋中樹的深度，從而減少搜尋的時間消耗。

無論是程式編寫的複雜度還是演算法的時間效率，樹的儲存方式都要明顯優於鏈結串列。這也是我們為什麼要將併查集運算歸入樹的章節，而不放到鏈結串列或圖的章節裡闡釋的根本原因。

8.2.1 ▶ Find them, Catch them

Tadu 市的警察局決定採取行動，根除城市中的兩大幫派：龍幫和蛇幫。然而，警方首先需要確定某個罪犯屬於哪個幫派。目前的問題是，提供兩個罪犯，他們屬於同一個幫派嗎？你要基於不完全的資訊提供你的判斷，因為歹徒總是在暗中行事。

假設在 Tadu 市現在有 N（$N \leq 10^5$）個罪犯，編號從 1 到 N。當然，至少有一個罪犯屬於龍幫，也至少有一個罪犯屬於蛇幫。提供 M（$M \leq 10^5$）條訊息組成的序列，訊息有下列兩種形式：

1. D[a][b]，其中 [a] 和 [b] 是兩個犯罪分子的編號，他們屬於不同的幫派；

2. A[a][b]，其中 [a] 和 [b] 是兩個犯罪分子的編號，你要確定 a 和 b 是否屬於同一幫派。

輸入
輸入的第一行提供一個整數 T（$1 \leq T \leq 20$），表示測試案例的個數。後面跟著 T 個測試案例，每個測試案例的第一行提供兩個整數 N 和 M，後面的 M 行每行提供一條如上面所描述的訊息。

輸出
對於在測試案例中的每條「A[a][b]」訊息，你的程式要基於之前提供的資訊做出判斷。

回答是如下之一：「In the same gang.」、「In different gangs.」或「Not sure yet.」。

範例輸入	範例輸出
1	Not sure yet.
5 5	In different gangs.
A 1 2	In the same gang.
D 1 2	
A 1 2	
D 2 4	
A 1 4	

試題來源： POJ Monthly--2004.07.18

線上測試： POJ 1703

❖ 試題解析

龍幫和蛇幫的罪犯各組成一個集合，設 set[d] 為罪犯 d 所屬集合的代表元，set[d+n] 為另一集合的代表元，1≤d≤n。函式 set_find(i) 搜尋罪犯 i 所屬併查集的代表元，同時進行路徑壓縮，1≤i≤2n。

初始時 set[d]=−1，即所有罪犯自成一個幫派。按照如下方法處理每條訊息 s。

1. 確定 a 和 b 是否屬於同一幫派（s[0]=='A'）。

    如果 a 和 b 不屬同一幫派（set_find(a)!=set_find(b)），且 a 所屬的幫派與 b 的另一幫派也不相同（set_find(a)!=set_find(b+n)），則不能確定 a 和 b 是否屬於同一幫派；否則，如果罪犯 a 所屬集合的代表元與罪犯 b 所屬集合的代表元相同（set_find(a)=set_find(b)），則確定 a 和 b 同屬一個幫派；再否則，可以確定 a 和 b 屬於不同的幫派。

2. 設定 a 和 b 分屬兩個幫派（s[0]=='D'）。

    若 a 所屬的幫派不為 b 的另一幫派（set_find(a)!=set_find(b+n)），則 a 的幫派設為 b 的另一幫派，b 的幫派設為 a 的另一幫派（set[set_find(a)]=set_find(b+n); set[set_find(b)]=set_find(a+n)）。

❖ 參考程式

```
01   #include <cstdio>                                  // 前置編譯命令
02   #include <cstring>
03   const int maxn = 100000 + 5;                       // 罪犯數上限
04   int n, m;
05   int set[maxn + maxn];                              // k 所屬的幫派為 set[k]，另一幫派為 set[k+n]
06   int set_find(int d)                                // 帶路徑壓縮的併查集搜尋集合代表元過程
07   {
08       if (set[d] < 0)                                // 若 d 為集合代表元，則傳回
09           return d;
10       return set[d] = set_find(set[d]);             // 遞迴計算 d 所在集合的代表元
11   }
12   int main(void)
13   {
14       int loop;
15       scanf("%d", &loop);                            // 輸入測試案例數
16       while (loop--) {
17           scanf("%d%d", &n, &m);                     // 輸入罪犯數和訊息數
18           memset(set, -1, sizeof(set));              // 每個罪犯單獨組成一個集合
19           for (int i = 0; i < m; i++) {              // 依次處理每條訊息
20               int a, b;
21               char s[5];
22               scanf("%s%d%d", s, &a, &b);            // 輸入第 i 條訊息
23               if (s[0] == 'A') {                     // 確定 a 和 b 是否屬於同一幫派
24                   if (set_find(a) != set_find(b) && set_find(a) != set_find(b + n))
25                       // 若 a 和 b 不屬同一幫派，且 a 所屬的幫派與 b 的另一幫派也不相同，則不能確定
26                       printf("%s\n", "Not sure yet.");
27                   else if (set_find(a) == set_find(b))   // a 和 b 同屬一個幫派
28                       printf("%s\n", "In the same gang.");
29                   else                               // a 和 b 分屬兩個幫派
30                       printf("%s\n", "In different gangs.");
31               } else {                               // a 和 b 屬於不同的幫派
```

```
32                    if (set_find(a) != set_find(b + n)){   // 若 a 所屬的幫派不為 b 的
33                              // 另一幫派，則 a 的幫派設為 b 的另一幫派；b 的幫派設為 a 的另一幫派
34                         set[set_find(a)] = set_find(b + n);
35                         set[set_find(b)] = set_find(a + n);
36                    }
37                }
38            }
39        }
40        return 0;
41   }
```

以上試題僅是判斷任意兩個元素是否同屬一個集合的簡單情況。如果要求計算每個集合中元素的個數和排列情況，則情況就會變得複雜一些。因為在合併集合的過程中，集合的數目、每個集合中元素的個數和排列情況可能會發生相關變化。

8.2.2 ► Cube Stacking

農夫 John 和 Betsy 在玩一個遊戲，有 N（$1 \leq N \leq 30000$）塊相同的立方體，標記從 1 到 N。開始時是 N 個堆疊，每個堆疊只有一個立方體。農夫 John 請 Betsy 執行 P（$1 \leq P \leq 100000$）個操作，有兩類操作：move 和 count。

在一個 move 操作中，農夫 John 請 Betsy 將包含立方體 X 的堆疊，移到包含立方體 Y 的堆疊的堆疊頂端。

在一個 count 操作中，農夫 John 請 Betsy 計算包含立方體 X 的堆疊中，在 X 下的立方體個數，並傳回值。

請你編寫一個程式傳回遊戲結果。

輸入

第 1 行：一個整數 P。

第 2～P+1 行：每行提供一個合法的操作，第 2 行提供第一個操作，以此類推。每行開始時以「M」表示一個 move 操作，或以「C」表示一個 count 操作。對 move 操作，這一行還提供兩個整數 X 和 Y；對 count 操作，這一行提供一個整數 X。

在輸入檔案中 N 的值不出現。Move 操作不會要求一個堆疊移到它自己的上面。

輸出

按輸入檔案中的次序輸出每一個 count 操作的結果。

範例輸入	範例輸出
6	1
M 1 6	0
C 1	2
M 2 4	
M 2 6	
C 3	
C 4	

試題來源：USACO 2004 US Open
線上測試：POJ 1988

❖ **試題解析**

每個堆疊為一個集合，該集合中的元素為堆疊中的立方體。初始時，n 個堆疊各放 1 個立方體。設定 set[k] 為元素 k 所在堆疊的堆疊底部元素序號，也為該集合的代表元；cnt[k] 為「堆疊區間」[k..set[k]] 內的元素個數；top[k] 為元素 k 所在堆疊的堆疊頂端元素序號。

count 操作：透過函式 set_find(p) 計算 p 所在堆疊中，在 p 下方的元素個數和堆疊底部元素，採用路徑壓縮最佳化。

注意：如果 set[p] 下方還有元素（set[set[p]] ≥ 0），說明堆疊區間 [p..set[p]] 的元素移動前堆疊內有元素（如圖 8.2-5 所示）。

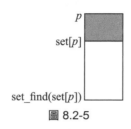

圖 8.2-5

p 下方的元素個數應調整為 cnt[p]+=cnt[set[p]]，堆疊底部元素序號應調整為 set[p]=set_find(set[p])。

move 操作：透過 set_join(x, y) 過程，將 x 所在的堆疊移到 y 所在的堆疊頂端上。

首先計算 x 和 y 所在堆疊的堆疊底部元素（x=set_find(x); y=set_find(y)）；調整 x 所在堆疊的堆疊底部元素（set[x]=y）；重新計算原 y 所在堆疊的堆疊頂端元素到 y 之間的元素個數（set_find(top[y])）；將 y 所在堆疊的堆疊頂端元素更新為 x 原先所在堆疊的堆疊頂端元素（top[y]=top[x]）；調整原 x 所在堆疊的堆疊底部元素下方的元素數量（cnt[x]=cnt[top[y]]）。

❖ **參考程式**（略。本題參考程式的 PDF 檔案和本題的英文原版均可從碁峰網站下載）

上述併查集的元素不含任何權值資訊，任何兩個元素之間的關係沒有量化，因此屬於一般併查集。當併查集的元素包含權值資訊時，這類併查集就屬於帶權併查集。

當兩個元素之間的關係可以量化且可以推導時，就使用帶權併查集來維護元素之間的關係。帶權併查集每個元素的權值通常描述其與併查集中祖先的關係，這種關係如何合併，路徑壓縮時就如何壓縮。帶權併查集可以推算集合內元素的關係，而一般併查集只能判斷屬於某個集合。

8.2.3 ▶ 食物鏈

動物王國中有三類動物 A、B、C，這三類動物的食物鏈構成了有趣的環形：A 吃 B，B 吃 C，C 吃 A。

現有 N 個動物，以 1～N 編號。每個動物都是 A、B、C 中的一種，但是我們並不知道它到底是哪一種。

有人用兩種說法對這 N 個動物所構成的食物鏈關係進行描述：

1. 第一種說法是「1 *X Y*」，表示 *X* 和 *Y* 是同類。

2. 第二種說法是「2 *X Y*」，表示 *X* 吃 *Y*。

此人對 *N* 個動物用上述兩種說法，一句接一句地說出 *K* 句話，這 *K* 句話有的是真的，有的是假的。當一句話滿足下列三條之一時，這句話就是假話，否則就是真話。

1. 目前的話與前面的某些真的話衝突，就是假話。

2. 目前的話中 *X* 或 *Y* 比 *N* 大，就是假話。

3. 目前的話表示 *X* 吃 *X*，就是假話。

你的任務是根據所提供的 *N*（$1 \leq N \leq 50000$）和 *K*（$0 \leq K \leq 100000$）句話，輸出假話的總數。

輸入
第一行是兩個整數 *N* 和 *K*，以一個空格分隔。

以下 *K* 行每行是三個正整數 *D*、*X*、*Y*，兩數之間用一個空格隔開，其中 *D* 表示說法的種類。

1. 若 *D*=1，則表示 *X* 和 *Y* 是同類。

2. 若 *D*=2，則表示 *X* 吃 *Y*。

輸出
只有一個整數，表示假話的數目。

範例輸入	範例輸出
100 7	3
1 101 1	
2 1 2	
2 2 3	
2 3 3	
1 1 3	
2 3 1	
1 5 5	

試題來源：NOI 2001

線上測試：POJ 1182

❖ 試題解析

本題需要維護、推導集合內元素的關係，所以本題可以利用帶權併查集來求解。

陣列 pre 和陣列 rela 表示集合的關係，其中，pre 表示併查集的代表元，rela 表示集合內元素的關係，本題提供的三類動物的食物鏈有三種關係，即同類、吃和被吃，顯然這種關係是可以量化的，我們分別用 0、1、2 表示陣列 rela 中元素的關係：

1. 0 表示和父節點是同類關係；

2. 1 表示和父節點是吃的關係（吃父節點）；

3. 2 表示和父節點是被吃的關係（被父節點吃）。

需要維護和推導的關係論述如下。

首先是路徑壓縮時的關係維護：已知元素 b 和元素 a 的關係，以及元素 a 和所在集合代表元的關係，需要推導出元素 b 和所在集合代表元的關係，如圖 8.2-6 所示。

此時，元素 a 和 b 與和所在集合代表元（根）的關係以及元素 b 與元素 a 的關係如下表所示。

元素 a 與根的關係	元素 b 與元素 a 的關係	元素 b 與根的關係
0	0	0
0	1	1
0	2	2
1	0	1
1	1	2
1	2	0
2	0	2
2	1	0
2	2	1

則關係 rela$[b]$=(rela$[a]$+relation$[b$->$a]$)%3 成立。

然後是元素之間關係的搜尋。已知元素 a 和元素 b 在同一集合，即它們所在併查集的代表元相同，要求確定元素 a 和元素 b 之間的關係，如圖 8.2-7 所示。

此時，元素 a 和 b 與和所在集合代表元（根）的關係以及元素 b 與元素 a 的關係如下表所示。

元素 a 與根的關係	元素 b 與根的關係	元素 a 與元素 b 的關係
0	0	0
0	1	2
0	2	1
1	0	1
1	1	0
1	2	2
2	0	2
2	1	1
2	2	0

則關係 relation$[a$->$b]$=(rela$[a]$- rela$[b]$+3)%3 成立。

最後是兩個集合進行並運算時關係的維護。已知元素 a 和其根節點的關係、元素 b 和其根節點的關係，以及元素 b 和元素 a 的關係，則當元素 b 和元素 a 所在集合進行並運算時，要提供 b 根節點和 a 根節點存在的關係，關係如圖 8.2-8 所示。

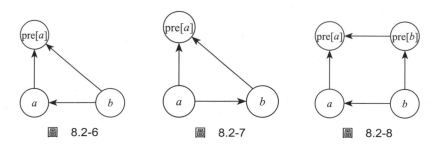

圖 8.2-6 　　　　　　　圖 8.2-7 　　　　　　　圖 8.2-8

則關係 relation[pre[b]–>pre[a]]=(rela[a]–rela[b]+relation[b–>a])%3 成立。

❖ 參考程式

```
01   #include<stdio.h>
02   #define MAX_ANIMAL_NUM 50010                        // 併查集的規模上限
03   int gPar[MAX_ANIMAL_NUM];
04   int gRel[MAX_ANIMAL_NUM]; // 帶權併查集，其中 gPar[i] 為節點 i 所在集合的根；gRel[i] 為節點
05       //i 和所屬集合的根節點之間的關係：gRel[i] == 0, i 和它所在集合的代表元（根）是同類動物；
06       //gRel[i] == 1, i 吃它所在集合的代表元（根）；gRel[i] == 2, i 所在集合的代表元（根）吃它
07   void Init(int n){                                    // 帶權併查集初始化
08       for (int i = 1; i <= n; i++){                    // 每個節點初始時單獨組成併查集
09           gPar[i] = i;
10           gRel[i] = 0;
11       }
12   }
13
14   // 計算和傳回 c 所屬集合的集合代表元（根），同時維護資訊，主要是更新節點到根節點的關係陣列 gRel[x]
15   int GetPar(int c){
16       if (c != gPar[c]){  // 若節點 c 非所屬集合的根節點，則在路徑壓縮前，取出所屬集合的根節點 p
17           int p = gPar[c];
18           gPar[c] = GetPar(gPar[c]);               // 呼叫遞迴函數進行路徑壓縮。傳回時，p 已經設定了
19                                                    // 根節點，同時也設定了 p 和總集合的根節點的關係
20           gRel[c] = (gRel[c] + gRel[p]) % 3;       // 根據 c 和 p 的關係以及 p 和總集合的根節點
21                                                    // 的關係，設定 c 和總集合的根節點的關係
22       }
23       return gPar[c];                              // 傳回路徑壓縮後繼 c 所在集合的代表元
24   }
25   int main(){
26       int N, K;
27       scanf("%d %d", &N, &K);                      // 輸入動物數和說話句數
28       int rel, x, y;
29       int error_count = 0;                         // 假話數初始化
30       Init(N);                                     // 帶權併查集初始化
31       for (int i = 0; i < K; i++){                 // 依次輸入每句話
32           scanf("%d %d %d", &rel, &x, &y);         // 第 i 句話為動物 x 和 y 呈 rel 關係
33           if (x> N || y> N){                       // 若任一動物越界，則假話數 +1，
34                                                    // 繼續輸入下一句話
35               error_count++;
36               continue;
37           }
38           rel--;
39           int p1 = GetPar(x), p2 = GetPar(y);      // 分別計算 x 和 y 所在集合的代表元（根）
40            if (p1 == p2){                           // 若 x 和 y 在同一集合
41                if ((gRel[x]+3-gRel[y]) % 3 != rel){ // 若關係不一致，則假話數 +1
```

```
42                  error_count++;
43              }
44          }
45          else{      // 否則合併 x 和 y 所在的集合，同時需要注意，根據 x->p1、x->y、y->p2 的關係，
46                     // 得到 p1->p2 的關係
47              gPar[p1] = p2;
48              gRel[p1] = (3 - gRel[x] + rel + gRel[y]) % 3;
49          }
50      }
51      printf("%d\n", error_count);                    // 輸出假話數
52      return 0;
53  }
```

8.3　用樹狀陣列統計子樹權和

有時，從現實生活抽象出的樹模型中節點被賦予了一個權值，而解題目標是動態統計子樹的權和。8.1 節提供了透過樹的後序尋訪求解的方法，時間花費為 $O(n)$。如果節點的權值發生變化，則「牽一髮而動全身」，相關子樹的權和隨之發生變化，就需要再次透過後序尋訪統計子樹的權和。顯然，這種「蠻力搜尋」的方法並不適合。

樹的後序尋訪實質上是按照自下而上的順序將非線性結構的樹轉化為一個線性序列，每棵子樹對應這個線性序列的一個連續的子區間。這就提醒了我們，是否可以用線性資料結構的方法解決動態統計子樹權和的問題呢？是的，這就用到了樹狀陣列。

樹狀陣列（Fenwick Tree），也被稱為二元索引樹（Binary Indexed Tree，BIT），是一個查詢和修改複雜度都為 $\log_2 n$ 的資料結構，主要用於查詢任意兩位元之間的所有元素之和。定義相關資料結構如下。

設定陣列 $a[]$，元素個數為 n，儲存在 $a[1] \cdots a[n]$ 中。

子區間的權和陣列為 sum，其中陣列 a 中從 i 到 j 區間內的權和 $\text{sum}[i, j] = \sum_{k=i}^{j} a[k]$。

字首的權和陣列為 s，其中陣列 a 中長度為 i 的字首的權和 $s[i] = \sum_{k=1}^{i} a[k]$；顯然，$\text{sum}[i, j] = s[j] - s[i-1]$。

lowbit(k) 為整數 k 的二進位表示中右邊第一個 1 所代表的數，在程式實作時，lowbit(k)=k&($-k$)；例如，12 的二進位是 1100，右邊第一個 1 所代表的數字是 4；$-k$ 則是將 k 進行位元的反向運算，然後末尾加 1；k&($-k$) 則是 k 與 $-k$ 進行位元的 AND 運算；例如，1100 進行位元的反向運算，然後末尾加 1 的結果是 0100，兩者進行位元的 AND 運算的結果是 100，所代表的數是 4。

樹狀陣列 c，其中 $c[k]$ 儲存從 $a[k]$ 開始向前數 lowbit(k) 個元素之和，即 $c[k] = \sum_{i=k-\text{lowbit}(k)+1}^{k} a[i]$，顯然，樹狀陣列採用了分塊的思維（如圖 8.3-1 所示）。

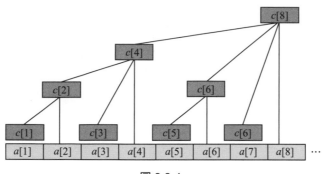

圖 8.3-1

更改和查詢陣列 a 的元素直接在樹狀陣列 c 中進行。例如，如果要更改元素 $a[2]$，影響到陣列 c 中的元素有 $c[2]$、$c[4]$ 和 $c[8]$，我們只需一層一層往上修改就可以了，而這個過程的時間複雜度是 $O(\log_2 n)$。又例如，搜尋 $s[7]$，7 的二進位表示為 0111，右邊的第一個 1 出現在第 0 位上，也就是說要從 $a[7]$ 開始數 1 個元素（$a[7]$），即 $c[7]$；然後將這個 1 捨掉，得到 6，二進位表示為 0110，右邊第一個 1 出現在第 1 位上，也就是說要從 $a[6]$ 開始向前數 2 個元素（$a[6]$、$a[5]$），即 $c[6]$；最後捨掉用過的 1，得到 4，二進位表示為 0100，右邊第一個 1 出現在第 2 位上，也就是說要從 $a[4]$ 開始向前數 4 個元素（$a[4]$、$a[3]$、$a[2]$、$a[1]$），即 $c[4]$，顯然，$s[7]=c[7]+c[6]+c[4]$。

$a[x]$ 增加 k 後，樹狀陣列 c 的調整過程如下：

```
for(i=x; i<cnt; i+=lowbit(i)) c[i]+=k;
```

$s[x]= \displaystyle\sum_{k=1}^{x} a[k]$ 的計算過程如下：

```
s[x]=0;
for(i=x; i>0; i-=lowbit(i)) s[x]+=c[i];
```

顯然，計算 $s[x]$ 的複雜度是 $\log_2 n$，計算 $\mathrm{sum}[x, y]= \displaystyle\sum_{i=x}^{y} a[i] =s[y]-s[x-1]$ 僅需花費時間 $2\log_2 n$。動態維護樹狀陣列以及求和過程的複雜度透過樹狀陣列 c 的定義都降到了 $\log_2 n$。

實際上，樹狀陣列本來用於一維序列的「動態統計」，即作為統計物件的資料需要被頻繁更新；被推廣至統計子樹權和問題，說明應用線性資料結構可以解決非線性問題。

8.3.1 ▶ Apple Tree

在 Kaka 的房子外面有一棵蘋果樹。每年秋天，樹上要結出很多蘋果。Kaka 很喜歡吃蘋果，所以他一直精心培育這棵蘋果樹。

這棵蘋果樹有 N 個分岔點，連接著各個分支。Kaka 將這些分岔點從 1 到 N 進行編號，根被編號為 1。蘋果在分岔點生長，在一個分岔點不會有兩顆蘋果。因為 Kaka 要研究蘋果樹的產量，所以他想知道在一棵子樹上會有多少蘋果（如圖 8.3-2 所示）。

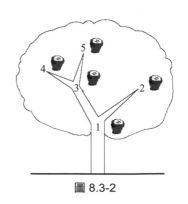

圖 8.3-2

問題在於，在一個空的分岔點上，過些時間可能會長出新蘋果；而 Kaka 也可能會從樹上摘蘋果用來作為他的甜點。

輸入

第一行提供整數 N（$N \leq 100000$），即樹的分岔點的數目。

後面的 $N–1$ 行，每行提供兩個整數 u 和 v，表示分岔點 u 和 v 是由樹枝連接的。

下一行提供整數 M（$M \leq 100000$）。

後面的 M 行，每行包含一條資訊：

1. 「C x」表示在分岔點 x 存在的蘋果已經發生變化，即如果在分岔點 x 原來有蘋果，則蘋果被 Kaka 摘了吃了；或者是新蘋果在空的分岔點長出來了。

2. 「Q x」表示查詢在分岔點 x 上面的蘋果的數量，包括分岔點 x 的蘋果（如果有蘋果的話）。

開始的時候，樹上是長滿蘋果的。

輸出

對於每個查詢，在一行中輸出相關的回答。

範例輸入	範例輸出
3	3
1 2	2
1 3	
3	
Q 1	
C 2	
Q 1	

試題來源： POJ Monthly

線上測試： POJ 3321

❖ 試題解析

蘋果樹就是一棵樹，分岔點是樹節點，分岔點上的蘋果數為節點權值。指令「Q x」是計算以節點 x 為根的子樹的權值和；指令「C x」表示節點 x 的權值發生變化，由 1 變成 0（分岔點 x 上的蘋果被摘吃），或者由 0 變成 1（空的分岔點 x 長出新蘋果）。為了方便快捷地統計子樹的權值和，我們引入了樹狀陣列 $c[]$，以存取時間為順序，透過在後序尋訪的過程中給節點加蓋時間戳記的辦法，將蘋果樹的非線性結構轉化為線性序列。

設定 $d[u]$ 為節點 u 的初訪時間；$f[u]$ 為節點 u 的結束時間，即訪問了以 u 為根的子樹後回溯至 u 的時間。顯然，區間 $[d[u]\ f[u]]$ 反映了以 u 為根的子樹結構。例如，圖 8.3-3 提供了一棵二元樹。

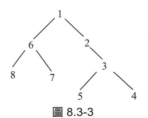

圖 8.3-3

後序尋訪該二元樹，$d[u]$ 和 $f[u]$ 如下表所示。

節點存取順序	1	6	8	7	6	2	3	5	4	3	2	1
節點區間 $[d[u], f[u]]$	[1,]	[1,]	[1, 1]	[2, 2]	[1, 3]	[4,]	[4,]	[4, 4]	[5, 5]	[4, 6]	[4, 7]	[1, 8]
說明	初訪節點1	初訪節點6	終訪節點8	終訪節點7	終訪節點6	初訪節點2	初訪節點3	終訪節點5	終訪節點4	終訪節點3	終訪節點2	終訪節點1

按照後序尋訪的節點順序，其 $f[]$ 值正好遞增（$f[8]=1$，$f[7]=2$，$f[6]=3$，$f[5]=4$，$f[4]=5$，$f[3]=6$，$f[2]=7$，$f[1]=8$）。若 $[d[v], f[v]]$ 是 $[d[u], f[u]]$ 的子區間，則以 u 為根的子樹包含了以 v 為根的子樹。因此可用 $f[u]$ 標誌 $c[]$ 的指標。計算 $[d[u], f[u]]$ 的方法十分簡單：

```
void DFS(int u);
{
    d[u]=time;                // 初次存取 u 的時間設為區間左指標
    依次對 u 引出的每條出邊的另一端點 v 進行 DFS(v)；
    f [u]=time++;             // 尋訪了 u 的所有後代後的時間為區間右指標，存取時間 +1
}
```

若命令為「C x」，即節點 x 的權值 $a[x]$ 發生變化（0 變 1 或者 1 變 0），則 $a[f[x]]$ 反向運算（$a[f[x]]=(a[f[x]]+1)\%2$），從 $c[f[x]]$ 出發向上調整樹狀陣列 $c[]$。調整的方法如下：

```
void change(int x)
{
    int i;
    if(a[x]) for(i=x; i<cnt; i+=lowbit(i)) c[i]++;
        else for(i=x; i<cnt; i+=lowbit(i)) c[i]--;
}
```

由於最初時樹上長滿蘋果，因此可按照如下方法建構最初的樹狀陣列 $c[]$：

```
for(i=1; i<=n; i++){
    a[i] 設為 1;
    change(i);
}
```

若命令為「Q x」，則以節點 x 為根的子樹的權值和為 $sum(f[x])-sum(d[x]-1)$。其中 $sum(x)$ 為前 x 個存取時間的字首和。計算方法如下：

```
int sum(int x)
{
    int i, res=0;
    for (i=x; i>0; i-=lowbit(i)) res+=c[i];
    return res;
}
```

❖ **參考程式**

```
01  #include<iostream>              // 前置編譯命令
02  #include<cstring>
03  #define max 100002              // 定義節點數的上限
04  using namespace std;
05  struct node1                    // 邊表為 edge，其中第 i 條邊相連的節點為 edge[i].tail；
```

```
06                                    // 連接的下條邊的序號為 edge[i].next
07  {
08      int next,tail;
09  }edge[max];
10  struct node2                      // 蘋果樹為 apple，以節點 i 為根的子樹在後序序列中的區間
11                                    // 為 [apple[i].l, apple[i].r]
12  {
13  int r,l;
14  }apple[max];
15  int s[max],cnt,c[max],a[max];     // 後序尋訪中第 i 個節點的權值為 a[i]；後序尋訪序號為 cnt；
16                                    // 樹狀陣列為 c；節點 i 相連的第 i 條邊的序號為 s[i]
17  void DFS(int u)          // 從節點 u 出發，計算每個節點為根的子樹區間 [apple[].l, apple[].r]
18  {
19      int i;
20      apple[u].l=cnt;
21      for(i=s[u];i!=-1;i=edge[i].next)
22          DFS(edge[i].tail);
23      apple[u].r=cnt++;
24  }
25  inline int lowbit(int x)          // 計算二進位數字 x 右方的第 1 位 1 對應的權
26  {
27      return x&(-x);
28  }
29  void change(int x)                // 從 a[x] 出發，調整樹狀陣列
30  {
31      int i;
32      if(a[x])                      // 若 a 序列的第 x 個元素非零，則樹狀陣列的相關元素值加 1；
33                                    // 否則樹狀陣列的相關元素值減 1
34          for(i=x;i<cnt;i+=lowbit(i))
35              c[i]++;
36      else                          // 若權值和為 x 的子樹根上的蘋果被吃掉，則其通往根的路徑上
37                                    // 每棵子樹的權值和減 1
38          for(i=x;i<cnt;i+=lowbit(i))
39              c[i]--;
40  }
41  int sum(int x)                                    // 計算 $\sum\limits_{k=1}^{x} a[k]$
42  {
43      int i,res=0;
44      for(i=x;i>0;i-=lowbit(i))
45          res+=c[i];
46      return res;
47  }
48  int main()                                        // 主函式
49  {
50      int i,n,m,t1,t2,t;
51      char str[3];
52      scanf("%d",&n);                               // 讀樹的節點數
53      memset(s,-1,sizeof(s[0])*(n+1));              // s 的每個元素初始化為 -1
54      memset(c,0,sizeof(c[0])*(n+1));               // c 的每個元素初始化為 0
55      memset(apple,0,sizeof(apple[0])*(n+1));       // apple 的每個元素初始化為 0
56      for(i=0;i<n-1;i++){
57          scanf("%d%d",&t1,&t2);                    // 讀第 i 條邊（t1, t2）
58          edge[i].tail=t2;                          // 第 i 條邊連接 t2，其後繼指標
59                                                    // 指向 t1 連接的上一條邊
60          edge[i].next=s[t1];
```

```
61          s[t1]=i;                                // 設節點 t1 連接的邊序號 i
62       }
63       cnt=1;
64       DFS(1);                                 // 從節點 1 出發進行 DFS，計算每個節點的後序值，節點權值設為 1
65       scanf("%d",&m);                         // 讀資訊數
66       for(i=1;i<=n;i++){                      // 建構長滿蘋果的樹上對應的樹狀陣列 c
67          a[i]=1;                              // 設 a[i] 為 1，由此出發調整樹狀陣列
68          change(i);
69       }
70       while(m--){
71          scanf("%s%d",&str,&t);               // 讀命令標誌 str 和節點序號 t
72          if(str[0]=='Q')                      // 輸出節點 t 上的蘋果數
73              printf("%d\n",sum(apple[t].r)-sum(apple[t].l-1));
74          else{                                // 計算節點 t 上蘋果的變化情況
75              a[apple[t].r]=(a[apple[t].r]+1)%2; // 節點 t 上的蘋果數由 1 變成 0 或由 0 變成 1
76              change(apple[t].r);
77          }
78       }
79       return 0;
80  }
```

樹狀陣列不僅可以統計子樹權和，而且可以用於逆序對的計算。如果 $i>j$ 且 $a[i]<a[j]$，則 $a[i]$ 和 $a[j]$ 就是一個逆序對。

逆序對的計算，就是對序列中的每個數，找出排在其前面有多少個比自己大的數。顯然，樹狀陣列可以最佳化這種「需要尋訪」的情況，方法如下。

首先，遞增排序原序列。建立一個元素類別為結構體的陣列 $a[]$，其中 $a[i]$.val 為輸入的數，id 為輸入順序。然後，按 val 域值為第一關鍵字、id 域值為第二關鍵字遞增排序 $a[]$。如果沒有逆序，遞增序列 $a[]$ 中每個元素的索引 i 與 id 域值相同；如果有逆序數，那麼必然存在元素索引 i 與域值 id 不同的情況。所以利用樹狀陣列的特性，可以方便地算出逆序數的個數。例如輸入 4 個數 9、–1、18、5，設初始時的結構型陣列 $a[]$ 為：$a[1]$.val=9，$a[1]$.id=1；$a[2]$.val=–1，$a[2]$.id=2；$a[3]$.val=18，$a[3]$.id=3；$a[4]$.val=5，$a[4]$.id=4。

按 val 域值遞增順序給陣列 a 排序，則陣列 $a[]$ 為：$a[1]$.val=–1，$a[1]$.id=2；$a[2]$.val=5，$a[2]$.id=4；$a[3]$.val=9，$a[3]$.id=1；$a[4]$.val=18，$a[4]$.id=3。

所以，$a[]$ 的域值 id 組成序列（簡稱域值 id 序列）2、4、1、3，該序列的逆序數是 3。而且，3 也是原序列 9、–1、18、5 的逆序數。

下面，利用樹狀陣列的特性求域值 id 序列的逆序數。

依次插入域值 id 序列的元素 x（即原序列中第 x 個元素設存取標誌 1），透過 Modify(x) 調整樹狀陣列：

```
void Modify(x)                      // 存取 x 位置，調整樹狀陣列 c[]
{
    for(int i=x; i<=n; i+=lowbit(i)) c[i]+=1;
}
```

透過 getsum(x) 查詢區間 $[1, x]$ 的和，即得出前面有多少個不大於它的數（包括自己）：

```
int getsum (int x)                    // 計算和傳回 ans = ∑ a[k]
                                                         k=1
{
    LL ans=0;
    for(int i=x; i>0; i-=lowbit(i)) ans+=c[i];
    return ans;
}
```

再用已插入數的個數減去 getsum(x)，就算出了前面有多少個數比它大。由此得出計算序
列 a[] 的逆序對的個數 sum 的方法：

遞增排序 a[1].val … a[n].val，得出排序後的域值 id 序列 a[1].id … a[n].id。

```
sum = 0;
for(i=1; i<=n; i++)
{
    Modify(a[i].id);
    sum+=(i-getsum(a[i].id));
}
```

8.3.2 ▶ Japan

日本計畫迎接 ACM-ICPC 世界總決賽，在比賽場地必須修建許多條道路。日本是一個島
國，東海岸有 N（$N \leq 1000$）座城市，西海岸有 M（$M \leq 1000$）座城市，將建造 K 條高速
公路。從北到南，每個海岸的城市編號為 1，2，…。每條高速公路都是直線，連接東海
岸城市和西海岸城市。建設資金由 ACM 提供擔保，其中很大一部分是由高速公路之間的
交叉口數量決定的。兩條高速公路最多在一個地方交叉。請你編寫一個計算高速公路之
間交叉口數量的程式。

輸入

輸入首先提供 T，表示測試案例的數量。每個測試案例首先提供三個數字 N、M 和 K。接
下來的 K 行每行提供兩個數字，用於表示高速公路連接的城市編號，其中，第一個是東
海岸的城市編號，第二個是西海岸的城市編號。

輸出

對於每個測試案例，標準輸出一行：Test case 案例編號：交叉口的數量。

範例輸入	範例輸出
1	Test case 1: 5
3 4 4	
1 4	
2 3	
3 2	
3 1	

試題來源： ACM Southeastern Europe 2006

線上測試： POJ 3067，UVA 2926

❖ 試題解析

在東海岸和西海岸分別有 N 和 M 座城市，建造 K 條高速公路連接東、西海岸的城市，本
題請你求交點個數。

因為連接東、西海岸城市的 K 條高速公路都是直線；所以東、西海岸城市用點表示，如果在東海岸的第 x 個城市與西海岸的第 y 個城市之間建造了一條高速公路，則在相關的第 x 個點與第 y 個點之間連一直線。那麼，如果在第 x_1 個點與第 y_1 個點之間有一直線，在第 x_2 個點與第 y_2 個點之間有一直線，並且 $(x_1-x_2)\times(y_1-y_2)<0$，則對應的兩條高速公路有交點。

以東海岸的 N 座城市的編號為第一關鍵字，以西海岸的 M 座城市的編號為第二關鍵字，對連接東、西海岸的 K 條高速公路進行排序。

設第 i 條高速公路的端點分別為 x_i 和 y_i。對前 $i-1$ 條高速公路的端點 x_k 和 y_k，$1 \le k \le i-1$，$x_k \le x_i$，如果 $x_k < x_i$、$y_k > y_i$，則相關的高速公路和第 i 條高速公路相交。也就是說，在前 $i-1$ 條邊中，與第 i 條邊相交的邊的 y_k 值必然大於 y_i 的值，所以此時只需要求出在前 $i-1$ 條邊中有多少條邊的 y_k 值在區間 $[y_i+1, M]$ 中即可，也就是求 y_i 的逆序數。這樣，就將問題轉化成區間求和的問題，可以用樹狀陣列解決。

❖ **參考程式**（略。本題參考程式的 PDF 檔案和本題的英文原版均可從碁峰網站下載）

8.4 用四元樹求解二維空間問題

四元樹（Quad Tree，又稱為 Q-Tree）是一種樹形資料結構。四元樹的每個節點或者沒有子節點，或者有四個子節點。

四元樹通常可以表示一個二維空間。一個二維空間用一個四元樹的節點表示，這個二維空間又可以被劃分為四個象限或區域，而每個區域的相關資訊可以存入四元樹的這個節點的四個子節點中。這樣的區域可以是正方形、矩形或任意形狀。

圖 8.4-1 為一個 8×8 的二維空間結構（左）及其對應的四元樹（右），四元樹的子節點按照左上子區→右上子區→左下子區→右下子區的順序排列。

四層完全四元樹結構示意圖

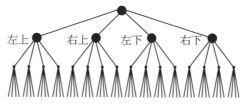

圖 8.4-1

四元樹的每一個節點代表一個矩形區域，如圖 8.4-1 所示，黑色的根節點代表最周邊黑色邊框的矩形區域；每一個矩形區域又可劃分為四個小矩形區域，這四個小矩形區域是四個子節點所代表的矩形區域。

四元樹的資料結構提供了一種對二維空間進行壓縮編碼的方法。二維空間中的每個子區域都有一個屬性值，例如，同色子區的顏色標誌或不同色子區域的「灰色」標誌，其資料結構的基本思維是將一個二維空間等分為 4 個部分，逐塊檢查其子區域的屬性值；如果某個子區域的所有格都具有相同的屬性值，則這個子區域就不再繼續分割；否則這個子區域為「灰色」，繼續分割成四個子區域。這樣依次分割，直到每個子塊都只含有相同的屬性值為止。顯然，在產生四元樹的過程中，產生的節點要麼是葉節點，其對應二維空間中每格的屬性值相同，也就是說，葉節點代表的子區域同色；要麼是「灰色」的分支節點。一般，二維空間通常為邊長為 2 的次冪的正方形。因為方格是一個單位，細分 $\log_2 n$ 次即可到方格（n 為正方形邊長）。

對四元樹進行先序或者後序尋訪，順序記錄下節點的屬性值，便可以得到二維空間的壓縮編碼；同樣，由四元樹的先序尋訪或後序尋訪的結果，也可以計算出二維空間的情形。因此，四元樹被廣泛應用於電腦圖學、影像處理、地理資訊系統（Geographic Information Systems，GIS）、空間資料索引等。

如同四元樹可以表示一個二維空間，八元樹（Octree）也可以表示一個三維空間。八元樹的定義是：如果一棵八元樹不是空樹，那麼樹中任一節點的子節點只會是 8 個或零個，也就是說，對於任何樹中的分支節點，恰有 8 個子節點。

例如，一個立方體最少可以劃分成 8 個相同等分的小立方體。圖 8.4-2 中提供了 2×2×2 的立方體對應的八元樹結構。

兩層八元樹結構示意圖

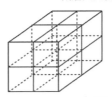 

圖 8.4-2

八元樹主要用於 3D 圖形處理。對遊戲程式編寫，這會很有用。本節僅對四元樹進行詳細介紹，八元樹的建立可由四元樹的建立推得。

首先，我們透過一個實例來分析怎樣由一個二維間圖片得到其壓縮編碼，也就是對應四元樹的先序尋訪或後序尋訪結果。

8.4.1 ► Creating a Quadtree

四元樹最早由 Finkel 和 Bentley 提出，是一種樹的資料結構，其中每個內節點都有四個子代。四元樹通常用於解決可以被對映到一個二維空間的問題，而這個二維空間在一定條件下可以被遞迴地細分成四個同樣大小的區域。這些問題包括：碰撞檢測，空間資料索引，圖片壓縮，以及 Conway 生命遊戲（Conway's Game of Life）。這樣的問題以一個 $n×n$ 矩陣表示的二進位圖片為主要部分，其中 $n>1$ 且 n 是 2 的冪次。這個二進位圖片藉助於只包含白色像素的矩形區域來說明，每個區域由其左上角和右下角的位置來標出。被壓縮的圖片用一棵四元樹提供，每個節點表示圖片中的一個區域。如果一個區域不是像素，並且這個區域既有白色像素又有黑色像素，則這個區域就被細分。存取區域的順序是由左到右，自上而下。為了更好地瞭解這個問題，請看範例輸入中的第三個測試案例，二進位圖片是一個 8×8 的矩陣，由 5 個白色區域組成。在圖 8.4-3 中，這樣的

區域用由粗線組成的矩形邊顯示。其相關的四元樹由 5 個內節點和 16 個葉節點（區域）
組成。

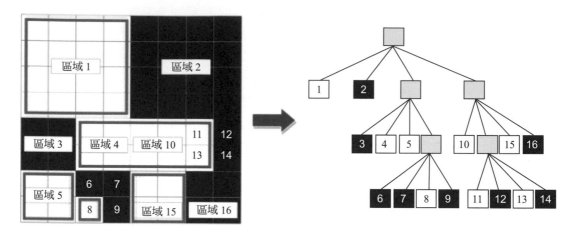

圖 8.4-3

輸入

第一行提供一個整數 $N>0$，表示測試案例的個數。接下來的 N 行提供一個用空格分隔的
列表，首先提供一個整數 n（$n>1$），n 是 2 的冪次，表示矩陣的大小，然後提供 $m \times 2$ 對
整數 (i_k, j_k)，使得：

◆ i_k 是列的索引；

◆ j_k 是行的索引；

◆ $1 \le i_k, j_k \le n$；

◆ 兩個連續對 (i_{k-1}, j_{k-1}) 和 (i_k, j_k)，其中 k 是偶數，分別表示第 $1/2^k$ 區域的左上角和右下角
的位置；

◆ 如果 m 是奇數，則 (i_m, j_m) 被忽略。

輸出

輸出 N 行。每行或每個測試案例產生的四元樹；或者是「Size is invalid」，如果矩陣的大
小不是 2 的冪。四元樹由一連串的 0 和 1 來表示。對每個黑色節點，在輸出中添加一個
「0」；對每個白色節點，在輸出中添加一個「1」；對每個灰色節點，在輸出中添加一個
「*」，並對每個子節點重複這一過程。在輸出中不用考慮根。先序尋訪這個四元樹。

範例輸入	範例輸出
3 4 (1,1) (1,1) (4,1) (4,1) (1,3) (2,4) 15 8 (1,1) (4,4) (3,5) (7,6) (1,7) (2,8) (3,8) (3,8) (5,7) (6,8)	*1000*010010 Size is invalid 10*011*0010*1*101010

試題來源： Guadalajara 2010 hosted by ITESO (A local contest from Mexico)
線上測試： UVA 11941

❖ **試題解析**

本題解析如下。

1. 判斷矩陣是否合法。

設矩陣的規模為 n。如果 $n \times n$ 的矩陣能夠按照「等分四個子區域」的規則遞迴至像素，則 n 一定是 2 的次冪，即 $n \geq 2$ 且 n 僅有 1 個二進位為 1。否則 $n \times n$ 的矩陣是不可能細分至像素的，應輸出非法資訊（Size is invalid）並結束。

2. 建構合法矩陣對應的四元樹。

首先，根據題目提供的每對座標（同色子矩陣的左上角座標和右下角座標），建構 01 點陣圖 $g[][]$，其中：

$$g[i][j] = \begin{cases} 1 & (i, j) \text{ 為白像素} \\ 0 & (i, j) \text{ 為黑像素} \end{cases} (0 \leq i, j \leq n-1)$$

然後，按照後序尋訪的方法建構與 01 點陣圖 $g[][]$ 相對應的四元樹。

設定四元樹的根節點為 1，代表左上角為 $(0, 0)$、右下角為 $(n-1, n-1)$ 的子矩陣；設根或分支節點 k，代表左上角為 (lx, ly)、右下角為 (rx, ry) 的子矩陣（$0 \leq lx \leq rx \leq n-1$，$0 \leq ly \leq ry \leq n-1$）。按存取區域的順序由左到右、自上而下，節點 k 的 4 個子代分別如圖 8.4-4 所示：

◆ 節點 $4 \times k$ 代表左上子矩陣（以 (lx, ly) 為左上角、(mx, my) 為右下角）；

◆ 節點 $4 \times k+1$ 代表右上子矩陣（以 $(mx +1, ly)$ 為左上角、(rx, my) 為右下角）；

◆ 節點 $4 \times k+2$ 代表左下子矩陣（以 $(lx, my +1)$ 為左上角、(mx, ry) 為右下角）；

◆ 節點 $4 \times k+3$ 代表右下子矩陣（以 $(mx+1, my+1)$ 為左上角、(rx, ry) 為右下角）。

節點 k 對應的子矩陣

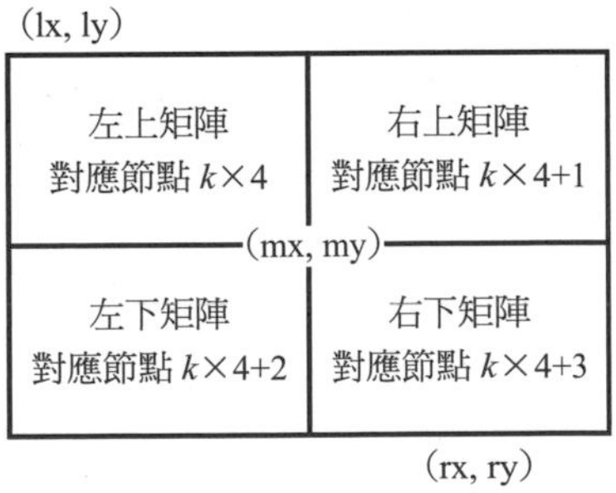

圖 8.4-4

若節點 k 為像素（$lx==rx$ && $ly==ry$），則節點 k 作為葉節點，根據像素顏色確定葉節點 k 的值：若（lx, ly）為白像素，則節點 k 的值為 2；若（lx, ly）為黑像素，則節點 k 的值為 1，即節點 k 的值為 $1 << g[lx][ly]$。

否則 k 為分支節點，遞迴計算 4 個子代的值。而節點 k 的值為 4 個子代或等的結果。顯然，或等結果為 3，表示 k 節點對應的子矩陣既有白色像素又有黑色像素；或等結果為 1，表示 k 節點對應的子矩陣全為黑像素；或等結果為 2，表示 k 節點對應的子矩陣全為白像素。

3. 計算四元樹的先序字串。

我們從節點 u 出發，按照下述方法計算和輸出以 u 為根的四元樹的先序字串：

◆ 若節點 u 的值為 1，則輸出對應子矩陣全黑標誌「0」；

◆ 若節點 u 的值為 2，則輸出對應子矩陣全白標誌「1」；

◆ 若節點 u 的值為 3，則表示節點 u 對應的子矩陣既有白色像素又有黑色像素。若 u 非根（$u \neq 1$），則輸出節點 u 對應的子矩陣灰色標誌「*」（注意：若整個矩陣黑白相間，則略去輸出根節點的灰色標誌）。依次遞迴 u 的四個子代，計算和輸出對應子區間的顏色標誌。

❖ 參考程式

```
01  #include <iostream>
02  #include <sstream>
03  #include <string.h>
04  using namespace std;

05  char g[1024][1024];          // 整個區域的相鄰矩陣 g[i][j]= { 1 (i j) 為白像素
                                                                 0 (i,j) 為黑像素

06  char node[1024 * 1024];      // 四元樹中節點 k 的值為 node[k]= { 3 節點為分支節點 k
                                                                    1 節點為黑色節點 k
                                                                    0 節點為白色節點 k

07  int build(int k, int lx, int ly, int rx, int ry)   // 從節點 k（代表左上角為 (lx, ly)，
08      // 右下角為 (rx, ry) 的子矩陣）出發，建構以其為根的四元樹
09  {
10      if (lx == rx && ly == ry)                       // 若目前區域為像素，則 k 節點值為 2^g[lx][ly]
11          return node[k] = (1<<g[lx][ly]);
12      int mx = (lx + rx)/2, my = (ly + ry)/2;         // 計算目前區域的中間座標 (mx, my)
13      int v = 0;                                      // 計算四個子矩陣或等的結果 v
14      v |= build(k * 4, lx, ly, mx, my);
15      v |= build(k * 4 + 1, mx + 1, ly, rx, my);
16      v |= build(k * 4 + 2, lx, my + 1, mx, ry);
17      v |= build(k * 4 + 3, mx + 1, my + 1, rx, ry);
18      return node[k]=v;                               // 傳回 k 節點值 v
19  }
20  void dfs(int u) {                          // 先序尋訪以節點 u 為根的四元樹，輸出對應的結果字串
21      if (node[u] == 3) {                    // 若節點 u 對應的矩陣既有白像素又有黑像素
22          if (u > 1) putchar('*');           // 若節點 u 為分支節點，則輸出灰色標誌
23          dfs(u*4);                          // 分別遞迴四個子代
24          dfs(u * 4 + 1);
25          dfs(u * 4 + 2);
26          dfs(u * 4 + 3);
27      } else{
28  // 若 u 的值為 1，則輸出對應子矩陣全黑標誌；若 u 的值為 2，則輸出對應子矩陣全白標誌
29          if (node[u] == 1)putchar('0');
30              else putchar('1');
31      }
32  }
33  int main()  {
34      int testcase;                          // 測試案例數
35      int n, sx, sy, ex, ey;        // 矩陣大小為 n，子區域左上角為 (sx, sy)、右下角為 (ex, ey)
```

```
36        char line[32767];                              // 列表串
37        scanf("%d", &testcase);                        // 輸入測試案例數
38        while (getchar()!='\n');
39        while (testcase--) {                           // 依次處理每個測試案例
40            gets(line);                                // 輸入列表 line
41            stringstream sin(line);                    // 將 line 中所包含的字串放入 sin 物件中
42            string token;
43            sin >> n;                                  // 從列表串中擷取矩陣大小 n
44            if ( __builtin_popcount(n) != 1 || n<= 1) {     // 如果 n 不是 2 的冪（n 不大於 1
45                // 或者有不止一個二進位位元為1），則輸出非法資訊，繼續處理下一個測試案例
46                puts("Size is invalid");
47                continue;
48            }
49        memset(g,0,sizeof(g));                          // 相鄰矩陣初始化
50            while (sin >> token) {            // 從列表串中擷取目前白色區域的左上角座標 (sx, sy)
51                sscanf(token.c_str(), "(%d,%d)", &sx, &sy);
52                if(sin>>token){              // 從列表串中擷取目前白色區域的右下角座標 (ex, ey)
53                    sscanf(token.c_str(), "(%d,%d)", &ex, &ey);
54                    sx--,sy--,ex--,ey--;              // 圖片座標以左上角 (0, 0) 為基準
55                    for(int i=sx;i<=ex;i++)           // 在圖片的相鄰矩陣中，該區域填 1
56                        for (int j = sy; j<= ey; j++) g[i][j] = 1;
57                }
58            }
59        buil d(1, 0, 0, n - 1, n - 1);                 // 從根（節點1）建構左上角為 (0, 0)、
60                                                       // 右下角為 (n-1, n-1) 區域對應的四元樹
61        dfs(1);                                        // 從根出發，計算和輸出四元樹的先序字串
62        puts("");
63        }
64    return 0;
65  }
```

下面，我們透過一個實例反過來剖析，怎樣由一個四元樹的先序尋訪的結果得到對應的二維空間圖。

8.4.2 ▶ Reading a Quadtree

四元樹最早由 Finkel 和 Bentley 提出，是一種樹的資料結構，其中每個內節點都有四個子代。四元樹通常用於解決可以被對映到一個二維空間的問題，而這個二維空間在一定條件下可以被遞迴地細分成四個同樣大小的區域。本題要求讀入一個表示為四元樹的壓縮二進位圖片，並確定哪些像素被設定為白色。

為了更好地瞭解這個問題，請看範例輸入中的第三個測試案例，未被壓縮的二進位圖片是一個 8×8 矩陣，其中 35 個像素是白色的。四元樹中的每個節點對映到一個目標圖像中的正方形區域。白色節點表示只有白色像素構成的區域，黑色節點表示只有黑色像素構成的區域；而灰色節點則表示該區域由白色像素和黑色像素構成，因此，灰色節點需要被細分為四個新的正方形區域。存取正方形區域的順序是：由左至右，由上至下（如圖 8.4-5 所示）。

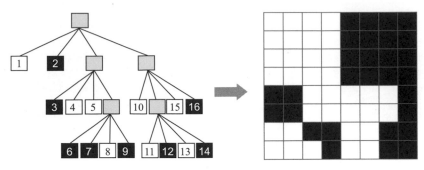

圖 8.4-5

輸入

第一行提供一個整數 $N>0$，表示測試案例的個數。

接下來的 N 行，首先提供目標圖像的長度 L，L 是 2 的冪。長度的後面跟著一個空格，和一個由「0」、「1」和「*」組成的序列，分別表示四元樹的黑色、白色和灰色的樹節點。四元樹的節點用對四元樹進行先序尋訪的順序提供。

輸出

輸出 N 行，每行提供一個逗號分隔的清單，清單中的元素為：

◆ 與黑色像素水平相鄰的一個像素的位置 (x, y)；

◆ (x_i-x_f, y)，其中 $x_f>x_i$：一個在第 y 行被黑色像素包圍的白色像素的序列。

下述條件成立：$1 \leq x, x_i, x_f, y \leq L$。從左到右、自上而下尋訪二進位圖。

如果 L 不是 2 的冪，則輸出「Invalid length」。

範例輸入	範例輸出
3 4 **1000*010010 7 *101*0100 8 *10*011*0010*1*101010	(1,1),(4,1),(1-2,3),(1-2,4) Invalid length (1-4,1),(1-4,2),(1-4,3),(1-4,4),(3-7,5),(3-7,6),(1-2,7),(5-6,7),(1-3,8),(5-6,8)

試題來源： ACM Mexico Occidental and Pacific 2010 hosted by ITESO (A regional contest from Mexico)

線上測試： UVA 11948

❖ 試題解析

本題提供一棵四元樹的前序字串，要求輸出的列表實際上是一個連續白像素區間的序列，序列中的區間按由上而下、由左而右的順序排列。如果有二進位圖片 $g[][]$，便可很容易地計算出這張列表。

搜尋每行連續的白像素區間：如果 $g[i][j]$ 是白像素，則往右搜尋 i 行上連續的白像素區間 $[l, r]$。若區間僅包含一個白像素（$l=r$），則輸出 (j, i)；若區間包含連續多個白像素（$l \neq r$），則輸出 $(j-r, i)$。然後從 $g[i][r+1]$ 出發，繼續往右搜尋 i 行上的後一個白像素區間。

由此得出演算法的核心——怎樣根據四元樹的前序字串建構出對應的二進位圖片 g[][]。設四元樹的根節點為 1，代表左上角為 (0, 0)、右下角為 (n-1, n-1) 的子矩陣；設根或分支節點 k，代表左上角為 (lx, ly)、右下角為 (rx, ry) 的子矩陣（0≤lx≤rx≤n-1，0≤ly≤ry≤n-1）。按存取區域的順序由左到右、自上而下，節點 k 的 4 個子代分別如圖 8.4-4 所示。

◆ 節點 4×k 代表左上子矩陣（以 (lx, ly) 為左上角、(mx, my) 為右下角）；

◆ 節點 4×k+1 代表右上子矩陣（以 (mx +1, ly) 為左上角、(rx, my) 為右下角）；

◆ 節點 4×k+2 代表左下子矩陣（以 (lx, my +1) 為左上角、(mx, ry) 為右下角）；

◆ 節點 4×k+3 代表右下子矩陣（以 (mx +1, my +1) 為左上角、(rx, ry) 為右下角）。

從前序字串的首字元出發，順序掃描每個字元：

◆ 若目前字元是「0」或「1」，則說明節點 k 對應的子矩陣全黑或全白，因此 g[][] 中左上角為 (lx, ly)、右下角為 (rx, ry) 的子矩陣全部設為該字元；

◆ 若目前字元是「*」，則說明節點 k 對應的子矩陣黑白相間，因此遞迴計算子節點 k×4、k×4+1、k×4+2 和 k×4+3。

❖ **參考程式**

```
01  #include <stdio.h>                              // 前置編譯命令
02  #include <iostream>
03  #include <sstream>
04  #include <string.h>
05  using namespace std;
06  char g[1024][1024];                             // 二進位圖
07  char line[32767];                               // 四元樹的前序字串
08  int idx;
09  void build(int k, int lx, int ly, int rx, int ry) {   // 從四元樹的節點 k（代表左上角
10      // 為 (lx,ly)、右下角為 (rx, ry) 的子矩陣）出發，依據前序字串建構二進位圖片 g[][]
11      char type = line[idx++];                    // 取出前序字串的目前字元
12      if (type == '*') {          // 若為灰色節點，則計算運算元矩陣的中心座標，遞迴 k 的四個子代
13          int mx = (lx + rx)/2, my = (ly + ry)/2;
14          build(k * 4, lx, ly, mx, my);
15          build(k * 4 + 1, mx + 1, ly, rx, my);
16          build(k * 4 + 2, lx, my + 1, mx, ry);
17          build(k * 4 + 3, mx + 1, my + 1, rx, ry);
18      } else {                                    // 若為黑色或白色節點，則給子矩陣塗色
19          for (int i = lx; i<= rx; i++)
20              for (int j = ly; j<= ry; j++)g[i][j] = type;
21      }
22  }
23  int main() {
24      int testcase;                               // 剩餘的測試案例數
25      int n, sx, sy, ex, ey;                      // 目標圖像長度為 n
26      scanf("%d", &testcase);                     // 輸入測試案例數
27      while(getchar()!= '\n');
28      while (testcase--){                         // 依次處理每個測試案例
29          scanf("%d %s", &n, line);               // 輸入目標圖像長度 n 和四元樹的前序字串 line
30  // 若n非2的冪次（n非1個二進位位元值為1或者n小於2），則輸出非法資訊
31          if (__builtin_popcount(n) != 1 || n<= 1) {
32              puts("Invalid length");
```

```
33              continue;                        // 繼續處理下一個測試案例
34          }
35          idx = 0;                             // 前序字串 line 的指標初始化
36          build(1, 0, 0, n-1, n-1);            // 根據前序字串 line 建構二進位圖片 g[][]
37          int f = 0;                           // 逗號分隔標誌初始化
38          for (int i = 0; i < n; i++) {        // 自下而上、由左而右尋訪二進位圖
39                                               // (注意：以左上角座標 (0,0) 為基準)
40              for (int j = 0; j < n; j++) {
41              if (g[j][i] == '1') {            // 若 (i, j) 為白色像素,則計算 i 行上
42                                               // 連續的白像素區間 [l, r-1]
43                  int l = j, r = j;            // 白像素區間的頭尾指標初始化
44                  while (r < n && g[r][i] == '1')r++; // 遞迴白像素區間的尾指標
45                  if (f) putchar(',');         // 逗號分隔
46                  f = 1;                       // 設定逗號分隔標誌
47          // 若區間含多個連續的白像素,則輸出 (l+1-r, i+1);否則輸出 (r, i+1)。
48          // 注意:輸出要求以左上角座標 (1, 1) 為基準
49                  if(l+1 !=r)printf("(%d-%d,%d)", l+1, r, i+1);
50                  else printf("(%d,%d)", r, i+1);
51                  j = r;                       // 從 i 行的 r 列出發,繼續往右搜尋下一個白像素區間
52                  }
53              }
54          }
55          puts("");
56      }
57      return 0;
58  }
```

8.5   用 Trie 樹查詢字串

定義 8.5.1（Trie 樹）　　Trie 樹,也被稱為單字搜尋樹、字首樹或字典樹。其基本性質如下:

◆ 根節點不包含字元,除根節點外,每個節點只包含一個字元。

◆ 將從根節點到某一個節點的路上經過的節點所包含的字元連接起來,就是該節點對應的字串。

◆ 對於每個節點,其所有子節點包含的字元是不相同的。

圖 8.5-1 提供了 Trie 樹的一個實例。

Trie 樹的根節點 root 對應空白字元串。一般情況下,不是所有的節點都有對應的值,只有葉節點和部分內節點所對應的字串才有相關的值。所以,Trie 樹是一種用於快速檢索的多元樹狀結構,每個節點保存一個字元,一條路可以用於表示一個字串、一個電話號碼等資訊。

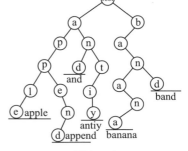

圖 8.5-1

表示一棵多元樹形式 Trie 樹的儲存方式是建構一個索引和字元一一對映的陣列 int ch[maxnode][sigma_size] 來儲存 Trie 樹的節點，初始狀態都為 0。其中 maxnode 為節點數上限，Trie 樹的樹根編號為 0，其餘節點從 1 開始編號；sigma_size 為 Trie 樹對應字串的字元集的基數，比如，字元集是字元 *a* 到字元 *z* 的小寫英文字母集，則 sigma_size=26，而相關的索引對應相關的字元，索引 0 對應字元 *a*，…，索引 25 對應字元 z；ch[*i*][*j*] 為節點 *i* 編號為 *j* 的子節點，比如，ch[0] 表示根節點；ch[0][0]=1，表示根節點編號為 0 的子節點是節點 1；ch[1][1]=2，表示節點 1 編號為 1 的子節點是節點 2；ch[2][2]=3，表示節點 2 的編號為 2 的子節點是節點 3，到這裡，就表示儲存了一個「abc」字串；而如果 ch[2][0]=4；就表示還存了一個「aba」的字串。也就是說，從根開始，透過 *T*[0].point[0] 可以找到 *T*[1]，透過 *T*[1] 裡面 point 陣列第二個元素的值（索引），找到 *T*[2]；再從 *T*[2] 的 piont 陣列裡面有第 0 個和第 2 個元素不為 −1 就表示存在字串「aba」和「abc」。

Trie 樹主要有兩個操作：

◆ 將字元集建構成 Trie 樹，簡稱插入操作；

◆ 在 Trie 樹中查詢一個字串，簡稱查詢操作。

本節實作的參考程式，詳盡地提供了插入操作和查詢操作的程式範本。

8.5.1 ► Shortest Prefixes

字串的字首是從提供字串開頭開始的子字串。「carbon」的字首是：「c」、「ca」、「car」、「carb」、「carbo」和「carbon」。在本題中，空字串不被視為字首，但是每個非空白字元串都被視為其自身的字首。在日常語言中，我們會用字首來縮寫單字。例如，「carbohydrate」（碳水化合物）通常被縮寫為「carb」。本題將提供一組單字，請你為每個單字找出能唯一標示該單字的最短字首。

在提供的範例輸入中，「carbohydrate」可以被縮寫為「carboh」，但不能被縮寫為「carbo」（或者更短），因為有其他單字以「carbo」開頭。

完全匹配也可以作為字首匹配。例如，提供的單字「car」，其字首「car」與「car」完全匹配。因此，「car」是「car」的縮寫，而不是「carriage」或列表中以「car」開頭的其他任何單字的縮寫。

輸入
輸入至少有兩行，最多不超過 1000 行。每行提供一個由 1～20 個小寫字母組成的單字。

輸出
輸出的行數與輸入的行數相同。輸出的每一行先提供輸入對應行中的單字，然後提供一個空格，最後提供唯一（無歧義）標示該單字的最短字首。

範例輸入	範例輸出
carbohydrate	carbohydrate carboh
cart	cart cart
carburetor	carburetor carbu
caramel	caramel cara
caribou	caribou cari
carbonic	carbonic carboni
cartilage	cartilage carti
carbon	carbon carbon
carriage	carriage carr
carton	carton carto
car	car car
carbonate	carbonate carbona

試題來源：ACM Rocky Mountain 2004

線上測試：POJ 2001，UVA 3046

❖ **試題解析**

本題就是找能標示每個字串自身的最短字首，是一道基礎的 Trie 樹的試題。陣列 val 記錄每個節點的存取次數，則每個字串的最短字首是到存取次數為 1 的那個字元節點為止的字串，或者尋訪完畢還沒有遇到存取次數為 1 的字元節點時，最短字首就是其自身。

1. 建構字串 s 對應的 Trie 樹。

設定目前節點編號為 u，初始時為 0，表示從根節點開始建構 Trie 樹；子節點編號為 sz，初始時為 1。

依次列舉字串 s 的每個字母 $s[i]$（$0 \leq i \leq s$ 的字串長 -1），按下述方法將之插入 Trie 樹：

◆ 計算 $s[i]$ 的序數值 c（$c=s[i]-$'a'）；

◆ 若節點 u 編號為 c 的子節點為空（ch[u][c]==0），則節點 sz 為葉節點（memset(ch[sz], 0, sizeof(ch[sz]))），存取次數為 0（val[sz]=0），且作為節點 u 編號為 c 的子節點，下一個子節點編號為 sz+1（ch[u][c]=sz++）；

◆ 存取節點 u 的序值為 c 的子節點，沿該節點繼續建構下去（val[u]++；u=ch[u][c]）。

2. 計算和輸出單字 s 的最短字首。

從根出發（u=0），依次列舉字串 s 的每個字母 $s[i]$（$0 \leq i \leq s$ 的字串長 -1）：

◆ 輸出字首字母 $s[i]$；

◆ 計算 $s[i]$ 的序數值 c（$c=s[i]-$'a'）；

◆ 若節點 u 編號為 c 的子節點僅被存取 1 次（val[ch[u][c]]==1），則說明 $s[i]$ 是最短字首的結尾字元，結束計算；否則繼續沿序數值 c 的子節點搜尋下去（u=ch[u][c]）。

❖ **參考程式**

```
01   #include<cstdio>
02   #include<algorithm>
03   using namespace  std;
```

```
04    const int MAXN = 1000 + 10;
05    const int maxnode = 100005;
06    const int sigma_size = 26;
07    char str[MAXN][25];                      // 第 i 個單字為 str[i]
08    int tot;                                 // 單字編號
09    int ch[maxnode][sigma_size];             // 節點 i 的編號為 j 的子節點為 ch[i][j]
10    char val[maxnode];                       // 節點 v 的存取次數
11
12    struct Trie {                                       // 定義名為 Trie 的結構體型別
13        int sz;                                         // 節點編號
14        Trie() {sz = 1; memset(ch[0], 0, sizeof(ch[0]));}  // 初始化
15        int idx(char c) { return c - 'a'; }             // 傳回字母 c 的序值
16
17        void insert(char *s) {                          // 建構單字 s 對應的 Trie 樹
18            int u = 0, n = strlen(s);                   // 根節點編號為 0，計算字串 s 的長度 n
19            for(int i = 0; i < n; i++) {                // 依次插入字串中的每一個字母
20                int c = idx(s[i]);                      // 計算第 i 個字母的序值
21                if(!ch[u][c]) {                         // 若節點 u 編號為 c 的子節點空
22                    memset(ch[sz], 0, sizeof(ch[sz]));  // 節點 sz 為葉節點
23                    val[sz] = 0;                        // sz 的存取次數為 0
24                    ch[u][c] = sz++;   // sz 設為節點 u 編號為 c 的子節點，設下一個節點編號 sz++
25                }
26                u = ch[u][c];          // 取節點 u 序值為 c 的子節點編號，該節點的存取次數 +1
27                val[u]++;
28            }
29        }
30        void query(char *s) {                           // 計算和輸出單字 s 的最短字首
31            int u = 0, n = strlen(s);                   // 從根出發，計算單字 s 的長度
32            for(int i = 0; i < n; i++) {                // 依次搜尋 s 的每個字母
33                putchar(s[i]);                          // 第 i 個字母作為字首字元輸出
34                int c = idx(s[i]);                      // 計算第 i 個字母的序數值 c
35                if(val[ch[u][c]] == 1) return ; // 若 u 的序數值 c 的子節點僅被訪問一次，則結束
36                u = ch[u][c];                           // 繼續沿序數值 c 的子節點搜尋下去
37            }
38        }
39    }
40    int main() {
41        tot = 0;                                        // 單字數初始化
42        Trie trie;                                      // trie 為 Trie 類別的結構體變數
43        while(scanf("%s", str[tot]) != EOF) {           // 輸入編號為 tot 的單字
44            trie.insert(str[tot]);                      // 建構對應的 Trie 樹
45            tot++;                                      // 計算下一個單字編號
46        }
47        for(int i = 0; i < tot; i++) {                  // 依次處理每個單字
48            printf("%s ", str[i]);                      // 輸出編號為 i 的單字
49            trie.query(str[i]);                         // 計算和輸出該單字的最短字首
50            printf("\n");                               // 換行
51        }
52        return 0;
53    }
```

8.5.2 ► Phone List

假設有一個電話號碼列表,確定它是否是一致的,即沒有一個號碼是另一個號碼的字首。

假設電話目錄中列出了這些號碼:

> Emergency 911
> Alice 97 625 999
> Bob 91 12 54 26

在這種情況下,不可能打電話給 Bob,因為只要你撥了 Bob 的電話號碼的前三位,程式控制交換機就會把你的電話轉到 911,所以這份列表是不一致的。

輸入

輸入的第一行提供一個整數 t($1 \le t \le 40$),表示測試案例的數目。每個測試案例首先的一行提供 n($1 < n \le 10000$),表示電話號碼的數目。接下來的 n 行,每行提供一個電話號碼。電話號碼最多是十位數字的序列。

輸出

對於每個測試案例,如果列表是一致的,則輸出「YES」,否則輸出「NO」。

範例輸入	範例輸出
2	NO
3	YES
911	
97625999	
91125426	
5	
113	
12340	
123440	
12345	
98346	

試題來源: Nordic 2007

線上測試: POJ 3630

❖ 試題解析

本題是 Trie 字首樹的基礎訓練題。演算法如下。

每次輸入一個字串,則將其插入 Trie 樹中,邊插入邊判斷,會有下面的三種情況之一:

1. 目前插入的字串從來沒有被插入過,傳回未衝突標誌,繼續插入下一條字串;

2. 目前插入的字串是已經插入過的字串的字首,停止插入,傳回衝突標誌,輸出「NO」;

3. 目前插入的字元的字首已經作為單獨的字串插入過,停止插入,傳回衝突標誌,輸出「NO」。

❖ 參考程式(略。本題參考程式的 PDF 檔案和本題的英文原版均可從碁峰網站下載)

8.6　用 AC 自動機進行多模式匹配

AC 自動機（Aho-Corasick automation）是一種多模式匹配演算法，提供一個目標 T 和多個模式 P_1, P_2, …, P_n，問有多少個模式在 T 中出現過，並提供在 T 中匹配的位置。

如果對每個模式 P_i（$1 \leq i \leq n$）和 T，採用 KMP 演算法，時間複雜度會比較高，當模式的個數比較多並且目標很長的情況下，就不能有效地解決模式匹配的問題。如果用 AC 自動機演算法來解決多模式匹配，時間複雜度就可以最佳化到 $O(n)$，其中 n 是目標的長度。

AC 自動機演算法建立在 Trie 樹和 KMP 演算法的基礎之上，演算法步驟如下。

步驟 1：建構一棵 Trie 樹，作為 AC 自動機演算法的資料結構。建構過程是將多個模式插入 Trie 樹。

這棵 Trie 樹不僅有之前介紹的 Trie 樹的性質，而且節點增加了一個 fail 指標，如果目前點匹配失敗，則將指向目前匹配的字元的指標轉移到 fail 指標指向的地方，使得目前匹配的模式字串的字尾和 fail 指標指向的模式字串的字首相同，這樣就可以繼續匹配下去了。例如，有模式「abce」和「bcd」，在目標 T 中有子字串「abc」，但下一個字元不是「e」，則由 fail 指標跳到「bcd」中的「c」處，然後看 T 的下一個字元是不是「d」。

Trie 樹節點的結構體型別定義如下：

```
struct node{
    node *next[26];              // 後繼指標，其中 next[i] 為序數值為 i 的子節點
    node *fail;                  // 匹配失敗後，目前字元應與 fail 指標指向的字元匹配
    int sum;                     // 匹配完成標誌（-1）以及匹配單字數
};
```

Trie 樹的建立過程如下：

```
void Insert(char *s)            // 將模式字串 s 插入 Trie 樹
{
    node *p = root;             // 從根出發
    for(int i = 0; s[i]; i++)   // 依次搜尋 s 的每個字元
    {
        int x = s[i] - 'a';     // 計算第 i 個字元的序數值 x
        if(p->next[x] == NULL)  // 若 p 不存在序數值為 x 的子節點，則申請一個後繼指標域、
                                // sum 域和 fail 域全 0 的子節點 newnode，將 p 的序數值
                                // 為 x 的子節點設為 newnode
        {
            newnode=(struct node *)malloc(sizeof(struct node));
            for(int j=0;j<26;j++) newnode->next[j] = 0;
            newnode->sum = 0;newnode->fail = 0;
            p->next[x]=newnode;
        }
        p = p->next[x];         // 沿 p 的序數值為 x 的子節點繼續搜尋下去
    }
    p->sum++;                   // 模式字串個數 +1
}
```

步驟 2：透過 BFS 建構 fail 指標。

以字串「say」、「she」、「shr」和「her」建構的 Trie 樹為例進行說明，如圖 8.6-1 所示。

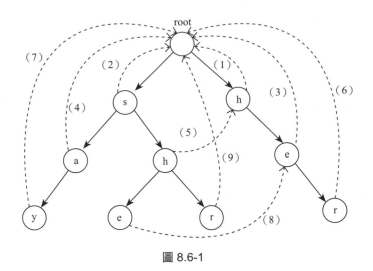

圖 8.6-1

首先初始化，Trie 樹的 root 入列；然後 root 出列；因為 root 是 Trie 樹的入口，不包含字元，所以 root 的子代的 fail 指標都指向 root。root 的子代入列，即包含字元「h」和「s」的節點的 fail 指標都指向 root，如圖 8.6-1 中的虛線（1）、（2）所示；同時這兩個包含「h」和「s」的節點入列。

接下來，包含字元「h」的節點出列，建構該節點的子代節點（即包含字元「e」的節點）的 fail 指標如下：字元「h」對應節點的 fail 指標指向 root，而且 root 沒有包含字元「e」的子代，所以包含字元「e」的節點的 fail 指標指向 root，如圖 8.6-1 中的虛線（3）所示；並且包含「e」的節點入列。

然後，包含字元「s」的節點出列，同樣，建構該節點的兩個子代（即包含字元「a」和「h」的節點）的 fail 指標，同理，因為字元「s」的節點的 fail 指標指向 root，而且 root 沒有包含字元「a」的子代，所以包含字元「a」的節點的 fail 指標指向 root，如圖 8.6-1 中的虛線（4）所示；包含「a」的節點入列；而對於包含字元「h」的節點，因為 root 包含字元「h」的子代，所以該節點的 fail 指標指向 Trie 樹第二層包含字元「h」的節點，如圖 8.6-1 中的虛線（5）所示；同時該節點入列。

此時，佇列中有包含「e」、「a」和「h」的 3 個節點。包含字元「e」的節點先出列，對於該節點的子代（包含字元「r」）的 fail 指標，因為字元「e」的節點的 fail 指標指向 root，而且 root 沒有包含字元「r」的子代，所以包含字元「r」的節點的 fail 指標也指向了 root，如圖 8.6-1 中的虛線（6）所示；該節點進隊。然後包含字元「a」的節點出列，同樣地，字元「a」的節點的 fail 指標指向了 root，而且 root 沒有包含字元「y」的子代，所以字元「a」的節點的子代節點（包含字元「y」）的 fail 指標指向 root，如圖 8.6-1 中的虛線（7）所示；並且該節點入列。然後包含字元「h」的節點出列，該節點的 fail 指標指向 Trie 樹第二層的包含字元「h」的節點，而這個被指向的節點又有包含字元「e」的子代節點；所以，該節點包含字元「e」的子代節點的 fail 指標指向在 Trie 樹中第三層的那個包含字元「e」的節點，如圖 8.6-1 中的虛線（8）所示；並且該節點入列。對於另外一個包含字元「r」的節點，由於那個在第二層的包含字元「h」的節點沒有包含「r」的子代節點，沿 fail

指標繼續找，則指向了 root，而且 root 沒有包含字元「r」的子代，所以，最後包含「r」的節點的 fail 指標指向了 root，如圖 8.6-1 中的虛線（9）所示。

基於 BFS、佇列建構 fail 指標的過程如下：

```
void build_fail_pointer()                   // 建構 fail 指標
{
    head = 0;                               // 佇列開頭和結尾指標初始化
    tail = 1;
    q[head] = root;                         // 根入列
    node *p;                                // p 和 temp 為輔助節點
    node *temp;
    while(head< tail)                       // 若佇列非空，則佇列開頭節點 temp 出列
    {
        temp = q[head++];
        for(int i = 0; i <= 25; i++)        // 依次列舉每個序數值
        {
            if(temp->next[i])               // 若 temp 存在序數值為 i 的子節點
            {
                if(temp == root)            // 若 temp 為根，則序數值為 i 的子節點的 fail 指標指向根
                {
                    temp->next[i]->fail = root;
                }
                else                        // 在 temp 非根的情況下，沿 fail 指標搜尋下去，
                                            // 直至目前節點 p 存在序數值為 i 的子節點，
                                            // temp 的序數值為 i 的子節點的 fail 指標
                                            // 指向 p 的序數值為 i 的子節點
                {
                    p = temp->fail;
                    while(p)
                    {
                        if(p->next[i])
                        {
                            temp->next[i]->fail = p->next[i];
                            break;
                        }
                        p = p->fail;        // 沿 fail 指標搜尋下去
                    }
// 若沿途任一節點都不存在序數值為 i 的子節點，則 temp 的序數值為 i 的子節點的 fail 指標指向根
                    if(p == NULL) temp->next[i]->fail = root;
                }
                q[tail++] = temp->next[i];  //temp 的序數值為 i 的子節點入列
            }
        }
    }
}
```

步驟 3：掃描目標進行匹配。

建構好 Trie 樹和 fail 指標後，就可以對目標進行掃描了，這個過程和 KMP 演算法很類似，但是也有一定的區別，主要是因為 AC 自動機處理的是多模式匹配。為了避免遺漏匹配，引入了 temp 指標。

AC 自動機多模式匹配過程分為兩種情況：

◆ 目前的模式和目標字元匹配，表示沿著 Trie 樹的邊有一條路徑可以到達目前匹配的字元（節點），則從該節點出發，沿 Trie 樹的邊走向下一個節點，目標字串指標移向下一個字元，繼續匹配；

◆ 目前的模式和目標字元不匹配，則模式指標轉移到目前節點的父節點的 fail 指標所指向的節點，目標指標前移一位元，新的模式和目標繼續匹配；匹配過程隨著指標指向 root 結束。

重複上述兩個過程，直到目標字串指標指向結尾為止。

例如，Trie 樹如圖 8.6-1 所示，模式為「say」、「she」、「shr」、「he」和「her」。目標為字串「yasherhs」，AC 自動機多模式匹配過程如下。

設定 p 為 Trie 樹的指標，i 為字串「yasherhs」的指標。

當 i=0, 1 時，目標字串在 Trie 樹中沒有對應的路徑，故不做任何操作；當 i=2, 3, 4 時，指標 p 指向 Trie 樹最下層的包含「e」的節點。因為該包含「e」的節點的 count 值為 1，所以 cnt++，並且將該節點的 count 值設定為 −1，表示該單字已經出現過，防止重複計數；然後，為避免遺漏，temp 指向包含「e」的節點的 fail 指標所指向的節點繼續搜尋，並以此類推，直到 temp 指向 root，而在這個過程中 cnt 增加了 2，表示找到了 2 個單字「she」和「he」。當 i=5 時，p 則指向包含「e」的節點的 fail 指標所指向的節點，也就是 Trie 樹中第二層右邊那個包含「e」的節點，隨後，p 指向該節點的包含「r」的子代節點，由於該節點的 count 值為 1，從而 cnt++；然後，迴圈直到 temp 指向 root 為止。最後當 i=6,7 時，找不到任何匹配，匹配過程結束。

利用 fail 指標進行多模式匹配的過程如下：

```
void ac_automation(char *ch)        // 對目標字串 ch 進行多模式匹配
{
    node *p = root;                 // 從根出發
    int len = strlen(ch);           // 計算目標字串長度
    for(int i = 0; i < len; i++)    // 依次匹配目標字串中的每個字元
    {
        int x = ch[i] - 'a';        // 計算第 i 個字元的序數值
        while (!p->next[x] && p != root) p = p->fail;        // 沿 fail 指標搜尋下去，
            // 直至目前節點 p 存在序數值為 x 的子節點為止，將該子節點設為 p。
            // 若不存在這樣的節點 p，則將其序數值為 x 的子節點指標指向 root
        p = p->next[x];
        if(!p) p = root;
        node *temp = p;             // p 設為 temp
        while(temp != root)         // 從 temp 出發，沿 fail 指標一直搜尋至根或者
                                    // 節點的 sum 域值小於 0（匹配已完成）為止
        {
            if(temp->sum >= 0)      // 若目前節點的 sum 域值大於等於 0，則將 sum 域值累計入
                                    // 匹配單字數 cnt，並將 sum 域值置為 -1
            {
                cnt += temp->sum;
                temp->sum = -1;
            }
            else break;
            temp = temp->fail;      // 沿 fail 指標繼續搜尋
```

```
        }
    }
}
```

8.6.1 ▶ Keywords Search

現在，搜尋引擎已經走進了每個人的生活，比如，大家使用的 Google、百度等。

Wiskey 希望將搜尋引擎引入到他的圖片檢索系統中。

每幅圖片都有一段很長的文字描述，當用戶鍵入一些關鍵字來搜尋圖片時，系統會將關鍵字與圖片的文字描述進行匹配，並顯示出匹配關鍵字最多的圖片。

本題要求，提供一段圖片的文字描述和一些關鍵字，請你計算有多少個關鍵字匹配。

輸入

輸入的第一行提供一個整數，表示有多少個測試案例。

每個測試案例首先提供整數 N，表示關鍵字的數目；然後提供 N 個關鍵字（$N \leq 10000$），每個關鍵字只包含從「a」到「z」的字元，長度不超過 50。

最後一行是圖片的文字描述，長度不超過 1000000。

輸出

輸出提供在描述中包含了多少個關鍵字。

範例輸入	範例輸出
1 5 she he say shr her yasherhs	3

線上測試： HDOJ 2222

❖ 試題解析

本題是 AC 自動機入門題和範本題。本題提供 N 個模式字串（長度不超過 50）和一個目標字串（長度不超過 1000000），求出有多少個模式字串在這個字串中出現過。

按 AC 自動機演算法，首先將 N 個模式字串插入 Trie 樹，然後採用 BFS 演算法設定 fail 指標，最後掃描目標字串，進行多模式匹配。

❖ 參考程式

```
01  #include<bits/stdc++.h>
02  using namespace std;
03  const int maxn = 1e7 + 5;
04  const int MAX = 10000000;
05  int cnt;
06  struct node{                            // 節點的結構型別
07      node *next[26];                     // 序數值為 i 的子節點為 next[i]
08      node *fail;                         // 匹配指標
```

```
09        int sum;                              // 匹配的模式數
10    };
11    node *root;                               // 根
12    char key[70];                             // 關鍵字
13    node *q[MAX];                             // 佇列
14    int head,tail;                            // 佇列的頭尾指標
15    node *newnode;                            // 輔助節點
16    char pattern[maxn];                       // 圖片的文字描述
17    int N;                                    // 關鍵字的數目
18    void Insert(char *s)                      // 將關鍵字 s 插入 Trie 樹
19    {
20        node *p = root;                       // 從根出發
21        for(int i = 0; s[i]; i++)             // 依次插入每個字元
22        {
23            int x = s[i] - 'a';               // 計算第 i 個字元的序數值
24            if(p->next[x] == NULL)            // 若 p 不存在序數值為 x 的子節點,
25                // 則建構 next[] 域、sum 域和 fail 域全 0 的子節點 newnode,
26                // 並將其設為 p 的序數值為 x 的子節點
27            {
28                newnode=(struct node *)malloc(sizeof(struct node));
29                for(int j=0;j<26;j++) newnode->next[j] = 0;
30                newnode->sum = 0;newnode->fail = 0;
31                p->next[x]=newnode;
32            }
33            p = p->next[x];                    // 從 p 的序數值為 x 的子節點繼續搜尋下去
34        }
35        p->sum++;                             // 關鍵字的數目 +1
36    }
37    void build_fail_pointer()                 // 設定 Trie 樹的 fail 指標
38    {
39        head = 0;                             // 佇列的頭尾指標初始化
40        tail = 1;
41        q[head] = root;                       // 根入列
42        node *p;                              // 輔助節點 p 和 temp
43        node *temp;
44        while(head< tail)                     // 若佇列非空,則佇列開頭節點 temp 出列
45        {
46            temp = q[head++];
47            for(int i = 0; i <= 25; i++)      // 列舉每個字母的序數值
48            {
49                if(temp->next[i])             // 若 temp 存在序數值為 i 的子節點
50                {
51                    if(temp==root)    // 若 temp 為根,則序數值為 i 的子節點的 fail 指標指向根
52                    {
53                        temp->next[i]->fail = root;
54                    }
55                    else              // 在 temp 為中間節點情況下,從 temp 出發,
56                                      // 沿 fail 指標一直搜尋至目前節點存在序數值為 i 的子節點
57                    {
58                        p = temp->fail;
59                        while(p)
60                        {
61                            if(p->next[i])    // 若目前 p 節點存在序數值為 i 的子節點,
62                                              // 則 temp 的序數值為 i 的子節點的 fail 指標
63                                              // 指向 p 的序數值為 i 的子節點
```

```
64                              {
65                                  temp->next[i]->fail = p->next[i];
66                                  break;
67                              }
68                          p = p->fail;             // 沿 p 的 fail 指標繼續搜尋下去
69                      }
70                  if(p == NULL) temp->next[i]->fail = root; // 若沿途沒有任一節點
71                      // 存在序數值為 i 的子節點，則 temp 的序數值為 i 的子節點的 fail 指向根
72                  }
73              q[tail++] = temp->next[i]; // temp 的序數值為 i 的子節點入列
74          }
75      }
76  }
77 }
78 void ac_automation(char *ch)              // 對圖片文字描述進行多關鍵字匹配
79 {
80     node *p = root;                        // 從根出發
81     int len = strlen(ch);                  // 計算圖片文字描述的長度
82     for(int i = 0; i < len; i++)           // 依次匹配每個字元
83     {
84         int x = ch[i] - 'a';               // 計算第 i 個字元的序數值 x
85         while (!p->next[x] && p != root) p = p->fail; // 沿 fail 指標搜尋下去，直至目前
86                                            // 節點 p 存在序數值為 x 的子節點或者搜尋至根
87         p = p->next[x];                    // 將 p 的序數值為 x 的子節點設為 p
88         if(!p) p = root;                   // 若 p 不存在序數值為 x 的子節點，
89                                            // 則將根設為序數值為 x 的子節點
90         node *temp = p;                    // 從序數值為 x 的子節點出發，
91                                            // 繼續沿 fail 指標搜索，直至搜尋至根或者
92                                            // 目前節點的 sum 域值為 -1 為止
93         while(temp != root)
94         {
95             if(temp->sum >= 0)             // 若目前節點的 sum 域值不小於 0，
96                                            // 則 sum 域值累計入匹配的關鍵字數，
97                                            // 目前節點的 sum 域值設為 -1，以避免重複計算
98             {
99                 cnt += temp->sum;
100                temp->sum = -1;
101            }
102            else break;                    // 目前節點的 sum 域值為 -1，結束迴圈
103            temp = temp->fail;             // 繼續沿 fail 指標搜尋
104        }
105    }
106 }
107 int main()
108 {
109     int T;
110     scanf("%d",&T);                       // 輸入測試案例數
111     while(T--)                            // 依次處理每個測試案例
112     {                                     // 建構 next[] 域、fail 域和 sum 域全 0 的根節點 root
113         root=(struct node *)malloc(sizeof(struct node));
114         for(int j=0;j<26;j++) root->next[j] = 0;
115         root->fail = 0;
116         root->sum = 0;
117         scanf("%d",&N);                   // 讀關鍵字數
118         getchar();
```

```
119          for(int i = 1; i <= N; i++)      // 依次讀入每個關鍵字，建構 Trie 樹
120          {
121              gets(key);                    // 讀第 i 個關鍵字
122              Insert(key);                  // 將該關鍵字插入 Trie 樹
123          }
124          gets(pattern);                    // 讀圖片的文字描述
125          cnt = 0;                          // 圖片的文字描述中內含關鍵字的數目初始化
126          build_fail_pointer();             // 設定 Trie 樹的 fail 指標
127          ac_automation(pattern);           // 對圖片文字描述進行多關鍵字匹配
128          printf("%d\n",cnt);               // 輸出圖片文字描述中內含關鍵字的數目
129      }
130      return 0;
131  }
```

由上述實例可以看出，AC 自動機首先是一個多模式匹配演算法，簡單來說就是有多個模式字串，模式字串之間可以互相重疊，要求查詢主字串中有多少個模式字串。實際上，AC 自動機就是在一棵 Trie 樹上添加了一個 fail 指標，這個指標和 KMP 中 Next 陣列的作用是一樣的：代表著失配後應該轉移的位置。如果 fail 指標指向了 root，那麼說明在 Trie 樹中的字首沒有出現在主字串的字尾中。

如果把 Trie 樹上節點之間的連接和 fail 指標當成邊，那麼 AC 自動機所建立的實際上是一張狀態圖。我們可以在 AC 自動機上進行 DP，即狀態可以在這張圖上進行轉移。

一般來說，在 AC 自動機上 DP 需要進行狀態壓縮。在設計狀態轉移時，主要考慮的是 AC 自動機上的連接狀態，即目前狀態下一個可能轉移到的狀態一定是在 AC 自動機上進行的。在這一指導思維下，按照題意和方便計算的要求設計 DP 狀態。例如，給每個節點建立一個狀態矩陣，代表有多少個節點能到達目標。這種在 AC 自動機上進行 DP 的方法，在求諸如「不包含某些串的字串有多少個」的問題上，相對比較方便。

8.6.2 ▶ DNA repair

生物學家終於發明了修復 DNA 的技術，這些 DNA 含有導致各種遺傳性疾病的片段。為了簡單起見，一條 DNA 被表示為一個包含字元「A」、「G」、「C」和「T」的字串。修復技術就是簡單地改變字串中的一些字元，以消除所有導致疾病的片段。例如，我們可以透過改變兩個字元將 DNA「AAGCAG」修復為「AGGCAC」，以消除最初的導致疾病的片段「AAG」、「AGC」和「CAG」。要注意的是，修復後的 DNA 仍然只能包含字元「A」、「G」、「C」和「T」。

請你幫助生物學家透過改變最少的字元數來修復 DNA。

輸入

輸入由多個測試案例組成。每個測試案例的第一行提供一個整數 N（$1 \le N \le 50$），表示導致遺傳性疾病的 DNA 片段數。

接下來的 N 行提供 N 個長度不超過 20 的非空白字元串，字串中只包含「AGCT」中的字元，這些字串是導致遺傳性疾病的 DNA 片段。

測試案例的最後一行是長度不超過 1000 的非空白字元串，字串中也只包含「AGCT」中的字元，表示要修復的 DNA。

在最後一個測試案例的後面提供一行，包含一個零。

輸出

對於每個測試案例，輸出一行，首先提供測試案例編號（從 1 開始），然後提供需要更改的字元數。如果無法修復提供的 DNA，則輸出 –1。

範例輸入	範例輸出
2	Case 1: 1
AAA	Case 2: 4
AAG	Case 3: –1
AAAG	
2	
A	
TG	
TGAATG	
4	
A	
G	
C	
T	
AGT	
0	

試題來源：2008 Asia Hefei Regional Contest Online by USTC
線上測試：POJ 3691

❖ **試題解析**

提供 N（$1 \leq N \leq 50$）個模式字串，最大長度為 20；一個主字串，最大長度為 1000；允許涉及的字元為 4 個，即「A」、「T」、「G」、「C」。本題要求最少修改幾個字元，使主字串不包含所有模式字串。

之前已經闡述：「把 Trie 樹上的節點之間的連接和 fail 指標當成邊，那麼 AC 自動機所建立的實際上是一張狀態圖。我們可以在 AC 自動機上進行 DP，即狀態可以在這張圖上進行轉移。」列舉下一個字元為「A」、「T」、「G」、「C」中的一個為轉移，注意轉移的時候不能包含模式字串中的節點，所以，陣列 dan[i] 用於記錄節點 i 結尾時是否包含了模式字串：

$$dan[i]=\begin{cases}0 & 節點\ i\ 結尾時未包含任何模式字串 \\ 1 & 節點\ i\ 結尾時包含了一個模式字串\end{cases}$$

狀態轉移方程式 $f[][]$ 表示在 Trie 樹的節點 i 處匹配 DNA 主字串的第 j 個字元的最少修改次數為 $f[i][j]$。方程式如下：

$f[son[i]][j]$

$=\min\{f[son[i]][j]$，（$f[i][j-1]$ | 若 $son[i]$ 節點的字元和 DNA 主字串第 j 個字元相同）或（$f[i][j-1]+1$ | 若 $son[i]$ 節點的字元和 DNA 主字串第 j 個字元不同）}

如果要修復的 DNA 主字串的長度為 l，Trie 樹的節點數為 sz，則最少修改字元數 $ans=\min\limits_{(1\leq i\leq sz)\&\&(!dan[i])}\{f[i][l]\}$。

❖ **參考程式**（略。本題參考程式的 PDF 檔案和本題的英文原版均可從碁峰網站下載）

8.7　相關題庫

8.7.1 ► FRIENDS

一個城市有 N 個市民。已知有若干對市民是朋友。根據著名的說法「我的朋友的朋友也是我的朋友」可以推導如果 A 和 B 是朋友，並且 B 和 C 是朋友，則 A 和 C 也是朋友。

請你計算在最大的朋友團體中有多少人。

輸入

輸入的第一行提供 N 和 M，其中 N（$1 \leq N \leq 30000$）是該城市的市民人數，而 M（$0 \leq M \leq 500000$）是構成朋友的對數。後面的 M 行每行提供兩個整數 A 和 B（$1 \leq A \leq N$，$1 \leq B \leq N$，$A \neq B$），表示 A 和 B 是朋友。在這些對中可以有重複。

輸出

輸出提供一個整數，表示在最大的朋友團體中有多少人。

範例輸入	範例輸出
3 2	3
1 2	6
2 3	
10 12	
1 2	
3 1	
3 4	
5 4	
3 5	
4 6	
5 2	
2 1	
7 10	
1 2	
9 10	
8 9	

試題來源： Bulgarian National Olympiad in Informatics 2003
線上測試： UVA 10608

提示

朋友團體實際上就是一個集合，朋友關係的推導涉及集合合併的運算。設定 set[k] 表示 k 所在的朋友團體中的代表元，s[k] 為 k 所在朋友團體中的人數，max 為最大的朋友團體中的人數。函式 set_find(p)：搜尋 p 所在的朋友團體中的代表元，即計算 set[p]，用路徑壓縮最佳化。過程 join(p, q)：合併 p 和 q 所在的朋友團體。

首先，搜尋兩個朋友團體中的代表元 p 和 q（p=set_find (p); q=set_find (q)）。若 p 和 q 分屬不同的朋友團體（p!=q），則將 p 的朋友團體併入 q 的朋友團體（set [p]=q），累計 q 的朋友團體的人數（s[q]+=s[p]），並調整 max（max=s[q]>max ? s[q]: max）。

初始時，每個市民單獨組成一個朋友團體，即 set [i]=−1，s[i]=1，max=1；然後每輸入一對朋友 A 和 B，則呼叫過程 join(A, B)；最後得出的 max 即為問題的解。

8.7.2 ▶ Wireless Network

東南亞發生了地震，ACM（Asia Cooperated Medical team，亞洲合作醫療隊）建立了一個由電腦構成的無線網路，但由於一個意外的餘震襲擊，網路上的所有電腦都壞了。這些電腦一個接一個地被修復，使網路逐漸開始工作。由於硬體限制，每台電腦只能與距離不超過 d 公尺的電腦直接聯繫。但是，每台電腦都可以被作為其他兩台電腦之間的通訊仲介，即如果電腦 A 和電腦 B 可以直接通訊，或者如果電腦 C 可以與電腦 A 和電腦 B 通訊，則電腦 A 和電腦 B 可以通訊。

在修復電腦的過程中，工人們在每個時段可以執行兩種操作：修復電腦，測試兩台電腦是否可以通訊。你的工作就是對所有的測試操作做出回答。

輸入

第一行提供兩個整數 N 和 d（1≤N≤1001，0≤d≤20000）。這裡 N 是電腦的數目，電腦編號從 1 到 N，d 是兩台可以直接通訊的電腦的最大距離。在後面的 N 行，每行提供兩個整數 x_i 和 y_i（0≤x_i, y_i≤10000），表示 N 台電腦的座標。從第 N+1 行到輸入結束，每行提供一個操作，提供操作的每一行形式如下：

1. 「O p」（1≤p≤N），表示修復電腦 p。

2. 「S p q」（1≤p, q≤N），表示測試電腦 p 和 q 是否可以通訊。

輸入不超過 300000 行。

輸出

對每個測試操作，如果兩台電腦可以通訊，則輸出「SUCCESS」，否則輸出「FAIL」。

範例輸入	範例輸出
4 1	FAIL
0 1	SUCCESS
0 2	
0 3	
0 4	
O 1	
O 2	
O 4	
S 1 4	
O 3	
S 1 4	

試題來源：POJ Monthly, HQM

線上測試：POJ 2236

提示

我們將所有處於工作狀態且可以直接通訊的電腦歸為一個集合。設定電腦 p 所在集合的代表元為 set[p]，電腦 p 處於工作狀態的標記為 valid[p]，函式 join(p, q) 將 p 所在的集合併入 q 所在的集合，函式 set_find(p) 搜尋 p 所在集合的代表元，用路徑壓縮最佳化。

（1）修復操作「O *p*」（1 ≤ *p* ≤ *N*）

電腦 *p* 進入工作狀態（valid[*p*]=true）；搜尋每一台處於工作狀態且距離在通訊範圍內的電腦 *i*（valid[*i*] &&((x_i-x_p)^2+(y_i-y_p)^2)≤d^2，1≤*i*≤*n*），合併電腦 *i* 所在的集合與電腦 *p* 所在的集合（join(*i*, *p*)）。

（2）測試操作「S *p q*」（1 ≤ *p*, *q* ≤ *N*）

若電腦 *p* 和 *q* 同屬一個集合（set_find(*p*)==set_find(*q*)），則電腦 *p* 和 *q* 可以通訊；否則失敗。

8.7.3 ► War

A 國和 B 國之間爆發戰爭。作為 C 國的公民，你決定幫助相關人員加入和平談判中（當然是隱姓埋名參加談判）。在談判中有 *n* 個人（不包括你），而你不知道每一個人是屬於哪個國家的。你可以看到這些人彼此間的談話，並在他們的一對一談話中透過觀察他們的行為，你就可以猜出他們是朋友還是敵人。你的國家要知道的是某一對人是否來自同一個國家，或者他們是否是敵人。在和平談判中，你會收到 C 國政府的問題，你要基於你目前的判斷對這些問題做出回答。幸運的是，沒有人和你談話，也沒有人注意你那並不引人注意的外表。

有下述操作：

◆ setFriends(*x*, *y*)：表示 *x* 和 *y* 來自同一個國家。

◆ setEnemies(*x*, *y*)：表示 *x* 和 *y* 來自不同的國家。

◆ areFriends(*x*, *y*)：如果你確定 *x* 和 *y* 是朋友，傳回 true。

◆ areEnemies(*x*, *y*)：如果你確定 *x* 和 *y* 是敵人，傳回 true。

如果前兩個操作與你之前得到的結論相矛盾，這兩個操作就要報錯。兩個關係「friends」（用～標示）和「enemies」（用 * 標示）有如下特性。

～是相等關係（即自反、對稱、傳遞關係），即：

◆ If *x*～*y* and *y*～*z* then *x*～*z*　　　（我的朋友的朋友也是我的朋友。）

◆ If *x*～*y* then *y*～*x*　　　　　　　　（朋友是互相的。）

◆ *x*～*x*　　　　　　　　　　　　　　　（每個人是他自己的朋友。）

* 是對稱的和反自反的：

◆ If *x* * *y* then *y* * *x*　　　　　　　　（仇恨是相互的。）

◆ Not *x* * *x* 此外：　　　　　　　　　（沒有人是他自己的敵人。）

此外：

◆ If *x* * *y* and *y* * *z* then *x*～*z*　　　（一個共同的敵人產生兩個朋友。）

◆ If *x*～*y* and *y* * *z* then *x* * *z*　　　（敵人的朋友也是敵人。）

操作 setFriends(*x*, *y*) 和 setEnemies(*x*, *y*) 要保持這些特性。

輸入

第一行提供一個整數 *n*，表示人數。

後面的每一行提供一個三元組整數 $c\,x\,y$，其中 c 是操作代碼：

◆ $c=1$ 表示 setFriends 操作。

◆ $c=2$ 表示 setEnemies 操作。

◆ $c=3$ 表示 areFriends 操作。

◆ $c=4$ 表示 areEnemies 操作。

而 x 和 y 是參數，取值範圍是 $[0, n)$，表示兩個（不同的）人。最後一行輸入 0 0 0。

在輸入檔案中所有的整數用至少一個空格或分行符號分開。

輸出

對每個 areFriends 和 areEnemies 操作輸出 0（表示 no）或 1（表示 yes）。對每個 setFriends 或 setEnemies 操作，如果和以前的知識相矛盾，則輸出 –1，注意這樣的操作不會產生其他結果，執行將繼續。一個成功的 setFriends 或 setEnemies 操作沒有輸出。

在輸出檔案中，所有整數必須用至少一個空格或者分行符號分開。

限制：$n<10000$，運算元沒有限制。

範例輸入	範例輸出
10	1
1 0 1	0
1 1 2	1
2 0 5	0
3 0 2	0
3 8 9	–1
4 1 5	0
4 1 2	
4 8 9	
1 8 9	
1 5 2	
3 5 2	
0 0 0	

試題來源：Programming Contest for Newbies 2005

線上測試：UVA 10158

提示

設定 set[k] 表示 k 的朋友所在集合的代表元，set[$k+n$] 表示 k 的敵人所在集合的代表元。

初始時，所有人未確定敵我關係，即 set[k] 的初始值為 –1（$1 \le k \le 2n$）。

◆ 函式 set_find(p)：搜尋 p 所在集合的代表元，即計算 set[p]。

◆ 函式 areFriends(x, y)：計算 (x, y) 的關係。若未確定敵我關係（(set_find(x)!=set_find(y))&& (set_find(x)!=set_find($y+n$))），則傳回 –1；若 (x, y) 是朋友（set_find(x)==set_find(y)），則傳回 1；若 (x, y) 是敵人（set_find(x)!=set_find(y)），則傳回 0。

（1）操作代碼 1 $x\,y$

在預先得知 x 和 y 來自同一國家的情況下，若 (x, y) 是敵人（areFriends(x, y)==0），則新舊資訊矛盾；若 (x, y) 未確定敵我關係（areFriends(x, y)==–1），則將 x 所在的集合併

入 y 所在的集合，x 敵人所在的集合併入 y 敵人所在的集合（set[set_find(x)]=set_find(y)；set[set_find(x+n)]=set_find(y+n)）。

（2）操作代碼 2 x y

在預先得知 x 和 y 來自不同國家的情況下，若 (x, y) 是朋友（areFriends(x, y)==1），則新舊資訊矛盾；若 (x, y) 未確定敵我關係（areFriends(x, y)==-1），則將 x 敵人所在的集合併入 y 所在的集合，x 所在的集合併入 y 敵人所在的集合（set[set_find(x+n)]=set_find(y)；set[set_find(x)]=set_find(y+n)）。

（3）操作代碼 3 x y

直接根據 areFriends(x, y) 的值確定 x 和 y 是否為朋友。

（4）操作代碼 4 x y

根據 areFriends(x, y) 的相反值確定 x 和 y 是否為敵人。

8.7.4 ▶ Ubiquitous Religions

你對於你所在的大學中學生信仰多少種宗教的數量感興趣。

在你的大學裡有 n（$0<n\leq50000$）個學生。你直接詢問每一個學生他們的宗教信仰是不可行的，許多學生還不太習慣表達自己的信仰。你採取的方法是詢問 m（$0\leq m\leq \dfrac{n(n-1)}{2}$）對同學是否信仰同一種宗教（例如，如果他們兩人都上同一所教堂，他們就可能知道）。根據這些資料，你可能不知道每個學生信仰什麼宗教，但是你可以知道在校園內有多少種不同的宗教被信仰的可能的上限。設定每個學生最多信仰一種宗教。

輸入

輸入包含若干個測試案例。每個測試案例的第一行提供整數 n 和 m。後面的 m 行每行提供兩個整數 i 和 j，說明學生 i 和 j 信仰同一種宗教。學生從 1 到 n 編號。輸入結束的一行是 n=m=0。

輸出

對每個測試案例，輸出一行，提供測試案例編號（從 1 開始編號），然後是在該大學中學生信仰的不同宗教的數目。

範例輸入	範例輸出
10 9	Case 1: 1
1 2	Case 2: 7
1 3	
1 4	
1 5	
1 6	
1 7	
1 8	
1 9	
1 10	
10 4	
2 3	
4 5	

（續）	範例輸入	範例輸出
	4 8	
	5 8	
	0 0	

試題來源： Alberta Collegiate Programming Contest 2003.10.18

線上測試： POJ 2524，UVA 10583

提示

信仰同一宗教的學生組成一個集合，試題要求計算所有學生中有多少個這樣的集合。我們可以採用併查集的演算法計算集合數。初始時 n 個學生每人組成一個集合，集合的代表元即為其本身。以後每輸入一對信仰同一宗教的學生 (x, y)，x 所在的子集併入 y 所在的子集，即 y 所在子集的代表元即為 x 所在子集的代表元。

最後統計 n 個學生中有多少個學生產生為子集的代表元，每個代表元代表一種信仰，顯然其個數即為在該大學中學生信仰的不同宗教的數目。

8.7.5 ► Network Connections

Bob 是一個網路系統管理員，負責監控電腦網路。他要維護網路內電腦之間連接的日誌。每個連接是雙向的。如果兩台電腦是直接連接的，或者與同一台電腦互聯，則我們稱這兩台電腦是互聯的。有的時候，需要 Bob 根據日誌資訊做出判斷，確定提供的兩台電腦是否直接或間接地互聯。

請根據輸入資訊編寫一個程式，回答下述問題的「是」和「否」的次數：computer$_i$ 是否與 computer$_j$ 互聯？

輸入與輸出

輸入的第一行提供測試案例的數目，後面是一個空行。每個測試案例定義如下：

1. 網路中電腦的個數（一個正整數）。

2. 一個列表，每句的形式如下：

   ① c computer$_i$ computer$_j$，其中 computer$_i$ 和 computer$_j$ 是整數，表示電腦的編號，編號取值從 1 到網路中電腦的個數。這句表示 computer$_i$ 和 computer$_j$ 是互聯的。

   ② q computer$_i$ computer$_j$，其中 computer$_i$ 和 computer$_j$ 是整數，表示電腦的編號，編號取值從 1 到網路中電腦的個數。這句表示這樣的問題：computer$_i$ 和 computer$_j$ 是互聯的嗎？

測試案例之間用空行分開。

列表中每句一行。句中電腦出現的次序是任意的，與陳述式類型無關。在陳述式類型①被處理以後，修改日誌；對於陳述式類型②，則根據目前網路設定進行處理。

例如，在範例輸入中提供的實例表示網路有 10 台電腦和 7 條陳述式。有 N_1 個回答「是」和 N_2 個回答「否」。程式在一行中按次序輸出兩個數字 N_1 和 N_2，如範例輸出所示。在兩個測試案例之間有一個空行。

範例輸入	範例輸出
1	1,2
10	
c 1 5	
c 2 7	
q 7 1	
c 3 9	
q 9 6	
c 2 5	
q 7 5	

試題來源：ACM Southeastern European Regionals 1997

線上測試：UVA 793

提示

這是一道典型的併查集試題。所有處於互聯狀態的電腦組成一個集合，初始時 n 台電腦各自組成一個子集。

處理 c computer$_i$ computer$_j$ 命令，就是將 computer 所在的子集併入 computer$_j$ 所在的子集，即 computer$_i$ 所在子集的代表元設為 computer 所在子集的代表元，使得兩個子集中的所有電腦均處於互聯狀態。

處理 q computer$_i$ computer$_j$ 命令，就是詢問 computer$_i$ 與 computer$_j$ 是否同屬一個集合，即 computer$_i$ 所在子集的代表元是否相同於 computer$_j$ 所在子集的代表元：若相同，則累計「是」的次數；否則累計「否」的次數。

處理完列表中的所有命令後，「是」的次數和「否」的次數即為問題解。

8.7.6 ► Building Bridges

New Altonville 的市議會計畫興建一個連接城市裡所有街區的橋梁系統，使人們能從一個街區走到另一個街區。請你編寫一個程式，提供最佳的橋梁配置安排。

New Altonville 的城市結構是一個由正方形網格組成的矩形。每個街區覆蓋著一個正方形或多個連接的正方形的集合。兩個正方形如果拐角相連接就被認為是在同一個街區中，而不需要用橋梁連接。橋梁只能興建在形成正方形的格線上。每一座橋梁必須興建成一條直線，而且只能連接兩個街區。

對於一個提供的街區的集合，請找到連接所有街區的橋梁的最少數目。如果這是不可能實現的，就請找出這樣一個解決方案，最大限度地減少不連接的街區的數量。在相同數量的橋梁的所有可能解中，則選擇一個橋梁長度總和最小的方案，橋梁長度按網格的邊數來計算。兩座橋梁可以交叉，但在這種情況下，認為橋梁在不同的層次，彼此間沒有相交。

圖 8.7-1 提供了 4 種可能的城市格局。City 1 由 5 個街區組成，由 4 座橋連接，總長度為 4。在 City 2 中，不可能有橋，因為不存在街區共同的網格邊。在 City 3 中，因為只有一個街區，所以不需要橋。在 City 4 中，最佳解是用一座長度為 1 的橋連接兩個街區，兩個城區不連接（一個城區包含兩個街區，一個城區僅包含一個單一的街區）。

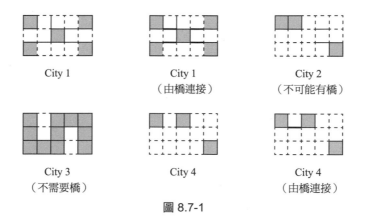

City 1

City 1
（由橋連接）

City 2
（不可能有橋）

City 3
（不需要橋）

City 4

City 4
（由橋連接）

圖 8.7-1

輸入

輸入資料集合描述了幾個矩形的城市。每個城市描述的第一行是兩個整數 r 和 c（$1 \leq r \leq 100$ 且 $1 \leq c \leq 100$），分別表示南北向和東西向的長度，以網格長度為單位。然後提供 r 行，每行包含 c 個「#」和「.」字元。每個字元表示一個正方形網格。一個「#」字元對應被街區覆蓋的一個正方形網格，一個「.」字元則對應沒有被街區覆蓋的一個正方形網格。

在最後一個城市輸入資料後，提供一行，包含兩個 0。

輸出

對每個城市描述，按如下形式輸出兩行或三行。第一行提供城市編號。如果城市的街區少於 2，第二行輸出句子「No bridges are needed.」；如果城市有兩個或多個街區，但它們之間不可能用橋連接，第二行輸出「No bridges are possible.」；否則，第二行輸出「N bridges of total length L」，其中 N 是最佳解的橋的總數，L 是最佳解的橋的總的長度。（如果 N 是 1，則用單字「bridge」而不是用「bridges」。）如果解答提供存在兩片或多片不連接的街區，則輸出第三行，提供不連接的街區的數目。在兩個測試案例之間輸出一個空行。使用範例中提供的輸出格式。

範例輸入	範例輸出
3 5 #...# ..#.. #...#	City 1 4 bridges of total length 4
3 5 ##... ....#	City 2 No bridges are possible. 2 disconnected groups
3 5 #.### #.#.# ###.#	City 3 No bridges are needed.
3 5 #.#.. ....# 0 0	City 4 1 bridge of total length 1 2 disconnected groups

試題來源： ACM World Finals - 2002/2003 Beverly Hills (USA)

線上測試： UVA 2721

提示

首先，按照由上而下、由左而右的順序給每個正方形編號，作為對應的節點序號。

1	2	...	m
$m+1$	$m+2$		$m\times2$
...			
$m\times(n-1)+1$	$m\times(n-1)+2$	...	$m\times n$

我們用合併集合的辦法統計街區數：將所有被街區覆蓋的相連方格組成一個集合，該集合中的所有方格即為一個街區。初始時，$n\times m$ 個節點自成單獨的子集。

（1）按照上、下、左、右 4 個方向計算被街區覆蓋的相連方格

按照自上而下、由左而右的循序搜尋每個被街區覆蓋的方格 (i, j)，計算對應節點所在子集的代表元 Tmp，並搜尋 (i, j) 的 4 個相鄰格中被街區覆蓋的方格，將其所在子集的代表元設為 Tmp。

（2）計算街區數 part、建構縮點的距離表 Elist

按照自上而下、由左而右的循序搜尋每個被街區覆蓋的方格 (i, j)，取出對應節點所在子集的代表元 Tmp。若對應節點正好為所在子集的代表元 Tmp，則街區數 part++。

由於兩個被街區覆蓋的正方形在拐角相連接亦被認為是在同一個街區，因此需要做如下的處理。

分析 i 行下面的每一行 k（$i+1\leq k\leq n$）：若 $(k, j+det)$（$-1\leq det\leq1$）被街區覆蓋，則在 $(k, j+det)$ 與 (i, j) 分屬不同街區的情況下，兩個街區的最近距離為 $|k-j|-1$。我們將兩個街區縮成兩個節點，即方格 $(k, j+det)$ 對應節點所在子集的代表元和 Tmp，將這兩個縮點和最近距離值 $|k-i|-1$ 放入 Elist 表。

同樣，分析 j 列右方的每一列 k（$j+1\leq k\leq m$）：若 $(i+det, k)$（$-1\leq det\leq1$）被街區覆蓋，則在 $(i+det, k)$ 與 (i, j) 分屬不同街區的情況下，兩個街區的最近距離為 $|k-j|-1$。我們將兩個街區縮成兩個節點，即方格 $(i+det, k)$ 對應節點所在子集的代表元和 Tmp，將這兩個縮點和最近距離值 $|k-i|-1$ 放入 Elist 表。

然後，按照縮點的最近距離值遞增的順序排列 Elist 表。

（3）根據 Elist 表分析結果

分析搜尋 Elist 表中的每一項中的兩個縮點：若兩個縮點屬於同一子集，則繼續分析表的下一項；否則兩個縮點所在的子集合併，橋數 bridge++，兩個縮點間的最近距離計入橋的總長 len。

在分析完 Elist 表的所有項後，若橋數 ==0，則輸出「No bridges are possible.」；否則輸出 bridge 和 len。若街區數 part≠bridge+1，則輸出不連接的街區數為 part-bridge。

8.7.7 ▶ Family Tree

一個人類學的教授對於生活在孤島的人和他們的歷史感興趣。他收集他們的家譜進行一些人類學實驗。實驗中，他需要用電腦來處理家譜。為了這個目的，他需要將家譜轉換為文字檔。下面是表示家譜的文字檔的一個實例。

> John
> 　Robert
> 　　Frank
> 　　Andrew
> 　Nancy
> 　　David

每一行包含一個人的名字。第一行中的名字是這個家譜中最早的祖先。家譜僅包含這個最早的祖先的後代，而其丈夫或妻子不出現在家譜中，一個人的子代要比他的父母多縮進一個空格。例如，Robert 和 Nancy 是 John 的子代，而 Frank 和 Andrew 是 Robert 的子代，David 比 Robert 多縮進一個空格，但他不是 Robert 的子代，而是 Nancy 的子代。為了用這一方法表示一個家譜，教授將一些人從家譜中排除，使得在家譜中沒有人有兩個父母。

在實驗中，教授還收集了家庭的檔案，並在每個家譜中提取了有關兩個人關係的陳述句。以下是有關上述家庭陳述句的實例。

> John is the parent of Robert.
> Robert is a sibling of Nancy.
> David is a descendant of Robert.

實驗中，他需要檢查每個陳述句是真還是假。例如，上述前兩句陳述句為真，而最後一句陳述句為假。由於這項工作是很乏味的，他想用電腦程式來檢查這樣的陳述句。

輸入

輸入包含若干組測試案例，每個測試案例由一個家譜和一個陳述句集合組成。每個測試案例的第一行提供兩個整數 n（$0<n<1000$）和 m（$0<m<1000$），分別表示家譜中的名字和陳述句的數目。輸入的每行少於 70 個字元。

名字的字串僅由字母字元組成，家譜中的名字少於 20 個字元。在家譜第一行中提供的名字沒有前導空格，在家譜中其他的名字至少縮進一個空格，即他們是第一行提供的那個人的後代。可以設定，如果在家譜中一個名字縮進 k 個空格，那麼在下一行，名字至多縮進 $k+1$ 個空格。

本題設定，除了最早的祖先外，在家譜中，每個人都有他或她的父母。在同一個家譜中同樣的名字不會出現兩次。家譜中的每一行在結束的時候沒有冗餘的空格。

每個陳述句占一行，形式如下，其中 X 和 Y 是家譜中不同的名字。

> X is a child of Y.
> X is the parent of Y.
> X is a sibling of Y.

X is a descendant of *Y*.

X is an ancestor of *Y*.

在家譜中沒有出現的名字不會出現在陳述句中。在陳述句中連續的單字被一個空格分開。每個陳述句在行的開始和結束沒有多餘的空格。

用兩個 0 表示輸入的結束。

輸出

對於測試案例中的每個陳述句,程式輸出一行,提供 True 或 False。

在輸出中 True 或 False 的第一個字母要大寫。每個測試案例後要提供一個空行。

範例輸入	範例輸出
6 5	True
John	True
Robert	True
Frank	False
Andrew	False
Nancy	
David	True
Robert is a child of John.	
Robert is an ancestor of Andrew.	
Robert is a sibling of Nancy.	
Nancy is the parent of Frank.	
John is a descendant of Andrew.	
2 1	
abc	
xyz	
xyz is a child of abc.	
0 0	

試題來源: Asia 2000, Tsukuba (Japan)

線上測試: ZOJ 1674,UVA 2146

提示

家譜構成了一棵樹,最早的祖先為樹根(第 1 行人名稱字串處於樹的 0 層,名字前沒有空格);其子代位於第 1 層,在家譜中的名字縮進 1 個空格……其第 *i* 代位於樹的第 *i* 層,在家譜中的名字縮進 *i* 個空格……如果我們用雙親表示儲存這棵樹,則可以方便地確定任意兩個節點之間的輩分關係。設 *x* 的父親名為 parent[*x*]:

◆ 若 parent[*s1*]==*s2*,則表示 *s1* 是 *s2* 的子代;

◆ 若 parent[*s2*]==*s1*,則表示 *s1* 是 *s2* 的父親;

◆ 若 (parent[*s1*] 不空)&&(parent[*s2*] 不空)&&(parent[*s1*]==parent[*s2*]),則表示 *s1* 與 *s2* 是兄弟;

◆ 若沿著 *s2* 的 parent 的指標向上追溯可得到 *s1*,則表示 *s1* 是 *s2* 的祖先;

◆ 若 *s2* 是 *s1* 的祖先,則表示 *s1* 是 *s2* 的後代。

現在,問題的關鍵是如何計算每個節點的雙親表示,即 parent[*x*]。

設 g 為目前為止具有父親的子代清單，h 記錄子代名稱字串前的空格數，g 和 h 組成家譜。

其中 $g[1]$ 和 $h[1]$ 分別列出第 l 個子代的名字和子代名前的空格數，即該子代屬於最早祖先的第 $h[1]$ 代後裔。

由於家譜中相鄰兩行的名字串縮進的空格數至多相差 1，因此目前行上方第 1 個縮進空格數較少的行即為其父親。我們可在依次輸入 m 個人名稱字串的同時按下述方法計算 parent 表：

```
g 表和 h 表初始化為空（l=0）；
依次讀入每行的名字串：
{ 統計目前名字前的空格數 pos，並釋放這些空格；
    在 g 表中自下而上尋找第 1 個小於 pos 的元素（while(pos<=g[l]&&l>0)l--）；
    如果該元素存在（l>0），則對應的人名即為其父名（parent[name]=h[l]）；
        否則目前人名無法確定其父（parent[name]=""）；
家譜中新增一個成員，屬於最早祖先的第 pos 代（h[++l]=name;g[l]=pos）；
    }
```

有了 parent 表，便可以判斷出每句陳述句成立與否。需要注意的是，如何從每句陳述句中擷取有用的資訊。陳述句包含 6 個字串：

$$s1\_t1\_t2\_relation\_t2\_s2\ \ `.'$$

其中 $s1$、$s2$ 和 relation（「child」或「parent」或「sibling」或「descendant」或「ancestor」）是有用的，$t1$、$t2$ 和 $s2$ 後的「.」是無用的，必須捨去。有了 $s1$、$s2$ 和 relation，便可以直接利用 parent[$s1$] 和 parent[$s2$] 判斷目前陳述句真偽了。

8.7.8 ▶ Directory Listing

提供一棵 UNIX 目錄和檔案 / 目錄大小的樹，請你將它們以樹的形式列出，提供其適當縮進和大小。

輸入
輸入包含若干測試案例。每個測試案例包括若干行，行表示目錄樹的層次。第一行提供根檔案 / 目錄。如果是一個目錄，那麼其子代將在第二行列出，裡面用一對括號括起來。類似地，如果任何一個目錄的子代是目錄，則將目錄的內容列在下一行，裡面用一對括號括起來。檔案 / 目錄的形式如下：

name size 或 *name size

其中 name 表示檔案 / 目錄的名字，是一個不超過 10 個字元的字串；size>0 是一個整數，表示檔案 / 目錄的大小；「*」表示 name 是一個目錄。name 不包含字元「(」、「)」、「[」、「]」和「*」。每個測試案例不超過 10 層，每層不會多於 10 檔案 / 目錄。

輸出
對每個測試案例，列出如範例所示形式的樹。深度為 d 的檔案 / 目錄在它們的檔案 / 目錄名前縮進 $8d$ 個空格。不要輸出定位字元用於縮進。目錄 D 的大小是所有在 D 中檔案 / 目錄的大小的和加上其本身的大小。

範例輸入	範例輸出
*/usr 1	|_*/usr[24]
(*mark 1 *alex 1)	|_*mark[17]
(hw.c 3 *course 1)	| |_hw.c[3]
(hw.c 5)	| |_*course[13]
(aa.txt 12)	| |_aa.txt[12]
*/usr 1	|_*alex[6]
()	|_hw.c[5]
	|_*/usr[1]

試題來源：Zhejiang University Local Contest 2003

線上測試：ZOJ 1635

提示

在目錄樹中，每個檔案 / 目錄檔案為 1 個節點；若存在子代，則這些節點為其子節點。目錄為根或分支節點，檔案為葉節點。

（1）建構目錄樹

我們用一個結構陣列 a 儲存目錄樹，其長度為 tot。其中節點 i（$0 \leq i \leq$ tot）的檔案 / 目錄名為 $a[i]$.name，大小為 $a[i]$.size，父指標為 $a[i]$.up，子序列含 3 個指標：子序列的首指標 $a[i]$.first，尾指標 $a[i]$.last，後繼指標 $a[i]$.next。

每往序列 a 添加一個目錄名為 name、大小為 size 的節點，則 tot++，設定該節點的目錄名和大小（$a[$tot$]$.name=name; $a[$tot$]$.size=size），父指標和子序列指標設空（$a[$tot$]$.first=$a[$tot$]$.last=$a[$tot$]$.next=$a[$tot$]$.up=0）。

一旦確定了目錄 q 為目錄 p 的子代，則將 q 的父指標設為 p（$a[q]$.up=p）。若 p 的子節點序列空（$a[p]$.first==0），則 q 為子節點序列的第 1 個元素（$a[p]$.first=$a[p]$.last=q）；否則 q 插入 p 的子節點序列尾部（$a[a[p]$.last$]$.next=q；$a[p]$.last=q）。

我們將序列 a 中尚未確定子目錄的節點索引儲存在一個佇列 h 中，佇列開頭指標為 l，列尾指標為 r。計算過程如下：

```
讀入根目錄 / 檔案名稱字 root 和大小 size；
    進入迴圈，直至讀入 "EOF" 為止：
        { 初始時序列 a 和佇列 h 為空（tot=0，l=1，r=0）；
            若根節點為目錄（root [0]=='*'），則加入 a 序列，其位置入佇列 h；
            若佇列 h 非空（l<=r），則
                { 讀子目錄 / 檔案名稱 s1；
                    若為空目錄（s1=="()"），則 h 的佇列開頭提出佇列（l++），繼續迴圈（continue）；
                    否則讀目錄 / 檔案大小 s2，並將之轉化為整數 size；
                    若讀入的是目錄名（s1[0]=='('），則刪除 s1 串前的 '('；
                    將目錄 / 檔案名稱和大小添入 a 序列尾，傳回其位置 k；
                    若讀入的是目錄（s1[0]=='*'），則 k 加入 h 佇列（h[++r]=k）；
                    k 作為佇列開頭 h[l] 的子代，設定 a[k] 的父指標和 a[h[l]] 的子序列指標；
                    若佇列開頭的子代全部確立（s2[s2.size()-1]==')'），則佇列開頭元素出列（l++）；
                }
        }
```

（2）統計每個節點的大小

按照題意「目錄 D 的大小是所有在 D 中檔案／目錄的大小的和，加上其本身的大小」，即每個節點的大小即為本身大小加上所有子代的大小。這個計算過程是由下而上的。我們可以從 x 節點出發，透過後序尋訪計算以其為根的子樹上每個節點的大小：

```
makesize( x){
for ( t=a[x].first; t!=0; t=a[t].next) makesize(t); // 遞迴計算 x 的所有子代的大小
a[a[x].up].size+=a[x].size;                          // 將 x 的大小累計入其父節點的大小上去
}
```

顯然，在主程式中呼叫 makesize(1)，便可以計算出每個目錄的大小。

（3）按照格式要求輸出目錄樹

根據題意（「深度為 d 的檔案／目錄在它們的檔案／目錄名前縮進 8d 個空格」）和輸出範例，如果節點 x 的子代是檔案（a[x].next==0），則在下行同列位置開始縮進 8 格後才列印「|_ 檔案名稱 [大小]」；否則節點 x 的子代是目錄，在下行同列位置開始列印「|_____|* 檔案名稱 [大小]」。

我們將「|_ 檔案（目錄）名 [大小]」前的子字串稱為字首 pre。由於輸出的順序是由上而下的，因此可以透過先序尋訪輸出目錄樹：

```
output(x, pre){                                      // 從 x 節點和字首 pre 出發輸出目錄樹
    輸出 pre|_a[x].name[a[x].size];
    if (a[x].next==0)                                // 根據子代是檔案還是目錄設定字首
        pre+="        "; else pre+="|        ";
    for (int t=a[x].first; t!=0; t=a[t].next) output(t, pre);  // 遞迴 x 的所有子代
}
```

由於根目錄的字首為空，因此在主程式中呼叫 output(1, "")，即可按照範例格式輸出目錄樹。

8.7.9 ▶ Closest Common Ancestors

請你編寫一個程式，以一棵有根樹和一個節點對的列表作為輸入，對於每個節點對 (u, v)，程式確定 u 和 v 在樹中的最近共同祖先。兩個節點 u 和 v 的最近共同祖先是節點 w，w 不僅是 u 和 v 的祖先，而且在樹中具有最大的深度。一個節點可以是它自己的祖先（例如，在圖 8.7-2 中節點 2 的祖先是 2 和 5）。

輸入

由標準輸入讀入的測試案例，一個測試案例開始是對樹的描述，形式如下：

```
nr_of_vertices
vertex:(nr_of_successors) successor₁ successor₂ … successorₙ
...
```

其中 vertex 用從 1 到 $n(n \le 900)$ 的整數來表示。然後以節點對的列表提供樹的描述，形式如下：

```
nr_of_pairs
(u v)(x y) ...
```

輸入包含若干個測試案例（至少一個）。

注意在輸入中存在多種空格（定位字元、空白字元和分行符號），在輸入中可以隨意出現。

輸出

對於測試案例中的每個共同祖先，程式輸出這個祖先，以及節點對中以它為祖先的數目。結果在標準輸出中按節點的升冪逐行輸出，格式為：ancestor:times。

範例輸入	範例輸出
5 5:(3) 1 4 2 1:(0) 4:(0) 2:(1) 3 3:(0) 6 (1 5) (1 4) (4 2) (2 3)(1 3) (4 3)	2:1 5:5

範例輸入和輸出對應如圖 8.7-2 所示的樹。

圖 8.7-2

試題來源： ACM Southeastern Europe 2000

線上測試： POJ 1470，ZOJ 1141，UVA 2045

提示

已知每個節點的子代，可以建構樹的多重鏈結串列。本題要求計算節點對的共同祖先，因此必須將樹的多重鏈結串列轉化為雙親表示。設定 query 為節點對列表，其中 a 為一端的節點對數目為 query[a][0]，第 j（$1 \le j \le$ query[a][0]）個節點對為（a，query[a][j]）；tree 為樹的多重鏈結串列，其中節點 i 的子代數為 tree[i][0]，第 j($1 \le j \le$ tree[i][0]) 個子代為 tree[i][j]；樹的雙親表示為 parent，高度序列為 rank，共同祖先在節點對的後裔表為 ancestor，具有同一祖先的節點對數序列為 ans。其中節點 i 的父指標為 parent[i]、高度為 rank[i]，節點對列表中以其為共同祖先的節點對數為 ans[i]，在節點對列表中的後裔為 ancestor[i]。

計算過程分 4 個步驟。

1. 邊輸入每個節點的子代資訊邊建構樹的多重鏈結串列 tree，並計算出樹根 root。root 的計算方法如下。

root 初始化為 0。每讀一個節點 m（$1 \le m \le n$），root=root+m。然後 $root = root - \sum_{a \in m的兒子} a$。

由於節點序號各不相同，根據樹的特性（每個節點有且僅有一個前件），n 個節點的序號和減去 $n-1$ 個分支節點的序號，最終剩下的 root 即為根序號。

2. 輸入節點對資訊，建構節點對列表 query。注意，每對節點 (a, b) 是雙向的，即每讀入一對節點 (a, b)，b 進入 a 為一端的節點對列表（query[a][0]++; query[a][query[a][0]]=b），a 進入 b 為一端的節點對列表（query[b][0]++; query[b][query[b][0]]=a）。

3. 執行過程 Tarjan(root)，從根 root 出發，將樹的多重鏈結串列轉化為雙親表示，並計算每對節點的同一祖先。Tarjan(u) 的過程說明如下。

① 初始時節點 u 單獨組成一個集合，高度為 0，在節點對表中的後裔為其本身（parent[u]=u，rank[u]=0；ancestor[u]=u）。

② 後序尋訪以 u 為根的子樹：遞迴 u 的第 i 個子代（Tarjan(tree[u][i])）；透過 u 與第 i 個子代間添邊計算樹的雙親表示（Union_Set(u, tree[u][i])）；設定節點對表中 u 的祖先為 u 所在子樹的根（ancestor[Find_Set(u)]=u），$1 \leq i \leq$ tree[u][0]。

注意：u 與第 i 個子代間添邊相當於 u 所在的子樹與第 i 個子代所在的子樹合併，可使用併查集的計算方法。為了確定 u 所在的子樹根 r_u 和第 i 個子代所在的子樹根 r_i 中誰是合併後的子樹根，可以透過比較 r_u 的 r_i 的高度，誰高誰作為子樹根，該節點為子樹內任一對節點的最近共同祖先（如圖 8.7-3 所示）。

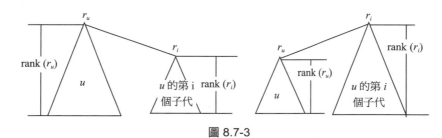

圖 8.7-3

上述計算過程可呼叫副程式 Union_Set(x, y) 完成。

計算 x 所在子樹的根 xRoot 和 y 所在子樹的根 yRoot（xRoot=Find_Set(x)；yRoot=Find_Set(y)）。

◆ 若 xRoot 比 yRoot 高 (rank[xRoot]>rank[yRoot])，則 yRoot 作為 xRoot 的子代（parent[yRoot]=xRoot）。

◆ 若 xRoot 比 yRoot 矮（rank[yRoot]>rank[xRoot]），則 xRoot 作為 yRoot 的子代（parent[xRoot]=yRoot）。

◆ 若 xRoot 和 yRoot 是高度相同的兩個不同節點（（rank[yRoot]==rank[xRoot]）&（xRoot!=yRoot）），則 yRoot 作為 xRoot 的子代（parent[yRoot]=xRoot;），xRoot 的高度 ++（rank[xRoot]++）。

其中 Find_Set(x) 函式傳回 x 所在子樹的根。

③ 統計 u 相關的節點對中具有同一祖先的節點對數。

設定 u 存取標誌（visit[u]=true）。

搜尋同屬一棵子樹的節點對（visit[query[u][i]]==true，$1 \leq i \leq$ query[u][0]），子樹根為該節點對的最近共同祖先，以其為共同祖先的節點對數 ++（ans[ancestor[Find_Set(query[u][i])]]++）。

4. 依次搜尋每個共同祖先 i(ans[i]>0，$1 \leq i \leq n$)，輸出以 i 為共同祖先的節點對數目 ans[i]。

8.7.10 ▶ Who's the boss?

若干調查表示，你長得越高，你在企業裡就能升到更高的職位。在 TALL 公司，這個「事實標準」已經被很好地規範化了：你的老闆至少和你一樣高，而且你可以確定你的老闆的薪水比你多一點。你還可以確定，你的頂頭上司是所有薪水掙得比你多的人中掙得最少的人，並且至少和你一樣高；而且，如果你是某人的頂頭上司，那個人就是你的下屬，並且他的所有下屬也是你的下屬。如果你不是任何人的老闆，那麼你就沒有下屬。這些規則很簡單，許多為 TALL 工作的員工都不知道應該把他們的每週進度報告交給哪些人，以及他們有多少下屬。請你編寫一個程式，對任何一個員工確定誰是這個員工的頂頭上司，以及他有多少下屬。為了保證品質，TALL 已制訂了一系列測試，以確保你的程式是正確的。這些測試說明如下。

輸入

輸入的第一行是一個正整數 n，表示後面提供的測試案例的數目。每個測試案例的第一行提供兩個正整數 m 和 q，其中 m（至多 30000）是員工人數，q（至多 200）是查詢次數。後面的 m 行每行用 3 個整數表示一個員工：員工 ID（6 位十進位數字，第一位不是 0）、年薪（以歐元為單位）和高度（以 μm 為單位，$1\mu m=10^{-6}m$，在 TALL，精確度是很重要的）。總裁掙得的薪水比所有員工的薪水都多，並且他是公司裡最高的人。後面的 q 行提供查詢，每個查詢提供一個合法的員工 ID。

薪水是正整數，最多達 10000000。不存在兩個員工有相同的 ID，而且不存在兩個員工的薪水相同。員工的身高至少 $1000000\mu m$，最多 $2\,500000\mu m$。

輸出

對於在一個查詢中提供的每個員工的 ID x，輸出一行，提供用一個空格分開的兩個整數 y 和 k，其中 y 是 x 的老闆的 ID，k 是 x 的下屬的數目。如果查詢提供總裁的 ID，那麼你要輸出 0 作為他或她的老闆的 ID（因為總裁沒有頂頭上司）。

範例輸入	範例輸出
2	123457 0
3 3	0 2
123456 14323 1700000	123458 1
123458 41412 1900000	200001 2
123457 15221 1800000	200004 0
123456	200004 0
123458	0 3
123457	
4 4	
200002 12234 1832001	
200003 15002 1745201	
200004 18745 1883410	
200001 24834 1921313	
200004	
200002	
200003	
200001	

試題來源： ACM Northwestern Europe 2003

線上測試： POJ 1634，ZOJ 1989，UVA 2934

提示

企業的等級結構為一棵樹，員工為節點，各個節點的層次按照員工的薪水和身高排列，員工的薪水和身高越高，層次數越小，樹根代表總裁，層次數為 0。某員工的頂頭上司即為對應節點的父節點，下屬的數目是以其為根的子樹的節點總數。

我們可根據每個員工的身高和薪水計算出其上司和下屬數。計算方法如下。

（1）以薪水為關鍵字對員工序列排序

首先，我們將 m 個員工按照薪水遞減的順序排列成序列 emp，其中序列中第 i 個元素的 ID 為 emp[i].ID，薪水為 emp[i].sal，身高為 emp[i].hte，其上司在 emp 中的序號為 emp[i].boss，下屬數為 emp[i].nsub。初始時 emp[i].boss=-1，emp[i].nsub=0（$0 \leq i \leq m-1$）。

（2）計算每個員工的上司

按照題意「你的老闆的薪水比你多一點」、「你的頂頭上司是所有薪水掙得比你多的人中掙得最少的人，並且至少和你一樣高」，因此對於 emp[i] 來說，右鄰 emp[$i+1$] 的薪水與其最接近，emp[i] 的頂頭上司必定是 emp[$i+1$] 和其上司序列（上司、上司的上司……）中第 1 個身高不低於他的員工。由此得出演算法：

```
for (int i = m-2; i >= 0; --i) {        // 按照薪水遞增的順序確定每個員工的上司
    int b=i+1;                          // 在 emp[i+1] 及其上司序列中尋找第 1 個身高不低於 emp[i] 的員工 b
    while(emp[i].hte>emp[b].hte) b=emp[b].boss;
    emp[i].boss = b;                    // emp[i] 的頂頭上司設為 b
}
```

（3）計算每個員工的下屬數

對於每個員工來說，本身及其下屬都屬於直接上司的下屬。因此，可以按照等級下移（即薪水遞減）的順序，統計每個員工上司的下屬數：

```
for (int i=0; i<=m-1; ++i) emp[emp[i].boss].nsub+=(1+emp[i].nsub);
```

最後，按照下述方法處理 q 個詢問：

1. 讀被詢問員工的 ID 編號 x，取出其在 emp 中的序號 ix（emp[ix].ID=x）；

2. 若無上司（emp[ix].boss==-1），則輸出「0」，否則輸出 emp[emp[ix]].boss].ID；

3. 輸出下屬數 emp[ix].nsub。

8.7.11 ▶ Disk Tree

Bill 意外地遺失了他工作站的硬碟的所有資訊，而且他沒有內容的備份副本。他對檔案本身的遺失並不痛惜，但對他多年來在工作中建立、並使用的非常適合和方便的目錄結構卻非常珍惜。幸運的是，Bill 有幾份來自他的硬碟的目錄列表的副本，使用這些列表，他可以恢復一些目錄的整個路徑（例如「WINNT\SYSTEM32\CERTSRV\CERTCO～1\X86」）。他把所有的列表放在一個檔案中，每條路徑寫在單獨的一行上。請你編寫一個程式，透過提供格式良好的目錄樹，幫助 Bill 來恢復他的目錄結構。

輸入

輸入的第一行提供一個單一的整數 N（$1 \le N \le 500$），表示不同的目錄路徑的數目。後面的 N 行提供目錄路徑。每個目錄路徑一行，包括開頭或結尾在內不含空格。沒有路徑超過 80 個字元。每條路徑出現一次，由若干個由一個斜槓（「\」）分隔的目錄名稱組成。

每個目錄名由 1 到 8 個大寫字母、數字或下述的特殊符號組成：!、#、$、%、&、'、(、)、-、@、^、_、`、{、}、~。

輸出

將已經格式化的目錄樹輸出。每個目錄名稱列在一行中，目錄名前有的若干空格表示目錄層次的深度。子目錄按字典次序排列，前面比它的父母目錄多一個或多個空格。頂級目錄在目錄名前沒有空格，按字典順序排列。見範例輸出的格式。

範例輸入	範例輸出
7	GAMES
WINNT\SYSTEM32\CONFIG	DRIVERS
GAMES	HOME
WINNT\DRIVERS	WIN
HOME	SOFT
WIN\SOFT	WINNT
GAMES\DRIVERS	DRIVERS
WINNT\SYSTEM32\CERTSRV\CERTCO~1\X86	SYSTEM32
	CERTSRV
	CERTCO~1
	X86
	CONFIG

試題來源：ACM Northeastern Europe 2000

線上測試：POJ 1760，ZOJ 2057，UVA 2223

提示

輸入的 n 條目錄路徑構成一個有向圖，每條目錄路徑中的「\」為後件標誌。要求從輸入資訊中計算出對應的森林，森林中每棵樹的節點按照層次為第 1 關鍵字、目錄名稱的字典順序為第 2 關鍵字排列，每個目錄名前的空格數即為該節點在樹中的層次。

我們採用物件導向的程式設計方法：為每條目錄路徑建立一個 Vector 類的佇列容器 a，去除目錄路徑串中的「\」，依次將各子目錄名放入佇列容器 a 中。顯然，佇列容器 a 中各子目錄名稱的前後順序正好與目錄樹中節點層次遞增的關係對應。

目錄樹的儲存形式為多重鏈結串列，節點類別為結構型別：資料欄為目錄名稱字串，子代的指標域為一個 Vector 類的堆疊容器 child。目錄樹根的目錄名稱字串為空格，定義根的所有子代為 0 層，往下的一層為 1 層，以此類推。

首先，建立一棵以 "" 為 root 的空目錄樹，目前指標 p 指向 root。然後依次輸入 n 條目錄路徑。每輸入一條目錄路徑，依次將路徑中的子目錄送入佇列容器 a，然後按照下述方法擴充目錄樹。

搜尋佇列容器 a 中的每個子目錄 a_i：搜尋目前節點 p 的子代堆疊容器 child 中與 a_i 相同的子目錄：若 child 中的所有子目錄與 a_i 不同，則 a_i 推入子代堆疊容器 child，p 指向其堆疊頂端；若子代堆疊容器 child 中的某子目錄與 a_i 相同，則 p 指向該子目錄。

按照上述方法讀入並處理 n 條目錄路徑後，便建立起一棵以 root 為根的目錄樹。我們可以透過先序尋訪的規則將其格式化並輸出：

```
print(&root, dep)          // 計算和輸出以 root（處於 dep-1 層）為根的目錄子樹
{
    按照字典順序排列 root 的子代堆疊容器 child 中的所有目錄名稱；
    搜尋 root 的子代堆疊容器 child 中的每個子目錄：
        { 輸出 dep 個空格和子目錄名稱字串；
          遞迴該子代（print（子指標，dep+1））；}；
};
```

顯然，遞迴 print (root, 0) 後便可以得出問題解。

8.7.12 ▶ Marbles on a tree

n 個盒子被放置在有根樹的頂點上，頂點從 1 到 n 編號，1≤n≤10000。每個盒子或者是空的，或者裡面有若干顆彈珠。彈珠的總數是 n。

你的任務是移動彈珠，使得每個盒子僅有一顆彈珠。完成這項任務需要進行一系列的移動，而每次移動只能是將一顆彈珠移到相鄰的頂點。完成這項任務需要移動的彈珠的最小數目是多少？

輸入

輸入包含多個測試案例。每個測試案例的第一行提供整數 n，後面跟著 n 行。每行至少包含 3 個整數：頂點編號 v，然後是在頂點 v 的彈珠數，v 的子代個數 d，以及表示 v 的子代編號的 d 個整數。

輸入以 n=0 結束，這一用例不需要處理。

輸出

對於每個測試案例，輸出使得樹的每個頂點僅有一顆彈珠而需要移動彈珠的最小數目。

範例輸入	範例輸出
9	7
1 2 3 2 3 4	14
2 1 0	20
3 0 2 5 6	
4 1 3 7 8 9	
5 3 0	
6 0 0	
7 0 0	
8 2 0	
9 0 0	
9	
1 0 3 2 3 4	
2 0 0	
3 0 2 5 6	
4 9 3 7 8 9	
5 0 0	
6 0 0	
7 0 0	
8 0 0	
9 0 0	
9	
1 0 3 2 3 4	

（續）	範例輸入	範例輸出
	2 9 0	
	3 0 2 5 6	
	4 0 3 7 8 9	
	5 0 0	
	6 0 0	
	7 0 0	
	8 0 0	
	9 0 0	
	0	

試題來源： Waterloo local 2004.06.12

線上測試： POJ 1909，ZOJ 2374，UVA 10672

提示

如果節點 c 的後裔節點數為 child[c]，並且其子樹節點上的彈珠總數為 tot[c]，那麼最終以節點 c 為根的子樹上僅有 child[c]+1 顆彈珠。要達到這一目標狀態，則至少移動彈珠 |tot[c]−(child[c]+1)| 次。

顯然，我們可以透過後序尋訪以 c 為根的子樹，計算出 child[c] 和 tot[c]。

（1）從輸入資訊中計算有根樹結構

設定節點的編號序列 ele；節點 v 的子代在 els 表中的首指標為 start[v]；節點 v 的子代數為 child[v]；節點 v 有父親的標誌為 flag[v]，設定這個標誌是因為 n 個節點組成的有根樹可能是森林。若 flag[v]==false，則 v 是其中一棵有根樹的根。

我們在輸入資訊的同時計算上述變數：

```
cnt=0;
for (int i = 0; i < N; i++) {
    輸入第 i 個盒子的節點編號 v;
    輸入 v 節點的彈珠數 tot[v];
    設定節點 v 的子代在 els 表的首指標 start[v]=cnt;
        輸入節點 v 的子代數 child[v];
    for ( k=child[v]; k>0; k--) {
        輸入 v 的第 k 個子代的編號 p，將 p 送入 els 表（ele[cnt++]=p-1）並設定該子代有其父
            標誌 (flag[ele[cnt-1]]=true);
    }
```

（2）後序尋訪每棵有根樹

計算上述變數之後，就可以編寫後序尋訪演算法了：

```
dfs(c) {        // 從節點 c 出發，透過後序尋訪計算其子樹上每個節點僅有一顆彈珠
                // 而需要移動彈珠的最小數目
    for (int i=child[c]; i > 0; i--) {              // 遞迴節點 c 的每個子代
        dfs(ele[i +start[c] - 1]);
        child[c] += child[ele[i +start[c] - 1]];    // 累計節點 c 的後裔數
        tot[c]+= tot[ele[i+start[c]-1]];            // 累計其子樹節點上的彈珠總數
    }

        ans += Math.abs(tot[c]-(child[c]+1));        // 累計以 c 為根的子樹上達到目標
                                                     // 狀態的最少移動次數
}
```

顯然，依次搜尋 flag 標誌為 false 的節點，對其子樹進行後序尋訪，即可統計出至少移動彈珠的次數。

8.7.13 ▶ This Sentence is False

最近國王發現了一份檔案，這份檔案被認為是惡作劇模式的一部分。檔案提供一個陳述句的集合，這些句子陳述彼此為真或者為假。陳述句的形式為「Sentence X is true/false」，其中 X 表示該集合中的一句陳述句。國王懷疑這些陳述句實際上是指另外一份尚未被發現的檔案，因此，要建立檔案的初始形態和目標形態，國王讓你來判斷這個集合包含的陳述句是否一致的，也就是說，是否存在陳述句成立。如果集合是一致的，國王要你確定文字中陳述句可以成立的最大數目。

輸入

輸入提供若干個測試案例。每個檔案開始的第一行提供一個整數 N，表示檔案中陳述句的個數 ($1 \leq N \leq 1000$)。後面的 N 行每行提供一個陳述句，陳述句按在輸入中出現的次序編號（第一句陳述句編號 1，第二句陳述句編號 2，以此類推）。每個陳述句的形式為「Sentence X is true.」或「Sentence X is false.」，其中 $1 \leq X \leq N$。$N=0$ 表示輸入結束。

輸出

對輸入中的每個文字，程式輸出一行。如果文字是一致的，輸出文字中可以成立的陳述句的最大數目，否則程式輸出「Inconsistent」。

範例輸入	範例輸出
1	Inconsistent
Sentence 1 is false.	1
1	3
Sentence 1 is true.	
5	
Sentence 2 is false.	
Sentence 1 is false.	
Sentence 3 is true.	
Sentence 3 is true.	
Sentence 4 is false.	
0	

試題來源： ACM South America 2002

線上測試： POJ 1291，ZOJ 1518，UVA 2612

提示

本題要求確定檔案是否存在不一致，並且如果檔案是一致的，程式要提供檔案中為真的陳述句的最大數量。

設定 $i{\to}j$ 表示陳述句 i 是「Sentence j is true」，而 $i!{>}j$ 表示陳述句 i 是「Sentence j is false」。

如果 $i{\to}j$，則第 i 句陳述句和第 j 句陳述句同時為真或為假；如果 $i!{>}j$，則第 i 句陳述句和第 j 句陳述句則相反。所以採用併查集來解答本題。

對陳述句 i ($1 \leq i \leq n$)，設定一句對立的陳述句 $n+i$。那麼這個檔案不一致若且唯若陳述句 j 不僅在包含陳述句 $i+n$ 的集合中，而且還在包含陳述句 i 的集合中。所以：

1. 如果 $i{-}{>}j$：如果陳述句 i 和陳述句 $j{+}n$ 在同一集合中，或者陳述句 $i{+}n$ 和陳述句 j 在同一集合中，那麼檔案是不一致的，否則，包含陳述句 i 的集合和包含陳述句 j 的集合合併，包含陳述句 $i{+}n$ 的集合和包含陳述句 $j{+}n$ 的集合合併。

2. 如果 $i{!}{>}j$：如果陳述句 i 和陳述句 j 在同一集合中，或者陳述句 $i{+}n$ 和陳述句 $j{+}n$ 在同一集合中，那麼檔案是不一致的，否則包含陳述句 i 的集合和包含陳述句 $j{+}n$ 的集合合併，包含陳述句 $i{+}n$ 的集合和包含陳述句 j 的集合合併。

在併查集建立之後，對於每個集合及其對立的集合，獲取其最大的基數並累計，即 sum+=max{$v[i]$, $v[opt[i]]$}，其中 $v[i]$ 是包含 i 的樹的頂點數（集合的基數），$v[opt[i]]$ 是 i 的對立樹的頂點數。最終，sum 是檔案中為真的陳述句的最大數目。

8.7.14 ► Spatial Structures

電腦圖學、影像處理和 GIS（Geographic Information Systems，地理資訊系統）都使用一種被稱為四元樹的資料結構。四元樹高效率地表示區域或資料塊，並支援高效率的演算法，例如圖片的聯集和交集的操作。

一棵黑白圖片的四元樹是透過連續地將圖片劃分成四個相等的象限來構成的。如果在一個象限中的所有像素都是同一種顏色（全黑或全白），那麼對這個象限的劃分過程就停止。如果象限同時包含黑色像素和白色像素，那麼象限將繼續被細分成四個相等象限，這一過程將繼續進行，直到每個子象限或者只包含黑像素，或者只包含白像素。一些子象限僅是單個像素也是完全可能的。

例如，用 0 表示白像素，1 表示黑像素，圖 8.7-4 中左邊的區域用中間的 0 和 1 矩陣來表示，這一矩陣被劃分為如右圖所示的子象限，灰色方格表示全為黑像素的子象限。

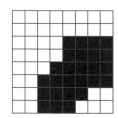
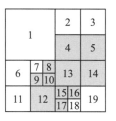

圖 8.7-4

一棵四元樹是由一個圖片的資料塊結構構成的。樹的根表示像素的整個陣列。一棵四元樹的每個非葉節點有四個子代，對應於由節點所表示的區域的四個子象限。葉節點表示的區域是由相同顏色的像素組成的，因此不再細分。例如，如圖 8.7-4 所示右圖所描述的塊結構的圖片，表示為圖 8.7-5 中的四元樹。

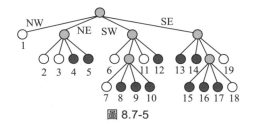

圖 8.7-5

如果葉節點對應於全白像素的塊，那麼葉節點是白色的；如果葉節點對應於全黑像素的塊，那麼葉節點是黑色的。在樹中，每個葉節點的編號對應於圖 8.7-4 中的塊。非葉節點的分支按如圖 8.7-5 所示的由左到右的次序排列為西北（NW）、東北（NE）、西南（SW）、東南（SE）的象限（或左上、右上、左下、右下）。

一棵樹可以表示為一個整數序列，這些整數表示黑節點從根到葉的路徑。每條路徑是一個五進位數，由分支的標號 1、2、3 或 4 構成，其中 NW=1，NE=2，SW=3，SE=4，五進位的最後一位是從根出發的分支。例如，標號為 4 的節點的路徑為 NE、SW，表示為 32_5（五進位數）或 17_{10}（十進位數字）；標號為 12 的節點的路徑為 SW、SE，表示為 $43_5=23_{10}$；標號為 15 的節點的路徑為 SE、SW、NW，表示為 $134_5=44_{10}$。而整棵樹被表示為一個整數序列（十進位數）9 14 17 22 23 44 63 69 88 94 113。

請你編寫一個程式，將圖片轉換為從根到葉的路徑，以及將從根到葉的路徑轉換為圖片。

輸入

輸入包含一個或多個圖片。每個圖片是一個正方形，首先提供一個整數 n，其中 $|n|$ 是正方形的邊的長度（為 2 的冪次，$|n| \leq 64$）；然後提供這一圖片的表示，一個圖片表示或者是一個 n^2 個由 0 和 1 組成的序列，由 $|n|$ 行組成，每行有 $|n|$ 位數；或者是用四元樹來表示圖片，提供一個表示黑節點從根到樹葉路徑的整數所組成的序列。

輸出

對於輸入中提供的每個圖片，首先如範例輸出所示，輸出圖片的編號。然後輸出圖片的另一種表示形式。

如果圖片是由 0 和 1 來表示的，則輸出圖片的四元樹表示，即所有黑節點的由根到葉的路徑，值是用十進位表示的五進位路徑數，這些值按排序序列輸出。如果黑色節點超過 12 個，則在每 12 個節點後，另起一行輸出。在路徑輸出後，輸出黑色節點的總數。

如果圖片被表示為黑節點的由根到葉的路徑，則輸出圖片的 ASCII 表示，字元「.」表示白色 /0，字元「*」表示黑色 /1。一個 $n \times n$ 圖片每行有 n 個字元。

在兩個測試案例之間輸出一個空行。

範例輸入	範例輸出
8	Image 1
00000000	9 14 17 22 23 44 63 69 88 94 113
00000000	Total number of black nodes = 11
00001111	
00001111	Image 2
00011111	....
00111111	....
00111100	....****
00111000	....****
−8	...*****
9 14 17 22 23 44 63 69 88 94 113	..******
−1	..****..
2	..***...
00	
00	Image 3

（續）	範例輸入	範例輸出
	−4 0−1 0	Total number of black nodes = 0 Image 4 **** **** **** ****

試題來源： ACM-ICPC World Finals 1998

線上測試： UVA 806

提示

本題的解題目標有兩種類型：

1. 輸入 $n \times n$ 的二進位圖片，要求輸出四元樹中黑色節點的個數、以及每個黑色節點至根的路徑值序列（按照遞增順序排列），類型 1 以輸入 n 為標誌。

2. 輸入每個黑色節點至根的路徑值序列，要求輸出 $n \times n$ 的 ASCII 圖片表示：「.」代表白像素，「*」表示黑像素，類型 2 以輸入 $-n$ 為標誌。

顯然，這兩種解題目標是互逆的。由於黑色節點至根的路徑值序列是四元樹的一種表現形式，因此問題聚焦在一個核心上：怎樣實現四元樹與二進位圖片的互相轉化。

假設四元樹的根節點為 1，代表左上角為 (0, 0)、右下角為 (n−1, n−1) 的二進位子圖片；以此類推，對於根或分支節點 k 來說，代表左上角為 (lx, ly)、右下角為 (rx, ry) 的二進位子圖片 (0≤lx≤rx≤n−1，0≤ly≤ry≤n−1)。節點 k 的 4 個子代分別為（如圖 8.7-6 所示）：

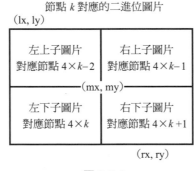

圖 8.7-6

◆ 節點 $4 \times k$−2 代表其中左上子圖片（以 (lx, ly) 為左上角、(mx, my) 為右下角）；

◆ 節點 $4 \times k$ 代表其中左下子圖片（以 (mx +1, ly) 為左上角、(rx, my) 為右下角）；

◆ 節點 $4 \times k$−1 代表其中右上子圖片（以 (lx, my +1) 為左上角、(mx, ry) 為右下角）；

◆ 節點 $4 \times k$+1 代表其中右下子圖片（以 (mx +1, my +1) 為左上角、(rx, ry) 為右下角）。

（1）計算與二進位圖片對應的黑色節點至根的路徑值序列

由於二進位圖片的元素為 0 或 1，因此需要建構與二進位圖片對應的四元樹。然後從根出發，搜尋每一條根至黑色節點的路徑，計算路徑值。

1. 建構與二進位圖片對應的四元樹

由於目標是尋求根至黑色節點的路徑，因此全白子圖片對應的節點值設為 1，全黑子圖片對應的節點值設為 2。我們從根（節點 1）出發，透過後序尋訪的方法計算四元樹中每個節點值。

若節點 k 為像素（lx==rx && ly==ry），則節點 k 為葉節點，根據像素顏色確定葉節點 k 的值：若 (lx, ly) 為白像素，則節點 k 的值為 1；若 (lx, ly) 為黑像素，則節點 k 的值為 2。

否則 k 為分支節點，遞迴計算 4 個子代的節點值，而節點 k 的值為 4 個子代或等的結果。顯然，或等結果為 3，表示 k 節點是灰色節點，即對應的子矩陣既有白色像素又有黑色像素；或等結果為 1，表示 k 節點對應的子矩陣全為白像素；或等結果為 2，表示對應的子矩陣全為黑像素。

2. 計算四元樹中所有根至黑色節點的路徑值

從根出發到每個黑色節點僅有一條路徑，由上往下的邊標號（即五進位數的目前位值，如圖 8.7-7 所示），按低位元至高位元的順序形成一個五進位數，這個五進位數即為路徑值。

節點 k 的四個子圖在目前五進位的值

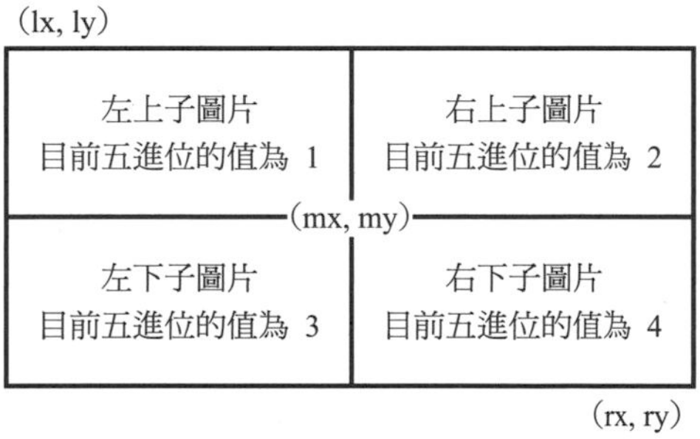

圖 8.7-7

但問題是，試題要求的路徑值是十進位數字而非五進位數，怎麼辦？我們用依次累加邊標號乘以對應位權（根出發的第 1 條邊的位權為 1，第 2 條邊的位權為 5，第 3 條邊的位權為 25，……，第 i 條邊的位權為 5^{i-1}）乘積的辦法轉換，即根至黑色節點 k 的路徑有 p 條邊，則路徑值 $s_k = \sum_{i=1}^{p}$ 第 i 條邊的標號 $\times 5^{i-1}$。

我們可以透過回溯法計算根至所有黑色節點的路徑值。

設定 x 為黑色節點數，初始時為 0；buf[1]…buf[x] 儲存根至所有黑色節點的路徑值，初始時為空。

```
void pdfs(k, num,base){              // 計算根至所有黑色葉節點的路徑值，其中 num 為根至
                                     // 黑色節點的路徑值，base 為當前邊的位權
    if  (k的節點值為1或者2  {          // k 為葉節點
        if (k的節點值2) buf[x++]=num; // 若 k 為黑色葉節點，則記下根至 k 的路徑值
            return;                  // 回溯
    }
    pdfs(k*4-2, num+base, base*5);   // 依次遞迴四個子代
```

```
    pdfs(k*4-1, num+base*2, base*5);
    pdfs(k*4, num+base*3, base*5);
    pdfs(k*4+1, num+base*4,base*5);
}
```

顯然，遞迴 pdfs(1, 0, 1) 後便可得出路徑條數 x 和根至所有黑色節點的 x 個路徑值序列 buf[]。然後遞增排序 buf[]，按輸出格式要求輸出 b[] 和 x。

（2）計算與根至黑色節點的路徑值序列對應的圖片

一個黑色節點代表一個全黑的子圖片，可以根據根至該節點的路徑值找到對應的子圖片，將其塗黑。在圖片初始化為全白的基礎上，依次處理序列中的每個路徑值，便可最終得到原始圖片。核心的問題是，怎樣從一個路徑值出發，將對應的子圖片塗黑呢？

我們透過除五取餘法得到邊標號，即明確哪個子圖片通向黑色節點，路徑值不斷整除 5，直至 0 為止，便可得到黑色節點對應的全黑子圖片：

```
void color(k, lx, rx, ly, ry, num) {          // 從節點 k 出發（代表左上角 (lx, ly)、
                                              // 右下角 (rx, ry) 的子圖片），將路徑值為 num 的
                                              // 黑色葉節點對應的子圖片塗黑
    int mx = (lx+rx)/2, my = (ly+ry)/2;       // 計算子矩陣的中心座標
    if (num == 0) {                           //k 為黑色節點
                   節點 k 的值設為 2；
                   左上角 (lx, ly)、右下角 (rx, ry) 的子圖片全部填 '*'；
                   return;                     // 回溯
    }
    取邊的位權 v (=num%5)；
    if (v == 1) color(k*4-2, lx, mx, ly, my, num/5);                    // 遞迴左上子圖片
        else if (v == 2) color(k*4-1, lx, mx, my+1, ry, num/5);        // 遞迴右上子圖片
                else if (v == 3) color(k*4, mx+1, rx, ly, my, num/5);     // 遞迴
                      // 左下子圖片
                      else color(k*4+1, mx+1, rx, my+1, ry, num/5);       // 遞迴
                            // 右下子圖片
}
```

顯然，執行 for(i=0; $i<x$; i++) color(1, 0, n-1, 0, n-1, buf[i]); 後，便可得到與路徑值序列對應的原始圖片。

8.7.15 ▶ Quadtrees

四元樹是用於對圖片編碼的表示形式。四元樹的基本思維是任何圖片可以被分為四個象限，每個象限可以再次分割為四個象限等等。在四元樹中，圖片由父節點表示，而四個象限以預定的順序由四個子節點表示。

當然，如果整個圖片是一種單一的顏色，它可以用單個節點的四元樹表示。在一般情況下，當一個象限包含不同顏色的像素的時候，這個象限才需要被細分。因此，四元樹不用統一深度。

一個現代的電腦藝術家用 32×32 單位的黑白圖片工作，每個圖片一共有 1024 個像素。他做的一個操作是將兩個圖片加在一起，形成一個新的圖片。如果相加的兩個像素中至少有一個是黑的，那麼在所得到的圖片中，得到的像素是黑色的，否則相關的像素是白色的。

這位特別的藝術家偏好所謂的豐滿：對於一個有趣的圖片，重要的屬性是填充黑色像素的數量。所以，在將兩個圖片加在一起之前，他想知道在新產生的圖片中有多少個像素會是黑色。請你編寫一個程式，根據兩個圖片的四元樹表示，計算出將兩個圖片加在一起之後的圖片中黑色像素的數量。

在圖 8.7-8 中，範例輸入／輸出中的第一個範例自上而下地用圖片、四元樹、先序字串和像素數提供。圖的頂部提供象限的編號。

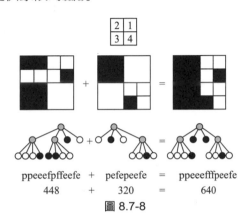

圖 8.7-8

輸入
輸入的第一行提供程式要處理的測試案例數 N。

每個測試案例的輸入是兩個字串，每個字串一行。字串是一棵四元樹的先序表示，其中字母「p」表示一個父母節點，字母「f」（full）表示黑色象限，而字母「e」（empty）表示白色象限。這保證了每個字串表示一棵有效的四元樹，而樹的深度不超過 5（因為每個像素只有一種顏色）。

輸出
對於每一個測試案例，在一行中輸出文字「There are X black pixels.」，其中 X 是在結果的圖片中黑色像素的數目。

範例輸入	範例輸出
3 ppeeefpffeefe pefepeefe peeef peefe peeef peepefefe	There are 640 black pixels. There are 512 black pixels. There are 384 black pixels.

試題來源： ACM Western European Regionals (Northwestern) 1994
線上測試： UVA 297

提示
試題提供了兩幅圖片對應四元樹的先序字串，其中「p」對應四元樹的分支節點或根，「e」和「f」對應四元樹的葉節點。要求計算兩幅圖片加在一起後形成的新圖片的黑色像素數。由此得出計算順序。

依次處理每個測試案例：

1. 建樹：輸入兩幅圖片的先序字串，分別建構對應的四元樹。

2. 對比：對比兩棵四元樹，累計黑色像素數。

2. 刪樹：分別刪除兩棵四元樹。

（1）建樹

四元樹的節點分為 5 個域：值域（value）；4 個子節點的指標域（*rightup，*leftup，*leftdown，*rightdown）。

由於試題提供了圖片的先序字串，每個字元代表對應節點的值，因此可按照先序尋訪的順序，建構對應的四元樹 Tree：

1. 為四元樹 Tree 申請記憶體；

2. 目前字元設為對應節點的值，其 4 個子代設為空；

3. 若目前字元為「p」（即對應節點為分支節點），則分別遞迴其 4 個子代。

（2）對比

兩個圖片的規模同為 32，即像素數為 32×32＝1024。顯然，若兩個圖片的先序字串中出現僅 1 個黑色字元的字串，則結果圖片中黑色像素的數目為 1024。否則需要順序比較 4 個子代的節點值，即順序比較 4 個子矩陣（規模減半）的像素情況（如圖 8.7-9 所示）。

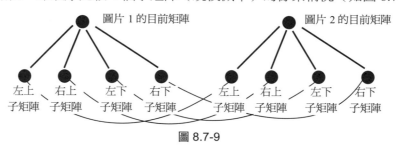

圖 8.7-9

但問題是，可能出現兩棵樹不同層的情況，即一棵樹目前層的某子節點 t 是葉節點，而另外一棵樹目前層的對應節點 t' 是分支節點，怎麼辦？為了將這棵樹加深至另外一棵樹的深度，使得對比能夠繼續進行下去，虛擬一個白色的葉節點 t''，將 t' 的子代與 t'' 對比。由此得出對比過程。

分析一棵樹的目前節點值：

1. 若目前節點值為「p」（分支節點），則分析另一棵樹對應的節點值。

◆ 若為「p」（另一棵樹對應的節點為分支節點），則分別遞迴對比兩棵樹節點的 4 個子代；

◆ 若為「f」（另一棵樹對應節點代表的子矩陣全黑），則累計該子矩陣的像素數；

◆ 若為「e」（另一棵樹對應節點代表的子矩陣全白），則分別將目前樹節點的 4 個子代與 t'' 對比。

2. 若目前節點值為「e」（對應子矩陣全白），則分析另一棵樹對應的節點值。

◆ 若為「p」(另一棵樹對應的節點為分支節點)，則分別遞迴對比 t'' 與另一棵樹對應節點的 4 個子代；

◆ 若為「f」(另一棵樹對應節點代表的子矩陣全黑)，則累計該子矩陣的像素數；

◆ 若為「e」(另一棵樹對應節點代表的子矩陣全白)，則結束。

3. 若目前節點值為「f」(對應子矩陣全黑)，則累計該子矩陣的像素數。

(3) 刪樹

我們按照後序尋訪的順序刪除四元樹 Tree：

> 若四元樹 Tree 非空，則分析：
> 　　若目前節點為分支節點，則遞迴刪除其 4 個子代；
> 　　刪除目前節點；

這個過程一直進行至四元樹 Tree 空為止。

8.7.16 ▶ Word Puzzles

對於所有年齡層的人來說，字謎遊戲(Word Puzzle)都是簡單而又有趣的。正因為字謎遊戲非常有趣，Pizza-Hut 開始使用印有字謎的桌面，以儘量減少客戶們感覺他們的訂單被延誤的情況。

儘管用手工解決字謎遊戲很有趣，但當字謎遊戲變得很大時，也會變得很令人厭倦。但電腦不會厭倦解決任務，因此請你編寫一個程式來加速求解字謎遊戲的答案。

圖 8.7-10 提供一個 Pizza-Hut 字謎遊戲，要求在拼圖中找出的比薩的名字：MARGARITA、ALEMA、BARBECUE、TROPICAL、SUPREMA、LOUISIANA、CHEESEHAM、EUROPA、HAVAIANA、CAMPONESA。

請你編寫一個程式，提供字謎遊戲和字謎中要找到的單字，為每個單字確定其第一個字母的位置及其在字謎遊戲中的方向。

本題設定字謎遊戲的左上角是原點 (0, 0)。而且，單字的方向以字母 A 開頭，表示向北，按順時針方向進行標記(注意：總共有 8 個可能的方向)。

輸入

輸入的第一行提供 3 個正數：行數 L（$0<L\leq1000$）、列數 C（$0<C\leq1000$）和要搜尋的單字數 W（$0<W\leq1000$）。接下來的 L 行，每行提供 C 個字元，表示字謎遊戲都包含單字拼圖。最後輸入 W 個單字，每行一個。

輸出

程式要為每個單字(按與輸入單字相同的順序)輸出一個三元組，首先提供單字的第一個字母的座標，行和列；然後，再提供一個字母，該字母根據上面定義的規則表示單字的方向。三元組中的每個值之間用一個空格分隔。

	0	1	2	3	4	5	6	7	8	9	10	11	12	13	14	15	16	17	18	19
0	Q	W	S	P	I	L	A	A	T	I	R	A	G	R	A	M	Y	K	E	I
1	A	G	T	R	C	L	Q	A	X	L	P	0	I	J	L	F	V	B	U	Q
2	T	Q	T	K	A	Z	X	V	M	R	W	A	L	E	M	A	P	K	C	W
3	L	I	E	A	C	N	K	A	Z	X	K	P	O	T	P	I	Z	C	E	O
4	F	G	K	L	S	T	C	B	T	R	O	P	I	C	A	L	B	L	B	C
5	J	E	W	H	J	E	E	W	S	M	L	P	O	E	K	O	R	O	R	A
6	L	U	P	Q	W	R	N	J	O	A	A	G	J	K	M	U	S	J	A	E
7	K	R	Q	E	I	O	L	O	A	O	Q	P	R	T	V	I	L	C	B	Z
8	Q	O	P	U	C	A	J	S	P	P	O	U	T	M	T	S	L	P	S	F
9	L	P	O	U	Y	T	R	F	G	M	M	L	K	I	U	I	S	X	S	W
10	W	A	H	C	P	O	I	Y	T	G	A	K	L	M	N	A	H	B	V	A
11	E	I	A	K	H	P	L	B	G	S	M	C	L	O	G	N	G	J	M	L
12	L	D	T	I	K	E	N	V	C	S	W	Q	A	Z	U	A	O	E	A	L
13	H	O	P	L	P	G	E	J	K	M	N	U	T	I	I	O	R	M	N	C
14	L	O	I	U	F	T	G	S	Q	A	C	A	X	M	O	P	B	E	I	O
15	Q	O	A	S	D	H	O	P	E	P	N	B	U	Y	U	Y	O	B	X	B
16	I	O	N	I	A	E	L	O	J	H	S	W	A	S	M	O	U	T	R	K
17	H	P	O	I	Y	T	J	P	L	N	A	Q	W	D	R	I	B	I	T	G
18	L	P	O	I	N	U	Y	M	R	T	E	M	P	T	M	L	M	N	B	O
19	P	A	F	C	O	P	L	H	A	V	A	I	A	N	A	L	B	P	F	S

圖 8.7-10

範例輸入	範例輸出
20 20 10	0 15 G
QWSPILAATIRAGRAMYKEI	2 11 C
AGTRCLQAXLPOIJLFVBUQ	7 18 A
TQTKAZXVMRWALEMAPKCW	4 8 C
LIEACNKAZXKPOTPIZCEO	16 13 B
FGKLSTCBTROPICALBLBC	4 15 E
JEWHJEEWSMLPOEKORORA	10 3 D
LUPQWRNJOAAGJKMUSJAE	5 1 E
KRQEIOLOAOQPRTVILCBZ	19 7 C
QOPUCAJSPPOUTMTSLPSF	11 11 H
LPOUYTRFGMMLKIUISXSW	
WAHCPOIYTGAKLMNAHBVA	
EIAKHPLBGSMCLOGNGJML	

（續）	範例輸入	範例輸出
	LDTIKENVCSWQAZUAOEAL HOPLPGEJKMNUTIIORMNC LOIUFTGSQACAXMOPBEIO QOASDHOPEPNBUYUYOBXB IONIAELOJHSWASMOUTRK HPOIYTJPLNAQWDRIBITG LPOINUYMRTEMPTMLMNBO PAFCOPLHAVAIANALBPFS MARGARITA ALEMA BARBECUE TROPICAL SUPREMA LOUISIANA CHEESEHAM EUROPA HAVAIANA CAMPONESA	

試題來源： ACM Southwestern Europe 2002

線上測試： POJ 1204，UVA 2684

提示

簡述試題：提供一個 $L \times C$ 的字元矩陣和 W 個單字，對於每個單字字串，輸出首字母在單字拼圖中的位置和單字方向，共有 8 個方向，用 A～H 表示。

採用 AC 自動機演算法解題，但由於有 8 個方向，所以要把各種方向的可能性都試一遍。此外，由於要求出單字首字元在拼圖中的座標，所以在建構 Tire 樹的時候就應該每個單字倒過來建構。具體步驟如下。

1. 建構 W 個單字對應的 Trie 樹。

   注：每個單字按由右而左的順序逐個字元地插入 Trie 樹。每個字元對應的節點需標明所屬單字的輸入順序。

2. 從根 root 出發，設定 Trie 樹的 fail 指標。

3. 按照先行後列的順序對單字拼圖進行多模式匹配。

   逐行匹配（$0 \leq i \leq L-1$）：

   ◆ 從 $(i, 0)$ 的字母出發，依次按右下、右、右上方向匹配（若該方向相鄰格在界內）；

   ◆ 從 $(i, C-1)$ 的字母出發，依次按左下、左、左上方向匹配（若該方向相鄰格在界內）。

   逐列匹配（$0 \leq j \leq C-1$）：

   ◆ 從 $(0, j)$ 的字母出發，依次按右下、下、左下方向匹配（若該方向相鄰格在界內）；

   ◆ 從 $(L-1, j)$ 的字母出發，依次按右上、上、左上方向匹配（若該方向相鄰格在界內）。

由於單字是由右而左插入 Trie 樹的，因此一旦找到單字的起始位置，則單字方向應是其相反方向。

8.7.17 ► Family View

Steam 是 Valve 公司開發的數位化分散式平臺，提供數位化的版權管理（DRM）、多人遊戲和社交網路服務。其中，家庭視圖（Family View）可以幫助你防止你的孩子存取某些不適合他們的內容。

以遊戲 MMORPG 為例，提供一個句子 T 和一個禁止單字清單 $\{P\}$，如果句子的子字串的一部分與列表中至少一個禁止單字相匹配（不區分大小寫），就用「*」來替換其所有的字元。

例如，T 是「I love Beijing's Tiananmen, the sun rises over Tiananmen. Our great leader Chairman Mao, he leades us marching on.」，$\{P\}$ 是 {「tiananmen」,「eat」}，則結果是「I love Beijing's *********, the sun rises over *********. Our gr*** leader Chairman Mao, he leades us marching on.」。

輸入
第一行提供測試案例的數量。

下面提供測試案例。對於每個測試案例：第一行提供一個整數 n，表示禁止單字清單 P 的基數；接下來 n 行每行提供一個禁止單字 P_i（$1 \leq |P_i| \leq 1000000$，$\sum |P_i| \leq 1000000$），其中 P_i 只包含小寫字母。

最後一行提供一個字串 T（$|T| \leq 1000000$）。

輸出
對每個測試案例，在一行中輸出該句子。

範例輸入	範例輸出
1 3 trump ri o Donald John Trump (born June 14, 1946) is an American businessman, television personality, author, politician, and the Republican Party nominee for President of the United States in the 2016 election. He is chairman of The Trump Organization, which is the principal holding company for his real estate ventures and other business interests.	D*nald J*hn ***** (b*rn June 14, 1946) is an Ame**can businessman, televisi*n pers*nality, auth*r, p*litician, and the Republican Party n*minee f*r President *f the United States in the 2016 electi*n. He is chairman *f The ***** *rganizati*n, which is the p**ncipal h*lding c*mpany f*r his real estate ventures and *ther business interests.

試題來源： 2016 ACM/ICPC Asia Regional Qingdao Online

線上測試： HDOJ 5880

提示
本題要求把字串中所有的模式字串換為等長度的「*」。

不妨用 AC 自動機求解：對所有禁止出現的單字建立自動機，然後進行文字串匹配，求出文字串的每個字首所包含的最長字尾，並且是模式字串，用 pos 陣列記錄位置，然後掃描一遍，輸出即可。

Chapter 09
應用二元樹的基本概念編寫程式

二元樹是一種最重要的樹狀結構類型，它的特點是每個節點最多有兩棵子樹（左子樹和右子樹）。

任何有序樹都可以轉化為對應的二元樹。一棵度為 k 的有序樹存在 $n×(k-1)+1$ 個空鏈域，轉化為二元樹後，空鏈域減少為 $n+1$，浪費的記憶體空間是最少的。二元樹不僅有結構簡單、節省記憶體的優點，更重要的是便於對資料二分處理。在二元樹的基礎上發展出許多重要的資料結構，例如堆積、霍夫曼樹、區段樹、二元搜尋樹等，這些資料結構在資料處理中發揮著極其重要的作用。

我們可以透過尋訪二元樹，將二元樹中呈層次關係的資料元素轉化為線性序列。如果用 L、D、R 分別表示尋訪左子樹、存取根節點、尋訪右子樹，則對二元樹的尋訪可以有六種（3!=6）組合：LDR、LRD、DLR、DRL、RDL、RLD。若再限定先左後右的次序，則只剩下三種組合：

◆ LDR（中序尋訪）；

◆ LRD（後序尋訪）；

◆ DLR（前序尋訪）。

上述三種組合的定義是遞迴的，因此可直接根據定義編寫二元樹尋訪的程式，十分簡潔。

本章將透過以下四個方面的實作，加深讀者對二元樹基本概念的瞭解：

◆ 普通有序樹轉化為二元樹；

◆ 二元樹的性質；

◆ 計算二元樹中的路徑；

◆ 透過兩種尋訪確定二元樹的結構。

9.1　普通有序樹轉化為二元樹

現實生活中的樹狀問題大都呈普通有序樹結構。要節省儲存記憶體，方便二分處理，可將普通有序樹轉化為對應的二元樹。所謂「對應關係」指的是，轉化前後的節點數和節點序號不變，且普通有序樹的先根尋訪和後根尋訪分別與轉化後的二元樹的前序尋訪和後序尋訪相同。只有達到了這種對應關係，轉換才有意義和價值。那麼，怎樣將普通有序樹轉化為有對應關係的二元樹呢？

設普通有序樹為 T。將其轉化成二元樹 T' 的規則如下：

1. T 中的節點與 T' 中的節點一一對應，即 T 中每個節點的序號和值在 T' 中保持不變；

2. T 中某節點 v 的第一個子節點為 v_1，則在 T' 中 v_1 為對應節點 v 的左子節點；

3. T 中節點 v 的子序列，在 T' 中被依次連結成一條開始於 v_1 的右鏈。

由上述轉化規則可以看出，一棵有序樹轉化成二元樹的根節點是沒有右子樹的，並且除保留每個節點的最左分支外，其餘分支應去掉，然後從最左的子代開始沿右子代方向依次連結該節點的全部子代。這種轉化規則稱為左子代－右兄弟標記法（如圖 9.1-1 所示）。

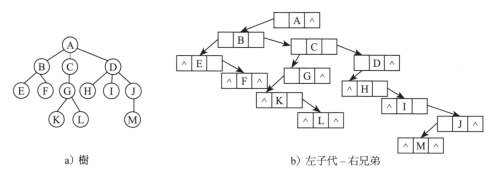

a）樹　　　　　　　　　　　　　　b）左子代－右兄弟

圖 9.1-1

左子代－右兄弟標記法可以將森林轉化為二元樹，即先按照上述方法將森林（如圖 9.1-2a 所示）中的每棵普通有序樹，轉化為對應的二元樹（如圖 9.1-2b 所示），然後從第一棵普通有序樹的根出發，沿右子代方向依次連結各棵普通有序樹的根（如圖 9.1-2c 所示）。

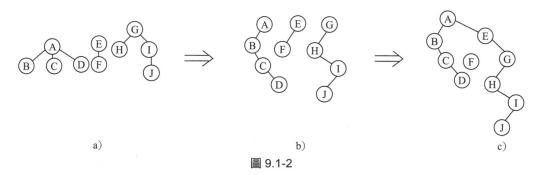

a）　　　　　　　　　　b）　　　　　　　　　　c）

圖 9.1-2

9.1.1 ► Tree Grafting

在電腦科學領域中，樹有許多應用。可能最常用的樹是有根的二元樹，但其他類型的有根樹也是非常有用的。例如有序樹，對於任意的節點子樹是有序的。每個節點的子代的數目是變數，並且這一數量沒有限制。從形式上講，一棵有序樹由一棵節點的有限集合 T 組成，使得：

◆ 有一個節點被指定為根，標示為 root(T)；

◆ 其餘的節點被劃分為子集 $T_1, T_2, \cdots, T_m$，每個子集也是一棵樹（子樹）。

此外，定義 root(T_1),$\cdots$, root(T_m) 是 root(T) 的子代，其中 root(T_i) 是第 i 個子代，節點 root(T_1),$\cdots$, root(T_m) 是兄弟。

將有序樹用有根二元樹來表示也是非常方便的，樹中的每個節點可以以相同大小的儲存空間儲存。轉換由下述步驟實作：

1. 刪除每個節點到自己子代的所有的邊；

2. 對每個節點，將其在 T 中的第一個子代（如果有的話）作為左子代，加一條邊與之連接；

3. 對每個節點，將其在 T 中的下一個兄弟（如果有的話）作為右子代，加一條邊與之連接。

轉換實例如圖 9.1-3 所示。

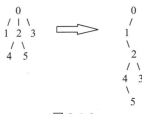

圖 9.1-3

在大多數情況下，轉換後樹的高度（從根到樹葉的路上邊的數目）會增加。因為許多樹的演算法的複雜性依賴於樹的高度，所以這樣並不合適。

請寫一個程式，用於計算轉換前後樹的高度。

輸入

輸入包含很多行，提供了對樹進行先根尋訪的方向，每行提供一棵樹的尋訪。例如，圖 9.1-3 這棵樹的描述是「dudduduudu」，表示 0 向下（down）到 1，1 向上（up）到 0，0 再向下（down）到 2 等等。輸入結束行的第一個字元是「#」，每棵樹至少 2 個節點，至多 10000 個節點。

輸出

對每棵樹，輸出轉換前後的高度。形式如下：

$$Tree\ t: h1 => h2$$

其中 t 是測試範例的編號（從 1 開始），$h1$ 是轉換前樹的高度，$h2$ 是轉換後樹的高度。

範例輸入	範例輸出
dudduduudu	Tree 1: 2 => 4
dddduuuuu	Tree 2: 5 => 5
dddduuuuu	Tree 3: 4 => 5
ddddduuuuu	Tree 4: 4 => 4
#	

試題來源： ACM Rocky Mountain 2007

線上測試： POJ 3437，UVA 3821

❖ 試題解析

本題是將有序樹轉換為其相關的二元樹。圖 9.1-3a 所示樹的深度優先尋訪是「dudduduudu」，轉換的二元樹如圖 9.1-3b 所示。

設定樹根在第 0 層，其子代在第 1 層，以此類推。轉換前後樹的高度分別是 height1 和 height2，轉換前後樹的目前層數分別是 level1 和 level2。

為了計算轉換前後樹的高度，關鍵是計算轉換前後樹的所有節點的層數。

轉換前樹的高度計算基於樹的優先尋訪的方向。在樹的優先尋訪的方向中，每個 'd' 表示目前的層數增加 1，即 level1++。在圖 9.1-3a 中，第一個 'd' 從節點 0（在第 0 層）存取節點 1（在第 1 層），目前樹的層數是 1。第二個 'd' 從節點 0 存取節點 2（在第 1 層），目前樹的層數是 1。第三個 'd' 從節點 2 存取節點 4（在第 2 層），目前樹的層數是 2。以此類推。

轉換前樹的結構也可以根據樹的優先尋訪的方向來獲得。每個 'd' 表示對於父母節點，子代的數目增加 1。在圖 9.1-3a 中，第一個 'd' 存取節點 0 的第一個子代節點，第二個 'd' 存取節點 0 的第二個子代節點。

轉換後，樹的高度計算基於下述公式：對於節點 x 及其在樹的轉換前的父母 y，$level2(x)=level2(y)+$ 在樹轉換之前 x 作為子代的序號。

例如，在圖 9.1-3a 中，樹轉換之前，節點 0 是節點 3 的父母，節點 3 是節點 0 的第 3 個子代。level2（節點 3）=level2（節點 0）+ 在樹轉換之前節點 3 作為子代的序號 =0+3=3。節點 2 是節點 5 的父母，節點 5 是節點 2 的第 2 個子代。level2（節點 5）=level2（節點 2）+ 在樹轉換之前節點 5 作為子代的序號 =2+2=4。如圖 9.1-3b 所示。

❖ 參考程式

```
01   #include <iostream>
02   #include<string>
03   using namespace std;
04   string s;                            // 先根尋訪的方向字串
05   int i,n=0, height1, height2;         // 字元指標為 i，轉換前後的樹高分別為 height1 和 height2
06
07   void work(int level1, int level2){   // 遞迴計算轉換前後的樹高（轉換前後的目前層
08                                        // 分別為 level1 和 level2）
09       int tempson=0;                   // 轉換前目前節點的子代數初始化
10       while (s[i]=='d'){               // 若目前字元為 'd'，說明增加 1 個子代
11           i++;  tempson++;             // 字元指標 +1，子代數 +1
12           work(level1+1, level2+tempson);  // 遞迴（轉換前的目前層為 level1+1，
13                                        // 轉換後的目前層為 level2+tempson）
14       }
15       height1=level1>height1?level1:height1; // 調整轉換前的樹高
16       height2=level2>height2?level2:height2; // 調整轉換後的樹高
17       i++;                             // 字元指標 ++
18       }
19
20   int main ( )
21   {
22       while (cin>>s && s!="#"){        // 反覆輸入先根尋訪的方向字串，直至輸入 "#"
23       i=height1=height2=0;             // 字元指標和轉換前後的樹高初始化
24           work(0, 0);                  // 計算和輸出轉換前後的樹高
25           cout<<"Tree "<<++n<<": "<<height1<<" => "<<height2<<endl;
26       }
27       return 0;
28   }
```

9.2 應用典型二元樹

定義 9.2.1（二元樹，Binary Tree） 二元樹是每個節點最多有兩棵子樹（左子樹和右子樹）的樹狀結構。

設定具有 n 個節點、互不相似的二元樹的數目為 b_n，則 $b_0=1$ 的二元樹為空樹，$b_1=1$ 的二元樹是只有一個根節點的樹。$b_2=2$ 和 $b_3=5$ 的二元樹的形態分別如圖 9.2-1a 和圖 9.2-1b 所示。

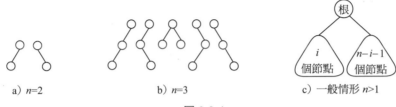

a) $n=2$　　　　　b) $n=3$　　　　　c) 一般情形 $n>1$

圖 9.2-1

當 $n>3$ 時，二元樹可以看作由一個根節點、一棵具有 i 個節點的左子樹和一棵具有 $n-i-1$ 個節點的右子樹組成，如圖 9.2-1c 所示，其中 $0 \le i \le n-1$。根據加法定理和乘法定理，　$b_n = \begin{cases} 1 & n=0 \\ \sum_{i=0}^{n-1} b_i b_{n-i-1} & n \ge 1 \end{cases}$ 。

對於二元樹，可以推導葉節點與節點總數的關係。設 n 是二元樹的節點總數，n_0 是子代數為 0 的節點數（即葉節點數），n_1 是子代數為 1 的節點數，n_2 是子代數為 2 的節點數，則得公式①：$n=n_0+n_1+n_2$。又因為一個子代數為 2 的節點會有 2 個子節點，一個子代數為 1 的節點會有 1 個子節點，除根節點之外其他節點都有父節點，則得公式②：$n=1+n_1+2 \times n_2$。由①、②兩式把 n_2 消去，得公式③：$n=2 \times n_0+n_1-1$。

本節提供滿二元樹、完全二元樹和完美二元樹的實作，這類二元樹的節點數、層數和形態有規律可循。

定義 9.2.2（滿二元樹，Full Binary Tree） 一棵二元樹的節點要麼是葉節點，要麼它有兩個子節點，這樣的二元樹就是滿二元樹。

圖 9.2-2 提供了一棵滿二元樹的實例。

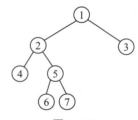

圖 9.2-2

9.2.1 ▶ Expressions

算術運算式通常被寫為運算元在兩個運算元之間（這被稱為中置標記法）。例如，$(x+y) * (z-w)$ 是用中置標記法表示的算術運算式。然而，如果運算式是用字尾標記法（也稱為逆波蘭標記法）寫的，則程式編寫計算運算式更容易。在字尾標記法中，運算元寫在其兩個運算元後面，這兩個運算元也可以是運算式。例如，「$x\ y+z\ w-*$」是上面提供的算術運算式的字尾標記法。注意，在字尾標記法中不需要括號。

計算用字尾標記法寫的運算式，可以使用在堆疊上操作的演算法。堆疊是支援兩種操作的資料結構：

◆ push：在堆疊的頂部插入一個數字。

◆ pop：從堆疊的頂部取走數字。

在計算過程中，我們從左到右處理運算式。如果遇到一個數字，我們就把它插在堆疊頂端。如果遇到一個運算元，我們就從堆疊頂端取出前兩個數字，並對它們用運算元進行運算，然後將結果插回堆疊頂端。更具體地說，下面的虛擬碼示範了在遇到運算元「O」時如何處理該情況：

```
a := pop();
b := pop();
push(b O a);
```

運算式運算的結果是留在堆疊中的唯一的數字。

現在，假設我們使用佇列而不是堆疊。佇列也有 push 和 pop 操作，但它們的含意不同：

◆ push：在佇列的末尾推入一個數字。

◆ pop：將佇列開頭的數字從佇列中提出。

你是否可以重寫提供的運算式，使得使用佇列的演算法的結果，與使用堆疊的演算法計算該運算式的結果相同？

輸入

輸入的第一行提供一個數字 T（$T \leq 200$）。後面的 T 行每行提供一個字尾標記法的運算式。算術運算元用大寫字母表示，數字用小寫字母表示。本題設定每個運算式的長度小於 10000 個字元。

輸出

對於每個提供的運算式，當演算法是用佇列而不是用堆疊時，輸出具有相等結果的運算式。為了使解唯一，運算元不允許是可結合的或可交換的。

範例輸入	範例輸出
2	wzyxIPM
xyPzwIM	gfCecbDdAaEBF
abcABdefgCDEF	

試題來源：Ulm Local Contest 2007

線上測試：POJ 3367，UVA 11234，HDOJ 1805

❖ 試題解析

一個用中置標記法表示的算術運算式，可以表示為一棵滿二元樹，運算元為內節點，運算元為葉節點。中序尋訪這棵滿二元樹，即可得到用中置標記法表示的算術運算式。本題輸入提供一個字尾標記法的算術運算式，就是算術運算式所對應的滿二元樹的後序尋訪，要求依自下而上、由右至左的順序尋訪這棵二元樹。

我們可按照下述方法「重寫」這個尋訪字串。

1. 建構後序尋訪對應的滿二元樹。

    這個計算過程要使用堆疊。順序分析後序字串中的每個字元：若目前字元為運算元，則指定給目前節點，節點序號推入堆疊；否則堆疊頂端的兩個節點序號提出堆疊，分別作為目前節點的左右指標，目前字元（運算元）指定給目前節點。處理完目前字元後，節點序號 +1。

2. 從根出發，寬度優先搜尋（即自上而下、由左至右的順序）滿二元樹。

這個計算過程則要使用佇列：根序號進入佇列；然後反覆取出佇列開頭的節點序號，將節點的資料加入結果字串；若節點存在左右指標，則將其送入佇列。這個過程一直進行至佇列空為止。

3. 對結果字串進行反轉操作，形成自下而上、由右至左的尋訪順序。

其中步驟 **2.**、**3.** 就是使用佇列重寫「後序尋訪」。

❖ 參考程式

```
01   #include <iostream>
02   #include <stack>
03   #include <queue>
04   using namespace std;
05   const int maxn=11000;
06   struct node{                              // 二元樹的節點類別為結構體
07       int l,r;                              // 左右指標
08       char c;                               // 資料欄
09   }e[maxn];                                 // 二元樹序列
10
11   int cnt;                                  // 節點序號
12   char st[maxn];                            // 字尾運算式字串
13   void initial(){
14       int len=strlen(st);                   // 計算字串 st 的長度
15       for(int i=0;i<=len;i++){              // 建構 len 棵空樹，以便字元作為葉節點插入二元樹
16           e[i].l=e[i].r=-1;
17       }
18       cnt=0;                                // 節點序號初始化
19   }
20   void solve(){                             // 用堆疊建構滿二元樹序列
21       int len=strlen(st);                   // 計算字串 st 的長度
22       stack<int> v;                         // 定義元素類別為整數（節點序號）的堆疊 v
23       for(int i=0;i<len;i++){
24           if(st[i]>='a' && st[i]<='z'){     // 若第 i 個字元為運算元，則賦予節點資料欄
25               e[cnt].c=st[i];
26               v.push(cnt);                  // 節點序號入堆疊
27               cnt++;                        // 計算下一節點序號
28           }else{                            // 否則第 i 個字元為運算元
29               int r=v.top();                // 堆疊開頭的兩個運算元 r 和 l 提出堆疊
30               v.pop();
31               int l=v.top();
32               v.pop();
33               e[cnt].l=l;                   // 目前節點的左右指標為 l 和 r，資料欄為運算元
34               e[cnt].r=r;
35               e[cnt].c=st[i];
36               v.push(cnt);                  // 節點序號推入堆疊
37               cnt++;                        // 計算下一節點序號
38           }
39       }
40   }
41   void output(){                            // 用佇列計算和輸出具有相等結果的運算式字串
```

```
42      string ans;
43      queue<int> q;                          // 定義元素類別為整數（節點序號）的佇列 q
44      q.push(cnt-1);                         // 根進入佇列
45      while(!q.empty()){                     // 若佇列非空，則取佇列開頭節點 s
46          int s=q.front();
47          q.pop();
48          ans.push_back(e[s].c);            // s 節點的資料加入 ans 尾部
49          if(e[s].l!=-1) q.push(e[s].l);    // 若 s 節點的左指標非空，則左指標入列
50          if(e[s].r!=-1) q.push(e[s].r);    // 若 s 節點的右指標非空，則右指標入列
51      }
52      reverse(ans.begin(),ans.end());        // 對 ans 字串進行反轉操作，形成具有相等結果的運算式
53      printf("%s\n",ans.c_str());            // 輸出結果字串
54  }
55
56  int main(){
57      int t;
58      scanf("%d",&t);                        // 輸入測試案例數
59      while(t-->0){                           // 依次處理每個測試案例
60          scanf("%s",st);                    // 輸入字尾字串
61          initial();                         // 為每個字元建構一棵空樹
62          solve();                           // 用堆疊建構滿二元樹
63          output();                          // 用佇列計算和輸出具有相等結果的運算式字串
64      }
65      return 0;
66  }
```

定義 9.2.3（完全二元樹，Complete Binary Tree）　　若一棵二元樹的深度為 h，除第 h 層外，其他各層（$1 \sim h-1$）的節點數都達到最大個數，第 h 層所有的節點都連續集中在最左邊，則這樣的二元樹被稱為完全二元樹。

圖 9.2-3 提供了一棵完全二元樹的實例。

在完全二元樹中，子代數為 1 的節點數只有兩種可能，即 0 或 1，由公式③ $n=2*n_0+n_1-1$，得 $n_0=n/2$ 或 $n_0=(n+1)/2$。所以，當 n 為奇數（即 $n_1=0$）時，$n/2$ 向上取整為 n_0；當 n 為偶數（$n_1=1$）時，n_0 為 $n/2$ 的整商。因此，可以根據完全二元樹的節點總數計算出葉節點數。

定義 9.2.4（完美二元樹，Perfect Binary Tree）　　在一棵二元樹中，如果所有分支節點都存在左子樹和右子樹，並且所有葉子都在同一層上，這樣的二元樹稱為完美二元樹。

圖 9.2-4 提供了一棵完美二元樹的實例。

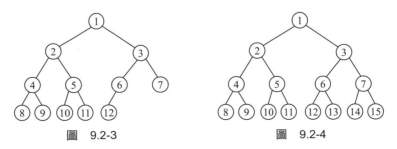

圖 9.2-3　　　　　　　　　　　圖 9.2-4

完美二元樹具有如下性質。

定理 9.2.1 一棵層數為 k 的完美二元樹，總節點數為 2^k-1。

完美二元樹的總節點數一定是奇數個。例如，圖 9.2-4 是一棵層數為 4 的完美二元樹，節點數為 $2^4-1=15$。

定理 9.2.2 一棵完美二元樹的第 i 層上的節點數為 2^{i-1}。

例如，圖 9.2-4 中的完美二元樹，第 2 層的節點數為 $2^{2-1}=2$。一個層數為 k 的完美二元樹的葉節點個數（位於最後一層）為 2^{k-1}。例如，圖 9.2-4 中的完美二元樹第 4 層的葉節點數為 $2^{4-1}=8$。

9.2.2 ▶ Subtrees

有 N 個節點的完全二元樹，有多少種子樹所包含的節點數量不同？

輸入

輸入有多個測試案例，不超過 1000 個。

每個測試案例一行，提供一個整數 N（$1 \le N \le 10^{18}$）。

輸出

對於每個測試案例，輸出一行，提供不同節點數的子樹有多少種。

範例輸入	範例輸出
5	3
6	4
7	3
8	5

試題來源：BestCoder Round #61 (div.2)
線上測試：HDOJ 5524

❖ **試題解析**

一棵完全二元樹有可能是完美二元樹，否則完全二元樹的子樹有一棵是完美二元樹，另一棵是完全二元樹。

一棵完美二元樹的不同節點的子樹的個數就是它的層數，因為滿二元樹的子樹依然是滿二元樹。

而對於一棵完全二元樹，但不是完美二元樹，其不同節點數的子樹的數目是最大的完美二元子樹的深度 + 最大的非完美二元子樹對深度的貢獻 +1（該樹本身）。

根據已知的節點數量，可輕易得知左右子樹的形態，然後遞迴求解。由於 n 的數量太大，要用 long long 類別。具體方法如下。

我們透過遞迴過程 find(x) 計算完全二元子樹的棵數 ans 和最大完美二元子樹的深度 maxn。

從子根節點 x 出發，向左方向擴充一條深度為 k 的左分支，末端節點 l 的編號為 2^k；向右方向擴充一條右分支，末端節點 r 的編號為 2^k-1 或者 $2^{k+1}-1$。

◆ 如果 $l \le r$（$r=l$ 時為單根完美二元樹），則說明以 root 為根的子樹為完美二元樹
（如圖 9.2-5a 所示），根據其深度 k 調整目前為止所有滿二元子樹的最大深度
$maxn=max\{maxn, k\}$。

◆ 如果 $l>r$，則說明以 x 為根的子樹為完全二元樹（圖 9.2-5b 所示）。分別遞迴 find($2*x$)
和 find($2*x+1$)，完全二元子樹的棵數 ans+1。

遞迴結束後，ans+maxn+1 即為含不同節點數的子樹種數（由於深度是從 0 開始計算的，
所以最後結果 +1）。

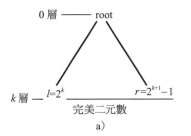
a)

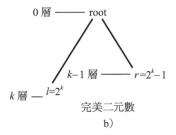
b)

圖 9.2-5

❖ **參考程式**

```
01   #include<iostream>
02   typedef long long ll;
03   using namespace std;
04   ll ans,maxn,n;                        // ans 為完全二元子樹的棵數；maxn 為最大的
05                                         // 完美二元子樹的深度；完全二元樹的節點數為 n
06   int max(int i,int j)                  // 傳回 i 和 j 中的較大者
07   {
08       return (i>j)?i:j;
09   }
10
11   void find(ll x)                       // 從 x 節點出發，計算完全二元子樹的棵數 ans 和
12                                         // 最大完美二元子樹的深度 maxn
13   {
14       ll l=x,r=x;                       // 從 x 向下擴充前，左右分支的末端節點 l 和 r 初始化為 x
15       ll dep=0;                         // 左分支的深度為 0
16       while(l*2<=n)                     // 計算左分支的深度 dep 和末端節點 l
17       {
18           l*=2;
19           dep++;
20       }
21       while(r*2+1<=n)                   // 計算右分支的末端節點 r
22           r=r*2+1;
23       if(l<=r) maxn=max(maxn,dep);      // 若目前子樹形態為滿二元樹，則調整最大深度
24       else                             // 否則目前子樹形態為完全二元樹，遞迴左右子樹，
25                                         // 完全二元子樹的棵數 +1
26       {
27           find(2*x);
28           find(2*x+1);
29           ans++;
30       }
31   }
```

```
32   int main()
33   {
34       while(cin>>n)                      // 反覆輸入節點數直至輸入 0 為止
35       {
36           ans=0; maxn=0;                 // 最大完美二元子樹的深度 maxn 和完全二元子樹的
37                                          // 棵數 ans 初始化
38           find(1);                       // 從根 1 出發，計算 maxn 和 ans
39           cout<<ans+maxn+1<<endl;        // 輸出含不同節點數的子樹種數
40       }
41       return 0;
42   }
```

9.3　計算二元樹路徑

樹的路徑是指根到樹中任意節點間的一條路。二元樹同普通樹一樣，也是一個無迴路的連接圖，根到樹中任意節點的路徑有且僅有一條。

一般情況下，計算二元樹的路徑要根據需要添置節點的父子指標，因為找根至任意節點間的路徑需要子指標指引，找任意節點至根的路徑需要父指標指引。但完全二元樹就另當別論了。如果二元樹為一棵有 n 個節點的完全二元樹，且節點編號順序是自上而下、由左至右，則任意分支節點 i 的雙親為節點 $\left\lfloor \frac{i-1}{2} \right\rfloor$（$1\leq i\leq n-1$）；若節點 i 有左子代（$2*i+1\leq n-1$），則左子代為節點 $2*i+1$；若節點 i 有右子代（$2*i+2\leq n-1$），則右子代為節點 $2*i+2$；若節點序號 i 為偶數且 $i\neq0$，則節點 i 的左兄弟為節點 $i-1$；若節點序號 i 為奇數且 $i\neq n-1$，則節點 i 的右兄弟為節點 $i+1$。節點 i 所在的層次為 $\lfloor \log_2(i+1) \rfloor$，即該節點至根的路徑長度為 $\lfloor \log_2(i+1) \rfloor$。按照上述規律，完全二元樹可用一個一維陣列儲存，直接由陣列索引指示父子節點間的關係，使路徑計算簡化了許多。

如果二元樹不是完全二元樹，但每個節點的標示與其左右子代的標示呈一定數學規律，我們也有可能方便地計算出樹中任意節點至根的路徑。

9.3.1 ▶ Binary Tree

在電腦科學中，二元樹是一種普通的資料結構。在本題中，已知有一棵無限的二元樹，節點被標示為一對整數，建構如下：

◆ 樹根被標示為整數對 (1, 1)；

◆ 如果一個節點被標示為 (a, b)，那麼其左子樹樹根被標示為 $(a+b, b)$，其右子樹樹根被標示為 $(a, a+b)$。

問題：提供上述二元樹的某個節點標示 (a, b)，假定從樹根到這一給定的節點是沿著最短的路徑走，你能提供多少次要向左子樹走，多少次要向右子樹走嗎？

輸入

第一行提供測試案例個數。每個測試案例占一行，由兩個整數 i 和 j（$1\leq i$，$j\leq2\times10^9$）組成，表示節點的標示 (i, j)。假定提供的節點都是有效節點。

輸出

對每個測試案例,第一行為「Scenario #*i*:」,其中 *i* 是測試案例編號,從 1 開始編號;然後輸出一行提供兩個整數 *l* 和 *r*,中間用一個空格隔開,其中 *l* 是從樹根到該節點要向左子樹走的次數,*r* 是從樹根到該節點要向右子樹走的次數。在每個測試案例結束後輸出一個空行。

範例輸入	範例輸出
3 42 1 3 4 17 73	Scenario #1: 41 0 Scenario #2: 2 1 Scenario #3: 4 6

試題來源: TUD Programming Contest 2005 (Training Session), Darmstadt, Germany

線上測試: POJ 2499

❖ **試題解析**

因為節點標示從 (1, 1) 開始增加,所以所有標示的值都是正數。又因一個節點被標示為 (*a*, *b*),其左子代被標示為 (*a*+*b*, *b*),其右子代被標示為 (*a*, *a*+*b*),所以提供一個節點的標示,很容易根據兩個數的大小判斷它是左子代還是右子代。例如,對於 (*a*+*b*, *b*),從 *a*+*b* 減去 *b* 得到其雙親節點 (*a*, *b*)。因此,從一個節點出發,沿雙親節點方向的路徑向上走,直至根節點為止,從中計算出向左走和向右走的步數。由於每個節點至根節點的路徑是唯一的,因此向左走和向右走的步數也是唯一的。

對於任意的 (*a*, *b*) 來說,採用貪心策略來計算向左走和向右走的步數。若 *a*>*b*,則左走 $\left\lfloor \dfrac{a-1}{b} \right\rfloor$ 步,每走一步左參數 −*b*;否則右走 $\left\lfloor \dfrac{b-1}{a} \right\rfloor$ 步,每走一步右參數 −*a*。最終到達 (1, 1)。

❖ **參考程式**

```
01    #include <iostream>                              // 前置編譯命令
02    using namespace std;                             // 使用 C++ 標準程式庫中的所有標識符
03    int main () {
04        int SC;                                      // 輸入測試案例數
05        cin >> SC;
06        for( int S=1; S<=SC; S++ ){
07            cout<<"Scenario #"<< S<<":"<<endl;       // 輸出測試案例編號
08            int a, b;
09            cin >> a >> b;                            // 輸入目前測試案例的節點標示
10            int left = 0, right = 0;                  // 左走的步數和右走的步數初始化
11            while( a > 1  ||  b > 1 ){                 // 若未走到根
12                if( a > b ){
13                    int up = (a - 1) / b;             // 左走 (a - 1) / b 步
14                    left += up;                       // 累計左走的步數
15                    a -= up * b;
16                } else {
```

```
17                        int up = (b - 1) / a;              //右走 (b - 1) / a步
18                            right += up;                   // 累計右走的步數
19                        b -= up * a;
20                        }
21                    }
22            cout << left << „ „ << right << endl << endl;   // 輸出左走的步數和右走的步數
23        }
24 }
```

9.3.2 ▶ Dropping Balls

從完滿二元樹（Fully Binary Tree，FBT）的根一個接一個地向下落 K 個球。每次被落下的球到一個內節點後，球還會繼續向下落，要麼沿著左子樹的路徑，要麼沿著右子樹的路徑，直到它落到了 FBT 的一個葉節點上。為了確定球的移動方向，在每個內節點都設定了一個標誌，該標誌有兩個值，分別為 false 和 true。最初，所有的標誌都是 false。當球落到一個內節點時，如果該節點上的標誌目前值為 false，則首先切換該標誌的值，即從 false 切換到 true，然後球向該節點的左子樹繼續向下落；否則，切換此標誌的值，即從 true 切換到 false，然後球向該節點的右子樹繼續向下落。而且，FBT 的所有節點都按順序編號，先對深度為 1 的節點從 1 開始編號，然後對深度為 2 的節點開始編號，以此類推。任何深度上的節點都是從左到右編號。

例如，圖 9.3-1 表示具有節點號 1，2，3，…，15 的最大深度為 4 的 FBT。初始時，所有節點的標誌都被設定為 false，因此第一個落下的球將在節點 1、節點 2 和節點 4 處切換標誌值，最終在節點 8 停止。第二個落下的球將在節點 1、節點 3 和節點 6 處切換標誌值，並在節點 12 停止。很明顯，第三個落下的球將在節點 1、節點 2 和節點 5 處切換標誌值，然後在節點 10 停止。

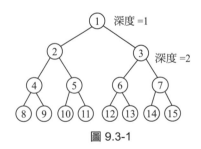

圖 9.3-1

本題提供一些測試案例，每個測試提供兩個值。第一個值是 D，即 FBT 的最大深度；第二個值是 I，表示第 I 個球被落下。本題設定 I 的值不會超過提供的完美二元樹的葉節點總數。

請你編寫一個程式，計算每個測試案例的球最終所停的葉節點的位置 P。

對於每個測試案例，兩個參數 D 和 I 的範圍如下：$2 \leq D \leq 20$，$1 \leq I \leq 524288$。

輸入

輸入有 $I+2$ 行。

第 1 行，提供 I，表示測試案例數。

第 2 行，提供 $D_1 I_1$，表示第 1 個測試案例，用一個空格分隔的兩個十進位數字。

……

第 $k+1$ 行，提供 $D_k I_k$，，表示第 k 個測試案例。

第 l+1 行，提供 $D_l I_l$，表示第 l 個測試案例。

第 l+2 行，提供 –1，表示輸入結束。

輸出
輸出 l 行。

第 1 行，第 1 個測試案例，球最終所停的葉節點的位置 P。

……

第 k 行，第 k 個測試案例，球最終所停的葉節點的位置 P。

……

第 l 行，第 l 個測試案例，球最終所停的葉節點的位置 P。

範例輸入	範例輸出
5	12
4 2	7
3 4	512
10 1	3
2 2	255
8 128	
–1	

試題來源：1998 Taiwan Collegiate Programming Contest, group A
線上測試：UVA 679

❖ **試題解析**

首先要說明一點，對於完滿二元樹，國內外定義不同，國內的教材中，完滿二元樹就是完全二元樹。為了使本書在定義上保持一致，Fully Binary Tree 被譯為完全二元樹。

簡述題意：提供一棵深度為 D 的完美二元樹和 I 個球，初始時所有的節點標誌都是 false，如果節點標誌是 false，則球向左走，否則球向右走，小球接觸節點後，該節點狀態被置反。給定完全二元樹的深度 D 和小球編號 I，問第 I 個小球最終會落到哪個葉節點？

如果直接模擬 I 個小球的下落過程，結果會超時，因為 I 的上限為 2^{19}，每個小球最多下落 19 層，每組測試總下落次數可高達 $2^{19} \times 19$ 次，而測試資料最多有 1000 組。

對深度為 D 的完全二元樹，按自上而下、由左至右的順序依次給節點編號 1 到 2^D-1，即編號為 k 的內節點，其左子代和右子代分別編號為 $2k$ 和 $2k+1$。

經過分析和模擬後，可以發現：對於目前測試案例提供的 I，如果 I 是奇數，則小球在根節點時，落向左子樹，並且是第 $(I+1)/2$ 個落向左子樹的小球；如果 I 是偶數，則小球在根節點時，落向右子樹，並且是第 $I/2$ 個落向右子樹的小球。因此，小球最後落入的節點的編號與第 I 個小球以及 I 的奇偶性有關。

例如，對於第 7 個小球，因為 7 是奇數，所以小球落向左子樹，到達節點 2；往下相當於第 (7+1)/2=4 個小球，落向右子樹，到達節點 5；再往下，則相當於第 2 個小球，落向右子樹，到達節點 11。

所以，本題直接模擬小球的下落過程即可得出答案：直接對第 *I* 個小球進行一趟次數為 *D* 的迴圈，每次迴圈計算小球在目前層次落向左右子樹以及落入下一層的節點編號，最終求出第 *I* 個小球停在 *D* 層的葉節點編號。

❖ **參考程式**

```
01    #include<cstdio>
02    using namespace std;
03    int main(){
04        int d,I,t;                          // 完全二元樹的深度d，落下的球數I，測試案例數t
05        while(scanf("%d",&t)==1){            // 輸入測試案例數t
06            if(t==-1)break;                  // 直至輸入 -1 為止
07            for(int i=0 ;i<t ;i++){          // 依次處理 t 個測試案例
08                int k = 1;                   // 小球由根往下落
09                scanf("%d%d",&d,&I);         // 輸入完全二元樹的深度d和落下的球數I
10                for(int i=0 ;i<d-1 ;i++){    // 自上而下計算每一層：如果 I 是奇數，則小球滾向
11                                             // 左子代 2*k，往下相當於第 (I+1)/2 個小球滾向
12                                             // 下一層；如果 I 是偶數，則小球滾向右子代 2*k+1，
13                                             // 往下相當於第 I/2 個小球滾向下一層
14                    if(I%2){k = 2*k; I = (I+1)/2;}
15                    else{k = 2*k+1; I = I/2;}
16                }
17                printf("%d\n",k);            // 輸出球最終所停的葉節點的位置
18            }
19        }
20        return 0;
21    }
```

9.3.3 ▶ S-Trees

在變數集 $X_n=\{x_1, x_2, \cdots, x_n\}$ 上的一棵奇怪樹（Strange Tree，S-tree），也稱為 S- 樹，是一棵二元樹，表示布林函數 $f:\{0,1\}->\{0,1\}$。S- 樹的每條路徑都從根節點開始，由 $n+1$ 個節點組成。每個 S- 樹的節點都有一個深度，是它自身和根節點之間的節點數量（根節點的深度為 0）。深度小於 n 的節點稱為非終端節點。所有非終端節點都有兩個子節點：右子節點和左子節點。每個非終端節點都用變數集 X_n 中的某一變數 x_i 標記。所有深度相同的非終端節點都用相同的變數標記，不同深度的非終端節點用不同的變數標記。因此，相關於根，有一個唯一的變數 x_{i1}；相關於深度為 1 的節點，有唯一的變數 x_{i2}；以此類推。變數序列 $x_{i1}, x_{i2}, \cdots, x_{in}$ 被稱為變數排序。深度為 n 的節點被稱為終端節點，它們沒有子代，被標記為 0 或 1。注意，變數順序以及終端節點上 0 和 1 的分佈足以完全地描述 S- 樹。

如前所述，每個 S- 樹表示一個布林函數 f。如果提供一棵 S- 樹和變數 $x_1, x_2, \cdots, x_n$ 的值，那麼很容易計算出 $f(x_1, x_2, \cdots, x_n)$，即從根開始，重複如下過程：如果目前所在的節點被標記為變數 x_i，則根據變數的值是 1 還是 0，分別走向其右子代或左子代。一旦到達終端節點，節點值為 S- 樹相關的布林函數的值。

在圖 9.3-2 中，提供了兩個表示相同布林函數 $f(x_1, x_2, x_3)=x_1$ and $(x_2$ or $x_3)$ 的 S- 樹。對於左邊的樹，變數順序是 x_1、x_2、x_3；對於右邊的樹，變數順序是 x_3、x_1、x_2。

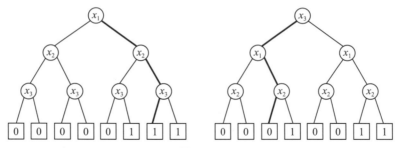

圖 9.3-2

以變數值指定（Variable Values Assignment，VVA）提供變數 $x_1, x_2, \cdots, x_n$ 的值 ($x_1=b_1$, $x_2=b_2,\cdots, x_n=b_n$)，其中 $b_1, b_2,\cdots, b_n$ 在 {0, 1} 中取值。例如 ($x_1=1, x_2=1, x_3=0$) 是對 $n=3$ 的一個有效的 VVA，對於上述範例函式，結果值為 $f(1, 1, 0)=1$ and $(1$ or $0)=1$，相關的路徑在圖 9.3-2 中以粗線表示。

請你編寫一個程式，提供一棵 S- 樹和一些 VVA，按上述方法計算 $f(x_1, x_2, \cdots, x_n)$。

輸入

輸入提供若干 S- 樹，以及相關的 VVA 的測試案例。每個測試案例的第一行提供一個整數 n（$1 \le n \le 7$），即 S- 樹的深度。接下來的一行，提供 S- 樹的變數順序。這一行的格式是 $x_{i1}\ x_{i2}\ \cdots\ x_{in}$（$n$ 個完全不同的用空格分隔的字串）。因此，對於 $n=3$，變數順序為 x_3、x_1、x_2，則這一行如下所示：

$$x_3\ x_1\ x_2$$

接下來的一行提供了 0 和 1 在終端節點上的分佈，提供 2^n 個字元（每個字元是 0 或 1），後面跟著分行符號。這些字元按照它們在 S- 樹中出現的順序提供，第一個字元對應於 S- 樹的最左邊的終端節點，最後一個字元對應於其最右邊的終端節點。

再接下來的一行提供一個整數 m，即 VVA 的數量，後面提供 m 行 VVA。在 m 行中的每一行提供 n 個字元（每個字元是 0 或 1），後跟一個分行符號。不管 S- 樹的變數順序如何，第一個字元是 x_1 的值，第二個字元是 x_2 的值，以此類推。例如，一行中提供 110 相關於 VVA($x_1=1, x_2=1, x_3=0$)。

輸入以 $n=0$ 開頭的測試案例終止。程式不用處理該測試案例。

輸出

對於每棵 S- 樹，輸出一行「S-Tree #j:」，其中 j 是 S- 樹的編號。然後輸出一行，對每個給定 m VVA，輸出 $f(x_1, x_2,\cdots, x_n)$，其中 f 是 S- 樹定義的函式。

在每個測試案例之後輸出一個空行。

範例輸入	範例輸出
3	S-Tree #1:
x1 x2 x3	0011
00000111	
4	S-Tree #2:
000	0011

範例輸入	範例輸出
（續）	
010	
111	
110	
3	
x3 x1 x2	
00010011	
4	
000	
010	
111	
110	
0	

試題來源：ACM Mid-Central European Regional Contest 1999

線上測試：POJ 1105，UVA 712

❖ **試題解析**

本題提供一棵完全二元樹，每個非葉節點層用一個變數 x_i 表示。有 m 條從根節點開始的路線，0 表示向左子代走，1 表示向右子代走，問 m 條路上最終節點的值。

可以把詢問的序列看作二進位數字，例如把 000 看成十進位的 0，把 010 看成十進位的 2。假設我們把最後的葉節點儲存在字元陣列 $a[]$ 中，則可以發現，分別把詢問序列中的每個二進位數字轉換成十進位數字 s，則 $a[s]$ 對應目前詢問要存取的葉節點值。

❖ **參考程式**（本題參考程式的 PDF 檔案和本題的英文原版均可從碁峰網站下載）

9.4　透過尋訪確定二元樹結構

二元樹含 3 個要素——根、左子樹和右子樹（如圖 9.4-1 所示），由此得出二元樹的三種尋訪規則：

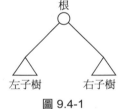
圖 9.4-1

1. 前序尋訪：根－左子樹－右子樹。

2. 中序尋訪：左子樹－根－右子樹。

3. 後序尋訪：左子樹－右子樹－根。

由於前序尋訪的第一個字元和後序尋訪的最後一個字元為根，中序尋訪中位於根左方的子字串和位於根右方的子字串分別反映了左子樹和右子樹的結構，因此二元樹的形態可以由其中序尋訪和後序尋訪的結果，或者前序尋訪和中序尋訪的結果來唯一確定。而前序尋訪和後序尋訪的結果則無法反映左子樹和右子樹結構，因為這兩個尋訪的結果可對應多種二元樹的形態。

（1）由二元樹的中序尋訪和後序尋訪的結果確定前序尋訪的結果

由二元樹的尋訪規則可以看出，後序尋訪結果的最後一個字元為根，中序尋訪結果中，位於該字元左側的子字串為中序尋訪左子樹的結果，中序尋訪結果中，位於該字元右側的子字串為中序尋訪右子樹的結果。設中序尋訪的結果為 $s'=s_1'\cdots s_k'\cdots s_n'$，後序尋訪的結

果為 $s''=s_1''\cdots s_n''$。顯然,後序尋訪結果中的 s_n'' 為二元樹的根,在中序尋訪的結果中,與 s_n'' 相同的字元為 s_k'。

按照前序尋訪的規則,先輸出根 s_n''(或 s_k'),然後分析左右子樹:

1. 若 $k>1$,說明左子樹存在,位於 s_k' 左側的子字串 $s_1'\cdots s_{k-1}'$ 為左子樹中序尋訪的結果,後序尋訪中的字首 $s_1''\cdots s_{k-1}''$ 為左子樹後序尋訪的結果;

2. 若 $k<n$,說明右子樹存在,位於 s_k' 右側的子字串為右子樹中序尋訪的結果,後序尋訪中的 $s_k''\cdots s_{n-1}''$ 為右子樹後序尋訪的結果。

分別遞迴二元樹的左子樹和右子樹(若存在的話)。

(2) 由二元樹的中序尋訪和前序尋訪的結果確定後序尋訪的結果

由前序尋訪和中序尋訪的遞迴定義可以看出,前序尋訪結果的首字元是樹的根。在中序尋訪的結果中,位於該字元左側的子字串為左子樹中序尋訪的結果,而位於該字元右側的子字串為右子樹中序尋訪的結果。設中序尋訪的結果為 $s'=s_1'\cdots s_k'\cdots s_n'$,前序尋訪的結果為 $s''=s_1''\cdots s_n''$。顯然,在前序尋訪的結果中,s_1'' 為二元樹根;在中序尋訪的結果中,與 s_1'' 相同的字元為 s_k'。按照後序尋訪的規則,先分析左右子樹:

1. 若 $k>1$,說明左子樹存在,位於 s_k' 左側的子字串 $s_1'\cdots s_{k-1}'$ 為中序尋訪左子樹的結果,在前序尋訪的結果中,$s_2''\cdots s_k''$ 為前序尋訪左子樹的結果;

2. 若 $k<n$,說明右子樹存在,位於 s_k' 右側的子字串為中序尋訪右子樹的結果,在前序尋訪的結果中,$s_{k+1}''\cdots s_n''$ 為前序尋訪右子樹的結果。

分別遞迴二元樹的左子樹和右子樹(若存在的話),最後輸出根 s_1''(或 s_k')。

9.4.1 ▶ Tree Recovery

Valentine 非常喜歡玩二元樹,她喜歡的遊戲是隨意建構一棵二元樹,用大寫字母標示節點。圖 9.4-2 是她建構的二元樹中的一棵。

為了向她的後代記錄她所建立的樹,她給每棵樹寫下兩個字串,表示前序尋訪(根、左子樹、右子樹)和中序尋訪(左子樹、根、右子樹)的結果。

對於上面的樹,前序尋訪的結果是 DBACEGF,中序尋訪的結果是 ABCDEFG。

圖 9.4-2

她認為這樣的一對字串提供了重構這棵樹的足夠資訊(但她從來沒有嘗試去重構二元樹)。

過了好些年,她認識到重構這些樹的確是可能的。對於同一棵樹,同一個字母不會用兩次。

然而,如果手工來重構二元樹,那是非常乏味的。因此,請你編寫一個程式來幫她完成這項工作。

輸入

輸入包含一個或多個測試案例。每個測試案例一行，提供兩個字串，表示對二元樹進行前序尋訪和中序尋訪的結果。這兩個字串都由大寫字母組成（因此它們的長度不超過 26）。

輸出

將每個測試案例轉化為 Valentine 的二元樹，並在一行中輸出樹的後序尋訪（左子樹、右子樹、根）的結果。

範例輸入	範例輸出
DBACEGF ABCDEFG	ACBFGED
BCAD CBAD	CDAB

試題來源：Ulm Local 1997

線上測試：POJ 2255，ZOJ 1944，UVA 536

❖ **試題解析**

根據前序尋訪和中序尋訪的定義，子樹前序字串的首字元為子根。在子樹的中序字串中，該字元左方是其左子樹的中序字串，右方是其右子樹的中序字串。子樹的後序尋訪字串按照遞迴左子樹、遞迴右子樹、存取根的順序建構。

設定前序字串為 preord，頭尾指標分別為 $preord_l$ 和 $preord_r$；中序字串為 inord，頭尾指標分別為 $inord_l$ 和 $inord_r$。

我們設計一個過程 recover($preord_l$, $preord_r$, $inord_l$, $inord_r$)，計算和輸出 preord 和 inord 對應的後序字串：

1. 計算中序字串中的根位置 root，該位置的字元與前序字串的首字元相同（inord[root]==preord[$preord_l$]）；

2. 計算左子樹的規模 l_l（中序字串中根左方的字元數 root-$inord_l$）和右子樹的規模 l_r（中序字串中根右方的字元數 $inord_r$– root）；

3. 在左子樹不空的情況下（$l_l>0$），遞迴左子樹 recover($preord_l$, $preord_l+l_l$, $inord_l$, root−1)，其中 $preord_l$、$preord_l+l_l$ 為前序字串中左子樹的頭尾指標，$inord_l$、root−1 為中序字串中左子樹的頭尾指標；

4. 在右子樹不空的情況下（$l_r>0$），遞迴右子樹 recover($preord_l+l_l+1$, $preord_r$, root+1, $inord_r$)，其中 $preord_l+l_l+1$、$preord_r$ 為前序字串中右子樹的頭尾指標，root+1、$inord_r$ 為中序字串中右子樹的頭尾指標；

5. 輸出根 inord[root]。

❖ **參考程式**

```
01    #include<stdio.h>                              // 前置編譯命令
02    #include<string.h>
03    #include<assert.h>
04    FILE *input;                                    // 輸入檔案流的指標
05    char preord[30],inord[30];                      // 前序字串和中序字串
06    int read_case()                                 // 讀前序尋訪 preord 和中序尋訪 inord
```

```
07  {
08      fscanf(input,"%s %s",preord,inord);
09      if (feof(input)) return 0;                      // 若檔案結束，則傳回 0；否則傳回 1
10      return 1;
11  }
12  void recover (int preleft, int preright, int inleft, int inright) // 輸入前字串的
13      // 首尾指標和中序字串的頭尾指標，計算和輸出後序字串
14  {
15      int root,leftsize,rightsize;
16      assert(preleft<=preright && inleft<=inright);   // 判定前序字串和中序字串未結束轉化
17      for (root=inleft; root<=inright; root++)        // 計算中序字串中的根位置 root
18          if (preord[preleft]==inord[root]) break;
19      leftsize = root-inleft;                         // 計算左子樹的規模和右子樹的規模
20      rightsize = inright-root;
21      if(leftsize>0)                                  // 遞迴左子樹
22  recover(preleft+1,preleft+leftsize,inleft,root-1);
23      if(rightsize>0)                                 // 遞迴右子樹
24  recover(preleft+leftsize+1,preright,root+1,inright);
25      printf("%c",inord[root]);                       // 輸出根
26  }
27
28  void solve_case()
29  {
30      int n = strlen(preord);                         // 計算節點數
31      recover(0,n-1,0,n-1);                           // 計算和輸出後序尋訪
32      printf("\n");
33  }
34
35  int main()
36  {
37      input = fopen("tree.in","r");                   // 輸入檔案名稱串與檔案變數連接
38      assert(input!=NULL);                            // 判定輸入檔案未結束
39      while (read_case()) solve_case();               // 反覆輸入前序字串和中序字串，建構後序字串
40      fclose(input);                                  // 關閉輸入檔案
41      return 0;
42  }
```

9.4.2 ▶ Tree

已知有一棵二元樹，請你計算二元樹中這樣的葉節點的值：該節點是從二元樹的根到所有葉節點中具有最小路徑值的終端節點。一條路徑的值是該路徑上節點的值之和。

輸入

輸入提供一棵二元樹的描述：該二元樹的中序和後序尋訪的序列。程式將從輸入中讀取兩行（直到輸入結束）。第一行提供樹的中序尋訪的值的序列，第二行提供樹的後序尋訪的值的序列。所有值都大於 0 且小於 500。本題設定，任何二元樹沒有超過 25 個節點或少於 1 個節點。

輸出

對於每棵樹的描述，請你輸出具有最小路徑值的葉節點的值。如果存在多條路徑具有相同的最小值的情況，你可以選擇任何合適的終端節點。

範例輸入	範例輸出
3 2 1 4 5 7 6	1
3 1 2 5 6 7 4	3
7 8 11 3 5 16 12 18	255
8 3 11 7 16 18 12 5	
255	
255	

試題來源： ACM Central American Regionals 1997

線上測試： UVA 548

❖ **試題解析**

本題輸入一棵二元樹的中序和後序尋訪的序列，輸出二元樹的一個葉節點，要求該葉節點到根的路徑值最小。

本題的解題演算法如下。

1. 根據中序尋訪和後序尋訪建構對應二元樹。方法如下：

由後序尋訪確定目前子樹的根節點，再在中序尋訪中找到子根位置，則中序尋訪中根的左側是其左子樹的中序尋訪，根的右側是其右子樹的中序尋訪。若左子樹的長度為 len，則目前的後序尋訪的前 len 個資料是左子樹的後序尋訪序列。右子樹也是同理。

2. 對二元樹進行深度優先搜尋 dfs(r, m)，其中遞迴參數 r 為目前節點，m 為根至 r 的路徑值。顯然，遞迴到葉節點 r 時，m 保存的是 r 到根節點的路徑值。

設定記錄最佳方案的全域變數為 ans 和 pos，ans 儲存到目前為止葉節點至根的最小路徑值，pos 儲存這個葉節點。當遞迴至葉節點 r 時，如果 m 小於 ans，則 ans 調整為 m，pos 調整為目前的葉節點 r。顯然，遞迴結束後的 ans 和 pos 即為本題要求的最佳方案。

❖ **參考程式**（略。本題參考程式的 PDF 檔案和本題的英文原版均可從碁峰網站下載）

9.4.3 ▶ Parliament

MMMM 州選出了一個新的議會。在議會註冊過程中，每位議員都會獲得其唯一的正整數的議員證號。數字是隨機提供的，在數字序列中，兩個相鄰的數字之間可以隔著幾個數。議會中的椅子排列呈樹狀結構。當議員們進入禮堂時，他們按下列順序就座：他們中的第一個人坐上主席的位子；對接下來的每一位代表，如果議員證號小於主席的證號，就向左走，否則就向右走，然後，坐上空位子，並宣佈自己是子樹的主席。如果子樹主席的座位已被人占了，則坐上座位的演算法以相同的方式繼續：代表根據子樹主席的證號向左或向右移動。

圖 9.4-3 展示了按議員證號 10、5、1、7、20、25、22、21、27 的順序進入禮堂的議員的座位範例。

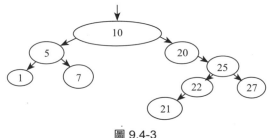

圖 9.4-3

議會在第一次會議上決定以後不改變座次，也確定了議員發言的順序。如果會議的次數是奇數，那麼議員的發言順序如下：左子樹、右子樹和主席。如果一個子樹有不止一個議員，那麼他們的發言順序也是一樣的：子樹的左子樹、子樹的右子樹和子樹主席。如果會議次數是偶數，發言順序就不同了：右子樹、左子樹和主席。對於給定的範例，奇數次會議的發言順序為 1、7、5、21、22、27、25、20、10，而偶數次會議的發言順序為 27、21、22、25、20、7、1、5、10。

提供奇數次會議的發言順序，請你確定偶數次會議的發言順序。

輸入

輸入的第一行提供 N，表示議員總數。接下來的幾行提供 N 個整數，表示按奇數次會議的發言順序的議員證號。

議員總數不超過 3000 人。議員證號不超過 65535。

輸出

輸出提供偶數次會議的發言順序的議員證號。

範例輸入	範例輸出
9	27
1	21
7	22
5	25
21	20
22	7
27	1
25	5
20	10
10	

試題來源：Quarterfinal, Central region of Russia, Rybinsk, October 17-18 2001
線上測試：Ural 1136

❖ 試題解析

由議員座位圖（圖 9.4-3）可以看出，左子樹上的鍵值都比根小，右子樹的鍵值都比根大，所以這是一棵二元搜尋樹。試題提供了這棵二元搜尋樹的後序尋訪（即奇數次會議的發言順序），要求輸出這棵二元樹的「右子樹 – 左子樹 – 根」的尋訪（即偶數次會議的發言順序）。

我們用陣列 $a[]$ 儲存後序尋訪，其中 $a[i]$ 為奇數次會議中第 i 個發言的議員證號。顯然，陣列最後一個元素 $a[n]$ 即為根，則在陣列 $a[]$ 中第一個大於 $a[n]$ 的元素 $a[i]$（$1 \leq i \leq n-1$）即為根的右子代，$a[i..n-1]$ 是右子樹的後序尋訪區間，而 $a[1..i-1]$ 是後序尋訪區間的左子樹區間，其中 $a[i-1]$ 為 $a[n]$ 的左子代。

以試題的範例為例，後序尋訪的最後一個數 10 是樹根的鍵值，後序尋訪中第一個比 10 大的數是 21，則以 21 為首的字尾是右子樹的後序尋訪。而後序尋訪中以 21 左鄰的數字 5 為尾的字首是根的左子樹的後序尋訪，而 5 就是 10 的左子代的鍵值，10 的左鄰數字 20 就是 10 的右子代的鍵值，以此類推，1 是 5 的左子代，7 是 5 的右子代。對於 10 的右子樹也一樣。

本題可用遞迴函數求解，首先確定左、右子樹的範圍，然後輸出右子樹，再輸出左子樹，最後輸出根。

❖ 參考程式

```
01    #include <iostream>
02    #include <cstdio>
03    #include <cstring>
04    using namespace std;
05
06    int n;                              // 節點總數
07    int a[3010];                        // 儲存後序尋訪
08
09    void solve(int l,int r){            // 根據後序尋訪 a[l..r]，計算和輸出 " 右子樹 - 左子樹 - 根 "
10                                        // 的尋訪
11        int i = l;                      // 從 a[l] 出發，由左至右搜尋區間內第一個大於 a[r] 的元素 a[i]
12        while(i<l && a[i]<=a[r]) i++;
13        if(i<r) solve(i,r-1);           // 若存在右子樹區間 [i, r-1]，則遞迴右子樹
14        if(i>l) solve(l,i-1);           // 若存在左子樹區間 [l，i-1]，則遞迴左子樹
15        printf("%d\n",a[r]);            // 輸出根
16    }
17
18    int main()
19    {
20        scanf("%d",&n);                 // 輸入節點總數
21        for(int i = 0;i<n;++i){         // 輸入後序尋訪
22            scanf("%d",&a[i]);
23        }
24        solve(0,n-1);                   // 計算和輸出 " 右子樹 - 左子樹 - 根 " 的尋訪
25        return 0;
26    }
```

9.5　相關題庫

9.5.1 ▶ Tree Summing

LISP 是最早的高階程式設計語言中的一種，和 FORTRAN 一樣，它也是目前還在使用的古老的語言之一。LISP 中使用的基本資料結構是清單，可以用來表示其他重要的資料結構，比如樹。

本題判斷由 LISP 的 S- 運算式表示的二元樹是否具有某項性質。

提供一棵整數二元樹，請你寫一個程式判斷是否存在這樣一條從樹根到樹葉的路：路上的節點的總和等於一個特定的整數。例如，在如圖 9.5-1 所示的樹中有 4 條從樹根到樹葉的路，這些路的總和是 27、22、26 和 18。

在輸入中，二元樹以 LISP 的 S- 運算式表示，形式如下。

```
empty tree ::=()
tree ::=empty tree (integer tree tree)
```

圖 9.5-1 中提供的樹用運算式表示為 (5 (4 (11 (7 () ()) (2 () ()))) ()) (8 (13 () ()) (4 () (1 () ())))))。在這一運算式中樹的所有樹葉表示形式為 (整數 () ())。

因為空樹（Empty Tree）沒有從樹根到樹葉的路，對於在一棵空樹中是否存在一條路總和等於特定的數的查詢回答是負數。

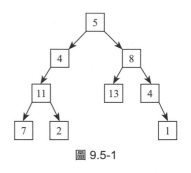

圖 9.5-1

輸入

輸入包含若干測試案例，每個測試案例形式為整數 / 樹，由一個整數開始，後面跟一個或多個空格，然後是一個以上述的 S- 運算式形式表示的二元樹。所有二元樹的 S- 運算式都是有效的，但運算式可能佔據幾行，也可能包含若干空格。輸入檔案中有一個或多個測試案例，輸入以檔案結束符號結束。

輸出

對輸入中的每個測試案例（整數 / 樹）輸出一行。對每一個 I、T（I 是整數，T 是樹），如果在 T 中存在從根到葉的總和是 I 的路，則輸出字串「yes」；如果沒有從根到葉的總和是 I 的路，則輸出字串「no」。

範例輸入	範例輸出
22 (5(4(11(7()())(2()()))()) (8(13()())(4()(1()()))))	yes
20 (5(4(11(7()())(2()()))()) (8(13()())(4()(1()()))))	no
10 (3	yes
(2 (4 () ())	no
(8 () ()))	
(1 (6 () ())	
(4 () ())))	
5 ()	

試題來源： Duke Internet Programming Contest 1992

線上測試： POJ 1145，UVA 112

提示

輸入由兩部分組成。第 1 部分是根到葉的數和 s，第 2 部分是 S- 運算式，即樹的括號表示：先將根節點的值放入一對圓括號中，然後把子樹的節點值按由左至右的順序放入括號中，而對子子樹也採用同樣方法處理，即同層子樹與它的根節點用圓括號括起來，同層子樹之間用括號隔開，最後用右括號括起來。

設計一個遞迴函數 ParseTree(s)。該函式在輸入 S- 運算式的同時，計算從根到葉存在數和為 s 的路徑的標誌，或者是空樹的標誌：

1. 略去無用的空白字元，取第 1 個非空白字元 c。

2. 若 c 非「(」，則報錯；否則略過「(」後的無用空格，取第 1 個非空白字元 c。c 有兩種可能，要麼是數字或正負號，要麼是「)」。

3. 若字元 c 屬於數字或正負號，則取出對應的整數 v，分別檢查左右子樹中是否存在數和為 $s-v$ 的路徑的標誌（或子樹空的標誌）：l=ParseTree($s-v$)，r=ParseTree($s-v$)。然後略過無用空格，取第 1 個非空白字元 c。若字元 c 非「)」，則報錯；否則「)」標誌以整數 v 為根的子樹處理完畢。判斷：

◆ 若 l 和 r 為空樹標誌且 $s==v$，則傳回路徑存在標誌；

◆ 若 l 和 r 中至少存在一條數和為 $s-v$ 的路徑，則傳回路徑存在標誌；

◆ 除上述兩種情況外，傳回路徑不存在標誌。

若 c 非「)」，則表示目前子樹在 S- 運算式中沒有以「)」結尾，報錯。

4. 傳回空樹標誌。

顯然，每次讀入根到葉的數和 s 後執行函式 ParseTree(s)。若傳回路徑存在標誌，則輸出「yes」；否則輸出「no」。

9.5.2 ► Trees Made to Order

按下述步驟給二元樹編號：

1. 空樹編號為 0；

2. 單根樹編號為 1；

3. m 個節點的二元樹的編號小於 $m+1$ 個節點的二元樹的編號。

m 個節點的二元樹，其左子樹為 L，右子樹為 R，編號為 n，使得這樣的 m 個節點的二元樹的編號大於 n：或者左子樹的編號大於 L；或者左子樹的編號等於 L，右子樹的編號大於 R（如圖 9.5-2 所示）。

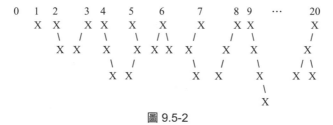

圖 9.5-2

請根據提供的編號輸出二元樹。

輸入

輸入提供多個測試案例。每個測試案例是一個整數 n，$1 \le n \le 500000000$。$n=0$ 表示輸入結束。（沒有空樹輸出。）

輸出

對於每個測試案例，按下述規範輸出樹：

◆ 無子代的樹僅輸出 X；

◆ 有左子樹 L 和右子樹 R 的樹輸出 (L')X(R')，其中 L' 和 R' 分別是 L 和 R 的樹的表示；

◆ 如果 L 為空，則僅輸出 X(R')；

◆ 如果 R 為空，則僅輸出 (L')X。

範例輸入	範例輸出
1	X
20	((X)X(X))X
31117532	(X(X(((X(X))X(X))X(X))))X(((X((X)X((X)X)))X)X)
0	

試題來源：ACM East Central North America 2001

線上測試：POJ 1095，ZOJ 1062，UVA 2357

提示

根據二元樹的編號規則，任一棵具有 i 個節點的二元樹編號位於具有節點數 $i-1$ 的二元樹的編號之後。

設定 h_i 為該規模二元樹的種類數，顯然 h_i 為具有 i 個節點的二元樹編號個數。當 $i==1$ 時，只有 1 個根節點，只能組成 1 種形態的二元樹，即 $h_1=1$，對應編號 1。當 $i==2$ 時，1 個根節點固定，還有 $2-1$ 個節點。這一個節點可以分成 $(1, 0)$、$(0, 1)$ 兩組，即左邊放 1 個，右邊放 0 個，或者左邊放 0 個，右邊放 1 個，即 $h_2=h_0*h_1+h_1*h_0=2$，能組成 2 種形態的二元樹，對應編號 2 和 3。當 $i==3$ 時，1 個根節點固定，還有 2 個節點。這 2 個節點可以分成 3 組：$(2, 0)$、$(1, 1)$、$(0, 2)$。即 $h_3=h_0*h_2+h_1*h_1+h_2*h_0=5$，能組成 5 種形態的二元樹，對應編號 4、5、7、8。以此類推，當 $i \geq 2$ 時，可組成的二元樹數量為 $h_i=h_0*h_{i-1}+h_1*h_{i-2}+\cdots+h_{i-1}*h_0$ 種，即符合 Catalan 數的定義：

$$h_i = \begin{cases} 1 & i = 0, 1 \\ h_0*h_{i-1}+h_1*h_{i-2}+\cdots+h_{i-1}*h_0 & i \geq 2 \end{cases}$$

另有遞迴和遞迴式：$h_i = \dfrac{4*i-2}{i+1}*h_{i-1} = \dfrac{c_{2i}^i}{i+1}$（$i=1,2,3,\cdots$）。

由於二元樹編號是按照節點遞增的順序排列的（節點數為 0 的二元樹編號，節點數為 1 的二元樹編號，節點數為 2 的二元樹編號，…），因此對於編號為 m 的二元樹，其節點數 i 應滿足條件 $\sum_{k=0}^{i} h_k \leq m < \sum_{k=0}^{i+1} h_k$，其特徵值為 $n = m - \sum_{k=0}^{i} h_k$。如何根據節點數 i 和特徵值 n，計算和輸出該二元樹的括號表示呢？我們設計一個中序尋訪過程 work(i, n)：

若子樹無子代 (i=0)，僅輸出 'X'；否則

　　計算左子樹的節點數 l 並調整特徵值 n $\left(\sum_{k=0}^{l} h_k * h_{i-k-1} \leq n < \sum_{k=0}^{l+1} h_k * h_{i-k-1}, n = n - \sum_{k=0}^{l} h_k * h_{i-k-1} \right)$。若左子樹存在

　　(l>0)，則輸出左子樹的括號表示（輸出 '('，遞迴 work $\left(1, \dfrac{n}{h_{i-l-1}} \right)$，輸出 ')'）；

輸出子根 'X'；

若右子樹存在 (i-l-1>0)，則輸出右子樹的括號表示（輸出 "("，遞迴 work(i-l-1，n%h_{i-l-1})，輸出 ')'）。

Chapter 10
應用經典二元樹編寫程式

二元樹不僅有結構簡單、節省記憶體的優點，更重要的是便於對資料進行二分處理。在二元樹的基礎上衍生出一些經典的資料結構，本章提供如下經典二元樹的實作範例：

◆ 提高資料搜尋效率的二元搜尋樹，優先佇列的最佳儲存結構二元堆積，以及在此基礎上兼具二元搜尋樹和二元堆積性質的樹狀堆積；

◆ 用於演算法分析和資料編碼的霍夫曼樹，以及多元霍夫曼樹；

◆ 在二元搜尋樹的基礎上，為進一步提高資料搜尋效率而衍生出的 AVL 樹、伸展樹。

10.1　二元搜尋樹

搜尋是指在一個已知的資料結構中搜尋某個指定的元素。搜尋是資料處理過程中經常遇到的問題，搜尋時間直接影響資料處理的效率。搜尋方法一般有 3 種。

1. 循序搜尋：從線性串列的第一個元素開始，依次將串列中元素與被查元素比較：若相等，則搜尋成功；如果串列中所有元素與被查元素進行了比較但都不相等，則表示串列中沒有要找的元素，搜尋失敗。一個長度為 n 的線性串列，最壞情況下的搜尋時間為 $O(n)$。

2. 二元搜尋：線性串列中的所有元素預先排好序，比如遞增順序；然後，首先取區間的中間元素，若被查元素等於中間元素，則搜尋成功；若被查元素小於中間元素，則該元素在左子區間搜尋；否則在右子區間搜尋。繼續二分過程直至搜尋成功或區間僅剩 1 個元素 r 為止。搜尋時間為 $O(\log_2 n)$。

3. 二元搜尋樹，也稱二元排序樹，定義如下。

定義 10.1.1（二元搜尋樹，Binary Search Tree）　二元搜尋樹是一種具有下列性質的非空二元樹：

◆ 若根節點的左子樹不空，則左子樹的所有節點值均小於根節點值；

◆ 若根節點的右子樹不空，則右子樹的所有節點值均不小於根節點值；

◆ 根節點的左右子樹也分別為二元搜尋樹。

顯然，對二元搜尋樹進行中序尋訪，結果為一個遞增序列。在二元搜尋樹中搜尋指定元素可遵循「左小右大」的規律，整個過程沿某一條路徑進行，搜尋時間自然要少花許多，且二元搜尋樹的深度越小，搜尋效率越高。二元搜尋樹有三種類型。

1. 普通二元搜尋樹：邊輸入邊建構的二元搜尋樹，樹的深度取決於輸入序列。

2. 靜態二元搜尋樹：按照二元搜尋的方法建構出的二元搜尋樹，近似豐滿，深度約為 $O(\log_2 n)$。但這種樹一般採用離線建構的方法，即輸入資料後一次性建樹，不便於進行動態維護。

3. 平衡樹，在插入和刪除過程中一直保持左右子樹的高度至多相差 1 的平衡條件，且保證樹的深度為 $O(\log_2 n)$。

10.1.1 ► BST

對於一個無窮的完美二元搜尋樹（如圖 10.1-1 所示），節點的編號是 1, 2, 3, …。對於一棵樹根為 x 的子樹，沿著左節點一直往下到最後一層，可以獲得該子樹編號最小的節點；沿著右節點一直往下到最後一層，可以獲得該子樹編號最大的節點。現在提供的問題是「在一棵樹根為 x 的子樹中，節點的最小編號和最大編號是什麼？」，請你提供答案。

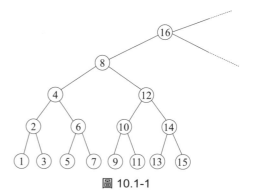

圖 10.1-1

輸入

在輸入中，第一行提供整數 n，表示測試案例的數目。在後面的 n 行中，每行提供一個整數 x（$1 \le x \le 2^{31}-1$），表示子樹樹根的編號。

輸出

輸出 n 行，第 i 行提供第 i 個問題的答案。

範例輸入	範例輸出
2	1 15
8	9 11
10	

試題來源： POJ Monthly, Minkerui
線上測試： POJ 2309

❖ 試題解析

由題意可以看出，若樹根 x 為奇數，則對應的完美二元搜尋樹僅含節點 x；若 x 為偶數且整除 2^k 後的商為奇數（$x\%2^k==0$，$x\%2^{k+1}\ne0$），則對應的完美二元搜尋樹含 k 層，共有 $2^{k+1}-1$ 個節點，其中最小編號的節點 min 位於第 k 層的最左端；最大編號的節點 max 位於第 k 層的最右端。根據完滿二元搜尋樹的性質和題意提供的節點編號規則，可以發現：

◆ min 和 max 為奇數，否則 min 和 max 非葉子，還可以向下擴充；

◆ 根據完美二元樹的性質，x 的左右子樹各含 2^k-1 個節點；

◆ 根據二元搜尋樹的性質，左子樹的編號區間為 [min, $x-1$]，右子樹的編號區間為 [$x+1$, max]。

由此得出 $min=x-2^k+1$，$max=x+2^k-1$。

問題是，怎樣確定偶數 x 整除 2^k 後的商為奇數，2 的最大次冪 k 如何計算。實際上 k 即為 x 對應的二進位數字中左端第 1 個 1 的位置，其權為 2^k。x 整除 2^k 後自然變成了奇數。我們可直接透過位運算 $x\&(-x)$ 計算出 2^k。

❖ 參考程式

```
01    #include <iostream>        // 前置編譯命令
02    using namespace std;       // 使用 C++ 標準程式庫中的所有識別字
03    long lowbit(long x)        // 計算 x 對應的二進位數字中右端第 1 個 1 的位置 k，傳回權 2k
04    {
05        return x & -x;
06    }
07    int main(void)
08    {
09        long n, x;
10        cin >> n;              // 讀入測試案例數
11        for (long i = 0; i < n; i++) {
12            cin >> x;          // 讀第 i 個測試案例的樹根編號
13            cout << x - lowbit(x) + 1 << ' ' << x + lowbit(x) - 1 << endl;
14                 // 輸出以 x 為根的完美二元搜尋樹的最小節點編號和最大節點編號
15        }
16        return 0;
17    }
```

10.1.2 ▶ Falling Leaves

圖 10.1-2 提供一個字母二元樹的圖的表示。熟悉二元樹的讀者可以跳過字母二元樹、二元樹樹葉和字母二元搜尋樹的定義，直接看問題描述。

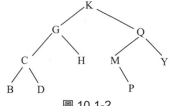

圖 10.1-2

一棵字母二元樹可以是下述兩者之一：

1. 它可以是空樹；

2. 它可以有一個根節點，每個節點以一個字母作為資料，並且有指向左子樹和右子樹的指標，左右子樹也是字母二元樹。

字母二元樹可以用圖這樣表示：空樹忽略不計；節點包含字母資料；如果左子樹非空，向左下方的線段指向左子樹；如果右子樹非空，向右下方的線段指向右子樹。

二元樹的樹葉是一個子樹都為空的節點。在圖 10.1-2 的實例中，有 5 個樹葉節點，資料為 B、D、H、P 和 Y。

字母樹的前序尋訪定義如下：

1. 如果樹為空，則前序尋訪也是空的；

2. 如果樹不為空，則前序尋訪按下述順序組成：存取根節點的資料；前序尋訪根的左子樹；前序尋訪根的右子樹。

圖 10.1-2 中樹的前序尋訪的結果是 KGCBDHQMPY。

在圖 10.1-2 中的樹也是字母二元搜尋樹。字母二元搜尋樹是每個節點滿足下述條件的字母二元樹：按字母序，根節點的字母在左子樹的所有節點的字母之後，在右子樹的所有節點的字母之前。

請考慮在一棵字母二元搜尋樹上的下述操作：刪除樹葉，並將被刪除的樹葉列出；重複這一過程直到樹為空。

從圖 10.1-3 中左邊的樹開始，產生樹的序列如圖所示，最後產生空樹。

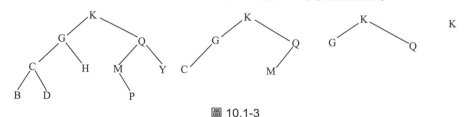

圖 10.1-3

移除的樹葉資料為：

> BDHPY
> CM
> GQ
> K

本題提供這樣一個字母二元搜尋樹的樹葉的行的序列，輸出樹的前序尋訪。

輸入

輸入提供一個或多個測試案例。每個測試案例是一個由一行或多行大寫字母構成的序列。

每行提供按上述描述的步驟從二元搜尋樹中刪除的樹葉。每行中提供的字母按字母序升冪排列。測試案例之間用一行分隔，該行僅包含一個星號（「＊」）。

在最後一個測試案例後，提供一行，僅提供一個美元標誌（「＄」）。輸入中沒有空格或空行。

輸出

對於每個輸入的測試案例，有唯一的二元搜尋樹，產生樹葉的序列。輸出一行，提供該樹的前序尋訪，沒有空格。

範例輸入	範例輸出
BDHPY CM GQ K * AC B $	KGCBDHQMPY BAC

試題來源： ACM Mid-Central USA 2000

線上測試： POJ 1577，ZOJ 1700，UVA 2064

❖ 試題解析

設定移除樹葉串列為 leaves，串列長為 levels，其中 leaves[i] 為第 i 次刪除的樹葉，按字母遞增順序排列（$1 \leq i \leq$ levels）。例如，提供移除樹葉串列 leaves：

序號	字母字串	序號	字母字串
1	BDHPY	3	GQ
2	CM	4	K

顯然，最後刪除的樹葉（leaves[4]）K 為根。按照字母順序分析 leaves 的前 3 項：

序號	K 的左子樹	K 的右子樹
1	BDH	PY
2	C	M
3	G	Q

由上表的第 3 項得出，K 的左子代為 G，右子代為 Q。按照字母序分析上表的前 2 項，得出以 G 為根的子樹：

序號	G 的左子樹	G 的右子樹
1	BD	H
2	C	

按照字母序分析以 Q 為根的子樹：

序號	Q 的左子樹	Q 的右子樹
1	P	Y
2	M	

由此得出 Q 的左子代為 M，右子代為 Y。

以此類推，最後得到如圖 10.1-4 所示的二元樹。

我們透過遞迴程式 preorder(leaves, levels) 計算和輸出該樹的中序尋訪：

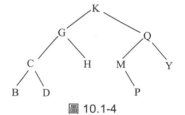

圖 10.1-4

1. 從 leaves 串列結尾出發，向上找第 1 個非空項 leaves[levels]。若 leaves 串列為空（levels<0），則傳回 ""；否則 leaves [levels] 中的首字母即為子根 root。

2. 搜尋 leaves 串列中的每個字母字串 leaves[i]，建構該字母字串的左子樹 left[i] 和右子樹 right[i]（$0 \leq i \leq$ levels−1）：由左而右尋找 leaves[i] 字串中第 1 個不小於 root 的字母位置 past，左子樹 left[i] 為 leaves[i] 字串中長度為 past 的字首，right[i] 為以 past 為起始位置的字尾。

3. 傳回（root+preorder(left, levels) +preorder(right, levels)）。

❖ 參考程式（略。本題參考程式的 PDF 檔案和本題的英文原版均可從碁峰網站下載）

10.1.3 ► The order of a Tree

眾所周知，二元搜尋樹的形狀與插入的鍵的順序有很大關係。準確地說：

1. 在一棵空樹上插入一個鍵 k，然後樹就變成一棵只有一個節點的樹。

2. 在非空樹中插入鍵 k，如果小於根，則在其左子樹上插入 k；否則在其右子樹上插入 k。

我們稱鍵的順序為「樹的順序」，提供一棵樹的順序，請你找一個序列，使之能產生與提供的序列相同形狀的二元搜尋樹；同時，這一序列的字典順序最小。

輸入

輸入中有多個測試案例，每個測試案例的第一行提供一個整數 n（$n \leq 100000$），表示節點的數目。第二行提供 n 個整數，從 k_1 到 k_n，表示樹的順序。為了簡明起見，從 k_1 到 k_n 是一個 1 到 n 的序列。

輸出

輸出 n 個整數的一行，這是一個樹的順序，以最小的字典順序產生相同形狀的樹。

範例輸入	範例輸出
4 1 3 4 2	1 3 2 4

試題來源： 2011 Multi-University Training Contest 16 - Host by TJU
線上測試： HDOJ 3999

❖ **試題解析**

首先，根據輸入鍵的順序，建構對應的二元搜尋樹；然後，前序尋訪這棵二元樹，得出的樹的順序就是以最小的字典順序產生的相同形狀的樹。

注意：為了使得順序值之間用空格隔開，設定第一個節點標誌為 flag。遞迴前 flag 初始化為 true，隨後改為 false。每搜尋到一個節點，若 flag 為 false，則尾隨一個空格，直至搜尋到最後一個節點。

❖ **參考程式**

```
01   #include <stdio.h>
02   typedef struct binTreeNode{              // 元素類型為結構體的二元搜尋樹
03       int data;                            // 順序值
04       struct binTreeNode *lchild,*rchild;  // 左右子樹指標
05   } *BT;
06   void add( BT &T , int val ){             // 將順序值 val 插入二元搜尋樹
07       if( T==NULL ){                       // 若 T 為空，則找到插入位置
08           T = new binTreeNode();           // 申請記憶體，建構值為 val 的葉節點
09           T->data = val;
10           T->lchild = T->rchild = NULL;
11       } else if( T->data > val ){          // 若 val 小於根節點值，則沿左子樹方向尋找插入位置
12           add( T->lchild,val );
13       } else{                              // 若 val 不小於根節點值，則沿右子樹方向尋找插入位置
14           add( T->rchild,val );
15       }
```

```
16    }
17    void preOrder( BT T , bool flag ){        // 前序輸出樹的順序，參數 T 為目前節點，
18                                               // flag 為首節點標誌
19        if( T==NULL )
20            return;
21        else {
22            if( !flag )                        // 若節點 T 非首節點，則尾隨空格
23                printf( " " );
24            printf( "%d",T->data );            // 輸出 T 的順序值，分別遞迴左右子樹
25            preOrder( T->lchild , 0);
26            preOrder( T->rchild , 0);
27        }
28    }
29    int main(){
30        BT T;                                  // 二元搜尋樹的根節點
31        int n,v;                               // 節點數 n，目前順序值 v
32        while( ~scanf( "%d",&n ) ){            // 反覆輸入二元搜尋樹的節點數，直至輸入 0
33            T = NULL;                          // 二元搜尋樹初始化為空
34            for( int i=0 ; i<n ; i++){         // 輸入 n 個順序值，並依次插入二元搜尋樹
35                scanf( "%d",&v );
36                add( T,v );
37            }
38            preOrder( T , 1 );                 // 按照前序尋訪的順序輸出樹的順序
39            printf( "\n" );
40        }
41    }
```

10.1.4 ▶ Elven Postman

精靈是非常奇特的生物。正如大家所知，他們可以活很長時間；他們的魔法讓人不能掉以輕心；他們住在樹上等等。但是，精靈的有些事情你可能不知道：雖然他們能透過神奇的心靈感應非常方便地傳送資訊（就像電子郵件一樣），但他們更喜歡其他更「傳統」的方法。

所以，對於一個精靈郵務士，瞭解如何正確地把郵件送到樹上的某個房間是很重要的。在精靈樹的交叉處，最多兩條分支，或者向東，或者向西。精靈樹看起來非常像人類電腦科學家定義的二元樹。不僅如此，在對房間編號時，他們總是從最東邊的位置向西對房間進行編號。東邊的房間通常更受歡迎，也更貴，因為可以看日出，這在精靈文化中非常重要。

精靈通常把所有的房間號都按順序寫在樹根上，這樣郵務士就知道如何投遞郵件了。順序如下：郵務士將直接存取最東邊的房間，並記下沿途經過的每個房間。到達第一個房間後，他將去下一個沒有存取過的最東邊房間，並在途中記下每個未被存取過的房間；這樣做直到所有房間都被存取過為止。

提供寫在根上的序列，請你確定如何到達某個房間。

例如，序列 2、1、4、3 寫在如圖 10.1-5 的樹的樹根上。

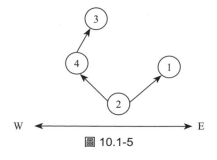

圖 10.1-5

輸入

首先提供一個整數 T（$T{\le}10$），表示測試案例的數目。

對於每個測試案例，在一行上提供一個數字 n（$n{\le}1000$），表示樹上的房間數。然後的 n 個整數表示寫在根上的房間號的序列，分別為 $a_1,\cdots,a_n$，其中 $a_1,\cdots,a_n{\in}\{1,\cdots,n\}$。

在接下來的一行，給出一個數字 q，表示要投遞的郵件數。之後，給出 q 個整數 $x_1,\cdots,x_q$，表示每封郵件要送達的房間號。

輸出

對於每個查詢，輸出郵務士送郵件所需的移動序列（由 E 或 W 組成）。E 表示郵務士向東分支走，而 W 表示向西分支走。如果目的地的房間在根上，就輸出一個空行。

請注意，為了簡便，我們設定郵務士總是從根開始，不管他要去哪個房間。

範例輸入	範例輸出
2	E
4	
2 1 4 3	WE
3	EEEEE
1 2 3	
6	
6 5 4 3 2 1	
1	
1	

試題來源： 2015 ACM/ICPC Asia Regional Changchun Online

線上測試： HDOJ 5444

❖ **試題解析**

本題提供線性排列的樹節點值，第一個數字是根節點值，如果後面的數不大於目前值，則往東（E）走，否則往西（W）走。顯然，這樣的線性排列為二元搜尋樹的前序尋訪，而其中序尋訪則為 $1\cdots n$。

本題是在已知這棵二元搜尋樹的前序尋訪和中序尋訪的基礎上，查詢根至某些節點所要走的路徑。由此得出解題步驟：

1. 輸入寫在根上的房間序列，並建構二元搜尋樹。注意，插入節點時需記錄插入時的路徑；

2. 依次處理 q 個詢問：每次詢問按小（或相等）「東」、大「西」的規則，搜尋由根至目前房間的路徑。

❖ **參考程式**（略。本題參考程式的 PDF 檔案和本題的英文原版均可從碁峰網站下載）

10.2　二元堆積

定義 10.2.1（二元堆積 (Heap)）　二元堆積是一棵滿足下列性質的完全二元樹：如果某個節點有子代，則根節點的值都小於子代節點的值，我們稱之為最小堆積。如果某個節點有子代，則根節點的值都大於子代節點的值，我們稱之為最大堆積。

所以，在二元堆積中，最小堆積的根節點值是最小的，最大堆積的根節點值是最大的。

二元堆積經常被用作優先佇列的儲存結構。優先佇列與先進先出佇列的相同之處在於它們的表現形式都是存取有限個元素的線性結構，刪除操作在佇列開頭進行，而插入操作在佇列結尾進行；不同之處在於，加入優先佇列尾部的元素具有任意優先權，但被刪除的佇列開頭元素必須具有最大優先權（或最小優先權）。如果採用陣列作為優先佇列的儲存結構，每次刪除佇列開頭元素前需要把整個陣列掃描一遍，找出其中最大優先權（或最小優先權）的元素移至佇列開頭，顯然這種作法頗為費時（$O(n)$）。為此，引入了二元堆積，用它作為優先佇列的儲存結構，可以大大改善運算效率。

二元堆積為一棵完全二元樹，所有葉子都在同一層或者兩個連續層；最後一層的節點是自左向右填入的。因此二元堆積的元素可保存在一維陣列 heap$[0..n-1]$ 中，其中，對於分支節點 heap$[i]$，其父節點是 heap$[\lfloor\frac{i-1}{2}\rfloor]$，左子節點是 heap$[2*i+1]$，右子節點是 heap$[2*i+2]$（$1\leq i\leq\lfloor\frac{n-1}{2}\rfloor$）；若 $i>\lfloor\frac{n-1}{2}\rfloor$，則節點 i 為葉節點（如圖 10.2-1 所示）。

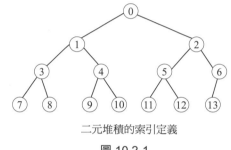

二元堆積的索引定義

圖 10.2-1

在插入或刪除節點操作前，完全二元樹保持著堆積的性質。當插入或刪除一個節點後，堆積的性質被破壞了，需要透過調整來恢復堆積性質，這就是堆積的動態維護。我們以最小堆積為例，闡釋動態維護堆積的基本方法，最大堆積的動態維護方法除了堆積序性相反外基本相同。

1. 最小堆積的插入操作

先將被插入元素添加到堆積尾部，再向上調整：被插入元素的值與其父節點值比較，若父節點的值大於插入元素的值，則父節點的值與插入元素的值交換位置，然後繼續向上調整，直至父節點的值不大於插入元素的值為止。顯然，此時的完全二元樹恢復了最小堆積性質。

```
int k = ++top;                    // 將該節點加入堆積結尾
heap[k] = 被插入元素的值 ;
while (k>0) {                      // 調整位置
    int t = (k-1)/2;              // 計算 k 的父節點序號 t
    if  (heap[t]>heap[k])  {       // 若節點 t 的權值大於 k 節點的權值，則交換節點
                                  // k 和節點 t，並繼續往上調整；否則維護結束
        交換 heap[t] 和 heap[k];
        k = t;
    } else
        break;
}
```

由於堆積有 $\lceil \log_2 n \rceil$ 層，因此插入 1 個節點的時間花費為 $O(\lceil \log_2 n \rceil)$。

2. 最小堆積的刪除操作

在堆積中刪除最小值元素，即刪除根 heap$[0]$：首先，用 heap$[n-1]$ 覆蓋 heap$[0]$，堆積長度 $n--$，如圖 10.2-2 所示。

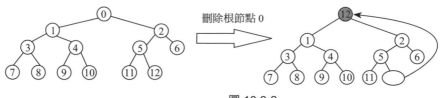

圖 10.2-2

然後,向下調整,使陣列 heap[0..*n*−2] 恢復最小堆積性質。設 *k*=0,調整過程如下:

1. 設 heap[*t*] 是 heap[*k*] 的最小的子代;

2. 如果 heap[*k*]>heap[*t*],則 heap[*k*] 和 heap[*t*] 交換,*k*=*t*,然後繼續從 *k* 出發向下調整; 否則,完全二元樹恢復了最小堆積的性質,調整結束。

例如,在圖 10.2-2 的基礎上,給出的根節點 12「下降」至最小堆積的合適位置的過程 (如圖 10.2-3 所示)。

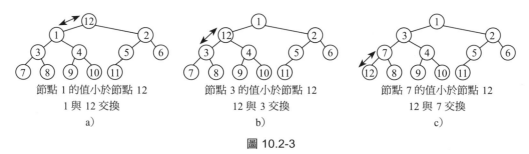

節點 1 的值小於節點 12	節點 3 的值小於節點 12	節點 7 的值小於節點 12
1 與 12 交換	12 與 3 交換	12 與 7 交換
a)	b)	c)

圖 10.2-3

顯然,刪除 heap[0] 的關鍵是如何向下調整堆積,其計算過程如下:

```
if (top) {                      // 堆積非空
取出 heap[0];
int k =0;                       // 從根出發向下調整
heap[k] = heap[top--];          // 佇列尾部的節點放入堆積頂端,長度 −1
while ((k * 2+1) <= top) {      // 循環,直至整個堆積或者目前節點 k 最小性質為止
    int t = k * 2+1; {          // 計算 k 的最小子代 t
    if (t < top && (heap[t+1] < heap[t])) ++t;
    if (heap[k]>heap[t]) {      // 若節點 k 非最小,則與最小子代交換
        heap[k] 和 heap[t] 互換;
        k = t;                  // 繼續往下調整
    } else
        break;                  // 若 k 滿足最小根性質,則退出迴圈
    }
} else output "the heap is empty";
```

由於堆積有 $\lceil \log_2 n \rceil$ 層,因此刪除堆積第一個節點、並維護堆積性質的時間花費為 $O(\lceil \log_2 n \rceil)$。

10.2.1 ▶ Windows Message Queue

訊息佇列是 Windows 系統的基礎。對於每個行程,系統維護一個訊息佇列。如果在行程 中有些事情發生,如點擊滑鼠、文字改變,該系統將把這個訊息加到佇列中。同時,如 果佇列不是空的,這一行程迴圈地從佇列中按照優先順序值獲取訊息。請注意優先順序值低意味著優先順序高。在本題中，請你模擬訊息佇列，將訊息加到訊息佇列中並從訊息佇列中獲取訊息。

輸入

輸入中只有一個測試案例。每一行是一個指令「GET」或「PUT」，分別表示從佇列中取出訊息或將訊息加入佇列中。如果指令是「PUT」，後面就有一個字串，表示訊息的名稱，以及兩個整數，表示參數和優先順序。最多有 60000 個指令。請注意，一條訊息可以出現兩次或多次，如果兩者具有相同的優先順序，則排在前面的訊息先處理（即對於相同的優先順序，FIFO）。處理直到檔案結束為止。

輸出

對於每個「GET」指令，在一行中輸出訊息佇列中訊息的名稱和參數。如果在佇列中沒有訊息，輸出「EMPTY QUEUE!」表示「PUT」指令沒有輸出。

範例輸入	範例輸出
GET	EMPTY QUEUE!
PUT msg1 10 5	msg2 10
PUT msg2 10 4	msg1 10
GET	EMPTY QUEUE!
GET	
GET	

試題來源：Zhejiang University Local Contest 2006, Preliminary

線上測試：ZOJ 2724

❖ 試題解析

本題是典型的優先佇列問題，佇列中儲存待處理的訊息，這些訊息按照優先順序值遞增的順序存放。若優先順序值相同，則先來者在前、後來者在後。由於指令數較多，為了提高時效，採用最小堆積儲存優先佇列解答本題。

還需要注意的是，本題還有一個權值相同情況下比較誰先出現的優先條件，因此在建構最小堆積時，需要在比較函式中設定權值為第一關鍵字、順序為第二關鍵字，即權值小或者權值相等但先出現的訊息為優先。

設定 p 為儲存訊息的緩衝區，第 i 條訊息的名字為 $p[i]$.name，參數為 $p[i]$.para，優先順序為 $p[i]$.pri，順序為 $p[i]$.t，heap[t] 為堆積節點 t 在緩衝區 p 中的序號，即 $p[\text{heap}[t]]$ 為堆積節點 t 的資訊，堆積長度為 top($0 \le i$, $t \le$ top)。

按照下述方法處理每行指令：

1. 若目前命令為「GET」，則堆積第一條訊息輸出後提出堆積（堆積尾部訊息移至堆積開頭，堆積長度 − −），並維護堆積性質（將堆積第一條訊息下移至合適位置）；

2. 若目前命令為「PUT」，則將增加的訊息插入堆積中（新增訊息插入堆積尾部，堆積長度 ＋＋），並維護堆積性質（將堆積尾部訊息上移至合適位置）。

❖ 參考程式

```
01  #include <cstdio>                    // 前置編譯命令
02  #include <cstring>
```

```
03    using namespace std;                    // 使用 C++ 標準程式庫中的所有識別字
04    const int maxn = 60000 + 10;            // 訊息數的上限
05    const int maxs = 100;                   // 訊息名稱的上限
06    struct info {
07        char name[maxs];                    // 訊息的名稱、參數、優先順序
08        int para;
09        int pri, t;
10    } p[maxn];                              // 儲存訊息的緩衝區
11    int heap[maxn];                         // 堆積
12    int top, used;                          // 堆積長度和緩衝區指標
13    inline void swap(int &a, int &b)        // 交換整數 a 和 b
14    {
15        int tmp = a;
16        a = b;
17        b = tmp;
18    }
19    int compare(int a, int b)               // 優先順序為第一關鍵字，加入時間為第二關鍵字。
20                                            // 若 a 小則傳回 -1；若 b 小則傳回 1；若相等則傳回 0
21    {
22        if (p[a].pri< p[b].pri)
23            return -1;
24        if (p[a].pri> p[b].pri)
25            return 1;
26        if (p[a].t< p[b].t)
27            return -1;
28        if (p[a].t> p[b].t)
29            return 1;
30        return 0;
31    }
32    int main(void)                          // 由於使用陣列儲存優先佇列不能在時限內解決本題，
33                                            // 因此改用（小根）堆積作為儲存訊息的資料結構
34    {
35        used = 0;
36        top = 0;
37        int cnt = 0;
38        char s[maxs];
39        while (scanf("%s", s) != EOF) {     // 反覆輸入命令，直至檔案結束
40            if (!strcmp(s, "GET")) {        // 取訊息指令
41                if (top) {                  // 若堆積不空，則輸出堆積首訊息的名字和優先順序
42                    printf("%s %d\n", p[heap[1]].name, p[heap[1]].para);
43                    int k = 1;              // 將堆積結尾節點調至堆積開頭，堆積長度 -1
44                    heap[k] = heap[top--];
45                    while (k * 2<= top) {   // 將堆積開頭節點下調至合適位置
46                        int t = k * 2;      // 計算左右子代中權值最小的節點 t
47                        if (t< top && compare(heap[t + 1], heap[t])< 0)
48                            ++t;
49                        if (compare(heap[t], heap[k])< 0) { // 若節點 t 的權值比其父代小，
50                                            // 則交換並繼續調整下去；否則調整結束
51                            swap(heap[t], heap[k]);
52                            k = t;
53                        } else
54                            break;
55                    }
56                } else
57                    printf("EMPTY QUEUE!\n");
```

```
58          } else {                        // 加入訊息命令
59            scanf("%s%d%d", p[used].name, &p[used].para, &p[used].pri);
60                                          // 讀訊息的名稱、參數和優先順序
61            p[used].t = cnt++;            // 記錄該訊息的順序，順序 +1
62            int k = ++top;                // 將該訊息加入堆積尾部
63            heap[k] = used++;
64            while (k > 1) {               // 由下而上，將堆積尾節點上調至合適位置
65              int t = k / 2;              // 計算 k 的父節點序號 t
66              if (compare(heap[t], heap[k]) > 0) { // 若節點 t 的權值大於 k 節點的權值，
67                                          // 則交換節點 k 和節點 t，並繼續往下調整；
68                                          // 否則維護結束
69                swap(heap[t], heap[k]);
70                k = t;
71              } else
72                break;
73            }
74          }
75        }
76      return 0;
77    }
```

10.2.2 ▶ Binary Search Heap Construction

堆積是這樣的一種樹，每個內節點被賦予了一個優先順序（一個數值），使得每個內節點的優先順序小於其父節點的優先順序。因此，根節點具有最大的優先順序，這也是堆積可以用於實現優先佇列和排序的原因。

在一棵二元樹中的每個內節點都有標號和優先順序，如果相關於標號它是一棵二元搜尋樹，相關於優先順序它是一個堆積，那麼它就被稱為樹狀堆積（Treap）。提供一個標號－優先順序對組成的集合，請建構一個包含了這些資料的樹狀堆積。

輸入

輸入包含若干測試案例，每個測試案例首先提供整數 n，本題設定 $1 \leq n \leq 50000$；後面提供 n 對字串和整數 $l_1/p_1, \cdots, l_n/p_n$，表示每個節點的標號和優先順序。字串是非空的，由小寫字母組成，數字是非負的整數。最後一個測試案例後面以一個 0 為結束。

輸出

對每個測試案例，在一行中輸出一個樹狀堆積，樹狀堆積提供節點的說明。樹狀堆積的形式為 (<left sub-treap><label>/<priority><right sub-treap>)，子樹狀堆積遞迴輸出，如果是樹葉就沒有子樹輸出。

範例輸入	範例輸出
7 a/7 b/6 c/5 d/4 e/3 f/2 g/1	(a/7(b/6(c/5(d/4(e/3(f/2(g/1)))))))
7 a/1 b/2 c/3 d/4 e/5 f/6 g/7	(((((((a/1)b/2)c/3)d/4)e/5)f/6)g/7)
7 a/3 b/6 c/4 d/7 e/2 f/5 g/1	(((a/3)b/6(c/4))d/7((e/2)f/5(g/1)))
0	

試題來源：Ulm Local 2004

線上測試：POJ 1785，ZOJ 2243

❖ 試題解析

本題要求建構一個最大堆積，並中序尋訪這個最大堆積。輸出格式是用括號標記法描述的中序尋訪。

由於標號和優先順序的取值都是唯一的，每一個測試案例都有唯一的樹狀堆積解。因此，樹狀堆積可以用一種直接的方式建構：找到優先順序最高的節點，作為樹狀堆積的根；然後，將剩餘的節點劃分成兩個集合：標號比根小的節點和標號比根大的節點。遞迴地採用這一方法，基於第一個集合建構左子樹，基於第二個集合建構右子樹。如果這兩個節點集都是空的，則只是一個葉節點，遞迴結束。

上述方法根據清單來實作，就要用線性的時間找到具有最大優先順序的節點，用線性時間劃分節點集。在最壞情況下，執行時間為 $O(n^2)$，在 n 的值高達 50000 時，執行速度就很慢。

因此，要對劃分節點集合的過程進行最佳化，以減少執行時間。在初始時，按節點的標號對節點進行排序（時間複雜度為 $O(n*\log(n))$），這樣，節點集就表示為一個區間，會有一個最大值和一個最小值。然後，對這個區間，用線性時間找到具有最大優先順序的節點，以此將一個區間劃分為兩個子區間。此後，對每個區間遞迴上述步驟：該區間被劃分為兩個子區間，對於每個區間，用線性時間找到具有最大優先順序的節點。

採用有序統計樹（Order-Statistic Tree，或稱順序統計樹），透過擴大元素清單的方法，在 $\log(n)$ 時間內找到最大優先順序。為此，建構一棵足夠大的完全二元樹，在其底層的 n 個葉節點按標號遞增順序自左向右排序，並被標記優先順序，樹的每個內節點則被標記在該節點下面的節點的優先順序的最大值。這樣的樹以由下而上的方式在線性時間內建構。所以，不用掃描整個區間來搜尋最大優先順序，可以使用儲存在內節點中的子樹的優先順序最大值。因此，我們可以透過在有序統計樹中由區間兩端由下而上搜尋在 $\log(n)$ 時間內找到最大優先順序。然後，採用由上而下搜尋，在區間內搜尋具有該優先順序的元素。因此，演算法的總執行時間是 $O(n*\log(n))$。

建構一個最大堆積並設定為 ost。由於節點數的上限為 50000，因此將長度為 n 的初始資料作為堆積的葉節點放入 $ost[2^{16}..2^{16}+n-1]$，建立堆積過程中形成的 $n-1$ 個分支節點放入 $ost[2^{16}-n+1..2^{16}-1]$。計算過程如下：

1. 輸入 n 個節點的標號和優先順序，建立 p 表和 l 表，其中第 i 個輸入節點的標號為 $l[i]$，優先順序為 $p[i]$。

2. 建立堆積的儲存空間：按標號遞增順序建立 n 個節點的堆積序號，放入 $ost[2^{16}..2^{16}+n-1]$。

3. 由下而上建構初始堆積：$ost[2^{16}..2^{16}+n-1]$ 為葉子，上推雙親層 $ost[2^{15}..\lfloor\frac{2^{16}+n-1}{2}\rfloor]$，其中 $ost[i]$ 為堆積節點 $2*i+1$ 與 $2*(i+1)$ 間的大者的索引，即 $p[ost[i]]=\max\{p[ost[2*i+1]], p[ost[2*(i+1)]]\}$（$2^{15}\le i \le \lfloor\frac{2^{16}+n-1}{2}\rfloor$）。若 n 為奇數，則 $p[ost[\lfloor\frac{2^{16}+n-1}{2}\rfloor]]=p[2^{16}+n-1]$；按照上述方法上推倒數第 2 層，即 $ost[2^{15}..\lfloor\frac{2^{16}+n-1}{2}\rfloor]$ 的雙親層 $ost[2^{14}..\lfloor\frac{2^{16}+n-1}{2}\rfloor]$；

…；以此類推，向上倒推 16 層時，即可得到大根 ost[1]。例如，按標號遞增順序建立 8 個節點的堆積序號，放入 ost[2^{16}..2^{16}+7]。按照上述方法得到如下結構的初始堆積（如圖 10.2-4 所示）。

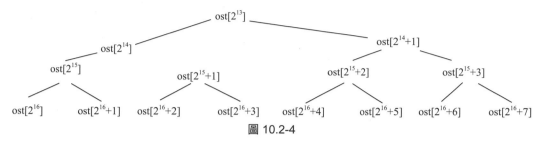

圖 10.2-4

4. 遞迴計算堆積的括號標記法。透過遞迴過程 recurse(f, t)，計算和輸出序號區間 [f..t] 對應子堆積的括號標記法：

◆ 計算子根序號 r。首先計算區間兩端優先順序大者的索引 r，即 p[ost[r]]=max{p[ost[f]]，p[ost[t]]}；然後按照自下而上的順序，依次搜尋每層節點區間兩端的節點 f' 和 t'：若 f' 為左子代 (f'%2==0)，且同層有優先順序最大的右鄰節點 ((f'+1<t')&&(p[ost[f'+1]]> p[ost[r']]))，則調整 r(r=f'+1)；若 t' 為右子代 (t'%2==1)，且同層有優先順序最大的左鄰節點 ((t'-1>f')&& (p[ost[t'-1]]> p[ost[r]]))，則調整 r(r=f'+1)。接下來繼續上推雙親層 (f'=f'/2，t'=t'/2)，直至上推到根為止 (f'≤t')。

◆ 將 r 下調至合適位置：若 r 與左子代的優先順序相同 (ost[r]==ost[r*2])，則 r 下調至左子代 (r=r*2)；若 r 與右子代的優先順序相同 (ost[r]==ost[r*2+1])，則 r 下調至右子代 (r=r*2+1)。

◆ 輸出「(」，表示 [f..t] 對應堆積的括號標記法開始；若 r 有左子樹 (f<r)，計算和輸出左子樹的括號標記法 (recurse(from, r-1))；輸出子根 r 的標號 (l[ost[r]]) 和優先順序 (p[ost[r]])；計算和輸出右子樹的括號標記法 (recurse(r+1, t))。

顯然，遞迴呼叫 recurse(2^{16}, 2^{16}+n-1) 便可以得到問題解。

❖ **參考程式**（略。本題參考程式的 PDF 檔案和本題的英文原版均可從碁峰網站下載）

C++ 中的 STL 為堆積和堆積運算提供了一個非常好的容器 priority_queue。在程式開頭透過前置編譯命令「#include<queue>」引入 queue 類別的基本容器，因為容器 priority_queue 屬於 queue 類別的基本容器。

priority_queue 的範本宣告十分簡單：

```
priority_queue< 參數 1，參數 2，參數 3> 堆積變數
```

其中參數 1 定義堆積元素的資料型別；參數 2 定義儲存堆積元素的容器類別，比如 vector、deque，但不能是 list，如果把參數 2 省略，則表示容器類別為 vector；參數 3 定義比較方式（less 是最大堆積，greater 是最小堆積），如果把參數 3 省略，則表示容器裡存放的是最大堆積。

priority_queue 容器封裝了許多堆積運算功能，例如：

◆ 堆積變數 .front()——傳回堆積第一個元素;

◆ 堆積變數 .empty()——判斷堆積是否為空的布林函數;

◆ 堆積變數 .push(a)——將 a 推入堆積;

◆ 堆積變數 .pop()——提出堆積。

程式編寫中可以充分利用 STL 裡面的這些堆積演算法,例如:

```
#include <iostream>       // 前置編譯命令,其中 queue 裡含容器 priority_queue
#include <queue>
using namespace std;      // 使用 C++ 標準程式庫中的所有識別字
int main()
{
priority_queue<int> q;   // 定義最大堆積 q,堆積元素為整數
int a;
while(cin>>a)            // 反覆讀整數 a,並將之推入最大堆積 q,直至讀入輸入結束標誌 Ctrl+Z
    {
    q.push(a);
    }
while(!q.empty())       // 反覆輸出堆積首元素並進行出堆積操作,直至堆積為空
    {
    cout<<q.front()<<endl;
    q.pop();
    }
return 1;
}
```

例如,輸入「3 4 6 1 10 2 45 Ctrl+Z」,則輸出:

```
45
10
6
4
3
2
1
```

顯然使用 STL 的 priority_queue 定義,可直接呼叫 STL 裡面的堆積演算法,省去了程式
編寫的麻煩。

10.2.3 ▶ Decode the Tree

假設有一棵樹(也就是一個連接非循環圖),樹的節點用整數 1, …, N 編號。樹的 Prufer
碼建構如下:取具有最小的編號的葉節點(僅和一條邊關聯的節點),將該樹葉和它所
關聯的邊從圖中刪除,並記下該葉節點所關聯的節點的編號。在獲取的圖中重複這一過
程,直到只有一個節點留了下來。很明顯,這個唯一留下的節點編號為 N。被記下的 N–1
個數的序列被稱為樹的 Prufer 碼。

提供 Prufer 碼,請重構一棵樹。樹表示如下:

```
T ::= "(" N S ")"
S ::= " " T S | empty
N ::= number
```

即樹用括號把它們括起來，用數字表示其根節點的標示字，後面跟用一個空格分開的任意多的子樹（也可能沒有）。圖 10.2-5 中的樹是範例輸入中的第一行提供的測試案例。

要注意的是，按上述定義，樹的根也可能是樹葉。這僅用於我們指定某個節點為樹根的情況。通常，這裡處理的樹被稱為「無根樹」。

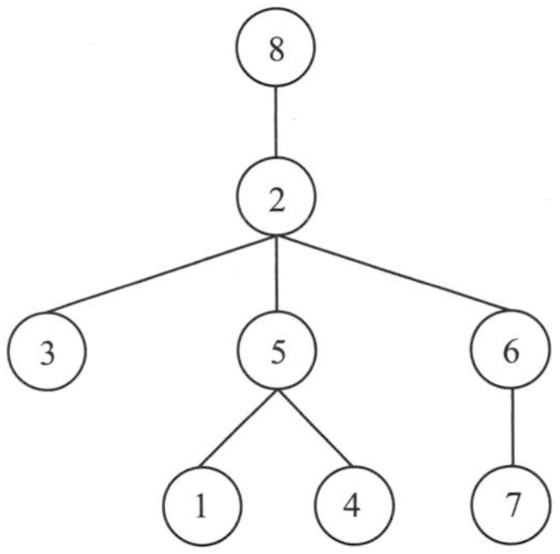

圖 10.2-5

輸入

輸入包含若干個測試案例，每個測試案例一行，提供一棵樹的 Prufer 碼。提供用空格分隔的 $n-1$ 個數，設定 $1 \le n \le 50$，輸入以 EOF 結束。

輸出

對每個測試案例，輸出一行，以上述的形式表示相關的樹。一棵樹有多種表示方式，選擇你喜歡的一種。

範例輸入	範例輸出
5 2 5 2 6 2 8	(8 (2 (3) (5 (1) (4)) (6 (7))))
2 3	(3 (2 (1)))
2 1 6 2 6	(6 (1 (4)) (2 (3) (5)))

試題來源： Ulm Local 2001
線上測試： POJ 2568，ZOJ 1965

❖ 試題解析

試題輸入 Prufer 碼，要求建構對應的樹，並輸出其括號表示。本題的關鍵是如何建構與 Prufer 碼對應的樹。

在 Prufer 碼中所有沒有出現的節點編號都是樹的葉節點編號（可能編號為 n 的節點除外）。根據 Prufer 碼的定義，該碼中的第一個數與編號最小數的葉節點相鄰；這樣，就可以構成樹的一條邊。如果在 Prufer 碼中這個數字還會再次出現在 Prufer 碼中，則在此時，該數字所對應的節點還不是葉節點；而如果該數字不再出現，則它已經變成了一個葉節點：在這種情況下，將該節點加入葉節點集合（優先佇列）。重複同樣的步驟 $n-2$ 次，就得到其他邊。

為了使得計算過程更加簡便，我們推薦使用物件導向的方法解題。設測試案例的節點序列為 v；度數序列為 deg，其中 deg[x] 是節點 x 的度數。

顯然，v 和 deg 可定義為元素類別為整數的 vector 類；樹的相鄰串列為 adj，其中 adj[x] 儲存與 x 鄰接的所有節點，相鄰串列為 vector 類，adj 也是 vector 類。

葉子序列 leafs 為一個最小堆積，使用 STL 的 priority_queue 定義，leafs 堆積的元素類型為整數，且儲存在一個 vector 類的容器裡，這樣可直接呼叫 STL 裡面的堆積演算法，省去了程式編寫的麻煩。

計算過程如下：

```
將目前測試案例的節點序號依次送入 v 佇列；
搜尋 v 中每個節點 i，計算其度數 (deg[v[i]]++；1≤i≤n-1)；
將 deg 中每個度數為 0 的節點 (deg[i]==0, 1≤i≤n) 推入最小堆積 leafs；
    搜尋 v 中的每個節點 i(1≤i≤n-1)：
    { 取出最小堆積 leafs 中節點序號最小的葉子 x；
        v[i] 與 x 鄰接，v[i] 送入 adj[x] 容器，x 送入 adj[v[i]] 容器；
        若 v[i] 的度數 -1 後成為葉子 (--deg[v[i]] == 0)，則 v[i] 送入最小堆積 leafs；
    }
從 n 節點出發，遞迴輸出無根樹的括號表示 (print (adj, n))；
```

其中過程 print 的說明如下：

```
print (&adj, x, p=0)    // adj 為相鄰串列，x 為目前節點；p 為前面輸出的節點，初始時為 0
{   輸出 '('x；
    for( adj[x] 容器中的每個節點 v)
        if (v!= p)
        { 輸出空格；
            print (adj, v, x);
        }
    輸出 ')'，表示 x 及其子樹輸出完畢；
```

❖ **參考程式**（略。本題參考程式的 PDF 檔案和本題的英文原版均可從碁峰網站下載）

10.3　樹狀堆積

10.3.1 ▶ 樹狀堆積的概念和操作

定義 10.3.1.1（樹狀堆積 (Treap)）　　樹狀堆積也被稱為 Treap。對於一棵二元搜尋樹，如果樹節點帶有一個隨機附加域，使得這棵二元搜尋樹也滿足堆積的性質，則這棵二元搜尋樹被稱為一棵樹狀堆積。

樹狀堆積節點 x 通常包含兩個屬性：關鍵字值 key[x]；優先順序 priority[x]，一個獨立選取的亂數。

樹狀堆積的節點採用結構體儲存，定義如下：

```
struct node
{
    int key;        // 關鍵字
    int priority;   // 隨機優先順序
    node* left;     // 左子節點
    node* right;    // 右子節點
};
```

假設樹狀堆積所有節點的優先順序是不同的，所有節點的關鍵字也是不同的。樹狀堆積的節點排列成讓關鍵字遵循二元搜尋樹性質，並且優先順序遵循最大堆積（或最小堆積）順序性質，即：

◆ 性質 1：如果 v 是 u 的左子代，則 key[v]<key[u]。

◆ 性質 2：如果 v 是 u 的右子代，則 key[v]>key[u]。

◆ 性質 3：如果 v 是 u 的子代，則 priority[v]<priority[u] 或 priority[v]>priority[u]。

其中，性質 1 和性質 2 為二元搜尋樹性質，性質 3 為堆積性質。所以，樹狀堆積具有二元搜尋樹和堆積的特徵，即「treap=tree＋heap」。例如，二元搜尋樹節點的關鍵字集合為 {A, B, E, G, H, K, I}，節點輸入順序不同，構成的二元搜尋樹也不同；但如果為每個節點附加了一個隨機的優先順序，得到的具有二元搜尋樹和最小堆積性質的樹狀堆積如圖 10.3-1 所示。

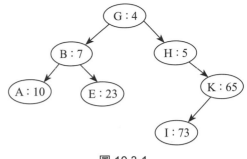

圖 10.3-1

由圖 10.3-1 可以看出，插入關聯關鍵字的節點 x_1，x_2，…，x_n 到一棵樹狀堆積內，最終的樹狀堆積是將這些節點以優先順序插入一棵二元搜尋樹而形成的，也就是說，以最小堆積為例，如果 priority$[x_i]$<priority$[x_j]$，則樹狀堆積可以被視為節點 x_i 在節點 x_j 之前被插入而形成的二元搜尋樹。相關於二元搜尋樹，按照優先順序建構的樹狀堆積有如下改變。

（1）樹狀堆積的形態不依賴節點的輸入順序

按照優先順序建構的樹狀堆積是唯一的。樹狀堆積的根節點是優先順序最高的節點，其左子代是左子樹裡優先順序最高的節點，右子代亦然。所以，建構樹狀堆積，可以視為先把所有節點按照優先順序由高到低排序，然後依次以建構二元搜尋樹的演算法插入節點。所以，當節點的優先順序數確定的時候，這棵樹狀堆積是唯一的。

（2）樹狀堆積的操作更高效率

基於隨機提供的優先順序建構的二元搜尋樹的期望高度為 $O(\log_2 n)$，因而樹狀堆積的期望高度亦是 $O(\log_2 n)$，這可使二元搜尋樹的任何操作變得更加高效率。

（3）樹狀堆積的程式編寫比平衡二元搜尋樹更簡便

為了維護堆積性質和二元搜尋樹的性質，樹狀堆積採用旋轉操作，但僅需要左旋轉和右旋轉兩種，相關於 AVL 樹、伸展樹（在後面論述），樹狀堆積的程式編寫要簡單很多，這正是樹狀堆積的特色之一。

以最小堆積為例，當節點 X 的優先順序數小於節點 Y 的優先順序數時，右旋轉；當節點 Y 的優先順序數小於節點 X 的優先順序數時，左旋轉；左、右旋轉如圖 10.3-2 所示。

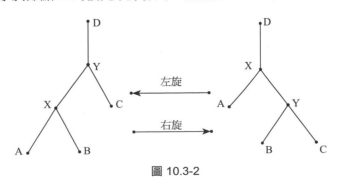

圖 10.3-2

左旋轉過程如下，node 為目前子樹根節點。

```
void rotate_left(Node* &node)
{
    Node* x = node->right;
    node->right = x->left;
    x->left =node;
    node = x;
}
```

右旋轉過程如下。

```
void rotate_right(Node* &node)
{
    Node* x = node->left;
    node->left = x->right;
    x->right = node;
    node = x;
}
```

樹狀堆積有如下 5 種基本操作，其中分離和合併是最為重要的操作，因為樹狀堆積的許多操作都是在這兩種操作的基礎上展開的。

（1）搜尋

與一般的二元搜尋樹搜尋一樣。但是由於樹狀堆積的隨機化結構，在樹狀堆積中搜尋的期望複雜度是 $O(\log n)$。

（2）插入

首先，和二元搜尋樹的插入一樣，先把要插入的元素插入樹狀堆積，成為樹狀堆積的一個葉節點，然後，透過旋轉來維護堆積的性質。

以最小堆積為例，如果目前節點的優先順序數比其父節點小，則旋轉：如果目前節點是左子節點，則右旋轉；如果目前節點是右子節點，則左旋轉。例如，圖 10.3-1 的樹狀堆積中插入關鍵字為 D、優先順序為 9 的節點，過程如圖 10.3-3 所示。

插入過程實作如下。

```
void treap_insert(Node* &root, int key, int priority)
{
    if (root == NULL)              // 根為 NULL，則直接建立此節點為根節點
    {
        root = (Node*)new Node;
        root->left = NULL;
        root->right = NULL;
        root->priority = priority;
        root->key = key;
    }
    else if (key <root->key)       // 向左插入節點
    {
        treap_insert(root->left, key, priority);
        if (root->left->priority< root->priority)
            rotate_right(root);
    }
    else                           // 向右插入節點
```

```
    {
        treap_insert(root->right, key, priority);
        if (root->right->priority< root->priority)
            rotate_left(root);
    }
}
```

顯然，對一個節點集合，按任意順序輸入節點，執行樹狀堆積的插入操作，結果是唯一的。

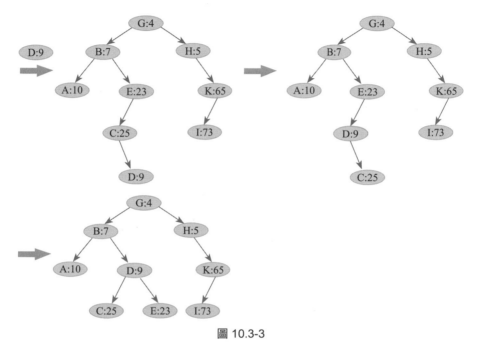

圖 10.3-3

（3）刪除

首先，和二元搜尋樹的刪除一樣，找到相關的節點，然後，執行刪除操作如下：

1. 若該節點為葉節點（沒有子代節點），則直接刪除；

2. 若該節點僅有一個子代節點，則將其子代節點取代它；

3. 否則，進行相關的旋轉：以最小堆積為例，每次找其優先順序數最小的子代，向與其相反的方向旋轉，即左子代優先順序數最小，則右旋轉；右子代優先順序數最小，則左旋轉；直到該節點為上述情況之一，然後進行刪除。刪除操作實作如下：

```
void treap_delete(Node* &root, int key)
{
    if (root != NULL)
    {
    if (key < root->key)
        treap_delete(root->left, key);
    else if (key > root->key)
        treap_delete(root->right, key);
    else
    {
        if (root->left == NULL)                         // 左子代為空
```

```
        root = root->right;
        else if (root->right == NULL)                    // 右子代為空
        root = root->left;
    else                                                 // 左右子代均不為空
    {
        if (root->left->priority < root->right->priority)  // 先旋轉，然後再刪除
        {
            rotate_right(root);
            treap_delete(root->right, key);
        }
        else
        {
            rotate_left(root);
            treap_delete(root->left,key);
        }
    }
    }
    }
}
```

（4）分離

要把一個樹狀堆積按大小分成兩個樹狀堆積，前 k 個節點劃分給樹狀堆積 a，剩餘節點劃分給樹狀堆積 b。在要分開的位置加一個虛擬節點，關鍵字排序為第 $k+1$，優先順序為最高；將該虛擬節點插入，待該節點旋轉至根節點時，則左右兩個子樹就是兩個樹狀堆積。時間複雜度是 $O(\log n)$。

（5）合併

合併是指把兩個樹狀堆積合併成一個樹狀堆積，其中第一個樹狀堆積的所有節點的關鍵字，都必須小於第二個樹狀堆積中的所有節點的關鍵字。合併的過程和分離的過程相反，要加一個虛擬的根，把兩棵樹分別作為左右子樹，然後對根節點做刪除操作。

下面提供樹狀堆積操作的一個經典範例。

10.3.1.1　Double Queue

新成立的巴爾幹投資集團銀行（Balkan Investment Group Bank，BIG-Bank）在布加勒斯特開設了一個新的辦事處，配備了 IBM Romania 提供的現代計算環境，並使用了現代資訊技術。與往常一樣，銀行的每個客戶都用一個正整數 K 來標示，在客戶到銀行辦理業務時，他或她會收到一個正整數優先順序 P。銀行的年輕管理人員的一項發明讓銀行服務系統的軟體工程師非常吃驚，他們打破了傳統，有時服務台會叫具有最低優先順序的客戶，而不是叫最高優先順序的客戶。因此，系統將接收以下類型的請求：

0	系統需要停止服務
1 K P	將客戶 K 添加到等待清單中，其優先順序為 P
2	服務具有最高優先順序的客戶，並將其從等待名單中刪除
3	服務具有最低優先順序的客戶，並將其從等待名單中刪除

請你編寫一個程式，幫助銀行的軟體工程師實現所要求的服務策略。

輸入

每行輸入提供一個可能的請求，只有在最後一行提供停止請求（程式碼 0）。本題設定，當有一條請求是在等待列表中加入一個新客戶時（程式碼 1），在列表中不會有其他的請求加入相同的客戶或相同的優先順序。識別字 K 總是小於 10^6，優先順序 P 小於 10^7。客戶可以多次辦理業務，並且每次的優先順序可以不同。

輸出

對於程式碼為 2 或 3 的每個請求，你的程式要以標準輸出的方式，在單獨的一行中輸出要服務的客戶的識別字。如果發出請求時等待列表為空，則程式輸出零（0）。

範例輸入	範例輸出
2	0
1 20 14	20
1 30 3	30
2	10
1 10 99	0
3	
2	
2	
0	

試題來源：ACM Southeastern Europe 2007

線上測試：POJ 3481，UVA 3831

❖ **試題解析**

加入一個新客戶（程式碼 1），則執行樹狀堆積的插入操作，插入節點的 v 值（顧客優先順序，作為節點關鍵字值）、節點的 r 值（隨機函式 rand 獲得，作為節點優先順序）和節點資訊 info（顧客編號）。

服務一個客戶（程式碼為 2 或 3），則是先用 find_max 找到最大 v 值的節點資訊 info（程式碼為 2），或用 find_min 找到最小 v 值的節點資訊 info（程式碼為 3），然後執行樹狀堆積的刪除操作，刪除（remove）該客戶即可。

❖ **參考程式**

```
01    #include<cstdio>
02    #include<cstdlib>
03    using namespace std;
04    struct Node
05    {
06        Node *ch[2];                       // 左右指標
07        int r,v,info;                      //v 是客戶優先順序，info 是客戶的編號，r 由 rand() 產生
08        Node(int v,int info):v(v),info(info) // 產生一個葉節點，客戶優先順序為 v，客戶編號為
09                                            // info，隨機產生節點優先順序為 r，左右指標為空
10        {
11            r=rand();                       // 隨機產生節點優先順序
12            ch[0]=ch[1]=NULL;               // 左右指標為空
13        }
14        int cmp(int x)                      // 客戶優先順序 v 與 x 比較大小
15                                            // cmp(x) $\begin{cases} -1, & x = v \\ 0, & x < v \\ 1, & x > v \end{cases}$
```

```
16      {
17          if(x==v) return -1;
18          return x<v? 0:1;
19      }
20  };
21  void rotate(Node* &o,int d)                      // 節點 o 旋轉，方向 d = { 0, 左旋
                                                                              { 1, 右旋
22  {                                   //o 的（d^1）方向的子代 k 成為父節點，o 成為其 d 方向的子代，
23                                      // 而原 k 的 d 方向的子代成為 o 的（d^1）方向的子代
24                                      //（注：(d^1) 方向為 d 的相反方向）
25      Node *k=o->ch[d^1];
26      o->ch[d^1]=k->ch[d];
27      k->ch[d]=o;
28      o=k;
29  }
30  void insert(Node* &o,int v,int info)   // 將名為 info、優先順序為 v 的客戶插入樹狀堆積。
31  {
32      if(o==NULL) o=new Node(v,info);    // 若找到插入位置，則客戶作為葉節點插入
33      else
34      {
35          int d= v < o->v?0:1;           // 若 v 小於 o 節點的優先順序，則在 o 的左方向插入；
36                                         // 否則在 o 的右方向插入
37          insert(o->ch[d],v,info);       // 該客戶插入 o 的 d 方向子樹
38          if(o->ch[d]->r > o->r)         // 若 o 節點的優先順序小於 d 方向子代的優先順序，
39                                         // 則向（d^1）方向旋轉
40              rotate(o,d^1);
41      }
42  }
43  void remove(Node *&o,int v)            // 在以 o 為根的樹狀堆積中，刪除優先順序為 v 的節點
44  {
45      int d=o->cmp(v);                   // o 的優先順序與 v 比較
46      if(d==-1)                          // 若 o 與 v 的優先順序相同
47      {
48          Node *u=o;                     // 記下原子根
49          if(o->ch[0] && o->ch[1])       // 若 o 有左右子樹，則計算被刪節點的方向
50                                         // d2 = { 0, 左子代優先順序小，被刪節點在左子樹方向
51                                         //      { 1, 否則，被刪節點在右子樹方向
52          {
53              int d2 = o->ch[0]->r < o->ch[1]->r ?0:1;
54              rotate(o,d2);              // o 向 d2 方向旋轉
55              remove(o->ch[d2],v);       // 在 o 的 d2 方向的子樹中遞迴搜尋
56          }
57          else                           // 若 o 節點僅有一個子代，則將其子代節點取代。
58          {
59              if(o->ch[0]==NULL)o=o->ch[1];
60              else o=o->ch[0];
61              delete u;                  // 刪除原子根
62          }
63      }
64      else remove(o->ch[d],v);           // 否則 o 節點為葉節點，直接將其刪除
65  }
66  int find_max(Node *o)                  // 在以 o 為根的子樹狀堆積中尋找最大的優先值
67  {
68      if(o->ch[1]==NULL)                 // 若 o 的右子樹為空，則 o 的優先順序最大，
                                           // 輸出 o 的客戶編號，並傳回 o 的客戶優先順序
```

```
69      {
70          printf("%d\n",o->info);
71          return o->v;
72      }
73      return find_max(o->ch[1]);          // 否則沿 o 的右子樹方向繼續尋找
74  }
75  int find_min(Node *o)                   // 在以 o 為根的子樹狀堆積中尋找最小的優先值
76  {
77      if(o->ch[0]==NULL)                  // 若 o 的左子樹為空，則 o 的優先順序最小，
78                                          // 輸出 o 的客戶編號，並傳回 o 的客戶優先順序
79      {
80          printf("%d\n",o->info);
81          return o->v;
82      }
83      return find_min(o->ch[0]);          // 否則沿 o 的左子樹方向繼續尋找
84  }
85  int main()
86  {
87      int op;
88      Node *root=NULL;
89      while(scanf("%",&op)==1&&op)        // 反覆輸入程式碼 op，直至輸入 0 為止
90      {
91          if(op==1)                       // 若需加入新客戶，則輸入客戶名 info 和客戶優先順序 v
92          {
93              int info,v;
94              scanf("%d%d",&info,&v);
95              insert(root,v,info);        // 將該客戶插入以 root 為根的樹狀堆積
96          }
97          else if(op==2)                  // 若需刪除最高優先順序的客戶
98          {
99              if(root==NULL) {printf("0\n"); continue;}
100                 // 若樹狀堆積為空，則繼續輸入下一個請求
101             int v=find_max(root);       // 從樹狀堆積中找出最高優先順序 v
102             remove(root,v);             // 刪除優先順序為 v 的節點
103         }
104         else if(op==3)                  // 若需刪除最低優先順序的客戶
105         {
106             if(root==NULL) {printf("0\n"); continue;}
107                 // 若樹狀堆積為空，則繼續輸入下一個請求
108             int v=find_min(root);       // 從樹狀堆積中找出最低優先順序 v
109             remove(root,v);             // 刪除優先順序為 v 的節點
110         }
111     }
112     return 0;
113 }
```

10.3.2 ▶ 非旋轉樹狀堆積

樹狀堆積可以透過旋轉來保持其性質。

非旋轉樹狀堆積的關鍵在於維護性質並不改變樹的形態，所以也被稱為可持久化樹狀堆積。分離和合併是非旋轉樹狀堆積的重要操作。

（1）分離

分離操作 split(x, k) 將以 x 為根的樹狀堆積的前 k 個節點劃分給樹狀堆積 a，剩餘節點劃分給樹狀堆積 b，傳回樹狀堆積 a 和 b 的根。可分 4 種情況討論：

1.若 $k=0$，則樹狀堆積 a 為空，樹狀堆積全部劃入樹狀堆積 b（圖 10.3-4a）。

2.若樹狀堆積的規模不大於 k，則樹狀堆積 b 為空，樹狀堆積全部劃入樹狀堆積 a（圖 10.3-4c）。

3.在樹狀堆積的規模大於 k 的情況下，若樹狀堆積的左子樹的規模不小於 k，則對樹狀堆積的左子樹做遞迴分離 split(x', k)，其中 x' 為左子樹的根，將左子樹中的前 k 個元素劃分給樹狀堆積 a，剩餘元素劃分給樹狀堆積 b 的左子樹，樹狀堆積的右子樹劃分給樹狀堆積 b 的右子樹（圖 10.3-4b）。

4.在樹狀堆積的規模不大於 k 的情況下，若樹狀堆積的左子樹的規模小於 k，則樹狀堆積的左子樹作為給樹狀堆積 a 的左子樹，對樹狀堆積的右子樹做遞迴分離，將前（$k-1-$樹狀堆積的左子樹規模）個節點作為樹狀堆積 a 的右子樹，剩餘節點劃分給樹狀堆積 b（圖 10.3-4d）。

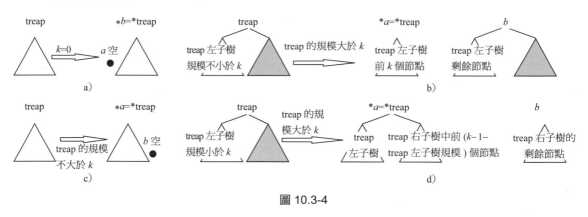

圖 10.3-4

顯然，這個分離方法可保證樹狀堆積 a 的每個節點的關鍵字，都要小於樹狀堆積 b 的每個節點的關鍵字。期望複雜度是 $O(\log n)$。

（2）合併

合併操作 merge(x, y) 將樹狀堆積 a 和樹狀堆積 b 合併成樹狀堆積 treap，傳回樹狀堆積 treap 的根，其中 x 是樹狀堆積 a 的根，y 是樹狀堆積 b 的根。同樣遞迴實作，分析 x 和 y 的優先順序，設定樹狀堆積 a 和樹狀堆積 b 是最小堆積。

如果 x 的優先順序數小於 y 的優先順序數，則先將 b 與 a 的右子樹合併，合併結果作為樹狀堆積 treap 的右子樹，樹狀堆積 treap 的左子樹即為 a 的左子樹，如圖 10.3-5a 所示，即遞迴呼叫 merge(rc(x), y)，其中 rc(x) 是 x 的右子代；否則，先將 a 與 b 的左子樹合併，合併結果作為樹狀堆積 treap 的左子樹，而樹狀堆積 treap 的右子樹即為 b 的右子樹（圖 10.3-5b），即遞迴呼叫 merge(x, lc(y))，其中 lc(y) 是 y 的左子代。

顯然，合併方法可保證樹狀堆積的二元排序樹性質和堆積性質。

利用分離和合併這兩個基本操作進行插入、刪除等運算，可使計算過程十分簡便和清晰。

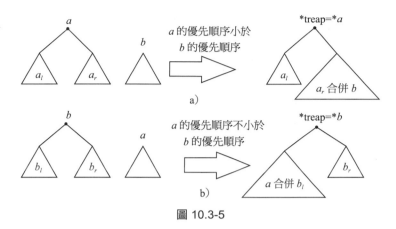

圖 10.3-5

10.3.2.1 Version Controlled IDE

程式開發者使用版本控制系統來管理他們的專案中的檔案，但是在這些系統中，只有當你手動提交檔案時，該版本才被保存。你能實作一個 IDE，在你插入或刪除一個字串的時候，自動保存一個新的版本嗎？

在緩衝區中的位置從左到右從 1 開始進行編號。最初，緩衝區是空的，版本為第 0 個版本。你可以執行以下 3 類指令（vnow 是執行命令之前的版本，$L[v]$ 是第 v 個版本在緩衝區的長度）。

◆ 1 p s：在位置 p 後插入字串 s（$0 \leq p \leq L[vnow]$，$p=0$ 表示插在緩衝區開始的位置之前）。s 至少包含 1 個字母，至多包含 100 個字母。

◆ 2 p c：從位置 p 開始刪除 c 個字元（$p \geq 1$；$p+c \leq L[vnow]+1$）。剩餘的字元（如果有的話）向左移動，填入空格。

◆ 3 v p c：在第 v 個版本中（$1 \leq v \leq vnow$），從位置 p 開始列印 c 個字元（$p \geq 1$；$p+c \leq L[v]+1$）。

第一條指令肯定是指令 1（插入指令），每次執行了指令 1 或指令 2 之後，版本數增加 1。

輸入
僅有一個測試案例。首先提供一個整數 n（$1 \leq n \leq 50000$），表示指令的數目。接下來的 n 行每行提供一條指令。所有插入的字串的總長度不超過 1000000。

輸出
按序對每條指令 3 輸出結果。

為了防止你預先處理命令，輸入還採取以下的處理方案：

◆ 每條類型 1 的指令變成 1 $p+d$ s。

◆ 每條類型 2 的指令變成 2 $p+d$ $c+d$。

◆ 每條類型 3 的指令變成 3 $v+d$ $p+d$ $c+d$。

其中 d 是這條指令處理之前，你輸出的小寫字母「c」的數目。例如，在混淆之前，範例
輸入是：

```
6
1 0 abcdefgh
2 4 3
3 1 2 5
3 2 2 3
1 2 xy
3 3 2 4
```

你的程式讀取下面提供的範例輸入，而處理的真正的輸入如上。

範例輸入	範例輸出
6	bcdef
1 0 abcdefgh	bcg
2 4 3	bxyc
3 1 2 5	
3 3 3 4	
1 4 xy	
3 5 4 6	

試題來源：ACM ICPC Asia Regional 2012:: Hatyai Site

線上測試：UVA 12538

❖ **試題解析**

提供三種操作：

1. 操作 1：在 p 位置插入一個字串。

2. 操作 2：從 p 位置開始刪除長度為 c 的字串。

對於前兩個操作，每操作一次形成一個歷史版本。

3. 操作 3：輸出第 v 個歷史版本中從 p 位置開始的長度為 c 的字串。

為此，我們為每個版本建立一個樹狀堆積。設樹狀堆積序列為 root[]，其中 root[i] 儲存第
i 個版本。為了使演算法更加簡化，略去旋轉運算，保留了兩個基本操作。

基本操作 1：合併操作

將樹狀堆積 a 和樹狀堆積 b 合併成樹狀堆積 o，計算過程由副程式 merge(*&o, *a, *b)
完成：

```
void merge(&o, *a, *b)                  // 將樹狀堆積 a 和 b 合併成樹狀堆積 o
{
   if (a==null) 將 b 複製給 o;          // 若 a 空，則將 b 複製給 o；若 b 空，則將 a 複製給 o
   else if (b==null)
      else                              // 在樹狀堆積 a 和 b 非空的情況下
         if (a 的優先順序小於 b) {       // 若 a 的優先順序小於 b
            將 a 複製給 o;
            merge(o_r, a_r, b);          // a 的右子樹與 b 合併為 o 的右子樹
```

```
            計算 o 對應區間的規模和最小值；
        }
        else{                           // a 的優先順序不小於 b
            將 b 複製給 o；
            merge(o₁, a, b₁);           // 將 a 與 b 的左子樹合併成 o 的左子樹
            計算 o 對應區間的規模和最小值；
        }
}
```

基本操作 2：分離操作（split(*o, *&a, *&b, k)）

將樹狀堆積 o 中的前 k 個節點劃分給樹狀堆積 a，剩餘節點劃分給樹狀堆積 b。計算過程由副程式 merge(*&o, *a, *b) 完成：

```
void split(*o, *&a, &b, k){
    if (!k){
        o 複製給 b；
        a 設空；
    }
    if (o 的規模 <=k){
            o 複製給 a；
            b 設空；
    }
    else                                         // o 的規模超過 k
            if (o 左子樹的規模 >=k){
                o 複製給 b；
                split(o₁, a, b₁, k);              // 將 o 的左子樹的前 k 個節點變成 a，剩下
                                                 // 節點變成 b 的左子樹
                計算 b 對應區間的大小和最小值；
            }
            else {                               // o 左子樹的規模小於 k
                o 複製給 a；
                split(oᵣ, aᵣ, b, k-o₁ 的規模 -1);   // 將 o 的右子樹的前 (k- 樹狀堆積 o 的
                    // 左子樹規模 -1) 個節點變成 a 的右子樹，剩下節點變成 b
                計算 a 對應區間的大小和最小值；
            }
}
```

在分離和合併操作的基礎上，我們便可以展開插入、刪除和輸出運算。

（1）插入運算

在樹狀堆積 pre 的 pos 位置處插入字串 s，形成新樹狀堆積 o。計算過程由副程式 ins(o, pre, pos) 完成：

```
void ins(*&o, *pre, pos)
{
    計算字串 s 的長度 len；
    分離：將樹狀堆積 pre 的前 pos 個節點變成樹狀堆積 a，剩下的節點變成樹狀堆積 b(split(pre, a, b, pos))；
    為插入字串 s 建構樹狀堆積 c；
    合併：樹狀堆積 a 併入樹狀堆積 c(merge(a, a, c))；
    合併：將樹狀堆積 a 和 b 合併成樹狀堆積 o(merge(o, a, b))；
}
```

（2）刪除運算

刪除樹狀堆積 pre 中從 pos 位置開始的長度為 len 的字串，形成新樹狀堆積 o。計算過程由副程式 del(o, pre, pos, len) 完成：

```
void del(*&o, *pre, pos, len)
{
    分離：將樹狀堆積 pre 中前 pos-1 個節點劃分給 a，剩餘節點劃分給樹狀堆積 b(split(pre, a, b, pos-1));
    分離：保留樹狀堆積 b 中 len 個節點，b 中的剩餘節點劃分給樹狀堆積 c(split(b, b, c, len));
    合併：將樹狀堆積 a 和 c 合併成樹狀堆積 o(merge(o, a, c));
}
```

（3）輸出運算

輸出樹狀堆積 o 中 pos 位置開始的 len 個元素。計算過程由副程式 out(o, pos, len) 完成：

```
void out(*o, pos, len)
{
    分離：將樹狀堆積 o 的前 pos-1 個節點變成樹狀堆積 a，剩餘節點變成樹狀堆積 b(split(o, a, b, pos-1));
    分離：樹狀堆積 b 留取 len 個節點，剩餘節點變成樹狀堆積 c(split(b, b, c, len));
    按照中序尋訪的順序輸出樹狀堆積 b 的元素 (out(b))
};
```

其中，在過程 out(b) 中需要將樹狀堆積 b 中字元「c」的個數累計入 d，因為輸入的版本序號是 v+d，位置是 pos+d，長度是 len+d：

```
void out(node *o)           // 按照中序尋訪的順序輸出樹狀堆積 o 的元素，
                            // 並統計目前指令處理前輸出的小寫字母 "c" 的數目 d
{
    if (o 堆積空) return;
    遞迴 o 的左子樹 (out(o 左指標));
    if (o 的值為字元 <c>) d++;
    輸出 o 的值；
    遞迴 o 的右子樹 (out(o 的右指標));
}
```

由此得出主程式：

```
建立空樹狀堆積序列 root[ ];
版本序號 nowv=0;
依次每條命令：
    if(若目前命令為 '1 p s')
    {
        將第 nowv 個版本的 pos 位置處插入字串 s，形成 nowv+1 版本 (ins(root[nowv+1],
            root[nowv], pos-d));
        nowv++;
    }
    if (若目前命令為 '2 p c')
    {
        從第 nowv 個版本的 p 位置開始刪除長度為 c 的字串，形成新版本 (del(root[nowv+1],
            root[nowv], p-d, c-d);
    nowv++;
    }
    if (若目前命令為 '3 v p c ')
    {
        輸出版本 (v-d) 中位置 (pos-d) 開始的長度為 (len-d) 的子字串 (out(root[v-d], pos-d,
            len-d));
    }
```

❖ 參考程式

```
01   #include <cstdio>
02   #include <cstring>
03   #include <algorithm>
04   using namespace std;
05   const int maxn = 50005;
06   struct node;
07   node *null, *root[maxn];                    // 空指標 null，樹狀堆積序列 root[]，儲存所有版本
08   struct node {
09       node* c[2];                             //c[0] 為左指標；c[1] 為右指標
10       char v;                                 // 值域，即字元
11       int r, sz;                              // 隨機優先順序為 r，子樹規模為 sz
12       void up() {                             // 調整子樹規模
13           sz=c[0]->sz+c[1]->sz+1;
14           }
15       node(char v=0): v(v) {                  // 定義單節點
16           sz=1,r=rand();                      // 樹狀堆積規模為 1，優先順序為亂數
17           c[0]=c[1]=null;                     // 左右指標空
18       }
19   };
20   // 由於需要可持久化，即在版本 v 變到版本 v+1 的過程中，需要在版本 v 的基礎上重構樹狀堆積，
21   // 因此，設計將樹狀堆積 b 複製到樹狀堆積 a 的副程式 copy(*&a, *b)，以方便建構
22   inline void copy(node* &a, node* b) {
23       if (b==null) a=b;
24       else a=new node( ), *a=*b;
25   }
26
27   void merge(node* &o, node* a, node* b) {    // 將樹狀堆積 a 和 b 合併成樹狀堆積 o。
28       if (a==null) copy(o, b);                // 若其中 1 個樹狀堆積為空，則將另一個樹狀堆積複製給樹狀堆積 o。
29       else if (b == null) copy(o, a);
30   // 在樹狀堆積 a 和 b 非空的情況下，若 a 的優先順序小，則先將 a 複製給 o，然後將 a 的右子樹
31   // 與 b 合併成 o 的右子樹，計算 o 對應區間的規模和最小值；否則先將 b 複製給 o，
32   // 然後將 a 與 b 的左子樹合併成 o 的左子樹，計算 o 對應區間的規模和最小值
33           else if (a->r<b->r){
34               copy(o, a);
35               merge(o->c[1], a->c[1], b);
36               o->up( );
37               }
38           else{
39               copy(o, b);
40               merge(o->c[0], a, b->c[0]);
41               o->up( );
42           }
43   }
44   void split(node* o, node* &a, node* &b, int k){    // 將樹狀堆積 o 的前 k 個節點變成
45       // 樹狀堆積 a，剩下節點變成樹狀堆積 b
46       if (!k){                                // 若 k=0，則 o 複製給 b，a 為空
47       copy(b, o); a = null;
48       }
49       if(o->sz<=k){                           // 若 o 的規模不超過 k，則 o 複製給 a，b 為空
50       copy(a, o);b = null;
51       }
52   // 在 o 的規模超過 k 的情況下，若 o 左子樹的規模不小於 k，則左移（先將樹狀堆積 o 複製給 b，
53   // 然後將 o 的左子樹的前 k 個節點變成 a，剩下的節點變成 b 的左子樹，計算 b 對應區間的規模和最小值）；
54   // 否則右移（先將 o 複製給 a，然後將 o 的右子樹的前（k- 樹狀堆積 o 的左子樹規模 -1）個節點變成 a 的
```

```
55   // 左子樹，剩下的節點變成 b，計算 a 對應區間的規模和最小值)
56       else if(o->c[0]->sz>=k){                          // 左移
57           copy(b, o);
58           split(o->c[0], a, b->c[0], k);
59           b->up();                                      // 計算 b 對應區間的大小和最小值
60       }
61       else {                                            // 右移
62           copy(a, o);
63           split(o->c[1], a->c[1], b, k-o->c[0]->sz-1);
64           a->up();                                      // 計算 b 對應區間的大小和最小值
65       }
66   }
67   char s[203];
68   void build(node* &o, int l, int r){                   // 建構字元區間 s[l]…s[r] 對應的樹狀堆積 o
69       if(l>r) return;                                   // 若字元區間不存在，則傳回，否則計算中間指標 m
70       int m = (l+r)>> 1;
71       o = new node(s[m]);                               // 中間字元作為根
72       build(o->c[0], l, m-1);                           // 遞迴建構樹狀堆積 o 的左子樹（對應左子區間）
73       build(o->c[1], m+1, r);                           // 遞迴建構樹狀堆積 o 的右子樹（對應右子區間）
74       o->up();                                          // 計算 o 對應區間的大小和最小值
75   }
76   void ins(node* &o, node* pre, int pos) {              // 在樹狀堆積 pre 的 pos 位置處插入字串 s，
77                                                         // 形成新樹狀堆積 o
78       node *a, *b, *c;
79       int len = strlen(s);                              // 計算字串 s 的長度
80       split(pre, a, b, pos);                            // 將樹狀堆積 pre 的前 pos 個節點變成樹狀堆積 a，
81                                                         // 剩下的節點變成樹狀堆積 b
82       build(c, 0, len-1);                               // 為插入字串 s 建構樹狀堆積 c
83       merge(a, a, c);                                   // 將樹狀堆積 a 併入樹狀堆積 c
84       merge(o, a, b);                                   // 將樹狀堆積 a 和 b 合併成樹狀堆積 o
85   }
86   void del(node* &o, node* pre, int pos, int len) {
87       node *a, *b, *c;
88       split(pre, a, b, pos-1);
89       split(b, b, c, len);
90       merge(o, a, c);
91   }
92   int dlt;                                              // 先前版本中字元 "c" 的個數
93   void out(node *o){                                    // 按照中序尋訪的順序輸出樹狀堆積 o 的節點值，
94                                                         // 並累計 "c" 的個數 dlt
95       if(o == null) return;
96       out(o->c[0]);
97       if(o->v == 'c') dlt++;
98       printf(«%c», o->v);
99       out(o->c[1]);
100  }
101  void out(node *o,int pos,int len){                    // 輸出樹狀堆積 o 中 pos 位置開始的 len 個字元
102    node *a, *b, *c;
103    split(o,a,b,pos-1);                                 // 將樹狀堆積 o 的前 pos-1 個節點變成樹狀堆積 a，
104                                                        // 剩餘節點變成樹狀堆積 b
105    split(b,b,c,len);                                   // 樹狀堆積 b 留取 len 個節點，剩餘節點變成樹狀堆積 c
106    out(b);                                             // 按照中序尋訪的順序輸出樹狀堆積 b 的節點值
107    puts("");
108  }
109  void init() {                                         // 建立空樹狀堆積序列
```

```
110      null = new node();                    // 建構空樹狀堆積 nil
111      null->sz = 0;
112      for(int i=0;i<maxn;i++)root[i]=null;  // 序列中的所有樹狀堆積初始化為空
113  }
114  int n;                                    // 指令數
115  int main() {
116      scanf("%d", &n);                      // 輸入指令數
117      init();                               // 建立空樹狀堆積序列
118      int op,pos,len,v,nowv=0;              // 命令類型字為 op，位置為 pos，
119                                            // 版本序號為 v，目前版本為 nowv
120      while(n--) {                          // 依次處理每條命令
121       scanf("%d", &op);                    // 輸入命令類型字
122       if(op==1){                           // 若插入命令，則輸入插入的相對位置 pos 和插入字串 s
123         scanf("%d%s", &pos, s);
124         pos -= dlt;                        // 計算插入的絕對位置
125         ins(root[nowv+1],root[nowv],pos);  // 將第 nowv 個版本（對應樹狀堆積 root[nowv]）
126                                            // 的 pos 位置處插入字串 s，形成新版本
127                                            // （對應樹狀堆積 root[nowv+1]）
128         nowv++;                            // 計算新版本序號
129       }
130       else if(op==2){                      // 若刪除命令，則輸入刪除位置和長度的相對值
131         scanf("%d%d", &pos, &len);
132         pos-=dlt,len-=dlt;                 // 計算位置和長度的絕對值
133         del(root[nowv+1],root[nowv],pos,len); // 從第 nowv 個版本（對應樹狀堆積
134                                            // root[nowv]）的 pos 位置開始刪除長度
135                                            // 為 len 的字串，形成新版本（對應樹狀
136                                            // 堆積 root[nowv+1]）
137         nowv++;                            // 計算新版本序號
138       }
139       else{                                // 輸出命令：輸入版本、開始位置和長度的相對值
140           scanf(«%d%d%d», &v, &pos, &len);
141           v-=dlt,pos-=dlt,len-=dlt;        // 計算版本、位置和長度的絕對值
142           out(root[v], pos, len);          // 輸出版本 v（對應樹狀堆積 root[v]）中
143                                            // pos 位置開始的長度為 len 的字串
144       }
145      }
146      return 0;
147  }
```

實際上對於本題而言，使用 Treap 並不是最優的。C++ 的標準範本程式庫 STL 中有一個專用於塊狀鏈結串列計算的 rope 容器，由 codeblocks 編譯器支援，庫中範本的用法基本和 string 一樣簡單，但內部是用平衡樹實作的，各種操作的用時都是 $\log(n)$，十分方便和高效率。

需要提醒的是，使用 rope 容器中的標準範本程式庫 STL，需要將 ext/rope 的標頭檔包含到程式中來，並且需要使用 __gnu_cxx 命名空間內的識別字。因此在程式開頭的前置處理指令中，需要增加：

```
#include <ext/rope>                    // 將 ext/rope 的標頭檔包含到程式中來
using namespace __gnu_cxx;             // 直接使用 __gnu_cxx 命名空間內的識別字
```

rope 函式庫提供的基本操作有：

```
rope list;                  // 定義 list 序列為 rope 容器
list.insert(p,str)          // 在 list 的 p 位置後插入 str
list.erase(p,c)             // 刪除 list 的 p 位置開始的 c 個節點
list.substr(p, c);          // 提取 list 的 p 位置開始的 c 個節點
list.copy(p,c,str)          // 將 list 的 p 位置開始的 c 個節點複製給 str
```

有了這些基本操作，求解本題就不再需要 Treap 中的旋轉、合併、分離等繁雜運算了，而是使用 rope 的模板庫中類似字串運算的指令直接求解，既簡便又快捷。

❖ 參考程式

```
01  #include <iostream>
02  #include <ext/rope>              // 將 ext/rope 的標頭檔包含到程式中來
03  using namespace std;             // 使用 std 命名空間內的識別字
04  using namespace __gnu_cxx;       // 直接使用 __gnu_cxx 命名空間內的識別字
05  crope ro,l[50005],tmp;           // 目前版本 ro，版本序列 l[]，輔助變數 tmp，
06                                   // 採用 crope 類（容納字元的 rope 容器）
07  char str[205];                   // 被插字串
08  int main()
09  {
10      int n,op,p,c,d,cnt,v;        // 指令數為 n，命令字為 op，版本數為 cnt，c 為版本序號
11      scanf("%d",&n);              // 輸入指令數
12      d = 0;                       // 先前版本中 "c" 的個數初始化
13      cnt = 1;                     // 版本序號初始化
14      while(n--)                   // 依次處理每條指令
15      {
16          scanf("%d",&op);         // 輸入命令字
17          if(op==1)                // 插入命令
18          {
19              scanf("%d%s",&p,str);    // 輸入插入的相對位置 p 和被插的字串 str
20              p-=d;                    // 計算插入的絕對位置
21              ro.insert(p,str);        // 在版本 ro 的 p 位置後插入 str，形成新版本 ro
22              l[cnt++]= ro;            // 將 ro 送入 l[] 中，版本序號 +1
23          }
24          else if(op == 2)         // 刪除命令
25          {
26              scanf("%d%d",&p,&c);     // 輸入刪除的相對位置
27              p-=d,c-=d;               // 計算刪除的絕對位置和絕對長度
28              ro.erase(p-1,c);         // 刪除版本 ro 的 p 位置開始的 c 個字元，
29                                       // 形成新版本 ro
30              l[cnt++] = ro;           // 將 ro 送入 l[] 中，版本序號 +1
31          }
32          else                     // 列印命令
33          {
34              scanf("%d%d%d",&v,&p,&c);    // 輸入版本序號 v、開始位置 p 和長度 c
35                                           // （v、p、c 為相對值），計算 v、p、c 的絕對值
36              p-=d,v-=d,c-=d;
37              tmp=l[v].substr(p-1,c);      // 提取版本 v 中位置 p 開始的長度為 c 的子字串 tmp
38              d+=count(tmp.begin(),tmp.end(),'c');    // 累計子字串 tmp 中字元 "c" 的個數
39              cout<<tmp<<"\n";             // 輸出 tmp
40          }
41      }
42  }
```

10.4　霍夫曼樹

10.4.1 ▶ 霍夫曼樹

定義 10.4.1.1（霍夫曼樹）　已知有一組權 $w_1, w_2, \cdots, w_n$，且 $w_1 \le w_2 \le \cdots \le w_n$。如果一棵二元樹的 n 片樹葉帶權 $w_1, w_2, \cdots, w_n$，稱這棵二元樹為帶權 $w_1, w_2, \cdots, w_n$ 的二元樹，記為 T。T 的權記為 $W(T)$，$W(T) = \sum\limits_{i=1}^{n} w_i l_i$，其中 l_i 是從根到帶權 w_i 的樹葉的路的長度。在所有帶權 $w_1, w_2, \cdots, w_n$ 的二元樹 T 中，使 $W(T)$ 最小的二元樹稱為最佳二元樹，也稱為霍夫曼樹。

假設提供 n 個節點，其權值為 $w_1, w_2, \cdots, w_n$，建構以此 n 個節點為葉節點的霍夫曼樹的霍夫曼演算法如下。

首先，將提供的 n 個節點構成 n 棵二元樹的集合 $F = \{T_1, T_2, \cdots, T_n\}$，其中，每棵二元樹 T_i 中只有一個權值為 w_i 的根節點，其左、右子樹均為空。然後重複做以下兩步驟：

1. 在 F 中選取根節點權值最小的兩棵二元樹作為左右子樹，建構一棵新的二元樹，並且置新的二元樹的根節點的權值為其左、右子樹根節點的權值之和；

2. 在 F 中刪除這兩棵二元樹，同時將新得到的二元樹加入 F 中。

重複 **1.**、**2.**，直到在 F 中只含有一棵二元樹為止。這棵二元樹便是霍夫曼樹。

例如，求帶權為 1、1、2、3、4、5 的最佳樹。

解題過程由圖 10.4-1 給出，$W(T)=38$。

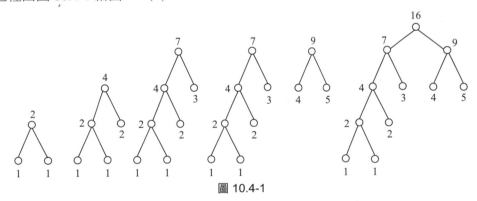

圖 10.4-1

由建構過程可以看出，霍夫曼樹是完滿二元樹。如果葉節點數為 n，則節點總數為 $2n-1$。其建構採用貪心策略，每次在待合併節點（即父指標為空的節點）中選擇權值最小的兩個節點合併。因此，通常採用最小堆積來儲存待合併的節點。

10.4.1.1　Fence Repair

農夫 John 要修理圍著牧場的長度很小的一段柵欄，他測量了柵欄，發現他需要 N（$1 \le N \le 20000$）塊木頭，每塊木頭長度為整數 L_i（$1 \le L_i \le 50000$）個單位。於是他購買了一條很長的、能鋸成 N 塊的木頭（即該木頭長度是 L_i 的總和）。農夫 John 忽略「損耗」，也請你忽略鋸的時候由於產生鋸末而造成的額外長度的損耗。

農夫 John 沒有鋸子來鋸木頭，於是他就帶了他的長木頭去找農夫 Don，向他借鋸子。

Don 是一個守財奴，他不把鋸子借給 John，而是要 John 為在木頭上鋸 N–1 次支付每一次鋸的費用。鋸一段木頭要支付的費用等於這段木頭的長度。鋸長度為 21 的木頭就要支付 21 美分。

例如，要將長度為 21 的木頭鋸成長度為 8、5 和 8 的三段。

第 1 次鋸木頭花費為 21，將木頭鋸成 13 和 8；第 2 次鋸木頭花費 13，將長度為 13 的木頭鋸成 8 和 5；這樣的花費是 21+13=34。如果將長度為 21 的木頭第一次鋸成長度 16 和 5 的木頭，則第二次鋸木頭要花費 16，總的花費是 37（大於 34）。

Don 讓 John 決定在木頭上切的次序和位置。請你幫助 John 確定鋸 N 塊木頭所要花費的最少的錢。因為產生的過程中鋸的木頭長度是不同的，所以 John 知道以不同的次序鋸木頭會導致不同的支付費用。

輸入

第 1 行：一個整數 N，表示木頭的塊數。

第 2～N+1 行：每行提供一個整數，表示一段需要的木塊的長度。

輸出

一個整數，表示鋸 N–1 次需要支付的最少的費用。

範例輸入	範例輸出
3 8 5 8	34

試題來源： USACO 2006 November Gold
線上測試： POJ 3253

❖ **試題解析**

由於木塊鋸一次產生兩塊木塊，因此鋸木過程可以用一棵完滿二元樹表述：根表示初始木板，初始木板的總長度為根節點的權，n 段目標木板為 n 個葉節點，其中第 i 個葉節點的權為第 i 段目標木板的長度 w_i。從初始木板中鋸下為第 i 段目標木板，鋸木的次數為根至第 i 個葉節點的路徑長度 p_i。按照題意，鋸下第 i 段目標木板的花費為 p_i*w_i（$1 \leq i \leq n$），所以總花費為 $\sum_{k=1}^{n} w_k p_k$。計算總花費最小的鋸木方案，實際上就是計算帶權路徑長度和最小的霍夫曼樹。計算方法如下。

以 n 段目標木板的長度為關鍵字，建構最小堆積 p；每次分兩次取出堆積首節點，權分別為 a 和 b，合併成一個權為（a+b）的節點插入最小堆積 p（表示總長為（a+b）的木塊中鋸出長度為 a 和 b 的兩塊木塊），費用 ans 增加（a+b）。經過 n–1 次合併後，堆積中僅剩一個節點。此時 ans 便為最小費用。

❖ 參考程式

```
01  #include <iostream>              // 前置編譯命令
02  using namespace std;             // 使用 C++ 標準程式庫中的所有識別字
03  const long maxn = 20000 + 10;    // 堆積的容量
04  long n, len;                     // 目標木板數，堆積長
05  long long p[maxn];               // 堆積
06  void heap_insert(long long k)
07  {                                // 將 k 插入最小堆積，並維護堆積性質
08      long t = ++len;              // 將 k 插入堆積結尾
09      p[t] = k;
10      while (t > 1) {              // 自下而上，將 k 上移至堆積的合適位置
11          if (p[t/2]>p[t]) {       // 若 p[t] 值大於其父，則交換，並繼續向上調整；否則調整完畢
12              swap(p[t], p[t / 2]);
13              t /= 2;
14          } else
15              break;
16      }
17  }
18  void heap_pop(void)              // 取最小堆積的堆積首節點，並維護堆積性質
19  {
20      long t = 1;                  // 堆積尾節點移至堆積開頭，堆積長 -1;
21      p[t] = p[len--];
22      while (t * 2 <= len) {       // 從堆積首開始，自上而下調整
23          long k = t * 2;          // 計算左右子代中值較小的節點序號 k
24          if (k< len && p[k]> p[k + 1])
25              ++k;
26          if (p[t]>p[k]){          // 若節點 k 的值比其父小，則交換，並繼續往下調整；否則調整結束
27              swap(p[t], p[k]);
28              t = k;
29          } else
30              break;
31      }
32  }
33  int main(void)
34  {
35      cin >> n;                    // 輸入木頭的塊數
36      for (long i = 1; i <= n; i++) // 輸入 n 塊目標木板的長度
37          cin >> p[i];
38      len = 0;                     // 堆積長初始化為 0
39      for (long i = 1; i <= n; i++) // 將 n 塊木板的長度加入最小堆積
40          heap_insert(p[i]);
41      long long ans = 0;           // 最小費用初始化
42      while (len > 1) {            // 建構霍夫曼樹
43          long long a, b;
44          a = p[1];                // 取堆積首節點（權值 a），並維護堆積性質
45          heap_pop();
46          b = p[1];                // 取堆積首節點（權值 b），並維護堆積性質
47          heap_pop();
48          ans += a + b;            // 將 a 和 b 值累計入最小費用
49          heap_insert(a + b);      // 合併成 1 個權值為 a+b 的節點插入最小堆積
50      }
51      cout << ans << endl;         // 輸出最小費用
52  }
```

10.4.2 ▶ 多元霍夫曼樹

霍夫曼樹也可以是 k（$k>2$）元的。k 元霍夫曼樹是一棵完滿 k 元樹，每個節點要麼是葉子節點，要麼它有 k 個子節點，並且樹的權最小。因此，建構 k 元霍夫曼樹的思維是每次選 k 個權重最小的元素來合成一個新的元素，該元素權值為這 k 個元素權值之和。但是，如果按照這個步驟，可能最後剩下的元素個數會小於 k。

假設提供 m 個節點，其權值為 w_1, w_2, $\cdots$, w_m。建構以此 m 個節點為葉節點的 k 元霍夫曼樹的演算法如下。

首先，將提供的 m 個節點構成 m 棵 k 元樹的集合 $F=\{T_1, T_2, \cdots, T_m\}$。其中，每棵 k 元樹 T_i 中只有一個權值為 w_i 的根節點，子樹為空，$1 \leq i \leq m$；如果 $(m-1)\%(k-1) \neq 0$，就要在集合 F 中增加 $k-1-(m-1)\%(k-1)$ 個權值為 0 的「虛葉節點」；然後，重複做以下兩步：

1. 在 F 中選取根節點權值最小的 k 棵 k 元樹作為子樹，建構一棵新的 k 元樹，並且置新的 k 元樹的根節點的權值為其子樹根節點的權值之和；

2. 在 F 中刪除選取的這 k 棵 k 元樹，同時將新得到的 k 元樹加入 F 中。

重複 **1.**、**2.**，直到在 F 中只含有一棵 k 元樹為止。這棵 k 元樹便是 k 元霍夫曼樹。

如果 $(m-1)\%(k-1)=0$，不必增加權值為 0 的「虛葉節點」，第一次選 k 個權重最小的節點建構一棵 k 元樹；而如果 $(m-1)\%(k-1) \neq 0$，第一次選 $(m-1)\%(k-1)+1$ 個權重最小的節點，並虛擬 $k-1-(m-1)\%(k-1)$ 個權值為 0 的「虛葉節點」，建構一棵 k 元樹。

例 14.2.1 建構序列 1、2、3、4、5、6、7 對應的 3 元霍夫曼樹，則 $m=7$，$k=3$。因為 $(m-1)\%(k-1)=6\%2=0$，第一次選目前 3 個權重最小的節點 1、2、3；第二次選目前 3 個權重最小的節點 4、5、6；第三次，最後 3 個節點 6、7、15；因此得到 3 元霍夫曼樹，如圖 10.4-2a 所示。

建構序列 1、2、3、4、5、6 對應的三元霍夫曼樹，則 $m=6$，$k=3$。因為 $(m-1)\%(k-1)=5\%2=1 \neq 0$，第一次選目前 2 個權重最小的節點 1、2，並虛擬 1 個權值為 0 的「虛葉節點」，建構一棵 k 元樹；第二次選目前 3 個權重最小的節點 3、3、4；第三次，最後 3 個節點 10、5、6；因此得到 3 元霍夫曼樹，如圖 10.4-2b 所示。

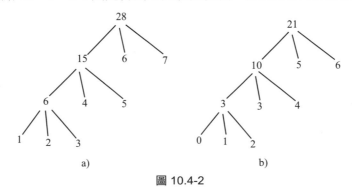

a)   b)

圖 10.4-2

10.4.2.1 Sort

最近，Bob 剛剛學習了一種簡單的排序演算法：合併排序。現在，Bob 接受了 Alice 的任務。

Alice 給 Bob N 個排序序列，第 i 個序列包含 a_i 個元素。Bob 要合併所有這些序列。他要編一個程式，一次合併不超過 k 個序列。合併操作的耗費是這些序列的長度之和。而 Alice 允許這個程式的耗費不超過 T。因此，Bob 想知道可以使程式及時完成的最小的耗費 k。

輸入

輸入的第一行提供一個整數 t_0，表示測試案例的數量。接下來提供 t_0 個測試案例。對於每個測試案例，第一行由兩個整數 N（$2 \leq N \leq 100000$）和 T（$\sum_{i=1}^{N} a_i < T < 2^{31}$）組成；下一行提供 N 個整數 $a_1, a_2, a_3, \cdots, a_N$（$\forall i$，$0 \leq a_i \leq 1000$）。

輸出

對於每個測試案例，輸出最小的 k。

範例輸入	範例輸出
1	3
5 25	
1 2 3 4 5	

試題來源：2016 ACM/ICPC Asia Regional Qingdao Online
線上測試：HDOJ 5884

❖ 試題解析

對 n 個有序序列進行合併排序，每次可以選擇不超過 k 個序列進行合併，合併代價為這些序列的長度和，總的合併代價不能超過 T，問 k 最小是多少。

解題思路：透過二分法計算最小 k，即設 k 的取值區間為 $[2, n]$，每次取區間中位數 mid，如果能夠建構 mid 元霍夫曼樹，則在左子區間尋找更小 k 值；否則在右子區間尋找可行的 k 值。用兩個佇列來實現 k 元霍夫曼樹：表示 n 個有序序列的元素先進行排序，放在佇列 $q1$ 中；並使用另外一個佇列 $q2$ 來維護合併後的值，顯然，佇列 $q2$ 也是遞增序列。每次取值時，從 $q1$ 和 $q2$ 兩個佇列的佇列開頭取小的值即可。

這裡注意，對於 n 個數，建構 k 元霍夫曼樹，如果 $(n-1)\%(k-1) \neq 0$，要虛擬 $k-1-(n-1)\%(k-1)$ 個權值為 0 的葉節點。

解題演算法的時間複雜度為 $O(n\log n)$。

❖ 參考程式

```
01    #include <iostream>
02    #include <queue>
03    using namespace std;
04    const int maxn = 1e5 + 100;
05    typedef long long ll;
06    queue<ll> q1;                          // 儲存葉節點的佇列
07    queue<ll> q2;                          // 儲存目前合併結果的佇列
08    int T,n;                               // 測試案例數 T，序列數 n
```

```
09      ll a[maxn];                                 // 儲存 n 個序列的規模
10      ll t;                                       // 程式的耗費上限
11      bool Hufman(int x)                          // 計算建構 x 元霍夫曼樹的可行標誌
12      {
13          while (!q1.empty()) q1.pop();           // 清空 q1 和 q2 佇列
14          while (!q2.empty()) q2.pop();
15          int tt = (n - 1) % (x - 1);
16          if (tt)  // 若 n-1 非 x-1 的整倍數，則虛擬 (x-1-(n-1)%(x-1)) 個權值為 0 的葉子節點送入 q1 佇列
17              for (int i = 1; i<= x - 1 - tt; i++) q1.push(0);
18          for (int i = 1; i<= n; i++) q1.push(a[i]);  // 將排序後的 n 個序列的規模送入 q1 佇列
19          ll sum = 0;                             // 總耗費初始化
20          while (1)
21          {
22              ll tem = 0;                         // 目前合併代價初始化
23              for (int i = 1; i <= x; i++)        // 目前合併：進行 x 次取值處理
24              {
25                  if (q1.empty() && q2.empty()) break;  // 若 q1 和 q2 佇列空，則結束迴圈
26                  if (q1.empty())                 // 若 q1 為空，則累加 q2 佇列首元素，
27                                                  // 該元素出佇列
28                  {
29                      tem += q2.front();
30                      q2.pop();
31                  }
32                  else if (q2.empty())            // 若 q2 為空，則累加 q1 佇列首元素，該
33                                                  // 元素出佇列
34                  {
35                      tem += q1.front();
36                      q1.pop();
37                  }
38                  else                    // 在 q1 和 q2 非空的情況下，比較 q1 和 q2 佇列首元素，
39                                          // 累計入較小的元素，且該元素出佇列
40                  {
41                      int tx, ty;
42                      tx = q1.front();
43                      ty = q2.front();
44                      if (tx< ty)
45                      {
46                          tem += tx;
47                          q1.pop();
48                      }
49                      else
50                      {
51                          tem += ty;
52                          q2.pop();
53                      }
54                  }
55              }
56              sum += tem;                         // 目前合併代價計入總耗費
57              if (q1.empty() && q2.empty())break; // 若 q1 和 q2 佇列空，則結束 while 迴圈
58              q2.push(tem);                       // 目前合併代價進入 q2 佇列，
59                                                  // 該佇列一定是有序的
60          }
61          if (sum<= t)                            // 若總耗費不超過上限，則傳回成功標誌；
62                                                  // 否則傳回失敗標誌
63              return 1;
64          else
```

```
65          return 0;
66  }
67  int main()
68  {
69      scanf("%d", &T);                         // 輸入測試案例數
70      while (T--)                              // 依次處理每個測試案例
71      {
72          scanf("%d%lld", &n, &t);             // 輸入序列數 n 和程式的耗費上限 t
73          for (int i = 1; i <= n; i++)         // 輸入每個序列的元素數量
74              scanf("%lld", &a[i]);
75          sort(a + 1, a + 1 + n);              // 按照序列規模遞增的順序排序 n 個序列
76          int st = 2, en = n;                  // 使用二分法計算 k 的最小值 st，設定初始的
77                                               // k 值區間為 [2, n]
78          while (st < en)                      // 若區間存在，則計算中間值 mid
79          {
80              int mid = (st + en) / 2;
81              if (Hufman(mid)) en = mid;       // 若能夠建構 mid 元霍夫曼樹，則在左區間尋找
82                                               // 最小 k 值；否則在右區間尋找最小 k 值
83              else  st = mid + 1;
84          }
85          printf("%d\n", st);                  // 若區間僅剩元素 st，即為最小 k 值，輸出
86      }
87      return 0;
88  }
```

10.5　AVL 樹

定義 10.5.1（平衡二元樹（Balanced Binary Tree））　平衡二元樹或者是一棵空二元樹，或者是具有以下性質的二元樹：它的左右兩個子樹的高度差的絕對值不超過 1，並且左右兩個子樹也都是平衡二元樹。

平衡二元樹的常用演算法有紅黑樹、AVL 樹、樹狀堆積、伸展樹等。

平衡二元搜尋樹（Self–Balancing Binary Search Tree）又被稱為 AVL 樹，定義如下。

定義 10.5.2（AVL 樹（Self–Balancing Binary Search Tree））
AVL 樹是一棵二元搜尋樹，並且每個節點的左右子樹的高度之差的絕對值（平衡因數）最多為 1。

例如，圖 10.5-1 是一棵 AVL 樹。

AVL 樹的節點類別為結構體，一般包括資料欄 val、以其為根的子樹高度 h、平衡因數 bf（左子樹高度與右子樹高度之

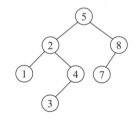

圖 10.5-1

差）、左指標 left 和右指標 right。其中，以 T 為根的子樹高度 $T\text{->}h=\max(T\text{->left->}h, T\text{->right->}h)+1$，平衡因數：

$$T\text{->bf} = \begin{cases} 0 & T\text{->left->}h == T\text{->right->}h \\ -(T\text{->right->}h) & T\text{->left} == \text{null} \\ T\text{->left->}h & T\text{->right} == \text{null} \\ (T\text{->left->}h) - (T\text{->right->}h) & 否則 \end{cases}$$

AVL 樹是具備平衡功能的二元搜尋樹。對於 AVL 樹，在插入元素時，計算每個節點的平衡因數是否大於 1，如果大於，那麼就進行相關的旋轉操作以維持平衡性。在插入元素後，以插入的元素為起點，向上追溯，找到第一個平衡因數大於 1 的節點，該節點被稱為不平衡起始節點。以不平衡起始節點向下提供插入節點的位置，則可以把不平衡性分為 4 種情況：

1. **LL**：插入一個新節點到不平衡起始節點的左子樹的左子樹，導致不平衡起始節點的平衡因數由 1 變為 2。

2. **RR**：插入一個新節點到不平衡起始節點的右子樹的右子樹，導致不平衡起始節點的平衡因數由 –1 變為 –2。

3. **LR**：插入一個新節點到不平衡起始節點的左子樹的右子樹，導致不平衡起始節點的平衡因數由 1 變為 2。

4. **RL**：插入一個新節點到不平衡起始節點的右子樹的左子樹，導致不平衡起始節點的平衡因數由 –1 變為 –2。

AVL 樹有兩種基本的旋轉：

1. **右旋轉**：將根節點旋轉到其左子代的右子代位置。

2. **左旋轉**：將根節點旋轉到其右子代的左子代位置。

針對上述 4 種情況，可以透過旋轉使 AVL 樹變平衡，有 4 種旋轉方式，分別為：右旋轉，左旋轉，左右旋轉（先左後右），右左旋轉（先右後左）。

對於 LL 情況，可透過將不平衡起始節點右旋轉使其平衡。如圖 10.5-2 所示，旋轉前 A 的平衡因數大於 1 且其左子代 B 的平衡因數大於 0（(A->bf>1)&&(A->left->bf>0)）；旋轉後，原 A（不平衡起始節點）的左子代 B 成為 A 的父節點，A 成為其右子代，而原 B 的右子樹成為 A 的左子樹。

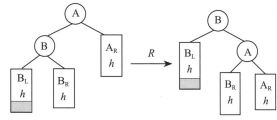

圖 10.5-2

演算法如下：

```
Node *LL_rotate(Node *A)   // 在節點 A 的左子樹插入節點，使 A 的平衡因數由 1 變為 2，
    // 對 *A 進行單向右旋平衡處理
    {
        Node *B=A->left;  A->left=B->right;  B->right=A;     //A 左子代 B 成為父節點，
            //A 成為其右子代，而原 B 的右子樹成為 A 的左子樹
        計算 A、B 的高度 A->h 和 B->h；
        計算 A、B 的平衡因數 A->bf 和 B->bf；
        傳回根節點 B；
    }
```

對於 RR 的情況，可透過將不平衡起始節點左旋轉使其平衡。如圖 10.5-3 所示，旋轉前 *A* 的平衡因數小於 –1，右子樹 B 的平衡因數小於 0（(A->bf<-1)&&(A->right->bf<0)）；旋轉後，原 A（不平衡起始節點）的右子代 B 成為 A 的父節點，A 成為其左子代，而原 B 的左子樹成為 A 的右子樹。

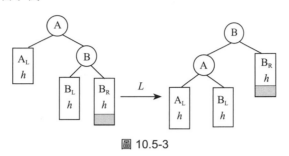

圖 10.5-3

演算法如下：

```
Node *RR_rotate(Node *A)        // 插入一個新節點到 A 的右子樹，使得 A 的平衡因數由 -1 變為 -2，
                                // 對 *A 進行單向左旋平衡處理
    {
        Node *B=A->right; A->right=B->left; B->left=A;        // 原 A 的右子代 B 成為父節點，
            //A 成為其左子代，而原 B 的左子樹成為 A 的右子樹
        計算 A、B 的高度 A->h 和 B->h；
        計算 A、B 的平衡因數 A->bf 和 B->bf；
        傳回根節點 B；
}
```

對於 LR 的情況，則需要進行左右旋轉：先左旋轉，再右旋轉，使 AVL 樹平衡。如圖 10.5-4 所示，旋轉前，A 的平衡因數大於 1，B 的平衡因數小於 0（(A->bf>1)&&(A->left>bf<0)）；在節點 B 按照 RR 型向左旋轉一次之後，二元樹在節點 A（不平衡起始節點）仍然不能保持平衡，這時還需要再向右旋轉一次。

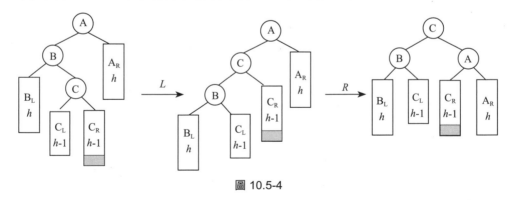

圖 10.5-4

演算法如下：

```
Node *LR_rotate(Node *A)                    // 在 A 的左子代的右子樹上插入節點，導致 A 的平衡因數
                                            // 由 1 變為 2，進行先左後右平衡處理
    {
        A->left=RR_rotate(A->left);        // 單向左旋 A 的左子樹
        A=LL_rotate(A);                     // 單向右旋 A
        傳回根節點 C；
    }
```

對於 RL 的情況，則需要進行右左旋轉：先右旋轉，再左旋轉，如圖 10.5-5 所示，旋轉前 A 的平衡因數小於 −1，右子樹 B 的平衡因數大於 0（(A->bf<−1)&&(A->right->bf>0)）；先右後左旋轉，旋轉方向剛好同 LR 型相反。

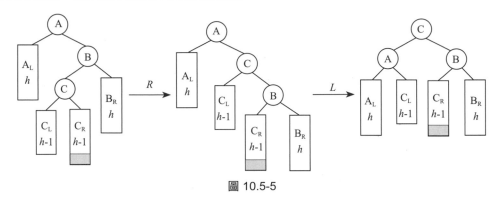

圖 10.5-5

演算法如下：

```
Node *RL_rotate(Node *A)          // 在 A 的右子代的左子樹上插入節點，使得 A 的平衡因數
                                  // 由 −1 變為 −2，進行先右後左的平衡處理
    {
        A->right=LL_rotate(A->right);    // 單向右旋 A 的右子樹
        A=RR_rotate(A);                  // 單向左旋 A
        傳回根節點 C；
}
```

綜上所述，插入節點的演算法如下。

```
void Insert(Node *&T, v)              // 將資料值為 v 的節點插入 AVL 樹 T
    {
        if (T==NULL)                  // 若指標空（樹葉），則找到插入位置
        {
            建構資料值為 v，樹高 h=1，平衡因數 bf= 0，T->left 和 T->right 為 null 的葉節點 T；
        }
// 若資料值 v 小於 T 節點的資料值，則沿左子樹方向尋找插入位置；否則沿右子樹方向尋找插入位置
        if (v<T->val) Insert(T->left, v);
            else Insert(T->right, v);
        計算 T 樹的高度 T->h 和平衡因數 T->bf；
        if (T->bf>1||T->bf<-1)                // 若因插入導致不平衡
        分情形處理不平衡的 LL、RR、LR 和 RL 情況；
        }
    }
```

對於 AVL 樹的刪除操作，首先要確定被刪除的節點，然後用該節點的右子代的最左子代替換該節點，並重新調整以該節點為根的子樹為 AVL 樹，具體調整方法與插入資料類似。演算法如下：

```
    void Delete(Node *&T, e)              // 從 AVL 樹 T 中刪除資料為 e 的節點
    {
        if (T==NULL) return;              // 若樹 T 為空，則返回
        if (e<T->val) Delete(T->left,e);  // 若資料小於目前節點，則沿左子樹方向尋找
        else if (e>T->val) Delete(T->right,e); // 若資料大於目前節點，則沿右子樹方向尋找
        else                              // 找到刪除的節點 T
        {
```

```
        if (T->left&&T->right)              // 若被刪節點 T 有左右子樹
        {
            Node *temp=T->left;             // 尋找 T 的左子代為首的右鏈的尾節點 temp
                                            // (該節點資料最接近 T),該節點覆蓋 T
            while (temp->right) temp=temp->right;
            T->val=temp->val;
            Delete(T->left,temp->val);      // 在 T 的左子樹 T->left 中刪除 temp
        }
        else                                // 若 T 僅有一個子代
        {
            Node *temp=T;                   // 將被刪節點賦予 temp
            if (T->left) T=T->left;         // 被刪除節點 T 只有左子樹
            else if (T->right) T=T->right;  // 被刪除節點 T 只有右子樹
            else                            // 被刪節點 T 沒有子代
            {
                釋放樹 T 所占記憶體並將其指標設為 null;

            }
            if (T) free(temp);              // 若 T 僅一個子代,則釋放 temp 所占記憶體
            return ;
        }
    }
    調整 T 的樹高 T->h 和平衡因數 T->bf;
    if (T->bf>1||T->bf<-1)                  // 若刪除操作導致不平衡
    {
        分情形處理不平衡的 LL、RR、LR 和 RL 情況;
    }
}
```

10.5.1 ▶ Double Queue

試題與【10.3.1.1】相同。

❖ 試題解析

在 10.3 節「樹狀堆積」的實作範例中,基於樹狀堆積求解本題。在本節,基於 AVL 樹求解本題。由於計算過程需經常藉助高度或平衡因數,因此元素結構(即節點的資料欄)包含 val(顧客優先順序,作為節點關鍵字值)、data(客戶編號)、h(以目前節點為根節點的子樹的高度)和 bf(平衡因數,即左子樹高度與右子樹高度之差)。

加入一個新客戶(程式碼 1),則執行 AVL 樹的插入操作。服務一個客戶(程式碼為 2 或 3),則是先找到最大或最小 val 值的節點,然後執行 AVL 樹的刪除操作。為了在增刪操作後保持樹的平衡性,可能需要進行左旋轉、右旋轉、先左後右旋轉和先右後左旋轉。

❖ 參考程式(略。本題參考程式的 PDF 檔案和本題的英文原版均可從碁峰網站下載)

10.5.2 ▶ The *k*th great number

小明和小寶在玩一個簡單的數字遊戲。在一輪遊戲中,小明可以選擇寫下一個數字,或者問小寶第 k 個數字是什麼。因為小明寫的數字太多,小寶覺得頭暈。現在,請你來幫小寶。

輸入

本題提供若干測試案例。對於每個測試案例，第一行提供兩個正整數 n、k，然後提供 n 行。如果小明選擇寫一個數字，就提供一個「I」，後面提供小明寫下的那個數字。如果小明選擇問小寶，就提供一個「Q」，你就要輸出第 k 個數字。

輸出

在一行中輸出一個整數，表示一條詢問要求的第 k 大的數字。

範例輸入	範例輸出
8 3	1
I 1	2
I 2	3
I 3	
Q	
I 5	
Q	
I 4	
Q	

提示

本題設定，當下的數字個數小於 k（$1 \leq k \leq n \leq 1000000$）時，小明不會問小寶第 k 個數字是什麼。

試題來源： 2011 ACM/ICPC Asia Dalian Online Contest
線上測試： HDOJ 4006

❖ **試題解析**

本題以一棵 AVL 樹實作。樹的節點的資料欄包含 key（小明寫下的數字）、repeat（key 的重複次數）、size（以該節點為根的子樹中數字的總數，即左子代的 size+ 右子代的 size+ 節點的 repeat）和 h（以該節點為根的子樹的高度）。

對於「I」操作，在 AVL 樹中插入一個數字 x。按照左小右大的順序尋找插入位置。如果找到一個其 key 域值為 x 的節點 T（$T.key==x$），則節點 T 的 repeat 域值 +1（++T->repeat）。

對於「Q」操作，則在 AVL 樹中尋找第 k 個數字，方法如下：

```
int selectKth(Node *rt, int k)              // 傳回以 rt 為根的子樹中第 k 個數字
{
    計算 rt 的左子樹規模 lSize= rt->left->Size;
    if (k <= lSize) return selectKth(rt->left, k);    // 第 k 個數字在 rt 的左子樹中，遞迴
                                                      // 搜尋左子樹中第 k 個數
    else if (lSize + rt->repeat < k)                  // 若第 k 個數字在 rt 的右子樹中，
                                                      // 則遞迴搜尋右子樹中第 (k- 左子樹
                                                      // 規模 -rt 的重複次數 ) 個數
        return selectKth(rt->right, k - lSize - rt->repeat);
    return rt->key;                                   // 傳回以 rt 為根的子樹中第 k 個數字
}
```

❖ **參考程式**（略。本題參考程式的 PDF 檔案和本題的英文原版均可從碁峰網站下載）

10.6　伸展樹

定義 10.6.1（伸展樹）　伸展樹（Splay Tree），也被稱為分裂樹，是一種自我調整的二元搜尋樹。對於伸展樹 S 中的每一個節點的鍵值 x，其左子樹中的每一個元素的鍵值都小於 x，而其右子樹中的每一個元素的鍵值都大於 x。而且，沿著從該節點到樹根之間的路徑，透過一系列的旋轉（伸展操作）可以把這個節點搬移到樹根。

為簡明起見，鍵值為 x 和 y 的節點稱為節點 x 和節點 y。

伸展操作（splay）是透過一系列旋轉將伸展樹 S 中節點 x 調整至樹根。在調整的過程中，要分以下三種情況分別處理。

1. 節點 x 的父節點 y 是樹根節點。如果節點 x 是節點 y 的左子代，則進行一次 Zig（右旋轉）操作；如果節點 x 是節點 y 的右子代，則進行一次 Zag（左旋轉）操作。經過旋轉，節點 x 成為 S 的根節點，調整結束。Zig 和 Zag 操作如圖 10.6-1 所示。

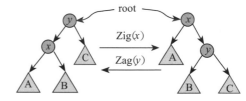

圖 10.6-1

2. 節點 x 的父節點 y 不是樹根節點，節點 y 的父節點為節點 z，並且節點 x 與節點 y 都是各自父節點的左子代或者都是各自父節點的右子代，則進行 Zig-Zig 操作或者 Zag-Zag 操作。Zig-Zig 操作如圖 10.6-2 所示。

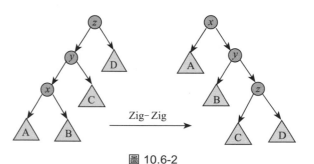

圖 10.6-2

3. 節點 x 的父節點 y 不是樹根節點，節點 y 的父節點為節點 z，並且節點 x 與節點 y 中一個是其父節點的左子代而另一個是其父節點的右子代，則進行 Zig-Zag 操作或者 Zag-Zig 操作。Zig-Zag 操作如圖 10.6-3 所示。

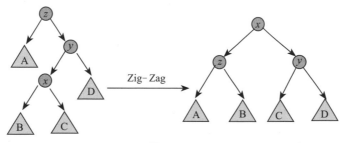

圖 10.6-3

將節點的屬性及相關運算定義為一個名為 Node 的結構體：

```
struct Node{                    // 伸展樹節點為結構體型別
    Node* ch[2];                // ch[0] 和 ch[1] 分別為左右指標
    int s;                      // 子樹規模
    int v;                      // 資料值
```

```
        根據題目要求設懶惰標誌;
        pushdown();                        // 定義調整懶惰標誌的副程式
        {…}
        int cmp(int k)                     // cmp(k)={ -1  左子樹規模為 k-1,不需要旋轉
        {                                             0  左子樹規模不小於 k,需要右旋轉 Zig
            int d=k-ch[0]->s;                         1  左子樹規模小於 k-1,需要左旋轉 Zag
            if(d==1) return -1;
            return d<=0?0:1;
        }
        void maintain(){                   // 子樹規模 = 左子樹規模 + 右子樹規模 +1
            s=ch[0]->s+ch[1]->s+1;
        }
    };
```

在定義結構體 Node 的基礎上,旋轉操作和伸展操作的副程式如下:

```
void rotate(Node* &o, int d)           // 旋轉操作:節點 o 向 d 方向旋轉 (d={ 0  左旋轉 Zag
                                       //                                    1  右旋轉 Zig )
{
    o->pushdown();                     // 調整 o 的懶惰標誌
    Node* k=o->ch[d^1];                // o 的 (d^1) 方向的子代 k 成為父節點,o 成為其 d 方向
                                       // 的子代,而原 k 的 d 方向的子代成為 o 的 (d^1) 方向的
                                       // 子代 (注:(d^1) 方向為 d 的相反方向)
    k->pushdown();                     // 調整 k 的懶惰標誌
    o->ch[d^1]=k->ch[d];               //o 的 (d^1) 的子代位置被原 k 的 d 方向的子代取代
    k->ch[d]=o;                        //k 的 d 方向的子代調整為 o
    o->pushdown();k->pushdown();       // 調整 o 和 k 的懶惰標誌
    o=k;                               // 旋轉後 k 成為根
}
void splay(Node*& o, int k)            // 伸展操作,透過一系列旋轉將第 k 個數值對應的節點調整
                                       // 至樹根,傳回樹根。
{
    o->pushdown();                     // 調整 o 的懶惰標誌
    int d=o->cmp(k);                   // o 的左子樹規模與 k 比較
    if(d==1) k-=o->ch[0]->s+1;         // 若左子樹規模小於 k-1,則 k 減去 (左子樹規模 +1)
    if(d!=-1){                         // 若左子樹規模非 k-1,則需要旋轉
        Node* p=o->ch[d];              // 取 o 的 d 方向的子代 p
        p->pushdown();                 // 調整 p 的懶惰標誌
        int d2=p->cmp(k);              // p 的左子樹規模與 k 比較
        int k2=(d2==0?k:k-p->ch[0]->s-1);  // k2={ k                    d2=0
                                       //       k-p(的左子樹規模 k+1)  d2=1
        if(d2!=-1){                    // 若 p 的左子樹規模非 k-1,則需要旋轉
            splay(p->ch[d2],k2);       // 將第 k2 大的數旋轉至 p 的 d2 方向的子代位置
            if(d2==d) rotate(o,d^1);   // 若 d 與 d2 相同,則 o 向 (d^1) 方向旋轉;
                                       // 否則 o 的 d 方向的子代向 d 方向旋轉
                else rotate(o->ch[d],d);
        }
        rotate(o,d^1);                 // o 向 (d^1) 方向旋轉
    }
}
```

利用 splay 操作,可以在伸展樹 *s* 上進行如下的伸展樹基本操作。

1. merge(*s*1, *s*2)：將兩個伸展樹 *s*1 與 *s*2 合併成為一個伸展樹，其中 *s*1 中所有節點的鍵值都小於 *s*2 中所有節點的鍵值。

首先，找到伸展樹 *s*1 中包含最大鍵值 *x* 的節點；然後，透過 splay 將該節點調整到伸展樹 *s*1 的樹根位置（執行副程式 splay(*s*1, *s*1->*s*)）；最後，將 *s*2 作為節點 *x* 的右子樹。這樣，就得到了新的伸展樹 *s*，如圖 10.6-4 所示。

程式片段如下：

```
Node* merge(Node* s1, Node* s2){    // 將伸展樹 s1 和 s2 合併成新的伸展樹，傳回其根
    splay(s1, s1->s);               // 將 s1 樹中的最大值旋轉至 s1 的樹根位置
    s1->ch[1]=s2;                   // s2 調整為 s1 的右子樹
    s1->maintain();                 // 計算 s1 的樹規模
    return s1;                      // 傳回合併後的 s1
}
```

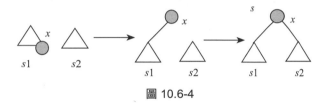

圖 10.6-4

2. split(*o*, *x*, *s*1, *s*2)：將伸展樹 *o* 分離為兩棵伸展樹 *s*1 和 *s*2，其中 *s*1 中所有節點的數值均小於第 *x* 個數，*s*2 中所有節點的數值均大於第 *x* 個數。

首先，透過執行 splay(*o*, *x*)，將第 *x* 個數旋轉至 *o* 的根位置；然後，取其左子樹為 *s*1（*s*1=*o*->ch[0]），取其右子樹為 *s*2（*s*2=*o*->ch[1]），如圖 10.6-5 所示。

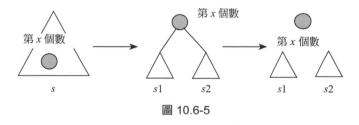

圖 10.6-5

程式片段如下：

```
void split(Node* o, int x, Node*& s1, Node*& s2){    // 將伸展樹 o 分離為兩棵伸展樹 s1 和 s2，
    // 其中 s1 中所有節點值均小於第 x 個數，s2 中所有節點值均大於第 x 個數。
    splay(o, x);                   // 將第 x 個數旋轉至 o 的根位置
    s1=o->ch[0];                   // o 的左子樹為 s1
    s2=o->ch[1];                   // o 的右子樹為 s2
    s1->maintain(); s2->maintain() // 計算 s1 樹和 s2 樹的規模
}
```

3. delete(root, *x*)：將伸展樹 root 中包含第 *x* 個數的節點刪除。

首先，從伸展樹 root 中分離出兩棵子樹：儲存第 1 到第 *x*–1 的數的子樹 left 和儲存第 *x*+1 到第 *n* 的數的子樹 right；然後，透過執行 root=merge(left, right) 合併伸展樹 left 和 right，傳回其根 root。

程式片段如下：

```
void delete (Node* root, int x)            // 從伸展樹 root 中刪除第 x 個數
{
    split(root, x, left, right);           // 從伸展樹 root 中分離出第 1~x-1 的數，
                                           // 對應伸展樹 left，第 x+1~n 的數對應伸展樹 right
    root=merge(left, right);               // 合併伸展樹 left 和 right，傳回其根 root
}
```

4. insert(root, *x*, *v*)：將數值 *v* 插入伸展樹 root 中包含第 *x* 個數的節點之後（第 *x* 個數 ≤ *v* < 第 *x*+1 的數）。

首先，透過執行 split(root, *x*+1, *s*1, *o*) 和 split(root, *x*, *m*, *s*2)，從伸展樹 root 中分離出子樹 *s*1（儲存第 1 到第 *x* 的元素）和子樹 *s*2（儲存第 *x*+1 到第 *n* 的元素）；然後建構包含資料值為 *v* 的節點，左右指標為空，子樹規模 1 的單根樹 tt，順序合併 *s*1、tt 和 *s*2（root=merge(merge(*s*1, tt), *s*2)），並將含資料 *v* 的插入節點旋轉至根（splay(root, *x*+1)）。

```
void insert(Node* root, int x, int v)  // 按照有序性要求，將數值 v 插至第 x 的元素後
{
    split(root, x+1, s1, s2);               // 從伸展樹 root 中分離出第 1~x 的元素對應的子樹 s1，
                                           // 第 x+2~n 的元素對應的子樹 s2
    split(root, x, o, s2);                  // 從伸展樹 root 中分離出第 1~x-1 的元素對應的子樹 o，
                                           // 第 x+1~n 的元素對應的子樹 s2
    建構資料值為 v，左右指標空，子樹規模 1 的葉節點 tt；
    root=merge(merge(s1, tt), s2);          // 順序合併 s1、tt 和子樹 s2，傳回其根 root
    splay(root, x+1);                       // 將插入節點旋轉至根
}
```

10.6.1 ▶ SuperMemo

你的朋友 Jackson 被邀請參加一個名為「SuperMemo」的電視節目，在節目中，參加者被告知要玩一個記憶遊戲。首先，主持人告訴參加者一個數字序列 $\{A_1, A_2, \cdots A_n\}$，然後，主持人對數字序列進行一系列操作和查詢，這些操作和查詢包括：

1. ADD *x y D*：對子序列 $\{A_x \cdots A_y\}$ 中的每個數加上 *D*。例如，對序列 {1, 2, 3, 4, 5} 執行「ADD 2 4 1」，結果是 {1, 3, 4, 5, 5}。

2. REVERSE *x y*：對子序列 $\{A_x \cdots A_y\}$ 進行翻轉。例如，對序列 {1, 2, 3, 4, 5} 執行「REVERSE 2 4」，結果是 {1, 4, 3, 2, 5}。

3. REVOLVE *x y T*：對子序列 $\{A_x \cdots A_y\}$ 迴圈右轉一位，轉動 *T* 次。例如，對序列 {1, 2, 3, 4, 5} 執行「REVOLVE 2 4 2」，結果是 {1, 3, 4, 2, 5}。

4. INSERT *x P*：將 *P* 插在 A_x 後面。例如，對序列 {1, 2, 3, 4, 5} 執行「INSERT 2 4」，結果是 {1, 2, 4, 3, 4, 5}。

5. DELETE *x*：刪除 A_x。例如，對序列 {1, 2, 3, 4, 5} 執行「DELETE 2」，結果是 {1, 3, 4, 5}。

6. MIN *x y*：查詢子序列 $\{A_x \cdots A_y\}$ 中的最小值。例如，對序列 {1, 2, 3, 4, 5} 執行「MIN 2 4」，結果是 2。

為了讓節目更有趣，參加者有機會場外求助其他人，這就是說，Jackson 在回答問題感到困難時，他可能會打電話給你尋求幫助。請你觀看電視節目，並寫一個程式，對每個問題提供正確的答案，以便在 Jackson 給你打電話時為他提供幫助。

輸入

第一行提供 n（n≤100000），接下來的 n 行描述序列，然後提供 M（M≤100000），表示操作和查詢的數目。

輸出

對每個「MIN」查詢，輸出正確答案。

範例輸入	範例輸出
5 1 2 3 4 5 2 ADD 2 4 1 MIN 4 5	5

試題來源：POJ Founder Monthly Contest–2008.04.13, Yao Jinyu
線上測試：POJ 3580

❖ **試題解析**

本題的求解根據一棵伸展樹。

伸展樹節點的資料欄除了包含 v（資料）以外，還包含懶惰標記 s（子樹規模）、minn（子樹最小值）、flip（翻轉標誌）和 add（累加值）；懶惰標記 flip 和 add 在副程式 pushdown 中維護。設區間 x～y 為序列中第 x 個元素至第 y 個元素。

ADD 操作：為 x～y 元素加一個 d 值。首先呼叫 split 切出 x～y 元素，然後改變給切出的子樹 root 的 root->add、root->min、root->v，再呼叫 merge 切出的子樹 root 合併進原序列。

REVERSE 操作：把 x～y 元素反轉。首先用 split 切出 x～y 元素，然後改變切出的子樹 root 的 root->flip 標記，再呼叫 merge 將切出的子樹 root 合併進原序列。

REVOLVE 操作：把 x～y 元素偏移 T 位元。注意 T 可以為負，負向左，正向右。首先，對 T 進行修正，T=(T%(r-l+1)+(r-l+1))%(r-l+1)，這樣正負方向就一致了，而且解決了沒必要的偏移。所以，REVOLVE 把 x～y 元素偏移 T 位元，首先用 split 切出 x～y 元素，左子樹為 left，右子樹為 right；然後，用 split 對 x～y 元素切出 x～y-T；最後，呼叫 merge 按序合併左子樹為 left、[y-T+1, y]、[x, y-T]，右子樹為 right。注意 T=0 時要特判，不然等於切了個 0 空間。

INSERT 操作：在第 x 元素後插入 P。首先呼叫 split 切出左段 1～x 的元素，然後呼叫 merge 合併這個新的元素 P，再 merge 右段 x+1～n 的元素。

DELETE 操作：切出被刪元素的左右兩段，呼叫 merge 合併這兩段即可。

MIN 操作：求 x～y 元素最小值。依賴於 pushup（也就是 maintain），每次變動都要維護 root-v、root->left、root->right 三部分的最小值。首先切出 [x, y]，root->minn 就是結果。

BUILD 操作：首先在 0 號位置加一個無窮大的字首節點，這樣就可以呼叫 split 切出 x～y，如果沒有字首節點，則在切 1～x-1，當 x=1 時就會出錯。函式 BUILD(0, n, &root) 建構區間 [0, n] 對應的伸展樹 root。副程式 build 使用二分法，首先為中間元素 mid=(0+n)>>1 建構節點，然後分別遞迴建構左區間 [0, mid-1]、右區間 [mid+1, n] 對應的左子樹和右子樹。這樣可在最初時控制伸展樹的高度。

❖ **參考程式**（略。本題參考程式的 PDF 檔案和本題的英文原版均可從碁峰網站下載）

伸展樹的節點不僅可以採用指標進行連結，而且可以採用陣列儲存：將伸展樹的節點儲存在元素類別為結構體的陣列 t[] 中。由於在伸展過程中，需要分析目前節點與左右子代及父親的關係，因此設 t[].v 為資料欄，t[].ch[0] 和 t[].ch[1] 為左右子代的指標，即左右子代在 t 陣列的索引，t[].f 為其父親的指標。

10.6.2 ▶ Tunnel Warfare

抗日戰爭時期，我國軍民在華北平原的廣大地區廣泛地展開坑道戰。一般情況下，透過坑道，將村莊連成一行。除了兩頭的村莊之外，每個村莊都與相鄰的兩個村莊相連。

日軍會經常對一些村莊發動掃蕩，搗毀其中的部分的坑道。我軍指揮官要求瞭解坑道和村莊的最新連接狀態。如果一些村莊被隔離了，就要立即恢復連接。

輸入

輸入的第一行提供兩個正整數 n 和 m（n, m≤50000），表示村莊和事件的數量。接下來的 m 行每一行描述一個事件。

有三種不同的事件，以如下不同的格式描述：

1. D x：第 x 個村莊被掃蕩。

2. Q x：我軍指揮官要知道和第 x 個村莊直接或間接相連的村莊的數量，包括它自己。

3. R：最近被掃蕩的那個村莊被重建。

輸出

對於每次我軍指揮官的請求，在一行中輸出回答。

範例輸入	範例輸出
7 9	1
D 3	0
D 6	2
D 5	4
Q 4	
Q 5	
R	
Q 4	
R	
Q 4	

提示

範例輸入圖解如下：

```
        OOOOOOO
D 3   OOXOOOO
D 6   OOXOOXO
D 5   OOXOXXO
R     OOXOOXO
R     OOXOOOO
```

試題來源：POJ Monthly--2006.07.30, updog

線上測試：POJ 2892

❖ **試題解析**

本題的求解基於一棵伸展樹。由於試題要求重建最近被掃蕩的村莊，因此需要設立一個堆疊，儲存被掃蕩的村莊。

初始的時候，建構一棵伸展樹，插入 $n+1$ 和 0。然後依次處理每個事件：

1. 如果第 x 個村莊被掃蕩，則 x 推入堆疊，並把 x 插入伸展樹中。

2. 查詢第 x 個村莊，則如果 x 被掃蕩，則輸出 0；否則，輸出 x 的後繼 − 前驅 −1（x 左邊被掃蕩的最近點和右邊被掃蕩的最近點之間的數字個數）。

3. 如果重建最近被掃蕩那個村，則堆疊頂端元素提出堆疊，並從伸展樹中移出。

❖ **參考程式**

```
01  #include<cstdio>
02  #define MAXN 50005
03  struct node {                  // 節點類型為結構體
04      int v, ch[2], f;           // 村莊號 v；ch[0] 和 ch[1] 分別儲存左右子代在 t[] 中的索引
05                                 //（左右指標）；父代在 t[] 中的索引為 f（父指標）
06  }t[MAXN];                      // 伸展樹序列
07  int rt, sz, n, m;              // 樹根 rt，t[] 的長度 sz，村莊數 n，事件數 m
08  void rot(int x)                // 對伸展樹中的節點 x 進行旋轉操作
09  {
10      int y = t[x].f, z = t[y].f; // 取 x 的父親 y 和祖父 z
11      bool f = (t[y].ch[1] == x); // 旋轉前 x 在 y 的子代方向（旋轉後調整為 x 在 z 的旋轉方向）
12                                 // f = { 0  x 是 y 的左子代，y 右旋
                                   //       1  x 是 y 的右子代，y 左旋
13  //x 的 f 相反方向的子代轉至 y 的 f 方向的子代位置，並將其父親調整為 y；x 的 f 相反方向的子代
14      // 調整為 y；y 的父親調整為 x；x 的父親調整為 z
15      t[y].ch[f] = t[x].ch[f^1];
16      if(t[y].ch[f]) t[t[y].ch[f]].f = y;
17      t[x].ch[f^1] = y; t[y].f = x;
18      t[x].f = z;
19  // 若原來 y 為 z 的右子代，則調整後 x 為 z 的右子代；否則 x 為 z 的左子代
20      if(z) t[z].ch[t[z].ch[1]==y] = x;
21  }
22  void Spaly(int r, int tp) {    // 透過一系列旋轉，將伸展樹中的節點 r 調整至 tp 的子代位置
23      for(int y, z; (y = t[r].f) != tp; rot(r)) {
```

```
24    // 若 r 的父親非 tp，則執行循環體（在 r 的祖父非 tp 的情況下：若 z、y 和 r 位於同一方向的鏈上，
25        // 則旋轉 y；否則旋轉 r）。每執行一次循環體後旋轉 r，直至 r 的父親為 tp 為止
26            z = t[y].f;                           //z 為 r 的祖父
27            if(z == tp) continue;                 // 若 z 為 tp，則轉去旋轉 r
28            if(  (t[z].ch[0] == y) == (t[y].ch[0] == r) ) rot(y);   // 若 z、y 和 r 位於
29                // 同一方向的鏈上，則旋轉 y；否則旋轉 r
30            else rot(r);
31        }
32        if(!tp) rt = r;                           // 若 tp 為 0，則調整 r 為伸展樹的根
33    }
34    void Ins(int r, int x) {                      // 將村莊 x 插入伸展樹 r
35        int y = 0;                                // 尋找 x 的插入位置 y（葉節點）
36        while(r && t[r].v != x) { y = r; r = t[r].ch[x > t[r].v]; }
37        r = ++ sz; t[r].v = x;                    // 將 x 插入 t[] 的表尾 t[++sz]
38        t[r].f = y;                               // 設定 y 是 r 的父親
39        if(y) t[y].ch[x > t[y].v] = r;            // 按照有序性設定 y 與 r 的父子關係
40        Splay(r, 0);                              // 透過一系列旋轉將 r 調整至樹根
41    }
42    v oid Find(int v) {                           // 將村莊為 v 的節點或者村莊序號最接近 v 的節點旋轉至根
43        int x = rt;                               // 從根 rt 出發搜尋
44        if(!x) return;                            // 若樹為空，則失敗傳回；否則按左 ≤ 中 ≤ 右原則尋找，直至
45                                                  // 找到資料欄值為 v 的節點 x 或找到該方向上尾節點 x 為止
46        while(t[x].ch[v> t[x].v] && t[x].v != v) x = t[x].ch[v > t[x].v];
47        Splay(x, 0);                              // 透過一系列旋轉將節點 x 調整至樹根 rt
48    }
49    int Nxt(int x, bool f)                        // 計算並傳回村莊 x 的前驅 (f==0) 和後繼 (f==1)
50    {
51        Find(x);                                  // 將村莊為 xv 的節點或村莊序號最接近 x 的節點旋轉至根
52        if(( t[rt].v>x&&f)||(t[rt].v<x&&!f)) return rt ;   // 若 rt 的 v 值與 x 的大小關係
53            // 符合 f 方向要求，則傳回 rt（在 f 方向上，rt 的村莊最接近 x）
54        int p  = t[rt].ch[f];                     //rt 的村莊為 x。從 rt 的 f 方向子代出發，
55            // 尋找 f 相反方向的鏈尾節點 p，該節點的村莊在 f 方向上最接近 x，傳回 p
56        while(t[p].ch[f^1]) p = t[p].ch[!f];
57        return p;
58    }
59    void Del(int v) {                             // 將包含 v 的節點從伸展樹中刪除
60        int p = Nxt(v, 0), s = Nxt(v, 1);         // 找出包含 v 的前驅 p 和後繼 s
61        Splay(p, 0); Splay(s, p);                 // 透過一系列旋轉將節點 p 調整至根位置，
62                                                  // 將節點 s 調整至 p 的子代位置
63        p = t[s].ch[0];                           // 取出 s 的左子代 p，將 s 的左指標置空
64        t[s].ch[0] = 0;
65    }
66    char c, f;
67    inline void GET(int &n) {                     // 輸入操作物件，將之轉化為十進位整數 n
68        n = 0; f = 1;
69        do {c = getchar(); if(c == '-') f = -1;} while(c > '9' || c < '0');
70        while(c >= '0' && c <= '9') {n=n*10+c-'0';c=getchar();}
71        n *= f;
72    }
73    int op[MAXN], tp;                             // 堆積 op[] 儲存被掃蕩的村莊，堆積頂指標為 tp
74    bool dsd[MAXN];                               // 村莊 i 被掃蕩的標誌為 dsd[i]
75    int main() {
76        GET(n); GET(m);                           // 輸入村莊數 n 和事件數 m
77        char s[3]; int x;                         // 命令為 s，命令的操作物件為村莊 x
78        Ins(rt, 0); Ins(rt, n+1);                 // 分別將 0 和 n+1 插入伸展樹
```

```
79        while(m --) {                          // 依次處理每個事件
80             scanf("%s", s);                   // 輸入目前事件
81  // 分類處理目前事件
82       // 掃蕩：輸入被掃蕩的村莊號併入堆積；將該村莊插入伸展樹，並置掃蕩標誌；
83       // 請求：輸入村莊號；若該村莊已被掃蕩，則輸出 0；否則輸出與該村莊直接或間接相連的村莊數
84       //（該村莊的後繼 - 前驅 -1）；
85       // 重建：設堆疊頂端村莊未掃蕩標誌；在伸展樹中刪除該村莊，該村莊提出堆疊
86           if(s[0] =='D') GET(op[++tp]), Ins(rt, op[tp]), dsd[op[tp]] = 1;// 處理掃蕩命令
87           else if(s[0] == 'Q') {                          // 處理請求命令
88               GET(x); if(dsd[x]) puts("0");
89               else printf("%d\n", t[Nxt(x,1)].v-t[Nxt(x,0)].v-1);
90           }
91           else dsd[op[tp]] = 0, Del(op[tp --]);           // 處理重建命令
92       }
93       return 0;
94  }
```

10.7 相關題庫

10.7.1 ► Cartesian Tree

本題考慮一種特殊類型的二元搜尋樹，被稱為笛卡兒樹。二元搜尋樹是一種有根的有序二元樹，每個節點 x 滿足以下條件：其左子樹的每個節點的關鍵字小於節點 x 的關鍵字，其右子樹的每個節點的關鍵字大於節點 x 的關鍵字。即如果我們用 $L(x)$ 和 $R(x)$ 表示節點 x 的左子樹和右子樹，用 k_x 表示節點 x 的關鍵字，則有：如果 $y \in L(x)$，則 $k_y < k_x$；如果 $z \in R(x)$，則 $k_z > k_x$。

二元搜尋樹被稱為笛卡兒樹，如果其每個節點 x 除了主關鍵字 k_x 外，還有輔助關鍵字，用 a_x 標示，對這些關鍵字滿足堆積的條件，即：如果 y 是 x 的雙親，則 $a_y < a_x$。

因此笛卡兒樹是二元有根有序樹，其每個節點是由兩個關鍵字組成的關鍵字對 (k, a)，並且要滿足上述的三個條件。

假設有一個關鍵字對的集合，根據該集合建構笛卡兒樹，或者判定這一集合不可能建構笛卡兒樹。

輸入

輸入的第一行提供一個整數 $N(1 \le N \le 50000)$——關鍵字的對數，基於這一關鍵字對的集合建構笛卡兒樹。後面的 N 行每行包含兩個數，表示一個關鍵字對 (k_i, a_i)，對每個對 $|k_i|$，$|a_i| \le 30000$，所有的主關鍵字和所有的輔助關鍵字都是不同的，即：對每個 $i != j$，$k_i != k_j$ 並且 $a_i != a_j$。

輸出

如果能夠建構一棵笛卡兒樹，就在第一行輸出「YES」，否則就輸出「NO」。如果能夠建構一棵笛卡兒樹，就在後面的 N 行輸出這棵樹，相關於在輸入檔案中提供的對，節點從 1 到 N 編號，每個節點由 3 個值表示：雙親、左子代和右子代，如果節點沒有雙親或者沒有相關的子代，則用 0 來代替。

輸入保證結果是唯一的。

範例輸入	範例輸出
7	YES
5 4	2 3 6
2 2	0 5 1
3 9	1 0 7
0 5	5 0 0
1 3	2 4 0
6 6	1 0 0
4 11	3 0 0

試題來源： ACM Northeastern Europe 2002, Northern Subregion

線上測試： POJ 2201

提示

由於這棵笛卡兒樹是關於 k_i 的二元搜尋樹，所以先將所有的二元組根據 k_i 排序，這樣就可以將題目簡化為：一列 N 個數 a_i，要為這些數建立一個嚴格的最小二元堆積，但是對這個二元堆積進行中序尋訪的結果必須和原序列相同。

首先必須明確，只要任意兩個關鍵字對的 k_i 和 a_i 是不同的，那麼這棵嚴格的笛卡兒樹就一定是唯一存在的。

假設已經對所有節點的 k_i 排過序了，首先可以認為在 [1, 1] 範圍內建立一棵笛卡兒樹是「平凡」的：不過是一個根節點而已。假設已經在 [1, i−1]（$i>1$）範圍內建立了一個笛卡兒樹，那麼我們試圖得到 [1, i] 範圍內的笛卡兒樹。由於這棵樹有二元搜尋樹的性質，所以可以從節點 i−1 出發，沿父指標向上搜尋，找第一個其 a_i 值小於節點 i 的 a_i 值的節點 j，將節點 j 的右子代調整為節點 i 的左子代，節點 i 作為節點 j 的右子代，即可使得 [1, i] 同時滿足二元搜尋樹和二元堆積的性質；若父路徑上所有節點的 a_i 值都不小於節點 i 的 a_i 值，則原樹根調整為 i 節點的左子代，節點 i 作為新樹根，同樣也可使得 [1, i] 同時滿足二元搜尋樹和二元堆積的性質。由此得出演算法：

> 按照 ki 遞增的順序排列節點；
> 節點 0 作為根；
> 遞迴節點 1～節點 n−1，依照上述方法逐步擴充笛卡兒樹的範圍，依次記下每個節點的雙親和左右子代；
> 輸出成功資訊以及每個節點的雙親和左右子代；

10.7.2 ▶ 二元搜尋樹

判斷兩個序列是否為同一棵二元搜尋樹序列。

輸入

開始輸入一個數 n，$1 \leq n \leq 20$，表示有 n 個序列需要判斷，$n=0$ 的時候輸入結束。

接下去的一行是一個序列，序列長度小於 10，包含 0～9 的數字，其中沒有重複數字。按這個序列輸入，可以建構出一棵二元搜尋樹。

接下去的 n 行有 n 個序列，每個序列格式與第一個序列一樣，請判斷這兩個序列是否能組成同一棵二元搜尋樹。

輸出

如果序列相同則輸出「YES」，否則輸出「NO」。

範例輸入	範例輸出
2 567432 543267 576342 0	YES NO

試題來源： 浙江大學電腦研究生複試上機考試 -2010 年

線上測試： HDOJ 3791

提示

根據二元搜尋樹的「左小右大」的性質解題。

對提供的兩個字串，遞迴判斷：如果兩個字串相等，則是兩棵相同的二元搜尋樹；否則，判斷兩個字串的第一個字元（根）是否相等，如果不等，則不是相同的二元搜尋樹；否則，遞迴判斷以該字元為根的左右子樹是否相等。

10.7.3 ▶ Argus

一個資料流是一個即時、連續、有序的條目序列。一些實例包括感測器資料、網際網路貿易、金融報價、網上拍賣、交易日誌、Web 使用日誌和電話呼叫紀錄。同樣，在資料流上的查詢每隔一定時間就要連續執行，在產生新的資料的時候就要產生新的結果。例如，一家工廠的倉庫的溫度檢測系統可以執行如下查詢：

◆ 查詢 1：「每五分鐘，搜尋在過去 5 分鐘內的最高溫度。」

◆ 查詢 2：「傳回在過去 10 分鐘各個樓層的平均氣溫。」

我們開發了一個名為 Argus 的資料流管理系統，以處理在資料流上的查詢。用戶可以在 Argus 上登記查詢。Argus 將在不斷變化的資料上持續執行查詢，並以要求的頻率向相關的用戶傳回結果。

對 Argus，我們以下述指令來登記查詢：

```
Register Q_num Period
```

Q_num（$0<Q\_num\leq3000$）是查詢的 ID 編號，Period（$0<Period\leq3000$）是兩個連續的查詢結果傳回之間的時間間隔。在登記了 Period 秒之後，首次傳回結果，此後，每隔 Period 秒傳回一次結果。

在 Argus 上登記了幾個不同的查詢，所有的查詢都有不同的 Q_num。你的任務是提供前 K 個查詢的傳回結果。如果兩個或多個查詢同時傳回結果，則將它們按照 Q_num 的升冪進行排列。

輸入

輸入的第一部分是在 Argus 上登記的指令，一條指令占一行，假定指令的編號不超過 1000，並且所有的指令同時開始執行。這一部分的結束用「#」表示。

第二部分是你的工作，只有一行，提供一個正整數 $K(\leq10000)$。

輸出

輸出前 K 個查詢的 ID 編號（Q_num），每個數字一行。

範例輸入	範例輸出
Register 2004 200 Register 2005 300 # 5	2004 2005 2004 2004 2005

試題來源： ACM Beijing 2004

線上測試： POJ 2051，ZOJ 2212，UVA 3135

提示

按照時序要求，查詢時間越早的任務越先被查詢。若查詢時間最早的任務有多個，則先查詢 ID 編號最小的任務。因此以查詢時間 nt 為第 1 關鍵字、ID 編號為第二關鍵字設定查詢任務的權值，每次取權值最小的任務查詢。為了便於查詢權值最小的任務，不妨按照權值遞增的順序，將 n 個查詢任務儲存在一個最小堆積中。

設定第 i 條指令的 ID 編號為 id[i]，時間間隔為 per[i]，查詢時間為 nt[i]（$1 \leq i \leq n$）。若 ID 編號為 id[i] 的查詢被查詢了 $k-1$ 次，則下一次查詢的時間 $nt[i] = \sum_{p=1}^{k} pre[i]$，即當某個查詢任務 i 完成後，查詢時間 nt[i] 增加 per[i]，重新回到任務序列，等待下一次查詢。由此得出演算法。

最初時每個任務的查詢時間 nt[i]=per[i]（$1 \leq i \leq n$）。每次查詢，取出佇列開頭任務 root，輸出 id[root]，然後調整其權值 nt[root]+=pre[root]，並將 root 送回最小堆積。這樣的操作連續進行 k 次就可得到問題的解。

10.7.4 ▶ Black Box

Black Box 表示一個原始的資料庫。它可以保存一個整數陣列，並具有一個特定的 i 變量。初始時 Black Box 為空，i 等於 0。Black Box 處理一個指令（事務）的序列。有兩類事務：

◆ ADD(x)：將節點 x 放到 Black Box 的整數陣列中。

◆ GET：i 增加 1，並輸出在 Black Box 中的所有整數中第 i 小的整數。Black Box 中的節點在整數陣列中按非降冪排列，第 i 小的整數被放置在整數陣列的第 i 個位置上。

下面提供 11 個事務的序列。

N	事務	i	事務執行後 Black Box 的內容 （節點按非遞減序排列）	輸出
1	ADD(3)	0	3	
2	GET	1	3	3
3	ADD(1)	1	1，3	

4	GET	2	1，3	3
5	ADD(-4)	2	-4，1，3	
6	ADD(2)	2	-4，1，2，3	
7	ADD(8)	2	-4，1，2，3，8	
8	ADD(-1000)	2	-1000，-4，1，2，3，8	
9	GET	3	-1000，-4，1，2，3，8	1
10	GET	4	-1000，-4，1，2，3，8	2
11	ADD(2)	4	-1000，-4，1，2，2，3，8	

要求設計一個有效的演算法來處理提供的事務序列：ADD 和 GET 事務的最大編號都是 30000。

用兩個整數陣列來描述事務的序列：

1. $A(1), A(2), \cdots, A(M)$：一個被加入 Black Box 中的節點的序列，節點值是絕對值不超過 2000000000 的整數，$M \le 30000$。如上例，$A=(3, 1, -4, 2, 8, -1000, 2)$。

2. $u(1), u(2), \cdots, u(N)$：在執行第一次，第二次，……第 N 次 GET 事務時，在 Black Box 中已經加入的節點個數的序列，如上例，$u=(1, 2, 6, 6)$。

Black Box 演算法假定自然數序列 $u(1), u(2), \cdots, u(N)$ 是按非遞減序排列的，$N \le M$，並且對每個 $p(1 \le p \le N)$，不等式 $p \le u(p) \le M$ 成立，這保證 u 序列要求獲得第 p 個節點時，在 $A(1)$, $A(2), \cdots, A(u(p))$ 序列中執行 GET 事務可以獲取第 p 小的節點。

輸入
輸入按提供的次序包含 $M, N, A(1), A(2), \cdots, A(M), u(1), u(2), \cdots, u(N)$，由空格和（或）歸位字元符號分開。

輸出
對提供的事務序列輸出 Black Box 的回答序列，每個數字一行。

範例輸入	範例輸出
7 4 3 1 -4 2 8 -1000 2 1 2 6 6	3 3 1 2

試題來源：ACM Northeastern Europe 1996
線上測試：POJ 1442，ZOJ 1319，UVA 501

提示
本題有兩種指令：ADD(x) 和 GET。本題採用兩個堆積表示 Black Box：一個最小堆積和一個最大堆積。目前的前 i 個小的整數在最大堆積中。所以，最小堆積的根是目前第 $i+1$ 個小的整數。

對於每個 ADD 指令 ADD (x)，首先，將元素 x 插入最小堆積；然後，將最小堆積的根插入最大堆積，並將這個最小堆積的根從最小堆積中刪除；最後將最大堆積的根插入最小堆積，並將這個最大堆積的根從最大堆積中刪除。在執行這些操作之後，目前的前 i 個小的整數在最大堆積中，最小堆積的根大於或等於最大堆積中的任何元素。也就是說，最小堆積的根是目前所有在 Black Box 中的整數中的第 $i+1$ 個小的整數。

對每個 GET 指令，首先，i 增加 1；也就是說，最小堆積的根是目前第 i 個小的整數。所以 GET 指令傳回最小堆積的根。然後，刪除最小堆積的根，並把它插入最大堆積中。

10.7.5 ▶ Heap

一個（二元）堆積是一個陣列，可以被視為一棵近乎的完全二元樹。在本題中，我們討論最大堆積。

最大堆積具有這樣的特性：除了根以外，每個節點的索引鍵不會大於其雙親節點的索引鍵。在此基礎上我們進一步要求，對於每個有兩個子代的節點，左子樹的節點的索引鍵小於右子樹的節點的索引鍵。

一個陣列可以透過改變一些索引鍵被轉換為滿足上述需求的一個最大堆積，請你找到要改變的索引鍵的最小數目。

輸入

輸入僅包含一個測試案例，測試案例由分佈在多行的非負整數組成。第一個整數是堆積的高度，至少是 1，至多是 20。後面提供的是要轉換為上面描述的堆積的陣列節點，節點值不超過 109。被修改的節點保持完整，雖然不一定是非負的。

輸出

輸出要修改的節點（或索引鍵）的最小數目。

範例輸入	範例輸出
3	4
1	
3 6	
1 4 3 8	

試題來源：POJ Monthly--2007.04.01

線上測試：POJ 3214

提示

由於最大堆積是一棵近乎的完全二元樹（即完滿二元樹），且除根之外的每個節點的索引鍵不會大於其雙親的索引鍵，每個有兩個子代的節點，其左子樹的節點的索引鍵小於右子樹的節點的索引鍵，因此後序尋訪最大堆積即可得出遞增序列。

設定 $a[1..n]$ 為堆積的陣列，其中 $a[1]$ 為根。若 $2*i \leq n$，則 $a[2*i]$ 為 $a[i]$ 的左子代；若 $2*i+1 \leq n$，則 $a[2*i+1]$ 為 $a[i]$ 的右子代。

我們透過後序尋訪的方式統計存在右子代的節點數 x，建立陣列 b，其中 $b[i]=a[n-i+1]-x$（$1 \leq i \leq n$），使得陣列 a 倒序，且左右子代關鍵字大小的比較包含等於關係。顯然，如果陣列 a 構成最大堆積，則 b 序列應該是遞增的。則本題變成至少修改 b 序列的多少個節點，使得其變成遞增序列。

設定 $a[0..len]$ 儲存不須修改的節點，初始時 len=0。

依次列舉 b 序列中的每個節點 $b[i]$（$1 \leq i \leq n$）：若 $a[0..len]$ 中有 t 個不大於 $b[i]$ 的節點（$t<len$），則 $b[i]$ 插入 $a[t+1]$ 位置；否則說明 $a[0..len]$ 中的所有節點都小於 $b[i]$，區間尾新增節點 $b[i]$，使得區間變為 $a[0..len+1]$。

在列舉了 b 序列的所有節點後，可得出要修改的最少節點（或索引鍵）數為 $n-(len+1)$。

10.7.6 ► How Many Trees?

平衡二元樹遞迴定義如下：

1. 左子樹和右子樹的高度之差至多是 1；

2. 其左子樹是一棵平衡二元樹；

3. 其右子樹也是一棵平衡二元樹。

提供節點數和葉子數，請你計算平衡二元樹的個數。

輸入

輸入包含多個測試案例。每個測試案例一行，提供兩個整數 n 和 m（$0<m\leq n\leq 20$），分別表示節點個數和樹葉個數。

輸出

正好有 n 個節點和 m 片樹葉的平衡二元樹的個數。

範例輸入	範例輸出
5 2	4
15 9	0

試題來源：ZOJ Monthly, December 2002

線上測試：ZOJ 1470

提示

題目僅提供平衡二元樹的節點個數和樹葉個數，並沒有提供高度資訊，但計算平衡二元樹離不開高度，因為左右子樹的高度差至多是 1 是其本質特徵。

設定 $f[i][j][k]$ 表示有 i 個節點和 j 個葉子、高度為 k 的平衡二元樹的個數。

有兩種邊界情況：

1. 若節點數 i 或高度 k 中至少有一個 0，則僅有的一種情況是節點數 i、葉子數 j 和高度 k 全為零；

2. 若節點數 i 或高度 k 中至少有一個 1，則僅有的一種情況是節點數 i、葉子數 j 和高度 k 全為 1。

由此得出邊界：

$$f[i][j][k]=\begin{cases}(i==0)\&\&(j==0)\&\&(k=0) & (i==0)\|(k==0)\\(i==1)\&\&(j==1)\&\&(k=1) & (i==1)\|(k==1)\end{cases}$$

問題是，在節點數 i 和高度 k 大於 1 時怎麼辦？

設定左子樹的節點數為 l，$0\leq l\leq i-1$, 其中葉子數為 l_y，$0\leq l_y\leq\min\{l, j\}$；右子樹的節點數為 r，$r=i-l-1$，其中葉子數為 r_y, $r_y=j-l_y$。

按照平衡二元樹的特徵，左右子樹的高度有三種情況：

1. 左右子樹高度相等，即左子樹高度為 k-1，右子樹高度為 k-1；

2. 右子樹比左子樹高出 1，即左子樹高度為 $k-2$，右子樹高度為 $k-1$；

3. 左子樹比右子樹高出 1，即左子樹高度為 $k-1$，右子樹高度為 $k-2$。

根據加法原理和乘法原理可得出：

$$f[i][j][k] = \sum_{l=0}^{i-1} \sum_{l_y=0}^{\min\{l,j\}} (f[l][l_y][k-1] * f[i-l-1][j-l_y][k-1] + f[l][l_y][k-2] * f[i-l-1][j-l_y][k-1] + f[l][l_y][k-1] * f[i-l-1][j-l_y][k-2])$$

由於輸入提供了節點數 n 和樹葉數 m，但未提供實際高度 k（僅知高度上限為 6），因此需要按照遞增順序列舉高度，即最後答案為 ans$= \sum_{k=1}^{6} f[n][m][k]$。

10.7.7 ▶ The Number of the Same BST

許多人知道二元搜尋樹。二元搜尋樹中的關鍵字的排序滿足 BST 的特性：設 x 是二元搜尋樹中的節點，如果 y 是 x 的左子樹中的節點，則 key$[y]\leq$key$[x]$；如果 y 是 x 的右子樹中的節點，則 key$[y]>$key$[x]$。

圖 10.7-1 是一棵二元搜尋樹，可以透過向量 A<12, 6, 3, 18, 20, 10, 4, 17, 20> 的順序插入節點來建立，也可以透過向量 B<12, 18, 17, 6, 20, 3, 10, 4, 20> 的次序插入節點來建立。

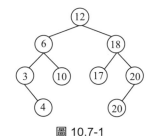

圖 10.7-1

現在提供向量 X，則可以由 X 建立二元搜尋樹。請你計算多少不同的向量可以產生同樣的二元搜尋樹。為了簡單，你只需要輸出不同向量的數量除 9901 的餘數。

輸入
輸入由若干組測試案例組成。每個測試案例的第一行提供一個正整數 n，表示測試向量的長度，n 小於 100；後面一行提供 n 個正整數，小於 10000。輸入以 $n=0$ 的測試案例結束，這個測試案例不用處理。

輸出
對每個測試案例，輸出一行，提供一個整數，該整數是不同的向量數除 9901 的餘數。

範例輸入	範例輸出
3	2
2 1 3	168
9	
5 6 3 18 20 10 4 17 20	
0	

試題來源：POJ Monthly--2006.03.26
線上測試：POJ 2775

提示

整個計算過程分兩步。

步驟 1：根據輸入的向量建構二元搜尋樹 a，其長度為 tot。其中節點 i 的關鍵字為 $a[i].$key，左右指標為 $a[i].l$ 和 $a[i].r$，以該節點為根的子樹規模為 $a[i].s$（$0 \le i \le$ tot）。$a[0]$ 為樹根，即 root=0。

步驟 2：計算形態如同二元搜尋樹 a 的向量個數。

設 calculate(t) 對應以 t 節點為根子樹形態的向量個數。我們透過後序尋訪計算 calculate(t)：

1. 若子樹為空時（$t==0$）只可能有一種情況，即 calculate(0)=1。

2. 若子樹非空時（$t \ne 0$），有三種情況：

◆ 左子樹形態的向量數為 calculate($a[t].l$)；

◆ 右子樹形態的向量數為 calculate($a[t].r$)；

◆ 左右子樹合併的向量個數為組合數 $C_{a[t].s-1}^{a[a[t].l].s}$。

其中 t 的左右子樹的節點總數為 $a[t].s-1$，t 的左子樹的節點數為 $a[a[t].l].s$。根據乘法原理和題目要求：

$$\text{calculate}(t) = (\text{calculate}(a[t].l) * \text{calculate}(a[t].r) * C_{a[t].s-1}^{a[a[t].l].s}) \% 9901$$

由此得出

$$\text{calculate}(t) = \begin{cases} 1 & t = 0 \\ \text{calculate}(a[t].l) * \text{calculate}(a[t].r) * C_{a[t].s-1}^{a[a[t].l].s}) \% 9901 & t \ne 0 \end{cases}$$

顯然，遞迴函數 calculate(root) 即可得出問題解。

10.7.8 ▶ The Kth BST

定義 1：一棵二元樹（Binary Tree）是一個節點的有限集合，或者是一個空集合，或者由根和兩棵不相交的二元樹組成，這兩棵不相交的二元樹被稱為左子樹和右子樹。

定義 2：一棵二元搜尋樹（Binary Search Tree，BST）是一棵二元樹，可以為空。如果它不為空，則滿足下述性質：

1. 每個節點有一個關鍵字，不存在兩個節點有相同的關鍵字，也就是說，關鍵字是唯一的；

2. 在非空的左子樹中的關鍵字必須小於在子樹的根的關鍵字；在非空的右子樹中的關鍵字必須大於在子樹的根的關鍵字；

3. 左右子樹也是二元搜尋樹。

在本題中，我們僅考慮二元搜尋樹的前序尋訪（Preorder Traversal of a BST）。前序尋訪的程式碼如下：

```
void preorder(tree_pointer ptr) /* preorder tree traversal */
{
    if (ptr)
```

```
    { printf("%d", ptr->data);
        preorder(ptr->left_child);
        preorder(ptr->right_child);
    }
}
```

提供在一個 BST 中的節點數 n，以及 BST 的節點組成前 n 個小寫字母。當然，除非 n 為 1，否則建構一個以上的 BST。請你對這些 BST 按照前序表示進行排序，並提供第 K 個 BST。

例如，當 n 為 2 時，有兩棵 BST，建構如圖 10.7-2 所示。

它們的前序表示為 ab 和 ba，因此第一個是 ab，第二個是 ba。

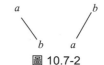

圖 10.7-2

輸入

本題有多組測試案例，輸入以 EOF 結束。

對每組測試案例，有兩個輸入值 n 和 K，分別表示在 BST 中的節點數和程式要輸出的 BST 的索引。

請注意：n 在 1 到 19 之間取值，K 在 1 到建構 BST 的方法數之間取值。

輸出

對於每個輸入，首先輸出 BST 的第 K 個前序表示；然後，對每個節點（按 a, b, c, …的順序），先輸出其本身，然後輸出左子節點（如果不存在，輸出「*」）和右子節點（如果不存在，輸出「*」），用一個空格分開。K 不會大於提供 n 個節點的 BST 的表示數。在兩個測試案例之間輸出一個空行。

範例輸入	範例輸出
2 2	ba
4 9	a * *
	b a *
	cbad
	a * *
	b a *
	c b d
	d * *

試題來源： Zhejiang Provincial Programming Contest 2006, Preliminary

線上測試： ZOJ 2738

提示

由於試題需要輸出每個節點的左右子代情況，因此 BST 的儲存形式為多重鏈結串列。

設 s 為每個節點及其後件的資訊清單，其中字母序號為 i 的字母、左子代字元和右子代字元儲存在 $s[i]$ 中（「a」的字母序號為 1，……，「z」的字母序號為 26；若節點不存在，則對應字元為「*」）；a 為 BST 樹，其中 $a[t].key$ 為節點 t 的字母序號，$a[t].l$ 和 $a[t].r$ 為 t 節點的左右子指標。

$f[i][j]$ 表示以 j 為根、含 i 個節點的 BST 個數。其中左子代為 l，以其為根的左子樹含 $j-1$ 個節點，即左子樹的 BST 個數為 $f[j-1][l]$（$0 \le l \le j-1$）；右子代為 r，以其為根的右子樹含 $i-j$ 個節點，即右樹的 BST 個數為 $f[i-j][r]$（$0 \le r \le i-j$）。顯然

$$f[i][j] = \begin{cases} 1 & (i=1) \,\&\&\, (j=0) \\ \sum_{l=0}^{j-1} f[j-l][l] * \sum_{r=0}^{i-j} f[i-j][r] & (i \ge 1) \,\&\&\, (j \ge 1) \end{cases}$$

含 i 個節點的 BST 個數為 catalan[i]，顯然 catalan[i]=$\sum_{j=0}^{i} f[i][j]$。每個 BST 有一個前序表示，catalan[i] 個前序表示按照字典順序遞增的順序排列。根據 BST 樹的特徵，根的字母越小，則 BST 的字典順序越小。顯然，對於含 n 個節點、前序表示的索引為 k 的 BST 子樹來說，根的字母序號 key 應滿足不等式 $\sum_{i=1}^{key} f[n][i] \le k < \sum_{i=1}^{key+1} f[n][i]$。我們可以根據這一規律求出根的字母序號 key，並且由 BST「左小右大」的特性得出：

1. 左子樹含 key–1 個節點，其左子樹的前序表示的索引 k_l=(k-1)/catalan[n-key]+1；

2. 右子樹含 n–key 個節點，其右子樹的前序表示的索引 k_r=(k-1)%catalan[n-key]+1。

我們透過遞迴過程 build(&t, n, k, plus) 計算和輸出含 n 個節點的 BST 的第 k 個前序表示，並記錄下每個節點及其後件的資訊列表 s。第 k 個前序 BST 以節點 t 為根，由於 BST 樹中左子樹中節點的關鍵字小於根、右子樹中節點的關鍵字大於根，因此設 t 的字母序號增量為 plus。當 t 為右子代且左子樹和根共有 key 個節點時，t 的字母序號加 key，即 plus=plus+key。build(&t, n, k, plus) 的計算過程如下：

```
build(lolo &t, lolo n, lolo k, lolo plus){
    if (n==0){   // 若節點數為 0，則設根為 0，回溯
        t=0;
        return;
    }
    t=++tot;        // 計算根節點序號
    計算節點 t 的字母序號 a[t].key=key+plus；( ∑key i=1 f[n][i]≤k< ∑key+1 i=1 f[n][i]，加上 plus 是為了區分節點 t 是否為右子代 )
    輸出前序尋訪中節點 t 的字母 (char(a[t].key+'a'-1))；
    計算左子樹的前序索引 k_l 和右子樹的前序索引 k_r(k_l=(k-1)/catalan[n-key]+1，k_r=(k-1)% catalan[n-key]+1)；
    遞迴左子代 (build(a[t].l, key-1, k_l, plus))；
    遞迴右子代 (build(a[t].r, n-key, k_r, plus+key))；
    記錄節點 t 和左右子代的資訊 s[a[t].key]：
        •記錄節點 t 的字母 (s[a[t].key]+=char(a[t].key+'a'-1))；
        •記錄左子代的資訊 (if (a[t].l) s[a[t].key]+=char(a[a[t].l].key+'a'-1); else s[a[t].key]+='*')；
        •記錄右子代的資訊 (if (a[t].r) s[a[t].key]+=char(a[a[t].r].key+'a'-1); else s[a[t].key]+='*')；
}
```

顯然，主程式中設定節點序號和根的初始值（tot=0；root=0），透過遞迴呼叫 build(root, n, k, 0) 輸出第 k 個前序，最後輸出 n 個節點及其後件的資訊 $s[1]\cdots s[n]$。

10.7.9 ▶ The Prufer code

一棵樹（也就是一個連接非循環圖），節點數 $N \ge 2$。樹的節點用整數 1, $\cdots$, N 編號。樹的 Prufer 碼建構如下：將具有最小的編號樹葉（僅和一條邊關聯的節點）和關聯的邊從圖中刪除，並記下關聯於該樹葉的節點的編號。在獲取的圖中，將具有最小編號的樹葉刪除，重複這一過程，直到只有一個節點留下來。很明顯，這個唯一留下的節點編號為 N。被記下的整數集合 (N–1 個數，每個數取值範圍是 1 到 N) 被稱為圖的 Prufer 碼。

提供 Prufer 碼，重構一棵樹，即產生圖中所有節點的相鄰串列。

設定 $2 \leq N \leq 7500$。

輸入

相關於某棵樹的 Prufer 碼的一個編號集合。編號由空格和 / 或分行符號分開。

輸出

每個節點的相鄰串列，格式為：節點編號、冒號和用空格分開的相鄰的節點。在列表和列表中的節點按節點編號的升冪排列（見範例）。

範例輸入	範例輸出
2 1 6 2 6	1: 4 6
	2: 3 5 6
	3: 2
	4: 1
	5: 2
	6: 1 2

試題來源：Ural State Univerisity Personal Contest Online February'2001 Students Session

線上測試：Ural 1069

提示

本題與【10.2.3 Decode the Tree】十分相似，兩題都是輸入樹的 Prufer 碼，但題目【10.2.3 Decode the Tree】要求輸出樹的括號標記法，而本題要求輸出樹的相鄰串列。

設某棵樹的 Prufer 碼為 $b[1] \cdots b[n]$，節點的入度序列為 $p[1] \cdots p[n]$。相鄰串列為 a，其中 $a[x]$ 儲存 x 節點的所有子代，可採用 vector 類別容器。

我們按照如下方法計算樹的相鄰矩陣：

```
根據 Prufer 碼序列計算節點的入度 p 序列（for (int i=1; i<n; i++) p[b[i]]++）;
將所有入度為 0 的節點 i (p[i]==0) 插入最小堆積 d(1≤i≤n);
依次循序搜尋 b[k](1≤k≤n-1):
    { 取 d 堆積的堆積首節點 x，並維護堆積性質;
    恢復原樹形態：x 插入 a[b[k]] 容器，b[k] 插入 a[x] 容器;
    按照 Prufer 碼的建構規則，b[k] 的入度數 -1 (p[b[k]]--);
    若 b[k] 成為葉子 (p[b[k]]==0)，則將其插入最小堆積，並維護堆積性質;
    };
每個 a[i] 容器中的子代按節點編號遞增的實現排列 (1≤i≤n);
依次輸出每個 a[i] 容器中的子序列 (1≤i≤n);
```

10.7.10 ▶ Code the Tree

一棵樹（也就是一個連接非循環圖），樹的節點用整數 1，…，N 編號。樹的 Prufer 碼建構如下：取具有最小編號的樹葉（僅和一條邊關聯的節點），將該樹葉和它所關聯的邊從圖中刪除，並記下關聯於該樹葉的節點的編號。在獲取的圖中重複這一過程，直到只留下一個節點。顯然，這個唯一留下的節點編號為 N。被記下的 N–1 個數的序列被稱為樹的 Prufer 碼。

提供一棵樹，計算其 Prufer 碼。樹表示如下：

T ::="(" N S ")"

S ::=" " T S | empty

N ::=number

即樹用括號把它們括起來，用數字表示其根節點的識別字，
後面跟用一個空格分開的任意多的子樹（也可能沒有）。圖
10.7-3 中的樹是範例輸入中的第一行提供的測試案例。

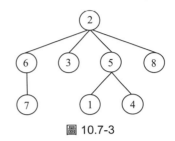

要注意的是，按上述定義，樹的根也可能是樹葉。這僅用於
我們指定某個節點為樹根的情況。通常，我們這裡處理的樹
被稱為「無根樹」。

圖 10.7-3

輸入

輸入包含若干測試案例，每個測試案例一行，按上述的方式描述一棵樹。輸入以 EOF 結
束。設定 $1 \le n \le 50$。

輸出

對每個測試案例輸出樹的 Prufer 碼，每個用例一行。數字間用一個空格分開，行尾時不
要列印空格。

範例輸入	範例輸出
(2 (6 (7)) (3) (5 (1) (4)) (8))	5 2 5 2 6 2 8
(1 (2 (3)))	2 3
(6 (1 (4)) (2 (3) (5)))	2 1 6 2 6

試題來源： Ulm Local 2001

線上測試： POJ 2567，ZOJ 1097

提示

本題是【10.2.3 Decode the Tree】的逆運算，即輸入樹的括號表示，要求計算和輸出的是
對應的 Prufer 碼。我們還是採用物件導向的方法解題。

1. 根據樹的括號表示建構相鄰串列 adj，其中與 x 鄰接的所有節點儲存在 vector 類的容器
   adj[x] 中，adj 亦為 vector 類的容器。若存在邊（x, y），則 x 存入容器 adj[y]，y 存入容
   器 adj[x]。建構 adj 的方法如下：

```
parse(&adj，p=0)          // 輸入樹的 Prufer 碼，建構樹根為 p（=0）的相鄰串列
{
    讀整數 x(assert (in >> ws >> x));
    if p 非根 (p>0)
    {
        在相鄰串列 adj 存在 p 和 x 的情況下 (assert(0<=p && p<adj.size()assert
            (0<=x && x<adj.size())), x 進入 adj[p] 容器，p 進入 adj[x] 容器
            (adj[p].insert(x);adj[x].insert(p));
    }
    反覆循環：
     {讀字元 ch(assert (in >> ws >> ch));
      if (ch == ')') 退出迴圈；
      在 ch 為 '(' 的情況下 (assert (ch == '(')), 建構以 p 的子代 x 為根的子樹 (parse (adj, x));
     }
}
```

顯然，在輸入括號表示的首字元 ch(assert (ch=='(')) 後，透過呼叫 parse(adj) 便可得出樹的相鄰串列 adj。

2. 根據相鄰串列 adj 計算節點數 n，即統計 adj 表中 adj[i].size() ≥ 1（$0 \leq i \leq$ adj.size()–1）的節點個數，並將其中所有葉子送入最小堆積 leafs（即對於所有滿足 adj[i].size ()==1 的節點 i 執行 leafs.push(i)）。

leafs 是一個 vector 類別的容器，其節點為整數。模組宣告為：priority_queue<int, vector<int>, greater<int>>leafs。

3. 依次進行 n–1 次操作，每次操作按下述方法計算和輸出樹的一個 Prufer 碼：

```
leafs 的堆積首節點 x 提出堆積 (x =leafs.top(); leafs.pop());
取出 adj[x] 容器中的首節點 p(p = *( adj[x].begin()));
輸出 p;
釋放 adj[p] 容器中的 x(adj[p].erase(x));
若 p 是樹葉 (adj[p].size() == 1)，則送入最小堆積 leafs (leafs.push (p));
```

10.7.11 ▶ poker card game

假設你有很多張撲克牌。眾所周知，每張撲克牌的點數從 1 到 13 不等。用這些撲克牌，你可以玩如圖 10.7-4 所示的一個遊戲。遊戲從一個被叫作「START」的地方開始。從「START」，你可以向左或向右走到一個長方形的方框。每個方框都用一個整數標記，這是到「START」的距離。

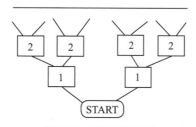

圖 10.7-4 撲克牌遊戲

現在要在這些方框上放置撲克牌，要遵循的規則如下：如果你在標有 i 的方框上放置一張 n 點的撲克牌，你將獲得（$n \times i$）點；如果你將一張撲克牌放在方框 b 上，你就封閉了 b 後面的方框的路徑。例如，在圖 10.7-5 中，玩家將皇后 Q 放在和「START」距離 1 的右邊方框上，玩家就得到 1×12 點，但皇后 Q 也封閉了它後面的方框的路徑；也就是說，不允許再把撲克牌放在它後面的方框上。

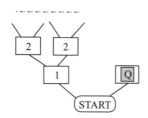

圖 10.7-5 放置皇后 Q

本題要求：提供一些撲克牌，請你找到一種放置它們的方法，使得到的點數最低。例如，假設你有 3 張撲克牌 5、10 和 K。要獲得最小點數，你可以如圖 10.7-6 所示放置撲克牌，總的點數為 1×13+2×5+2×10=43。

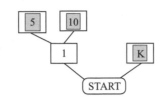

圖 10.7-6 放置撲克牌的一個實例

輸入

輸入的第一行提供一個整數 n（$n \leq 10$），表示測試案例的數量。在每個測試案例中，以一個整數 m 開頭，$m \leq 100000$，表示撲克牌的數量。接下來，以連續的序列提供撲克牌的序列，每張撲克牌由其數字表示。其中 Ace, 2, 3, …, K 的數字分別由整數 1, 2, 3, …, 13 表示。每個測試案例中最終的最小點數小於 5000000。

輸出

逐行輸出每個測試案例的最小點數。

範例輸入	範例輸出
3	43
3	34
5 10 13	110
4	
3 4 5 5	
5	
7 7 10 11 13	

試題來源： ACM Taiwan 2002

線上測試： POJ 1339

提示

本題是一個建構霍夫曼樹求最小值的問題，由於撲克牌數的資料規模為 10^6，所以用優先佇列，複雜度為 $O(n\log n)$。

本篇小結

樹是一種具有層次結構的資料結構，可以透過先根次序尋訪和後根次序尋訪將這種非線性結構轉化為線性結構。

當我們確定使用樹形的邏輯結構作為數學模型時，根據對樹中各個物件的操作要求設計儲存結構，既可採用廣義串列、雙親表或多重鏈結串列儲存原樹，亦可透過左子代 – 右兄弟標記法將之轉化為二元樹，儲存方式的好壞將直接影響到程式的效率。

二元樹是一種最重要的樹狀類型，任何有序樹都可以轉化為對應的二元樹，有序樹的先根尋訪與轉化後二元樹的前序尋訪對應，有序樹的後根尋訪與轉化後二元樹的中序尋訪對應。二元樹不僅有結構簡單、節省記憶體的優點，更重要的是便於對資料二分處理。在二元樹的基礎上可以衍生出許多重要的資料結構，例如二元搜尋樹、二元堆積、兼具二元搜尋樹和二元堆積性質的樹狀堆積、霍夫曼樹等。二元樹的深度越小、越「豐滿」，則時空效率越高。高效率的霍夫曼樹和二元堆積都呈完全二元樹結構。完全二元樹可用一維陣列儲存，父子關係直接由索引指示。而靜態二元搜尋樹、平衡樹和樹狀堆積是一種深度為 $O(\log_2 n)$ 二元搜尋樹。靜態二元搜尋樹一般採用離線方法建構，不便於動態維護；一般二元搜尋樹的形態取決於輸入順序，樹狀堆積的形態由優先順序順序決定，平衡樹在插入和刪除過程中一直保持左右子樹的高度至多相差 1 的平衡條件。

樹在資料處理中發揮著極其重要的作用。例如在資料通訊中採用霍夫曼樹編碼和解碼，一些可用線性資料結構實現的問題，亦可用樹來解決；例如在節點入列和按照優先順序出列的操作上（優先佇列）可以採用二元堆積；又如在資料搜尋上可以採用靜態二元搜尋樹或平衡樹，再如對需要頻繁插入、刪除和搜尋的二元搜尋樹，採用樹狀堆積是比較合適的。一旦採用了樹狀結構，時間效率至少可降低一個階，通常採用線性資料結構需花費 $O(n^2)$ 的問題，改用樹狀結構後可在 $O(n*\log_2 n)$ 的時間內解決問題。不僅如此，樹狀結構亦可用於群叢聚的非線性串列。例如用樹狀結構支援合併集合和搜尋節點所在集合的運算；在最小生成樹、最短路徑等圖論問題上，採用二元堆積來維護優先佇列。許多演算法在 C++ 的 STL 中有標準範本，例如使用 STL 的 priority_queue 定義，可直接呼叫 STL 裡面的堆積演算法；使用 rope 容器中的標準範本程式庫，可以實現樹狀堆積的很多運算，為我們省去了程式編寫的麻煩。

需要提醒的是，樹狀結構的效率好於線性結構僅是從一般意義上講，不同的樹狀結構在演算法效率上是有明顯差異性的。樹的高度越大，演算法效率越低；當樹退化為一條鏈時，其時效無異於線性結構。正因為如此，二元搜尋樹往往帶高度限制（AVL 樹）或子樹規模限制（SBT 樹）兩種平衡條件。這兩類平衡樹都能使二元搜尋樹達到盡可能「豐滿」的狀態。不改變樹狀結構的操作都可以使用平衡樹結構；改變樹狀結構的操作（例如插入或刪除節點）必須維護樹的平衡特性，平衡樹的動態維護多少有點複雜。因此，在取捨哪種資料結構時，既要考慮時間複雜度和空間複雜度，又要兼顧程式編寫複雜度和思維複雜度，權衡利弊，做出明智的選擇。

PART IV
圖的程式編寫實作

叢集的非線性結構包括集合與圖。集合是具有相同性質的物件組成的一個整體。用樹狀結構表示的併查集能夠快捷地實作集合的合併和查詢,在第三篇中我們已經提供併查集運算的實作,本篇展開圖的程式編寫實作。

同線性結構和樹一樣,圖是由節點的集合以及節點間關係的集合構成的一種資料結構,但其結構定義更寬泛:圖中的每一個節點可以與多個其他節點相關聯,節點間的關係沒有「線性結構中前後件關係唯一」和「樹中每個節點僅允許一個前件(除根外)」的限制。因此,圖提供了一個自然的結構,由此產生的數學模型幾乎適合於所有科學(自然科學和社會科學)領域,只要這個領域研究的主題是「物件」與「物件」之間的關係。也正因為如此,在所有的資料結構中,圖的應用最廣泛。

圖的儲存方式一般可分為兩類:相鄰矩陣,儲存節點間的相鄰關係;相鄰串列,儲存邊的資訊。

圖的兩種儲存方式在程式編寫複雜度和效率上有差異。至於詳細選擇哪一種儲存方式比較合適,主要取決於詳細的問題背景和要對圖所做的操作。

本篇主要圍繞 5 個方面展開圖的程式編寫實作。

◆ 圖的尋訪演算法:首先,展開寬度優先搜尋(Breadth-First Search,BFS)和深度優先搜尋(Depth-First Search,DFS)的實作,這兩種尋訪演算法是許多圖形演算法的基礎。

然後,在此基礎上,提供使用尋訪演算法進行拓撲排序和計算圖的連接性的實作。

◆ 計算最小產生樹的演算法:提供 Kruskal 演算法和 Prim 演算法的實作。然後,在此基礎上,提供計算最大產生樹的實作。

◆ 計算最佳路徑的演算法:Warshall 演算法、Floyd-Warshall 演算法、Dijkstra 演算法、Bellman-Ford 演算法和 SPFA 演算法。

◆ 用於計算特殊類型圖的幾種典型演算法:二分圖的最大匹配、二分圖的最佳匹配、網路流等。

◆ 狀態空間樹的建構方法、最佳化搜尋的策略和用於博弈問題的競賽樹。

圖分為無向圖和有向圖。為了敘述方便起見,本篇將無向圖簡稱為圖。

Chapter 11
圖的尋訪演算法程式編寫應用

在實際應用中，往往需要從圖的某一節點出發存取圖的所有節點，每個節點被存取一次且僅被存取一次，這一存取過程稱為圖的尋訪。經過圖中任一對節點間的路徑可能有多條，在尋訪圖的過程中，每個已存取的節點要設存取標誌，以避免沿其他路徑重複存取該節點。本章首先提供寬度優先搜尋（Breadth-First Search，BFS）和深度優先搜尋（Depth-First Search，DFS）的實作。任意給定圖中的一個節點，用這兩種方法都可以存取到與這個節點連接的所有節點，即可以尋訪這個節點所在的連接分支。在此基礎上，本章提供基於這兩種尋訪方法計算圖的連接性和拓撲序列的實作。

11.1　BFS 演算法

給定圖 $G(V, E)$ 和一個源點 s（$s \in V$），按照由近及遠的順序，寬度優先搜尋（BFS）逐層存取 s 可達的所有節點，並計算從 s 到各節點的距離（即 s 至各節點的路的邊數），其中 s 至節點 v 的距離值為

$$d[v] = \begin{cases} -1 & s與v之間不連接 \\ s與v之間的最短路徑長 & s與v之間連接 \end{cases} (v \in V)$$

初始時，$d[s]=0$，其他節點的 d 值為 −1。BFS 的過程如下。

連續處理每個已存取的節點 u，尋訪所有與 u 鄰接的未被存取的節點 v（$(u, v) \in E$，$d[v]==-1$）。由於 u 是 v 的父代或前驅，因此 v 的距離值為 $d[v]=d[u]+1$。

由於上述尋訪順序按層次進行，且透過「先進先出」的存取規則來實現，因此，使用一個佇列 Q，按先後順序儲存被存取過的節點。首先，源點 s 推入佇列 Q，$d[s]=0$；然後，節點 s 提出佇列 Q，依次存取所有與 s 相鄰的未被存取的節點 v（$(s, v) \in E$，$d[v]==-1$），$d[v]=d[s]+1=1$，並將 v 加入佇列 Q；接下來，按「先進先出」的順序擴充佇列首節點，每擴充一個佇列首節點 u，節點 u 提出佇列，對於所有與 u 相鄰的未被存取的節點 v（$(u, v) \in E$，$d[v]==-1$），其距離值 $d[v]=d[u]+1$，v 推入佇列 Q。以此類推，直至佇列 Q 為空。這樣，BFS 從源點 s 出發，由近及遠，依次存取和 s 連接且距離為 1，2，3，…的節點，最終形成一棵以 s 為根的 BFS 樹。

所以，以 u 為起始點做一次寬度優先搜尋，是逐層存取 u 可達的每個節點。其演算法流程如下：

```
void BFS(VLink G[ ], int v)        // 從圖 G 中的節點 v 出發進行 BFS
{ int w;
```

```
    處理節點 v;
    d[v]=0;                         // 設定節點 v 的距離值
    ADDQ(Q, v);                     // v 推入佇列 Q
    while(!EMPTYQ(Q))               // 若佇列不空,則反覆(EMPTYQ(Q) 是判別佇列空的布林函數)
    { v=DELQ(Q);                    // 佇列首節點 v 提出佇列(DELQ(Q) 為提出佇列函式)
        取 v 的第 1 個鄰接點 w(若 v 無鄰接點,則 w 為 -1)
        while(w != -1)              // 反覆搜尋 v 的未存取的鄰接點
        { if(d[w] == -1)            // 若節點 w 未存取
            {處理鄰接點 w;
                d[w] =d[v]+1;       // 計算鄰接點 w 的距離值
                ADDQ(Q, w);         // 鄰接點 w 推入佇列 (ADDQ(Q, w) 為推入佇列函式)
            }
            取 v 的下一個鄰接點 w;
        }
    }
}
```

呼叫一次 BFS(G, v),按寬度優先搜尋的連續處理節點 v 所在的連接分支。整個圖按寬度優先搜尋的過程如下:

```
void TRAVEL_BFS(VLink G[ ], int d[ ], int n)
{
    int i;
    for (i = 0; i< n; i ++)          // 初始時所有節點未存取
        d[i] =-1;
    for (i = 0; i< n; i ++)          // 對每個未存取的節點進行一次 BFS,計算所在的連接分支
        if (d[i] == -1)
            BFS(G, i);
}
```

從 BFS 演算法可以看出,每個被存取的節點僅推入佇列一次,所以 while 迴圈對每個節點僅運作一次,而每條邊僅被檢查兩次,因此若圖有 n 個節點和 e 條邊,做寬度優先搜尋所需的時間是 $O(\max(n, e))$。當 $e \geq n$ 時,演算法所需的時間就是 $O(e)$。

11.1.1 ▶ Prime Path

內閣的部長們對於安全部門聲稱要改變他們辦公室房間的 4 個號碼非常煩惱;

——這只是一項安全措施,不時地改變這樣的事物,使得敵人處於盲區。

——但是你看,我已經選了我的房間號 1033,我有很好的理由,我是總理,你知道的。

——我知道的,所以你的新房間號 8179 也是質數,你只要在辦公室門上將新的 4 位數字貼在原本的 4 位數字上就可以了。

——不,不那麼簡單。假如我把第一個數字改成 8,那麼數字 8033 就不是質數!

——我知道,作為總理,你不能忍受一個非質數作為你的房間號,即使只有幾秒。

——正確!我必須找到一個 1033~8179 的質數路徑方案,從一個質數到下一個質數只要改變一位數。

一直在旁聽的財政部長也加入了討論。

——請不要產生不必要的開支!我知道,改一位數字的價格是 1 英鎊。

──在這種情況下，我需要一個電腦程式使花費最少，你知道有非常便宜的軟體開發者嗎？

──我知道。有個程式設計競賽馬上要進行了。可以讓他們幫助總理在兩個四位質數之間找到最便宜的質數路徑。當然，第一位是非零的。

上述實例有個解答：

> 1033
>
> 1733
>
> 3733
>
> 3739
>
> 3779
>
> 8779
>
> 8179

這個解答花費 6 英鎊。注意，第 1 個位置在第 2 步被黏貼了「1」，在最後一步不能被重複使用，在最後一步被黏貼上的新值「1」是必須購買的。

輸入
第一行提供一個正整數：測試案例的數目（最多 100）。每個測試案例一行，是兩個用空格分開的數字，這兩個數字都是 4 位數質數（不以 0 作為首位）。

輸出
對於每個測試案例，輸出一行，或者是最小花費的數目，或者輸出 Impossible。

範例輸入	範例輸出
3	6
1033 8179	7
1373 8017	0
1033 1033	

試題來源： ACM Northwestern Europe 2006
線上測試： POJ 3126

❖ 試題解析

每個數字共有 4 位數，每位數字有 10 種可能的改變值（[0..9]），但不允許最高位改變為 0。因此，本題可以用圖來表示：初始質數和所有改變一位數得到的新質數為節點，若質數 a 改變一位數後得到新質數 b，則得到從 a 連向 b 的一條邊 (a, b)。顯然，若目標質數 y 在圖中，則初始質數至目標質數的路徑上的邊數就是花費的數目，否則無解。所以，問題就轉化為求初始質數 x 至目標質數 y 的最短路徑，使用寬度優先搜尋求這條最短路徑是最適合的。

設陣列 $s[]$ 記錄目前得到的所有質數的最短路徑長度；佇列 $h[]$ 中的元素為結構類型，分別儲存得到的質數 $h[].k$ 及其路徑的長度 $h[].step$，h 的首尾指標分別為 l 和 r。為了提高搜尋的效率，我們預先使用篩選法計算出 [2..9999] 間的所有質數，放入質數陣列 p。由於本題僅要求計算最小花費數，不需要列出解答方案，因此沒有必要儲存圖，只需要計算最短路徑長度。

演算法過程如下。

1. 初始化：如果初始質數 x 等於目標質數 y（$x==y$），則 ans=0，轉步驟 3），否則，初始質數 x 推入佇列 h，其路徑的長度為 0（$h[1].k=x$；$h[1].$step=0）；ans 最小花費初始化為 -1。

2. 按照下述方法依次處理佇列首節點 $h[1]$：列舉改變佇列首節點的每一種可能的改值方案，位序號 i 由 1 列舉至 4，位 i 的改變值 j 由 0 列舉至 9，但不允許最高位改值為 0（$!((j==0)\&\&(i==4))$）。

   ◆ 計算佇列首節點 $h[1].k$ 的第 i 位改變為 j 的數 tk。
   ◆ 若 tk 為合數（$p[tk]==true$），則繼續列舉。
   ◆ 計算得到質數 tk 的路徑的長度 ts（$=h[l].$step$+1$）。
   ◆ 若路徑的長度 ts 非最短（ts $\geq s[tk]$），則繼續列舉。
   ◆ 若 tk 為目標質數（tk$==y$），則記下路徑長度（ans=ts）並退出迴圈。
   ◆ 記下得到質數 tk 的路徑長度（$s[tk]=ts$）。
   ◆ 質數 tk 及其路徑長度推入佇列（$r++$; $h[r].k=tk$; $h[r].$step=ts）。

   若佇列空（$l==r$）或者得到目標質數（ans ≥ 0），則退出迴圈。

   佇列首節點提出佇列（$l++$）。

3. 輸出結果：若得到目標質數（ans ≥ 0），則輸出最短路徑長度 ans，否則輸出無解資訊。

❖ **參考程式**

```
01   #include<iostream>                              // 前置編譯命令
02   using namespace std;                            // 使用 C++ 標準程式庫中的所有識別字
03   struct node{
04       int k,step;                                 // 目前質數為 k，路徑長度（改變的位元數）為 step
05   };
06   node h[100000];                                 // 佇列
07   bool p[11000];                                  // 篩子
08   int x,y,tot,s[11000];                           // 初始質數為 x，目標質數為 y，剩餘的測試案例數
09                                                   // 為 tot，目前得到質數 x 的最短路徑長度為 s[x]
10   void make(int n){                               // 使用篩選法計算 [2..n] 中的質數
11       memset(p,0,sizeof(p));                      // 初始時所有數為合數
12       p[0]=1;                                     // 0 和 1 為合數
13       p[1]=1;
14       for (int i=2;i<=n;i++) if (!p[i])           // 取出篩子最小數，將其倍數從篩中篩去
15       for (int j=i*i;j<=n;j+=i) p[j]=1;
16   }
17   int change(int x,int i,int j){                  //x 的第 i 位數改為 j
18       if (i==1) return (x/10)*10+j; else
19       if (i==2) return (x/100)*100+x%10+j*10; else
20       if (i==3) return (x/1000)*1000+x%100+j*100; else
21       if (i==4) return (x%1000)+j*1000;
22   }
23   int main(){
24       make(9999);                                 // 產生 [2..9999] 間的質數
```

```
25      cin>>tot;                                 // 輸入測試案例數
26      while (tot--){
27          cin>>x>>y;                            // 輸入初始質數和目標質數
28          h[1].k=x;                             // 寬度優先搜尋，初始質數推入佇列
29          h[1].step=0;
30          int l=1,r=1;                          // 佇列的首尾指標初始化
31          memset(s,100,sizeof(s));              // 所有質數的路徑長度初始化
32          int ans=-1;                           // 最小花費初始化
33          while (1){
34              if (h[l].k==y) {                  // 若到達目標質數，則記下路徑長度並退出迴圈
35                  ans=h[l].step;
36                  break;
37              }
38              int tk,ts;
39              for (int i=1;i<=4;i++)            // 依次改變佇列首節點的每一位
40              for (int j=0;j<=9;j++) if (!((j==0)&&(i==4))){   // 依次列舉第 i 位的改變值
41                  // （不允許最高位改變為 0）
42                  tk=change(h[l].k,i,j);       // 計算佇列首節點的第 i 位改變為 j 的數 tk
43                  if (p[tk]) continue;         // 若 tk 為合數，則繼續列舉
44                  ts=h[l].step+1;              // 計算得到質數 tk 的路徑長度
45                  if (ts>=s[tk]) continue;     // 若路徑長度非最短，則繼續列舉
46                  if (tk==y){                  // 若 tk 為目標質數，則記下路徑長度並退出迴圈
47                      ans=ts;
48                      break;
49                  }
50                  s[tk]=ts;                    // 記下得到質數 tk 的路徑長度
51                  r++;
52                  h[r].k=tk;                   // 質數 tk 及其路徑長度推入佇列
53                  h[r].step=ts;
54              }
55              if (l==r||ans>=0) break;         // 若佇列空或者得到目標質數，則退出迴圈
56              l++;                             // 佇列首指標 +1
57          }
58          if ( ans>=0) cout<<ans<<endl; else cout<<"Impossible"<<endl;    // 若得到目標
59              // 質數，則輸出最短路徑長度，否則輸出無解資訊
60      }
61  }
```

11.1.2 ▶ Pushing Boxes

想像你正站在一個二維的迷宮中，迷宮由正方形的方格組成，這些方格可能被岩石封鎖，也可能沒有。你可以向北、南、東或西移一步到下一個方格。這些移動稱為行走（walk）。

在一個空方格中放置了一個箱子，你可以挨著箱子站立，然後沿某個方向推動箱子，這個箱子就可以被移動到一個鄰近的位置。這樣的一個移動稱為推（push）。除了推以外，箱子不可能用其他方法被移動，這就意味著如果把箱子推到一個角落，就永遠不能再把它從角落中推出。

一個空格被標示為目標空格。你的任務就是透過一系列行走和推把一個箱子推到目標方格中（如圖 11.1-1 所示）。因為箱子非常重，你希望推的次數最少。你能編寫一個程式來提供最佳的序列嗎？

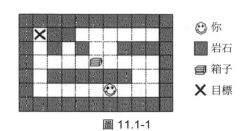

圖 11.1-1

輸入

輸入檔案包含若干個迷宮的描述，每個迷宮描述的第一行提供兩個整數 r 和 c（都小於等於 20），分別表示迷宮的行數和列數。

後面提供 r 行，每行有 c 個字元。每個字元描述迷宮的一個方格。一個塞滿岩石的方格用一個「#」表示，一個空方格用一個「.」表示。你開始時站的位置用「S」表示，箱子開始的位置用「B」表示，目標方格用「T」表示。

輸入以兩個為 0 的 r 和 c 結束。

輸出

對輸入的每個迷宮，第一行輸出迷宮的編號，如範例輸出。如果不可能把箱子推到目標方格，輸出「Impossible.」；否則，輸出推的數目最小化的序列。如果這樣的序列多於一個，選擇總的移動（行走和推）最小的序列。如果這樣的序列依然多於一個，那麼任何一個序列都是可以接受的。

輸出序列是一個字串，由字元 N、S、E、W、n、s、e 和 w 組成，其中大寫字母表示推，小寫字母表示行走，不同的字母代表不同的方向：北（north）、南（south）、東（east）和西（west）。

在每個測試案例處理後輸出一個空行。

範例輸入	範例輸出
1 7	Maze #1
SB....T	EEEEE
1 7	
SB..#.T	Maze #2
7 11	Impossible.
###########	
#T##......#	Maze #3
#.#.#..####	eennwwWWWWeeeeeesswwwwwwwnNN
#....B....#	
#.#####..#	Maze #4
#.....S...#	swwwnnnnnneeesssSSS
###########	
8 4	
....	
.##.	
.#..	
.#..	
.#.B	
.##S	
....	
###T	
0 0	

試題來源： ACM Southwestern European Regional Programming Contest 1997

線上測試： UVA 589，ZOJ 1249，POJ 1475

❖ 試題解析

在一個二維的迷宮中，迷宮由正方形的方格組成，這些方格可能被岩石封鎖，也可能沒有。所以，這個二維迷宮可以用一個無向圖表示，本題要求計算圖中的最短路徑。我們採用雙重 BFS 來求解最短路徑，對於本題，要考慮兩種情況：

◆ 推箱子，箱子所在的方格是你要走進的方格。

◆ 走到你可以推箱子的方格。

所以，程式的主幹是移動箱子，並且對箱子的每次移動，要考慮你要行走到可以推箱子的方格。也就是說，一個 BFS 要巢狀在另一個 BFS 中。

程式要解決兩個問題。

問題 1：如何行走到你可以推箱子的方格？

假定目前的位置是 (sr, sc)，目前箱子的位置是 (br, bc)。為了將箱子從 (br, bc) 推到它相鄰的方格 (nextr, nextc)，你要從 (sr, sc) 行走到 (er, ec)，其中 (er, ec) 和 (br, bc) 也是相鄰的，而且 (er, ec)、(br, bc) 和 (nextr, nextc) 要在同一行或同一列上。也就是說，(er, ec) 和 (nextr, nextc) 被 (br, bc) 隔開。

採用 BFS 來判斷你是否可以從 (sr, sc) 行走到 (er, ec)，如果能，BFS 計算行走最少的步數的序列。

狀態被定義為你和箱子所在的位置，以及你行走經過的方格序列。

矩陣 visPerson[][] 用於表示你行走經過的路徑，以避免和你走到箱子所在的位置重複，其中：

$$visPerson[x][y] = \begin{cases} true & \text{箱子在}(x, y)\text{或者你已經經過}(x, y) \\ false & \text{其他} \end{cases}$$

初始時，visPerson[br][bc]=true, visPerson[][] 的其他值為 false。每次從佇列中取出一個狀態，分析如下：

1. 如果你行走進入 (er, ec)，傳回成功標誌和行走的序列。

2. 如果你已經走過目前位置，也就是說，visPerson[][] 的值已經為 true，則從佇列中取出下一個狀態。

3. 否則，對於這一方格，visPerson[][] 的值設為真，並對四個方向進行列舉。

如果在方向 i (0≤i≤3)，相鄰方格在迷宮中沒有被岩石封鎖，並且 visPerson[][] 的值為 false，則產生一個新狀態。在這個新狀態中，你目前的位置是這個相鄰的方格，方向 i 的字元被加入行走的序列中。這一新狀態被加入佇列中，然後列舉下一個方向。

重複這一過程，直到你行走進入 (er, ec) 或佇列為空。如果佇列為空，那麼從 (sr, sc) 到 (er, ec) 不存在路徑，傳回失敗標誌。

問題 2：如何將箱子推到目標方格中？

相似地，狀態被定義為你和箱子所在的位置，以及箱子被推行經過的方格序列。

用矩形 visBox[][] 表示箱子被推行經過的路徑，其中：

$$visBox[x][y] = \begin{cases} true & \text{箱子被推行已經經過了}(x, y) \\ false & \text{其他} \end{cases}$$

初始時，visBox[][] 中的所有值都為假。初始狀態是你和箱子的初始位置，以及一個空序列。初始狀態被加入佇列中。

從佇列中取出一個狀態，分析如下。

1. 如果在這一狀態中，箱子在之前已經到過這個位置，也就是說，visBox[ ][ ] 在這個位置的值為 true，則從佇列中取出下一個狀態；否則，visBox[ ][ ] 在這個位置的值被設為 true。

2. 如果在這一狀態中，箱子在目標方格中，那麼輸出移動數目最小化的序列，否則列舉 4 個方向。

計算箱子在 i (0≤i≤3) 方向的相鄰方格 (nextr, nextc) 及其在相反方向的相鄰方格 (backR, backC)。顯然，你能夠把箱子推到 (nextr, nextc) 若且唯若你能行走到 (backR, backC)。如果這兩個方格在迷宮中沒有被岩石封鎖，而且 visBox[nextr][nextc]==false，則採用 BFS 來確定你是否可以行走到 (backR, backC)。如果你能夠行走到 (backR, backC)，則產生一個新狀態。在這一新狀態中，你的位置是箱子的位置，箱子的位置變成 (nextr, nextc)，而移動的序列 = 在舊狀態中移動的序列 + 你從目前位置行走到 (backR, backC) 的序列 + 方向 i 的字元。這一新狀態被加入到佇列中。

重複上述過程，直到獲得最小數目的移動序列或者佇列為空。如果佇列為空，則輸出「Impossible.」。

❖ 參考程式

```
01    #include <iostream>
02    #include<queue>
03    #include<string>
04    using namespace std;
05    const int MAX = 20 + 5;                              // 迷宮的上限
06    char map[MAX][MAX];                                  // 迷宮
07    bool visPerson[MAX][MAX];                            // 在迷宮中你行走的路徑
08    bool visBox[MAX][MAX];                               // 箱子被推行經過的路徑
09    int R, C;                                            // 迷宮的大小 R×C
10    int dir[4][2] = {{0,1}, {0,-1}, {1,0}, {-1,0}};     // 在 4 個方向的位移
11    char pushes[4] = {'E', 'W', 'S', 'N'};              // 推箱子的字元
12    char walks[4] = {'e', 'w', 's', 'n'};               // 你行走的字元
13    string path;                                         // 最小移動的序列
14    struct NODE                                          // 狀態的結構
15    {
16        int br, bc;                                      // 箱子的位置
17        int pr, pc;                                      // 你的位置
18        string ans;                                      // 移動的序列
```

```
19    };
20    bool InMap(int r, int c)                              //(r, c) 是否在迷宮中
21    {
22        return (r >= 1 && r <= R && c >= 1 && c <= C);
23    }
24    bool Bfs2(int sr, int sc, int er, int ec, int br, int bc, string & ans)
25    // 採用 BFS 解決你是否可以從 (sr, sc) 行走到 (er, ec) 的問題
26    //(er, ec) 必須與 (br, bc) 相鄰
27    {
28        memset(visPerson, false, sizeof(visPerson));// 初始化
29        queue<NODE> q;                                   // 佇列 q 用於儲存狀態
30        NODE node, tmpNode;                              // node 為 q 的佇列首,
31                                                         // tmpNode 為新的擴展的狀態
32        node.pr = sr;  node.pc = sc;  node.ans = "";
33        // 初始狀態 (你目前的位置為 (sr, sc),移動序列為空) 被加入佇列 q 中
34        q.push(node);
35        visPerson[br][bc] = true;                        // 箱子的目前位置 (br, bc)
36        while (!q.empty())                               // 當 q 不為空時,取出佇列首
37        {
38            node = q.front();
39            q.pop();
40            if (node.pr==er && node.pc==ec) { ans = node.ans; return true; }
41            // 如果你行走到 (er, ec),傳回成功標誌和移動序列
42            if (visPerson[node.pr][node.pc]) continue;
43            visPerson[node.pr][node.pc] = true;
44            for (int i=0; i<4; i++)                       // 列舉 4 個方向
45            {  // 方向 i 的相鄰方格 (nr, nc):如果方格在迷宮中,沒有被岩石封鎖,而你能夠行走到它,
46                // 則產生一個新狀態 tmpNode (目前位置為 (nr, nc)),方向 i 的字元加入移動序列中,
47                // 而且 tmpNode 加入佇列 q 中
48                int nr = node.pr + dir[i][0]; int nc = node.pc + dir[i][1];
49                if (InMap(nr, nc) && !visPerson[nr][nc] && map[nr][nc] != '#')
50                {
51                    tmpNode.pr = nr; tmpNode.pc = nc; tmpNode.ans = node.ans +
52                        walks[i];
53                    q.push(tmpNode);
54                }
55            }
56        }
57        return false;
58    }
59    bool Bfs1(int sr, int sc, int br, int bc)            // 你的位置為 (sr, sc),
60        // 箱子的位置為 (br, bc)。採用 BFS 確定是否箱子可以被推進目標方格
61    {
62        memset(visBox, false, sizeof(visBox));          // 初始化
63        queue<NODE> q;                                   // 佇列 q 用於儲存狀態
64        NODE node, tmpNode;                              //node 為佇列 q 的佇列首,
65                                                         //tmpNode 為新擴充的狀態
66        // 初始狀態 (你目前的位置為 (sr, sc),箱子的位置為 (br, bc),移動序列為空) 加入佇列 q 中
67        node.pr = sr; node.pc = sc; node.br = br; node.bc = bc; node.ans = "";
68        q.push(node);
69        while (!q.empty())                               // 當 q 不為空時,取出佇列首
70        {
71            node = q.front();
72            q.pop();
73            if (visBox[node.br][node.bc]) continue;
```

```
74              visBox[node.br][node.bc] = true;
75              if (map[node.br][node.bc] == 'T')         // 目標方格
76              {
77                  path = node.ans; return true;
78              }
79              for (int i=0; i<4; i++)                    // 列舉 4 個方向
80              {
81  // 箱子在方向 i 的相鄰方格為 (nextr, nextc)，其反方向的相鄰方格為 (backR, backC)。
82  // 箱子可以被推到 (nextr, nextc) 若且唯若你可以走到 (backR, backC)
83                  int nextr = node.br + dir[i][0]; int nextc = node.bc + dir[i][1];
84                  int backR = node.br - dir[i][0]; int backC = node.bc - dir[i][1];
85                  string ans = "";                       // 初始化移動序列
86  // 如果 (backR, backC) 和 (nextr, nextc) 都在迷宮中，沒有被岩石封鎖，
87  // 而箱子能夠被移動到 (nextr, nextc)，則採用 BFS 確定你是否能行走到 (backR, backC)。
88  // 如果成功，則產生新狀態 tmpNode 並加入到佇列 q 中
89                  if (InMap(backR, backC) && InMap(nextr, nextc) && map[nextr][nextc]
90                      != '#'
91                      && map[backR][backC] != '#' && !visBox[nextr][nextc])
92                  {
93                      if (Bfs2(node.pr, node.pc, backR, backC, node.br, node.bc, ans))
94                      {
95                          tmpNode.pr = node.br; tmpNode.pc = node.bc;
96                          tmpNode.br = nextr; tmpNode.bc = nextc;
97                          tmpNode.ans = node.ans + ans + pushes[i];
98                          q.push(tmpNode);
99                      }
100                 }
101             }
102         }
103     return false;
104 }
105 int main()
106 {
107     int sr, sc;                                        // 你的起始位置
108     int br, bc;                                        // 箱子的位置
109     int cases = 1;                                     // 測試案例的數目
110     while (scanf("%d%d", &R, &C) && R && C)            // 輸入測試案例
111     {
112         for (int r=1; r<=R; r++)                       // 輸入迷宮
113         {
114             for (int c=1; c<=C; c++)
115             {
116                 cin >> map[r][c];
117                 if (map[r][c] == 'S'){ sr = r; sc = c; }         // 你的起始位置
118                     else if (map[r][c] == 'B') { br = r; bc = c; }  // 箱子的位置
119             }
120         }
121                 path = "";                             // 初始化移動序列
122 // 如果箱子可以被推到目標方格中，輸出最小數目的移動序列；否則輸出 "Impossible."
123         (Bfs 1(sr, sc, br, bc)) ? cout << "Maze #" << cases << endl << path <<
124             endl :
125                             cout << "Maze #" << cases << endl <<
126                                 "Impossible." << endl;
127     cases++;
128     cout<< endl;
```

```
129        }
130        return 0;
131 }
```

11.1.3 ► The Warehouse

特工 007 找到了瘋狂的科學家 Dr. Matroid 的秘密武器倉庫。倉庫裡放滿了大箱子（可能的致命武器就在箱子內）。在對倉庫進行檢查的時候，007 意外地觸發了警報系統。倉庫有一種針對入侵者非常有效的保護：如果觸發警報，那麼地板上會充滿了致命的酸。因此，007 可以逃脫的唯一辦法是站在箱子上面，從頂部的出口逃生。出口是一個在天花板上的洞，如果 007 爬上這個洞，便可以使用停在屋頂上的直升機逃脫。在洞的下方，有一個梯子和一個箱子，因此，007 的目標就是到達這個箱子。

倉庫的地板是 $n×n$ 儲存格組成的一個網格，每個儲存格的大小為 1m×1m。每個儲存格或者是完全被一個箱子佔據或者沒有放東西。每個箱子都是長方體，占地面積為 1m×1m，高度可能是 2m、3m 或者 4m。在圖 11.1-2a 中，可以看到一個倉庫的實例，數字表示箱子的高度，E 表示出口，圓表示特工 007 目前在該箱子的頂部。

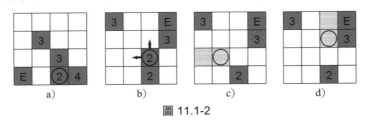

圖 11.1-2

007 可以做兩件事。

如果他正站在一個箱子的頂端，並且相鄰的儲存格中還有另外一個箱子，那麼他可以移動到另一個箱子的頂端。例如，在圖 11.1-2a 所示的情況中，他可以向北或向東移動，但不能向西或向南移動。請注意，只允許向這四個方向移動，對角線方向的移動是不允許的。兩個箱子之間的高度差並不重要。

007 能夠做的第二件事情是他能夠向 4 個方向推倒他所站的箱子。用一個例子來表示推倒箱子的情況。007 的情況如圖 11.1-2b 所示，他可以向西推倒箱子（如圖 11.1-2c 所示）或向北推倒箱子（如圖 11.1-2d 所示）。如果箱子的高度為 H，向北（或向西、向南等）推倒箱子，則箱子在向北（或者向西、向南等）方向上佔據連續的 H 個儲存格。箱子原來佔據的位置將被空置（但還可以推翻另外的箱子，重新佔據這個位置）。如果箱子倒下的位置沒有被其他箱子佔據，箱子才可以朝這個方向被推倒，例如，在圖 11.1-2a 中，007 所站的箱子不能朝任何一個方向被推倒。

推倒了一個箱子後，007 可以朝推倒箱子的方向上跳一步，跳到被推倒的箱子上（如圖 11.1-2c 和圖 11.1-2d 所示）。如果一個箱子被推倒，那麼它不可能被再一次推倒。在出口的下方有一個箱子（在圖中標記了 E 的儲存格），因此不可能推翻一個箱子壓在這個儲存格上。警報系統還將放出毒蝙蝠，因此 007 必須盡快離開倉庫。請編寫一個確定能到達出口的步數最少的程式來幫助 007。跳上鄰近的箱子、推倒一個箱子都被計算為一步。

輸入

輸入包含若干個測試案例。每個測試案例的第一行提供 3 個整數：倉庫的大小 n ($1 \le n \le 8$)；提供了特工 007 的開始位置的兩個整數 i、j，這些整數在 1～n 之間，行數由 i 提供，列數由 j 提供。後面的 n 行描述倉庫，每行提供一個 n 個字元組成的字串。每個字元對應倉庫的一個儲存格，如果字元是「.」，則儲存格沒有被佔據，字元「2」「3」和「4」分別對應於高度為 2、3 和 4 的箱子。字元「E」表示出口的位置。

輸入結束用 $n=i=j=0$ 表示。

輸出

對每個測試案例，輸出一行，提供一個整數：到達出口的最少的步數。如果不可能到達出口，則輸出「Impossible.」（沒有引號）。

範例輸入	範例輸出
5 5 3 .2..E ...2. 4.... ....4 ..2.. 0 0 0	18

試題來源：ACM Central Europe 2005
線上測試：POJ 2946，UVA 3528

❖ **試題解析**

本題要計算從出發位置至出口的最短路徑。由於 007 推倒一次箱子被視為一步，因此倉庫狀態對應的圖可以被表示為一個無權無向圖，採用 BFS 搜尋的方法計算這條最短路徑是最合適的。

（1）採用雜湊技術判重

BFS 搜尋的難點有兩個。

1. 儲存量大：由於每一步是在先前倉庫狀態的基礎上進行的，因此需要儲存所有產生過的倉庫狀態，這也是出題者之所以將倉庫上限設為 8 的原因。

2. 需要判重（判斷重複）：若目前的倉庫狀態和以前計算出的倉庫狀態重複，則繼續搜尋勢必出現無窮迴圈。

我們採用雜湊技術判重。建構一個雜湊表來儲存指向佇列尾部的佇列指標，也就是說，指標指向擴充的頂點。基於目前狀態 a 獲取雜湊位址。

座標 (x, y) 是 007 在倉庫中的位置，其中 $1 \le x$、$y \le 8$。倉庫方格中的數字範圍是 [0, 4]，其中 0 表示該方格未被佔據，1 表示該方格不能被其他箱子佔據，2～4 表示佔據該方格的箱子的高度。對狀態 a 計算雜湊位址如下。首先，按照自上而下、由左至右的順序，方格中的數字表示為五進制數 $(a_{11}, \cdots, a_{1n}, \cdots a_{nn})_5$。其次，按如下方式獲取整數 t：將這一五進制數轉換為相關的十進位數字，然後將兩位數字添加到這個十進位數字的末尾，這兩位數字 x 和 y 是 007 的座標。狀態 a 的雜湊位址 k 是 $t\&$（雜湊表的大小）。

採用直接定址來確定狀態是否重複。對於新擴充的狀態 b，計算相關的雜湊位址 k。從 hash[k] 開始順序搜尋：如果 queue[hash[k]] 和 b 不同，則 $k=(k+1)$&（雜湊表的大小）；……重複這一過程，直到 queue[hash[k]]==b 或 hash[k]==0。

如果存在重複的狀態（存在一個 k 使 queue[hash[k]]==b），就要選擇一個新方向。

如果 hash[k]==0，也就是說，對於 b，沒有重複的狀態，則將狀態 b 和相關於 b 的步數加入佇列中，指向佇列尾的指標存入 hash[k]。

（2）擴充佇列首節點的方法

採用一個佇列來儲存狀態和目前的步數，其中狀態包含倉庫的地圖和 007 的位置 (x, y)。

從佇列中取出狀態 a，也就是說，取出佇列首，並且向四個方向擴充（上、下、左、右）。

對於方格 (x, y)，方向 d $(0 \le d \le 3)$ 的相鄰方格 (x', y') 分析如下：

◆ 如果在狀態 a 中，(x', y') 在倉庫外，則這個方向不用考慮。

◆ 如果在狀態 a 中，(x', y') 被一個箱子佔據，則產生一個新狀態 b，(x', y') 為狀態 b 中 007 的位置。

◆ 如果在狀態 a 中，佔據 (x, y) 的箱子不能被推翻，也就是說，在方格 (x, y) 的數字小於 2，那麼這一方向不用考慮。

◆ 如果在狀態 a 中，佔據 (x, y) 的箱子的高度為 k $(k \ge 2)$，並且這個箱子可以向方向 d 推倒，也就是說，在 (x, y) 朝方向 d 有 k 個連續的未被佔據的方格，那麼產生新狀態 b，即在 (x, y) 的數字被設定為 0，在連續的 k 個方格的數字被設定為 1，而且 (x', y') 是 007 的新位置。

然後，採用雜湊法確定狀態 b 在之前是否出現過。如果狀態 b 在之前沒有出現過，則狀態 b 及其相關的步數（狀態 a 的步數 +1）被加入佇列中。

（3）主程式

```
輸入測試案例，建立初始狀態 a；
狀態 a 和步數 0 被加入佇列中；
while（佇列非空）  {
    佇列首從佇列中取出，作為狀態 a；
    for（d=0; d<4; ++d）
        if（狀態 b 可以從狀態 a 的方向 d 獲得）
            if（狀態 b 在之前沒有出現過）
            {
                狀態 b 及其相關的步數被加入佇列中；
                if（狀態 b 是出口）
                {
                    輸出步數；
                    return；
                }
                指向佇列尾部的佇列指標加入雜湊表中；
            }
}
輸出 "Impossible."；
```

❖ **參考程式**（略。本題參考程式的 PDF 檔案和本題的英文原版均可從碁峰網站下載）

11.2　DFS 演算法

用深度優先尋訪來存取一個圖類似於普通樹的先根尋訪或二元樹的前序尋訪，這是樹的兩種尋訪推廣到圖的應用。其搜尋過程如下。

假設初始時所有節點未被存取。深度優先搜尋從某個節點 *u* 出發，存取此節點。然後依次從 *u* 的未被存取的鄰接點出發，深度優先尋訪圖，直至圖中所有和 *u* 有路徑相連的節點都被存取到。若此時圖中尚有節點未被存取，則另選一個未曾存取的節點作為起始點，重複上述過程，直至圖中所有節點都被存取為止。

由此可以看出，以 *u* 為起始點做一次深度優先搜尋，實際上是由左至右依次存取由 *u* 出發的每條路徑。其演算法流程如下：

```
void  DFS(VLink G[ ], int v)        // 從圖 G 中的節點 v 出發進行 DFS
{ int w;
    處理節點 v;
    visited[v] = 1;                 // 節點 v 置存取標誌
    取 v 的第 1 個鄰接點 w (若 v 無鄰接點，則 w 為 -1);
    while(w != -1)                  // 反覆處理 v 的鄰接點 w
      { if (visited[w] == 0)        // 若 w 未存取
          { 處理節點 w;
                visited[w]=1;
                DFS(G, w) ;          // 遞迴節點 w
          }
      取 v 的下一個鄰接點 w (若 v 再無鄰接點可存取，則 w 為 -1);
      }
}
```

呼叫一次 *DFS(G, v)*，可按深度優先搜尋的循序存取處理節點 *v* 所在的連接分支（或強連接分支）。整個圖按深度優先搜尋順序尋訪的過程如下：

```
void TRAVEL_DFS(VLink G[ ], int visited[ ], int n)
{ int i;
    for(i = 0; i < n; i ++)         // 初始時所有節點未被存取
        visited[i] = 0;
    for(i = 0; i < n; i ++)         // 對每個未被存取的節點進行一次 DFS，計算所在的連接分支
        if(visited[i] == 0)
        DFS(G, i);
}
```

顯然，在一個具有 *n* 個節點、*e* 條邊的圖上進行深度優先尋訪時，為所有節點的存取標誌賦初值用 *O(n)* 時間，呼叫 DFS 共用 *O(e)* 時間。事實上，只要一呼叫 *DFS(u)*，就設節點 *u* 存取標誌，所以對每個節點 *u*，*DFS(u)* 僅被呼叫一次。若用相鄰串列來表示圖，則尋找所有鄰接點共需 *O(e)* 時間，因此呼叫 DFS 共用 *O(e)* 時間。在 *n≤e* 時，若不計存取時間，則整個深度優先尋訪所需的時間為 *O(e)*。

11.2.1 ▶ The House Of Santa Claus

在我們的童年時代，我們通常會玩一個遊戲：一筆劃出聖誕老人的家（the riddle of the house of Santa Claus），你還記得嗎？要點就在於要一筆把家畫完，而且一條邊不能畫兩

次。例如，聖誕老人的家如圖 11.2-1 所示。

若干年後，請你在電腦上「畫」這個房子。因為不會只有一種可能，要求提供從左下方開始一筆劃出房子的所有的可能，例如圖 11.2-2 提供的畫法。

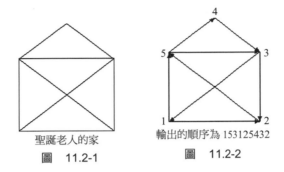

聖誕老人的家
圖　11.2-1

輸出的順序為 153125432
圖　11.2-2

在輸出中列出的所有可能性按增序排列，即 1234… 要列在 1235… 之前。

輸入
無

輸出
> 12435123
> 13245123
> ...
> 15123421

試題來源：ACM Scholastic Programming Contest ETH Regional Contest 1994
線上測試：UVA 291

❖ **試題解析**

聖誕老人的家是一個含 8 條邊的無向圖（如圖 11.2-3 所示）。我們用一個對稱的相鄰矩陣 map[][] 儲存這個圖，其中 map 的對角線和 map[1][4]、map[4][1]、map[2][4]、map[4][2] 為 0，其他元素為 1。由於該圖為一個連接圖，因此從任意節點出發進行一次 DFS，即可尋訪所有節點和邊。

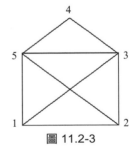

圖 11.2-3

所謂一筆劃，就是尋訪所有邊且每條邊僅存取一次。顯然，一筆畫出上述圖需途經 8 條邊。試題要求按照節點序號遞增的順序，計算出由節點 1（左下方）出發的所有可能的存取序，因此 DFS 的出發點為節點 1，並且按照節點序號遞增的循序存取相鄰節點。

❖ **參考程式**

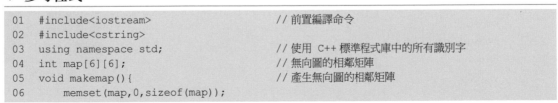

```
01  #include<iostream>            // 前置編譯命令
02  #include<cstring>
03  using namespace std;          // 使用 C++ 標準程式庫中的所有識別字
04  int map[6][6];                // 無向圖的相鄰矩陣
05  void makemap(){               // 產生無向圖的相鄰矩陣
06      memset(map,0,sizeof(map));
```

```
07        for (int i=1;i<=5;i++)
08          for (int j=1;j<=5;j++) if(i!=j) map[i][j]=1;
09        map[4][1]=map[1][4]=0;
10        map[4][2]=map[2][4]=0;
11    }
12    void dfs(int x,int k,string s){          // dfs 尋訪。目前已產生長度為 k-1 的存取序列 s，
13                                             // 準備將 x 擴充為 s 的第 k 個節點
14        s+=char(x+'0');                      // 節點 x 進入存取序列
15        if (k==8) {                          // 若完成了一筆劃，則輸出存取序列 s
16                cout<<s<<endl;
17                return;
18        }
19        for (int y=1;y<=5;y++)               // 按照節點序號遞增的循序存取鄰接 x 的未存取邊
20            if (map[x][y]){
21                map[x][y]=map[y][x]=0;       // 置該邊存取標誌
22                dfs(y,k+1,s);                // 從 y 出發，遞迴計算存取序列 s 的第 k+1 個節點
23                map[x][y]=map[y][x]=1;       // 恢復遞迴前該邊的未存取標誌
24            }
25    }
26    int main(){                              // 主函式
27        makemap();                           // 產生無向圖的相鄰矩陣
28        dfs(1,0,"");                          // 從節點 1 出發計算所有可能的存取序列
29    }
```

11.2.2 ▶ Flip Game

翻轉遊戲（Flip Game）是在一個 4×4 的矩形網格上進行的遊戲。在 16 個方塊中，每一個方塊上都有一個雙面棋子。棋子的一面是白色，另一面是黑色，所以每一個方塊上的棋子要麼是黑色的，要麼是白色的。在遊戲的每一輪，你翻轉 3～5 枚棋子，被翻轉的棋子朝上的那一面的顏色就從黑色變為白色，反之亦然。在每一輪，根據以下規則選擇要翻轉的棋子：

1. 從 16 個棋子中任選一個棋子。

2. 翻轉所選的棋子，同時也翻轉所選棋子的左、右、上、下相鄰的棋子（如果有的話）。

例如，網格上棋子的擺放如下：

```
bwbw
wwww
bbwb
bwwb
```

其中，「b」表示黑色的一面朝上，而「w」表示白色的一面朝上。
如果我們選擇翻轉第三行的第一個棋子（如圖 11.2-4 所示），則
網格上的棋子變為：

```
bwbw
bwww
wwwb
wwwb
```

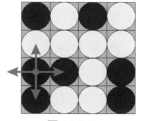

圖 11.2-4

這個遊戲的目標是要麼把所有的棋子都翻白，要麼把所有的棋子都翻黑。請編寫一個程式，搜尋要達到這個目標所需的最少的輪次。

輸入

輸入由 4 行組成，每行 4 個字元，由「w」或「b」表示遊戲開始時該位置的棋子狀況。

輸出

在輸出檔案中提供一個整數——從遊戲開始時的狀況到遊戲目標所需的最少輪次。如果遊戲開始時的狀況就已經達到遊戲目標，則輸出 0。如果不能達到遊戲目標，則輸出「Impossible」（不加引號）。

範例輸入	範例輸出
bwwb bbwb bwwb bwww	4

試題來源：ACM Northeastern Europe 2000
線上測試：POJ 1753

❖ **試題解析**

提供一個 4×4 的棋盤，棋盤的每一格要麼是白色，要麼是黑色。你可以選擇任意一個格，使之變成相反顏色，那麼這個格上、下、左、右的四個相鄰格也變成相反的顏色（如果存在的話）。要把棋盤所有格變成同一個顏色，至少需要執行幾次上述的操作？

很容易證明，棋盤中的每一格只能翻轉 0 或 1 次，即問題空間含 2^{16}=4096 個狀態，最多執行 16 次翻轉操作，因此可採用列舉 +DFS 的方法求解。

按遞增順序列舉翻轉步數 maxstep（0≤maxstep≤16），用 DFS 演算法判斷能否用 maxstep 步翻轉使棋盤所有格同色。每次搜尋，嘗試翻轉兩個連續相鄰格，如果遞迴結果是棋盤所有格同色，那麼這個翻轉是可行的；否則回溯（即恢復翻轉前的棋盤狀態），繼續搜尋下一個可能的翻轉操作。本演算法的時間複雜度是指數等級的，對於 4×4 的棋盤規模尚能應付，但對更大規模的棋盤就無能為力了。

❖ **參考程式**（略。本題參考程式的 PDF 檔案和本題的英文原版均可從碁峰網站下載）

11.2.3 ▶ Sticks

George 取了一些相同長度的木棒，然後隨意切割，直到每段的長度都不超過 50 個單位。現在，他想把這些切割後的木條還原到最初的狀態，但是他忘記了原先有多少木棒以及那些木棒原來有多長。請你幫助他編寫一個程式來計算原先木棒的最小可能長度。

輸入

輸入包含多個測試案例。每個測試案例的第一行提供切割後的木條數量，最多 64 根。每個測試案例的第二行提供用空格分隔的每一根木條的長度。輸入的最後一行是 0。

輸出

對於每個測試案例，在單獨的一行中輸出一個整數，表示原來木棒的最小可能長度。

範例輸入	範例輸出
9 5 2 1 5 2 1 5 2 1 4 1 2 3 4 0	6 5

試題來源： ACM Central Europe 1995

線上測試： POJ 1011，UVA 307

❖ **試題解析**

（1）解題的基本思維

基於題目描述，提供 n 根木條，將木條按長度遞減順序排列為 sticks[0..n–1]（注意，輸入 n 根木條的長度後，需進行遞減排序的前置處理）。程式要求計算出原來木棒的最小可能長度。假設原來木棒的最小可能長度是 len，顯然 len 具有如下特性。

首先，sum= $\sum_{i=0}^{n-1}$ sticks[i] 一定會被 len 整除，也就是說，len 是 sum 的一個因數，滿足條件 sum%len==0。其次，len 大於或等於任何一根木條的長度，也就是說，len ≥ sticks[0]。

如果至少有兩根木棒，則 sticks[0]≤len≤ $\frac{sum}{2}$ 。如果在此區間沒有找到適合的長度，則這 n 根木條是從一根木棒上被切割下來的，即 len 為 sum。

於是，問題轉化為在區間 [sticks[0], $\frac{sum}{2}$] 中尋找原來木棒的最小可能長度 len。由此得出解題的基本思路：從最長木條 sticks[0] 出發，按遞增順序列舉不大於 $\frac{sum}{2}$ 的每個長度 len （for(len=sticks[0]; len<=sum/2;++len)）。如果 len 是 sum 的一個因數（sum%len==0），則判斷 len 是否可以是原來木棒的長度。如果是，len 就是原來木棒的最小可能長度。

如果區間 [sticks[0], $\frac{sum}{2}$] 內不存在滿足條件的木棒長度，則 n 根木條是從一根長度為 sum 的木棒上切割下來的。

對於提供的 n 根木條的長度，採用 DFS 來判斷是否可以匹配長度為 len 的木棒。詳細分析如下。

（2）採用 DFS 判斷 len 是否為原來木棒的長度

判斷過程由布林函式 dfs( ) 實現。選擇木條的方式採用貪心策略，即按照木條的長度遞減順序，以 DFS 的思維選擇木條。DFS 求解過程中包括以下情況：

1. 按長度遞減，第一根可以被選擇的木條序號為 i，目前木棒的剩餘長度為 l，剩餘木棒的長度和為 t。這 3 個參數儲存量小，列為函式 dfs( ) 的值參數。初始時，選擇最長的、序號為 0 的木條，即呼叫函式 dfs(0, len, sum)。

2. 木條被選擇的標誌為 used[ ]。為了避免記憶體溢滿，將這個陣列設為全域變數，回溯時需恢復遞迴前的狀態。初始時，所有木條未被選，即 used[ ] 清零。

下面分別處理不同的情況。

情形 1：*l*==0，即對於一根長度為 len 的木棒，已經選擇了一些長度總和為 len 的木條與之匹配，則計算剩餘木棒的長度和 t−=len。有如下兩種情況：

1. 如果 *t*==0，則表示所有長度為 len 的木棒可以被切下 *n* 根木條，即 len 為原來木棒的最小可能長度，函式傳回 true。

2. 如果 *t*≠0，則按長度遞減順序尋找第一根未被選擇的木條 *i*（for (*i*=0; used[*i*]; ++*i*);），設定木條 *i* 已經被選擇標誌（used[*i*]=1），而目前的木棒切下木條 *i* 後的剩餘長度變為 len-sticks[*i*]，透過呼叫 dfs(*i*+1, len-sticks[*i*], *t*) 繼續搜尋下去。若遞迴結果為 true，則表示 len 就是原來木棒的最小可能長度，函式成功傳回，否則恢復遞迴前的 used[ ] 和 *t*(used[*i*]=0; *t*+=len)。

情形 2：*l*≠0，即一根長度為 len 的木棒切割下木條後有剩餘。

按長度遞減順序列舉長度不大於木條 *i* 的木條 *j*（for (int *j*=*i*; *j*<*n*;++*j*)），即對剩餘的木條進行 DFS：

1. 如果木條 *j*−1 的長度和木條 *j* 的長度相同且木條 *j*−1 沒有被選擇 (*j*>0&&(sticks[*j*]==sticks[*j*−1]&&!used[*j*−1]))，則木條 *j* 不用考慮，嘗試下一根木條 *j*+1（continue）。

2. 如果木條 *j* 沒有被選擇且木棒的剩餘部分能切下木條 *j* (!used[*j*]&&*l*>=sticks[*j*])，則木條 *j* 被選擇（*l*−=sticks[*j*]; used[*j*]=1），透過呼叫 dfs(*j*, *l*, *t*) 繼續選擇下去：如果遞迴結果為 true，則表示 len 就是原來木棒的最小可能長度，函式成功傳回，否則恢復遞迴前的 used[ ] 和 *l*(used[*i*]=0; *l*+=sticks[*j*])。若目前木棒最後切出的是木條 *j*(sticks[*j*]==*l*)，但由於餘下的木棒無法完成切割木條的任務（遞迴 dfs(*j*, *l*, *t*) 後的結果是 false），則函式失敗傳回。

❖ **參考程式**

```
01   #include<iostream>
02   #include<algorithm>
03   using namespace std;
04   int sticks[65];                                    // 提供的 n 根木條的長度
05   int used[65];                                      // n 根木條是否被選擇的標誌
06   int n,len;                                         // 木條數為 n，木棒長度為 len
07   bool dfs(int i, int l, int t)   // 判斷長度為 len 的木棒能否切下 n 根木條。參數如下：
08        // 待切割的木條序號為 i；目前木棒的剩餘長度為 l；剩餘木棒的長度和為 t（以 len 為單位計量）
09   {
10        if (l==0)                                     // 從一根長度為 len 的木棒上完整切下木條
11        {
12             t-=len;                                  // 計算剩餘木棒的長度和
13             if (t==0) return true;                   // n 根木條被切下
14             for (i=0; used[i]; ++i);                 // 按長度遞減順序列舉第一根未使用的木條 i
15             used[i]=1;                               // 切下木條 i
16             if(dfs(i+1,len-sticks[i],t)) return true; // 若能切下剩餘的木條，則成功傳回
17             used[i]=0; t+=len;                       // 恢復遞迴前的參數
18        }
19        else
20        {
21             for (int j=i; j<n; ++j)                  // 按長度遞減順序列舉木條 i 到木條 n-1
22             {
```

```
23          if (j>0&&(sticks[j]==sticks[j-1]&&!used[j-1])) continue;    // 若木條
24          // j-1 的長度和木條 j 的長度相同且木條 j-1 沒有被使用，則列舉木條 j+1
25          if (!used[j]&&l>=sticks[j])                // 若木條 j 未切下且 l 不小於其長度，
26                                                     // 則切下木條 j
27          {
28              l-=sticks[j]; used[j]=1;
29              if (dfs(j,l,t))return true;            // 若能切下剩餘的木條，則成功傳回
30              l+=sticks[j]; used[j]=0;               // 恢復遞迴前的參數
31              if (sticks[j]==l) break;               // 若目前木棒最後切出木條 j 後，
32                  // 餘下木棒無法完成切割木條的任務，則失敗傳回
33          }
34      }
35  }
36  return false;                                      // 失敗傳回
37  }
38  bool cmp(const int a, const int b)                 // 木條長度的比較函式
39  {
40      return a>b;
41  }
42  int main()
43  {
44      while (cin>>n&&n)                              // 反覆輸入木條數，直至輸入 0
45      {
46          int sum=0;
47          for(int i=0;i<n;++i)                       // 輸 n 根入木條的長度，累計長度和，
48                                                     // 標誌所有木條未被切下
49          {
50              cin>>sticks[i]; sum+=sticks[i];
51              used[i]=0;
52          }
53          sort(sticks,sticks+n,cmp);                 // n 根木條按長度遞減排序
54          bool flag=false;                           // 初始時，標誌木棒為一根
55          for(len=sticks[0];len<=sum/2;++len)        // 在 [sticks[0]，[sum/2] 區間內
56                                                     // 按遞增順序列舉 sum 的因數 len
57          {
58              if(sum%len==0)
59              {
60                  if(dfs(0,len,sum)) // 若長度為 len 的木棒能夠切下 n 根木條，則標誌木棒非 1 根
61                  {
62                      flag=true;
63                      cout<<len<<endl;   // 輸出木棒的最小可能長度並結束計算
64                      break;
65                  }
66              }
67          }
68          if(!flag) cout<<sum<<endl;     // 輸出長度為 sum 的一根木棒切出 n 根木條
69      }
70      return 0;
71  }
```

11.2.4 ► Auxiliary Set

提供一棵有 n 個節點的有根樹，其中有一些節點是重要（important）節點。

輔助集（Auxiliary Set）是包含滿足如下兩個條件中至少一個條件的節點的集合：

◆ 重要節點。

◆ 兩個不同的重要節點的最小共同祖先（Least Common Ancestor，LCA）。

提供一棵 n 個頂點的樹（1 是根），以及 q 個查詢。每個查詢提供一個節點的集合，表示在樹中的非重要（unimportant）節點。對於每個查詢，計算查詢集合對應的輔助集的基數（即集合中的節點數）。

輸入

第一行僅提供一個整數 T（$T \le 1000$），表示測試案例的數目。

每個測試案例的第一行提供兩個整數 n（$1 \le n \le 100000$）和 q（$0 \le q \le 100000$）。接下來的 $n-1$ 行，在第 i 行提供兩個整數 u_i 和 v_i（$1 \le u_i，v_i \le n$），表示在樹中存在連接 u_i 和 v_i 的邊。再接下來的 q 行，第 i 行首先提供一個整數 m_i（$1 \le m_i \le 100000$），表示在查詢集中節點的數目，然後提供 m_i 個不同的整數，表示在查詢集中的節點。

本題設定，$\sum_{i=1}^{q} m_i \le 100000$，而且 $n \ge 1000$ 或 $\sum_{i=1}^{q} m_i \ge 1000$ 的測試案例數不超過 10。

輸出

對每個測試案例，第一行輸出「Case #x:」，其中 x 是測試案例編號（從 1 開始），然後提供 q 行，第 i 行提供第 i 個查詢的輔助集的基數。

範例輸入	範例輸出
1	Case #1:
6 3	3
6 4	6
2 5	3
5 4	
1 5	
5 3	
3 1 2 3	
1 5	
3 3 1 4	

提示

對於範例，有根樹如圖 11.2-5 所示。對於第一個查詢集 {1, 2, 3}，節點 4、5、6 是重要節點，所以輔助集的基數為 3。對於第二個查詢集 {5}，節點 1、2、3、4、6 是重要節點，節點 5 是節點 4 和節點 3 的最小共同祖先，所以輔助集的基數為 6。對於第三個查詢集 {3, 1, 4}，節點 2、5、6 是重要節點，所以輔助集的基數為 3。

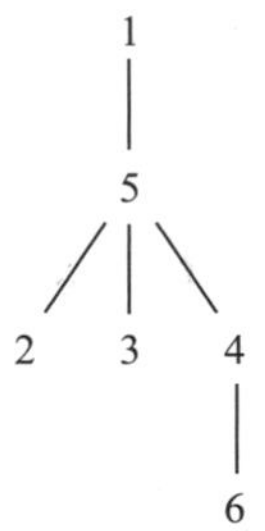

試題來源：CCPC 東北地區大學生程式設計競賽 2016

線上測試：HDOJ 5927

圖 11.2-5

❖ **試題解析**

本題的解題思路是求解在非重要節點中，有多少個節點是兩個重要點的 LCA，然後加上重要節點的點數，就得到答案。

設節點總數為 n，查詢集合中的非重要節點數為 t，則重要節點數為 $n-t$，輔助集的基數在此基礎上計算。所以，本題就轉化為「對查詢集合中的一個非重要節點，如何判斷其子樹中是否含有重要節點。」

如果某個非重要節點的子樹中沒有重要節點，那麼該節點對其父節點的貢獻是 0，其父代的有效子節點數可以減去 1；如果某個非重要節點至少有 2 個有效子節點，則該非重要節點是輔助集中的元素。

所以，本題的演算法為：從樹根節點 DFS 開始，對於每個節點，記錄三個資訊，即節點的層數、節點的子節點個數、節點的父節點，然後，從最底層從下向上更新節點的有效子節點數即可。演算法複雜性為 $O(n*\log n)$。

❖ **參考程式**（略。本題參考程式的 PDF 檔案和本題的英文原版均可從碁峰網站下載）

11.3　拓撲排序

拓撲排序不同於通常意義上線性串列排序。線性串列排序是按照關鍵字 key 的值遞增（或遞減）順序重新排列線性串列；拓撲排序則是將有向非循環圖（Directed Acyclic Graph，DAG）G 中的所有節點排成一個線性序列，如果 G 包含有向邊 (u, v)，則在這個序列中 u 出現在 v 之前；如果在圖中包含迴路，就不可能存在這樣的線性序列。可以將拓撲排序看成是 G 的所有節點沿水平線排成的一個序列，使所有有向邊均從左指向右；也可以將拓撲排序看成由某個集合上的一個偏序得到該集合上的一個全序。

在許多應用中，兩個事件發生時間的先後經常用有向圖中的有向邊描述。如果圖中出現迴路，則表示發生了矛盾的情況。因此，拓撲排序常用於判別議題和假設成立與否，計算使議題和假設成立的可能方案。

計算拓撲排序的方法有兩種：刪邊法和採用 DFS 方法。

11.3.1 ▶ 刪邊法

由於每一條拓撲子路徑的首節點的入度為 0，因此可以採取如下方法：

1. 從圖中選擇一個入度為 0 的節點且輸出之。

2. 從圖中刪除該節點及其所有出邊（即與之相鄰的所有節點的入度減 1）。

反覆執行這兩個步驟，直至所有節點都輸出，即整個拓撲排序就完成；或者直至剩下的圖中再沒有入度為 0 的節點，這說明此圖中有迴路，不可能進行拓撲排序。

下面分析演算法的時間複雜度。統計所有節點入度的時間複雜性為 $O(VE)$，接下來刪邊花費的時間也是 $O(VE)$，所以總的花費時間為 $O(VE)$。

使用一次刪邊法可計算出一個拓撲方案。如果我們採用遞迴技術，依次對每個入度為 0 的節點使用刪邊法，則可以計算出所有可能的拓撲方案。

11.3.1.1　Following Orders

次序是數學和電腦科學中的一個重要的概念。例如，佐恩引理（Zorn's Lemna）表述為：在一個偏序集中的每個鏈（有序子集）都有一個上界，那麼這個偏序集有一個最大元素。

次序在程式的不動點語意推理中也是非常重要的。

但是本題並不涉及佐恩引理和不動點語意這些複雜的理論，本題僅討論次序。

提供一組變數及其形式為 $x<y$ 的約束，請編寫一個程式，把所有與約束一致的變數依次輸出。

例如，提供約束 $x<y$ 和 $x<z$，那麼 x、y 和 z 三個變數就可以構成兩個滿足該約束的有序集：$x\,y\,z$ 和 $x\,z\,y$。

輸入

輸入包括一系列描述約束的測試案例。每個測試案例由兩行組成：第一行是一組變數，第二行是一組約束。每個約束包含兩個變數，$x\,y$ 表示 $x<y$。

所有變數都是單個小寫字母。在一個測試案例中，至少有兩個變數，最多不超過 20 個變數；最少有一個約束，最多不超過 50 個約束。存在的有序集最少一個，最多不超過 300 個。

輸入由 EOF 表示結束。

輸出

對應於每個約束的測試案例，輸出所有滿足該約束的有序集。

多個有序集滿足約束，則按字典順序輸出，每行一個。

不同的測試案例之間以空行隔開。

範例輸入	範例輸出
a b f g	abfg
a b b f	abgf
v w x y z	agbf
v y x v z v w v	gabf
	wxzvy
	wzxvy
	xwzvy
	xzwvy
	zwxvy
	zxwvy

試題來源：Duke Internet Programming Contest 1993

線上測試：POJ 1270，UVA 124

❖ 試題解析

我們將約束組中的每一個字母設為一個節點，約束 $x<y$ 設為有向邊 $<x, y>$，則一組約束可被表示為一個有向圖。

（1）根據輸入資訊建構有向圖

設輸入的變數字串為 var，由於串中字母用空格分隔，因此 var[0]、var[2]、var[4]…為節點，節點數為 $\left\lfloor \dfrac{\text{var 的串長}}{2} \right\rfloor + 1$。

設 has 為圖節點標誌，則可透過下述辦法從 var 串中取出節點，計算出 has：

```
for (int i=0; i< var 的字串長; i+= 2) has[var 中第 i 個字母]=true;
```

設輸入的約束組字串為 v，按照輸入格式，v 字串中 $v[2]$、$v[6]$、$v[10]$ …對應的節點有入邊。節點的入度序列為 pre，其中 pre[ch] 為節點 ch 的入度。我們可透過下述辦法計算 pre：

```
for (int i=0; i<v 的字串長; i+= 4) ++pre[v 中第 i+2 個字母];
```

（2）透過 DFS 計算所有的拓撲序列

透過 DFS 搜尋計算出有向圖中的所有拓撲序列。搜尋狀態是目前形成的長度為 dep−1 的子序列 res：

```
dfs(dep, res) {
    若拓撲序列完成 (dep==N+1)，則輸出 res 後回溯 (return)；
    依次在圖中尋找入度為 0 的節點 i (has[i]&& pre[i]==0，'a'≤i≤'z')：
        { 在圖中去除節點 i(has[i]=false)；
          刪除節點 i 的所有出邊 (for(int k=0; k<v 的長度; k+=4)if(v 的第 k 個字元 ==i)
            --pre[v 的第 k+2 個字元])；
          遞迴計算拓撲序列中第 dep+1 個節點 (dfs(dep+1, res+i))；
          恢復遞迴前的狀態 (for(int k=0; k<v 的長度; k+=4) if (v 的第 k 個字元 ==i)++pre
            [v 的第 k+2 個字元]；has[i]=true)；
        }
}
```

顯然，遞迴呼叫 dfs(1, "") 即可得出所有的拓撲序列字串。

❖ 參考程式

```
01  import java.util.*;                      // 匯入 Java 下的工具套件
02  import java.io.Reader;
03  import java.io.Writer;
04  import java.math.*;
05  public class Main {                      // 建立一個公用的 Main 類別
06      public static void print(String x) { // Main 類內使用的 print(x) 函式：輸出拓撲序列 x
07          System.out.print(x);
08      }
09      static int N;    // 定義 Main 類內使用的節點數 N、節點的入度序列 pre[ ]、
10                       // 圖節點標誌序列 has[ ]、變數字串 var 和約束組字串 v
11      static int[] pre;
12      static boolean[] has;
13      static String var, v;
14      static void dfs(int dep, String res) {   // Main 類內使用的 dfs(dep, res) 函式：從長
15          // 度為 dep-1 的子序列 res 出發，遞迴計算拓撲序列
16          if (dep == N + 1) {                  // 若拓撲序列完成，則輸出後回溯
17              print(res +"\n");
18              return;
19          }
20          for (int i = 'a'; i <= 'z'; i++) // 在圖中尋找入度為 0 的節點，釋放該節點
21              if (has[i] && pre[i] == 0) {
22                  has[i] = false;
23                  for (int k = 0; k < v.length(); k += 4) // 刪除該節點的所有出邊
24                      if (v.charAt(k)==i)--pre[v.charAt(k + 2)];
25                  dfs(dep+1, res+(char)i); // 遞迴計算拓撲序列中第 dep+1 個節點
26                  for (int k = 0; k < v.length(); k += 4) // 恢復被刪邊
27                      if (v.charAt(k)==i)++pre[v.charAt(k + 2)];
```

```
28                   has[i] = true;                        // 恢復圖中的節點 i
29               }
30       }
31       public static void main(String[] args) {          // 定義 main 函式的參數是一個
32                                                          // 字串型別的陣列 args
33           Scanner input = new Scanner(System.in);        // 定義 Java 的標準輸入
34           while (input.hasNextLine()) {        // 若未輸入 "EOF"，則繼續重複
35               var = input.nextLine();          // 輸入變數字串
36               v = input.nextLine();            // 輸入約束組
37               has = new boolean[1 << 8];        // 為 has[0..2^8] 申請記憶體
38               for (int i = 0; i<var.length();i+= 2)      // 初始時所有節點在圖中
39                     has[var.charAt(i)]=true;
40               N = var.length() / 2 + 1;        // 計算節點數
41               pre = new int[1 << 8];                     // 為節點的入度序列 pre[2^8..1] 申請記憶體
42               for (int i = 0; i < v.length(); i += 4)    // 統計圖中每個節點的入度
43                     ++pre[v.charAt(i+2)];
44               dfs(1, "");                      // 從空字串出發，遞迴計算拓撲序列字串
45               print("\n");
46           }
47       }
48  }
```

11.3.2 ▸ 採用 DFS 計算拓撲排序

一個有向圖 G 是無迴路的，若且唯若對 G 進行 DFS 尋訪時沒有反向邊 B。

採用 DFS 計算拓撲排序的方法如下。

以存取一個節點作為一個時間單位，把尋訪了 u 的後代的時間稱為結束時間 $f[u]$。其中，$f[u]$ 可透過 DFS 演算法得到。顯然，對 G 進行 DFS 尋訪時沒有反向邊 B，即對於圖中的任意弧 (u, v)，都有 $f[v]<f[u]$。

拓撲序列表為堆疊 topo，topo 堆疊中的節點按照 $f[u]$ 遞減的順序由上而下排列，即拓撲排序的節點是以與其完成時刻相反的順序出現的。

```
void  DFS-visit (u);                        //DFS 尋訪以 u 為根的子樹
   { u 設存取標誌;
       time=time+1;
       對所有與 u 相鄰的未存取的節點 v 進行一次 DFS-visit(v)（注意：若存在 f[v]>f[u] 的弧
          (u,v)，則失敗結束）;
       f[u]=time;
       節點 u 被壓入 topo 堆疊;
};
```

初始時 time=0，所有節點設未存取標誌。然後，對每個未存取節點 v 執行一次 DFS-visit(v)，便可得出 topo 堆疊和每個節點的結束時間。若圖中發現弧 (u, v) 有 $f[v]>f[u]$，則 (u, v) 為反向邊，拓撲排序失敗；否則從 topo 堆疊頂端開始往下，堆疊中所有節點組成一個拓撲方案。

DFS 的執行時間為 $O(E)$，每個節點壓入 topo 堆疊的時間為 $O(1)$，因此執行拓撲排序所需的總時間為 $O(E)$。

11.3.2.1　Sorting It All Out

對於一些不同的值產生一個升冪排列的序列，也就是說，根據小於關係運算子，將元素從最小到最大提供一個排列。例如，排序序列 A、B、C、D 蘊含 $A<B$、$B<C$ 和 $C<D$。在本題中，提供一個形如 $A<B$ 的關係集合，請確定是否存在這樣一個升冪排序的序列。

輸入

輸入由多個測試案例組成。每個測試案例的第一行是兩個正整數 n 和 m，第一個值 n 提供要排序的物件數目，其中 $2 \leq n \leq 26$，表示要排序的物件是字母表的前 n 個大寫字母的字元。第二個值 m 提供在該測試案例中形如 $A<B$ 的關係的數目。後面的 m 行，每行包括 3 個字元：一個大寫字母、一個「<」、第二個大寫字母。不可能有字母表前 n 個字母之外的字母。用 $n=m=0$ 表示輸入結束。

輸出

對於每個測試案例，輸出一行，包括下述 3 種情況之一：

◆ Sorted sequence determined after *xxx* relations: *yyy…y*。

◆ Sorted sequence cannot be determined。

◆ Inconsistency found after *xxx* relations。

其中「*xxx*」是已經處理的關係的數目，或者是已經排好了序，或者是發現了不一致。如果是第一種情況，則「*yyy…y*」是按照升冪排好的序列。

範例輸入	範例輸出
4 6 A<B A<C B<C C<D B<D A<B 3 2 A<B B<A 26 1 A<Z 0 0	Sorted sequence determined after 4 relations: ABCD. Inconsistency found after 2 relations. Sorted sequence cannot be determined.

試題來源： ACM East Central North America 2001

線上測試： POJ 1094，ZOJ 1060，UVA 2355

❖ 試題解析

根據提供的關係式升冪排列物件實際上就是進行拓撲排序。每讀一個關係式，就是往有向圖中添一條有向邊。有三種可能：

1. 若加入有向邊 <*x, y*> 後，發現 *y* 可達 *x*，則確定 <*x, y*> 是反向邊，出現了前後不一致的情況。

2. 若加入有向邊 <*x, y*> 後，發現 *n* 個節點形成拓撲序列，則拓撲排序成功。對目前圖使用刪邊法即可判斷。

3. 若填完 *m* 條邊後，*n* 個節點尚未形成拓撲序列，則拓撲排序失敗。

我們將升冪排列轉化為有向圖。待排序的物件為節點，A 的節點序號為 0，B 的節點序號為 1，……，即物件的字母 − 'A' 即為對應的節點序號；關係為有向邊，若 *x*<*y*，且對圖進行 DFS 搜尋後 *y* 不可達 *x*，則添加有向邊 <*x*, *y*>。有向圖的相鄰矩陣為 *g*，其中：

$$g[i,j] = \begin{cases} 1 & \text{存在有向邊} \quad <i,j> \\ 0 & \text{不存在有向邊} <i,j> \end{cases} \quad (0 \leq i, j \leq n-1)$$

節點的存取標誌序列為 go，其中 go[*i*]==true 標誌節點 *i* 已存取。

節點的入度序列為 *f*，其中 *f*[*i*] 為節點 *i* 的入度（0≤*i*≤*n*−1）。

所有入度為 0 的節點儲存在序列 *Q* 中，*Q* 序列的長度為 tot。

doit 為繼續拓撲排序的標誌。若拓撲排序發現不一致，則 doit=false。

finish 為拓撲方案產生的標誌。在使用刪邊法時，若發現新增入度為 0 的節點數 >1，則說明尚有節點未進入拓撲序列，finish=false；若僅新增 1 個入度為 0 的節點（finish==true）且所有節點的入度變 0（tot==*n*），則說明拓撲方案產生。

計算過程如下：

```
輸入節點數 n 和有向邊數 k；
有向圖的相鄰矩陣 g 清零；
設拓撲排序進行標誌（doit=true）；
依次輸入和處理 k 個關係：
    { 輸入第 k 個關係，並確定節點序號 x 和 y；
        節點的存取序列 go 初始化為 false；
        若需進行拓撲排序（doit==true）則
            { 從 y 出發 DFS，置所有可達節點存取標誌；
              若 y 可達 x（go[x]=true），則輸出處理了 i 個關係後發現不一致，設排序不再進行的標誌
                  （doit=false），繼續輸入處理下一個關係；
            設 x 通往 y 的有向邊（g[x][y]=1），y 的入度 ++（f[y]++）；
            Q 序列初始化為空（tot=0）；
            將所有入度為 0 的節點置入 Q 序列（for (int k=0; k<N&&tot<=1; k++)if(f[k]==0)
                Q[++tot]=k)；
            若僅 1 個入度為 0 的節點（tot==1），則
                { 拓撲排序結束標誌初始化（finish=true）；
                    反覆使用刪邊法：取出 Q 尾的節點 xx，刪除 xx 的所有出邊。統計新產生的入度為 0 的
                    節點數 tmp，這些節點進入 Q 序列，直至 Q 序列的長度 tot==n 或者 tmp>1 為止
                    （若 tmp>1，則說明排序尚未結束，finish=false）；
                    若排序結束（finish==true），且 n 個節點的入度全為 0(tot==N)，
                        則輸出處理了 i 個關係後拓撲排序完成，Q 序列中節點對應的字母
                        即為拓撲序列，設排序不再進行的標誌（doit=false）；
                    恢復原圖 g 中節點的入度序列 f；
                }
            }
    }
若處理 k 個關係後仍未確定拓撲序列（doit==true），則輸出拓撲排序失敗訊息；
```

❖ 參考程式

```java
01   import java.util.*;              // 匯入 Java 下的工具套件
02   import java.math.*;
03   public class Main {              // 建立一個公用的 Main 類別
```

```
04        static boolean[] go;              // 存取標誌序列
05        static int[][] g;                 // 相鄰矩陣
06        static int N,K;                   // 節點數和有向邊數
07        public static void find(int x){   // 從 x 出發，透過 find (x) 函式計算所有可達節點
08            go[x] = true;                 // 設 x 節點存取標誌
09            for (int i=0;i<N;i++)         // 遞迴與 x 相鄰且未存取的節點
10                if (g[x][i]==1&&!go[i]) find(i);
11        }
12        public static void main(String[] args){   // 定義 main 函式的參數是一個字串型別的
13                                                   // 陣列 args
14            Scanner input = new Scanner(System.in); // 定義 Java 的標準輸入
15            while (true){
16                N = input.nextInt();              // 輸入節點數 n 和有向邊數 k
17                K = input.nextInt();
18                if (N==0) break;                  // 若節點數為 0，則退出迴圈
19                g = new int [N][N];               // 相鄰矩陣初始化
20                for (int i=0;i<N;i++)
21                    for (int j=0;j<N;j++)
22                        g[i][j] = 0;
23                boolean doit = true;              // 設拓撲序列未確定標誌
24                 int[] f = new int [N+1];
25                for (int i=1;i<=K;i++){           // 依次輸入和處理 k 個關係
26                    String p = input.next();      // 輸入第 k 個關係，並確定節點序號 x 和 y
27                    int x = p.charAt(0)-'A',c = p.charAt(1),y = p.charAt(2)-'A';
28                    if (c=='>'){                  // 若關係反向，則對換 x 和 y
29                        c = x;
30                        x = y;
31                        y = c;
32                    }
33                    go = new boolean[N];          // 存取序列初始化
34                    for (int j=0;j<N;j++) go[j] = false;
35                    if (doit){                    // 若未確定拓撲序列，則從 y 出發 DFS
36                        find(y);
37                        if (go[x]){               // 若 y 可達 x（即（x, y）是反向邊），
38                                                  // 則輸出處理了 i 個關係後發現不一致，
39                                                  // 設排序不再進行的標誌，繼續輸入處理下一個關係
40                            Syst em.out.println("Inconsistency found after " + i +"
41                                relations.");
42                            doit = false;continue;
43                        }
44                        g[x][y] = 1;              // 設 x 通往 y 的有向邊
45                        f[y]++;                   // y 的入度 +1
46                        int[] Q = new int[N+1];
47                        int tot = 0;              // 將所有入度為 0 的節點放入 Q 序列
48                        for (int k=0;k<N&&tot<=1;k++)
49                            if (f[k]==0) Q[++tot]=k;
50                        if (tot==1) {             // 若僅 1 個入度為 0 的節點
51                            boolean finish = true;
52                            while (tot<N){
53                                int xx = Q[tot],tmp = 0; // 刪邊法：取出 Q 尾的節點 xx，
54                                // 刪除 xx 的所有出邊。統計新產生的入度為 0 的節點數 tmp，
55                                // 這些節點進入 Q 序列
56                                for (int k=0;k<N;k++)
57                                    if (g[xx][k]==1&&0==(f[k]-=g[xx][k])){
58                                        Q[++tot] = k;
```

```
59                                    ++tmp;
60                               }
61                   if (tmp>1){ // 若新增入度為 0 的節點數 >1，則設排序未結束標誌，
62                                 // 繼續輸入處理下一個關係
63                       finish = false;
64                       break;
65                   }
66               }
67               if (finish&&tot==N){       // 若排序結束，且 n 個節點的入度全為 0，
68                   // 則輸出處理了 i 個關係後拓撲排序完成，Q 序列中節點對應的字母
69                   // 即為拓撲序列，設排序不再進行的標誌
70                   Syst em.out.print("Sorted sequence determined after "+
71                        i +" relations: ");
72                   for (int k=1;k<=N;k++)
73                           System.out.print((char)('A'+Q[k]));
74                   System.out.println(".");
75                   doit = false;
76               }
77               for(int k=0;k<N;k++)f[k]=0;   // 恢復原圖中每個節點的入度
78               for (int j=0;j<N;j++)
79                   for (int k=0;k<N;k++)
80                       f[k] += g[j][k];
81           }
82       }
83   }
84   if (doit) // 若處理所有關係後仍未確定拓撲序列，則輸出拓撲排序失敗訊息
85       System.out.println("Sorted sequence cannot be determined.");
86   }
87   }
88 }
```

11.3.3 ▶ 反向拓撲排序

反向拓撲排序是在拓撲排序的基礎上，增加了如下要求：

條件 1：編號最小的節點要儘量排在前面。

條件 2：在滿足條件 1 的基礎上，編號第二小的節點要儘量排在前面。

條件 3：在滿足條件 1 和條件 2 的基礎上，編號第三小的節點要儘量排在前面。

……

以此類推。

例如，有向圖如圖 11.3-1 所示，則反向拓撲順序排序是 6 4 1 3 9 2 5 7 8 0。

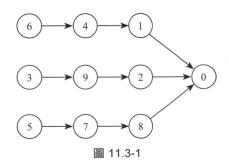

圖 11.3-1

這裡要說明,反向拓樸順序與字典順序拓樸是不同的。字典順序的拓樸排序演算法如下:

```
把所有入度為 0 的節點放進優先佇列 PQ;
while(PQ 不是空佇列)
{ 從 PQ 中取出編號最小的元素 a,把 a 添加到字典順序的序列尾部;
    for ( 所有從 a 出發的弧 (a, b))
        { 把 b 的入度減 1;
          如果 b 的入度變為 0,則把 b 加入優先佇列 PQ;}
}
```

字典順序的拓樸排序與使用 BFS 進行拓樸排序的演算法基本一樣,只是把佇列改成了優先佇列。對於圖 11.3-1,字典順序的拓樸排序為 3 5 6 4 1 7 8 9 2 0。可以看出,在序列中,節點 1 的位置還不夠靠前,不是反向拓樸排序。產生這一問題的原因是,演算法使用了「每一步都找目前編號最小的節點」的貪心策略,而對於圖 11.3-1,編號最小的節點不一定會先提出佇列。

「編號小的節點儘量排在前面」等價於「編號大的節點儘量排在後面」。反向拓樸就是從相反的方向,每一步找目前編號最大的節點。對於圖 11.3-1,首先,出度為 0 的節點 0 先進入優先佇列 PQ;然後,將目前在 PQ 中編號最大的節點(也就是節點 0)從 PQ 中取出,把節點 0 添加到反向拓樸排序的序列開頭;對於所有指向節點 0 的弧 (1, 0)、(2, 0) 和 (8, 0),把節點 1、節點 2、節點 8 的出度減 1,並把這 3 個出度變為 0 的節點加入 PQ 中;然後,從 PQ 中取出目前編號最大的節點 8,並把節點 8 添加到反向拓樸排序的序列開頭,對於指向節點 8 的弧 (7, 8),把節點 7 的出度減 1,並把出度變為 0 的節點 7 加入 PQ 中;以此類推,直到 PQ 為空。顯然,應用這樣的反向拓樸排序,對於節點 1,能夠排在它後面的節點都排在了它的後面,也就是節點 1 被儘量地排在了前面;對於節點 2、節點 3 等也是這樣。最後得到反向拓樸排序的序列為 6 4 1 3 9 2 5 7 8 0。

反向拓樸排序的演算法如下:

```
把所有出度為 0 的節點放進優先佇列 PQ;
while(PQ 不是空佇列)
    { 從 PQ 中取出編號最大的元素 a,把 a 添加到反向拓樸排序的序列開頭;
      for(所有指向 a 的弧 ( b, a))
        { 把 b 的出度減 1;
          如果 b 的出度變為 0,則把 b 放進優先佇列 PQ 中;}
    }
```

11.3.3.1　Labeling Balls

Windy 有 N 個不同重量的球,重量從 1 個單位到 N 個單位。現在,他試圖用 1 到 N 來標記這些球:

1. 任意兩個球的標記不同。

2. 標記要滿足一些約束:諸如標記為 a 的球比標記為 b 的球輕。

你能幫 Windy 找到答案嗎?

輸入

輸入的第一行提供測試案例的數量。每個測試案例的第一行提供兩個整數 N（$1 \leq N \leq 200$）和 M（$0 \leq M \leq 40000$）。接下來的 M 行每行提供兩個整數 a 和 b，表示標記 a 的球一定比標記 b 的球輕（$1 \leq a, b \leq N$）。在每個測試案例之前有一個空行。

輸出

對於每個測試案例，輸出一行，提供從標記 1 到標記 N 的球的重量。如果存在多個解，則輸出標記 1 的重量最小的一個，然後輸出標記 2 的重量最小的一個，接下來輸出標記 3 的重量最小的一個，以此類推。如果不存在解，則輸出 –1。

範例輸入	範例輸出
5	1 2 3 4
	–1
4 0	–1
	2 1 3 4
4 1	1 3 2 4
1 1	
4 2	
1 2	
2 1	
4 1	
2 1	
4 1	
3 2	

試題來源：POJ Founder Monthly Contest–2008.08.31, windy7926778
線上測試：POJ 3687

❖ **試題解析**

本題提供 N 個球，這些球的標記分別是從 1 到 N 中的某個數字，它們的重量分別是從 1 到 N 中的某個數字，任意兩個球的標記不同，重量也不相等。本題還提供一些有序對 a、b，表示標記 a 的球比標記 b 的球輕。本題要求提供符合約束條件的各個球的重量。若答案有多種，則答案必須讓標記為 1 的球重量儘量輕，接著是標記為 2 的球重量儘量輕，一直到標記為 N 的球儘量輕。

本題的原命題是「標記小的球重量儘量輕」，其等價的逆否命題是「重量大的球標記盡量大」。

設有 4 個球，約束為 4 1 和 2 3。如果採取字典順序拓撲排序，編號小的球先提出佇列，重量從小的球開始指定，則提出佇列的順序是 2 3 4 1，球的重量為 $w[2]=1$、$w[3]=2$、$w[4]=3$、$w[1]=4$，即標記 1 到標記 4 的球的重量序列為 4 1 2 3。但如果採取反向拓撲排序，編號大的球先提出佇列，重量也從大的開始指定，則提出佇列的順序是 3 2 1 4，那麼球的重量為 $w[3]=4$、$w[2]=3$、$w[1]=2$、$w[4]=1$，即標記 1 到標記 4 的球的重量序列為 2 3 4 1。

因此,如果採用字典順序拓撲排序,可能就會把小重量指定給了編號大的球,而後面編號小的球卻被賦予了比較大的重量。但是,如果採用反向拓撲排序,每次編號大的球先提出佇列,重量從編號大的開始指定,產生的反向拓撲序列是符合本題要求的。

本題中還要注意,在測試案例中存在重邊、自環等情況。

❖ 參考程式

```
01  #include<iostream>
02  #include<vector>
03  using namespace std;
04  #define MAX 205
05  struct Number {                          // 節點為結構類型
06      vector<int> light;                   // 儲存相連邊端點的容器
07      int in;                              // 入度
08      int weight;                          // 球的重量
09  }num[MAX];                               // 圖中節點的相鄰串列
10  int n, m;                                // 球(節點)數為 n,有序對(邊)數為 m
11  bool v[MAX][MAX];                        // v[i][j] 標誌弧 (i, j)
12  bool TopSort()                           // 反向拓撲排序。若成功,則傳回 true,否則傳回 false
13  {
14      for (int t = n; t > 0; t--)          // 按照由重到輕的順序尋找第一個入度為 0 的節點 cur
15      {
16          int cur = n + 1;
17          while (--cur && num[cur].in);
18          if (cur == 0) return false;      // 若不存在入度為 0 的節點,則存在環,失敗退出
19          num[cur].weight = t;             // 記錄重量
20          num[cur].in--;                   // 節點 cur 的入度 -1
21          for (unsigned j = 0; j < num[cur].light.size(); j++)
22                                           // 所有與 cur 相連邊端點的入度 -1
23              num[num[cur].light[j]].in--;
24      }
25      return true;                         // 成功傳回
26  }
27  int main()
28  {
29      int T;
30      scanf("%d", &T);                     // 輸入測試案例數
31      while (T--)                          // 依次處理每個測試案例
32      {
33          memset(num, 0, sizeof(num));
34          memset(v, false, sizeof(v));
35          scanf("%d%d", &n, &m);           // 輸入節點數 n 和邊數 m
36          for (int i = 0; i < m; i++)      // 依次輸入 m 條弧,反向構圖
37          {
38              int light, heavy;
39              scanf("%d%d", &light, &heavy); // 輸入第 i 個有序對(light, heavy)
40              if (v[heavy][light]) continue; // 若 (heavy, light) 已存在,則忽略
41              v[heavy][light] = true;      // 標誌有序對(light, heavy)存在
42              num[heavy].light.push_back(light); // 將 light 存入 heavy 的相鄰串列
43              num[light].in++;             // light 的入度 +1
44          }
45          if (TopSort())                   // 若反向拓撲排序成功,則輸出拓撲序列中
46                                           // 每個球的重量;否則輸出失敗標誌 -1
47          {
```

```
48              for (int i = 1; i < n; i++)
49                  printf("%d ", num[i].weight);
50              printf("%d\n", num[n].weight);
51          }
52          else printf("-1\n");
53      }
54      return 0;
55  }
```

11.4　計算圖的連接性

有五種方法可以進行圖的連接性判斷：BFS、DFS、併查集、將在 11.5 節講授的 Tarjan 演算法，以及第 13 章要講授的 Warshell 演算法。

首先，提供透過 BFS 和 DFS 判斷圖的連接性的實作。

1. **BFS 判斷**：初始時，存取圖的出發節點，並將該節點推入佇列；然後，佇列首節點提出佇列，存取與其關聯的且未被存取過的所有節點，並將這些節點推入佇列；重複此過程，直至佇列為空。則被存取的節點構成一個連接分支。若該連接分支未包含所有節點，則該圖不連接。

2. **DFS 判斷**：從圖的任一節點開始，進行一次深度優先尋訪。深度優先尋訪的結果是一個圖的連接分支。如果一次 DFS 沒有存取到所有節點，則該圖不連接。

11.4.1 ▶ Oil Deposits

GeoSurvComp 地質勘探公司負責勘探地下油田。GeoSurvComp 一次處理一個大的矩形區域，該區域用一個網格表示，將土地劃分為許多正方形地塊。然後，它分析每個地塊，使用傳感設備來確定該地塊是否蘊藏石油。一個蘊藏石油的地塊被稱為油袋。如果兩個油袋相鄰，則它們是同一個油田的一部分。油田的儲量可能會比較大，並可能包含多個油袋。請你確定在一個網格中有多少個油田。

輸入

輸入提供一個或多個網格。每個網格的第一行提供 m 和 n，分別是網格中的行數和列數，用一個空格分隔。1≤m≤100，1≤n≤100，如果 m=0，則表示輸入結束。接下來提供 m 行，每行 n 個字元（不包括行結束符號）。每個字元對應一個地塊，或者是表示沒有油「*」，或者是表示油袋「@」。

輸出

對於每個網格，輸出不同油田的數量。如果兩個油袋水平、垂直或對角相鄰，則這兩個油袋是同一個油田的一部分。一個油田包含的油袋不超過 100 個。

範例輸入	範例輸出
1 1	0
*	1
3 5	2
@@*	2

（續）	範例輸入	範例輸出
	@	
	@@*	
	1 8	
	@@****@*	
	5 5	
	****@	
	@@@	
	*@**@	
	@@@*@	
	@@**@	
	0 0	

試題來源： ACM Mid-Central USA 1997

線上測試： POJ 1562，HDOJ 2141

❖ **試題解析**

自上而下、自左向右掃描每個地塊，如果該地塊是個油袋「@」，而且之前未被存取，則從該地塊開始 DFS 或 BFS，尋訪該點所在的油田，並標記該油田的所有地塊存取標記。

進行了多少次 DFS 或 BFS，就有多少個油田。

❖ **參考程式 1（DFS）**

```
01   #include<iostream>
02   using namespace std;

03   int  map[105][105];       // 圖的相鄰矩陣 map[i][j]= { 0  (i,j) 無油 "*"
                                                           { 1  (i,j) 為油袋 "@"

04   int  vis[105][105];       // 圖的存取標誌 vis[i][j]= { 0  (i,j) 未存取
                                                           { 1  (i,j) 已存取

05   int n,m;                  // 相鄰矩陣的行列數
06   void  dfs(int x,int y)    // 從 (x, y) 出發，透過 DFS 將 (x, y) 可達的所有未存取油袋設存取標誌
07   {
08       vis[x][y]=1;          // 設 (x, y) 存取標誌
09       // 分別從 (x, y) 的 8 個相鄰格（若相鄰格在界內）中未存取的油袋出發，進行 DFS
10       if(x+1<n&&y<m&&!vis[x+1][y]&&map[x+1][y])  dfs(x+1,y);
11       if(x<n&&y+1<m&&!vis[x][y+1]&&map[x][y+1])  dfs(x,y+1);
12       if(x+1<n&&y+1<m&&!vis[x+1][y+1]&&map[x+1][y+1])  dfs(x+1,y+1);
13       if(x-1>=0&&y<m&&!vis[x-1][y]&&map[x-1][y])  dfs(x-1,y);
14       if(x<n&&y-1>=0&&!vis[x][y-1]&&map[x][y-1])  dfs(x,y-1);
15       if(x-1>=0&&y-1>=0&&!vis[x-1][y-1]&&map[x-1][y-1])  dfs(x-1,y-1);
16       if(x-1>=0&&y+1<m&&!vis[x-1][y+1]&&map[x-1][y+1])  dfs(x-1,y+1);
17       if(x+1<n&&y-1>=0&&!vis[x+1][y-1]&&map[x+1][y-1])  dfs(x+1,y-1);
18   }
19   void init()               // 清空所有邊的存取標誌
20   {
21       memset(vis,0,sizeof(vis));
22   }
23   int main()
24   {
25       char ch;
26       while(cin>>n>>m)       // 反覆輸入網格中的行數 n 和列數 m
```

```
27          {
28              if(n==0&&m==0) break;        // 若行數 n 和列數 m 為 0，則退出程式
29              init();                      // 清空所有邊的存取標誌
30              for(int i=0;i<n;i++)         // 自上而下、從左至右輸入每個地塊的資訊，建構圖的相鄰矩陣
31                  for(int j=0;j<m;j++)
32                  {
33                      cin>>ch;
34                      if(ch=='*')  map[i][j]=0;
35                      else map[i][j]=1;
36                  }
37              int count=0;                 // 不同油田的數量初始化
38              for(int i=0;i<n;i++)          // 順序列舉圖中的每個網格
39                  for(int j=0;j<m;j++)
40                  {
41  // 從未存取的油袋 (i, j) 出發，透過 DFS 計算所在油田，不同油田數 +1
42                      if(!vis[i][j]&&map[i][j])
43                      { dfs(i,j);count++; }
44                  }
45              cout<<count<<endl;           // 輸出不同的油田數
46          }
47  }
```

❖ 參考程式 2（BFS）

```
01  #include<stdio.h>
02  struct                               // 佇列元素為結構類型
03  {
04      int i;                           // 網格位置
05      int j;
06  }queue[10000];                       // 佇列
07  int m,n;                             // 網格的行數為 n，列數為 m
08  char map[101][101];    // 相鄰矩陣，其中 map[i][j] 為 (i, j) 的字元。注意：為避免重複計算，
09                         // 搜尋油袋 (i, j)（map[i][j]=='@'）後，將 (i, j) 設為無油狀態
10                         // (map[i][j]="*")，這樣可省略存取標誌
11  int a[8][2]={{-1,0},{1,0},{0,-1},{0,1},{-1,-1},{-1,1},{1,-1},{1,1}};
12                                       // 8 個方向的位移增量
13  void BFS(int i, int j )              // 從油袋 (i, j) 出發，透過 BFS 將 (i, j) 可達的所有油袋
14                                       // 設為無油狀態
15  {
16      int front=0, rear=1;             // 佇列的首尾標誌初始化
17      int ii, jj, k;
18      int t1, t2;
19      queue[front].i=i;                // (i, j) 推入佇列
20      queue[front].j=j;
21      map[i][j]='*';                   // 將油袋設為無油狀態
22      while( front!= rear )            // 若佇列非空，則取出佇列首的格子 (ii, jj)
23      {
24          ii=queue[front].i;
25          jj=queue[front].j;
26          front++;                     // 佇列首指標 +1
27          for(k=0; k<8; k++)           // 列舉 8 個相鄰方向
28          {
29              t1=ii+a[k][0];           // 計算 k 方向的相鄰格 (t1, t2)
30              t2=jj+a[k][1];
31              if( map[t1][t2]=='@')// 若 (t1, t2) 為油袋，則 (t1, t2) 推入佇列尾
```

```
32                  {
33                          queue[rear].i=t1;
34                          queue[rear].j=t2;
35                          map[t1][t2]='*';        //(t1, t2) 設為無油狀態
36                          rear++;                 // 佇列尾指標 +1
37                  }
38          }
39      }
40  } int main()
41  {
42      int i, j;
43      int num;
44      while(scanf("%d %d", &m, &n) &&m) // 反覆輸入行數 m 和列數 n，直至行數為 0
45      {
46          num=0;                       // 不同的油田數初始化
47          for(i=0; i<m; i++)           // 輸入相鄰矩陣
48              scanf("%s",map+i);
49          for(i=0; i<m; i++)           // 自上而下、從左至右搜尋每個油袋
50              for(j=0; j<n; j++)
51              {
52                  if(map[i][j]=='@')   // 若 (i, j) 為油袋，則不同的油田數 +1，並從該格出發，
53                                       // 透過 bfs 將 (i,j) 可達的所有油袋設為無油狀態
54                  {
55                      num++;
56                      BFS(i, j);
57                  }
58              }
59          printf("%d\n", num);         // 輸出不同的油田數
60      }
61  }
```

11.4.2 ▶ The Die Is Cast

InterGames 是一家初創的高科技公司，專門開發在網際網路上的遊戲。市場調查分析顯示，在潛在的客戶群中，靠碰運氣取勝的遊戲相當受歡迎。無論大富翁（Monopoly、棋類遊戲，玩家用虛擬貨幣買賣房地產）、盧多（Ludo，一種用骰子和籌碼在特製板上玩的遊戲）還是雙陸棋（Backgammon，棋盤上有楔形社區，兩人玩，擲兩枚骰子決定走棋步數），大多是在遊戲的每一步都要擲骰子。

當然，如果讓玩家自己來擲骰子，然後將結果輸入電腦，是不可行的，因為這樣很容易作弊。因此，InterGames 決定為玩家提供一個攝像頭，拍攝擲骰子的照片，並分析照片，然後自動傳輸擲骰子的結果。

因此，InterGames 就需要一個程式，提供一個包含若干個骰子的圖片，要確定骰子上的點數。

我們對輸入的圖片做以下設定：這些圖片只包含三個不同的像素值：背景、骰子和骰子上的點。我們認為如果兩個像素共用一條邊，則這兩個像素是連接的；也就是說，兩個像素如果僅僅共有一個角點是不夠的。如圖 11.4-1 所示，像素 A 和 B 是連接的，但 B 和 C 不是。

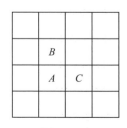

圖 11.4-1

如果對於像素 S 中的每對像素 (a, b)，在 S 中存在序列 $a_1, a_2, \cdots, a_k$，使得 $a=a_1$，$b=a_k$，並且對於 $1 \leq i < k$，a_i 和 a_{i+1} 是連接的，則像素集合 S 是連接的。

我們設定，所有由非背景的像素組成的一個最大連接集就是一個骰子。所謂「最大連接」表示如果在集合中添加任何其他在圖中的非背景像素，就會使集合不連接。同樣地，我們設定，每個點像素的最大連接集合構成骰子上的一個點。

輸入

輸入由若干個擲骰子的圖組成。每個圖的描述的第一行提供兩個數字 w 和 h，分別表示圖的寬度和高度，其中 $w \geq 5$、$h \leq 50$。

接下來的 h 行每行包含 w 個字元。字元可以是：「.」，表示一個背景像素；「*」，表示一個骰子像素；「X」，表示一個骰子點的像素。

由於光學失真，骰子可能有不同的大小，也可能不是完全的正方形。在圖中至少包含一個骰子，每個骰子的點數在 1 到 6 之間（包括 1 和 6）。

以 $w=h=0$ 開始的圖表示輸入終止，該圖不用處理。

輸出

對於每次擲骰子，首先輸出其編號，然後按遞增順序排序，輸出圖中骰子上的點數。在每個測試案例之後輸出一個空行。

範例輸入	範例輸出
30 15	Throw 1
....	1 2 2 4
....	
................*.............	
..*****.....****.............	
..*X***.....**X***...........	
..*****....***X**............	
..***X*.....****.............	
..*****......*...............	
....	
........***....******.......	
.......**X*****.....*X*X*.....	
.......*******.....******....	
.......*****X**.......*X*X*....	
.........***...*.******.....	
....	
0 0	

試題來源： ACM Southwestern European Regional Contest 1998
線上測試： POJ 1481，UVA 657

❖ 試題解析

本題採用雙重 DFS 求解，也就是說，一個 DFS 巢狀在另一個 DFS 中。其中，外層 DFS 計算非背景像素組成的最大連接集，內層 DFS 計算其中由骰子點像素組成的最大連接子集，試題要求計算每個非背景像素組成的最大連接集中骰子點像素的個數。方法如下。

用二維陣列 a 表示輸入的一張圖。由於一個骰子在圖中是一個最大連接集，所以，自上而下、自左向右掃描二維陣列 a，每掃描到一個「*」（骰子像素），就把這個「*」變為

「.」（背景像素），並且向四個方向進行 DFS；如果 DFS 搜到「X」（骰子點像素），則進行內層 DFS（DFS_X），向四個方向搜尋連接的骰子點像素「X」，將「X」變為「.」，骰子的點數 ++。

❖ **參考程式**（略。本題參考程式的 PDF 檔案和本題的英文原版均可從碁峰網站下載）

然後，提供透過併查集判斷圖的連接性的實作。

併查集判斷：根據輸入的邊提供節點集合的劃分。如果一條邊關聯的兩個點是相連的，就被劃分到同一個集合中。初始時，圖中每個節點構成一個集合。然後，依次輸入邊；如果輸入的邊所關聯的兩個節點在同一個集合中，則這兩個節點已經是連接的；如果輸入的邊所關聯的兩個節點在兩個不同集合中，則這兩個集合中的節點至少可以透過該邊連接，就將這兩個集合進行合併。重複以上過程，就可得到節點集合的劃分。如果所有節點在一個集合中，則圖是連接圖；否則，圖不連接，而節點集合的每個劃分是一個連接分支。

11.4.3 ▶ Is It A Tree?

樹是一種眾所周知的資料結構，它要麼是空的（null、void、nothing），要麼是由滿足以下特性的一個或多個節點組成的集合，節點之間透過有向邊連接。

* 集合中只有一個節點被稱為根節點，沒有有向邊指向該節點。

* 除了根節點之外，每個節點都有一條有向邊指向它。

* 從根到每個節點有一個唯一的有向邊序列。

例如圖 11.4-2，其中節點由圓表示，有向邊由帶箭頭的直線表示。前兩個圖是樹，最後一個圖不是樹。

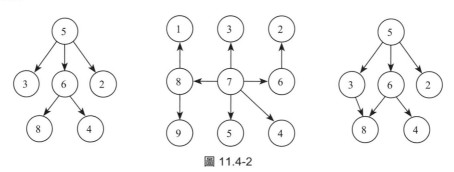

圖 11.4-2

在本題中，提供若干個由有向邊連接的節點集合的描述。對於每一個描述，請你確定該集合是否滿足樹的定義。

輸入

輸入將提供一系列描述（測試案例），然後提供一對負整數。每個測試案例將由一系列有向邊的描述和一對零組成，每個有向邊的描述由一對整數組成；第一個整數標示有向邊出發的節點，第二個整數標示有向邊指向的節點。節點編號大於零。

輸出

對於每個測試案例，輸出一行「Case k is a tree.」或「Case k is not a tree.」，其中 k 是測試案例編號（測試案例從 1 開始按順序編號）。

範例輸入	範例輸出
6 8 5 3 5 2 6 4 5 6 0 0 8 1 7 3 6 2 8 9 7 5 7 4 7 8 7 6 0 0 3 8 6 8 6 4 5 3 5 6 5 2 0 0 –1 –1	Case 1 is a tree. Case 2 is a tree. Case 3 is not a tree.

試題來源： ACM North Central North America 1997

線上測試： POJ 1308，UVA 615

❖ **試題解析**

本題題意：給你一系列形如 $u\ v$ 的有向邊，請你確定這些點和有向邊是不是一棵樹。而樹的特性是：除了根節點之外，每個節點入度為 1；只有一個根節點。

本題用併查集求解。初始時，圖中每個節點構成一個併查集。然後，依次處理有向邊；對於一條有向邊，如果連接的兩點在同一併查集中，則在該集合中的節點構成的無向圖中存在迴路，就直接判不是一棵樹；否則，合併這兩點所在的併查集，並按有向邊的方向記錄點的入度，如果存在某個點入度大於 1，則該點有多個父代節點，則說明不是樹。

在處理完所有有向邊後，判斷所有點是否都在同一併查集內。若是，則說明這棵樹包含了所有點和有向邊；否則，就說明不是樹。

❖ **參考程式**

```
01  #include<stdio.h>
02  #include<memory.h>
03  const int MAX_SIZE = 105;              // 節點數上限
04  int parent[MAX_SIZE];                  // 節點 i 所在併查集的根節點為 parent[i]
05  bool flag[MAX_SIZE];                   // 節點 i 的存取標誌為 flag[i]
06  void make_set(){                       // 初始化：每個節點為單根併查集且未被存取
07      for(int x = 1; x< MAX_SIZE; x ++){
08          parent[x] = x;
09          flag[x] = false;
10      }
11  }
12  int find_set(int x){                   // 尋找根節點，帶路徑壓縮
13      if(x != parent[x])
14          parent[x] = find_set(parent[x]);
15      return parent[x];
16  }
17  void union_set(int x, int y){          // 合併 x 和 y 所在的併查集
18      x = find_set(x);                   // 計算 x 所在併查集的根 x
19      y = find_set(y);                   // 計算 y 所在併查集的根 y
20  // 若 x 和 y 所在併查集同屬一個根，則傳回；否則合併，將 y 所在的併查集設為 x 的子樹
```

```
21          if(x == y) return;
22          parent[y] = x;
23      }
24  bool single_root(int n){              // 判斷 n 個節點所在併查集是否只有一個根
25      int i = 1;                         // 在 1~n 個節點中尋找第一個已被存取的節點 i
26      while (i<= n && !flag[i]){
27          ++i;
28      }
29      int root = find_set(i);           // 計算 i 所在併查集的根 root
30      while (i<= n){                     // 搜尋後面已被存取的節點：若存在所在併查集的根
31                                         // 非 root 的情況，則失敗結束；否則傳回成功標誌
32          if (flag[i] && find_set(i) != root){
33              return false;
34          }
35          ++i;
36      }
37      return true;
38  }
39  int main(){
40      int x, y;                          // 有向邊的兩個端點
41      bool is_tree = true;               // 樹標誌初始化
42      int range = 0;                     // 搜尋範圍（即輸入的有向邊中端點序號的最大值）
43                                         // 初始化
44      int idx = 1;                       // 測試案例編號初始化
45      make_set();                        // 初始時每個節點為單根併查集且未被存取
46      while (scanf("%d %d", &x, &y) != EOF){// 反覆輸入有向邊，直至邊的端點出現負值為止
47          if (x < 0 || y < 0){
48              break;
49          }
50          if (x == 0 || y == 0){         // 輸入所有邊後，若為樹標誌且前 range 個節點
51          // 同屬一個併查集，則輸出 " 第 idx 個測試案例為樹 "，否則輸出該測試案例非樹的資訊
52              if (is_tree && single_root(range)){
53                  printf("Case %d is a tree.\n", idx++);
54              }
55              else{
56                  printf("Case %d is not a tree.\n", idx++);
57              }
58              is_tree = true;            // 準備處理下一個測試案例：設樹標誌
59              range = 0;                 // 搜尋範圍初始化
60              make_set();                // 初始時每個節點為單根併查集且未被存取
61              continue;                  // 轉入下一個測試案例
62          }
63  // 在測試案例未輸入完畢的情況下，若發現非樹標誌，則直接轉入下一個測試案例
64          if (!is_tree){
65              continue;
66          }
67          range = x > range ? x : range; // 根據端點 x 和 y 的編號調整搜尋範圍 range
68          range = y > range ? y : range;
69          flag[x] = flag[y] = true;      // 設 x 和 y 已被存取
70          if (find_set(x) == find_set(y)){ // 若父子屬一個集合（有共同祖先），則設非樹標誌
71              is_tree = false;
72          }
73          union_set(x, y);               // 合併 x 和 y 所在的併查集
74      }
75      return 0;
76  }
```

11.5　Tarjan 演算法

Tarjan 演算法是由 Robert Tarjan（羅伯特·塔揚）發明的，是用於求有向圖中強連接分支、圖的割點和橋，以及點（邊）雙連接分支的演算法。所以，本節提供透過 Tarjan 演算法求有向圖中強連接分支、圖的割點和橋，以及點（邊）雙連接分支的實作範例。

定義 11.5.1（強連接，強連接圖，強連接分支）。 如果在有向圖 G 中，兩個節點互相可達，則稱這兩個節點是強連接的。如果在有向圖 G 中任何兩個節點是互相可達的，則稱 G 為強連接圖。G 的極大強連接子圖，被稱為強連接分支。

Tarjan 演算法基於 DFS。搜尋時，把目前搜尋樹中未處理的節點加入一個堆疊，回溯時可以判斷堆疊頂端到堆疊中的節點是否為一個強連接分支。

在 Tarjan 演算法過程中，會遇到如下 4 種邊：

1. 樹枝邊：DFS 搜尋樹上的邊；即對於有向邊 (u, v)，在 DFS 中 v 首次被存取，v 不在堆疊中，u 為 v 的父節點，則有向邊 (u, v) 是樹枝。

2. 前向邊：與 DFS 方向一致，即對於有向邊 (u, v)，祖先節點指向子孫節點。

3. 後向邊：與 DFS 方向相反，即對於有向邊 (u, v)，在 DFS 搜尋樹中，子孫 u 指向祖先 v；v 已經在堆疊中。

4. 橫向邊：從某個節點 u 指向另一個搜尋樹中某節點 v 的有向邊，即對於有向邊 (u, v)，v 不在堆疊中，且 u 不是 v 的祖先節點。

Tarjan 演算法如下。其中，$dfn(u)$ 為節點 u 搜尋的次序編號（時間戳記），也就是第幾個被搜尋到的；$low(u)$ 為 u 或 u 的子樹能夠追溯到的最早的堆疊中節點的次序號，也就是 $low(u)$ 的初始值為 $dfn(u)$，此後可以持續更新，成為強連接分支子樹的根節點的 dfn；當 $dfn(u)=low(u)$ 時，以 u 為根的搜尋子樹上的所有節點是一個強連接分支；陣列 sta[] 用於實現堆疊；co[i]=x 表示節點 i 在第 x 個強聯通分支中。

```
void tarjan(int u)
{    dfn[u]=low[u]=++num;                    // 節點 u 搜尋的次序編號（時間戳記）
     sta[++top]=u;                          // 節點 u 推入堆疊
     for(int i=head[u]; i; i=nxt[i])        // 掃描節點 u 的出邊，進行 DFS
     {   int v=ver[i];                      // 有向邊 (u, v)
         if(!dfn[v])                        // 節點 v 沒有被存取過，(u, v) 是樹枝邊
         {   tarjan(v);
             low[u]=min(low[u], low[v]);
         }
         else if(!co[v])                    // 節點 v 被存取過，而且還在堆疊內
             low[u]=min(low[u], dfn[v]);    // 遇到已推入堆疊的點，就將該點作為強連接分支的根
     }
     if (low[u]==dfn[u])                    // low[u] 沒有更新，在堆疊中節點 u 以及之上節點
                                            // 構成一個強連接分支
     {
         co[u]=++tot;                       // tot 記錄強連接分支的個數
         while(sta[top]!=u)
         {   co[sta[top]]=tot;              // 堆疊中節點 u 以及之上節點在第 tot 個強連接分支中
             --top;
```

```
        }
        --top;                              // 節點 u 提出堆疊
    }
}
```

如果 tarjan 只被呼叫一次，可能整個圖沒有被尋訪完。所以，要迴圈呼叫 tarjan；即如果某個節點沒有被存取過，那麼就從這個節點開始，呼叫 tarjan，這樣整個圖就能被尋訪。

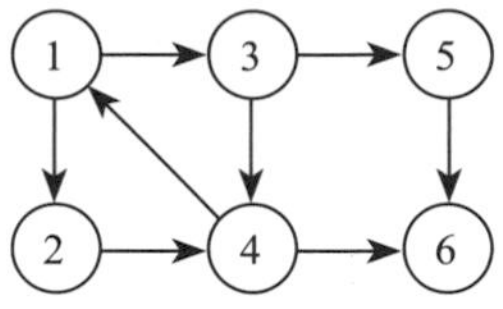

提供圖 11.5-1，呼叫 tarjan(1)，Tarjan 演算法流程示範如下。

圖 11.5-1

從節點 1 進入，dfn[1]=low[1]=++num=1，節點 1 推入堆疊；再由節點 1 的出邊到節點 3，dfn[3]=low[3]=2，節點 3 推入堆疊；

再由節點 3 的出邊到節點 5，dfn[5]=low[5]=3，節點 5 推入堆疊；再由節點 5 的出邊到節點 6，dfn[6]=low[6]=4，節點 6 推入堆疊；則此時由堆疊底部到堆疊頂端值為 1 3 5 6。

因為節點 6 沒有出度，dfn[6]==low[6]，則節點 6 是一個強連接分支的根節點：堆疊中節點 6 以及之上節點作為一個強連接分支提出堆疊，所以 {6} 作為一個強連接分支，此時由堆疊底部到堆疊頂端值為 1 3 5。

回溯到節點 5，由於節點 5 沒有下一條出邊，dfn[5]==low[5]，所以 {5} 作為一個強連接分支提出堆疊，此時由堆疊底部到堆疊頂端值為 1 3。

回溯到節點 3，由節點 3 的下一條出邊到節點 4，dfn[4]=low[4]=5，節點 4 推入堆疊，此時由堆疊底部到堆疊頂端值為 1 3 4。節點 4 有兩條出邊：(4, 1) 是後向邊，節點 1 已經被存取，而且在堆疊中，所以 low[4]=min(low[4], dfn[1])=1；(4, 6) 是橫向邊，節點 6 已經被存取，而且已經提出堆疊。傳回節點 3，因為 (3, 4) 是樹枝邊，所以 low[3]=min(low[3], low[4])=1。

回溯到節點 1，由節點 1 的出邊到節點 2，dfn[2]=low[2]=6，節點 2 推入堆疊，此時由堆疊底部到堆疊頂端值為 1 3 4 2。邊 (2, 4) 是後向邊，4 還在堆疊中，所以 low[2]=min(low[2], dfn[4])=5。傳回節點 1 後，因為 dfn[1]==low[1]=1，堆疊中節點 1 以及之上節點作為一個強連接分支提出堆疊，所以 {1, 3, 4, 2} 作為一個強連接分支提出堆疊。

至此，Tarjan 演算法結束，求出了圖中全部三個強連接分支 {6}、{5} 和 {1, 3, 4, 2}。

11.5.1 ▶ Popular Cows

每頭乳牛的夢想就是成為牛群中最受歡迎的乳牛。存在一個有 N（$1 \leq N \leq 10000$）頭乳牛的牛群，並提供 M（$1 \leq M \leq 50000$）個形式為 (A, B) 的有序對，表示乳牛 A 認為乳牛 B 受歡迎。這種「認為受歡迎」的關係是可傳遞的，如果 A 認為 B 受歡迎，B 認為 C 受歡迎，那麼 A 也會認為 C 受歡迎，即使在輸入中的有序對中沒有 (A, C)。請你計算有多少頭乳牛被所有其他的乳牛認為是受歡迎的。

輸入

第 1 行：兩個用空格分隔的整數 N 和 M。

第 2～1+M 行：兩個用空格分隔的整數 A 和 B，表示 A 認為 B 受歡迎。

輸出

輸出 1 行：一個整數，表示有多少頭乳牛被所有其他的乳牛認為是受歡迎的。

範例輸入	範例輸出
3 3	1
1 2	
2 1	
2 3	

提示

乳牛 3 是唯一一頭被所有其他的乳牛認為是受歡迎的乳牛。

試題來源： USACO 2003 Fall

線上測試： POJ 2186

❖ 試題解析

用一個有向圖 G 來表示本題：每頭乳牛表示為一個節點，如果乳牛 A 認為乳牛 B 受歡迎，則從 A 到 B 存在一條弧。

顯然，在 G 的一個強連接分支內，每頭乳牛都被分支內其他乳牛認為是受歡迎的。將 G 的每一個強連接分支縮為一個節點，則 G 就成為一個有向非循環圖（DAG）。對於 DAG，必然存在出度為 0 的節點。如果只有 1 個出度為 0 的節點，那麼這個點所對應的強連接分支中的乳牛，就是被所有其他的乳牛認為是受歡迎的乳牛，要輸出這個強連接分量中節點的個數；如果存在兩個以上出度為 0 的節點，那麼這些節點肯定是不連接的，即所對應的強連接分支中的乳牛彼此不認為對方是受歡迎的，於是此時答案為 0。

❖ 參考程式

```
01    #include<iostream>
02    using namespace std;
03    const int MaxN=1e4+5,MaxM=5e4+5;        // 節點（乳牛）數的上限為 MaxN，
04                                            // 邊數（有序對）的上限為 MaxM
05    int head[MaxN],ver[MaxM],nxt[MaxM],tot; // 邊表為 ver[]，表長為 tot，其中第 i 條出邊的
06    // 端點為 ver[i]；節點 x 的相鄰串列首指標為 head[x]（x 的第一條出邊的邊表序號），
07    // 後繼邊指標為 nxt[i]（下一條出邊的邊表序號）
08    int sta[MaxN], top;                     // 堆疊為 sta[]，堆疊頂端指標為 top
09    int co[MaxN], col;                      // 強連接分支序號為 col，節點 i 所在的
10                                            // 強連接分支號為 co[i]
11    int dfn[MaxN], low[MaxN], num;          // 節點 i 的時間戳記為 dfn[i]；i 或 i 的子樹能夠
12    // 追溯到的最早的祖先點的時間戳記為 low[i]；dfs 的搜尋次序為 num
13    int si[MaxN], n, m, de[MaxN];           // 第 k 個連接分支的節點數為 si[k]，
14                                            // 縮圖後出度為 de[k]；節點數為 n，邊數為 m
15    void add(int x,int y)                   // 將 y 插入 x 的相鄰串列中
16    {
17        ver[++tot]=y;                       // 將 y 送入 ver[]，並插入單鏈結串列 head[x] 的開頭
18        nxt[tot]=head[x];
19        head[x]=tot;
20    }
21    void tarjan(int u)                      // 從 u 出發，透過 Tarjan 演算法計算強連接分支
22    {
23        dfn[u]=low[u]=++num;                // 計算時間戳記 num，記入 dfn[u]，
24                                            // 並作為 low[u] 的初始值
```

```
25        sta[++top]=u;                            // u 推入堆疊
26        for(int i=head[u];i;i=nxt[i])            // 列舉 u 的每條出邊 (u, v)
27        {
28            int v=ver[i];                        // 取第 i 條出邊的端點 v
29            if(!dfn[v]){                          // 若 v 未被搜尋，則 (u, v) 是樹枝邊，遞迴 v
30                tarjan(v);
31                low[u]=min(low[v],low[u]);
32            }
33            else if(!co[v])                       // 若 v 不屬於任何強連接分支，則 (u, v) 是反向邊
34                low[u]=min(low[u],dfn[v]);
35        }
36        if(low[u]==dfn[u]){                       // 尋訪了 u 所有子代後，若 low[u] 沒有更新，則在
37                                                  // 堆疊中節點 u 以及之上節點構成一個強連接分支
38            co[u]=++col;                          // 記錄節點 u 所在的強連接編號
39            ++si[col];                            // 累計第 col 個強連接分支的節點數
40            while(sta[top]!=u){                   // 堆疊中 u 之上的節點數計入第 col 個強連接分支，
41                                                  // 這些節點所屬的強連接分支編號設為 col，並相繼提出堆疊
42                ++si[col];
43                co[sta[top]]=col;
44                --top;
45            }
46            --top;                                // 提出堆疊
47        }
48  }
49  int main()
50  {
51      scanf("%d%d",&n,&m);                        // 輸入節點（乳牛數）和邊數（有序對數）
52      for(int i=1,x,y;i<=m;i++){                  // 依次輸入 m 條有向邊
53          scanf("%d%d",&x,&y);
54          add(y,x);                              // 將 x 插入 y 的相鄰串列中
55      }
56      for(int i=1;i<=n;i++){                      // 為尋訪整個圖，對每個未存取的節點進行一次 tarjan 運算
57          if(!dfn[i])
58              tarjan(i);
59  }
60  // 計算每個強連接分支中出度為 0 的節點數：列舉每條出邊 (u, v)，若 u 和 v 在不同的強連接分支，
61  // 則確定是所在強連接分支內入度為 0 的節點
62      for(int i=1;i<=n;i++){                      // 列舉每條出邊 (u, v)
63          for(int j=head[i];j;j=nxt[j]){
64              if(co[i]!=co[ver[j]])              // 若 u 和 v 在不同的強連接分支，則確定 v 是所在強連接分支
65                                                 // 內入度為 0 的節點，該強連接分支中出度為 0 的節點數 +1
66                  de[co[ver[j]]]++;
67          }
68      }
69      int ans=0,u=0;                             // 強連接分支內的節點數 ans 和存在出度為 0 節點的強連接
70                                                 // 分支數 u 初始化為 0
71      for(int i=1;i<=col;i++)                     // 搜尋每個存在出度為 0 的節點的強連接分支，將該強連接
72                                                 // 分支的節點數記入 ans，並累計該類強連接分支的個數
73          if(!de[i]) ans=si[i],u++;
74      if(u==1)                                    // 若僅一個強連接分支內有出度為 0 節點，則輸出該強連接
75                                                 // 支內的節點數；否則輸出 0
76          printf("%d",ans);
77      else printf("0");
78      return 0;
79  }
```

定義 11.5.2（割點） 在無向連通圖 G 中，存在節點 x，如果從圖中刪去節點 x 及其所關聯的邊之後，G 不連通，則節點 x 被稱為 G 的割點。

定義 11.5.3（橋，割邊） 在無向連通圖 G 中，存在邊 e，如果從圖中刪去 e，G 不連通，則邊 e 被稱為 G 的橋或割邊。

在無向連通圖 G 中，有割點不一定有橋；如圖 11.5-2 所示，節點 2 是割點，但沒有橋。

但如果有橋，則一定存在割點，而且橋一定是割點所關聯的邊。如圖 11.5-3 所示，節點 2 和節點 6 是割點，邊 {2, 6} 是橋，也是節點 2 和節點 6 所關聯的邊。

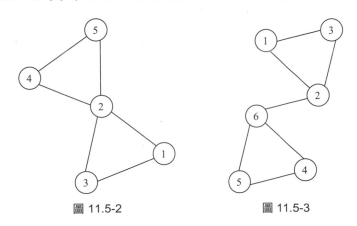

圖 11.5-2　　　　　圖 11.5-3

可以使用 Tarjan 演算法求割點，演算法思維如下。

首先，選定一個起始節點，從該節點開始 DFS，尋訪整個圖。

對於起始節點，判斷它是不是割點很簡單，計算其子代的數量，如果有 2 個以上的子代，它就是割點。因為如果去掉起始節點，圖就不連接。

對於非起始節點 u，就用其 dfn 值和它的所有子代的 low 值進行比較。如果存在樹枝邊 (u, v)，如果 $low[v] \geq dfn[u]$，則節點 u 就是一個割點。因為，如果 $low[v] \geq dfn[u]$，則在節點 u 之後尋訪的點，透過後向邊，最多只能到 u，而不能到 u 的祖先（如果能到 u 的祖先，那就有迴路，去掉 u 之後，圖仍然連接）。

如果一條邊 (u, v) 是橋，若且唯若邊 (u, v) 是樹枝邊的時候，$low[v] > dfn[u]$ 成立，也就是說，在節點 u 之後尋訪的點，不能透過後向邊到 u 以及 u 的祖先。（如果 $low[v] = dfn[u]$，節點 v 還可以透過其他路徑到 u，去掉 (u, v) 之後，圖仍然連接。）

Tarjan 演算法求割點如下，其中，fa 為目前節點的父代節點。

```
vector<int>edg[maxn];              // 儲存節點 u 的所有出邊的容器為 edg[u]，
                                   // 其中第 i 條出邊的另一端點為 edg[u][i]
int dfn[maxn],low[maxn];           // 節點 i 的時間戳記為 dfn[i]，i 或 i 的子樹
                                   // 能夠追溯到的最早的祖先點的時間戳記為 low[i]
int dep=0,child=0;                 // DFS 次序 dep 初始化為 0，根的子樹個數
                                   // child 初始化為 0
void tarjan(int u,int fa)          // 從有向邊 (fa, u) 出發，遞迴計算割點和橋
{
    dfn[u]=low[u]=++dep;           // DFS 的次序值 dep+1；賦予 u 節點的時間戳記
                                   // dfn[u] 和 low[u]
```

```
for(int i=0;i<edg[u].size();i++)      // 列舉 u 的每條出邊
{
    int v=edg[u][i];                  // 第 i 條出邊為 (u, v)
    if(dfn[v]==-1)                     // 若 v 首次被存取，則遞迴樹枝邊 (u, v)
    {
        tarjan(v,u);
        low[u]=min(low[u],low[v]);
        if(u==root) child++;          // 記錄根的子代數，用於判斷根是否為割點
            else if(low[v]>=dfn[u])
                {輸出割點 u;
                  if (low[v]>dfn[u]) 輸出橋 (u,v);
                }
    }
    else if(v!=fa) low[u]=min(low[u],dfn[v]); //(u, v) 是反向邊
}
}
```

Tarjan 演算法求割點的實例 SPF 如下。

11.5.2 ▶ SPF

考慮圖 11.5-4 所示的兩個網路。本題設定資料在網路上的傳輸是在點對點的基礎上，僅在直接連接的節點之間進行。在圖 11.5-4 左側所示的網路中，節點 3 的故障會中斷一些節點彼此間的通訊：節點 1 和節點 2，以及節點 4 和節點 5 之間還可以相互通訊；但是任何其他的節點對之間就不可能進行通訊。

因此，節點 3 是這一網路的故障單點（Single Point of Failure，SPF）。一個 SPF 節點是一個這樣的節點：在一個之前完全連接的網路中，如果該節點故障，就會使得至少一對節點之間無法進行通訊。在圖 11.5-4 右側所示的網路中，則沒有這樣的節點，在網路中沒有 SPF 節點，至少要有兩台電腦出故障，才會導致有節點之間無法通訊。

輸入
輸入將包含多個網路的描述。一個網路描述由若干對整數組成，每行一對，用於標示連接的節點。整數對的順序是無關的，1 2 和 2 1 表示相同的連接。節點號的範圍從 1 到 1000。包含單個零的一行標示連接節點的列表的結束。空的網路描述標示輸入的結束。輸入中的空行被忽略。

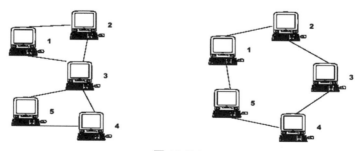

圖 11.5-4

輸出
對於輸入中的每個網路，首先輸出其編號，然後是 SPF 節點的列表。

對於輸入中的第一個網路先輸出「Network #1」，對第二個網路先輸出「Network #2」，以此類推。對於每個 SPF 節點，輸出一行，其格式如範例輸出所示：輸出該 SPF 節點，以及在該節點發生故障時產生的連接分支的數量。如果網路沒有 SPF 節點，就輸出「No SPF nodes」，以取代 SPF 節點的列表。

範例輸入	範例輸出
1 2	Network #1
5 4	SPF node 3 leaves 2 subnets
3 1	
3 2	Network #2
3 4	No SPF nodes
3 5	
0	Network #3
	SPF node 2 leaves 2 subnets
1 2	SPF node 3 leaves 2 subnets
2 3	
3 4	
4 5	
5 1	
0	
1 2	
2 3	
3 4	
4 6	
6 3	
2 5	
5 1	
0	
0	

試題來源： ACM Greater New York 2000

線上測試： POJ 1523，UVA 2090

❖ 試題解析

本題提供一個無向連接圖，要求找出所有的割點，以及刪除割點後，可以產生幾個連接分支。

因此，本題用 Tarjan 演算法求割點。節點 u 是割點的充要條件：

1. 節點 u 是具有兩個以上子節點的 DFS 搜尋樹的樹根；

2. 節點 u 至少有一個子節點 v，使得 $low[v] \geq dfn[u]$。

如果存在割點 u，則計算可以產生幾個連接分支：

1. 如果割點 u 是 DFS 搜尋樹的樹根節點，則割點 u 有幾個子節點，就產生幾個連接分支；

2. 如果割點 u 不是根節點，則有 d 個子節點 v，使得 $low[v] \geq dfn[u]$；如果刪除割點 u，就產生 $d+1$ 個連接分支。

DFS 搜尋樹的根節點可以任取。參考程式選擇節點 1 作為 DFS 搜尋樹的根節點。

❖ **參考程式**

```cpp
01    #include<iostream>
02    using namespace std;
03    typedef long long ll;
04    const int N = 40900;                 // 節點數的上限
05    const int M = 1090;                  // 邊數的上限
06    struct Edge{                         // 出邊表的元素為結構類型
07        int node;                        // 另一端點序號
08        Edge*next;                       // 後繼指標
09    }m_edge[N];                          // 出邊表
10    Edge*head[M];                        // head[u] 為 u 的相鄰串列(儲存 u 的所有出邊)的首指標
11    int low[M],dfn[M],Flag[M],Ecnt,cnt; // 節點 u 的時間戳記為 dfn[u],存取標誌為 Flag[u],
12    //u 或 u 的子樹能夠追溯到的最早的祖先點的時間戳記為 low[u];邊序號為 Ecnt,dfs 存取次序為 cnt
13    int subnet[M], son, r;               // r 為根節點,其子樹個數為 son;subnet[u] 記錄 u 的
14    // 子節點 v 中 low[v]≥dfn[u] 的個數,也就是說,若節點 u 發生故障,則產生 subnet[u]+1 個連接分支
15    void init()                          // 初始化
16    {
17        r = 1;                           // 根節點為 1
18        Ecnt = cnt = son = 0;            // 邊序號、dfs 存取次序 cnt 和根的子樹個數 son 初始化
19        fill( subnet , subnet+M , 0 );   // 每個節點的 subnet[]、存取標誌 Flag[] 和
20                                         // 相鄰串列 head[] 清零
21        fill( Flag , Flag+M , 0 );       // 存取標誌清零
22        fill( head , head+M , (Edge*)0 ); // 清空所有節點的相鄰串列
23    }
24    void mkEdge( int a , int b )         // 將 (a, b) 插入節點 a 的相鄰串列 head[a] 的開頭
25    {
26        m_edge[Ecnt].node = b;
27        m_edge[Ecnt].next = head[a];
28        head[a] = m_edge+Ecnt++;
29    }
30    void tarjan( int u , int father )    // 從邊 (father, u) 出發,使用 Tarjan 演算法計算割點
31    {
32        Flag[u] = 1;                     // 節點 u 設存取標誌
33        low[u] = dfn[u] = cnt++;         // DFS 的存取次序 cnt + 1,賦予 low[u] 和 dfn[u]
34        for( Edge*p = head[u] ; p ; p = p->next ){  // 列舉 u 的每一條出邊 (u, v)
35            int v = p->node;
36            if( !Flag[v] ){                          // 若 v 未存取,則遞迴樹枝邊 (u, v)
37                tarjan(v,u);
38                low[u] = min(low[u],low[v]);         // 調整 low[u]
39                if( low[v] >= dfn[u] ){              // 在 u 的子代滿足 low[v]≥dfn[u] 的情況下,
40                // 若 u 為分支節點,則累計 u 的滿足這一條件的子代數;若 u 為根,則計算根的子代數
41                    if( u != r ) subnet[u]++;
42                    else son++;
43                }
44            }
45            if( Flag[v] && v != father )             //(u, v) 是一條後向邊且 v 是 u 的祖先
46                low[u] = min(low[u],dfn[v]);
47        }
48    }
49    int main()
50    {
51        int n,m,cas = 0;                 // 節點對 n 和 m 以及測試案例編號初始化
52        while( ~scanf("%d",&n)&&n ){     // 輸入節點對 (n, m),直至輸入 n 為 0 為止
53            scanf("%d",&m);
54            init();                       // 初始化
```

```
55              int node = 0;                           // node 調整為目前為止節點序號的最大值
56              node = max(node,max(m,n));
57              mkEdge(n,m);                             // 將邊 (n, m) 插入節點 n 的相鄰串列
58              mkEdge(m,n);                             // 將邊 (m, n) 插入節點 m 的相鄰串列
59              while(1){                                // 反覆輸入節點對 (n,m)，直至輸入 n 為 0 為止
60                  scanf("%d",&n);
61                  if( n == 0 ) break;
62                  scanf("%d",&m);
63                  node = max(node,max(m,n));           // node 調整為目前為止節點序號的最大值
64                  mkEdge(m,n);                         // 將邊 (m, n) 插入節點 m 的相鄰串列
65                  mkEdge(n,m);                         // 將邊 (n, m) 插入節點 n 的相鄰串列
66              }
67              tarjan(r,-1);   // 從 (r, -1)（假設根 r 的父代為 -1）出發，運用 Tarjan 演算法計算割點
68              if( cas != 0 ) printf("\n");             // 若非第一個測試案例，則空一行
69              printf("Network #%d\n",++cas);           // 輸出測試案例
70              if( son >= 2 ) subnet[1] = son-1;        // 若根的子代數不小於 2，則根發生故障後
71                                                       // 產生的連接分支數為子代數
72              int flag = 0;                            // 成功標誌初始化
73              for( int i = 1 ; i <= node ; ++i ){      // 搜尋每個節點 u，若其子代 v 中存在
74                  // low[v]≥dfn[u] 的情況，則設成功標誌，輸出滿足這一條件的子代數 +1
75                  if( subnet[i]>= 1 ){
76                      flag = 1;
77                      printf("  SPF node %d leaves %d subnets\n",i,subnet[i]+1);
78                  }
79              }
80              if( !flag ) printf("  No SPF nodes\n"); // 若所有節點均不滿足上述條件，
81                                                       // 則輸出失敗資訊
82          }
83      return 0;
84  }
```

Tarjan 演算法求橋的實例如下。

11.5.3 ▶ Caocao's Bridges

曹操在赤壁之戰中被諸葛亮、周瑜打敗，但他沒有放棄。曹操的軍隊仍然不擅長水戰，所以曹操又想出了一個主意。他在長江上建造了許多島嶼，以這些島嶼為基地，曹操的軍隊可以輕易地攻擊周瑜的軍隊。曹操還建造了連接這些島嶼的橋梁。如果所有的島嶼都透過橋梁連接起來，那麼曹操的軍隊就可以很方便地部署在這些島嶼上。周瑜無法忍受，他想炸毀曹操的一些橋梁，使一個或多個島嶼與其他島嶼分離。但是周瑜只有一枚炸彈，那是諸葛亮留下的，所以他只能炸毀一座橋梁。周瑜要派士兵帶炸彈炸毀橋梁。橋上可能有守衛。炸橋的士兵人數不能少於橋梁上的守衛人數，否則任務就會失敗。請你計算周瑜至少要派多少士兵去完成炸橋任務。

輸入

測試案例不超過 12 個。

在每個測試案例中，第一行提供兩個整數 N 和 M，表示有 N 個島嶼和 M 座橋梁。島嶼的編號從 1 到 N（$2 \leq N \leq 1000$，$0 < M \leq N^2$）。

接下來的 M 行描述 M 座橋梁。每行提供三個整數 U、V 和 W，表示有一座橋梁連接島嶼 U 和島嶼 V，橋上有 W 個守衛（$U \neq V$，並且 $0 \leq W \leq 10000$）。

輸入以 $N=0$ 和 $M=0$ 結束。

輸出

對於每一個測試案例,輸出周瑜要完成任務需要的最少士兵的數目。如果周瑜無法完成任務,就輸出 –1。

範例輸入	範例輸出
3 3	–1
1 2 7	4
2 3 4	
3 1 4	
3 2	
1 2 7	
2 3 4	
0 0	

試題來源: 2013 ACM/ICPC Asia Regional Hangzhou Online
線上測試: HDOJ 4738

❖ 試題解析

首先,判斷圖是否連接,如果圖不連接,就不需要去炸橋,輸出 0;如果圖連接,則用 Tarjan 演算法找割邊;如果割邊不存在,則周瑜無法完成任務,就輸出 –1;否則,對於找到的所有的割邊,只需炸毀其中守衛人數最少的橋梁。

如果橋的守衛人數為 0,也需要派出一個人去炸橋;並且,在使用 Tarjan 演算法計算橋梁時,需要剔除重邊的情況,即連接兩點間的橋只允許是一條邊,不允許重邊。

❖ 參考程式(略。本題參考程式的 PDF 檔案和本題的英文原版均可從碁峰網站下載)

雙連接分支又分為點雙連接分支和邊雙連接分支兩種,定義如下。

定義 11.5.4(點(邊)雙連接圖,點(邊)雙連接分支) 如果在一個連接無向圖 G 中刪去任意一個節點(一條邊),G 還是連接的,即在 G 中不存在割點(橋),則稱 G 為點(邊)雙連接圖。一個連接無向圖 G 中的每一個極大點(邊)雙連接子圖稱為 G 的點(邊)雙連接分支。

點雙連接圖的等價定義(性質)如下:對於點雙連接圖的任意兩條邊,存在一條包含這兩條邊的迴路;不存在割點;對於至少 3 個點的圖,在任意兩點之間有至少兩條點不重複的路。

邊雙連接圖的等價定義(性質)如下:對於邊雙連接圖,任意一條邊都在一條迴路中;不存在橋;在任意兩點之間有至少兩條邊不重複的路。

連接兩個邊雙連接分支的邊即是橋。一個割點屬於若干個點雙連接分支。例如,對於圖 11.5-5 提供的圖 G:

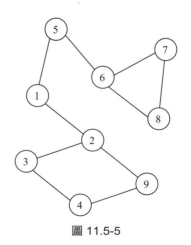

圖 11.5-5

節點集 {2, 3, 4, 9}、{6, 7, 8}、{1, 2}、{1, 5}、{5, 6} 的產生子圖是點雙連接分支，{1, 2, 5, 6} 為割點集。

Tarjan 演算法求點雙連接分支的過程如下：

1. 從起始點開始，DFS 搜尋，將點按照存取順序推入堆疊；

2. 當確定節點 x 是割點，即節點 x 的某個子代節點 y 滿足 $low[y] \geq dfn[x]$ 時，則將堆疊中的節點依次彈出，直到堆疊頂端為節點 x；此時，節點 x 和彈出的節點構成的產生子圖是一個點雙連接分支。這裡要注意，節點 x 並不提出堆疊彈出，因為節點 x 可能屬於多個點雙連接分支。

對於圖 11.5-5，Tarjan 演算法求點雙連接分支的過程如下。

用一個堆疊儲存搜尋到的節點。從節點 1 進入，然後先搜尋節點 2，再依次搜尋節點 3、4、9；由堆疊底部到堆疊頂端儲存在堆疊中的節點為 1、2、3、4、9。

此時，發現節點 2 是割點，存在一個點雙連接分支 {2, 3, 4, 9}，則將堆疊中的節點彈出，不過只彈出節點 3、4、9，因為節點 2 也可能與其他節點又構成一個點雙連接分支。

然後，傳回到節點 1，在堆疊中節點為 1、2，節點 1 是割點，存在一個點雙連接分支 {1, 2}，彈出節點 2。

再依次搜尋節點 5、6、7、8；由堆疊底部到堆疊頂端，儲存在堆疊中節點為 1、5、6、7、8。

此時，先發現節點 6 是割點，存在一個點雙連接分支 {6, 7, 8}，從堆疊中彈出節點 7、8，堆疊中節點由底部到頂端為 1、5、6。

再傳回到節點 5，發現節點 5 也是割點，{5, 6} 的產生子圖是一個點雙連接分支；於是，從堆疊中彈出節點 6。

最後回到節點 1，節點 1 是割點，{1, 5} 構成一個點雙連接分支，彈出節點 5。

11.5.4 ▶ Railway

公園裡有一些景點，其中一些景點由道路相連。公園經理要沿著道路建造一些鐵道，並且他想安排一些能形成迴路的遊覽線路。如果一條鐵道屬於多條遊覽線路，就可能會發生衝突；如果一條鐵道不屬於任何的遊覽線路，則不需要建造。

現在我們知道了這一計畫，你能告訴我們有多少條鐵道不需要建造，又有多少條鐵道可能發生衝突嗎？

輸入

輸入由多個測試案例組成。每個測試案例的第一行提供兩個整數 n（$0 < n \leq 10000$）和 m（$0 \leq m \leq 100000$），分別是景點的數量和鐵道的數量。接下來的 m 行，每行提供兩個整數 u 和 v（$0 \leq u, v < n$），表示經理計畫在沿景點 u 和景點 v 的道路上建造一條鐵道。

本題設定沒有自環和多重邊。

最後一個測試案例之後，提供一行，包含兩個零，表示輸入結束。

輸出

輸出不需要建造的鐵道的數量，以及可能會發生衝突的鐵道的數量。如範例的格式
所示。

範例輸入	範例輸出
8 10	1 5
0 1	
1 2	
2 3	
3 0	
3 4	
4 5	
5 6	
6 7	
7 4	
5 7	
0 0	

試題來源：The 5th Guangting Cup Central China Invitational Programming Contest

線上測試：HDOJ 3394

❖ 試題解析

將公園表示為圖：景點為節點，連接景點的道路為邊，沿道路建造的鐵道要形成迴路。
所以，不需要建造鐵道的道路是橋，不在任何迴路中；而可能會發生衝突的鐵道的邊只
能在點雙連接分支中。設一個雙連接分支有 n 個節點和 m 條邊，如果 $n=m$，則該雙連接
分支是一個迴路，其中的邊都不是衝突邊；如果 $m>n$，則該雙連接分支內的所有邊都至
少在兩個以上的迴路上，都是衝突邊。

所以，不需要建造的鐵道的數量，就是橋的數量；可能會發生衝突的鐵道的數量，就是
邊數大於點數的點雙連接分支的所有邊的數量。

❖ 參考程式

```
01    #include <cstdio>
02    #include <vector>
03    #include <stack>
04    using namespace std;
05    const int maxn = 10005, maxm = 100005;      // 節點（景點）數的上限為 maxn，
06                                                // 邊數（道路）的上限為 maxm
07    int n, m, head[maxn], cnt, low[maxn], dfn[maxn], ans1, ans2, clo; // 實際節點數為 n，
08    // 邊數為 m；邊序號為 cnt；節點 u 的相鄰串列首指標為 head[u]，low 值為 low[u]，時間戳記為 dfn[u]；
09    //dfs 存取次序為 clo；不需要建造鐵道的道路數量為 ans1，可能會發生衝突的鐵道數量為 ans2
10    bool inbcc[maxn];        // 節點 i 在目前點雙連接分支中的標誌為 inbcc[i]
11    struct _edge {           // 出邊為結構體類型
12        int v, next;         // 另一端點序號為 v，後繼指標為 next
13    } g[maxm << 1];          // 儲存所有出邊的邊表為 g[]
14    stack<int> sta;          // 堆疊 sta 暫存目前得到的點雙連接分支中的節點
15    vector<int> bcc;         // 容器 bcc 儲存目前點雙連接分支
16    inline int iread() {     // 行內函式：輸入節點編號的字串，將之轉化為整數並傳回
17        int f = 1, x = 0; char ch = getchar();
18        for(; ch < '0' || ch > '9'; ch = getchar()) f = ch == '-' ? -1 : 1;
19        for(; ch >= '0' && ch <= '9'; ch = getchar()) x = x * 10 + ch - '0';
20        return f * x;
```

```
21  }
22  inline void add(int u, int v) {  // 行內函式：將出邊 (u, v) 插入 u 的相鄰串列 head[u]
23      g[cnt] = (_edge) {v, head[u]};
24      head[u] = cnt++;
25  }
26  inline void update() {    // 行內函式：計算可能發生衝突的鐵道數（目前雙連接分支內的邊數
27                            // 若大於節點數，則這些邊作為衝突的鐵道計入 ans2）
28      for(int i = 1; i <= n; i++) inbcc[i] = 0; // 目前點雙連接分支的節點標誌序列初始化
29      for(int i = 0; i < bcc.size(); i++) inbcc[bcc[i]] = 1;   // 標誌雙連接分支中的節點
30      int tot = 0;                              // 目前點雙連接分支的邊數初始化
31      for(int j = 0; j < bcc.size(); j++)       // 搜尋雙連接分支中的每條邊，累計邊數 tot
32    for(int i = head[bcc[j]]; ~i; i = g[i].next) if(inbcc[g[i].v]) tot++;
33      tot >>= 1;               // 由於每條邊被計算了兩次，因此雙連接分支的實際邊數為 tot/2
34      if(tot>bcc.size()) ans2 += tot;           // 若目前雙連接分支內邊數大於節點數，
35                                                // 則邊數計入 ans2
36  }
37  void tarjan(int x, int f) {                   // 從 (f, x) 出發，使用 Tarjan 演算法
38                                                // 計算雙連接分支
39      low[x] = dfn[x] = ++clo;          // 計算 DFS 的存取次序 clo，賦予 dfn[x] 和 low[x]
40      sta.push(x);                              // 將 x 送入 sta 堆疊
41      for(int i = head[x]; ~i; i = g[i].next) { // 列舉 x 的每條出邊 (x, v)
42          int v = g[i].v;
43          if(v == f) continue;                  // 若該邊為 (f, x) 的反向邊，則略去
44          if(!dfn[v]) {                         // 若 v 未取，則遞迴樹枝邊 (x, v)
45              tarjan(v, x);
46              low[x] = min(low[x], low[v]);
47              if(low[v] > dfn[x]) ans1++;    // 若 (x, v) 為橋，則不需要建造的鐵道數量 ans1+1
48              if(low[v] >= dfn[x]) {            // 若 low[v]≥dfn[x]，則清空 bcc 容器，
49              //sta 堆疊中 v 以及之上的節點構成一個點雙連接分支，這些節點提出堆疊並移入容器 bcc
50                  bcc.clear();
51                  while(1) {
52                      int u = sta.top(); sta.pop();
53                      bcc.push_back(u);
54                      if(u == v) break;
55                  }
56                  bcc.push_back(x);             // x 送入容器 bcc 中
57                  update();                     // 根據目前點雙連接分支調整衝突的鐵路數
58              }
59          }
60          else                                  // 反向邊 (x, v)
61              low[x] = min(low[x], dfn[v]);
62      }
63  }
64  int main() {
65      while(1) {                                // 輸入無向圖資訊，建構對應的有向圖
66          n = iread(); m = iread();             // 輸入節點數 n 和邊數 m
67          if(n == 0 && m == 0) break;           // 若節點數 n 和邊數 m 同時為 0，則退出程式
68          for(int i = 1; i <= n; i++) low[i] = dfn[i] = 0; head[i] = -1; cnt = 0;
69          // 每個節點的 low 值、時間戳記和邊序號初始化為 0，對應相鄰串列的首指標設為 -1
70          while(m--) {                          // 依次處理每條邊的訊息
71              int u = iread(), v = iread();     // 輸入當前邊 (u, v)
72              u++; v++;                         // 節點編號從 1 開始
73              add(u, v); add(v, u);             // 將 (u, v) 加入 u 的相鄰串列，
74                                                // 將 (v, u) 加入 v 的相鄰串列
75          }
```

```
76          ans1 = ans2 = clo = 0;                  // 不需要建造鐵道的邊數、可能發生衝突的
77                                                   // 鐵道數和邊序號初始化為 0
78      for(int i = 1; i <= n; i++) if(!dfn[i]) tarjan(i, 0);   // 遞迴每個未存取的節點，
79      // 累計所在雙連接分支中不需建造鐵道的道路數和可能發生衝突的鐵道數
80      printf("%d %d\n", ans1, ans2);              // 分別輸出不需建造鐵道和可能發生衝突的鐵道數
81      }
82      return 0;
83  }
```

在一個無向連接圖 G 中，不同的邊雙連接分支之間沒有共同邊，而且橋不在任何一個邊雙連接分支中。因此，先用 Tarjan 演算法求出 G 中所有的橋；把橋刪除後，再對 G 進行 DFS，求出若干個連接分支，每一個連接分支就是一個邊雙連接分支。

11.5.5 ▶ Redundant Paths

有 F 個牧場，編號為 $1 \sim F$，其中 $1 \le F \le 5000$。為了從一個牧場到另一個牧場，Bessie 和牧群裡其他的乳牛同伴們被迫在結著爛蘋果的樹下走。現在乳牛們已經厭倦了經常被迫走一條特定的道路，它們想建造一些新的道路，這樣它們就可以在任何兩個牧場之間選擇至少兩條不同的路線。現在，在兩個牧場之間至少有一條路線，它們希望至少有兩條路線。當然，它們只有在從一個牧場去另一個牧場時，才能走上牧場間的道路。

提供一組目前牧場間的道路描述，有 R 條道路，$F-1 \le R \le 10000$，每條道路連接兩個不同的牧場，請你確定必須建造的新的道路（每條道路連接兩個牧場）的最小數目，使得在任何兩個牧場之間至少有兩條不同的路線。如果兩條路線經過的道路沒有相同的，那麼即使這兩條路線中間會經過相同的牧場，也被視為不同的路線。

在同一對牧場之間可能已經有多條道路連接，你還可以在兩個牧場之間建造一條新的道路，作為另一條不同的道路。

輸入
第 1 行：兩個用空格分隔的整數 F 和 R。

第 2 行到第 $R+1$ 行：每行提供兩個用空格分隔的整數，表示一條道路所連接的牧場。

輸出
輸出一行：一個整數，表示要建造的新的道路數。

範例輸入	範例輸出
7 7	2
1 2	
2 3	
3 4	
2 5	
4 5	
5 6	
5 7	

提示
下面是對範例的解釋。

道路圖示如下：

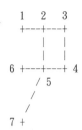

從 1 到 6，以及從 4 到 7 建造新的道路，以滿足條件：

添加其他的道路也有可能解決問題（比如從 6 到 7 的道路）。但是，添加兩條道路是最小值。

試題來源：USACO 2006 January Gold

線上測試：POJ 3177

❖ 試題解析

本題用圖表示，牧場表示為節點，連接牧場的道路表示為邊。

本題要求在任意兩點之間至少有兩條沒有共同邊的路線，而在一個邊雙連接分支中，任意兩點之間都有至少兩條沒有共同邊的路。因此，本題首先求圖的邊雙連接分支，在每個邊雙連接分支內的各個牧場之間肯定存在至少兩條沒有共同邊的路線。在求出圖中的邊雙連接分支之後，每個邊雙連接分支縮為一個節點，則縮點後的圖為樹；此時，問題轉化為在樹中至少添加多少條邊，能使樹變為邊雙連接圖。

添加邊數 =（樹中的葉節點數 +1）/ 2。詳細作法是，每次在兩個葉節點之間連一條邊，這樣就產生一條迴路，迴路一定是邊雙連接的，就這樣每次處理一對葉節點，如果有奇數個葉節點，則最後一個葉節點任意連接一個節點。這樣的次數是（樹中的葉節點數 +1）/ 2。

❖ 參考程式

```
01    #include <iostream>
02    #include <stack>
03    using namespace std;
04    int n,m;                    // 節點（農場）數為 n，邊（連接兩個農場的道路）數為 m
05    const int MAXN = 1004;      // 節點數的上限
06    struct Edge{                // 出邊為結構類型
07        int next,to;            // 端點為 to，後繼指標為 next
08    } edge[MAXN*5];             // 出邊序列，其中 edge[i] 儲存第 i 條出邊
09    int head[MAXN];             // 節點 v 的相鄰串列首指標為 head[v]，即 v 的第一條出邊的序號
10    int DFN[MAXN],low[MAXN],belong[MAXN],du[MAXN];   // 節點 u 的 low 值為 low[u]，
11    // 時間戳記為 DFN[u]，所在的邊雙連接分支序號為 belong[u]；將邊雙連接分支縮為節點後，
```

```
12    // 節點 i（雙連接分支 i）的出度為 du[i]
13    int ecnt = 1,ji,ans,cntt ;         // 出邊序號 ecnt 初始化為 1，DFS 存取次序為 ji，
14    // 添加 ans 條邊後可使樹變為邊雙連接圖，邊雙連接分支的個數為 cntt
15    stack<int>s;                        // 堆疊 s，儲存目前得到的雙連接分支的節點
16    void add(int u,int v){              // 將 (u, v) 插入 u 的相鄰串列
17        edge[ecnt].to = v;             // 設第 ecnt 條出邊的端點為 v
18        edge[ecnt].next = head[u];     // 將該出邊插至 u 的相鄰串列的開頭
19        head[u] = ecnt++;              // 出邊的序號 ecnt+1
20    }
21    void tarjan(int x,int fa){          // 從有向邊 (fa, x) 出發，應用 Tarjan 演算法計算邊雙連接分支
22        low[x] = DFN[x] = ++ji;        // 計算 DFS 存取次序，賦予節點 x 的 low 值和時間戳記
23        s.push(x);                     // x 進入堆疊 s
24        for(int i = head[x]; i; i = edge[i].next){   // 列舉 x 的每一條出邊 (x, to)
25            int to = edge[i].to;
26            if(to != fa){              // 在出邊 (x, to) 不與 (fa, x) 互為反向的前提下
27                if(DFN[to] == -1){                    // 若 to 未被存取，則遞迴樹枝邊 (x, to)，
28                // 調整 low[x]；否則調整反向邊 (x, to) 的 low[x]
29                    tarjan(to,x);
30                    low[x] = min(low[to],low[x]);
31                }else{
32                    low[x] = min(low[x],DFN[to]);
33                }
34            }
35        }
36        if(low[x] > DFN[fa]){     // s 堆疊中 x 以及之上的節點構成一個邊雙連接分支
37            cntt++;               // 增加一個邊雙連接分支
38            while(1){     // s 堆疊中 x 以及之上的節點相繼提出堆疊，並將這些節點緊縮為節點 cntt
39                int temp = s.top();
40                s.pop();
41                belong[temp] = cntt;
42                if(temp == x)break;
43            }
44        }
45    }
46    int lian[MAXN][MAXN];         // lian[u][v]=1 標誌 (u, v) 已在圖中建構
47    int main(){
48        scanf("%d %d",&n,&m);     // 輸入節點（農場）數和邊（連接兩個農場的道路）數
49        for(int i = 1; i <= n; i++){              // 所有節點的時間戳記初始化為 -1
50            DFN[i] = -1;
51        }
52        for(int i = 1; i <= m; i++){              // 依次輸入每條邊的資訊，建構對應的有向圖
53            int u,v;
54            scanf("%d %d",&u,&v);                 // 輸入第 i 條邊 (u, v)
55            if(lian[u][v] == 1)continue;          // 略去重邊
56            lian[u][v] = lian[v][u] = 1;          // 標誌 (u, v) 和 (v, u) 已在圖中
57            add(u,v);                             //(u, v) 插入 u 的相鄰串列的開頭
58            add(v,u);                             //(v, u) 插入 v 的相鄰串列的開頭
59        }
60        tarjan(1,0);                 // 從 (0, 1) 出發，使用 Tarjan 演算法計算邊雙連接分支
61        for(int i = 1; i <= n; i++){          // 計算縮圖，列舉每條邊 (i, to)：若 i 和 to 所在的
62        // 邊雙連接分支不同，則這兩個邊雙連接分支縮成兩個 " 節點 "，每個 " 節點 " 的度加 1
63            for(int j = head[i]; j; j = edge[j].next){
64                int to = edge[j].to;
65                if(belong[to] != belong[i]){
66                    du[belong[to]]++;
67                    du[belong[i]]++;
```

```
68                }
69            }
70        }
71        for(int i = 1; i <= n; i++){          // 計算縮圖後每個節點的度
72            du[i] /=2;
73        }
74        for(int i = 1; i <= n; i++){          // 計算樹中度數為 1 的葉節點數 ans
75            if(du[i] == 1){
76                ans++;
77            }
78        }
79        ans = (ans+1)/2;                       // 將葉節點兩兩互連（添加 (ans+1)/2 條邊），
80                                               // 即可使縮點後的樹成為一個強聯通圖
81        cout<<ans<<endl;                       // 輸出需要建造的新道路數。
82    }
```

11.5.6 ▶ Knights of the Round Table

成為一名騎士是非常有吸引力的：尋找聖杯、救助困境中的婦女，以及與其他騎士飲酒都是騎士要做的有趣的事情。因此，近年來，在亞瑟王的王國中，騎士的數量空前增加並不奇怪。現在，有了如此眾多的騎士，以致於每個圓桌騎士在同一時間都來到 Camelot，並且圍坐在圓桌旁是非常少見的；通常只有一小群騎士圍坐在圓桌旁，而其餘的騎士則在全國各地忙著他們的英雄事業。

騎士們在喝了幾杯酒以後，很容易在討論中過度興奮。在經歷了幾次不幸的事件之後，亞瑟王請著名的巫師 Merlin 確保今後在騎士之間沒有決鬥發生。在仔細地研究這個問題之後，Merlin 意識到，只有騎士按以下兩條規則坐座位，才能防止決鬥發生：

1. 在騎士圍坐圓桌的時候，兩個互相仇視的騎士不能坐在一起。Merlin 有一個名單，上面列出了誰恨誰。因為騎士們圍坐一個圓桌，因此，每一個騎士都有左右兩個鄰座。

2. 圍坐圓桌的騎士的人數應該是奇數。這就保證了如果騎士不能就某項問題達成一致，那麼他們就可以透過投票表決來解決問題。如果騎士的人數是偶數，則可能會發生「yes」和「no」票數相同的情況，爭執將會繼續下去。

只有在這兩個規則得到滿足的情況下，Merlin 才會讓騎士們坐下來，否則他就取消會議。如果只來了一個騎士，那麼會議也會被取消，因為一個人不可能圍坐一張圓桌。Merlin 意識到，按照規則，就會有騎士無法被安排座位，而這些騎士也將無法參加圓桌會議（這種情況的一個特例是，如果一個騎士恨所有其他的騎士，但還有很多其他可能的原因）。如果騎士不能參加圓桌會議，那麼他就不是圓桌騎士的成員，就要被驅逐，這些騎士將要被轉為聲望較低的騎士，如方桌騎士、八角桌騎士或香蕉形桌騎士。為了幫助 Merlin，請你編寫一個程式，確定要被驅逐的騎士的數量。

輸入

輸入包含若干組測試案例。每組測試案例的第一行提供兩個整數 n（$1 \le n \le 1000$）和 m（$1 \le m \le 1000000$），n 為騎士數，後面 m 行提供在騎士之間誰恨誰。這 m 行的每行包含兩個整數 k_1 和 k_2，表示編號為 k_1 和編號為 k_2 的騎士彼此仇恨（編號 k_1 和 k_2 取值在 1 到 n 之間）。

輸入以 $n=m=0$ 為結束。

輸出

對每組測試案例，在一行輸出一個整數：要被驅逐的騎士的數量。

範例輸入	範例輸出
5 5	2
1 4	
1 5	
2 5	
3 4	
4 5	
0 0	

試題來源： ACM Central Europe 2005

線上測試： POJ 2942，UVA 3523

❖ **試題解析**

建構出一個「友好圖」，將騎士看作節點，能夠友好相處的騎士之間用邊連接。建構方法是，先將圖初始化為完全圖，然後在完全圖中刪除互相仇視的騎士之間的連邊。

本題對「友好圖」進行區塊劃分，使得圖中的每條邊都包含在某個子圖中，不同的兩個子圖不含共同邊，不同的兩個子圖最多只有一個共同節點，也就是「友好圖」的割點。若劃分出的子圖包含一個奇迴路，則該奇迴路相關於一個圓桌，而奇迴路上的點為圓桌騎士的成員。最後，統計不在迴路中的節點的數目，這些節點是要被驅逐的騎士。

（1）對「友好圖」進行劃分

設 G 為「友好圖」的相鄰矩陣，其中 $G[i, j]=\begin{cases} \text{true} & \text{騎士 } i \text{ 與騎士 } j \text{ 友好} \\ \text{false} & \text{騎士 } i \text{ 與騎士 } j \text{ 互相仇視} \end{cases}$。

節點的先序序列和後代所能追溯到的、最早（最先被發現）祖先點的先序值序列分別為 pre 和 low，其中節點 i 的先序值為 pre[i]，其後代所能追溯到的最早祖先點的先序值為 low[i]。

st 為堆疊，堆疊頂端指標為 sp。

r 為「友好圖」的區塊數；ans 儲存「友好圖」的區塊，其中第 t 區塊的所有節點儲存於 ans[t][0]···ans[t][k]，ans[t][$k+1$]=-1（t 區塊的結尾標誌，$1 \le t \le r$）。

我們透過副程式 dfs(c) 計算節點 c 所在圖的區塊 ans，方法如前所述。依次對「友好圖」中的未存取點進行一次 DFS 搜尋，即可計算出圖中所有的區塊（for (int i=0; $i<N$; i++) if (pre[i]==0)）。

（2）判別目前區塊是否包含奇迴路

如果目前區塊包含了一條奇迴路，即迴路中的節點數為奇數，則這條迴路相關於一個圓桌。採用 DFS 來判斷是否目前區塊包含了一條奇迴路。

設節點的標誌為：

$$color[i]=\begin{cases} 0 & \text{節點 } i \text{ 不在目前區塊中} \\ 1 & \text{節點 } i \text{ 為目前區塊中的未存取的節點} \\ -2 & \text{節點 } i \text{ 為目前區塊內第偶數個存取的節點} \\ 2 & \text{節點 } i \text{ 為目前區塊內第奇數個存取的節點} \end{cases}$$

目前區塊是否包含奇迴路的標誌為 flag。

初始時，設目前區塊 c 沒有奇迴路（flag=false），區塊內第一個被存取的節點的 color 值設為 2，區塊內其他節點的 color 值設為 1：

```
now = 0;
while (ans[c][now] != -1) { color[ans[c][now]] = 1; ++now };
color[ans[c][0]] = 2;
```

然後呼叫副程式 dfs(−1, ans[c][0], −2)，從 c 區塊內第一個被存取的節點出發，判斷 c 區塊是否包含奇迴路：

```
void dfs(pnt, c, col) {已存取邊（pnt, c），與 c 相鄰的未存取點的標誌為 col. 判斷所在區塊
    是否包含奇迴路
        if (flag)                         // 若區塊包含奇迴路，則退出
            return;
        for (int i = 0; i < N; ++i) { // 搜尋 c 的後繼節點 i（i 在區塊內且不同於 pnt 和 c）
            if (G[c][i] && color[i] != 0 && i != pnt && i != c) {
                if (color[i] == 1){     // 若 i 節點在路徑外，則設 i 存取標誌並從 (c, i) 遞迴下去
                    color[i] = col;
                    dfs(c, i, -col);
                } else if (color[i] == color[c]) {   // 若 i 節點在路徑內且形成奇迴路，
                                                     // 則設區塊為奇迴路標誌並結束
                    flag = true;
                    return;
                }
            }
        }
}
```

（3）計算 c 區塊內節點是否被驅逐

如果 c 區塊包含奇迴路，則迴路中所有節點都為圓桌騎士的成員。設 ok[i] 為節點 i 的圓桌騎士標誌。我們透過過程 solve(c) 計算 c 區塊內每個節點的 ok 值：

```
static void solve(int c) {
int now = 0;            //c 區塊中節點的 color 值設 1
while (ans[c][now] != -1) {
    color[ans[c][now]] = 1;
    ++now;
}
flag = false;
color[ans[c][0]] = 2;  // 設區塊內首節點已存取
dfs(-1, ans[c][0], -2);// 從區塊內首節點出發，判斷區塊中是否包含奇迴路
now = 0;               // 撤去區塊內節點的 color 值。若區塊包含奇迴路，則每個節點為圓桌騎士的成員
while (ans[c][now] != -1) {
    color[ans[c][now]] = 0;
    if (flag)
      ok[ans[c][now]] = true;
        ++now;
```

```
        }
    }
```

（4）主程式

輸入資訊，建構「友好圖」G。

計算「友好圖」內的所有區塊（for ($i=0$; $i<N$; $i++$) if (pre[i]==0) dfs(i) ）。

計算 r 個區塊中節點的被驅逐狀態 (for (int $i=0$; $i<r$; $i++$) solve(i))。

計算和輸出被驅逐的騎士數 kick=$\sum_{i=0}^{n-1}$ (ok[i]==false)。

❖ **參考程式**（略。本題參考程式的 PDF 檔案和本題的英文原版均可從碁峰網站下載）

11.6　相關題庫

11.6.1 ▶ Ordering Tasks

John 有 n 項任務要做。不幸的是，這些任務並不是獨立的，有的任務只有在其他一些任務完成以後才能開始做。

輸入

輸入由幾個測試案例組成。每個用例的第一行提供兩個整數 n（$1\leq n\leq100$）和 m。n 是任務的數量（從 1 到 n 編號），m 是在兩個任務之間直接優先關係的數量。然後是 m 行，每行有兩個整數 i 和 j，表示任務 i 必須在任務 j 之前執行。以 $n=m=0$ 結束輸入。

輸出

對每個測試案例，輸出一行，提供 n 個整數，表示任務執行的一個可能的順序。

範例輸入	範例輸出
5 4	1 4 2 5 3
1 2	
2 3	
1 3	
1 5	
0 0	

試題來源：GWCF Contest 2（Golden Wedding Contest Festival）
線上測試：UVA 10305

提示

任務作為節點，兩個任務之間的直接優先關係作為邊：若任務 i 必須在任務 j 之前執行，則對應有向邊 <i–1, j–1>，這樣可將任務間的先後關係轉化為一張有向圖，使任務執行的一個可能的順序對應這張有向圖的拓撲排序。

設節點的入度序列為 ind[]，其中節點 i 的入度為 ind[i]($0\leq i\leq n-1$)。

相鄰串列為 lis[]，其中節點 i 的所有出邊的另一端點儲存在 lis[i] 中，lis[i] 為一個 List 容器。

佇列 q 儲存目前入度為 0 的節點，佇列首指標為 h，佇列尾指標為 t。

我們在輸入資訊的同時建構相鄰串列 lis[]，計算節點的入度序列為 ind[]，並將所有入度為 0 的節點送入佇列 q。

然後依次處理 q 佇列中每個入度為 0 的節點：

```
取出佇列首節點 x；
lis[x] 容器中每個相鄰節點的入度 -1，相當於刪除 x 的所有出邊；
新增入度為 0 的節點入 q 佇列；
```

以此類推，直至佇列空為止。相繼提出佇列的節點 $q[0]\cdots q[n-1]$ 即為一個拓撲序列。

11.6.2 ► Spreadsheet

在 1979 年，Dan Bricklin 和 Bob Frankston 編寫了第一個電子試算表應用軟體 VisiCalc，這一軟體獲得了巨大的成功，並且在那時成為 Apple II 電腦的重要應用軟體。現在電子試算表軟體是大多數電腦的重要應用軟體。

電子試算表的概念非常簡單，但非常實用。一個電子試算表由一個表格組成，每個儲存格不是一個數字就是一個公式。一個公式可以根據其他儲存格的值計算一個運算式。也可以加入文字和圖形用於表示。

請編寫一個非常簡單的電子試算表應用程式，輸入若干份表格，表格中的每一個儲存格或者是數字（僅為整數），或者是支援求和的公式。在計算了所有公式的值以後，程式輸出結果表格，所有的公式都已經被它們的值代替。

輸入

輸入檔案第一行提供測試案例中表格的數目。每個表格的第一行提供用一個空格分開的兩個整數，表示表格的列數和行數，然後提供表格，每行表示表格的一行，每行由該行的儲存格組成，每個項用一個空格分開。

一個儲存格或者是一個數字值，或者是一個公式。一個公式由一個等號（＝）開始，後面是一個或多個用加號（＋）分開的儲存格的名稱，這樣公式的值是在相關的儲存格中所有值的總和。這些儲存格也可以是一個公式，在公式中沒有空格。

可以設定在這些儲存格之間沒有迴圈依賴，因此每個表格可以是完全可計算的。

每一個儲存格的名字是由 1 到 3 個字母（按列）組成的，後面跟著的數字從 1 到 999（按行）組成。按列的字母構成如下序列：A, B, C, …, Z, AA, AB, AC, …, AZ, BA, …, BZ, CA, …, ZZ, AAA, AAB, …, AAZ, ABA, …, ABZ, ACA, …, ZZZ。這些字母相關於從 1 到 18278 的數字，如圖 11.6-1 所示，左上角的儲存格命名為 A1。

A1	B1	C1	D1	E1	F1	…
A2	B2	C2	D2	E2	F2	…
A3	B3	C3	D3	E3	F3	…
A4	B4	C4	D4	E4	F4	…
A5	B5	C5	D5	E5	F5	…
A6	B6	C6	D6	E6	F6	…
…	…	…	…	…	…	…

左上方的項的命名

圖 11.6-1

輸出

除了表格的數目以及列和行的數目不重複以外，程式輸出和輸入的格式一樣。而且，所有的公式要被它們的值取代。

範例輸入	範例輸出
1	10 34 37 81
4 3	40 17 34 91
10 34 37 =A1+B1+C1	50 51 71 172
40 17 34 =A2+B2+C2	
=A1+A2 =B1+B2 =C1+C2	
=D1+D2	

試題來源： 1995 ACM Southwestern European Regional Contest

線上測試： UVA 196

提示

在運算式中各項的命名格式：字母 A…ZZZ 代表列，數字 1…999 代表行。需要將列字母轉化為列序號，將行數串轉化為行序號。轉化方法為：

1. A 代表 1，……，Z 代表 26，字母序列 $c_k…c_1$ 對應一個 26 進制的列序號 $y=\sum_{i=1}^{k}(c_i-64)\times 26^{i-1}$；

2. 數串 $b_p…b_1$ 對應一個十進位的行序號 $x=\sum_{i=1}^{p}(b_i-48)\times 10^{i-1}$。

即運算式中的儲存格 $c_k…c_1 b_p…b_1$ 對應表格位置 (x, y)。

設數值表格為 $w[][]$；運算式項所在位置值為 d，(i, j) 對應位置值 $d=j\times 1000+i$，即 $d\%1000$ 為行號，$\left\lfloor\dfrac{d}{1000}\right\rfloor$ 為列號。

我們將表格轉化為一個有向圖：每儲存格為一個節點，數值儲存格與運算式儲存格間的關聯關係為有向邊。若數值項 (x, y) 對應運算式儲存格 (i, j) 中的某一儲存格，則 (x, y) 連一條有向邊至 (i, j)。

設相鄰矩陣為 g，其中 $g[x][y]$ 儲存與數值儲存格 (x, y) 關聯的所有運算式儲存格的位置值；運算式儲存格的入度序列為 ind，即 (i, j) 中的運算式目前含 $ind[i][j]$ 個未知儲存格。顯然 $ind[i][j]==0$，表示 (i, j) 為數值儲存格。

（1）建構有向圖

我們邊輸入表格邊建構有向圖：若 (i, j) 為數值儲存格，則數值存入 $w[i][j]$；若 (i, j) 為運算式儲存格，則取出其中的每一儲存格，計算其對應的行號 x 和列號 y，(i, j) 的位置值送入 $g[x][y]$ 相鄰串列，並累計 (i, j) 的入度（++$ind[i][j]$）。

（2）使用刪邊法計算有向圖的拓撲序列

首先將圖中所有入度為 0 的節點（數值儲存格）的位置值送入佇列 q，然後依次按下述方法處理佇列中的每一儲存格。

取出佇列首節點的位置值，將之轉化為 (x, y)。依次取 $g[x][y]$ 中與數值儲存格 (x, y) 相關聯的每個運算式儲存格的位置值，轉化為表格位置 (tx, ty)，將 (x, y) 的值計入 (tx, ty) 中的運算式儲存格（$w[tx][ty]+=w[x][y]$），(tx, ty) 的入度 -1（$--ind[tx][ty]$）。若入度減至 0，則 (tx, ty) 的位置值送入 q 佇列。

以此類推，直至佇列空為止。最後輸出數值表格 w。

11.6.3 ▶ Genealogical Tree

火星人的直系親屬關係系統非常混亂。火星人在不同的群體中群居生活，因此一個火星人可以有一個父母，也可以有十個父母，而且一個火星人有 100 個孩子也不會讓人感到奇怪。火星人已經習慣了這樣的生活方式，對於他們來說這很正常。

在行星理事會（Planetary Council）中，這樣混亂的家譜系統導致了一些尷尬。這些火星人中的傑出人士去參加會議，為了不冒犯長輩，在討論中總是輩分高的火星人優先發言，然後是輩分低的火星人發言，最後是輩分最低還沒有子女的火星人發言。然而，這個秩序的維持確實不是一個簡單的任務。一個火星人並不知道他所有的父母（當然也不知道他的所有的祖父母），但如果一個孫子在比他年輕的曾祖父之前發言，這就是一個重大的錯誤了。

請編寫一個程式，對所有的成員定義一個次序，這個次序要保證理事會的每一個成員所在的位置先於他的所有後代。

輸入
標準輸入的第一行只包含一個整數 N（$1 \le N \le 100$），表示火星理事會（Martian Planetary Council）的成員數。理事會成員的編號從 1 到 N。在後面提供 N 行，而且第 i 行提供第 i 個成員的孩子的列表。孩子的列表是孩子編號按任意次序用空格分開的一個序列，孩子的列表可以為空。列表（即使是空列表）以 0 結束。

輸出
標準輸出僅提供一行，提供一個編號的序列，編號以空格分開。如果存在幾個序列滿足這一問題的條件，請輸出其中任何一個。這樣的序列至少存在一個。

範例輸入	範例輸出
5	4 5 3 1
0	
4 5 1 0	
1 0	
5 3 0	
3 0	

試題來源：Ural State University Internal Contest October'2000 Junior Session

線上測試：Ural 1022

提示
將火星人設為節點，父代與子代之間連一條有向邊。這個有向圖的拓撲序列即為所有成員的次序。

我們邊輸入資訊邊建構相鄰串列 g，並統計節點的入度序列 ind（其中 $g[x]$ 儲存 x 的所有子代，ind$[x]$ 為節點 x 的入度值）。

接下來，將所有入度為 0 的節點送入佇列 q，然後依次處理佇列 q 中的每個節點：取佇列首節點 x，x 的每個子代的入度 -1，若減至 0，則該子代推入佇列 q；以此類推，直至佇列空為止。

最後輸出的拓撲序列即 q 的提出佇列順序。

11.6.4 ▶ Rare Order

一個珍稀書籍的收藏家最近發現了用一種陌生的語言寫的一本書，這種語言採用和英語一樣的字母。這本書有簡單的索引，但在索引中條目的次序不同於根據英語字母表提供的字典排序的次序。這位收藏家試圖透過索引來確定這個古怪的字母表的字元的次序（即對索引條目組成的序列進行整理），但因為任務冗長而乏味，就放棄了。

請編寫程式完成這位收藏家的任務，程式輸入一個按特定的序列排序的字串集合，確定字元的序列是什麼。

輸入

輸入是由大寫字母組成的字串的有序列表，每行一個字串。每個字串最多包含 20 個字元。該清單的結束標誌是一個單一字元「#」的一行。並不是所有的字母都會被用到，但該列表蘊含對於被採用的那些字母存在著一個完全的次序。

輸出

輸出一行大寫字母，字母的排序順序列按輸入資料進行整理所提供。

範例輸入	範例輸出
XWY	XZYW
ZX	
ZXY	
ZXW	
YWWX	
#	

試題來源： 1990 ACM ICPC World Finals

線上測試： UVA 200

提示

輸入字串的有序列表為 $T[]$（T 表的長度為 tot），按照下述方法將 T 表轉化為有向圖的相鄰矩陣 v。

每個大寫字母為一個節點，節點序號為字母對應的數值（大寫字母序列 [A..Z] 對映為數值序列 [1..26]），T 表中同一位置上不同字母代表的節點間連有向邊：

```
for (int i = 0; i < tot; i++)
    for (int j = i +1; j < tot; j++) {
        len = min(T[i] 的字串長 , T[j] 的字串長);
         for (int k=0; k<len; k++)
            if (T[i] 中第 k 個字母 != T[j] 中第 k 個字母) {
                v[T[i] 中第 k 個字母對應的節點序號 ][T[j] 中第 k 個字母對應的節點序號 ]=true;
                break;
            }
    }
```

計算有向圖的拓撲序列，拓撲序列中節點對應的字母即為字母表中字元的次序。計算方法如下。

初始化：置圖中所有節點未存取標誌，統計節點的入度（若 $v[i][j]$=true，則 $inq[i]$=$inq[j]$=true，++$ind[j]$，$1 \leq i$，$j \leq 26$）；將入度為 0 的節點（$inq[i]$ && $ind[i]$==0）送入佇列 q。

依次處理佇列 q 中的節點：取出佇列首節點 x，x 的所有相鄰節點 i 的入度減 1。若減至 0（$v[x][i]$ &&－－$ind[i]$==0），則 i 節點推入佇列。

以此類推，直至佇列空為止。此時提出佇列順序對應的字母即為字母表中字元的次序。

11.6.5 ▶ Basic Wall Maze

在這個你要解決問題中，有一個非常簡單的迷宮，組成如下：

◆ 一個 6×6 的方格組成的正方形。

◆ 長度在 1 到 6 的 3 面牆，沿著方格，水平或者垂直放置，以分隔方格。

◆ 一個開始標誌和一個結束標誌。

迷宮如圖 11.6-2 所示。

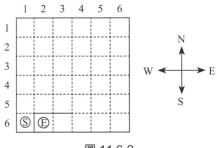

圖 11.6-2

你要尋找從開始位置到結束位置的最短路徑。僅允許在鄰接的方格間移動；所謂相鄰就是指兩個方格有一條共同邊，並且它們沒有被牆隔開。不允許離開正方形。

輸入

輸入由幾組測試案例組成。每個測試案例由 5 行組成：第一行提供開始位置的列和行的值；第二行提供結束位置的列和行的值；第 3、4、5 行提供 3 面牆的位置。牆的位置或者是先提供左邊的位置點，再提供右邊的位置點（如果是水平的牆）；或者是先提供上方位置點，然後再提供下方位置點（如果是垂直牆）。牆端點的位置是以點與正方形左邊的距離後面、跟點與正方形上方位置的距離提供。

輸出

3 面牆可以在方格的某一點上相交，但彼此不交叉，牆的端點在方格上。而且，從開始標誌到結束標誌一定會有合法的路。範例輸入說明上圖提供的迷宮。

最後一個測試資料後跟著一行，包含兩個零。

範例輸入	範例輸出
1 6 2 6 0 0 1 0 1 5 1 6 1 5 3 5 0 0	NEEESWW

試題來源：Ulm 2006

線上測試：POJ 2935

提示

由於牆是沿方格線的一條線段,因此不僅要將方格作為節點,而且也要將方格線作為節點,使迷宮擴充為 13×13 的矩陣。顯然,方格線的座標值為偶數,通道的座標值為奇數(如圖 11.6-3 所示)。

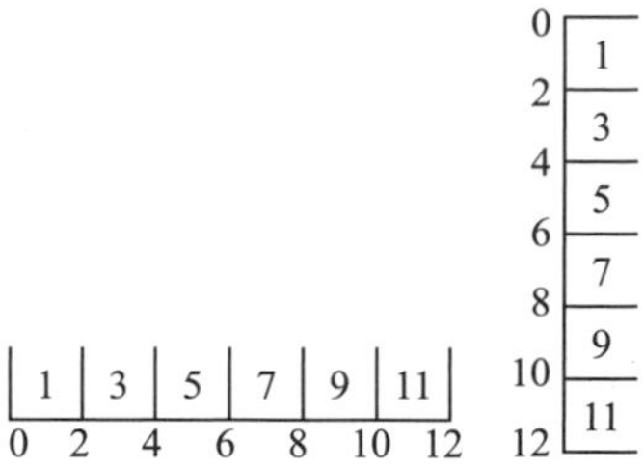

牆所在的節點設存取標誌 visit,避免出現「翻牆而過」的情況。顯然對四周的邊牆:

圖 11.6-3

$$visit[0][0]=visit[1][0]\cdots visit[12][0]=true$$
$$visit[0][0]=visit[0][1]\cdots visit[0][12]=true$$
$$visit[0][12]=visit[1][12]\cdots visit[12][12]=true$$
$$visit[12][0]=visit[12][1]\cdots visit[12][12]=true$$

對由方格 $(x1, y1)$ 至方格 $(x2, y2)$ 的垂直牆 $(x1==x2)$:

$$visit[2*x1][2*y1]=visit[2*x1][2*y1+1]=\cdots visit[2*x1][2*y2]=true$$

對由方格 $(x1, y1)$ 至方格 $(x2, y2)$ 的水平牆 $(y1==y2)$:

$$visit[2*x1][2*y1]=visit[2*x1+1][2*y1]=\cdots visit[2*x2][2*y1]=true$$

入口方格 (sx, sy) 對應節點的座標為 (sx×2–1, sy×2–1),出口方格 (ex, ey) 對應節點的座標為 (ex×2–1, ey×2–1)。

有了上述圖,我們便可以使用寬度優先搜尋計算起點至各節點的最短路徑的方向序列,其中佇列 Q 儲存已存取節點的座標位置(除牆之外),prev[][] 儲存佇列中每個節點存取時的移動方向。

既然有了起點至目標節點的最短路徑的方向序列,我們就可以從目標節點出發,沿 prev[][] 指標的指示追溯目標節點至起始節點的路徑:

```
取出目前節點的方向數 d=prev[x][y];
若 x 和 y 為奇數,則 d 對應的方向字元填入路徑串 path 開頭;
x-=d 方向的水平增量;y-=d 方向的垂直增量;
以此類推,直至 (x, y) 為起點座標為止;
最後輸出路徑串 path;
```

11.6.6 ► Firetruck

中央城消防部門與交通部門合作,一起維護反映城市街道目前狀況的地圖。在某一天,一些街道由於修補或施工而被封閉。消防隊員需要能夠選擇從消防站到火警地點的不經過被封閉街道的路線。

中央城被劃分為互不重疊的消防區域,每個區域設有一個消防站。當火警發生時,中央排程向火警地點所在的消防站發出警報,並向該消防站提供一個從消防站到火警地點的可能路線的列表。請你編寫一個程式,中央排程可以使用這個程式產生從區域的消防站到火警地點的路線。

輸入

城市的每個消防區域有一個獨立的地圖,每張地圖的街區用小於 21 的正整數標示,消防站總是在編號為 1 的街區。輸入提供若干測試案例，每個測試案例表示在不同的區域發生的不同的火警。

測試案例的第一行提供一個整數，表示離火警最近的街區的編號。

後面的若干行每行由空格分開的正整數對組成，表示由未封閉街道連接的相鄰的街區（例如，如果在一行提供一對數 4 7，那麼在街區 4 和 7 之間的街道未被封閉且在街區 4 和 7 的路段上沒有其他街區）。

每個測試案例的最後一行由一對 0 組成。

輸出

對於每個測試案例，在輸出中用數字來標示（CASE #1，CASE #2 等等），在一行中輸出一條路線，按路線中出現的順序依次輸出街區；輸出還要提供從消防站到火警地點的所有路線的總數，其中只包括那些不經過重複街區的路線（顯而易見，消防部門不希望他們的車子兜圈子）。

不同的測試案例在不同的行上輸出。

在範例輸入和範例輸出中，提供了兩個測試案例。

範例輸入	範例輸出
6	CASE 1:
1 2	1　2　3　4　6
1 3	1　2　3　5　6
3 4	1　2　4　3　5　6
3 5	1　2　4　6
4 6	1　3　2　4　6
5 6	1　3　4　6
2 3	1　3　5　6
2 4	There are 7 routes from the firestation to streetcorner 6.
0 0	CASE 2:
4	1　3　2　5　7　8　9　6　4
2 3	1　3　4
3 4	1　5　2　3　4
5 1	1　5　7　8　9　6　4
1 6	1　6　4
7 8	1　6　9　8　7　5　2　3　4
8 9	1　8　7　5　2　3　4
2 5	1　8　9　6　4
5 7	There are 8 routes from the firestation to streetcorner 4.
3 1	
1 8	
4 6	
6 9	
0 0	

試題來源：1991 ACM World Finals

線上測試：UVA 208

提示

我們將街區作為節點，未封閉街道連接的相鄰街區間連邊，建構一個無向圖。路線的起點為節點 1（即消防站所在的街區 1），終點為離火警最近的街區編號 en。試題要求計算這樣的路線有多少條以及所有的路線方案。

顯然，可以用回溯法計算所有可能的路線。但需要注意的是，在擴充路線時，新節點 y 不僅要滿足與路線尾節點 x 相鄰和未存取的約束條件，還要滿足 y 是否與終點 en 連接的約束條件，否則消防車無法途徑 y 到達火警地點。為了提高搜尋效率，我們可以預先透過計算遞移閉包的 Warshall 演算法，計算出節點 2 到節點 n 中每個節點與節點 en 的連接性。設遞移閉包為 p，其中 $p[i][j]$ 為節點 i 與節點 j 間連接的標誌：

```
p 初始化為相鄰矩陣；
for (int i=1; i<=n; i++) p[i][i]=1;                    // 設定對角線元素
for (int k=2; k<=n; k++)                               // 列舉路徑的中間節點 k
for (int i=2; i<=n; i++)                               // 列舉路徑的起點 i
    if (p[i][k]) for (int j=2; j<=n; j++) p[i][j]|=p[k][j]; // 列舉路徑的終點 j，
    // 確定 i 可否途徑 k 到達 j
for (int i=2; i<=n; i++) if (!p[i][en]) cut[i]=1;     // 記錄節點 i 與終點 en 不連接
```

這樣，我們就可以將 cut[y] 作為關鍵的剪枝條件，即新節點 y 必須同時滿足條件（相鄰於路線結尾節點 x）&&（y 未存取）&&(!cut[y])，方可添入路線中。

11.6.7 ▶ Dungeon Master

你正身陷一個三維的地牢中，需要找到最快的路徑離開。地牢由立方體單元組成，這些單元或者是岩石，或者不是岩石。你可以用一分鐘的時間向東、向西、向南、向北、向上或者向下，走到下一個單元中。你不能走對角線，迷宮的周圍是堅硬的岩石。

你可能逃離地牢嗎？如果可能，要多長時間？

輸入

輸入由許多地牢組成。每個地牢的描述的第一行是 3 個整數 L、R 和 C（大小限制在 30 以內）。L 表示地牢的層數。R 和 C 表示地牢的行和列。

後面跟著 L 塊，每塊包含 R 行，每行包含 C 個字元，每個字元表示地牢的一個單元。一個單元如果由岩石構成，用「#」表示；空的單元用「.」表示；你所在的起始位置用「S」表示；出口用「E」表示。每層地牢後跟一空行。輸入以為 L、R 和 C 賦 0 結束。

輸出

每個迷宮產生一行輸出，如果可以到達出口，則輸出形式為「Escaped in x minute(s).」。

其中 x 是逃離的最短時間。如果不可能逃離，則輸出「Trapped!」。

範例輸入	範例輸出
3 4 5 S.... .###. .##.. ###.#	Escaped in 11 minute(s). Trapped!
##### ##### ##.## ##...	Escaped in 11 minute(s). Trapped!
##### ##### #.### ####E	

（續）	範例輸入	範例輸出
	1 3 3 S## #E# ### 0 0 0	

試題來源：Ulm Local 1997

線上測試：POJ 2251

提示

三維地牢是一個長方體，每個單元在向東、向西、向南、向北、向上和向下 6 個方向上存在可能的相鄰單元，其中某些單元為障礙物。我們將每個單元作為節點，相鄰單元間連邊，建構一個無向圖。試題要求從起點 (sx, sy, sz) 出發，判斷可否沿無障礙單元行走至出口 (ex, ey, ez)。如果可以，則計算其中的最短路徑。

顯然可採用回溯法計算，設 $d[x][y][z]$ 為起點單元至 (x, y, z) 單元的最短路徑長度。初始時，每個單元的 d 值設一個較大值 100。

遞迴函數為 dfs(x, y, z, k)，目前單元為 (x, y, z)，準備擴充最短路徑的第 k 個節點。計算過程如下：

```
dfs( x, y, z, k) {
    d[x][y][z]=k;
    if ((x, y, z) 為終點 (ex, ey, ez)) return;
    if (|x-ex|+|y-ey|+|z-ez|≥d[ex][ey][ez]) return;     // 重要剪枝：若目前點與終點的曼哈頓
                                                          // 距離過長則跳出

    分析 (x, y, z) 的 6 個方向上的相鄰格，分情形遞迴：
        若目前方向的相鄰格 (x', y', z') 滿足如下條件：
            ((x', y', z') 在界內)&&(k+1<d[x'][y'][z']) &&((x', y', z') 無障礙)
        則遞迴 dfs(x', y', z', k+1);
}
```

顯然，透過遞迴呼叫 dfs(sx, sy, sz, 0)，便可計算出起點 (sx, sy, sz) 至每個節點的最短路徑長度。若 $d[ex][ey][ez] \geq 1\ 600000000$，則表示多次搜尋亦未找到出口，應宣佈不可能逃離；否則 $d[ex][ey][ez]$ 即為逃離的最短時間。

11.6.8 ▶ A Knight's Journey

騎士對於一再看黑白方塊非常厭煩，決定周遊世界。只要騎士移動，他在一個方向上移動兩個方塊，並在垂直的方向上移動一個方塊。騎士的世界就是他所生活的棋盤。我們的騎士生活的棋盤小於 8×8，但仍然是一個矩形（如圖 11.6-4 所示）。你能幫助這個冒險的騎士制訂旅行計畫嗎？

圖 11.6-4

問題

尋找一條路徑，使騎士能夠存取每個方塊一次。騎士可以在棋盤的任何一個方塊開始和結束。

輸入

輸入的第一行是一個正整數 n，後面的行包含 n 個測試案例，每個測試案例包含兩個正整數 p 和 q，使得 $1 \leq p \times q \leq 26$，這表示一個 $p \times q$ 棋盤，其中 p 表示有多少個方塊的編號 1，$\cdots$，p 存在，q 表示有多少個方塊的字母編號存在，前 q 個拉丁字母是 A，$\cdots$。

輸出

對於每個測試案例，輸出第一行是「Scenario #i:」，其中 i 是測試案例編號，從 1 開始編號。然後輸出一行，提供移動騎士存取棋盤所有方塊的路徑。這條路徑由存取的方塊組成，每個方塊由大寫字母和一個數字構成。

如果沒有這樣的路徑存在，就要在這一行輸出「impossible」。

範例輸入	範例輸出
3 1 1 2 3 4 3	Scenario #1: A1 Scenario #2: impossible Scenario #3: A1B3C1A2B4C2A3B1C3A4B2C4

試題來源： TUD Programming Contest 2005, Darmstadt, Germany

線上測試： POJ 2488

提示

顯然，本題可採用回溯法計算尋訪所有方格的存取路徑。

設 $v[x][y]$ 為到達 (x, y) 的步數；遞迴函數為 dfs(x, y, step)，即路徑上第 step 步走入 (x, y)，從這一狀態出發，計算尋訪所有方格的可行性。計算過程如下：

◆ step 置入 $v[x][y]$；

◆ 若尋訪了所有方格（step==$n \times m$），則設成功標誌，輸出存取路徑後退出程式；

◆ 否則列舉 (x, y) 的 8 個方向的相鄰格 (x', y')：若 (x', y') 在界內且未存取（$v[x'][y']$==0），則遞迴 dfs(x', y', step+1)。

在主程式中，列舉所有可能的出發位置 (i, j)（$1 \leq i \leq p$，$1 \leq j \leq q$），一旦呼叫了 dfs(i, j, 1) 後發現從 (i, j) 出發可尋訪所有方格，則在輸出存取路徑後退出程式；若呼叫了 $p \times q$ 次 dfs(i, j, 1) 後仍未找到存取路徑，則輸出失敗訊息。

需要注意的是，為了保證輸出字典順序最小的存取路徑，8 個方向的增量陣列 dx[] 和垂直增量陣列按照 dy[] 遞增的順序排列，即：

```
int dx[ ]={-1,1,-2,2,-2,2,-1,1};
int dy[ ]={-2,-2,-1,-1,1,1,2,2};
```

11.6.9 ▶ Children of the Candy Corn

玉米田迷宮是一種流行的萬聖節快樂活動。存取者在進入入口之後，要透過面對殭屍、揮舞著電鋸的精神病患者、嬉皮士以及其他恐怖手段的迷宮，最後找到出口。

有一種保證遊客最終找到出口的流行的迷宮行走策略，只要選擇是沿著左面的牆或者右面的牆，並一直走下去。當然，不能保證向左或者向右哪一個策略會更好，而且所走的路徑很少是最有效的。（如果出口不是在邊緣上，這一策略就沒有作用，但這一類迷宮不是本題所論述的。）

作為一個玉米田迷宮的所有者，你想透過一個電腦程式確定除最短路徑之外的向左和向右路徑，使你可以計算出哪一種配置有最好的驚嚇存取者的機會。

輸入

問題輸入的第一行提供整數 n，表示迷宮的數量。每個迷宮的第一行提供寬度 w 和高度 h（$3 \le w，h \le 40$），後面的 h 行，每行有 w 個字元，每個表示迷宮的配置。牆用雜湊標記「#」表示，空區域用「.」表示，開始用「S」表示，出口用「E」表示。

在每個迷宮中僅有一個「S」和一個「E」，它們位於迷宮的邊牆，不在牆角。迷宮的四面是牆（「#」），還有「S」和「E」。「S」和「E」之間至少有一個「#」將它們分開。

從起點到終點是可達的。

輸出

對於輸入的每個迷宮，輸出一行，按順序提供沿靠左行走、靠右行走、最短路徑行走一個人經過的方塊（不一定是唯一的）的數量（包括「S」和「E」），用空格分開。從一個方塊到另一個方塊的移動僅允許水準和垂直方向，不允許對角線方向移動。

範例輸入	範例輸出
2	37 5 5
8 8	17 17 9
########	
#......#	
#.####.#	
#.####.#	
#.####.#	
#.####.#	
#...#..#	
#S#E####	
9 5	
#########	
#.#.#.#.#	
S.......E	
#.#.#.#.#	
#########	

試題來源：ACM South Central USA 2006

線上測試：POJ 3083

提示

試題的難度是怎樣計算遊客沿左面牆或者右面牆一直走下去的路線。設方向 1…方向 4 如圖 11.6-5 所示。

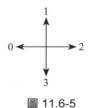

圖 11.6-5

方向 t 逆時針轉 90° 後的方向為 $t_1=(t+3)\%4$，順時針轉 90° 後的方向為 $t_2=(t+1)\%4$。

我們設計一個遞迴函數 dfs_left(x, y, t)，從遊客沿 t 方向走入 (x, y) 的狀態出發，計算沿左面牆走至出口的步數 step：

```
dfs_left(x, y, t){
    若 (x, y) 為邊牆 (x,y在界外) 或內牆 ((x, y) 為 '#')，則傳回 2;
    步數 step +1;
    若 (x, y) 為出口，則傳回 1;
    成功標誌 flag 初始化為 0;
    計算 t 逆時針轉 90° 後的方向 tt=(t+3)%4;
    for (int i=0; i<3; i++){          //tt 順時針轉 90° 4 次
        計算 dfs_left(x', y', tt) 的傳回值 r((x', y') 為 (x, y) 的 tt 方向的相鄰格);
        若找到出口 (r==1)，則設成功標誌 (flag=1) 並結束 for 迴圈;
        否則，若找不到出口 (r==0)，則步數 step +1; tt 再順時針轉 90° (tt=(tt+1)%4)
    }
    傳回成功標誌 flag;
}
```

同樣，可以採用類似方法計算遊客沿右面牆走至出口的步數 step（遞迴函數為 dfs_right(x, y, t)），只不過是將 t 逆時針旋轉 90° 改為順時針旋轉 90°，將 tt 順時針旋轉 90° 改為逆時針旋轉 90°。

至於計算遊客行走的最短路徑則比較簡單。設 $d[x][y]$ 為遊客從入口走至 (x, y) 的最短路徑長度，簡稱 (x, y) 的距離值；遞迴函數為 dfs(x, y, k)，從遊客第 k 步走至 (x, y) 的狀態出發，計算最短路徑長度 step：

```
dfs(x, y, k){
    若 (x, y) 為邊牆或內牆，或者其距離值不大於 k(k≥d[x][y])，則退出程式;
    設定 (x, y) 的距離值 d[x][y] =k;
    若 (x, y) 為出口，則設定最短路徑長度 step 為 k 並退出程式;
    列舉 (x, y) 四個方向的相鄰格 (x', y')，遞迴 dfs(x', y', k+1);
}
```

在主程式中，我們對入口 (x_s, y_s) 的四個相鄰格中非邊牆或內牆的方塊分別執行一次 dfs_left(x_s, y_s, t)，即可統計出人靠左行走經過的方塊數；用同樣的方法也可統計出人靠右行走經過的方塊數；至於計算人走最短路徑經過的方塊數，只要執行一次 dfs($x_s, y_s, 1$) 即可。

11.6.10 ▶ Curling 2.0

在行星 MM-21 上，奧運會之後，冰壺（冰上溜石遊戲）變得非常流行，但他們的規則和我們的有些不同，這一遊戲是在一個用正方形方格劃分的冰棋盤上進行的。他們只用一塊石頭。這一遊戲的目標是將石頭從開始位置用最少的移動次數移到目標位置。

圖 11.6-6 提供了一個遊戲的實例。一些正方形方格被封鎖了，存在兩個特別的方格，即開始位置和目標位置，這兩個方格不會被封鎖（這兩個方格不會在同一位置）。一旦石頭開始移動，它就會一直向前，直到撞上一塊封鎖物。為了使石頭移到目標位置，在石頭停止在封鎖物前的時候，你要再次推動它。

石頭的移動遵循以下規則：在開始的時候，石頭在開始位置；石頭的移動受限於 x 軸、y 軸方向，禁止沿對角線移動；當石頭停滯的時候，你可以推動它讓它移動。只要它沒有沒封鎖，你可以向任何方向推動它（如圖 11.6-7a 所示）。

一旦推動了石頭，石頭就向前走同樣的方向，直到出現下
列情況之一：

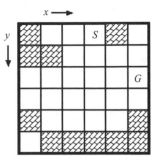

1. 石頭遇上了封鎖（如圖 11.6-7b、11.6-7c 所示）。

　◆ 石頭停在封鎖方塊前。

　◆ 封鎖物消失。

2. 石頭走出了棋盤。遊戲結束，失敗。

3. 石頭到達到了目標方格。石頭停止那裡，遊戲成功結
束。

實例（S：開始位置，G：目標位置）

圖 11.6-6

在遊戲中，你不能推動石頭 10 次以上。如果在 10 次以內
石頭沒有到達目標位置，遊戲結束，失敗。

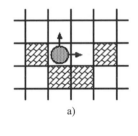
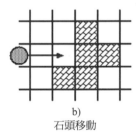
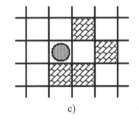

a)　　　　　　　　　b)　　　　　　　　　c)

石頭移動

圖 11.6-7

根據這一規則，我們想知道是否在開始位置的石頭可以到達到目標位置，如果可以到
達，就要給出最低的推動次數。

實例如圖 11.6-6 所示，將石頭從開始位置移動到目標位置要推動石頭 4 次，石頭運動的
路線如圖 11.6-8a 所示。請注意當石頭到達目標位置的時候，棋盤圖結構變化如圖 11.6-8b
所示。

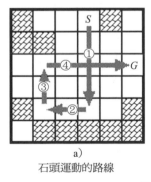
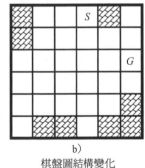

a)　　　　　　　　　　　　　　　　b)

石頭運動的路線　　　　　　　　　棋盤圖結構變化

圖 11.6-8

輸入

輸入是一個資料集合的序列，輸入結束是包含用空格分開的兩個零的一行。資料集合的
數目從未超過 100。

每個資料集合的格式如下：

◆ 冰棋盤的寬度和高度 *h*

◆ 冰棋盤的第 1 行

◆ ……

◆ 冰棋盤的第 *h* 行

冰棋盤的寬度和高度滿足：$2 \leq w \leq 20$，$1 \leq h \leq 20$。

每行包含 *w* 個用空格分開的十進位數字。這一數字描述相關的方塊的狀態。

◆ 0——空方塊

◆ 1——封鎖

◆ 2——開始位置

◆ 3——目標位置

圖 11.6-6 的資料集合如下：

```
6 6
1 0 0 2 1 0
1 1 0 0 0 0
0 0 0 0 0 3
0 0 0 0 0 0
1 0 0 0 0 1
0 1 1 1 1 1
```

輸出

對於每個資料集合，列印一行，提供一個十進位整數，表示從開始位置到目標位置的路線的移動的最少次數。如果沒有這樣的路線，輸出 –1。除了這個數字之外，輸出行沒有其他的任何字元。

範例輸入	範例輸出
2 1	1
3 2	4
6 6	–1
1 0 0 2 1 0	4
1 1 0 0 0 0	10
0 0 0 0 0 3	–1
0 0 0 0 0 0	
1 0 0 0 0 1	
0 1 1 1 1 1	
6 1	
1 1 2 1 1 3	
6 1	
1 0 2 1 1 3	
12 1	
2 0 1 1 1 1 1 1 1 1 1 3	
13 1	
2 0 1 1 1 1 1 1 1 1 1 1 3	
0 0	

試題來源： Japan 2006 Domestic

線上測試： POJ 3009

提示

設 ans 為從開始位置到目標位置的最少移動次數，初始值為 11。我們透過遞迴函數 dfs(x, y, k) 計算 ans，其中參數的意義是第 k 步行至 (x, y)。計算過程如下：

```
dfs( x, y, k){
    若移動次數不小於上限或者最少移動次數 (k>=10|| k>=ans)，則退出程式；
    列舉 (x, y) 的 4 個方向上的相鄰格 (x', y')：
    { 若 (x', y') 為非同行或非同列上的封鎖，則去除；從 (x', y') 遞迴下去 (dfs(x', y',k+1))；
    恢復遞迴前相鄰格的封鎖狀態；
        否則若 (x', y') 為目標位置，則更新答案 (ans=min{ans，k+1}) 並退出程式；
    }
}
```

我們從開始位置 (x_s, y_s) 出發，遞迴呼叫 dfs(x_s, y_s, 0)。若得出的 ans 仍為初始值 11，則說明無解；否則 ans 即為最少移動次數。

11.6.11 ► Shredding Company

你負責為碎紙機公司開發一種新的碎紙機。一台「一般」的碎紙機僅僅將紙張切成小碎片，使其內容不可讀，而這種新的碎紙機需要有以下不同尋常的基本特性。

1. 碎紙機要以一個目標數作為輸入，並在要粉碎的那一張紙上寫有一個數字。

2. 碎紙機將紙張粉碎（或切割）成碎片，每張碎片上都有這個數字的一位數或若干位數。

3. 每張碎片上數字的總和要盡可能地接近目標數，但不能超過目標數。

例如，假設目標數為 50，而紙張上的數字為 12346。碎紙機將紙張切碎成四張，第一張碎片上是 1，第二張上是 2，第三張上是 34，第四張是 6。它們的總和是 43（=1+2+34+6），是所有可能的組合中最接近目標數 50 但不超過 50 的（如圖 11.6-9 所示）。例如，組合 1、23、4 和 6 則不成立，因為這個組合的總和是 34（=1+23+4+6），小於上一個組合的總和 43。組合 12、34 和 6 也不成立，因為 52 (=12+34+6) 大於目標數 50。

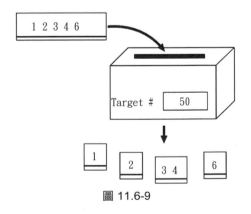

圖 11.6-9

此外，還有 3 條特定的規則：

1. 如果目標數和紙張上的數字相同，則這張紙就不要粉碎。例如，如果目標數是 100，而紙張上的數字也是 100，則紙張不會被粉碎。

2. 如果任何組合的總和不可能小於或等於目標數，則輸出「error」。例如，如果目標數是 1，而在紙張上的數字是 123，那麼不可能存在可以成立的組合，因為具有最小和的組合是 1、2 和 3，它們的和是 6，大於目標數，所以要輸出「error」。

3. 如果有多於一個總和最接近但沒有超過目標數的組合，輸出「rejected」。例如，如果目標數是 15，在紙張上的數字是 111，則有兩個最高是 12 的組合，即 1 和 11、11 和 1，所以輸出「rejected」。為了開發這樣的碎紙機，請你編寫一個小程式來模擬上述的特性和規則。提供兩個數，第一個數是目標數，第二個數是寫在要被粉碎的紙張上的數，程式要計算出碎紙機如何「切割」第二個數。

輸入

輸入由若干測試案例組成，每個測試案例一行，形式如下：

t_1 num$_1$

t_2 num$_2$

…

t_n num$_n$

0 0

每個測試案例由兩個正整數組成，用一個空格分開：第一個整數（上面標示為 t_i）是目標數；第二個整數（上面標示為 num$_i$）是要粉碎的紙張上的數字。

兩個數不能將 0 作為第一位，例如 123 可以，但 0123 則不可以。可以設定兩個整數長度最多 6 位。以一行中提供兩個 0 作為輸入結束。

輸出

對於輸入中的每個測試案例，相關輸出為下述 3 種類型之一：

◆ sum part$_1$ part$_2$ …

◆ rejected

◆ error

在第一種類型中，part$_j$ 和 sum 的含意如下：

1. 每個 part$_j$ 是一個在一張碎紙片上的一個數。part$_j$ 的次序相關於在紙張上原來的數字的次序。

2. sum 是紙張被粉碎後數字和，即 sum=part$_1$+part$_2$+…。

每個數字用一個空格分開。

如果不可能產生組合，輸出「error」。如果存在一個以上的組合，輸出「rejected」。

在每行的開始和結束沒有其他的字元，包括空格。

範例輸入	範例輸出
50 12346	43 1 2 34 6
376 144139	283 144 139
927438 927438	927438 927438
18 3312	18 3 3 12
9 3142	error
25 1299	21 1 2 9 9
111 33333	rejected
103 862150	103 86 2 15 0
6 1104	rejected
0 0	

試題來源： ACM Japan 2002 Kanazawa

線上測試： POJ 1416，ZOJ 1694，UVA 2570

提示

設目標數為 limit，紙張上的數字為 n，目前所有碎紙片上的最佳數字和為 Max。試題要求將 n 按位元的順序拆分成若干個數，使其數字和 Max 為不超過 limit 的最大數，並判斷出數字和為 Max 的拆分方案數 r 是 1 還是大於 1，或者是根本無法拆分（$r=0$）。

那麼，怎樣求最佳數字和 Max 呢？

我們從 n 的最低位開始由右而左拆分，若目前拆分出 i 位數，則 $n\%10^i$ 為目前碎紙片上的數字，剩餘數字 $\left\lfloor \dfrac{n}{10^i} \right\rfloor$ 待拆分。拆分有兩種情況：

1. 不斷開情況：目前碎紙片上的數字需繼續向左擴充。

2. 斷開情況：拆分出目前碎紙片上的數字。

顯然，我們可以採用回溯法分頭遞迴這兩種情況。設遞迴函數為 dfs(n, sum, now, k, p)，其中 n 為待拆分的數字，sum 為已經拆分出的數字和，目前待拆分出的一個數字為 now，準備填入第 k 張碎紙片，p 為下一個十進位的權。

```
dfs(n, sum, now, k, p){
    if (n==0){                      // 若拆分完畢，則最後拆分出的數字 now 填入第 k 張紙條，更新答案並回溯
        t[k]=now;
        if (sum+now >limit) return;     // 若拆分出的數字和大於目標數，則退出
        if (sum+now==Max) r++;          // 若拆分出的數字和相同於 Max，則數字和為 Max 的組合個數 +1`
        else if (sum+now >Max){         // 若拆分出的數字和更佳，則調整為 Max
        Max=sum+now;
        r=1;                            // 數字和為 Max 的組合數為 1
        ansk=k;                         // 已填數的碎紙片數和各張碎紙片數的填數記入最佳方案
        for (int i=1; i<=k; i++) ans[i]=t[i];
        return;                         // 回溯
    }
    int m=n%10;                         // 取待拆分數的個位數
    dfs(n/10, sum, now+p*m, k, p*10);   // 遞迴不斷開的情況
    t[k]=now;                           // now 填入第 k 張碎紙片
    dfs(n/10, sum+now, m, k+1, 10);     // 遞迴斷開後的情況
}
```

我們在主程式中初始化最佳數字和與組合數（Max=0; $r=0$），然後遞迴呼叫 dfs($n/10$, 0, $n\%10$, 1, 10)。若 $r>1$，則說明拆分出數字和為 Max 不止 1 個；若 $r==1$，則 Max 為最佳數字和，拆分出的數字為 ans[ansk]⋯ans[1]。

11.6.12 ▶ Monitoring the Amazon

一個由獨立的、用電池供電的、用於資料獲取的站所組成的網路已經建成,用於監測某地區的氣候。發行指令的站將啟動指令傳輸到測控站,使它們改變其目前的參數。為了避免電池超載,每個站(包括發行指令的站)只能傳送指令給另外兩個站。通常是選擇與這個站最近的兩個站。如果有多個站符合條件,則首先選擇地圖上的最西邊(左邊)的站,其次選擇的最南端(在地圖的最下方)的站。

你受政府委託編寫一個程式,提供每個站的位置,確定資訊是否可以傳達到所有的站。

輸入

輸入提供一個整數 N,後面提供 N 對整數 X_i、Y_i,表示每個站的定位座標。第一對座標提供發行指令的站的位置,而剩下的 $N-1$ 對是其他站的座標。提供下述限制:$-20 \leq X_i$,$Y_i \leq 20$,以及 $1 \leq N \leq 1000$。輸入以 $N=0$ 結束。

輸出

對每個提供的運算式,輸出一行,指出是否所有的站都可以到達(見範例輸出的格式)。

範例輸入	範例輸出
4 1 0 0 1 -1 0 0 -1 8 1 0 1 1 0 1 -1 1 -1 0 -1 -1 0 -1 1 -1 6 0 3 0 4 1 3 -1 3 -1 -4 -2 -5 0	All stations are reachable. All stations are reachable. There are stations that are unreachable.

試題來源:2004 Federal University of Rio Grande do Norte Classifying Contest - Round 1

線上測試:UVA 10687

提示

設測控站為節點。根據題意(選擇與這個站最近的兩個站。如果有多個站符合條件,則首先選擇地圖上的最西邊(左邊)的站,其次選擇最南端(在地圖的最下方)的站),每個節點 k($0 \leq k \leq n-1$)的出度為 2(若僅有一個測控站,則出度為 1)。按照下述方法計算節點 k 的出邊。

按照與節點 k 的歐氏距離為第 1 關鍵字、x 座標為第 2 關鍵字、y 座標為第 3 關鍵字的遞增順序排列座標序列 w,節點 k 分別向節點 $w[1]$ 和節點 $w[2]$ 連邊(若僅有一個測控站,則連邊 $(k, w[1])$)。

建構出有向圖後,使用回溯法計算節點 1(發行指令的站)可達的節點集合。若該集合囊括了除節點 1 之外的所有節點,則表示資訊可以傳達到所有的站;否則表示存在未能接受資訊的站。

11.6.13 ▶ Graph Connectivity

考慮一個無向圖 $G=<V, E>$,初始時圖中無邊,請寫一程式判斷兩個不同節點間是否連接。程式還要有插入和刪除邊的功能。

輸入

輸入的第一行提供整數 N（$2 \leq N \leq 1000$），表示圖 G 中的節點數。第二行提供指令數 Q（$1 \leq Q \leq 20000$）。後面的 Q 行每行提供一條指令，有三類指令：

1. I uv：插入邊 (u, v)，並保證在執行這一指令時，在節點 u 和 v 之間沒有邊。

2. D uv：刪除已有的邊 (u, v)，並保證在執行這一指令時，在節點 u 和 v 之間存在邊。

3. Q uv：查詢指令，在節點 u 和 v 之間是否連接。

節點的編號為 1 到 N。

輸出

對每條查詢指令輸出一行。如果兩個節點是連接的，則輸出「Y」；否則輸出「N」。

範例輸入	範例輸出
3	N
7	Y
Q 1 2	N
I 1 2	Y
I 2 3	
Q 1 3	
D 1 2	
Q 1 3	
Q 1 1	

試題來源：POJ Monthly--2006.06.25, Zheng Zhao

線上測試：POJ 2838

提示

由於無向圖是動態產生的，因此該圖的儲存結構採用相鄰串列為宜。我們按照下述方法依次處理每條命令：

1. 若為插邊指令 I xy：y 插入 x 的相鄰串列，x 的相鄰串列長 +1；x 插入 y 的相鄰串列，y 的相鄰串列長 +1。

2. 若為刪邊指令 D xy：在 x 的相鄰串列中搜尋 y，用表尾節點覆蓋該位置，x 的相鄰串列長度 -1；在 y 的相鄰串列中搜尋 x，用表尾節點覆蓋該位置，y 的相鄰串列長度 -1。

3. 若為查詢指令 Q xy：若 $x==y$，則 x 和 y 之間連接；否則從 x 出發，透過 BFS 搜尋計算 x 的所有可達節點，若 y 為可達節點，則節點 x 和 y 之間連接；否則不連接。

11.6.14 ▶ The Net

現在考慮 Internet 上的一個令人感興趣的問題：快速的資訊傳送已經成為必需。資訊傳送工作由位於網路節點上的路由器來實作。每個路由器有它自己的一個路由器列表（也被稱為「傳輸表」），提供它可以直接到達的路由器。很明顯，資訊傳送要求經過的路由器最少（也被稱為「中繼段個數」）。

對於提供的網路，要求你的程式發現從資訊源頭到目標節點的最佳路徑（最少中繼段個數）。

輸入

第一行提供網路中路由器的個數（*n*）。後面的 *n* 行提供網路的描述，每行提供一個路由器 ID，然後是一個連字號，以及用逗號分開的可以直接到達的路由器 ID 列表，這一列表按升冪排列。下一行提供資訊傳送要走的路線數目（*m*），後面連續的 *m* 行每行提供一個路線的起始路由器和終點路由器，起始路由器和終點路由器用一個空格分開。輸入封包含多個網路的描述。

輸出

對輸入中提供的每個網路，先輸出一行 5 個連字號，然後對每條路線，輸出資訊從起始路由器傳送到目的路由器要經過的路由器列表。如果不可能進行資訊傳送（起始路由器和目的路由器不連接），輸出字串「connection impossible」。如果存在多條有相同「中繼段個數」的路線，輸出 ID 低的路線（由路由器 1 到 2 的路線是 1 3 2 和 1 4 2，則輸出 1 3 2）。

資料範圍設定為：網路中路由器的數目不超過 300，並且至少有 2 個路由器。每個路由器最多和 50 個路由器直接相連。

範例輸入	範例輸出
6	-----
1-2,3,4	1 3 6
2-1,3	1 3 5
3-1,2,5,6	2 1 4
4-1,5	2 3 5
5-3,4,6	3 6
6-3,5	2 1
6	-----
1 6	9 7 3 4 8 10
1 5	connection impossible
2 4	9 6 2
2 5	
3 6	
2 1	
10	
1-2	
2-	
3-4	
4-8	
5-1	
6-2	
7-3,9	
8-10	
9-5,6,7	
10-8	
3	
9 10	
5 9	
9 2	

線上測試： UVA 627

提示

將路由器看作節點，則試題提供的路由器列表實際上是圖的相鄰串列。我們可以使用 Floyd–Warshall 演算法計算任意節點對之間的最短路徑矩陣 dist[][]（最短路徑矩陣中元素的初始值為∞）。

計算「跳數」實際上就是計算指定節點對 x 和 y 之間的一條最短路徑。有了最短路徑矩陣 dist[][]，計算便變得十分容易。

若 dist[x][y] 為∞，則路由器 x 和路由器 y 不連接；否則路由器 x 和路由器 y 連接。我們可按照下述方法計算和輸出低 ID 的資訊傳送路線。

```
輸出路線上的首節點 x；
while (dist[x][y] != 1)  // 若 y 非最短路徑的尾節點
for (int k=1; k≤N; k++)  // 按照 ID 遞增的循序搜尋最短路徑上 x 的相鄰節點 k
    if (dist[x][k]==1 &&  dist[x][k]+dist[k][y]== dist[x][y]) {
        輸出節點 k；
        x=k;                // 繼續找最短路徑上 k 的相鄰節點
        break;
    }
輸出最短路徑上的尾節點 y；
```

Chapter 12
應用最小生成樹演算法編寫程式

基於樹的定義,一個具有 *n* 個節點的連接圖的產生樹是原圖的最小連接子集,它包含 *n* 個節點和 *n*-1 條邊。若在產生樹中任意刪去一條邊,則產生樹就變成非連接圖;若在產生樹中任意增加一條邊,則在產生樹中就會產生一條迴路。對於連接圖進行 DFS 或 BFS,可產生形態相異的 DFS 樹或 BFS 樹;而搜尋的出發點不同,產生樹的形態亦不同。本章所論述的是在一個帶權的無向連接圖中尋找邊的權和為最小或最大的產生樹,這類產生樹被稱為最小生成樹或最大生成樹。

最小生成樹在求解圖論問題或社會生活中,有著廣泛的應用。現實生活中的許多問題都可以表示成帶權連接圖,並可轉化為求邊的權和最小的產生樹的數學模型。例如,已知某鄉管轄的村莊都是有路可通的、且相鄰村莊間公路的長度已知,現在要求求出沿公路架設電線,使各村之間都通電話且所用電線總長度最小的一個方案。顯然,架線問題可以轉化為一個帶權的無向連接圖:設村莊為節點,設相鄰村莊間的公路為邊,邊權即為公路長度。由於希望找出一個權值和最小的且連接所有節點的子圖,因此這個子圖即為圖的最小生成樹。

計算最小生成樹採用的是貪心策略,要保證每次添加的邊同時滿足下述兩個條件:

1. 不能形成迴路;

2. 在保證 **1.** 的前提下添加權盡可能小的邊。

這樣的邊稱為安全邊。實現貪心策略的演算法有兩種:

1. Kruskal 演算法;

2. Prim 演算法。

這兩種演算法實際上「殊途同歸」:「同歸」指的是兩種演算法都採用了擴充安全邊的貪心策略;「殊途」指的是兩種演算法擴充安全邊的方式和應用場合各不相同。

本章首先提供產生最小生成樹的 Kruskal 演算法和 Prim 演算法的實作範例;然後,在此基礎上,提供產生最大生成樹的實作範例。

12.1   Kruskal 演算法

提供一個 *n* 個節點的帶權連接圖 *G*(*V*, *E*),初始時,由 *n* 個節點組成 *n* 棵樹的森林。每次從圖的邊集中選取一條目前權值最小的邊,若該條邊的兩個頂點分屬不同的樹,則將其加入森林,即把兩棵樹合成一棵樹;若該條邊的兩個頂點已在同一棵樹上,則不取該邊。以此類推,直到森林中只有一棵樹為止,而這棵樹是提供的帶權連接圖的最小生成樹。

設帶權連接圖的節點數為 n,邊數為 m,Kruskal 演算法如下。

```
按照邊權值遞增的順序排序邊集 e;
建立由 n 棵樹組成的森林,每棵樹包含圖的一個節點;
最小生成樹的權和 ans=0;
for ( int k=1; k≤m; k++)        // 列舉 e 中的 m 條邊
    if (第 k 條邊(i, j)的兩個端點分屬於兩棵子樹)
        {  節點 i 所在的子樹併入節點 j 所在的子樹;
               ans+=(i, j) 的權值; }
輸出 ans;
```

如果把森林中的每棵樹作為一個集合,而樹根是所在集合的代表元,則演算法中判斷兩個節點是否同屬一棵樹,以及合併兩棵樹的過程變成了併查集運算。

Kruskal 演算法執行邊排序的時間為 $O(E*\ln E)$,執行 $O(E)$ 次併查集運算所需的總時間約為 $O(E*\ln E)$,此 Kruskal 演算法總的執行時間為 $O(E*\ln E)$。所以,Kruskal 演算法的效率取決於邊數 $|E|$,適用於稀疏圖。

12.1.1 ▶ Constructing Roads

N 個村莊,從 1 到 N 編號,現在請你興建一些路使得任何兩個村莊彼此連接。我們稱兩個村莊 A 和 B 是連接的,若且唯若在 A 和 B 之間存在一條路,或者存在一個村莊 C,使得 A 和 C 之間有一條路,並且 C 和 B 是連接的。

已知在一些村莊之間已經有了一些路,你的工作是再興建一些路,使得所有的村莊都是連接的,並且興建的路的長度是最小的。

輸入

第一行是一個整數 N(3≤N≤100),表示村莊的數目。後面的 N 行,第 i 行包含 N 個整數,這 N 個整數中的第 j 個整數是第 i 個村莊和第 j 個村莊之間的距離,距離值在 [1, 1000] 之間。

然後是一個整數 $\left(0 \leq Q \leq \dfrac{N(N+1)}{2}\right)$。後面提供 Q 行,每行包含兩個整數 a 和 b (1≤a<b≤N),表示在村莊 a 和 b 之間已經興建了路。

輸出

輸出一行僅有一個整數,表示要使所有的村莊連接要新建道路的長度的最小值。

範例輸入	範例輸出
3 0 990 692 990 0 179 692 179 0 1 1 2	179

試題來源:PKU Monthly, kicc

線上測試:POJ 2421

❖ 試題解析

將村莊以及村莊之間的道路用一個帶權無向圖表示，其中村莊作為節點，村莊間的道路作為邊，設路的長度為邊的權值。顯然，本題要求在原有的圖（已建成的道路）上添加邊，使之變成連接圖。由於添加的邊的數目小於 $N-1$，因此採用 Kruskal 演算法比較合適。這裡要注意的是，試題要求計算的是所添加邊的權和，而非最小生成樹的邊權和。

設相鄰矩陣 p 儲存所有邊，一維序列 Fa 儲存每個節點的父指標，利用父指標可以計算出節點所在子樹的根：從節點 i 出發，沿 Fa 指標向上追溯 (Fa[Fa[…Fa[i]…]])，直至 x==Fa[x] 為止，得出 x 為節點 i 所在的樹的根，即 Fa[i]=x（$0 \le i \le n-1$）。

計算過程如下。

1. 初始化。

輸入村莊間的道路情況，建構無向連接圖的相鄰矩陣 p；N 個節點組成 N 棵產生樹（Fa[i]=i，$0 \le i \le n-1$）；讀 Q 條已建成的道路 (a, b)，Fa[b]=a（$1 \le a < b \le N$）；所添加邊的權和 ans 初始化為 0。

2. 計算所添加邊的權和 ans。

按照遞增順序列舉邊權 k（$1 \le k \le 1000$）：列舉所有邊權為 k 且端點 i 和 j 分屬兩棵子樹的邊 (i, j)（$p[i][j]$==k && 節點 i 所在的樹的根 ≠ 節點 j 所在的樹的根，$0 \le i < j \le n-1$），將節點 i 所在的樹併入節點 j 所在的樹（Fa[Fa[i]]=Fa[j]），k 計入新建道路的長度（ans+=k）。

3. 輸出新建道路的長度 ans。

❖ 參考程式

```
01    import java.util.*;                              // 匯入 Java 下的工具套件
02    import java.io.Reader;
03    import java.io.Writer;
04    import java.math.*;
05    public class Main{                               // 建立一個公用的 Main 類別
06        public static void print(String x){          // 輸出最小生成樹的邊長和
07            System.out.print(x);
08        }
09        static int[] Fa;                             // 父指標序列 Fa
10        public static int Get_father(int x){         // 計算 x 節點所在子樹的根
11            return Fa[x]=Fa[x]==x?x:Get_father(Fa[x]);
12        }
13        public static void main(String[] args){      // 定義 main 函式的參數是一個字串型別的
14                                                     // 陣列 args
15            Scanner input = new Scanner(System.in);  // 定義 Java 的標準輸入
16            while (input.hasNextInt()){              // 反覆輸入測試案例
17                int N = input.nextInt();             // 輸入節點數
18                int[][] P = new int [N+1][N+1];      // 為相鄰矩陣 p 申請記憶體
19                for (int i=0;i<N;i++)                // 輸入相鄰矩陣
20                    for (int j=0;j<N;j++)
21                        P[i][j] = input.nextInt();
22                Fa = new int[N+1];                   // 為父指標序列申請記憶體
23                for (int i=0;i<N;i++) Fa[i]=i;       // 輸入產生樹初始時的 m 條邊，建立父子
```

```
24                                              // 關係，產生樹外節點的父指標指向自己
25              for (int M=input.nextInt();M>0;M--)
26                  Fa[Get_father(input.nextInt()-1)]=Get_father(input.nextInt()-1);
27              int ans = 0;                    // 新建公路的長度初始化
28              for (int k=1;k<=1000;k++)        // 按照遞增順序列舉邊長 k
29                  for (int i=0;i<N;i++)        // 列舉任一對節點 i 和 j
30                      for (int j=0;j<N;j++)
31                          if (P[i][j]==k&&Get_father(i)!=Get_father(j)){
32                              // 若 (i, j) 的邊長為 k，且兩個節點分屬兩棵子樹，則 i 節點所在的
33                              // 子樹併入 j 節點所在的子樹，k 計入新建道路的長度
34                              Fa[Fa[i]]=Fa[j];
35                              ans += k;
36                          }
37              print(ans+"\n");                 // 輸出新建道路的長度
38          }
39      }
40  }
```

12.2　Prim 演算法

提供一個 n 個節點的帶權連接圖 $G(V, E)$，在 Prim 演算法執行過程中，集合 A 中的邊形成一棵最小生成樹。初始時 A 為空；接下來每次添加到 A 的邊都是目前權值最小的邊，這個過程一直進行到產生樹產生為止。

設 r 為出發節點；節點 i 是集合 A 外的節點，且 $d[i]$ 為節點 i 與集合 A 中的節點相連的最短邊的權值，即 $d[i]= \min_{j \in A} \{(i, j)$ 的權值 $\}$，簡稱節點 i 的距離值；所有不在 A 中的節點按照 d 值遞增的順序組成一個最小優先佇列 Q；$f[u]$ 為樹中 u 節點的父母。在 Prim 演算法執行過程中最小生成樹的邊集 A 隱含地滿足 $A=\{(u, f[u]) \mid u \in V-\{r\}-Q\}$。

當 Prim 演算法結束時，最小優先佇列 Q 是空的，而最小生成樹的邊集是 $\{(u, f[u]) \mid u \in V-\{r\}\}$，最小生成樹的權 ans$=\sum_{u \in V-\{r\}} (u, f[u])$。

Prim 演算法實作如下。

```
for (each v ∈ V)                    // 初始時，除出發節點的距離值為 0 外，其他節點的距離值為 ∞，
                                    // 最小優先佇列 Q 包含所有節點，即所有節點未在產生樹中
{ d[v]=∞; f[u]=nil;};
d[r]=0; Q=V;
          while (Q!=∅)
   { 在 Q 中取出一個 d 值最小的節點 u;          // 節點 u 進入最小生成樹
        if (u!=r) ans=ans+w[u, f[u]];      // 若節點 u 非起始節點（樹根），則累計邊權和
for (each v ∈ u 相鄰的節點集 )               // 更新每個與 u 鄰接且不在樹中的節點 v 的 d 值和父指標
if((v ∈ Q)&&(w[u, v]<d[v]))
{ f[v]=u; d[v]=w[u, v];}
       };
輸出最小生成樹的權和 ans;
```

由上可見，while 迴圈 $|V|$ 次，每次迴圈需要對優先佇列 Q 操作，演算法的效率取決於 Q 的資料結構。如果採用陣列實現 Q，則每次 while 迴圈需要花 $O(V^2)$ 時間對 Q 進行排序，因此 Prim 演算法的執行時間為 $O(V^3)$；如果採用小根堆實現 Q，則可以在初始化

部分增加一個建堆的操作，花費時間為 $O(V)$。每次 while 迴圈，從堆 Q 中取一個 d 值最小的節點需要 $O(\ln |V|)$ 時間；內迴圈 for 總共執行 $|E|$ 次（因為所有相鄰串列的長度和為 $2|E|$），每次對堆 Q 中 d 值的更新需要 $O(\ln |V|)$ 時間。因此 Prim 演算法的整個執行時間為 $O(V*\ln V+E*\ln V)$。由於 $|E|<|V|^2$，因此執行時間的上限為 $O(|V|*\ln |V|+|V|^2*\ln |V|)$。所以，Prim 演算法的效率取決於節點數 $|V|$，一般適用於稠密圖。

12.2.1 ▶ Agri-Net

農夫 John 被選為他所在市的市長。而他的競選承諾之一是將在該地區的所有的農場用網際網路連接起來。現在他需要你的幫助。

John 的農場已經連上了高速連接的網際網路，現在他要將這一連接與其他農場分享。為了減少成本，他希望用最短長度的光纖將他的農場與其他農場連接起來。

提供連接任意兩個農場所需要的光纖長度的清單，請你找到將所有農場連接在一起所需要光纖的最短長度。

任何兩個農場之間的距離不會超過 100000。

輸入
輸入包括若干組測試案例。每組測試案例的第一行提供農場數目 N（$3 \leq N \leq 100$）。然後是 $N \times N$ 的相鄰矩陣，其每個元素表示一個農場與另一個農場之間的距離。提供 N 行，每行有 N 個空格間隔的整數，一行接一行地輸入，每行不超過 80 個字元。當然，矩陣的對角線為 0，因為一個農場到自己的距離為 0。

輸出
對每個測試案例，輸出一個整數，表示把所有農場連接在一起所需要光纖的最短長度。

範例輸入	範例輸出
4 0 4 9 21 4 0 8 17 9 8 0 16 21 17 16 0	28

試題來源：USACO
線上測試：POJ 1258

❖ **試題解析**

本題用帶權無向連接圖表示，其中農場作為節點（其中 John 的農場為節點 0），任意兩個農場之間以邊相連，兩個農場之間的距離為相連邊的權值。顯然，計算「將所有農場連接在一起所需要光纖的最短長度」，就是求這個帶權無向連接圖的最小生成樹。由於節點數的上限僅為 100，因此採用 Prim 演算法比較適宜。為了使程式編寫更加簡便，我們用陣列儲存優先佇列 Q。

設 v 為圖的相鄰矩陣；dist 為優先佇列 Q，其中 dist[i] 為節點的距離值，優先佇列以距離值遞增的順序排列；初始時，dist[0]$=\infty$，dist[i]$=v[0][i]$（$1 \leq i \leq n-1$）；use 為節點進入產生樹的標誌。

初始時，除 John 的農場進入產生樹外（use[0]=true），其餘節點都不在產生樹中

（use[i]=false，$1{\le}i{\le}n{-}1$）；我們按照如下方法依次擴充 $n{-}1$ 條邊：

```
{ 尋找與產生樹相連的權值最小的邊的節點 tmp (dist[tmp]= min      {dist[i]});
                                          1≤i≤n-1,usd[i]=false
    邊的權值計入產生樹的權 (tot += dist[tmp]);
    節點 tmp 進入產生樹（use[tmp]=true）;
    調整產生樹外節點與產生樹相連的邊的最小權值（dist[k]=min{ dist[k],
        v[k][tmp] | use[k]=false }, 1 ≤ k ≤ n-1);
}
```

輸出最小生成樹的權值 tot。

❖ 參考程式

```
01   import java.util.*;                           // 匯入 Java 下工具套件 util 中的所有類別
01   public class Main {                           // 建立一個公用的 Main 類別
02       public static void main(String[] args){   // 定義 main 函式的參數是一個 String 類別
03                                                 // 的陣列 args
04           Scanner input = new Scanner(System.in); // 定義 Java 的標準輸入
05           while (input.hasNextInt()){           // 反覆輸入測試案例
06               int n=input.nextInt(),tot=0;      // 輸入節點數 n，最小生成樹的權初始化
07               int[][] v = new int[n][n];        // 為相鄰矩陣 v、產生樹外節點與
08               // 產生樹相連的距離值序列 dist 和產生樹的節點標誌序列 use
09               int[] dist = new int[n];
10               boolean[] use = new boolean[n];
11               use[0] = true;                    // 出發點進入產生樹，其餘節點未在產生樹內
12               for (int i=1;i<n;i++)
13                   use[i] = false;
14               for (int i=0;i<n;i++)             // 輸入圖的相鄰矩陣
15                   for (int j=0;j<n;j++)
16                       v[i][j] = input.nextInt();
17               dist[0] = 0x7FFFFFFF;             // 定義出發點的 dist 值
18               for (int i=1;i<n;i++)            // 其他節點與出發點的距離值該節點與
19                                                // 產生樹相連的邊的最小權值
20                   dist[i] = v[0][i];
21               for (int i=1;i<n;i++){           // 拓展產生樹的 n-1 條邊
22                   int tmp = 0;                  // 尋找與產生樹相連邊最短的節點 tmp
23                   for (int k=1;k<n;k++)
24                       if (dist[k]<dist[tmp]&&!use[k]) tmp = k;
25                   tot += dist[tmp];             // 最小權計入產生樹的權，節點 tmp 進入產生樹
26                   use[tmp] = true;
27                   for(int k=1;k<n;k++)          // 調整產生樹外節點與產生樹相連的邊的最小權值
28                       if (!use[k])
29                           dist[k] = min(dist[k],v[k][tmp]);
30               }
31               System.out.println(tot);         // 輸出最小生成樹的權
32           }
33       }
34       private static int min(int i, int j) { // 傳回兩個整數的較小值
35           if (i<j) return i;
36           else  return j;
37       }
38   }
```

12.2.2 ▶ Truck History

Advanced Cargo Movement（ACM）公司使用不同類型的卡車。一些卡車用於蔬菜的運輸，其他卡車用於傢俱運輸或者運磚塊等。這家公司有自己的編碼，用來描述卡車的每種類型。這一編碼是由 7 個小寫字母組成的字串（在每個位置上的每個字母有其特定的含意，但對於本題並不重要）。在公司剛成立的時候，只有一種卡車類型，此後的其他類型由這一類型匯出，然後再由新類型匯出其他的類型。

現在，ACM 請歷史學家來研究它的歷史。歷史學家們試圖發現的一件事情被稱為推導計畫，即卡車的類型是如何被匯出的。他們將卡車類型的距離定義為卡車類型程式碼中具有不同字母的位置的數目。他們假定每種卡車類型僅由一種其他的類型匯出（除首個卡車類型不是由其他類型匯出之外）。推導計畫的值定義為 $1/\sum_{(t_0, t_d)} d(t_0, t_d)$，該公式對推導計畫中所有這樣的對求總和，$t_0$ 是原有類型，t_d 是由 t_0 匯出的類型，$d(t_0, t_d)$ 是類型的距離。

因為歷史學家未能完成這一工作，請你寫一個程式幫助他們。提供卡車類型的編碼，你的程式要提供推導計畫的最高可能值。

輸入

輸入由若干個測試案例組成。每個測試案例的第一行是卡車類型數量 N（$2 \leq N \leq 2000$），後面的 N 行每行提供一種卡車類型（由 7 個小寫字母組成的字串）。描述卡車類型的編碼是唯一的，即 N 行中沒有兩行是相同的。

輸出

對於每個測試案例，輸出文字「The highest possible quality is $1/Q$.」，其中 $1/Q$ 是最好的推導計畫的值。

範例輸入	範例輸出
4 aaaaaaa baaaaaa abaaaaa aabaaaa 0	The highest possible quality is 1/3.

試題來源：CTU Open 2003
線上測試：POJ 1789，ZOJ 2158

❖ 試題解析

設每輛卡車為節點，卡車 i 的類型為 code[i]，節點 i 與節點 j 的邊的權值為 $\sum_{k=1}^{7}$ code[i][k]!=code[j][k], $0 \leq i, j \leq n-1$。由於「每種卡車類型僅由一種其他的類型匯出（除首個卡車類型不是由其他類型匯出之外）」，因此這個圖是帶權無向連接圖。

按照推導計畫值的定義為 $1/\sum_{(t_0, t_d)} d(t_0, t_d)$，要使得推導計畫的可能值最高，則 $\sum_{(t_0, t_d)} d(t_0, t_d)$ 必須最小。所以，本題是求解帶權無向連接圖的最小生成樹問題。

因為按照卡車類型匯出的規則，本題的帶權無向連接圖極有可能是一個稠密圖，所以本題使用 Prim 演算法計算最小生成樹。

本題使用 STL 的優先佇列儲存產生樹外節點的距離值與產生樹相連的邊的最小權值。

❖ 參考程式

```
01  #include<iostream>
02  #include<algorithm>
03  #include<cstdio>
04  #include<queue>
05  #include<cstring>
06  #include<vector>
07  using namespace std;
08  bool vis[2100];
09  int m;                                              // 點的個數
10  char tu[2105][8];
11  struct node
12  {
13      node(int i=0,int j=0,int k=0):a(i),b(j),len(k){} // 建構式
14      int a,b,len;
15  };
16  struct cmp{ bool operator()(const node&a,const node&b)  {return a.len>b.len;} };
17                                                      // 比較函式類別
18  int cal(int i,int j)                                // 計算 2 個字串的距離
19  {
20      int ans=0,ii=-1;
21      while(++ii<7)
22          if(tu[i][ii]!=tu[j][ii])
23              ans++;
24      return ans;
25  }
26  void read()
27  {
28      for(int i=0;i<m;i++)
29          scanf("%s",tu[i]);
30  }
31  void prim()//prim 演算法
32  {
33      priority_queue<node,vector<node>,cmp>* que=new priority_queue<node,vector
34          <node>,cmp>;
35      memset(vis,0,sizeof(vis));
36      int num=0,ans=0,e=0;
37      node temp;
38      while(++num<m)              // 加入 n-1 條邊
39      {
40          vis[e]=1;              // 加入一個點
41          for(int i=0;i<m;i++)  // 加入新的邊
42              if(!vis[i]&&i!=e)
43                  que->push( node(i,e,cal(e,i)) );
44          while(vis[e])          // 找到合適的最短邊
45          {
46              temp=que->top();que->pop();
47              e=temp.a;
48              if(!vis[temp.b]) e=temp.b;
49          }
50          ans+=temp.len;        // 加上距離
51      }
```

```
52        delete que;
53        printf("The highest possible quality is 1/%d.\n",ans);
54   }
55   int main()
56   {
57        while(cin>>m,m)
58        {
59            read();
60            prim();
61        }
62        return 0;
63   }
```

12.3   最大生成樹

在一個圖的所有產生樹中，邊權值和最大的產生樹就是該圖的最大生成樹。

將 Kruskal 演算法和 Prim 演算法稍微修改，就是產生的最大生成樹的演算法：

1. 對於 Kruskal 演算法，將「按照邊權值遞增的順序排序邊集 e」，改為「按照邊權值遞減的順序排序邊集 e」。

2. 對於 Prim 演算法，將「所有不在樹中的節點按照 d 值遞增的順序組成一個優先佇列 Q」，改為「所有不在樹中的節點按照 d 值遞減的順序組成一個優先佇列 Q」。

12.3.1 ▶ Bad Cowtractors

Bessie 受雇在農場主 John 的 N 個穀倉之間建立一個廉價的網路，為了方便，穀倉編號從 1 到 N，$2 \leq N \leq 1000$。農場主 John 在事先做了一些調查，發現其中有 M 對穀倉之間可以直接進行連接，$1 \leq M \leq 20000$；每條這樣的連接都有一個耗費 C，$1 \leq C \leq 100000$。John 想花最少的錢在連接網路上，他甚至不想付錢給 Bessie。

Bessie 意識到 John 不會給她錢，就決定採用最壞的方案。她設計一組連接，使得①這些連接的總耗費盡可能地大；②所有穀倉都被連接（透過連接的路徑，從任何一間穀倉出發，可以到達任何其他的穀倉）；③在這些連接中沒有迴路（農場主 John 會很容易發現迴路）。條件②和③確保最終的連接集合看起來像一棵「樹」。

輸入

第 1 行，提供兩個用空格分隔的整數 N 和 M。

第 2 行到第 $M+1$ 行，每行包含三個用空格分隔的整數 A、B 和 C，表示在倉庫 A 和倉庫 B 之間的連接要耗費 C。

輸出

輸出 1 行，提供一個整數，表示連接所有穀倉的最昂貴的樹的耗費。如果無法將所有的穀倉連接在一起，則輸出 −1。

範例輸入	範例輸出
5 8	42
1 2 3	
1 3 7	
2 3 10	
2 4 4	
2 5 8	
3 4 6	
3 5 2	
4 5 17	

提示

輸出說明：最昂貴的樹的耗費是 17+8+10+7=42，包含如下的連接：4 到 5，2 到 5，2 到 3，以及 1 到 3。

試題來源： USACO 2004 December Silver

線上測試： POJ 2377

❖ 試題解析

本題可以表示為一個帶權圖，穀倉為節點，穀倉間的連接為帶權邊。本題要求就帶權圖的最大生成樹的權。

本題可以用 Kruskal 演算法，也可以用 Prim 演算法來求最大生成樹。

下面用 Kruskal 演算法來求解本題。初始狀態是 N 個節點構成的森林。首先，按邊的權值從大到小排序；如果兩點間有多重邊，則選擇大的權值加入排序。然後，依次處理排了序的權值：用併查集的方式進行檢測，如果邊的兩個端點分屬於兩棵子樹，則合併兩棵子樹。

如果最後產生最大生成樹，則輸出最大生成樹的權值；否則，輸出 –1。

❖ 參考程式

```
01    #include<iostream>
02    #include<algorithm>
03    using namespace std;
04    const int MAXN = 1100;
05    const int MAXM = 40040;
06    struct EdgeNode                     // 邊表元素為結構類型
07    {
08        int from;                       // 邊 (from, to) 的權為 w
09        int to;
10        int w;
11    }Edges[MAXM];                       // 邊表
12    int father[MAXN];                   // 節點 x 所在的子樹根為 father[x]
13    int find(int x)                     // 計算 x 節點所在子樹的根
14    {
15        if(x != father[x])
16            father[x] = find(father[x]);
17        return father[x];
18    }
19    int cmp(EdgeNode a,EdgeNode b)       // 比較函式
20    {
21        return a.w> b.w;
```

```
22      }
23      void Kruskal(int N,int M)                    // 使用 Kruskal 演算法計算和輸出最大生成樹的權值和
24      {
25          sort(Edges,Edges+M,cmp);                 // m 條邊按權值遞減順序排列
26          int ans = 0,Count = 0;                   // 最大生成樹的權值和 ans 與邊數初始化
27          for(int i = 0; i < M; ++i)               // 按照權值遞減的順序添邊
28          {
29              int u = find(Edges[i].from);  // 取第 i 條邊兩個端點所在的子樹根
30              int v = find(Edges[i].to);
31              if(u != v)                           // 若第 i 條邊的兩個端點分屬於兩棵子樹，則該邊的權計入
32                                                   // 最大生成樹，合併這兩棵子樹，累計最大生成樹的邊數
33              {
34                  ans += Edges[i].w;
35                  father[v] = u;
36                  Count++;
37                  if(Count == N-1)                 // 若已產生 n-1 條邊，則成功退出
38                      break;
39              }
40          }
41          if(Count == N-1)          // 若產生 n-1 條邊的最大生成樹，則輸出邊權和；否則輸出失敗訊息
42              cout << ans << endl;
43          else
44              cout << "-1" << endl;
45      }
46      int main()
47      {
48          int N,M;
49          while(~scanf("%d%d",&N,&M))              // 輸入節點（穀倉）數和邊（連接的穀倉對）數
50          {
51              for(int i = 1; i <= N; ++i)    // 建構 n 棵單根樹組成的森林
52                  father[i] = i;
53              for(int i = 0; i < M; ++i)     // 輸入 m 條邊資訊
54                  scanf("%d%d%d",&Edges[i].from, &Edges[i].to, &Edges[i].w);
55              Kruskal(N,M);                        // 使用 Kruskal 演算法計算和輸出最大生成樹的權值
56          }
57          return 0;
58      }
```

12.3.2 ▶ Conscription

Windy 擁有一個國家，他想建立一支軍隊來保衛他的國家。他收留了 N 個女人和 M 個男人，想雇傭他們成為他的士兵。每雇傭一個士兵，他必須支付 10000 元人民幣。在女人和男人之間存在一些關係，Windy 可以利用這些關係來減少費用。如果女人 x 和男人 y 有關係，其中一個被 Windy 雇傭，那麼 Windy 可以用（10000−d）元人民幣雇傭另一個。現在提供所有的男人和女人之間的關係，請你計算 Windy 必須支付的最少的錢。注意，雇傭一個士兵時只能使用一個關係。

輸入

輸入的第一行提供測試案例的數量。每個測試案例的第一行包含三個整數 N、M 和 R；然後提供 R 行，每行包含三個整數 x_i、y_i 和 d_i；每個測試案例前面都有一個空行；其中，$1 \leq N$，$M \leq 10000$，$0 \leq R \leq 50000$，$0 \leq x_i < N$，$0 \leq y_i < M$，$0 < d_i < 10000$。

輸出

對於每個測試案例，在一行中輸出答案。

範例輸入	範例輸出
2	71071
	54223
5 5 8	
4 3 6831	
1 3 4583	
0 0 6592	
0 1 3063	
3 3 4975	
1 3 2049	
4 2 2104	
2 2 781	
5 5 10	
2 4 9820	
3 2 6236	
3 1 8864	
2 4 8326	
2 0 5156	
2 0 1463	
4 1 2439	
0 4 4373	
3 4 8889	
2 4 3133	

試題來源：POJ Monthly Contest–2009.04.05, windy7926778

線上測試：POJ 3723

❖ 試題解析

有 N 個女人和 M 個男人，要雇傭他們成為士兵，需要支付 $10000×(N+M)$ 元人民幣；如果使用關係進行雇傭，則可以減少費用。

本題表示為一個帶權圖 G，每個人表示為一個節點；兩個人之間有關係，則對應的節點之間連接一條權值為 d 的邊；兩個人之間沒有關係，則對應的節點之間連接一條權值為 0 的邊。

則本題就轉化為在 G 中產生最大生成樹，而 Windy 的費用就是 $10000×(N+M)-$ 最大生成樹的權值。

❖ 參考程式（略。本題參考程式的 PDF 檔案和本題的英文原版均可從碁峰網站下載）

12.4 相關題庫

12.4.1 ▶ Network

Andrew 是系統管理員，要在他的公司建網路。公司裡有 N 個集線器，彼此間透過電纜連線。因為公司裡的每個員工要存取整個網路，所以每個集線器都要能被其他集線器透過電纜存取到（可以透過中間的集線器）。

因為不同類型的電纜都是可用的，電纜越短越便宜，所以有必要做一個集線器連接的方案，使得所用電纜的總長度最小。本問題不存在相容問題和建築的幾何限制問題。

Andrew 將提供給你有關電纜連線的必要的訊息。

請你幫助 Andrew 找到一個滿足上述所有條件的集線器連接的方案。

輸入

輸入的第一行包含兩個整數 N（$2 \leq N \leq 1000$）和 M（$1 \leq M \leq 15000$）；其中 N 是網路中集線器的數量，M 是集線器之間可以進行連接的數量。所有集線器編號都是從 1 到 N。後面的 M 行提供可以進行的集線器連接的資訊：兩個可以連接的集線器，以及連接所需要的電纜的長度。長度是一個正整數，不超過 10^6。兩個集線器之間最多有一條電纜相連。集線器不可能自己與自己相連。所有集線器之間至少要有一條連接路徑。

輸出

輸出你的集線器連接方案所需要電纜總長度的最小值（輸出所用電纜總長度最小時的最長電纜的長度）。然後輸出你的方案：先輸出 P，即使用的電纜數量；然後輸出 P 對整數，即由相關電纜連線起來的集線器的編號。用空格或分行符號將數字分開。

範例輸入	範例輸出
4 6	1
1 2 1	4
1 3 1	1 2
1 4 2	1 3
2 3 1	2 3
3 4 1	3 4
2 4 1	

試題來源：ACM Northeastern Europe 2001, Northern Subregion

線上測試：POJ 1861，ZOJ 1542

提示

設集線器為節點，集線器間的連線為邊。由於「兩個集線器之間最多有一條電纜相連。集線器不可能自己與自己相連。所有集線器之間至少要有一條連接路徑」，因此網路中集線器的連接情況構成了一個帶權無向連接圖。集線器連接方案要求電纜總長度最小，顯然，這是一個最小生成樹問題。由於圖的最小生成樹滿足產生樹的最大邊權最小的性質（可由反證法證明），由此最小生成樹中的最大邊權即為電纜總長度最小時的最長電纜的長度。

本題建議使用 Kruskal 演算法，原因如下：

1. 節點數的上限為 1000，邊數的上限為 15000，因此稀疏圖的可能性較大；

2. 試題要求計算最小生成樹的最長邊（輸出所用電纜總長度最小時的最長電纜的長度），而 Kruskal 演算法是按照邊長遞增順序添邊的，因此最後一條添加的邊即為最小生成樹的最長邊。

12.4.2 ▶ Slim Span

提供一個無向帶權圖 G，請找出如下所述的產生樹中的一棵。

圖 G 表示為一個有序對 (V, E)，其中 V 是頂點集 $\{v_1, v_2, \cdots, v_n\}$，$E$ 是無向邊的集合 $\{e_1, e_2, \cdots, e_m\}$，每條邊 $e \in E$，其權值為 $w(e)$。

一棵產生樹 T 是一棵由 $n-1$ 條邊連接 n 個頂點的樹（一個無迴路的連接子圖）。產生樹 T 的瘦（slimness）值定義為在 T 的 $n-1$ 條邊中最大權值和最小權值的差。

圖 12.4-1 中的 G 有若干產生樹，圖 12.4-2a～d 提供了其中 4 棵產生樹。在圖 12.4-2a 中的產生樹 T_a 有 3 條邊，其權值是 3、6 和 7，最大權值是 7，最小權值是 3，因此該樹的瘦值 T_a 是 4。圖 12.4-2b、c 和 d 提供的產生樹的瘦值分別是 3、2 和 1。可以容易地推出任何產生樹的瘦值大於等於 1，而圖 12.4-2d 提供的產生樹 T_d 是最瘦的產生樹，其瘦值是 1。

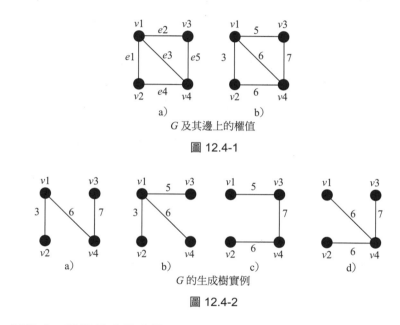

G 及其邊上的權值

圖 12.4-1

G 的生成樹實例

圖 12.4-2

請你編寫一個程式，計算最小的瘦值。

輸入

輸入由多個測試案例組成，以包含由一個空格分開兩個 0 的一行結束。每個測試案例的形式如下：

n m
a_1 b_1 w_1
$\cdots$
a_m b_m w_m

在測試案例中每個輸入項都是非負整數，在一行中每個項用一個空格分開。n 是頂點數，m 是邊數，設定 $2 \leq n \leq 100$，$0 \leq m \leq n(n-1)/2$，a_k 和 b_k $(k=1, \cdots, m)$ 是小於等於 n 的正整數，表示用第 k 條邊 e_k 連接的兩個頂點，w_k 是小於或等於 10000 的正整數，表示 e_k 的權值。可以設定圖 $G=(V, E)$ 是一個簡單圖，即一個無自環的非多重圖。

輸出

對每個測試案例，如果圖有產生樹，就輸出最小的瘦值；否則，輸出 −1。輸出不包含額外的字元。

範例輸入	範例輸出
4 5	1
1 2 3	20
1 3 5	0
1 4 6	−1
2 4 6	−1
3 4 7	1
4 6	0
1 2 10	1686
1 3 100	50
1 4 90	
2 3 20	
2 4 80	
3 4 40	
2 1	
1 2 1	
3 0	
3 1	
1 2 1	
3 3	
1 2 2	
2 3 5	
1 3 6	
5 10	
1 2 110	
1 3 120	
1 4 130	
1 5 120	
2 3 110	
2 4 120	
2 5 130	
3 4 120	
3 5 110	
4 5 120	
5 10	
1 2 9384	
1 3 887	
1 4 2778	
1 5 6916	
2 3 7794	
2 4 8336	
2 5 5387	
3 4 493	
3 5 6650	
4 5 1422	
5 8	
1 2 1	
2 3 100	
3 4 100	
4 5 100	
1 5 50	
2 5 50	
3 5 50	
4 1 150	
0 0	

試題來源： ACM Japan 2007

線上測試： POJ 3522，UVA 3887

提示

設一維序列 x、y 和 w 儲存邊資訊，其中第 i 條邊為 (x_i, y_i)，邊權為 w_i（$1 \leq i \leq m$）；一維序列 fa 儲存每個節點的父指標，利用父指標可以計算出節點所在子樹的根：從節點 i 出發，沿 fa 指標向上追溯（fa[fa[…fa[i]…]），直至 x==fa[x] 為止，得出 x 為節點 i 所在子樹的根，即 fa[i]=x（$0 \leq i \leq n-1$）。初始時，$f[j]=j$（$0 \leq j \leq n-1$）。

整個計算過程分兩步。

1. 在輸入邊資訊的同時判斷能否產生具有 $n-1$ 條邊的產生樹。

初始時，n 個節點各自為一棵樹（fa[i]=i, $0 \leq i \leq n-1$），產生樹的邊數 tot=0。

依次輸入和處理每條邊的資訊：

```
{ 計算 fa[xᵢ] 和 fa[yᵢ]；
    若 xᵢ 和 yᵢ 分屬不同的子樹 (fa[xᵢ]!=fa[yᵢ])，則添加邊 (xᵢ, yᵢ)（++tot），
        xᵢ 所在的子樹併入 yᵢ 所在的子樹併入 (fa[fa[xᵢ]]=fa[yᵢ])；
}
```

若 tot!=$n-1$，則說明圖沒有產生樹，輸出 –1 並結束目前測試案例的計算；否則計算生成樹的最小瘦值。

2. 採用 Kruskal 演算法列舉具有最小瘦值的產生樹。

m 條邊按照邊權為第 1 關鍵字、邊序號為第 2 關鍵字遞增的順序重新排列 w。

產生樹的最小瘦值 ans 初始化為 ∞。

列舉產生樹中可能的最小權值邊 i（$0 \leq i \leq m-1$）：

```
if (i == 0||wᵢ!=wᵢ₋₁)
    { n 個節點各自為一棵樹（fa[j]=j，0≤j≤n-1），產生樹的邊數 tot=0；
        列舉產生樹中可能的最大權值邊 k（i≤k≤m-1）：
        { 計算 fa[xₖ] 和 fa[yₖ]；
            若 xₖ 和 yₖ 分屬不同子樹 (fa[xₖ]!=fa[yₖ])，則
            { 添加邊 k（++tot）；
                xₖ 所在的子樹併入 yₖ 所在的子樹 (fa[fa[xₖ]]=fa[yₖ])；
                若形成產生樹 (tot==n-1)，則調整最小瘦值 ans=min(ans,wₖ-wᵢ) 並退出 k 迴圈；
            }
        }
    若未形成產生樹 (tot !=n-1)，則結束 i 迴圈；
}
```

輸出最小瘦值 ans。

12.4.3 ▶ The Unique MST

提供一個連接無向圖，請判斷其最小生成樹是否是唯一的。

定義 1（產生樹） 提供一個連接無向圖 $G=(V, E)$，G 的一棵產生樹，被記為 $T=(V', E')$，具有如下性質：

1. $V'=V$；

2. T 是連接無迴路的。

定義 2（最小生成樹） 提供一個邊帶權的連接無向圖 $G=(V, E)$。G 的最小生成樹 $T=(V',$ $E')$ 是具有最小總耗費的產生樹。T 的總耗費表示 E' 中所有邊的權值的和。

輸入

第一行提供一個整數 t $(1 \le t \le 20)$，表示測試案例數。每個測試案例表示一個圖，測試案例的第一行提供兩個整數 n 和 m $(1 \le n \le 100)$，分別表示頂點和邊的數目，後面的 m 行每行是一個三元組 (x_i, y_i, w_i)，表示 x_i 和 y_i 透過權值為 w_i 的邊相連。任意兩個節點間至多只有一條邊相連。

輸出

對於每個測試案例，如果 MST 是唯一的，則輸出其總耗費；否則輸出字串「Not Unique!」。

範例輸入	範例輸出
2	3
3 3	Not Unique!
1 2 1	
2 3 2	
3 1 3	
4 4	
1 2 2	
2 3 2	
3 4 2	
4 1 2	

試題來源：POJ Monthly--2004.06.27 srbga@POJ

線上測試：POJ 1679

提示

若 MST 是唯一的，則增加 MST 上任一條邊的權值，邊權和肯定會隨之增加；否則增加 MST 上一條邊的權值，按照 Kruskal 演算法的思維，合併該邊兩個端點所在的子樹時，可能會選擇另一條權值更小的邊，使邊權和不變。由此得出演算法：

1. 採用 Kruskal 演算法計算圖 G 的最小生成樹的邊數 tot、邊權和 ans，並按邊權值遞增順序將 tot 條邊的編號存入 res 序列；置 MST 的唯一標誌 unique=(tot==n-1)。

2. 搜尋 res 序列中的每條邊 c（$1 \le c \le$ tot）：

```
{ 找出圖中序號為 res[c] 的邊，其邊權 +1，形成新圖 G';
    採用 Kruskal 演算法計算 G' 的最小生成樹的邊數 ttot、邊權和 tans;
    若 G 和 G' 的最小生成樹邊數 ttot、邊權和完全相同 (tans==ans && ttot == tot)，
        則說明 MST 不是唯一的 (unique=false)，轉 3)
            恢復圖 G（即 G' 中序號為 res[c] 的邊，其邊權 -1）
}
```

3. 若 MST 是唯一的 (unique==true)，則輸出 ans；否則輸出「Not Unique!」。

12.4.4 ▶ Highways

島國 Flatopia 非常平坦，但是，Flatopia 沒有高速公路，因此，Flatopia 的交通很困難。

Flatopian 政府也意識到了這個問題，他們計畫興建一些高速公路，使得在任何兩個城鎮之間都能透過公路系統駕車通行。

Flatopian 城鎮的編號是從 1 到 N。一條高速公路連接兩個城鎮。所有的高速公路都是直線，而且所有的高速公路都是雙向的。高速公路可以彼此交叉，但是司機只能在城鎮從一條高速公路轉到另一條高速公路，城鎮位於這兩條高速公路的端點。

Flatopian 政府希望儘量減少高速公路的總長度。然而，他們還要保證任何一個城鎮都可以透過高速公路從其他城鎮到達。

輸入

第一行提供一個整數 T，表示有多少個測試案例。每個測試案例的第一行是一個整數 N（$3 \leq N \leq 500$），提供城鎮的數目。後面跟著 N 行，第 i 行包含 N 個整數，這 N 個整數中的第 j 個整數是城鎮 i 和城鎮 j 之間的距離（距離是一個在區間 $[1, 65536]$ 中的整數）。

輸出

對於每個測試案例，輸出一行，提供一個整數，表示使得所有城鎮都被連接的、要建的最長的一條高速公路的長度，這個值必須是最小的。

範例輸入	範例輸出
1	692
3	
0 990 692	
990 0 179	
692 179 0	

試題來源：POJContest,Author:Mathematica@ZSU

線上測試：POJ 2485

提示

將島國 Flatopia 的交通情況轉化為帶權無向連接圖：城鎮為節點，城鎮間的公路為邊，公路長度為邊權。由於任一對城鎮間的公路長度為區間 $[1, 65536]$ 中的整數，因此這個圖又是一個完全圖。

Flatopian 政府計畫建造的高速公路連接 n 個城鎮且總長度最短，因此對應一棵最小生成樹。本題要求計算使得所有城鎮都被連接的最長路的長度，也就是要求計算最小生成樹的最大邊，簡稱最小最大邊。有兩種方法：

（1）使用 Prim 演算法計算最小生成樹和最小最大邊

由於島國 Flatopia 的交通圖是一個完全圖，不適宜用 Kruskal 演算法計算最小生成樹。如果 Prim 演算法中用陣列實現優先佇列 Q，則時間複雜度為 $O(V^2)$；若採用堆實現優先佇列 Q，則時間複雜度為 $O(V \times \log_2 V + V^2 \times \log_2 V)$。

（2）使用 DFS+ 二元搜尋計算最小最大邊

設節點的存取標誌為 g，其中 $g[i] == \begin{cases} \text{true} & \text{節點 } i \text{ 已存取} \\ \text{false} & \text{節點 } i \text{ 未存取} \end{cases}$，$0 \leq i \leq n-1$；相鄰矩陣為 v，其中 $v[i][j]$ 為 (i, j) 的邊長，$0 \leq i, j \leq n-1$。

1. 計算節點 c 經由權值不超過 up 的邊可達的節點數。

在原圖中去除權值超過 up 的邊後，形成新圖 G'。從節點 c 出發，可達 G' 的節點數是多少？這個計算可透過深度優先搜尋的辦法實作：

```
int dfs(c, up, tot){            // 節點 c 經由權值不超過 up 的邊可達的節點數（tot 為相鄰矩陣規模）
      int ans = 1;              // 存取節點 c
      g[c] = true;
      for (int i=0; i<tot; i++)   // 遞迴所有與 i 節點相連的權值不超過 up 的未存取邊
                                  // （即邊的另一端點未存取），將存取到的節點數累計入 ans
            if (v[i][c]<=up &&!g[i])
                ans += dfs(i, up, tot);
      return ans;               // 存取 ans
  }
```

2. 二分計算最小最大邊。

設最小最長邊的權值的可能區間為 $[l, r]$，初始時為 $[1, 65536]$。

重複二元搜尋：計算中間指標 $\min = \left\lfloor \dfrac{l+r}{2} \right\rfloor$；若經由長度不超過 min 的邊可尋訪 n 個節點（dfs(0, mid, n)==n），則說明最小最長邊的權值在左區間，r=mid；否則最小最長邊的權值在右區間，l=mid。這個過程一直進行到 l==r 為止。

輸出最小最長邊的權值 r。

二元搜尋的時間複雜度為 $O(\log_2 65536) \approx O(16)$，每次 DFS 的時間複雜度理論上講是 $O(E)$，因此總的時間複雜度約為 $O(16 \times E)$。但實際上的執行時間遠低於這個數，因為權值大於目前 min 的邊不再被遞迴。

Chapter 13
應用最佳路徑演算法編寫程式

在最佳路徑問題中，提供一個有向加權圖 $G=(V, E)$，邊的權值為實型或整數。路徑 $p=(v_0, v_1, \cdots, v_k)$ 的權是其所組成的邊的所有權值之和 $w(p)=\sum_{i=1}^{k} w(v_{i-1}, v_i)$，節點 u 到節點 v 的最短（長）路徑的權為 $\delta(u,v)=\begin{cases} \min(\max)\{w(p)|u \xrightarrow{p} v\} & \text{存在從 } u \text{ 到 } v \text{ 的路徑 } p \\ \infty & \text{否則} \end{cases}$，從節點 u 到節點 v 的最佳路徑定義為 $w(p)=\&(u, v)$ 的路徑。

本章將提供如下三類演算法的實作：

◆ Warshall 演算法，用於計算圖的遞移閉包；

◆ Floyd-Warshall 演算法，用於計算圖中所有節點對之間的最佳路徑；

◆ Dijkstra 演算法、Bellman-Ford 演算法和 SPFA（Shortest Path Faster Algorithm）演算法，用於計算圖中的單源最短路徑。

13.1　Warshall 演算法和 Floyd-Warshall 演算法

首先，闡述計算圖的遞移閉包的 Warshall 演算法。

設關係 R 的關係圖為有向圖 G，G 的頂點為 $v_1, v_2, \cdots, v_n$，則 G 的遞移閉包 $t(R)$ 的關係圖可用該方法得到：如果在 G 中從節點 v_i 到節點 v_j 有一條有向路，則在新圖 G' 中存在一條從 v_i 到 v_j 的弧，而 G' 即為 $t(R)$ 的關係圖。G' 的相鄰矩陣 A 應滿足：如果在圖 G 中存在從 v_i 到 v_j 有向路，則 $A[i][j]=1$，表示 v_j 到 v_i 是可達的；否則 $A[i][j]=0$，即 v_j 到 v_i 是不可達的。這樣，求 $t(R)$ 的問題就變為求圖 G 中每一對頂點間是否可達的問題，這個問題也被稱為圖的遞移閉包。

定義一個 n 階方陣序列 $A^{(0)}, A^{(1)}, \cdots, A^{(n)}$，每個方陣中的元素值只能取 0 或 1。$A^{(0)}$ 是有向圖 G 的相鄰矩陣。對 $1 \leq k \leq n$，$A^{(k)}[i][j]=1$ 表示從 v_i 到 v_j 存在僅透過 $v_1, \cdots, v_k$ 中節點的有向路，而 $A^{(k)}[i][j]=0$ 則表示沒有這樣的有向路。

Warshall 演算法如下。

```
A⁽⁰⁾ 是圖 G 的相鄰矩陣；
for (k=1; k<=n; k++)
    for (i=1; i<=n; i++)
        for (j=1; j<=n; j++)
            A⁽ᵏ⁾[i][j]= =(A⁽ᵏ⁻¹⁾[i][k] & A⁽ᵏ⁻¹⁾[k][j]) | A⁽ᵏ⁻¹⁾[i][j];
```

Warshall 演算法不僅可用於計算圖的閉包問題，也可用於計算邊長有限制的路徑問題。

13.1.1 ► Frogger

青蛙 Freddy 正坐在湖中間的一塊石頭上，突然它看見青蛙 Fiona 正坐在另一塊石頭上。
Freddy 要去拜訪 Fiona，但湖水很髒，它準備跳過去拜訪 Fiona，而不是游過去。然而
Freddy 不太可能一跳就跳到 Fiona 所在的石頭上。Freddy 要經過一系列的跳躍，先跳到
其他石頭上，然後從其他石頭上跳到 Fiona 那裡。為了完成一系列的跳躍，青蛙每次跳躍
的長度必須在它能夠跳躍的最長範圍之內。也就是說，青蛙每次跳躍的兩個石頭之間的
距離，是要在青蛙一次跳躍所能夠達到的最大距離範圍之內。我們稱青蛙一次跳躍所能
夠達到的最大距離為青蛙距離。

Freddy 所在的石頭、Fiona 所在的石頭和其他的石頭都在湖中，請計算 Freddy 和 Fiona 之
間的青蛙距離的最小值。

輸入

輸入包括一個或多個測試案例。每個測試案例第 1 行提供湖中的石頭總數 n
（$2 \leq n \leq 200$）。後面的 n 行每行提供兩個整數 x_i 和 y_i（$0 \leq x_i$，$y_i \leq 1000$），表示石頭 i 的座
標。石頭 1 是 Freddy 所在的石頭，石頭 2 是 Fiona 所在的石頭，其餘 n–2 塊石頭空著。
每個測試案例用一個空行表示結束，以 0 表示輸入結束。

輸出

對每個測試案例，輸出一行「Scenario #x」和一行「Frog Distance=y」，其中 x 是測試案例
編號，（起始為 1），y 是一個實數，保留小數 3 位。每個測試案例後加一行。

範例輸入	範例輸出
2	Scenario #1
0 0	Frog Distance = 5.000
3 4	
	Scenario #2
3	Frog Distance = 1.414
17 4	
19 4	
18 5	
0	

試題來源： Ulm Local 1997
線上測試： POJ2253，ZOJ 1942，UVA 534

❖ 試題解析

我們用石頭表示節點，石頭對間的關係表示為邊，其邊長為歐幾里得距離。節點 0 代表
Freddy 所在的石頭，節點 1 代表 Fiona 所在的石頭，這樣可使得 Freddy 的跳躍過程轉化
為路徑問題。試題中所講的路徑，實際上指的是節點 0 至節點 1 的所有路徑中最長邊最
小的一條路徑。顯然本題的關鍵是，在邊長不超過目前上限 K 的情況下，怎樣判斷節點 i
是否可達節點 j。

設邊長矩陣為 L，其中 (x_i, y_i) 與 (x_j, y_j) 的邊長為 $L[i][j] = \sqrt{(x_i - x_j)^2 + (y_i - y_j)^2}$
（$0 \leq i$，$j \leq n$–1）；可達標誌矩陣為 con，其中在邊長不超過目前上限 K 的情況下，節點 i
可達節點 j 的標誌為 con$[i][j]$。

我們使用 Warshall 演算法計算可達標誌矩陣 con，即在刪去邊長超過 *K* 的所有邊後，計算任意節點對間的連接情況；con 的初始值為剩餘圖（在原圖中刪去所有邊長大於 *K* 的邊）的相鄰矩陣，其中

$$\text{con}[i][j] = \begin{cases} \text{false} & L[i][j] > K \\ \text{true} & L[i][j] \le K \end{cases} \quad (0 \le i, j \le n-1)$$

然後透過 Warshall 演算法計算剩餘圖的遞移閉包：

```
for (int k=0; k<N; k++)                           // 列舉中間節點
    for (int i=0; i<N; i++)                       // 列舉路徑的首尾節點
        for (int j=0; j<N; j++)
            con[i][j] |= con[i][k]&con[k][j];     // 若原路徑 i→j 滿足條件，或者子路徑
//i→k 和 k→j 同時滿足條件，則確定路徑 i→j 滿足條件；否則路徑 i→j 不滿足條件
```

既然能夠得出目前上限 *K* 下的可達標誌矩陣 con，我們就可以使用二分法計算最長邊最小的一條路徑。

設最大邊長的可能區間為 [*l*, *r*]，初始時 *l*=0，*r*=10^5。

```
while (r-l>=10⁻⁵){
    K= ⌊ (l+r)/2 ⌋ ;                              // 計算區間中間值
    計算上限 K 下的可達標誌矩陣 con；
    if (con[0][1])  r =K;   // 若節點 0 至節點 1 可達，則最長邊的最小值在左子區間；否則在右子區間
        else l =K;
    }
輸出最長邊的最小值 r；
```

❖ 參考程式

```
01    import java.util.*;                              // 匯入 Java 下的工具套件
02    import java.math.*;
03    public class Main {                              // 建立一個公用的 Main 類別
04    public static void main(String[] args){          // 定義 main 函式的參數是一個字串型別
05                                                     // 的陣列 args
06        Scanner input = new Scanner(System.in);      // 定義 Java 的標準輸入
07        int N,testcase = 0;                          // 石頭數為 0，測試案例編號初始化
08        bool ean[][] con=new boolean[1<<9][1<<9];    // 在邊長不超過目前上限的情況下，
09                                                     // i 節點可達 j 節點的標誌為 con[i][j]
10        double[][] L = new double[1<<9][1<<9];       // (i, j) 的邊長為 dis[i][j]
11        while ((N=input.nextInt())!=0){              // 反覆輸入石頭數 n
12        double[] x = new double [N];                 // 為石頭的座標序列申請記憶體
13        double[] y = new double [N];
14        for (int i=0;i<N;i++){                        // 輸入每塊石頭的座標
15            x[i] = input.nextDouble();
16            y[i] = input.nextDouble();
17        }
18        double l = 0,r = 1e5;                         // 區間的左右指標初始化
19        for (int i=0;i<N;i++)                         // 計算邊長矩陣 L
20        for (int j=0;j<N;j++)
21            L[i][j] = Math.sqrt((x[i]-x[j])*(x[i]-x[j])+(y[i]-y[j])*(y[i]-y[j]));
22        while (r-l>=1e-5){
23        double mid = (l+r)/2;                         // 計算區間的中間點
```

```
24          for (int i=0;i<N;i++) // 計算 con[i][j]= { false   (i,j)的邊長大於中間值
25          for (int j=0;j<N;j++)                      { ture    (i,j)的邊長不大於中間值
26              if (L[i][j]>mid) con[i][j] = false;
27                  else con[i][j] = true;
28          for (int k=0;k<N;k++)// 在邊長不超過 mid 的情況下計算可達的節點對標誌 con
29              for (int i=0;i<N;i++)
30              for (int j=0;j<N;j++)
31                  con[i][j] |= con[i][k]&con[k][j];
32          if ( con[0][1] ) r = mid; // 若節點 0 至節點 1 可達，則最長邊的最小值在左子區間；
33                                    // 否則在右子區間
34              else l = mid;
35              }
36          System.out.println("Scenario #"+(++testcase));// 輸出測試案例編號和最短邊長
37          System.out.println("Frog Distance="+
38              BigDecimal.valueOf(l).setScale(3,RoundingMode.HALF_UP));
39          System.out.println("");
40          }
41      }
42 }
```

計算遞移閉包問題與計算任意節點對的最佳路徑問題既有區別又有聯繫，區別在於遞移閉包計算的是無權圖的連接關係，而最佳路徑問題需要計算賦權圖中路徑的邊權和；兩個問題的相同之處在於每一對節點間存在最佳路徑的前提是這對節點間連接。因此我們只要將 Warshall 公式中的布林運算「&」運算改為算術「+」運算，將布林運算「|」改為比較 $A^{(k-1)}[i][k]+A^{(k-1)}[k][j]$ 與 $A^{(k-1)}[i][j]$ 間數值大小的運算，即可得出 Floyd-Warshall 公式：

$A^{(0)}[i][j]=M$ 的相鄰矩陣

$A^{(k)}[i][j]=\min(\max)\{A^{(k-1)}[i][k]+A^{(k-1)}[k][j], A^{(k-1)}[i][j]\}$，其中 $i,j,k=1\cdots n$

也就是說，$A^{(k)}[i][j]$ 是從 v_i 到 v_j 的僅經過 $v_1,\cdots,v_k$ 中節點的路徑的長度，$A^{(n)}[i][j]$ 是從 v_i 到 v_j 的最佳路徑的長度。

但需要注意的是，雖然 Floyd-Warshall 演算法能夠找出每對節點間的最佳路徑，但時間效率低下（$O(n^3)$)，且在求最短路徑時不允許出現負權迴路，在求最長路徑時不允許出現正權迴路。因為沿這樣的迴路長度就會無限制地變小或變大，導致演算法陷入無窮迴圈。

13.1.2 ▶ Arbitrage

套匯是利用貨幣交換比率的差異，將一個單位的貨幣轉換為多於一個單位的相同的貨幣。例如，假設 1 美元買 0.5 英鎊，1 英鎊買 10.0 法國法郎，1 法國法郎買 0.21 美元，這樣，透過貨幣的兌換，1 個聰明的商人可以從開始的 1 美元，兌換到 0.5×10.0×0.21 ＝ 1.05 美元，獲利 5%。

請你編寫一個程式，貨幣兌換比率表為輸入，確定套匯是否可行。

輸入

輸入包括一個或多個測試案例。每個測試案例第一行是一個整數 n（$1≤n≤30$)，表示不同的貨幣數目。在後面的 n 行中，每行提供了一種貨幣的種類。在最後的 m 行中，每行提

供來源貨幣名 c_i，一個實數 r_{ij} 表示從 c_i 到 c_j 的兌換比率，目標貨幣名 c_j。沒有出現在列表中的兌換是不能進行交換的。

輸出

對於每個測試案例，輸出一行說明套匯是可行的或者是不可行的，格式分別為「Case case: Yes」，或者「Case case: No」。

範例輸入	範例輸出
3 USDollar BritishPound FrenchFranc 3 USDollar 0.5 BritishPound BritishPound 10.0 FrenchFranc FrenchFranc 0.21 USDollar 3 USDollar BritishPound FrenchFranc 6 USDollar 0.5 BritishPound USDollar 4.9 FrenchFranc BritishPound 10.0 FrenchFranc BritishPound 1.99 USDollar FrenchFranc 0.09 BritishPound FrenchFranc 0.19 USDollar 0	Case 1: Yes Case 2: No

試題來源：Ulm Local 1996

線上測試：POJ 2240，ZOJ 1092，UVA 436

❖ **試題解析**

我們將 n 種貨幣兌換情況表示為帶權有向圖：貨幣對應節點，貨幣兌換關係對應邊，其中節點 i 代表第 i 個輸入的貨幣種類 c_i，邊 (i, j) 表示節點 i 代表的貨幣 c_i 與節點 j 代表的貨幣 c_j 兌換，邊權為 c_i 到 c_j 的兌換比率 r_{ij}（$1 \leq i, j \leq n$）。

設 dist$[i][j]$ 為貨幣 i 兌換至貨幣 j 的比率。按照兌換規則，若貨幣 i 能夠兌換至貨幣 k，而貨幣 k 能夠兌換至貨幣 j，則貨幣 i 經由貨幣 k 兌換至貨幣 j 的比率為 dist$[i][k] \times$ dist$[k][j]$，這可以視為節點 i 經由節點 k 至節點 j 的路徑長度。

由於判別套匯的可行性需要列舉所有貨幣間兌換的最佳方案，因此本題是一道典型的求任意節點對的最長路徑的試題。需要注意的是，圖中含迴路（否則不可能有套匯存在），但這不妨礙 Floyd-Warshall 演算法的使用，只要在判別節點 i 經由節點 k 至節點 j 的路徑是否更優時，加上限定條件（$i!=j$&&$j!=k$&&$k!=i$），就可以避免重複計算。計算過程如下：

```
for (int k=1; k<=N; k++)          // 列舉中間節點 k
    for (int i=1; i<=N; i++)      // 列舉互不相同的節點對 (i, j)
        for (int j=1; j<=N; j++)
```

```
        if (i!=j&&j!=k&&k!=i)              // 對 i 至 j 的最長路徑進行鬆弛操作
            if (dist[i][k]*dist[k][j]>dist[i][j])
                dist[i][j]= dist[i][k]*dist[k][j];
```

接下來列舉所有貨幣對：若存在這樣一種貨幣，經由貨幣 i → 貨幣 j → 貨幣 i 的兌換過程後，最終達到獲利（路徑長度超過 1），則說明套匯是可行的；若不存在這樣的貨幣，則說明套匯不可行。

```
flag = 0;                                    // 套匯可行標誌初始化
    for (int i=1; i<=N; i++)                  // 列舉每種貨幣
        for (int j=1; j<=N; j++)              // 列舉中間貨幣
            if (dist[i][j]*dist[j][i]>1) flag = 1; // 若贏利，則套匯可行
        目前測試案例的解為（flag?"Yes":"No"）。
```

❖ 參考程式

```cpp
01  #include<iostream>                        // 前置編譯命令
02  using namespace std;                      // 使用 C++ 標準程式庫中的所有
03                                            // 識別字
04  const int MaxN = 50;                      // 貨幣種類數量的上限
05  const int MaxL = 1005;                    // 貨幣名稱字串的上限
06  char str[MaxN][MaxL],strA[MaxL],strB[MaxL]; // 貨幣種類序列為 str，源貨幣字串為 strA
07                                            // 目標貨幣串為 strB
08  long double dist[MaxN][MaxN];             // 距離矩陣
09  int N,M;                                  // 貨幣數和貨幣兌換數
10  int find(char *_str){                     // 計算貨幣種類 _str 的序號
11      for (int i=1;i<=N;i++)
12          if (strlen(_str)==strlen(str[i])&&strcmp(_str,str[i])==0) return i;
13      return 0;
14  }
15  int main(){                               // 主函式
16      while(scanf("%d",&N)&&N){             // 輸入節點數（貨幣數）
17          static int cnt = 0;               // 測試案例序號初始化
18          for (int i=1;i<=N;i++)
19              for (int j=1;j<=N;j++)
20                  dist[i][j] = 0;
21          for (int i=1;i<=N;i++)            // 輸入每個節點標誌（貨幣種類）
22              scanf("%s",str[i]);
23          scanf("%d",&M);                   // 輸入邊數（貨幣兌換數）
24          for (int i=1;i<=M;i++){           // 輸入每條邊的資訊（端點為源貨幣和
25                                            // 目標貨幣，邊長為兌換比率）
26              double w;
27              scanf("%s %lf %s",strA,&w,strB);
28              dist[find(strA)][find(strB)] = w;
29          }
30          for (int k=1;k<=N;k++)            // 計算任意節點對之間的最長路徑
31              for (int i=1;i<=N;i++)
32                  for (int j=1;j<=N;j++)
33                      if (i!=j&&j!=k&&k!=i)
34                          if (dist[i][k]*dist[k][j]>dist[i][j])
35                              dist[i][j] = dist[i][k] * dist[k][j];
36          bool flag = 0;                    // 判斷是否有贏利的兌換方案
37          for (int i=1;i<=N;i++)
38              for (int j=1;j<=N;j++)
39                  if (dist[i][j]*dist[j][i]>1) flag = 1;
```

```
40              printf("Case %d: %s\n",++cnt,flag?"Yes":"No");
41              // 根據是否贏利的結果輸出套匯可行與否的資訊
42      }
43      return 0;
44  }
```

13.1.3 ► Wormholes

農夫 John 在探究他的多個農場的時候，發現了許多令人驚奇的蟲洞。蟲洞是非常奇特的，因為它是一條單向的路徑，在你進入蟲洞之前，它就已經把你送到目的地！農夫 John 的每個農場有 N 塊田地（$1 \leq N \leq 500$），為方便起見，編號為 $1 \sim N$；M 條路徑（$1 \leq M \leq 2500$）；以及 W 個蟲洞（$1 \leq W \leq 200$）。

由於農夫 John 是一個狂熱的時光旅行愛好者，他想做這樣的事情：從某塊田地開始，透過一些路徑和蟲洞，在他出發之前，傳回到他最初出發的那塊田地。這樣，也許他就能遇見他自己。

請你幫助農夫 John 來看是否會有這種可能。農夫 John 將向你提供他的 F 個農場的完整的地圖（$1 \leq F \leq 5$）。任何路徑都不需要超過 10000 秒的行程，也沒有蟲洞可以將農夫 John 帶回超過 10000 秒的時間。

輸入

第 1 行：一個整數 F。後面將提供農夫 John 的 F 個農場的描述。

每個農場描述的第 1 行：分別是三個用空格分隔的整數 N、M 和 W。

每個農場描述的第 $2 \sim M+1$ 行：分別是三個空格分隔的數字（S、E 和 T），表示在 S 和 E 之間的雙向路徑，需要 T 秒才能尋訪。在兩個田地之間，可能有多條路徑連接。

每個農場描述的第 $M+2 \sim M+W+1$ 行：分別是三個空格分隔的數字（S、E 和 T），表示從 S 到 E 的單向路徑，旅行者行走之後，時光要向後倒退 T 秒。

輸出

第 $1 \sim F$ 行：對於每個農場，如果農夫 John 能夠實現目標，則輸出「YES」；否則輸出「NO」（不包括引號）。

範例輸入	範例輸出
2	NO
3 3 1	YES
1 2 2	
1 3 4	
2 3 1	
3 1 3	
3 2 1	
1 2 3	
2 3 4	
3 1 8	

提示

對於第一個農場，農夫 John 無法及時回來。

對於第二個農場，農夫 John 可以透過迴路 $1 \rightarrow 2 \rightarrow 3 \rightarrow 1$，在他離開前 1 秒回到他出發的地方。農夫 John 從任何地方出發，都有迴路能實現目標。

試題來源：USACO 2006 December Gold
線上測試：POJ 3259

❖ 試題解析

本題提供一個圖，有 N 個點（田地）、M 條正權雙向邊（路徑）、W 條負權單向邊（蟲洞），問是否能從某個點出發，透過負權迴路回到出發的點。

解題思路：使用 Floyd-Warshall 演算法求任一節點對間的最短路徑長度。若存在這樣的節點，即由此出發回到本身的迴路的最短路徑長度為負，則說明農夫 John 能在出發之前返回到他最初出發的那塊田地，實現目標；否則失敗。

注意：

1. 初始時，每個節點回到本身的最短路徑長度（即相鄰矩陣對角線元素）初始化為 0；其他節點對之間的最短路徑長度（即相鄰矩陣對角線外的其他元素）初始化為∞；

2. 若首次輸入，或者為權值小的重邊，則設定雙向邊，即濾去重邊中權值大的那條邊。

❖ **參考程式**（略。本題參考程式的 PDF 檔案和本題的英文原版均可從碁峰網站下載）

13.2　Dijkstra 演算法

Dijkstra 演算法用於有向加權圖的最短路徑問題，該演算法的條件是該圖所有邊的權值非負，即對於每條邊 $(u, v) \in E$，$w(u, v) \geq 0$。

Dijkstra 演算法中設定了一個節點集合 S，從源節點 r 到集合 S 中節點的最終最短路徑的權均已確定，即對所有節點 $v \in S$，有 $dist[v] = \&(r, v)$。還設定了最小優先佇列 Q，該佇列包含所有屬於 $V-S$ 的節點，這些節點尚未確定最短路徑長，以 dist 值遞增的順序排列。

初始時，Q 包含除 r 之外的其他節點，這些節點的 dist 值為∞。r 進入集合 S，$dist[r]=0$。演算法反覆從 Q 中取出 dist 值最小的節點 $u \in V-S$，把 u 插入集合 S 中，並對 u 的所有出邊進行鬆弛。這一過程一直進行到 Q 空為止。

```
void Dijkstra(int r);     // 使用 Dijkstra 演算法計算源節點 r 至各節點的最短路徑長度
{ fo r (i=0; i<n; i++){dist[i]=∞; fa[i]=nil};    // 所有節點的最短路徑長度估計 dist 和
                                                 // 前驅 fa 初始化
    dist[r]=0;                                   // 來源節點的最短路徑長度為 0
    S=∅;Q=[0..n-1];                              // 確定最短路徑長度的節點集為空，
                                                 // 所有節點進入最小優先佇列 Q
    whil e (Q ≠ ∅)                               // 若最小優先佇列 Q 非空，則取出 dist 值
                                                 // 最小的節點 u
        {從最小優先佇列 Q 中取出 dist 值最小的節點 u;
        S=SU{u};                                 // u 進入確定最短路徑長度的節點集 S
        for (v ∈ u 相鄰的節點集)                   // 對 u 的所有出邊的結尾進行鬆弛：如果可以
            // 經過 u 來改進到節點 v 的最短路徑長度，就對其估計值 dist[v] 以及前驅 fa[v] 進行更新
        if (dist[v]-wuv>dist[u])
```

```
                    { dist[v]= dist[u]+ wuv; fa[v]=u; };
        };
}
```

因為 Dijkstra 演算法總是在集合 $V–S$ 中選擇 d 值最小的節點插入集合 S 中，因此我們說它使用了貪心策略。需要指出的是，雖然貪心策略並非總能獲得全域意義上的最理想結果，但可以證明 Dijkstra 演算法確實計算出了最短路徑。

Dijkstra 演算法需要 n 次從最小優先佇列 Q 中取出 d 值最小的節點，並考察 v 的每條鄰接邊。由於所有相鄰串列中邊的總數為 $|E|$，因此考察時間為 $O(E)$。顯然，Dijkstra 演算法的時間複雜度取決於最小優先佇列 Q 的儲存結構。若最小優先佇列 Q 的儲存方式為陣列，則每次從最小優先佇列 Q 中取出 d 值最小的節點需要的時間為 $O(V)$，總花費時間為 $O(V^2+E)≈O(V^2)$；若採用二元堆積，則每次從最小優先佇列 Q 中取出 d 值最小的節點的花費時間為 $O(\ln V)$，總花費時間為 $O((V+E)\times\ln V)≈O(E\times\ln V)$。顯然，對於規模不大的稠密圖，可採用陣列來實現優先佇列 Q；在稀疏圖的情形下用二元堆積來實作優先佇列 Q 是比較實用的。

13.2.1 ▶ Til the Cows Come Home

乳牛 Bessie 在田裡，它想回到穀倉，在農夫 John 叫醒它早晨擠奶之前盡可能多地睡一會。John 需要睡美容覺，所以它想盡快回來。

農夫 John 的田裡有 N（$2≤N≤1000$）個地標，編號為 1～N。地標 1 是穀倉；而乳牛 Bessie 整天站的地方是蘋果樹叢，是地標 N。在田裡的地標之間有不同長度的 T 條雙向乳牛小徑（$1≤T≤2000$），乳牛在小徑上行走。Bessie 對自己的導航能力不太有自信，所以它一旦走上一條小徑，就會從頭走到底。

提供地標之間的小徑，確定乳牛 Bessie 返回穀倉要走的最短距離。本題設定存在這樣的路線。

輸入
第 1 行：兩個整數 T 和 N。

第 2～$T+1$ 行：每行將一條小徑表示為由三個空格分隔的整數；前兩個整數是小徑連接的兩個地標；第三個整數是小徑的長度，取值範圍為 1～100。

輸出
輸出 1 行：一個整數，Bessie 從地標 N 到地標 1 要經過的最短距離。

範例輸入	範例輸出
5 5	90
1 2 20	
2 3 30	
3 4 20	
4 5 20	
1 5 100	

提示
範例輸入，提供 5 個地標。

範例輸出，Bessie 可以沿小徑 4、3、2 和 1 返回穀倉。

試題來源：USACO 2004 November

線上測試：POJ 2387

❖ 試題解析

設小徑為邊，地標為節點，建構有向圖。本題要求計算「乳牛 Bessie 返回穀倉要走的最短距離」，所以，本題是一個最短路徑問題，採用 Dijkstra 演算法求最短路徑問題。

N 次迴圈，每次迴圈挑選距離起始點最短且未存取的點，然後更新與此點有關的所有未存取的點到起始點的距離。N 次迴圈後，便可得出起始點到任意一點的最短距離。

本題要注意重邊的情況，若輸入的是重邊，則略去邊權大的邊，僅保留邊權小的那一條。

❖ 參考程式

```
01   #include <iostream>
02   #define MAX_N 1010
03   #define MAX_M 2010
04   #define INF 1e9
05   using namespace std;
06   int d[MAX_N];                      // 最短路徑長度序列，其中 d[i] 為源節點至節點 i 的最短路徑長度
07   bool visited[MAX_N];               // visited[i] 為已確定源節點至節點 i 的最短路徑長度的標誌
08   int w[MAX_M][MAX_M];               // 相鄰矩陣
09   int n,m;                           // 小徑（邊）數 m 和地標（節點）數 n
10   void dijkstra(int s){              // 從源點 s 出發，計算各可達節點與源節點間的最短路徑長度
11       for(int i=1;i<=n;i++)          // 最短路徑長度序列初始化為 ∞
12           d[i]=INF;
13       d[s]=0;                        // 源節點至本身的最短路徑長度為 0
14       for(int i=0;i<n;i++){          // 計算 n 個節點與源節點間的最短路徑長度
15           int  x=0,maxx=-1;          // 在未確定最短路徑長度的節點中，計算 d[] 最小的節點 x
16           for(int j=1;j<=n;j++)
17               if(!visited[j]&&(maxx==-1||maxx>d[j]))    // 若 j 未確定最短路徑且未確定任一
18                   // 節點的最短路徑、或者源節點至 j 的路徑長度目前最短，則設定 d[j] 為目前最小
19                   maxx=d[x=j];
20           visited[x]=true;           // x 節點確定最短路徑
21           for( int j=1;j<=n;j++) // 列舉每個未確定最短路徑的節點 j，
22               // 對 j 進行鬆弛操作：若途徑邊 (x, j) 可使得 d[j] 更小，則調整 d[j] 為該路徑長度
23               if(!visited[j])
24                   d[j]=min(d[x]+w[x][j],d[j]);
25       }
26   }
27   int main()
28   {
29       scan f("%d%d",&m,&n);              // 輸入小徑（邊）數 m 和地標（節點）數 n
30       for(int i=1;i<=n;i++)              // 相鄰矩陣元素初始化為 ∞
31           for(int j=1;j<=n;j++)
32               w[i][j]=INF;
33       for(int i=0;i<m;i++){              // 輸入 m 條邊的訊息
34           int a,b,c;
35           scanf("%d%d%d",&a,&b,&c);      // 輸入邊的兩個端點 a 和 b 以及邊權 c
36           if(w [a][b]>c)                 // 若該邊首次輸入（或邊權小的重邊），則設定雙向邊
37               w[a][b]=w[b][a]=c;
38       }
39       dijk stra(1);                     // 從節點 1 出發，計算任一節點至節點 1 的最短路徑
40       printf("%d\n",d[n]);              // 輸出節點 n 與節點 1 間的最短路徑長度
```

```
41      return 0;
42  }
```

13.2.2 ▶ Toll

水手辛巴德（Sindbad）把 66 支銀湯匙出售給了撒馬爾罕（Samarkand）的蘇丹（Sultan）。出售相當容易，但運貨十分複雜。這些物品要在陸路上轉運，透過若干個城鎮和村莊。而每個城鎮和村莊都要收取過關費，沒有交費不准離開。一個村莊的過關費是 1 個單位的貨物，而一座城鎮的過關費是每 20 件單位的貨物收取 1 個單位的貨物。例如，你帶了 70 個單位的貨物進入一個城鎮，則你必須繳納 4 個單位的貨物。城鎮和村莊位於無法通行的山岩、沼澤和河流之間，所以你根本無法避免（如圖 13.2-1 所示）。

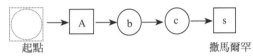

起點
（城鎮或村莊）

撒馬爾罕

為了把 66 支銀湯匙運送到撒馬爾罕，要經過一個城鎮，
然後再經過兩個村莊，出發時需要帶 76 支銀湯匙

圖 13.2-1

預測在每個村莊或城鎮收取的費用很簡單，但要找到最佳路徑（最便宜的路線）則是一個真正的挑戰。最佳路徑取決於運送貨物的單位數量。貨物的單位數量在 20 以內，村莊和城鎮收取的費用是相同的。但是對於單位數量較大的貨物，就要避免經過城鎮，可以經過比較多的村莊，如圖 13.2-2 所示。

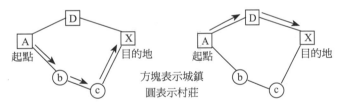

從 A 出發帶 39 支銀湯匙到達　　　　　　從 A 出發帶 30 支銀湯匙到達
X 的最佳路徑是 A b c　　　　　　　　　X 的最佳路徑是 A D X

方塊表示城鎮
圓表示村莊

圖 13.2-2

請編寫一個程式來解決辛巴德的問題。提供要運送到某個城鎮或村莊的貨物的單位數量和一張路線地圖，程式必須確定透過最廉價的旅程，在開始的時候需要帶的貨物的單位數量的總數。

輸入

輸入包含若干個測試案例。每個測試案例由兩部分組成：路線地圖，以及有關運送貨物的細節。

路線地圖的第一行提供一個整數 n（$n \geq 0$），表示在地圖中路線的數量。

後面的 n 行每行有兩個字母，表示一條路的兩個端點。大寫字母表示城鎮，小寫字母表示村莊，兩個方向中的任何一個方向都可以行走。

在路線地圖後提供一行，表示有關運送貨物的細節，這一行有 3 個整數：整數 p（$0<p\leq1000$）表示要運送到目的地的貨物的單位數量，一個表示開始位置的字母，一個表示要送達的目的地位置的字母。要求透過這樣的路線地圖使得這樣的貨物數量可以被送達。

在最後一個測試案例後，提供一行，包含一個數字 -1。

輸出

對每個測試案例輸出一行，提供測試案例編號和在出發的時候要帶的貨物的單位數量。

在下面實例中提供輸出格式。

範例輸入	範例輸出
1	Case 1: 20
a Z	Case 2: 44
19 a Z	
5	
A D	
D X	
A b	
b c	
c X	
39 A X	
−1	

試題來源：ACM World Finals - Beverly Hills - 2002/2003
線上測試：UVA 2730

❖ **試題解析**

首先，本題的路線地圖表示為無向圖：城鎮或村莊設為節點，其中城鎮 A 對應節點 1，……，城鎮 Z 對應節點 26；村莊 a 對應節點 27，……，村莊 z 對應節點 52。城鎮或村莊間的行走路線設為無向邊。

本題提供從起點 from 到達終點 to 時剩下的貨物數 p；要求計算在起點 from 要帶多少貨物，走最佳路徑，方可在到達終點 to 時剩下貨物數 p。

本題採用二分搜尋的辦法計算出發時要帶的最少貨物數。

設區間 $[l, r]$，初始區間為 $[p, 2^{20}]$。

```
while (l!=r) {
計算中間元素 mid=⌊l+r-1/2⌋
if (在 from 帶 mid 個貨物到達 to 時剩下的貨物數 ≥ p)
    r=mid;                    // 在 from 帶的最少貨物數在左區間，否則在右區間
else
    l = mid+1;
}
```

所以，本題的關鍵是怎樣計算出發帶 k 個貨物，走最佳路徑，到達終點時剩下多少貨物（即到達終點時最多還剩下多少貨物）？由於圖中的邊權非負且節點數較少（最多 52 個節點），因此採用 Dijkstra 演算法計算，其中優先佇列的儲存方式為陣列。

設 $g[]$ 為最佳路徑貨物陣列，則 $g[from]=k$；$flag[]$ 為節點在優先佇列的標誌，初始時所有節點在優先佇列。計算過程如下：

```
while (true) {
    在優先佇列中計算 g 值最大的節點 next，g[next]=w=    min      {g[i]};
                                              1≤i≤52,flag[i]=true
    if （優先佇列空）
            break ;
    flag[next]=false ; // 節點 next 退出優先佇列
    for (int i = 1; i<= 52; i++)
    { if （節點 i 與 next 相鄰）
        { if (i<=26)      //i 是城鎮
            剩餘貨物 l=w-(w-1)/20-1 ;
        else 剩餘貨物 l=w-1 ;
        g[i]=max{l, g[i]} ;
    };
};
傳回到達終點時剩下的最大貨物數 g[to] ;
```

❖ 參考程式

```
01    import java.util.*;                                  // 引入 Java 下的工具套件
02    import java.math.*;
03    public class Uva2730 {                               // 建立一個公用的 Uva2730 類別
04        static int Tot;                                   // 測試案例編號
05        static boolean go[][];                            // 相鄰矩陣
06        static int turn(char x) {                         // 計算節點對應的節點序號
07            return x < 'a' ? x - 64 : x - 70;
08        }
09
10        stat ic int check(int from, int to, int o) {     // 出發點 from 帶 o 個貨物。
11                                                          // 計算到達終點 to 時剩下多少貨物
12            int g[] = new int[55];
13            boolean flag[] = new boolean[55];             // 節點結束優先佇列的標誌
14            g[from] = o;                                  // 設定出發點的貨物
15            while (true) {
16                int w = 0, next = -1;                     // 在優先佇列中尋找 g 值最大的節點 next
17                for (int i = 1; i <= 52; i++)
18                    if (!flag[i] && (next == -1 || w < g[i])) {
19                        next = i;
20                        w = g[i];
21                    }
22                if ( next == -1)                          // 若優先佇列為空，則退出 while 迴圈 break;
23                flag[next] = true;                        // 節點 next 退出優先佇列
24                for (int i = 1; i <= 52; i++)             // 對 next 所有出邊端點的貨物值進行鬆弛操作
25                    if (go[next][i])
26                        g[i] = Math.max(w - (i < 27 ? (w - 1) // 20 + 1 : 1), g[i]);
27            }
28            return g[to];                                 // 傳回終點的貨物數
29        }
30        public static void main(String args[]) {
31            Scanner input = new Scanner(System.in);
32            int tot = 0;                                  // 測試案例編號初始化
33            while (input.hasNextInt()) {
34                int T = input.nextInt();                  // 輸入邊數
35                if (T == -1)                               // 測試案例結束
```

```
36                  break;
37              go = new boolean[55][55];
38              for (int i = 0; i < T; i++) {      // 輸入邊資訊，建構無向圖的相鄰矩陣
39                  int x=turn(input.next().charAt(0)),y=turn(input.next().charAt(0));
40                  go[x][y] = go[y][x] = true;
41              }
42              Tot= input.nextInt();                // 輸入要運送到目的地的貨物數、起點和終點
43              int from=turn(input.next().charAt(0)),to=turn(input.next().charAt(0));
44              int l = Tot, r = 1 << 20;            // 初始區間為 [Tot, 220]；
45              while (l != r) {
46                  int mid = (l + r - 1) >> 1;      // 計算區間的中間元素 mid
47                  if ( check(from, to, mid) >= Tot)// 在 from 帶 mid 個貨物到達 to 時剩下的
48                      // 貨物數不少於 Tot，則在 from 帶的最少貨物數在左區間；否則在右區間
49                      r = mid;
50                  else
51                      l = mid + 1;
52              }
53          System.out.println("Case" +++tot + ":" + l);        // 輸出出發時要帶的貨物數
54          }
55      }
56  }
```

13.3 Bellman-Ford 演算法

Dijkstra 演算法是處理單源最短路徑的有效演算法，但它局限於邊的權值非負的情況，若圖中出現權值為負的邊，Dijkstra 演算法就會失效，求出的最短路徑就可能是錯的。

Bellman-Ford 演算法能在更一般的情況下解決單源點最短路徑問題。圖可以是有向圖，也可以是無向圖，如果是無向圖，則邊 $\{u, v\}$ 可以視為有向邊 (u, v) 和 (v, u) 同屬於圖的有向邊集；圖中邊的權值可以為負。和 Dijkstra 演算法一樣，Bellman-Ford 演算法也運用了鬆弛技術：對每一節點 $v \in V$，逐步減小從源節點 r 到 v 的最短路徑的距離值 dist[v]，直至其達到實際最短路徑長度。如果圖中存在負權迴路，在演算法結束時報告最短路徑不存在。

```
Bool Bellman_Ford(int r);            // 使用 Bellman-Ford 演算法計算源節點 r 至各節點的最短路徑長度
{
    for (i=0; i<n; i++)              // 所有節點的最短路徑距離值 dist 和父節點 fa 初始化
        { dist[i]=∞; fa[i]=nil;  };
    dist[r]=0;                       // 設定源節點 r 的最短路徑距離值
    for (i=1; i<n; i++)             // 進行 n-1 次反覆運算
        for (each(u, v) ∈ E )       // 每次反覆運算對圖的所有邊鬆弛一次
        if (dist[v] -wuv>dist[u])
            { dist[v]= dist[u]+ wuv; fa[v]=u; };
for ( each (u, v) ∈E)              // 若存在負權迴路，則失敗退出
    if (dist[v] -wuv > dist[u])  return  false;
    return  true;
};
```

Bellman-Ford 演算法的效率分析如下：執行初始化過程佔用時間 $O(V)$，然後進行了 $n-1$ 次反覆運算，每次反覆運算的執行時間為 $O(E)$，最後花費了 $O(E)$ 時間判斷負權迴路。因此 Bellman-Ford 演算法的執行時間為 $O(VE)$。

其實很多時候，我們的演算法並不需要反覆運算 $n-1$ 次就能得到最優值，這之後的執行就是浪費時間。因此在反覆運算過程中，要是發現有一個節點的最短路徑估計值沒有更新，就可以結束了，因為下一次也不可能被更新。這個簡單而顯然的最佳化能大大提高程式的執行速度。雖然最佳化後的最壞情況依然是 $O(VE)$，但是對於多數情況而言，程式的實際執行效率變為 $O(kE)$，而其中的 k 是一個比 n 小很多的數。

13.3.1 ► Wormholes

與【13.1.3 Wormholes】相同。

試題來源：USACO 2006 December Gold
線上測試：POJ 3259

❖ 試題解析

本題提供一個圖，有 N 個點（田地）、M 條正權雙向邊（路徑）、W 條負權單向邊（蟲洞）。問是否能從某個點出發，透過負權迴路回到出發點。

使用 Floyd-Warshall 演算法求任一節點對間的最短路徑長度。若存在負權迴路，則說明農夫 John 能在出發之前傳回到他最初出發的那塊田地，傳回成功標誌 true；否則傳回失敗標誌 false。

注意：

1. 初始時，每個節點回到本身的最短路徑長度（即相鄰矩陣對角線元素）初始化為 0；其他節點對之間的最短路徑長度（即相鄰矩陣對角線外的其他元素）初始化為 ∞；

2. 初始時，每個節點的距離值 $d[]$ 設為無窮大；

3. 圖中共有 $2 \times m + w$ 條邊，使用 Floyd-Warshall 演算法計算出任一對節點間的最短路徑後，若發現存在權值為 c 的邊 (u, v)，$d[v] > d[u] + c$，即農夫 John 最後走 (u, v) 這條邊，能在出發之前傳回到他最初出發的節點 v，因此存在一條經過 (u, v) 的負權迴路。

❖ 參考程式

```
01  #include<iostream>
02  using namespace std;
03  #define INF 0x3f3f3f3           // 無窮大
04  const int N=100005;            // 邊數的上限
05  const int mod=1e9+7;
06  int f,n,m,w;                   // 測試案例（農場）數為 f，節點（田地）數為 n，
07                                 // 邊（正權的雙向邊）數為 m，蟲洞（負權的單向邊）為 w
08  int d[505];                    // 節點 i 的距離值為 d[i]
09  struct Edge{                   // 邊表元素為結構類型
10      int u,v,cost;              // 邊的兩個端點為 u 和 v，邊長為 cost
11  }edge[N];                      // 邊表
12  bool bellman_ford(){
13      for (int i=1; i<n; i++)    // 進行 n-1 次反覆運算
```

```
14       for (int j=1; j<=2*m+w; j++)          // 每次反覆運算對圖的所有邊鬆弛一次
15             if (d[edge[j].v]>d[edge[j].u]+edge[j].cost)
16                  d[edge[j].v]=d[edge[j].u]+edge[j].cost;
17       bool flag=true;                        // 若存在負權迴路，則傳回 false；否則傳回 true
18       for (int j=1; j<=2*m+w; j++)
19          if (d[edge[j].v]>d[edge[j].u]+edge[j].cost) {
20             flag=false;
21             break;
22          }
23       return flag;
24  }
25  int main(){
26       int s,e,t;
27       cin>>f;                                 // 輸入測試案例（農場）數
28       while (f--) {                           // 依次處理每個測試案例
29          cin>>n>>m>>w;                        // 輸入節點（田地）數 n、邊（正權的雙向邊）數 m 和蟲
30                                               // 洞（負權的單向邊）w
31          memset(d, INF, sizeof(d));           // 各節點的距離值設為無窮大
32          for (int i=1; i<=2*m; i+=2) {        // 輸入正權的雙向邊
33             scanf("%d %d %d",&edge[i].u,&edge[i].v,&edge[i].cost);
34             edge[i+1].u=edge[i].v;
35             edge[i+1].v=edge[i].u;
36             edge[i+1].cost=edge[i].cost;
37          }
38          for (int i=1; i<=w; i++) {           // 輸入負權的單向邊
39             scanf("%d %d %d",&edge[i+2*m].u,&edge[i+2*m].v,&edge[i+2*m].cost);
40                                               // 輸入路徑的兩個節點 a 和 b 以及邊權的絕對值 c
41             edge[i+2*m].cost*=-1;             // 建負權邊
42          }
43          if (!bellman_ford())                 // 若存在負權迴路，則傳回 "YES"；否則傳回 "NO"
44             cout<<"YES\n";
45          else
46             cout<<"NO\n";
47       }
48       return 0;
49  }
```

13.3.2 ▶ Cave Raider

阿夫基耶亞（Afkiyia）是一座大山，山裡面有許多洞穴，這些洞穴透過隧道相連。一個犯罪分子頭目藏身在其中的一個洞穴裡。每條隧道連接兩個洞穴，兩個洞穴之間可能有不止一條隧道連接。

在隧道和洞穴的交界處有一扇門。犯罪分子們不時透過關閉一條隧道兩端的那兩扇門來封閉隧道，並「清理」隧道。他們如何清理隧道仍然是個謎。然而，我們知道，如果一個人（或任何生物）被困在隧道中，當它被清理，那麼這個人（或任何生物）就將死亡。清理完隧道後，門會打開，隧道可以再次使用。

現在情報人員已經查出了犯罪分子頭目藏在哪個洞穴裡，而且，他們還掌握了清理隧道的時間表。突擊隊員 Jing 要進入洞穴去抓犯罪分子頭目。請你幫他找到一條路，使得他能在最短的時間內到達犯罪分子頭目藏身的洞穴；而且要注意，不要被困在被清理的隧道中。

輸入

輸入由若干測試案例組成。測試案例的第一行提供四個正整數 n、m、s、t，正整數間至少有一個空格分隔，其中 n 是洞穴的數量（編號為 1, 2, $\cdots$, n），m 是隧道數量（編號為 1, 2, $\cdots$, m），s 是 Jing 在時間 0 時所在的洞穴，t 是恐怖分子頭目藏身的洞穴（$1 \le s$，$t \le n \le 50$，$m \le 500$）。

接下來的 m 行提供 m 條隧道的資訊。每行最多由 35 個整數組成，整數之間至少有一個空格分隔。前兩個整數是對應隧道兩端的洞穴，第三個整數是從隧道一端到另一端所需的時間。接下來是一個正整數序列（每個整數最多為 10000），它交替地提供隧道的關閉和打開時間。

例如，如果提供的內容是 10 14 5 6 7 8 9，就表示隧道連接 10 號洞穴和 14 號洞穴，從隧道的一端到另一端需要 5 個單位的時間。這條隧道在時間 6 關閉，在時間 7 打開，然後在時間 8 再次關閉，在時間 9 再次打開。也就是說，從時間 6 到時間 7 隧道被清理，然後從時間 8 到時間 9 隧道再次被清理，在時間 9 之後，這條隧道將一直開放。

如果提供的內容是 10 9 15 8 18 23，就表示這條隧道連接 10 號洞穴和 9 號洞穴，從一端到另一端需要 15 個單位的時間。隧道在時間 8 關閉，在時間 18 打開，然後在時間 23 再次關閉。時間 23 過後，這條隧道將永遠關閉。

後一個測試案例在前一個案例的最後一行之後開始。以一個 0 表示輸入結束。

輸出

對每個測試案例，輸出一行，或者提供一個整數，這是 Jing 到達洞穴 t 所需的時間，或者是一個符號「*」，表示 Jing 永遠無法到達洞穴 t。這裡要注意，開始時間是 0，所以如果 $s=t$，也就是說，Jing 和恐怖分子頭目在同一個洞穴，那麼輸出是 0。

範例輸入	範例輸出
2 2 1 2	16
1 2 5 4 10 14 20 24 30	55
1 2 6 2 10 22 30	*
6 9 1 6	
1 2 6 5 10	
1 3 7 8 20 30 40	
2 4 8 5 13 21 30	
3 5 10 16 25 34 45	
2 5 9 22 32 40 50	
3 4 15 2 8 24 34	
4 6 10 32 45 56 65	
5 6 3 2 5 10 15	
2 3 5 2 9 19 25	
2 2 1 2	
1 2 7 6 9 12	
1 2 9 8 12 19	
0	

試題來源： ACM Asia Kaohsiung 2003

線上測試： POJ 1613，ZOJ 1791，UVA 2819

❖ 試題解析

設洞穴為節點，Jing 在時間 0 時所在的洞穴為源點，犯罪分子頭目藏身的洞穴為終點，連接洞穴的隧道為邊，即可將阿夫基耶亞山轉化為圖。所以，本題要求在最短的時間內到達犯罪分子頭目藏身的洞穴，即圖的最短路徑問題。

根據試題描述，在相同兩個點之間會有不同權值的邊，所以就不能用 Dijkstra 演算法。用 Bellman-Ford 演算法來解決本題，只要對邊進行尋訪就可以求出最短路徑。但是本題對邊的使用有時間限制，所以在鬆弛的時候判斷一下目前這條邊能否使用。

每條隧道都有開閉的時間區間，用一個 vector 來儲存時間點，按照奇偶來區分該段時間區間是否為開放時段。如果要從一條隧道的 v 端，走向隧道的另一端（u 端），且已知所需時間為 t，那麼就要考慮到達 v 的時間點 tv，這個時候隧道可能處於關閉狀態，也可能處於開放狀態，用區間 $[t_{k-1}, t_k]$ 來表示開放時間，那麼如果 $tv<t_{k-1}$，就要等到 t_{k-1} 才能進隧道；而如果 $t_{k-1}<tv< t_k$，則可以進入隧道；所以進入隧道的時間為 $T=\max(t_{k-1}, tv)$；同時，在隧道裡的時間是有限制的，如果 $t_k-T<t$，則不能進入隧道，否則還沒出來，通道就會關閉，人就會被「清理」。

❖ 參考程式（略。本題參考程式的 PDF 檔案和本題的英文原版均可從碁峰網站下載）

13.4　SPFA 演算法

SPFA（Shortest Path Faster Algorithm）演算法是求單源最短路徑的一種演算法，它是 Bellman-Ford 的佇列最佳化，是一種十分高效率的最短路徑演算法。在很多情況下，給定的圖存在負權邊，此時 Dijkstra 等演算法便沒有了用武之地，而 Bellman-Ford 演算法的效率又低，在這種情況下，SPFA 演算法便派上用場了。

SPFA 演算法與 Dijkstra 和 Bellman-Ford 演算法一樣，用陣列 dist 記錄起始節點到所有節點的最短路徑距離值（初始值指定，起始點到本身的距離為 0，其他節點賦為極大值），用相鄰串列來儲存圖 G。SPFA 演算法的實現方法是動態逼近法：設立一個先進先出的佇列 Q，用來儲存待最佳化的節點，最佳化時每次取出佇列首節點 u，並基於 dist[u] 值對節點 u 出邊所指向的節點 v 進行鬆弛操作，如果 dist[v] 值有所調整，並且節點 v 不在佇列 Q 中，則節點 v 推入佇列 Q。這樣不斷從佇列 Q 中取出節點來進行鬆弛操作，直至 Q 佇列空為止。

此外，SPFA 演算法還可以判斷圖 G 中是否有負權迴路，如果一個節點推入佇列的次數達到節點數 N，則 G 中有負權迴路。

```
void spfa(int s)                // 使用 SPFA 演算法計算起始節點 s 至各節點的最短路徑長度
{
佇列 Q 初始化為空;
for(i=0; i<101; i++)            // 所有節點的父節點為空，距離值為 ∞
    { dist[i] = ∞; fa[i]=nil }
dist[s]=0;                      // 起始節點 s 的距離值為 0
s 推入佇列 Q;
while（佇列 Q 非空）
```

```
{
    Q的佇列首元素x提出佇列；
    for(i=1; i<=n; i++)       // 對x的所有出邊進行鬆弛操作：如果可以經過x來改進到節點i的
                              // 最短路徑長度，就對其距離值dist[i]以及父節點fa[i]進行更新
        if(dist[i]-wxi>dist[x])
            { dist[i]= dist[x]+wxi; fa[i]=x;
                    if ( 節點i未在佇列Q)
                        節點i推入佇列Q;
            }
    }
}
```

SPFA 演算法類似於寬度優先搜尋，其中 Q 是先進先出佇列，而非優先佇列。每次從 Q 中取出佇列首節點 u，並存取 u 的所有鄰接點的複雜度為 $O(d)$，其中 d 為點 u 的出度。運用均攤分析的思維，對於 $|V|$ 個節點 $|E|$ 條邊的圖，節點的平均出度為 $\frac{|E|}{|V|}$，所以每處理一個節點的複雜度為 $O\left(\frac{|E|}{|V|}\right)$。假設節點推入佇列的次數為 h，顯然 h 隨圖的不同而不同，但它僅與邊的權值分佈有關。我們設 $h=k|V|$，則演算法 SPFA 的時間複雜度為 $T=O(h\frac{|E|}{|V|})=O(k|E|)$。在平均的情況下，可以將 k 看成一個比較小的常數，所以 SPFA 演算法在一般情況下的時間複雜度為 $O(E)$。

SPFA 演算法穩定性較差，在稠密圖中 SPFA 演算法時間複雜度會退化。

SPFA 和經過簡單最佳化的 Bellman-Ford 無論在思維上還是在複雜度上都有相似之處。確實如此，兩者都屬於標號修正的範疇，計算過程都是反覆運算式的，最短路徑的估計值都是臨時的，都採用了不斷逼近最佳解的貪心策略，只在最後一步才確定想要的結果。但由於兩者在實現方式上的差異性，使得時間複雜度存在較大的差異。在 Bellman-Ford 演算法中，如果某個點的最短路徑距離值被更新了，那麼就必須對所有邊做一次鬆弛操作；在 SPFA 演算法中，如果某個點的最短路徑距離值被更新，僅需對該點出邊的端點做一次鬆弛操作。在極端情況下，後者的效率將是前者的 n 倍，一般情況下，後者的效率也比前者高出不少。基於兩者在思維上的相似，可以這樣說，SPFA 演算法其實是 Bellman-Ford 演算法的一個最佳化版本。

13.4.1 ▶ Wormholes

與【13.1.3 Wormholes】相同。

試題來源： USACO 2006 December Gold
線上測試： POJ 3259

❖ 試題解析

這裡，使用 SPFA 演算法判斷圖 G 中是否有負權迴路，如果一個節點推入佇列的次數達到圖的節點數 N，則 G 中有負權迴路。

❖ 參考程式

```
01  #include<stdio.h>
02  #include<queue>
```

```
03    using namespace std;
04    int map[501][501];
05    int dis[501];
06    int n, m, w;
07    int s, e, t;
08    bool spfa()                    // 使用 SPFA 演算法判別是否存在負權迴路。若不存在,則傳回 1;否則傳回 0
09    {
10        bool flag[501] = {0};                        // flag[i] 為節點 i 在佇列的標誌
11        int count[501] = {0};                        // count[i] 為節點 i 推入佇列的次數
12        queue<int > q;                               // 佇列 q
13        q.push(s);                                   // 源點 s 推入佇列
14        dis[s] = 0;                                  // 源點的最短距離值為 0
15        int curr;                                    // 佇列首節點,即待擴充節點
16        int i;
17        while(!q.empty())                            // 若佇列非空,則取佇列首節點 curr
18        {
19            curr = q.front();
20            q.pop();                                 // 佇列首節點提出佇列
21            for(i = 1; i <= n; i++)                  // 列舉 curr 可達的節點 i
22                if(map[curr][i]< 100000)             // 若途徑邊(curr,i)可使得源點
23                                                     // 至 i 的路徑更短,則進行鬆弛操作
24                if(dis[i] > map[curr][i] + dis[curr] )
25                {
26                    dis[i] = map[curr][i] + dis[curr]; // 調整源點至 i 的最短路徑
27                    if(flag[i] == 0)                  // 若 i 節點未推入佇列,則推入佇列
28                        q.push(i);
29                    count[i] ++ ;                     // 節點 i 的推入佇列次數 +1
30                    flag[i] = 1;                      // 設節點 i 推入佇列標誌
31                    if(count[i]>= n)                  // 若 i 的推入佇列次數不小於 n,
32                                                      // 則存在負權迴路,傳回 0
33                            return 0;
34                }
35            flag[curr] = 0;                           // 設節點 curr 不在佇列標誌
36        }
37        return 1;                                     // 傳回不存在負權迴路標誌 1
38    }
39    int main()
40    {
41        int f;
42        scanf("%d", &f);                              // 輸入測試案例(農場)數
43        while(f--)                                    // 依次處理每個測試案例
44        {
45            memset(dis,63, sizeof(dis));              // 最短距離值序列初始化
46            memset(map, 127, sizeof(map));            // 相鄰矩陣初始化
47            scanf("%d %d %d", &n, &m, &w);            // 輸入節點(田地)數 n、
48                    // 邊(正權的雙向路徑)數 m 和蟲洞(負權的單向路徑)w
49            int i;
50            for(i = 0; i < m; i++)                    // 輸入正權的雙向路徑
51            {
52                scanf("%d %d %d", &s, &e, &t);        // 輸入邊的兩個節點 e 和 s 以及邊權 t
53                map[s][e] = map[s][e]> t? t : map[s][e];  // 設定雙向邊(剔除權值大的重邊)
54                map[e][s] = map[e][s]> t? t : map[e][s];
55            }
56            for(i = 0; i < w; i++)                    // 輸入負權的單向路徑
57            {
```

```
58              scanf("%d %d %d", &s, &e, &t);        // 輸入邊的端點 a 和 b 以及邊權的絕對值 c
59              map[s][e] = -t;                         // 建負權邊
60          }
61          if(spfa())                       // 使用 SPFA 演算法判別是否存在負權迴路。
62                                            // 若不存在，則輸出無解；否則輸出有解
63              printf("NO\n");
64          else
65              printf("YES\n");
66      }
67      return 0;
68  }
```

13.4.2 ▶ Friend Chains

對於一組人來說，有一種觀點認為，透過認識的人介紹，每個人與組中任何其他人的認識距離都等於或小於 6。也就是說，「一個朋友的朋友」的鏈可以連接兩個人，任何一個鏈包含的人數不會超過 7。

例如，如果 XXX 是 YYY 的朋友，YYY 是 ZZZ 的朋友，但是 XXX 不是 ZZZ 的朋友，那麼 XXX 和 ZZZ 之間有一個長度為 2 的朋友鏈。朋友鏈的長度比鏈中的人數少 1。

這裡要注意，如果 XXX 是 YYY 的朋友，那麼 YYY 也是 XXX 的朋友。提供一群人以及他們之間的朋友關係。對於組中的任何兩個人，都有一個連接他們的朋友鏈，鏈的長度不超過 k。請你求出 k 的最小值。

輸入
本題有多個測試案例。

對於每個測試案例，首先提供一個整數 N（2≤N≤1000），表示組中的人數。接下來的 N 行，每行提供一個字串，表示一個人的姓名。字串由字母組成，長度不超過 10。然後提供一個數字 M（0≤M≤10000），表示組中的朋友關係數。接下來的 M 行每行都包含兩個用空格隔開的名字，他們是朋友。

輸入以 N=0 結束。

輸出
對於每個測試案例，在一行中列印最小值 k。

如果 k 的值是無窮大，則輸出 -1。

範例輸入	範例輸出
3 XXX YYY ZZZ 2 XXX YYY YYY ZZZ 0	2

試題來源： 2012 Asia Hangzhou Regional Contest
線上測試： HDOJ 4460，UVA 6378

❖ **試題解析**

本題提供 N 個人、M 個關係，求連接任何兩個人的朋友鏈的最小長度 k，如果有兩個人無法透過關係認識，則輸出 –1。

本題是一道很明顯的最短路徑問題。從一個源點 s 出發，透過最短路徑演算法求出所有節點至 s 的最短路徑長度，其中最大值 $k_s=\max_{1 \le i \le n}\{$ 節點 i 至 s 源點的最短路徑長度 $\}$，即 k_s 為 s 連接其他所有人的朋友鏈長的最小值。而題目要求計算連接所有人的朋友鏈長度的下限，只能使用 N 次最短路徑演算法，每次選擇一個源點 i（$1 \le i \le N$），計算 i 連接其他所有人的朋友鏈長的下限，顯然，連接所有人的朋友鏈長度的下限 $k=\max_{1 \le i \le n}\{k_i\}$。如果出現任一對人之間無法透過朋友鏈連接（他們之間的最短路徑長度為無窮大），最終導致 k 為無窮大，則計算失敗。

本題使用 Floyd-Warshall 演算法、Dijkstra 演算法求解會超時。本題可用 SPFA 演算法求解，一次呼叫的時間複雜度為 $O(E)$，則呼叫 N 次 SPFA 演算法，時間複雜度為 $O(E*N)$，可以在限定時間內出解。

❖ **參考程式**（略。本題參考程式的 PDF 檔案和本題的英文原版均可從碁峰網站下載）

13.5　相關題庫

13.5.1 ▶ Knight Moves

你的一個朋友正在研究騎士周遊路線問題（Traveling Knight Problem，TKP），在一個棋盤上，對於提供的 n 個方格，要找到騎士移動並存取每個方格一次且僅一次的最短迴路。你的朋友認為這個問題最難的部分是確定在兩個提供的方格之間騎士移動的最小步數，並認為如果完成了這一工作，找到周遊路線就很容易了。

請你為他編寫一個程式來解決這個「困難」部分。

程式輸入兩個方格 a 和 b，然後確定從 a 到 b 最短路徑上騎士移動的次數。

輸入

輸入包含一個或多個測試案例，每個測試案例一行，提供兩個方格，用一個空格分開。其中一個方格是一個字串，由一個表示棋盤列的字母（a～h）和一個表示棋盤行的數字（1～8）組成。

輸出

對每個測試案例，輸出一行「To get from xx to yy takes n knight moves.」。

範例輸入	範例輸出
e2 e4	To get from e2 to e4 takes 2 knight moves.
a1 b2	To get from a1 to b2 takes 4 knight moves.
b2 c3	To get from b2 to c3 takes 2 knight moves.
a1 h8	To get from a1 to h8 takes 6 knight moves.
a1 h7	To get from a1 to h7 takes 5 knight moves.
h8 a1	To get from h8 to a1 takes 6 knight moves.
b1 c3	To get from b1 to c3 takes 1 knight moves.
f6 f6	To get from f6 to f6 takes 0 knight moves.

試題來源： 1996 University of Ulm Local Contest

線上測試： POJ 2243，ZOJ 1091，UVA 439

提示

我們將棋盤上的每個方格視為節點，一次跳馬可達的節點間連邊，邊權為 1，這樣就可將騎士周遊路線問題轉化為求圖的最短路徑問題。設最短路徑矩陣為 w，其中 $w[x_1][y_1][x_2][y_2]$ 為騎士由方格 (x_1, y_1) 移動至方格 (x_2, y_2) 的最小步數，簡稱最短路徑矩陣。初始時：

$$w[x_1][y_1][x_2][y_2] = \begin{cases} \infty & \text{否則} \\ 1 & (x_1, y_1)\text{透過跳馬可達界內的}(x_2, y_2) \end{cases}$$

我們採用離線計算策略，先使用 Floyd-Warshall 演算法計算任一對節點間的最短路徑：

```
for (int kx=1; kx<=8; kx++)              // 列舉中間格座標
  for (int ky =1; ky<=8; ky++)
    for (int ix=1; ix<=8; ix++)          // 列舉起始格座標
      for (int iy=1; iy<=8; iy++)
        for (int jx=1; jx<=8; jx++)      // 列舉目標格座標
          for (int jy=1; jy<=8; jy++)
            if (w[ix][ iy][ kx][ ky]+w[kx][ ky][ jx][ jy]<w[ix][ iy][ jx][ jy])
w[ix][ iy][ jx][ jy]=w[ix][ iy][ kx][ ky]+w[kx][ ky][ jx][ jy];
```

以後每輸入出發位置的列字母 a_1、行數符 b_1 和目標位置的列字母 a_2、行數符 b_2，即可直接從最短路徑矩陣 w 中找出解 $w[a_1-96][b_1-48][a_2-96][b_2-48]$。

13.5.2 ► Big Christmas Tree

在 KCM 市，耶誕節即將到來。Suby 要準備一棵很大、很整齊的聖誕樹。樹的簡單結構如圖 13.5-1 所示。

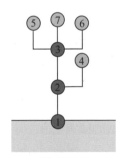

圖 13.5-1

樹可以表示為帶編號的節點和一些邊組成的集合。這些節點的編號從 1 到 n。根的編號總是 1。樹中的每個節點都有其自己的權值，權值可以彼此間各不相同。另外，每兩個節點之間可能存在的邊的形狀也是不同的，所以每條邊的單價是不同的。由於搭建聖誕樹存在技術難度，因此一條邊的價格是（所有子孫節點的權重總和）×（該邊的單價）。

Suby 要在所有可能的選擇中最小化整棵樹的成本。此外，因為他想要一棵大樹，所以他希望用到所有節點。他要你幫助解決這個問題，找出整棵樹的最小成本。

輸入

輸入包括 T 組測試案例。測試案例的數目 T 在輸入檔案的第一行提供。每個測試案例由若干行組成。兩個數字 v、e（$0 \leq v$，$e \leq 50000$）在每個測試案例的第一行提供。在下一行中提供 v 個正整數 w_i 表示 v 個節點的權值。接下來的 e 行，每行包含三個正整數 a、b、c，表示連接兩個節點 a 和 b 的邊，以及該邊的單價 c。

輸入的所有數字小於 2^{16}。

輸出

對於每個測試案例，在一行中輸出一個整數，表示該樹的最小成本。如果沒有辦法建立一顆聖誕樹，則在一行中輸出「No Answer」。

範例輸入	範例輸出
2	15
2 1	1210
1 1	
1 2 15	
7 7	
200 10 20 30 40 50 60	
1 2 1	
2 3 3	
2 4 2	
3 5 4	
3 7 2	
3 6 3	
1 5 9	

試題來源： POJ Monthly--2006.09.29

線上測試： POJ 3013

提示

聖誕樹是一棵倒立的樹，根位於最底層。每個節點的子孫在其與根的路徑上。由於每兩個節點之間可能存在單價不同的多條邊，因此根至每個節點的路徑可能有多條，這同資料結構意義上的樹有本質的不同，只能作為圖來處理。

我們將每條邊的單價稱作邊權，節點 i 至根的路徑上邊的單價和稱為路徑長度。按照題意（一條邊的價格是（所有子孫節點的權重總和）×（該邊的單價）），可得出整棵樹的成本 $= \sum_{i=1}^{n}$ 節點 i 至根的路徑長度 × 節點 i 的權重。要使得樹的成本最小，每個節點至根的路徑長度必須最小。顯然這是一個典型的單源最短路徑問題。

設節點數為 n，邊數為 m；節點的權重序列為 weight，其中節點 i 的權重為 weight$[i]$。

邊表為 E，M 條邊互為反向後存入 E，其中第 k 條邊為（$E[k].l$，$E[k].r$），邊權為 $E[k].val$。E 表按照邊的左端點序號遞增的順序排列，即節點 i 的所有出邊連續儲存在 E 表中，首條出邊在 E 表中的索引為 start$[i]$（$1 \leq E \leq 2 \times M$，$0 \leq i \leq n-1$）。

距離矩陣為 dist，其中根（節點 0）至節點 i 的最小邊權和為 dist$[i]$。

優先佇列為 Q，Q 的元素為節點序號和根至該節點的最小邊權和。

我們使用 Dijkstra 演算法計算距離矩陣 dist：

```
dist[1]=dist[2]=…dist[n-1]=∞;
將節點 0 和 dist[0] 送入優先佇列 Q;
while（Q 非空）{                        // 反覆迴圈,直至最小優先佇列 Q 空為止
    從 Q 中取出距離值最小的節點 x;
    If x.val≤dist[x.l])              // 若 x 的距離值小於出邊左端點的距離值
    {
        for ( int i = start[x.l]; i< 2 * M && E[i].l == x.l; i++)
            // 對 x 的所有出邊進行鬆弛操作,調整右端點的距離值,並將右端點及其最小距離值送入佇列
        if (dist[E[i].r] > x.val +E[i].val) {
            dist[E[i].r] = x.val +E[i].val;
            將節點 E[i].r 及其距離值 dist[E[i].r] 送入優先佇列 Q;
        }
    }
}
```

若所有節點可達節點 0（即 dist[i]≠ ∞，0≤i≤$n-1$），則最小成本為 $\sum_{i=0}^{n-1} \text{dist}[i] \times \text{weight}[i]$；否則輸出無解資訊。

13.5.3 ▶ Stockbroker Grapevine

眾所周知，股票經紀人對流言總是有過度的反應。請你設計開發在股票經紀人中傳播假情報的方法，讓你的雇主在股票市場上獲勝。為了獲得最好的效果，你必須以最快的方式傳播謠言。

你需要考慮的是，股票經紀人只相信來自他們的「可信來源」的資訊。這意味著你在開始傳播謠言的時候，必須考慮到他們獲取資訊的結構。對於一個特定的股票經紀人，要花費一定的時間將謠言傳播給他的每一位同事。你的任務是寫一個程式，確定選擇哪一位股票經紀人作為傳播謠言的出發點，以及將謠言傳播給整個股票經紀人團隊所用的時間。時間段由從第一個股票經紀人收到資訊的時間，到最後一個股票經紀人收到資訊所需的時間來確定。

輸入

程式輸入多個股票經紀人集合的資料。每個集合的第一行是股票經紀人的數目。後面的每一行是每個股票經紀人的資訊：和多少人聯繫，這些人是誰，將訊息傳給這些人需要多少時間。表示股票經紀人資訊的每一行的格式如下：首先提供接觸的人數（n），後面是 n 對整數，每對表示一個接觸資訊，每對的第一個數字表示接觸者（例如，「1」表示集合中股票經紀人的編號），後面跟著以分鐘為單位的時間，表示將訊息傳給此人需要多少時間。沒有附加的標點符號和間距。

從 1 到經紀人總數對每個股票經紀人進行編號，傳遞訊息的時間為 1 到 10 分鐘，接觸的人數在 0 到經紀人總數 –1 之間。經紀人的數目在 1 到 100 之間。輸入以經紀人數目為 0 的經紀人集合為結束。

輸出

對於每一組資料，程式輸出一行，提供要使訊息傳送速率最快首先將訊息傳給哪個股票經紀人，以及在你提供訊息後，到最後一個股票經紀人接收到訊息所用的時間，時間以分鐘為單位。

也存在這樣的可能，給你的連接網路遺漏了某些股票經紀人，也就是說，訊息無法傳達給某些人。如果你的程式檢測到這樣的情況，就輸出「disjoint」。注意從 A 到 B 傳輸訊息的時間和從 B 到 A 傳輸資訊的時間不一定相同。

範例輸入	範例輸出
3	3 2
2 2 4 3 5	3 10
2 1 2 3 6	
2 1 2 2 2	
5	
3 4 4 2 8 5 3	
1 5 8	
4 1 6 4 10 2 7 5 2	
0	
2 2 5 1 5	
0	

試題來源： ACM Southern African 2001

線上測試： POJ 1125，ZOJ 0182，UVA 2241

提示

我們將股票經紀人設為節點，每個股票經紀人與相聯繫的人之間連邊，邊權為訊息傳遞的時間，建構出一個有向帶權圖 G。

試題要求計算訊息應首先傳給哪個股票經紀人，方可使訊息傳送速率最快。對於股票經紀人 i 來說，要使得訊息經由他傳送給其他所有人，至少花費該節點至其他節點的最短路徑的最大值 $d_i = \max\limits_{1 \le j \le n}\{\text{dist}[i][j]\}$，其中 $\text{dist}[i][j]$ 為節點 i 至節點 j 的最短路徑長度。

顯然，訊息傳輸給所有人的最快速度為 $ans = \min\limits_{1 \le i \le n}\{d_i\}$，要達到這個速度，訊息應首先傳給滿足 $ans = d_t$ 的股票經紀人 t。節點 t 就是所謂圖 G 的中心。由此引出演算法：

```
使用 Floyd 演算法計算出任意節點對之間的最短路徑矩陣 dist[][]；
ans=∞；t=-1；              // 最短路徑長度和出發點初始化
搜尋 dist[][] 的每一行 i(1≤i≤n)：
    {計算節點 i 至其他節點的最短路徑的最大值 d_i=max{dist[i][j]}
                                        1≤j≤n
        if (ans>d_i) {           // 若 i 節點為出發點使得可達所有節點的路徑長度最小，
                                 // 則將 d_i 調整為最佳解，並記下出發點 i
            ans=d_i；
            t = i；
        }
    }
if (ans == ∞)    // 若最佳解仍為初始值，則說明從任意節點出發都無法到達所有節點輸出無解；
else
    輸出 t 節點出發可達所有節點的最短路徑長度為 ans；
```

13.5.4 ▶ Domino Effect

你知道除了玩骨牌以外，多米諾骨牌可以用於其他的事情嗎？首先將許多的多米諾骨牌排成一行，彼此間的距離很小，然後，推倒第一塊多米諾骨牌，引起所有其他的骨牌連續倒下（這也就是慣用語「多米諾效應」的出處）。

由於用少量的多米諾骨牌沒有意義,在20世紀80年代的早期,一些人把這個遊戲玩到了極致,他們創造了這樣一個短暫的藝術:用幾百萬張不同顏色和不同材料的多米諾骨牌在整個大廳裡以精美的樣式擺滿。在這樣的建構中,通常是有不止一行的多米諾骨牌同時倒下。正如大家能想到的,時間的確定是必要因素。

請你編寫一個程式,對於一個提供的多米諾骨牌的排列系統,計算在什麼時候、什麼地方,最後一塊多米諾骨牌倒下。這一系統由幾個「關鍵多米諾骨牌」組成,多米諾骨牌排成的簡單行把這幾個關鍵多米諾骨牌連接起來。當一塊關鍵多米諾骨牌倒下的時候,所連線導向這塊多米諾骨牌的行也將開始倒下(除了已經倒下的之外),當倒下的行到達其他未倒下的多米諾骨牌的時候,這些其他的多米諾骨牌也將倒下,並將引起它們所連接的多米諾骨牌的行倒下。多米諾骨牌行可以在任一點開始倒。一行多米諾骨牌也可以從兩個方面開始倒,在這一情況下該行中最後一塊多米諾骨牌在兩個關鍵多米諾骨牌之間的某處倒下。假設所有的骨牌行以一個統一的速率倒下。

輸入

輸入包含了若干個多米諾骨牌系統的測試案例。每個測試案例的第一行提供兩個整數:關鍵多米諾骨牌的數量 n($1 \leq n < 500$)和關鍵多米諾骨牌間的行數 m,關鍵多米諾骨牌的編號是從 1 到 n。在每對關鍵多米諾骨牌之間至多有一行,多米諾圖是連接的,即從一個關鍵多米諾骨牌到另一個關鍵多米諾骨牌之間至少有一條沿著一系列多米諾行的路徑。

後面跟著 m 行,每行包含 3 個整數 a、b 和 l,表示這一行是在關鍵多米諾骨牌 a 和 b 之間,多米諾骨牌從一端到另一端倒下要 l 秒。

每個系統從編號為 1 的多米諾骨牌開始倒。

以一個空的多米諾骨牌系統($n=m=0$)結束,程式不用處理這個空系統。

輸出

對於每個測試案例,輸出第一行以測試案例編號開始(「System #1」、「System #2」等)。

然後輸出一行,提供在什麼時間最後一塊多米諾骨牌倒下,精確到小數點右邊一位;以及最後一塊多米諾骨牌倒下的地方,或者是某一塊關鍵多米諾骨牌,或者是在兩塊關鍵多米諾骨牌之間(在這一情況下,以升冪形式輸出這兩塊多米諾骨牌編號)。形式如輸出範例所示。測試資料保證有唯一解,在每個多米諾骨牌系統處理後輸出一個空行。

範例輸入	範例輸出
2 1 1 2 27 3 3 1 2 5 1 3 5 2 3 5 0 0	System #1 The last domino falls after 27.0 seconds, at key domino 2. System #2 The last domino falls after 7.5 seconds, between key dominoes 2 and 3.

試題來源: ACM Southwestern European Regional Contest 1996

線上測試: POJ 1135,ZOJ 1298,UVA 318

提示

將骨牌作為節點，若骨牌 a 到骨牌 b 倒下要 l 秒的時間，則添加權為 l 的無向邊 (a, b) 和 (b, a)，即 $w_{ab}=w_{ba}=l$，建構出無向圖 G。

我們從節點 1（第 1 個被推倒的骨牌）出發，使用單源最短路徑演算法計算節點 1 至其他節點的最短路徑長度矩陣 down[ ]。若最後倒下的是一塊骨牌，則全部骨牌倒下的時間為 $time_1 = \max\limits_{1 \le i \le n}\{down[i]\}$，最後倒下的骨牌為 $x(down[x]=time_1)$。

若最後在骨牌 i 與骨牌 j 之間倒下，則必須滿足條件 $|down[i]-down[j]|<w_{ij}$，骨牌倒下的最後時間為 $\max\{down[i], down[j]\} + \dfrac{w_{ij}-|down[i]-down[j]|}{2}$。我們搜尋最後在兩塊骨牌間倒下的所有可能情況，計算全部骨牌倒下的時間最短時間 $time_2 = \max\limits_{1 \le i \le n-1, i+1 \le j \le n}\{\max\{down[i],$ $down[j]\} + \dfrac{w_{ij}-|down[i]-down[j]|}{2}\}$ 和最後相繼倒下的兩塊骨牌 x_1 和 x_2。

顯然全部骨牌最後倒下的時間為 ans=min{$time_1$, $time_2$}。若 ans=$time_1$，則最後倒下的骨牌為 x；若 ans=$time_2$，則全部骨牌最後在骨牌 x_1 和 x_2 之間倒下。

13.5.5 ▶ 106 miles to Chicago

在電影《福祿雙霸天》（*The Blues Brothers*）中，收養 Elwood 和 Jack 的孤兒院如果不向芝加哥的庫克評估辦公室支付 5000 美元的稅款，就要被出售給教育委員會。Elwood 和 Jack 在皇宮酒店表演賺了 5000 美元後，他們要找一條回到芝加哥的路。然而，這並不是一件容易的事情，因為他們正被員警、黑幫和納粹追逐；現在他們距離芝加哥有 106 英里，而且時值黑夜，他們還戴著太陽鏡。

請你幫助他們找到回芝加哥的最安全的道路。在本問題中，最安全的道路就是他們不被抓的可能性最大的路線。

輸入

輸入包含多個測試案例。

每個測試案例第一行是兩個整數 n 和 m（$2 \le n \le 100$，$1 \le m \le n \times (n-1)/2$），其中 n 是交叉路口的數目，m 是要加以考慮的街道的數目。

後面的 m 行提供對街道的描述，一條街道用一行描述，每行有 3 個整數 a、b 和 p（$1 \le a$，$b \le n$，$a != b$，$1 \le p \le 100$）：a 和 b 表示街道的兩個端點，p 是布魯斯兄弟（Blues Brothers）使用這條街道不被抓的可能性的百分數。每條街道兩個方向都可以走，在兩個端點之間最多只有一條街道。

在最後一個測試案例後用 0 表示結束。

輸出

對每個測試案例，計算從路口 1（皇宮酒店）到路口 n（在芝加哥的目的地）走最安全的道路的不被抓的可能性。本題設定在路口 1 和路口 n 間至少有一條路。

輸出百分數形式的機率，要求精確到小數點後 6 位。如果輸出的百分比的值與裁判輸出至多有 10^{-6} 不同，那麼這一百分比的值被認為是正確的。請按照下面提供的輸出格式，每組測試資料對應一行輸出。

範例輸入	範例輸出
5 7 5 2 100 3 5 80 2 3 70 2 1 50 3 4 90 4 1 85 3 1 70 0	61.200000 percent

試題來源：Ulm Local 2005

線上測試：POJ 2472，ZOJ 2797

提示

將本題表示為無向圖 G：交叉路口作為節點，街道作為邊。若交叉路口 a 和 b 之間通有街道，布魯斯兄弟使用這條街道不被抓的可能性的百分數為 p，則 (a, b) 的權為 $\dfrac{p}{100}$，即 $w_{ab}=w_{ba}=\dfrac{p}{100}$（$\dfrac{p}{100}$ 是為了減少精確度誤差）。

若節點 i 至節點 k 的路徑不被抓的機率為 p_{ik}，節點 k 至節點 j 的路徑不被抓的機率為 p_{kj}，則節點 i 途徑節點 k 至節點 j 的路線不被抓的機率為 $p_{ik} \times p_{kj}$。我們一一列舉節點 i 至節點 j 的路線上的每個中間節點 k，可得出從節點 i 至節點 j 的所有路徑中，不被抓的最大機率為 $\max\limits_{k \in i到j的路線}\{p_{ik} \times p_{k}\}$。

顯然，路口 1 到路口 n 的最安全的道路就是節點 1 至節點 n 的最長路。我們可以使用 Floyd 演算法計算任意節點對間的最大路徑長度，即所有可連接的路口之間不被抓的最大機率 $p[][]$，其中 $p[1][n] \times 100$ 即為問題的解。

13.5.6 ▶ AntiFloyd

你已被聘為一家大公司的系統管理員。該公司總部的 n 台電腦被 m 條電纜的網路連接。每條電纜連線兩台不同的電腦，任何兩台電腦之間至多只有一條電纜連線。每條電纜有一個延遲期，以微秒為單位，已知一條訊息沿著一條電纜傳輸需要多長的時間。該網路通訊協定是以一個巧妙的方法建立的，當從電腦 A 發送一條訊息到電腦 B 時，該訊息將沿著具有最小總延遲的路徑，使得訊息盡可能快地到達 B。電纜是雙向的，在兩個方向上都有相同的延遲期。

現在請你確定哪些電腦彼此連接，以及 m 條電纜中每條的延遲期。你很快發現這是一個困難的任務，因為建築有許多層，並且電纜隱藏在牆內。因此，你決定這樣做：你從每一台電腦 A 給每一台其他的電腦 B 發送一條訊息，並測量延遲期，獲得 $\dfrac{n(n-1)}{2}$ 個測量結果，然後根據這些資料，你來確定哪些電腦是由電纜連線的，以及每條電纜的延遲期。你希望你的模型簡單，所以你希望使用的電纜盡可能少。

輸入

第一行提供測試案例個數 N（最多為 20）。後面提供 N 個測試案例。每個測試案例的第一行提供 n（$0<n<100$），後面的 $n{-}1$ 行提供測量出來的訊息延遲期。第 i 行提供 i 個整數，取值範圍為 $[1, 10000]$，第 j 個整數是將一條訊息從電腦 $i{+}1$ 發送到電腦 j（或相反）所需要的總的時間。

輸出

對每個測試案例，在一行內輸出「Case #x:」，下一行提供 m（電纜的條數）。後面的 m 行每行提供 3 個整數 u、v 和 w，表示在電腦 u 和電腦 v 之間存在一條延遲期為 w 的電纜。行首先按 u 排序，然後按 v 排序，$u<v$。如果存在多個答案，任何一個都可以。如果結果不可能，則輸出「Need better measurements.」，在每個測試案例後輸出一個空行。

範例輸入	範例輸出
2	Case #1:
3	2
100	1 2 100
200 100	2 3 100
3	
100	Case #2:
300 100	Need better measurements.

試題來源：Abednego's Graph Lovers' Contest, 2006

線上測試：UVA 10987

提示

我們將電腦作為節點，電腦 i 分別與電腦 1 到電腦 $i{-}1$ 之間連邊（$1\leq i\leq n$），邊權 w_{ij} 為兩台電腦間測量出的訊息延遲期，建構出具有一個 $\dfrac{n(n-1)}{2}$ 條帶權邊的無向圖。

1. **連接方案的存在條件**：對於任何一對電腦來說，它們之間測量出的訊息延遲期是最小的。即對於任何節點對 i 和 j（$1\leq i\leq n$，$1\leq j\leq i{-}1$，$i!{=}j$），不存在任何一個中間節點 k，使得 $w_{ik}{+}w_{kj}{<}w_{ij}$；否則存在更優的連接方案或可替代的連接方案，即在 $w_{ik}{+}w_{kj}\geq w_{ij}$ 時連接節點 i 和節點 k、節點 k 和節點 j。

2. **電腦 i 和電腦 j 間是否鋪設電纜的條件**（$1\leq i\leq n$，$1\leq j\leq i{-}1$，$i!{=}j$）：兩個節點間加入任何一個中間節點 k（$1\leq k\leq n$），邊權和 $w_{ik}{+}w_{kj}!{=}w_{ij}$，以避免測試結果的二義性。

由此得出演算法：

```
列舉每個節點對 i 和 j（1≤i≤n，1≤j≤i-1，i!=j）：
列舉所有可能的中間節點 k（1≤k≤n）：若在節點 i 和節點 j 間加入中間節點 k，使得 wik+wkj<wij，
    則設失敗標誌，並結束列舉節點對的過程；若 wik+wkj==wij，則 (i, j) 不鋪設電纜；
若加入任何一個中間節點 k 都使得 wik+wkj!=wij，則電纜數 ++tot，設 (i, j) 鋪設電纜標誌；
若失敗，則輸出 "Need better measurements."；否則輸出電纜數 tot 和 tot 對鋪設電纜的節點對；
```

Chapter 14
二分圖、流量網路演算法的程式編寫

二分圖、流量網路是兩種最典型的特殊圖，這兩種特殊圖的演算法是圖論的重要演算法。本章將展開二分圖匹配和流量網路的程式編寫實作。

14.1　二分圖匹配

二分圖匹配的基本概念如下。

定義 14.1.1（二分圖）　設 $G(V, E)$ 是一個無向圖，其節點集 V 可被劃分成兩個互補的子集 V_1 和 V_2，並且圖中的每條邊 $e \in E$，e 所關聯的兩個節點分別屬於這兩個不同的節點集 V_1 和 V_2，則稱圖 $G(V, E)$ 為一個二分圖。節點集 V 被劃分成兩個互補的子集 V_1 和 V_2，也被稱為 G 的一個二劃分，記為 (V_1, V_2)。

定義 14.1.2（匹配）　在二分圖 $G(V, E)$ 中，$M \subseteq E$，並且 M 中沒有兩條邊相鄰，則稱 M 是 G 的一個匹配。M 中的邊的節點被稱為蓋點，其餘不與 M 中的邊關聯的節點被稱為未蓋點。M 中的邊的兩個節點稱為在 M 下配對。

設 $G(V, E)$ 是一個二分圖，G 具有二劃分 (V_1, V_2)；M 是 G 的一個匹配。有下述定義。

定義 14.1.3（完美匹配，完備匹配，最大匹配）　如果 G 中每個節點都是蓋點，則稱 M 為 G 的完美匹配。如果 M 在 V_1 中的全部節點和 V_2 中的一個子集中的節點之間有一一對應關係，則稱 M 是 G 的完備匹配。如果 G 中不存在匹配 M'，使 $|M'| > |M|$，則稱 M 為 G 的最大匹配。

定義 14.1.4（替用路徑，擴充路徑）　若在 G 中有一條路 p，p 的邊在 E-M 和 M 中交錯地出現，則稱 p 為關於 M 的替用路徑。若關於 M 的替用路徑 p 的起點和終點都是未蓋點，則稱 p 為關於 M 的擴充路徑。

本節將展開如下的二分圖匹配的實作：計算二分圖匹配的匈牙利演算法，以及作為其理論基礎的 Hall 婚姻定理，在增加邊權因素的情況下計算最佳匹配的 KM 演算法。

14.1.1 ▶ 匈牙利演算法

匈牙利演算法（Hungarian Algorithm）由匈牙利數學家 Edmonds 提出，用於計算無權二分圖的最大匹配，其思維就是應用擴充路徑，每次尋找一條關於匹配 M 的擴充路徑 p，透過 $M=M \oplus p$ 使得 M 中的匹配邊數增加 1，其中 $M \oplus p = (M \cup p) - (M \cap p)$ 稱為邊集與邊集的環和。以此類推，直至二分圖中不存在關於 M 的擴充路徑為止。此時得到的匹配 M 就是 G 的一個最大匹配。

可以透過 DFS 演算法尋找擴充路徑，搜尋過程產生的 DFS 樹是一棵交錯樹，樹中屬於 M 的邊和不屬於 M 的邊交替出現。取 $G(V, E)$ 的一個未蓋點作為出發點，它位於 DFS 樹的第 0 層。假設已經建構到了樹的第 i–1 層，現在要建構第 i 層：

1. 當 i 為奇數時，將那些關聯於第 i–1 層中一個節點且不屬於 M 的邊，連同該邊關聯的另一個節點一起添加到樹上；

2. 當 i 為偶數時，則添加那些關聯於第 i–1 層的一個節點且屬於 M 的邊，連同該邊關聯的另一個節點。

設二分圖 $G(V, E)$，G 具有二劃分 (V_1, V_2)。基於 DFS 產生交錯樹，匈牙利演算法的過程如下。

初始時，集合 V_1 中的所有節點都是未蓋點。我們依次對集合 V_1 中的每個節點進行一次 DFS 搜尋。在建構 DFS 樹的過程中，若發現一個未蓋點 v 被作為樹的奇數層節點，則這棵 DFS 樹上從樹根到節點 v 的路就是一條關於 M 的擴充路徑 p，透過 $M=M \oplus p$ 得到圖 G 的一個更大的匹配，即 v 被新增的匹配邊蓋住；如果既沒有找到擴充路徑，又無法按要求往樹上添加新的邊和節點，則斷定 v 未引出匹配邊，於是在集合 V_1 的剩餘的未蓋點中再取一個作為出發點，建構一棵新的 DFS 樹。這個過程一直進行下去，如果最終仍未得到任何擴充路徑，則說明 M 已經是一個最大匹配。

例如，圖 14.1-1 提供了二分圖，實線表示匹配 M。在圖 14.1-1a 中取未蓋點 t_5 作為出發點，節點 c_1 是 DFS 樹上第一層中唯一的節點，未匹配邊 (t_5, c_1) 是樹上的一條邊。節點 t_2 處於樹的第二層，邊 (c_1, t_2) 屬於 M 且關聯於 c_1 邊，也是樹上的一條邊。節點 c_5 是未蓋點，可以添加到第三層。至此我們找到了一條擴充路徑 $p=t_5c_1t_2c_5$。由此擴充路徑得到圖 G 的一個更大的匹配 $M \oplus p$，如圖 14.1-1b 所示。此時，$M \oplus p$ 是一個完美匹配，從而也是 G 的一個最大匹配。

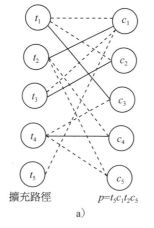
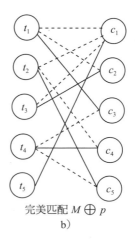

擴充路徑　　　　　$p=t_5c_1t_2c_5$　　　　　　　完美匹配 $M \oplus p$

a)　　　　　　　　　　　　　　b)

圖 14.1-1

設二分圖的相鄰矩陣為 a，V_1 和 V_2 的節點數分別為 n 和 m；匹配邊集為 pre，其中節點 i 所在的匹配邊為 $(pre[i], i)$；集合 V_2 中節點的存取標誌為 v，若集合 V_2 中的節點 i 已經被存取，則 $v[i]$=true。匈牙利演算法的核心是判斷，以集合 V_1 中的節點為起點的擴充路徑是否存在。這個判斷過程由布林函數 dfs(i) 完成。

```
bool dfs(int i){                        // 判斷以集合 V₁ 中的節點 i 為起點的擴充路徑是否存在
    for (int j=1; j<=m; j++)
        if ((!v[j])&&(a[i][j])){        // 搜尋所有與 i 相鄰的未存取點
        v[j]=1;                         // 存取節點 j
        if (pre[j]==0||dfs(pre[j])){    // 若 j 的前驅是未蓋點或者存在由 j 的前驅出發的
                                        // 可擴充路徑，則設定 (i, j) 為匹配邊，傳回成功標誌

            pre[j]=i;
            return 1;
        }
    }
        return 0;                       // 傳回失敗標誌
}
```

若 dfs(*i*) 函式傳回 true，則表示節點 *i* 被匹配邊覆蓋。顯然，我們依次對集合 V_1 中的每個節點做一次判斷，即可得出二分圖的最大匹配。由此得出匈牙利演算法的計算流程：

```
int ans=0;                              // 最大匹配邊數初始化
for (int i=1; i<=n; i++){               // 列舉集合 V₁ 的每個節點
    memset(v, 0, sizeof(v))             // 設集合 V₂ 中的所有節點未存取標誌
    if (dfs(i)) ans++;                  // 若節點 i 被匹配邊覆蓋，則匹配邊數 +1
}
```

匈牙利演算法的時間複雜度分析如下。設二分圖 *G* 有 *e* 條邊，V_1 和 V_2 各有 *n* 個節點，*M* 是 *G* 的一個匹配。求一條關於 *M* 的擴充路徑需要 $O(e)$ 的時間。因為每找出一條新的擴充路徑都將得到一個更大的匹配，所以最多求 *n* 條擴充路徑就可以求出圖 *G* 的最大匹配。由此得出總的時間複雜度為 $O(n \times e)$。

應用基於二分圖的匈牙利演算法，要考慮圖的轉化。轉化的關鍵一般是從題目本身的條件出發，挖掘題目中深層次的資訊，將關係複雜的運算物件分類成兩個互補的子集，將之轉化為二分圖模型。

14.1.1.1 Courses

現在有 *N* 位同學和 *P* 門課程。每位同學可以選修零門、一門或多門課程。請你確定，是否可以成立一個恰好由 *P* 位同學組成，同時又滿足以下條件的委員會：

◆ 在委員會中，每位同學擔任一門不同課程的課代表（如果他／她選修了某門課程，則該同學可以擔任該門課程的課代表）；

◆ 每一門課程在委員會中都有一名課代表。

輸入

程式從輸入中讀取測試案例。輸入的第一行提供測試案例的數目。每個測試案例的格式如下：

> *P N*
> Count1 Student$_{1\,1}$ Student$_{1\,2}$ $\cdots$ Student$_{1\,\text{Count1}}$
> Count2 Student$_{2\,1}$ Student$_{2\,2}$ $\cdots$ Student$_{2\,\text{Count2}}$
> $\cdots$
> Count*P* Student$_{P\,1}$ Student$_{P\,2}$ $\cdots$ Student$_{P\,\text{Count}P}$

每個測試案例的第一行給出兩個正整數，整數之間由一個空格分隔：P（$1 \leq P \leq 100$）表示課程數，N（$1 \leq N \leq 300$）表示學生數。接下來的 P 行按課程順序描述，從課程 1 到課程 P，每一行描述一門課程。課程 i 的描述是在一行中首先提供整數 $Count_i$（$0 \leq Count_i \leq N$），表示選修課程 i 的學生數；然後，在一個空格之後，提供選修這門課程的 $Count_i$ 位同學，每兩個連續值之間由一個空格分隔。用從 1 到 N 的正整數對同學們進行編號。

在連續的測試案例之間沒有空行。輸入的資料是正確的。

輸出

對於運算的結果，標準輸出。對於每個測試案例，如果可以組成委員會，則在一行上輸出「YES」，否則輸出「NO」。行的開始不能有任何的前導空格。

範例輸入	範例輸出
2	YES
3 3	NO
3 1 2 3	
2 1 2	
1 1	
3 3	
2 1 3	
2 1 3	
1 1	

試題來源： ACM Southeastern Europe 2000

線上測試： POJ 1469，UVA 2044，HDOJ 1083

❖ 試題解析

以 P 門課程和 N 位同學的關係建構二分圖：以 P 門課程和 N 位同學組成互補的節點集，一位同學選修一門課程，則在課程和同學對應的節點之間連接一條邊。以匈牙利演算法計算該二分圖的最大匹配；如果這個二分圖的最大匹配數等於課程數，則可以組成委員會；否則，就不能組成委員會。

❖ 參考程式

```
01    #include<iostream>
02    using namespace std;
03    int a[110][310];                        // 二分圖的相鄰矩陣
04    int n, m, vis[310], pre[310];           // 課程數為 n，學生數為 m，節點 i 的存取標誌為
05                                            // vis[i]，其關聯的匹配邊為 (pre[i], i)
06    bool dfs(int x)                         // 判斷以課程集合中的節點 i 為起點的擴充路徑是否存在
07    {
08        int t;
09        for(t=1; t<=m; ++t)                 // 搜尋學生集合中的每個節點 t
10            if(a[x][t]&&!vis[t])            // 若 x 和 t 間有邊相連且 t 未被存取
11            {
12                vis[t]=1;                   // 存取節點 t
13                if(pre[t]==0||dfs(pre[t]))  // 若 t 的前驅是未蓋點或者存在由 t 的前驅出發的
14                                            // 可擴充路徑，則設定 (x, t) 為匹配邊，傳回成功標誌
15                {
16                    pre[t]=x;
```

```
17                    return true;
18                }
19            }
20        return false;                        // 傳回失敗標誌
21    }
22    int main()
23    {
24        int T, i, t, j, s;
25        scanf("%d", &T);                    // 輸入測試案例數
26        while(T--)                          // 依次處理每個測試案例
27        {
28            scanf("%d%d", &n, &m);          // 輸入課程數 n 和學生數 m
29            memset(a, 0, sizeof(a));        // 二分圖的相鄰矩陣初始化
30            memset(pre, 0, sizeof(pre));    // 初始時所有節點為未蓋點
31            for(i=1; i<=n; ++i)             // 建構二分圖:搜尋課程集的每個節點
32            {
33                scanf("%d", &j);            // 輸入選擇課程 i 的學生數 j
34                while(j--)
35                {
36                    scanf("%d", &t);        // 依次輸入選擇課程 i 的每個學生 t
37                    a[i][t]=1;              // i 和 t 相連為一條邊
38                }
39            }
40            for(i=1, s=0; i<=n; ++i)        // 搜尋課程集的每個節點 i,匹配數 s 初始化為 0
41            {
42                memset(vis, 0, sizeof(vis));// 初始時所有節點未存取
43                if(dfs(i))                  // 若節點 i 被匹配邊覆蓋,則匹配邊數 +1
44                    s++;
45            }
46            if(s==n) printf("YES\n");       // 若最大匹配數為課程數,則可組成委員會;否則失敗
47            else printf("NO\n");
48        }
49        return 0;
50    }
```

定義 14.1.5（邊獨立數）　設圖 $G(V, E)$，最大匹配 M 的邊數稱為 G 的邊獨立數，記為 $\beta_1(G)$。

定義 14.1.6（邊覆蓋，最小邊覆蓋，邊覆蓋數）　設圖 $G(V, E)$，$L \subseteq E$，使得 G 的每一個節點至少與 L 中一條邊關聯，稱 L 是 G 的一個邊覆蓋。若 G 中不含有滿足 $|L'| < |L|$ 的邊覆蓋 L'，則稱 L 是 G 的最小邊覆蓋，它的邊數稱為 G 的邊覆蓋數，記為 $\alpha_1(G)$。

定理 14.1.1　對於 n 個節點的圖 G，且圖中節點最小度數 $\delta(G) > 0$，則 $\alpha_1(G) + \beta_1(G) = n$。

證明：設 M 是 G 的最大匹配，$|M| = \beta_1(G)$。設 F 是關於 M 的未蓋點的集合，有 $|F| = n - 2|M|$。又因為 $\delta(G) > 0$，對於 F 中每個節點 v，取一條與 v 關聯的邊，這些邊與 M 構成邊集 L，顯然 L 是一個邊覆蓋，且 $|L| = |M| + |F|$，則 $|M| + |L| = n$。又因為 $|L| \geq \alpha_1(G)$，所以 $\alpha_1(G) \leq n - \beta_1(G)$，即 $\alpha_1(G) + \beta_1(G) \leq n$。

設 L 是 G 的最小邊覆蓋，$L = \alpha_1(G)$。令 H 是 L 的產生子圖，則 H 有 n 個節點。又設 M 是 H 的最大匹配，顯然也是 G 的匹配，且 $M \subseteq L$。以 U 表示 H 中關於 M 的未蓋點集合，且有 $|U| = n - 2|M|$。因為 M 是 H 的最大匹配，所以 H 中 U 的節點互不相鄰，即 U 中節點關

聯的邊在 $L–M$ 中，因此 $|L|–|M|=|L–M| \geq |U|=n–2|M|$，於是 $\alpha_1(G)+\beta_1(G) \geq n$。

所以，$\alpha_1(G)+\beta_1(G)=n$。∎

14.1.1.2　Conference

為了參加即將召開的會議，A 國派出 M 位代表，B 國派出 N 位代表（$M, N \leq 1000$）。A 國代表編號為 1, 2, …, M，B 國的代表編號為 1, 2, …, N。在會議召開前，選出了 K 對代表。每對代表必須一個是 A 國的，另一個是 B 國的。如果 A 國的代表 i 和 B 國的代表 j 之間構成了一對，則代表 i 和代表 j 之間可以進行談判。每一個參加會議的代表至少被包含在某一對中。大會中心的 CEO 想在代表團的房間之間建立直接的電話聯繫，使得每個代表都至少跟對方代表團的一個代表建立聯繫，在兩個代表之間建立聯繫時他們可以透過電話進行交談。CEO 希望建立最少的電話聯繫。請你寫一個程式，提供 M、N、K 和 K 對代表，找到需要的最小連接數目。

輸入
輸入的第一行提供 M、N 和 K。後面的 K 行每行提供構成一對的兩個整數 P_1 和 P_2，P_1 是 A 國的代表，P_2 是 B 國的代表。

輸出
所需的最少電話聯繫。

範例輸入	範例輸出
3 2 4 1 1 2 1 3 1 3 2	3

試題來源：Bulgarian Online Contest September 2001
線上測試：Ural 1109

❖ 試題解析

因為 A 國派出 M 位代表，B 國派出 N 位代表，選出的 K 對代表必須一個是 A 國的、另一個是 B 國的，因此本題可以表示成二分圖 G，其中 A 國派出的 M 位代表組成集合 X，B 國派出的 N 位代表組成集合 Y。CEO 希望建立最少的電話聯繫。所以就要求計算在二分圖中的邊覆蓋數。

由於每個代表至少跟對方代表團的一個代表建立聯繫，因此 $N+M$ 是圖 G 的節點數。根據定理 14.1.1，邊覆蓋數 + 最大匹配邊數 $=N+M$。

因此，對於本題，首先計算最大匹配邊數 ans，然後獲得邊覆蓋數 $N+M–$ans，也就是所需的最少電話聯繫數。

❖ 參考程式

```
01    #include<iostream>              // 前置編譯命令
02    using namespace std;            // 使用 C++ 標準程式庫中的所有識別字
03    const int V=1100;               // 節點數的上限
```

```
04    int n,m,k,x,y,pre[V];                    // 二分圖中集合 X 和集合 Y 的節點數各為 n、m，
05                        // 邊數為 k；匹配邊集為 pre，其中節點 i 所在的匹配邊為 (pre[i], i)
06    bool v[V],a[V][V];                        // 設二分圖的相鄰矩陣為 a；集合 Y 中節點的
07                        // 存取標誌為 v，若集合 Y 中的節點 i 已存取，則 v[i]=true
08    bool dfs(int i){             // 判斷以集合 X 中的節點 i 為起點的擴充路徑是否存在
09        for (int j=1;j<=m;j++) if ((!v[j])&&(a[i][j])){   // 搜尋所有與 i 相鄰的未存取點
10            v[j]=1;                            // 存取節點 j
11            if (pre[j]==0||dfs(pre[j])){      // 若 j 的前驅是未蓋點或者存在由 j 的前驅
12                        // 出發的可擴充路徑，則設定 (i, j) 為匹配邊，傳回成功標誌
13                pre[j]=i;
14                return 1;
15            }
16        }
17        return 0;                              // 傳回失敗標誌
18    }
19    int main(){
20        cin>>n>>m>>k;                          // 輸入 A 國代表數、B 國的代表數和代表對數
21        memset(a,0,sizeof(a));                 // 二分圖的相鄰矩陣初始化
22        memset(pre,0,sizeof(pre));             // 匹配邊集初始化為空
23        for (int i=1;i<=k;i++){                // 輸入代表對的資訊，建構二分圖的相鄰矩陣
24            cin>>x>>y;
25            a[x][y]=1;
26        }
27        int ans=0;                             // 匹配邊數初始化為 0
28        for (int i=1;i<=n;i++){                // 列舉集合 X 中的每個節點
29            memset(v,0,sizeof(v));             // 設集合 Y 中的所有節點未存取標誌
30            if (dfs(i)) ans++;                 // 若節點 i 被匹配邊覆蓋，則匹配邊數 +1
31        }
32        cout<<n+m-ans<<endl;                   // 所需的最少電話聯繫為總人數 - 最大匹配數
33    }
```

14.1.2 ► Hall 婚姻定理

匈牙利演算法的理論基礎為 Hall 婚姻定理，該定理揭示了完備匹配的充分必要條件。我們可以利用其結論，直接判斷二分圖是否存在完備匹配。顯然，這種數學分析方法相對盲目搜尋要高效率許多。

定義 14.1.7（鄰集）　圖 G 的任意一個節點子集 $A \subseteq V$，所有與 A 中節點相鄰的節點全體，稱為 A 的鄰集，記為 $\Gamma(A)$。

定理 14.1.2（Hall 婚姻定理，Hall's Marriage Theorem）　設二分圖 $G(V_1, V_2)$，G 含有從 V_1 到 V_2 的完備匹配若且唯若對於任何 $A \subseteq V_1$，有 $|\Gamma(A)| \geq |A|$。

14.1.2.1　EarthCup

2045 年，將舉辦「地球超級杯」足球賽（後面簡稱為 EarthCup）。

一屆 EarthCup 有 n 支（$n \leq 50000$）足球隊參加，每兩支隊之間有一場比賽，這意味著每支球隊都將與其他所有球隊進行 $n-1$ 場比賽。

為了使比賽結果清楚，規定如果比賽結束時兩隊打成平手，就進行點球大戰，直到有結果為止。

在 EarthCup 上，每支球隊都有一個積分，贏了一場就得一分，輸了一場就得零分。得分最高的隊將獲得冠軍。

2333 年，有人發現，多年以來，一些球隊雇用駭客攻擊和篡改 EarthCup 的資料，也許是因為球隊數量太多，幾百年來沒有人發現這種嚴重的作弊行為。

為了檢查資料是否被修改，他們開始檢查過去的「積分表」。

但由於年代久遠，每隊只保留最後的積分結果。沒有人能記得每場比賽的確切結果。現在他們想找出肯定被篡改過的「積分表」。我們無法根據規則建構出每場比賽的結果，使得最後的積分表成立。

輸入

輸入首先提供一個正整數 T（$T \leq 50$），表示測試案例的數量。

對於每個測試案例，先提供一個正整數 n，表示參加 EarthCup 的球隊的數量。接下來的 n 行描述「積分表」，第 i 個整數 a_i（$0 \leq a_i < n$）代表第 i 支球隊的最終積分數。

輸出

對於每個測試案例，如果積分表肯定被篡改，則輸出「The data have been tampered with!」（不帶引號）；否則輸出「It seems to have no problem.」。

範例輸入	範例輸出
2 3 2 1 0 3 2 2 2	It seems to have no problem. The data have been tampered with!

提示

對於第一個測試案例，一種可能的情況是：Team1 勝 Team2 和 Team3，積 2 分；Team2 勝 Team3，但負於 Team1，積 1 分；Team3 兩場比賽皆負，積 0 分。

對於第二個測試案例，顯然不可能所有的球隊都贏得所有的比賽，所以積分表肯定被篡改了，輸入的 a_i 是雜亂無章的。

試題來源： BestCoder Round #59 (div.1)
線上測試： HDOJ 5503

❖ 試題解析

用一個二分圖 G 表示一個積分表，G 具有二劃分 (V_1, V_2)，參加 EarthCup 的球隊的數量為 n，每兩支隊之間有一場比賽，則一共要進行 $n(n-1)/2$ 場比賽，$n(n-1)/2$ 場比賽構成集合 V_1；把第 i 支球隊的積分 a_i 拆分為 a_i 個點，n 支球隊的積分所拆分的節點構成集合 V_2。n 支球隊之間一共進行了 $n(n-1)/2$ 場比賽，每場比賽要分出勝負，那麼這 n 支球隊的積分和為 $n(n-1)/2$；即集合 V_2 中有 $n(n-1)/2$ 個節點。

如果一個積分表看上去沒有問題,「It seems to have no problem.」,則在相關的二分圖 G 中存在完美匹配:V_1 中的節點和 V_2 中的節點一一對應。

根據 Hall 婚姻定理,G 中存在完美匹配若且唯若對於任何 $A \subseteq V_1$,有 $|\Gamma(A)| \geq |A|$。

所以,本題演算法如下。

如果積分表中積分的總和不等於 $n \times (n-1)/2$,則資料肯定被篡改過。否則,應用 Hall 婚姻定理:首先,把所有隊伍按積分排序;然後,k 從 1 到 n 迴圈,每次迴圈檢查積分前 k 小的球隊的積分總和是否大於等於 $k \times (k-1)/2$,如果迴圈過程中有積分總和小於 $k \times (k-1)/2$,則資料一定是被篡改過;否則,在迴圈結束後,輸出「It seems to have no problem.」。

❖ 參考程式

```
01   #include<bits/stdc++.h>
02   #define int long long
03   using namespace std;
04   #define in read()
05   int in{                                   // 輸入數串,計算和傳回對應的整數值
06       int cnt=0,f=1;char ch=0;
07       while(!isdigit(ch)){
08           ch=getchar();if(ch=='-')f=-1;
09       }
10       while(isdigit(ch)){
11           cnt=cnt*10+ch-48;
12           ch=getchar();
13       }return cnt*f;
14   }
15   int t,n;                                   // 測試案例數為 t,球隊數為 n
16   int a[50003];                              // 每個球隊的積分
17   signed main(){
18       t=in;                                  // 輸入測試案例數
19       while(t--){                            // 依次處理每個測試案例
20           n=in;int tot=0;                    // 輸入球隊數 n,積分總數 tot 初始化
21           for(int i=1;i<=n;i++)tot+=a[i]=in; // 輸入每個球隊的積分,累計積分總數 tot
22           if(tot!=(n*(n-1)/2)){              // 若積分總數不等於 n×(n-1)/2,
23                                              // 則斷定資料被篡改
24               printf("The data have been tampered with!\n");continue;
25           }
26           sort(a+1,a+n+1);                   // 所有隊伍按積分排序
27           int flag=0;                        // 資料篡改標誌初始化
28           int sum=0;                         // 前 i 個球隊的積分總和 sum 初始化
29           for(int i=1;i<=n;i++){             // 按照積分遞增順序列舉每個球隊
30           sum+=a[i];                         // 累計前 i 個球隊的積分總和 sum
31           if(sum<(i*(i-1)/2)){               // 若小於 i×(i-1)/2,則資料被篡改,退出迴圈
32                   printf("The data have been tampered with!\n");flag=1;break;
33               }
34           }
35           // 若資料被篡改,則處理下一個測試案例;否則存在完美匹配,輸出成功訊息
36           if(flag==1) continue;
37           printf("It seems to have no problem.\n");
38       }
39       return 0;
40   }
```

推論 14.1.1 設二分圖 $G(V_1, V_2)$，則二分圖的最大匹配數為 $|M| = |V_1| - \max\{|S| - |\Gamma(S)|\}$，其中 S 是 V_1 的子集。

14.1.2.2 Roundgod and Milk Tea

Roundgod 是有名的奶茶愛好者。今年，他計畫舉辦一個奶茶節。有 n 個班將參加這個節日，其中第 i 個班有 a_i 位同學，會做 b_i 杯奶茶。

Roundgod 希望有更多的同學品嘗奶茶，所以他規定每位同學最多只能喝一杯奶茶。而且，一個同學不能喝他的班級做的奶茶。現在的問題是，能喝奶茶的學生最多是多少？

輸入

輸入的第一行提供一個整數 T（$1 \le T \le 25$），表示測試案例的數量。

每個測試案例的第一行提供一個整數 n（$1 \le n \le 10^6$），表示班的數量。接下來的 n 行，每行提供兩個整數 a 和 b（$0 \le a，b \le 10^9$），分別表示該班學生人數和該班做的奶茶的杯數。本題設定，所有測試案例的 n 的和不超過 6×10^6。

輸出

對於每個測試案例，在一行中輸出一個整數。

範例輸入	範例輸出
1	3
2	
3 4	
2 1	

試題來源：2019 Multi-University Training Contest 8
線上測試：HDOJ 6667

❖ **試題解析**

用一個二分圖 G 表示同學喝奶茶，G 具有二劃分 (V_1, V_2)，同學的集合為 V_1，奶茶的集合為 V_2，學生和奶茶按班級劃分，一個班級的同學與別的班級做的奶茶之間有邊相連。所以，任意兩個不同班級的同學可連接全部的奶茶。因此，本題就轉化為求二分圖的最大匹配，利用 Hall 婚姻定理的推論：對二分圖 $G(V_1, V_2)$，最大匹配數 $|M| = |V_1| - \max\{|S| - |\Gamma(S)|\}$，其中 $S \subseteq V_1$。計算出結果。

對於取得 $\max\{|S| - |\Gamma(S)|\}$ 的集合 S，共有三種情況：

◆ $S = \varnothing$，則 $|M| = |V_1|$；

◆ $S = V_1$，則 $\Gamma(S) = V_2$，$|M| = |V_2|$；

◆ $S \subset V_1$，以班級為單位，逐一考慮每個班級，當 S 是第 i 個班的同學的時候，則 $|M| = |V_1| - (a_i - (|V_2| - b_i))$。這裡，不考慮一個個學生或者若干個班級，因為求的是 $\max\{|S| - |\Gamma(S)|\}$，所以這些考慮都是無效的。

在上述三種情況中，取最小值作為結果。

❖ **參考程式**

```
01  #include<stdio.h>
02  #include<algorithm>
03  using namespace std;
04  const int N=1e6+5;                              // 班級數的上限
05  long long a[N],b[N];                            // 第 i 班的學生數為 a[i]，製作的奶茶杯數為 b[i]
06  int main()
07  {
08      int T,n;
09      scanf("%d",&T);                             // 輸入測試案例數
10      while(T--)                                  // 依次處理每個測試案例
11      {
12          scanf("%d",&n);                         // 輸入班級數
13          for(int i=1;i<=n;i++)                   // 輸入每班的學生數和製作的奶茶杯數
14              scanf("%lld %lld",&a[i],&b[i]);
15          long long ans1=0,ans2=0;                // 學生總數和奶茶總杯數初始化
16          for(int i=1;i<=n;i++)                   // 累計學生總數 ans1 和奶茶總杯數 ans2
17          {
18              ans1+=a[i];
19               ans2+=b[i];
20          }
21          long long ans=min(ans1,ans2);               // 計算前兩種情況的最小值
22          for(int i=1;i<=n;i++)                        // 逐個班級分析
23              ans=min(ans,ans1-(a[i]-(ans2-b[i])));   // 計算第三種情況，取最小值
24          printf("%lld\n",ans);                       // 輸出能喝奶茶的最多學生數
25      }
26      return 0;
27  }
```

14.1.3 ▶ KM 演算法

在實際生活中，涉及二分圖匹配的問題時，有的情況不僅要考慮匹配的邊數，還要考慮「邊權」的因素。例如，已知 m 個人、n 項任務和每個人從事各項工作的效益，能不能適當地安排，使得每個人均從事一項工作且產生效益的和最大。顯然，可以將 n 和 m 作為兩個互補的節點集，節點間的邊權設為工作效益，這是一個邊加權的二分圖。

Kuhn 和 Munkres 分別在 1955 年和 1957 年提供了一種透過調整完全二分圖的節點標號來計算最佳匹配的方法，這種方法稱為 Kuhn-Munkres 演算法，也稱為 KM 演算法。KM 演算法是用於尋找帶權二分圖最佳匹配的演算法。所謂最佳匹配，就是完備匹配下的最大權匹配；如果不存在完備匹配，那麼 KM 演算法就會求最大匹配；如果最大匹配有多種，那麼 KM 演算法的結果是最大匹配中權重和最大的。

下面透過一個模擬 KM 演算法的實例，說明 KM 演算法的過程。

現在有 3 位員工 A、B、C，3 項工作 a、b、c，以及每個員工從事不同工作所產生的效益。我們希望透過適當的安排，使得每個員工均從事一項工作且產生效益的總和最大。將 3 位員工和 3 項工作作為兩個互補的節點集，節點間的邊權設為工作效益，如圖 14.1-2 所示。

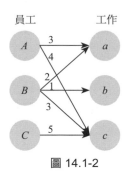

圖 14.1-2

每個員工和每項工作有一個效益值,員工效益值的初值就是他能從事的工作中的最大效益值,而工作效益值的初值為 0,如圖 14.1-3 所示。

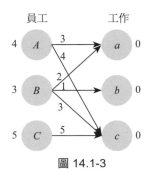

圖 14.1-3

接下來,對員工和從事的工作進行匹配。匹配的方法為:從第一個員工開始,分別為每一個員工分配工作,每次都從該員工第一個能從事的工作開始,選擇一個工作,使員工和工作的效益的和要等於連接員工和工作的邊的權值,若是找不到邊匹配,對此條路徑的所有員工(左邊節點)的效益值 −1,工作(右邊節點)的效益值 +1,再進行匹配,若還是無法匹配,則重複上述 +1 和 −1 操作。注意:每一輪匹配,每個工作只會被嘗試匹配一次。

首先,對員工 A 進行匹配,有兩條邊:Aa 和 Ac。對於 Aa,員工和工作的效益的和為 4,而 Aa 的權值為 3,不符合匹配條件;對於 Ac,員工和工作的效益的和為 4,而 Ac 的權值為 4,符合匹配條件。如圖 14.1-4 所示。

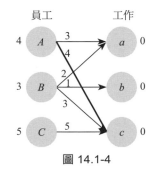

圖 14.1-4

然後,對員工 B 進行匹配,有 3 條邊:Ba、Bb 和 Bc。對於前兩條邊 Ba 和 Bb,員工和工作的效益的和大於邊的權值,不符合匹配條件;對於 Bc,員工和工作的效益的和 = 邊權

重 =3，但 A 已經和 c 匹配；嘗試讓 A 換工作，但 A 也是只有 Ac 邊滿足要求，於是 A 也不能換邊。此時，因為找不到邊匹配，對此條路徑 BcA 的左邊節點的效益值 −1，右邊節點的效益值 +1，再進行匹配，如圖 14.1-5 所示。

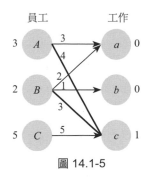

圖 14.1-5

進行上述操作後發現，如果左邊有 n 個節點的效益值 −1，則右邊就有 n−1 個節點的效益值 +1，整體效率值下降 $1×(n−(n−1))=1$。現在，對於 A，Aa 和 Ac 是可匹配的邊；對於 B，Ba 和 Bc 是可匹配的邊。所以，再進行匹配，Ba 邊，員工和工作的效益的和（2+0）= 邊權重 =2。所以，Ac 和 Ba 匹配，如圖 14.1-6 所示。

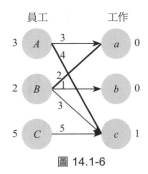

圖 14.1-6

現在，匹配最後一位員工 C，只有一條邊 Cc，但 $5+1≠5$，C 沒有邊能夠匹配，所以員工 C 的效益值 −1，如圖 14.1-7 所示。

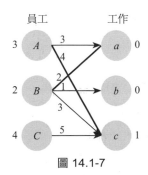

圖 14.1-7

此時，對員工 C 匹配，只有邊 Cc，員工和工作的效益的和（4+1）= 邊權重 =5，但 A 已經和 c 匹配；嘗試讓 A 換工作，邊 Aa 滿足要求，但 B 已經和 a 匹配；而每一輪匹配，每個工作只會被嘗試匹配一次，所以 B 不和 c 匹配；只有一條邊 Bb，但 $2+0≠1$；所以，找不到邊匹配。對此條路徑 *CcAaB* 的左邊節點的效益值 -1，右邊節點的效益值 $+1$，再進行匹配，如圖 14.1-8 所示。

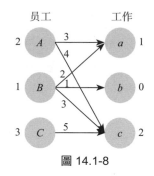

圖 14.1-8

對於 *C*，*Cc* 是可匹配的邊；*A* 嘗試換匹配邊，*Aa* 是可匹配的邊；*B* 接著換匹配邊，*Bb* 是可匹配的邊。如圖 14.1-9 所示。

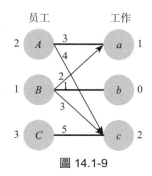

圖 14.1-9

由上例可知，KM 演算法的整個過程就是每次為一個節點匹配最大權重邊，利用匈牙利演算法完成最大匹配，最終獲得最優匹配。

設存在一個邊帶權二分圖 *G*，*G* 具有二劃分 (X, Y)，左邊節點集合為 *X*，右邊節點集合為 *Y*，$|X| \le |Y|$，對於節點 $x_i \in X$，$y_j \in Y$，邊 (x_i, y_j) 的權為 w_{ij}。

KM 演算法給每個節點一個標號，被稱為頂標，設節點 x_i 的頂標為 $A[i]$，y_j 的頂標為 $B[j]$，在 KM 演算法執行過程中，對於圖中的任意一條邊 (x_i, y_j)，$A[i]+B[j] \ge w_{ij}$ 始終成立。

定義 14.1.8（相等子圖） 在一個邊帶權二分圖 *G* 中，每一條邊有左右兩個頂標，相等子圖就是由頂標的和等於邊權重的邊構成的子圖。

定理 14.1.3 在一個邊帶權二分圖 *G* 中，對於 *G* 中的任意一條邊 (x_i, y_j)，$A[i]+B[j] \ge w_{ij}$ 始終成立；並且在 *G* 中存在某個相等子圖有完美匹配，那麼這個完美匹配就是 *G* 的最大權匹配。

證明： 因為在 *G* 中存在某個相等子圖有完美匹配，因此，這個完美匹配所有邊都滿足 $A[i]+B[j]=w_{ij}$。又因為完美匹配包含了 *G* 的所有節點，因此這個屬於相等子圖的完美匹配的總權重等於所有頂標的和。

如果在 G 中存在另外一個完美匹配，如果它不完全屬於相等子圖，即存在某條邊 A[i]+B[j]>w_{ij}，該匹配的權重和就小於所有頂標的和，即小於上述屬於相等子圖的完美匹配的權重和，那麼這個完美匹配就不是 G 的最大權匹配。■

KM 演算法過程如下。

首先，在邊帶權二分圖 G 中選擇節點數較少的集合為左邊節點集合 X。為了使得對於 G 中的任意一條邊 (x_i, y_j)，A[i]+B[j] ≥ w_{ij} 始終成立，初始時，對集合 X 中的每一個節點 x_i 設定頂標，頂標的值 A[i] 為 x_i 關聯的邊的最大權值，集合 Y 中的節點 y_j 的頂標為 0。

對於集合 X 中的每個節點，在相等子圖中利用匈牙利演算法找完備匹配；如果沒有找到，則修改頂標，擴大相等子圖，繼續找擴充路徑。

如果在目前的相等子圖中尋找完備匹配失敗，則在集合 X 中存在某個節點 x，無法從 x 出發延伸替用路徑，則此時獲得了一條替用路徑，起點和終點是集合 X 中的節點。我們把替用路徑中集合 X 中的節點的頂標全都減小某個值 d，集合 Y 中的節點的頂標全都增加同一個值 d，d=min{A[i]+B[j]-w_{ij}}，其中 x_i 在替用路徑中，y_j 不在替用路徑中。KM 演算法的核心思維就是透過修改某些點的標號，不斷增加相等子圖中的邊數。

當集合 X 中每個節點都在匹配中時，即找到了二分圖的完備匹配。該完備匹配是最大權重的完備匹配，即為二分圖的最佳匹配。

KM 演算法的時間複雜度分析如下：尋找一條擴充路徑的時間複雜度為 O(e)，並且需要進行 O(e) 次頂標的調整；而 KM 演算法的目標是集合 X 中的每個節點都被匹配的最優完備匹配，因此 KM 演算法的時間複雜度為 $O(n \times e^2)$。

如果是求邊權和最小的完備匹配，則只需要在初始時邊權取負，然後執行 KM 演算法，最後將匹配邊的權值和反相運算，就可得到問題解。

14.1.3.1 Going Home

在一張網格圖上，有 n 個小男孩和 n 間房子。在一個單位時間內，每個小男孩只能移動一個單位步，或者水平，或者垂直，移動到相鄰的那一點上。對於每個小男孩，你需要為他的每一步移動支付 1 美元的旅行費，直到他進入一間房子。由於有每間房子只能容納一個小男孩的限制條件，本任務變得很複雜。

請你計算，讓這些小男孩走進這 n 間不同的房子，你需要支付最低多少錢。輸入是一個地圖的情景，一個「.」表示一個空格，一個「H」表示在該點上的一間房子，一個「m」表示在該點上有個小男孩。

本題設定在網格圖上的每個點是一個非常大的正方形，所以 n 個小男孩可以同時在一點上；此外，一個小男孩可以走到一個有房子的點上，但不進入這間房子。

輸入

輸入有一個或多個測試案例。每個測試案例的第一行提供兩個整數 N 和 M，其中 N 是地圖的行數，M 是地圖的列數。接下來輸入 N 行描述地圖。本題設定 N 和 M 在 2 和 100 之間，包括 2 和 100。地圖上標記「H」和「m」的方格的數量是相同的，並且最多有 100 間房子。輸入以 N 和 M 等於 0 終止。

輸出

對於每個測試案例，輸出一行，提供一個整數，它是你需要支付的美元的最低數額。

範例輸入	範例輸出
2 2	2
.m	10
H.	28
5 5	
HH..m	
.....	
.....	
.....	
mm..H	
7 8	
...H....	
...H....	
...H....	
mmmHmmmm	
...H....	
...H....	
...H....	
0 0	

試題來源：ACM Pacific Northwest 2004
線上測試：POJ 2195，ZOJ 2404，UVA 3198

❖ **試題解析**

在一個 $N \times M$ 的網格中，有 n 個小男孩和 n 間房子，要使每個小男孩走進不同的房子，一個小男孩走進一間房子，所走的距離為小男孩的初始位置和進入房子的位置的行號差的絕對值、和列號差的絕對值之和，求所有小男孩走的距離和的最小值。

本題用一個邊帶權的完全二分圖 G 表示，n 個小男孩組成左邊節點集合 X，n 間房子組成右邊節點集合 Y，$|X|=|Y|$，對於 $x \in X$、$y \in Y$，連接 x 和 y 的邊的權值是男孩 x 進入房間 y 所走的距離。本題求二分圖具有最小權值的完美匹配。因為用 KM 演算法求的是最大權值匹配，所以先要將權值取負，然後用 KM 演算法求最大權值匹配，最後結果再反相運算。

❖ **參考程式**

```
01   #include<iostream>
02   using namespace std;
03   #define MAXN 102
04   #define max(x,y) ((x)>(y)?(x):(y))
05   int n,m,slack[MAXN],lx[MAXN],ly[MAXN],maty[MAXN],lenx,leny; // 地圖的行數為 n，
06   // 列數為 m；X 集合中節點頂標的可調節量為 slack[]，Y 集合中節點 i 關聯的匹配邊為 (maty[i], i)；
07   // X 集合和 Y 集合節點的可行頂標為 lx[],ly[]；X 集合和 Y 集合的節點數為 lenx、leny
08   bool vx[MAXN],vy[MAXN];                    // X 和 Y 集合中節點 i 在擴充路徑的標誌為 vx[i] 和 vy[i]
09   char map[MAXN][MAXN];                      // 地圖矩陣
10   int a[MAXN][MAXN];                         // 二分圖的相鄰矩陣
11   bool search(int u)                         // 判斷是否存在以 u 為起點的擴充路徑
12   {
13       int i,t;
14       vx[u]=1;                               // u 進入擴充路徑
```

```
15      for(i=0;i<leny;++i)                              // 搜尋未在擴充路徑的節點 i
16          if(!vy[i])
17          {
18              t=lx[u]+ly[i]-a[u][i];                   // 計算二分圖中 (u, i) 的可調節量 t
19              if(t==0)                        // 若 (u, i) 滿足條件，則 Y 集合中的節點 i 進入擴充路徑
20              {
21                  vy[i]=1;
22                  if(maty[i]==-1||search(maty[i])){  // 若節點 i 未匹配或匹配邊另一端點
23                      // 存在擴充路徑，則 (u, i) 設為匹配邊並成功傳回
24                      maty[i]=u;
25                      return 1;
26                  }
27              }
28              else if(slack[i]>t) slack[i]=t;          // 調整 Y 集合中節點 i 的頂標可調節量
29          }
30      return 0;
31  }
32  int KM()                                // 使用 KM 演算法計算二分圖最小權值的完美匹配
33  {
34      int i,j,ans=0;                                   // 最佳匹配邊的邊權和 ans 初始化
35      for(i=0;i<lenx;++i)                              // 計算 X 集合的節點頂標
36          for(lx[i]=-INT_MAX,j=0;j<leny;++j)
37              lx[i]=max(lx[i],a[i][j]);
38      memset(maty,-1,sizeof(maty));                    // 初始時所有節點為未蓋點
39      memset(ly,0,sizeof(ly));                         // Y 集合的節點頂標初始化
40      for(i=0;i<lenx;++i)                              // 找擴充路徑：列舉 X 集合的每個節點
41      {
42          for(j=0;j<leny;++j)                          // Y 集合的節點頂標可調節量初始化
43              slack[j]=INT_MAX;
44          while(1)
45          {
46              memset(vx,0,sizeof(vx));                 // X 和 Y 集合中的所有節點未在擴充路徑
47              memset(vy,0,sizeof(vy));
48              // 若找到 i 節點出發的擴充路徑，則列舉下一個節點；否則計算頂標的可改進量 d
49              if(search(i)) break;
50              int d=INT_MAX;
51              for(j=0;j<leny;++j)    if(!vy[j]&&d>slack[j])d=slack[j];
52              // 調整擴充路徑上 X 集合和 Y 集合中節點的可行頂標
53              for(j=0;j<lenx;++j)    if(vx[j]) lx[j]-=d;
54              for(j=0;j<leny;++j)    if(vy[j]) ly[j]+=d;
55          }
56      }
57      // 計算傳回匹配邊的權和。注意：KM 演算法得出的最大匹配值取負即為完美匹配的最小權值
58      for(i=0;i<leny;++i)
59          if(maty[i]!=-1)ans+=a[maty[i]][i];
60      return -ans;
61  }
62  int main()
63  {
64      int i,j;
65      while(~scanf("%d%d",&n,&m)&&n+m)        // 輸入地圖的規模，直至行列數均為 0 為止
66      {
67          lenx=leny=0;                             // 建構二分圖：X 集合和 Y 集合中的節點數初始化為 0
68          for(i=0;i<n;++i)                         // 依次輸入地圖的每行訊息
69          {
```

```
70                    scanf("%s",map[i]);
71                    for(j=0;j<m;++j)                // 依次分析第 i 行的 m 列字元
72                        if(map[i][j]=='H')          // 若 (i, j) 為房間，則 X 集合中節點 lenx 的
73                            // 可行頂標為 i，該節點的頂標可調節量為 j，X 集合的節點序號 +1
74                            lx[lenx]=i,slack[lenx++]=j;
75                        else if(map[i][j]=='m')     // 若 (i, j) 為男孩，則 Y 集合中節點 leny 的
76                            // 可行頂標為 i，該節點的頂標可調節量為 j，Y 集合的節點序號 +1
77                            ly[leny]=i,maty[leny++]=j;
78                }
79                            // 依次列舉 X 集合和 Y 集合的所有節點對 (i, j)，(i, j) 的邊權值是男孩 j
80                            // 進入房間 i 所走的距離。由於求二分圖具有最小權值完美匹配，因此邊權值
81                            // 取負，然後用 KM 演算法求最大權值匹配
82            for(i=0;i<lenx;++i)
83                for(j=0;j<leny;++j) a[i][j]=-abs(lx[i]-ly[j])-abs(slack[i]-maty[j]);
84            printf("%d\n",KM());                    // 計算和輸出需要支付的美元的最低數額
85        }
86    return 0;
87 }
```

14.1.3.2　The Windy's

The Windy's 是一家世界著名的玩具工廠，擁有 M 間頂級的生產玩具的車間。今年經理接到了 N 份玩具訂單。經理知道在不同的車間完成一份訂單要耗費不同的時間，更確切地說，第 i 份訂單如果在第 j 間車間完成，則要耗費 Z_{ij} 小時。而且，每份訂單的工作必須完全地在同一間車間內完成；一間車間要直到它完成了前一份訂單後，才能去完成下一份訂單；轉換過程不耗費任何時間。

經理要求最小化完成這 N 份訂單的平均時間。請你幫助他。

輸入

輸入的第一行提供測試案例的數量。每個測試案例的第一行提供兩個整數 N 和 M（$1 \leq N$，$M \leq 50$）。接下來的 N 行每行提供 M 個整數，描述矩陣 Z_{ij}（$1 \leq Z_{ij} \leq 100000$）。在每個測試案例前有一個空行。

輸出

對於每個測試案例，在單獨的一行中輸出答案，結果應保留 6 位小數。

範例輸入	範例輸出
3	2.000000
	1.000000
3 4	1.333333
100 100 100 1	
99 99 99 1	
98 98 98 1	
3 4	
1 100 100 100	
99 1 99 99	
98 98 1 98	

（續）	範例輸入	範例輸出
	3 4	
	1 100 100 100	
	1 99 99 99	
	98 1 98 98	

試題來源：POJ Founder Monthly Contest–2008.08.31, windy7926778

線上測試：POJ 3686

❖ 試題解析

有 N 份訂單需要由 M 間車間來完成，第 i 份訂單在第 j 個車間完成需要花 Z_{ij} 小時，但是每個車間一次只能完成一個訂單。求完成 N 份訂單需要時間的最小平均值。

假設某個車間處理了 k 份訂單，時間分別為 $a_1, a_2, \cdots, a_k$，那麼該車間耗費的時間為 $a_1+(a_1+a_2)+(a_1+a_2+a_3)+\cdots+(a_1+a_2+\cdots+a_k)$，即 $a_1*k+a_2*(k-1)+a_3*(k-2)+\cdots+a_k$，所以，第 i 份訂單在某個車間裡倒數第 k 個處理，對於該車間，第 i 份訂單所耗費全域的時間（導致其他訂單等待時間 + 該訂單完成時間）為 a_i*k。

對每個車間，最多可以處理 N 份訂單，將每個車間拆成 N 個節點，節點 1～節點 N 分別代表某份訂單在這個車間是倒數第幾個被完成的，即對於第 i 份訂單，第 j 個車間拆分的第 k 個節點，連接一條權值為 $Z_{ij}*k$ 的邊。

這樣，本題用一個邊帶權的完全二分圖 G 表示。問題也轉換成了帶權二分圖最小權完備匹配的計算。將邊權值取負，採用 KM 演算法求解本題，使得最佳匹配權值 ans 為負且數值部分最小。顯然，$-\dfrac{\text{ans}}{N}$ 為完成 N 份訂單的最小平均時間值。

❖ 參考程式（略。本題參考程式的 PDF 檔案和本題的英文原版均可從碁峰網站下載）

14.2 計算網路最大流

14.2.1 ▶ 網路最大流

當一個單源單匯的簡單有向圖引入流量因素，且要求計算滿足流量限制和平衡條件的最大可行流時，就產生了最大流問題。本節將展開計算最大流的程式編寫實作。

定義 14.2.1（網路） 設連接無自環的帶權有向圖 $G(V, E)$ 中有兩個不同的節點 s 和 t，且在弧集 E 上定義一個非負整數值函式 $C=\{c_{ij}\}$，稱該有向圖為網路，記為 $G(V, E, C)$；s 被稱為源點，t 為被稱為匯點，除 s 和 t 以外的其他節點稱為中間點；C 稱為容量函式，弧 (i, j) 上的容量為 c_{ij}。

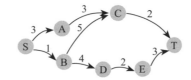

網路是一個含源點、匯點和弧容量的簡單有向圖

圖 14.2-1

例如,圖 14.2-1 即一個網路,指定 S 為源點,T 為匯點,其他節點作為中間點,弧旁的數字為容量 c_{ij}。

定義 14.2.2(流量） 在網路 $N(V, E, C)$ 的弧集 E 上定義一個非負整數值函式 $f=\{f_{ij}\}$,稱 f 為網路 N 上的流,稱 f_{ij} 為弧 (i, j) 上的流量。若無弧 (i, j),則 f_{ij} 定義為 0。設流 f 滿足下列條件:

1. 容量限制條件:對每一條弧 (i, j),有 $f_{ij} \leq c_{ij}$。

2. 平衡條件:除 s 和 t 外的每個中間點 k,有 $\sum_{i \in V} f_{ki} = \sum_{j \in V} f_{jk}$;對於 s 和 t,

   有 $\sum_{i \in V} f_{ki} - \sum_{j \in V} f_{jk} = \begin{cases} V_f & k = s \\ -V_f & k = t \end{cases}$。

則稱 f 為網路 N 的一個可行流,V_f 為流 f 的值,或稱 f 的流量。若 N 中無可行流 f',使 $V_{f'} > V_f$,則稱 f 為最大流。

定義 14.2.3(飽和的 / 未飽和的） 在網路 $N(V, E, C)$ 中,若 $f_{ij}=c_{ij}$,則稱弧 (i, j) 是飽和的;若 $f_{ij}<c_{ij}$,則稱弧 (i, j) 是未飽和的。

例如,圖 14.2-2 所示的網路的可行流量為 1,弧上的標示為 f_{ij}/c_{ij}。

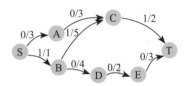

一個可行流量為 1 的網路

圖 14.2-2

因此,就有了這樣的問題:如何在網路 $G(V, E, C)$ 上尋找最大流量和一個有最大流量的可行流方案?這就是網路 G 的最大流問題。例如,對於圖 14.2-3a 的網路(弧上數字為容量 c_{ij}),提供一個流量 2 的方案(圖 14.2-3b,弧上標示為 f_{ij}/c_{ij})。

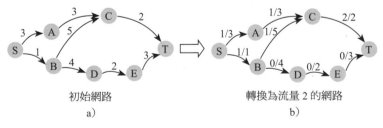

初始網路
a)

轉換為流量 2 的網路
b)

圖 14.2-3

顯然,圖 14.2-3b 中每條弧的流量滿足流的容量限制和流的平衡條件,因此方案可行。但問題是,怎樣能夠判斷出這個流量是否已達到最大?如果還能增加,則需要透過怎樣的改進過程來計算出網路的最大流量和最大流方案?

最大流演算法的核心是計算擴充路徑。要瞭解最大流演算法,首先必須弄明白擴充路徑是怎樣的一條路徑,該路徑上包含了哪些類型的弧,以及在保證流的容量限制和平衡條件的前提下如何增大該路徑上的流量。為了弄明白這些問題，我們先引入退流的概念，並在此基礎上對 s 至 t 的路徑上的弧進行分類。

分析圖 14.2-3b，發現流量是可以增加的。把 B-C-T 上的一個流量退回到 B 點，改道走 B-D-E-T。此時的流量依然為 2，但在滿足流的容量限制和流的平衡條件下，路徑 S-A-C-T 上可增加一個流量，使得網路的流量增至 3，如圖 14.2-4 所示。

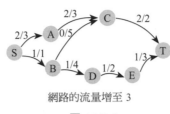

網路的流量增至 3

圖 14.2-4

顯然，不能直接在圖 14.2-3b 上尋找增大流的路徑，因為有些弧的流選擇不恰當（例如 $f_{BC}=1$)），要「退流」。為此，我們在保留以前工作的基礎上「退流」，並重新分類出前向弧和後向弧，以便再次尋找可增大流量的路徑。

定義 14.2.4（前向弧，後向弧） 若 p 是網路中連接源點 s 和匯點 t 的一條路，且路的方向是從 s 到 t，則路上的弧有兩種：

1. 前向弧——弧的方向與路的方向一致。前向弧的全體記為 $p+$；

2. 後向弧——弧的方向與路的方向相反。後向弧的全體記為 $p-$。

有了前向弧和後向弧的分類，便可以引出擴充路徑的定義。

定義 14.2.5（擴充路徑） 設 f 是一個可行流，p 是從 s 到 t 的一條路，若 p 滿足下述兩個條件：

1. 在 $p+$ 的所有前向弧 (u, v) 上，$0 \leq f(u, v) < C(u, v)$；

2. 在 $p-$ 的所有後向弧 (u, v) 上，$0 < f(u, v) \leq C(u, v)$。

則稱 p 是關於可行流 f 的一條擴充路徑，亦稱可改進路。

例如，圖 14.2-5a 中，S-A-C-B-D-E-T 為一條擴充路徑；其中，(C, B) 為後向弧，其他為前向弧。後向弧 (C, B) 的流量「退流」後變為 0（圖 14.2-5b）。

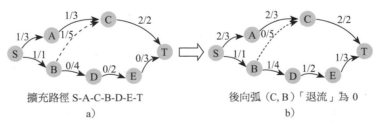

擴充路徑 S-A-C-B-D-E-T
a)

後向弧（C, B)「退流」為 0
b)

圖 14.2-5

我們按照上述定義將擴充路徑 p 上的弧劃分為前向弧和後向弧後，便可以透過下述兩個步驟增大路徑 p 上的流量：

1. 求擴充路徑上流量的可改進量 $a = \min\limits_{(u,v)\in p}\{$ 前向弧的 $c(u,v)-f(u,v)$，後向弧的 $f(v,u)\}$；

2. 修改擴充路徑 p 上每條弧 (u, v) 的流量 $f(u,v) = \begin{cases} f(u,v)+a & (u,v)\in p^+ \\ f(u,v)-a & (u,v)\in p^- \end{cases}$。

p 之所以稱為擴充路徑，是因為 p 的前向弧均未飽和，每條前向弧的流量可增加 a；p 的後向弧倒流量可減少 a；不屬於 p 的弧的流量一概不變。這樣可在保證每條弧的流量不超過容量上限且保持流平衡的前提下使網路的流量增加 a，同時也不影響 p 外其他弧的流量。例如，按照上述方法調整圖 14.2-5a 中擴充路徑 S-A-C-B-D-E-T 的流量，得到圖 14.2-5b，使網路的流量由原來的 2 增至 3。

定義 14.2.6（割） 設 $N(V, E, C)$ 是有一個發點 s 和一個收點 t 的網路。若 V 劃分為 P 和 $\overline{P}$，使 $s\in P$，$t\in\overline{P}$，則從 P 中的點到 $\overline{P}$ 中的點的所有弧集稱為分離 s 和 t 的割，記為 $(P, \overline{P})$。

若從網路 N 中刪去任一個割，則從 s 到 t 之間不存在有向路。

割 $(P, \overline{P})$ 的容量是它的每條弧的容量之和，記為 $C(P, \overline{P})$，即 $C(P,\overline{P}) = \sum_{(i\in P, j\in\overline{P})} c_{ij}$。對於不同的割，它的容量顯然不同。

若 N 中不存在割 $(P', \overline{P}')$，使 $C(P', \overline{P}') < C(P, \overline{P})$，則稱 $(P, \overline{P})$ 為最小割。

網路中的流的值具有上界，如下面的定理所述。

定理 14.2.1 對於給定的網路 $N=(V, E, C)$，設 f 是任一個可行流，$(P, \overline{P})$ 是任一個割，則 $V_f \leq C(P, \overline{P})$。

證明： 根據流的平衡條件可知：對於發點 $s\in P$，有

$$\sum_{i\in V} f_{si} - \sum_{j\in V} f_{js} = V_f \quad (1)$$

對於 P 中不是發點 s 的中間點 k 有

$$\sum_{i\in V} f_{ki} - \sum_{j\in V} f_{jk} = 0 \quad (2)$$

由（1）式加上對所有 $k\in P$ 的（2）式得到：

$$\sum_{(k\in p, i\in V)} f_{ki} - \sum_{(k\in P, j\in V)} f_{jk}$$
$$= \sum_{(k\in P, i\in P)} f_{ki} + \sum_{(k\in P, i\in\overline{P})} f_{ki} - [\sum_{(k\in P, j\in P)} f_{jk} + \sum_{(k\in P, j\in\overline{P})} f_{jk}]$$
$$= V_f$$

由於 $\sum_{(k\in P, i\in P)} f_{ki} = \sum_{(k\in P, j\in P)} f_{jk}$，所以 $\sum_{(k\in P, i\in\overline{P})} f_{ki} - \sum_{(k\in P, j\in\overline{P})} f_{jk} = V_f$ （3）

因為 $\sum_{(k\in P, j\in\overline{P})} f_{jk}$ 是非負的，所以有 $V_f \leq \sum_{(k\in P, i\in\overline{P})} f_{ki} \leq \sum_{(k\in P, i\in\overline{P})} c_{ki} = C(P, \overline{P})$。∎

上述證明中，（3）是一個有用的結論，它指出對於任何割 $(P, \overline{P})$，流的值等於從 P 中的節點到 $\overline{P}$ 中的節點的所有弧上流量之和，減去從 $\overline{P}$ 中的節點到 P 中的節點的所有弧上流量之和。

Ford-Fulkerson 於 1956 年提供了最大流最小割定理。

定理 14.2.2（最大流最小割定理） 在任一網路 N 中，從 s 到 t 的最大流的值等於分離 s 和 t 的最小割的容量。

證明：設 f 是一個最大流，用以下方法定義 P：令 $s \in P$，如果 $i \in P$ 且 $f_{ij} < c_{ij}$，則 $j \in P$；如果 $i \in P$ 且 $f_{ij} > 0$，則 $j \in P$。任何不在 P 中的節點在 $\overline{P}$ 中。

設 δ_1 是路 μ 上所有前向弧上 $c_{i,i+1} - f_{i,i+1}$ 的最小值，δ_2 是所有後向弧上 $f_{i+1,j}$ 的最小值，$\delta = \min(\delta_1, \delta_2)$，$\delta > 0$，則在前向弧上可增加流量 δ，在後向弧上可減少流量 δ，使得流 f 修改後得到的流 f 仍滿足流的條件，並且流的值增加 δ，這與 f 是最大流矛盾。因此 $t \notin P$，於是得到分離 s 和 t 的割 $(P, \overline{P})$。

由 $(P, \overline{P})$ 的建構可知，如果 $k \in P$，$i, j \in \overline{P}$，有 $f_{ki} = c_{ki}$ 和 $f_{jk} = 0$；又對任一割 $(P, \overline{P})$，$\sum_{(k \in P, i \in \overline{P})} f_{ki} - \sum_{(k \in P, j \in \overline{P})} f_{jk} = V_f$。所以，對上述建構的割 $(P, \overline{P})$，有 $V_f = \sum_{(k \in P, i \in \overline{P})} c_{ki} = C(P, \overline{P})$。

因為 f 是最大流，由定理 14.2.1 可知，$(P, \overline{P})$ 是最小割，並且最小割的容量等於最大流的值。■

定理 14.2.3（最大流定理）　可行流 f 是最大流、若且唯若不存在從 s 到 t 的關於 f 的擴充路徑。基於定理 14.2.2 及其證明以及定理 14.2.3 的 Ford-Fulkerson 方法是尋找網路最大流的基本方法，其思維是每次透過尋找一條擴充路徑來增加可行流的值，反覆直至無法再找到擴充路徑時，即獲得網路的最大流。而此時必然從源點到匯點的所有路中至少有一條弧是飽和的。

Ford-Fulkerson 方法分為兩個過程：標號過程和擴充過程。透過標號過程找一條擴充路徑，再由擴充過程確定網路流量的增量，並且去掉標號。

（1）標號過程

1. 給定初始流，不妨設初始流的值為 0；給發點標號 $(-, \Delta s)$，其中 $\Delta s = +\infty$。

2. 選擇一個已標號的節點 p，對於 p 的所有未標號的相鄰點 q，按下列規則標號：

① 如果弧 (p, q)，q 未標號，當 $c_{pq} > f_{pq}$ 時，則點 q 標號 $(p^+, \Delta q)$，其中 $\Delta q = \min\{\Delta p, c_{pq} - f_{pq}\}$；當 $c_{pq} = f_{pq}$ 時，則 q 不標號。

② 如果弧 (q, p)，q 未標號，當 $f_{qp} > 0$ 時，則點 q 標號 $(p^-, \Delta q)$，其中 $\Delta q = \min\{\Delta p, f_{qp}\}$；當 $f_{qp} = 0$ 時，則 q 點不標號。

3. 重複第 **2.** 步直到收點 t 被標號或不再有節點可以標號為止。

如果 t 點提供標號，說明存在一條擴充路徑，則轉向擴充過程。

如果 t 點未被標號，說明不存在擴充路徑，則演算法結束，所得的流為最大流。

（2）擴充過程

如果在收點 t 已標號 $(y^+, \Delta t)$，已知其中 $\Delta t = \min\{\Delta y, c_{yt} - f_{yt}\}$，則存在一條從 s 到 t 的擴充路徑 μ。

1. 修改流 f，使得沿擴充路徑 μ 在前向弧上流量增加 Δt，在後向弧上流量減少 Δt，於是得到新的流 f'，且有 $V_{f'} = V_f + \Delta t$。然後去掉節點上標號。

2. 對流 f' 重新進行標號。

如果在收點 t 沒有標號，標號演算法結束，用 P 表示所有已標號的節點集，用 $\overline{P}$ 表示所有未標號的節點集，於是得到的 $(P, \overline{P})$ 便是最小割，它的容量等於最大流的值。

從上述演算法可見,我們不僅得到了最大流,而且同時得到了最小割,要想提高總流量,只有增大最小割中弧的容量才行。

上述演算法還要注意兩點:

1. 初始流量可以不為 0。

2. 每次標號時,可能有多種情況,任選一種即可。

Ford-Fulkerson 方法的實例如圖 14.2-6 所示。

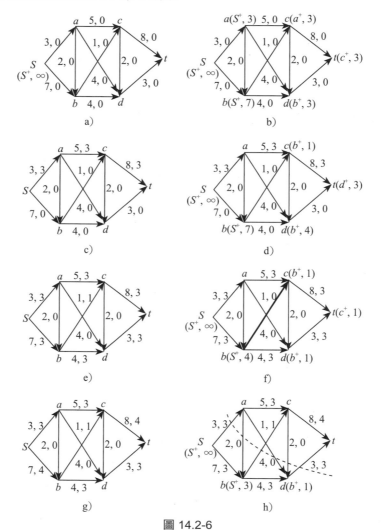

圖 14.2-6

計算最大流的關鍵在於怎樣找擴充路徑,因此 Ford-Fulkerson 也有多種演算法實現。尋找一條擴充路徑的常用方法有 BFS、DFS 和標號搜尋 PFS(類似 Dijkstra 演算法的標號法)。Edmonds-Karp 演算法(簡稱 EK 演算法)每次透過 BFS,在網路上找一條從源點到匯點的最短擴充路徑,然後增加可行流的值,當透過 BFS 無法找到擴充路徑時,演算法結束。EK 演算法的時間複雜度為 $O(|V| \times |E|^2)$。

14.2.1.1　Power Network

一個電力網是由節點（發電站、用電場所和變電站）、以及連接這些節點的電力傳輸線組成的。節點 u 可以具有提供總量為 $s(u) \geq 0$ 的電力的能力，可以實際產生 $0 \leq p(u) \leq p_{max}(u)$ 的電力，可以消耗 $0 \leq c(u) \leq \min(s(u), c_{max}(u))$ 的電力，也可以轉發 $d(u)=s(u)+p(u)-c(u)$ 的電力。本題提供下述限制：對於發電站，$c(u)=0$，對於用電場所，$p(u)=0$；對於變電站，$p(u)=c(u)=0$。在電網中，從節點 u 到節點 v 至多有一條電力傳輸線 (u, v)，從 u 到 v 傳輸 $0 \leq l(u, v) \leq l_{max}(u, v)$ 的電力。設 $Con=\Sigma_u c(u)$ 是網路中消耗的電力，本題要計算 Con 的最大值。

如圖 14.2-7 中的實例所示，標記了 x/y 的發電站 u 表示 $p(u)=x$，$p_{max}(u)=y$；標記了 x/y 的用電場所 u 表示 $c(u)=x$，$c_{max}(u)=y$；標記了 x/y 的電力傳輸線 (u, v) 表示 $l(u, v)=x$，$l_{max}(u, v)=y$。電力耗費為 Con=6。網路可以有其他可能的情況，但 Con 的值不會超過 6。

u	type	$s(u)$	$p(u)$	$c(u)$	$d(u)$
0	power	0	4	0	4
1	Station	2	2	0	4
3		4	0	2	2
4	consumer	5	0	1	4
5		3	0	3	0
2	dispatcher	6	0	0	6
6		0	0	0	0

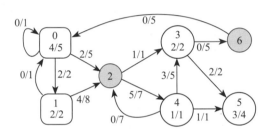

圖 14.2-7

輸入

輸入中有若干組測試案例，每組測試案例相關於一個電力網，首先提供 4 個整數：n（$0 \leq n \leq 100$，節點數），n_p（$0 \leq n_p \leq n$，發電站的數目），n_c（$0 \leq n_c \leq n$，用電場所的數目），m（$0 \leq m \leq n^2$，電力傳輸線的數目）。然後提供 m 個資料三元組 $(u,v)z$，其中 u 和 v 是節點識別字（從 0 開始編號），z（$0 \leq z \leq 1000$）是 $l_{max}(u, v)$ 的值。接著提供 n_p 個二元組 $(u)z$，其中 u 是電站識別字，z（$0 \leq z \leq 10000$）是 $p_{max}(u)$ 的值。測試資料以 n_c 個二元值 $(u)z$ 結束，其中 u 是用電場所的識別字，z（$0 \leq z \leq 10\ 000$）是 $c_{max}(u)$ 的值。所有的輸入數字是整數。除了 $(u,v)z$ 三元組和 $(u)z$ 兩元組不包含空格外，空格在輸入中可以隨意出現。輸入資料以檔案結束終止，所有輸入資料都是正確的。

輸出

對於輸入的每組測試案例，程式標準輸出可以供相關網路使用的最大電量。每個結果是一個完整的值，在一行中輸出。

範例輸入	範例輸出
2 1 1 2 (0,1)20 (1,0)10 (0)15 (1)20	15
7 2 3 13 (0,0)1 (0,1)2 (0,2)5 (1,0)1 (1,2)8 (2,3)1 (2,4)7	6
(3,5)2 (3,6)5 (4,2)7 (4,3)5 (4,5)1 (6,0)5	
(0)5 (1)2 (3)2 (4)1 (5)4	

說明

範例輸入中提供兩個測試案例。第一個測試案例提供一個包含 2 個節點的網路，電站 0 的 $p_{max}(0)=15$，用電場所 1 的 $c_{max}(1)=20$，2 條電力傳輸線 $l_{max}(0,1)=20$ 和 $l_{max}(1,0)=10$。Con 的最大值是 15。第二個測試案例提供的網路如圖 14.2-7 所示。

試題來源： ACM Southeastern Europe 2003
線上測試： POJ 1459，ZOJ 1734，UVA 2760

❖ 試題解析

這個題目可以採用網路流的模型來表示：在原圖的基礎上添加源點 s 和匯點 t。對於每個發電站，從源點 s 引一條容量為 p_{max} 的弧；對於每個用電場所，引一條容量為 c_{max} 的弧到匯點 t；對於題目中給的三元組 $(u, v)z$，從點 u 連一條容量為 z 的弧到點 v。顯然，這樣的構圖是滿足題目要求的，最大電力耗費 Con 就是這個網路的最大流。

我們採用相鄰矩陣來儲存網路中的流量 ($f[n][n]$) 和容量 ($c[n][n]$)，採用 Edmonds-Karp 演算法求網路最大流。BFS 求擴充路徑時需要用一個佇列 $q[n]$ 和記錄擴充路徑的陣列 $fa[n]$，其中 n 是指網路中的節點個數，$fa[i]$ 為擴充路徑上節點 i 的前驅。由於原圖中的節點數不超過 100，再加源點 s 和匯點 t，因此 n 不超過 10^2+2。

由上面的分析可知：空間複雜度為 $O(n^2)$；求擴充路徑的網路流演算法的時間複雜度為 $O(n^2t)$，其中 n 為網路中的節點數，t 為擴充次數，在本題中 t 遠小於最大流的流量 Con。

❖ 參考程式

```
01   #include <stdio.h>                          // 前置編譯命令
02   #include <math.h>
03   #include <memory.h>
04   int n, np, nc, m, s, t;                      // 節點數為 n，源點為 s，匯點為 t，節點數為 n，
05                                                // 發電站數目為 np，用電場所數目為 nc，
06                                                // 電力傳輸線數目為 m
07   int fa[104], q[104], f[104][104], c[104][104]; //fa[ ] 儲存擴充路徑，其中 fa[j] 為
08   // 擴充路徑上節點 j 的前驅，正數表示該弧為前向弧，負數表示該弧為後向弧；q[] 為佇列；f[][]、c[][]
09   // 記錄網路中的流量和容量，儲存方式為相鄰矩陣。
10   void Edmonds_Karp()                          // Edmonds-Karp 演算法求最大流
11   {
12       int qs, qt, d, d0, i, j, ans = 0;
13       fa[t] = 1;                               // 匯點的前驅指標初始化
14       while (fa[t] != 0)                       // 若擴充路徑存在
15       {
16           qs = 0; qt = 1;                      // 佇列的首尾指標初始化
17           q[qt] = s;                           // 源點推入佇列尾
18           memset(fa, 0, sizeof(fa));           // 擴充路徑初始化
19           fa[s] = s;                           // 源點的前驅指標指向自己
20           while (qs < qt && fa[t] == 0)        // 若佇列非空且沒有找到至匯點的擴充路徑
21           {
22               i = q[++qs];                     // 取出佇列首節點
23               for (j = 1; j <= t; j++)         // 列舉未在擴充路徑上的節點 j
24                   if (fa[j] == 0)
25                       if (f[i][j]< c[i][j])    // 若 (i, j) 的流量可增加，則 (i, j) 作為
26                           // 前向弧加入擴充路徑，j 推入佇列；若 (i, j) 可退流，
```

```
27                       // 則 (i, j) 作為後向弧加入擴充路徑，j 推入行列
28                       {
29                           fa[j] = i;
30                           q[++qt] = j;
31                       }
32                       else
33                           if (f[j][i] > 0)
34                           {
35                               fa[j] = -i;
36                               q[++qt] = j;
37                           }
38               }
39           if (fa[t] != 0)                   // 如果找到一條從源點到匯點的擴充路徑就改進目前流
40           {
41               d0 = 10000000;
42               i = t;                        // 從匯點出發倒推計算最大可改進量 d0
43               while (i != s)                // 未倒推至源點
44               {
45                   if (fa[i]> 0)             // i 節點為尾的弧是前向弧
46                   {
47                       if ((d = c[fa[i]][i] -f[fa[i]][i])< d0)
48                           d0 = d;
49                   }
50                   else                      // i 節點為尾的弧是後向弧
51                       if (f[i][-fa[i]] < d0)
52                           d0 = f[i][-fa[i]];
53                   i = abs(fa[i]);           // 繼續沿前驅指標倒推計算最大可改進量 d0
54               }
55               ans += d0;                    // 總流量增加 d0
56               i = t;                        // 從匯點出發，倒推調整擴充路徑上的流量
57               while (i != s)
58               {
59                   if (fa[i] > 0)            // 若 i 節點為尾的弧是前向弧，則該弧流量增加 d0
60                       f[fa[i]][i] += d0;
61                   else                      // 若 i 節點為尾的弧是後向弧，則該弧流量減少 d0
62                       f[i][-fa[i]] -= d0;
63                   i = abs(fa[i]);           // 繼續沿前驅指標調整流量
64               }
65           }
66       }
67       printf("%d\n", ans);                  // 輸出最大流
68   }
69   int main()
70   {
71       int i, u, v, cc;
72       while (scanf("%d%d%d%d", &n, &np, &nc, &m) == 4)   // 反覆輸入節點數、發電站數目、
73                                             // 用電場所數目和電力傳輸線數目
74       {
75           s = n + 2; t = n + 1;             // 設定源點和匯點
76           memset(f, 0, sizeof(f));
77           memset(c, 0, sizeof(c));
78           for (i = 1; i <= m; i++)          // 對於原圖中的邊 (u, v) 連一條容量為 cc 的弧
79           {
80               while (getchar() != '(');
81               scanf("%d,%d)%d", &u, &v, &cc);
```

```
82                c[u + 1][v + 1] = cc;
83            }
84        for (i = 1; i <= np; i++)            // 源點向每一個發電站連一條容量為 cc 的弧
85        {
86            while (getchar() != '(');
87            scanf("%d)%d", &u, &cc);
88            c[s][u + 1] = cc;
89        }
90        for (i = 1; i <= nc; i++)            // 每個用電場所向匯點連一條容量為 cc 的弧
91        {
92            while (getchar() != '(');
93            scanf("%d)%d", &u, &cc);
94            c[u + 1][t] = cc;
95        }
96        Edmonds_Karp();                      // Edmonds-Karp 演算法求最大流
97    }
98 }
```

14.2.1.2　PIGS

Mirko 在一家大型養豬場工作，這家養豬場有 M 間可上鎖的豬舍，但 Mirko 無法對任何一間豬舍上鎖，因為他沒鑰匙。顧客一個接一個地到養豬場來，每個人都有一些豬舍的鑰匙，他們要來買一定數量的豬。

每天早晨 Mirko 所關心的資料是這一天要來養豬場的顧客，以便做好銷售計畫，提供要賣的豬的最大數字。

確切地講，過程如下：顧客到養豬場，打開所有他有鑰匙的豬舍，Mirko 從被打開的豬舍裡賣一定數量的豬給顧客，並且如果 Mirko 需要，他在被打開的豬舍中重新分配剩餘的豬。

在每間豬舍中豬的數量沒有限制。

請編寫程式，提供在一天中，Mirko 可以賣出的豬的最大數量。

輸入

輸入的第一行提供兩個整數 M 和 N（$1 \leq M \leq 1000$，$1 \leq N \leq 100$），分別是豬舍的數量和顧客的數量。豬舍編號從 1 到 M，顧客編號從 1 到 N。

下一行提供 M 個整數，表示每間豬舍在初始時豬的數量。每間豬舍裡豬的數量大於等於 0，小於等於 1000。

然後的 N 行按如下形式提供顧客的紀錄（第 i 個顧客的記錄在第（$i+2$）行）：A K_1 K_2 $\cdots$ K_A，B 表示顧客擁有的豬舍的鑰匙編號為 K_1，K_2，$\cdots$，K_A（按非遞減序排列），並且要買 B 頭豬。數字 A 和 B 可以為 0。

輸出

輸出的第一行且唯一的一行提供要賣豬的頭數。

範例輸入	範例輸出
3 3 3 1 10 2 1 2 2 2 1 3 3 1 2 6	7

試題來源：Croatia OI 2002 Final Exam - First day

線上測試：POJ 1149

❖ 試題解析

本題的關鍵是建立問題對應的網路流程圖 D：將每個顧客設為一個節點，其中節點 i 對應顧客 i（$1 \le i \le n$）。源點 s 表示為節點 0，匯點 t 表示為節點 $n+1$。

對於每個顧客來說，買的豬源於兩條途徑：

◆ 在這樣的豬圈裡買豬：他自己鑰匙能打開的豬圈，並且他是第一個打開這個豬圈的顧客。

◆ 從之前的顧客打開的豬圈裡買豬。

當顧客 i 的資訊被輸入時，如果有這樣的豬圈，即他有鑰匙，而且他是第一個可以打開這些豬圈的顧客，則從 s 到這個顧客有一條弧，其容量是顧客 i 可以從這些豬圈中買的豬的總和；從顧客 $i-1$ 到顧客 i（$i \ge 2$）有一條弧，其容量是無窮大，因為顧客 i 可以從之前顧客打開的豬圈中買豬。還有一條從顧客 i 到 t 的弧，其容量是他要買的豬的數量。

顯然，上述網路流程圖 D 的最大流量 f 即為 Mirko 可以賣出的豬的最大數量。

❖ 參考程式

（略。本題參考程式的 PDF 檔案和本題的英文原版均可從碁峰網站下載。）

14.2.2 ▶ 最小費用最大流

以上討論了如何尋找網路中的最大流問題。但在實際生活中，「流」的問題可能不僅僅涉及流量，還涉及「費用」，即網路 $N(V, E, C)$ 中的每一條弧 (v_i, v_j) 除提供容量 c_{ij} 外，還提供單位流量費用 $b_{ij} \ge 0$；不僅要求計算網路中的最大流 F，還要使流的總輸送費用 $B(F) = \sum_{(i,j) \in E} b_{ij} f_{ij}$ 取極小值，這就是最小費用最大流問題（Minimum-Cost Flow Problem）。

計算網路最大流的 Ford-Fulkerson 方法是從某個可行流出發，透過搜尋找到關於這個流的一條擴充路徑 p，沿著 p 調整目前的可行流 F，然後，繼續試圖尋找新的擴充路徑，如此反覆直至求得最大流。求具有最小費用的最大流，首先分析：當沿著一條關於可行流 F 的擴充路徑 p，調整量 $a=1$，調整 F，得到新的可行流 F'，調整前後流的總輸送費用會增加多少。

設調整後流的總輸送費用為 $B(F')$，調整前流的總輸送費用為 $B(F)$。按照定義，調整前後的費用增加量應該為擴充路徑 P 中前向弧輸送費用的增加值 $\sum_{p+} b_{ij}(f'_{ij} - f_{ij})$ 減去後向弧輸送費用的減少值 $\sum_{p-} b_{ij}(f_{ij} - f'_{ij})$。由於調整量為 1，因此

$$B(F') - B(F) = [\ \sum_{p+} b_{ij}(f'_{ij} - f_{ij}) - \sum_{p-} b_{ij}(f_{ij} - f'_{ij})\ ] = \sum_{p+} b_{ij} - \sum_{p-} b_{ij}$$

我們把 $\sum_{p+} b_{ij} - \sum_{p-} b_{ij}$ 稱為這條可行路 p 的「費用」。

顯然，如果 F 是流量為 $V(F)$ 的所有可行流中費用最小者，而 p 是關於 F 的所有擴充路徑中費用最小的擴充路徑，那麼沿 p 去調整 F，得到可行流 F'，即流量為 $V(F')$ 的所有可改進流中的最小費用流。這樣，當 F 是最大流時，流量為 $V(F)$ 就是所求的最小費用最大流。

注意到，由於 $b_{ij} \geq 0$，因此 $F=0$ 必定是流量為 0 的最小費用流。這樣，可以從 $F=0$ 開始計算最小費用最大流。一般地，設已知 F 是流量 $V(F)$ 的最小費用流，那麼問題就是尋找關於 F 的最小費用擴充路徑。為此建構一個帶權有向圖 $W(F)$，它的節點是原網路 D 的節點，把 D 中的每一條弧 (v_i, v_j) 變成兩個方向相反的弧 (v_i, v_j) 和 (v_j, v_i)。定義 $W(F)$ 中的權 w_{ij} 為：

$$前向弧的權\ w_{ij} = \begin{cases} b_{ij} & f_{ij} < c_{ij} \\ \infty & f_{ij} = c_{ij} \end{cases}, \quad 後向弧的權\ w_{ji} = \begin{cases} -b_{ij} & f_{ij} > 0 \\ \infty & f_{ij} = 0 \end{cases}$$

其中權值為 ∞ 的弧可以從 $W(F)$ 中略去。

於是，在網路中尋求關於 F 的最小費用擴充路徑，就等同於在帶權有向圖 $W(F)$ 中尋求從 v_s 到 v_t 的最短路徑。因此有如下演算法。

開始取 $F(0)=0$，一般地，若在第 $k-1$ 步得到最小費用流 $F(k-1)$，則建構帶權有向圖 $W(F(k-1))$，在 $W(F(k-1))$ 中尋求從 v_s 到 v_t 的最短路徑。若不存在最短路徑（即最短路徑權是 $+\infty$），則 $F(k-1)$ 即為最小費用最大流；若存在最短路徑，則在原網路 D 中得到相關的擴充路徑 p，在擴充路徑 p 上對 $F(k-1)$ 進行調整，可改進量為 $a = \min\{\min_{p+}\{c_{ij} - F_{ij}(k-1)\}, \min_{p-}\{F_{ij}(k-1)\}\}$：

$$F_{ij}(K) = \begin{cases} F_{ij}(k-1)+a & (i,j) \in p+ \\ F_{ij}(k-1)-a & (i,j) \in p- \\ F_{ij}(k-1) & (i,j) \notin p \end{cases}$$

得到新的可行流 $F(k)$；然後，再對 $F(k)$ 重複上述步驟。例如，求圖 14.2-8 的最小費用最大流。弧旁的數字表示為 (c_{ij}, b_{ij})。

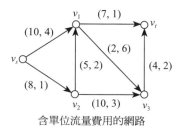

含單位流量費用的網路

圖 14.2-8

1. 取 $F(0)=0$ 為初始可行流；

2. 建構賦權有向圖 $W(F(0))$，並求出從 v_s 到 v_t 的最短路徑 (v_s, v_2, v_1, v_t)，如圖 14.2-9a 所示（雙箭頭即最短路徑）；

3. 在原網路 D 中，與這條最短路徑相關的可改進流為 $p=(v_s, v_2, v_1, v_t)$；

4. 在 p 上進行調整，$a=5$，得 $F(1)$（如圖 14.2-9b 所示）。按照上述演算法依次得 $F(1)$、$F(2)$、$F(3)$ 和 $F(4)$ 的流量分別為 5、7、10 和 11（如圖 14.2-9b、d、f 和 h 所示）；建構相關的賦權有向圖為 $W(F(1))$、$W(F(2))$、$W(F(3))$ 和 $W(F(4))$（如圖 14.2-9c、e、g 和 i 所示）。由於 $W(F(4))$ 中已不存在從 v_s 到 v_t 的最短路徑，所以 $F(4)$ 為最小費用最大流。

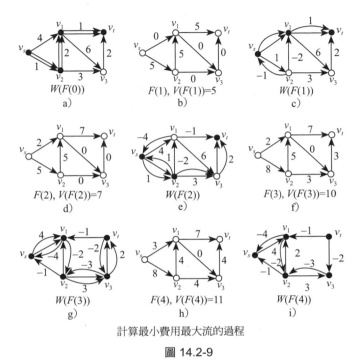

計算最小費用最大流的過程

圖 14.2-9

下面提供計算最小費用最大流的資料結構和演算法流程。

資料結構如下：

```
struct edge{                    // 邊表元素的結構型別
    int x, y, next, c, b, op;   // 邊為 (x，y)，流量為 c（初始時為容量），費用為 b，x 的
                                // 下條出邊的指標為 next，後繼邊指標為 op
};
edge a[E];                      // 邊表
int tot, n, m, st, en;          // 邊表長度為 tot，源點為 st，匯點為 en，集裝箱數為 n
int fi[V], pre[V], d[V],h[V+10]; // v 的目前出邊序號為 fi[v]，擴充路徑上 v 的前驅為 pre[v]，
                                // 源點至 v 的最短路徑長度為 d[v]，佇列為 h
bool v[V];                      // 節點 i 在佇列的標誌為 v[i]=true
```

演算法流程如下。

步驟 1：建構網路流程圖的邊表 a。

邊表 a 為結構陣列，每個陣列元素為含 6 個成員的結構體變數。

$a[k].x$ 和 $a[k].y$ 表示第 k 條有向弧為 $(a[k].x, a[k].y)$，該邊的流量為 $a[k].c$（初始時為容量），費用為 $a[k].b$。說明如下：

1. 為了便於最短路徑的計算，我們透過 $a[k]$.next 將所有以 x 為頭的有向弧連接起來。邊表 a 中 x 的上一條出邊序號為 fi$[x]$。

2. 對於初始容量為 c、費用為 b 的每條弧 (x, y) 拆分成兩條弧插入邊表 a：一條是容量為 c、費用為 b 的前向弧 (x, y)，一條是容量為 0、費用為 $-b$ 的後向弧 (y, x)。

3. 為了按照流平衡的條件調整可擴充路徑的流量，設定後繼指標 $a[k]$.op：若為前向弧，$a[k]$.op=$k+1$；若為後向弧，$a[k]$.op=$k-1$。這樣，當擴充路徑的可調整量為 a 時，透過 $a[k]$. c-=a，$a[a[k]$.op$]$.c+=a，使流量達到平衡。

插邊過程如下：

```
void Add( x, y, c, b){ // 初始容量為 c、費用為 b 的弧 (x,y)，拆分成兩條正反兩條弧插入邊表 a
    Add(x,y,c,b,1);      // 前向弧的容量為 c，費用為 b
    Add(y,x,0,-b,-1);    // 後向弧的容量為 0，費用為 -b
}
```

其中 $Add(x,y,c,b,1)$ 的過程說明如下：

```
void Add(x,y, c,b, op){ // 往邊表 a 插入一條容量為 c、費用為 b 的弧 (x, y)，其正反向標誌為 op
    a[++tot].x=x;        // 儲存當前邊的兩個端點
    a[tot].y=y;
    a[tot].c=c;          // 儲存當前邊的容量和費用
    a[tot].b=b;
    a[tot].op=tot+op;    // 設定後繼指標
    a[tot].next=fi[x];   // 連接以 x 為頭的有向弧
    fi[x]=tot;           // 記下 x 的目前出邊的序號
}
```

步驟 2：使用 SPFA 演算法計算源點 st 至匯點 en 的擴充路徑。

我們以網路流量為邊權，計算源點 st 至匯點 en 的最短路徑，該路徑即為可擴充路徑。設佇列為 h，佇列首和佇列尾指標分別為 l 和 r；v 為節點在佇列的標誌；d 為節點的最短路徑長度估計值序列；pre 為擴充路徑上節點的前驅指標。

```
int spfa( st, en, n){                      // 計算和傳回 st 至 en 的最短路徑長度
    memset(h,0,sizeof(h));                  // 初始時佇列空，所有節點未在佇列
    memset(v,0,sizeof(v));
    memset(d, ∞,sizeof(d));                 // 所有節點的最短路徑長度為一個較大值，且未在擴充路徑上
    memset(pre,0,sizeof(pre));
    l=1,r=1;                                // 佇列的首尾指標初始化，設定迴圈佇列長度
    h[1]=st;                                // 源點推入佇列
    v[st]=1;
    d[st]=0;                                // 設定源點的最短路徑長度
    while (1){
        int x=h[l];                         // 取佇列首節點 x
        for (int t=fi[x],y=a[t].y;t;t=a[t].next,y=a[t].y)   // 列舉 x 的所有出邊 (x,y)
        if (a[t].c>0&&d[y]>d[x]+a[t].b){ // 若 x 的出邊存在且可以鬆弛，則鬆弛該邊
            d[y]=d[x]+a[t].b;
            pre[y]=t;                       // 該邊記入擴充路徑
            if (!v[y]){                     // 若 y 未在佇列，則 y 入 h 佇列
                v[y]=1;
                r=r+1; h[r]=y;
                }
            }
```

```
        if (l==r) break;          // 若佇列為空，則退出演算法
        v[x]=0;                    // x 正式提出佇列
        l=l+1;
    }
    return d[en];                  // 傳回源點至匯點的最短路徑長度
}
```

步驟 3：計算源點 st 至匯點 en 的擴充路徑上新增的輸送費用。

計算分兩步：

1. 從匯點 en 出發，沿擴充路徑上計算邊的最小流量 a；

2. 從匯點 en 出發，調整擴充路徑上各邊的流量，將其「費用」計入輸送費用 ans。

```
int aug( st, en, n){               // 計算和傳回擴充路徑上新增的輸送費用
    int a =∞, ans=0,k=pre[en];     // 最小流量和新增的輸送費用初始化，取匯點的前驅
    while (k){                      // 從匯點出發，計算擴充路徑上邊的最小流量 a
    .    a=min(a,a[k].c);
        k=pre[a[k].x];             // 倒推擴充路徑的前驅
    }
    k=pre[en];                     // 從匯點出發，調整擴充路徑上各邊的流量，累計新增的輸送費用 ans
    while (k){
        ans+=a[k].b*a;
        a[k].c-=a;                 // 按照流的平衡條件調整流量
        a[a[k].op].c+=a;
        k=pre[a[k].x];             // 繼續沿擴充路徑的前驅指標倒推
    }
    return ans;                    // 傳回新增的輸送費用
}
```

步驟 4：計算最小費用最大流。

反覆計算源點 st 至匯點 en 的擴充路徑。每計算一次，則累計新增的輸送費用，直至擴充路徑不存在為止。

```
int costflow( st, en, n){              // 計算和傳回最小費用最大流
    int ans=0,temp=spfa(st,en,n);      // 總輸送費用初始化，計算擴充路徑
    while (temp< ∞){                    // 若擴充路徑存在，則累計新增的輸送費用
        ans+=aug(st,en,n);
        temp=spfa(st,en,n);            // 計算擴充路徑
    }
    return ans;                        // 傳回總輸送費用
}
```

14.2.2.1　Farm Tour

當農夫 John 的朋友來他的農場拜訪他時，他很喜歡帶他們到處轉轉。農夫 John 的農場有 N（$1 \leq N \leq 1000$）塊地，編號從 1 到 N。他的房子在第一塊地上，在第 N 塊地上有一個大穀倉。總共有 M（$1 \leq M \leq 10000$）條路徑以各種方式連接這些地。每條路徑連接兩塊不同的地，並且路徑距離小於 35000 且不會為零。

農夫 John 為了以最好的方式展示他的農場，他要為朋友們安排一段旅程：從他家開始走，可能經過一些地，最後到穀倉，然後，再回到他家裡（可能又穿過一些地）。

他希望安排的旅程盡可能短，然而，他不想在任何一條路徑上走一次以上。計算可能的最短行程。本題設定，在任何提供的農場中，可以安排這樣的旅程。

輸入

第 1 行提供兩個空格分隔的整數 N 和 M。第 2 行到第 $M+1$ 行：每行提供三個空格分隔的整數，以定義一條路徑：起始的地，結束的地，以及路徑的距離。

輸出

在一行中提供最短旅程的長度。

範例輸入	範例輸出
4 5	6
1 2 1	
2 3 1	
3 4 1	
1 3 2	
2 4 2	

試題來源： USACO 2003 February Green
線上測試： POJ 2135

❖ 試題解析

本題提供一個帶權圖：N 個節點，編號為 $1 \sim N$；M 條邊，每條邊的資訊包括起點、終點和距離。要求從節點 1 走到節點 N，然後再從節點 N 走回節點 1，每條邊只能走一次，本題要求計算這樣走的最短旅程。

首先對提供的帶權圖建構網路：將邊權作為費用，流量為 1（每條邊只能走一次）。輸入一條邊要建 4 條弧，首先建 $a{-}{>}b$ 的弧，要同時建反向弧；再建 $b{-}{>}a$ 的弧，一樣建立反向弧。再新建一個源點 s，從源點 s 到節點 1 有一條弧，邊權為 0，流量為 2；新建一個匯點 t，有一條從節點 N 指向匯點 t 的弧，邊權為 0，流量為 2。

本題基於最小費用最大流的演算法求解。演算法過程如下：

1. 以邊權（距離）為費用，用 SPFA 演算法找一條存在流量的從源點到匯點的最短路徑 $\text{dis}[t]$；

2. 若存在，則計算出最短路徑上能增加的最大流量 flow，然後前向弧 +flow，後向弧 −flow；

3. ans +=$\text{dis}[t] \times$flow；

4. 重複步驟 **1.～3.**。

❖ 參考程式

```
01   #include <cstdio>
02   #include <queue>
03   using namespace std;
04   const int INF = 0x3f3f3f3f;              // 定義較大值
05   const int N = 1010;                      // 節點數的上限
06   const int M = 40010;                     // 弧數的上限
07   int dis[N],pre[N];                       // 源點至 v 的最短路徑長度為 dis[v]，
```

```
08                                                    // 在擴充路徑上以 v 為尾的弧為 (pre[v], v)
09   bool vis[N];                                      // 節點 v 在佇列的標誌為 vis[v]
10   int  from[M],to[M],val[M],capacity[M],nxt[M];  // 儲存節點所有出弧的弧表，其中第 i 條出弧的
11       // 弧尾為 from[i]、弧頭為 to[i]，費用為 val[i]，容量為 capacity[i]，後繼指標為 nxt[i]
12   int head[N],tot;                                  // 儲存 v 的所有出弧的弧表首指標為 head[v]
13   int n, m;                                         // 地塊數為 n，路徑數為 m
14   void addedge(int u, int v, int w, int c)          // 將費用為 w、容量為 c 的正向弧 (u, v)
15       // 插入以 head[u] 為首指標的弧表；將費用為 -w、容量為 0 的反向弧 (v, u) 插入以 head[v] 為
16       // 首指標的弧表
17   {
18       ++tot;                                        // 增加一條正向弧：弧尾為 u、弧頭為 v，費用為 w，容量為 c
19       from[tot] = u;
20       to[tot] = v;
21       val[tot] = w;
22       capacity[tot] = c;
23       nxt[tot] = head[u];                           // 該弧插入節點 u 的弧表開頭
24       head[u] = tot;
25       ++tot;                                        // 增加一條反向弧：弧尾為 v、弧頭為 u，費用 -w，容量為 0
26       from[tot] = v;
27       to[tot] = u;
28       val[tot] = -w;
29       capacity[tot] = 0;
30       nxt[tot] = head[v];                           // 該弧插入節點 v 的弧表開頭
31       head[v] = tot;
32   }
33
34   bool spfa(int s, int t, int cnt)                  // 判斷源點 st 與匯點 en 之間是否存在擴充路徑
35                                                     // （節點數為 cnt）
36   {
37       // 初始時，所有節點未在佇列裡，所有弧未在擴充路徑上，源點至每個節點的最短路徑長度為一個較大值
38   memset(vis, 0, sizeof(vis));
39       memset(pre, -1, sizeof(pre));
40       for(int i = 1; i <= cnt; ++i) dis[i] = INF;
41       vis[s] = 1, dis[s] = 0;                       // 源點推入佇列，其最短路徑長度為 0
42       queue<int> q;
43       q.push(s);
44       while(!q.empty())                             // 若佇列非空，則取出佇列首節點 u
45       {
46           int u = q.front();
47           q.pop();
48           vis[u] = 0;                               // 設 u 未在佇列標誌
49           for(int i = head[u]; ~i; i = nxt[i])      // 列舉節點 u 的每條出弧
50               if(capacity[i])                       // 若存在出弧 i，則取出其弧頭節點 v
51               {
52                   int v = to[i];
53                   // 若經過出弧 i 可使得源點至 v 的路徑長度更短，則調整 v 的最短路徑長度
54                   if(dis[u]+val[i]< dis[v])
55                   {
56                       dis[v] = dis[u]+val[i];
57                       pre[v] = i;                   // 將 (i, v) 送入擴充路徑
58                       if(!vis[v])                   // 若 v 未在佇列，則 v 推入佇列，
59                                                     // 設定 v 在佇列
60                       {
61                           vis[v] = 1;
62                           q.push(v);
```

```
63                      }
64                    }
65                  }
66            }
67        return dis[t] != INF;                    // 若匯點 t 的最短路徑長度被調整，則傳回成功
68    }
69    int getmincost(int s, int t, int cnt)        // 計算和傳回最小費用最大流
70                                                 //（源點為 s，匯點為 t，節點數為 cnt）
71    {
72        int cost = 0;                            // 總輸送費用初始化
73        while(spfa(s, t, cnt))                   // 若源點 s 與匯點 t 之間存在擴充路徑，
74            // 則從匯點 t 出發，計算擴充路徑上弧的最小流量 flow，作為擴充路徑上的流量調整值
75        {
76            int pos = t, flow = INF;
77            while(pre[pos] != -1)
78            {
79                flow = min(flow, capacity[pre[pos]]);
80                pos = from[pre[pos]];
81            }
82            pos = t;                             // 從匯點 t 出發，調整擴充路徑上各弧的流量
83            while(pre[pos] != -1)
84            {
85                capacity[pre[pos]] -= flow;
86                capacity[pre[pos]^1] += flow;
87                pos = from[pre[pos]];
88            }
89            cost += dis[t]*flow;                 // 將新增的輸送費用計入 cost
90        }
91        return cost;                             // 若不存在擴充路徑，則成功傳回總輸送費用 cost
92    }
93    int main()
94    {
95        while(~scanf("%d %d", &n, &m))           // 輸入地塊數 n 和路徑數 m
96        {
97            memset(head, -1, sizeof(head));
98            tot = -1;
99            for(int i = 1; i <= m; ++i)          // 依次輸入每條路徑的資訊
100           {
101               int u, v, w;
102               scanf("%d %d %d", &u, &v, &w);    // 第 i 條路徑是距離為 w 的 (u, v)
103               addedge(u, v, w, 1);             // 將費用為 w、流量為 1 的弧 (u, v) 及其
104                                                // 對應的反向弧插入弧表
105               addedge(v, u, w, 1);             // 將費用為 w、流量為 1 的弧 (v, u) 及其
106                                                // 對應的反向弧插入弧表
107           }
108           int s = n+1, t = n+2;
109           addedge(s, 1, 0, 2);                 // 源點至節點 1 連一條費用 0、流量 2 的弧，
110                                                // 將該弧及其對應的反向弧插入弧表
111           addedge(n, t, 0, 2);                 // 節點 n 至匯點連一條費用 0、流量 2 的弧，
112                                                // 將該弧及其對應的反向弧插入弧表
113           printf("%d\n", getmincost(s, t, t)); // 計算和輸出最短旅程長度（即總輸送費用）
114       }
115       return 0;
116   }
```

最小費用最大流演算法可以用於求解計算二分圖的最佳匹配，方法如下。

首先，將帶權二分圖轉化為相關的網路流程圖。

對於二分圖 (X, Y, E)（其中 X 和 Y 為互補的節點集，E 為 $X \times Y$ 上的邊集，$w(e)$ 是邊 e 的費用），建構一個網路流程圖 D：

1. 源點為 s，匯點為 t；

2. 對於 $i \in X$，建立一條容量為 1、費用為 0 的有向邊 (s, i)；

3. 對於 $j \in Y$，建立一條容量為 1、費用為 0 的有向邊 (j, t)；

4. 對於 E 中的每一條邊 $(i, j)(i \in X, j \in Y)$，建立一條容量為 1、費用為 0 的有向邊 (i, j)。

容易看出，網路流程圖 D 的最小費用最大流恰好使 X、Y 中的節點兩兩配對起來，對應著二分圖 (X, Y, E) 的最佳匹配。

14.2.2.2　Trash

你受聘擔任當地的垃圾處理公司的 CEO，你的一項工作是處理收集來的垃圾，對垃圾進行分類，以便循環利用。每天，會有 N 個集裝箱的垃圾運來，每個集裝箱裡裝有 N 種垃圾。本題提供集裝箱裡各種垃圾的數量，請你找出最佳的方案對這些垃圾進行分類，就是把每種垃圾集中裝到一個集裝箱中。本題設定每個集裝箱的容量是無限的。搬動一個單位的垃圾需要耗費一定的代價，從集裝箱 i 搬動一個單位的垃圾到集裝箱 j 的代價是 1（$i \neq j$，否則代價為 0），請你將代價減到最小。

輸入

第一行為 N（$1 \leq N \leq 150$），其餘行描述集裝箱的情況，第 $i+1$ 行描述第 i 個集裝箱中的第 j 種垃圾的數量 amount($0 \leq$ amount ≤ 100)。

輸出

分類這些垃圾所需的最小代價。

範例輸入	範例輸出
4 62 41 86 94 73 58 11 12 69 93 89 88 81 40 69 13	650

線上測試： Ural 1076

❖ 試題解析

提供一個帶權二分圖，要求你計算這個帶權二分圖的最大匹配（完美匹配）。本題採用最小費用最大流進行求解。用 SPFA 演算法計算最小費用最大流是最有效的。

本題的關鍵是建模。本題要求移動垃圾的數量最小。因為本題提供了集裝箱裡各種垃圾的數量，要求不移動的垃圾數量盡可能多。基於此，建構網路流 $G(V, E)$，其中 $|V| = 2 \times n + 2$，源點 s 被表示為節點 1，匯點 t 被表示為節點 $2 \times n + 2$。節點集合 X 表示集裝箱，集裝箱 X_i 用節點 $i+1$ 表示，$1 \leq i \leq N$；節點集合 Y 表示垃圾，Y_j 用節點 $N+j+1$ 表示，

$1 \leq i，j \leq n$。如果垃圾 Y_j 在集裝箱 X_i 中的數量是 a，那麼從 X_i 到 Y_j 的弧的權值是在集裝箱 X_i 中的所有的垃圾數量 $-a$；從 Y_j 到 X_i 的弧的權值是 $-$（在集裝箱 X_i 中的所有的垃圾數量 $-a$）；從 s 到 X_i 的弧的容量，以及從 Y_j 到 t 的容量都是 1。

顯然，G 的最小費用最大流是分類這些垃圾所需的最小代價。

❖ **參考程式**

```
01  #include<iostream>              // 前置編譯命令
02  #define maxn 500                // 節點數上限
03  #define maxq 10000              // 佇列長度上限
04  #define mx 1000000              // 無窮大
05  using namespace std;           // 使用 C++ 標準程式庫中的所有識別字
06  long c[maxn][maxn]={0},g[maxn][maxn]={0},d[maxn]={0};  // 初始時賦權有向圖的相鄰矩陣
07      //g[][]、最短路徑長度矩陣 d[] 和網路流程圖的流量矩陣 c[][] 為空
08  int q[maxq]={0},pre[maxn]={0};  // 初始時佇列為 q[]、擴充路徑的前驅指標為空
09  bool vis[maxn]={0};            // 初始時所有節點未在擴充路徑
10  bool b=1;                      // 設擴充路徑存在標誌
11  long n,s=1,t;                  // 集裝箱數和垃圾種類數為 n，源點 s=1，匯點為 t
12  long p=0;                      // 分類所有垃圾所需的最小代價初始化為 0
13  void augment()                 // 調整擴充路徑上各邊的流量
14  {
15      int i=t;                   // 從匯點出發，計算擴充路徑上邊的最小流量 a
16      long a=mx;                 // 最小流量 a 初始化為無窮大
17      while (i>s)
18      {
19          if (c[pre[i]][i]<a)a=c[pre[i]][i];
20          i=pre[i];              // 沿前驅指標倒推
21      }
22      i=t;                       // 從匯點出發，調整擴充路徑上各邊的流量
23      while (i>s)
24      {
25          c[pre[i]][i]-=a;c[i][pre[i]]+=a;
26          i=pre[i];              // 沿前驅指標倒推
27      }
28  }
29  void SPFA()                    // 使用 SPFA 演算法計算源點至匯點的最短路徑（擴充路徑）
30  {
31      memset(q,0,sizeof(q));     // 初始時佇列空，所有節點未在佇列
32      memset(vis,0,sizeof(vis)); // 初始時所有節點未存取
33      memset(pre,0,sizeof(pre)); // 初始時所有節點未在擴充路徑上
34      int l=1,r=1;               // 佇列的首尾指標初始化
35      for(int i=1;i<=t;++i)d[i]=mx;// 初始時所有節點的最短路徑長度為一個較大值
36      d[s]=0;q[1]=s;vis[s]=1;    // 設源點的最短路徑長度為 0，源點推入佇列並設存取標誌
37      while (l<=r)               // 若佇列非空，則迴圈
38      {
39          if (l==1 && r==maxq) break;  // 若迴圈佇列滿，則退出迴圈
40          long x=q[l];           // 取佇列首元素 x
41          for (int i=1;i<=t;++i) // 列舉 x 的所有出邊 (x, i)
42          if(d[x]+g[x][i]<d[i]&&c[x][i]>0)  // 若出邊 (x, i) 存在且可鬆弛，則鬆弛該邊
43          {
44              d[i]=d[x]+g[x][i];
45              pre[i]=x;          //(x, i) 記入擴充路徑
46              if (!vis[i])       // 若 i 未在佇列，則 i 進入迴圈佇列
47                  {vis[i]=1;++r;if (r>maxq) r=1;q[r]=i;}
48          }
```

```
49          vis[x]=0;                        // x 正式提出佇列
50          ++l;if (l>maxq) l=1;
51      }
52   if (d[t]!=mx)                           // 若可達匯點 t，則累計總輸送費用，調整擴充路徑上
53                                           // 各邊的流量，設擴充路徑存在標誌後傳回
54   { p+=d[t];augment();b=1;return;}        // 設擴充路徑不存在標誌
55      b=0;
56   }
57   int main(void)
58   {
59      cin>>n;                              // 輸入集裝箱數和垃圾種類數
60      t=2*n+2;                             // 設置匯點
61      for (int i=1;i<=n;++i)               // 列舉 X 集合中的每個集裝箱
62      {
63          int s=0;
64          for (int j=1;j<=n;++j)           // 列舉 Y 集合中的每類垃圾
65          {
66              c[1+i][1+n+j]=1;
67              cin>>g[1+i][1+n+j];          // 輸入集裝箱 i 中 j 類垃圾的數量
68              s+=g[1+i][1+n+j];            // 累計集裝箱 i 中的垃圾總數
69          }
70          for   (int j=1;j<=n;++j)         // 列舉 Y 集合中的每類垃圾：X 集合中的集裝箱 i
71              // 向 Y 集合中的垃圾 j 連一條有向邊，長度為集裝箱 i 除去垃圾 j 後的剩餘量；Y 集合中的
72              // 垃圾 j 向 X 集合中的集裝箱 i 連一條有向邊，長度為集裝箱 i 除去垃圾 j 後的剩餘量取負
73          {
74              g[1+i][1+n+j]=s-g[1+i][1+n+j]; g[1+n+j][1+i]=-g[1+i][1+n+j];
75          }
76      }
77      for (int i=1;i<=n;++i)               // 源點向 X 集合中的每個集裝箱連一條容量為 1 的
78                                           // 有向邊；Y 集合中的每類垃圾向匯點 t 連一條容量
79                                           // 為 1 的有向邊
80      {
81          c[1][1+i]=1;c[1+n+i][t]=1;
82      }
83      b=1;                                 // 設擴充路徑存在標誌
84      while(b)SPFA();                      // 反覆使用 SPFA 演算法計算最小費用最大流，
85                                           // 直至擴充路徑不存在為止
86      cout<<p<<"\n";                       // 輸出分類所有垃圾所需的最小代價
87      return 0;
88   }
```

14.3　相關題庫

14.3.1 ► A Plug for UNIX

你負責為聯合國網際網路行政處（the United Nations Internet eXecutive，UNIX）的成立大會建立新聞室，其中有一項國際性的任務，就是使得海量的和官方的資訊盡可能在網際網路上自由流動。

新聞室的房間設計要滿足來自世界各地的記者，所以在建造房屋的時候，就要在房間裡配置多種插座，以符合各個國家使用的電器的不同的插座形狀和電壓。然而不幸的是，

房間是許多年前建造的，那時的記者使用的電器和電子設備很少，所以每種類型的插座只有一個。而現在，記者也像其他人一樣，要做工作，就需要許多這樣的設備：筆記型電腦、手機、答錄機、傳呼機、咖啡壺、微波爐、吹風機、卷邊熨斗、牙刷等。這些設備可以用電池，但由於會議很可能是漫長而乏味的，所以你希望插座盡可能多。

在會議開始之前，你收集了記者想要用的所有的設備，並嘗試對它們進行接電處理。你發現一些使用插座的設備沒有相關的插座，你知道在修建房間的時候，沒有考慮這些設備來自的國家。而對於插座，有些插座，有使用相關的插座的設備；而另一些插座，則沒有使用相關插座的設備。

為了解決這個問題，你去了附近的一家部分供應商店。這家商店出售允許一類插座在不同類型的插座上使用的轉換連接器。此外，轉換連接器也可以被插入到其他轉換連接器上。這家商店沒有對所有可能的插座和插座組合適用的轉換連接器，但部分的數量是無限的。

輸入

輸入由一個測試案例組成。第一行提供一個正整數 n（$1 \leq n \leq 100$），表示房間裡的插座數量。後面的 n 行提供房間裡插座的類型，每個插座類型是由最多 24 個字母字元組成的字串。下一行提供一個正整數 m（$1 \leq m \leq 100$），表示要接電的設備數。後面的 m 行每行提供一個設備名，然後提供使用的插座類型（與它所要使用的插座類型相同）。設備名是一個最多由 24 個字母字元組成的字串。任何兩個設備的名字不會相同。插座類型和設備名之間用一個空格分開。下一行提供一個正整數 k（$1 \leq k \leq 100$），表述可供使用不同類型的轉換連接器的數量。後面的 k 行每行描述一類轉換連接器，表示轉換連接器提供的插座的類型，在一個空格後，是插座的類型。

輸出

一行提供一個非負的整數，表示不能接電的設備的最小數量。

範例輸入	範例輸出
4	1
A	
B	
C	
D	
5	
laptop B	
phone C	
pager B	
clock B	
comb X	
3	
B X	
X A	
X D	

試題來源：ACM East Central North America 1999
線上測試：POJ 1087，ZOJ 1157，UVA 753

提示

要接電的設備數 $m-$ 可以接電的最多設備數 = 不能接電的最少設備數。顯然，關鍵是求可以接電的最多設備數。

我們將接電情況轉化為二分圖：m 台設備組成集合 X，n 個插座組成集合 Y，每個設備與其原配插座和能轉化的插座間連邊。顯然，可以接電的最多設備數對應這個二分圖的最大匹配數，使用匈牙利演算法即可求出。

這裡要注意兩點：

1. 在讀入接電的設備時，可能會出現不同設備使用同一類型的插座，讀入轉換連接器時，亦可能出現所有設備未使用的插座類型。因此，我們為每一種類型的插座定義一個節點序號，保證不同類型插座的節點序號各不相同，並確定每一個設備的原配插座序號。

2. 在讀入轉換連接器資訊的同時，建立相鄰矩陣 $t[][]$，其中 $t[i][j]==1$ 代表節點 i 和節點 j 對應的兩個插座接入轉換連接器。然後計算 t 的遞移閉包 t'，若 $t'[i][j]==1$ 代表節點 i 和節點 j 對應的兩個插座可以經由轉換連接器轉換。有了遞移閉包 t'，便可以建構二分圖：列舉每個設備 x（$1 \leq x \leq m$），找出 x 的原配插座序號 i，i 與所有可經由轉換連接器轉換的插座序號 j 之間連邊（$1 \leq i$，$j \leq n$，$t'[i][j]=1$）。

14.3.2 ▶ Machine Schedule

眾所周知，機器排程是電腦科學中一個非常經典的問題，已經被研究了很長時間。排程問題由於要滿足的約束以及所要求的排程類型不同，存在著很大的不同。本題我們考慮雙機排程問題。

有兩台機器 A 和 B。機器 A 有 n 種工作模式，被稱為 mode_0, mode_1,…, mode_n-1，同樣，機器 B 有 m 種工作模式，被稱為 mode_0, mode_1,…, mode_m-1。初始時兩台機器在 mode_0 工作。

提供 k 項工作，每項工作可以在兩台機器中的任一台以特定的模式被處理。例如，job 0 可以或者在機器 A 以 mode_3 被處理，或者在機器 B 以 mode_4 被處理；job 1 可以或者在機器 A 以 mode_2 被處理，或者在機器 B 以 mode_4 被處理等等。對 job i，約束可以表示為一個三元組 (i, x, y)，表示 job i 可以在機器 A 以 mode_x 被處理，或者在機器 B 以 mode_y 被處理。顯然，要完成所有的工作，我們就要一直轉換機器的工作模式，但很不幸，機器工作模式的改變只有透過手工重啟來進行。可透過改變工作的序列，把每項工作安排給一台適當的機器。請你編寫一個最小化重啟機器次數的程式。

輸入

輸入包含若干測試案例。每個測試案例的第一行提供 3 個正整數：n、m（$n, m<100$）和 k（$k<1000$）。後面的 k 行提供 k 項工作的約束，每行是一個三元組：i，x，y。

以一行提供單個 0 作為輸入結束。

輸出

輸出一個整數一行，表示重啟機器的最少次數。

範例輸入	範例輸出
5 5 10	3
0 1 1	
1 1 2	
2 1 3	
3 1 4	
4 2 1	
5 2 2	
6 2 3	
7 2 4	
8 3 3	
9 4 3	
0	

試題來源： ACM Beijing 2002

線上測試： POJ 1325，ZOJ 1364，UVA 2523

提示

我們先將機器 A 和機器 B 的工作模式轉換成二分圖，即機器 A 的 n 種工作模式組成集合 X，機器 B 的 m 種工作模式組成集合 Y，其中 mode_i 對應節點 i（$0 \leq i \leq n-1$）。如果在第 i 項工作約束中 job i 可以在機器 A 以 mode_x 被處理，或者在機器 B 以 mode_y 被處理，且兩種工作模式非初始模式（$(x \,\&\&\, y) \neq 0$），則節點 x 與節點 y 間連一條邊。

在上述二分圖中，每條邊代表一項工作約束。試題要求將每項工作安排給一台適當的機器，即重啟機器方案不允許在任何一台機器上多次使用同一工作模式。對應到二分圖上，就是計算最大匹配 M，M 中任意兩條邊都沒有共同的端點，每條匹配邊代表重啟機器 1 次，要完成所有的工作，重啟機器的次數至少為最大匹配邊數。

14.3.3 ► Selecting Courses

眾所周知，在大學裡選課不是一件容易的事情，因為上課的時間會發生衝突。李明是一個很愛學習的學生，在每個學期開始，他總是想選盡可能多的課程。當然，他選的課程之間不能有衝突。

一天 12 節課，一個星期 7 天。大學裡有好幾百門課程，教授一門課程需要每個星期一節課。為了方便學生，儘管教授一門課程只需要一節課，但在一個星期中，一門課程會被講授若干次。例如，某一門課程會在週二的第 7 節課和週三的第 12 節課講授，這兩堂課不會有不同，學生可以選任何一門課程去上。在不同的星期，學生可以按自己的要求去上不同的課。因為大學裡有許多課程，對於李明，選課不是一件容易的事情。作為他的好朋友，你能幫助他嗎？

輸入

輸入包含若干測試案例。每個測試案例的第一行提供一個整數 n（$1 \leq n \leq 300$），表示李明所在大學的課程數量。後面的 n 行描述 n 門不同的課程。在每一行中，第一個數是整數 t（$1 \leq t \leq 7 \times 12$），表示學生學習這門課程的不同的時段數；然後提供 t 對整數 p（$1 \leq p \leq 7$）和 q（$1 \leq q \leq 12$），表示該課程會在一週的第 p 天的第 q 節課被講授。

輸出

對每個測試案例，輸出一個整數，表示李明可以選的最多的課程數。

範例輸入	範例輸出
5	4
1 1 1	
2 1 1 2 2	
1 2 2	
2 3 2 3 3	
1 3 3	

試題來源： POJ Monthly

線上測試： POJ 2239

提示

時段組成集合 X，第 p 天的第 q 節課的時段代表集合 X 中的節點 $i=(p-1)\times12+q$（$1\leq p\leq7$，$1\leq q\leq12$）；課程組成集合 Y，課程 j 代表集合 Y 中的節點 j（$1\leq j\leq n$）。由於選課計畫中，時段與課程一一對應（每個時段只能上一門課程，每門課程只能對應一個時段），因此最多選課數即為二分圖的最大匹配。

14.3.4 ▶ Software Allocation

計算中心有 10 台不同的電腦（編號為 0～9），這些電腦執行不同的應用軟體。這些電腦不是多工的，因此每台電腦在任一時刻只能執行一個應用軟體。有 26 個應用軟體，命名為 A～Z。一個應用軟體是否可以在一台特定的電腦上執行，要看下面提供的工作描述。

每天早上，用戶將他們這一天要執行的應用軟體送來，可能有兩個用戶送來的應用軟體是相同的；在這種情況下，兩台不同的、彼此獨立的電腦將被分配執行這一應用程式。

一個職員收集了這些應用軟體，並對每個應用軟體提供一個電腦的清單，在這些電腦上可以執行這一應用軟體。然後，他將每個應用軟體分配給一台電腦。要特別注意：電腦不是多工的，因此每台電腦最多只處理一個應用軟體（一個應用軟體要執行一天，因此在同一台電腦上執行序列，即應用軟體一個接一個排隊的情況是不可能的）。

工作描述由如下部分組成：一個大寫字母（A～Z），表示應用軟體；一個數字（1～9），表示用戶送來的應用軟體的數量；一個空格；一個或多個數字（0～9），表示可以執行應用軟體的電腦；結束符號「;」；行結束符號。

輸入

程式的輸入是一個文字檔。對於每一天提供一個或多個工作描述，工作描述之間用行結束符號分開。輸入以標準檔案結束符號為結束。對於每一天，你的程式要確定是否可以將應用軟體分配給電腦，如果可以，則產生一個可能的分配。

輸出

輸出也是一個文字檔，對於每一天，輸出包含如下兩者之一的內容：

1. 來自集合 {'A'…'Z' , '_'} 的 10 個字元，表示如果可以進行分配，將這些應用軟體分別分配給電腦 0～9。一個底線「_」表示沒有應用軟體被分配到相關的電腦。

2. 如果不存在可能的分配，輸出一個字元「!」。

範例輸入	範例輸出
A4 01234; Q1 5; P4 56789; A4 01234; Q1 5; P5 56789;	AAAA_QPPPP !

線上測試：UVA 259

提示

首先建構網路流程圖 D。

設 10 台機器分別對應節點 1 到節點 10，26 個軟體字母對應節點 11 到節點 36；設源點 st 為節點 37，匯點 en 為節點 38。

依次讀入當天每項工作的資訊：若目前工作執行軟體的節點序號為 x，該軟體執行的次數是 f，則源點 st 與節點 x 之間連一條容量為 f 的有向弧 (st, x)；節點 x 與執行該軟體的每個機器節點 y（$1 \leq y \leq 10$）之間連一條容量為 1 的有向弧 (x, y)；節點 y 與匯點 en 之間連一條容量為 1 的有向弧 (y, en)。

統計源點 st 流出的流量總和 sum $= \sum f_{st,x}$，sum 為所有軟體執行的總次數。

然後計算網路流程圖 D 的最大流 f。根據最大流量 f 和軟體節點 x 與機器節點 y 之間的流量分佈情況判斷是否有解，並在有解的情況下計算軟體執行方案：若 f 不滿載，即 $f \neq$ sum，則說明有軟體未執行，無解結束。否則按照下述方法計算軟體執行方案：依次搜尋每個機器節點 y（$1 \leq y \leq 10$）：若 (x, y) 的流量為 1，則標誌軟體 char($x-11+$'A') 在機器 y 上執行。

14.3.5 ► Crimewave

Nieuw Knollendam 是一個非常現代化的城鎮，從地圖上看城市的配置很清晰，東西走向的街道和南北走向的街道構成矩形的格子。作為一個重要的貿易中心，Nieuw Knollendam 有許多銀行。幾乎在每個路口都可以看到一家銀行（在同一個路口上不會有兩家銀行）。不幸的是，這也吸引了許多罪犯，因為銀行比較多，一天裡通常有幾家銀行被搶。這不僅給銀行而且給罪犯帶來了不少問題。在搶劫了銀行後，盜匪要盡可能快地離開城鎮，大多數時間是在員警的追逐中高速奔跑，有時兩個正在奔跑的罪犯經過同一個路口，就會發生若干問題：撞在了一起，員警集中在同一地點，更大的被抓住的可能性。

為了防止不愉快的事情發生，盜匪同意進行共同商討。每週六晚上，他們會面對下一週的計畫作安排：誰在哪一天去搶劫哪一家銀行。每一天，他們還要計畫逃跑路線，使得沒有兩條路線使用相同的路口。有的時候按條件他們無法計畫路線，雖然他們認為這樣的計畫可以存在。

提供一個 $s \times a$ 的長方形格子，以及要被搶劫的銀行所在的路口，尋找是否有從每個被搶的銀行到城鎮邊緣的逃跑路線，每個路口最多經過一次（如圖 14.3-1 所示）。

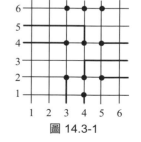

圖 14.3-1

輸入

輸入的第一行提供要解決的測試案例數 p。

每個測試案例的第一行先提供東西走向的街道數 s（$1 \leq s \leq 50$），然後提供南北走向的街道數 a（$1 \leq a \leq 50$），最後提供要被搶劫的銀行數 b（$b \geq 1$）。後面提供 b 行，每行提供一個銀行的位置，形式為兩個數 x（東西走向街道的編號）和 y（南北走向街道的編號），顯然 $1 \leq x \leq s$，$1 \leq y \leq a$。

輸出

輸出 p 行，每行提供「possible」或「not possible」。如果可以計畫無交叉的逃跑路線，則輸出「possible」；如果不可以，則輸出「not possible」。

範例輸入	範例輸出
2	possible
6 6 10	not possible
4 1	
3 2	
4 2	
5 2	
3 4	
4 4	
5 4	
3 6	
4 6	
5 6	
5 5 5	
3 2	
2 3	
3 3	
4 3	
3 4	

試題來源： ACM Northwestern European Regionals 1996

線上測試： UVA 563

提示

1. 建構對應的網路流程圖 D。

Nieuw Knollendam 城鎮為一個 $s \times a$ 的矩形。我們按照由上而下、由左而右順序給每個方格定義節點編號。

所謂劃無交叉的逃跑路線，是指逃跑路線不允許重複經過同一方格。為了保證所有方格最多只經過一次，我們將矩形中的每個方格拆成兩個節點，即一個入口節點和一個出口節點，即矩形中含節點 1 到節點 $2 \times s \times a$，其中方格 (i, j) 的出口節點序號為 label$[i][j][1]$，入口節點序號為 label$[i][j][0]$。源點序號 st=$2 \times s \times a+1$，匯點序號 en=$2 \times s \times a+2$。

① 為了保證盜匪能夠有逃出城鎮的路線，四周邊界上每個方格 (i, j)（（$1 \leq i \leq s$, $1 \leq j \leq a$）&&($i==1 || j==1 || i==s || j==a$)）的出口向匯點 en，連一條容量為 1 的弧（label$[i][j][1]$, en）。

② 為了保證每個方格「四通八達」，每個方格 (i, j) 的出口向界內四個相鄰方格的入口間，連一條流量為 1 的有向弧（$1 \leq i \leq s$，$1 \leq j \leq a$），即：

◆ (i, j) 的出口向 $(i+1, j)$（$i+1 \leq s$）的進口連一條容量為 1 的有向弧（label$[i][j][1]$，label$[i+1][j][0]$）；

◆ (i, j) 的出口向 $(i-1, j)$（$i-1 \geq 1$）的進口連一條容量為 1 的有向弧（label$[i][j][1]$，label$[i-1][j][0]$）；

◆ (i, j) 的出口向 $(i, j+1)$（$j+1 \leq a$）的進口連一條容量為 1 的有向弧（label$[i][j][1]$，label$[i][j+1][0]$）；

◆ (i, j) 的出口向 $(i, j-1)$（$j-1 \geq 1$）的進口連一條容量為 1 的有向弧（label$[i][j][1]$，label$[i][j-1][0]$）。

③ 為了保證盜賊有進入所有銀行的路線，源點 st 向每個銀行所在方格 (i, j) 的入口，連一條流量為 1 的有向弧（st，label$[i][j][0]$）。

2. 計算網路流程圖 D 的最大流量 f。

3. 若 $f ==$ 被搶劫的銀行數 b，則說明盜匪能夠計畫無交叉的逃跑路線，輸出成功資訊；否則輸出失敗資訊。

14.3.6 ▶ Drainage Ditches

每次農夫 John 的地下了雨，在 Bessie 最喜歡的三葉草地裡就要形成池塘，這會讓三葉草在一段時間內被水所覆蓋，要過很長時間才能重新生長。因此，農夫 John 要建立一套排水的溝渠，使得 Bessie 的三葉草地一直不會被水覆蓋，把水排到最近的溪流中。作為一個稱職的工程師，農夫 John 在每條排水溝渠的開始端安裝了調節器，因此他可以控制進入溝渠的水流速率。

農夫 John 不僅知道每條溝渠每分鐘可以傳輸多少加侖的水，而且知道溝渠的精確配置，他能將水從池塘中排出，透過複雜的網路注入每條溝渠和溪流中。

提供所有的有關資訊，確定可以從池塘中流出並流入溪流中的水的最大速率。對每個溝渠，水流的方向是唯一的，但水可以循環流動。

輸入

輸入包含若干測試案例。對於每個測試案例，第一行提供用空格分開的兩個整數 N（$0 \leq N \leq 200$）和 M（$2 \leq M \leq 200$），N 是農夫 John 挖的溝渠數量，M 是這些溝渠的交叉點的數量。交叉點 1 是池塘，交叉點 M 是溪流。後面的 N 行每行提供 3 個整數 S_i、E_i 和 C_i，S_i 和 E_i（$1 \leq S_i, E_i \leq M$）表示溝渠的兩個交叉點，水從 S_i 流到 E_i；C_i（$0 \leq C_i \leq 10000000$）是這條透過溝渠水流的最大流量。

輸出

對每個測試案例，輸出一個整數，表示從池塘中排水的最大流量。

範例輸入	範例輸出
5 4	50
1 2 40	
1 4 20	
2 4 20	
2 3 30	
3 4 10	

試題來源：USACO 93

線上測試：POJ 1273

提示

本題提供的資訊直接對應的網路流程圖 D。

溝渠的 m 個交叉點組成網路流程圖 D 的 m 個節點，n 條溝渠組成 D 的 n 條邊，其中交叉點 i 對應節點 i（$1 \leq i \leq m$）。由於水從交叉點 1 流入，從交叉點 n 流出，因此源點為節點 1，匯點為節點 n。若第 k 條溝渠（$1 \leq k \leq n$）由交叉點 x 至交叉點 y，水流的最大流量為 f，則對應節點 x 至節點 y 的一條容量為 f 的有向弧 (x, y)。

直接對上述網路流程圖 D 計算最大流 f，f 即池塘中排水的最大流量。

14.3.7 ► Mysterious Mountain

M 個人在追一隻奇怪的小動物。眼看就要追到了，那小東西卻一溜煙竄上一座神秘的山。眾人抬頭望去，那座山看起來的樣子如圖 14.3-2 所示。

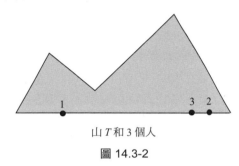

山 T 和 3 個人

圖 14.3-2

那座山由 N+1 條線段組成，各個端點從左到右編號為 0～N+1，即 $x[i] < x[i+1]$（$0 \leq i \leq n$）。而且有 $y[0] = y[n+1] = 0$，$1 \leq y[i] \leq 1000$（$1 \leq y \leq n$）。

根據經驗來說，那小東西極有可能藏在 1～N 中的某個端點。有趣的是，大家很快發現了原來 M 恰好等於 N，這樣，他們決定每人選一個點，看看它是否在躲那裡。

一開始，他們都在山腳下，第 i 個人的位置是 (s[i],0)。他們每人選擇一個中間點 (x[i],0)，先以速度 w[i] 水平走到那裡，再一口氣沿直線以速度 c[i] 爬到他的目的地。由於他們的數學不好，他們只知道如何選擇一個最好的整數作為中間點的橫座標 x[i]。而且很明顯，路線的任何一個部分都不能在山的上方（他們又不會飛）。

他們不希望這次再失敗了，因此隊長決定要尋找一個方案，使得最後一個到達目的地的人儘量早點到。他們該怎麼做呢？

輸入

輸入最多包含 10 個測試點。每個測試點的第一行包含一個整數 N（$1 \leq N \leq 100$）。以下 N+2 行每行包含兩個整數 x_i 和 y_i（$0 \leq x_i$，$y_i \leq 1000$），代表相關端點的座標。以下 N 行每行包含 3 個整數 c_i、w_i 和 s_i（$1 \leq c_i < w_i \leq 100$，$0 \leq s_i \leq 1000$），代表第 i 個人的爬山速度、行走速度和初始位置。輸入以 N=0 結束。

輸出

對於每個測試點,輸出最後一個人到達目的地的最早可能時間,四捨五入到小數點後兩位。

範例輸入	範例輸出
3	1.43
0 0	
3 4	
6 1	
12 6	
16 0	
2 4 4	
8 10 15	
4 25 14	
0	

範例說明

在這個例子中,第一個人先到 (5,0),再爬到端點 2;第 2 個人直接爬到端點 3;第 3 個人先到 (4,0),再爬到端點 1(如圖 14.3-3 所示)。

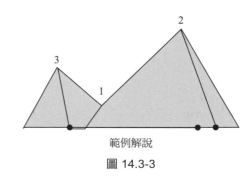

範例解說

圖 14.3-3

試題來源:OIBH Online Programming Contest #1

線上測試:ZOJ 1231

提示

(1)計算可達山頂的地面位置

設 can[x][i] 為地面 (x, 0) 位置可攀至端點 i 的標誌。由於 $n+2$ 的端點座標是由左而右排列的,因此 x 座標區間為 $[p[0].x,p[n+1].x]$,其中 $p[i]$ 為第 i 個端點座標。我們依次按照下述方法確定該區間內每個 x 座標可達的端點。

1. 按照序號遞增的順序端點列舉每個端點 i:若端點 j 為端點 i 左方最近的一個 (x, 0) 可達的端點 ($0{\le}j{\le}i-1$),且線段 $\overline{p_{(x,0)}p[i]}$ 在線段 $\overline{p_{(x,0)}p[j]}$ 的順時針方向(叉積 $p_{(x,0)}{\times}p[i]{\ge}0$),則 ($x$, 0) 位置可攀至端點 i,即 can[x][i]=true;

2. 按照序號遞減的順序端點列舉每個端點 i:若端點 j 為端點 i 右方最近的一個 (x, 0) 可達的端點 ($j=n+1{\cdots}i+1$),且線段 $\overline{p_{(x,0)}p[i]}$ 在線段 $\overline{p_{(x,0)}p[j]}$ 的逆時針方向(叉積 $p_{(x,0)}{\times}p[i]{\le}0$),則 ($x$, 0) 位置可攀至端點 i,即 can[x][i]=true。

(2)計算每個人至每個可達端點的最短時間

設 reach[i][j] 為第 i 個人到第 j 個端點的最短時間。

列舉第 i 個人可能的攀前位置為 $(x, 0)$（$p[0].x \leq x \leq p[n+1].x$）。若 $(x, 0)$ 位置可攀至端

點 j(can$[x][j]$=true)，則攀山和步行花費的總時間為 $\dfrac{\sqrt{(x-p[j]x)^2 + p[j]^2}}{c_i} + \dfrac{x-s_i}{w_i}$。顯然

reach$[i][j]$= $\min\limits_{[p[0].x \leq x \leq p[n+1].x]} \dfrac{\sqrt{(x-p[j]x)^2 + p[j]^2}}{c_i} + \dfrac{x-s_i}{w_i} \mid \text{can}[x][j] == \text{ture}\}$

（3）建構問題對應的網路流程圖 D

設節點數為 2*n+2，其中節點 2*n+1 對應源點 st，節點 2*n+2 對應匯點 en；節點 1～節點 n 對應人，其中第 i 個人為節點 i；節點 n+1～節點 2*n 對應端點，其中第 i 個端點為節點 i+n（$1 \leq i \leq n$）。

源點 st 向每個人對應的節點 i（$1 \leq i \leq n$）連一條容量為 1、費用為 0 的有向弧 (st, i)。

每個端點對應的節點 j（n+1 $\leq j \leq$ 2*n）向匯點 en 連一條容量為 1、費用為 0 的有向弧 (j, en)。

每個人對應的節點 i 向所有端點對應的節點 j（$1 \leq i \leq n$，n+1 $\leq j \leq$ 2*n）引出連一條容量為 1、費用為 reach$[i][j]$ 的有向弧 (i, j)。

顯然，最多登山人數對應上述網路流程圖 D 的最大流，最後一個人到達目的地的最早可能時間對應 D 的最小費用。由此演算法浮出水面：計算 D 的最小費用最大流。但是由於本題的特殊性，其計算方法與一般的計算最小費用最大流的方法有所不同。

（4）採用適宜本題的方法計算最小費用最大流

每次計算擴充路徑時，不是尋找由 st 至 en 的最短路徑（路徑上邊的費用和最小），而是尋找最大費用最小的一條擴充路徑。因為所有人是同時追趕小動物的，最後一個人到達目的地的時間（最大費用）決定任務完成的時間，顯然，儘早完成任務的方案對應最大費用最小的一條擴充路徑。

設 $d[i]$ 為以節點 i 為尾的擴充路徑上的最大邊費用，擴充路徑上 y 的前驅為 pre$[y]$。

```
double spfa( st, en){
    佇列h[ ]、節點在佇列的標誌v[ ]、前驅指標pre[ ]初始化為0；d序列初始化為66；
    源點st推入佇列h,d[st]=0；
    while (1){
        取出佇列首節點x；
        列舉x的每條出邊(x,y)；
            { if ((x,y)的流量>0&&d[y]>max(d[x], (x,y)的費用)){
                d[y]=max(d[x], (x,y)的費用)；
                pre[y]=x；
                if (y未在佇列中){
                    y進入h佇列
                }；
            }
        if (佇列空) break；
        }；
    }；
    return d[en]；
}
```

每次找到一條由 st 至 en 的擴充路徑後，按照流平衡條件調整流量，並找出目前擴充路徑上最大的邊費用。如果共找了 k 次擴充路徑，其中第 i 次擴充路徑上得出的最大邊費用為 aug[i]，則問題解ans= $\max\limits_{1<i\leq k}\{ang[i]\}$。

❖ **參考程式**

```
01    #include<iostream>
02    #include<math.h>
03    #include<cstdio>
04    #include<cstring>
05    #include<algorithm>
06    using namespace std;
07    const int V=300;                              // 節點數的上限
08    const int E=30000;                            // 相鄰串列的規模上限
09    const double big=1e10;                        // 無窮大
10    struct edge{                                  // 相鄰串列元素的結構類型
11    int x,y,next,f,op;                            // 弧為 (x,y)，流量為 f，x 的下條出弧指標
12                                                  // 為 next，後繼弧的指標為 op，弧費用為 c
13            double c;
14        };
15    struct point{                                 // 山頂座標
16            int x,y;
17        };
18    edge a[E];                                    // 相鄰串列 a[]
19    int tot,n,m,st,en;                            // 相鄰串列長度為 tot，人數為 n，
20                                                  // 源點為 st，匯點為 en
21    int fi[V],pre[V],h[V+10];                     // 節點 i 的首條出弧序號為 fi[i]，
22        // 擴充路徑上以節點 i 為尾的弧序號（前驅指標）為 pre[i]，佇列 h[]
23    double d[V];        // 節點費用 d[]，其中 d[i] 儲存以節點 i 為尾的子路徑的最大弧費用的最小值
24    bool v[V];                                    // 節點 i 在佇列的標誌為 v[i]=true
25    void Add(int x,int y,int f,double c,int op){  // 在相鄰串列中新增一條的弧 (x,y)，該弧的
26                                                  // 容量為 f、費用為 c、正反向標誌為 op}
27            a[++tot].x=x;a[tot].y=y;a[tot].f=f;a[tot].c=c;
28        a[tot].op=tot+op; a[tot].next=fi[x];      // 若正向弧，則指向下條弧的序號；
29        // 若反向弧，則指向上條弧的序號。後繼指標指向 x 的上一條出弧
30        fi[x]=tot;                                // x 的目前出弧記為首條出弧
31        }
32        void add(int x,int y,int f,double c){     // 在相鄰串列中新增一條容量為 f 的正向弧
33                                                  // (x,y) 和一條容量為 0 的反向弧 (y,x)
34        Add(x,y,f,c,1); Add(y,x,0,-c,-1);
35        }
36
37        double spfa(int st,int en){               // 採用 BFS 演算法建構一條最大弧費用值
38        // 最小的擴充路徑，傳回路上的最大弧費用值佇列為 h[]、節點在佇列的標誌為 v[]、
39        // 前驅指標 pre[] 初始化為 0；d 佇列初始化為 big
40        memset(h,0,sizeof(h));memset(v,0,sizeof(v));
41        memset(pre,0,sizeof(pre));
42        for(int i=1;i<=N;i++)  d[i]=big;
43        int l=1,r=1,md=V+5;                       // 佇列的首尾指標初始化，設定佇列容量
44        h[1]=st;v[st]=1;d[st]=0;                  // 源點 st 推入佇列 h[]，其節點費用為 0；
45        while (1){
46            int x=h[l]; // 取出佇列首節點 x，列舉 x 的每條出弧 (x,y)
47            for (int t=fi[x],y=a[t].y;t;t=a[t].next,y=a[t].y)
48                if (a[t].f>0&&d[y]>max(d[x],a[t].c)){   // 若該弧為正向弧且經由該弧的
49                    // 最大弧費用比 d[y] 更小，則調整 d[y]，該弧進入擴充路徑
```

```
50                    d[y]=max(d[x],a[t].c); pre[y]=t;
51                    if (!v[y]){          // 若 y 尚未在佇列，則 y 推入佇列，設 y 在佇列標誌
52                        r=(r+1)%md;h[r]=y;v[y]=1;
53                    }
54                }
55            if (l==r) break;              // 若佇列空，則退出迴圈
56            v[x]=0;l=(l+1)%md;            // x 提出佇列
57        }
58        return d[en];                     // 傳回匯點的節點費用（若 d[en]=dig，則結束計算）
59   }
60
61   double aug(int st,int en){    // 調整目前擴充路徑上的弧流量，傳回最大弧費用
62       int maxf=16000000,        // 弧流量的調整值初始化為無窮大，最大弧費用初始化為 0
63       double ans=0;
64       k=pre[en];                // 從匯點出發，沿前驅指標倒推計算擴充路徑上弧流量的調整值 maxf
65       while (k){
66           maxf=min(maxf,a[k].f);k=pre[a[k].x];
67       }
68       k=pre[en];                // 從匯點出發，沿前驅指標搜尋擴充路徑
69       while (k){
70           ans=max(a[k].c,ans);                        // 調整最大弧費用
71           a[k].f-=maxf;a[a[k].op].f+=maxf;k=pre[a[k].x];    // 按照流平衡條件調整流量
72       }
73       return ans;                          // 傳回目前擴充路徑上的最大弧費用
74   }
75
76   double costflow(int st,int en){
77       double ans=0;
78       double temp=spfa(st,en);            // 計算首條最大弧費用值最小的擴充路徑
79       while (temp<big){    // 若最大弧費用值最小的擴充路徑存在，則計算目前擴充路徑上的
80           // 弧流量和最大弧費用，調整目前為止各擴充路徑的最大弧費用
81           ans=max(ans,aug(st,en));
82           temp=spfa(st,en);              // 計算最大弧費用值最小的擴充路徑，
83                                          // 若傳回 big，則說明不存在擴充路徑，計算結束
84       }
85       return ans;                        // 傳回所有擴充路徑的最大弧費用
86   }
87
88   int N,vc[110],vw[110],sx[110];              // 小東西藏身的山頂區間為 [1..n]，
89       // 每個人的爬山速度為 vc[]，行走速度為 vw[]，初始位置為 sx[]
90   point p[110];                               // p[] 儲存 N+2 個端點座標
91   bool can[1100][110];                        // 地面座標 x 可攀至山頂 i 的標誌為 can[x][i]
92   double reach[110][110],dis[1100][110];    // 第 i 個人到第 j 個山頂的最短時間 reach[i][j]；
93                                              // 地面座標 x 與山頂 i 的距離為 dis[x][i]
94   int cross(int X1,int Y1,int X2,int Y2){    // 計算與的叉積
95       return X1*Y2-X2*Y1;
96   }
97
98   double go(int i,int x,int j){               // 第 i 個人可攀至山頂 j，攀前的地面位置為 x，
99                                              // 計算攀山和步行花費的總時間
100          double dx=abs(x-sx[i]);
101          return dx/vw[i]+dis[x][j]/vc[i]; // 步行時間，攀山時間
102      }
103
104  void build(){
105          memset(fi,0,sizeof(fi));
```

```
106          tot=0;                                      // 相鄰串列長度初始化為 0
107          st=2*N+1;en=2*N+2;                          // 設定網路流程圖中源點和匯點的序號，節點總數
108          n=2*N+2;
109          for (int i=1;i<=N;i++) add(st,i,1,0);
110          for (int i=1;i<=N;i++) add(i+N,en,1,0);
111          for (int i=1;i<=N;i++)
112          for (int j=1;j<=N;j++) add(i,j+N,1,reach[i][j]);
113 }
114
115 int main(){
116          cin>>N;                                     // 反覆輸入目前測試案例的人數，直至輸入 0 為止
117          while (N){
118              for (int i=0;i<=N+1;i++) cin>>p[i].x>>p[i].y;      // 輸入 N+2 個端點座標
119              for  (int i=1;i<=N;i++) cin>>vc[i]>>vw[i]>>sx[i];
120                  // 輸入每個人的爬山速度，行走速度和初始位置
121                                                               // 計算地面座標與山頂的可達關係
122              int left=p[0].x,right=p[N+1].x;         // 計算地面座標的區間範圍
123              for (int x=left;x<=right;x++){          // 從左而右列舉每個地面座標 x
124                  point limit;                        // 目前山頂左鄰的可達山頂 plimit 初始化
125                  limit.x=x;limit.y=1000;
126                  for(int i=1;i<=N;i++)               // 從左而右列舉 x 右方的每個山頂 p[i]：
127                      // 若在線段的順時針方向，則 (x,0) 位置可攀至山頂 p[i]；否則失敗
128                      if (p[i].x>=x)
129                          {  if (cross(p[i].x-x,p[i].y,limit.x-x,limit.y)>=0){
130                                  can[x][i]=1;limit=p[i];
131                          } else can[x][i]=0;
132                      }
133              }
134              for (int x=right;x>=left;x--){          // 從右而左列舉區間內每個地面座標 x
135                  point limit;                        // 目前山頂右鄰的可達山頂 plimit 初始化
136                  limit.x=x; limit.y=1000;
137                  for (int i=N;i>=1;i--) if (p[i].x<x){      // 從右而左列舉每個位於 x 左方
138                      // 的山頂 p[i]：若在線段的逆時針方向，則 (x,0) 位置可攀至山頂 i；否則失敗
139                      if (cross(p[i].x-x,p[i].y,limit.x-x,limit.y)<=0){
140                          can[x][i]=1;limit=p[i];
141                      } else can[x][i]=0;
142                  }
143          }
144          memset(reach,66,sizeof(reach));         // 每個人登頂的最短時間初始化為 66
145          for (int x=left;x<=right;x++)           // 計算每個地面座標至各個山頂的距離
146              for (int j=1;j<=N;j++)
147                  dis[x][j]=sqrt((x-p[j].x)*(x-p[j].x)+p[j].y*p[j].y);
148                                                  // 計算每個人登頂的最短時間
149          for (int i=1;i<=N;i++)                  // 列舉每個人
150              for (int j=1;j<=N;j++)              // 列舉每個山頂
151                  for (int x=left;x<=right;x++)   // 列舉可攀至山頂 j 的地面座標 x，
152                                                  // 從所有方案中取花費時間最少的方案
153                      if (can[x][j]) reach[i][j]=min(reach[i][j],go(i,x,j));
154          build();                                // 建構網路流程圖
155          printf("%.2lf\n",costflow(st,en));      // 透過呼叫改進後的費用流演算法
156                                                  // 計算和輸出解
157          cin>>N;                                 // 輸入下一個測試案例的人數
158      }
159 }
```

Chapter 15
應用狀態空間搜尋編寫程式

本章提供應用狀態空間搜尋程式編寫解題的實作。

在之前，本書討論的樹和圖的經典演算法都是基於理想的圖和樹的模型，但我們有時遇到的圖論模型可能不是理想化的。而且，在之前，本書中涉及搜尋的實作範例和試題，其搜尋空間基本是靜態的，但也有一些搜尋空間是動態的，搜尋的物件（也被稱為狀態）是在搜尋過程中產生的。

對於這樣的搜尋題，我們「回到起點」，即回到初步分析處：對於問題如何表示？以此來重新定義問題。

雖然搜尋題的解題目標都是搜尋一條由初始狀態至目標狀態的路徑，比如，面對一盤棋局，要找出一系列的步驟來取勝。但提供的條件呈現出不確定性和不完備性，這樣的問題無法用數學解析式線性推導或直接套用經典模型。這是因為在求解問題過程中出現了意想不到的分支，使得求解路徑是非線性的和凌亂的，比如棋局對弈的中間棋局。所有這樣的分支構成了一張錯綜複雜的圖，我們稱這樣的圖為狀態空間。

所以，對於搜尋題，我們要考慮的問題是，怎樣在狀態空間圖中找到一條由初始狀態至目標狀態的路徑。而在搜尋過程中，由一個狀態變成另一個狀態，例如，一盤棋局變成另一盤棋局，我們稱這樣的搜尋過程為狀態空間搜尋。

在本篇中，我們提供了一些狀態空間搜尋的經典演算法，其中最典型、最基礎的狀態空間搜尋有 DFS 搜尋和 BFS 搜尋：

1. BFS 搜尋是從初始狀態一層一層向下找，直到找到目標為止；

2. DFS 搜尋是按照一定的順序先搜尋完一個分支，再搜尋另一個分支，直至找到目標為止。

我們回到這些起點上，重新聯想，嚴謹推理，尋找問題解決的突破口。

15.1　建構狀態空間樹

一件事物，從宏觀、全域的角度來看，其目前的狀況可以稱為一個「狀態」（State）。一個狀態可以是一盤棋的棋局，也可以是某個時刻馬路上車輛行駛的情況。狀態與狀態之間的關係，可以是離散的，例如一盤棋局的連續的對弈；也可以是連續的，例如馬路上的車輛行駛。

每一個狀態都可以經過特定動作，改變現有狀態，轉移到下一個狀態。例如棋局，我們可以移動一枚棋子到其他地方，或者吃掉對手的棋子；再如馬路上的車輛行駛，每一輛車可以行進、停車、轉彎。這些改變現有狀態、轉移到下一個狀態的動作可以表示為「轉移函式」（Successor Function）。我們可以從指定的一個或幾個狀態開始，透過轉移函式不斷衍生。所有的狀態依照衍生關係相連，形成樹或圖，也就是整個狀態空間（State Space）。如果從一個狀態出發，則可以形成樹；如果出發狀態有多個，則可以形成圖。在圖上移動，搜尋所需要的狀態，這樣的過程稱為狀態空間搜尋（State Space Search）。

選定一個狀態，衍生各式各樣的狀態，形成的一棵樹，被稱為狀態空間樹。狀態空間樹無窮無盡衍生，同一個狀態很可能重複出現、重複衍生。

另外，轉移狀態需要「成本」，製圖時一般繪於分支上。每當轉移狀態就得累加成本（如圖 15.1-1 所示）。

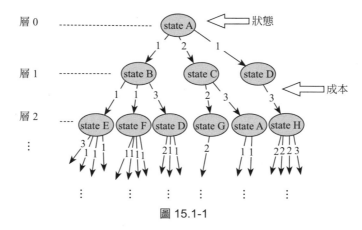

圖 15.1-1

所以，面對應用狀態空間搜索的問題，我們首先要定義好狀態、轉移函式、狀態空間和成本等問題要素。例如下棋：

1. 狀態：一盤符合規則（棋子不迭合、位置不踰矩）的棋局。

2. 轉移函式：棋子移動規則。

3. 狀態空間：所有符合規則的棋局。

4. 成本：轉移狀態的成本都是 1，代表走了一步。

再如單源最短路徑：

1. 狀態：目前所在節點。

2. 轉移函式：圖的連接，即每個節點所關聯的弧。

3. 狀態空間：節點和帶權弧所構成的帶權有向圖。

4. 成本：帶權有向圖上各條弧的權值。

狀態空間樹的功能是計算一個特定狀態到其他所有狀態或者兩個狀態之間成本最小（最大）的轉移過程。其中出發狀態被稱為「起始狀態」，最終結果被稱為「目標狀態」，就像起點與終點一樣。

一般來說，建立以起始狀態為根的狀態空間樹，由於子狀態會重複衍生，所以目標狀態可能重複出現、散佈在狀態空間樹當中，其搜尋過程就是從狀態空間樹中搜尋目標狀態，找到最佳路徑的轉移過程。由於狀態空間樹是無窮無盡衍生的，所以一般都是邊建立、邊搜尋的。要想找到最佳的轉移過程，還得邊累加成本。成本計算分兩類：

1. 估算函式（Evaluating Function）$g(x)$：起始狀態轉移到目前狀態 x，實際的轉移成本。

2. 啟發函式（Heuristic Function）$h(x)$：目前狀態 x 轉移到目標狀態，預估的轉移成本。

以圖論的觀點，狀態空間樹可以視作最短路徑問題。以數值方法的觀點，狀態空間樹可以視作最佳化問題。

15.1.1 ▶ Robot

機器人移動研究所（Robot Moving Institute，RMI）正在當地的一家商店使用一個機器人搬運貨物，要求機器人用最少的時間從商店的一個地方移動到另一個地方。機器人只能沿著一條直線（軌道）移動。所有軌道構成了一個矩形網格。相鄰的軌道距離 1 公尺。商店是一個 $N{\times}M$ 平方公尺的矩形，並完全被這個網格所覆蓋。商店的四邊和最近的軌道的距離是 1 公尺。這個機器人是一個直徑 1.6 公尺的圓形。軌道經過機器人的中心。機器人可以面向北、南、西或東 4 個方向。軌道則是南北方向和東西方向。機器人向它所面對的方向移動。在每一個軌道交叉的十字路口，機器人所面對的方向可以被改變。初始時，機器人站在一個十字路口。在商店裡每個障礙佔據著由軌道構成的 1×1 平方公尺的方格（如圖 15.1-2 所示）。

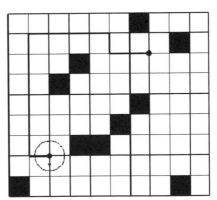

圓形為機器人，黑格為障礙，粗線為機器人行進的軌跡

圖 15.1-2

機器人的移動是由 GO 和 TURN 兩個指令控制的。GO 指令有一個整數參數 n，範圍在 {1, 2, 3} 之中，在接收到這條指令之後，機器人朝它面對的方向移動 n 公尺。TURN 指令有一個參數，或者是 left，或者是 right。在收到該指令後，機器人按參數改變其面對的方向 90°。每條指令的執行持續 1 秒。

請你幫助 RMI 的研究人員寫一個程式，提供機器人的起始點和終點，計算機器人從起點到終點的最少移動時間。

輸入

輸入包含若干測試案例。每個測試案例的第一行提供兩個整數 $M \le 50$ 和 $N \le 50$，用一個空格分開。接下來的 M 行，每行是 N 個用一個空格分開的 0 或 1，1 表示障礙物，0 表示方格為空（軌道在方格之間）。一個測試案例用 4 個正整數 $B1$ $B2$ $E1$ $E2$ 和一個單字的一行結束，每個正整數後面有一個空格，單字表示機器人在起點所面對的方向，$B1$、$B2$ 是機器人的起點的西北角的方格座標，$E1$、$E2$ 是機器人的終點的在西北角的方格座標。當機器人到達目的地的時候，它所面對的方向沒有規定。我們採用（行, 列）類型的座標，也就是說，左上角的（最西北角的）方格在商店裡的座標是（0,0），右下角的（最東南角的）方格的座標是（$M–1$, $N–1$）。面對方向的單字是 north、west、south 或 east。最後一個測試案例僅有一行，$N=0$ 和 $M=0$。

輸出

除了最後一個測試案例之外，對於每個測試案例，輸出一行。行的順序對應輸入的測試案例的順序。在行中提供機器人從起點到達終點的最少秒數。如果從起點到終點不存在任何路徑，在行中提供 –1。

範例輸入	範例輸出
9 10	12
0 0 0 0 0 0 1 0 0 0	
0 0 0 0 0 0 0 0 1 0	
0 0 0 1 0 0 0 0 0 0	
0 0 1 0 0 0 0 0 0 0	
0 0 0 0 0 0 1 0 0 0	
0 0 0 0 0 1 0 0 0 0	
0 0 0 1 1 0 0 0 0 0	
0 0 0 0 0 0 0 0 0 0	
1 0 0 0 0 0 0 0 1 0	
7 2 2 7 south	
0 0	

試題來源： ACM Central Europe 1996

線上測試： POJ 1376，ZOJ 1310，UVA 314

❖ **試題解析**

首先根據輸入的障礙物資訊，計算出在左上角座標為 (0, 0)、右下角座標為（$M–1$, $N–1$）的矩形網格中，哪些格子是機器人不可通行的。由於機器人是一個直徑 1.6 公尺的圓形，其圓心不可能在 0 行和 $M–1$ 行，以及 0 列和 $N–1$ 列，因此設 0 行和 $M–1$ 行，以及 0 列和 $N–1$ 列為邊界。按照由上而下、由左而右的輸入順序，在 (1,1) 為左上角、（$M–2$, $N–2$）為右下角的區域內，若 (i,j) 為障礙物，則機器人不可能透過 $(i–1,j)$、$(i.j–1)$ 和 $(i–1,j–1)$，所以，還要設 $(i–1,j)$、$(i.j–1)$ 和 $(i–1,j–1)$ 為障礙物，如圖 15.1-3 所示。

狀態（x, y, s, step）：目前機器人的座標（x, y）、面對的方向 s 和已經執行的指令條數 step；

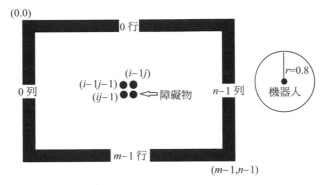

圖 15.1-3

轉移函式 move[ ][ ][ ]：其中機器人沿方向 i 移動 j 步後的水平增量為 move[i][j][0]，垂直增量為 move[i][j][1]，移動後方向為 move[i][j][2]，即機器人由 (x, y) 出發，沿方向 i 移動 j 步後的座標為 $(x+$move[i][j][0]$, y+$move[i][j][1]$)$，到達該格的方向變為 move[i][j][2]。為了避免重複搜尋，若走入的位置和方向先前未存取過，則指令有效，產生新狀態，新狀態的指令條數為先前的指令條數 +1；否則應廢棄該狀態。

實際上，move[ ][ ][ ] 是一個常數，完全可以預先設定：

```
Byte move[4][5][4]={      // 機器人沿方向 i 移動 j 步後的水平增量為 move[i][j][0]，
                          // 垂直增量為 move[i][j][1]，移動後方向為 move[i][j][2]
    {{0, 0, 1}, {0, 0, 2}, {1, 0, 0}, {2, 0, 0}, {3, 0, 0}},
    {{0, 0, 0}, {0, 0, 3}, {0, 1, 1}, {0, 2, 1}, {0, 3, 1}},
    {{0, 0, 0}, {0, 0, 3} , {0, -1, 2}, {0, -2, 2}, {0, -3, 2}},
    {{0, 0, 1}, {0, 0, 2}, { -1, 0, 3}, { -2, 0, 3}, { -3, 0, 3}},
};
```

狀態空間：所有合法指令執行後的狀態圖。

成本：機器人執行一條指令的成本為 1，可視作圖中的一條邊。機器人自起點至終點路徑上的邊數即為其花費的秒數。

顯然在這樣的狀態空間中計算最佳路徑，採用 BFS 搜尋策略為宜。

首先，機器人的起點座標、所面對的方向和步數 0 作為初始狀態推入佇列。然後反覆取出佇列首狀態，直至找到終點或佇列空為止。

每從佇列中取出一個佇列首狀態，則列舉移動步數 i（$0 \leq i \leq 4$），計算移動後的格子 (x', y') 和方向 s'：

1. 若 (x', y') 為障礙物，則提出佇列狀態無效，再取佇列首狀態；

2. 若 (x', y') 為目標格，則機器人從起點到達終點的最少秒數為走前步數 +1，成功傳回；

3. 否則，若 (x', y') 和 s' 先前未被存取過，則設存取標誌，累計指令條數 step$'=$ 走前的指令條數 step+1，(x', y')、s' 和 step$'$ 組合成新狀態推入佇列。

由於每執行一條指令的代價為 1 秒，而 BFS 的搜尋是由起點出發逐層往下搜尋的，因此一旦找到終點，則可根據執行的指令條數確定機器人從起點到達終點的最少秒數。

❖ 參考程式

```cpp
01    #include <iostream>
02    using namespace std;
03    typedef int Byte;
04    struct Node {                              // 狀態的結構定義
05        Byte x, y, s, step;                    // 目前座標為 (x, y)，方向為 s，步數為 step
06    };
07    Node Qt[300000], start, end;               // 佇列 Qt[ ]，起點為 start，終點為 end
08    bool used[51][51][4];                      // 狀態記憶表，其中 used[x][y][d] 標誌
09                                               // 機器人曾經以 d 方向走入 (x, y)
10    bool map[51][51];                          // 商店矩陣
11    Byte move[4][5][4] = {                     // 機器人沿方向 i 移動 j 步後的水平增量為
12        // move[i][j][0]，垂直增量為 move[i][j][1]，移動後方向為 move[i][j][2]
13        {{0, 0, 1}, {0, 0, 2}, {1, 0, 0}, {2, 0, 0}, {3, 0, 0}},
14        {{0, 0, 0}, {0, 0, 3}, {0, 1, 1}, {0, 2, 1}, {0, 3, 1}},
15        {{0, 0, 0}, {0, 0, 3} , {0, -1, 2}, {0, -2, 2}, {0, -3, 2}},
16        {{0, 0, 1}, {0, 0, 2}, { -1, 0, 3}, { -2, 0, 3}, { -3, 0, 3}},
17    };
18    int n, m;                                  // 矩形規模為 n×m
19    int SearchAns() {          // 透過 BFS 搜尋計算和傳回機器人從起點到達終點的最少秒數
20        if (start.x == end.x && start.y == end.y) return 0;   // 若起點和終點重合，則傳回 0
21        Node *cur = Qt, *next = Qt;            // 佇列的首尾指標初始化
22        int i;
23        memset(used, 0, sizeof(used));         // 標誌所有狀態未存取
24        start.step = 0;                        // 起點步數為 0
25        used[start.x][start.y][start.s] = 1;   // 設起點狀態存取標誌
26        *next++ = start;                       // 起點狀態推入佇列
27        while (cur!=next) {                     // 若佇列非空，則迴圈
28            for (i = 0; i < 5; i++) {          // 列舉移動步數
29                next->x=cur->x+move[cur->s][i][0]; // 計算機器人移動 i 步後的座標
30                                               //(next->x, next->y) 和方向 next->s
31                next->y = cur->y + move[cur->s][i][1];
32                next->s = move[cur->s][i][2];
33                if ( map[next->x][next->y]) break; // 若機器人移動 i 步後遇到障礙物，
34                    // 則再取佇列首狀態；若到達目的地，則傳回移動步數
35                if (next->x == end.x && next->y == end.y) return cur->step + 1;
36                if (!used[next->x][next->y][next->s])// 若機器人移動 i 步後的狀態未曾存取過，
37                                               // 則設存取標誌，並記下移動步數
38                    {
39                    used[next->x][next->y][next->s] = 1;
40                    next->step = cur->step + 1;
41                    next++;                    // 新狀態推入佇列
42                    }
43            }
44            cur++;                             // 佇列首狀態提出佇列
45        }
46        return -1;                             // 從起點到終點不存在任何路徑，傳回 -1
47    }
48    int main()
49    {
50        int i, j, t, t1, t2, t3, t4;           // 起點座標為 (t1, t2)，終點座標為 (t3, t4)
51        char buf[10];                          // 方向串
52        memset(map[0], 1, sizeof(map[0]));
53        while(scanf("%d%d", &n, &m) != EOF){   // 反覆輸入商店規模，直至輸入 0 0 為止
54            if (n == 0 && m == 0) break;
```

```
55          for (i = 1; i <= n; i++) {                   // 依次輸入每行資訊
56              memset(map[i], 0, sizeof(map[i]));
57              map[i][0]=map[i][m]=1;                    // 設 i 行的 0 列和 m 列為障礙物
58              for(j=1;j<=m;j++){                        // 輸入 i 行每格的資訊
59                  scanf("%d", &t);
60                  if (t == 1)                           // 若 (i, j) 為障礙物,
61                                                        // 則設 (i-1, j)(i. j-1)(i-1, j-1) 為障礙物
62                      map[i][j]=map[i-1][j]=map[i][j-1]=map[i-1][j-1]=1;
63              }
64          }
65          memset(map[n], 1, sizeof(map[n]));            // 設 n 行為障礙物
66          scan f("%d%d%d%d%s",&t1,&t2,&t3,&t4,buf);    // 輸入起點座標 (t1, t2)、
67                  // 終點座標 (t3, t4) 和機器人在起點所面對的方向 buf
68          start.x=t1; start.y=t2; end.x=t3; end.y=t4;// 記下起點和終點座標
69          if (buf[0] == 's') start.s = 0;              // 記下起點面對方向的數值表示
70          else if (buf[0] == 'e') start.s = 1;
71          else if (buf[0] == 'w') start.s = 2;
72          else if (buf[0] == 'n') start.s = 3;
73          printf("%d\n", SearchAns());        // 計算和輸出機器人從起點到達終點的最少秒數
74      }
75      return 0;
76  }
```

在狀態空間搜尋中,需要儲存待擴充的狀態,因此節省每個狀態的儲存量是一個需要考慮的問題。有些試題只需「開關」即可改變狀態。下一個實作用一個二進位整數記錄狀態,透過位元運算實現狀態轉移,這樣可以顯著提高解題的時空效率。

15.1.2 ▶ The New Villa

Black 先生最近在鄉下買了一棟別墅。只有一件事使他煩惱:雖然在大多數房間裡有電燈開關,但這些開關控制的燈通常是在其他房間裡的燈,而不是在自己房間裡的燈。而他的房地產代理商卻認為這是一個特徵,Black 先生則認為是電工在連接開關插座的時候,有點心不在焉(委婉的說法)。

一天晚上,Black 先生回家晚了。他站在走廊上,注意到所有其他房間裡的燈都是關著的。不幸的是,Black 先生害怕黑暗,所以他從來不敢進入一間燈關著的房間,他也從來不會關掉他在的房間的燈。

經過一番思考之後,Black 先生能夠使用不正確連接的電燈開關。他要設法進入他的臥室,並關掉除了臥室之外的所有的燈。

請你編寫一個程式,提供別墅的描述,初始的時候只有走廊的燈是開著的,程式確定如何從走廊到臥室。你不能進入一個黑暗的房間,並在最後一步之後,除了在臥室裡的燈之外,所有的燈都必須關閉。如果有若干條路徑到達臥室,你必須找到一條步數最少的路徑,其中「從一間房間到另一間房間」、「開燈」和「關燈」都算一步。

輸入

輸入提供若干個別墅的描述。每個別墅描述的第一行提供 3 個整數 r、d 和 s;其中 r 是別墅裡的房間數,最多有 10 間;d 是連接兩間房間的門的數量;而 s 是別墅裡燈的開關數。房間編號由 1 到 r;編號為 1 的房間是走廊,編號為 r 的房間是臥室。

後面提供的 d 行，每行提供兩個整數 i 和 j，表示房間 i 和房間 j 有一扇門連接。然後提供的 s 行，每行提供兩個整數 k 和 l，表示在房間 k 中有個開關控制房間 l 中的燈。

在兩個別墅描述之間用一行空行分隔。輸入以別墅描述 $r=d=s=0$ 結束，程式對此不必處理。

輸出

對於每棟別墅，首先在一行中輸出測試案例的編號（「Villa #1」、「Villa #2」等）。如果 Black 先生的問題有解，則輸出使得他進入臥室步數最少且只有臥室的燈開著的步序列（如果你找到的步序列不止一個，僅輸出一條最短的步序列）。請按照輸出範例中提供的輸出格式。

如果沒有解，則輸出一行「The problem cannot be solved.」。

在每個測試案例之後，輸出一個空行。

範例輸入	範例輸出
3 3 4	Villa #1
1 2	The problem can be solved in 6 steps:
1 3	- Switch on light in room 2.
3 2	- Switch on light in room 3.
1 2	- Move to room 2.
1 3	- Switch off light in room 1.
2 1	- Move to room 3.
3 2	- Switch off light in room 2.
2 1 2	Villa #2
2 1	The problem cannot be solved.
1 1	
1 2	
0 0 0	

試題來源：ACM Southwestern European Regional Contest 1996
線上測試：POJ 1137，ZOJ 1301，UVA 321

❖ 試題解析

為了計算方便，房間號區間設為 $[0, r-1]$。

狀態 u：用一個 $r+4$ 位二進位數字 u 表示目前狀態，由於房間數的上限為 10，因此用 u 的後 4 位數（整數 $u\%16$）記錄目前房間號；r 位數前置（整數 $u/16$）記錄每間房間的狀態，每個二進位位元代表一個房間的燈狀態：1 代表該房間燈亮；0 代表該房間燈暗。顯然，初始狀態 $u_0=2^4$，代表初始時走廊（房間 0）燈亮，其餘房間燈暗；目標狀態 $u_{target}=(1<<(r+4-1))+r-1$，表示除臥室（房間 $r-1$）燈亮外，其餘房間燈暗。

轉移函式（產生合法新狀態 u_new 的規則）：面對 u 狀態，有三種操作。

1. **移動**：若 $u\%16$ 房間與 i 房間之間有門，則從 $u\%16$ 房間走入燈亮的 i 房間，產生子狀態 u_new=$u-u\%16+i$，即目前房間變為 i。

2. **關燈**：若 $u\%16$ 房間有個開關控制房間 i 中的燈且該房間燈亮（$u/16$ 對應房間 i 的二進位位元 $u_{4+i}=1$），則產生子狀態 u_new= $u-2^{4+i}$，即房間 i 中的燈變暗。

3. 開燈：若 $u\%16$ 房間有個開關控制房間 i 中的燈且該房間燈暗（$u/16$ 對應房間 i 的二進位位元 $u_{4+i}=0$），則產生子狀態 u_new= $u+2^{4+i}$，即房間 i 中的燈變亮。

無論哪種操作，產生的子狀態 u_new 必須同時滿足如下兩個條件，才算是合法狀態：

◆ u_new 狀態未存取，以避免重複搜尋；

◆ u_new 狀態中目前房間的燈是亮的（$((u\_new/16)\&(2^{u\_new\%16}))=true$）；

狀態空間：從初始狀態出發，衍生出的各式各樣的合法狀態，組成了一棵狀態空間樹。

成本：狀態空間樹上各條邊的成本為 1，表示走出一步。

由於求最短步序列和房間數 r 很小，燈的狀態可以用 01 表示，因此在這樣的狀態空間中計算最佳路徑，採用 BFS 搜尋策略比較簡便。另外，一棵狀態空間樹中的狀態最多有 1024*10 種，每種狀態的運算元上限為 30（10 種移動方式 +10 種開燈方式 +10 種關燈方式），時間上也允許 BFS 搜尋。

❖ **參考程式**（略。本題參考程式的 PDF 檔案和本題的英文原版均可從碁峰網站下載）

15.2　最佳化狀態空間搜尋

從【15.1.1 Robot】和【15.1.2 The New Villa】可以看出，搜尋過程並非完全盲目和蠻力的，而是蘊含一定的智慧和玄機。建立狀態空間樹並在樹中搜尋最佳路徑的過程，需要有合適的策略和技巧。如果運用得當，則搜尋效率就會顯著提高。下面介紹六種狀態空間搜尋的最佳化策略。

1. 建立分支（branching）
2. 記錄（memoization）
3. 索引（indexing）
4. 剪枝（pruning）
5. 定界（bounding）
6. 啟發式搜尋（A* 演算法，IDA* 演算法）

策略 1：建立分支

是不是可以先建立包含所有可能情況的狀態空間樹，然後在樹中搜尋解答路徑呢？不可以。因為狀態空間樹可以漫無止境地衍生，而電腦記憶體和解題時間是有限的，所以搜尋過程是一邊存取狀態空間樹，一邊衍生分支、建立狀態空間樹，一邊搜尋解答路徑。也就是說，走到哪，建到哪，搜到哪。【15.1.1 Robot】和【15.1.2 The New Villa】都是使用了邊走、邊建、邊搜的分支技術。可以這麼說，幾乎所有的狀態空間搜尋都採用了這種策略。

策略 2：記錄

記錄所有遭遇到的狀態，避免狀態空間樹重複衍生相同狀態。當起始狀態固定不變時，亦可使用 Project Server 中用於管理的自訂域查閱表格和對應的程式碼遮罩的方法。注意：當記憶體不足時，可僅記錄一部分狀態。通常配合分支技術使用，好處是減少搜尋時間。【15.1.1 Robot】中的 used[][][] 和【15.1.2 The New Villa】中的 visited[]，記錄了擴充過程中所有衍生的狀態，就是一種記錄技術。

策略 3：索引

對所有狀態進行編號，以數值、Python 元組（tuple）或 C++ 語言中位元操作的類別程式庫（bitset）等形式呈現，好處是方便記錄。當記憶體不足時，可以配合一致性雜湊演算法（consistent hashing），達到壓縮功效。【15.1.2 The New Villa】中使用二進位數字表述狀態，就是應用索引技術的一個範例。

使用記錄和索引技術的主要目的，是方便狀態檢索、剔除無效狀態，因此都是為配合剪枝、定界、A* 演算法和 IDA* 演算法而使用的。我們將在後面的例子中深入剖析它們的應用。

15.2.1 ▶ 剪枝

剪枝就是參照題目給定的特殊限制，裁剪狀態空間樹，去掉多餘子樹，以減少搜尋時間。

剪枝可以記錄技術和索引技術搭配使用：若發現目前擴充出的子狀態為重複狀態（在已擴充狀態的記錄表中或索引表存在），則採用剪枝技術，不再擴充以其為根的子樹。例如【15.1.1 Robot】和【15.1.2 The New Villa】中不再擴充已存取過的狀態、試題【15.1.2 The New Villa】中不擴充房間燈暗的狀態，就是一種剪枝技術。

最佳化狀態空間搜尋的各種方法幾乎都與「剪枝」相關聯，包括後面章節中將要介紹的幾種最佳化方法。15.2.2 節介紹的定界，是一種在 BFS 搜尋的基礎上將不能產生最佳解的節點刪除的剪枝演算法；15.2.3 節的 A* 演算法和 15.2.4 節的 IDA* 演算法，是分別在 BFS 搜尋和 DFS 搜尋中利用啟發式函式剪枝的策略；15.3 節的基於 MinMax 的 α-β 演算法，是一種應用於博弈問題的典型剪枝策略。

首先，提供在 DFS 過程中進行剪枝的實例。

15.2.1.1　Sudoku

數獨是一個非常簡單的遊戲。如圖 15.2-1 所示，一張 9 行 9 列的正方形網格被分成 9 個 3×3 小正方形網格。在一些方格中寫著從 1 到 9 的數字，其他的方格為空。數獨遊戲是用從 1 到 9 的數字填入空的方格，每個方格填入一個數字，使得在每行、每列和每個 3×3 的小正方形網格中，所有從 1 到 9 的數字都會出現。請你編寫一個程式來完成提供的數獨遊戲。

輸入

輸入首先提供測試案例的數目。每個測試案例表示為 9 行，相關於網格的行；在每一行上提供一個 9 位數字的字串，對應於這一行中的方格；如果方格為空，則用 0 表示。

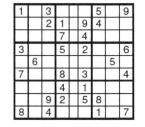

圖 15.2-1

輸出

對於每個測試案例，程式以與輸入資料相同的格式輸出解決方案。空的方格要按照規則填入數字。如果解決方案不是唯一的，那麼程式可以輸出其中任何一個。

範例輸入	範例輸出
1	143628579
103000509	572139468
002109400	986754231
000704000	391542786
300502006	468917352
060000050	725863914
700803004	237481695
000401000	619275843
009205800	854396127
804000107	

試題來源： ACM Southeastern Europe 2005

線上測試： POJ 2676，UVA 3304

❖ **試題解析**

對於本題，採用在 DFS 過程中運用剪枝的方法來求解。

為了方便剪枝，採用記錄技術，用三個陣列 hn[10][10]、ln[10][10] 和 gn[10][10] 標記在提供的網格的每行、每列和每個子網格中，某數字是否可用；其中，第 i 行中數字 t 存在的標誌為 hn[i][t]，第 j 列中數字 t 存在的標誌為 ln[j][t]，第 n 個子網格中存在數字 t 的標誌為 gn[n][t]。

所以，按照規則數字 t 可填入 (i, j)，必須同時滿足如下三個條件：

◆ 第 i 行中不存在數字 t；

◆ 第 j 列中不存在數字 t；

◆ (i, j) 對應的第 n 個子網格中不存在數字 t。

即 !gn[n][t] && !hn[i][t] && !ln[j][t] 成立；否則，剪枝。

❖ **參考程式**

```
01   #include <iostream>
02   #include <vector>
03   using namespace std;
04   #define maxn 102
05   int hn[10][10];                         // 第 i 行中數字 t 存在的標誌為 hn[i][t]
06   int ln[10][10];                         // 第 j 列中數字 t 存在的標誌為 ln[j][t]
07   int gn[10][10];                         // 子網格 n 存在數字 t 的標誌為 gn[n][t]
08   int map[10][10];                        // 數獨網格
09   struct pos{                             // 指定行號 r 與列號 c
10       int r,c;
11       pos(int rr,int cc):r(rr),c(cc){}
12   };
13   vector<pos> b;                          // 容器 b 儲存所有空格的行列位置
14   inline int gb(int r,int c){             // 行內函式 gb：計算和傳回 (r, c) 對應的子網格、序號
15       int rr=r/3;
16       int cc=c/3;
```

```
17          return rr*3+cc;
18      }
19      void saf(int i,int j,int num,int f){        // 設定 i 行和 j 列存在數字 num 的標誌 f
20          hn[i][num]=f;                            // 設定第 i 行存在數字 num 的標誌 f
21          ln[j][num]=f;                            // 設定第 j 列存在數字 num 的標誌 f
22          gn[gb(i,j)][num]=f;                      // 設定對應子網格 gb(i,j) 存在數字 num 的標誌 f
23      }
24      bool isk(int i,int j,int num){              // 計算和傳回數字 num 可否置入 (i, j) 的標誌
25          return !gn[gb(i,j)][num] && !hn[i][num] && !ln[j][num];
26      }
27      int dfs(int n){                             // 從位置 n 出發，計算和傳回數獨方案的可行性
28          if(n<0) return 1;                       // 若所有空格被填入數字，則傳回成功標誌
29          int r=b[n].r;                           // 計算第 n 個空格對應的 (r, c)
30          int c=b[n].c;
31          for(int i=1;i<=9;++i){                  // 列舉每個數字
32              if(isk(r,c,i)){                      // 若數字 i 可置入 (r, c)，則該位置放入 i
33                  map[r][c]=i;
34                  saf(r,c,i,1);                    // 設定 r 行和 c 列存在數字 i 的標誌
35      // 若可按規則將數字填入剩餘空格，則傳回成功標誌；否則回溯，恢復填前狀態（r 行和 c 列不存在數字 i）
36                  if(dfs(n-1)) return 1;
37                  else saf(r,c,i,0);
38              }
39          }
40          return 0;
41      }
42      int main()
43      {
44          int t;
45          cin>>t;                                  // 輸入測試案例數
46          while(t--){                              // 依次處理每個測試案例
47              memset(hn,0,sizeof(hn));             // 每行和每列存在數字的標誌初始化為 0
48              memset(ln,0,sizeof(ln));
49              memset(gn,0,sizeof(gn));             // 每個位置存在數字的標誌初始化為 0
50              b.clear();                           // 空格位置初始化為空
51              for(int i=0;i<9;i++)                 // 自上而下、從左而右列舉每個位置
52              for(int j=0;j<9;j++){
53                  char c;
54                  cin>>c;                          // 輸入 (i, j) 的數符 c
55                  map[i][j]=c-'0';                 // 將 c 對應的數字存入 (i, j)
56      // 若 (i, j) 非空格，則設定 i 行和 j 列存該數字；否則將 (i, j) 存入容器 b
57                  if(map[i][j]) saf(i,j,map[i][j],1);
58                  else b.push_back(pos(i,j));
59              }
60              if(dfs(b.size()-1)){                 // 若可按規則將數字填滿空格，則輸出解決方案
61                  for(int i=0;i<9;i++){            // 自上而下輸出各行資訊
62                      for(int j=0;j<9;j++) cout<<char(map[i][j]+'0');  // 輸出 i 行的 9 個
63                                                                        // 數符
64                      cout<<endl;                  // 歸位
65                  }
66              }
67          }
68          return 0;
69      }
```

然後，提供在 BFS 過程中進行剪枝的實例。

15.2.1.2　Knight's Problem

你一定聽過騎士周遊問題（Knight's Tour Problem）。騎士周遊問題，就是一個騎士被放在一個空棋盤上，你要確定騎士是否能存取棋盤上的每個方格一次且僅一次。

現在我們考慮騎士周遊問題的一個變體。在這個問題中，一個騎士被放置在一個無限的棋盤上，它被限制只能做某些移動。例如，它被放置在 (0, 0) 處，並可以進行兩種移動：設目前位置為 (x, y)，它只能移動到 (x+1, y+2) 或 (x+2, y+1)。本題的目標是使得騎士儘快到達他的目的地（即盡可能少地移動）。

輸入
輸入的第一行提供一個整數 T（$T<20$），表示測試案例的數量。

每個測試案例首先提供包含四個整數的一行 fx、fy、tx 和 ty（$-5000≤fx, fy, tx, ty≤5000$），表示騎士最初被放置在 (fx, fy)，而 (tx, ty) 是其目的地。

接下來的一行提供一個整數 m（$0<m≤10$），表示騎士可以進行多少種移動。

然後提供的 m 行每行都包含兩個整數 mx 和 my（$-10≤mx, my≤10$；$|mx|+|my|>0$），表示如果騎士站在 (x, y)，它可以移動到 (x+mx, y+my)。

輸出
為每個測試案例輸出一行，提供一個整數，表示騎士到達目的地所需的最少移動次數。如果騎士無法到達目的地，則輸出「IMPOSSIBLE」。

範例輸入	範例輸出
2	3
0 0 6 6	IMPOSSIBLE
5	
1 2	
2 1	
2 2	
1 3	
3 1	
0 0 5 5	
2	
1 2	
2 1	

試題來源： 2010 Asia Fuzhou Regional Contest
線上測試： POJ 3985，HDOJ 3690，UVA 5098

❖ 試題解析

在無限大的棋盤上提供騎士的起點和終點的座標，然後給定騎士 m（$0<m≤10$）種可以進行的移動，問從起點走到終點騎士最少的步數是多少。

對於本題，採用在 BFS 過程中運用剪枝的策略來求解最少步數。為了避免「Time Limit Exceeded」和「Memory Limit Exceeded」，運用雜湊（Hash）技術來保存騎士存取過的點。

在搜尋中採取雜湊技術，是將狀態轉換為大數的形式保存下來。雜湊技術分為無損雜湊和有損雜湊（分離連結法）。無損雜湊，不可能有多個狀態對應一個雜湊值的情況，但缺點是存在狀態轉化的空間過大而無法保存的情況；有損雜湊（分離連結法）把雜湊函式值相同的狀態串成鏈結串列。本題採取有損雜湊技術。

需要剪枝的 3 種情況分析如下。

1. 如果在雜湊鏈結串列中存在具有同一雜湊值的節點，那麼就需要剪枝這個重複節點。

2. 如果騎士所在點在起點和終點的相反方向，那麼這個點肯定是要被剪枝剪掉的。基於三角形的餘弦定理 $\cos A = \dfrac{b^2 + c^2 - a^2}{2bc}$，如果夾角 A 為鈍角，則 $\cos A$ 為負，即 $b^2 + c^2 < a^2$。使用這個方法來判斷騎士所在點和起點構成的邊，起點和終點構成的邊的夾角是否為鈍角；以及騎士所在點和終點構成的邊，起點和終點構成的邊的夾角是否為鈍角。

3. 如果這個點到起點和終點連線的距離，比騎士一步所能走的最大距離要大，說明騎士到這個點相對終點是走遠了，要被剪枝剪掉。

❖ **參考程式**（略。本題參考程式的 PDF 檔案和本題的英文原版均可從碁峰網站下載）

15.2.2 ▶ 定界

定界：搜尋時隨時檢查目前的成本。目前成本太壞，就不再往深處搜尋；目前的成本足夠好，但搜尋下去不可能產生更好的結果，也不必往深處搜尋。定界的好處是減少搜尋時間。

定界技術中為哪些狀態定界，需要與索引技術和記錄技術配合；對越界狀態進行裁剪，需要與剪枝技術配合。所以，定界技術是一種綜合性的技術，靈活性強，應用價值很高。下面，我們提供三個定界的實作範例。

15.2.2.1 Catch That Cow

農夫 John 已經知道了一頭逃跑的母牛的位置，他想立即抓住它。開始時，農夫 John 在數軸上的點 N（$0 \leq N \leq 100000$），母牛在同一數軸上的點 K（$0 \leq K \leq 100000$）。農夫 John 有兩種移動的方式：步行和遠距離傳送。

1. 步行：農夫 John 可以在一分鐘內從任意一個點 X 到點 $X-1$ 或點 $X+1$；

2. 遠距離傳送：農夫 John 可以在一分鐘內從任意一個點 X 到點 $2 \times X$。

如果母牛不知道農夫 John 在抓它，根本不動，農夫 John 要用多長的時間才能抓住它？

輸入

輸入 1 行，提供兩個用空格分隔的整數：N 和 K。

輸出

輸出 1 行：農夫 John 抓到逃跑的母牛所需的最少時間，以分鐘為單位。

範例輸入	範例輸出
5 17	4

提示

對農夫 John 來說，最快的方法就是沿著以下路徑移動：5-10-9-18-17。需要 4 分鐘。

試題來源：USACO 2007 Open Silver

線上測試：POJ 3278

❖ **試題解析**

本題提供兩個整數 N 和 K（$0 \leq N \leq 100000$，$0 \leq K \leq 100000$），透過 $N+1$、$N-1$ 或 $N \times 2$ 這 3 種操作，使得 $N==K$，輸出最少的操作次數。

對於本題，採用 BFS 過程中運用分支定界方法來求解，並用佇列 q 來儲存每個搜尋的狀態，即農夫 John 移動後到達的位置。為可能的農夫 John 移動後到達的位置提供如下的定界。

1. 定界 1：移動後的位置必須在界內；為便於判別越界情況，需要為數軸左右兩端的位置（0 和 100000）建立索引。

2. 定界 2：如果目前農夫 John 所在節點的位置值大於母牛的位置值，則左走，$X+1$ 和 $2 \times X$ 這兩種移動方式就不加入佇列，即剪枝。

3. 定界 3：移動後的位置是先前農夫 John 未曾到過的位置；在搜尋中記錄到過的位置，到過的位置不再進入。

❖ **參考程式**

```
01   #include<iostream>
02   #include<queue>
03   using namespace std;
04   int vis[200010];              // 標記陣列記錄走過的位置
05   int main()
06   {
07       int n,k;
08       queue<int>q;              // 元素類型為整數的佇列 q
09       scanf("%d",&n);           // 輸入農夫的數軸位置
10       scanf("%d",&k);           // 輸入母牛的數軸位置
11       if(n==k)                  // 若農夫和母牛為同一位置，則輸出農夫抓到母牛的時間為 0
12       {
13           cout<<0<<endl;
14           return 0;             // 退出程式
15       }
16       q.push(n);                // 農夫的初始位置推入佇列
17       vis[n]=1;                 // 設定位置 n 已被存取標誌
18       q.push(-1);               //-1 推入佇列
19       int flag=0;
20       int step=0;               // 時間初始化
21       while(true)
22       {
23           int t,t1,t2,t3,t4;
24           t=q.front();          // 佇列首元素提出佇列
25           q.pop();
26           if(t==-1)             // 若佇列首元素為 -1，則 -1 推入佇列，時間 +1，繼續迴圈
27           {
```

```
28              q.push(-1);
29              step++;
30              continue;
31          }
32          t1=t*2;                    // 遠距離傳送的位置
33          t2=t+1;                    // 往右走的位置
34          t3=t-1;                    // 往左走的位置
35          t4=-1;
36  // 若任一種移動方式能抓住母牛，則時間 +1，輸出該時間後成功結束
37          if(t1==k||t2==k||t3==k)
38          {
39              step++;
40              cout<<step<<endl;
41              break;
42          }
43  // 若傳送前位置 t 在母牛左方且遠距離傳送的位置 t1 在界內且未存取，則 t1 推入佇列；否則剪枝
44          if(t1<0||t1>100000||t>k||vis[t1]==1);
45              else  q.push(t1);
46  // 若走前位置 t 在母牛左方且右走的位置 t2 在界內且未存取，則 t2 推入佇列；否則剪枝
47          if(t2<0||t2>100000||t>k||vis[t2]==1);
48              else  q.push(t2);
49  // 若左走的位置 t3 在界內且未被存取，則 t3 推入佇列；否則剪枝
50          if(t3<0||t3>100000||vis[t3]==1);
51              else q.push(t3);
52          vis[t1]=1;                 // 設三種移動方式後的位置已存取
53          vis[t2]=1;
54          vis[t3]=1;
55      }
56      return 0;
57  }
```

15.2.2.2　Fill

有三個桶，它們的容量分別為 a 升、b 升和 c 升（a、b、c 都是正整數，而且不超過 200）。剛開始時，第一個桶和第二個桶是空的，而第三個桶卻裝滿水。你可以將一個桶中的水倒入另一個桶裡，直到或者是前者把後者裝滿，或者是前者的水全部倒光。這樣倒水的步驟可以執行 0 次、1 次或很多次。

請你編寫一個程式，計算在整個過程中最少要倒多少水，才能使得這三個桶中有一個桶恰好有 d 升的水（d 是一個正整數，而且不超過 200）。但是，如果你沒有辦法達成目標，也就是沒有辦法讓任何一個桶有 d 升水，那麼請計算 d'，$d'<d$，但最接近 d；在計算出 d' 之後，請你計算整個過程最少要倒多少水才能產生 d' 升。

輸入

輸入的第一行提供測試案例的數目。接下來的 T 行提供 T 個測試案例。每個測試案例在一行中提供用空格分開的 4 個整數 a、b、c 和 d。

輸出

輸出由一個空格隔開的兩個整數組成。第一個整數是整個過程最少要倒多少容量的水（從一個桶把水倒入另一個桶的水量的總和）。第二個整數或者等於 d，如果可以透過這樣的轉換產生 d 升水；或者等於你的程式得出的最接近的較小的值 d'。

範例輸入	範例輸出
2 2 3 4 2 96 97 199 62	2 2 9859 62

試題來源：Bulgarian National Olympiad in Informatics 2003
線上測試：UVA 10603

❖ 試題解析

本題源自基礎數論的一個經典問題——倒水問題（Three Jugs Problem），但數論中的倒水問題必須加上限制條件 $x>y>z$，y 和 z 互質，要求從容量為 x 的容器中量出 c 升水（$x>c>0$）。

求解方法：模數方程 $a×x \equiv c \pmod y$，其中，解 a 的個數就是可行方案的總數。其中 a_i 表示第 i 種方案中容量為 z 的容器倒滿的次數，代入 $a_ix+b_iy=d$ 就可以得出容量為 y 的容器被倒滿的次數 b_i。

顯然，這是一個理想的數學模型。實際的倒水問題並沒有上述限制條件，無法使用數論公式直接推導，只能使用狀態空間搜尋的辦法解決。

設 3 個桶的容量為 A、B、C，最終要使其中一個桶的水量為 D。

狀態（a, b, c, tot）：目前 3 個桶的水量為 a、b、c，倒水總量為 tot。

轉移函式：有 6 種可能的倒水情況。

1. 若桶 1 的水能夠全部倒入桶 2（$a<B-b$），則倒空桶 1，產生子狀態 $(0, b+a, c, tot+a)$；否則桶 1 將桶 2 倒滿，產生子狀態 $(a-(B-b), B, c, tot+(B-b))$。

2. 若桶 1 的水能夠全部倒入桶 3（$a<C-c$），則倒空桶 1，產生子狀態 $(0, b, c+a, tot+a)$；否則桶 1 將桶 3 倒滿，產生子狀態 $(a-(C-c), b, C, tot+(C-c))$。

3. 若桶 2 的水能夠全部倒入桶 1（$b<A-a$），則倒空桶 2，產生子狀態 $(a+b, 0, c, tot+b)$；否則桶 2 將桶 1 倒滿，產生子狀態 $(A, b-(A-a), c, tot+(A-a))$。

4. 若桶 2 的水能夠全部倒入桶 3（$b<C-c$），則倒空桶 2，產生子狀態 $(a, 0, c+b, tot+b)$；否則桶 2 將桶 3 倒滿，產生子狀態 $(a, b-(C-c), C, tot+(C-c))$。

5. 若桶 3 的水能夠全部倒入桶 1（$c<A-a$），則倒空桶 3，產生子狀態 $(a+c, b, 0, tot+c)$；否則桶 3 將桶 1 倒滿，產生子狀態 $(A, b, c-(A-a), tot+(A-a))$。

6. 若桶 3 的水能夠全部倒入桶 2（$c<B-b$），則倒空桶 3，產生子狀態 $(a, b+c, 0, tot+c)$；否則桶 3 將桶 2 倒滿，產生子狀態 $(a, B, c-(B-b), tot+(B-b))$。

狀態空間：三個桶倒來倒去的過程中所衍生的子狀態。

成本：每倒一次所增加的倒水量，可視作圖中一條邊的權。試題要求計算從初始狀態 $(0, 0, c, 0)$（桶 1 和桶 2 空，桶 3 滿，倒水總量 0）至目標狀態（最終一個桶的水量為 D 或者最接近 D 時的最少倒水總量）路徑上的最少邊權和。

顯然這是一個最短路徑問題，使用 BFS 搜尋策略是較為適宜的。

設 QA、QB、QC 佇列分別儲存 3 個桶的目前水量；QTOT 佇列儲存目前倒水總量。

倒水總量上限矩陣為 dp[][][]，其中 dp[a][b][c] 為 3 個桶的水量分別為 a、b、c 時倒水總量的上限，初始時 dp[][][] 設為 ∞。

目標矩陣為 res[]，其中 res[D] 為最終一個桶內恰好有 D 升水時的最少倒水總量，初始時 res[] 設為 ∞。

dp[][][] 和 res[] 是為配合定界技術使用的，是為使倒水總量趨小而特意設定的兩個「界」：若發現目前的倒水總量 tot 不小於一個桶的水量為 D 時的倒水總量 ($tot \geq res[D]$)，或者不小於 3 個桶水量為 a、b、c 時的倒水總量上限 ($tot \geq dp[a][b][c]$)，則放棄目前的倒水方案。

BFS 搜尋的過程如下：

```
初始狀態（0, 0, c, 0）分別進入 QA、QB、QC 和 QTOT 佇列；
若 QA 佇列非空，則反覆進行下列過程，直至佇列空為止：
    取出 QA, QB, QC 和 QTOT 佇列的佇列首元素，組成狀態 (a，b，c，tot)；
    if ( (tot< res[D])&&(tot<dp[a][b][c]))   //tot 小於一個桶的水量為 D 時的倒水總量，
        //且小於 3 個桶水量為 a、b、c 時的倒水總量上限）
        {
            dp[a][b][c]=tot;      // 將 3 個桶的水量為 a、b、c 時倒水總量的上限調整為 tot
            res[a]=min(res[a], tot); res[b]=min(res[b], tot); res[c]=min(res[c], tot);
            // 不允許 3 個桶的水量為 a、b、c 時的實際倒水總量超過 tot
            模擬 6 種倒水情況，將滿足條件的子狀態分別送入 QA、QB、QC 和 QTOT 佇列；
        }
```

BFS 搜尋結束後，根據得到的目標矩陣 res[] 搜尋最佳解：從 D 出發，按照遞減循序搜尋第一個使 res[D'] $\neq \infty$ 成立的 D'，這個 D' 就是目標狀態中一個桶內最接近 D 的水量，res[D'] 即為最小的倒水總量。

❖ **參考程式**（略。本題參考程式的 PDF 檔案和本題的英文原版均可從碁峰網站下載）

15.2.2.3 Package Pricing

綠色地球貿易公司（Green Earth Trading Company）銷售 4 種不同規格的節能型螢光燈，這些燈具適用於家庭照明。燈泡很貴，但和普通的白熾燈泡相比，使用壽命要長得多，而且消耗的能源要少得多。為鼓勵消費者購買和使用節能燈泡，這家公司在產品目錄中列出了一些特別的包裝盒，包裝了各種燈泡的規格和數量。一個包裝盒的價格總是低於包裝盒中的單個燈泡的價格總和。顧客通常想買幾種不同的規格和數量的燈泡。請你編寫一個程式，確定能滿足任何客戶要求的最便宜的包裝盒。

輸入
輸入提供多個測試案例。每個測試案例分為 2 個部分，第一部分描述在產品目錄中列出的包裝盒，第二部分描述客戶的要求。在輸入中，燈泡的 4 種規格用字元「a」、「b」、「c」和「d」標示。

每個測試案例的第一部分首先提供一個整數 n（$1 \leq n \leq 50$），表示目錄中包裝盒的數量。接下來的 n 行每行是一個包裝盒的描述。包裝盒的描述以一個目錄編號（正整數）開頭，然後提供一個價格（實數），接著提供在包裝盒中的燈泡的規格和相關的數量。在 1 到 4

之間不同規格的燈泡會單獨描述。這樣的「規格 – 數量」組成的對的列表格式是一個空格，一個表示規格的字元（「a」、「b」、「c」或「d」），再一個空格，然後一個整數，表示這一大小的燈泡在包裝盒中的數量。這些「規格 – 數量」的對沒有特定的順序，在包裝盒中規格沒有重複。例如，下面一行描述了一個包裝盒的目錄編號是 210，價格是 76.95 美元，其中包含了 3 個規格為「a」的燈泡、1 個規格為「c」的燈泡，以及 4 個規格為「d」的燈泡。

210 76.95 a 3 c 1 d 4

每個測試案例的第二部分的第一行提供一個正整數 m，表示客戶要求的數量。接下來的 m 行每行提供一個客戶的要求：燈泡的規格和相關數量的一個清單表示客戶的要求。每一個清單僅提供若干對「規格 – 數量」，格式如同產品目錄中的描述方式。然而，與產品目錄描述不同的是，一個客戶的要求可能會重複對某個規格的燈泡的需求。例如，下面的一行表示一個客戶要求 1 個規格為「a」的燈泡、2 個規格為「b」的燈泡、2 個規格為「c」的燈泡，以及 5 個規格為「d」的燈泡。

a 1 d 5 b 1 c 2 b 1

輸出
對每個測試案例，輸出如下。

首先輸出「Input set #T:」，其中 T 是測試案例的編號。對於每個請求，輸出客戶編號（從 1 到 m，第一個客戶要求編號為 1，第 2 個客戶要求編號為 2，……，第 m 個客戶要求編號為 m），一個冒號，以最便宜的方式滿足了客戶要求的若干包裝盒的總的價格，然後提供包裝盒的組合。

價格顯示到小數點右邊的 2 位。包裝盒的組合要以產品目錄編號的升冪提供。如果同一類型的包裝盒要訂購不止一個，則訂購的數量要在目錄編號後的圓括號中提供。本題設定每個客戶請求都可以被滿足。在某些情況下，滿足客戶的最便宜的方式可能包含的燈泡比實際要求的燈泡多一些，這是可以接受的。重要的是客戶收到了滿足他們所要求的燈泡。

範例輸入	範例輸出
5	Input set #1:
10 25.00 b 2	1: 27.50 55
502 17.95 a 1	2: 50.00 10(2)
3 13.00 c 1	3: 65.50 3 10 55
55 27.50 b 1 d 2 c 1	4: 52.87 6
6 52.87 a 2 b 1 d 1 c 3	5: 90.87 3 6 10
6	6: 100.45 55(3) 502
d 1	
b 3	
b 3 c 2	
b 1 a 1 c 1 d 1 a 1	
b 1 b 2 c 3 c 1 a 1 d 1	
b 3 c 2 d 1 c 1 d 2 a 1	
0	

試題來源：ACM World Finals 1994
線上測試：POJ 1889，UVA 233

我們採用 DFS 搜尋方法計算滿足客戶要求的最優價格和包裝盒組合。在搜尋過程中採用了如下策略。

1. 記錄技術：記錄的內容為目前狀態，包括儲存目前包裝盒序號 st、總價格 now、包裝盒組合 nowmet[] 和 4 種規格燈泡的剩餘需求 need[]。為避免溢滿，將其中的 st 和 now 作為 DFS 的遞迴參數，將儲存量大的陣列 nowmet[] 和 need[] 設為全域變數，每次回溯時恢復其遞迴前的值。初始時，nowmet[] 清零，need[] 在輸入客戶要求時設定。從 st=0、now=0 出發，進行遞迴。

2. 定界技術：隨時檢查目前的總價格。若繼續搜尋下去絕不能夠好於以往，則回溯。關鍵是如何判斷目前總價格是否好於以往，這是演算法的關鍵和核心。

試題分別提供了 n 個包裝盒的價格和盒內 4 種規格燈泡的數量，但不知道盒內 4 種規格燈泡的單價，顯然，第 j 個包裝盒內 i 規格燈泡的單價範圍為 $\left[0, \dfrac{\text{第 } j \text{ 個包裝盒的價格}}{\text{第 } j \text{ 個包裝盒中 } i \text{ 規格燈泡的數量}}\right]$（$0 \le j \le n-1$，$0 \le i \le 3$），單價上限為 $\dfrac{\text{第 } j \text{ 個包裝盒的價格}}{\text{第 } j \text{ 個包裝盒中 } i \text{ 規格燈泡的數量}}$。

我們對每一個規格的燈泡，按照單價上限遞增的順序排列包裝盒。設 rankby[i][j] 儲存 i 規格的燈泡在 n 個包裝盒中單價上限第 j 小的包裝盒序號；minave[i][j] 儲存 i 規格的燈泡在包裝盒 j…包裝盒 n 中的最小單價上限；rankby[][] 和 minave[][] 可在輸入包裝盒資訊時計算。

我們設計了兩個「界」：

定界 1：若目前總價格 now 高於目前最便宜價格 ans，則直接回溯。

定界 2：搜尋 4 種規格的燈泡，若發現餘下包裝盒中計入規格 i（$0 \le i \le 3$）燈泡的剩餘數後，其最低可能價 now+minave[i][st]×need[i] 仍高於目前最優價格 ans，則回溯。

3. 最佳化搜尋順序：為了提高效率，我們不是按照包裝盒或燈泡規格的順序進行搜尋，而是採用了貪心策略，從剩餘需求數最多的燈泡規格 br 出發，即 need[br]= $\max\limits_{0 \le i \le 3}\{\text{need}[i]\}$。為使客戶能以最便宜的價格買到所需的燈泡，我們按其單價上限遞增的順序，在 st 後尋找第一個有客戶需求的燈泡的包裝盒 p（p=rankby[br][i])&&(p>st)&&(need[j]>0)&&(包裝盒 p 中存在 j 規格的燈泡），$0 \le i \le n-1$，將其放入目前組合。

DFS 搜尋由遞迴副程式 search(st，now) 實作：

```
若 now>ans，則直接回溯（定界 1）;
若 need[0]<=0 && need[1]<=0 && need[2]<=0 && need[3]<=0，則 ans=now; memcpy(met, nowmet,
  sizeof(met))，回溯;
若在 4 種規格的燈泡中發現 now+minave[i][st]*need[i]> ans(0≤i≤3)，則回溯（定界 2）;
求滿足 need[br]= max{need[i]} 的燈泡規格 br;
             0≤i≤3
選擇最合適的包裝盒 p(p=rankby[br][i])&&(p>st)&&(need[j]>0)&&( 包裝盒 p 中存在 j 規格的燈泡），
  0≤i≤n-1;
買入包裝盒 p：++nowmet[p]；need[j] - 包裝盒 p 中 j 規格的燈泡數 (0≤j≤3);
遞迴 search(p，now + 包裝盒 p 的價格 );
恢復遞迴前的 need[ ] 和 nowmet[ ];
```

❖ 參考程式

```cpp
01  #include <iostream>
02  #include <vector>
03  #include <algorithm>
04  #include <sstream>
05  using namespace std;
06  struct pacnode              // 包裝盒的結構類型
07  {
08      int q[4];               // 包裝盒中 i 規格的燈泡數為 q[i]
09      double price;           // 價格
10      int id;                 // 目錄編號
11  }pac[60];                   // 包裝盒序列
12  int n, met[60], nowmet[60], need[4], rankby[4][60];   // 包裝盒數 n；nowmet[] 為目前
13      // 滿足客戶要求的包裝盒組合，最優組合為 met[]，組合中分別記錄下每種包裝盒的數量；目前客戶的
14      // 剩餘需求 need[ ]，其中需要規格 i 的燈泡數為 need[i]；單價上限序列 rankby[][]，其中規格 i
15      // 的燈泡在 n 個包裝盒中單價上限第 j 小的包裝盒序號為 rankby[i][j]
16  double ans, ave[4][60], minave[4][60];      // 滿足目前客戶要求的最便宜價格為 ans；
17      //ave[i][j] 為第 j 個包裝盒單裝規格 i 的燈泡的單價上限（ 第 j 個包裝盒的價格 / 第 j 個包裝盒中 i 規格燈泡的數量 ）。
18      // 若第 j 個包裝盒沒有規格 i 的燈泡，則 ave[i][j]=∞；第 i 種規格的燈泡在包裝盒 j…
19      // 包裝盒 n 中的最小單價上限為 minave[i][j]
20  void init();                        // 處理包裝盒的訊息
21  void work();                        // 處理目前客戶的要求
22  void search(int st, double now);    // 從第 st 個包裝盒和目前價格 now 出發，
23                                      // 遞迴計算最優的價格和包裝盒組合
24  int main()
25  {
26      int testno = 0;
27      while (true)                    // 反覆輸入包裝盒數 n，直至檔案結束或輸入 0 為止
28      {
29          if (scanf("%d", &n) == EOF) break;
30          if (n == 0) break;
31          init();                     // 處理 n 個包裝盒的訊息
32          ++testno;                   // 計算和輸出測試案例編號
33          printf("Input set #%d:\n", testno);
34          int m;
35          scanf("%d\n", &m);          // 輸入客戶要求數
36          for (int i = 0; i < m; ++i) // 依次處理每個客戶要求
37          {
38              printf("%d:", i + 1);   // 輸出客戶要求編號
39              work();                 // 處理客戶 i 的要求
40          }
41      }
42      return 0;
43  }
44  void init()                                 // 處理 n 個包裝盒的資訊
45  {
46      for (int i = 0; i < n; ++i)             // 輸入每個包裝盒的資訊
47      {
48          scanf("%d%lf", &pac[i].id, &pac[i].price);// 輸入第 i 個包裝盒的目錄編號和價格
49          memset(pac[i].q, 0, sizeof(pac[i].q));
50          char tmp[1000];
51          gets(tmp);                          // 讀第 i 個包裝盒中燈泡的規格和數量
52          istringstream in(tmp);              // 字串輸入流的名字定義為 in
```

```
53          while (true)                    // 反覆取燈泡規格 kind 和數量 x，直至行結束
54          {
55              char kind;
56              int x;
57              if (in >> kind >> x == NULL) break;
58              pac[i].q[kind - 97] += x; // 累計第 i 個包裝盒中規格 kind 的燈泡數
59          }
60      }
61      for (int i = 0; i < 4; ++i)         // 列舉燈泡規格和包裝盒：計算每個包裝盒中
62                                          // 每種規格燈泡的單價上限 ave[ ][ ]
63          for (int j = 0; j < n; ++j)
64              if (pac[j].q[i] == 0) ave[i][j] = 1e100;
65              else ave[i][j] = pac[j].price / pac[j].q[i];
66      for (int i = 0; i < 4; ++i)         // 列舉每種規格 i，按照單價上限為第一關鍵字、
67                                          // 包裝盒序號為第二關鍵字遞增排序包裝盒 x[ ]
68      {
69          pair<double, int> x[60];        // 定義 x[ ] 的元素為一對物件，其中 x[j] 的
70                                          // 第 1 個物件為 ave[i][j]，第 2 個物件為 j
71          for (int j = 0; j < n; ++j)
72          {
73              x[j].first = ave[i][j]; x[j].second = j;
74          }
75          sort(x, x + n);
76              // 計算規格 i 燈泡單價上限第 j 小的包裝盒序號 rankby[i][j] 和
77              // 在包裝盒 j…包裝盒 n 中的最小單價上限 minave[i][j]
78          for (int j = 0; j < n; ++j) rankby[i][j] = x[j].second;
79          minave[i][n - 1] = ave[i][n - 1];
80          for (int j = n - 2; j >= 0; --j) minave[i][j] = min(minave[i][j + 1],
81              ave[i][j]);
82      }
83  }
84  void work()                             // 處理目前客戶要求
85  {
86      memset(need, 0, sizeof(need));
87      char tmp[1000];
88      gets(tmp);                          // 讀目前客戶要求的燈泡規格和數量
89      istringstream in(tmp);              // 字串輸入流的名字定義為 in
90      while (true)                        // 反覆取燈泡規格 kind 和數量 x，直至行結束
91      {
92          char kind;
93          int x;
94          if (in >> kind >> x == NULL) break;
95          if (kind == 'a') need[0] += x;  // 累計 4 種規格燈泡的數量
96          else if (kind == 'b') need[1] += x;
97          else if (kind == 'c') need[2] += x;
98          else if (kind == 'd') need[3] += x;
99      }
100     memset(nowmet, 0, sizeof(nowmet)); ans = 1e100;       // 目前滿足客戶要求的包裝盒組合
101         // 初始化為空，滿足目前客戶要求的最便宜價格初始化為無窮大
102     search(0, 0.0);                     // 從第 0 個包裝盒和價格 0 出發，
103                                         // 遞迴計算最優的價格和包裝盒組合
104     printf("%8.2lf", ans);             // 輸出滿足目前客戶要求的最便宜價格
105     vector<pair<int, int> > oa;         // 定義物件陣列 oa 的元素是一對物件
106     for (int i = 0; i < n; ++i)         // 將最優組合中每個包裝盒的編號和數量送入物件陣列 oa
107         if (met[i] != 0) oa.push_back(make_pair(pac[i].id, met[i]));
```

```
108         sort(oa.begin(), oa.end());              // 以編號為第一關鍵字、數量為第 2 關鍵字
109                                                   // 排序物件陣列 oa
110         for (int i = 0; i < oa.size(); ++i)      // 按照格式要求輸出最優組合
111             if (oa[i].second != 1) printf(" %d(%d)", oa[i].first, oa[i].second);
112                   // 輸出被選中的多個同編號包裝盒
113             else printf(" %d", oa[i].first);     // 輸出選中該編號的 1 個包裝盒
114         printf("\n");
115 }
116 void search(int st, double now)                   // 從第 st 個包裝盒和目前價格 now 出發，
117                                                   // 遞迴計算最優的價格和包裝盒組合
118 {
119     if (now > ans) return;                        // 若目前價格高於目前最便宜價格，則回溯
120     if (need[0] <= 0 && need[1] <= 0 && need[2] <= 0 && need[3] <= 0)   // 若滿足客戶
121          // 對四種規格的燈泡數，則將目前價格調整為最便宜價格，目前包裝盒組合調整為最優組合，回溯
122     {
123         ans = now; memcpy(met, nowmet, sizeof(met)); return;
124     }
125     for (int i = 0; i < 4; ++i)                   // 搜尋每種規格的燈泡，一旦發現計入該規格燈泡的
126                                                   // 剩餘數後，其價格高於目前最優價格，則回溯
127         if (now + minave[i][st] * need[i] > ans) return;
128     int br = 0;                                    // 計算剩餘需求數最多的燈泡規格 br
129     for (int i = 1; i < 4; ++i)
130         if (need[i] > need[br]) br = i;
131     for (int i = 0; i < n; ++i)                   // 按照 br 規格的燈泡在 n 個包裝盒中單價上
132                                                   // 限遞增的循序搜尋
133     {
134         int p = rankby[br][i];                    // 第 i 小的包裝盒序號為 p
135         if (p < st) continue;                     // 若包裝盒 p 先前已搜尋過，則嘗試單價上限
136                                                   // 更大的包裝盒
137         bool use = false;                         // 判斷包裝盒 p 中是否有客戶需求的燈泡類型
138         for (int j = 0; j < 4; ++j)
139             if (need[j] > 0 && pac[p].q[j] > 0)
140             {
141                 use = true; break;
142             }
143         if (!use) continue;                       // 若包裝盒 p 中沒有客戶所需的燈泡，
144                                                   // 則嘗試單價上限更大的包裝盒
145         ++nowmet[p];                              // 買入包裝盒 p，即 p 添入目前組合，調整剩餘需求
146         for (int j = 0; j < 4; ++j) need[j] -= pac[p].q[j];
147         search(p, now + pac[p].price);            // 從包裝盒 p 和價格 now +包裝盒 p 的價格
148                                                   // 出發繼續遞迴
149         --nowmet[p];                              // 恢復遞迴前狀態：目前組合撤去包裝盒 p，恢復遞
150                                                   // 歸前的剩餘需求
151         for (int j = 0; j < 4; ++j) need[j] += pac[p].q[j];
152     }
153 }
```

15.2.3 ▶ A* 演算法

啟發式搜尋（Heuristically Search）就是在狀態空間中的搜尋要對每一個狀態進行評估，得到最好的狀態，再從這個狀態進行搜尋，直到目標。啟發式搜尋可以省去大量無謂的搜尋，提高效率。在啟發式搜尋中，對狀態的估算是十分重要的。採用了不同的估算就有不同的效果。

啟發式搜尋一般用於求最短路徑問題，其中最典型的方法是 A* 演算法（A-Star Algorithm）。A* 演算法在搜尋過程中要為每個狀態建立啟發函式，用啟發函式制約搜尋沿著最有效率的方向行進：

$$狀態\ v\ 的啟發函式\ f(v)=g(v)+h(v)\ ;$$

其中，$f(v)$ 是從初始狀態經由狀態 v 到目標狀態的估算函式，該函式由兩部分組成：$g(v)$ 是在狀態空間中從初始狀態轉移到目前狀態 v 的實際轉移成本（前驅值），$g(v)$ 在搜尋過程計算；$h(v)$ 是從狀態 v 到轉移到目標狀態預估的轉移成本（後繼值），$h(v)$ 需要在搜尋前建立估算的數學模型。

顯然，對初始狀態 s 來說，$f(s)=0+h(s)=h(s)$。

在搜尋過程中，每次選擇 f 值最小的狀態擴充，擴充出子狀態 v，然後計算 $f(v)$，因此 A* 演算法又稱最好優先演算法。

純的 BFS 是 A* 演算法的一個特例。對於 BFS 演算法，對於目前節點擴充出來的每一個節點，如果沒有被存取過，則要放進佇列進行進一步擴充。也就是說，BFS 的估計函式 h 等於 0，沒有啟發的資訊。

基於 BFS 的 A* 演算法，需要建立兩個表：

1. OPEN 表：保存所有待擴充狀態，一般採用以 $f(v)$ 為關鍵字的優先佇列。

2. CLOSED 表：記錄已存取過的狀態，即該狀態的所有子狀態已被尋訪，且該狀態已離開了 OPEN 表。

之所以設立兩個表，是為了區分目前狀態是從未存取過的，還是已存取過的，或者是待擴充的。情況不同，計算 $f(v)$ 的方法也不同：從未存取過的狀態 v 還沒有 $f(v)$ 值，透過公式 $f(v)=g(v)+h(v)$ 計算；已存取過的或待擴充的狀態 v，原先有 $f(v)$，擴充後需要調整 $f(v)$。

A* 演算法的過程如下：

計算初始狀態 s 的啟發函式 f(s)=h(s)，s 進入 OPEN 表；
每次從 OPEN 表中選擇 f 值最小的狀態 u 擴充，擴充出合乎約束條件的子狀態 v：若發現經由 u 至 v 的 g(v)
　　比原先的 g(v) 好，則調整 f(v)（如果 v 未在佇列中，則 f(v)=g(v)+h(v)，
　　否則 f(v)=f(v)-g(v) 的變化量）；設定 u 和 v 的 " 前驅－後繼 " 關係；v 進入 OPEN 表；
這個過程一直搜尋至目標狀態或 OPEN 表空為止；
如果 OPEN 表空，則搜尋失敗；否則，從目標狀態出發，沿前驅指標傳回初始狀態 s，即可找到最佳路徑。

對於 A* 演算法，注意如下兩點。

1. 要找到最短路徑，關鍵是估算函式 $h(v)$ 的選取。

　① 若 $h(v) \le$ 狀態 v 到目標狀態的實際距離，則搜尋的狀態多、範圍大、效率低，但能得到最佳解；

　② 若 $h(v) >$ 狀態 v 到目標狀態的實際距離，則搜尋的狀態少、範圍小、效率高，但不能保證得到最佳解。

　　顯然，$h(v)$ 越接近實際值，啟發搜尋的效果越好。

2. 處理好 $h(v)$ 的計算量與解題效率間的平衡關係。

$h(v)$ 實際上是估計一個狀態在最佳路徑上的約束條件,資訊量越多或約束條件越多,則排除的無用狀態就越多,估算函式越好或說這個演算法越好。純的 BFS 之所以是盲目搜尋,是因為 $h(v)=0$,沒有任何啟發資訊。然而,$h(v)$ 內的資訊越多,計算量就越大,耗費的時間就越多,因為每擴充一個有用的子狀態 v,就要計算或調整一次 $f(v)$,因此在保證效率的前提下,需要適當減小 $h(v)$ 的計算量,即減小約束條件。

15.2.3.1 Knight Moves

你的一位朋友正在研究旅行騎士周遊問題(Traveling Knight Problem,TKP),這個問題是要在提供的 n 個方格的棋盤上找到騎士存取每個方格一次且僅一次的迴路。你的朋友認為這個問題最困難的部分是確定兩個給定的方格之間騎士移動的最小步數,一旦解決了這個問題,就很容易找到路線。

當然你知道反之亦然,所以你要為他寫一個解決「困難」部分的程式。

請你編寫一個程式,輸入兩個方格 a 和 b,然後確定騎士從 a 到 b 的最短路徑線上移動的次數。

輸入
輸入包含一個或多個測試案例。每個測試案例一行,這一行提供由一個空格分隔的兩個方格。一個方格表示為一個字串,由一個表示棋盤的列的字母(a~h)和一個表示棋盤的行的數字(1~8)組成。

輸出
對每個測試案例,輸出一行「To get from xx to yy takes n knight moves.」。

範例輸入	範例輸出
e2 e4	To get from e2 to e4 takes 2 knight moves.
a1 b2	To get from a1 to b2 takes 4 knight moves.
b2 c3	To get from b2 to c3 takes 2 knight moves.
a1 h8	To get from a1 to h8 takes 6 knight moves.
a1 h7	To get from a1 to h7 takes 5 knight moves.
h8 a1	To get from h8 to a1 takes 6 knight moves.
b1 c3	To get from b1 to c3 takes 1 knight moves.
f6 f6	To get from f6 to f6 takes 0 knight moves.

試題來源: Ulm Local 1996
線上測試:POJ 2243,UVA 439

❖ **試題解析**

本題練習 A* 演算法的基本寫法。

在 A* 演算法中,狀態 v 的啟發函式 $f(v)=g(v)+h(v)$,$g(v)$ 是從初始狀態(起點)轉移到目前狀態 v 的實際轉移成本,即前驅值;$h(v)$ 是從狀態 v 到轉移到目標狀態(終點)預估的轉移成本,即後繼值,預估的轉移成本用曼哈頓估算函式來計算,即為曼哈頓距離 $\times 10$(二維曼哈頓距離公式 $=|$ 終點 $.x-$ 目前點 $.x|+|$ 終點 $.y-$ 目前點 $.y|$)。以優先佇列來維護啟發函式 $f(v)$ 的最小值,每次取出目前最佳解,一直反覆運算直到到達目標。

❖ 參考程式

```
01  #include<iostream>
02  #include<queue>
03  using namespace std;
04  #define LL long long
05  #define M(a,b) memset(a,b,sizeof(a))        // 將 a 變數所占的每個位元組指定 b
06  const int MAXN = 10;                        // 棋牌規模的上限
07  const int INF = 0x3f3f3f3f;                 // 定義較大值
08  int X[9] = {-2,-2,-1,-1,1,1,2,2};           //8 個方向的偏移量
09  int Y[9] = {1,-1,2,-2,-2,2,1,-1};
10  int ex,ey;                                  // 目標方格為 (ex, ey)
11  char str[MAXN];                             // 輸入字串
12  int vis[MAXN][MAXN];                        // vis[i][j] 為曾到過方格 (i, j) 的標誌
13  struct Node                                 // 節點為結構類型
14  {
15      int x,y;                                // 方格位置為 (x, y)
16      int step;                               // 移動步數
17      int g, h, f;                            // 前驅值為 g，後繼值為 h，估算函式值為 f
18      bool operator < (const Node &k) const   // 多載 < 運算子（使用 < 運算子比較兩個節點的
19          // 估算函式值），即優先佇列節點按估算函式值為第一關鍵字，推入佇列順序為第二關鍵字排列
20      {
21          return f>k.f;
22      }
23  } temp;                                     // 初始節點
24  priority_queue<Node> q;                     // 元素類型為 Node 的優先佇列 q
25
26  int manhadun(Node temp)                     // 傳回 temp 的方格與目標方格間的曼哈頓距離
27  {
28      return (abs(ex - temp.x) + abs(ey - temp.y)) *10;
29  }
30  void init()                                 // 初始化
31  {
32      M(vis,0);                               // 初始時所有節點未曾到過
33      // 初始節點的前驅值、後繼值、估算函式值以及移動步數初始化為 0
34      temp.g = temp.h = temp.f = temp.step = 0;
35      while(!q.empty()) q.pop();              // 撤空優先佇列 q
36  }
37  int Astar (Node temp)                       // 從初始節點 temp 出發，
38                                              // 使用 A* 演算法計算最少移動步數
39  {
40      q.push(temp);                           // 初始節點 temp 推入佇列
41      while(!q.empty())                       // 若佇列非空，則取出估算函式值
42                                              // 最小的佇列首節點 top
43      {
44          Node top = q.top();
45          q.pop();
46          vis[top.x][top.y] = true;           // 設 temp 的方格曾到過
47          if(top.x==ex && top.y==ey)          // 若到達目標方格，則傳回其移動步數
48          {
49              return top.step;
50          }
51          for(int i=0; i<8; i++)              // 列舉 8 種移動方式
52          {
53              Node ss;              // 擴充出子節點 ss，其狀態為第 i 種移動後的方格
54              ss.x = top.x +X[i];
```

```
55              ss.y = top.y +Y[i];
56  // 若移動後的方格在界內且未曾到過，則 ss 的前驅值增加馬走日的距離 (22+1 = 5，√5 ×10
57  // 約等於 23)，後繼值為 ss 的方格與終點的曼哈頓距離，前驅值與後繼值之和為 ss 的估算函式值，
58  //ss 的移動步數在 top 的移動步數上 +1，ss 推入佇列
59              if(ss.x<8&&ss.x>=0&&ss.y<8&&ss.y>=0&&vis[ss.x][ss.y] == 0)
60              {
61                  ss.g = top.g + 23;
62                  ss.h = manhadun(ss);
63                  ss.f = ss.g + ss.h;
64                  ss.step = top.step + 1;
65                  q.push(ss);
66              }
67          }
68      }
69  }
70  int main()
71  {
72      while(gets(str))                    // 反覆輸入測試案例串
73      {
74          init();                         // 初始化
75          temp.x = str[0] - 'a';          // 計算初始節點 temp 的狀態，包括出發方格
76          temp.y = str[1] - '1';
77          ex = str[3] - 'a';              // 計算目標方格
78          ey = str[4] - '1';
79          temp.h = manhadun(temp);        // temp 的 h 值和估算函式值 f 為出發方格與
80                                          // 目標方格的曼哈頓距離
81          temp.f = temp.g + temp.h;
82          int ans = Astar(temp);          // 使用 A* 演算法計算輸出初始格至目標格的最少移動次數
83      printf("To get from %c%c to %c%c takes %d knight moves.\n",temp.x+'a',
84          temp.y+'1',ex+'a',ey+'1',ans);
85      }
86      return 0;
87  }
```

15.2.3.2　Eight

15 拼圖已經有超過 100 年的歷史了，即使你不知道這個名字，你也看到過它。它是由 15 個可以滑動的方片組成，每個方片上面用從 1 到 15 的一個數字識別碼，所有的方片都被放置在一個 4×4 的框架之中，也就少了一塊方片。我們稱少了的方片為「x」，拼圖的目標是要把這些方片排列好，使得它們的次序如圖 15.2-2 所示。

而唯一合法的操作是「x」和與它共用一條共同邊的方片交換位置。例如，圖 15.2-3 提供的移動序列解決了一個稍微有些困難的拼圖。

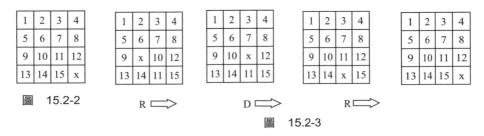

圖　15.2-2　　　　R ⇒　　　　D ⇒　　　　R ⇒

圖　15.2-3

圖中的字母表示與「x」相鄰的方片和「x」交換的每個步驟，合法的值是「R」、「L」、「U」和「D」，分別表示右、左、上和下。

並非所有的拼圖都可以被解；在 1870 年，一個名叫 Sam Loyd 的人提供了無法解決的拼圖，難倒了很多人。事實上，使一個普通的拼圖變成為一個無解的拼圖，你所要做的就是交換兩個方片（不包括「x」）。

本題請你編寫一個程式解決不太知名的 8 拼圖問題，方片在 3×3 的框架中。

輸入

本題提供 8 拼圖的結構的描述。該描述是方片在它們的初始位置的一個列表，按行從上到下，在一行中從左到右的順序，提供用從 1 至 8 的數字識別碼的方片，以及「x」，例如如圖 15.2-4 所示的拼圖。

被描述為：

1 2 3 x 4 6 7 5 8

1	2	3
x	4	6
7	5	8

圖 15.2-4

輸出

如果拼圖無解，則程式輸出單字「unsolvable」；否則輸出由字母「r」、「l」、「u」和「d」組成的字串，表示產生解的一系列移動。字串不包含空格，在行的開頭開始。

範例輸入	範例輸出
2 3 4 1 5 x 7 6 8	ullddrurdllurdruldr

試題來源： ACM South Central USA 1998

線上測試： POJ 1077，ZOJ 1217，UVA 652

❖ 試題解析

本題源自著名的 8 或 15 拼圖遊戲（8 Puzzle Problem，15 Puzzle Problem）。如題所述，一個 8 拼圖可以表示為一個 3×3 的矩陣，分別置放數字 1…9，其中 9 代表空格「x」；可以用一個長度為 9 的排列，按自左而右、自上而下的順序，表示 8 拼圖的狀況，第 k 個數字為位於矩陣中（$\lfloor \frac{k}{3} \rfloor$, $k\%3$）的數，$0 \leq k \leq 8$。而一個 15 拼圖則可以表示為一個 4×4 的矩陣，也可以按自左而右、自上而下的順序，表示成一個長度為 16 的一維的形式。

8 拼圖問題（3×3 矩陣）有解還是無解，有以下結論。

一個 8 拼圖狀態，按自左而右、自上而下的順序，表示成一維的形式，求出除空格「x」之外所有數字的逆序數之和，也就是每個數字前面比它大的數字的個數的和，稱為這個狀態的逆序。例如，圖 15.2-4 的逆序為 2（5 小於前面的 6 和 7）。因為空格和相鄰格上下每交換一次，逆序數改變偶次數，而左右交換逆序數不變，所以，如果兩個狀態的逆序奇偶相同，則這兩個狀態相互到達，否則相互不可達。

推廣到 $N \times N$ 矩陣對應的拼圖有解還是無解，可以推導出如下結論。

N 為奇數時，與 8 拼圖問題相同。N 為偶數時，因為空格和相鄰格上下每交換一次，逆序數改變奇次數，而左右交換不變；所以，如果兩個狀態的逆序奇偶相同且兩個空格的行距離為偶數，或者逆序奇偶不同且兩個空格的行距離為奇數，則兩個狀態相互到達；否則相互不可達。

例如，圖 15.2-3 提供的 4×4 矩陣的初始狀態，逆序數為 3（11 小於前面的 12、13、14），空格與目標狀態空格的行距離為 1（空格和相鄰格要上下交換一次，才能到達目標狀態空格的行）；而目標狀態的逆序數為 0。所以，初始狀態和目標狀態相互可達。

狀態：1…9 的一個排列以及其中 9（即空格「x」）的位置可代表一個狀態，狀態數的上限為 9!=362880。為了節省記憶體、計算方便，我們採用了索引技術，用排列的字典順序記錄狀態，因為排列與字典順序之間是可以互相轉化的：

```
1,2,3.4,5,6,7,8,9：字典順序 0
……
9,8,7.6,5,4,3,2,1：字典順序 362879
```

顯然，字典順序 0 代表目標狀態。

啟發函式 $f(u)$：初始狀態經由狀態 u 至目標狀態代價的估計值 $f(u)=d(u)+h(u)$，其中，$d(u)$ 為初始狀態到狀態 u 的最少移動步數；$h(u)$ 為中間狀態 u 至目標狀態的最壞情況，即狀態 u 中數字 1～8 與目標狀態中對應數字位置的距離和 $h(u)=\sum_{i=1}^{8}|x_i'-x_i|+|y_i'-y_i|$（數字 i 在狀態 u 中的位置為 (x_i, y_i)，在目標狀態的位置為 (x_i', y_i')）。

顯然，對初始狀態 s 來說，$f(s)=h(s)$。

轉移函式：若狀態 u 的空格位置為 (x, y)，即該位置為數字 9，其上下左右 4 個方向上有數字為 k（$1 \leq k \leq 8$）的相鄰格 (x', y')，則 (x, y) 和 (x', y') 內的數字交換，相當於空格由 (x, y) 移至 (x', y')，產生子狀態 v。

狀態空間：在擴充過程中所衍生的合法子狀態及其關係。

成本：按照最最佳化要求擴充出一個子狀態，代價為 1。

試題要求計算由初始狀態到目標狀態的代價和最少的一條路徑。顯然採用 BFS 是比較合適的。為了更快地找到這條路徑，我們沒有採用「先進先出」的傳統佇列，而是以啟發函式 f 為關鍵字的優先佇列作為儲存結構，即每次取 f 值最小的狀態擴充。

設 $d(u)$ 為初始狀態至 u 的路徑長度，如果 u 擴充出子狀態 v 後，$d(u)+1<d(v)$ 成立，則說明初始狀態經 u 至 v 的新路徑成本比原來好，則應調整 $d(v)=d(u)+1$，將最佳路徑上 v 的前驅狀態設為 u，記下移動方向，並且子狀態 v 推入佇列。A* 演算法的關鍵是怎麼估計初始狀態經由 v 至目標狀態的路徑成本 $f(v)$。因為優先佇列是以啟發函式 f 為關鍵字的，所以分三種情況處理：

1. 子狀態 v 從未被存取過：$f(v)$ 應為初始狀態至狀態 v 的路徑長度 $d(v)$+ 狀態 v 到目標狀態的最壞情況，即 $f(v)=d(v)+h(v)$。

2. 子狀態 v 已經在佇列：$f(v)$ 已經存在了，由於路徑現改為經由 u 至 v，使得這個估計值減少了 $d(v)-d(u)-1$，即 $f(v)= f(v) - d(v) + d(u)+1$。儘管狀態 v 推入佇列後出現冗餘，但不會導致出錯，因為路徑上各個 v 的前驅狀態是不一樣的。

3. 子狀態 v 為已經搜尋過 4 個方向的提出佇列元素：$f(v)=f(v)-d(v)+d(u)+1$，同第 2 種情況，狀態 v 重新推入佇列。

A* 演算法的詳細過程如下：

```
設初始狀態 s 的前驅指標為 -1；
d(s)=0；f(s)=h(s)；
s 入優先佇列 q；s 設推入佇列標誌，其他狀態設未在佇列標誌；
while（優先佇列 q 非空）
{
        取優先佇列 q 中啟發函式值最小的狀態 u；
        if   u 為目標狀態（字典順序 0）成功傳回；
        狀態 u 正式提出佇列；
        計算狀態 u 中的空格位置 (x, y)；
        for(int i=0; i<4; ++i){                          // 搜尋四個方向
                計算 (x, y) 在 i 方向上的相鄰格 (a, b)
                        if ((a, b) 在界內 ){
                                (x, y) 中的空格與 (a, b) 的數字交換，形成子狀態 v；
                                if (d(u) +1)< d(v))
                                        { d(v)=d(u)+1；
                                                將最佳路徑上 v 的前驅狀態設為 u；記下移動方向 i；
                                                根據 v 的三種情況調整啟發函式 f(v)；
                                                v 入優先佇列 q；設 v 在佇列標誌；
                                        }
                                }
                        }
                設定 u 四個方向已搜尋標誌
}
if（ 目標狀態已存取（字典順序 0）
        根據前驅狀態指標和移動方向計算和輸出最佳移動序列；
else 輸出失敗資訊；
```

❖ **參考程式**（略。本題參考程式的 PDF 檔案和本題的英文原版均可從碁峰網站下載）

15.2.3.3 Remmarguts' Date

「好男人從來不讓女孩等待或者爽約！」鴛鴦爸爸輕撫他的小鴨子的頭，在給大家講故事。

「Remmarguts 王子生活在他的王國 UDF（United Delta of Freedom）裡。有一天，他的鄰國派他們的 Uyuw 公主來執行一項外交使命。」

「Erenow，公主給 Remmarguts 發了一封信，通知他說她會來大廳與 UDF 舉行商貿洽談，若且唯若王子透過第 K 短的路徑去和她見面（事實上，Uyuw 根本不想來）。」

為了貿易的發展，也為了能夠一睹這樣一個可愛的女孩的芳容，Remmarguts 王子非常希望能夠解決這一問題。因此，他需要你——總理大臣的鼎力協助！

詳細的細節如下：UDF 的首都由 N 個站組成。大廳的編號是 S，而編號為 T 的站是王子目前的位置。M 條泥濘的道路連接著一些站。Remmarguts 王子去迎接公主的路徑可以經過同一個站兩次或兩次以上，甚至是編號為 S 或 T 的站。具有相同長度的不同路徑將被視為是不同的。

輸入

輸入的第一行提供兩個整數 N 和 M（$1 \le N \le 1000$，$0 \le M \le 100000$）。站的編號從 1 到 N。接下來的 M 行每行提供三個整數 A、B 和 T（$1 \le A$，$B \le N$，$1 \le T \le 100$），表示從第 A 站到第 B 站需要用時間 T。

最後一行提供三個整數 S、T 和 K（$1 \le S$，$T \le N$，$1 \le K \le 1000$）。

輸出

在單獨的一行中輸出一個整數數字：歡迎 Uyuw 公主的第 K 短的路徑的長度（所需要的時間）。如果第 K 短的路徑不存在，則輸出「–1」來代替。

範例輸入	範例輸出
2 2 1 2 5 2 1 4 1 2 2	14

試題來源： POJ Monthly, Zeyuan Zhu
線上測試： POJ 2449

❖ **試題解析**

我們將站設為節點，站與站之間的可達關係設為有向邊，用時設為有向邊的權值，則 UDF 組成一個帶權有向圖，其中大廳 S 為起點，王子所在的站為終點，試題要求計算由 S 至 T 的第 K 短的路的長度。

計算方法：SPFA 演算法 +A* 啟發式搜尋。

步驟 1：計算反向圖中終點可達節點的最短路徑（用於估算函式），設：

$$H[i] = \begin{cases} i \text{ 到的 } T \text{ 最短路徑長度} & i \text{ 可達 } T \\ \infty & i \text{ 不可達 } T \end{cases}$$

建構 $H[]$ 的方法：建立對應的反向圖，從終點出發，使用 SPFA 演算法計算終點出發的每條反向路徑的路徑長度。

步驟 2：使用 A* 啟發式搜尋計算第 K 最短路徑的長度。

因為 A* 演算法是以最快方法求出一條最短路徑，因此第 i 次算出的一條至終點的最短路徑一定是第 i 最短路徑。

A* 演算法的關鍵是估算函式 $F[i]$，$F[i]=G[i]+H[i]$，其中 $G[i]$ 表示起點到節點 i 的路徑長度，$H[i]$ 表示節點 i 到終點的最短路徑長度，由步驟 1 求出。所以，估算函式 $F[i]$ 代表由起點出發，經由節點 i 到達終點的路徑長度。

$F[]$ 是一個開放集合，每次從這個集合中取 $F[]$ 值最小的節點，顯然，可用優先佇列表示這個開放集合。

我們從起點出發，使用 A* 演算法擴充優先佇列中 $F[]$ 值最小的節點，計算每個相鄰點的 $G[i]$，並利用先前得出的 $H[i]$ 得出 $F[i]$，累計相鄰點的經過次數。注意：

1. 對於每個節點，我們最多求出經由的 *K* 條路。若大於 *K* 條路就不必再往下走了，因為經由目前點的第 *K*+1 條最短路徑到達終點時，一定不在終點的 *K* 條最短路徑之列。

2. 若有的點走不到終點，則不用考慮。可列出一個名單，這張名單即為 *H*[] 中值為∞的節點。

❖ 參考程式

```
01   #include<iostream>
02   #include<queue>
03   #include<vector>
04   using namespace std;
05   #define inf 99999999
06   #define N 1100
07   typedef struct nnn                          // 定義優先佇列的元素類型
08   {
09       int F,G,s;                              // 對應節點為 s，起點至該節點的距離為 G，
10                                               // 經過 s 的路徑長度為 F
11       friend bool operator<(nnn a,nnn b)      // 定義優先佇列的優先順序
12                                               //（路徑長度越小，優先順序越高）
13       {
14           return a.F>b.F;
15       }
16   }PATH;
17   typedef struct nn                           // 相鄰串列節點的結構定義
18   {
19       int v,w;                                // 鄰接點為 v，邊長為 w
20   }node;
21   vector<node>map[N],tmap[N];                 // 相鄰串列為 map[ ]，輔助相鄰串列為 tmap[ ]，
22       // 其中 map[i] 和 tmap[i] 為儲存節點 i 的所有相鄰點資訊的容器
23   int H[N];                                   // 反向距離表，即 end 至節點 i 的距離為 H[i]
24   void findH(int s)                           // 使用 SPFA 演算法計算 s 可達的每個節點的距離值 H[]
25   {
26       queue<int>q;                            // q 為整數佇列
27       int inq[N]={0};                         // 設所有節點非佇列元素標誌
28       q.push(s); inq[s]=1; H[s]=0;            // s 推入佇列，距離值為 0
29       while(!q.empty())                       // 若佇列非空，則佇列首元素 s 提出佇列
30       {
31           s=q.front(); q.pop(); inq[s]=0;
32           int m=tmap[s].size();               // 計算 s 的出度（即 tmap[s] 容器的大小）
33           for(int i=0;i<m;i++)                // 列舉 s 的每條出邊
34           {
35               int j=tmap[s][i].v;             // 計算 s 的第 i 條出邊的端點 j
36               if(H[j]>tmap[s][i].w+H[s])
37               {
38                   H[j]=tmap[s][i].w+H[s];     // 計算節點 j 的距離值
39                   if(!inq[j]) inq[j]=1,q.push(j);  // 若 j 非佇列元素，則推入佇列
40               }
41           }
42       }
43   } int Astar(int st,int end,int K)           // 計算由 st 至 end 的第 K 短的路徑長度
44   {
45       priority_queue<PATH>q;                  // 定義優先佇列 q，元素類型為 PATH
46       PATH p,tp;                              // 被擴充的元素為 p，擴充出的新元素為 tp
47       int k[N]={0};                           // 節點經過的次數 k[ ] 初始化為 0
```

```
48        findH(end);                                  // 計算反向距離表 H[ ]
49        if(H[st]==inf)return -1;                     // 若 end 不可達 st，則傳回失敗資訊
50        p.s=st; p.G=0; p.F=H[st];  // st 對應的元素 p（正向距離 0，路徑長度 H[st]）進入優先佇列
51        q.push(p);
52        while(!q.empty())                            // 若優先佇列非空，則取出路徑長度
53                                                     //（估算函式值）最小的元素 p
54        {
55            p=q.top(); q.pop();
56            k[p.s]++;                                 // 走過該元素對應節點的次數 +1
57            if(k[p.s]>K)continue;                     // 每個節點最多走 K 次，超過 K 條路不必走
58            if(p.s==end&&k[end]==K) return p.F;       // 若第 K 次走至終點，則傳回路徑長度
59            int m=map[p.s].size();                    // 計算對應節點 p.s 的度（出邊數）
60            for(int i=0;i<m;i++)                       // 列舉 p.s 的每條出邊
61            {
62                int j=map[p.s][i].v;                  // 取第 i 條出邊的端點 j
63                if(H[j]!=inf)                         // 若節點 j 可通向終點，則計算 j 的
64                                                     // 估算函式值，送入優先佇列
65                {
66                    tp.G=p.G+map[p.s][i].w;
67                    tp.F=H[j]+tp.G;
68                    tp.s=j;
69                    q.push(tp);
70                }
71            }
72        }
73        return -1;
74 }
75 int main()
76 {
77    int n,m,S,T,K,a,b,t;
78    node p;
79    scanf("%d%d",&n,&m);                             // 輸入節點數和邊數
80    for(int i=1;i<=n;i++)
81        {
82            map[i].clear(); tmap[i].clear(); H[i]=inf;   // 相鄰串列和距離表初始化
83        }
84        while(m--)                                    // 輸入 m 條邊資訊
85        {
86        scanf("%d%d%d",&a,&b,&t);                      // 將長度為 t 的正向邊 (a,b) 存入容器 map[a]
87     p.v=b; p.w=t; map[a].push_back(p);               // 將長度為 t 的反向邊 (b,a) 存入容器 map[b]
88     p.v=a; tmap[b].push_back(p);
89        }
90    scanf("%d%d%d",&S,&T,&K);                         // 輸入起點、終點和最短路徑序號
91    if(S==T) K++;                                     // 若起點與終點重合，則每個節點走過的次數 +1
92    printf("%d\n",Astar(S,T,K));
93 }
```

15.2.4 ► IDA* 演算法

IDA* 演算法是基於反覆運算加深的 A* 演算法（Iterative Deepening A*），在 DFS 過程中採用估算函式，以減少不必要的搜尋。IDA* 演算法的狀態 v 的啟發函式也是 $f(v)=g(v)+h(v)$，其中 $f(v)$，$g(v)$ 和 $h(v)$ 的含意和 A* 演算法的狀態 v 的啟發函式一樣。

IDA* 演算法的基本思路是：首先將初始狀態節點的 h 值設為閾值 bound，然後進行 DFS，搜尋過程中忽略所有估算函式值 f 大於 bound 的狀態節點（即如果 $g+h>$bound，則進行剪枝）；如果沒有找到解，則加大閾值 bound，再重複上述搜尋，直到找到一個解。在保證 bound 值的計算滿足 A* 演算法的要求下，可以證明找到的這個解一定是最佳解。在程式實現上，IDA* 要比 A* 方便，因為不需要保存節點，不需要判重複，也不需要根據估算函式值 f 對狀態節點排序，佔用空間小。但缺點是，求解問題可能需要重複呼叫 IDA* 演算法，因為回溯過程中若 depth 變大就要再次從頭搜尋。

設起始狀態為 A，目標狀態為 B，用虛擬碼描述的 IDA* 演算法如下：

```
bound = h(A);                        // 將初始狀態節點的 h 值設為閾值 bound
while(true) {
    t = IDA_search(root, 0, bound);  // 在閾值 bound 的限制下，計算 A 至 B 的可行性
    if (t == FOUND)                  // 若到達目標狀態（函式值為成功標誌），則傳回閾值 bound
        return bound;
    if (t == ∞)                      // 若函式值為無解標誌，則傳回失敗訊息
        return NOT_FOUND;
    bound = t;                       // 加大閾值 bound
}
```

其中，虛擬碼描述的函式 IDA_search 的過程如下：

```
function IDA_search(node, g, bound)      // node 為目前狀態節點，g 為到達目前節點狀態的
                                         // 路徑消耗值，bound 為目前搜尋的閾值
{  f = g + h(node);                      // 計算 A 途徑 node 至 B 的估算函式值 f
   if (f > bound)                        // 搜尋過程中忽略所有估算函式值 f 大於
                                         // 閾值 bound 的狀態節點
        return f;
   if (node == B)                        // 到達目標節點 B，則傳回有解標誌 FOUND
        return FOUND;
   min = r;                              // 閾值 min 調整賦初值
   for each succ in successors(node)     // DFS
        t = IDA_search (succ, g + cost(node, succ), bound)
   if (t == FOUND)                       // 目前閾值 bound 下有解
        return FOUND;
   if (t < min)                          // 調整目前閾值
        min = t;
   return min;                           // 傳回調整後的閾值
}
```

15.2.4.1　Eight

與【15.2.3.2 Eight】相同。

試題來源： ACM South Central USA 1998

線上測試： POJ 1077，ZOJ 1217，UVA 652

❖ 試題解析

本題分析如下。

1. 排除無解的情況，直接判斷出初始狀態是否不可到達目標狀態，方法如下：

按由上而下、由左而右順序將初始的 8 拼圖狀態中除空格「x」之外的所有數字表示成一維的形式，求出所有數字的逆序數之和，也就是在每個數字的前面比它大的數字的個數的和，稱為這個狀態的逆序。顯然，目標狀態的逆序數之和為偶數。如果初始狀態的逆序數之和亦為偶數，則初始狀態可以到達目標狀態；否則目標狀態不可達，無解。

2. 定義狀態 suc 的 h 值為狀態 suc 至目標狀態的最壞情況，即狀態 suc 中的數字 1～8 與目標狀態中對應數字位置的距離和 $h(\text{suc}) = \sum_{i=1}^{8} |x_i' - x_i| + |y_i' - y_i|$，其中數字 i 在狀態 suc 中的位置為 (x_i, y_i)，在目標狀態 goal 中的位置為 (x_i', y_i')。

   IDA* 演算法開始時，出發狀態的 h 值作為閾值 maxf 和評估函式 f 的初始值。

3. 在目前閾值的條件下計算可解方案。

   設定一個閾值 maxf，要求在途經節點的估算函式值不小於 maxf 的情況下，判斷能否找到一個由初始狀態至目標狀態的移動方案。這個判斷過程由 dfs(目前狀態) 演算法完成。目前狀態包括以下參數：目前節點 cur、前驅值 g、後繼值 h 和剛使用過的方向符 preDi。

   顯然，當 cur 可使用方向數 i 擴充出有效節點 next 時（即空方片沿 i 方向移動後的位置未越界），則繼續遞迴 dfs(新狀態)，其中新狀態包括：新節點 next、next 的前驅值 $g+1$、next 的 h 值 nexth、方向數 i。

   dfs(目前狀態) 的基本過程如下：

```
bool dfs(cur, g, h, preDir)        // 從目前狀態出發，使用 dfs 演算法計算有解的可行性
{
    if (g+h > maxf) return false;  // 若途徑 cur 的估算函式值超過閾值，則傳回失敗標誌
    if ( 狀態 cur 為目標狀態 )
       { 移動方案串的尾部添歸位；
          return true;             // 傳回成功標誌
       };
    for ( 除剛使用過的 preDir 方向外的方向 i)
    {
        計算 cur 中的空方片沿 i 方向移動後的位置 (next.r, next.c)；
        if ((next.r, next.c) 移出界外 ) continue;      // 略去非法狀態
        交換數字矩陣中原空方片與 (next.r, next.c) 中的數字，產生新節點 next 中的數字矩陣；
           計算新節點 next 的 h 值 nexth；
           將剛使用過的方向 i 填入移動方案串尾；
        if (dfs(next, g+1, nexth, i) return true;      // 若從新節點出發，能夠找到初始狀態至
             // 目標狀態的路徑且其估算函式值 g+1+nexth 不大於閾值 maxf，則傳回成功標誌
    }
    return false;         // 由於列舉了除 preDir 外的 3 個方向仍未找到解，因此傳回失敗標誌
}
```

4. 使用 IDA* 演算法計算移動方案。

   我們首先將初始狀態節點的 h 值設為閾值 maxf，然後進行 DFS，搜尋過程中忽略所有估算函式值 f 大於 maxf 的狀態節點，即如果 $g+h > \text{maxf}$，則進行剪枝。如果目前 DFS 搜尋沒有找到解，則加大閾值 maxf，再重複 DFS 搜尋，直到找到一個解為止。顯然，在保證 maxf 的值計算滿足 A* 演算法的要求下，找到的解一定是最佳解。

計算初始狀態至目標狀態的 h 值；
閾值 maxf 初始化為 h；
while (!dfs(start,0, h, '\0')) maxf++;   // 迴圈：若未找到可解方案，則閾值 +1

顯然，最後得出的 maxf 為空方片的最少移動次數。

❖ 參考程式

```
01   #include <iostream>
02   #include <string>
03   using namespace std;
04   const unsigned int M = 1001;
05   int dir[4][2] = {                           // 四個移動方向的偏移量
06       1, 0,                                   // 下
07       -1, 0,                                  // 上
08       0,-1,                                   // 左
09       0, 1                                    // 右
10   };
11   typedef struct STATUS{                      // 拼圖狀態 STATUS 為結構類型
12       int data[3][3];                         // 8 拼圖的數字矩陣，其中 0 代表空方片
13       int r,c;                                // 空方片所在的位置
14   }STATUS;
15   char dirCode[] = {"dulr"};                  //下、上、左、右方向字串
16   char rDirCode[] = {"udrl"};                 //上、下、右、左方向字串
17   char path[M];                               // 由方向符組成的最優移動字串
18   STATUS start, goal = { 1,2,3,4,5,6,7,8,0,2,2 }; // 起始狀態 start，目標狀態 goal
19   int maxf = 0;                               // 閾值初始化
20   int dist(STATUS suc, STATUS goal, int k) {  // 計算狀態 suc 中數字 k 位置與
21       // 狀態 goal 中數字 k 位置的距離，作為 suc 的 h 值
22       int si,sj,gi,gj;
23       for(int i=0;i<3;i++) // 找出 suc 中 k 所處位置 (si, sj) 和 goal 中 k 所處位置 (gi, gj)
24           for(int j=0;j<3;j++){
25               if(suc.data[i][j]==k){
26                   si=i;sj=j;
27               }
28           if(goal.data[i][j]==k){
29                   gi=i;
30                   gj=j;
31               }
32           }
33       return abs(si-gi)+abs(sj-gj);       // 傳回數字 k 在狀態 suc 與狀態 goal 中的距離
34   }
35   int H (STATUS suc, STATUS goal) {    // 計算狀態 suc 的 h 值，即狀態 suc 中的數字 1~8 與
36   // 目標狀態 goal 中對應數字位置的距離和 h(suc)= $\sum_{i=1}^{8}|x'_i - x_i| + |y'_i - y_i|$，其中數字 i 在狀態 suc 中的
37   // 位置為 $(x_i, y_i)$，在狀態 goal 中的位置為 $(x'_i, y'_i)$
38       int h = 0;
39       for(int i = 1; i <= 8; i++) h = h + dist(suc, goal, i);
40       return h;
41   }
42   bool dfs(STATUS cur,int g,int h,char preDir){    // 從目前狀態 cur 出發，使用 dfs 計算
43       // 有解的可行性（其中 cur 的前驅值為 g、後繼值為 h，剛使用過的方向符為 preDir）
44   if(g+h>maxf)return false;                       // 若 cur 的估算函式值超過閾值，則剪枝
45   if(memcmp(&cur, &goal, sizeof(STATUS))== 0 )    // 若狀態 cur 為目標狀態 goal，則成功傳回
46       {
47           path[g] = '\0';                         // 移動字串以歸位結尾
```

```
48          return true;
49      }
50      STATUS next;                              // 子狀態為 next
51      for(int i=0;i<4;++i){                     // 列舉除剛使用過的 preDir 方向外的 3 個方向
52          if(dirCode[i]==preDir)continue;       // 不能回到上一狀態
53          next=cur;                             // 計算空方片的移後位置 (next.r, next.c)
54          next.r = cur.r + dir[i][0];
55      next.c = cur.c + dir[i][1];
56      // 若 (next.r, next.c) 移出界外，則忽略；否則交換 (cur.r, cur.c) 和
57      //(next.r, next.c) 的數字，產生移動後的數字矩陣
58      if( !( next.r >=0 && next.r <3 && next.c >=0 && next.c< 3) ) continue;
59          swap(next.data[cur.r][cur.c], next.data[next.r][next.c]);
60          int nexth=H(next,goal) ;              // 計算子狀態的 h 值 nexth
61          path[g] = dirCode[i];                 // 將剛使用過的方向符填入移動字串
62      if(d fs(next, g + 1, nexth, rDirCode[i])) return true; // 若從子狀態出發，
63          // 能夠找到初始狀態至目標狀態的路徑，則傳回成功標誌
64      }
65      return false;                             // 列舉了除 preDir 外的 3 個方向仍未找到解，傳回失敗標誌
66  }
67  int IDAstar(){                                // 使用 IDA* 演算法計算移動方案
68      int h = H(start,goal);                    // 計算初始狀態 start 至目標狀態 goal 的移動次數下限
69      maxf = h;                                 // 閾值初始化
70      while (!dfs(start,0, h, '\0')) // 迴圈：若未找到初始狀態至目標狀態的路徑，則閾值 +1
71          maxf++;
72      return maxf;                              // 最終閾值作為最少移動次數傳回
73  }
74  bool IsSolvable(const STATUS &cur)   // 判別狀態 cur 是否可達目標狀態
75  {
76      int i, j, k=0, s = 0;
77      int a[9];
78      for(i=0; i < 3; i++){                     // 按由上而下、由左而右的順序將 8 個非空方片中的
79                                                // 數字記入 a[]
80          for(j=0; j< 3; j++){
81              if(cur.data[i][j]==0) continue;
82              a[k++] = cur.data[i][j];
83          }
84      }
85      for(i=0; i < 8; i++){                     // 統計 a[] 中所有數字的逆序數之和 s
86          for(j=i+1; j < 8; j++){
87              if(a[j] < a[i])
88                  s++;
89          }
90      }
91      return (s%2 == 0);                        // 若 s 為偶數，則傳回初始狀態可達目標狀態標誌；
92                                                // 否則返回不可達標誌
93  }
94  void input(){                                 // 輸入初始的 8 拼圖
95      char c;
96      for(int i=0;i<3;i++){     // 按照由上而下、由左而右的順序輸入方片資訊。若 (i,j) 為空方片，
97          // 則該方片置入 0，記下空方片的位置；否則將方片數字置入該位置
98          for(int j=0;j<3;j++){
99              cin>>c;
100             if(c=='x'){start.data[i][j]=0;start.r=i;start.c=j;}
101             else start.data[i][j]=c-'0';
102         }
```

```
103         }
104 }
105 int main(){
106     input();                    // 輸入初始的 8 拼圖結構 start
107 // 若初始狀態 start 可達目標狀態,則使用 IDA* 演算法計算和輸出移動串;否則輸出無解
108     if(IsSolvable(start)){
109             IDAstar();
110         cout<<path<<endl;
111     }
112     else  cout<<"unsolvable"<<endl;
113     return 0;
114 }
```

15.2.4.2 The Rotation Game

旋轉遊戲使用一個「#」形的板,包含了 24 個方塊(如圖 15.2-5 所示)。這些方塊用符號 1、2 和 3 標記,每種符號正好有 8 個。

最初,這些塊是隨機放置在板上的。請你移動塊,使得放置在中心正方形中的 8 個塊具有相同的標記符號。只有一種類型的有效移動,就是旋轉構成「#」形的四條方塊帶中的一條,每條方塊帶由 7 個方塊組成。也就是說,帶中的六個方塊向塊首的位置移一位,而位於塊首的方塊則移到帶的末端。8 種可能的移動分別用大寫字母 A~H 來標記。圖 15.2-5 顯示了兩個連續的移動,從初始狀態的塊的放置,先執行移動 A,然後執行移動 C。

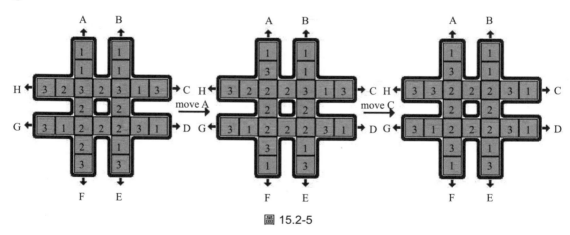

圖 15.2-5

輸入

輸入不超過 30 個測試案例。每個測試案例只有一行,提供 24 個數字,這些數字是初始狀態中塊的符號。按行從上到下列出塊的符號。對於每一行,塊的符號從左到右列出。數字用空格隔開。例如,範例輸入中的第一個測試案例對應於圖中的初始狀態。兩個測試案例之間沒有空行。在結束輸入的最後一個測試案例之後,提供一行,包含單個「0」。

輸出

對於每個測試案例,輸出兩行。第一行提供到達最終狀態所需要進行的所有移動。每個移動都是一個 A~H 中的字母,行中的字母之間沒有空格。如果不需要移動,則輸出

「No moves needed」。第二行提供在這些移動之後在中心正方形中的塊的符號。如果有多個解決方案,則輸出最少移動次數的解決方案。如果仍有多個解決方案,則按移動字母的字典順序為輸出最小的解決方案。在測試案例之間不要輸出空行。

範例輸入	範例輸出
1 1 1 1 3 2 3 2 3 1 3 2 2 3 1 2 2 2 3 1 2 1 3 3 1 1 1 1 1 1 1 1 2 2 2 2 2 2 2 2 3 3 3 3 3 3 3 3 0	AC 2 DDHH 2

試題來源: ACM Shanghai 2004
線上測試: POJ 2286,UVA 3265

❖ 試題解析

本題採用 IDA* 演算法求解,分析如下。

(1) 定義目前狀態 v 的估算函式值 $f(v)$ 和閾值 deep

估算函式值 $f(v)$ 為初始狀態經由目前狀態 v 到達目標狀態移動步數的預估值 $f(v)=g(v)+h(v)$;其中,$g(v)$ 定義為已完成的操作次數,顯然初始時 $g($ 初始狀態 $)=0$;$h(v)$ 定義為 8- an(an 為目前狀態 v 的中間 8 個塊中數字 1、2、3 中最多數字的數目)。由於目標是使中間 8 個塊具有相同數字,因此將最高頻率的那個數字填滿中間 8 個塊的移動次數最少。而不同於該數字的數字個數為 8- an,每次移動最多增加一個相同的數字,由此得出 $h(v)=8-an$。顯然,如果 $h($ 初始狀態 $)=0$,則說明中間 8 個塊中數字相同,無須計算移動方案。

閾值 deep 為移動總步數的上限,當估算函式值 $f(v)$ 超過 deep 時,目前狀態就要被剪枝。初始時 deep=0,每次增加 1 並判斷閾值 deep 下是否存在可行方案。顯然,如果操作次數 g 達到 deep 且 h 值為 0,則說明存在 g 次操作的可行方案,操作次數 g 一定是最少的(第一種情況);或者,如果目前狀態 v 的估算函式值 $f(v)=g(v)+h(v)\le$ deep 且繼續操作下去可達到目標狀態,則得出的操作次數也一定是最少的(第二種情況);除上述兩種情況外,則不存在可行方案。

(2) 使用 DFS 判斷目前閾值 deep 限制下是否存在可行方案

使用遞迴函數 dfs(g) 判斷閾值 deep 限制下存在答案的可行性,其中遞迴參數 g 為已完成的操作次數。

```
int dfs((g)      // 從已完成的操作次數 g 出發,計算閾值 deep 限制下的可行方案
{
    if (g == deep)                          // 處理第一種情況

    {
        if (h 值 ==0) return 操作次數 g;
        return 失敗標誌 0;
    }
    計算 h(v);
    if (g +h(v)> deep ) return 失敗標誌 0;       // 剪枝
    for (8 種操作)                           // 依次列舉 8 種操作。
```

```
        {
                計算第 i 種操作後的狀態 v；
        // 處理第二種情況：若 v 的估算函式值未超閾值，說明有可能找到答案，則允許遞迴
        if (h(v) + g <= deep)
        {
操作次數 m 賦初值 0；
                將第 g 個運算子添入方案串尾；
                if (m = dfs(g+1))              // 若繼續操作下去可找到答案，則記下和傳回操作次數
                    { return m; };
        }
        恢復第 i 種操作前的狀態；
    }
    return 失敗標誌 0；
}
```

（3）IDA* 演算法

IDA* 演算法就是不斷增加閾值 deep，透過 dfs(g) 判斷閾值 deep 下解的可行性。若可行，則得出的操作方案串和中間塊數字就是答案，詳細方法如下。

```
if (h( 初始狀態 )==0) { 輸出 "No moves needed" 和中間塊數字；}
    閾值 deep 初始化為 0
    while(true)                              // 迴圈，直至在某閾值 deep 限制下可行
        {
                閾值 deep++
                // 若在閾值 deep 限制下可由初始狀態達到目標狀態，則傳回操作次數 m 並退出
                if(m = dfs(0)) { break;}
        }
        輸出操作方案串中的 m 個字元
}
```

❖ 參考程式

```
01    #include <stdio.h>
02    using namespace std;
03    int deep = 0;                          // 閾值初始化
04    int a[25];                             // 第 i 個方塊的數字 a[i]
05    int p[8] = {6,7,8,11,12,15,16,17};     // 中間 8 個塊對應的位置序號
06    int rev[8] = {5,4,7,6,1,0,3,2};        // i 操作方向的相反方向為 rev[i]（A-F B-E C-H D-G）
07    int ans[110];        // 到達最終狀態所需要進行的移動，其中第 i 個移動數為 ans[i]
08    int op[8][7] = { 0,2,6,11,15,20,22,    // A 操作的原始順序
09                     1,3,8,12,17,21,23,    // B 操作的原始順序
10                     10,9,8,7,6,5,4,       // C 操作的原始順序
11                     19,18,17,16,15,14,13, // D 操作的原始順序
12                     23,21,17,12,8,3,1,    // E 操作的原始順序
13                     22,20,15,11,6,2,0,    // F 操作的原始順序
14                     13,14,15,16,17,18,19, // G 操作的原始順序
15                     4,5,6,7,8,9,10};      // H 種操作的原始順序
16    int h()                                // 計算和傳回 h 值（即預估的移動次數下限）。由於目標
17        // 使中間 8 個塊具有相同數字，而每次移動最多增加一個相同的數字，因此預估移動次數的下限
18        // 是 8 - an，其中 an 為中間 8 個塊中數字 1、2、3 的最高頻率
19    {
20        int x[]={0,0,0,0};                 // 中間塊中數字 i 的頻率為 x[i]
21        for (int i=0;i<8;++i)              // 統計中間 8 個塊中每個數字的頻率
22            x[a[p[i]]]++;
23        int an = 0;                        // 數字 1、2、3 的最高頻率初始化
24        for (int i=1;i<4;++i)              // 列舉數字 1、2、3 的頻率，選取其中最高的頻率 an
```

```
25        if (x[i] > an ) an = x[i];
26        return 8 - an;                    // 傳回預估的移動次數下限 8 - an
27  }
28  void change(int n)              // 進行第 n 種操作，即 n 方向上的 7 個方塊的資料迴圈移動一個位置
29  {
30    int t = a[op[n][0]];                  // 暫存開頭資料
31    for (int i=0;i<6;i++)                 // 相關方塊帶的 7 個資料向操作 n 方向移動一個位置
32  a[op[n][i]]=a[op[n][i+1]];
33      a[op[n][6]] = t;                    // 暫存的開頭資料移入尾部方塊
34  }
35  int dfs (int g)             // 從已進行過的操作次數 g（前驅值）出發，計算閾值 deep 下的可行方案
36  {
37      if(g == deep)                       // 若目前深度等於閾值 deep
38      {
39          if (h()==0) return g;           // 若 h 值為 0，則傳回操作次數 g；否則傳回失敗標誌
40          return 0;
41      }
42      if (g + h() > deep ) return 0;      // 若目前估算函式值超過閾值，則傳回失敗標誌
43      for (int i=0;i<8;++i)               // 依次列舉 8 種操作
44      {
45          change(i);                      // 計算第 i 種操作後的狀態
46          if (h()+g <= deep)              // 若目前估算函式值未超閾值，則說明遞迴下去有可能找到答案
47          {   int m = 0;                  // 答案中的操作次數初始化
48              ans[g] = i;                 // 記下第 g 次操作的序號 i
49              if (m = dfs(g+1)) {return m;};  // 若繼續操作成功，則記下和傳回遞迴結果
50          }
51          change(rev[i]);                 // 恢復第 i 種操作前的狀態，繼續嘗試其他操作
52      }
53      return 0;
54  }
55  void putans (int m)                     // 輸出答案：m 個運算子和中間塊數字
56  {
57      for (int i = 0;i<m;++i) printf ("%c",ans[i]+'A');
58      printf ("\n%d\n",a[15]);
59  }
60  int main ()
61  { int m = 0 ;                           // 操作次數初始化為 0
62   while(scanf ("%d",&a[0])==1 && a[0])   // 反覆輸入測試案例，直至輸入 0
63      {
64          for (int i = 1;i <= 23;++i)   // 按自上而下、由左而右的順序輸入初始狀態中 24 個塊的符號
65              scanf ("%d",&a[i]);
66  // 若初始狀態的 h 值為 0（中間方塊的 8 個數字相同），則輸出不需移動和中間塊的數字
67      if (h()==0) { printf("No moves needed\n%d\n",a[17]);continue;}
68      deep = 0;                           // 閾值初始化
69      while(true)                         // 迴圈，直至在某閾值 deep 下可行
70          {
71              deep++;                     // 閾值 deep+1
72              // 若在 deep 下可由初始狀態達到目標狀態，則記下操作次數 m 並結束
73              if(m = dfs(0)) { break;}
74          }
75          putans (m);                     // 依次輸出方案中的 m 個運算子
76      }
77      return 0;
78  }
```

15.2.4.3　Jaguar King

在森林深處，一場大戰即將開始。和其他動物一樣，美洲豹們也在準備這場終極大戰。它們不僅有力量、強壯、速度快，而且相比其他動物，它們還有一個額外的優勢：它們有一個智勇雙全的豹王 Jaguar King。

豹王知道，只有速度和力量，要贏得這場大戰還是不夠的。他們必須組成一個完美的隊形。豹王設計了一個完美的隊形，並按照這一隊形安排了所有美洲豹的位置。N 個美洲豹（包括豹王）有 N 個位置。豹王被標誌為 1，其他美洲豹的標誌從 2 到 N。在完美隊形中，美洲豹根據它們的編號被安排在隊形中。

豹王意識到，要使得一個剛形成的隊形完善和有效，一些位置應該有比較強壯的美洲豹，而另一些位置應該有速度更快的美洲豹。由於所有的美洲豹的力量和速度都是不同的，所以豹王決定改變一些美洲豹的位置，使得隊形成為完美隊形。聰明的豹王知道每一隻美洲豹的能力，所以他決定的隊形是完美的隊形，但問題是如何改變剛形成的隊形中美洲豹的位置。

一隻聰明的美洲豹提供了一個想法。這個想法很簡單。所有的美洲豹都等待豹王的信號，所有的眼睛都看著豹王。假設豹王在第 i 個位置。豹王跳轉到第 j 個位置時，在第 j 個位置的美洲豹看到豹王來了，它立即跳轉到第 i 個位置。豹王重複這個過程，直到完美隊形形成。那麼現在就存在另一個問題，即在跳躍的時候，碰撞可能發生。於是，一些聰明的美洲豹制訂了一項跳躍方案，使得碰撞不可能發生。該方案說明如下。

如果豹王在第 i 個位置：

1. 如果 ($i\%4=1$)，則豹王可以跳轉到的位置是 ($i+1$)、($i+3$)、($i+4$)、($i-4$)；

2. 如果 ($i\%4=2$)，則豹王可以跳轉到的位置是 ($i+1$)、($i-1$)、($i+4$)、($i-4$)；

3. 如果 ($i\%4=3$)，則豹王可以跳轉到的位置是 ($i+1$)、($i-1$)、($i+4$)、($i-4$)；

4. 如果 ($i\%4=0$)，則豹王可以跳轉到的位置是 ($i-3$)、($i-1$)、($i+4$)、($i-4$)。

在 1 和 N 之間的任何位置是有效的。

其實，在這些位置之間，豹王能跳得很高，所以碰撞不會發生。現在，你是囚犯之一（實際上，在大戰結束後，它們要吃了你）。現在你有機會活著出去。你知道它們所有的想法和剛形成的新隊形。如果你能告訴豹王，產生完美隊形的最少跳躍次數，它們就會慷慨地放了你。

輸入

輸入包含多個測試案例，測試案例的總數小於 50。每個測試案例描述如下。

每一個測試案例首先提供一個整數 N（$4 \le N \le 40$），表示美洲豹勇士的總數。本題設定 N 是 4 的倍數。下一行提供 N 個數字，表示美洲豹剛形成的隊形。連續的數字之間用一個空格隔開。

$N=0$ 表示輸入結束，程式不必處理。

輸出

對每個測試案例，輸出從 1 開始的測試案例編號。下一行提供產生完美隊形，豹王必須跳躍的最少次數。

輸出格式如範例輸出所示。

範例輸入	範例輸出
4	Set 1:
1 2 3 4	0
4	Set 2:
4 2 3 1	1
8	Set 3:
5 2 3 4 8 6 7 1	2
8	Set 4:
5 2 8 3 6 7 1 4	7
0	

試題來源：Next Generation Contest III
線上測試：UVA 11163

❖ **試題解析**

本題題意：有 N 隻美洲豹，完美隊形為 $1 \cdots N$，$N\%4=0$，其中編號為 1 的為豹王，只有豹王才可以和別的美洲豹透過跳躍交換位置；豹王跳躍有限制，設目前豹王位置為 i：

1. 如果 ($i\%4=1$)，則豹王可以跳轉到的位置是 ($i+1$)、($i+3$)、($i+4$)、($i-4$)；

2. 如果 ($i\%4=2$)，則豹王可以跳轉到的位置是 ($i+1$)、($i-1$)、($i+4$)、($i-4$)；

3. 如果 ($i\%4=3$)，則豹王可以跳轉到的位置是 ($i+1$)、($i-1$)、($i+4$)、($i-4$)；

4. 如果 ($i\%4=0$)，則豹王可以跳轉到的位置是 ($i-3$)、($i-1$)、($i+4$)、($i-4$)。

這 N 隻美洲豹要透過豹王和別的美洲豹交換位置產生完美的隊形；輸入美洲豹剛形成的隊形，問豹王最少要跳幾次才能把剛形成的隊形轉變為完美隊形，即美洲豹排序為 $1 \cdots N$。

所以，本題可以視為一個排序問題，而且每次僅有豹王和一隻美洲豹可以交換位置，這與經典的 8 拼圖問題相似。因此，首先建立一個常數表 dx[i][j]，其中 i 為豹王的位置對 4 的餘數（$0 \le i \le 3$），每個餘數對應一種跳躍方式，j 為目前跳躍方式的位移序號（$0 \le j \le 3$），則根據題意，int dx[4][4]={{-3,-1,+4,-4},{+1,+3,+4,-4},{+1,-1,+4,-4},{+1,-1,+4,-4}}。顯然，豹王在位置 k 可跳至 4 個位置，其中，第 j 個位置為 $k+$dx[k %4][j]，$0 \le j \le 3$。

和 8 拼圖問題一樣，我們提供 IDA* 演算法的一個估算函式：

$$f(v)=g(v)+h(v)$$

其中，$f(v)$ 為豹王從初始狀態（剛形成的隊形）經由位置 v 到達完美隊形的步數估計值；$g(v)$ 為豹王由剛形成的隊形跳躍至位置 v 的步數；初始時，對於豹王的位置 x，g 的值為 0；$h(v)$ 為豹王從位置 v 跳躍至隊形排序成功（即美洲豹排序為 $1 \cdots N$）的預估步數；初始時，對於豹王的位置 x，$h(x)$ 是累計 $n-1$ 個非豹王的美洲豹使用豹王的跳躍規則 dx[i%4][0..3]，從最終的完美隊形的位置跳躍到初始時剛形成隊形時位置的最少步數，即

$h(x)=\sum \text{dist}[i][A[i]]$，其中，$A[i]$ 為剛形成隊形時在位置 i 的美洲豹的序號，且 $A[i]\neq 1$（非豹王）；$\text{dist}[i][A[i]]$ 表示位置 i 的非豹王的美洲豹 $A[i]$ 使用規則 dx$[i\%4][0..3]$ 反向歸位到位置 $A[i]$ 的最短路徑長度。顯然，$h(x)$ 表示 $n-1$ 隻非豹王的美洲豹反向歸位到剛形成隊形時的位置需要跳躍的次數。在使用 IDA* 演算法前，先使用 floyd 演算法計算 $h(x)$。

在 IDA* 演算法中，設狀態為 $(x, \text{prev}, \text{dep}, \text{hv})$，其中 x 為豹王的目前位置，初始時，x 為在剛形成的隊形中的豹王位置；prev 為前驅位置，即豹王上一步是從位置 prev 跳至位置 x，初始時，prev$=-1$；dep 為豹王從初始位置跳至位置 x 的步數，即 dep 代表 g 的值，初始時 dep$=0$；hv 為豹王從位置 x 跳至完美隊形排序完成的步數估計值，即 hv 代表 h 的值。計算過程中，豹王從位置 x 跳至位置 tx，則在位置 tx 的美洲豹就跳至位置 x，hv 的值進行調整：hv$=$hv$+$dist$[x][$tx$]-$dist$[x][A[$tx$]]$。顯然，對於完美隊形，即排序成功的標誌為 hv$==0$。

在遞迴狀態 $(x, \text{prev}, \text{dep}, \text{hv})$ 後，得出目前為止豹王跳躍的最少次數 mxdep。為了提高演算法效率，我們採取了如下最佳化措施：

1. 採用定界技術，將目前為止豹王的最小跳躍次數 mxdep 設為界。按照估算函式的定義，豹王經由 x 要達到完美隊形狀態，即排序成功，最少跳躍步數估計為 dep$+$hv。顯然，若 dep$+$hv$>$mxdep，則搜尋下去，不可能得出更佳解，因此直接傳回 dep$+$hv。這樣做，可保證每次遞迴後豹王的跳躍次數趨小。

2. 若豹王在位置 x 又跳回前驅位置 prev，則換下一個跳轉位置，避免重複，陷入無窮迴圈。

3. 由於豹王從位置 x 出發跳躍，有 4 個可能到的位置，因此最多子狀態有 4 個，遞迴結果取其中的最佳值 submxdep$=$min$\{$ 遞迴第 i 個跳轉位置的結果值 $|$ 豹王能夠從 x 跳至 $(x+$dx$[x\%4][i])$，$0\le i\le 3\}$。

計算遞迴函數 mxdep$=$IDA$(x, \text{prev}, \text{dep}, \text{hv})$ 的詳細過程如下：

```
if (hv==0) 傳回豹王的跳躍次數 dep 和成功標誌；
if (dep+hv> mxdep) 傳回豹王經由 x 至排序成功至少跳躍 dep+hv 次；
submxdep=∞；
列舉豹王在位置 x 的 4 個跳轉位置 tx(tx=x+dx[x%4][i]，0≤i≤3)：
{
    if (tx 在界內)&&(tx≠prev)    // 注：位置 tx 的美洲豹 A[tx] 先跳至 x 位置後再歸位
    {計算未歸位美洲豹需要跳躍的步數 shv= hv+dist[x][tx]-dist[x][A[tx]];
        遞迴子狀態 (tx, x, dep+1, shv)，得出豹王的跳躍次數 tmp；
            submxdep= min(submxdep, tmp)；
    }
};
傳回 submxdep；
```

如果在排序成功前，預測到接下來豹王無論怎麼跳，其步數不可能更佳（dep$+$hv$>$mxdep），則必須放棄目前方案。因此可能需要多次呼叫函式 IDA $(x,-1, 0, E(s))$，計算和調整豹王的跳躍次數 mxdep，直至排序成功為止。

由於問題規模不大（$4\le N\le 40$），按上述方法反覆運算深搜，能很快通過測試資料。

❖ **參考程式**（略。本題參考程式的 PDF 檔案和本題的英文原版均可從碁峰網站下載）

15.3 在博弈問題中使用競賽樹

在兩方對弈的各類全息零和遊戲中,我們通常使用競賽樹(Game Tree)和極小化極大(MinMax)演算法來尋找某賽局的最佳步法。

所謂「全息」,就是對弈雙方的賽局資訊都是透明的,對方可以看到你怎麼走。井字遊戲、五子棋、中國象棋、國際象棋、圍棋等都屬於全息遊戲;而撲克牌就不是全息遊戲。所謂「零和」,就是雙方的利益總和是 0:如果你勝,積 1 分,則意味著我輸,減 1 分,相加就是 0。而極大極小的概念是相對的:我走棋,希望對我的利益的幫助是最大的,而對你的利益的幫助是最小的。

競賽樹是用於表示一個對弈賽局中各種後續可能性的樹,一棵完整的競賽樹會有一個起始節點,代表賽局的初始情形,接著下一層的子節點是原來父節點賽局下一步的各種可能性,依照這一規則擴充直到棋局結束。競賽樹中形成的葉節點代表各種賽局結束的可能情形,例如井字遊戲會有 26830 個葉節點。對於簡單的遊戲,透過競賽樹可以輕而易舉地找到最佳解並做出決策,但對於象棋、圍棋這一類大型博弈遊戲,要列出完整競賽樹是不可能的,通常會採用限制樹的層數、剔除不佳步法來進行搜尋。一般而言,搜尋的層數越多,能走出較佳步法的機會也越高。

競賽樹是一棵搜尋樹。在競賽樹中搜尋最佳步法的直觀思路如下。

假設 A 和 B 對弈,輪到 A 走棋,那麼我們會尋訪 A 的每一個可能的走棋,然後對於 A 的每一個可能的走棋,尋訪 B 的每一個可能的走棋,然後接著尋訪 A 的每一個可能的走棋,如此下去,直到得到確定的結果或者達到搜尋深度的限制。

在棋盤的規模較小、搜尋深度不大的情況下,我們可以從 A 先走的初始棋局出發,透過 DFS 搜尋雙方的所有可能走法。如果 A 的後繼中有一個使得 B 方敗的棋局,則肯定 A 方必贏,即 A 的後繼中有必殺手(forced win)。

【15.3.1 Find the Winning Move】提供了競賽樹必殺手的實作。

15.3.1 ▶ Find the Winning Move

4×4 的井字棋(tic-tac-toe)是在一個 4 行(由上而下編號從 0 到 3)和 4 列(從左向右編號從 0 到 3)的棋盤上玩的遊戲。有兩個玩家,x 方和 o 方,x 方下先手,交替進行。遊戲的贏家是第一個將 4 個棋子放置在同一行、同一列或同一對角線的那位玩家。如果棋盤已經擺滿了棋子,而沒有玩家獲勝,則遊戲是平局。

假設現在輪到 x 方走,如果 x 方走的這一步使得以後無論 o 方怎樣走,x 方都可以贏,我們稱之為必殺手(forced win)。這也並不一定意味著 x 方在下一步棋就會贏,儘管這也是有可能的。這意味著,x 方有一個取勝的策略,將保證最終的勝利,無論 o 方做什麼。

請你編寫一個程式,提供一個部分完成的遊戲,x 方將走下一步,程式將確定 x 方是否有一個取勝的必殺手。本題設定每個玩家都已經至少走了兩步,還沒有被任何一個玩家贏得這場遊戲,而且棋盤也沒有擺滿棋子。

輸入

輸入提供一個或多個測試案例，然後，以在一行中提供「$」表示輸入結束。每一個測試案例的第一行以一個問號開頭，接下來用四行來表示棋盤，格式如範例所示。在棋盤描述中所使用的字元是句號（表示空格）、小寫字母 x 和小寫字母 o。

輸出

對於每一個測試案例，輸出一行，提供 x 方的第一個必殺手的位置（行，列）；或者，如果沒有必殺手，則提供「#####」。輸出格式如圖範例所示。

對於本題，第一個必殺手是由棋盤的位置決定的，而不是取勝所要走的步數。透過按順序檢查（0, 0），（0, 1），（0, 2），（0, 3），（1, 0），（1, 1），…，（3, 2），（3, 3）來搜尋必殺手位置，並輸出第一個找到的必殺手的位置。注意，下面提供的第二個測試案例中，在（0, 3）或（2, 0）x 可以迅速取勝，但在（0, 1）仍然確保勝利（雖然有不必要的延遲），所以第一個必殺手的位置是（0, 1）。

範例輸入	範例輸出
?	#####
....	(0,1)
.xo.	
.ox.	
....	
?	
o...	
.ox.	
.xxx	
xooo	
$	

試題來源：ACM Mid-Central USA 1999

線上測試：POJ 1568，UVA 10111

❖ 試題解析

4×4 的井字棋共有 16 個格子，每個格子有 3 種可能：空地、被 x 方佔據、被 o 方佔據。因此，使用"狀態壓縮"的索引技術，用一個十六位的三進制數 state 代表棋盤，畢竟 $3^{16}=43046721$，不算太大。其中 state 的第 $i*4+j$ 位代表 (i, j) 格的狀態：

1. 若 (i, j) 為「x」，則 state 的第 $i*4+j$ 位為 1，即 state|=1UL<<$((i*4+j)*2)$；

2. 若 (i, j) 為「o」，則 state 的第 $i*4+j$ 位為 2，即 state|=2UL<<$((i*4+j)*2)$；

3. 若 (i, j) 為「.」，則 state 的第 $i*4+j$ 位為 0，運算略過。

雙方的勝態各有 10 種情況：行占滿的 4 種情況 + 列占滿的 4 種情況 + 左右對角線占滿的 2 種情況。x 方的 10 種贏局情況儲存於 xw[10]，o 方的 10 種贏局情況儲存於 ow[10]：

1. 計算行和列占滿的 8 種贏局。

計算行占滿的 4 種贏局（$0\leq i\leq 3$）：

```
for(j = 0; j < 4; j++) {
    xw[n] |= 1UL<<((i*4+j)*2);          // 對 x 方來說，第 i 行全為 1，則贏
    ow[n] |= 2UL<<((i*4+j)*2);          // 對 o 方來說，第 i 行全為 2，則贏
```

```
}
n++;                                    // 必贏情況數 +1
```

計算列占滿的 4 種贏局（0≤*i*≤3）：

```
for(j = 0; j < 4; j++) {
        xw[n] |= 1UL<<((j*4+i)*2);       // 對 x 方來說，第 i 列全為 1，則贏
        ow[n] |= 2UL<<((j*4+i)*2);       // 對 o 方來說，第 i 列全為 2，則贏
}
n++;                                     // 必贏情況數 +1
```

2. 計算左對角線占滿的 1 種贏局。

```
for(i = 0; i < 4; i++) {
        xw[n] |= 1UL<<((i*4+i)*2);       // 對 x 方來說，左對角線全為 1，則贏
        ow[n] |= 2UL<<((i*4+i)*2);       // 對 o 方來說，左對角線全為 2，則贏
    }
    n++;                                 // 必贏情況數 +1
```

3. 計算右對角線占滿的 1 種贏局。

```
for(i = 0; i < 4; i++) {
        xw[n] |= 1UL<<((i*4+3-i)*2);     // 對 x 方來說，右對角線全為 1，則贏
        ow[n] |= 2UL<<((i*4+3-i)*2);     // 對 o 方來說，右對角線全為 1，則贏
    }
    n++;
```

為了避免重複搜尋，我們為每個狀態建立一個勝態標誌的索引 $R[]$：若 turn 方棋局 node 為贏局，則 $R[node]=1$；否則 $R[node]=0$。

由於棋盤的規模較小，搜尋深度不會很大，因此沒有必要估計每個節點輸贏的可能性。x 方必贏，則後繼中必然有一個使 o 方敗的棋局，即 x 的後繼中有必敗點的為必勝點。

我們使用遞迴函數 dfs(node, rx, ry, turn) 來計算 turn 方的輸贏情況；其中，node 表示棋局，初始時為輸入棋局；turn 表示接下來換誰，1 代表 x 方，2 代表 o 方。顯然 turn 方走棋後，接下來換 3-turn 方走。turn 的初始值為 1，x 方先走；rx, ry 為必殺手位置，初始時為 (−1,−1)。

dfs(node, rx, ry, turn) 的傳回值代表 turn 方的輸贏情況：若傳回 0，則 turn 方輸；若傳回 1，則 turn 方必贏，並傳回能贏的最小座標 (rx, ry)。

這個計算過程十分簡單：

```
dfs(node, rx, ry, turn);
{
    if（棋局 node 先前產生過）傳回 R[node]；
    if（棋局 node 屬於贏局）傳回 turn 方輸標誌 0；
    循序搜尋棋盤中每個空地 (i, j)（0≤i, j≤3，node>>((i*4+j)*2))&3==0）：
        { 遞迴 dfs(node', rx, ry, 3-turn);     // turn 方的棋子走入 (i, j)，形成新棋局
            // node'=node|(turn<<((i*4+j)*2))，接下來 3-turn 方走
            if (dfs 函式傳回 0){                // 即 3-turn 方輸，turn 方在棋局 node' 為贏局
                將 (i, j) 記為第 1 個必殺手位置 (rx, ry)；
                    R[node']=1;                 // 標誌棋局 node' 為贏局
                return 1;                       // 傳回 turn 方贏標誌
            }
        }
    return 0;                                   // 傳回 turn 方輸標誌 0
}
```

❖ **參考程式**

```
01    #include <stdio.h>
02    #include <string.h>
03    #include <map>
04    using namespace std;
05    map<unsigned int, int> R;                          // 關聯式容器 R，其中 R[x] 為棋局 x 的索引
06    unsigned int ow[10] = {}, xw[10] = {};             // xw[10] 儲存 x 方的十種必贏情況，
07                                                       // ow[10] 儲存 o 方的十種必贏情況。初始時為空
08    int check(unsigned int node) {                     // 計算目前棋局 node 的輸贏結果
                                                         //check(node) = { 0 勝負未定
                                                         //                 1 x 方勝
                                                         //                 2 o 方勝
09        int i;
10        for(i = 0; i < 10; i++)                        // 若目前棋局屬於 x 方的十種必贏情況中的任一種，
11                                                       // 則傳回 1
12            if((node&xw[i]) == xw[i]) return 1;
13        for(i = 0; i < 10; i++)                        // 若目前棋局屬於 o 方的十種必贏情況中的任一種，
14                                                       // 則傳回 2
15            if((node&ow[i]) == ow[i]) return 2;
16        return 0;                                      // 傳回勝負未定標誌
17    }
18    int dfs(unsigned int node, int &rx, int &ry, unsigned int turn) {   // 從目前棋局
19    //node 和走棋方 turn 出發，計算和傳回輸贏情況：若傳回 0，則沒有必殺手；否則 turn 方贏，
20    //(rx,ry) 即為 turn 方的第 1 個必殺手位置
21        if(R.find(node)!=R.end())return R[node];       // 若棋局 node 先前產生過，
22                                                       // 則傳回棋局 node 的索引
23        int f=check(node);                             // 檢查棋局 node 是否屬於必贏態。若是，傳回標誌 0
24        if (f) return 0;
25        int i, j;
26        int &ret = R[node];                            // 取棋局 node 的索引
27        for(i = 0; i < 4; i++) {                       // 自上而下、自左而右尋找空地
28            for(j = 0; j < 4; j++) {
29                if(( node>>((i*4+j)*2))&3) continue;   // 若 (i,j) 非空地，則繼續尋找；
30                    // 否則 turn 方走至空地 (i,j)，形成新棋局 node|(turn<<((i*4+j)*2))，
31                    // 下一步 3-turn 走
32                f = dfs(node|(turn<<((i*4+j)*2)), rx, ry, 3-turn);   // 遞迴新棋局
33                if(f == 0)                    {   // 若新棋局 turn 方贏，則 (i, j)) 作為 x 方的
34                                                  // 第 1 個必殺手位置
35                rx = i, ry = j;
36                ret = 1;                          // 設定新棋局的索引為 1
37                return 1;                         // 傳回 turn 方贏的標誌
38            }
39            }
40        }
41        return 0;                                      // 傳回 turn 方輸的標誌
42    } int main() {
43        char end[10], g[10][10];
44        int i, j, n = 0;                               // 贏局數 n 初始化為 0
45        //x->1, o->2
46        for(i = 0; i < 4; i++) {                       // 計算行占滿的 4 種贏局和列占滿的 4 種贏局
47            for(j = 0; j < 4; j++) {
48                xw[n] |= 1UL<<((i*4+j)*2);             // 對 x 方來說，第 i 行全為 1，則贏
49                ow[n] |= 2UL<<((i*4+j)*2);             // 對 o 方來說，第 i 行全為 2，則贏
50            }
```

```
51              n++;
52              for(j = 0; j < 4; j++) {
53                  xw[n] |= 1UL<<((j*4+i)*2);        // 對 x 方來說，第 i 列全為 1，則贏
54                  ow[n] |= 2UL<<((j*4+i)*2);        // 對 o 方來說，第 i 列全為 2，則贏
55              }
56              n++;
57          }
58          for(i = 0; i < 4; i++) {                  // 計算左對角線占滿的一種贏局
59              xw[n] |= 1UL<<((i*4+i)*2);            // 對 x 方來說，左對角線全為 1，則贏
60              ow[n] |= 2UL<<((i*4+i)*2);            // 對 o 方來說，左對角線全為 2，則贏
61          }   n++;
62          for(i = 0; i < 4; i++) {                  // 計算右對角線占滿的一種贏局
63              xw[n] |= 1UL<<((i*4+3-i)*2);          // 對 x 方來說，右對角線全為 1，則贏
64              ow[n] |= 2UL<<((i*4+3-i)*2);          // 對 o 方來說，右對角線全為 1，則贏
65          }
66          n++;
67          while(scanf("%s", end)==1) {     // 反覆讀測試案例的開頭標誌，直至讀入結束標誌 "$" 為止
68              if(end[0] == '$') break;
69              for(i = 0; i < 4; i++) scanf("%s", g[i]);     // 讀 4 行資訊
70              unsigned int state = 0;                  // 初始狀態為 0
71              for(i = 0; i < 4; i++) {                 // 自上而下、由左而右建構初始狀態
72                  for(j = 0; j< 4; j++) {
73                      if(g[i][j] == '.') {}            // 若 (i, j) 為 "."，則略過
74                      else if(g[i][j] == 'x')          // 若 (i, j) 為 "x"，則 state 的第 i*4+j 位為 1
75                          state |= 1UL<<((i*4+j)*2);
76                      else                             // 若 (i, j) 為 "o"，則 state 的第 i*4+j 位為 2
77                          state |= 2UL<<((i*4+j)*2);
78                  }
79              }
80              int rx = -1, ry = -1;                    // x 第一個必殺手位置初始化
81              int f = dfs(state, rx, ry, 1);
82              if(f == 0)                               // 輸出沒有必殺手的資訊
83                  puts("#####");
84              else
85                  printf("(%d,%d)\n", rx, ry);        // 輸出 x 第一個必殺手位置 (rx, ry)
86          }
87      return 0;
88  }
```

在【15.3.1　Find the Winning Move】的必殺手的基礎上，論述極小化極大演算法如下：極小化極大演算法就是一個樹狀結構的遞迴演算法，每個節點的子節點和父節點都是對方玩家，所有的節點被分為極大值（本方）節點和極小值（對方）節點。極小化極大演算法使用 DFS 尋訪競賽樹來填充樹中節點的啟發值，節點的啟發值透過一個估算函式來計算。

極小化極大演算法的兩個反覆運算過程需要進行玩家判斷，因為我們需要最小化對方的優勢，最大化本方優勢，所以，在搜尋樹中，表示本方走棋的節點為極大節點，因為本方會選擇局面評分最大（即對自己最為有利）的一個走棋方法；即本方的目前步，需要傳回找到的極大值 max。表示對方走棋的節點為極小節點，因為對方會選擇局面評分最小（對本方最為不利）的一個走棋方法；即對方的目前步，需要傳回找到的極小值 min。這裡的局面評分都是相對於本方來說的。

假設本方為 A，對方為 B，雙方都會在有限的搜尋深度內選擇最好的走棋方法（如圖 15.3-1 所示）。

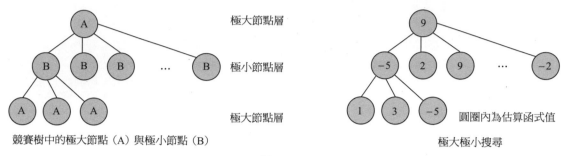

圖 15.3-1

對於一些搜尋深度比較大的遊戲，必須限定搜尋深度，在達到了搜尋深度限制時無法判斷結局如何，就根據目前棋局由估算函式計算啟發值。不同估算函式差別很大，需要很好的設計。因此，極小化極大演算法的遞迴函式有兩個邊界條件：到達搜尋層數限制，即 depth 為 0；已經遞迴到葉節點，在博弈中呈現為 "死棋 " 或者有一方已經確定獲勝或者失敗。

極小化極大演算法思維的虛擬碼描述如下：

```
func tionminimax(node, depth)       // 從目前狀態（包括節點 node 和搜尋層數限制 depth）出發，
    //計算和傳回葉節點或搜尋層數到達上限的節點的啟發值
{   if (node 是葉節點 or depth == 0)          // 遞迴邊界
        return node 的啟發值；
    if (node 為極小值節點（對方玩家走棋）
    {    α = + ∞；                          // 啟發值的最小值初始化
            for each node 子節點                // 計算對方玩家每一可能走步的啟發值的最小值
                α = min(α, minimax(child, depth-1))；
    }
    else                                  // node 為極大值節點（本方玩家走棋）
    {   α = - ∞；                          // 啟發值的最大值初始化
            for each node 子節點              // 計算本方玩家每一可能走步的啟發值的最大值
                α = max(α, minimax(child, depth-1))；
    }
    return α
}
```

然而，對於一些規模較大的遊戲，為了更快地判別競賽樹的輸贏，我們採用了一種啟發式搜尋策略，在競賽樹中使用基於 α-β 剪枝（Alpha Beta Pruning）的 DFS，剪掉那些不可能影響決策的分支，依然傳回和極小化極大演算法同樣的結果。

（1）α 剪枝（α cut-off）

在對競賽樹採取 DFS 的搜尋策略時，從左路分支的葉節點倒推得到某一極大的節點 A 的啟發值，表示到此為止得以「落實」的步法的最佳啟發值，記為 α。顯然，該值可作為節點 A 步法的啟發值的下界。

在搜尋節點 A 的其他子節點，即考慮其他步法時，如果發現一個回合（2 步棋）之後啟發值變差，即存在一個孫節點，其啟發值低於下界 α 值，則便可以剪掉此枝（以該子節點為根的子樹），即不再考慮以後的步法，如圖 15.3-2 所示。

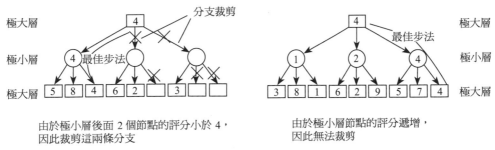

圖 15.3-2

（2） β 剪枝（β cut-off）

同理，由左路分支的葉節點倒推得到某極小層中節點 B 的啟發值，可表示到此為止對 A 步法的鉗制值，記為 β。顯然，β 值可作為極大層方無法實現步法的啟發值的上界。

在搜尋節點 B 的其他子節點，即探討另外步法時，如果發現一個回合之後鉗制局面減弱，即孫節點評分高於上界 β 值，則便可以剪掉此枝，即不再考慮以後的步法，如圖 15.3-3 所示。

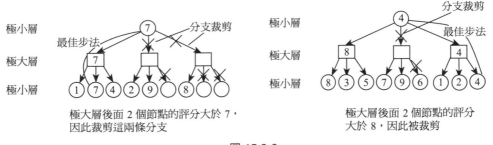

圖 15.3-3

α-β 剪枝是根據極小化極大演算法的極大 – 極小搜尋規則進行的，雖然它沒有尋訪某些子樹的節點，但仍不失為窮舉搜尋。

從 α-β 剪枝原理中得知：α 值可作為極大層方可實現步法指標的下界；β 值可作為極大層方無法實現步法指標的上界，於是由 α 和 β 可以形成一個極大層方候選步法的窗口。

定義極大層的下界為 α，極小層的上界為 β，α-β 剪枝規則描述如下：

1. **α 剪枝。** 若任一極小值層節點的 β 值不大於它任一前驅極大值層節點的 α 值，即 α（前驅層）≥ β（後繼層），則可終止該極小值層中這個 MIN 節點以下的搜尋過程。這個 MIN 節點最終的倒推值就確定為該 β 值。

2. **β 剪枝。** 若任一極大值層節點的 α 值不小於它任一前驅極小值層節點的 β 值，即 α（後繼層）≥ β（前驅層），則可以終止該極大值層中這個 MAX 節點以下的搜尋過程，這個 MAX 節點最終倒推值就確定為該 α 值。

α-β 剪枝演算法的虛擬碼如下：

```
function alphabeta(node, depth, α, β, Player)     // 從目前狀態出發，遞迴計算走方 Player 的
                                                  // 估算函數值（目前狀態包括節點 node、層數限制 depth、α 和 β 值、走方標誌 Player）
{   if  (node 是葉節點 or depth == 0)              // 遞迴邊界
        return node 的啟發值；
    if  (Player == MaxPlayer)                     // 若 node 為極大值節點（本方玩家），則列舉極小層節點
    {   for each node 的子節點 child              // 計算對方玩家每一可能走步的啟發值的最大值 α
        {   α = max(α, alphabeta(child, depth-1, α, β, not(Player) ));
                if (β ≤α) break;                  // 若極大節點的值 ≥α≥β，則 β 剪枝，
                    // 因為該極大節點搜尋到的值肯定會大於 β，因此作為後繼的該極小節點不會被選用
        }
        return α；                                 // 傳回極大層的下界 α
    }
    else                                          // 對於極小值節點 node（對方玩家），則列舉極大層節點
    {   for each node 的子節點 child              // 計算對方玩家每一可能走步的啟發值的最小值 β
        {   β = min(β, alphabeta(child, depth-1, α, β, not(Player) ))
                if (β≤α) break；                  // 若極小節點的值 ≤β≤α，則 α 剪枝，因為該極小
                    // 節點搜尋到的值肯定會小於 α，因此作為後繼的該極大節點不會被選用
        }
        return β；                                 // 傳回極小層的上界 β
    }
}
```

初始時，呼叫 alphabeta(origin, depth, −infinity, +infinity, MaxPlayer)。

15.3.2 ▶ Triangle War

Triangle War（三角戰爭）是在如圖 15.3-4 所示的三角網格上進行的兩人遊戲。

兩個玩家 A 和 B，輪流填充連接兩個點的虛線為實線，A 先開始。一旦一條虛線被填充，就不能再被填充。如果一條虛線被一個玩家填充，並且與另外相鄰 1 的實線組成了一個或多個單位三角形，那麼這些實線構成的單位三角形就被標記為該玩家所擁有，並且這位玩家還被獎勵再填充一條虛線（即對手跳過這一輪）。到遊戲結束時，所有的虛線都被填充好了，擁有三角形多的玩家獲勝。兩個玩家擁有的三角形數量的差並不重要。

例如，如果 A 在圖 15.3-5 左側的三角形網格中填充 2 和 5 之間的虛線：

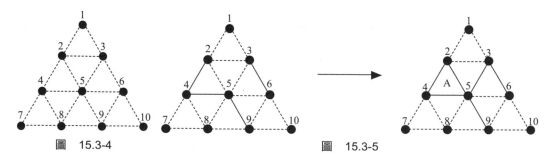

圖 15.3-4   圖 15.3-5

那麼，A 就擁有一個標記為「A」的三角形；然後，A 被獎勵，A 填充 3 和 5 之間的虛線。這樣，如果 B 願意的話，B 可以擁有 3 個三角形：首先，填充 2 和 3 之間的虛線；再填充 5 和 6 之間的虛線；然後，填充 6 和 9 之間的虛線；最後，B 再填充一條虛線，然後才輪到 A 來填充。

在本題中，提供一些在三角網格上的填充。基於提供的已經進行到中盤的遊戲，請你確定哪個玩家會贏。本題設定，兩個玩家都採取最優策略，總是能夠做出為自己帶來最佳結果的選擇。

輸入

輸入提供若干遊戲實例。輸入的第一行是一個正整數，表示遊戲實例的數目。每個遊戲實例首先提供一個整數 m（$6 \leq m \leq 18$），表示在遊戲中已經做了的填充的次數。接下來的 m 行表示兩個玩家按順序所做的填充，每行提供 $i\ j$（$i<j$），表示填充了 i 和 j 之間的虛線。本題設定所有的填充都是合法的。

輸出

對於每個遊戲實例，將遊戲編號和結果在一行裡輸出，如範例輸出所示。如果 A 贏了，則輸出「A wins.」；如果 B 贏了，則輸出「B wins.」。

範例輸入	範例輸出
4	Game 1: B wins.
6	Game 2: A wins.
2 4	Game 3: A wins.
4 5	Game 4: B wins.
5 9	
3 6	
2 5	
3 5	
7	
2 4	
4 5	
5 9	
3 6	
2 5	
3 5	
7 8	
6	
1 2	
2 3	
1 3	
2 4	
2 5	
4 5	
10	
1 2	
2 5	
3 6	
5 8	
4 7	
6 10	
2 4	
4 5	
4 8	
7 8	

試題來源： ACM East Central North America 1999

線上測試： POJ 1085，ZOJ 1155

❖ **試題解析**

簡述本題題意：玩家 A 和玩家 B 輪流在一個含有 9 個小三角形的三角網格中填充虛線，當某玩家填充一條虛線後構成一個由實線構成的單位三角形，該玩家就擁有這個三角形，得 1 分，還被獎勵再填充一條虛線。最後，誰擁有的三角形多，誰就贏。

本題是 α-β 剪枝的基礎題。

三角網格有 18 條邊，每條邊用 0～17 中的一個整數來編號，如圖 15.3-6 所示。

在圖 15.3-6 中，連接 1 和 2 之間的邊表示為 $2^0=1$，連接 2 和 3 之間的邊表示為 $2^1=2$，連接 1 和 3 之間的邊表示為 $2^2=4$，以此類推。在圖 15.3-7 中，填充虛線而構成的單位三角形的狀態值為 $2^3+2^4++2^5=56$。

所以，自上而下、由左而右的 9 個單位三角形的狀態值依次為 7、56、98、448、3584、6160、28672、49280、229376。

所有被填邊「|」運算的結果形成目前局面的狀態值 cur_state。若填入值為 edge 的邊，則形成新局面狀態值 new_state=(cur_state｜edge)，由此得出所有邊均被填充後的最終狀態值 end_state=$2^{18}-1$。對於目前局面 cur_state 來說，剩餘邊集的局面值為 (~cur_state) & end_state)。

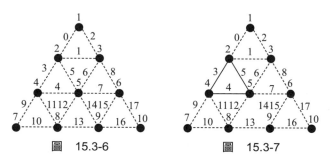

圖 15.3-6   圖 15.3-7

由於三角網格中共有 9 個單位三角形，因此，當某玩家擁有了 5 個單位三角形時，就決出了勝負。

本題透過極小化極大演算法搜尋和 α-β 剪枝來求解，判斷 A 和 B 誰勝。首先，計算填了 m 條邊的局面值 cur_state；然後，呼叫遞迴函數 $\alpha\_\beta()$ 搜尋。對於本題，α 值為 1 表示 A 可以贏，也就是說，若函式值傳回 1 的時候，其他的就不用再搜了；β 值為 -1，表示 B 可以贏，同理進行剪枝。

```
int  α_β (走方標誌，目前局面的狀態值 cur_state，α，β，A 得分 ca，B 得分 cb);
{
    if(ca≥5) return 1;          // 若玩家 A 得到 5 分以上，則傳回 A 贏標誌
    if(cb >= 5) return -1;      // 若玩家 B 得到 5 分以上，則傳回 B 贏標誌
    計算剩餘邊集 remain = ((~cur_state) & end_state);
    if( 玩家 A 走 ){            // 目前為極大值節點
    while(remain 集非空){       // 列舉計算極小層節點的狀態
                計算可添邊 move = (remain & (-remain));
                計算 A 方添 move 邊後的新局面狀態值 new_state 和得分 ta;
            if(ta >ca) val=α_β(A 走標誌，new_state，α，β，ta，cb);       // 如果 A 得分，
                // 則 A 繼續填邊
```

```
        else val = α_β(B 走標誌，new_state，α，β，ca，cb);        // 否則輪到 B 填邊
                if(val > α) α = val;      // 調整和傳回極大節點的值
            if(α >= β) return α;
            remain -= move;                      // 把邊 move 從可選邊集 remain 中移除
        }
        return α;                                // 傳回極大節點的值
    }
    else{                                        // 輪到 B 走，即目前為極小值節點
        while(remain 集非空 ){                    // 列舉計算極大層節點的狀態
            計算可添邊 move = (remain & (-remain));
            計算 B 方添 move 邊後的新局面值 new_state 和得分 tb;
            if(tb> cb)                            // 如果 B 得分了，則 B 繼續填一條邊；
                                                 // 否則輪到 A 填邊
                    val = α_β(B 走標誌，new_state，α，β，ca，tb);
            else   val = α_β(A 走標誌，new_state，α，β，ca，cb);
            if(val < β) β = val;                 // 調整和傳回極小節點的值
            if(α >= β) return β;
            remain -= move;                      // 把邊 move 從可選邊集 remain 中移除
        }
        return β;                                // 傳回極小節點的值
    }
}
```

❖ 參考程式

```
01  #include <stdio.h>
02  #include <stdlib.h>
03  #include <string.h>
04  int edge[11][11]={                              // 相鄰矩陣儲存各邊狀態值中 2 的次冪
05      {0, 0, 0, 0, 0, 0, 0, 0, 0, 0, 0},
06      {0, 0, 0, 2, 0, 0, 0, 0, 0, 0, 0},
07      {0, 0, 0, 1, 3, 5, 0, 0, 0, 0, 0},
08      {0, 2, 1, 0, 0, 6, 8, 0, 0, 0, 0},
09      {0, 0, 3, 0, 0, 4, 0, 9, 11,0, 0},
10      {0, 0, 5, 6, 4, 0, 7, 0, 12,14,0},
11      {0, 0, 0, 8, 0, 7, 0, 0, 0, 15,17},
12      {0, 0, 0, 0, 9, 0, 0, 0, 10,0, 0},
13      {0, 0, 0, 0, 11,12,0, 10,0, 13, 0},
14      {0, 0, 0, 0, 0, 14,15,0, 13, 0, 16},
15      {0, 0, 0, 0, 0, 0, 17,0, 0, 16,0},
16  };
17  int tri[9] = {7, 56, 98, 448, 3584, 6160, 28672, 49280, 229376}; // 第 i 個單位三角形
18      // 代表的數字為 tri[i]
19  int end_state = (1<<18)-1;      // 所有邊均被填充時的終結狀態 2^18 - 1，用於計算未填的邊集
20  int inf = (1<<20);              // 定義較大值
21  int next_state(int cur_state, int edge, int *cnt)    // 函式參數包括：目前局面值
22      // cur_state，待添的邊狀態值 edge，走的一方添邊前的得分 cnt。計算結果為：由函式值傳回
23      // 添邊後的局面值，由變參 cnt 傳回走的一方添邊後擁有的得分
24  {
25      int i;
26      int new_state = (cur_state | edge);          // 目前局面並上待添邊狀態後形成新局面值
27      for(i = 0; i < 9; i++)                        // 如果新局面能形成一個單位三角形，則得分
28          if(((cur_state & tri[i]) != tri[i]) && ((new_state & tri[i]) == tri[i]))
29          (*cnt)++;
30      return new_state;                            // 傳回新局面值
```

```
31  }
32  int a lpha_beta(int player, int cur_state, int alpha, int beta, int ca, int cb)
33      // 計算和傳回誰贏的標誌：A 贏為 1；B 贏為 -1（參數：player 為走方標誌，cur_state 為
34      // 目前局面值，alpha 和 beta 為 α 和 β 值，ca 和 cb 分別為 A 和 B 的得分）
35  {
36      int remain;                               // 剩餘邊集
37      if(ca >= 5) return 1;                     // 若 A 得到 5 分以上，則 A 贏
38      if(cb >= 5) return -1;                    // 若 B 得到 5 分以上，則 B 贏
39      remain = ((~cur_state) & end_state);      // 計算剩餘邊集
40      if(player){                               // 若 A 走
41          while(remain){                        // 迴圈，直至無邊可走為止
42              int move = (remain & (-remain));  // 選擇一條可走的邊 move
43              int ta = ca;                      // 走後得分初始化
44              int val;
45              int new_state = next_state(cur_state, move, &ta);    // 計算走後分 ta
46              if(ta > ca)                       // 如果 A 得分了，則 A 繼續填一條邊
47                  val = alpha_beta(player, new_state, alpha, beta, ta, cb);
48              else                              // 否則輪到 B 填
49                  val = alpha_beta(player^1, new_state, alpha, beta, ca, cb);
50              if(val > alpha) alpha = val;      // 調整和傳回極大節點的值
51              if(alpha>= beta) return alpha;
52              remain -= move;                   // 把邊 move 從可選邊集 remain 中移除
53          }
54          return alpha;                         // 傳回極大節點的值
55      }
56      else{                                     // B 走
57          while(remain){                        // 迴圈，直至無邊可走為止
58              int move = (remain & (-remain));  // 選擇一條可走的邊 move
59              int tb = cb;                      // 走後得分初始化
60              int val;
61              int new_state = next_state(cur_state, move, &tb); // 計算走後分 tb
62              if(tb > cb)                       // 如果 B 得分，則 B 繼續填邊；否則輪到 A 填邊
63                  val = alpha_beta(player, new_state, alpha, beta, ca, tb);
64              else
65                  val = alpha_beta(player^1, new_state, alpha, beta, ca, cb);
66              if(val < beta) beta = val;        // 調整和傳回極小節點的值
67              if(alpha >= beta) return beta;
68              remain -= move;                   // 把邊 move 從可選邊集 remain 中移除
69          }
70          return beta;                          // 傳回極小節點的值
71      }
72  }
73  int main()
74  {
75      int T, w = 0;                             // 遊戲編號初始化
76      scanf("%d", &T);                          // 輸入遊戲實例數
77      while(T--){                               // 依次處理每個遊戲實例
78          int i;
79          int n;
80          int ans;
81          int cnt = 0;                          // 走的步數：偶數輪到 A 走，奇數輪到 B 走
82          int cur_state = 0;                    // 目前局面值初始化
83          int ca = 0;                           // A 方和 B 方走後的得分（擁有的三角形數）初始化
84          int cb = 0;
85          int ta, tb;                           // A 方和 B 方走前的得分（擁有的三角形數）
```

```
86          int alpha = -inf;                    // α和 β 值初始化
87          int beta = inf;
88          scanf("%d", &n);                      // 輸入遊戲中已經做了的填充次數
89          for(i = 0; i < n; i++){               // 依次輸入填充的資訊
90              int u, v;
91              ta = ca;                          // 設定第 i 次填充前 A 方和 B 方擁有的三角形數
92              tb = cb;
93              scanf("%d%d", &u, &v);            // 第 i 次填充了 u 和 v 之間的虛線
94                  // 計算填充後的局面值 cur_state 以及走的一方的得分 (cb 或 ca)
95              cur_state = next_state(cur_state, 1<<edge[u][v], (cnt & 1) ? (&cb) :
96              (&ca));
97              if(ta == ca && tb == cb) cnt++;   // 若不得分,則輪到對方走
98          }
99          // 若輪到 B 走,則計算和傳回極小節點值 ans;否則輪到 A 走,計算和傳回極大節點值 ans
100         if(cnt & 1) ans = alpha_beta(0, cur_state, alpha, beta, ca, cb);
101         else ans = alpha_beta(1, cur_state, alpha, beta, ca, cb);
102         // 遊戲編號 w+1。輸出第 w 盤遊戲結局:若函式傳回值為正,則 A 贏;否則 B 贏
103         if(ans> 0)                     printf("Game %d: A wins.\n", ++w);
104         else  printf("Game %d: B wins.\n", ++w);
105     }
106     return 0;
107 }
```

15.3.3 ▶ The Pawn Chess

提供如下的迷你版國際象棋:一個 4×4 的棋盤,四個白兵在第一排(輸入中底部的一行),四個黑兵在最後一排。本遊戲的目標是玩家將他的一個兵抵達對方的底線(對於執白的玩家,白兵抵達最後一排;對於執黑的玩家,黑兵抵達第一排),或將對方逼得無路可走。一個玩家無路可走,就是說,如果輪到他走的時候,他無法移動任何棋子(包括被全殲,已經沒有棋子可以走了)。

兵的移動和一般下象棋一樣,但兵不能移動兩步。也就是說,如果一個兵前方的方格是空的,這個兵既可以向前邁進一步(也就是向著對方的底線邁一步),也可以斜著走去吃掉相反顏色的兵(也就是向前向左或向前向右),被吃掉的兵要從棋盤上移走。

提供在棋盤上的兵的位置,請你確定誰將會贏得比賽。假設兩個玩家發揮了他們的最佳水準。你還要確定,比賽在最後確定勝負之前,還要走多少步(本題設定贏家會努力地盡可能快地贏得比賽,而輸家也會使得失敗來得盡可能地慢)。執白者先走。

輸入

輸入的第一行提供測試範例的數目(最多 50)。每個測試案例用 4 行來表示棋盤,測試案例之前有一個空行。這 4 行中的第一行是棋盤的最後一排(初始時黑兵的出發點)。黑兵用「p」表示,白兵用「P」表示,空格用「.」表示。每種顏色的兵的數量有 1～4 個。初始的態勢不會是遊戲的最終態勢,白方至少可以走一次。注意,輸入的棋盤態勢不一定是一個從遊戲開始時透過合乎規則的步驟產生的態勢。

輸出

對於每個測試案例,輸出一行,如果白方獲勝,則該行提供 white (xx);如果黑方獲勝,則該行提供 black (xx)。其中 xx 是移動的數目(如果白方獲勝,則是一個奇數;如果黑方獲勝,則是一個偶數)。

範例輸入	範例輸出
2	white (7)
	black (2)
.ppp	
....	
.PPP	
....	
...p	
...p	
pP.P	
...P	

試題來源： ACM ICPC World Finals Warmup 2（2004-2005）

線上測試： UVA 10838

❖ 試題解析

試題要求獲勝方的最少步數，這是一種很傳統的博弈問題。一般而言，可以使用劃分狀態最小化的方法，但效率會很差。因為狀態分化的太多，必須尋訪所有狀態才能知道結果。基於此，本題採用 α-β 剪枝求解，雖然這種剪枝相當依賴存取順序，搜尋也頗為費時，但從另一個角度看，α-β 剪枝提供了相當不錯的思路，在這個策略的基礎上稍作調整，可使搜尋效率顯著提高。

我們透過 DFS 建構一棵競賽樹，樹中的節點代表棋局狀態，其中輸入棋局為根節點，對方全殲或者我方有兵抵達對方底線的棋局為目標節點，無棋子可移的棋局為葉節點，中間棋局為分支節點。

競賽樹根的層次定義為 depth=36，每往下一層，－－depth。顯然，偶數層先手走，奇數層後手走。根據博弈理論，競賽樹的建構過程自上而下，偶數層要取最大，奇數層要取最小，交錯進行。

設 alpha(v) 為先手從 v 至葉節點的步數。alpha(v)= $\max\limits_{u \in v \text{的子代}}$ {u 至葉節點的步數 }。由於先手要最大化 alpha，因此 alpha 的初始值設為 –9999。

beta(v) 為後手從 v 至葉節點的步數。beta(v)= $\max\limits_{u \in v \text{的子代}}$ {u 至葉節點的步數 }。由於後手要最小化 beta，因此 beta 的初始值設為 9999。

樹上各個節點的 alpha 值（或 beta 值）是從樹葉成本往上倒推的，因此當白方對葉節點時傳回 –depth；面對中間節點時傳回 alpha；黑方對葉節點時傳回 depth；面對中間節點時返回 beta。

在計算 alpha(v) 和 beta(v) 的過程中：父節點 v 會將已經找到的部分解傳遞給子代繼續搜尋。假設父代 v 是取最大值 alpha(v)，則所有子代要取最小的 beta 值。如果 v 的其中一個子代 u 的最小值 p 已知 (beta(u)=p)，另一個子代 u'（$u' \in v$ 的子代）搜尋到一半時，發現 u' 的一個子代 u'' 回傳 $q<p$，其實可以裁剪以 u' 為根的子樹。因為這一層還要取最小，往上回父代處則要取最大，不可能比 p 更大。

這個遞迴過程直至搜尋至目標狀態為止：

1. 若遞迴結果值為正，則表示白方贏，最少移動步數為 36− 遞迴結果值。遞迴結果值越大，先手獲勝的步數越小；

2. 若遞迴結果值為負，則表示黑方贏，最少移動步數為 36 + 遞迴結果值。遞迴結果值越小，後手獲勝步數越小。

❖ **參考程式**（略。本題參考程式的 PDF 檔案和本題的英文原版均可從碁峰網站下載）

15.3.4 ▶ Stake Your Claim

Gazillion Games Inc. 的設計師們設計出了一款新的相對簡單的遊戲，名為「Stake Your Claim」。兩個玩家 0 和 1，初始時提供兩個值 n 和 m，建立一個 $n×n$ 網格，在網格上隨機放置 m 個 0 和 m 個 1；然後，玩家 0 走先手，兩個玩家交替地將自己的號碼（0 或 1）放在網格上的一個空網格中。在網格被填滿後，每個玩家的分數等於在網格上填了這個玩家號碼的最大連接區域。所謂連接區域，是在這個區域中任何兩個網格之間存在僅由向北、向南、向東、向西移動組成的路徑。得分高的玩家獲勝，而且他的分數和另一位玩家分數的差作為勝者的獎勵點數。圖 15.3-8 提供了兩個已結束的遊戲的實例，標出了每個玩家的最大連接區域。請注意，在第二個範例中，兩個各有 2 個 0 的區域之間沒有連接。

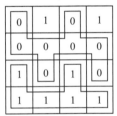
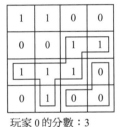

玩家 0 的分數：8　　　　　玩家 0 的分數：3
玩家 1 的分數：6　　　　　玩家 1 的分數：6
玩家 0 被獎勵 2 個點　　　玩家 1 被獎勵 3 個點

圖 15.3-8

為了測試這個遊戲，Gazillion 雇用你編寫一個玩這個遊戲的程式。提供一個初始的放置，要求程式確定目前玩家最佳放置的位置座標，即最大化目前玩家的得分（或最小化對方玩家的得分）。

輸入
輸入將由多個測試案例組成。每個測試案例的第一行提供一個正整數 n（$n≤8$），表示網格的大小。接下來是 n 行，提供目前網格的放置（首先提供第 0 行，然後提供第 1 行，以此類推）；這些行中的每一行都提供 n 個字元，字元分別取自「0」、「1」和「.」，其中「.」表示一個空的網格。第一個字元在第 0 列，第二個字元在第 1 列，以此類推。網格上的 0 的數量要麼等於 1 的數量，要麼比 1 的數量多 1 個，並且有 1 到 10（包括 10）個空網格。在最後一個測試案例後面跟著一行，該行提供 0，表示輸入結束，程式不用處理。

輸出

對於每個測試案例，輸出一行，提供兩個項目：當玩家的最佳放置的網格座標，以及該玩家獲得的最佳點數。如果存在多個解，則按字典順序輸出第一個位置。使用範例輸出中的格式。

範例輸入	範例輸出
4	(1,2) 2
01.1	(2,2) -1
00..	
.01.	
...1	
4	
0.01	
0.01	
1..0	
.1..	
0	

試題來源： ACM East Central North America 2006

線上測試： POJ 3317，UVA 3731

試題解析本題分析如下。

1. 狀態的表示。

由於玩家輪流給空網格填數，而空網格數不大於 10 個，因此，記錄哪些空網格被填數，以及填了什麼數，是最經濟實用的記錄方法。

一個二進位數字 state 用於記錄空網格是否被填數的情況，其中，第 i 個二進位數字

$$state_i = \begin{cases} 1 & \text{第 } i \text{ 個空網格未被填數} \\ 0 & \text{第 } i \text{ 個空網格已被填數} \end{cases}$$

初始時，網格含 m 個空網格，state$=2^m-1$。

一個三進制數 now 用於記錄空網格的處理的情況，其中第 i 個三進制數

$$now_i = \begin{cases} 0 & \text{第 } i \text{ 個空網格未被填數} \\ 1 & \text{第 } i \text{ 個空網格被填 0} \\ 2 & \text{第 } i \text{ 個空網格被填 1} \end{cases}$$

2. α-β 剪枝。

在搜尋某個節點的子樹過程中，發現目前子樹怎樣也無法得到比「目前已搜尋過的子樹得到的結果」（alpha 或者 beta）更佳的結果時傳回。

還要注意的一點：目前玩家不一定是走先手的玩家 0。

❖ **參考程式**（略。本題參考程式的 PDF 檔案和本題的英文原版均可從碁峰網站下載）

15.4　相關題庫

15.4.1 ▶ The Most Distant State

八數碼是在一個正方形的方格中放置 8 個小正方形方塊，剩下第 9 個小正方形沒有被覆蓋。每個小方塊上有一個數字。相鄰於空格的小方塊可以滑入到空格中（如圖 15.4-1 所示）。八數碼遊戲提供一個起始狀態和一個特定的目標狀態，透過移動（滑動）方塊將起始狀態轉化為目標狀態。八數碼問題要求你用最少移動次數進行轉換。

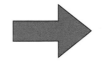
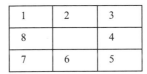

起始狀態　　　　　　　　　　　　　　　　　　目標狀態

圖 15.4-1

然而，本題有點不同。在本題中，給定一個初始狀態，要求你尋找這樣一個目標狀態：從提供的初始狀態出發，在所有可以到達的狀態中，距離最遙遠（移動次數最多的）的狀態。

輸入

輸入的第一行提供一個整數，表示測試案例的數量。接下來提供一個空行。

每個測試案例由 3 行組成，每行 3 個整數，表示一個八數碼的初始狀態。空格用 0 表示。每一個測試案例後提供都有一個空行。

輸出

對於每一個測試案例，首先輸出測試案例的編號數字。接下來的 3 行每行包含 3 個整數，表示從提供的起始狀態可以到達的最遙遠的狀態中的一個。接下來的一行提供從起始狀態轉換的最短的移動序列。移動用空格四個方向的移動來表示：U（向上）、L（向左）、D（向下）和 R（向右）。在每個測試案例處理後輸出一個空行。

範例輸入	範例輸出
1	Puzzle #1
	8 1 5
2 6 4	7 3 6
1 3 7	4 0 2
0 5 8	UURDDRULLURRDLLDRRULULDDRUULDDR

試題來源：BUET/UVA World Finals Warm-up

線上測試：UVA 10085

提示

簡述題意：本題是一種特殊的八數碼問題。一般八數碼問題求的是初始狀態到達目標狀態的最少步數；而本題僅有初始狀態，沒有指明目標狀態，允許方塊任意滑動，要求找出移動次數最多的那個狀態，不能重複。

八數碼問題一般採用 BFS 演算法求解，其中的 while 迴圈是在遇到目標狀態時結束的；
而求解本題的 BFS，其 while 迴圈只能在佇列空時結束，以保證在搜尋完所有可能狀態的
基礎上得出移動次數最多的狀態。

佇列 q 儲存狀態，狀態為一個結構體，包括：

◆ 棋盤狀態 ch[3][3]，對應狀態值為 9 位九進制整數；

◆ 0 方塊所在的位置 (x，y)；

◆ 初始狀態至目前狀態的操作序列字串 str。

設立重合標誌 m[]，$m[p] = \begin{cases} 1 & \text{狀態值 } p \text{ 重合} \\ 0 & \text{狀態 } p \text{ 未出現過} \end{cases}$。注意索引為長整數，可採用關聯式容器，
即定義：

```
map<long long,int> m;
```

我們使用 hash（p）函式計算 p 對應的 m[] 值，並判斷其是否重合：

```
int hash(p) {
    long long cnt, k;
    cnt=k=0;
    for(int i=0;i<N;i++)        // 計算 p 的狀態值 cnt
        for(intj=0;j<N;j++) cnt+=p.ch[i][j]*pow(9,k++);
    if (!m[cnt]) {              // 若 cnt 先前未出現，則標誌該數重合，傳回先前 cnt 未出現的訊息（1）；
                               // 否則傳回 cnt 與先前重複的資訊（0）
        m[cnt]=1;
        return 1;
    }
    return 0;
}
```

使用 BFS 求解本題的虛擬碼如下：

```
void bfs() {
    初始狀態 st 推入佇列 q;
    while( 佇列 q 非空 ) {
        取出佇列首狀態 st;
        列舉四個方向（0≤i≤3）:
        {
            計算 (st.x，st.y) 的空格沿 i 方向滑動的位置 (x1，y1);
            if ((x1，y1) 在界外) continue;
            st1=st;     // 計算新狀態 st1
            st1.ch[st1.x][st1.y]=st1.ch[x1][y1];st1.ch[x1][y1]=0;
            st1.x=x1;st1.y=y1;
            st1.str+= i 方向滑動的運算子;
            if (hash(st1)) q.push(st1);   // 設定 st1 重合標誌。若該狀態先前未產生過，則推入佇列
        }
    }
}
```

在主程式中，先進行初始化：

◆ 重合標誌初始化（m.clear() 命令）；

◆ 邊輸入資訊邊建構初始狀態 st（注：st.str 為空）；

◆ 設定 st 重合標誌（hash(st)）。

然後執行 bfs() 函式，搜尋所有可能狀態。

按照試題要求的格式輸出最後提出佇列狀態的棋盤 st.ch[3][3] 和操作序列 st.str。

15.4.2 ▶ 15-Puzzle Problem

15 數碼是一個非常受歡迎的遊戲，即使你不知道它的名字，你也看到過它。它是由 15 個可以滑動的方塊組成，每個方塊上方有一個數字，由 1 到 15，所有的方塊都放置在一個 4×4 的正方形框架中，有一個方格是空格，沒有方塊。15 數碼的目標是移動方塊使方塊排列如圖 15.4-2 所示。

圖 15.4-2

15 數碼唯一能進行的合法操作是將空格與同它共用一條邊的方塊交換位置。圖 15.4-3 中的例子提供改變狀態的一個序列。

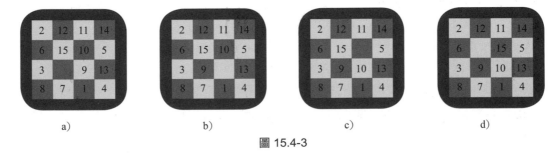

a)　　　　　　　　b)　　　　　　　　c)　　　　　　　　d)

圖 15.4-3

圖 15.4-3a 是任意的一個 15 數碼的狀態；圖 15.4-3b 是空格向右移動和交換，用 R 標示；圖 15.4-3c 是空格向上移動和交換，用 U 標示；15.4-3d 是空格向左移動和交換，用 L 標示。在圖 15.4-3 中，用字母標示每一步空格的移動和交換，合法的字母是 R、L、U 和 D 分別表示 RIGHT（向右）、LEFT（向左）、UP（向上）、和 DOWN（向下）。

提供一個初始的 15 數碼的狀態，請你確定到達目的狀態的步驟。輸入的 15 數碼在裁判解答中至多 45 步來解決。因此，要求你不能使用超過 50 步來解決一個測試案例。如果提供的初始狀態是不可解的，請你輸出「This puzzle is not solvable.」

輸入

輸入的第一行提供一個整數 N，表示有多少個 15 數碼狀態問題要解。接下來的 4N 行，輸入 N 個測試案例，也就是 4 行表示一個測試案例。零表示空格。

輸出

對於每一個測試案例，請你輸出一行。如果輸入的 15 數碼問題是不可解的，則輸出「This puzzle is not solvable.」；如果輸入的 15 數碼問題是可解的，則輸出解決這個測試案例的如上所述的移動序列。

範例輸入	範例輸出
2 2 3 4 0 1 5 7 8 9 6 10 12 13 14 11 15 13 1 2 4 5 0 3 7 9 6 10 12 15 8 11 14	LLLDRDRDR This puzzle is not solvable.

試題來源：2001 Regionals Warmup Contest

線上測試：UVA 10181

提示

簡述題意：將 4×4 的初始棋盤中雜亂的 0～15，透過空格（數字 0）上、下、左、右移動最少的次數，使之按數值遞增順序排列。

我們按照由上而下、由左而右的順序定義方塊的位置值 0～15。顯然，方塊位置 p 的座標為 $(x, y) = (p/4, p\%4)$（$0 \leq p \leq 15$），方塊的位置值 p 與其座標 (x, y) 一一對應且可互相轉換。

（1）直接判斷無解的情況

當移動空格時可以發現，左右移動不改變這 15 個數字對應的序列，而上下移動會將 4 個數字的位置改變，這樣會導致逆序數的奇偶性改變（±3 或 ±1）。同時我們還要讓空格移動到右下角的位置，由此得出 15 數碼有解的條件為：

$S = \sum$ 15 個數字的逆序數 + 空格移動到右下角需要的行數

S 與目標狀態的逆序數的奇偶性相同。由於最終狀態的逆序數是偶數，因此 S 也應該是偶數。

我們在輸入初始局面後，可運用上述原理直接判斷這個初始局面是否有解。設 e 為空滑塊所在的行；

n_i 為 i 的逆序數，即在數值 i 的滑塊之後出現小於 i 的滑塊數；計算 $N = \sum_{i=1}^{15} n_i = \sum_{i=2}^{15} n_i$。如果 $N+e$ 為偶數，則目前局面有解；否則無解。

如以下局面所示：

13	10	11	6
5	7	4	8
1	12	14	9
3	15	2	0

空滑塊在第 4 行，故 $e=4$；小於 13 並在之後出現滑塊的數目為 12，記為 12（13），小於 10 並在之後出現的滑塊數目為 9（10）。類似地，可以得到其他滑塊分別為 9（11）、5（6）、4（5）、4（7）、3（4）、3（8）、0（1）、3（12）、3（14）、2（9）、1（3）、1（15）、0（2）。所有 n_i 值的和 $N=59$，$N+e=63$，為奇數，顯然以上局面不可解。

若 $N+e$ 為奇數，表示初始局面不可解，在輸出「This puzzle is not solvable.」後直接結束演算法；否則需要計算移動序列。我們設計一個判別是否有解的布林函數，其中 puz[i] 為位置 i 的數字（$0 \le i \le 15$）：

```
bool solvable()                        // 計算有解標誌
{
    int cnt = 0;
    for(int i = 0; i < 16; ++i){       // 列舉每個位置
        if(puz[i]==0)cnt+=3-i/4;       // 找出空滑塊所在的行（注：puz[i] 為位置 i 的數字）
            else{
                for(int j=0; j<i; ++j) // 累計逆序數
                    if(puz[j] && puz[j] > puz[i]) cnt++;
            }
    }
    return !(cnt&1);                    // 若為偶數，則傳回 true；否則傳回 false
}
```

下面，我們介紹三種計算移動序列的方法。

（2）使用 DFS 演算法求解

DFS 演算法屬於一種盲目的搜尋，它不斷地向前尋找可行狀態，試圖一次找到通向目標狀態的道路，它並不會兩次存取一個狀態。由於 DFS 搜尋過程中可能產生大量的棋面狀態，因此只有在最大搜尋深度固定的情況下，DFS 演算法才具有可行性。搜尋深度的設定在一定程度上影響是否能得到解，因為在一個狀態離最終解局面只差幾步的情況下，由於達到了最大搜尋深度而被放到了閉合集中，則不可能再次對此棋面狀態進行擴充了，即使之後 DFS 搜尋在較早的等級存取到這個狀態，它也不會繼續搜尋，因為這個狀態已經在閉合集中。本題給定的條件是所有可解的局面都可在 45 步之內解決，解的長度不應超過 50 步，因此設最大搜尋深度為 50。

DFS 演算法的關鍵，是如何高效率地得知一個棋面狀態是否已經存取，因為整個演算法的大部分時間都會用於在閉合集中搜尋一個元素是否存在的過程中。為了節省記憶體並高效率判斷兩個棋面狀態是否等價，我們將任意棋面狀態考慮為一個十六進位整數，這個十六進位整數唯一對應一個棋面：每個滑塊作為一個數字，按從左到右、從上至下的順序排列。前面的棋面狀態可表示成這樣一個整數：

$13 \times 16^{15} + 10 \times 16^{14} + 11 \times 16^{13} + 6 \times 16^{12} + 5 \times 16^{11} + 7 \times 16^{10} + 4 \times 16^9 + 8 \times 16^8 + 1 \times 16^7 + 12 \times 16^6 + 14 \times 16^5 + 9 \times 16^4 + 3 \times 16^3 + 15 \times 16^2 + 2 \times 16^1 + 0 \times 16^0 = (\text{DAB657481CE93F20})_{16}$

$= (15759879913263939360)_{10}$。

如果兩個棋面有著相同的狀態值，那麼這兩個棋面狀態是等價的，棋面狀態重合。為了提高判重效率，一般使用雜湊技術。

DFS 演算法的虛擬碼如下，其中 path[] 為移動序列：

```
Viod  dfs(p, d)              //0 所在位置 p，準備擴充深度 d 的棋盤狀態
{
    if(d > 50) 傳回失敗訊息；
    if (puz[] 為目標棋盤) 輸出 path[] 並傳回；
    計算空滑塊的座標（x,y）；
    列舉 4 個方向（0≤i≤3）：
```

```
            {
                計算空滑塊沿 i 方向滑動後的座標 (x',y') 和對應位置值 p';
                If ((x',y') 在界內 ){
                puz[p] 與 puz[p'] 交換;
                計算 puz[] 的狀態值 s 和雜湊函式 h(s);
                If (雜湊表 hash[h(s)] 鏈中不存在值為 s 的狀態)){
                    path[d]= 方向 i 的運算子;              // 記下第 d 步的運算子
                    dfs(p',d+1,)                        // 遞迴計算下一步
                    puz[p] 與 puz[p'] 交換;               // 恢復遞迴前的狀態
                    path[d] ='';
                }
            }
        }
    }
}
```

主程式：

```
輸入棋盤狀態 puz[]，計算空滑塊所在的位置值 p;
if(solvable()) dfs(p,0);                           // 若有解，則透過 DFS 演算法計算和輸出解
else 輸出 "This puzzle is not solvable.";
```

上述 DFS 方法在移動步數較少（15 步左右）時，可較快地得到解，但隨著移動步數的增加，得到解的時間及使用的記憶體都會大大增加。所以對於本題來說，DFS 演算法不是有效的解決辦法。是否能得到解與解的深度限制有關，如果選擇的深度不夠大，可能不會得到解；若過大，將導致搜尋時間成倍增加。

（3）使用 BFS 演算法求解

BFS 演算法嘗試在不重複存取狀態的情況下，尋找一條最短路徑。如果存在一條到目標狀態的路徑，那麼 BFS 演算法找到的肯定是最短路徑。DFS 和 BFS 唯一的不同就是 BFS 使用佇列來保存開放集，而遞迴的 DFS 使用的是系統堆疊。每次反覆運算時，BFS 從佇列首取出一個未存取的狀態，然後從這個狀態開始，計算後繼狀態。如果達到了目標狀態，那麼搜尋結束，任何先前已存取過的後繼狀態會被拋棄。剩餘的未存取狀態將會放入佇列尾，然後繼續搜尋。BFS 演算法的虛擬碼如下：

```
佇列中儲存狀態，狀態定義為結構體，包括棋面 ch[][]，空滑塊所在位置 (x,y)，初始狀態至目前狀態的操作
    序列 str;
建構初始狀態 st：直接輸入棋面 st.ch[][]、計算空滑塊所在座標 (st.x,st.y)，操作序列 st.str='';
If (棋面無解) 輸出 "This puzzle is not solvable.";
    else {
        初始狀態 st 推入佇列 q
        while(佇列 q 非空) {
            取出佇列首狀態 st;
            If (st 為目標狀態) { 輸出 st.str;break;}
            列舉四個方向 (0≤i≤3):
                {
                    計算 (st.x, st.y) 的空格沿 i 方向滑動的位置 (x1, y1);
                    if ((x1, y1) 在界外) continue;
                    st1=st;     // 計算新狀態 st1
                    st1.ch[st1.x][st1.y]=st1.ch[x1][y1];st1.ch[x1][y1]=0;
                    st1.x=x1;st1.y=y1;
                    st1.str+= i 方向滑動的運算子;
                    if (雜湊表中不存在狀態 st) st1 進入雜湊表和佇列;
```

```
        }
    }
}
```

BFS 在移動步數較少（15 步左右）時可較快地得到解，但隨著移動步數的增加，得到解的時間及使用的記憶體都會大大增加，所以對於本題來說，BFS 演算法也不是有效的解決辦法。

（4）使用 IDA* 演算法求解

1. 設計限制深度的啟發性函式。

DFS 和 BFS 都是盲目搜尋，並沒有對搜尋空間進行剪枝，導致大量累贅資訊必須被檢測。而 IDA* 依賴於一系列逐漸擴充的有限制的 DFS。對於每次後繼反覆運算，搜尋深度限制都會在前次基礎上增加。IDA* 實質上就是在 DFS 演算法上使用啟發式函式對搜尋深度進行限制。本題的啟發式函式如下：

$$f^*(n)=g^*(n)+h^*(n)$$

其中 $g^*(n)$ 為從初始棋盤到目前棋盤 n 的最短移動次數，直接由程式執行得到；$h^*(n)$ 為目前棋盤 n 至目標棋盤的最少移動步數，即 n 中每個數字到目標位置的曼哈頓距離之和。

```
int h()                          // 計算 h 函式，即每個數字到目標位置的曼哈頓距離之和
{
    int s = 0;
    for(int i = 0; i < 16; ++i){    // 列舉每一格
        取出第 i 格的數字 x;
        if(x == 0) continue;
        s+= abs(i/4- 目標棋盤中 x 所在的行號 )+abs(i%4- 目標棋盤中 x 所在的列號 );
    }
    return s;
}
```

2. 判斷目前棋盤在深度限制的情況下是否有解。

本題 IDA* 演算法最重要的一個最佳化，就是取消了判重函式，而是下一步禁止向上一步的反方向移動。如果這樣的話，就回到了原局面，會大大增加搜尋樹的分支，降低效率。

下面，我們透過一個布林函式 dfs(p, pre, g, maxd)，判斷在目前深度 g、深度限制 maxd 的情況下是否有解，其虛擬碼如下：

```
bool dfs(p,pre,g,maxd)           // 空滑塊位置為 p，上一次使用的方向數為 pre，目前深度為 g，
                                 // 深度限制為 maxd
{
    if(g+h()>maxd) return false;  // 若搜尋下去勢必超出深度限制，則傳回失敗訊息
    if(g == maxd)                 // 若目前深度達到上限，則傳回目前棋盤與目標棋盤的比較結果
        return memcmp( 目前棋盤, 目標棋盤, sizeof( 目標棋盤 ))==0;
    計算空滑塊的位置 (x, y)         //x=p/4，y=p%4
    列舉 4 個方向（0≤j≤3）:
        If (pre+j==3)continue;    // 若 j 方向為上一步的反方向，則換一個方向計算空滑塊沿 j 方向
```

```
                  // 移後的座標 (x',y') 和位置值 p';
          if (移後座標 (x',y') 在界內){
              p 位置的數字與 p' 位置的數字交換；
              path[g]= 方向 j 的運算子；                    // 記下第 g 步的運算子
              if(dfs(p', j, g+1, maxd)) return true;      // 若搜尋下去有解，則傳回 true
              p 位置的數字與 p' 位置的數字交換；             // 恢復遞迴前的棋盤狀態
          }
      }
      return false;
}
```

3. 主程式。

dfs(p, pre, g, maxd) 是 IDA* 演算法的核心程式。有了它，便可以在搜尋深度限制 maxd 遞增的情況下求解，由此得出主程式的虛擬碼如下。

```
輸入初始棋盤，記下空滑塊的位置值 p；
if(solvable()){
    int maxd = 0;                                       // 搜尋深度限制初始化
    for(;!dfs(p,-1,0,maxd); ++maxd);                    // 在 maxd 遞增的過程中尋找解
    path[maxd]=0,
輸出移動序列 path[];
}
Else 輸出 "This puzzle is not solvable.";
```

IDA* 比單純的 DFS 或 BFS 要高效率得多，因為每次擴充出新狀態後都要透過計算啟發式函式值，估算初始棋盤經由目前狀態到達目標棋盤的步數上限，一旦超過深度限制便剪枝。由於深度限制是逐一遞增的，因此找到目標棋盤的移動步數肯定最少。

15.4.3 ► Addition Chains

整數 n 的加法鏈是一個滿足下述四項特性的整數序列 $<a_0, a_1, a_2, \cdots, a_m>$：

◆ $a_0=1$

◆ $a_m=n$

◆ $a_0<a_1<a_2<\cdots< a_{m-1}<a_m$

◆ 對每個 $k(1\leq k\leq m)$，存在兩個不一定不同的整數 i 和 $j(0\leq i, j\leq k-1)$，使得 $a_k=a_i+a_j$。

提供一個整數 n，請你建構一個具有最小長度的 n 的一個加法鏈。如果有一個以上的這樣的序列，任何一個序列都是可以接受的，例如 <1,2,3,5> 和 <1,2,4,5> 都是 5 的加法鏈的有效解。

輸入

輸入包含一個或多個測試案例。每個測試案例在一行中提供一個整數 n ($1\leq n\leq 100$)。輸入以 n 為 0 結束。

輸出

對每個測試案例，輸出一行，提供所要求的整數序列，數字用空格分開。

注意：本題有時間限制，要使用適合的中斷條件，以減少搜尋空間。

範例輸入	範例輸出
5	1 2 4 5
7	1 2 4 6 7
12	1 2 4 8 12
15	1 2 4 5 10 15
77	1 2 4 8 9 17 34 68 77
0	

試題來源：Ulm Local Contest 1997

線上測試：POJ 2248，UVA 529

提示

簡述題意：建構這樣一個數字鏈，鏈首數字為 1，鏈尾數字為 n，鏈中數字遞增且每個數字為前面兩個數字之和，要求鏈長最短。

顯然，可以直接採用 DFS 演算法的縱深搜尋策略，逐項擴充加法鏈。但這種「蠻力」的方法效率很低，無法在競賽規定的時限內得出解。為了避免不必要的搜尋，讓擴充數盡可能快地逼近 n，不妨採用 IDA*（DFS+ 剪枝）演算法求解。

設 best 為目前為止得出的最佳鏈長，DFS 前 best= ∞；檻值序列為 $d[]$，其中 $d[i]$ 為加法鏈中數字 i 後可擴充的最多數字個數：

$$d[i] = \begin{cases} 0 & n \leqslant i \leqslant 2 \times n \\ 1+d[2 \times i] & i = n-1 \cdots 1 \end{cases}$$

我們從 $a_0=1$ 出發逐項擴充加法鏈。為了使得目標鏈長最短，最簡單的辦法就是擴充時盡可能選大的數去相加。長度為 $k+1$ 的序列，最大元素必定是鏈尾的 a_k（單調遞增性）。由此可得，a_k+1 的最大值為 $2 \times a_k$。顯然，擴充出 a_k 後加法鏈的長度上限為 $k+d[a_k]$。

使用 IDA* 求解本題的過程如下：

```
void DFS(k)                              // 從第 k 個元素出發，遞迴擴充加法鏈
{
    if (k+d[a[k]]>=best) return;         // 若 a[k] 擴充下去，無論如何都不可能產生更短的加法鏈，
                                         // 則回溯
    if (a[k]==n)                         // 若產生加法鏈，則記下長度和目前加法鏈並回溯
        {
            best = k;
            a[] 記入 b[]；;
            return;
        }
    for (i=k; i>=0; i--)                 // 列舉 a[k]…a[0] 間的任一對數 a[i] 和 a[j]
        for (j=k; j>=i; j--)
            {
                a[k+1]=a[i]+a[j];        // a[k+1] 為 a[i] 和 a[j] 之和
                if(a [k+1]>a[k] && a[k+1]<=n)DFS(k+1);    // 若 a[k+1] 滿足遞增要求且未
                    // 超出上限，則從 a[k+1] 出發繼續擴充加法鏈
            }
}
```

主程式虛擬碼如下：

```
遞迴檻值序列 d[];
best =∞; a[0]=1;
```

```
DFS(0);    // 從鏈首元素出發，遞迴計算 n 的加法鏈
輸出 b[0]…b[best];
```

15.4.4 ► Bombs! NO they are Mines!!

現在是 3002 年，機器人「ROBOTS 'R US (R:US)」已經控制了世界。你是極少數活下來的倖存者之一，成了機器人的試驗品。不時地，機器人要用你來測試它們是否已經變得更聰明，你是一個聰明人，也一直成功地證明，你比機器人更聰明。

今天是你的大日子。如果你能在 IRQ2003 試驗場打敗機器人，你就可以獲得自由。這些機器人是智慧型機器人。然而，它們無法克服它們在物理設計上的一個主要缺陷——它們只能在 4 個方向上移動：向前（Forward）、向後（Backward）、向上（Upward）和向下（Downward）。它們行走 1 單位距離需要用 1 單位時間。你有一個機會，就是你可以完整地進行預先規劃。機器人們安排了一個最快的機器人來看管你。你需要安排另一個機器人帶你走過崎嶇的地帶。你的計畫的一個重要部分，是求解出看管你的機器人需要多少時間才能到達你所在的地方。如果你能打敗它，你就過關了。

範例輸入如圖 15.4-4 所示，S（Source）為機器人看守的 S 出發地，D（Destination）為機器人看守要到達的目標。

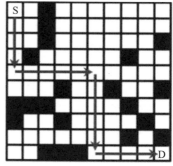

圖 15.4-4

但要告誡你的是，IRQ2003 試驗場不是一片可以輕鬆漫遊的地方。在機器人入侵人類社會時，它們投下了無數的炸彈，大多數炸彈爆炸了，但還有一些炸彈沒有爆炸，成了地雷。我們獲得了一份地圖，標出了 IRQ2003 試驗場的不安全區域，你的看守也有這張地圖的一份複製。至多有 40% 的區域是不安全的。如果你要打敗你的看守，你就必須在看守找到最快路徑的長度之前就找到最快路徑的長度。

輸入

輸入包含若干測試案例。每個測試案例首先提供兩個整數 R（$1 \leq R \leq 1000$）和 C（$1 \leq C \leq 1000$），分別表示試驗場網格地圖的行數和列數。然後提供炸彈的網格位置，先提供含有炸彈的行的數目 rows，（$0 \leq \text{rows} \leq R$）。對於有炸彈的每一行，有一行輸入，先提供行號，然後提供在該行中炸彈的數量。再然後提供在那一行的那些炸彈的列位置。測試案例在結束的時候提供看守的起始位置（行、列）和你所在的位置（行、列）。區域內所有點的範圍是從（0,0）到（$R-1, C-1$）。輸入以 $R=0$ 和 $C=0$ 的一個測試案例結束，你不必處理這個測試案例。

輸出

對每個測試案例，輸出看守從起始位置走到目標位置所需的時間。

範例輸入	範例輸出
10 10	18
9	
0 1 2	
1 1 2	
2 2 2 9	
3 2 1 7	
5 3 3 6 9	
6 4 0 1 2 7	
7 3 0 3 8	
8 2 7 9	
9 3 2 3 4	
0 0	
9 9	
0 0	

試題來源： UVa Local and May Monthly Contest (2004)

線上測試： UVA 10653

提示

簡述題意：給你一個 $R \times C$ 的平面圖，一個機器人在上面按照四個方向移動，平面圖中有一些格子不可逾越（存在炸彈），要求計算初始位置至目標位置的最短路徑。

顯然，這條最短路徑可直接利用 BFS 演算法求得。設狀態 (x, y, s)，其中目前位置為 (x, y)，距離值（初始位置至該位置的最短路徑長度）為 s；存取序列為 Vist[][]，其中 Vist[x][y] 為 (x, y) 已被存取的標誌。

BFS 搜尋的虛擬碼如下：

```
初始狀態（起始位置，0）推入佇列；
Vist[ 起始位置 ]=1;
    while（佇列非空）{
        佇列首元素 p 提出佇列；
        列舉四個移動方向（0≤i≤3）:
        {   計算新狀態 q：沿 i 方向移動後的座標（q.x,q.y）和距離值 q.s(=p.s+1)；
            if((q.x,q.y)在界內)&&(! Vist[q.x][q.y])&&((q.x,q.y)未有炸彈)
            {
                Vist[q.x][q.y]=1 ;
                新狀態 q 推入佇列；
            }
            if ((q.x,q.y)為目標位置) return q.s;
        }
    }
```

15.4.5 ▶ Jugs

在電影《Die Hard 3》中，Bruce Willis 和 Samuel L. Jackson 面對下述問題。給他們一個 3 加侖的壺和一個 5 加侖的壺，要求在 5 加侖的壺裡注入恰好 4 加侖的水。本題將這一問題推廣。

提供兩個壺 A 和 B，以及無限量的水。你可以做下述 3 個動作：你可以向一個壺注水；你可以倒空一個壺；你可以將一個壺裡的水倒入另一個壺中，如果第一個壺空了或者第二個壺滿了，則倒水停止。例如，如果 A 有 5 加侖水，B 容量為 8 加侖，有 6 加侖的水，則將水從 A 倒入 B，則 B 滿，A 中剩下 3 加侖的水。

本題提供一個三元組 (Ca, Cb, N)，其中 Ca 和 Cb 分別是 *A* 壺和 *B* 壺的容量，*N* 是目標數。解答是一個步驟系列，使得正好 *N* 加侖的水在 *B* 壺中。可能的步驟如下：

　　fill *A*
　　fill *B*
　　empty *A*
　　empty *B*
　　pour *A B*
　　pour *B A*
　　success

其中，「pour *A B*」表示將 *A* 壺中的水注入 *B* 壺，「success」表示目標已經達成。

本題設定，提供的輸入有解。

輸入
輸入提供若干測試案例，每個測試案例一行。提供三個正整數 Ca、Cb 和 N。Ca 和 Cb 是 *A* 壺和 *B* 壺的容量，*N* 是目標。本題設定 0<Ca≤Cb，N≤Cb≤1000，並且 *A* 和 *B* 彼此互質。

輸出
程式輸出由一系列步驟組成，這些步驟使得恰好有 *N* 加侖的水在一個壺中。輸出的最後一行是「success」。輸出行從第一列開始，沒有空行和多餘的空格。

範例輸入	範例輸出
3 5 4	fill B
5 7 3	pour B A
	empty A
	pour B A
	fill B
	pour B A
	success
	fill A
	pour A B
	fill A
	pour A B
	empty B
	pour A B
	success

試題來源： ACM South Central USA 1997

線上測試： POJ 1606，UVA 571

提示
簡述題意：給你兩個容器，求出獲得指定量水的步驟。注意：倒水的方法可能不一樣，但步數一定是最少的。

（1）數學方法

將倒水過程抽象為方程式：$ax-by=c$。其中 a 為 *A* 壺容量，b 為 *B* 壺容量，x、y 為向兩個容器倒水的次數，c 為 *B* 壺最終剩下的水量。

每次都往小的容器倒水，再把水倒入大的容器，其最小整數解即為答案。我們用模擬法
解這個數學方程式：

```
兩壺初始時為空；
while (B 壺的水量非 n)
{
    if (B 壺滿){
        B 壺空；
        輸出 "empty B";
        }
    else if (A 壺空)
        {
            A 壺滿；
            輸出 "fill A";
        }
    else
        {
            A 壺的水全倒入 B；
            A 壺空；
            if (B 壺的水量超過容量)
            {
                超出的水量倒入 A 壺；
                B 壺滿；
            }
            輸出 "pour A B";
        }
    }
    輸出 "success";
}
```

（2）採用 BFS+ 路徑輸出的演算法

1. 定義頂點結構體和存取標誌。

頂點 p 的訊息包括：

① 狀態 (a,b,opr)，其中 $p.a$ 和 $p.b$ 為 A 壺和 B 壺的目前水量；p.opr 為操作類別 $0 \sim 5$，指出運算元組串（「fill A」、「fill B」、「empty A」、「empty B」、「pour A B」、「pour B A」）的索引。

② 前驅指標 p.pre：即前驅指標指向的狀態經過 opr 操作後使兩壺水量為 a 和 b。有了 p.pre 指標，便可以在搜尋到目標狀態 (a, n, opr) 時，從該頂點的前驅指標出發反向遞迴，輸出由初始狀態至該狀態的操作序列：

```
void Outpath(p);
{
    if (p.pre != NULL)Outpath(*(p.pre));
    輸出由 p.opr 為索引的操作串；
}
```

③ 存取標誌 vis[][]，其中 vis[a][b] 標誌兩壺水量為 a 和 b 的狀態已被存取。

2. 設計子狀態的推入佇列副程式。

設計一個副程式 Push（&*t*, *h*, *a*, *b*, opr），其中 *t* 為佇列尾指標，*h* 為佇列首指標。該函式將狀態（*a*, *b*, opr）送入佇列尾，其前驅指標指向佇列首頂點，並設 vis[*a*][*b*]=1，*t*++。

3. 使用 BFS 演算法計算最佳操作步驟。

由於進行一次操作可產生一個子狀態，因此倒水過程形成一個邊長為 1 的圖。試題要求從兩個空壺出發，計算到達 *B* 壺水量為 *n* 的最短路徑。顯然，BFS 演算法是最適宜的搜尋方法。BFS 演算法的虛擬碼如下：

```
初始狀態 p（p.a=p.b=0，p.opr=-1）推入佇列，前驅指標 p.pre 設為空，vis[0][0]=1；
while（佇列非空）
{
    取出佇列首頂點 p；
    if (p.b==n)
      {
              Outpath (p);                    // 從 p 出發遞迴輸出操作序列
              輸出 "success";
              return;
        }
    if (!vis[ca][p.b])push(t,h,ca,p.b,0);    // 若 A 壺非滿，則進行 fill A 操作
    if (!vis[p.a][cb])push(t,h,p.a,cb,1);    // 若 B 壺非滿，則進行 fill B 操作
    if (!vis[0][p.b])push(t,h,0,p.b,2);      // 若 A 壺非空，則進行 empty A 操作
    if (!vis[p.a][0])Push(t,h,p.a,0,3);      // 若 B 壺非空，則進行 empty B 操作
    ta=p.a; tb=p.b;
// 進行 pour A B 操作：若目前兩壺的水量未超出 B 壺的容量，則 A 壺的水全部倒入 B 壺；
// 否則將 B 壺倒滿為止
    if (ta+tb<=cb){tb+= ta;ta = 0; }
    else ta-=(cb - tb);tb=cb;
    if (!vis[ta][tb]) Push(t, h, ta, tb, 4);
// 進行 pour B A 操作：若目前兩壺的水量未超出 A 壺的容量，則 B 壺的水全部倒入 A 壺；
// 否則將 A 壺倒滿為止
    if (ta+tb<=ca){ta+=tb;tb=0; }
    else{tb-=(ca-ta);ta=ca;} };
    if (!vis[ta][tb])Push(t, h, ta, tb, 5);
    h++;                                      // 佇列首指標 +1，佇列首頂點正式提出佇列
}
```

15.4.6 ▶ Knight's Problem

你一定聽說過騎士周遊問題（Knight's Tour problem）：一個騎士被放置在一個空的棋盤上，請你確定，騎士是否可以存取棋盤上的每一個方格一次且僅一次。

我們考慮騎士周遊問題的一個變形。在本題中，一個騎士被放置在一個無限的平面上，並做規定的移動。例如，騎士被放置在（0, 0），騎士可以做兩種移動：騎士的目前位置是（*X*, *Y*），它只能移動到（*X*+1, *Y*+2）或（*X*+2, *Y*+1）。本題要求，騎士要儘快到達目的地位置（也就是說，移動次數要盡可能少）。

輸入

輸入的第一行提供一個整數 *T*（*T*<20），表示測試案例的數目。每個測試案例的第一行提供 4 個整數：fx fy tx ty（−5000≤fx, fy, tx, ty≤5000）。騎士的初始位置是 (fx, fy)，(tx, ty) 是騎士要到達的目的地位置。接下來的一行提供一個整數 *m*（0<*m*≤10），表示騎士可以

做幾種移動。以下 m 行，每行為兩個整數 mx my（$-10\leq$mx，my≤10，$|$mx$|+|$my$|>0$），表示如果騎士在 (x, y)，它可以移到 $(x+$mx$, y+$my$)$。

輸出

對每個測試案例，輸出一行，提供一個整數，表示騎士從起始位置到目的地位置所需要的最少移動的次數。如果騎士不能到達目的地位置，則輸出「IMPOSSIBLE」。

範例輸入	範例輸出
2	3
0 0 6 6	IMPOSSIBLE
5	
1 2	
2 1	
2 2	
1 3	
3 1	
0 0 5 5	
2	
1 2	
2 1	

試題來源： ACM 2010 Asia Fuzhou Regional Contest

線上測試： POJ 3985，UVA 5098

提示

簡述題意：在無限大的棋盤上給定起點和終點的座標和 n（$0\leq n\leq10$）個移動向量，求從起點走到終點最少步數是多少。

騎士每移動一步，相關格子間連一條長度為 1 的邊。本題要求計算起點（sx, sy）至終點（tx, ty）間的最短路徑。顯然可採用 BFS 演算法求解。但問題是，直接採用簡單的 BFS 可能導致錯誤結果。可以想像，任意一條最短步數形成的路徑交換任兩個移動向量會形成另一條路徑，那麼一定能夠找到離直線（sx, sy）→（tx, ty）最近的一條路徑，只要找到這條路徑即可。

因此，我們採用 BFS+ 剪枝的演算法。

佇列中的頂點為一個結構體，包括座標（x, y），距離值 s 即目前頂點與初始頂點間的最短路徑長度。

每取出一個佇列首頂點 p，依次嘗試 n 個移動方式。若移後位置（x', y'）合法且不在佇列中，則產生的新頂點 q（$q.x=x'$，$q.y=y'$，$q.s=p.s+1$）推入佇列，否則剪枝。

怎樣判斷移後位置（x,y）是否合法呢？設最大移動距離 $d=\max\limits_{1\leq i\leq n}\{(\text{mx}_i^2+\text{my}_i^2)\}$，$a=ty-$sy，$b=sx-$tx，$c=sy\times$tx$-sx\times$ty：

1. 若（x, y）與起點（sx,sy）間歐幾里得距離的平方（$(x-$sx$)^2+(y-$sy$)^2$）不超過 d，則（x,y）合法；

2. 若（x, y）與終點（tx,ty）間歐幾里得距離的平方（$(x-$tx$)^2+(y-$ty$)^2$）不超過 d，則（x,y）合法；

3. 若 (x, y) 背離起點，即 $(tx-sx)×(x-sx)+(ty-sy)×(y-sy)<0$，則 (x, y) 非法；

4. 若 (x, y) 背離終點，即 $(sx-tx)×(x-tx)+(sy-ty)×(y-ty)<0$，則 (x, y) 非法；

5. 若 (x, y) 與直線（sx,sy）→（tx,ty）的距離未超過 d，即 $(a×x+b×y+c)^2/(a^2+b^2)≤d$，則 (x, y) 合法；

6. 其餘情況非法。

圖的容量上限約為 400000。我們採用雜湊技術儲存擴充出的非重合頂點，雜湊表 head[] 的容量為質數 999997。(x, y) 的雜湊地址為：

$$h(x,y)=((x<<15)\wedge y)\%\ 999997+999997)\%\ 999997$$

注意：$(x<<15)\wedge y$ 產生 32 位元二進位整數，其中前 16 位為 x，後 16 位為 y，$h(x, y)$ 為正整數。

每產生一個移後位置 (x, y)，檢查 head[$h(x, y)$] 對應的鏈結串列中是否存在 (x, y)。這樣做可顯著提高判重效率。

15.4.7 ▶ Playing with Wheels

本題我們考慮一個用 4 個齒輪玩的遊戲，連續的數字從 0 到 9 按順時針順序被印在每個齒輪的周邊。每個齒輪在最高處的數字一起構成一個四位數。例如在圖 15.4-5 中，齒輪構成的整數為 8056。每個齒輪有兩個按鈕，按標誌左箭頭的按鈕，齒輪將按順時針方向移動一位；按標誌右箭頭的按鈕，則齒輪沿相反的方向移動一位。

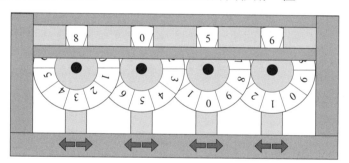

圖 15.4-5

開始時，齒輪的頂端數字構成整數 $S_1S_2S_3S_4$。給出 n 個禁止的數字 $F_{i1}F_{i2}F_{i3}F_{i4}$（$1 ≤i≤n$）和一個目標數字 $T_1T_2T_3T_4$，要求從初始數字出發，在中途不會產生禁止數字的情況下，儘量少地按下按鈕來得到目標數字。請你編寫一個程式來計算按下按鈕的最少次數。

輸入
輸入的第一行提供一個整數 N，表示測試案例的數量。

每個測試案例的第一行用四個數字描述了齒輪的初始狀態，其中每兩個相鄰的數字用一個空格隔開。接下來的一行為目標數字。第三行給出一個整數 n，表示禁止數字的個數。接下來的 n 行每行提供一個禁止數字。

在相鄰的兩個測試案例之間有一個空行。

輸出

對於每個測試案例，輸出一行，提供需要按下按鈕的最少次數。如果目標數字無法到達，則輸出「–1」。

範例輸入	範例輸出
2	14
8 0 5 6	–1
6 5 0 8	
5	
8 0 5 7	
8 0 4 7	
5 5 0 8	
7 5 0 8	
6 4 0 8	
0 0 0 0	
5 3 1 7	
8	
0 0 0 1	
0 0 0 9	
0 0 1 0	
0 0 9 0	
0 1 0 0	
0 9 0 0	
1 0 0 0	
9 0 0 0	

試題來源：BUET/UVA Occidental (WF Warmup) Contest 1

線上測試：UVA 10067

提示

簡述題意：一個機器有 4 個迴圈的輪子，每個輪子由連續數字 0～9 按順時針順序圍成。提供初始時和結束時 4 個輪子最高處的四位數字（簡稱初始數和目標數）以及遊戲過程中不能出現的數字（簡稱禁止數）。每一分鐘可以撥動一個數，問至少需要多少時間。

我們用一個四位數代表頂點。由於每個四位數透過按動左右箭頭可以變成其他八個數，因此每個頂點的度數為 8。遊戲過程構成了一個無自環的無向連接圖。

（1）如何計算 8 個子頂點的值

按動左箭頭按鈕，相當於每位十進位數字 +1 後求對 10 的餘數；按動右箭頭按鈕，相當於每位十進位數字 +9 後求對 10 的餘數（加 9 是保證右旋後該位數為 0～9 的正整數）。

（2）兩種解法

1. 使用 BFS 演算法計算最少按鈕次數。

按鈕一次擴充出一個子頂點，頂點間的邊長為 1。從初始數出發尋找目標數，相當於求解指定頂點對之間的最短路徑。顯然，完全可以透過 BFS 計算最短路徑。

由於在中途可能得到禁止數，因此可事先將所有禁止數代表的頂點從圖中去掉後，再透過 BFS 尋找最短路徑。時間複雜度為 $O(n^2)$。

2. 使用離線方式和 SPFA 演算法計算測試案例組。

① 採用離線方式提高求解測試案例組的效率。

測試案例組中的測試物件可能有多個，需要用同一演算法求解每個物件。為了提高求解整個測試案例組的效率，我們採用離線方式：預先計算出由 0～10000 的 4 位數整數組成的無向連接圖。以後每輸入一個測試物件，將禁止數對應的頂點和連邊從圖中刪除，計算和輸出指定頂點對之間的最短路徑；然後重新添入被刪除的頂點和邊，恢復原圖，以處理下一個測試物件。為了提高刪除和計算操作的效率，我們採用物件陣列 $v[]$ 儲存頂點，其中 $v[i]$ 包含兩個域：頂點 i 的值 $v[i].x$ 和邊長 $v[i].len$。這樣，如果頂點 i 是禁止數，我們可以直接用命令 $v[i].clear()$ 釋放其記憶體。顯然，這樣做比每輸入一個測試案例須建構一張圖的作法，效率提高不少。

② 採用 SPFA 演算法提高求解目前測試物件的效率。

設距離陣列為 $d[]$，其中 $d[v]$ 記錄初始頂點至頂點 v 的最短路徑估計值，初始時為 ∞；用相鄰串列來儲存圖 G。

計算最短路徑方法採取的是動態逼近法：設立一個佇列用來保存待最佳化的頂點，最佳化時每次取出佇列首頂點 u，並且用 u 點的距離值對 u 的 8 個子頂點進行鬆弛操作：如果子頂點 v 的最短路徑估計值有所調整（若 $d[v]>d[u]+1$，則 $d[v]$ 調整為 $d[u]+1$）且 v 點不在目前佇列中，就將 v 點放入佇列尾。這樣不斷從佇列中取出佇列首頂點來進行鬆弛操作，直至佇列空為止。此時若 $d[$ 目標頂點 $]=∞$，則無解；否則按下按鈕的最少次數為 $d[$ 目標頂點 $]$。

SPFA 演算法的時間複雜度為 $O(ke)$，其中 k 為所有頂點進佇列的平均次數，一般 $k≤2$。

15.4.8 ▶ Be Wary of Rose

你為你獲獎的玫瑰園非常驕傲。然而，一些嫉妒的同行園丁要不擇手段地對付你。他們綁架了你，將你蒙上眼睛，並給你戴上手銬，然後將你丟在你所珍愛的玫瑰花叢中。你要逃出去，但你不能確保你可以不踐踏珍貴的花朵。

幸運的是，你將你花園的配置記在腦中。這是一個 $N×N$（N 為奇數）的平方圖，在其中的一些方格中種有玫瑰。你正好站在平方圖正中心的大理石基座上。不幸的是，你已經完全迷失了方向，而且不知道你所面對的方向。大理石的基座可以讓你調整你的方向，使得你朝向北、東、南或西，但你沒有辦法知道目前朝向哪個方向。

無論你最初面朝哪個方向，你必須想出一個踐踏盡可能少的玫瑰的逃離路徑。你的路徑必須從中心開始，只能水平和垂直移動，以離開花園作為結束。

輸入

每個測試案例首先在一行中提供平方圖的大小 $N(1≤N≤21)$，然後的 N 行每行 N 個字元，用於描述花園。「.」表示方格中沒有玫瑰，「R」表示方格中有玫瑰，而「P」代表在中心的大理石基座。

輸入以 $N=0$ 為結束標誌，程式不必進行處理。

輸出

對於每個測試案例，輸出一行，提供在你逃離的時候要踩在玫瑰上的最少的次數。

範例輸入	範例輸出
5 .RRR. R.R.R R.P.R R.R.R .RRR. 0	At most 2 rose(s) trampled.

線上測試： UVA 10798

❖ **試題解析**

按照題意，你被蒙上眼睛而迷失方向，是藉助位於花園正中心的大理石基座辨別方向的。假如你位於 (x, y)，則 (x, y)、$(n-1-y, x)$、$(y, n-1-x)$ 和 $(n-1-x, n-1-y)$ 組成一個正菱形，$(n-1-y, x)$、$(y, n-1-x)$ 和 $(n-1-x, n-1-y)$ 分別代表三個方向上的格子。如果你沿某個方向移動至相鄰格 (x', y')，則形成了由 (x', y')、$(n-1-y', x')$、$(y', n-1-x')$ 和 $(n-1-x', n-1-y')$ 組成的新正菱形，由於 x 與 x' 僅差 1 個絕對值或者 y 與 y' 僅差 1 個絕對值，因此 (x, y) 與 (x', y') 相鄰、$(n-1-y, x)$ 與 $(n-1-y', x')$ 相鄰、$(y, n-1-x)$ 與 $(y', n-1-x')$ 相鄰、$(n-1-x, n-1-y)$ 與 $(n-1-x', n-1-y')$ 相鄰，四對相鄰格分別代表了 4 個移動方向。圖 15.4-6 提供了 (x, y) 向下移動至 $(x+1, y)$ 的情況。根據對稱性，其他移動方向的結果也是一樣的。

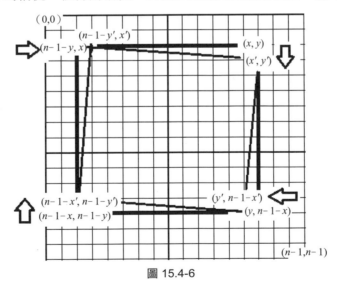

圖 15.4-6

這樣，我們就得到了轉移函式。假設由 (x, y) 移動至相鄰格 (x', y')：

1. 若 (x', y') 格種有玫瑰，則 (x', y') 方向 1 上的玫瑰數 $=(x, y)$ 方向 1 上踩到的花數 $+1$；

2. 若 $(y', n-1-x')$ 格種有玫瑰，則 (x', y') 方向 2 上的玫瑰數 $=(x, y)$ 方向 2 上踩到的花數 $+1$；

3. 若 $(n-1-x', n-1-y')$ 種有玫瑰，則 (x', y') 方向 3 上的玫瑰數 $=(x, y)$ 方向 3 上踩到的花數 $+1$；

4. 若 $(n-1-y', x')$ 有玫瑰，則 (x', y') 方向 4 上的玫瑰數 $=(x, y)$ 方向 4 上踩到的花數 $+1$。

顯然，4 個方向上踩到的花數中的最大值 val 即為到達 (x', y') 需踐踏的花數上限。

我們使用記憶化的 BFS 搜尋方法，計算逃離時要踩在玫瑰上的最少次數。為了更快地得到逃出花園需踐踏的最少花數，我們採用貪心策略：每次取 val 值最小的狀態進行擴充。為此，儲存結構非一般的「先進先出」佇列，而是採用優先佇列，優先佇列是以 val 為優先順序的小根堆。

擴充過程採用了記錄技術，對目前狀態進行封裝，被封裝的狀態元素有：目前大理石基座座標 (x, y)、4 個方向上踩到的花數（up、left、down、right）和其中的最大值 val。並使用一個布林陣列 $vis[x][y][d_1][d_2][d_3][d_4]$ 標誌 (x, y)，上、右、下、左 4 個方向踩到的花數分別為 $d_1d_2d_3d_4$ 的狀態已經搜尋過。一旦發現產生的新狀態先前擴充過，則採用剪枝技術，放棄該狀態（該狀態不再進入優先佇列），以避免陷入無窮迴圈的厄運，提高搜尋效率。

❖ **參考程式**

```
01   #include <cstdio>
02   #include <cstring>
03   #include <algorithm>
04   #include <queue>
05   using namespace std;
06   const int N = 21;                                    // 花園的規模上限
07   const int d[4][2]={{1, 0}, {-1, 0}, {0, -1}, {0, 1}};   // 四個方向的垂直位移和水平位移
08   int  n, vis[N][N][11][11][11][11];        // 記憶表，其中 vis[x][y][d1][d2][d3][d4]
09       // 為行至 (x, y)，上、右、下、左 4 個方向踩到的花數分別為 d1d2d3d4 的標誌
10   char g[N][N];                                        // 平方圖
11   struct State {                                       // 狀態的結構定義
12       int x, y, val;        // 目前大理石基座座標為 (x, y)，4 個方向上踩到數的最大值為 val
13       int up, left, down, right;                       //4 個方向踩到的花數
14       Stat e() {x= y=up=left=down=right=0;}     // 封裝初始狀態（出發位置 (0, 0)，
15           //4 個方向踩到的花數為 0
16       State (int x, int y, int up, int left, int down, int right) {
17           // 對目前狀態進行封裝，即記錄目前大理石基座座標 (x, y)、4 個方向上踩到的花數
18           // (up、left、down、right)，其中最大值 val 作為到達 (x, y) 需踐踏的花數
19           this->x = x;
20           this->y = y;
21           this->up = up;
22           this->left = left;
23           this->down = down;
24           this->right = right;
25           val = max(max(max(up,left), down), right);
26       }
27       bool operator<(const State& c)const {    // 定義狀態優先順序：需踐踏的
28                                                // 花數 val 越小，優先順序越高
29           return val > c.val;
30       }
31   } s;                                          // 狀態 s
```

```
32   void init() {                                    // 輸入玫瑰園訊息，記錄大理石基座的座標
33       for (int i = 0; i < n; i++) {
34           scanf("%s", g[i]);                       // 輸入第 i 行的訊息
35           for (int j = 0; j < n; j++)              // 記錄第 i 行中大理石基座的座標
36               if (g[i][j] == 'P') s.x = i, s.y = j;
37       }
38   }
39   int bfs() {                                       // 透過記憶化的 BFS 搜尋計算逃離時踩在玫瑰上的最少次數
40       memset(vis, 0, sizeof(vis));                 // 記憶表初始化為空
41       priority_queue<State> Q;                     // Q 為儲存狀態的優先佇列，優先順序為踐踏的花數 val
42       Q.push(s);                                   // 初始狀態推入佇列
43       vis[s.x][s.y][0][0][0][0]=1;                 // 初始狀態進入記憶表
44       while (!Q.empty()) {                         // 若佇列非空，則佇列首狀態 u 提出佇列
45           State u = Q.top();
46           Q.pop();
47           if ( u.x==0||u.x==n-1||u.y==0||u.y==n-1)return u.val;   // 若逃離出玫瑰園，
48               // 則傳回踩在玫瑰上的最少次數
49           for (int i = 0; i < 4; i++) {            // 列舉 4 個方向
50               int xx = u.x + d[i][0];              // 計算 i 方向上的相鄰座標（xx, yy）
51               int yy = u.y + d[i][1];
52               int up = u.up;                       // 記下原先 4 個方向上踩到的花數
53               int left = u.left;
54               int down = u.down;
55               int right = u.right;
56               if (g[xx][yy] == 'R') up++;          // 累計 4 個方向上踩到的花數
57               if (g[n - 1 - yy][xx] == 'R') left++;
58               if (g[n - 1 - xx][n - 1 - yy] == 'R') down++;
59               if (g[yy][n - 1 - xx] == 'R') right++;
60               if (!vis[xx][yy][up][left][down][right]) {      // 若新狀態未曾存取過，
61                                                              // 則進入記憶表和佇列
62                   vis[xx][yy][up][left][down][right] = 1;
63                   Q.push(State(xx, yy, up, left, down, right));
64               }
65           }
66       }
67   }
68   int main() {
69       while (~scanf("%d", &n) && n) {              // 反覆輸入平方圖大小 N，直至輸入 0 為止
70           init();                                  // 輸入玫瑰園資訊，記錄大理石基座的座標
71           printf("At most %d rose(s) trampled.\n",bfs());   // 計算和輸出逃離時踩在
72                                                             // 玫瑰上的最少次數
73       }
74       return 0;
75   }
```

本篇小結

本篇的程式編寫實作主要圍繞著圖的演算法展開。圖是表述不同事物間「多對多」關係的數學模型。圖的儲存方式一般可按照儲存節點間相鄰關係或儲存邊資訊進行分類：儲存節點間相鄰關係的資料結構用相鄰矩陣；儲存邊資訊的資料結構用相鄰串列。至於詳細選擇哪一種儲存方式比較合適，主要取決於詳細的應用場合和要對圖所做的操作。

透過圖的尋訪可以將圖的非線性結構轉化為線性結構。本篇展開了圖的兩種基本尋訪方式的程式編寫實作：

1. 採用逐層存取的 BFS 策略，啟動讀者按照與源點的接近程度依次擴充狀態；

2. 採用縱深存取 DFS 搜尋的 DFS 策略，啟動讀者按照由上而下、由左而右的順序依次存取由源點出發的每條路徑。

本篇的許多圖論演算法都以 BFS 和 DFS 為基礎。例如，計算無權圖的單源最短路徑和連接子圖一般採用 BFS 演算法；求解最小生成樹的 Prim 演算法、最短路徑的 Dijkstra 演算法和 SPFA 演算法亦採用了 BFS 的計算策略；DFS 的應用更廣，可以藉助 DFS 計算圖的拓撲排序、分析圖的連接性。即便是計算二分圖或網路流中的可擴充路徑，通常也是採用這兩種演算法計算的。

本篇展開了計算最小生成樹的程式編寫實作，啟動讀者如何在一張帶權的無向連接圖中計算各邊權和為最小的產生樹。現實生活中的許多問題可抽象成帶權連接圖，並可轉化為求邊權和最小的產生樹的數學模型。計算最小生成樹採用的是貪心策略，本篇列舉了兩種貪心策略的實現方式，即 Kruskal 演算法和 Prim 演算法，其中時效為 $O(E \times \ln E)$ 的 Kruskal 演算法適用於稀疏圖，時效為 $O(V^2)$（若採用小根堆儲存優先佇列，則時效可提高至 $O(V \times \ln V)$）的 Prim 演算法適用於稠密圖。

如何在一個賦權圖中計算長度最短或最長的路徑是現實生活中經常遇到的圖論問題。本篇從以下兩個方面展開了最佳路徑的程式編寫實作。

1. 應用 Floyd-Warshall 演算法計算任意節點對之間最佳路徑的實作。由於 Floyd-Warshall 演算法的基礎是計算圖的遞移閉包的 Warshall 演算法，因此本篇也提供了 Warshall 演算法的程式編寫實作。需要提醒的是，Floyd-Warshall 演算法雖然能夠解決任何最佳路徑問題（包括單源最佳路徑和每一對節點間的最佳路徑），但時間效率低下（$|V|^3$），且在求最短路徑時不允許出現負權迴路，在求最長路徑時不允許出現正權迴路，否則會使演算法陷入無窮迴圈。

2. 應用 Dijkstra 演算法、Bellman-Ford 演算法和 SPFA 演算法計算單源最短路徑的程式編寫實作。雖然這三種演算法都可用於解決單源最短路徑問題，解題策略都是貪心法，但應用場合和效率各不相同：

   ① Dijkstra 演算法要求圖所有邊的權值非負，其計算效率取決於最小優先佇列的儲存結構：若用陣列儲存最小優先佇列 Q，則總花費時間約為 $O(V^2)$；若最小優先佇列 Q 採用二元堆，則總花費時間約為 $O(E \times \ln V)$；

② Bellman-Ford 演算法和 SPFA 演算法允許邊的權可以為負，但允許不出現負權迴路。

Bellman-Ford 演算法可以報告圖中存在負權迴路的情況。Bellman-Ford 演算法的執行時間取決於圖的儲存方式：若用相鄰矩陣表示，則執行時間為 $O(n^3)$；若用相鄰串列表示，則執行時間為 $O(e \times n)$；SPFA 演算法只能執行於未有負權迴路的圖，期望的時間複雜度為 $O(ke)$（k 一般小於等於 2）。

二分圖的匹配是分析兩類不同事物間聯繫的數學模型。本篇展開了匈牙利演算法的實作，啟動讀者學會如何在無權二分圖中尋求邊數最多的匹配，即最大匹配。在加權完全二分圖中計算權和最大的匹配稱為最佳匹配，有兩種演算法可以計算，即 KM 演算法和網路的最小費用最大流演算法，後一種演算法的計算效率要優於前一種演算法。

當一個單源單匯的簡單有向圖引入流量因素，且要求計算滿足流量限制和平衡條件的最大可行流時，產生了最大流問題。最大流演算法的核心是計算可擴充路徑。尋找一條可擴充路徑的常用方法有 DFS、BFS 和標號搜尋 PFS，這些演算法每次改進可擴充路徑後通常僅增加一個流量，因此在最大流量為 a、尋找可擴充路徑的時間為 m 的情況下，計算最大流的時間複雜度為 $O(a \times m)$。

從現實生活中抽象出的網路流模型是多樣的。例如，網路的源和匯不止一個，或者增加了容量下界、費用等因素，要求計算可行流或最大最小流量。一般方法是將原網路轉換成對應的標準網路，然後透過最大流演算法或者最大流演算法與其他演算法並用來求解。本篇介紹的計算最小費用最大流的方法，就是最大流演算法與計算最短路徑的 SPFA 演算法並用的方法。

最後，我們回到起點，從宏觀、全域的角度綜合各種圖的搜尋方法：若將圖的節點表述為狀態，則擴充過程中衍生的子狀態及其互相關係組成了一個狀態空間。本篇中列出的所有搜尋方法被稱為狀態空間搜尋，其中目前最典型、最基礎的狀態空間搜尋當屬 DFS 和 BFS。

本篇最後介紹了建構狀態空間樹的一般方法，提供了最佳化狀態空間搜尋的六種策略（建立分支、記錄、索引、剪枝、定界和啟發式搜尋，並詳述了一種用於博弈問題的狀態空間樹──競賽樹，以及在該樹中進行啟發式搜尋的策略──基於 α-β 剪枝的 DFS。這些知識，尤其是最佳化狀態空間搜尋的策略，為我們求解非規則的特殊圖模型提供了有益的思路。

提升程式設計的資料結構力第三版｜國際程式設計競賽之資料結構原理、題型、解題技巧與重點解析

作　　者：吳永輝 / 王建德
企劃編輯：蔡彤孟
文字編輯：詹祐甯
設計裝幀：張寶莉
發 行 人：廖文良

發 行 所：碁峰資訊股份有限公司
地　　址：台北市南港區三重路 66 號 7 樓之 6
電　　話：(02)2788-2408
傳　　真：(02)8192-4433
網　　站：www.gotop.com.tw
書　　號：ACL064800
版　　次：2023 年 03 月三版
建議售價：NT$780

國家圖書館出版品預行編目資料

提升程式設計的資料結構力：國際程式設計競賽之資料結構原理、題型、解題技巧與重點解析 / 吳永輝, 王建德原著.-- 三版.-- 臺北市：碁峰資訊, 2023.03
　面 ；　公分
　ISBN 978-626-324-374-3(平裝)
　1.CST：資料結構
312.73　　　　　　　　　　　　　　　111019033

讀者服務